中国科学院科学出版基金资助出版

现代化学专著系列·典藏版　22

理论化学原理与应用

帅志刚　邵久书　等　编著

科学出版社

北　京

内 容 简 介

理论化学建立于量子物理和统计力学的基础上，它既是现代化学的基础又是学科的前沿，具有重要挑战性．任何一门自然科学都离不开深入的理论研究，否则就难以形成完整的学科体系．本书汇集了国内多个研究机构近 20个理论化学研究小组近年来所取得的科研积累，详细介绍了他们在理论化学研究中所取得的突出研究成果，并阐述了该领域的前沿发展趋势．内容包括电子结构理论、动力学理论和分子光谱、非平衡统计理论、功能材料理论设计、催化理论以及生物酶催化等．

本书可供从事理论与计算化学、分子模拟、功能材料科学等领域的科研人员及研究生阅读、参考．

图书在版编目（CIP）数据

现代化学专著系列：典藏版/江明，李静海，沈家骢，等编著．—北京：科学出版社，2017.1

ISBN 978-7-03-051504-9

Ⅰ.①现… Ⅱ.①江… ②李… ③沈… Ⅲ. ①化学 Ⅳ.①O6

中国版本图书馆 CIP 数据核字(2017)第 013428 号

责任编辑：杨　震/责任校对：陈玉凤
责任印制：张　伟/封面设计：铭轩堂

科 学 出 版 社 出版

北京东黄城根北街 16 号
邮政编码：100717
http://www.sciencep.com

北京厚诚则铭印刷科技有限公司印刷

科学出版社发行　各地新华书店经销

*

2017 年 1 月第　一　版　　开本：B5(720×1000)
2017 年 1 月第一次印刷　　印张：56 1/4
字数：1 102 000

定价：7980.00 元（全 45 册）

(如有印装质量问题，我社负责调换)

序　一

化学是一门基础学科, 具有坚实的理论体系. 化学已经发展成为实验与理论并重的科学, 理论化学可以更深刻地揭示实验结果的本质并阐述规律, 在许多情况下, 还可以对结构与性能进行预测从而促进学科的发展. 国家自然科学基金委员会在 "十五" 期间, 设立了专项基金资助理论化学的发展, 就是因为考虑到理论化学的重要性.

理论化学在我国有很好的基础, 在唐敖庆院士和徐光宪院士的努力和带领下, 从 20 世纪 50 年代开始, 长期开展基础理论研究, 取得了许多重要成果, 培养了一大批学术骨干. 近年来, 随着国家加大了对基础研究的支持力度, 化学在整体上进入了快速发展阶段, 在国际上的地位迅速提升. 一批优秀的青年学者从海外学成归来, 理论化学的发展也进入了一个新阶段, 无论是在基础理论方法发展还是在计算化学的应用方面都产生了一批在国际上很有影响力的研究成果.

2005 年 10 月, 黎乐民先生邀请我参加了在桂林召开的第九届全国量子化学大会. 看到国内一批青年学者在近年来快速成长, 我深有感触. 因此, 会议期间我与帅志刚和邵久书交谈, 询问起组织出版一本理论化学研究进展专著的可能性. 将近三年过去了, 两位学者花费了大量心血, 组织撰写的《理论化学原理与应用》终于由科学出版社出版了. 这是很值得庆贺的. 参加编写的十几位科学家大都得到理论化学专项基金的资助, 活跃在国际前沿研究领域. 该书集中介绍了他们近年来所从事该研究领域的进展. 从内容来看, 该书包括了量子化学的方法发展, 化学动力学和统计力学的新进展, 以及理论化学在功能材料、生命体系和催化过程的应用. 我相信该书的出版对国内理论化学研究可以起到促进作用, 因为该书不仅仅是优秀研究工作的总结, 更重要的是可以让年轻的理论化学工作者特别是研究生、博士后和青年科研人员, 通过阅读该书, 更有效、迅速地进入研究前沿, 既可以从中学习到已有的理论工具, 又对前沿方向有一定的把握.

　　我本人一直鼓励理论与实验要相互结合, 该书的出版也可以使许多实验科学家, 根据书中的内容找到潜在的合作伙伴. 我想这种结合不仅仅能在化学研究的深度和广度上起到延伸作用, 更重要的是能互相促进, 通过交流, 产生更原创性的想法.

　　因此, 我在此向所有化学研究工作者推荐该书.

朱道本

序 二

随着分子电子结构、动力学理论研究的不断深入以及计算机的广泛应用, 理论与计算化学已发展成为化学及相关学科领域中不可或缺的重要方向. 目前, 已有多种成熟的计算化学程序和商业软件可以方便地用于定量研究分子的各种物理和化学性质. 实际上, 理论计算与模拟不仅是分子科学研究的基本手段, 而且也是药物、功能材料研发以及环境科学的重要实用工具.

考虑到理论化学的重要性和我国发展这一学科的迫切性, 在多位科学家的建议下, 国家自然科学基金委员会于 2003 年开始, 每年用 300 万元专门资助理论化学的面上和重点项目. 这种支持一直持续到 2007 年. 该书的绝大多数作者都获得过上述基金项目的支持, 其内容在很大程度上也可以看成是这些项目的研究进展和成果总结.

理论与计算化学的发展正朝着准确地模拟真实、复杂分子体系的目标迈进. 然而, 达到最终的科学目标还面临许多困难和挑战. 令人欣喜的是, 我国年轻一代理论与计算化学科学工作者在前辈科学家的鼓励与带领下, 通过他们自身的不断努力, 在一些重要前沿方向取得重要进展, 也因此赢得国际同行的认可和好评.《理论化学原理与应用》一书涵盖了理论与计算化学从基础到应用研究的诸多重要方面, 是从事理论与计算化学和相关方向教学和研究的研究生、博士后以及高校教师和科研工作者的重要参考资料.

国家自然科学基金委员会化学科学部

杨俊林

主编者的话

帅志刚　邵久书

　　2005 年秋天, 在桂林召开了第九届全国量子化学大会, 参会人数超过了 500 人, 远远超过预计人数, 给接待方广西师范大学带来一些困难. 时任国家自然科学基金委员会副主任的朱道本院士到会祝贺. 中国化学界在唐敖庆教授和徐光宪教授的带领下, 在实验条件差、研究经费紧张的状况下, 大力加强了理论化学研究, 凝聚了一大批优秀人才, 取得了举世瞩目的成就, 成为中国化学界的一大亮点. 当然, 化学就像任何其他自然科学, 归根到底是实验科学. 理论可以预测一些实验结果, 可以综合实验现象形成学科体系, 但不会取代实验. 因此, 当我国整体科研投入加大时, 实验化学取得了迅猛发展, 不但在化学本学科发展中取得重要成绩, 而且在与纳米科学、生命科学、材料、能源、环境、信息、农业等一大批交叉学科中发展迅速, 使得中国化学在国际上整体崛起. 相比之下, 这个阶段的理论化学发展却显得不那么突出, 一大批优秀人才流失国外, 还有一些改了行. 值得高兴的是, 在近十年来, 一批理论化学人才或者从国外归来, 或者在国内茁壮成长, 整体发展形势一片大好, 成为中国化学走向世界的重要力量. 因此, 在这次桂林的大会期间, 朱道本主任询问起我们, 能否组织一些科学家联合写一部理论化学研究进展的书: 虽然理论不能代替实验, 但任何一门自然科学都离不开理论!

　　经过两年多时间的准备, 多方周折, 这部书总算即将面世了. 总体来讲, 我们自己感到还是挺满意的: 我们的倡议能得到那么多优秀科学家的积极支持, 使我们感到做了一件很有意义的事情. 当然, 这只是一部书, 不可能将所有优秀的工作都收进来, 选编内容既受限于我们两位的知识结构与工作环境, 更受撰稿人时间安排以及其他出版计划的冲突限制. 因此, 在此我们慎重地声明: 本书所收集的材料一定遗漏了国内许多重要理论化学成果. 我们最大的遗憾是比原计划少收录了吴玮教授的价键理论. 吴玮教授担任厦门大学理论与计算化学中心主任的工作, 同时还担任世界科学出版社 (新加坡) 的《理论计算化学杂志》主编, 以及其他兼职工作, 非常忙碌. 我相信, 读者可以从许多其他途径了解他这项创新成果.

　　在此, 谨向本书所有的作者致以崇高的敬礼和真诚的谢意! 并希望本书能为国内的理论化学发展起到一定的推动作用. 在此, 我们衷心感谢朱道本院士、江元生院士、黎乐民院士等前辈的支持与鼓励, 感谢科学出版社杨震老师的帮助, 感谢彭谦同学细致的审核统稿工作并与牛英利、孟令一、王林军、杨笑迪、朱凌云、南广军、马忠云、尚远、陈丽平等同学一道将所有稿子格式特别是参考文献、公式、图、表的格式统一按标准调整, 并核对了所有的文字. 没有他们辛苦的劳动, 本书不会这么顺利地出版.

各章(节)编写人员

第 0 章　理论化学概论
　　帅志刚　中国科学院化学研究所, 清华大学
　　邵久书　北京师范大学

第一篇　电子结构理论

第 1 章　密度泛函理论及其数值方法
　　李震宇　梁万珍　杨金龙　中国科学技术大学
第 2 章　相对论量子化学基本原理及相对论密度泛函理论
　　刘文剑　北京大学
第 3 章　概念密度泛函理论与浮动电荷分子力场
　　杨忠志　辽宁师范大学
第 4 章　耦合簇方法的研究进展
　　第 2~4 节　黎书华　南京大学
　　第 5 节　帅志刚　中国科学院化学研究所, 清华大学
　　第 1、6 节合写
第 5 章　多参考态组态相互作用
　　文振翼　重庆邮电大学, 西北大学
　　王育彬　西北大学
第 6 章　密度矩阵重整化群与半经验价键理论
　　第 3~5 节　刘春根　南京大学
　　第 2 节　武　剑　山东大学
　　第 1、6、7 节　帅志刚　中国科学院化学研究所, 清华大学

第二篇　化学动力学和光谱及统计力学

第 7 章　多原子分子振转光谱的精确量子力学研究
　　周燕子　冉　翃　谢代前　南京大学
第 8 章　分子反应动力学的含时波包与非绝热过程理论

第三篇　理论与计算化学应用

目　　录

第一篇　电子结构理论

第二篇　化学动力学和光谱及统计力学

第三篇　理论与计算化学应用

第 0 章　理论化学概论

帅志刚　邵久书

0.1　引　　言

自然科学在西方也称为精确科学. 所谓精确科学, 粗略地讲就是可以进行定量研究的学问. 人们通常通过实验或推理计算进入各自的研究领域. 众所周知, 物理学和化学是自然科学的两个基本的领域, 它们的分支学科物理化学和化学物理的内涵和目标均有差异, 但却担当紧密连接两门主学科的桥梁. 物理学探求不同事物和现象的内在统一规律, 而化学则揭示原子分子世界缤纷多彩的相异性根源; 两门主学科的立足点不同, 思想方法也不同. 换而言之, 物理学和化学都追求精确性但聚焦于不同的层次上. 物理学家宣称量子电动力学理论预测的电子的磁矩和实验测量值的偏差为 10^{-10}, 理论的成功可谓令人叹为观止. 那么化学研究又如何呢? 化学家首先关心的是准确地合成出具有指定结构的任何分子. 一个著名的例子是化学家 Yoshito Kishi 于 1993 年完成的海葵毒素 $C_{129}H_{223}N_3O_{54}$(palytoxin) 的全合成. 它由 72 个独立的分子片段组成, 由于每个分子片段可取 2 个不同构型, 因此共有 2^{72} 或 5×10^{21} 种可能的立体异构体, 而海葵毒素只是其中的一种, 存在概率为 10^{-21}. Yoshito Kishi 教授设计的合成路线竟能百分之百地得到该天然化合物[1,2], 说明化学研究的精湛已达到美妙绝伦的境界. 其背景之一应归功于量子力学的建立, 派生出理论与计算化学的知识框架, 促使化学家立足于原子、分子乃至电子结构层次, 去理解并掌握分子的结构、性能和反应动力学的规律, 指导新物质的合成和设计. 本书的主题就是讨论理论与计算化学的最新进展. 它涉及的内容包括三个方面: 分子和凝聚 (组装) 体系结构、化学分子动力学和物质性能.

揭示自然的奥秘和利用自然规律以发展生产、改善生活是科学发展的动力. 相对于其他基础科学分支, 化学更贴近人们的生活, 它直接或间接地由人类物质需求所推动. 现今, 化学已成为一门核心、实用、创造性的基础科学领域, 它为人类认识世界和社会文明与进步做出了巨大的贡献[3]. 在化学分支学科中, 理论与计算化学的发展历史相对较短, 尚不足百年, 但其影响显著, 且与日俱增. 如美国犹他大学教授 Voth 在 2001 年 *Chemical & Engineering News* 特刊 *New Voices in Chemistry* 指出的那样, 受到实验同行的广泛重视, 研究队伍不断壮大. 例如, 现时的美国大多数大学都有三位以上的教授从事理论化学研究工作. 现在, 理论化学研究还有许多重

要问题等待解决 [参看 1999 年出版的专业杂志 *Theoretical Chemistry Accounts*(第 103 卷) 新世纪特刊, 编辑了一批理论化学经典文献的点评及文献 [4]].

从 20 世纪 60 年代至今, 美国国家科学院、工程院和医学学会所属的国家研究委员会 (National Research Council) 组织编写, 由美国科学院出版社出版了四部有关化学科学现状的报告. 前三个报告的编委会主席、出版时间和标题分别为 Westheimer, 1965 年,《化学: 机会与需求》(或称 Westheimer 报告); Pimental, 1985 年,《化学中的机会》(又称 Pimental 报告) 和 Amundson, 1988 年,《化学工程的前沿: 研究需求与机遇》(或 Amundson 报告). 最近的报告出版于 2003 年, 其编委会主席为 Breslow 和 Tirrell, 标题为《跨越分子前沿: 化学和化工中的挑战》(简称 BT 报告). 该报告共分为三个部分, 即概述、十二章主要内容以及三个附录, 其中第六章以 "化学理论和计算机模拟: 从计算化学到过程系统工程" 为标题, 主要为理论与计算化学. 该报告首先在概述中向化学和化工学家提出十四大挑战性问题或期望. 与理论化学最为相关的第十三个问题: 在所有时间和分子大小尺度范围理解和控制分子如何反应. 第六章提出的挑战性课题包括: 发展能够准确预测未知化合物性质的计算机方法; 发展将分子动力学和量子统计力学的有效计算机方法用以计算基态和激发态的反应途径; 发展可用于包括含有金属元素的复杂体系的分子力学计算的有效力场; 开发从氨基酸序列预测蛋白质三维折叠结构以及折叠过程的计算机方法, 从而将人类基因组信息翻译成蛋白质结构; 设计建立新的理论方法可靠性的实验; 开发新的计算机工具和方法从而大大减少新药物商品化的时间; 开发新算法用以在全世界范围优化化工过程的原材料与能源的使用以及对环境的影响; 发展适用于从原子、分子到化学过程和企业水平的新的有效多尺度优化计算方法.

实际上, 科学研究的基础和应用两个方面没有严格的分界线, 它们并不完全独立, 而是相互依存, 相互补充. 这在化学中表现得最为明显. BT 报告的第二章即强调化学 (基础) 和化工 (应用) 的整体性而以 "学科的结构和文化: 共同的化学键" 为标题. 自然, 作为当代化学学科的重要一部分, 理论与计算化学研究的意义也不外从基础与应用或性质与功能两个方面体现. 本书的特点之一就是从研究的统一性考虑, 强调基础与应用并重, 展示理论与计算化学的丰富内容与成果.

值得指出的是, 国际上通常将化学分为分析、生物、无机、有机、物理和理论六个学科. 我国的有关专家也曾指出理论化学应该成为独立于物理化学的学科. 著名理论化学家徐光宪先生于 1999 年在第七届全国量子化学大会上谈到 "理论化学与 21 世纪化学学科重组", 从研究内容和方法将化学划分为合成化学、分离化学、分析化学、物理化学、理论化学等五类, 其中理论化学包括量子化学、化学统计力学、分子力学、计算化学、虚拟化学、化学模型、非线性化学、化学信息学等. 国际上, 也正在朝着该重组方向发展. 但按照目前的学科划分, 理论化学还只是由量子化学即电子结构理论、分子动力学以及统计力学三个方向组成. 本书仅仅包含这三个方面的内容. 由于后两个方向紧密相关, 本书将两者合二为一, 不再加以区分. 这里将分别介绍这两大方向的历史和重要研究进展, 特别是, 根据我们的理解 (也许是片面的), 提出一些可能影响将来发展的挑战性重要问题. 最后部分将简单讨论理论与计算化学的应用, 主要是自下而上的材料理性设计思想和面临的问题等.

0.2 量 子 化 学

由 Heisenberg 和 Schrödinger 在 20 世纪 20 年代建立的量子力学彻底改变了人们对微观世界的认识, 对整个自然科学乃至人类思想的发展产生了深刻的影响. 作为化学的理论基础, 毫无疑问量子化学是量子力学在揭示物质世界性质和规律的巨大成功. 然而, 自从量子力学诞生至今, 对于它与化学的关系一直存在两种不同的观点 (有关量子化学的历史和方法论方面的讨论见 *Stud. Hist. Phil. Mod. Phys.* 2000 年第 31 卷第 4 期理论化学特刊). 一种观点为量子化学无非是量子力学对具体化学体系的计算, 即所谓还原论. 最早持此观点的科学家为量子力学的开拓者之一 Dirac. 他在 1929 年曾指出, 量子理论给出了大部分物理学和全部化学的基本物理规律的数学描述, 问题是准确应用这些规律导出的方程太复杂, 以至于难以求解. 目前, 量子化学中处理实际分子结构问题最为流行的方法 Hund-Mulliken 分子轨道理论方法基本上采取了还原论思想. 与之对应, 另一种观点强调量子力学对化学概念和规律的深层次阐释作用, 其里程碑工作是 1927 年 Heitler 和 London 发表的价键理论的论文, 它成功地解释了 Lewis 于 1916 年提出的化学键的电子配对理论. 由 van Vleck 等建立的晶体 (配位) 场理论可以看成介于中间.

远在量子力学诞生前, 分子的经典结构理论或结构化学于 19 世纪下半叶就已经形成. 化学结构是指原子的空间几何定位, 不直接涉及电子的运动. 在量子力学框架内将分子中电子和原子核的振动与转动分开, 从而 "出现" 化学结构是 Born 和 Oppenheimer 于 1927 年提出的绝热近似的自然结果. 化学键在结构化学中是一个核心概念. 正是因为成功地揭示了化学键的微观本质才使得价键理论在量子化学早期得到快速发展. 这一期间最著名的工作有: Slater 提出了构建多电子波函数的方法, 即 Slater 行列式, 它自动考虑了 Pauli 不相容原理; Pauling 利用量子力学的态叠加原理, 提出键轨道的杂化概念和共振论, 从而解释了困惑有机化学家很久的许多分子结构问题. Pauling 将自己的成果总结在其名著《化学键的本质》(1939 年第一版, 以后又再版) 中, 影响了一代又一代的化学家. 价键理论认为电子定域在化学键中, 而分子轨道 (MO) 理论则认为电子是在整个分子空间离域的. 虽然美国科学家 Mulliken 和德国科学家 Hund 在 20 世纪 20 年代末到 30 年代初的工作提出并建立分子轨道理论, 后来被广为用于处理共轭有机分子的 Hückel 方法 (属于分子轨道理论方法) 也产生在德国, 但理论的发展、壮大和广泛应用主要归功于英国科学家在数学方法方面的长期贡献. 英国的量子化学萌芽于有着深厚数学物理传统的剑桥大学物理系, 其倡导者为 Fowler(他培养出了包括 Dirac 在内的许多杰出科学家. 我国著名理论物理学家王竹溪的博士论文也是在其指导下完成的). 他的学生, 英国量子化学的奠基人、首位理论化学讲座教授 Lennard-Jones(John Edward 爵士) 于 1929 年提出分子轨道理论的原子轨道线性组合 (LCAO) 计算方法. Fowler 的另一位学生 Hartree 于 1928 年提出量子力学的自洽场方法, 目的是计算多电子原子 Schrödinger 方程的近似解. 此方法将电子之间的 Coulomb 相互作用等价为一需要自洽处理得到的有效势, 从而把无法求解的多体问题转化为易于数值迭代方法处理的单体问题. 一年后, 美国科学家 John Slater 利用变分原理推导出满足 Pauli 不相容原理的自洽场方程. 1930 年, Fock 进一步考虑了电子不可区分性而得到 Hartree-Fock(HF) 近似. Lennard-Jones 的第一个学生 Coulson 将自洽场方法应用于分子的电子结构研究, 并于 1935 年完成了第一个三原子分子 (H_3^+) 的从头算计算. 1952 年, Coulson 出版的专著《化学键》对以后的分子轨道理论方法的发展产生了巨大影响. Boys 和 Hall 也是 Lennard-Jones 的学生. 前者于 1950 年最早提出以高斯函数为基函数的分子轨道计算方法, 而后者几乎与 Roothaan 同时推导出 LCAO-MO 的 HF 方程. 1998 年诺贝尔化学奖得主 John Pople 也是 Lennard-Jones 的学生. 他早期致力于半经验方法研究, 于 1953 年独立于 Pariser 和 Parr 提出处理 π 电子芳香体系的著名 Pariser-Parr-Pople (PPP) 模型, 后来研究核磁共振理论. 值得一提的是, Pople 与 Walmsley 于 20 世纪 60 年代初提出了共轭多烯分子中键交错的拓扑缺陷, 即中性分子单双键交错失配, 在成键轨道和反键轨道中间形成一个非键轨道, 出现净自旋, 激发能量低. 他们的理论解释了绝缘状态下共轭分子体系出现电子顺磁共振现象以及热激发电导增强时自旋信号不变的奇异现象. 该工作长期以来并没有得到关注. 直到 1979 年, 物理学家苏武沛、Schrieffer、Heeger (SSH) 发展出了聚乙炔的孤子理论的电荷–自旋反常关系, 才引起了重要关注. 当今理论凝聚态物理所发展的低维量子体系电荷分数化概念也可以追溯到 Pople-Walmsley 缺陷. Pople 于 20 世纪 60 年代开始转入从头算计算方法, 并于 60 年代末、70 年代初开发了量子化学从头算程序 Gaussian 70. 之后, 经过许多其他科学家的努力, Gaussian 程序一直不断更新、完善, 功能越来越强大, 商业化后程序界面对用户更加友好. 尽管目前已经出现了许许多多的计算化学程序, 在单项或若干项指标性能也许超过 Gaussian, 但综合各种应用来看, 它的性能还是最好的. 目前, Gaussian 程序已经成为分子科学工作者的必备工具, 同时也得到许多物理学家和材料学家的应用, 影响遍及从基础科学到工业研发的许多方面. 可以说, Gaussian 是量子化学成功的一个标志, 或者一个文化符号. PPP 模型提出者的另一位 Parr 教授, 与 Pople 一样, 影响了半个多世纪的理论化学. 他很早就关注密度泛函理论, 对在量子化学中发展化学精度的 DFT 起到关键作用, 他与合作者提出的 B3LYP 方法成为目前最普及的计算化学工具. 改革开放初期, 徐光宪先生将北京大学学生杨伟涛推荐给 Parr 教授做研究生. 当时, 密度泛函理论还只是固体物理理论的计算工具, 并且大家几乎只用局域密度近似 (LDA), Parr 和杨伟涛做了大量的前期工作, 共同出版的书籍 *Density Functional Theory for Atoms and Molecules* 成了许多量子化学家的入门手册, 对普及密度泛函理论作用巨大. 杨伟涛在 20 世纪 90 年代初提出了计算大体系的密度矩阵 "分而治之" 的学术观点, 引起了学术界广泛的 "线性标度" 理论研究, 至今仍是理论化学研究的重要方向.

分子轨道理论发展的里程碑工作还包括 1952 年 Fukui Kenichi 提出前线分子轨道理论; 1964~1965 Kohn 和 Hohenberg, 沈昌九建立密度泛函理论与计算方法; 1965 年 Woodward 和 Hoffmann 建立轨道对称守恒原理并成功地解释所有周环反应.

目前, 量子化学的挑战性课题是如何准确地计算大分子体系的电子结构. 过去的从头算方法建立在 HF 近似上, 它忽略了电子关联效应, 其计算精度远低于化学家千卡每摩 [尔] 量级的要求. 密度泛函理论 (DFT) 以体系的三维电子密度为基本变量, 体系的能量由电子密度完全确定. 因此, DFT 把多维的电子波函数问题转化成一个三维问题. 然而, 由于人们并不知道体系的准确能量泛函表达, 所以无法直接利用变分原理求解体系的基态能量和电子密度. 目前, 实用密度泛函理论是利用 Kohn- 沈昌九方法, 即准确处理没有相互作用电子的动能和库仑相互作用, 通过引入交换–相关势, 将电子的基态本征值问题放置在多维电子波函数 Hartree-Fock 自洽场的框架下处理. 按照定义, 电子的交换–相关势是电子交换–相关能对电子密度的泛函导数, 但它的准确表达并不被人所知, 因此在实际应用时只能采取近似. 对于一般的有机分子, 密度泛函计算现在可以达到化学精度. DFT 所需的计算量与体系的电子数 N 的标度关系为 $N^3 \sim N^4$. 包括多参考态自洽场 (MCSCF) 和以其为基础的微扰技术、组态相互作用 (CI)、耦合簇 (CC) 等后 HF 理论方法与 N 的计算量标度关系更不利于大体系研究. 因此, 对于多原子分子体系, 必须采取进一步的理论方案才能完成准确的电子结构计算. 本质上, 多电子体系量子化学计算困难的根源在于电子在实空间运动的非局域性. 然而, 分子的许多特征如化学键、官能团等都是局域性质的表现. 因此, 如何充分利用分子中电子某些性质的局域性来改进量子化学算法, 从而使计算用时与分子尺度呈有利的关系 (最佳为线性标度) 是非常迫切的重要课题.

本书的第一篇 (第 1~6 章) 总结了量子化学方法的最新进展, 特别是各章作者分别在 DFT 线性标度算法、相对论量子化学、后 HF 方法及概念 DFT 应用于分子力学方面等各具特色的研究成果. 其中第 2 章和第 6 章分别讨论了理论化学中尚待普及但十分重要的相对论量子化学和密度矩阵重整化群方法 (DMRG) 在化学中的应用. 国内关于价键理论的研究工作在国际上有重要影响, 原来计划在本书中予以详细介绍. 但由于相关的著者未能抽出时间, 本书最终没有包含价键理论一章, 实在是一大憾事.

0.3 化学动力学和统计力学

化学的目的不仅在于阐明分子的静态结构, 而且在于揭示分子的包括参与化学反应的动态运动特征. 按照还原论观点, 分子的运动性质完全由体系的包含原子核和电子的含时 Schrödinger 方程确定. 在一般化学家感兴趣的情况下, 电子运动远远快于核运动, 因而可以引入绝热近似. 这样, 研究分子的动力学过程则只需要原子之间的相互作用或势能面信息, 而这一信息在理论上恰恰由量子化学提供. 对于小分子体系, 准确的势能面可以用严格的量子化学方法计算得到. 对于复杂分子体系, 目前还无法进行准确的量子化学计算, 而其近似的势能面或力场一般借助于结构、谱学或其他实验数据等建立. 给定势能面或原子之间的相互作用和初始状态, 原则上通过求解分子的含时 Schrödinger 方程就能得到它的所有动态信息. 目前, 经典分子动力学方法可用于模拟上万个原子的分子体系, 但它无法考虑化学键的生成和断裂等量子效应, 而已有的量子动力学方法还只能准确处理不多于四原子的分子体系.

从动力学角度看, 反应的速率常数是化学家最为关心的问题. 速率理论研究始于 1889 年 Arrhenius 的工作. 1927 年, Farkas 从微观物理模型出发, 认为均相成核速率是穿过隔离底物和产物的分界区的流量. 他实际上给出了任意动态过程速率的严格定义. Farkas 的工作是速率理论的基石. 1932 年, 由 Wigner 在 Farkas 工作基础上发展的、而后由 Eyring 等大力普及的过渡态理论是该领域的里程碑. 1940 年, Kramers 从 Einstein–Brown 运动理论出发建立了适用于低阻尼和高阻尼两种极限情况下的速率公式. 将两者统一的工作分别由 Melnikov 和 Pollak 等在 1986 年、1989 年完成 (有关速率理论各方面的的详细讨论见文献 [5]、[6]). 20 世纪 50 年代初, Rudolf Marcus 采用过渡态理论处理 20~30 年代发展起来的单分子反应的 Rice-Ramsperger-Kassel 模型而形成著名的 RRKM 理论. 而且, 他于 1956 年发表了关于电子转移反应的第一篇重要论文, 预言了溶液中电子转移反应存在反转区, 即反应活化自由能或速率随着标准反应自由能降低先正常地增快而后 "反常" 地减慢. Marcus 的理论预测在 1984 年得到实验验证, 他也于 1992 年荣获诺贝尔化学奖. 20 世纪 50~60 年代各种谱学的兴起、交叉分子束实验以及计算机技术的迅速发展使人们能够从微观水平研究分子运动及反应, 从而也吸引了许多理论化学家投身于动力学的相关研究. 70 年代以来, 超快激光技术和计算机的日益更新和普及使人们对分子动态特性的研究无论从广度和深度都上了一个新的台阶. 例如, 人们可以从量子态水平阐明一些基本化学动力学过程, 而诸如蛋白质、光合作用反应中心等复杂分子体系也已经成为广泛的研究对象. 此外, 对分子运动的主动量子控制业已实现. 在此期间发展出含时波包量子演化计算方法、半经典积分初值表示、化学反应相干控制等重要理论方法[7,8]. 近年来, 阿秒激光技术的发展使人们观测电子的运动成为可能. 相应地, 同时考虑电子和原子核耦合运动的非绝热过程理论研究已成为一个重要的课题.

虽然简单、孤立的原子和分子体系研究是化学动力学的基础, 但原子和分子一般不以孤立的粒子形式存在. 因此, 为了揭示复杂原子分子体系的性质, 必须采用统计力学原理和方法. 被李政道先生称为是一个优美的科学体系的平衡统计力学是 Gibbs 在 19 世纪末奠定的. 统计力学的另一位巨人 Boltzmann 则从可逆的系统基本动力学出发导出不可逆的输运方程即 H 定理, 从而 "证明" 孤立系统的熵增加. 其后的工作包括 20 世纪初 Einstein 等研究布朗运动理论, 发现连接微观运动和宏观现象的涨落–耗散关系的最早形式. 有趣的是, 在此后的发展中, 物理学家更关心平衡统计, 特别是相变问题. 例如, 玻色和费米两类基本粒子的统计力学在量子力学建立前后分别提出, 1935 年 Landau 建立相变的平均场理论, 1956 年 Bardeen 和 Cooper 以及 Schrieffer 建立超导的 BCS 理论, 1971 年 Wilson 建立包含深刻思想重整化群理论研究相变的标度律, 被称为是理论的理论. 非平衡统计理论的发展主要归功于诸多理论化学家的杰出工作: 1931 年 Onsager 在 "博士前" 工作中建立了不可逆热力学的 Onsager 倒易关系, 为其赢得 1968 年诺贝尔化学奖; 40 年代以来以 Prigogine 为代表的比利时布鲁塞尔热力学学派对远离平衡现象的研究等. 当然, Callen 和 Welton 在 50 年代证明涨落–耗散定理和久保建立响应理论等也是非平衡统计力学研究中具有深远影响的工作[9]. 最近非平衡统计力学的重要进展是十年前建立的联系平衡态自由能差与非平衡过程所做功的 Jarzynski 等式和由 Crooks 发现的微观非平衡演化的熵产生概率分布的涨落定理.

统计力学的发展离不开许多数学家如 Poincaré、Wiener、Levy、Khinchine 等的巨大贡献. 反过来统计力学的进步也促进了数学本身的发展. 例如, 遍历性理论就是希望严格证明统计力学中的各态历经假设, 而由 Kolmogorov 和 Dob 奠定理论基础的现代重要数学分支随机过程源于布朗运动的研究. 统计力学的发展除了严格的理论研究外, 计算模拟起到越来越重要的作用. 目前, 经典分子力学和 Monte Carlo 计算机模拟业已成为凝聚相体系和生物大分子体系研究的重要方法. 两种方法都产生于 20 世纪 50 年代, 且随着计算能力的日益提高正被广泛应用. 由于没有包含量子效应, 经典力学无法处理反应的动态过程等重要化学问题. 复杂体系的量子动力学模拟仍然是一个挑战性问题.

本书的第二篇 (第 7~13 章) 总结了量子动力学、非平衡统计力学和光谱方面的最新进展. 作者将总结他们在量子非绝热含时波包演化、多原子分子振转光谱的准确计算、半经典理论方法、量子耗散动力学以及非平衡非线性动力学等方面的工作.

　　第 11 和第 12 章的内容都是量子耗散体系动力学. 耗散或开放体系是指与环境或热库之间存在相互作用的有限体系, 而环境一般包含无穷多自由度. 人们感兴趣的体系和不直接感兴趣的环境组成一个封闭系统. 避免求解包含所有自由度在内的封闭系统的动力学而能准确地描述体系的运动是量子耗散体系动力学研究的主题. 第 11 章介绍的理论方法是将环境对体系运动的影响严格地等价为复随机场, 与经典的 Langevin 方程类似. 在此基础上建立的确定性数值计算方法与第 12 章介绍的从路径积分推导出的运动方程完全一致, 所谓殊途同归. 研究量子耗散动力学有助于认识凝聚相电子转移、振动弛豫、量子退相干等重要过程.

0.4　理论与计算化学应用

　　理论和计算研究不仅仅从微观层次提供描述分子的结构和变化规律的知识, 而且还能够揭示分子结构与性质的关系, 指导功能分子的合理设计. 传统上, 化学是实验性极强的自然科学, 在其发展中积累了丰富的经验. 有了量子力学这一坚实的理论基础, 化学经验知识和直觉概念等就可以被严格地论证, 从而使化学学科实现从经验到理论, 从定性到定量质的飞跃. 虽然在物理理论框架内探究诸如化学结构等基本概念极为重要, 但这些研究涉及化学哲学、认识论等方面的内容, 没有包括在本书中 (有兴趣的读者可参见文献 [10]、[11]). 理论与计算化学在阐明反应, 特别是有机反应机理方面曾发挥过巨大的作用. 例如, 前面提及的前线轨道理论和分子轨道对称守恒原理已经成为理论有机化学的重要内容. 在实用性方面, 理论与计算化学在药物和材料设计中正扮演着不可替代的角色.

　　量子化学计算领域的开拓者之一、IBM 计算化学实验室创始人 Enrico Clementi 在 1972 年曾发出豪言壮语: “我们能计算一切.” 虽然此话有些夸张, 但却对计算化学的发展以及相应的计算硬件发展起到了重要的推动作用, 使得计算化学的的确确在朝着这一方向迅速提升. 由于计算条件和方法的限制, 1960 年以前, 对分子体系的量子化学计算主要采用基于 HF 的半经验方法, 即利用已知的实验数据构造近似的、带参数的微观模型, 以便用相对简单、快速的数学手段进行处理. 虽然半经验量子化学方法在有机化学应用中获得巨大成功, 但它带有天生的缺陷, 即从 “半经验” 出发而不是以完全第一性原理为基础. 1964 年, Hansch 和藤田发表了研究化学结构与生物活性之间关系的论文, 标志着定量构效关系理论方法 (QSAR) 正式诞生. 随后, 这一方法在药物研制中得到广泛应用. 早期 QSAR 中的结构信息来自实验, 而目前有些可以通过量子化学计算得到. 实际上, 建立分子所有性质 —— 物理的、化学的、生物的 QSAR 是理论与计算化学最重要的目的. 目前, 量子化学计算的实际应用从仅包括小分子体系的燃烧反应到生物大分子酶促过程, 从分子光、电特性预测到工业表面催化机理分析等无处不在. 由于目前准确计算大分子体系的结构的量子化学方法尚待开发, 对实际问题建立各种近似方法或者多尺度解决方案也许更有意义. 这样, 可以用准确度高的量子化学方法解决某些部分而用其他较粗糙的方法解决其他部分. 或者, 在小尺度用量子化学方法计算并用得到的结果构造可以求解的大尺度粗粒化模型.

本书第三篇包括第 14~18 章. 作者总结了在有机分子材料光电性质, 酶的结构与催化机理, 表明催化、功能高分子设计方面的理论与计算研究成果. 他们采用的理论方法大部分是自己针对具体的科学问题提出或发展的, 从而也说明应用研究促进理论方法的进步.

0.5　展　　望

无论是量子化学方法还是动力学与统计力学模拟, 制约理论与计算化学发展的瓶颈仍然是研究复杂分子体系的空间和时间尺度限制. 密度泛函理论的最初动机是克服空间瓶颈, 将多维电子波函数问题转化为三维电子密度问题. Hohenberg-Kohn 定理意味着, 对于给定外势, 电子的基态能量由其空间密度唯一地确定. 然而, 由于并不知道能量密度泛函的具体形式, 实际应用 DFT 只好又走回波函数描述的老路. 显然, 构建出实用的、无相互作用电子的能量密度泛函将给 DFT 带来新的突破.

量子力学和经典力学结合或 QM/MM 方法是目前处理大分子体系流行的方法. 此方法用快速的量子方法处理体系中量子效应占主导的部分, 而用经典方法处理其余部分. 在经典力学中, 粒子的位置和动量可以同时确定, 而 Heisenberg 测不准关系使得量子力学中无法同时确定粒子的位置和动量. 因此, 如何构建量子和经典区域的边界不是一个平庸的问题. 而且, 相关的粗粒化多尺度方法也值得系统地研究. 与之类似, 分子动力学中量子与经典结合的方法存在同样的问题.

在动力学研究中, 线性系统的动力学无论用经典还是用量子力学都可以解析求得. 非线性或非谐性是导致理论上处理高维系统长时间量子演化的困难所在. 因此, 发展非微扰方法解决较强非谐性体系的动力学是一个重要但困难的问题.

非常值得强调的是, 理论计算化学要朝着物质性能预测努力. 一般来讲, 只靠电子结构或者化学动力学是不够的, 必须将两者紧密结合才能做到. 这将是理论化学家在今后相当长的时间内努力奋斗的目标.

我国的理论化学研究虽然起步较晚, 但在唐敖庆、徐光宪为代表的老一辈理论化学家的带领下, 早期在配位场理论、分子轨道图论、分子结构与化学键等领域的研究中取得了突出成果, 在国际上产生了重要影响. 在改革开放之后, 特别是近十几年来, 一支活跃在理论化学前沿方向的青年科学家队伍逐渐成长、壮大. 他们在相对论量子化学、价键理论、线性标度理论、密度泛函理论、气相分子动力学过程、光化学反应理论、量子耗散动力学、功能材料理论等领域做出了有影响、有特色的创新性工作. 我们邀请了部分科学家, 就他们所从事的领域, 特别是他们自己所取得的进展做了较细致的总结, 目的是从化学的本质即物质结构、化学反应到物质性能, 从理论上做系统的阐述. 本书可以帮助刚刚入门的研究生、博士后和青年教师迅速进入理论化学研究领域, 省去许多查找、阅读文献的时间. 而对于在第一线工作的科研人员, 本书也可以提供一个学科领域交叉合作的基础.

参 考 文 献

[1] Kishi Y. Pure & Appl. Chem., 1993, 65: 771
[2] Herschbach D. Phys. Today, 1997, 50: 11
[3] Breslow R. Chemistry Today and Tomorrow. American Chemical Society, 1996
[4] Dykstra C E, Frenking G, Kim K S, Scuseria G E. Theory and Applications of Computational Chemistry. Amsterdam: Elsevier, 2005
[5] Hanggi P, Talkner P, and Talkner P. Rev. Mod. Phys., 1990, 62: 251
[6] Pollak E, Talkner P. Chaos, 2005, 15: 026 116
[7] 梁文平等. 新世纪的物理化学. 北京: 科学出版社, 2004
[8] 白春礼等. 分子科学前沿. 北京: 科学出版社, 2007
[9] 郝柏林, 于渌等. 统计物理学进展. 北京: 科学出版社, 1981
[10] Primas H. Chemistry, Quantum Mechanics and Reductionism. 2nd ed. Berlin: Springer, 1983
[11] Boeyens J C A. New Theories for Chemistry. Amsterdam: Elsevier, 2005

第一篇　电子结构理论

第 1 章　密度泛函理论及其数值方法

李震宇　梁万珍　杨金龙

量子力学[1]从 20 世纪初被发现起, 就得到广泛的应用, 并最终成为现代理化科学的基础. 量子力学最流行的表述形式是 Schrödinger 的波动力学形式, 它的核心是波函数及其运动方程 ——Schrödinger 方程. 对一个给定的微观体系, 我们可能得到的所有信息都包含在系统的波函数中. 以一个外势场 $v(\boldsymbol{r})$ 中的 N 电子体系为例, 量子力学的波动力学范式可以表示成

$$v(\boldsymbol{r}) \Longrightarrow \Psi(\boldsymbol{r}_1, \boldsymbol{r}_2, \cdots, \boldsymbol{r}_N) \Longrightarrow \text{可观测量} \tag{1.1}$$

也就是对给定的外势, 通过求解 Schrödinger 方程可以得到电子波函数. 波函数是每个电子的空间坐标的函数 (为简单起见, 在不引起混淆的情况下, 我们尽量省略电子的自旋自由度). 通过波函数计算力学量算符的期望值可以进一步得到所有可观测物理量的值, 电子密度便是其中之一

$$n(\boldsymbol{r}) = N \int \mathrm{d}^3 r_2 \int \mathrm{d}^3 r_3 \cdots \int \mathrm{d}^3 r_N \, \Psi^*(\boldsymbol{r}, \boldsymbol{r}_2, \cdots, \boldsymbol{r}_N) \, \Psi(\boldsymbol{r}, \boldsymbol{r}_2, \cdots, \boldsymbol{r}_N) \tag{1.2}$$

解 Schrödinger 方程得到多体波函数是一项艰巨的任务, 常用的方法包括物理中基于 Feynman 图和 Green 函数的微扰方法以及化学中的组态相互作用方法.

1.1　密度泛函理论基本概念

1.1.1　从波函数到电子密度

当用量子力学处理真实的物理化学体系时, 传统的波动力学方法往往不能满足人们的需要. 比如, 从来没有人用组态相互作用的方法来计算含有上百个原子的分子的化学性质, 也没有人只用 Green 函数来计算真实半导体体系的电子结构. 如前所述, 波函数包含了系统所有的信息. 然而, 在大多数情况下, 我们只关心一些特定实验技术所涉及的信息, 如能量、电荷密度等. 所以, 我们希望使用一些比波函数更简单的物理量来构造我们的理论. 单粒子 Green 函数 $G(\boldsymbol{r}, t; \boldsymbol{r}', t')$ 就是这样一个物理量. 它远比波函数简单, 但是我们可以通过它求得所有单体算符和某些两体算符 (如包含 Coulomb 相互作用的哈密顿量) 的期望值. 对单粒子 Green 函数的求解

仍然比较复杂, 需要通过 Dyson 方程求解. 从单粒子 Green 函数中我们可以得到较为简单的单粒子密度矩阵

$$n(\boldsymbol{r}, \boldsymbol{r}') = -i \lim_{t' \to t} G(\boldsymbol{r}, \boldsymbol{r}'; t - t') \tag{1.3}$$

或者等价的

$$n(\boldsymbol{r}, \boldsymbol{r}') = N \int \mathrm{d}^3 r_2 \int \mathrm{d}^3 r_3 \cdots \int \mathrm{d}^3 r_N \, \Psi^*(\boldsymbol{r}, \boldsymbol{r}_2, \cdots, \boldsymbol{r}_N) \, \Psi(\boldsymbol{r}', \boldsymbol{r}_2, \cdots, \boldsymbol{r}_N) \tag{1.4}$$

通过密度矩阵, 可以求得所有单体算符的期望值. 由于从 Green 函数到密度矩阵的过程中丢失了一些信息, 我们不能直接从密度矩阵求得哈密顿量的期望值. 将这个过程继续下去就可以得到实验上可直接观测的粒子密度

$$n(\boldsymbol{r}) = n(\boldsymbol{r}, \boldsymbol{r}) = n(\boldsymbol{r}, \boldsymbol{r}')|_{\boldsymbol{r}' \to \boldsymbol{r}} \tag{1.5}$$

从密度矩阵到密度的过程中, 我们又进一步丢失了密度矩阵中的一些信息.

　　基于上面的分析我们看到, 从波函数到电子密度的过程中我们丢失了大量信息, 因此按道理我们将不能从电子密度中 "恢复" 波函数. 但令人吃惊的是, 密度泛函理论 (DFT)[2~9] 给出完全相反的结论: 至少对于只考虑基态的情形, 从波函数、Green 函数、密度矩阵到密度, 我们没有丢失任何信息. 电子密度不仅仅是众多可观测量中的一个, 而是可以用来计算其他所有可观测量的体系基本物理量. 粒子密度只是空间坐标的函数, 这意味着密度泛函理论已经将 $3N$ 维波函数问题简化为 3 维粒子密度问题, 所以十分简单、直观. 我们可以将量子力学的密度泛函理论范式表示成

$$n(\boldsymbol{r}) \Longrightarrow \text{可观测量} \tag{1.6}$$

由式 (1.1), 我们只需有电荷密度唯一决定外势这一条件, 即可得到式 (1.6), 而这正是后面要讨论的密度泛函理论中的两个基本定理之一. 密度泛函理论是一种完全基于量子力学的从头算 (*ab-initio*) 理论, 但是为了与其他的量子化学从头算方法区分, 人们通常把密度泛函理论计算又叫做第一性原理 (first principles) 计算.

　　事实上, 密度泛函的历史可以追溯到量子力学建立初期研究均匀电子气时提出的 Thomas-Fermi(TF) 理论[10,11] 和 Dirac 局域交换近似[12]. 那时, 人们就已经开始将费米子多体系统的动能和交换能写成粒子密度的泛函:

$$T_{\mathrm{TF}} = \frac{3}{5}(3\pi^2)^{2/3} \int \mathrm{d}^3 r n(\boldsymbol{r})^{5/3} \tag{1.7}$$

$$E_x = -\frac{3}{4}\left(\frac{3}{\pi}\right)^{1/3} \int \mathrm{d}^3 r n(\boldsymbol{r})^{4/3} \tag{1.8}$$

由于过于简单, Thomas-Fermi-Dirac 模型并没有得到广泛应用, 但密度泛函理论的基本思想已经包含在其中了. 现在, 经过几十年的发展, 密度泛函理论体系本身及其数值计算方法都已经比较成熟, 这使得密度泛函理论被广泛地应用在化学、物理、材料和生物等学科中. Kohn 也因为他对密度泛函理论的贡献获得了 1998 年的诺贝尔化学奖[13]. 在本章后面的部分我们将对密度泛函理论的基本原理、最新进展和它越来越广泛的应用作一个简单的回顾.

1.1.2 Hohenberg-Kohn 定理: 多体理论

现代密度泛函理论的基础建立在 1964 年 Hohenberg 和 Kohn(HK) 提出的两个著名的定理之上[2]. 其中定理一指出, 不计自旋的全同费米子系统非简并基态的粒子密度函数 n 唯一地决定外势 v 到相差任意常数. 由式 (1.1), 定理一表明该系统的所有性质都是基态密度的唯一泛函. 该定理保证了粒子密度作为体系基本物理量的合法性, 同时也是密度泛函理论名称的由来. 定理二给出了密度泛函理论的变分法: 对给定的外势 v, 存在泛函 $F[n]$ 定义在所有的非简并基态密度 n 上, 使得能量泛函

$$E_v[n] = \int \mathrm{d}^3 r v(\boldsymbol{r}) n(\boldsymbol{r}) + F[n] \tag{1.9}$$

当 n 等于真实基态密度 n^0 时取得唯一的最小值. 式 (1.9) 右边第一项为电子在外势场中的能量 $V[n]$, 而 $F[n]$ 则应当包含电子动能和相互作用能

$$F[n] = \langle \Psi_n | \hat{T} + \hat{U} | \Psi_n \rangle = T[n] + U[n] \tag{1.10}$$

式中: $\hat{T}$ 和 $\hat{U}$ 分别为动能算符和 Coulomb 排斥算符.

定理一可以方便地通过反证法来证明. 假设我们可以找到两个不同的外势 v_a 和 v_b, 它们对应于同一个非简并的基态密度 n^0. 假设外势 v_a 和 v_b 对应的哈密顿算符分别为 $\hat{H}_a$ 和 $\hat{H}_b$, 由哈密顿算符可以得到相应的基态能量 $E_{a,b}^0$ 和波函数 $|\Psi_{a,b}^0\rangle$. 根据分子轨道理论的变分法, 我们有

$$E_a^0 < \langle \Psi_b^0 | \hat{H}_a | \Psi_b^0 \rangle \tag{1.11}$$

即

$$\begin{aligned} E_a^0 &< \langle \Psi_b^0 | \hat{H}_a - \hat{H}_b + \hat{H}_b | \Psi_b^0 \rangle \\ &< \langle \Psi_b^0 | \hat{H}_a - \hat{H}_b | \Psi_b^0 \rangle + \langle \Psi_b^0 | \hat{H}_b | \Psi_b^0 \rangle \\ &< \langle \Psi_b^0 | v_a - v_b | \Psi_b^0 \rangle + E_b^0 \end{aligned} \tag{1.12}$$

既然 v_a 和 v_b 是单电子算符, 式 (1.12) 中的积分可以用基态密度表示

$$E_a^0 < \int \mathrm{d}^3 r [v_a(\boldsymbol{r}) - v_b(\boldsymbol{r})] n^0(\boldsymbol{r}) + E_b^0 \tag{1.13}$$

同样, 我们有

$$E_b^0 < \int \mathrm{d}^3 r[v_b(\boldsymbol{r}) - v_a(\boldsymbol{r})]n^0(\boldsymbol{r}) + E_a^0 \tag{1.14}$$

将上面两式相加可以得到如下矛盾的结果

$$E_a^0 + E_b^0 < \int \mathrm{d}^3 r[v_b(\boldsymbol{r}) - v_a(\boldsymbol{r}) + v_a(\boldsymbol{r}) - v_b(\boldsymbol{r})]n^0(\boldsymbol{r}) + E_a^0 + E_b^0$$
$$< E_a^0 + E_b^0 \tag{1.15}$$

至此, 我们就完成了定理一的证明.

定理二可以通过 Levi 的带限制查找法[14]来证明. 由波函数的变分法

$$E = \min_{\Psi} \langle \Psi | \hat{H} | \Psi \rangle \tag{1.16}$$

式 (1.16) 中寻找最小值的过程可以分成两步走. 首先, 我们考虑所有给出密度 $n(\boldsymbol{r})$ 的波函数 Ψ, 并在其中寻找给出能量极小值的波函数

$$\min_{\Psi \to n} \langle \Psi | \hat{H} | \Psi \rangle = \min_{\Psi \to n} \langle \Psi | \hat{T} + \hat{U} | \Psi \rangle + \int \mathrm{d}^3 r v(\boldsymbol{r}) n(\boldsymbol{r}) \tag{1.17}$$

式 (1.17) 中我们用到定理一保证的产生相同密度的波函数也产生相同外势的事实. 如果定义如下泛函

$$F[n] = \min_{\Psi \to n} \langle \Psi | \hat{T} + \hat{U} | \Psi \rangle = \langle \Psi_n^{\min} | \hat{T} + \hat{U} | \Psi_n^{\min} \rangle \tag{1.18}$$

我们有

$$E = \min_n \{ F[n] + \int \mathrm{d}^3 r v(\boldsymbol{r}) n(\boldsymbol{r}) \} \tag{1.19}$$

由此得到的密度即为基态密度, 定理二证毕.

在电子密度的变分法中, 总电子数限制问题可以通过引入 Lagrange 乘子 μ 解决

$$\delta \left\{ F[n] + \int \mathrm{d}^3 r v(\boldsymbol{r}) n(\boldsymbol{r}) - \mu \int \mathrm{d}^3 r n(\boldsymbol{r}) \right\} = 0 \tag{1.20}$$

对应的 Euler 方程为

$$\frac{\delta F}{\delta n(\boldsymbol{r})} + v(\boldsymbol{r}) = \mu \tag{1.21}$$

μ 的物理意义为体系的化学势.

在实际使用时, 密度泛函理论经常以推广的自旋极化形式[15~17]出现, 这时的基本变量是每个自旋的电荷密度 $n^\uparrow$ 和 $n^\downarrow$, 或者等价的总电荷密度 n 和自旋极化密度 m. 更多的密度泛函理论推广形式如表 1-1 所示.

表 1-1　HK 定理的常见扩展[5]

体系	$n(\boldsymbol{r}) \to v(\boldsymbol{r})$	
多分量体系	$n_1(\boldsymbol{r}), n_2(\boldsymbol{r}) \to v_1(\boldsymbol{r}), v_2(\boldsymbol{r})$	例如半导体中的电子和空穴
自旋顺磁体系	$n(\boldsymbol{r}), m(\boldsymbol{r}) \to v(\boldsymbol{r}), B_z(\boldsymbol{r})$	$m(\boldsymbol{r}) = n^\uparrow(\boldsymbol{r}) - n^\downarrow(\boldsymbol{r})$
轨道磁性	$n(\boldsymbol{r}), \boldsymbol{j}(\boldsymbol{r}) \to v(\boldsymbol{r}), \boldsymbol{A}(\boldsymbol{r})$	顺磁流密度 $\boldsymbol{j}$ 与规范有关
超导	$n(\boldsymbol{r}), \tilde{n}(\boldsymbol{r}) \to v(\boldsymbol{r}), D(\boldsymbol{r})$	$D(\boldsymbol{r})$ 为对势, 对密度
		$\tilde{n}(\boldsymbol{r}) = \sum_\sigma \langle \psi_\sigma(\boldsymbol{r}) \psi_{-\sigma}(\boldsymbol{r}) \rangle$
热系综	$n(\boldsymbol{r}) \to (v(\boldsymbol{r}) - \mu)$	式 (1.9) 中能量变成巨势后,
		F 与温度有关, $n(\boldsymbol{r})$ 也与零
		温时不同
含时体系	$n(\boldsymbol{r}, t) \to v(\boldsymbol{r}, t)$	将在后续章节中详细叙述

需要注意的是, 虽然密度泛函理论包括其推广形式都已获得广泛应用, 但其中还有一些基本理论问题有待进一步研究. 在 HK 第一定理给定的条件下, 基态密度不仅决定了波函数, 还唯一地决定了外势 $v(\boldsymbol{r})$. 然而, 最近的研究表明, 这对包含自旋密度或者流密度的密度泛函理论并不成立[18]. 这时, 基态密度仍然决定了波函数, 但是并不能唯一地决定外势. 这就是通常所说的非唯一性问题. 另外一个概念是所谓的表示问题: ① 对一个任意给定的非负密度是否一定可以写成式 (1.2) 所表示的形式? ② 对任意如式 (1.2) 所示的密度是否一定是某个外势对应的基态密度? 这两个问题中前者被称为 N-表示问题, 后者被称为 v-表示问题. 人们已经对 N-表示问题给出了肯定的回答, 但是对 v-表示问题现在并没有一般的结论. 最近, Yang(杨伟涛) 等[19]提出了一种与密度泛函理论对应的势泛函理论, 原则上可以解决 v-表示问题.

1.1.3　Kohn-Sham 方程: 有效单体理论

有了 HK 第一和第二定理, 为了将密度泛函理论实用化, 剩下的问题就是寻找能量泛函的具体表述形式, 因为在式 (1.10) 中 $T[n]$ 和 $U[n]$ 的具体形式是未知的. Kohn 和沈吕九在 1965 年提出了一个可能的方案[3]. 他们引进了一个与相互作用多电子体系有相同电子密度的假想非相互作用多电子体系. 因为电子密度一般可以表示成轨道形式 (N- 表示问题), 这个假想的非相互作用体系的动能算符的期望值可以非常简单地写成各电子动能之和

$$T_{\mathrm{S}}[n] = -\frac{\hbar^2}{2m} \sum_i^N \int \mathrm{d}^3 r \phi_i^*(\boldsymbol{r}) \nabla^2 \phi_i(\boldsymbol{r}) \tag{1.22}$$

式中: $\phi_i(\boldsymbol{r})$ 为密度函数对应的 Kohn-Sham(KS) 轨道. 仿照 TF 模型的处理方法, 可以将 U 的主要部分写成 Hartree 项

$$U[n] \approx U_{\mathrm{H}}[n] = \frac{1}{2} \int \mathrm{d}^3 r \int \mathrm{d}^3 r' \frac{n(\boldsymbol{r}) n(\boldsymbol{r}')}{|\boldsymbol{r} - \boldsymbol{r}'|} \tag{1.23}$$

至此, 我们得到一个很自然的关于能量泛函中未知项 (交换关联泛函) 的定义:

$$E_{xc} = E_{tot} - T_S - V - U_H = (T - T_S) + (U - U_H) \tag{1.24}$$

将能量泛函对 KS 轨道进行变分可以得到著名的 KS 方程

$$\left(-\frac{1}{2}\nabla^2 + v_{ext}(\boldsymbol{r}) + v_H(\boldsymbol{r}) + v_{xc}(\boldsymbol{r}) \right) \phi_i = \epsilon_i \phi_i \tag{1.25}$$

式中, $v_{ext}(\boldsymbol{r})$、$v_H(\boldsymbol{r})$、$v_{xc}(\boldsymbol{r})$ 分别为外势、Hartree 势和交换关联势. 在 KS 方程中, 有效势 $v_{eff} = v_{ext} + v_H + v_{xc}$ 由电子密度决定, 而电子密度又由方程的本征函数 ——KS 轨道求得, 所以我们需要自洽求解 KS 方程. 这种自洽求解过程通常被称为自洽场 (SCF) 方法. 当我们得到一个自洽收敛的电荷密度 n_0 后, 就可以得到系统的总能

$$E_0 = \sum_i^N \epsilon_i - \frac{1}{2} \int \mathrm{d}^3 r \int \mathrm{d}^3 r' \frac{n_0(\boldsymbol{r})n_0(\boldsymbol{r}')}{|\boldsymbol{r} - \boldsymbol{r}'|} - \int \mathrm{d}^3 r v_{xc}(\boldsymbol{r})n_0(\boldsymbol{r}) + E_{xc}[n_0] \tag{1.26}$$

式中, ϵ_i 为 KS 方程的本征值.

　　需要指出的是, 从我们得到 KS 方程的过程可以明显看出, KS 本征值和 KS 轨道都只是一个辅助量, 本身没有直接的物理意义. KS 本征值其实是变分过程中用来确保 KS 轨道归一的 Lagrange 乘子. 唯一的例外是最高占据 KS 轨道的本征值. 如果我们用 $\epsilon_N(M)$ 表示 N 电子体系的第 M 个 KS 本征值, 那么我们可以严格证明 $\epsilon_N(N) = -I$ 和 $\epsilon_{N+1}(N+1) = -A$, 其中 I 和 A 分别是 N 电子体系的电离能和电子亲和能. 但是, 从实用角度来说, KS 本征值和 KS 轨道却已经是体系真实单粒子能级和波函数的很好近似[20,21]. 在合适的交换相关近似 (如杂化密度泛函) 下, 基于 KS 本征值的带结构能隙可以和实验符合得很好[22]. 另外, 尽管密度泛函理论本身是一个变分理论, 但这一结论对特定的交换相关近似可能并不成立. 比如, BPW91 泛函给出的氢原子能量将略低于其精确值.

1.2　交换关联能量泛函

　　前面我们已经看到, 在构造能量泛函时, 所有未知项都被归并到交换关联能量泛函 E_{xc} 中. 通常, 交换关联能量可以分解成 E_x 和 E_c 两项, 其中 E_x 是由 Pauli 原理引起的交换能量

$$E_x[n] = \langle \Phi_n^{\min} | \hat{U} | \Phi_n^{\min} \rangle - U_H[n] \tag{1.27}$$

$\Phi_n^{\min}$ 是 KS 轨道组成的 Slater 行列式, 满足

$$\langle \Phi_n^{\min} | \hat{T} + \hat{U} | \Phi_n^{\min} \rangle = T_S[n] + U_H[n] + E_x[n] \tag{1.28}$$

而关联能 E_c 可以写成

$$
\begin{aligned}
E_c[n] &= F[n] - (T_S[n] + U_H[n] + E_x[n]) \\
&= \langle \Psi_n^{\min} | \hat{T} + \hat{U} | \Psi_n^{\min} \rangle - \langle \Phi_n^{\min} | \hat{T} + \hat{U} | \Phi_n^{\min} \rangle
\end{aligned}
\tag{1.29}
$$

因为 $\Psi_n^{\min}$ 是产生密度 n 并且最小化 $\langle \hat{T} + \hat{U} \rangle$ 的波函数, 所以式 (1.29) 表明

$$
E_c[n] \leqslant 0
\tag{1.30}
$$

即关联能量是多体体系基态能量和从 Slater 行列式出发得到的基态能量之差. 另外, $\Phi_n^{\min}$ 是产生密度 n 并且最小化 $\langle \hat{T} \rangle$ 的波函数, 所以 $E_c[n]$ 由正的动能和负的势能两个部分构成. 对于单电子的极限情况, $E_x[n] = -U_H[n]$, $E_c[n] = 0$, 这时交换关联能的作用就是抵消非物理的自相互作用 $U_H[n]$. 通常交换关联项比能量泛函中其他已知项小很多, 所以可以期望通过对交换关联项做一些简单的近似得到关于能量泛函的一些有用的结果. 在介绍常见的交换关联近似之前, 我们先引进交换关联穴的概念.

1.2.1 交换关联穴

如果不考虑动能, 交换关联能量泛函可以通过密度矩阵写成

$$
E_{xc} = \frac{1}{2} \int \mathrm{d}^3 r \mathrm{d}^3 r' \frac{n(\boldsymbol{r}, \boldsymbol{r}') - n(\boldsymbol{r})n(\boldsymbol{r}')}{|\boldsymbol{r} - \boldsymbol{r}'|}
\tag{1.31}
$$

但是, 前面我们已经知道在 KS 方程中, 交换关联部分还包括动能的贡献. 这时, 我们需要使用耦合常数积分.

定义 $\Psi_n^{\min,\lambda}$ 为产生密度 $n(\boldsymbol{r})$ 的反对称归一化波函数, 并且最小化 $\hat{T} + \lambda \hat{U}$ 的期望值, 其中 λ 为非负耦合常数. 当 $\lambda = 1$ 时, $\Psi_n^{\min,\lambda}$ 即为 $\Psi_n^{\min}$, 是密度 n 对应的相互作用基态波函数. 当 $\lambda = 0$ 时, $\Psi_n^{\min,\lambda}$ 即为 $\Phi_n^{\min}$, 是密度 n 对应的非相互作用 KS 基态波函数. 固定 n 改变 λ 对应于改变外势 $v_\lambda(\boldsymbol{r})$: $\lambda = 1$ 时, $v_\lambda(\boldsymbol{r})$ 为真实的外势, 而 $\lambda = 0$ 时, $v_\lambda(\boldsymbol{r})$ 为 KS 有效势 $v_{KS}(\boldsymbol{r})$. 通常我们假设当 λ 从 1 变到 0 时, 相互作用和非相互作用基态之间存在平滑的 "绝热连接".

通过引入耦合常数 λ, 交换关联能可以写成

$$
\begin{aligned}
E_{xc}[n] &= \langle \Psi_n^{\min,\lambda} | \hat{T} + \lambda \hat{U} | \Psi_n^{\min,\lambda} \rangle |_{\lambda=1} - \langle \Psi_n^{\min,\lambda} | \hat{T} + \lambda \hat{U} | \Psi_n^{\min,\lambda} \rangle |_{\lambda=0} - U_H[n] \\
&= \int_0^1 \mathrm{d}\lambda \frac{\mathrm{d}}{\mathrm{d}\lambda} \langle \Psi_n^{\min,\lambda} | \hat{T} + \lambda \hat{U} | \Psi_n^{\min,\lambda} \rangle - U_H[n]
\end{aligned}
\tag{1.32}
$$

由 Hellmann-Feynman 定理, 式 (1.32) 简化为

$$
E_{xc}[n] = \int_0^1 \mathrm{d}\lambda \langle \Psi_n^{\min,\lambda} | \hat{U} | \Psi_n^{\min,\lambda} \rangle - U_H[n]
\tag{1.33}
$$

这样, 动能部分贡献被包含到耦合常数积分中, 于是交换关联能可以精确地写成

$$E_{\mathrm{xc}} = \frac{1}{2} \int_0^1 \mathrm{d}\lambda \int \mathrm{d}^3 r \int \mathrm{d}^3 r' \frac{n^\lambda(\boldsymbol{r}, \boldsymbol{r}') - n(\boldsymbol{r})n(\boldsymbol{r}')}{|\boldsymbol{r} - \boldsymbol{r}'|} \tag{1.34}$$

式中: $n^\lambda(\boldsymbol{r}, \boldsymbol{r}')$ 为对应于 Coulomb 势 $\lambda/|\boldsymbol{r} - \boldsymbol{r}'|$ 的密度矩阵, 经常被写成

$$n^\lambda(\boldsymbol{r}, \boldsymbol{r}') = n(\boldsymbol{r})(n(\boldsymbol{r}') + n_{\mathrm{xc}}^\lambda(\boldsymbol{r}|\boldsymbol{r}')) \tag{1.35}$$

式中: $n_{\mathrm{xc}}^\lambda(\boldsymbol{r}|\boldsymbol{r}')$ 为交换关联穴密度, 对应于在 $\boldsymbol{r}'$ 的电子引起的 $\boldsymbol{r}$ 处的电子密度 "穴". 于是交换关联能可以写成

$$E_{\mathrm{xc}} = \frac{1}{2} \int \mathrm{d}^3 r \int \mathrm{d}^3 r' \frac{n(\boldsymbol{r}')\tilde{n}(\boldsymbol{r}|\boldsymbol{r}')}{|\boldsymbol{r} - \boldsymbol{r}'|} \tag{1.36}$$

式中: $\tilde{n}(\boldsymbol{r}|\boldsymbol{r}')$ 为耦合强度平均的穴

$$\tilde{n}(\boldsymbol{r}|\boldsymbol{r}') = \int_0^1 \mathrm{d}\lambda n_{\mathrm{xc}}^\lambda(\boldsymbol{r}|\boldsymbol{r}') \tag{1.37}$$

式 (1.34) 或者式 (1.36) 通常被称为绝热连接公式 (adiabatic connection formula). 交换关联穴可以分成交换和关联两个部分来讨论.

$$n_{\mathrm{x}}(\boldsymbol{r}|\boldsymbol{r}') = n_{\mathrm{xc}}^{\lambda=0}(\boldsymbol{r}|\boldsymbol{r}') \tag{1.38}$$

交换穴密度满足 $n_{\mathrm{x}}(\boldsymbol{r}|\boldsymbol{r}') < 0$, 所以精确的交换能

$$E_{\mathrm{x}}[n] = \frac{1}{2} \int \mathrm{d}^3 r \int \mathrm{d}^3 r' \frac{n(\boldsymbol{r})n_{\mathrm{x}}(\boldsymbol{r}|\boldsymbol{r}')}{|\boldsymbol{r} - \boldsymbol{r}'|} \tag{1.39}$$

也为负. 另外, 容易证明

$$\int \mathrm{d}^3 r' n_{\mathrm{x}}(\boldsymbol{r}|\boldsymbol{r}') = -1 \tag{1.40}$$

知道了交换穴, 关联穴可以通过式 (1.41) 定义

$$\tilde{n}_{\mathrm{xc}}(\boldsymbol{r}|\boldsymbol{r}') = n_{\mathrm{x}}(\boldsymbol{r}|\boldsymbol{r}') + \tilde{n}_{\mathrm{c}}(\boldsymbol{r}|\boldsymbol{r}') \tag{1.41}$$

关联穴满足

$$\int \mathrm{d}^3 r' \tilde{n}_{\mathrm{c}}(\boldsymbol{r}|\boldsymbol{r}') = 0 \tag{1.42}$$

即 Coulomb 排斥改变穴的形状, 但是不改变其积分.

1.2.2 LDA 和 GGA

对交换关联能量泛函最早的一个简单近似是局域密度近似 (LDA), 即用具有相同密度的均匀电子气的交换关联泛函作为对应的非均匀系统的近似值. 在局域自旋密度近似 (LSDA) 下, 交换相关能量可以写为

$$E_{\mathrm{xc}}^{\mathrm{LSDA}}[n^{\uparrow}, n^{\downarrow}] = \int \mathrm{d}^3 r n(\mathbf{r}) \epsilon_{\mathrm{xc}}(n^{\uparrow}(\mathbf{r}), n^{\downarrow}(\mathbf{r})) \tag{1.43}$$

式中: $n^{\uparrow}(\mathbf{r})$ 和 $n^{\downarrow}(\mathbf{r})$ 分别为自旋向上和自旋向下的电子密度; ϵ_{xc} 是均匀自旋密度电子气中单位粒子交换关联能量密度. 出人意料的是, 这样一个简单的近似往往能给出很好的结果. 这直接导致了后来密度泛函理论的广泛应用. 这种意外的成功被归因于局域密度近似下的交换关联穴满足真实交换关联穴的大多数重要的渐进关系和标度关系. 另外, Coulomb 排斥往往使得交换关联穴更深更局域. 可以证明

$$\tilde{n}_{\mathrm{c}}(\mathbf{r}|\mathbf{r}) \leqslant 0 \tag{1.44}$$

也就是说交换关联能比交换能和关联能都局域, 交换和关联两部分的误差在局域密度近似中被一定程度地相互抵消.

对均匀电子气, 我们知道其交换能的解析形式, 那就是式 (1.8) 给出的 Dirac 交换. 另外, Slater 在研究 Hartree-Fock 交换能的近似形式时提出了类似的表达式[23]. 一般地, 我们有

$$E_{\mathrm{x}} = -\frac{9\alpha}{8} \left(\frac{3}{\pi}\right)^{1/3} \int \mathrm{d}^3 r n^{4/3}(\mathbf{r}) \tag{1.45}$$

对严格的均匀电子气, α 应取值 2/3. Slater 建议 α 取值为 1, 而在 Xα 方法中 α 经常取为 3/4. 对关联能而言, 并没有已知的精确解析表达式. 幸运的是, Ceperly 和 Alder[24]对均匀电子气做了高精度的量子 Monte Carlo 模拟. 于是, 人们依据他们的模拟结果通过不同的插值方法给出了不同的局域密度近似下关联能的解析表达形式. 一个被广泛应用的是 VWN 关联泛函[25], 而较新的一个是 PW 泛函[26]. 另外还有后面讲自相互作用修正时要提到的 PZ 泛函[27].

尽管 LDA 已经是一个很好的近似, 但是其精度对于化学而言还显得不够. 这也是为什么在 LDA 是唯一的交换关联近似的许多年内, 密度泛函理论只在固体物理中获得了广泛应用却很少见于计算化学. 这种情况的改变得益于后来对 LDA 的扩展, 最早的一个自然的尝试是梯度展开近似 (GEA), 即把交换关联能量写成密度梯度的多项式展开. 以交换能为例, 我们有

$$E_{\mathrm{x}}^{\mathrm{GEA}}[n] = A_{\mathrm{x}} \int \mathrm{d}^3 r n^{4/3} \left(1 + \mu s^2 + \cdots\right) \tag{1.46}$$

式中: A_x 和 μ 均为待定系数; s 为约化密度梯度,

$$s = \frac{|\nabla n|}{n^{4/3}} = 2(3\pi^2)^{1/3} \frac{|\nabla n|}{2k_F n} \tag{1.47}$$

但测试表明 GEA 虽然可以提高动能泛函的精度, 但往往给出完全错误的关联能, 使得总的交换关联能远比 LSDA 差. 于是人们提出了广义梯度近似 (GGA), 即把密度和梯度同等看待, 构造基于密度及其梯度的泛函. 在 GGA 近似的情况下, 交换相关能是电子 (极化) 密度及其梯度的泛函.

$$E_{\mathrm{xc}}^{\mathrm{GGA}}[n^{\uparrow}, n^{\downarrow}] = \int \mathrm{d}^3 r f(n^{\uparrow}, n^{\downarrow}, \nabla n^{\uparrow}, \nabla n^{\downarrow}) \tag{1.48}$$

构造 GGA 交换相关泛函的方法分为两个流派: 一个是以 Becke 为首的一派, 认为 "一切都是合法的", 所以人们可以以任何原因选择任何可能的泛函形式, 而这种形式的好坏由实际计算来决定. 通常, 在这样的泛函中的参数由拟合大量的计算数据得到. 另一个流派是以 Perdew 为首的一派. 他们认为, 发展交换相关泛函必须以一定的物理规律为基础, 这些规律包括标度关系、渐进行为等.

GGA 交换关联能量泛函也可以写成交换和关联两个部分, 交换部分通常写为

$$E_{\mathrm{x}}^{\mathrm{GGA}} = E_{\mathrm{x}}^{\mathrm{LDA}} + \sum_{\sigma} \int \mathrm{d}^3 r F(s_{\sigma}) n_{\sigma}^{4/3}(\boldsymbol{r}) \tag{1.49}$$

式中: σ 为自旋分量下标; s_{σ} 为对应的约化密度梯度. 比较著名的 GGA 交换有 1988 年 Becke[28] 提出的 B 交换和 1986 年 Perdew 等[29] 提出的 P 交换. B 交换中的 F 函数写成

$$F^{\mathrm{B}} = \frac{\beta s_{\sigma}^2}{1 + 6\beta s_{\sigma} \sinh^{-1} s_{\sigma}} \tag{1.50}$$

式中: β 为经验参数, 通过拟合稀有气体原子得到其值为 0.0042. 而 P 交换将 F 写成约化密度梯度的有理函数, 且不包含经验参数

$$F^{\mathrm{P}} = \left\{ 1 + 1.296 \left[\frac{s_{\sigma}}{(24\pi^2)^{1/3}} \right]^2 + 14 \left[\frac{s_{\sigma}}{(24\pi^2)^{1/3}} \right]^4 + 0.2 \left[\frac{s_{\sigma}}{(24\pi^2)^{1/3}} \right]^6 \right\}^{1/15} \tag{1.51}$$

相对于交换部分, GGA 关联更加复杂, 在这里将不给出其具体表述形式. 与 P 交换同时提出的 P86 关联中包含一个拟合参数, 这个参数在后来优化的 PW91 关联[30]中被去掉了. 五年以后, PW91 被进一步简化为 PBE 泛函[31]. PBE 泛函的推导和表述形式都比 PW91 简单, 但通常认为二者给出差不多的计算结果. 另外一个著名的 GGA 关联泛函是 LYP 关联泛函[32]. 与其他关联能量泛函不同的是, LYP

不是基于均匀电子气的, 而是从氦原子的波函数量子理论出发构造的. LYP 泛函中包含一个经验参数. 需要指出的是, 不同 LDA 泛函给出的结果可能大同小异, 但不同的 GGA 泛函却可能给出完全不同的结果. Filippi 等[33]通过考察一个简谐外势中两个相互作用的电子对早期的一些 LDA 和 GGA 泛函作了一个详细的比较.

1.2.3 轨道泛函与非局域泛函

尽管基于 L(S)DA 或者 GGA 近似的密度泛函理论计算构成了当今最流行的电子结构计算方案, 但是人们寻求更好的交换相关近似的步伐并没有停止. 这其中的一种尝试便是在交换相关能量泛函中包括精确交换. 在式 (1.38) 中, 对 $\lambda = 0$ 的无相互作用极限, $n_{xc}^{\lambda}(r|r')$ 给出精确的交换穴. 此时, KS 轨道给出精确的单粒子轨道, 交换相关能可以由 KS 轨道的 HF 交换计算. 通常, 从包含有相关作用的轨道, 如 KS 轨道, 计算得来的 HF 交换作用被称为精确的交换而不是 Hartree-Fock 交换. 把部分精确交换和 GGA 交换关联混合的泛函称为杂化密度泛函[34,35].

最简单的杂化密度泛函可以写成

$$E_{xc} = aE_x^{exact} + (1 - a)E_x^{GGA} + E_c^{GGA} \tag{1.52}$$

其中常数 a 可以通过经验拟合或者理论估计得到, 对分子体系其取值通常在 1/4 左右. a 的取值不等于或者接近 1 的原因是, 精确交换与 GGA 关联不匹配. 精确交换穴一般十分非局域, 且与同样非局域的精确关联穴有一定程度的抵消. 而 GGA 交换和关联穴都比较局域. 换一个角度, 我们也可以将简单的杂化密度泛函写成

$$E_{xc} = E_x^{exact} + (1 - a)(E_x^{GGA} - E_x^{exact}) + E_c^{GGA} \tag{1.53}$$

这样, 我们可以认为关联能由两个部分构成, 包括式 (1.53) 中右边第二项静态关联和第三项动态关联[36].

一个实用的杂化密度泛函是 B3LYP[37], 其表达式为

$$E_{xc}^{B3LYP} = a_0 E_x^{exact} + (1 - a_0)E_x^{Slater} + a_x E_x^B + a_c E_c^{VWN} + (1 - a_c)E_c^{LYP} \tag{1.54}$$

B3LYP 是如此成功, 以至于迅速成为现在计算化学中应用最广泛的泛函, 对大多数化学体系给出十分精确的结果. 另外, Xu(徐昕) 等[38]最近发展的 X3LYP 泛函还可以被应用到传统上认为密度泛函理论很难处理的氢键弱作用体系.

杂化密度泛函很少应用到固体物理中, 这主要是因为固态计算物理中流行的平面波方法实现精确交换的效率太低. 然而, 最近 Chawla 等[39]的一项工作也许可以改变这一局面. 在这项工作中, 他们给出了线性标度的平面波精确交换算法和平面波超软赝势框架下的交换势计算方法. 另外, 在固体计算中常用的还有屏蔽交换的 LDA(sX-LDA) 方法[40]. 它在非局域框架内描述交换相关穴, 通过包含一个屏蔽

交换项来提高交换相关近似的质量. 扩展系统中的电子屏蔽可以用一个 Thomas-Fermi 指数衰减因子来考虑. Engel[41]通过研究均匀电子气的线性响应函数考察了这种方法的理论基础. 对一些半导体的自洽计算[42]表明 sX-LDA 可以相对 LDA 显著提高计算结果, 给出更接近实验值的能隙和光学性质.

另外一种发展迅速的交换相关泛函形式是 meta-GGA, 它比 GGA 包含更多的半局域信息. 这些信息可以是密度的更高阶梯度、KS 轨道梯度或者其他一些系统特征变量. 比如, PKZB 泛函[43]就在 PBE 泛函的基础上包括了占据轨道的动能密度

$$\tau(\boldsymbol{r}) = \frac{\hbar^2}{2m} \sum_i | \nabla \phi_i(\boldsymbol{r})|^2$$

的信息. 而最近的 TPSS 泛函[44]在 PKZB 泛函的基础上, 首次提出了完全不依赖经验参数拟合的 meta-GGA 泛函, 从而爬到 Jacob 楼梯[45]的第三阶.

因为以上几种泛函形式都与轨道有关, 我们无法直接计算泛函微分 $v_{\mathrm{xc}} = \delta E_{\mathrm{xc}}/\delta n$, 这就需要一种非直接的方法来求得能量泛函的最小值, 进而得到 v_{xc}. 事实上, KS 方程本身就是为了处理非相互作用体系动能泛函 $T_s[\{\phi_i[n]\}]$ 而提出的一种非直接方法. 对现在讨论的交换相关轨道泛函, 我们有最优势方法 (OPM)[46,47]. 一般说来, 它需要求解一个积分方程. 在杂化密度泛函理论中, 通常使用 KLI 近似[48]来避免求解积分方程. 而对 meta-GGA, 人们往往采用所谓后 GGA 方法, 即先用通常的 GGA 计算得到 KS 轨道, 然后再进行 meta-GGA 的修正. 这种方法的缺点是在几何优化或者动力学模拟中计算力不是很方便.

前面几种轨道泛函是隐式的非局域泛函, 还有一种显式的非局域泛函, 它通过包括其他点的密度信息来改进计算结果. 一种最简单的方案是平均密度近似 (ADA)

$$E_{\mathrm{xc}}^{\mathrm{ADA}}[n] = \int \mathrm{d}^3 r \epsilon_{\mathrm{xc}}(\bar{n}(\boldsymbol{r})) \tag{1.55}$$

式中: $\bar{n}(\boldsymbol{r})$ 为该点的平均密度. 在 LDA 中, $\bar{n}(\boldsymbol{r}) \equiv n(\boldsymbol{r})$, 而 GGA 也只包括半局域的密度信息. 与 ADA 对应的实用非局域泛函有常用的加权密度近似 (WDA)[49].

1.2.4　自相互作用修正

现在让我们来考虑只有一个电子的体系. 这时, 没有电子 - 电子相互作用, 我们应该有 $E_{\mathrm{c}}[n] \equiv 0$ 和 $E_{\mathrm{x}}[n] \equiv -E_{\mathrm{H}}[n]$. 但是, 并不是所有的交换关联泛函都满足上述条件. 于是, 我们需要引入自相互作用修正 (SIC) 来消除不真实的电子与自身的相互作用. 自相互作用修正的思想最早由 Stoll 等[50]提出. 现在, 已经有好几种基于现代密度泛函理论的消除自相互作用的方案, 一个典型的代表是 Perdew 和 Zunger[27]提出的泛函形式

$$E_{\mathrm{xc}}^{\mathrm{SIC}}[n^\uparrow, n^\downarrow] = E_{\mathrm{xc}}[n^\uparrow, n^\downarrow] - \sum_i^{N_\uparrow} (E_{\mathrm{H}}[n_i^\uparrow] + E_{\mathrm{xc}}[n_i^\uparrow, 0])$$

$$- \sum_j^{N_\downarrow} (E_{\mathrm{H}}[n_j^\downarrow] + E_{\mathrm{xc}}[0, n_j^\downarrow]) \tag{1.56}$$

式中: E_{xc} 为需要修正的交换相关泛函; E_{H} 为 Hartree 能; ρ_i^α 和 ρ_j^β 分别为单电子轨道密度. 通过自相互作用修正可以显著地改善计算结果[51~53], 尤其是对一些局域电子态, 如过渡金属氧化物的 d 轨道.

施加自相互作用修正后, 我们得不到通常的 KS 方程形式, 所以需要发展特殊的算法来解决自相互作用的修正问题. 一些算法已经被发展并应用到固态物理中[51,52], 而对有限体系则可以通过最优势方法来求解.

常见的交换相关泛函见表 1-2.

表 1-2 常用的交换相关泛函[54]

名称	描述
B	1988 年 Beck 的 GGA 交换泛函, 包含一个经验参数, 给出正确的渐进行为[28]
B3LYP	最成功的杂化交换关联泛函之一[37]
B86	1986 年 Beck 的 GGA 交换泛函[55]
B88	1988 年 Beck 的 GGA 关联泛函[56]
LYP	Lee、Yang 和 Parr 的 GGA 关联泛函[32]
mPBE	Adamo 和 Barone 修正的 PBE 交换关联泛函[57]
P	1986 年 Perdew 的 GGA 交换泛函[29]
P86	1986 年 Perdew 的 GGA 关联泛函[29]
PBE	Perdew、Burke 和 Enzerhof 的 GGA 交换关联泛函[31,58]
PW	Perdew 和 Wang 的 GGA 交换泛函[59]
PW91	1991 年 Perdew 和 Wang 的 GGA 关联泛函[60]
TPSS	Tao、Perdew、Staroverov 和 Scuseria 的 meta-GGA 泛函[44]
VWN	Vosko、Wilk 和 Nusair 的局域关联泛函, 通过均匀电子气拟合[25]
X3LYP	Xu 和 Goddard 的杂化密度泛函[38]

1.2.5 GW 近似

严格来说, GW 近似并不是一种交换相关能量泛函形式. 把它放到这里介绍只是因为 KS 方程 (1.25) 和下面将要介绍的准粒子方程 (1.58) 在形式上具有相似性. 后面我们将看到 GW 近似可以广泛应用于处理激发态、强关联以及弱相互作用等体系. 另外, 关于前面提到的 KS 方程的本征值和本征函数可以作为单粒子能量和轨道的很好近似, 也可以从这种形式上的相似性中找到线索.

早在 1965 年, Hedin[61]就提出了从多体系统 Green 函数出发计算各种复杂的多体效应对准粒子能级贡献的自能方法. 后来, 人们利用他的理论, 在具体的能带计算中以自能代替密度泛函局域近似中的交换相关能, 这就是 GW 近似. 它通常可以显著提高密度泛函计算的精度.

GW 近似经常和固体能隙宽度的讨论联系在一起. 我们知道 KS 轨道并不是真正的单粒子轨道, 所以除了最高占据轨道具有确定的物理意义以外, 体系的能带结构与 KS 本征值并没有简单的一一对应关系. 准确的能隙定义为

$$E_g = [E(N+1) - E(N)] - [E(N) - E(N-1)]$$
$$= \mu(N+1) - \mu(N)$$
$$= \epsilon_{N+1}(N+1) - \epsilon_N(N) \tag{1.57}$$

其中括号内的数值表示系统粒子数, ϵ 的下标表示单粒子能级. 在通常的密度泛函计算中, 我们将能隙通过 KS 本征值表示为 $E_g^{KS} = \epsilon_{N+1}(N) - \epsilon_N(N)$. 由于交换相关势的非连续性, $\epsilon_{N+1}(N+1) \neq \epsilon_{N+1}(N)$, 所以一般说来, 通常的 LDA/GGA 密度泛函计算得到的能隙是不准确的.

在多体理论中, 如果我们能得到具有较长寿命的准粒子的本征态, 就可以直接得到准确的带结构, 从而得到能隙. 可以通过方程 (1.58) 求解准粒子本征态

$$\left[-\frac{1}{2}\boldsymbol{\nabla}^2 + v_{\text{ext}}(\boldsymbol{r}) + v_H(\boldsymbol{r}) \right] \Psi_i(r) + \int \Sigma(\boldsymbol{r}, \boldsymbol{r}'; E_i)\, \Psi_i(\boldsymbol{r}')\mathrm{d}^3 r' = E_i\, \Psi_i(\boldsymbol{r}) \tag{1.58}$$

式中: Σ 为多体系统自能, 可以近似写成格林函数 G 和动力学屏蔽库仑相互作用 W 的积, 即 $\Sigma = iGW$, 这就是 GW 近似名称的由来. 实际的 GW 计算, 通常是在 KS 单粒子轨道上做一阶微扰来求得准粒子能级, 相应的自能也不自洽求解, 写成 iG_0W 的形式, 其中 G_0 是 Green 函数的零级近似, 而 W 通常通过 plasmon-pole 模型求得. 最近, Holm[62]仔细考察了 GW 近似中的自洽计算和总能问题. 他提出的一种部分自洽的方法可以在得到较好精度的同时保持较少的计算量, 这可能使得基于 GW 的方法在计算激发态之类的问题上更有竞争力.

1.3   含时密度泛函理论

除了寻找更好的交换相关近似以外, 密度泛函理论还可以有许多扩展, 其中最重要的就是含时密度泛函理论 (TDDFT)[63~66], 为此我们专列一节进行介绍.

1.3.1   含时密度泛函理论基本概念

为了建立 TDDFT 理论体系, 我们首先需要对应于含时体系的 HK 定理, 这就是 Runge-Gross 定理[67]. 该定理可以表述为: 如果两个势函数相差不止一个纯的

时间函数, 那么在这两个势的作用下, 从相同初始态开始演化的两个密度不同. 所以, 在含时理论中我们也可以在势和密度之间建立一一对应的关系. 除了一个含时的常数, 密度唯一决定势函数, 进而决定了波函数 (除了一个含时的位相, 而这个位相在求算符平均值时将会被抵消). 在含时理论中不能对能量进行变分, 因为总能不再是一个守恒量. 这时, 一个类似的物理量是作用量

$$A = \int_{t_0}^{t_1} \mathrm{d}t \left\langle \varPsi(t) \left| i\frac{\partial}{\partial t} - \hat{H}(t) \right| \varPsi(t) \right\rangle \tag{1.59}$$

显然, 对作用量进行泛函微分可以得到含时 Schrödinger 方程, 真实的含时密度将对应于作用量泛函的一个稳定点. 但是, 在 TDDFT 中直接应用上述作用量存在因果律问题, 这可以通过引入 Keldysh 赝时间来解决[68]. Runge-Gross 定理也可以应用到一个和物理系统有相同密度的假想无相互作用系统中, 进而确立一个唯一的 KS 势. 含时的 KS 方程可以写为

$$i\frac{\partial \psi_j(x)}{\partial t} = \left(-\frac{\boldsymbol{\nabla}^2}{2} + v_{\mathrm{KS}}[n](x) \right) \psi_j(x) \tag{1.60}$$

其中
$$x = \{\boldsymbol{r}, t\}$$

$$v_{\mathrm{KS}}[n](x) = v(x) + \int \mathrm{d}^3 r' \frac{n(x)}{|\boldsymbol{r} - \boldsymbol{r}'|} + v_{\mathrm{xc}}(x) \tag{1.61}$$

含时交换关联势可以写成

$$v_{\mathrm{xc}}(\boldsymbol{r}, t) = \frac{\delta A_{\mathrm{xc}}[n]}{\delta n(\boldsymbol{r}, t)} \tag{1.62}$$

尽管 $A_{\mathrm{xc}}[n]$ 的具体形式未知, 但是在外势随时间变化很慢的极限下我们有

$$A_{\mathrm{xc}} = \int_{t_0}^{t_1} E_{\mathrm{xc}}[n_t] \mathrm{d}t \tag{1.63}$$

那么含时交换关联势可以写成

$$v_{\mathrm{xc}}[n](\boldsymbol{r}, t) = \frac{\delta A_{\mathrm{xc}}[n]}{\delta n(\boldsymbol{r}, t)} = \frac{\delta E_{\mathrm{xc}}[n]}{\delta n_t(\boldsymbol{r})} = v_{\mathrm{xc}}[n_t](\boldsymbol{r}) \tag{1.64}$$

式中: n_t 为含时密度 n 在 t 时刻的值. 式 (1.64) 就是通常所说的绝热近似, 它是一个时间上的局域近似. 绝热近似的时间局域性在式 (1.65) 中清楚地体现出来

$$\frac{\delta v_{\mathrm{xc}}[n](\boldsymbol{r}, t)}{\delta n(\boldsymbol{r}', t')} = \delta(t - t') \frac{\delta v_{\mathrm{xc}}[n_t](\boldsymbol{r})}{\delta n_t(\boldsymbol{r}')} \tag{1.65}$$

如果我们再对 $E_{\mathrm{xc}}[n]$ 采用 LDA 近似, 这时我们对时间和空间都采用了局域近似, 即绝热局域密度近似 (ALDA). 像 LDA 一样, 简单的 ALDA 在很多情况下可以给出较好的结果. 当然, 发展绝热近似以外的含时交换关联近似也十分重要. Hessler 等[69]已经推导出几条在发展近似泛函时必须满足的定理.

1.3.2 线性响应

在实际应用中经常用到的是含时密度泛函理论的线性响应行为. 考虑外场

$$v_{\text{ext}}(\boldsymbol{r}, t) = v_{\text{appl}}(\boldsymbol{r}) + \delta v_{\text{appl}}(\boldsymbol{r}, t)\Theta(t - t_0) \tag{1.66}$$

式中: $\Theta(t)$ 为阶梯函数. 我们假设 $t \leqslant t_0$ 时, 系统处于 $v_{\text{appl}}(\boldsymbol{r})$ 对应的基态. 这样, 含时密度只是外势场的泛函 $n[v_{\text{ext}}](x)$. 由于 KS 哈密顿量的自洽特性, 有效的微扰可以写成

$$\delta v_{\text{KS}}[n](\boldsymbol{r}, t) = \delta v_{\text{appl}}(\boldsymbol{r}, t) + \delta v_{\text{SCF}}[n](\boldsymbol{r}, t) \tag{1.67}$$

而对无相互作用的 KS 粒子, 线性响应系数可以用静态非微扰 KS 轨道来表示:

$$\chi_{ij\sigma, kl\tau}(\omega) = \delta_{i,k}\delta_{j,l}\delta_{\sigma,\tau}\frac{f_{l\tau} - f_{k\tau}}{\omega - (\epsilon_{l\tau} - \epsilon_{k\tau}) + i\eta} \tag{1.68}$$

于是, 密度矩阵的线性响应为

$$\begin{aligned}
\delta P_{ij\sigma}(\omega) &= \sum_{kl\tau}\chi_{ij\sigma, kl\tau}(\omega)\delta v_{\text{KS}}(\omega) \\
&= \frac{f_{j\sigma} - f_{i\sigma}}{\omega - \omega_{ji\sigma}}[v_{ij\sigma}^{appl}(\omega) + \delta v_{ij\sigma}^{\text{SCF}}(\omega)]
\end{aligned} \tag{1.69}$$

问题的复杂性在于 $\delta v_{\text{SCF}}(\omega)$ 本身又与密度矩阵线性响应有关

$$\delta v_{ij\sigma}^{\text{SCF}}(\omega) = \sum_{kl\tau}K_{ij\sigma, kl\tau}\delta P_{kl\tau}(\omega) \tag{1.70}$$

耦合矩阵 $\boldsymbol{K}$ 可以通过对式 (1.61) 应用泛函链式规则得到, 在绝热近似下与频率无关

$$K_{ij\sigma, kl\tau} = \int\int \mathrm{d}^3r\mathrm{d}^3r'\psi_{i\sigma}^*(\boldsymbol{r})\psi_{j\sigma}(\boldsymbol{r})\left[\frac{1}{\boldsymbol{r} - \boldsymbol{r}'} + \frac{\delta^2 E_{\text{xc}}}{\delta n_\sigma(\boldsymbol{r})\delta n_\tau(\boldsymbol{r}')}\right]\psi_{k\tau}(\boldsymbol{r}')\psi_{l\tau}^*(\boldsymbol{r}') \tag{1.71}$$

其中中括号内第二项被称为交换关联核, 经常被简写为 $f_{\text{xc}}(\boldsymbol{r}\sigma, \boldsymbol{r}'\tau)$. 如果令 $f_{\text{xc}} = 0$, 那么我们就回到响应函数的随机位相近似. 另外, 如果激发可以很好地通过单粒子占据态 - 空态跃迁来描述, 我们可以忽略 $K_{ij\sigma, kl\tau}$ 的非对角元, 这叫做单极近似. 将式 (1.70) 代入式 (1.69), 有

$$\sum_{kl\tau}\left[\delta_{i,k}\delta_{j,l}\delta_{\sigma,\tau}\frac{\omega - \omega_{lk\tau}}{f_{l\tau} - f_{k\tau}} - K_{ij\sigma, kl\tau}\right]\delta P_{kl\tau}(\omega) = \delta v_{ij\sigma}^{\text{appel}}(\omega) \tag{1.72}$$

式 (1.72) 可以分开写成电子–空穴和空穴–电子两个部分的贡献, 更换相应下标为 p 和 h, 有

$$\frac{\omega - \omega_{ph\sigma}}{f_{p\sigma} - f_{h\sigma}}\delta P_{ph\sigma} - \sum_{p'h'\tau}[K_{ph\sigma, p'h'\tau}\delta P_{p'h'\sigma} + K_{ph\sigma, h'p'\tau}\delta P_{h'p'\sigma}] = \delta v_{ph\sigma}^{\text{appel}} \tag{1.73}$$

和

$$\frac{\omega - \omega_{hp\sigma}}{f_{h\sigma} - f_{p\sigma}} \delta P_{hp\sigma} - \sum_{p'h'\tau} [K_{hp\sigma,p'h'\tau} \delta P_{p'h'\sigma} + K_{hp\sigma,h'p'\tau} \delta P_{h'p'\sigma}] = \delta v_{hp\sigma}^{\mathrm{appel}} \quad (1.74)$$

为了考虑实微扰, 有必要将上面两个方程的实部和虚部分开, 这需要用到耦合矩阵的对称性. 如果分子轨道是实的, 耦合矩阵有如下对称性

$$K_{ij\sigma,kl\tau}(\omega) = K_{ij\sigma,lk\tau}(\omega) = K_{ji\sigma,lk\tau}(\omega) = K_{ji\sigma,kl\tau}(\omega) \quad (1.75)$$

由此可以得到如下矩阵方程

$$\left[\begin{pmatrix} \boldsymbol{A}(\omega) & \boldsymbol{B}(\omega) \\ \boldsymbol{B}(\omega) & \boldsymbol{A}(\omega) \end{pmatrix} - \omega \begin{pmatrix} \boldsymbol{C} & 0 \\ 0 & -\boldsymbol{C} \end{pmatrix} \right] \begin{pmatrix} \delta \boldsymbol{P}(\omega) \\ \delta \boldsymbol{P}^*(\omega) \end{pmatrix} = \begin{pmatrix} \delta \boldsymbol{v}_{\mathrm{appl}}(\omega) \\ \delta \boldsymbol{v}_{\mathrm{appl}}^*(\omega) \end{pmatrix} \quad (1.76)$$

其中

$$A_{ph\sigma,p'h'\tau}(\omega) = \delta_{\sigma,\tau} \delta_{p,p'} \delta_{h,h'} \frac{\omega_{p'h'\tau}}{f_{p'\tau} - f_{h'\tau}} - K_{ph\sigma,p'h'\tau}(\omega) \quad (1.77)$$

$$B_{ph\sigma,p'h'\tau}(\omega) = -K_{ph\sigma,h'p'\tau}(\omega) \quad (1.78)$$

$$C_{ph\sigma,p'h'\tau}(\omega) = \frac{\delta_{\sigma,\tau} \delta_{p,p'} \delta_{h,h'}}{f_{p'\tau} - f_{h'\tau}} \quad (1.79)$$

将式 (1.76) 进行一个幺正变换有

$$\left[\begin{pmatrix} \boldsymbol{A}(\omega) + \boldsymbol{B}(\omega) & 0 \\ 0 & \boldsymbol{A}(\omega) - \boldsymbol{B}(\omega) \end{pmatrix} - \omega \begin{pmatrix} 0 & -\boldsymbol{C} \\ -\boldsymbol{C} & 0 \end{pmatrix} \right] \begin{pmatrix} \Re \delta \boldsymbol{P}(\omega) \\ -i \Im \delta \boldsymbol{P}(\omega) \end{pmatrix}$$

$$= \begin{pmatrix} \Re \delta \boldsymbol{v}_{\mathrm{appl}}(\omega) \\ -i \Im \delta \boldsymbol{v}_{\mathrm{appl}}(\omega) \end{pmatrix} \quad (1.80)$$

因为 $\boldsymbol{A}(\omega) - \boldsymbol{B}(\omega)$ 是对角且与 ω 无关的矩阵, 对实微扰, 我们有

$$\frac{\omega^2 - \omega_{ph\sigma}^2}{(f_{p\sigma} - f_{h\sigma}) \omega_{ph\sigma}} (\Re \delta P_{ph\sigma})(\omega) - \sum_{p'h'\tau} 2 K_{ph\sigma,p'h'\tau}(\omega) (\Re \delta P_{p'h'\sigma})(\omega) = \delta v_{ph\sigma}^{\mathrm{appl}}(\omega) \quad (1.81)$$

或者写成矩阵形式

$$(\Re \delta \boldsymbol{P})(\omega) = \boldsymbol{S}^{-1/2} [\omega^2 \boldsymbol{I} - \Omega(\omega)]^{-1} \boldsymbol{S}^{-1/2} \delta \boldsymbol{v}_{\mathrm{appl}}(\omega) \quad (1.82)$$

其中

$$\boldsymbol{S}(\omega) = -\boldsymbol{C}(\boldsymbol{A} - \boldsymbol{B})^{-1} \boldsymbol{C} \quad (1.83)$$

$$\Omega(\omega) = -\boldsymbol{S}^{-1/2} (\boldsymbol{A} + \boldsymbol{B}) \boldsymbol{S}^{-1/2} \quad (1.84)$$

1.3.3　激发态能量和振子强度

含时密度泛函理论最广泛的应用是计算激发态的光谱能量和强度. 光和分子的作用可以通过一个含时的电场来表示

$$\delta v_{\mathrm{appl}}(t) = \hat{z}\mathcal{E}_z(t) \tag{1.85}$$

以 x 分量为例, 偶极矩可以通过电场展开

$$\mu_x(t) = \mu_x + \int \alpha_{xz}(t - t')\mathcal{E}_z(t')\mathrm{d}t' + \cdots \tag{1.86}$$

由卷积定理,

$$\alpha_{xz}(\omega) = \frac{\delta\mu_x(\omega)}{\mathcal{E}_z(\omega)} \tag{1.87}$$

因为

$$\delta\mu_x(\omega) = -\sum_{ij\sigma} x_{ji\sigma}\delta P_{ij\sigma} = -2\sum_{ph\sigma} x_{hp\sigma}(\Re\delta P_{ph\sigma})(\omega) \tag{1.88}$$

我们有

$$\begin{aligned}
\alpha_{xz}(\omega) &= -2\sum_{ph\sigma} x_{ph\sigma}(\Re\delta P_{ph\sigma})(\omega)/\mathcal{E}_z(\omega) \\
&= 2\boldsymbol{x}^\dagger \boldsymbol{S}^{-1/2}[\Omega(\omega) - \omega^2\boldsymbol{I}]^{-1}\boldsymbol{S}^{-1/2}\boldsymbol{z}
\end{aligned} \tag{1.89}$$

因为在 Sum-Over-States 表示中, 动力学极化率 α 在激发态能量处有极点, 所以通常通过求解如下的本征值问题来求激发态能量

$$\Omega(\omega)\boldsymbol{F}_I = \omega_I^2\boldsymbol{F}_I \tag{1.90}$$

而振动强度对应于动力学极化率 α 的留数, 可以写成

$$f_I = \frac{2}{3}\left(|\boldsymbol{x}^\dagger\boldsymbol{S}^{-1/2}\boldsymbol{F}_I|^2 + |\boldsymbol{y}^\dagger\boldsymbol{S}^{-1/2}\boldsymbol{F}_I|^2 + |\boldsymbol{z}^\dagger\boldsymbol{S}^{-1/2}\boldsymbol{F}_I|^2\right) \tag{1.91}$$

最后, 如果基态波函数是 KS 轨道的单行列式, 并且坐标矩阵元线性无关, 则激发态波函数可以写成

$$\Psi_I = \sum_{ph\sigma} \sqrt{\frac{\omega_{h\sigma} - \omega_{p\sigma}}{\omega_I}} F_{ph\sigma}^I \hat{a}_{h\sigma}^\dagger \hat{a}_{p\sigma} \Phi + \cdots \tag{1.92}$$

另外, 在自旋限制计算中, 可以通过用 $\{\boldsymbol{F}_+, \boldsymbol{F}_-\}$ 基组表示式 (1.90) 来分开单重态和三重态激发, 其中

$$F_{ij}^{\{+,-\}} = \frac{1}{\sqrt{2}}(F_{ij\uparrow} \pm F_{ij\downarrow}) \tag{1.93}$$

1.4 密度泛函理论的扩展形式

我们在本节简单介绍密度泛函理论的其他扩展形式.

1.4.1 强关联密度泛函理论

含时密度泛函理论是对密度泛函理论的一般性推广. 有时我们还需要针对某些具体体系对它进行一些特殊的扩展. 例如对强关联体系, 常规的密度泛函理论经常低估 d 电子的局域性. 这时, 我们往往在密度泛函理论中加入一个 Hubbard 模型中的在位 Coulomb 排斥项, 这就是我们通常所说的 DFT+U 方法.

对一些 3d 族过渡金属氧化物, 密度泛函理论计算给出金属能带结构, 但实验观察表明为绝缘体, 这种体系往往被称为 Mott 绝缘体. 我们知道电子从一个原子位跳跃到另一个原子位时, 如果目标原子位已经有一个电子, 那么这种跳跃需要克服一个 Coulomb 相互作用. 如果这个能量比能带宽度大的话, 尽管能带没有全满, 电子也不能自由输运, 系统表现出绝缘性质. 强关联 Mott 绝缘体体系可以由 Hubbard 紧束缚模型很好地描述, 在 Hubbard 模型中通过一个 Hubbard 参数 U 来描述这种 Coulomb 排斥.

1991 年, Anisimov 等[70]发现, 在传统的 LDA 中, 只包含了由 Hund 规则对应的交换参数 J, 而在 Mott 绝缘体中起决定作用的应该是 Hubbard 参数 U, U 通常比 J 大一个数量级. 这就导致了 LDA 在处理 Mott 绝缘体体系时的失败. 他们通过在原来的 LDA 能量泛函中加入 Hubbard 参数 U 对应的一项, 建立了 DFT+U 方法 (或者称为 LDA+U 方法). 这种方法可以成功地描述 Mott 绝缘体, 但是他们最初的模型不是基组无关的, 这就大大限制了它的应用.

1995 年, Liechtenstein 等[71]改进了他们的方法, 提出了基组旋转不变的 DFT+U 能量泛函形式. 首先, 他们定义了如下的局域密度矩阵

$$n_{\gamma\gamma'} = -\frac{1}{\pi} \int^{E_{\mathrm{F}}} \mathrm{Im} G^{\sigma\sigma'}_{ilm,ilm'}(E)\mathrm{d}E \tag{1.94}$$

式中: $G^{\sigma\sigma'}_{ilm,ilm'}(E)$ 为局域基组下的 Green 函数矩阵元. 然后, 他们在能量泛函中加入轨道极化项 $E^U[\{n\}]$ 和重复计数修正项 $E_{dc}[\{n\}]$, 其中重复计数修正项可以保证在没有轨道极化时能量泛函回到 LDA 的情形

$$E^{\mathrm{DFT}+U}[n^\sigma(\boldsymbol{r}), \{n\}] = E^{\mathrm{LSDA}}[n^\sigma(\boldsymbol{r})] + E^U[\{n\}] + E_{dc}[\{n\}] \tag{1.95}$$

式 (1.95) 中轨道极化项可以写成

$$E^U[\{n\}] = \frac{1}{2} \sum_{\{\gamma\}} (U_{\gamma_1\gamma_3\gamma_2\gamma_4} - U_{\gamma_1\gamma_3\gamma_4\gamma_2}) n_{\gamma_1\gamma_2} n_{\gamma_3\gamma_4} \tag{1.96}$$

其中

$$U_{\gamma_1\gamma_3\gamma_2\gamma_4} = \left\langle m_1 m_3 \left| \frac{1}{|\boldsymbol{r} - \boldsymbol{r}'|} \right| m_2 m_4 \right\rangle \delta_{\sigma_1\sigma_2} \delta_{\sigma_3\sigma_4} \tag{1.97}$$

非屏蔽电子–电子相互作用 $U_{\gamma_1\gamma_3\gamma_2\gamma_4}$ 可以用 Slater 积分 F^k 表示. 但是, 由于在固体中 Coulomb 作用往往是屏蔽的, 使用从原子波函数求得的 Slater 积分会高估电子–电子相互作用. 在实际计算时, 往往通过给定参数 U 和 J, 将 Slater 积分用 U 和 J 来表示, 如 $F^0 = U$. Liechtenstein 等的方案也可理解为用一个屏蔽的类 Hartree-Fock 强原子内轨道相互作用对密度泛函理论局域电子部分作一个替代.

另外一种常用的 DFT+U 能量泛函形式是 Dudarev 等[72] 提出的一种简化模型, 其能量泛函写为

$$E^{\mathrm{DFT}+U} = E^{\mathrm{LSDA}} + \frac{(U-J)}{2} \sum_\sigma \left(\sum_{m_1} n^\sigma_{m_1,m_1} - \sum_{m_1,m_2} n^\sigma_{m_1,m_2} n^\sigma_{m_2,m_1} \right) \tag{1.98}$$

式 (1.98) 可以简单地理解为在 DFT 能量泛函上加一个惩罚泛函使密度矩阵趋于幂等.

像 GW 近似一样, DFT+U 是一种 Hartree-Fock 平均场方法. 事实上, 至少对于局域态, 如过渡金属或稀土金属离子的 d 轨道和 f 轨道, DFT+U 方法可以看成 GW 近似方法的一种近似[73]. 另外, DFT+U 方法还可以推广到其他需要人为调节轨道占据数的体系, 如处理某些特殊表面分子吸附体系的分子 DFT+U 方法[74]. 在分子 DFT+U 方法中, U 被用来增加分子的能隙, 减少局域或半局域密度泛函理论中低估分子能隙所带来的计算误差.

DFT+U 处理方法仍然是一种完全的平均场近似, 为了考虑粒子自能对频率的依赖, 我们需要引进动力学平均场理论 (DMFT)[75]. 动力学平均场理论是经典统计力学中 Weiss 平均场理论的一个自然推广, 但是需要指出的是, 动力学平均场理论里的平均场并不是冻结所有的涨落效应 (那样将回到 Hartree-Fock 近似). 它冻结空间涨落, 但把局域量子涨落 (即一个给定点阵位置上可能量子态之间的时间涨落) 完全考虑进来, 这也是所谓动力学平均场名字的由来. 和经典统计力学平均场一样, 对无穷维体系 (或者大点阵配位数极限) 动力学平均场理论是精确的.

密度泛函理论和动力学平均场理论联用的基本思路是把密度泛函能带结构作为零阶近似, 做紧束缚投影后加入电子–电子相互作用项, 构造模型哈密顿量, 然后进行动力学平均场处理[75~77]. 以 Chioncel 等[78] 的方案为例, 为了和动力学平均场理论衔接, 在密度泛函部分他们采用局域基组, 扩展 muffin-tin 轨道 (EMTO). 通过散射理论可以由 KS 方程 (更严格地说应该使用像前面 GW 近似中介绍过的一样使用准粒子方程. 最近, 已经有人提出了 GW 近似和动力学平均场理论联用的方案[79,80]) 得到单电子 Green 函数. 动力学平均场 Green 函数通过 Dyson 方程

可以由单电子 Green 函数和局域自能来表示. 而自能与所谓的有效介质 (或热库) Green 函数有关, 有效介质 Green 函数反过来又与 k 点积分的动力学平均场 Green 函数有关, 所以我们需要自洽求解. 这可通过所谓的自旋极化的 T 矩阵加涨落交换 (SPTF) 方法实现. 自洽解得自能和动力学平均场 Green 函数后, 用动力学平均场 Green 函数和密度泛函重叠矩阵求出新的电荷密度, 进而得到新的有效密度泛函哈密顿量, 使我们的密度泛函自洽循环得以继续. 这样就在密度泛函理论中加入了动力学平均场理论处理.

1.4.2 流密度泛函理论

流密度泛函理论 (CDFT)[81] 是一种用来处理任意强度磁场下相互作用电子体系的方法. 在流密度泛函理论中, 传统的 KS 方程被一套规范不变且满足连续性方程的自洽方程所代替, 交换相关能量不仅依赖于电荷密度还依赖于顺磁流密度, 从而可以考虑磁场对交换相关势的影响. 流密度泛函理论可以被用来计算原子分子对磁场的响应. 最近, 它还被用来研究自发磁化. 磁场中的二维量子点是流密度泛函理论的一个典型应用体系, 因为这种体系中磁场诱导的效应非常重要. 这种二维体系蕴藏着丰富的结构, 在不同的场强和填充因子下探索其中的物理规律的工作还在继续. 而且这种研究反过来对自旋密度和流密度理论的关系提供线索. 最近, 自旋密度和流密度泛函理论的联系被用来构造新的交换关联能量近似泛函[82]. 另外, 如果需要处理含时磁场, 可以将含时密度泛函理论推广到含时流密度泛函理论[83].

1.4.3 相对论性密度泛函理论

对某些重元素的计算需要我们在密度泛函理论中考虑相对论效应. 对应于量子电动力学的单粒子方程是 Dirac 方程, Dirac 哈密顿量可以写为

$$h_{\mathrm{D}} = c\boldsymbol{\alpha} \cdot \boldsymbol{p} + (\boldsymbol{\beta} - 1)c^2 + v(\boldsymbol{r}) \tag{1.99}$$

式中: c 为光速; $v(\boldsymbol{r})$ 为外势; $\boldsymbol{p}$ 为动量算符; $\boldsymbol{\alpha}$ 和 $\boldsymbol{\beta}$ 为 4×4 的 Dirac 矩阵, 可由 2×2 的 Pauli 矩阵定义. Dirac 哈密顿量的本征谱包括两个部分: 正态和负态, 分别对应着电子和正电子. 单体 Dirac 哈密顿量可以推广为 Dirac-Coulomb(DC) 或者 Dirac-Coulomb-Breit(DCB) 多体哈密顿量.

$$H = \sum_i h_{\mathrm{D}}(\boldsymbol{r}_i) + \sum_{i>j} g_{ij} \tag{1.100}$$

其中

$$g_{ij} = \frac{1}{r_{ij}} \qquad \text{(DC 多体哈密顿量)} \tag{1.101}$$

或者

$$g_{ij} = \frac{1}{r_{ij}} - \frac{1}{2} \left[\frac{(\alpha_i \cdot \alpha_j)}{r_{ij}} + \frac{(\alpha_i \cdot r_{ij})(\alpha_j \cdot r_{ij})}{r_{ij}^3} \right] \qquad \text{(DCB 多体哈密顿量)} \qquad (1.102)$$

基于 DC 或者 DCB 哈密顿量, 可以得到 Dirac-Hartree-Fock(DHF) 方程. 或者由相对论性的密度泛函理论[84] 得到四分量 Dirac-Kohn-Sham(DKS) 方程[85,86]. 解 DKS 方程可以使用数值旋量基组, 或者通过考虑 Dirac 旋量中大、小分量的动能平衡, 构造缩并 Gaussian 型旋量基组[87]. 为了减少计算量, 人们也提出了一些两分量准相对论方法. 例如, 对经过 Foldy-Wouthuysen(FW) 变换[88]的 Dirac 哈密顿量进行 Taylor 展开截断, 可以得到 Breit-Pauli(BP) 近似[89]或者 ZORA 近似[90,91]. ZORA 已经成为一种常用的相对论效应处理方法, 但是现在也有很多针对它的不同弱点的改进方案[92~94]. 最简单的相对论处理方法是所谓的有效核势 (ECP) 方法, 即通过在常规的密度泛函计算中使用相对论性的赝势来处理相对论效应. 关于相对论性密度泛函理论的更详细介绍见本书第 3 章.

1.4.4   密度泛函微扰理论

晶格振动理论是现代固体物理的一个重要组成部分. 固体中许多物理性质都与它的晶格点阵动力学有关, 如红外、Raman 和中子衍射谱, 热容、热胀和热导, 电阻、超导等与电声相互作用有关的性质. 早期的晶格振动理论着眼于动力学矩阵的一般性质, 但是对决定这些性质的电子结构与动力学矩阵的联系很少涉及. 事实上, 电子结构与动力学矩阵的联系不仅仅在理论上重要, 而且也只有搞清楚了这种联系才能计算任意特定体系的点阵动力学. 直到 20 世纪 70 年代, 在密度泛函微扰理论 (DFPT)[95]中运用线性响应技术才使得对点阵动力学的从头算成为可能. 经过理论和算法的不断发展, 现在我们已经可以在 Brillouin 区的一个精细的波矢网格上准确地计算声子色散了. 计算结果可以直接和中子衍射实验对比. 并且, 基于算得的声子谱, 可以进一步得到体系的许多物理性质.

第一性原理计算点阵动力学的基本近似是绝热近似, 在绝热近似下求平衡几何构型和振动性质归结为求 Born-Oppenheimer 势能面的一阶和二阶导数. 而其二阶导数, 即 Hessian 矩阵 $\partial^2 E(R)/\partial R_I \partial R_J$ 的计算需要知道基态电子密度及其对核几何位置的线性响应 $\partial n_R(\boldsymbol{r})/\partial R_I$. 更一般地, 我们有所谓的 $2n+1$ 定理, 即知道了波函数的 n 阶导数, 就可以计算能量的直到 $2n+1$ 阶导数. 对线性响应运用微扰理论, 很容易得到一组自洽方程

$$\begin{cases} \delta n(\boldsymbol{r}) = 4\,\mathrm{Re} \sum_{n=1}^{N/2} \phi_n^*(\boldsymbol{r}) \delta\phi_n(\boldsymbol{r}) \\ (H_{\mathrm{SCF}} - \epsilon_n)\delta\phi_n = -(\delta v_{\mathrm{SCF}} - \delta\epsilon_n)\phi_n \end{cases} \qquad (1.103)$$

通过施加不同的微扰, 可以很方便地求得不同的性质. 或者, 我们也可以直接对二阶能量微扰变分求解[96]. 二阶电子能量可以写为

$$E_{el}^{(2)} = \sum_{k,n}[\langle\phi_{k,n}^{(1)}|H^{(0)} - \epsilon_{k,n}^{(0)}|\phi_{k,n}^{(1)}\rangle$$
$$+ \langle\phi_{k,n}^{(1)}|v^{(1)}|\phi_{k,n}^{(0)}\rangle + \langle\phi_{k,n}^{(0)}|v^{(1)}|\phi_{k,n}^{(1)}\rangle]$$
$$+ \frac{1}{2}\int\frac{\delta^2 E_{\mathrm{xc}}}{\delta\mathrm{n}(r)\delta\mathrm{n}(r')}n^{(1)}(r)n^{(1)}(r') + \sum_{k,n}\langle\phi_{k,n}^{(0)}|v^{(2)}|\phi_{k,n}^{(0)}\rangle \tag{1.104}$$

式中: 上标代表微扰的阶数. 另外, Putrino 等[97]对变分密度泛函微扰理论进行了推广, 以应用到非哈密顿微扰的情形.

基于密度泛函理论, 还有一些另外的方法可以求解系统的点阵动力学, 如冻声方法和分子动力学谱分析方法. 密度泛函微扰理论相对其他非微扰方法的一个最大的优点就是对不同波长的微扰产生的响应相互之间不耦合, 这给点阵动力学计算带来很大的方便. 关于不同方法之间的详细比较可以参考 Baroni 等[95]的综述文章. 另外, 在量子化学界, 密度泛函理论的静态线性响应方程组也常常被称为耦合 KS 方程.

1.4.5　极化和介电常数

关于电介质极化的几何 Berry 位相量子理论[98]是一个很优雅的理论. 晶体的宏观极化通常通过一个小单胞中的偶极矩来定义. 事实上, 这种偶极矩既不是可观测量又不是模型无关量: 对一个周期电荷分布, 它并没有被很好地定义. 仔细地考察表明, 通常测量的物理量应该是极化变化, 它对应于一个宏观的流. 在量子力学图像中, 电荷密度负载着波函数模的信息, 而流对应的是波函数的位相信息. 电介质极化的几何 Berry 位相量子理论表明: 零电场情况下, 任意两个晶体态之间的极化变化对应着一个几何量子位相. 这种理论已经被成功地用来计算晶格振动、铁电和压电效应引起的宏观极化变化和用来研究自发极化现象. 最近, 该理论被扩展到用来计算静态介电张量 ϵ_0[99]和电子介电常数 ϵ_{00}[100]. 计算结果表明, DFT 级别的介电常数的从头算可以达到误差为 5% ~ 10% 的实验精度. 基于几何位相和极化理论的方法不如传统的微扰理论方法普适, 但是它实现起来更简单, 计算量也比较小.

1.5　离 散 方 法

为了用密度泛函理论来解决实际问题, 我们需要通过计算机进行数值计算. 而从计算机高级编程语言 (如 Fortran 90/95) 的层次来看, 计算机中存储的都是一些一维或高维数组, 对应于物理上离散的矢量或矩阵. 所以, 如果要通过计算机进行

数值计算, 首先要将电荷密度之类的连续物理量进行离散. 离散的方法有基组展开和格点表示两类.

1.5.1　基组: 从量子化学到固体能带理论

所谓基组方法是指把一个物理量用一些基函数来展开, 也就是将一个连续量离散成一组系数. 原则上讲, 需要的基函数的个数是无限的. 而在实际的数值计算中, 我们只能使用有限个基函数. 所以, 我们通常需要仔细选择一组合适的基组, 使得由个数有限 (截断效应) 引起的误差尽量小.

对化学家而言, 最常用的基组是原子轨道线性组合 (LCAO) 基组, 它又可以分为解析和数值两类. 解析 LCAO 基组包括在量子化学计算中广泛运用的 Gauss 型基组 (著名的量子化学计算软件包 Gaussian 即由此得名) 和 Slater 型基组[101]. Slater 型基组在远离原子核的区域指数衰减, 而 Gauss 型基组则给出一个 Gauss 线型. 应该说 Slater 型基组更好地给出了原子中电子波函数的真实行为, 但 Gauss 型基组在数值上更容易处理. 为了综合二者的优点, 现在广泛采用的是缩并基组, 即用几个 Gauss 型基组的线性组合来逼近一个 Slater 型基组.

在固体能带理论中, 基函数的选取也有两条路线[102]: 一条路线是选取固定的与能量无关的基函数; 另一条路线则是构造能量相关的基函数. 最常用的固定基组就是平面波基组, 它是自由电子气的本征函数, 是最简单的正交、完备的函数集. 平面波基组的一个优点是可以通过增加截断能量, 系统地改善基函数集的性质. 由于系统波函数在原子核附近有很强的定域性, 动量较大, 平面波展开收敛很慢, 使得直接用平面波基组不具有实用意义. 所以, 通常平面波基组都是和其他方法配套使用. 比较早的一个方法是正交化平面波 (OPW) 方法, 即在平面波中扣去其在内层电子态上的投影, 使基函数 $|\chi_{k+G}\rangle$ 与芯态波函数 $|\phi_c\rangle$ 正交.

$$|\chi_{k+G}\rangle = |k + G\rangle - \sum_c |\phi_c\rangle\langle\phi_c|k + G\rangle \tag{1.105}$$

OPW 的局限性在于所取的芯态波函数并不是体系哈密顿量的本征态, 由此会引起相应的能量误差. 现在平面波基组常常和赝势方法联系在一起. 赝势是一个用来模拟离子实对价电子作用的有效势. 其物理本质在于价态芯态正交条件对价态的贡献等效于一个排斥势, 它与芯区的势对价电子的强烈吸引相互抵消, 使得构造一个相对平缓的有效赝势成为可能. 赝势方法的发展经历了从经验赝势、模守恒赝势到超软赝势 (USPP)[103] 的几个阶段. 模守恒赝势要求赝波函数和真实波函数在芯区给出相同的电荷密度, 这一限制条件使得模守恒赝势对第一周期元素、3d 元素和稀土元素不能有效地减少平面波基组的数量. 而 USPP 去掉了模守恒这一限制条件, 通过引入多参考能量、补偿电荷等概念, 使得它对所有的元素都有很高的效率. 现在, 赝势平面波方法[104] 已经成为固体能带计算中最成熟、应用最广泛的方法之一.

固体能带理论中常用的另外一类基组是与能量有关的基组. 为了构造这类基函数, 通常先对势场做一定的近似. 一个常用的近似是 muffin-tin 近似, 即在以原子为中心的球形区域取球对称势, 球外取常数势. 基于 muffin-tin 势, 可以建立一套缀加平面波 (APW). 在球内为球谐函数的线性叠加, 在球外为平面波, 在球面上满足波函数连续的边界条件. 另外一种基于 muffin-tin 势场近似的方法是 Green 函数方法, 又称为 KKR 方法. 它不是将晶体波函数按某种选定的基函数展开作为出发点, 而是将 KS 方程先演变为一个积分方程, 用散射理论来求解晶体的电子态能量. 因为使用上述两种基组时, 哈密顿量的矩阵元是能量的函数, 所以要求解的是一个超越方程. 这通常需要用逐步逼近法求解, 计算量很大.

为了减少计算量, 可以将上述两种方法线性化[105]. 对应于 APW 的线性化方法是 LAPW, 它将 muffin-tin 球内的基函数写成 Schrödinger 方程径向解及其对能量导数的线性组合, 从而将能量参数化. 另外, 增加了导数项后, 待定系数增加了, 使得我们可以保证球面上基函数的导数也连续. 同时, 在 LAPW 方法的基础上还可以方便地引入非 muffin-tin 效应, 如全势 LAPW 方法 (FP-LAPW). 线性 muffin-tin 轨道 (LMTO) 方法是通过构造一套复杂的与能量无关的 muffin-tin 轨道来使矩阵元中不含能量 E 的. 在这种方法中引入非 muffin-tin 效应的方法包括最近发展的所谓扩展 muffin-tin 轨道方法[106], 通过使用大的相互重叠的球并精确地处理这种重叠效应, 来表示 LDA 单电子势.

引进线性化方法以后, 构造基组的两种途径之间的差别就不明显了. 事实上, 我们现在已经有像投影缀加波 (PAW)[107]之类的方法来试图对平面波赝势方法和 LAPW 方法做一个统一的推广. PAW 方法的目标是在真实的 KS 波函数空间与一个赝 (PS)Hilbert 空间之间建立一个变换. 这样, 对赝 Hilbert 空间进行变分后就可以方便地重新变换到真实的 KS 空间. 首先, 它对每个全电子分波 $|\phi_i\rangle$ 构造一个对应的平缓的赝分波 $|\tilde{\phi}_i>$, 对每个赝分波又可定义一个投影函数 $|\tilde{p}_i\rangle$, 使得任意赝波函数对赝分波的展开系数即为该赝函数与对应投影函数的内积. 这样, 全电子波函数空间与赝波函数空间的线性变换可以写为

$$\tau = 1 + \sum_i \left(|\phi_i\rangle - |\tilde{\phi}_i\rangle\right)\langle\tilde{p}_i| \tag{1.106}$$

由于赝波函数比较平缓, 可以用平面波基组展开. 当然, 原则上也可以用平面波以外的任何其他基组. 尽管 PAW 方法形式优雅, 线性变换构造简单, 但是由于 PAW 方法提出的时间比超软赝势晚, 所以 PAW 的应用并不广泛, 直到 Kresse 等[108]建立起超软赝势与 PAW 的直接联系. 他们发现超软赝势的总能泛函可以简单地通过对 PAW 全能泛函中两项线性化以后得到, 同时他们还提出了在流行的超软赝势平面波程序中支持 PAW 的简单易行的方法.

1.5.2　格点: 有限差分和有限元

利用实空间网格来离散 KS 方程是一种简单而直观的方法[109,110]. 在最简单的情况下, 一个连续的物理量可以由它在一个均匀离散网格的每个格点上的值来表示. 实空间方法有一些非常吸引人的优点: 可以方便地处理一些离域基组 (如平面波) 难以处理的体系, 如带电体系和隧道结体系[111]等; 允许通过增加网格密度系统的控制计算收敛精度, 间距 $d = \pi/\sqrt{2E_{\text{cut}}}$ 的网格就对应着截断能量为 E_{cut} 的平面波基组; 通过对电子轨道或密度矩阵施加局域性限制, 可以很容易地实现线性标度的算法; 另外, 大多实空间方法可以方便地通过实空间域分解实现并行计算, 而对平面波算法而言, 在大规模并行计算机上实现快速 Fourier 变换 (FFT) 是十分困难的.

传统的实空间方法有有限差分和有限元两种. 有限差分方法简单、直观, 而且容易实现, 是电子结构计算中应用最多的实空间方法[112~114]. 它的思想是在实空间网格上将微分运算离散成差分形式, 即近邻格点值的线性组合

$$\frac{\partial^2 \Psi}{\partial x^2} = \sum_{n=-N}^{N} C_n \Psi(x_i + nh, y_j, z_k) + O(h^{2N+2}) \tag{1.107}$$

式中: N 为差分格式的阶数; C_n 为系数, 见表 1-3.

表 1-3　高阶有限差分系数表

	C_i	$C_{i\pm1}$	$C_{i\pm2}$	$C_{i\pm3}$	$C_{i\pm4}$	$C_{i\pm5}$	$C_{i\pm6}$
$N=1$	-2	1					
$N=2$	$-\dfrac{5}{2}$	$\dfrac{4}{3}$	$-\dfrac{1}{12}$				
$N=3$	$-\dfrac{49}{18}$	$\dfrac{3}{2}$	$-\dfrac{3}{20}$	$\dfrac{1}{90}$			
$N=4$	$-\dfrac{205}{72}$	$\dfrac{8}{5}$	$-\dfrac{1}{5}$	$\dfrac{8}{315}$	$-\dfrac{1}{560}$		
$N=5$	$-\dfrac{5269}{1800}$	$\dfrac{5}{3}$	$-\dfrac{5}{21}$	$\dfrac{5}{126}$	$-\dfrac{5}{1008}$	$\dfrac{1}{3150}$	
$N=6$	$-\dfrac{5369}{1800}$	$\dfrac{12}{7}$	$-\dfrac{15}{56}$	$\dfrac{10}{189}$	$-\dfrac{1}{112}$	$\dfrac{2}{1925}$	$-\dfrac{1}{16632}$

有限元方法在工程中被广泛应用, 但它在电子结构计算中的应用才刚刚开始[115,116]. 有限元方法的实现比有限差分复杂, 但它被认为兼有格点和基组方法的优点. 它的基本思想是把一个连续体近似地用有限个在格点处相连接的单元组成的组合体来代替, 从而把对连续体的分析转化为单元分析加上对这些单元组合的分析的问题. 因此, 有限元方法可以采用不规则的划分单元, 从而对处理复杂的边界条件具有突出的优势. 但是, 有限元方法离散得到的矩阵稀疏程度及带状结构往往不如有限差分好.

有限元方法不像有限差分一样直接解场方程, 而是先将其转化为一个变分问题. 如果对方程两边同时乘以一个验证函数, 然后在整个空间域上积分, 我们得到

$$a(\psi, \eta) = \int \eta(\boldsymbol{r})\hat{H}\psi(\boldsymbol{r})\mathrm{d}^3 r = \epsilon \int \psi(\boldsymbol{r})\eta(\boldsymbol{r})\mathrm{d}^3 r = \epsilon(\psi, \eta) \tag{1.108}$$

对式 (1.108) 的离散可通过选取两个有限维空间 V_h 和 T_h 来实现. 设 $\{\psi_i\}$ 和 $\{\eta_i\}$ 分别是其中的两组基, 那么我们得到如下的广义本征值问题

$$H_{ij}c_j = a(\psi_h, \eta_i) = \epsilon_h(\psi_h, \eta_i) = \epsilon_h S_{ij}c_j \tag{1.109}$$

式中: $\psi_h = \sum_j c_j \psi_j$. 对有限元 V_h 和 T_h 取成同一个空间, 而在后面要提到的小波方法中, V_h 和 T_h 一般不同. 最简单的有限元基组是对应于线性元的线性基组, 即在结点处为一, 然后在线性元中朝边界处线性衰减为零.

尽管网格方法有很多优点, 但是因为效率较低而一直没有被广泛应用于电子结构计算. 然而最近十多年来, 人们在实践中发展了许多方法来克服这种网格方法相对于 LCAO 方法在计算效率上的严重不足. 这包括: ① 选择更有效的差分格式或者有限元基组, 如有限差分中的 Mehrstellen 格式[117]. ② 结合赝势方法. 赝势可以大大减少不重要的芯电子所带来的计算量. 即使对平面波方法, 在实空间来实现非局域赝势也是比较好的选择. ③ 对网格进行优化. 通常的优化方法有两种: 曲线网格 (适应网格) 和局部网格优化 (复合网格). 适应网格比较灵活但难以实现. 而复合网格比较简单, 如 Ono 提出的双重网格方法[118], 不用计算 Pulay 力, 但是可以方便地对赝势进行滤波. 与平面波基组不同, 在实空间方法中, 高频分量会自己折叠到网格上来. 所以, 为了得到精确的计算结果, 我们需要对赝势进行滤波[117,119]. 在双重网格方法[118]中, 原子芯区增加了一个细网格 (nE_{cut}) 来表示赝势. 波函数与赝势的内积 $\langle \chi | \psi \rangle$ 通过将粗网格 (E_{cut}) 上的波函数插值到细网格上计算. 这种求内积的方法等价于对具有 nE_{cut} 高频分量的赝势投影算子 $|\chi\rangle\langle\chi|$ 中的左矢 $\langle\chi|$ 进行滤波 (restriction) 去掉高于 E_{cut} 的分量. 也就是说, $\langle\chi|$ 在粗网格点上的值由该粗网格点周围的一些细网格点上的值加权平均得到. ④ 通过一些有效的多尺度 (multiscale) 或预处理 (preconditioning) 方法来快速求解结构化的或高度带状的矩阵问题. 例如, 多网格 (multigrid) 方法可以有效克服临界减速 (critical slowing down, CSD) 问题, 被认为是最快的迭代算法之一[120].

1.5.3 小波方法

小波方法[121]本身就是一种新兴的数值方法. 就像它在其他领域一样, 在电子结构计算中小波方法也迅速引起了人们的注意[122]. 最近它被认为是一种理想的可以实现化学精度 (millihartree) 的密度泛函数值方法[123]. 小波, 或者又叫多分辨分析, 是 20 世纪 80 年代末发展起来的一种理论. 我们注意到前面介绍的各种方法中

都无法回避的一个问题是电子结构计算中的多尺度问题, 即电子波函数在原子核附近变化快而在远离原子核的地方比较平缓. 前面提到的处理手段包括 muffin-tin 势场近似和赝势等方法. 但是这些处理方法并不是一种系统的多尺度方法, 而且构造原子球或者赝势也需要额外的经验, 由此带来计算精度上的不确定性. 有限元方法通过使用局域的基组可以提供一个对电子波函数比较有效的描述, 但是有限元方法在离子移动的时候需要重新构造有限元划分. 而素有 "数学显微镜" 美誉的小波理论可以提供一种系统的用较少的基函数代替成千上万的格点的方法. 小波基组在一个多分辨网格上使用不同分辨率的基函数. 与有限元基组展开系数直接反应函数在格点上的值不一样, 小波基展开系数将不同尺度的信息分开, 这将带来很多数值上的便利. 另外, 小波基基于一组规则的多分辨网格, 这使得小波方法不需要针对原子移动做特别的处理.

图 1-1 示意了在电子结构计算中的多分辨方法[122]. 我们假定图 1-1 中大圆圈代表第 M 级分辨对应的格点 C_M, 其上的基函数 (标度函数) 张成的空间为 V_M. 为了增加分辨率, 我们加入更精细的网格 (图 1-1 中的小圈). 原来的基函数和新增加的更精细的函数张成空间 V_{M+1}. 其中新增加的函数被称为细节函数或小波. 如果把向 M 级分辨中加入 $M+1$ 级分辨的细节函数张成的空间写成 W_{M+1} 的话, 我们有 $V_{M+1} = V_M \oplus W_{M+1}$, 更一般地有

$$V_N = V_M \oplus W_{M+1} \oplus \cdots \oplus W_N \tag{1.110}$$

我们注意到在式 (1.110) 中不同分辨率的信息被分开, 而电子结构计算中高分辨率的信息集中在原子核附近, 这使得我们可以方便地对多分辨网格加以基组限制 (restriction), 即对不同的分辨率级别, 围绕每个原子核 (图 1-1 中的菱形) 我们定义不同的半径, 只选取小于该半径的点对应的基函数作为最后的基组, 如图 1-1 中的实心圆圈所示.

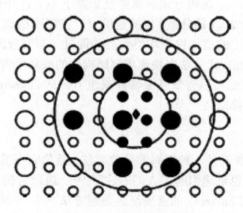

图 1-1　小波方法示意图[122]

在上面多分辨框架下, 基组的选择仍有很大的自由度. 传统的小波算法使用正交基组, 如 Daubechies 小波. 但是, 在电子结构计算中正交性条件并不像在信号处理等工程领域一样关键, 所以人们尝试在电子结构计算中使用非正交的小波基. 灵感来自于有限元方法, 在有限元中一个关键的概念是所谓的取样性 (cardinality), 即每个基函数除了在自己所对应的格点上, 在所有其他的有限元格点上的值为零. 在多分辨分析中, 不可能完全实现取样性, 因为粗网格上的基函数不能包含在所有细网格格点上为零所需的振荡频率. 于是, Teter 提出半取样 (semicardinal) 基组的概念, 即只在更稀疏级别的网格上保持取样性. 这种半取样基组使得展开系数可以从几个有限格点上获得, 非常适合处理非线性耦合. 同时, 也是这种半取样性保证了我们前面提到的基组限制算法的实施.

1.6 线性标度计算方法

1.6.1 实现线性标度的目的和根据的基本原理

量子化学或计算材料科学的主要任务是利用计算工具提供分子结构、生成热、反应活化能、激发能、振动频率、NMR 谱及其他很多相关的物理量. 在原子层面上理解和预测物质特性, 电子结构理论是一个理想的工具, 它们是根据第一性原理的量子力学原理, 理论上允许我们去估算任何可观测的物理量. 然而, 传统的从头算电子结构方法只能用于中小分子, 障碍在于计算时间随分子尺度成高阶幂地急剧增加 ($T \propto N^X$, N 为系统所包含的基轨道, X 为指数因子, $X \geqslant 2$). 比如, 用密度泛函理论 (DFT) 计算分子的基态能量, 计算时间与分子尺度标度为 $O(N^3)$. 也就是说, 当分子增加 2 倍时, 计算时间将增长 8 倍. 当考虑电子相关效应时, 计算时间随着分子尺度增加得更快; 用我们熟悉的理论模式, 如 HF/DFT、MP2、CCSD、CCSD(T) 去估计由元素周期表中第一、二行原子所结成的分子, 计算时间与分子尺度分别标度为 $O(N^3)$、$O(N^4)$、$O(N^{5-6})$、$O(N^7)$. 因此, 在对于大分子的实际计算中, 不得不采用各种近似方法. 但要精确地描述复杂体系的物理特性, 各种近似方法往往难以达成目的. 比如研究反应过程时, 涉及分子的断键和成键问题, 要正确描述这些过程, 人们不得不利用精确的量子力学方法去处理. 因此必须发展新的理论及数值方法, 尤其是发展其计算量与体系的大小成线性增长的线性标度 (O(N)) 的电子结构理论.

线性标度算法涉及许多数学和计算机科学的概念, 但是其基本物理思想则是量子力学中的局域性, 即一个空间区域的性质受相隔很远的空间区域的影响较小, 以至于在一定的条件下可以忽略 (也称作近视原理[124]). 定量地描述一般使用局域化的物理量如 Wannier 函数、密度矩阵或局域的分子轨道. 对绝缘体, Wannier 函数或者密度矩阵元都有指数衰减的特性, 能隙越大衰减越快. 而对金属, 零温下按幂衰减, 在有限温度下可出现指数衰减. 人们为了实现线性标度的运算, 往往利用这三类空间局域的物理量去重新构造理论模型, 在根据这些重构方程计算时定义一些局域区域, 忽略指数衰减的尾巴, 只计算局域区域内的物理量. 局域区域的大小和局域参量的衰减快慢和计算要求的精度有关, 同时也与要计算的性质有关. 一般说来, 体系的总能量及其与物质的静态物理特性相关的物理量, 如平衡几何构型, 对局域区域大小不太敏感. 而像极化率之类的物理量则相对比较敏感, 因为 Wannier 函数的尾巴在积分的时候被 r 加权. 只有当体系尺寸大于局域区域大小时, 线性标度算法才能真正带来可观的计算效率. 尽管线性标度的算法在处理问题时有所忽略, 不像传统的计算方法计算整个体系的物理量, 以致引入一些非必要的计算量. 但在实现线性标度时其根本的关键还是要保证计算精度, 在没有破坏计算精度的情况下, 对大分子的运算实现计算时间与分子尺度成线性增加的关系.

当前这一领域正在蓬勃发展, 已取得了极大的成功. 从 20 世纪 90 年代开始, 国际上许多研究小组各自发展了计算电子能量或分子物理特性的线性标度方法. 由于这一领域的迅速发展, 在十几年的时间内已发表了许多篇综述性的文章[125~131]. 下面我们对这一领域中比较主要的工作进行介绍.

1.6.2　自洽场中的线性标度方法

理论化学模型包含两个主要的近似: 一是使用有限的原子轨道基组; 二是部分忽略了电子相关效应. 自洽场模型是现代电子结构理论的一块基石, 它以波函数为基础, 用平均场 Hartree-Fock 理论来描述. 由于这种化学模型具有广泛的用途和优点, 分子轨道因而也成为人们描述电子相互作用的起点. 而对于 Kohn-Sham 密度泛函理论, 怎样解出 Kohn-Sham 轨道和构造 Kohn-Sham 哈密顿同样也是一个自洽场问题. 自洽场过程 (图 1-2) 主要包括两步: 形成有效的哈密顿和不断地更新占有轨道子空间. 这种更新是一个相互作用的过程, 最后占有轨道和它所联系的哈密顿量达到自洽. 第一步是假定分子轨道的占有情况来构造哈密顿量 (标度 $O(N^2 \sim N^4)$), 对于这一问题, 精确的线性标度 $(O(N))$ 方法已经存在. 这就使得第一步的计算花费随分子体系的变大呈线性增长. 这些方法的成功说明, 对于大分子来说, Fock 矩阵的构建在自洽场中已不再是一个决定性步骤, 对此我们将在下面进行介绍. 第二步是更新占有的子空间, 传统的办法是通过对角化 Fock 矩阵来实现, 也即是解 Roothaan-Hall 矩阵方程,

$$FC = \epsilon SC \tag{1.111}$$

式中: C 为分子轨道系数; F 为 Fock 矩阵; S 为重叠积分; ϵ 为由分子轨道能量组成的对角矩阵. 通过对 α 和 β 自旋引入分离的空间轨道, 方程 (1.111) 将推广到非

限制形式的 Pople-Nesbet 方程,

$$F^\alpha C^\alpha = \epsilon^\alpha S^\alpha C^\alpha$$
$$F^\beta C^\beta = \epsilon^\beta S^\beta C^\beta \tag{1.112}$$

对角化步骤标度为 $O(N^3)$. 因此对于较大体系的自洽场计算, 第二步的计算变成最关键的问题, 特别是当计算中包含几千个基组时, 这种情况变得尤为明显. 为解决后一高标度问题, 现代的电子结构理论或线性标度方法是尽量避免对角化, 我们也将在后面进行详细介绍.

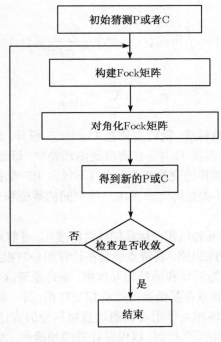

图 1-2　自洽场迭代过程

1. 线性标度方法计算两电子积分

在原子轨道基组下, 单电子的有效哈密顿也就是 Fock 矩阵包含以下几项

$$F = H + J + V_{xc} - cK \tag{1.113}$$

式中: H, J, V 和 K 分别为单电子相互作用项、两电子 Coulomb 相互作用项、交

换相关项和精确的 Hartree-Fock 交换项, 其矩阵元可以分别表示成:

$$H_{ab} = \int dr \phi_a^*(r) \left(-\frac{1}{2}\boldsymbol{\nabla}^2 - \sum_A \frac{Z_A}{|r-A|} \right) \phi_b(r) \tag{1.114}$$

$$J_{ab} = \sum_{cd} (ab|cd) \boldsymbol{P}_{cd} \tag{1.115}$$

$$K_{ab} = \sum_{cd} (ac|bd) \boldsymbol{P}_{cd} \tag{1.116}$$

$$V_{xcab} = \int dr \phi_a^*(r) [c_1 \tilde{v}_x(\rho(r)) + c_2 \tilde{v}_c(\rho(r))] \phi_b(r) \tag{1.117}$$

其中

$$(ab|cd) = \int dr \phi_a^*(r_1) \phi_b(r_1) \frac{1}{|r_1 - r_2|} \phi_c^*(r_2) \phi_d(r_2) \tag{1.118}$$

$\boldsymbol{P}$ 则为单电子密度矩阵:

$$P_{cd} = \sigma \sum_{\mu}^{Occ} C_{d\mu}^{\sigma} C_{c\mu}^{\sigma} \tag{1.119}$$

因此, 为了实现线性标度, 我们需要在 Coulomb 积分、HF 交换积分、电子交换相关积分的运算上都实现 O(N). 在密度泛函理论中, 近似的局域交换相关泛函的形式是非常复杂的, 纯粹的交换相关积分 (不包含 HF 交换项) 基本上无法解析积出, 因此在计算交换相关矩阵元时采用三维空间的数值积分方法, 这种办法很容易实现线性标度[132~134].

为实现 Coulomb 相互作用积分运算的线性标度化, 目前人们主要采用的方法是 Greengard 的快速多极方法[135]. 其特点就是在计算积分时根据体系的空间结构, 粒子间距离的远近将其分为近场和远场相互作用. 据此原理, Coulomb 相互作用被分为两个部分: 一部分为非重叠基函数的远场相互作用; 另一部分则为有重叠的基函数之间的近场作用. 近场相互作用可以通过直接积分的方法及其他的一些改进方法如 J-matrix engine 方法[136]得到, 以保证计算的精确性. 而这一部分所能提高的运算速度也是有限的, 其标度能达到 O(N²). 非重叠的远场相互作用的计算是实现线性标度的关键, 也是分层多极方法主要处理的部分. 这种方法是建立在对 r^{-1} 多极展开的基础上的, 多极展开在远场的范围内很快就会收敛.

$$\frac{1}{|r-a|} = \sum_{l=0}^{\infty} P_i(\cos\gamma) \frac{a^l}{r^{l+1}} = \sum_{l=0}^{\infty} \sum_{m=-l}^{m=l} \frac{(l-|m|)!}{(l+|m|)!} \frac{a^l}{r^{l+1}} P_{lm}(\cos\theta) e^{-im(\beta-\theta)} \tag{1.120}$$

分层多极方法包括树形程序法 (tree-codes)[137]和快速多极法 (FMM)[138~142]等. 其中后者因为能够完全地实现线性标度而被广泛应用. 在 FMM 方法中用多极矩

来描述电荷分布, 非重叠的远场相互作用可以表达为

$$\int dr_1 dr_2 \frac{\rho_A(r_1)\rho_B(r_2)}{|r_1 - r_2|} = q_A T(r_A - r_B) q_B \tag{1.121}$$

式中: ρ_A 和 ρ_B 均为电荷分布; q_A 和 q_B 均为多极矩矢量; T 为相互作用矩阵, 取决于 q_A 和 q_B 之间的位移矢量. 对式 (1.121) 进行一系列的 Taylor 展开就可以得到最终的 Coulomb 矩阵. Taylor 展开的系数可以由多极表象中各个多极矩展开的各级系数分别叠加得到. FMM 方法的计算量是与体系层数的划分成正比的, 因而可以实现线性标度. 在 FMM 的基础上, 目前又延伸出一些其他的方法, 其中连续快速多极法 (CFMM)[143,144] 是最先的一种能够对 DFT 计算实现线性标度的方法, 它对 FMM 的改进主要体现在用连续的方程来描述各个电荷分布之间的 Coulomb 相互作用.

在利用 HF 理论和杂化的交换泛函计算时, 我们需要处理 HF 交换积分, 由于其不具备谐波性, 所以多极方法并不适用. 从式 (1.116) 可以看出: 两电子积分中的刀 (bar) 和矢 (ket) 由密度矩阵耦合在一起, 而 $\rho(r, r')$ 的性质与体系以及 r 和 r' 的值有关, 对于一维绝缘体 $\rho(r, r')$ 随 $|r - r'|$ 呈指数衰减. 密度矩阵的这种性质使得交换矩阵也具有很强的局域性. 很多方法正是利用了密度矩阵的这一性质, 当距离达到一定时便直接忽略剩下的密度及交换矩阵, 从而提高运算的速度. 但是这些方法由于严格限定了密度及交换矩阵的长程行为, 因而精确度不高, 更不适合那些局域性不是很明显的体系计算. ONX[145] 是出现的第一种既能达到线性标度, 又不用强制假设密度矩阵局域性的方法. 它通过密度加权的积分估计来减少计算量. 利用一定的标准对用于积分的各壳层进行筛选,

$$P_{cd}(\rho_{ac}|\rho_{ac})^{1/2}(\rho_{bd}|\rho_{bc})^{1/2} \geqslant \text{threshold} \tag{1.122}$$

其中 a, b, c, d 是指壳层而不是轨道, 因为在这里使用壳层结构可以简化积分的计算[146]. 这种方法对于 HOMO-LUMO 的间隙较大的体系可以实现线性标度, 而对于间隙较小的情况则回归到 O(N^2). LinK 方法对 ONX 方法做了一些改进[147,148], 主要是在对壳层进行筛选的同时充分运用了积分时的交换对称性. 首先进行预筛选, 然后从预筛选的结果中选出在积分计算中所需要的壳层对, 最后进行积分, 得到交换矩阵. LinK 是对 ONX 方法的发展, 对于 HOMO-LUMO 间隙较小体系的计算, 更具有竞争力. 同时, 对具有较大间隙的体系, LinK 不但能实现对精确交换能计算的线性标度, 而且适用于计算它的一阶导数, 并同样能达到线性标度.

2. 根据局域密度矩阵的线性标度方法

一旦在两电子积分的计算过程中实现了线性标度, 整个 Fock 矩阵的构建也就达到了线性标度, 接下来是怎样避免进行对角化的问题. 在下面的几个小节中我

们将分类介绍.这里介绍的第一类方法是根据局域密度矩阵来实现线性标度的方法. 获得局域密度矩阵的方法比较多, 最直接的就是 Fermi 算符展开 (FOE)[149~153] 方法. 这种方法的基本思想就是利用这样一个事实: 在有限温度下, 密度矩阵可以写成有效哈密顿矩阵 $\boldsymbol{H}$ 的 Fermi-Dirac 函数形式[150~152]. 这种形式可以利用 Chebyshev 多项式来展开[153]:

$$\rho = f(H) = \frac{c_0}{2} I + \sum_{j=1} n_{pl} c_j T_j(\boldsymbol{H}) \tag{1.123}$$

其中 Chebyshev 矩阵多项式 $T_j(H)$ 满足迭代关系:

$$T_0(\boldsymbol{H}) = I,$$
$$T_1(\boldsymbol{H}) = H, \tag{1.124}$$
$$T_{j+1}(\boldsymbol{H}) = 2HT_j(\boldsymbol{H}) - T_{j-1}(\boldsymbol{H}).$$

由于 Chebyshev 多项式的值落在 $[-1, 1]$ 之间, 使用 Chebyshev 多项式展开的时候需要对原始哈密顿量进行一个伸缩平移. 为此, 我们需要知道原始的哈密顿量的本征值区间, 即 $\epsilon_{\min}$ 和 $\epsilon_{\max}$. 另外, 我们还需要 Fermi 分布中的化学势 μ. 这可以通过构造一些辅助的矩阵函数来得到. 因为递归的构造 Chebyshev 矩阵是 FOE 方法中最费时的步骤, 而这些辅助函数也可以像密度矩阵一样展开成 Chebyshev 多项式矩阵, 所以由此带来的附加计算量可以忽略不计. 当需要比较高阶展开的时候, 另一种有理展开更有效:

$$F = \sum_{\mu} \frac{w_\nu}{H - z_\nu} \tag{1.125}$$

Head-Gordon 组[150~152]则通过引入一种快速矩阵多项式求和的算法和仔细挑选 Fermi 算符表示函数提高了 FOE 方法的计算效率. 为了实现线性标度的 FOE 方法, 我们需要对矩阵展开引入局域区域, 对矩阵的每一列忽略局域区域以外的数值. 因此, 引入局域区域将带来一些公式处理细节上的变化. 例如, 严格来说求迹运算不再适用, 因为密度矩阵不同的列使用了不同的近似局域哈密顿量.

在 FOE 方法中, 整个密度矩阵被计算出来, 而这往往是不必要的. 比如, 对绝缘体而言, 密度矩阵可由各 Wannier 函数来构造. 对大基组方法, 基组数目远大于电子数目. 如果我们能有一个零温密度算符的数值表象, 使得它是一个湮灭所有 Fermi 能级以上本征值对应分量的投影算子, 那我们就可以把它作用到一组尝试 Wannier 函数上以产生一组张成 Wannier 函数空间的轨道. 这就是 Fermi 算符投影 (FOP) 方法[153]的基本思想. 而前面提到的有理展开正提供了这样一种数值表象.

密度矩阵纯化方法是另一种使用比较多的方法. 在正交基组下, 如果给定一个单粒子的哈密顿矩阵 $\boldsymbol{H}$, 对应于这个哈密顿 $\boldsymbol{H}$ 的密度矩阵 ρ 应该满足几个条件:

$$
\boldsymbol{H\rho} = \boldsymbol{\rho H}
$$
$$
\mathrm{Tr}(\boldsymbol{\rho}) = \frac{N_e}{2} \tag{1.126}
$$
$$
\boldsymbol{\rho}^2 = \boldsymbol{\rho}
$$

为了简化, 我们只考虑闭壳层体系, 其中 N_e 为体系总电子数, 上述三个条件为对易、电子守恒以及等幂条件.

在密度矩阵纯化方法中, 我们保证对易条件, 而电子守恒和等幂条件通过迭代得到

$$
X_0 = P_0(H)
$$
$$
X_n = P_n(H, X_{n-1}), \quad n = 1, 2, \cdots \tag{1.127}
$$
$$
\rho = \lim_{n \to \infty} X_n
$$

其中 P_0 和 P_n 是 H 和 X_{n-1} 的矩阵多项式, 从而 X_n 总与 H 对易, 通过选择适当的 P_0 和 P_n, 当 $n \to \infty$ 时, X_n 可以满足电子守恒和等幂条件. 从一定程度上说, FOE 方法也可以看成是一种密度矩阵纯化方法. 只是在这里, 我们不再需要化学势, 而且效率比 FOE 要高. 在这类方法中, 最早是 Palser 等于 1998 年提出的 PM[154]正则密度矩阵纯化方法. 但当占据轨道与总基函数的比例接近于 0 或 1 时该方法效率比较差, 为此, 之后 Niklasson 提出了迹修正方法 (TC2)[155], 杨金龙小组已将此方法推广到非限制的自洽场中[156].

Kohalmi 等[157]则提出了一种保持等幂的计算密度矩阵的迭代算法. 与密度矩阵纯化方法不同的是, ICTS 方法保证等幂性和电子数守恒条件, 对易条件通过迭代来得到. 从对易条件和等幂条件, 可以看出对于正确的密度矩阵 $\boldsymbol{P}$, 满足:

$$
\boldsymbol{QHP} = 0 \tag{1.128}
$$

其中我们定义空穴密度矩阵 $\boldsymbol{Q} = 1 - \boldsymbol{P}$, 给定一个满足等幂和电荷守恒条件的密度矩阵 $\boldsymbol{P}$, 考虑这样一个迭代:

$$
\boldsymbol{P}' = \boldsymbol{P} + \eta(\boldsymbol{QHP}) \tag{1.129}
$$

式中: η 为一个任意参数. 容易证明, $\boldsymbol{P}'$ 满足等幂和电荷守恒条件. 但即使 P 是厄米的, $\boldsymbol{P}'$ 也不再是厄米的. 所以, Kohalmi 等选择了一个这样的双迭代过程:

$$
P' = P + \eta(QHP)
$$
$$
P'' = P' + \eta(Q'HP') \tag{1.130}
$$
$$
P'' = P + \eta(QHP) + \eta(P + \eta QHP)H(Q - \eta QHP)
$$

这样迭代收敛时, 就会满足密度矩阵对易的条件, 厄米性会自动满足. 这个方法的优点是它适用于金属体系, 而且可以利用前一步 SCF 的密度矩阵作为初始的密度矩阵. 但其也有一个主要的缺点就是参数 η 不好选取.

　　另外一种值得一提的线性标度方法是最早由杨伟涛提出的 DAC(divide-and-conquer) 方法[127], 目前在生物大分子计算领域中应用得比较多. 中文称分而治之的方法, 顾名思义, 所谓分治就是把体系分成不同的区域, 然后分别在每个区域都进行常规的电子结构计算, 最后把所有的结果加权整合在一起. 分治的关键在于如何把所有的子密度矩阵整合成一个完整的密度矩阵, 在具体的操作中, 局域区域的密度矩阵的四角被扔掉, 形成一个十字叉形的子密度矩阵, 这样的子密度矩阵叠加的时候, 对角块不重叠. 不过分治方法的线性标度系数相对比较大, 在需要大局域区域时显得不足, 而且, 在该框架下[158,159], 总能的最小值与 Hellmann-Feynman 力的零点不重合. 随后, 分治的方法被扩展到基于原子轨道的系统划分, 其缺点是分子轨道空间局域化与基组有关, 而好处是可以方便地推广到包含 Hartree-Fock 或者半经验哈密顿量的方法中.

3. 根据局域分子轨道的线性标度方法

　　化学家对化学键的传统描述是局域的, 即使是多中心键也只涉及少数几个原子. 为了更好地利用分子轨道计算结果来解释化学现象和规律, 根据 Fock 所发现的占据分子轨道空间对酉变换具有不变性, 人们提出了局域分子轨道 (LMO) 的概念. 传统的分子轨道遍及整个体系, 而局域分子轨道具有高度局域化的特性. 这样, 在涉及局域分子轨道的计算时, 仅仅计算 LMO 所涉及的某些区域而不必遍及整个体系, 从而节省了许多计算量. 为了生成自洽场, LMO 必须进行足够的扩展, 因此局域分子轨道方法求解自洽场方程用于处理小分子体系并不体现什么优势, 但当处理大分子体系时, 密度矩阵的计算仅随体系的增大成线性增加, 从而显示出该方法的优势. 而其中非正交定域轨道 (NOLMO) 没有正交化尾巴, 比正交定域轨道 (OLMO) 更局域化、更紧缩、更具可移植性, 从而更适合用于化学问题的理论研究.

　　Mauri 等[160~162]最早提出了建立一个能量泛函, 然后在一组局域轨道 (LO) 下求能量的最小值, 可以看作下面将要提到的轨道最小化方法的先驱.

$$E[\boldsymbol{A}, \{\phi\}] = 2\left(\sum_{ij}^{N/2} A_{ij}\langle\phi_i| -\frac{1}{2}\boldsymbol{\nabla}^2|\phi_j\rangle + F[\tilde{\rho}]\right) + \eta\left(N - \int \mathrm{d}r\tilde{\rho}(r)\right) \tag{1.131}$$

式中: $\{\phi\}$ 为有限基组下的 $N/2$ 个轨道; $\boldsymbol{A}$ 为 $N/2 \times N/2$ 矩阵; $\tilde{\rho}(r) = \tilde{\rho}[A, \{\phi\}](r)$, 可以写成 $2\sum_{ij}^{N/2} A_{ij}\phi_j(r)\phi_i(r)$; $F[\tilde{\rho}]$ 为 Fock 能量函数; η 为常数, 取值与化学势有关[32]. 取 $\boldsymbol{A} = \boldsymbol{S}^{-1}$, $S_{ij} = \langle\phi_i|\phi_j\rangle$, 可以证明如果取合适的 η, 我们有 $\min_{\{\phi\}} E[\boldsymbol{S}^{-1}, \{\phi\}] \geqslant E_0$, E_0 为 KS 基态能量, 等号当且仅当 $S_{ij} = \delta_{ij}$ 时成立.

若取 $A = Q$, 其中

$$Q = \sum_{n=0}^{M} (I - S)^n \tag{1.132}$$

式中: M 为奇数. 此时有 $E[Q, \{\phi\}] \geqslant E[S^{-1}, \{\phi\}]$.

当轨道为局域的时候, S_{ij} 以及 $\langle \phi_i^L | H_{KS} | \phi_j^L \rangle$ 均为稀疏矩阵, 对于 i 和 j 只有当在局域区域内才有非零值.

Ordejon 等[163]也有相应的工作, 但他们采取了不同的能量表达式.

4. 能量泛函最小化方法

最小化方法分为密度矩阵最小化 (DMM)、轨道最小化 (OM) 以及两者结合在一起的最优基组密度矩阵最小化 (OBDMM) 三种. 它们的共同点是通过构造一个泛函, 求泛函极小值来连接电子结构问题. DMM 方法[164]中构造的是密度矩阵泛函, 一种常见的形式为

$$\Omega = \mathrm{Tr}[(3\rho^2 - 2\rho^3)(H - \mu I)] \tag{1.133}$$

式中: $3\rho^2 - 2\rho^3$ 为密度矩阵 ρ 的一个幂等纯化函数, 即该函数的迭代作用可使 ρ 趋于等幂. 除了纯化函数的办法, 还可以使用惩罚函数构造泛函. 求上述泛函的极值, 可以通过共轭梯度之类的迭代算法. 需要注意的是, 这样得到的密度矩阵并不保证正确的电子数, 通常需要加一个寻找正确化学势的外层迭代. 同样, 通过加局域化条件, 可使整个算法达到线性标度.

OM 算法并不直接求密度矩阵, 而是求相应的类 Wannier 函数 ψ. 一种常用的 OM 泛函是 MGC [160]泛函

$$\Omega = 2\mathrm{Tr}[(2I - S)(H - \mu S)]$$
$$S_{ij} = \langle \psi_i | \psi_j \rangle \tag{1.134}$$
$$H_{ij} = \langle \psi_i | H | \psi_j \rangle$$

其中 $Q = 2I - S$ 由重叠矩阵 S 的逆对 $(I - S)$ 作 Taylor 展开的一阶近似得来. 这里求迹运算是对 N_{occ} 个占据轨道求和, 变分自由度即为这 N_{occ} 个轨道. 可以证明, 当参数足够大时, 上述函数的最小值给出 N_{occ} 个待求的 Wannier 函数. 值得一提的是, 不像 DMM 方法, 当对 OM 方法施加局域性限制的时候, OM 泛函的一些优良性质将被破坏, 比如出现多个极小的问题.

Kim 等[162]对 MGC 泛函的推广可以部分地解决这个问题. 与最初的 MGC 泛函相比, KMG 泛函的变分空间包含了一些非占据态的自由度:

$$\Omega = 2 \sum_{i,j}^{M} (2\delta_{ji} - S_{ji})(H_{ij} - \mu S_{ij}) \tag{1.135}$$

这里非正交局域轨道函数 M 大于占据轨道总数 N_{occ}, μ 是预先给定的电子的化学势. 密度矩阵可以从非正交局域轨道 ψ 得到

$$\rho = 2 \sum_{i,j}^{M} (2\delta_{ji} - S_{ji}) |\psi_i\rangle \langle \psi_j| \tag{1.136}$$

在 OM 方法中, 选择初始的猜想函数时, 需要额外小心, 以便恰当地包含系统的成键性. 如果选择不合适, 最小化 MGC 或 KMG 能量泛函将会很难, 或找不到全局极小值点.

尽管 DMM 方法在施加局域性条件后仍然保持几乎所有的优良特性, 但是在使用大基组时计算效率非常低. OBDMM[165,166]的思想是先把原来的大基组函数简化为很少的几个基函数, 在新的基函数的基础上重新构造哈密顿矩阵和重叠矩阵. 在实际应用的时候, 分两重循环来达到收敛. 内层循环用 DMM 方法在简约基组上求密度矩阵, 外层循环优化简约基组函数. 通常, 外层循环有病态条件数的问题, 即需要非常多的迭代步骤才能达到收敛. 病态条件数会在最小值点附近沿不同方向曲率相差非常大时出现, 具体到 OBDMM 方法中可能有尺度、叠加和冗余三个方面的因素.

5. 赝对角化方法

1982 年, Stewart 等[167]首先提出了赝对角化方法, 与常规的 Jacobi 方法有些类似, 但不同的是, 该方法只消除占据轨道与非占据轨道的耦合项, 即求解自洽场步骤中的对角化被湮灭 (annihilation) 步骤所取代. 但是该方法中整个的计算量仍然是 $O(N^3)$, 虽然有一个较小的前置因子. 为此, Stewart 又提出用局域分子轨道 (LMO) 来求解自洽场方程[168]. 前面提到过为了生成自洽场, LMO 必须进行足够的扩展, 因此定域分子轨道方法求解自洽场方程用于处理小分子体系并不体现什么优势, 但当处理大分子体系时, 密度矩阵的计算仅随体系的增大成线性增加, 从而显示出该方法的优势.

Liang 等[169,170]则提出了另外一种赝对角化方法, 就是寻找一种幺正转换矩阵, 让它作用在 Fock 矩阵的占有空间–非占有空间上, 使其变成零. 他们将这种方法与一个双基组的方法结合来解决大基组的计算问题. 双基方法是利用两组不同大小的原子基组去分别描述占有和非占有的空间, 然后利用微扰理论去修正能量及密度矩阵[170]. 结果证明在保证计算精度的情况下, 对大分子的计算能够大大地节省计算时间.

然而, 目前线性标度方法在大分子中的应用仍局限于半经验方法或在自洽场层面上描述问题, 对于不太大的体系线性标度的从头算电子结构方法并不是太有效, 所以仍需大量工作. 当前人们主要集中精力于如何有效地减少前置因子 (prefactor),

这一任务颇具挑战性. 同时寻求一个能解决大基组, 处理小 HOMO-LUMO 能隙分子的办法, 使线性标度方法在分子不太大的情况下较之传统的电子结构方法仍然有效, 同时将线性标度的电子结构方法进行拓展, 去处理分子激发态, 研究激发动力学, 复杂分子的静态和动态物理特性. 因此, 下面我们将介绍一些用来计算分子物理特性的线性标度方法.

1.6.3 描述分子物理特性的线性标度方法

分子能量无疑是最基本的物理量, 但化学家或材料科学家往往更关心分子的其他特征, 如偶极矩, 分子结构, 电、磁极化率, 红外强度, 振动频率等. 因此要求现代电子结构理论能精确快速地求解这些物理量. 从理论上讲, 这些量都取决于分子对外微扰参数 (如核坐标、外电磁场) 的响应情况 (表 1-4). 例如, 用分子能量对核坐标参数求一级或二级导数, 我们可以分别获得核运动所需的力和力常数. 这两个物理量广泛用于结构优化、计算谐振频率、确定稳定点、计算反应速率等方面; 而分子能量对外电场磁场及核自旋等参量求导数可以用于确定其他一系列物理量, 如电极化率、红外强度、自旋–自旋耦合、Raman 强度等. 因此, 能量对这些参数求导可以给出我们熟悉的物理量. 然而, 如何在数值上有效地获得这些物理量是人们关注的焦点. 如果我们用有限差分法去计算这些物理量, 计算量无疑将是非常大的, 即使我们可以用现代的线性标度方法求得能量, 但对大分子的计算仍然是无法实现的. 解析地求导, 并且利用线性标度方法去有效地估计相关的参数无疑将大大地缩短计算时间. 然而即使如此, 求这些量较之于求分子能量要求更多的计算时间. 计算时间与分子尺度标度往往比计算能量高一或两个数量级, 这无疑对线性标度方法提出了更大的挑战.

表 1-4 与分子性质相关的物理量

能量对以下各物理量求偏导数						定义
核位移						核受力
电场强度						电偶极矩
电场梯度						电四极矩
核位移	&	核位移				力常数
电场强度	&	电场强度				电极化率
核位移	&	电场强度				红外强度
磁场强度	&	磁场强度				磁化率
磁场强度	&	核自旋				化学屏蔽
核自旋	&	核自旋				自旋耦合
核位移	&	核位移	&	核位移		非谐耦合
核位移	&	电场强度	&	电场强度		Raman 强度
电场强度	&	电场强度	&	电场强度		第一超极化率

1. 描述分子静态物理特性的线性标度方法

核磁共振谱 (NMR) 对于现代化学与生物化学的重要性不言而喻, 尽管 NMR 的实验技术已取得了巨大的进步, 但是对核磁谱的深入理解依然存在很多困难. 因此, 运用量子化学方法对溶液和固体的 NMR 进行理论层面的研究显示出很大的优势. 通常最基本的量子化学方法, 如 HF 和 DFT, 计算 NMR 化学位移的花费是 $O(N^3)$, 至多能计算具有 100 多个原子的无对称性的分子体系. Ochsenfeld 等重新推导了基于密度矩阵的耦合微扰自洽场 (CPSCF) 方程, 利用了密度矩阵随距离的指数衰减的行为[171]. 他们使用包括规范的原子轨道 (gauge-including atomic orbitals, GIAO), 计算了含有 1003 个原子、8593 个基函数 (GIAO-HF/6-31G*) 这样的大分子体系的 NMR 谱, 并且取得了相当的准确度和可靠性[172].

在当今的材料科学领域中, 人们发明了各种新颖的光学器件. 为了预测大分子系统的光学性质, 人们需要预测它们的重要光学参数, 如极化率、超极化率等. 最近, Niklasson 和 Challacombe 提出了线性标度的计算系统响应性质的密度矩阵微扰理论[173,174]. 他们的理论基于迹修正 (TC2) 密度矩阵纯化方法[155]. 在密度矩阵纯化方法中, 密度矩阵通过方程 (1.136) 得到. 计算材料的响应性质时, 需要某个微扰的微分密度矩阵. 假设包含微扰的总哈密顿 $H = H^{(0)} + \lambda H^{(1)}$, λ 趋于 0. 相应的密度矩阵为

$$\boldsymbol{\rho} = \rho^{(0)} + \lambda \rho^{(1)} + \lambda \rho^{(2)} + \cdots \tag{1.137}$$

这个方法已经被成功地用来计算大分子的极化率[174]和高阶极化率[175].

梁万珍等同样基于 CPSCF 方法, 得到了 CPSCF 方程在原子轨道表象下的一种简单形式, 求解该方程能得到单粒子密度矩阵对微扰的响应, 并由此得到能量二阶解析导数的表达式. 该方法的优点是仅由宽松的迭代限制条件得到的微扰密度矩阵便可用于计算二阶导数性质 (力常数、NMR 化学位移等), 减少了计算量[176].

2. 描述分子动态物理特性的线性标度方法

TDDFT 作为密度泛函理论的扩展, 在许多方面都有重要的应用. 如计算体系的线性光谱, 分子间电子转移, 强场下分子的离解、解离、高阶谐波产生等动态行为. 如何实现 TDDFT 的线性标度成为许多人感兴趣的课题.

如 1.6.1 节和 1.6.2 节所述, 线性标度的 DFT 已经取得了很大的进展, 这同时也为实现 O(N) 的 TDDFT 奠定了基础, 剩下的障碍便是解 TDDFT 方程[177]. 事实上, TDDFT 方程与 TDHF 方程的形式非常接近. 局域密度矩阵 (LDM) 方法已被用来求解 TDHF 方程, 它的计算时间随着体系尺寸的增加呈线性变化. LDM 方法关注分子系统的密度 ρ 随时间的演化从而估计电子激发态的性质. 通过直接在时间域求解密度 $\rho(t)$,

$$i\hbar \dot{\rho}(t) = [F(t) + f(t, \rho(t))] \tag{1.138}$$

式中：$F(t)$ 和 $f(t)$ 分别为 Fock 矩阵、电子与场的相互作用项, 并结合前面描述的计算两电子积分的线性标度方法可以实现线性标度地描述材料对光电的反应.

Furche 和 Hutter 等[178,179]已将 TDDFT 理论通过解析梯度方法得到激发态的各种性质, 其线性标度的实现尚在发展.

3. 线性标度方法研究分子动力学过程

CPMD 已成为目前主流的分子动力学方法, 在最初的 CPMD 方法中, 人们用 KS 分子轨道作为电子部分的动力学变量. Schlegel 等[180~182]基于此类扩展 Lagrange 分子动力学 (ELMD) 方法, 通过传播密度矩阵而不是最初的 KS 轨道描述体系的动力学演化. Car-Parrinello 计算通常采用平面波基组, 这种形式的正交基不依赖原子的位置. 尽管大部分积分可通过快速 Fourier 变换得到, 但为了实现理想的精度往往要采用非常大的基组. 因为平面波基组不容易描述原子核附近的高电子密度的行为, 往往要使用赝势. 与平面波相比, 少数的 Gaussian 基组便可实现相当的精度. 此外, Gaussian 是原子中心基组, 当核发生运动时仍然能描述核附近的电子行为.

基于 Gaussian 基组和密度矩阵已实现了许多 O(N) 的策略, 因此以它们为基础能够有效地使 *ab initio* 动力学方法具有线性标度的优势. 该方法的 Lagrange 量可写为

$$L = \frac{1}{2}\mathrm{Tr}(V^{\mathrm{T}}MV) + \frac{1}{2}\boldsymbol{\mu} \cdot \mathrm{Tr}(\boldsymbol{WW}) - E(R, \boldsymbol{P}) - \mathrm{Tr}[\Lambda(\boldsymbol{PP} - \boldsymbol{P})] \tag{1.139}$$

式中：M, R, V 分别为核质量、位置和速度; $\boldsymbol{P}, \boldsymbol{W}, \boldsymbol{\mu}$ 分别为密度矩阵、密度矩阵速度和虚质量; Λ 为 Lagrange 乘子. 由作用量原理得到密度矩阵传播的 Euler-Lagrange 方程：

$$\boldsymbol{\mu}\frac{\mathrm{d}^2\boldsymbol{P}}{\mathrm{d}t^2} = -\left[\frac{\partial E(R, \boldsymbol{P})}{\partial P}\bigg|_R + \Lambda\boldsymbol{P} - \boldsymbol{P}\Lambda - \Lambda\right]$$

$$M\frac{\mathrm{d}^2R}{\mathrm{d}t^2} = -\frac{\partial E(R, \boldsymbol{P})}{\partial R}\bigg|_{\boldsymbol{P}} \tag{1.140}$$

此部分程序在商业软件包 Gaussian03 中可以实现.

可以看出, 为了保持密度矩阵的等幂性, Lagrange 量加入了一定的限制, 即引入 Lagrange 乘子, 每一步时间演化都要进行密度矩阵的纯化, 这无疑增加了计算量. Herbert 和 Head-Gordon 将其发展的一套 Curvy-Step 方法[183,184]引入 ELMD, 其密度矩阵形式为：$P(\lambda) = \mathrm{e}^{\lambda\Delta}P(0)\mathrm{e}^{-\lambda\Delta}$, 因此自动保证了密度矩阵的等幂性, 是一种非限制的从头算分子动力学方法[185].

尽管自洽场理论中已发展的线性标度方法可以用于线性标度地描述分子动态和静态物理特性, 但分子特性的描述计算远比只计算分子能量复杂, 比如在计算能

量对外参量的二阶导数时, 我们首先需要计算多重积分, 它的计算时间比仅在自洽场理论中计算单个积分的运算高一到两个数量级, 同时需要解一组耦合微扰方程. 因此, 这后一部分的工作仍需大量的时间及人力去突破其计算瓶颈.

1.7　密度泛函理论的应用

随着密度泛函理论的发展, 它的应用领域越来越广泛[102,186~188]. 在物理、化学和生物等多门学科中, 密度泛函理论都成为强有力的研究工具. 密度泛函理论研究涉及的体系包括从零维 (如小分子、团簇、量子点[189]) 、一维 (如纳米管) 、二维 (如固体表面[190]) 到三维 (如高温超导[191]) 的多种系统. 对密度泛函理论的应用做一个详细全面的介绍是不可能的. 这里, 我们先总结一下当前密度泛函理论的效率和通常所能达到的精度, 然后选择几个有代表性的方向展示密度泛函理论的应用.

1.7.1　效率与精度

一般说来, 密度泛函理论是达到相应精度的计算量最少的方法. 在表 1-5 和表 1-6 中我们给出一些具体的数字来说明密度泛函理论的精度. 另外, 对不同的物理性质, 密度泛函理论的精度也有所不同. 下面我们以能量、几何结构和电荷分布为例详细说明.

表 1-5　对 20 个分子计算得到的原子化能平均绝对误差[31]

方法	误差/eV
UHF	3.1(低估)
LSDA	1.3(高估)
GGA	0.3(大部分高估)
化学精度	0.05

表 1-6　自洽 KS 计算的典型误差量级[9]　　　　　　　　(单位: %)

性质	LSDA	GGA
E_x	5(偏高)	0.5
E_c	100(偏低)	5
键长	1(偏短)	1(偏长)
化学反应能垒	100(偏低)	30(偏低)

注: 注意到交换和相关能量的误差常常会有相互抵消的效应.

(1) 能量. 通常 GGA 给出比 LSDA 更高的精度, 而杂化密度泛函和 meta-GGA 则给出比 GGA 更高的精度. 表 1-5 中以 20 个分子为基准给出了原子化能误差的大概量级. 而 Boese 等[192]给出的精度排序为: BPW91 < BLYP < BP86 < PWPW91 < PBE.

(2) 几何结构. GGA 并不是总能给出更好的几何结构, 与 HF 相反, GGA 趋向于高估体系的键长. 所以, 杂化密度泛函给出很高精度的键长. DFT 键角的精度通常在 1°, 与 HF 和 MP2 相当. 以上结论仅针对周期表中前两排的主族元素, 当包含第三排主族元素时, 精度稍差. 此时, LYP 较差, 而 PW91 比较稳定. 对过渡金属, DFT 通常比 HF 和 MP2 的精度更高. 对氢键等弱作用体系, DFT 精度较低. 另外, DFT 高估电子非局域性的问题有时也表现在几何结构上. 比如, DFT 通常预言更高对称性的结构, 因为其前线轨道的非局域性往往更强.

(3) 电荷分布. 偶极矩 DFT 通常与 MP2 有相当的精度, 而 HF 给出 10%~15% 的高估. 而对分子极化, DFT 的精度往往不如 MP2.

除了以较小的计算量获得较高的精度这个总的结论, 我们还可以从其他角度详细地比较密度泛函理论相对其他基于波函数的量子化学方法的优势与局限性. 在实际密度泛函应用中, 我们通常使用所谓的 KS 波函数. KS 波函数的形状通常与 HF 分子轨道很相像, 而且相对于 HF 波函数有如下优点: 所有的 KS 波函数, 无论占据还是非占据, 感受的是同一个外势. 而在 HF 理论中, 不同的轨道感受的是不同的外势. 特别地, 非占据轨道感受到的是在体系中增加一个电子时该电子感受到的外势, 这就导致 HF 非占据轨道能量过高形状过于弥散. 另外, 对开壳层体系, KS 行列式的自旋污染通常远小于 HF 行列式. 并且, DFT 对单行列式方法对应的非动力学关联问题没有 HF 方法敏感. 经验表明, 当单态的两个主要组态的权重相差悬殊, DFT 往往可以给出较好的单态–三态分裂. 另外, 在 DFT 中原则上不必使用缩并 GTO. GTO 的好处是可以解析求解四中心双电子积分, 如果 DFT 中密度不用 KS 轨道基组表示, 而是用一组辅助基组或者网格直接表示, 那么我们完全可以用 STO 作为 KS 轨道基组. 著名的 ADF 程序就采用这种策略. 即使使用缩并 GTO, 经验表明 DFT 通常有更好的基组收敛性, 尤其相对于那些包含相关的分子轨道量子化学方法. 然而, DFT 中的 SCF 收敛通常比 HF 困难, 考虑到 KS 轨道和 HF 轨道的相似性, 我们可以用 HF 轨道作为 KS 轨道的初始猜测.

当然, 密度泛函理论也有其局限性. 第一个局限性来自于密度泛函理论以密度为基本物理量. 所以, 原则上想通过密度泛函理论研究体系的某个性质, 我们首先要知道这个性质怎么依赖于电子密度. 但事实上, 我们只对很少的物理量知道其密度表达形式. 而在波函数表象中, 我们只需知道对应的力学量算符. 这意味着波函数表象有更广的应用领域. 一个简单的例子是电子排斥能. 即使我们知道精确的电子密度, 由于不知道精确的交换关联泛函形式, 也无法求出精确的能量. 但是如果我们知道精确的波函数, 则可以简单地写出如下表达式

$$E_{ee} = \left\langle \Psi \left| \sum_{i<j} \frac{1}{r_{ij}} \right| \Psi \right\rangle \tag{1.141}$$

密度泛函理论的另一个局限是, 在分子轨道量子化学方法中, 我们知道怎么通过包含所有可能的组态和使用无限大的基组一步步得到精确的系统波函数. 但是在 DFT 中, 我们很难系统地提高交换关联泛函的精度. 很多重要的应用, 如表面性质和分子结合能, 都可能涉及负能量 (或者"禁止") 的电子, 即 $(\epsilon_i - v_{\text{eff}}(r)) < 0$. 在这个区间, 电子性质定性地不同于均匀电子气, 怎么考虑其中的多体效应是一个挑战.

1.7.2　材料物性

　　研究各种化学物理材料的不同性质是密度泛函理论的主要应用. 第一性原理材料物性研究涉及的体系种类繁多, 研究的性质也包括各个方面, 我们无法一一列举. 这里仅以最近关于无机电子阴离子化合物的理论研究为例给予简单说明[193~196].

　　电子阴离子化合物是一种新奇的化学材料. 在这种材料中, 阴离子是限制在复杂的空腔或者通道阵列中的电子, 而提供电荷平衡的阳离子通常为碱金属离子阵列. 由于具有如此独特的结构, 电子阴离子化合物不但给理论研究提供了一个很大的空间而且在化学催化、合成、纳米器件和功能材料等很多方面具有广阔的应用前景. 传统的电子阴离子化合物通过有机配体来分隔碱金属阳离子和电子, 但是它们一般只在低温下稳定. 这就严重地阻碍了对这种材料的研究和应用.

　　最近, 材料科学家提出了两种合成室温下稳定的无机电子阴离子化合物的途径.

　　第一种途径是通过在沸石 ITQ-4 中掺杂铯来实现的. 虽然在这种材料被合成后, 有很多实验数据可以与其电子阴离子模型关联, 但是人们更希望看到直接的理论证据. 于是, 我们通过第一性原理计算得到这种化合物的几何参数和电子结构[194]. 为了判别铯在沸石通道中是否以离子形式存在, 我们计算了铯的 Mulliken 电荷布居, 比较了假想铯离子链能带结构与掺杂能带的差异, 并画出了掺杂能带电荷密度空间分布. 所有的证据都表明铯以离子形式存在, 而电子离域在整个通道中. 这就从理论上直接证实了对该化合物电子阴离子模型的有效性. 其强还原性也可以用高 Fermi 能级和离域电子等电子结构特性解释. 另外, 计算表明不同的碱金属原子掺杂会形成电子性质完全不同的材料, 从绝缘体到半金属到金属[195]. 这就提供了一种通过施加几何限制来对金属纳米线电子结构进行调控的可能性. 这种调控将在纳米电子学中找到巨大的应用前景.

　　第二种无机电子阴离子化合物的合成途径是钙铝石脱氧. 钙铝石晶体呈笼状结构, 每个单胞中有 12 个笼子. 这 12 个笼子形成的晶体框架带四个正电荷, 通过两个多余的氧随机分布在这些笼子中来达到整个体系的电荷平衡. 一个十分有趣的问题是, 如果去掉这两个多余的氧留下四个电子维持体系电荷平衡, 这时整个体系的电子结构将会如何. 在实验中实现了上述脱氧过程以后, 理论研究的重点是判断这种材料是否是一种电子阴离子化合物, 即带正电的晶体笼子框架作为阳离子, 电子分布在笼子中成为电子阴离子. 令人遗憾的是, 不同的研究小组基于不同的理论模型给出了完全相反的结论. 为了澄清这种理论上的混乱, 我们采用高精度的赝势平面波方法对该材料进行了电子结构计算[196]. 事实上, 仅从电荷密度分布来看不能很直接地决定该材料是否为无机电子阴离子化合物. 一个决定性的因素是晶体笼子框架与四个电子是否成离子键. 电子局域化函数是一个可以用来判断成键类型的十分有用的物理量. 通过引入基于电子局域化函数拓扑的成键类型判断方法, 我们证实了该材料确实是电子阴离子化合物.

1.7.3 弱作用体系

van der Waals(vdW) 力或者说长程色散力对松散堆积的软物质、惰性气体、生物分子和聚合物, 对物理吸附过程等都非常关键. 对 Cl+HD 反应的研究[197]表明, 在一个没有包含 van der Waals 力的势能面上量子力学反应散射计算预言 HCl 和 DCl 的产生概率基本相同, 而在一个新的包含 van der Waals 力的从头算势能面上的同样的反应散射计算则显示出对 DCl 强的选择性. 这种选择性在分子束实验中被证实, 这说明像 van der Waals 力之类的弱作用在计算化学反应势能面时也是不可随意忽略的. 因为传统的密度泛函理论中对长程密度涨落效应考虑的不足, 基于 LDA/GGA 的密度泛函理论被发现不能很好地处理这类体系 (PBE 泛函也许是一个例外[198]), 以前这种弱作用体系都是通过半经验的参数拟合分子力场的方法处理.

发展密度泛函的 van der Waals 理论的目标是得到一个既能产生 van der Waals 相互作用系数又能产生总关联能的非局域泛函. Kohn 等[199]和 Lein 等[200]分别提出了一种对不同系统间距都适用的计算方案. 这种方法既可以计算 van der Waals 系数, 又可以准确地计算总关联能, 被称为无缝的 (seamless) 方法. Dobson 和 Wang[201] 成功地将其用于计算任意间隔的两个 jellium 平板之间的作用力, 在他们的计算中只需要输入基态密度. 对于包含任意原子分子碎片的体系, 还需要进一步的工作来寻找一个合理的关联近似, 使得碎片之间的距离从电子云重叠到完全分离都成立. 最近, 已经有一些这方面的尝试[202]. 另外, 人们还发现 GW 近似可以很好地应用于 van der Waals 力体系[203].

同时, 我们也注意到密度泛函理论在 van der Waals 体系中应用的另外一个发展方向. 为了处理大的复杂的体系, 需要通过较小的计算量得到比较精确的结果, 所以人们希望对 DFT 加以简单的修正来计算 van der Waals 体系. 基于这种考虑, Wu 等[204]提出了密度泛函加衰减色散 (DFdD) 方案. 他们发现尽管 DFdD 方法描述那些最弱的键, 如惰性气体二聚体, 不太成功, 但是 DFdD 方案对 H_2O_2 和 $(C_6H_6)_2$ 等体系的成功说明了它用于诸如水、表面物理吸附和涉及氢键的化学反应的可能性. 另外, 这类方法还包括前面提到的 Xu(徐昕) 等[38]发展的 X3LYP 泛函.

1.7.4　生物大分子

密度泛函理论在生物体系中的应用主要有两个方面的障碍[205]：一方面是尺寸问题, 比如一个典型的蛋白质可能包含几百个氨基酸, 几千个原子. 而且, 生物过程往往发生在溶液环境中, 模拟生物体系不得不考虑环境的复杂性. 另一方面, 生物环境不仅潮湿而且温暖, 这使得动力学效应也不得不考虑. 许多生物过程的时间尺度是毫秒甚至到秒, 现在的第一性原理分子动力学可以模拟的时间尺度却只有皮秒量级. 尽管生物体是一个复杂体系, 但是我们知道有时候改变一个单个的原子就可以影响整个有机体, 甚至引起死亡. 所以, 要完全理解生物体系又不得不在原子尺度考察其中的化学物理过程.

为了克服生物体系的尺寸限制, 一个最简单的办法就是把与要研究的过程关系最密切的部分拿出来进行第一性原理的研究. 周围结构的长程作用可以近似成静电场, 而溶液环境可以通过自洽反应场 (SCRF) 近似成介电连续媒质. 这种处理方法当然很粗糙, 更好的近似是所谓的 QM/MM 方法, 即在一个用经典的分子力学描述的大系统中嵌入量子力学描述的核心片段. 量子和经典区域的长程相互作用可以用静电场来描述. 而描述区域界面打断的共价键有两种方法：一种是饱和原子法, 即在断键外围加上氢原子来饱和悬键; 另一种是所谓的冻结轨道法, 在每个界面原子中包括一个局域的杂化冻结轨道[206]. QM/MM 方法可以处理包括溶剂水分子在内的整个蛋白质体系.

另外, 在生物体系模拟中, 时间尺度上的局限性也很严重. 通常可以通过一些简单势能面方法 (如 LST 和 QST) 来研究反应能量和寻找过渡态. 如果要进行完全的分子动力学研究, 则可以采用最近发展起来的一系列基于过渡态理论的方法[207]来扩展模拟的时间尺度. 这些方法包括并行复制 (parallel replica) 动力学、对势能面进行修正的超动力学 (hyperdynamics)、赝动力学 (metadynamics)[208]和温度加速的 (temperature-accelerated) 动力学.

事实上, 类似的限制也广泛存在于其他学科中. 比如在材料力学中, 基于密度泛函理论的电子结构、分子动力学 (MD) 和运动学 Monte Carlo(KMC) 模拟只能运用于较小的体系. 对更大的体系常常使用粗粒化的点阵气体和元胞自动机方法, 或者直接使用连续方程的有限差分、有限元求解. 而 Laio 等[209]通过第一性原理和经典动力学联合的多尺度方法模拟了地核环境下铁的物理性质. 他们计算了铁在地球内核压力下的熔点、熔点附近的剪切弹性模量等性质. 计算结果与实验数据自洽.

1.7.5　分子电子学

随着电子学器件越变越小, 其尺寸将很快逼近原子分子尺度. 早期对介观输运性质研究使用简单的有效质量理论和 Boltzmann 方程, 没有考虑器件的电子结构.

但是, 分子电子学器件中的输运过程由于分子本身电子结构以及分子与电极界面结构两个方面的影响与半导体介观器件有很大的不同. 所以, 在分子尺度理解其电子输运过程就显得尤为重要[210]. 在对分子器件的最初的理论研究中使用的也是半经验方法[211~213], 通常基于介观输运的 Landauer 公式. 这些方法没有充分考虑电子结构, 也不能处理电子和分子振动模之间的耦合.

随着密度泛函理论与输运理论的发展与结合, 人们开始可以对分子体系输运性质进行第一性原理研究. 分子器件中存在电流和电压, 是一个非平衡态体系. 目前典型的处理方法有两种: 散射态方法和非平衡 Green 函数方法. 散射态方法通过求解散射态得到透射系数[214], 而散射态通常又可以由转移矩阵法[215]或求解 Lippmann-Schwinger 方程[216,217]得到. 由于散射态本身特殊的边界条件, 散射态方法通常只能用 jellium 模型来描述电极. 而 jellium 模型不能很好地描述分子与电极界面处的态密度和电荷分布[190]. 现在的主流方法是 Keldysh 非平衡 Green 函数方法[218~220]. 它通过自洽求解非平衡 Green 函数的运动方程来计算电流. 原则上, 在非平衡 Green 函数输运计算中可以通过加大扩展分子范围精确地处理电极分子相互作用.

最近, Kosov[221]通过利用流限制的 Lagrange 乘子变分法得到在某个确定的电流强度下的 Schrödinger 方程和 KS 方程, 将一个开放体系的模拟变成一个等效的封闭体系. 由于采用简单的 Lagrange 表述形式, 这种方法有可能被用来进行载流体系的分子动力学模拟, 从而处理电流与分子振动耦合等复杂的问题. 另外, 通过考虑耗散过程, Car 等发展了用主方程描述的输运理论[222,223].

1.7.6 分子光谱

电子激发往往是各种谱测量的基础, 如光电子谱、电子能损谱和吸收光谱等. 然而, 传统的密度泛函理论只是一个基态理论, 要进行激发态的第一性原理计算我们需要付出更多的努力. 原则上, 我们可以把 KS 能量看成准粒子能级, 激发态能量可以简单地表示为 KS 能级之差, 但是由于交换相关泛函的未知性, 这种方法与实验定性的不相符. 例如, 小金属团簇 Na_4 的 KS 轨道第一激发能为 1.1eV, 而实验数据为 1.8eV. 即使在通常的 GW 框架下 (随机位相近似, GW-RPA), 激发能也不能和实验比较, 只是将 KS 方法中的红移变成了蓝移, Na_4 团簇的第一吸收峰变成 3.3eV. 这实际上是由于 GW-RPA 方法中忽略了电子空穴相互作用, 而在有限尺寸的 Na_4 团簇中这种相互作用很强所致. 现在基于 DFT 激发态问题的处理方法有许多种, 包括系综密度泛函理论[224,225], 或者化学中用得较多的考虑系统对称性[226,227], 用求和方法计算多重态激发能的方法. 而更主流的包括下面两种方法[228].

第一种方法是多体微扰理论, 基于一系列 Green 函数方程, 从单电子传播子开始考虑电子空穴 Green 函数响应. 其中的核心物理量是电子自能和电子空穴相互作用. 电子自能可以用密度泛函的计算结果作为零阶近似, 通过 GW 计算得到. 第一性原理 GW 近似计算的广泛应用始于 20 世纪 80 年代, 是一种比较成熟的技术. 而电子空穴相互作用通过自能的泛函微分, 可以很方便地用 Bethe-Salpeter 方程来描述. Onida 等[228]第一次将这种技术应用到真实的体系 —— Na$_4$ 团簇. 他们得到的第一吸收峰从 GW-RPA 的计算值移回 1.5eV, 与实验符合得很好.

　　第二种方法就是前面介绍的含时密度泛函理论, 它正逐渐被广泛应用到激发态的计算中. 因为它以电荷密度为基础, 而不是多变量的 Green 函数, 这使得它比多体微扰理论的计算量要小得多. Vasiliev 等[229]用简单的 ALDA 交换相关核对 Na$_4$ 团簇进行了 TDDFT 计算, 也得到了与实验符合得很好的光谱数据, 峰位和强度的误差都在 10% 以内. 另外, 人们开始考虑用含时密度泛函理论计算激发态时的非绝热效应[230].

　　Ismail-Beigi 和 Louie[231]在 GW 近似 Bethe-Salpeter 方程的框架下发展了求激发态力的方法. 这使得人们对激发态进行结构弛豫, 研究激发态分子动力学、光致发光等成为可能. 虽然最近在量子化学领域中, 组态相互作用方法解析的力表达式已经得到, 但是量子化学方法在计算标度上明显劣于 GW 近似 Bethe-Salpeter 方法. 把这种方法应用到二氧化碳和氨分子体系, 他们得到了光诱导的结构形变的精确描述.

1.7.7　分子动力学

　　分子动力学可以研究体系在原子尺度的动力学过程, 具有十分广泛的应用. 在密度泛函理论出现以前, 分子动力学通常采用经典的预先定义好的势函数. 这样虽然计算量很小, 但是对于化学复杂的体系通常难以找到合适的势函数. 由于其适度的计算量, 密度泛函理论的出现, 使我们有了进行不依赖经验参数的第一性原理分子动力学模拟的可能.

　　常用的分子动力学有三种: 第一种是 Ehrenfest 分子动力学. 从严格的包含核和电子的含时 Schrödinger 方程到 Ehrenfest 分子动力学需要两步近似. 首先是平均场或者叫含时自洽场近似, 即假设电子和核分别在通过对对方自由度做量子平均得到的平均场中运动. 然后是对核自由度做经典近似. Ehrenfest 分子动力学运动方程如下:

$$M_I \ddot{R}_I(t) = -\boldsymbol{\nabla}_I \langle \Psi | \hat{H}_e | \Psi \rangle \tag{1.142}$$

$$i\hbar \frac{\partial \Psi}{\partial t} = \hat{H}_e \Psi \tag{1.143}$$

式中: M_I 和 R_I 分别为第 I 个原子核的质量和位置; Ψ 为电子波函数; $\hat{H}_e$ 为电子哈密顿量, 包括电子动能、电子电子相互作用和电子核相互作用. 第二种分子动力

学是 Born-Oppenheimer(BO) 分子动力学

$$M_I \ddot{R}_I(t) = -\boldsymbol{\nabla}_I \min_{\Psi_0}\{\langle\Psi_0|\hat{H}_e|\Psi_0\rangle\} \tag{1.144}$$

$$E_0\,\Psi_0 = \hat{H}_e\,\Psi_0 \tag{1.145}$$

在 BO 分子动力学中, 对每个分子动力学步都使 $\langle\hat{H}_e\rangle$ 达到极小值, 这可以通过解一个不含时的 Schrödinger 方程或 KS 方程得到, 从而避免了 Ehrenfest 分子动力学中波函数的时间演化.

在 Ehrenfest 动力学中核和电子同时演化, 所以时间步长由较快的电子动力学决定. 由于电子时间步长较短, 这就严格限制了 Ehrenfest 动力学可以模拟的时间尺度. 而在 BO 分子动力学中不存在电子的动力学演化, 时间步长由核的运动决定, 通常可以取得比较长 (如 1.0 fs). 但是, 在 BO 动力学中, 在每个 MD 步都必须自洽求解电子基态, 这就大大增加了计算量. 通过结合这两种动力学的长处, 我们有 Car-Parrinello 分子动力学 (CPMD).

在 CPMD 中, 电子自由度通过一个经典的赝动力学来描述. 电子多体波函数 $|\Psi_0\rangle$ 被描述为单粒子轨道 $|\psi_i\rangle$ 的组合, 而单电子轨道被看成经典场, 赋予一个经典的质量. 这样, 体系的 Lagrange 量可以写成

$$L_{\mathrm{CP}} = \sum_I \frac{1}{2}M_I\dot{\boldsymbol{R}}_I^2 + \sum_i \frac{1}{2}\mu_i\langle\dot{\psi}_i|\dot{\psi}_i\rangle - \langle\Psi_0|H_e|\Psi_0\rangle + \mathrm{constraints} \tag{1.146}$$

式中: μ_i 为单电子轨道的经典质量参数. constraints 通常包括单电子轨道的正交归一条件. 对应的运动方程可以由 Euler-Lagrange 方程得到

$$M_I\ddot{\boldsymbol{R}}_I(t) = -\frac{\partial}{\partial\boldsymbol{R}_I}\langle\Psi_0|\hat{H}_e|\Psi_0\rangle + \frac{\partial}{\partial\boldsymbol{R}_I}\{\mathrm{constraints}\} \tag{1.147}$$

$$\mu_i\ddot{\psi}_i(t) = -\frac{\delta}{\delta\psi_i^*}\langle\Psi_0|\hat{H}_e|\Psi_0\rangle + \frac{\delta}{\delta\psi_i^*}\{\mathrm{constraints}\} \tag{1.148}$$

由 CP 运动方程, 我们有核运动对应的物理温度约 $\sum_I M_I\dot{\boldsymbol{R}}_I^2$ 和假想的电子轨道温度 $\sum_i\mu_i\langle\dot{\psi}_i|\dot{\psi}_i\rangle$. 如果电子轨道温度足够低, 我们期望初始的基态波函数随时间演化仍然保持足够靠近 BO 势能面. 这意味着在动力学模拟的过程中"热核"和"冷电子"间基本没有能量传递. 当核和电子对应的功率谱在频域没有重叠时, 这种绝热性是可以实现的. 作为一个粗略的估计, 电子轨道自由度对应的最小频率 $\omega_e^{\min} \propto (E_{\mathrm{gap}}/\mu)^{1/2}$. 为了保持绝热性, 我们需要 $\omega_e^{\min}$ 远大于核运动对应的最高声子频率 $\omega_n^{\max}$, 这就要求 μ 尽量小. 另外, 减小电子轨道质量将增加电子轨道自由度对应的最高频率 $\omega_e^{\max} \propto (E_{\mathrm{cut}}/\mu)^{1/2}$, 从而限制我们可以取得 CPMD 模拟时间步

长. 所以, 为了发挥 CPMD 的优势, 我们需要选取合适的参数 μ. 另外, 从上述分析可知, CPMD 对非金属性体系更具有优势. 典型的分子动力学时间步长的取值对 Ehrenfest、Car-Parrinello 和 Born-Oppenheimer 分别为 0.02fs、0.2fs 和 0.8 fs.

基于密度泛函的分子动力学应用非常广泛, 从分子、团簇、固体、液体到表面、界面; 从吸附、催化、化学反应到生物过程; 从常温常压到极端条件都有所涉及. 分子动力学可以提供的信息可以分为两类: 一类是通过系综平均, 从微观模拟得到宏观物理性质; 另一类是通过微观模拟, 直接了解体系在原子尺度的动力学演化过程.

致谢　作者感谢郭震宇、孙进和李辉参与 1.6 节撰写.

参 考 文 献

[1] Dirac P A M. The principles of quantum mechanics. Oxford: Clarendon Press, 1958

[2] Hohenberg P, Kohn W. Phys. Rev., 1964, 136:B864

[3] Kohn W, Sham L J. Phys. Rev., 1965, 140:A1133

[4] Parr R G, Yang W. Density-Functional Theory of Atoms and Molecules. New York: Oxford University Press, 1989

[5] Gross E K U, Dreizler R M. Density Functional Theory. New York: Plenum Press, 1995

[6] Dobson J F, Vignale G, Das M P. Electronic Density Functional Theory: Recent Progress and New Directions. New York: Plenum Press, 1998

[7] Koch W, Holthausen M C. A Chemist's Guide to Density Functional Theory. Weinheim: Wiley-VCH, 2001

[8] http://arxiv.org/pdf/cond-mat/0211443v5, 2002

[9] Fiolhais C, Marques M A L, Nogueira F. A Primer in Density Functional Theory. Berlin: Springer, 2003

[10] Thomas L H. Proc. Camb. Phil. Soc., 1927, 23:542

[11] Fermi E. Z. Phys., 1928, 48:73

[12] Dirac P A M. Proc. Camb. Phil. Soc., 1930, 26:376

[13] Kohn W. Rev. Mod. Phys., 1999, 71:1253

[14] Levy M. Proc. Natl. Acad. Sci. USA, 1979, 76:6062

[15] von Barth U, Hedin L. J. Phys. C., 1972, 5:1629

[16] Pant M M, Rajagopal A K. Solid State Commun., 1972, 5:1157

[17] Gunnarson O, Lundqvist B I. Phys. Rev. B, 1976, 13:4274

[18] Capelle K, Vignale G. Phys. Rev. Lett., 2001, 86:5546

[19] Yang W, Ayers P W, Wu Q. Phys. Rev. Lett., 2004, 92:146404

[20] Luders M, Ernst A, Temmerman W M et al. J. Phys. Cond. Mat., 2001, 13:8587

[21] Stowasser R, Hoffmann R. J. Am. Chem. Soc., 1999, 121:3414

[22] Muskat J, Wander A, Harrison N M. Chem. Phys. Lett., 2001, 342:397

[23] Slater J C. Phys. Rev., 1951, 81:385

[24] Ceperley D M, Alder B J. Phys. Rev. Lett., 1980, 45:566

[25] Vosoko S H, Wilk L, Sussair M. Can. J. Phys., 1980, 58:1200

[26] Perdew J P, Wang Y. Phys. Rev. B, 1992, 45:13244

[27] Perdew J P, Zunger A. Phys. Rev. B, 1981, 23:5048

[28]   Becke A D. Phys. Rev. A, 1988, 38:3098

[29]   Perdew J P. Phys. Rev. B, 1986, 33:8822

[30]   Perdew J P, Wang Y. Electroic Structure of Solids. Berlin: Akademie Verlag, 1991. 11

[31]   Perdew J P, Burke K, Ernzerhof M. Phys. Rev. Lett., 1996, 77:3865

[32]   Lee C, Yang W, Parr R G. Phys. Rev. B, 1988, 37:785

[33]   Filippi C, Umrigar C J, Taut M. J. Chem. Phys., 1994, 100:1290

[34]   Becke A D. J. Chem. Phys., 1993, 98:1372

[35]   Becke A D. J. Chem. Phys., 1993, 98:5648

[36]   Handy N C, Cohen A J. Mol. Phys., 2001, 99:403

[37]   Stephens P J, Devlin F J, Chabalowski C F et al. J. Phys. Chem., 1994, 98:11623

[38]   Xu X, Goddard-III W A. Proc. Natl. Acad. Sci. USA, 2004, 101:2673

[39]   Chawla S, Voth G A. J. Chem. Phys., 1998, 108:4697

[40]   Seidl A, Gorling A, Vogl P et al. Phys. Rev. B, 1996, 53:3764

[41]   Engel G E. Phys. Rev. Lett., 1997, 78:3515

[42]   Asahi R, Mannstadt W, Freeman A J. Phys. Rev. B, 1999, 59:7486

[43]   Perdew J P, Kurth S, Zupan A et al. Phys. Rev. Lett., 1999, 82:2544

[44]   Tao J, Perdew J P, Staroverov V N et al. Phys. Rev. Lett., 2003, 91:146401

[45]   Mattsson A E. Science, 2002, 298:759

[46]   Talman J D, Shadwick W F. Phys. Rev. A, 1976, 14:36

[47]   Neumann R, Nobes R H, Handy N C. Mol. Phys., 1996, 87:1

[48]   Krieger J B, Li Y, Iafrate G J. Phys. Rev. A, 1992, 46:5453

[49]   Gunnarson O, Jonson M, Lundqvist B I. Phys. Rev. B, 1979, 20:3136

[50]   Stoll H, Pavlidou C M E, Preuss H. Theor. Chim. Acta, 1978, 49:143

[51]   Svane P, Gunnarsson O. Phys. Rev. Lett., 1990, 65:1148

[52]   Strange P, Svane A, Temmerman W M et al. Nature, 1999, 399:756

[53]   Petit L, Svane A, Szotek Z et al. Science, 2003, 301:498

[54]   Cramer C J. Essentials of Computational Chemistry. 2nd ed. West Sussex, England: Wiley, 2004

[55]   Becke A D. J .Chem. Phys., 1986, 84:4524

[56]   Becke A D. J .Chem. Phys., 1988, 88:1053

[57]   Adamo C, Barone V. J. Chem. Phys., 2002, 116:5933

[58]   Perdew J P, Burke K, Ernzerhof M. Phys. Rev. Lett., 1997, 78:1396

[59]   Perdew J P, Wang Y. Phys. Rev. B, 1986, 33:8800

[60]   Perdew J P, Chevary J A, Vosko S H et al. Phys. Rev. B, 1992, 46:6671

[61]   Hedin L. Phys. Rev., 1965, A139:796

[62]   Holm B. Phys. Rev. Lett., 1999, 83:788

[63]   Casida M E. Recent Developments and Applications of Modern Density Functional theory. Amsterdam: Elsevier, 1996. 391

[64]   Burke K, Gross E K U. In: Joubert D ed. Density Functionals: Theory and applications. Berlin: Springer, 1998. 116~146

[65]   Vasiliev I, Ogut S, Chelikowsky J R. Phys. Rev. B, 2002, 65:115416

[66]   Marques M A L, Gross E K U. Annu. Rev. Phys. Chem., 2004, 55:427

[67]   Runge E, Gross E K U. Phys. Rev. Lett., 1984, 52:997

[68]　van Leeuwen R. Phys. Rev. Lett., 1999, 82:3863

[69]　Hessler P, Park J, Burke K. Phys. Rev. Lett., 1999, 82:378

[70]　Anisimov V I, Zaanen J, Andersen O K. Phys. Rev. B, 1991, 44:943

[71]　Liechtenstein A I, Anisimov V I, Zaanen J. Phys. Rev. B, 1995, 52:R5467

[72]　Dudarev S L, Botton G A, Savrasov S Y et al. Phys. Rev. B, 1998, 57:1505

[73]　Anisimov V I, Aryasetiawan F, Lichtenstein A I. J. Phys. Condens. Matter, 1997, 9:767

[74]　Kresse G, Gil A, Sautet P. Phys. Rev. B, 2003, 68:73401

[75]　Georges A, Kotliar G, Krauth W et al. Rev. Mod. Phys., 1996, 68:13

[76]　Anisimov V I, Poteryaevy A I, Korotiny M A et al. J. Phys. Condens. Matter, 1997, 9:7359

[77]　Liechtenstein A I, Katsnelson M I. Phys. Rev. B, 1998, 57:6884

[78]　Chioncel L, Vitos L, Abrikosov et al. Phys. Rev. B, 2003, 67:235106

[79]　Biermann S, Aryasetiawan F, Georges A. Phys. Rev. Lett., 2003, 90:8640

[80]　Sun P, Kotliar G. Phys. Rev. Lett., 2004, 92:196402

[81]　Vignale I, Rasolt M. Phys. Rev. Lett., 1987, 59:2360

[82]　Capelle K, Gross E K U. Phys. Rev. Lett., 1997, 78:19872

[83]　Ghosh S K, Dhara A K. Phys. Rev. A, 1988, 38:1149

[84]　Rajagopa A K, Callaway J. Phys. Rev. B, 1973, 7:1912

[85]　Rajagopa A K. J. Phys. C, 1978, 11:L943

[86]　MacDonald A H, Vosko S H. J. Phys. C, 1979, 12:2977

[87]　Yanai T, Nakajima T, Ishikawa Y et al. J. Chem. Phys., 2002, 116:10122

[88]　Foldy L L, Wouthuysen S A. Phys. Rev., 1950, 78:29

[89]　Bethe H A, Salpeter E E. Quatum Mechanics of One- and Two-Electron atoms. Berlin:
　　　Springer, 1957

[90]　Chang C, Durand M P P. Phys. Src., 1986, 34:394

[91]　von Lenthe E, Baerends E J, Snijders J G. J. Chem. Phys., 1993, 99:4597

[92]　Nakajima T, Hirao K. Chem. Phys. Lett., 1999, 302:383

[93]　Nakajima T, Hirao K. J. Chem. Phys., 2000, 113:7786

[94]　Wang F, Li L. Theor. Chem. Acc., 2002, 108:53

[95]　Baroni S, de Gironcoli S, Corso A D et al. Rev. Mod. Phys., 2001, 73:515

[96]　Gonze X. Phys. Rev. B, 1997, 55:10337

[97]　Putrino A, Sebastiani D, PArrinello M. J. Chem. Phys., 2000, 113:7102

[98]　Resta R. Rev. Mod. Phys., 1994, 66:899

[99]　Bernardini F, Fiorentini V, Vanderbilt D. Phys. Rev. Lett., 1997, 79:3958

[100]　Bernardini F, Fiorentini V. Phys. Rev. B, 1998, 58:15292

[101]　徐光宪, 黎乐民, 王德民. 量子化学(中册). 北京: 科学出版社, 1985

[102]　谢希德, 陆栋. 固体能带理论. 上海: 复旦大学出版社, 1998

[103]　Vanderbilt D. Phys. Rev. B, 1990, 41:7892

[104]　Payne M, Teter M P, Allan D C et al. Rev. Mod. Phys., 1992, 64:1045

[105]　Andersen O K. Phys. Rev. B, 1975, 12:3060

[106]　Andersen O K, Saha-Dasgupta T. Phys. Rev. B, 2000, 62:R16219

[107]　Blochl P E. Phys. Rev. B, 1994, 50:17953

[108]　Kresse G, Joubert D. Phys. Rev. B, 1999, 59:1758

[109]　Beck T L. Rev. Mod. Phys., 2000, 72:1041

[110] Torsti T et al. Phys. Stat. Sol. B, 2006, 243:1016
[111] Nakaoka N, Tada K, Watanabeet S et al. Phys. Rev. Lett., 2001, 86:540
[112] Chelikowsky J R et al. Phys. Rev. Lett., 1994, 72:1240
[113] Chelikowsky J R et al. Phys. Rev. B, 1994, 50:11355
[114] Kronik L, Makmal A, Tiago M L et al. Phys. Stat. Sol. b, 2006, 243:1063
[115] Pask J E, Klein B M, Fong C Y et al. Phys. Rev. B, 1999, 59:12352
[116] Pask J E, Sterne P A. Model. Simul. Mater. Sci. Eng., 2005, 13:R71
[117] Briggs E L et al. Phys. Rev. B, 1996, 54:14362
[118] Ono T, Hirose K. Phys. Rev. Lett., 1999, 82:5016
[119] King-Smith R D, Payne M C et al. Phys. Rev. B, 1991, 44:13063
[120] Press W H, Teukolsky S A et al. Numerical Recipies in FORTRAN 77: The Art of Scientific Computing. Cambridge: Cambridge University Press, 1992
[121] 徐佩霞, 孙功宪. 小波分析与应用实例. 合肥: 中国科学技术大学出版社, 1996
[122] Arias T A. Rev. Mod. Phys., 1999, 71:267
[123] Daykov I P, Arias T A, Engeness T D. Phys. Rev. Lett., 2003, 90:216402
[124] Kohn W. Phys. Rev. Lett., 1996, 76:3168
[125] Goedecker S. Rev. Mod. Phys., 1999, 71:1085
[126] Scuseria G E. J. Phys. Chem. A, 1999, 103:4782
[127] Yang W. Phys. Rev. Lett., 1991, 66:1438
[128] Yang W T, Perez-Jorda J M. Encyclopedia of Computational Chemistry. New York: Wiley, 1998. 1496
[129] Bowler D R, Miyazaki T, Gillan M J. Int. J. Quantum Chem., 2002, 14:2781
[130] Galli G. Phys. Stat. Sol.(b), 2000, 217:231
[131] Galli G. Opinion in Solid State and Materials Science, 1996, 1:864
[132] Johnson B G, White C A. Recent Developments in Density Functional Theory. Amsterdam: Elsevier Science, 1996. 441
[133] Stratmann R E, Scuseria G E, Frisch M J. Chem. Phys. Lett., 1996, 257:213
[134] Perez-Jorda J M, Yang W T. Chem. Phys. Lett., 1995, 241:469
[135] Greengard L. The rapid evaluation of potential fields in particle systemss. London: The MIT Press, 1987
[136] White C A, Head-Gordon M. J. Chem. Phys., 1996, 104:2620
[137] Challacombe M, Schwegler E. J. Chem. Phys., 1997, 106:5526
[138] Greengard L, Rokhlin V. J. Comp. Phys., 1987, 73:325
[139] White C A, Head-Gordon M. J. Chem. Phys., 1994, 101:6593
[140] White C A, Head-Gordon M. J. Chem. Phys., 1996, 105:5061
[141] White C A, Head-Gordon M. Chem. Phys. Lett., 1996, 257:647
[142] Challacombe M, White C, Head-Gordon M. J. Chem. Phys., 1997, 107:10131
[143] White C A, Johnson B G, Gill P M W et al. Chem. Phys. Lett., 1994, 230:8
[144] White C A, Johnson B G, Gill P M W et al. Chem. Phys. Lett., 1996, 253:268
[145] Schwegler E, Challacombe M, Head-Gordon M. J. Chem. Phys., 1997, 106:9708
[146] Head-Gordon M, Pople J A. J. Chem. Phys., 1988, 89:5777
[147] Ochsenfeld C, White C A, Head-Gordon M. J. Chem. Phys., 1998, 109:1663
[148] Liang W, Shao Y, Ochsenfeld C et al. Chem. Phys. Lett., 2002, 358:43

[149] Geodecker S, Colombo L. Phys. Rev. Lett., 1994, 73:122

[150] Liang W, Saravanan C, Shao Y et al. J. Chem. Phys., 2003, 119:4117

[151] Bear R, Head-Gordon M. Phys. Rev. Lett., 1997, 79:3962

[152] Bear R, Head-Gordon M. J. Chem. Phys., 1997, 107:10003

[153] Geodecker S. J. Comput. Phys., 1995, 118:216

[154] Palser A H R, Manolopoulos D E. Phys. Rev. B, 1998, 58:12704

[155] Niklasson A M N. Phys. Rev. B, 2002, 66:155115

[156] Xiang H J, Liang W Z, Yang J L et al. J. Chem. Phys., 2005, 123:124105

[157] Kohalmi D, Szabados A, Surjan P R. Phys. Rev. Lett., 2005, 95:13002

[158] Yang W, Lee T S. J. Chem. Phys., 1995, 103:5674

[159] Lee T S, York D M, Yang W. J. Chem. Phys., 1996, 105:2744

[160] Mauri F, Galli G, Car R. Phys. Rev. B, 1993, 47:9973

[161] Mauri F, Galli G. Phys. Rev. B, 1994, 50:4316

[162] Kim J, Mauri F, Galli G. Phys. Rev. B, 1995, 52:1640

[163] Ordejon P et al. Phys. Rev. B, 1993, 48:14646

[164] Li X P, Nunes R W, Vanderbilt D. Phys. Rev. B, 1993, 47:10891

[165] Hierse W, Stechel E. Phys. Rev. B, 1994, 50:17811

[166] Hernandez E, Gillan M. Phys. Rev. B, 1995, 51:10157

[167] Stewart J J P, Csaszar P, Pulay P. J. Comp. Chem., 1982, 3:227

[168] Stewart J J P. Int. J. Quantum Chem., 1996, 58:133

[169] Liang W, Head-Gordon M. J. Chem. Phys., 2004, 120:10379

[170] Liang W, Head-Gordon M. J. Phys. Chem. A, 2004, 108:3206

[171] Head-Gordon C O M. Chem. Phys. Lett., 1997, 270:399

[172] Ochsenfeld C et al. Angew. Chem. Int. Ed., 2004, 43:4485

[173] Niklasson A M N, Challacombe M. Phys. Rev. Lett., 2004, 92:193001

[174] Weber V, Niklasson A M N, Challacombe M. Phys. Rev. Lett., 2004, 92:193002

[175] Weber V et al. J. Chem. Phys., 2005, 123:44106

[176] Liang W et al. J. Chem. Phys., 2005, 123:194106

[177] Yam C, Yokojima S, Chen G. Phys. Rev. B, 2003, 68:153105

[178] Hutter J. J. Chem. Phys., 2003, 118:3928

[179] Furche F, Ahrichs R. J. Chem. Phys., 2002, 117:7433

[180] Schlegel H B, Millam J M et al. J. Chem. Phys., 2001, 114:9758

[181] Iyengar S S, Schlegel H B et al. J. Chem. Phys., 2001, 115:10291

[182] Schlegel H B et al. J. Chem. Phys., 2002, 117:8694

[183] Shao Y H, Saravanan C, Head-Gordon M et al. J. Chem. Phys., 2003, 118:6144

[184] Head-Gordon M et al. Mol. Phys., 2003, 101:37

[185] Herbert J M, Head-Gordon M. J. Chem. Phys., 2004, 121:11542

[186] Kohn W, Becke A D, Parr R G. J. Phys. Chem., 1996, 100:12974

[187] Martin R M. Electronic structure: basic theory and practical methods. Cambridge: Cambridge University Press, 2004

[188] 肖慎修, 王崇愚, 陈天朗. 密度泛函理论的离散变分方法在化学和材料物理学中的应用. 北京: 科学出版社, 1998

[189] Reimann S M, Manninen M. Rev. Mod. Phys., 2002, 74:1283

[190] Brivio G P, Trioni M I. Rev. Mod. Phys., 1999, 71:231

[191] Pickett W E. Rev. Mod. Phys., 1989, 61:433

[192] Boese A D, Martin J M L, Handy N C. J. Chem. Phys., 2003, 119:3005

[193] Li Z, Yang J, Hou J G et al. Chem. Eur. J., 2004, 10:1592

[194] Li Z, Yang J, Hou J G et al. J. Am. Chem. Soc., 2003, 125:6050

[195] Li Z, Yang J, Hou J G et al. J. Chem. Phys., 2004, 120:9725

[196] Li Z, Yang J, Hou J G et al. Angew. Chem. Int. Ed., 2004, 43:6479

[197] Skouteris D, Manolopoulos D E, Bian W S et al. Science, 1999, 286:1713

[198] Patton D C, Pederson M R. Phys. Rev. A, 1997, 56:2495

[199] Kohn W, Meir Y, Makarov D E. Phys. Rev. Lett., 1998, 80:4153

[200] Lein M, Dobson J F, Gross E K U. J. Comput. Chem., 1999, 20:12

[201] Dobson J F, Wang J. Phys. Rev. Lett., 1999, 82:2123

[202] Dion M, Rydberg H, Schroder E. Phys. Rev. Lett., 2004, 92:246401

[203] Garcia-Gonzalez P, Godby R W. Phys. Rev. Lett., 2002, 88:56406

[204] Wu X, Nayak M C V S et al. J. Chem. Phys., 2001, 115:8748

[205] Segall M D. J. Phys.: Condens. Matter, 2002, 14:2957

[206] Murphy R B, Philipp D M, Friesner R A. Chem. Phys. Lett., 2000, 321:113

[207] Voter A F, Montalenti F, Germann T C. Annu. Rev. Mater. Res., 2002, 32:321

[208] Iannuzzi M, Laio A, Parrinello M. Phys. Rev. Lett., 2003, 90:238302

[209] Laio A, Bernard S, Chiarotti G L et al. Science, 2000, 287:1027

[210] Xu B Q, Tao N J. Science, 2003, 301:1221

[211] Chico L, Sancho M P L, Munoz M C. Phys. Rev. Lett., 1998, 81:1278

[212] Mehrez H, Taylor J, Guo H et al. Phys. Rev. Lett., 2000, 84:2682

[213] Ness H, Fisher A J. Phys. Rev. Lett., 1999, 83:452

[214] Wang L W. Phys. Rev. B, 2005, 72:45417

[215] Hirose K, Tsukada M. Phys. Rev. B, 1995, 51:5278

[216] di Ventra M, Pentelides S, Lang N D. Phys. Rev. Lett., 2000, 84:979

[217] di Ventra M, Lang N D. Phys. Rev. B, 2001, 65:45402

[218] Taylor J, Guo H, Wang J. Phys. Rev. B, 2001, 63:245407

[219] Brandbyge M, Mozos J L, Ordejon P et al. Phys. Rev. B, 2002, 65:165401

[220] Xue Y, Ratner M A. Phys. Rev. B, 2003, 68:115406

[221] Kosov D S. J. Chem. Phys., 2002, 116:6368

[222] Gebauer R, Car R. Phys. Rev. Lett., 2004, 93:160404

[223] Burke K, Car R, Gebauer R. Phys. Rev. Lett., 2005, 94:146803

[224] Gross E K U, Oliverira L N, Kohn W. Phys. Rev. A, 1988, 37:2809

[225] Kohn W. Phys. Rev. A, 1986, 34:737

[226] Ziegler T. Chem. Rev., 1991, 91:651

[227] Daul C. Int. J. Quantum Chem., 1994, 52:867

[228] Onida G, Reining L, Godby R W et al. Phys. Rev. Lett., 1995, 75:818

[229] Vasiliev I, Ogut I S, Chelikowsky J R. Phys. Rev. Lett., 1999, 82:1919

[230] Ullrich C A, Burke K. J. Chem. Phys., 2004, 121:28

[231] Ismail-Beigi S, Louie S G. Phys. Rev. Lett., 2003, 90:76401

第 2 章　相对论量子化学基本原理
及相对论密度泛函理论

近年来, 相对论量子化学在概念、方法、程序与应用等诸方面都取得长足进展, 因此有必要对该领域进行高屋建瓴的总结. 鉴于有关文献的浩繁, 无法面面俱到, 本章将着重阐述相对论量子化学的基本原理和相关理论方法, 包括极小极大变分原理、动能平衡条件、相对论密度泛函理论等. 本章指出, 不靠数学技巧, 而仅凭 "用原子 (分子片) 合成分子" 这一思想, 就可以大大简化分子的相对论计算, 使四分量完全相对论和二分量准相对论方法在简洁性、计算精度、计算效率诸方面达到完全一致. 尤其是, 刘文剑发展的新一代准相对论方法 XQR(exact matrix quasi-relativistic theory) 不仅准确、简单, 而且是联系相对论 Dirac 方程和非相对论 Schrödinger 方程的 "无缝桥梁". 这是概念上的一大突破. 可以说, 化学 (和普通物理) 中的相对论问题已经得到解决. 本章还扼要介绍了 BDF(Beijing Density Functional) 程序的特色, 指出 BDF 是所有相对论量子化学软件中计算效率最高的程序之一.

2.1　引　言

2.1.1　相对论效应

众所周知, 重元素体系往往表现出优异的光、电、磁、催化等性质, 其特殊的活性往往是不可替代的, 因而是新型功能材料、新能源的宝库, 对国民经济和国防建设具有极为重要的意义. 例如, 大多数催化剂的活性中心是重元素; 铀、钍等锕系元素是核能源、核武器的核心成分; 稀土元素更是新材料的源泉. 我国是稀土资源大国, 为了把资源优势转化为经济优势, 多年来我们一直在强调要加强对稀土化合物的基础研究和应用基础研究. 根据核能源和国防建设的发展需求, 对锕系化学、核工业废料有效处理、核武器老化等问题的基础研究意义重大, 影响深远. 然而, 含重元素体系具有非常复杂的电子结构、高密度的低激发态、多种多样的化学键类型和反常的周期性规律, 这对实验和理论研究提出了极大挑战. 理论计算的核心问题是如何同时考虑多体效应和相对论效应, 而这两者的不可加和性使问题变得更为复杂.

所谓的相对论效应并不是一个可观测的物理量, 而是指有限光速与无限光速之间的所有差别[1]. 1926 年, Schrödinger 提出了奠定 (非相对论) 量子力学基础的 Schrödinger 方程. 仅仅两年之后, 即 1928 年, Dirac 就在 Einstein 狭义相对论 (special theory of relativity) 的基础上提出了描述电子运动的相对论方程——Dirac 方程[2,3]. 现在我们知道, Schrödinger 方程其实是 Dirac 方程在光速无限大时的近似, 所以 Dirac 方程才代表了我们的真实世界 (有限光速, 30 万 km/s), 而 Schrödinger 方程则代表了一个理想的世界 (无限光速). 相对论效应就是这两个方程之间, 因而也是两个世界之间的差别. 所有实验都是相对论的! 具有讽刺意味的是, 在提出 Dirac 方程仅仅一年以后, 即 1929 年, Dirac 本人就说道: 相对论效应 "在原子、分子的结构以及普通化学反应的研究中是不重要的"[4], 因为价电子的平均速度比光速小得多, 相对论效应不明显; 重原子的内层电子虽然运动得很快, 但它们不受化学键影响, 其相对论效应在价电子问题中被有效地抵消了. 不幸的是, 这种观点一直盛行了 40 年, 直到 20 世纪 70 年代初人们才重新认识到相对论效应的重要性. 根据机理的不同, 相对论效应可以分为直接相对论效应和间接相对论效应. 前者包括电子自旋磁矩与轨道磁矩的耦合作用 (即旋轨耦合作用, spin-orbit coupling) 以及电子在原子核附近高速运动而引起的 s 和 p 轨道在空间上的收缩 (图 2-1) 和能量上的降低 (图 2-2)[5]. 这里需要指出的是, 价层 s 和 p 轨道的收缩也是直接相对论效应, 而不是因为这些轨道要与内层轨道正交引起的. 实际上, 正交性引起轨道膨胀而不是收缩. 本质原因是价层 s 和 p 轨道在原子核附近有个尾巴, 即 s 和 p 价电子会穿透到原子核附近. 另外, 收缩的内层轨道对原子核构成更好的屏蔽, 从而导致外层的 d 和 f 轨道在空间上延展 (图 2-1) 和能量上升高 (图 2-2), 此即所谓间接相对论效应. 相对论效应大致与原子序数 (而不是有效核电荷) 的平方成正比, 因此对重元素的电子与分子结构、反应机理与动力学以及各种光、电、磁性质等有重要影响. 如图 2-3 所示, 相对论效应对于金原子附近的元素尤其明显, 典型的例子如金的颜色、汞的液态、铂的基态电子结构等都必须通过相对论量子计算才能得到合理解释; 而对于超重元素 ($Z > 103$), 相对论效应则更大, 以至于超重元素的电子结构、价态、化学性质等可能完全不同于同族的其他元素. 但这并不是说只有在重元素的计算中才需考虑相对论效应, 对轻元素体系有时也必须考虑相对论效应才能达到计算精度的要求. 例如, 对 $F+H_2 \longrightarrow HF+H$ 的精确反应动力学研究就发现旋轨耦合作用有重要贡献[6], 因为旋轨耦合作用改变了反应通道; 而对所有自旋禁阻反应则必须考虑旋轨耦合作用才能解释. 甚至有些物理可观测量本质上是相对论的, 对它们的非相对论计算将得到零结果, 如手性分子对映体能量分量、电子顺磁 g 张量位移等, 前者在量级上只有 10^{-9}J/mol, 但在生命演化过程中扮演着极为重要的角色. 总而言之, 对重元素 (一般而言, $Z > 50$) 体系的常规计算和对轻元素体系的高精度计算都需要考虑相对论效应. 20 世纪 80 年代中期之后约 15 年的时间里, 以德国为龙头, 欧洲各国的理论化学家在大量经费的支持下, 对相对论量子化学进行了深入系统的研究, 在理论方法、程序以及应用等方面都取得很大进展[1,7~10], 并极大地影响了理论与计算化学的各个方面. 本章着重阐述相对论量子化学的基本原理和思想, 以使读者对该领域有初步的认识.

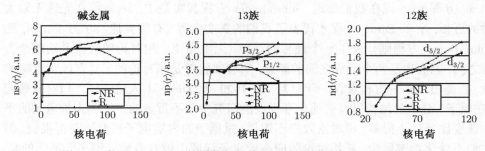

图 2-1　价层 s、p 和 d 轨道的相对论 (R) 和非相对论 (NR) 平均半径

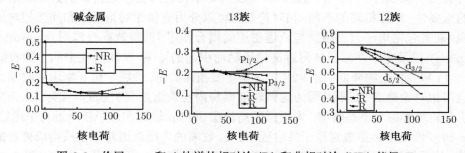

图 2-2　价层 s、p 和 d 轨道的相对论 (R) 和非相对论 (NR) 能级 E

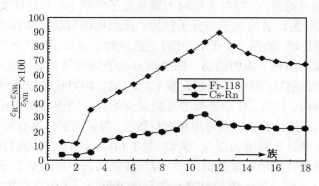

图 2-3　轨道能级相对论效应: "金极大"

2.1.2　Dirac 方程与负能态问题

Dirac 方程是相对论量子力学的基础, 其含时形式为

$$i\hbar\frac{\partial}{\partial t}\psi = (h_D + qV)\psi \tag{2.1}$$

$$h_D = c\alpha \cdot p + \beta mc^2 \tag{2.2}$$

$$V = \phi - c\alpha \cdot \boldsymbol{A} \tag{2.3}$$

式中: h_D 为自由粒子 Dirac 算符; q 为粒子电荷 (对电子而言, $q = -e = -1$); $\boldsymbol{A}$ 和 ϕ 分别为外场矢势和标势; $p = -i\hbar\nabla$ 为线性动量算符; $\boldsymbol{\alpha}$ 和 $\boldsymbol{\beta}$ 是 4×4 Dirac 矩阵

$$\boldsymbol{\alpha} = \begin{pmatrix} 0_2 & \sigma \\ \sigma & 0_2 \end{pmatrix}, \quad \boldsymbol{\beta} = \begin{pmatrix} I_2 & 0_2 \\ 0_2 & -I_2 \end{pmatrix} \tag{2.4}$$

式中: $\boldsymbol{\sigma}$ 为 2×2 Pauli 自旋矩阵矢量

$$\boldsymbol{\sigma}_x = \begin{pmatrix} 0 & 1 \\ 1 & 0 \end{pmatrix}, \quad \boldsymbol{\sigma}_y = \begin{pmatrix} 0 & -i \\ i & 0 \end{pmatrix}, \quad \boldsymbol{\sigma}_z = \begin{pmatrix} 1 & 0 \\ 0 & -1 \end{pmatrix} \tag{2.5}$$

Dirac 方程 (2.1) 同时描述电子 (electron) 和正电子 (positron), 而电子与正电子都有自旋, 因此其波函数 (至少) 是四分量的, 即

$$\psi = \begin{pmatrix} \psi^L \\ \psi^S \end{pmatrix}, \quad \psi^X = \begin{pmatrix} \psi^{X\alpha} \\ \psi^{X\beta} \end{pmatrix}, \quad X = L, S \tag{2.6}$$

值得一提的是, 四分量波函数 ψ 的上二分量 (upper two components)ψ^L 和下二分量 (lower two components)ψ^S 都有节点, 但它们的节点不重合, 因此 ψ 总体上是没有节点的. 对于原子核提供的静电场 ϕ, Dirac 方程的电子能谱包括三个部分: 正能束缚态、正能连续态和负能连续态. 在非相对论极限 ($c \to \infty$) 下, 正能解的下二分量 ψ^S 趋于零, 而上二分量 ψ^L 退化为自旋轨道, 且其径向部分为非相对论 Schrödinger 方程的解. 因此, 正能解的上、下二分量通常被称为大、小分量. 与此相反, 在非相对论极限下, 负能解的上二分量 ψ^L 将趋于零, 即其上二分量为小分量而下二分量为大分量. 也就是说, Dirac 方程有两个不连续的非相对论极限. 但必须注意到, 上述分量的大或小只具有平均意义, 完全有可能在空间某区域小分量比大分量还大. 还要注意到, 电子、正电子及其自旋这四个自由度不能联属到四分量波函数 ψ 的某一分量 (component), 即不能错误地认为 ψ 的上二分量 ψ^L 为电子的解、下二分量 ψ^S 为正电子的解, 因为上、下二分量是耦合在一起的, 不能简单地扔掉其中之一. 另外, 自旋 (α 或 β) 与两个分量而不是单个分量相联系.

在量子力学发展的初期, Dirac 方程的负能连续态曾在概念上造成很大障碍. 按照量子论, 原则上电子可以以一定的概率从正能态跃迁到负能态, 从而导致原子不能稳定存在 (据估算, 这种跃迁可使氢原子在 1ns 内衰变完毕[11]), 这显然与实验事实相矛盾. 为了解决这一问题, Dirac 于 1929 年引入了 "Dirac 海" 的概念[12], 即电子负能连续态在通常情况下是完全填满的, 根据 Pauli 不相容原理, 电子从正

能态到负能态的跃迁是禁阻的. 相反, 电子可以从负能态跃迁到正能态, 但需大于 $2mc^2 \approx 1\text{MeV}$ 的能量, 即

$$E_{正能电子} - E_{负能电子} > 2mc^2 \tag{2.7}$$

这一解释虽然避开了上述困难, 但显得非常生硬. 为了正确理解这一问题, 让我们考察一下电荷共轭对称性 (charge conjugation symmetry). 电荷共轭对称性由算符 $\hat{C}$ 描述:

$$\hat{C} = U_C \hat{K}_0, \quad U_C = i\beta\alpha_y = \begin{pmatrix} 0 & 0 & 0 & 1 \\ 0 & 0 & -1 & 0 \\ 0 & -1 & 0 & 0 \\ 1 & 0 & 0 & 0 \end{pmatrix} \tag{2.8}$$

式中: $\hat{K}_0$ 为复共轭算符. 可以验证

$$U_C \alpha^* U_C^{-1} = U_C(\alpha_x, -\alpha_y, \alpha_z) U_C^{-1} = \alpha \tag{2.9}$$

$$U_C \beta U_C^{-1} = -\beta \tag{2.10}$$

$$U_C h_D^* U_C^{-1} = -h_D \tag{2.11}$$

$$U_C V^* U_C^{-1} = V \tag{2.12}$$

从而

$$\hat{C} i\hbar \frac{\partial}{\partial t} \hat{C}^{-1} \hat{C} \psi = \hat{C}(h_D + qV) \hat{C}^{-1} \hat{C} \psi \tag{2.13}$$

$$i\hbar \frac{\partial}{\partial t} \psi_C = (h_D - qV) \psi_C \tag{2.14}$$

$$\psi_C = \hat{C}\psi = \begin{pmatrix} \psi^{S\beta *} \\ -\psi^{S\alpha *} \\ -\psi^{L\beta *} \\ \psi^{L\alpha *} \end{pmatrix} \tag{2.15}$$

对于驻态 (stationary state) 可做如下变量分离

$$\psi(\boldsymbol{r}, t) = e^{\frac{-iEt}{\hbar}} \psi(\boldsymbol{r}) \tag{2.16}$$

$$\psi_C(\boldsymbol{r}, t) = \hat{C}\psi(\boldsymbol{r}, t) = e^{\frac{iEt}{\hbar}} \psi_C(\boldsymbol{r}) \tag{2.17}$$

从而得到不含时 Dirac 方程

$$(h_D + qV)\psi(\boldsymbol{r}) = E\psi(\boldsymbol{r}) \tag{2.18}$$

$$(h_D - qV)\psi_C(\boldsymbol{r}) = -E\psi_C(\boldsymbol{r}) \tag{2.19}$$

注意, 方程 (2.18) 和 (2.19) 具有相同的外势 V. 也就是说, 如果方程 (2.18) 是关于电子 ($q = -e = -1$) 能量为 E 的本征态 $\psi(E)$ 的方程, 则由电荷共轭关系得到的方程 (2.19) 就是关于正电子能量为 $-E$ 的本征态 $\psi_C(-E)$ 的方程. 其重要推论是, 电子的负能态可以解释为正电子的正能态. 但这里需要特别强调的是, Dirac 方程 (2.1) 中的外场 V 是通过最小电磁作用原理 (principle of minimal electromagnetic interaction) 引入的, 即在自由粒子 Dirac 方程中作下列置换

$$p \rightarrow p - q\boldsymbol{A}, \qquad i\hbar\frac{\partial}{\partial t} \rightarrow i\hbar\frac{\partial}{\partial t} - q\phi \tag{2.20}$$

该原理需要明确指明粒子电荷 q. 这表明, 如果 $q = -1$, 则方程 (2.18) 的解只能是电子的解, 无论是正能态还是负能态. 只是通过电荷共轭对称性, 电子的负能态与正电子的正能态相关, 或者说, Dirac 方程可以间接地得到正电子的解. 而正电子可以说是电子激发后留下的 "孔", 从 "Dirac 海" 中激发一个电子即是产生一个虚电子–正电子对 (virtual electron-positron pair), 所需能量为

$$E_{\text{electron}} + E_{\text{positron}} > 2mc^2 \tag{2.21}$$

也就是说, 在相对论量子力学中, 电荷是守恒的, 而粒子数是不守恒的. Dirac 对正电子的预言[13]于 1932 年得到实验验证[14]. Dirac 方程不仅预言了自旋而且预言了正电子, 这正是 Dirac 的伟大之处.

上述模型导致对真空态 (vacuum) 的重新表述. 能量–时间不确定关系允许电子–正电子对在能量低于 $2mc^2$ 的情况下就能产生, 从而真空态是这些虚对的 "肥皂泡"(bubbling soap), 且在外场中发生极化. 其数学描述是量子电动力学 (quantum electrodynamics, QED), 在该理论中, 电子和正电子是 Dirac 量子场的正能态量子 (quanta), Dirac 量子场的零点振动导致真空涨落, 而电子的自能即是电子与该零点振动间的相互作用能. 电子自能与真空极化统称为 Lamb 位移[15,16]. 我们知道, 若不考虑 Lamb 位移, 类氢离子的 $2s_{1/2}$ 和 $2p_{1/2}$ 轨道在能量上是简并的, 而 Lamb 位移将导致它们的分裂, 如氢原子 $2p_{1/2}$ 轨道在能量上比 $2s_{1/2}$ 低 0.035cm^{-1}, 这一分裂约为氢原子 $2p$ 自旋轨道分裂 (0.365cm^{-1}) 的 10%. Lamb 位移在量级上正比于 Z^4c^{-5}, 因此对重原子而言, 其效应是非常大的, 例如, 由 Lamb 位移导致的 U^{+91} 离子 $2s_{1/2}$ 和 $2p_{1/2}$ 轨道分裂可达 $6 \times 10^5\text{cm}^{-1}$ [17]. 但 Lamb 位移对价电子性质而言是非常小的, 因此在常规相对论计算中通常被忽略. 当然, 如何有效地计算 Lamb 位移对价电子性质的影响仍是值得探讨的课题[18].

为了加深理解, 让我们再进一步考察一下电荷共轭对称性是怎样起作用的[19]. 设 ψ 为自由电子一个能量 $\varepsilon = \sqrt{m^2c^4 + c^2p^2} \approx mc^2$ 的本征态, 则其电荷共轭态

ψ_C 的本征能量为 $-\varepsilon$. 引入四势 $qV = -eV$ 后这两个态将相互作用, 通过对角化下列 2×2 哈密顿矩阵 $\boldsymbol{H}_e$ 即可得到本征值 $E_{\pm}^{\mathrm{e}}$

$$\boldsymbol{H}_{\mathrm{e}} = \begin{pmatrix} \varepsilon + \Delta & \Omega \\ \Omega & -\varepsilon + \Delta \end{pmatrix}, \quad \Delta = \langle \psi | - eV | \psi \rangle, \quad \Omega = |\langle \psi | - eV | \psi_C \rangle| \qquad (2.22)$$

$$E_{\pm}^{\mathrm{e}} = \Delta \pm \sqrt{\varepsilon^2 + \Omega^2} \qquad (2.23)$$

其中 E_+^{e} 是所需的正能解, 可以展开为

$$E_+^{\mathrm{e}} = \varepsilon + \Delta + \frac{1}{2}\eta\varepsilon + \cdots, \quad \eta = (\Omega/\varepsilon)^2 \qquad (2.24)$$

相应的正电子解可以通过引入四势 eV 得到, 即

$$\boldsymbol{H}_{\mathrm{p}} = \begin{pmatrix} \varepsilon - \Delta & \Omega \\ \Omega & -\varepsilon - \Delta \end{pmatrix} \qquad (2.25)$$

对角化后得到

$$E_{\pm}^{\mathrm{p}} = -\Delta \pm \sqrt{\varepsilon^2 + \Omega^2} \qquad (2.26)$$

其中 E_+^{p} 是所需的正能解, 可以展开为

$$E_{\mathrm{p}} = -E_-^{\mathrm{e}} = \varepsilon - \Delta + \frac{1}{2}\eta\varepsilon + \cdots \qquad (2.27)$$

对相应的负能态可做类似的分析. 可以看到, 如果四势 $-eV$ 对电子为吸引作用, 即 $\Delta < 0$, 则正电子将受到排斥. 除非耦合项 Ω 远大于 $|\Delta|$, 电子的正能态 E_+^{e} 和负能态 E_-^{e} 将分别低于 mc^2 和 $-mc^2$, 而正电子的正能态 E_+^{p} 和负能态 E_-^{p} 分别与电子的负能态 E_-^{e} 和正能态 E_+^{e} 关于 $E = 0$ 成镜像 (图 2-4).

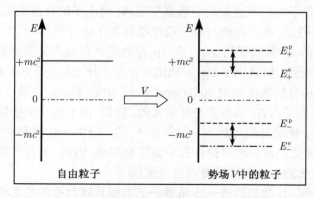

图 2-4 Dirac 正电子 (p) 和电子 (e) 的能态示意图

2.2 相对论量子化学方法与变分原理

2.2.1 哈密顿

无论相对论还是非相对论, 在 Born-Oppenheimer 近似下多电子体系的哈密顿可以写成如下形式

$$H = \sum_i h(i) + \frac{1}{2} \sum_{i \neq j} g(i,j) + V_{NN}, \qquad V_{NN} = \frac{1}{2} \sum_{A \neq B} \frac{Z_A Z_B}{|\boldsymbol{R}_A - \boldsymbol{R}_B|} \qquad (2.28)$$

其中 $h(i)$ 代表单电子项, 在不考虑外磁场的相对论分子结构理论中 $h(i)$ 为

$$h(1) = h_D(1) + \phi(1), \qquad \phi(1) = - \sum_A \frac{Z_A e^2}{|\boldsymbol{r}_1 - \boldsymbol{R}_A|} \qquad (2.29)$$

$g(i,j)$ 代表电子间相互作用, 而 V_{NN} 则代表固定原子核间的经典排斥作用. 问题是, 目前我们还不知道 $g(i,j)$ 的封闭形式, 但根据 QED 可以得到 $g(i,j)$ 的领头项

$$g(1,2) = g^{\text{Coulomb}} + g^{\text{Breit}} + \cdots \qquad (2.30)$$

$$g^{\text{Coulomb}} = e^2 \frac{I_4 I_4}{r_{12}} \qquad (2.31)$$

$$g^{\text{Breit}} = -\frac{e^2}{2c^2 r_{12}} \left\{ (c\alpha_1 \cdot c\alpha_2) + \frac{1}{r_{12}^2} (c\alpha_1 \cdot \boldsymbol{r}_{12})(c\alpha_2 \cdot \boldsymbol{r}_{12}) \right\} \qquad (2.32)$$

其中 g^{Coulomb} 描述电子间的瞬时相互作用, 而 Breit 项 g^{Breit} 是对 g^{Coulomb} 的一阶相对论校正, 描述电子间磁相互作用和延迟效应. 值得指出的是, g^{Coulomb} 虽然与非相对论 Coulomb 相互作用算符具有相同的形式, 但其物理内涵是不同的, 除瞬时 Coulomb 相互作用外, g^{Coulomb} 还包含了自旋–相同轨道间的旋轨耦合作用 (spin-same-orbit coupling). 采用 Coulomb 规范, g^{Breit} 可以进而分解为 Gaunt 项 g^{Gaunt} 和规范项 g^{gauge}

$$g^{\text{Breit}} = g^{\text{Gaunt}} + g^{\text{gauge}} \qquad (2.33)$$

$$g^{\text{Gaunt}} = -\frac{e^2}{c^2} \frac{c\alpha_1 \cdot c\alpha_2}{r_{12}} \qquad (2.34)$$

$$g^{\text{gauge}} = -\frac{e^2}{2c^2} \{ (c\alpha_1 \cdot \nabla_1)(c\alpha_2 \cdot \nabla_2) r_{12} \} \qquad (2.35)$$

其中 ∇_1 和 ∇_2 只作用于 r_{12} 而不作用于波函数. g^{gauge} 描述与自旋无关的延迟效应, 而 g^{Gaunt} 则描述自旋–其他轨道 (spin-other-orbit)、轨道–轨道 (orbit-orbit)、自旋–自旋 (spin-spin) 等相互作用. 经验表明, Breit 项对分子的光谱常数影响很小[20~22], 但却是必要的, 否则就不能正确描述旋轨耦合作用, 尤其对轻元素而言. 而要正确

描述旋轨耦合作用, 选用较为简单的 Gaunt 项即可, 因为它正确描述了 spin-other-orbit 耦合作用. 从电荷密度 $(\rho = \dfrac{\delta E}{\delta \phi} = q\psi^\dagger I_4 \psi)$ 和流密度 $(\boldsymbol{J} = -\dfrac{\delta E}{\delta \boldsymbol{A}} = q\psi^\dagger c\alpha\psi)$ 的定义可以看出, g^{Coulomb} 和 g^{Gaunt} 项分别代表电荷–电荷、流–流相互作用.

2.2.2　Dirac-Hartree-Fock(DHF) 方法: 极小极大变分原理

Dirac 方程负能连续态的存在表明 Dirac 算符是没有下界的, 不能直接应用变分原理, 这曾给实际计算造成很大困难. 让我们以氢原子为例说明这一点. 根据微扰理论, 我们可以以一个无相互作用的两电子体系为参考态, 其精确波函数是一个 Slater 行列式, 其中的 1s 占据轨道为 He$^+$ 的解. 但这样的 Slater 行列式可与无穷多、由一个正能连续态轨道和一个负能连续态轨道构成的行列式简并, 当考虑电子间相互作用后这些行列式将混合, 从而导致所谓 "连续态瓦解"(continuum dissolution), 即得不到任何束缚态 (bound state). 这就是所谓的 "Brown-Ravenhall disease"[23]. Brown 和 Ravenhall 认为必须把 H 算符投影到正能态, 即

$$H_+ = P_+ H P_+ \tag{2.36}$$

但问题是, 投影算符 P_+ 依赖于轨道 (或者说真空态) 的定义, 因此不是唯一的[24,25]. 对这一问题的深入讨论需要采用二次量子化的形式, 即引入满足下列反对易关系的产生 $(a_p^\dagger = a^p)$ 与湮灭 (a_p) 算符

$$[a_p, a_q]_+ = [a^p, a^q]_+ = 0, \quad [a^p, a_q]_+ = \delta_q^p \tag{2.37}$$

和场算符

$$\Psi(1) = \psi_p(\boldsymbol{r}_1)a_p, \quad \langle\psi_p|\psi_q\rangle = \delta_{pq} \tag{2.38}$$

从而将一次量子化、组态空间的哈密顿 (2.28) 改写成二次量子化、Fock 空间的哈密顿

$$\begin{aligned} H &= \int \Psi^\dagger(1)h(1)\,\Psi(1)\mathrm{d}\tau_1 + \frac{1}{2}\iint \Psi^\dagger(1)\,\Psi^\dagger(2)g(1,2)\,\Psi(2)\,\Psi(1)\mathrm{d}\tau_1\mathrm{d}\tau_2 \\ &= h_p^q a_q^p + \frac{1}{2}G_{pq}^{rs}a_{rs}^{pq} \end{aligned} \tag{2.39}$$

$$a_q^p = a^p a_q, \quad a_{pq}^{rs} = a^r a^s a_q a_p \tag{2.40}$$

其中已用了 Einstein 加和约定, 即对重复指标进行求和. 相应的矩阵元定义为

$$h_p^q = \langle p|h|q\rangle = \int \psi_p^\dagger(\boldsymbol{r}_1)h(1)\psi_q(\boldsymbol{r}_1)\mathrm{d}\tau_1 \tag{2.41}$$

$$G_{pq}^{rs} = G_{pq,rs} = \langle pq|rs\rangle = (pr|qs) = \iint \frac{\Omega_{pr}(\boldsymbol{r}_1)\Omega_{qs}(\boldsymbol{r}_2)}{r_{12}}\mathrm{d}\tau_1\mathrm{d}\tau_2 \tag{2.42}$$

式中：Ω_{pr} 为广义重叠分布 (generalized overlap distribution),

$$\Omega_{pr}(\boldsymbol{r}) = \psi_p^\dagger(\boldsymbol{r}) S_\mu \psi_q(\boldsymbol{r}), \quad S_\mu = -e(-i\alpha, I_4) \tag{2.43}$$

对于 Coulomb 项, $S_\mu(= -eI_4)$ 对应常规电荷分布, 而对于 Gaunt 项, $S_\mu(= ie\alpha)$ 对应流分布.

与组态空间 Slater 行列式相对应的是 Fock 空间中的占据数矢量 (occupation-number vector)

$$|\Phi\rangle = a^1 a^2 \cdots a^N |0\rangle \tag{2.44}$$

其中 $|0\rangle$ 为真空态, 满足

$$a_p|0\rangle = 0; \quad \forall p \tag{2.45}$$

对于 DHF 方法, 可对波函数采用如下指数形式的参数化

$$|\widetilde{\Phi}\rangle = \hat{U}|\Phi\rangle \tag{2.46}$$

$$\hat{U} = \mathrm{e}^{-\hat{\kappa}}, \quad \hat{\kappa} = \kappa_p^q a_q^p = -\hat{\kappa}^\dagger; \quad k_p^q = k_{pq} = -(k_q^p)^*; \quad \hat{U}\hat{U}^\dagger = \hat{I} \tag{2.47}$$

式中：$\hat{U}$ 为轨道转动酉算符 (orbital rotation unitary operator). 容易验证, 算符 $\hat{\kappa}$ 与电子数算符 $\hat{N}^e = a_p^p$ 对易, 也就是说, $\hat{U}$ 算符保持粒子数不变.

利用定义 (2.44) 和恒等关系 $\mathrm{e}^{-\hat{\kappa}}|0\rangle = |0\rangle$, 可以将 $|\widetilde{\Phi}\rangle$ 写成

$$|\widetilde{\Phi}\rangle = \mathrm{e}^{-\hat{\kappa}} a^1 a^2 \cdots a^N |0\rangle \tag{2.48}$$

$$= (\mathrm{e}^{-\hat{\kappa}} a^1 \mathrm{e}^{\hat{\kappa}})(\mathrm{e}^{-\hat{\kappa}} a^2 \mathrm{e}^{\hat{\kappa}}) \cdots (\mathrm{e}^{-\hat{\kappa}} a^N \mathrm{e}^{\hat{\kappa}})|0\rangle \tag{2.49}$$

$$= \widetilde{a}^1 \widetilde{a}^2 \cdots \widetilde{a}^N |0\rangle \tag{2.50}$$

其中

$$\widetilde{a}^p = \mathrm{e}^{-\hat{\kappa}} a^p \mathrm{e}^{\hat{\kappa}} \tag{2.51}$$

$$= a^p + [a^p, \hat{\kappa}] + \frac{1}{2}[[a^p, \hat{\kappa}], \hat{\kappa}] + \cdots \tag{2.52}$$

$$= a^q \left(\delta_q^p - \kappa + \frac{1}{2}\kappa^2 + \cdots \right)_q^p \tag{2.53}$$

$$= a^q U_q^p; \quad U = \mathrm{e}^{-\kappa}, \quad UU^\dagger = I \tag{2.54}$$

变换后的湮灭算符为

$$\widetilde{a}_p = \mathrm{e}^{-\hat{\kappa}} a_p \mathrm{e}^{\hat{\kappa}} = a_q (U^\dagger)_p^q = a_q (U_q^p)^* \tag{2.55}$$

容易证明 $\tilde{a}^p$、$\tilde{a}_q$ 间的反对易关系仍然成立, 即

$$[\tilde{a}_p, \tilde{a}_q]_+ = [\tilde{a}^p, \tilde{a}^q]_+ = 0, [\tilde{a}^p, \tilde{a}_q]_+ = \delta_q^p \tag{2.56}$$

利用场算符的定义 (2.38) 可得

$$\Psi = \tilde{\psi}_p \tilde{a}_p = \tilde{\psi}_p a_q (U^\dagger)_p^q = \psi_q a_q \tag{2.57}$$

$$\tilde{\psi}_p = \psi_q U_q^p \tag{2.58}$$

即新轨道 $\{\tilde{\psi}_p\}$ 是原轨道 $\{\psi_q\}$ 的酉变换. 也就是说, 不需要引入 Lagrange 乘法因子, 轨道转动算符 $\hat{U}$ 自身就保证了轨道的正交归一性. 接下来, 我们用 i,j,k,l 等标记占据轨道, a,b,c,d 等标记空轨道, 而 p,q,r,s 等标记任意轨道. HF 总能量为

$$E = \langle \tilde{\Phi} | H | \tilde{\Phi} \rangle = \langle \Phi | e^{\hat{\kappa}} H e^{-\hat{\kappa}} | \Phi \rangle \tag{2.59}$$

$$= E_0 + \langle \Phi | [\hat{\kappa}, H] | \Phi \rangle + \frac{1}{2} \langle \Phi | [\hat{\kappa}, [\hat{\kappa}, H]] | \Phi \rangle + \cdots \tag{2.60}$$

其中

$$E_0 = \langle \Phi | H | \Phi \rangle = h_{ii} + \frac{1}{2}((ii|jj) - (ij|ji)) = h_{ii} + \frac{1}{2}(J_{ii}^{jj} - K_{ii}^{jj}) \tag{2.61}$$

能量一阶导数为

$$g_q^p = \frac{\partial E}{\partial \kappa_p^q} = \langle \Phi | [a_q^p, H] | \Phi \rangle = f_q^p (n_p - n_q) \tag{2.62}$$

$$f_q^p = h_q^p + n_r (G_{qr}^{pr} - G_{qr}^{rp}) \tag{2.63}$$

式中: n_p 为占据数; f_q^p 为 Fock 矩阵元. 由方程 (2.62) 可知, 当 p 和 q 同为占据轨道或空轨道时, 能量一阶导数恒为零, 即占据轨道之间或空轨道之间的混合不会改变体系总能量, 所以参数 κ_p^q 中只有 κ_i^a (或 κ_a^i) 为非冗余的, 其个数为占据轨道数和空轨道数的乘积, $n_{occ} \times n_{vir}$, 从而有

$$\hat{\kappa} = \kappa_a^i a_i^a + \kappa_i^a a_a^i = -(\kappa_i^a)^* a_i^a + \kappa_i^a a_a^i \tag{2.64}$$

式 (2.64) 对 a 的加和既包括正能态空轨道又包括负能态空轨道, 所以矩阵 $\boldsymbol{\kappa}$ 可以分为 κ_{ia}^{++} 和 κ_{ia}^{+-} 两大块, 分别对应电子从占据正能态轨道到正能态空轨道和负能态空轨道的跃迁. 矩阵 $\boldsymbol{\kappa}$ 的 (纯虚数) 对角元没有定义, 但它们只对波函数 $|\tilde{\Phi}\rangle$ 引入一个全局复相位而不影响总能量, 因此可设为零. 所以非冗余 g_p^q 为

$$g_a^i = \frac{\partial E}{\partial \kappa_i^a} = \langle \Phi | [a_a^i, H] | \Phi \rangle = f_a^i \tag{2.65}$$

式 (2.65) 表明, 能量为驻点 (stationary point) 的条件是 Fock 矩阵的占据–空轨道部分为零. 这可以在自洽场迭代中通过矩阵对角化实现, 并最终得到正则 (canonical) 离域轨道, 即

$$f_p^q = \delta_p^q \varepsilon_p; \quad \hat{f}|q\rangle = \varepsilon_q |q\rangle, \quad \hat{f} = h + J^{jj} - K^{jj}, \quad \langle p|q\rangle = \delta_p^q \qquad (2.66)$$

对任意波函数 $|\Psi\rangle$ 能量二阶导数 (Hessian) 为

$$H_{qs}^{pr} = 2\frac{\partial^2 E}{\partial \kappa_p^q \partial \kappa_r^s} = \langle \Psi|[a_q^p,[a_s^r,H]]|\Psi\rangle = H_{sq}^{rp} \qquad (2.67)$$

$$= \delta_q^r f_s^p + \delta_s^p f_q^r - h_s^p \gamma_q^r - h_q^r \gamma_s^p - G_{st}^{pu}\Gamma_{qu}^{rt} - G_{qt}^{ru}\Gamma_{su}^{pt}$$

$$- G_{ts}^{pu}\Gamma_{qu}^{tr} - G_{qt}^{ur}\Gamma_{us}^{pt} + G_{ut}^{pr}\Gamma_{qs}^{ut} + G_{qs}^{tu}\Gamma_{tu}^{pr} \qquad (2.68)$$

其中

$$\gamma_q^p = \langle \Psi|a_q^p|\Psi\rangle \qquad (2.69)$$

$$\Gamma_{rs}^{pq} = \langle \Psi|a_{rs}^{pq}|\Psi\rangle \qquad (2.70)$$

$$f_q^p = h_q^r \gamma_r^p + G_{qt}^{rs}\Gamma_{rs}^{pt} \qquad (2.71)$$

对于单行列式波函数 $|\Phi\rangle$ 有

$$\gamma_q^p = \delta_q^p n_p \qquad (2.72)$$

$$\Gamma_{rs}^{pq} = (\delta_r^p \delta_s^q - \delta_s^p \delta_r^q) n_p n_q \qquad (2.73)$$

所以 H_{qs}^{pr} 可以简化为

$$H_{qs}^{pr} = (n_p - n_q)\{\delta_q^r f_s^p - \delta_s^p f_q^r + (n_r - n_s)(G_{qs}^{pr} - G_{sq}^{pr})\} \qquad (2.74)$$

其非零矩阵元为

$$H_{aj}^{ib} = \delta_{ab} f_{ji} - \delta_{ij} f_{ab} + (ab|ji) - (ai|jb) \qquad (2.75)$$

$$H_{ib}^{aj} = (H_{aj}^{ib})^* \qquad (2.76)$$

$$H_{ab}^{ij} = (ai|bj) - (aj|bi) \qquad (2.77)$$

$$H_{ij}^{ab} = (H_{ab}^{ij})^* \qquad (2.78)$$

如果重新定义下列中间量

$$K_{ia} = \begin{pmatrix} \kappa_{ia}^* \\ \kappa_{ia} \end{pmatrix} \qquad (2.79)$$

$$E_{ia}^{[1]} = \begin{pmatrix} f_{ai} \\ f_{ai}^* \end{pmatrix} \tag{2.80}$$

$$E_{ia,jb}^{[2]} = \begin{pmatrix} A_{ia,jb} & B_{ia,jb} \\ B_{ia,jb}^* & A_{ia,jb}^* \end{pmatrix} \tag{2.81}$$

$$A_{ia,jb} = -H_{aj}^{ib} = \delta_{ij} f_{ab} - \delta_{ab} f_{ij}^* + (ai|jb) - (ab|ji) \tag{2.82}$$

$$B_{ia,jb} = H_{ab}^{ij} = (ai|bj) - (aj|bi) \tag{2.83}$$

可以将式 (2.60) 整理成

$$E = E_0 + (K_{ia}, K_{ia}^*) \begin{pmatrix} f_{ai} \\ f_{ai}^* \end{pmatrix}$$

$$+ \frac{1}{2}(K_{ia}, K_{ia}^*) \times \begin{pmatrix} A_{ia,jb} & B_{ia,jb} \\ B_{ia,jb}^* & A_{ia,jb}^* \end{pmatrix} \begin{pmatrix} K_{bj}^* \\ K_{bj} \end{pmatrix} + \cdots \tag{2.84}$$

$$E = E_0 + K^\dagger E^{[1]} + \frac{1}{2} K^\dagger E^{[2]} K + \cdots \tag{2.85}$$

驻点能量为 (局部) 极小或极大取决于 $E^{[2]}$ 的本征值是否完全大于或小于零. 对于无相互作用体系, $E^{[2]}$ 简化为

$$A_{ia,ia} = \varepsilon_a - \varepsilon_i \begin{cases} > 0 & \text{for } \{\kappa_{ia}^{++}\} \\ < 0 & \text{for } \{\kappa_{ia}^{+-}\} \end{cases} \text{ (不求和 !)} \tag{2.86}$$

很显然, 驻点能量对于从占据正能态轨道到未占据正能态轨道的转动 $\{\kappa_{ia}^{++}\}$ 为极小, 而对于从占据正能态轨道到负能态轨道的转动 $\{\kappa_{ia}^{+-}\}$ 为极大, 此即 "极小极大变分原理"(minimax variational principle)[19].

　　对于相互作用闭壳层体系, $E^{[2]}$ 的对角元等于单激发行列式 $|\Phi_{i\to a}\rangle$ 与参考态 $|\Phi\rangle$ 之间的能量差, 即

$$A_{ia,ia} = E(\Phi_{i\to a}) - E(\Phi) = \varepsilon_a - \varepsilon_i + (ai|ia) - (aa|ii) \, v \text{ (不求和 !)} \tag{2.87}$$

式 (2.87) 即是对激发能的单跃迁近似 (single transition approximation). 当然, 该近似是非常差的, 因为激发态行列式 $|\Phi_{i\to a}\rangle$ 是用优化参考态行列式 $|\Phi\rangle$ 得到的轨道构成的, 而且 HF 空轨道是由 N 电子的势场产生的, 非常弥散, 不对应 N 电子体系的激发态, 而更接近于 $(N+1)$ 电子体系的占据轨道. 更好的方法是无规相近似 (random phase approximation, 等价于耦合 HF 方法), 根据该方法, 单激发能为 $E^{[2]}$ 的本征值. 因此, 有理由相信, "极小极大原理" 同样适用于相互作用体系.

　　必须再次强调的是, 在上述 "标准"DHF 方法中, 电子负能态是作为正能态的正交空间出现的, 并且没有被占据 (不同于 Dirac 海). 电子到负能态的跃迁 $\{\kappa_{ia}^{+-}\}$

不是 "电子–正电子对", 而只是对电子正能态的弛豫效应. 在计算中, 电子排布不遵从 Aufbau 原则, 而是从低到高占据能量大于 $-mc^2$ 的正能态轨道 (即电子束缚态实际上是激发态!). 这样就避免了 "Brown-Ravenhall disease". 换而言之, "Brown-Ravenhall disease" 是采用组态空间导致的假象 (artifact), 采用 Fock 空间可以避免. 实际上, 该方法相当于采用 "无虚对近似" (no virtual pair approximation), 即将完全哈密顿 (2.39) 投影到正能态, 并且投影算符 P_+ 在自洽场迭代中得到连续更新. 换而言之, 该方法相当于只取 QED 哈密顿中的纯电子项,

$$H_+^{\text{no}-\text{pair}} = h_{pq}^{++} a_q^p + \frac{1}{2} G_{pqrs}^{+++++} a_{rs}^{pq} \tag{2.88}$$

从而电子数是守恒的.

2.2.3 量子电动力学 (QED) 简介

接下来我们简单讨论一下 QED 理论, 有兴趣的读者可参见文献 [19]. 设电子产生 ($a_p^\dagger$) 与湮灭 (a_p) 算符与正能态轨道相联系, 而正电子产生 ($b_p^\dagger$) 与湮灭 (b_p) 算符与负能态轨道相联系, 则采用粒子–空穴形式 (即如果 p 为负能态轨道, $b_p^\dagger = a_p$, $b_p = a_p^\dagger$) 的场算符为

$$\Psi(1) = \psi_p^+ a_p + \psi_p^- b_p^\dagger \tag{2.89}$$

由此可得 QED 哈密顿为

$$H = h_{pq}^{++} a_p^\dagger a_q + h_{pq}^{+-} a_p^\dagger b_q^\dagger + h_{pq}^{-+} b_p a_q + h_{pq}^{--} b_p b_q^\dagger$$

$$+ \frac{1}{2} \{ G_{pqrs}^{++++} a_p^\dagger a_q^\dagger a_s a_r + G_{pqrs}^{+++-} a_p^\dagger a_q^\dagger b_s^\dagger a_r + G_{pqrs}^{++-+} a_p^\dagger a_q^\dagger a_s b_r^\dagger + G_{pqrs}^{++--} a_p^\dagger a_q^\dagger b_s^\dagger b_r^\dagger \}$$

$$+ \frac{1}{2} \{ G_{pqrs}^{+-++} a_p^\dagger b_q a_s a_r + G_{pqrs}^{+-+-} a_p^\dagger b_q b_s^\dagger a_r + G_{pqrs}^{+--+} a_p^\dagger b_q a_s b_r^\dagger + G_{pqrs}^{+---} a_p^\dagger b_q b_s^\dagger b_r^\dagger \}$$

$$+ \frac{1}{2} \{ G_{pqrs}^{-+++} b_p a_q^\dagger a_s a_r + G_{pqrs}^{-++-} b_p a_q^\dagger b_s^\dagger a_r + G_{pqrs}^{-+-+} b_p a_q^\dagger a_s b_r^\dagger + G_{pqrs}^{-+--} b_p a_q^\dagger b_s^\dagger b_r^\dagger \}$$

$$+ \frac{1}{2} \{ G_{pqrs}^{--++} b_p b_q a_s a_r + G_{pqrs}^{--+-} b_p b_q b_s^\dagger a_r + G_{pqrs}^{---+} b_p b_q a_s b_r^\dagger + G_{pqrs}^{----} b_p b_q b_s^\dagger b_r^\dagger \} \tag{2.90}$$

QEDN 电子 HF 波函数为

$$|\Phi_{\text{QED}}\rangle = a_1^\dagger a_2^\dagger \cdots a_N^\dagger |0_{\text{QED}}\rangle \tag{2.91}$$

其中真空态的定义与 Dirac 海一致, 即

$$a_p |0_{\text{QED}}\rangle = 0, \quad b_p |0_{\text{QED}}\rangle = 0, \forall p \tag{2.92}$$

顺便指出, 根据 QED 对场算符的解释和真空态的定义, Brown-Ravenhall 提出的双

激发行列式 $|\Phi_{\mathrm{QED}}^{(D)}\rangle$ 恒为零, 因为负能轨道已经被占据, 即

$$|\Phi_{\mathrm{QED}}^{(D)}\rangle = a_a^\dagger b_i |0_{\mathrm{QED}}\rangle = 0 \tag{2.93}$$

而下列行列式

$$|\Phi_{\mathrm{QED}}^{(D)\prime}\rangle = a_a^\dagger b_i^\dagger |0_{\mathrm{QED}}\rangle \tag{2.94}$$

相当于产生一个电子–正电子对, 对应于零电荷 (而不是 -2) 体系, 与二电子参考态体系没有相互作用. 因此, 在 QED 中根本不存在所谓 "Brown-Ravenhall disease". 对 QED-HF 波函数的优化仍可采用指数形式的参数化方法

$$|\widetilde{\Phi}_{\mathrm{QED}}\rangle = \mathrm{e}^{-\hat{\kappa}} |\Phi_{\mathrm{QED}}\rangle \tag{2.95}$$

$$\hat{\kappa} = \kappa_{pq}^{++} a_p^\dagger a_q + \kappa_{pq}^{+-} a_p^\dagger b_q^\dagger + \kappa_{pq}^{-+} b_p a_q + \kappa_{pq}^{--} b_p b_q^\dagger \tag{2.96}$$

不过, 算符 $\hat{\kappa}$ 中只有 $\kappa_{ia}^{++} a_i^\dagger a_a$ 和 $\kappa_{ia}^{-+} b_i a_a$ 是非冗余的, 即

$$\hat{\kappa} = \kappa_{ai}^{++} a_a^\dagger a_i + \kappa_{ia}^{++} a_i^\dagger a_a + \kappa_{ai}^{+-} a_a^\dagger b_i^\dagger + \kappa_{ia}^{-+} b_i a_a \tag{2.97}$$

$$= -(\kappa_{ia}^{++})^* a_a^\dagger a_i + \kappa_{ia}^{++} a_i^\dagger a_a - (\kappa_{ia}^{-+})^* a_a^\dagger b_i^\dagger + \kappa_{ia}^{-+} b_i a_a \tag{2.98}$$

可以验证 $\hat{\kappa}$ 与电子数算符 $\hat{N}^e = a_p^\dagger a_p$ 和正电子数算符 $\hat{N}^p = b_p^\dagger b_p$ 都是不对易的, 但与电荷算符 $\hat{Q} = e(\hat{N}^p - \hat{N}^e)$ 是对易的, 即

$$[\hat{\kappa}, \hat{N}^e] = [\hat{\kappa}, \hat{N}^p] = \kappa_{pq}^{-+} b_p a_q - \kappa_{pq}^{+-} a_p^\dagger b_q^\dagger \tag{2.99}$$

这表明, 轨道转动算符可以改变粒子数但保持电荷守恒. 利用轨道转动算符的酉性质可得

$$|\widetilde{\Phi}_{\mathrm{QED}}\rangle = \widetilde{a}_1^\dagger \widetilde{a}_2^\dagger \cdots \widetilde{a}_N^\dagger |\widetilde{0}_{\mathrm{QED}}\rangle \tag{2.100}$$

$$\widetilde{a}_p^\dagger = a_q^\dagger U_{qp}, \qquad U = \mathrm{e}^{-\kappa} \tag{2.101}$$

$$|\widetilde{0}_{\mathrm{QED}}\rangle = \mathrm{e}^{-\hat{\kappa}} |0_{\mathrm{QED}}\rangle = (1 - \kappa_{pq}^{+-} a_p^\dagger b_q^\dagger - \kappa_{pp}^{--} + \cdots) |0_{\mathrm{QED}}\rangle \neq |0_{\mathrm{QED}}\rangle \tag{2.102}$$

QED-HF 的能量表达式在形式上与方程 (2.61) 相同, 只是其中的占据轨道 i, j 还包括所有负能态 [这导致一个无穷大的负能, 需要进行重正化 (renormalization)]. 正因为所有负能态都是占据的, 在 QED 中可以利用极小化变分原理 (minimization variational principle), 即电子基态是真正的极小点. 而这正是相对论密度泛函的基础[26]. 从式 (2.102) 真空态因 "虚电子–正电子对" ($\kappa_{pa}^{+-} a_p^\dagger b_q^\dagger$) 而极化, 这正是上述 "无虚对近似" DHF 方法所缺少的. 当然, 这种真空极化效应对电性质而言是非常小的 ($O(c^{-4})$), 在电子结构计算中可以忽略. 但要指出的是, 真空极化效应对磁性质 (如 NMR 屏蔽常数) 的贡献为 $O(c^0)$, 即在非相对论极限下仍是存在的, 因此是不可忽略的[27]. 最近, 我们对这一问题的研究[28,29]取得了重大突破, 彻底解决了有关理论问题, 但限于篇幅, 不再赘述.

2.3 矩 阵 表 示

所谓矩阵表示即是采用有限基组将算符离散化. 在本节, 我们先讨论中心场 Dirac 本征函数的特性, 再讨论相对论计算中基函数所必须满足的基本条件.

2.3.1 中心场本征函数

相对论效应源于原子核附近的高场, 因此所用旋量基函数 (spinor basis) 必须很好地描述中心场 Dirac 函数在原子核附近的行为. 这取决于描述原子核电荷分布的模型和旋量函数的变换性质. 中心场能量本征函数具有下列形式:

$$\psi_{n\kappa m_j}(\boldsymbol{r}) = \frac{1}{r} \begin{pmatrix} P_{n\kappa}(r)\chi_{\kappa m_j}(\hat{\boldsymbol{r}}) \\ iQ_{n\kappa}(r)\chi_{-\kappa m_j}(\hat{\boldsymbol{r}}) \end{pmatrix} \tag{2.103}$$

式中: $P_{n\kappa}(r)$ 和 $Q_{n\kappa}(r)$ 为实函数; n 为主量子数; 角度部分 $\chi_{\kappa m_j}(\hat{\boldsymbol{r}})$ 为角动量算符 $\boldsymbol{j}^2(\boldsymbol{j}=\boldsymbol{l}+\boldsymbol{s})$、$\boldsymbol{l}^2$、$\boldsymbol{s}^2\left(\boldsymbol{s}=\dfrac{\hbar}{2}\sigma\right)$、$j_z$、Johnson-Lippmann算符 $\hbar\hat{K}'=-(\sigma\cdot\boldsymbol{l}+\hbar)$ 和实空间宇称算符 $\hat{P}_0$ 的二分量本征函数, 本征值分别为 $j(j+1)\hbar^2$、$l(l+1)\hbar^2$、$s(s+1)\hbar^2(s=1/2)$、$m_j\hbar$、κ 和 $(-1)^l$; 四分量函数 $\psi_{n\kappa m_j}(\boldsymbol{r})$ 是 $\boldsymbol{j}^2$、$\boldsymbol{s}^2$、$\hbar\hat{K}$ 和宇称算符 $\beta\hat{P}_0$ 的本征函数, 但不是 $\boldsymbol{l}^2$ 的本征函数, 其中 $\hbar\hat{K}$ 为

$$\hbar\hat{K} = -\beta(\boldsymbol{\Sigma}\cdot\boldsymbol{l}+\hbar), \qquad \boldsymbol{\Sigma} = \begin{pmatrix} \sigma & 0 \\ 0 & \sigma \end{pmatrix} \tag{2.104}$$

j、l 和 κ 之间有下列关系

$$\kappa = -2\left(j+\frac{1}{2}\right)(j-l), \quad j = |\kappa| - \frac{1}{2}, \quad l = j + \frac{1}{2}\,\text{sgn}\,\kappa, \tag{2.105}$$

$$l(l+1) = \kappa(\kappa+1), \quad 2l+1 = |2\kappa+1| \tag{2.106}$$

由此可知, $\psi_{n\kappa m_j}(\boldsymbol{r})$ 的宇称与上二分量相同 $[(-1)^{l^L}]$ 而与下二分量相反 $[(-1)^{l^S}]$, 即角动量 l^S 和 l^L 相差 1. $\chi_{\kappa m_j}(\hat{\boldsymbol{r}})$ 的明确表达式为

$$\chi_{\kappa m_j}(\hat{\boldsymbol{r}}) = \begin{pmatrix} -\text{sgn}\,\kappa \quad \sqrt{\dfrac{\kappa+\dfrac{1}{2}-m_j}{2\kappa+1}}Y_{lm_j-\frac{1}{2}}(\hat{\boldsymbol{r}}) \\ \sqrt{\dfrac{\kappa+\dfrac{1}{2}+m_j}{2\kappa+1}}Y_{lm_j+\frac{1}{2}}(\hat{\boldsymbol{r}}) \end{pmatrix} \tag{2.107}$$

其中球谐函数 $Y_{lm_l}(\hat{\boldsymbol{r}})$ 采用 Condon-Shortley 的相位约定

$$Y_{lm_l}^*(\hat{\boldsymbol{r}}) = (-1)^{m_l}Y_{l-m_l}(\hat{\boldsymbol{r}}) \tag{2.108}$$

另外还存在时间反演对称性, 对于二分量函数时间反演算符为

$$\hat{T}_0 = -i\sigma_y \hat{K} \tag{2.109}$$

$$\hat{T}_0 \chi_{\kappa m_j}(\hat{\boldsymbol{r}}) = (-1)^a \chi_{\kappa -m_j}(\hat{\boldsymbol{r}}), \qquad a = l - j + m_j = \frac{1}{2}\mathrm{sgn}\,\kappa + m_j \tag{2.110}$$

式中: $\hat{K}$ 为复共轭算符. 相应的四分量时间反演算符为

$$\hat{T} = I_2 \otimes \hat{T}_0 = -i \begin{pmatrix} \sigma_y & 0 \\ 0 & \sigma_y \end{pmatrix} \hat{K} \tag{2.111}$$

$$\hat{T}\psi_{n\kappa m_j}(\boldsymbol{r}) = \bar{\psi}_{n\kappa m_j}(\boldsymbol{r}) = (-1)^b \psi_{n\kappa -m_j}(\boldsymbol{r}) \tag{2.112}$$

$$b = l^L - j + m_j = \frac{1}{2}\mathrm{sgn}\,\kappa + m_j \tag{2.113}$$

在没有外磁场时, $\psi_{n\kappa m_j}$ 与 $\bar{\psi}_{n\kappa m_j}$ 在能量上是简并的, 因此称为 Kramers 对, 在非相对论极限下, 它们与纯自旋态相对应.

接下来, 我们讨论一下算符 $\sigma \cdot p$. 在球极坐标下, 该算符为

$$\sigma \cdot p = i\sigma \cdot \hat{\boldsymbol{r}} \left(-\frac{\partial}{\partial r} + \frac{\sigma \cdot \boldsymbol{L}}{r} \right) \tag{2.114}$$

因为

$$\sigma \cdot \hat{\boldsymbol{r}} \chi_{\kappa m_j}(\hat{\boldsymbol{r}}) = -\chi_{-\kappa m_j}(\hat{\boldsymbol{r}}) \tag{2.115}$$

$$\sigma \cdot \boldsymbol{L} \chi_{\kappa m_j}(\hat{\boldsymbol{r}}) = -(\kappa + 1)\chi_{\kappa m_j}(\hat{\boldsymbol{r}}) \tag{2.116}$$

所以

$$\sigma \cdot p P(r)\chi_{\kappa m_j}(\hat{\boldsymbol{r}}) = i\left(\frac{\partial}{\partial r} + \frac{\kappa + 1}{r} \right) P(r)\chi_{-\kappa m_j}(\hat{\boldsymbol{r}}) = iQ(r)\chi_{-\kappa m_j}(\hat{\boldsymbol{r}}) \tag{2.117}$$

式 (2.117) 表明, 函数 $\sigma \cdot pg(r)\chi_{\kappa m_j}(\hat{\boldsymbol{r}})$ 和 $f(r)\chi_{-\kappa m_j}(\hat{\boldsymbol{r}})$ 具有相同的对称性.

2.3.2　基函数: 动能平衡条件

为了简化讨论, 我们只考察 (有效) 单电子不含时 Dirac 方程

$$\begin{pmatrix} V & c\sigma \cdot p \\ c\sigma \cdot p & V - 2mc^2 \end{pmatrix} \begin{pmatrix} \psi_p^L \\ \psi_p^S \end{pmatrix} = \varepsilon_p \begin{pmatrix} \psi_p^L \\ \psi_p^S \end{pmatrix} \tag{2.118}$$

注意, 为了使 Dirac 方程的本征值与 Schrödinger 方程的解相对应, 我们已将静能 mc^2 扣除. 波函数的大、小分量可以用不同的旋量 (即 j-adapted) 基函数展开, 即

$$|\psi_p\rangle = \begin{pmatrix} |\phi_\mu^L\rangle & 0 \\ 0 & |\phi_\mu^S\rangle \end{pmatrix} \begin{pmatrix} \boldsymbol{C}_{\mu p}^L \\ \boldsymbol{C}_{\mu p}^S \end{pmatrix} \tag{2.119}$$

其中 $\{|\phi_\mu^X\rangle;\ \mu=1,2,\cdots,2N^X;\ X=L,S;\ N^L=N^S\}$ 为行向量, $\{C_{\mu p}\}$ 对每一个轨道 p 都是长度为 $2N^L+2N^S$ 的列向量. 从而得到 Dirac 方程的矩阵形式

$$\begin{pmatrix} V^{LL} & c\Pi^{LS} \\ c\Pi^{SL} & V^{SS}-2mc^2S^{SS} \end{pmatrix}\begin{pmatrix} C^L \\ C^S \end{pmatrix}=\begin{pmatrix} S^{LL} & 0 \\ 0 & S^{SS} \end{pmatrix}\begin{pmatrix} C^L \\ C^S \end{pmatrix}\varepsilon \qquad (2.120)$$

其中的有关矩阵元定义为

$$S_{\mu\nu}^{XY}=\langle\phi_\mu^X|\phi_\nu^Y\rangle,\qquad V_{\mu\nu}^{XY}=\langle\phi_\mu^X|V|\phi_\nu^Y\rangle,\qquad \Pi_{\mu\nu}^{XY}=\langle\phi_\mu^X|\sigma\cdot p|\phi_\nu^Y\rangle \qquad (2.121)$$

将方程 (2.120) 对角化得到 $2N^L$ 个正能解、$2N^S$ 个负能解. 对于闭壳层体系, Kramers 对是简并的, 因此有 N^L 个正能解、N^S 个负能解. 然而, 早在 20 世纪 80 年代初人们就发现, 直接应用上述方案会导致 "变分塌陷"(variational collapse), 即使是对单电子体系也是如此[30,31]. 原因是, 上述方法没有考虑大、小分量之间的耦合. 由方程 (2.118) 可得

$$2mc\psi_p^S(\boldsymbol{r})=R_p(\boldsymbol{r})(\sigma\cdot p)\psi_p^L(\boldsymbol{r}) \qquad (2.122)$$

$$\xrightarrow{c\to\infty}(\sigma\cdot p)\psi_p^L(\boldsymbol{r}) \qquad (2.123)$$

$$R_p(\boldsymbol{r})=\left[1+\frac{\varepsilon_p-V(\boldsymbol{r})}{2mc^2}\right]^{-1} \qquad (2.124)$$

$$\xrightarrow{c\to\infty}1 \qquad (2.125)$$

其矩阵形式可由方程 (2.120) 得到, 即

$$2mcC_p^S=\left[S^{SS}+\frac{\varepsilon_p S^{SS}-V^{SS}}{2mc^2}\right]^{-1}\Pi^{SL}C_p^L \qquad (2.126)$$

$$\xrightarrow{c\to\infty}[S^{SS}]^{-1}\Pi^{SL}C_p^L \qquad (2.127)$$

从式 (2.122) 或式 (2.126) 可知, 小分量 ψ_p^S 可以认为是由算符 $\sigma\cdot p$ 和 $R_p(\boldsymbol{r})$ 先后作用于大分量 ψ_p^L 的结果. 虽然 $R_p(\boldsymbol{r})$ 是一个全对称的乘法算符, 并且在非相对论极限下趋近于单位算符, 但 $\sigma\cdot p$ 可以耦合不同宇称的函数 [见方程 (2.117)], 因此用于描述小分量的基函数是不能随意选择的, 必须包含由 $\sigma\cdot p$ 作用于大分量基函数而产生的函数. 这称为 "动能平衡条件"(kinetic balance condition)[31~34], 因为 $\sigma\cdot p$ 与非相对论动能算符 p^2 有关, 即

$$p^2\equiv(\sigma\cdot p)(\sigma\cdot p) \qquad (2.128)$$

而小分量基函数的重叠矩阵 S^{SS} 恰等于 p^2 在大分量基函数的矩阵表示 $(p^2)^{LL}$. 为了看清这一点, 我们将基函数写成如下形式 (参见 2.1 节)

$$\phi_\mu^L=M_\mu^L\frac{1}{r}g_\mu^L(r)\chi_{\kappa_\mu m_\mu}(\hat{\boldsymbol{r}}) \qquad (2.129)$$

$$\phi_\mu^S = iM_\mu^S \frac{1}{r} g_\mu^S(r) \chi_{-\kappa_\mu m_\mu}(\hat{\boldsymbol{r}}) \tag{2.130}$$

式中：$g_\mu^L(r)$ 和 $g_\mu^S(r)$ 为实函数且满足边界条件 $[g_\mu^X g_\nu^Y]_0^\infty = 0$(这一要求仅仅是为了保证算符 $\sigma \cdot p$ 的厄米性, Hermiticity); M_μ^L 和 M_μ^S 为归一化系数. 如果 ϕ_μ^S 和 ϕ_μ^L 满足 "动能平衡条件"

$$\phi_\mu^S = \sigma \cdot p \phi_\mu^L \tag{2.131}$$

即

$$M_\mu^S g_\mu^S(r) = M_\mu^L \left(\frac{d}{dr} + \frac{\kappa}{r} \right) g_\mu^L(r) \tag{2.132}$$

则有

$$\Pi_{\mu\nu}^{LS} = \langle \phi_\mu^L | \sigma \cdot p | \phi_\nu^S \rangle \tag{2.133}$$

$$= M_\mu^L M_\nu^S \langle g_\mu^L(r) | -\frac{d}{dr} + \frac{\kappa}{r} | g_\nu^S(r) \rangle \tag{2.134}$$

$$= M_\mu^L M_\nu^S \langle \left(\frac{d}{dr} + \frac{\kappa}{r} \right) g_\mu^L | g_\nu^S \rangle = M_\mu^S M_\nu^S \langle g_\mu^S | g_\nu^S \rangle = \boldsymbol{S}_{\mu\nu}^{SS} = \Pi_{\mu\nu}^{SL} \tag{2.135}$$

$$= M_\mu^L M_\nu^L \langle \left(\frac{d}{dr} + \frac{\kappa}{r} \right) g_\mu^L | \left(\frac{d}{dr} + \frac{\kappa}{r} \right) g_\nu^L \rangle \tag{2.136}$$

$$= M_\mu^L M_\nu^L \langle g_\mu^L | -\frac{d^2}{dr^2} + \frac{\kappa(\kappa+1)}{r^2} | g_\nu^L \rangle \tag{2.137}$$

$$= M_\mu^L M_\nu^L \langle g_\mu^L | -\frac{d^2}{dr^2} + \frac{l(l+1)}{r^2} | g_\nu^L \rangle \tag{2.138}$$

$$= M_\mu^L M_\nu^L \langle g_\mu^L | p^2 | g_\nu^L \rangle = (p^2)_{\mu\nu}^{LL} \tag{2.139}$$

所以

$$\Pi^{LS} (\boldsymbol{S}^{SS})^{-1} \Pi^{SL} = \boldsymbol{S}^{SS} = (p^2)^{LL} = 2m\boldsymbol{T}^{LL} \tag{2.140}$$

也就是说, 如果大、小分量基函数满足动能平衡条件 (2.131), 对恒等关系 (2.128) 的矩阵表示

$$\langle \phi_\mu^L | p^2 | \phi_\nu^L \rangle = \langle \phi_\mu^L | (\sigma \cdot p) \Omega (\sigma \cdot p) | \phi_\nu^L \rangle \tag{2.141}$$

$$\Omega = | \phi_\kappa^S \rangle [(\boldsymbol{S}^{SS})]^{-1}]_{\kappa\lambda} \langle \phi_\lambda^S | \tag{2.142}$$

是严格成立的, 而且并不要求基组是完备的[35]. 因此, 将式 (2.126) 的非相对论极限形式代入到方程 (2.120) 的第一行即得非相对论 Schrödinger 方程的矩阵形式

$$\left(\boldsymbol{V}^{LL} + \frac{1}{2m} \Pi^{LS} [\boldsymbol{S}^{SS}]^{-1} \Pi^{SL} \right) \boldsymbol{C}^L = (\boldsymbol{V}^{LL} + \boldsymbol{T}^{LL}) \boldsymbol{C}^L = \boldsymbol{S}^{LL} \boldsymbol{C}^L \varepsilon \tag{2.143}$$

在这里还要强调如下三点：

(1) 动能平衡条件 (2.131) 常被称为 "限制性动能平衡条件"(restricted kinetic balance, RKB), 因为由 $\sigma \cdot p$ 作用于大分量基函数 ϕ^L 而产生的各函数之间保持固定的组合关系, 即大、小分量的基函数是一一对应的, 数目相等. 长期以来, 人们一直以为这一 "限制" 是近似的, 只正确到非相对论极限, 即使基组是完备的, 能量上也存在量级为 c^{-4} 的误差. 实际上这是误解, 因为这一限制完全是对称性的要求. 从方程 (2.117) 我们知道, 若定义

$$\psi_p^S = \sigma \cdot p\, \widetilde{\psi}_p^L \tag{2.144}$$

其中 $\widetilde{\psi}_p^L$ 与大分量 ψ_p^L 具有相同的对称性, 则 ψ_p^S 就具有全部必需的对称性. $\widetilde{\psi}_p^L$ 可称为赝大分量 (pseudo-large component), 它和 ψ_p^L 可用相同的基函数进行展开. 从这一角度出发, 不难推断, 所谓 "限制性动能平衡条件" 实际上不是 "限制"(近似). Kutzelnigg[36] 对这一问题进行了充分论证, 并指出, 利用上述条件不仅能保证收敛到基函数极限, 而且收敛速度与非相对论计算相差不大. 但这并不意味着动能平衡条件 (2.131) 提供了精确解的上界 (即随着基函数的增大, 能量将单调地从上至下收敛到精确解), 完全有可能出现有限基组能量比精确解稍低的情形, 因为式 (2.131) 不是大、小分量耦合关系的精确描述. 因此, 对相对论理论我们只能说 "变分稳定性"(variational stability) 而不说 "完全变分"(full variation). 后者只适用于 QED.

但是, 必须正确运用上述动能平衡条件, 否则的话仍可能出现变分塌陷. 我们知道, 在原子核附近, $R_p(\boldsymbol{r})$ 对函数 $\sigma \cdot p\psi^L(\boldsymbol{r})$ 的作用是很大的, 因此, 如果 $\psi^L(\boldsymbol{r})$ 为四分量轨道的大分量 (而不是基函数), $\sigma \cdot p\psi^L(\boldsymbol{r})$ 将与轨道小分量 $\psi^S(\boldsymbol{r})$ 有很大区别 [例如, $\sigma \cdot p\psi_{1s}^L(\boldsymbol{r}) << \psi_{1s}^S(\boldsymbol{r}) < 0$], 以 $\sigma \cdot p\psi^L(\boldsymbol{r})$ 为小分量基函数的核吸引势矩阵元 $\boldsymbol{V}^{SS}$ 会发散, 导致变分塌陷[37]. 由此可知, 不能用 $\sigma \cdot p$ 作用于强烈收缩的基函数而产生小分量基函数, 因为前者接近轨道大分量. 恰当的做法是, 先用未收缩的动能平衡基函数做原子计算, 再分别产生大、小分量的收缩系数. 如果采用原子自然轨道收缩形式 (atomic natural orbital general contraction), 这种做法实际上就是实现了 "原子平衡条件" (atomic balance condition)(2.122)[37]. 实际上, $R_p(\boldsymbol{r})$ 对距离 $\boldsymbol{r}$ 的依赖性衰减得很快, 即稍微偏离原子核 $(r > r_c)R_p(\boldsymbol{r})$ 就趋于一个常数 (图 2-5),

$$R_p(\boldsymbol{r}) \xrightarrow{\ r > r_c\ } \left[1 + \frac{\varepsilon_p}{2mc^2}\right]^{-1} \tag{2.145}$$

例如对 Rn 原子, $r_c \sim 0.05$ a.u., 约为 $2s_{1/2}$ 轨道的径向平均值. 也就是说, $R_p(\boldsymbol{r})$ 的作用仅局限于离原子核很近的区域, 在此区域 $R_p(\boldsymbol{r})$ 具有原子对称性, 其作用可以用陡峭的 s、p 函数来模拟. 因此只要有足够大的基函数, RKB 就能恰当地描述大、小分量的耦合关系. 而在远离原子核的区域, 波函数的大分量主要为高占据轨道的大分量, 其特征是 ε_p 和梯度都比较小, 因此波函数小分量基本为零. 也就是说, 小

分量电荷密度基本上是局域的, 具有原子性. 有效地利用这一特性可以大大降低计算量[38,39].

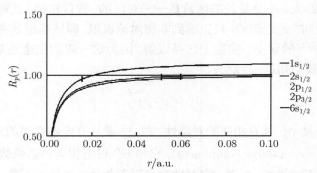

图 2-5   Rn 原子中 $R_p(r)$ 与距离 r 的函数关系: $R_p(r) = \left[1 + \frac{\varepsilon_p - V(r)}{2mc^2}\right]^{-1}$

(2) 与 "限制性动能平衡条件" 相对应的是 "非限制性动能平衡条件"(unrestricted kinetic balance, UKB), 即要么在 $\sigma \cdot p$ 产生的基函数之外再增加一些基函数, 要么解除 $\sigma \cdot p$ 所产生的各个函数之间的组合关系, 即小分量基函数由式 (2.146) 产生

$$\phi_\mu^S = p \, \widetilde{\phi}_\mu^L \tag{2.146}$$

相应的分子轨道展开为

$$|\psi_p\rangle = \begin{pmatrix} |\phi_\mu^L\rangle & 0 & 0 & 0 \\ 0 & |\phi_\mu^L\rangle & 0 & 0 \\ 0 & 0 & |\phi_\nu^S\rangle & 0 \\ 0 & 0 & 0 & |\phi_\nu^S\rangle \end{pmatrix} \begin{pmatrix} \boldsymbol{C}_\mu^{L\alpha} \\ \boldsymbol{C}_\mu^{L\beta} \\ \boldsymbol{C}_\nu^{S\alpha} \\ \boldsymbol{C}_\nu^{S\beta} \end{pmatrix} \tag{2.147}$$

其中 α 和 β 分量用相同的基函数展开. 显然, UKB 意味着小分量基函数数目 N^S 比大分量基函数数目 N^L 大 (对 Gaussian 基 $N^S \approx 2.5 N^L$), 以 2p 轨道为例, 如大分量为 $2p_x$、$2p_y$ 和 $2p_z$ Gaussian 标量函数的线性组合, 则由式 (2.146) 可产生 7 个独立的小分量标量函数, 即 1s、3s、3d. 我们知道, 重原子的 $p_{1/2}$ 和 $p_{3/2}$ 在径向上是有很大区别的, 而标量函数无法区分这一点, 即描述 $p_{1/2}$ 所需的陡峭函数也被用于描述非歧异的 $p_{3/2}$. 这显然增加了基函数线性相关的危险性. UKB 产生的基函数不是双值群不可约表示的基. 另外, 关系式 (2.141) 也不再成立, 除非小分量基组是完备的, 而基组的不完备性总是导致动能被低估、总能量被高估[35]. 因此, UKB 与 RKB 相比没有任何优势, 应予以放弃.

(3) 关于 "变分塌陷" 问题. 除了在 2.2.2 节论述的 "极小极大变分原理", 相对论计算的成功还取决于两个因素: 其一为上述动能平衡条件 (2.131); 其二是一

个推论 (corollary). 像非相对论理论一样, 相对论理论也存在一个对正能态的下界 (lower bound), 即不会出现 "变分塌陷". 论证如下[40].

对于 Coulomb 场 $\lambda V(\boldsymbol{r}) = -\lambda Ze^2/r$ 的 Dirac 电子有

$$h_D(\lambda)\psi(\boldsymbol{r}) = \{c\boldsymbol{\alpha}\cdot\boldsymbol{p} + (\beta - 1)mc^2 + \lambda V(\boldsymbol{r})\}\psi(\boldsymbol{r}) = \varepsilon(\lambda)\psi(\boldsymbol{r}) \tag{2.148}$$

$h_D(\lambda)$ 的本征值 $\varepsilon_\pm(\lambda)$ 可以表示为

$$\varepsilon_\pm(\lambda) = \varepsilon_\pm(0) + \lambda V_0^\pm + \cdots \tag{2.149}$$

$$\varepsilon_+(0) > 0, \quad \varepsilon_-(0) < -2mc^2 \tag{2.150}$$

$$V_\lambda^\pm = \langle\psi^\pm(\lambda)|V(\boldsymbol{r})|\psi^\pm(\lambda)\rangle \tag{2.151}$$

因为 $V(\boldsymbol{r})$ 恒为负, $V_\lambda^\pm < 0$, 从而当 $0 < \lambda < 1$ 时, $\varepsilon_\pm(\lambda)$ 是 λ 的平滑函数, 而且 $\varepsilon_\pm(\lambda) < \varepsilon_\pm(0)$. 在量子力学中, 对于 "允许" 的试探函数 $\psi^\pm$, 平均值 $V_\lambda^\pm$ 必为有限值. 既然动能平衡条件至少保证了正能态的非相对论极限, 必存在有限值 $V_{\min}$、$V_{\max}$ 使得 $0 > V_\lambda^+ \geqslant V_{\min}^+ > -2mc^2$、$V_\lambda^- < V_{\max}^- < 0$ 从而有 $\varepsilon_+(\lambda) > V_{\min}^+ > -2mc^2$ 和 $\varepsilon_-(\lambda) < V_{\max}^- - 2mc^2 < -2mc^2$. 也就是说, 动能平衡条件 (2.131) 保证存在一个对正能态的下界和一个对负能态的上界, 正能态和负能态是分立的 (disjoint), 不会出现所谓的 "变分塌陷". 对于多电子体系, 有效势 $V(\boldsymbol{r})$ 不总是吸引或排斥. 例如对负离子, 负能态轨道能量可能大于 $-2mc^2$, 但 "变分塌陷" 仍不会发生, 因为这时正能态能量也是被升高的, 正、负能态之间仍有很大能隙 (gap). 而正离子的负能态轨道则比相应中性体系的负能态轨道在能量上还要低. 这与前面将负能态解释为 "正电子" 的观点是一致的, 即与中性体系相比, 正、负离子中的 "正电子" 分别感受到更强的排斥和吸引势, 分别导致能量相对于 $-2mc^2$ 的进一步降低和升高.

2.3.3　原子四旋量线性组合: "用原子合成分子"

上面讲到, 四分量计算中波函数大、小分量要分别采用 $2N^L$ 和 $2N^S(\geqslant 2N^L)$ 个不同的基函数展开, 即要构造 $(2N^L + 2N^S) \times (2N^L + 2N^S)$ 的 Fock 矩阵, 其解包括 $2N^L$ 个正能态和 $2N^S$ 个负能态, 计算量非常大. 早在 1995 年我们就提出了这样一个问题[41]: 能不能在不牺牲计算精度的前提下降低计算量? 答案是肯定的. 设我们已求解了组成分子的各个原子的相对论方程, 得到如图 2-6 所示的能谱和相应的四分量原子轨道 $\{\psi_\mu\}$, 当原子形成分子时只有价层原子轨道因成键作用而发生较大变化, 但化学键一般只有几电子伏特的量级, 远远小于正、负能态之间的能隙 (1MeV), 因此可以断言, 原子间的相互作用对负能态是一个很小的微扰 (量级为 c^{-4}), 可以忽略. 这意味着分子正能态轨道 Ψ_p 可以展开为原子正能态轨道 $\{\psi_\mu\}$ 的

线性组合 (linear combination of atomic 4-spinors, LCA4S)[41~48], 即

$$\Psi_p = \sum_{\mu}^{2N^L} \begin{pmatrix} \psi_\mu^L \\ \psi_\mu^S \end{pmatrix} C_{\mu p} \tag{2.152}$$

式 (2.152) 与式 (2.119) 的区别在于, 在式 (2.119) 中大、小分量基组是独立的变分空间, 而在式 (2.152) 中原子轨道的大、小分量是绑定在一起而作为一个基函数的, 因此由式 (2.152) 构造的 Fock 矩阵的维数为 $2N^L$(与二分量方法相同) 而不是 $2N^L + 2N^S$. 考虑时间反演对称性, 该 $2N^L \times 2N^L$ 矩阵进一步退化为两个独立的 $N^L \times N^L$ 矩阵, 计算中只需取其中之一, 即实际要构造的四分量 Fock 矩阵的维数与非相对论方法相同. 我们可将这一思想形象地概括为 "用原子合成分子"(from atoms to molecule)[49], 因为它充分利用了原子的信息来简化分子的相对论计算. 其关键是原子轨道的大、小分量已经满足恰当的耦合关系 (2.122), 而且原子间相互作用对原子轨道大、小分量的比例关系影响很小 (图 2-6). 与前面讲到的 "无虚对近似"(2.36) 相比, 该方法相当于将投影算符 P_+ 近似为原子正能态的叠加, 即

$$H_+ = P_+ H P_+ \approx \sum_A^{\oplus} P_+^A H \sum_B^{\oplus} P_+^B \tag{2.153}$$

即将分子哈密顿投影到原子的正能态上. 从物理上讲, 这相当于忽略了分子负能态轨道对正能态轨道的弛豫效应, 即忽略了分子场对真空态量级为 c^{-4} 的极化效应. 经验[41,46~49]证明, 这是一个很好的近似.

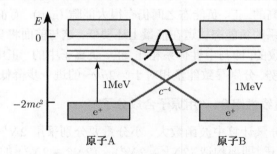

图 2-6　两个 Dirac 原子之间的相互作用

　　上述四分量原子轨道可以通过如下方式得到: ① 先用非收缩的原始 Gaussian(或 Slater) 基函数进行原子计算, 再采用自然原子轨道形式的广义收缩 (atomic-natural-orbital-type general contraction); ② 用有限差分方法直接求解自由原子的径向相对论方程, 将所得径向函数用格点表示并列表保存. 此即所谓 "数值基" (numerical basis sets, NUMBS). 原子计算中既可以用点电荷也可以用有限核模型. 两种方案在我们发展的 BDF(Beijing Density Functional) 程序[41,46~52]中都可以实现. 为了

更好地描述自由原子形成分子时的变形和极化, 可增加满足动态平衡条件 (2.131) 的价层基函数和极化、弥散函数. NUMBS 和价层 Slater 函数的结合是最紧凑和有效的[53,54]. 例如, 对 U 原子的普通 Gaussian 基 26s24p17d12f 有 267 个函数, 而具有相同质量的 NUMBS、Slater 杂化基组只有 115 个函数. 另外, 采用 NUMBS 基还避免了基函数的优化过程, 即可直接选用非相对论优化的 Slater 函数, 这是因为 NUMBS 是基组的基本骨架 (强占据), 而所增加的 Slater 函数总是弱占据的. NUMBS 还正确地描述了内层轨道的弱歧异性和 2p 亚层的强分裂 (这对 p 区重元素尤其重要[53,54]), 从而完全避免了优化陡峭函数的困难. 利用 NUMBS 和 Slater 函数杂化基组是 BDF 程序的重要特色之一.

2.4　相对论密度泛函理论

前面已提到, 相对论哈密顿在形式上与非相对论相同 [见式 (2.39)], 尤其是在采用 "无虚对近似" 和二次量子化后, 它们的区别仅在于单粒子和双粒子积分的不同, 因此可以直接将非相对论领域发展的多体理论方法推广到相对论领域. 据此, 人们相继发展了二阶 Møller-Plesset 微扰理论 MP2[55,56]、多组态自洽场 MCSCF(multi-configuration self-consistent field)[57~60]、限制活性空间组态相互作用 RASCI(restric-ted active space configuration interaction)[21]、耦合簇 CC(coupled cluster)[61,62]等方法. 但这些从头算四分量电子相关方法的计算量非常大, 目前还只能用于非常小的分子体系. 计算量相对较小且具有足够计算精度的方法是相对论密度泛函理论 (relativistic density functional theory, RDFT)[42,48,63~66]. 可以说, 相对论密度泛函理论是迄今唯一可用于复杂大分子体系的第一原理相对论多体理论方法, 因此本节集中讨论该理论的基本原理. 事实上, 非相对论 Hohenberg-Kohn 定理[67]提出不到十年即被 Rajagopal 和 Callaway[26]推广到相对论领域. 相对论密度泛函理论的基础是 QED, 故相对论密度泛函理论不仅包含相对论效应, 还包含辐射效应 (radiative effect), 详见 Engel 等的综述[68]. 相对论 Hohenberg-Kohn 定理的核心内容[26,68]可概括如下: 对一个相互作用体系的非简并基态, 外四势 $A_\mu = (A_{\text{ext}}, ic^{-1}\phi_{\text{ext}})$(除了规范的不确定性) 与基态波函数 $|\Psi_0\rangle$ 和基态四流 $j_\mu(r) = (J(r), ic\rho(r))$ 之间存在一一对应的关系, 即基态波函数是四流的泛函, $|\Psi_0[j_\mu(r)]\rangle$. 故任意相对论多体体系的可观测量, 特别是总能量及其分量, 是其基态四流的泛函. 如前所述, QED 中存在真正的极小化变分原理, 对能量泛函变分即可得相应于外四势的精确基态四流. 不过, 由此得到的精确方程太复杂, 因为四流和动能算符都包含了无穷多负能态和正能态的贡献, 意味着需要迭代求解无穷多的耦合方程, 而且每次迭代都需要进行适当的重正化 (renormalization) 以消除发散项. 要得到一组可解的方程, 需要忽略所有的辐射效应, 此即前面论及的无虚对近似. 在静电极限下, 即 $A_{\text{ext}} = 0$、ϕ_{ext}

不依赖于时间, 相对论密度泛函理论自动地从流泛函退化为电荷密度 $\rho(r)$ 的泛函. 但是, 这并不意味着四流 $j_\mu(r)$ 的空间三分量 $J(r)$ 消失了, 而是可以将其视为 ρ 的泛函, 即 $J[\rho]$, 从而相对论能量泛函为 $E[\rho, J[\rho]]$. 这是因为在静电极限下, 标势决定了 ρ, 而 ρ 和标势通过 Maxwell 方程以及特定的规范共同决定了 $J(r)$. 如前所述, 在 "无虚对" 及静电极限近似下, 流密度 $J(r)$ 是通过 Gaunt 项起作用的, 对于价电子开壳层体系, 该项贡献非常小, 可以忽略. 在该近似下, 相对论能量泛函退化为 $E[\rho]$, 其交换相关部分 $E_{xc}[\rho]$ 可以进而近似为一个相对论修正因子乘上相应的非相对论交换相关泛函[69~74]. 经验证明, 这种相对论修正只影响最内层的轨道[74,75], 而对价层性质 (如激发态能量和重元素, 甚至超重元素的分子光谱常数[53,76~78]) 影响很小, 所以在大多数相对论密度泛函计算中只采用流行的非相对论交换相关泛函 $E_{xc}[\rho]$. 这实际上相应于从头算方法中只采用 Dirac-Coulomb 哈密顿.

2.4.1　Dirac-Kohn-Sham(DKS) 方程

在 "无虚对" 及静电极限近似下, n 电子体系总能量为电荷密度的泛函, 可以写为

$$E[\rho] = T_S[\rho] + E_H[\rho] + E_{xc}[\rho] + E_{ext}[\rho] + V_{NN} \tag{2.154}$$

Rajagopal[69]、MacDonald 和 Vosko[70]相继独立地提出了相对论 Dirac-Kohn-Sham (DKS) 方程, 即引进一个假想的无相互作用体系[79], 其波函数是由 n 个占据四分量轨道 $\{\Psi_k\}$ 构成的 Slater 行列式, 并拥有与真实体系相同的电荷密度

$$\rho(r) = \sum_k n_k \Psi_k^\dagger(r) \Psi_k(r) \tag{2.155}$$

$$= \sum_k n_k \Psi_k^{L\dagger} \Psi_k^L + \sum_k n_k \Psi_k^{S\dagger} \Psi_k^S = \rho^L + \rho^S \tag{2.156}$$

式 (2.154) 中的第一项是无相互作用参考态的动能

$$T_S = \sum_k n_k \langle \Psi_k | h_D | \Psi_k \rangle \tag{2.157}$$

$$T_D = \begin{pmatrix} 0 & c\sigma \cdot p \\ c\sigma \cdot p & -2mc^2 \end{pmatrix} \tag{2.158}$$

而 E_H 是经典 Coulomb 作用能

$$E_H = \frac{1}{2} \int\int \frac{\rho(r_1)\rho(r_2)}{|r_1 - r_2|} dr_1 dr_2 \tag{2.159}$$

$E_{xc}[\rho]$ 统称为交换相关能 (exchange-correlation energy), 虽然它还包含了参考态动能 T_S 和真实体系动能的差别. 我们将在 2.4 节更深入地讨论 E_{xc}.

式 (2.154) 的最后两项分别代表原子核对电子的吸引能和原子核之间的排斥能.

将总能量 $E[\rho]$ 对轨道变分并保持轨道的正交归一性即得 DKS 方程

$$H_{\text{DKS}}\,\Psi_k(\boldsymbol{r}) = (T_{\text{D}} + V_{\text{eff}}[\rho](\boldsymbol{r}))\,\Psi_k(\boldsymbol{r}) = \varepsilon_k\,\Psi_k(r) \tag{2.160}$$

其中

$$V_{\text{eff}}[\rho](\boldsymbol{r}) = V_{\text{N}}(\boldsymbol{r}) + V_{\text{H}}[\rho](\boldsymbol{r}) + V_{\text{xc}}[\rho](\boldsymbol{r}) \tag{2.161}$$

$$V_{\text{H}}[\rho](\boldsymbol{r}) = \int \frac{\rho(\boldsymbol{r}_1)}{|\boldsymbol{r}-\boldsymbol{r}_1|}\mathrm{d}\boldsymbol{r}_1 \tag{2.162}$$

$$V_{\text{xc}}[\rho](\boldsymbol{r}) = \frac{\delta E_{\text{xc}}[\rho]}{\delta\rho}(\boldsymbol{r}) \tag{2.163}$$

轨道 Ψ_k 可用前面讨论的基函数展开, 从而得到 DKS 方程的矩阵形式.

2.4.2 准四分量方法

在 2.3.3 节讲到, 作为一个很好的近似, 四分量分子轨道 Ψ_k 可展开为四分量原子轨道 $\{\psi_\mu\}$ 的线性组合 [见式 (2.152)]. BDF 即采用这种形式. H_{DKS} 的矩阵元为

$$\langle\psi_\mu|H_{\text{DKS}}|\psi_\nu\rangle = \langle\psi_\mu|T_{\text{D}}|\psi_\nu\rangle + \langle\psi_\mu^L|V_{\text{eff}}[\rho]|\psi_\mu^L\rangle + \langle\psi_\mu^S|V_{\text{eff}}[\rho]|\psi_\mu^S\rangle \tag{2.164}$$

其中动能算符 T_{D} 对原子轨道 ψ_μ^A 的作用可由式 (2.165) 计算

$$T_{\text{D}}|\psi_\nu^A\rangle = (\varepsilon_\mu^A - V_A)\psi_\mu^A \tag{2.165}$$

式中: V_A、ε_μ^A 分别为原子 A 的有效势和原子轨道能. 这样就大大简化了动能矩阵的构造.

$\boldsymbol{H}_{\text{DKS}}$ 矩阵的维数与二分量方法相同, 因此 DKS 的计算量为相应二分量方法的两倍. 那么, 能否进一步降低计算量呢? 答案依然是肯定的. 我们首先注意到, 式 (2.164) 的最后一项为有效势对于小分量基组的矩阵元, 其中的有效势 $V_{\text{eff}}[\rho]$ 可以近似为所有原子四分量电荷密度的叠加而产生的模型势 (model potential), 即

$$V_{\text{mod}}[\widetilde{\rho}] = V_{\text{N}} + V_{\text{H}}[\widetilde{\rho}] + V_{\text{xc}}[\widetilde{\rho}] \tag{2.166}$$

$$\widetilde{\rho} = \sum_A \rho_A \tag{2.167}$$

从而

$$\langle\psi_\mu|\boldsymbol{H}_{\text{DKS}}|\psi_\nu\rangle \approx \langle\psi_\mu|T_{\text{D}}|\psi_\nu\rangle + \langle\psi_\mu^L|V_{\text{eff}}[\rho]|\psi_\mu^L\rangle + \langle\psi_\mu^S|V_{\text{mod}}[\widetilde{\rho}]|\psi_\mu^S\rangle \tag{2.168}$$

其中只有第二项需要在自洽场中迭代. 根据前面的分析, 原子小分量电荷密度 ρ_A^S 具有高度局域性, 因此我们可以将分子小分量电荷密度 ρ^S 近似为 ρ_A^S 的叠加, 即

$$\rho \approx \rho^L + \widetilde{\rho}^S, \qquad \widetilde{\rho}^S = \sum_A \rho_A^S \tag{2.169}$$

因此自洽迭代中只需更新大分量电荷密度 ρ^L. 一旦得到电荷密度 ρ, 即可用数值方法计算 V_H 和 $V_{xc}^{[41,46\sim48]}$, 而这与非相对论计算没有任何区别. 总的来说, 该方法的第一步迭代为四分量的, 计算量为二分量的两倍, 但其后的迭代与二分量方法完全相同, 因此它与二分量方法计算量的比例关系为

$$\frac{t_{Q4C}}{t_{2C}} = \frac{2 + (n_{it} - 1)}{n_{it}} \approx 1 \tag{2.170}$$

式中: n_{it} 为自洽迭代的次数 (一般为 30 或更多). 我们称该方法为准四分量方法 (quasi-four-component, Q4C), 其计算精度与完全四分量方法完全相同[49].

2.4.3　新一代准相对论方法 XQR

　　四分量方法之所以计算量很大是因为正电子自由度 (即负能态) 的存在. 作者认为, 原则上只有两种方案可以降低四分量方法的计算量: ① 保持四分量理论框架, 但恰当地冻结正电子自由度. 前面讨论的 "准四分量方法" Q4C 即属于这一范畴. ② 设法将正电子自由度变换掉, 只求解关于电子的二分量相对论方程. 此即所谓的 "准相对论方法" (quasi-relativistic theory), 包括有效赝势 (effective core potential or pseudopotential) 和全电子方法两大类, 而全电子方法又可分为算符方法和矩阵方法两类, 如图 2-7 所示. 在过去 20 多年中, 人们主要关注的是算符准相对论方法, 相继发展了诸如相对论直接微扰理论 DPT(direct perturbation theory)[80~86]、零阶正则近似 ZORA(zeroth order regular approximation)[87~93]、基于 Douglas-Kroll(DK) 变换的方法[94~105] 和基于消除小分量的方法 RESC(relativistic elimination of the small component)[106,107] 等有限阶方法以及 IORA(infinite order regular approximation)[108~110]、SEAX(singularity excluded approximate expansion)[111]、DKS2-RI(resolution of identity Dirac-Kohn-Sham method using the large component only)[112]、DK[113~118] 等无穷阶方法. 其中应用最广泛的是 ZORA[89~91] 和二阶 DKH(Douglas-Kroll-Hess)[95~97] 方法. 上述所有方法的共同点是, 采用消除小分量或酉变换方法将组态空间的四分量 Dirac 算符变换为 (有限阶) 二分量算符, 再将其离散化得到可解的矩阵方程. 由于所得二分量算符非常复杂, 在计算其矩阵元还要引入新的近似. 不支持这种算符方法的更基本的论据是[119], Fock 空间而非组态空间才是相对论量子力学的理论框架. 实际上, 人们从没有直接求解组态空间的量子力学方程, 总是求解其 (有限) 矩阵表示, 而 Fock 空间 (二次量子化) 自动隐含

了 (有限) 矩阵表示. 据此, 我们提出了一个更直接的方法[120,121], 即从 Dirac 方程的矩阵表示出发, 通过一步变换得到准相对论矩阵方程, 并称这类方法为 "精确准相对论矩阵理论"(exact matrix quasi-relativistic theory, XQR)[49]. 之所以说 "精确" 是因为该理论可以完全重复原 Dirac 矩阵关于电子 (或正电子) 的解, 其实际计算精度仅依赖于选用的基函数, 当基函数完备时就得到 Dirac 算符哈密顿真正精确的解. 第一个准相对论矩阵方法是由 Dyall 于 1997 年提出的 NESC(normalized elimination of the small component) 方法[45,122~125], 该方法虽然没有得到广泛应用, 但在某种意义上可以说是我们的理论先导 (precursor). 我们提出的理论[120,121]更具普遍性, 而在方法[49] 上甚至比 ILiaš 和 Saue 随后发展的矩阵方法 IOTC(infinite-order two-component)[126]还要简单得多. 矩阵理论的重要性还在于, 所得去耦合矩阵 (de-coupling matrix) 可直接用于性质算符的变换, 从而避免了 "绘景变化"(change of picture)[127~129]的问题.

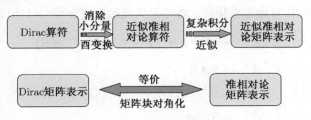

图 2-7　准相对论理论策略

我们的出发点是 Dirac 方程在动态平衡基下的矩阵表示

$$\begin{pmatrix} V & T \\ T & \dfrac{1}{4m^2c^2}W - T \end{pmatrix} \begin{pmatrix} A \\ B \end{pmatrix} = \begin{pmatrix} S & 0 \\ 0 & \dfrac{1}{2mc^2}T \end{pmatrix} \begin{pmatrix} A \\ B \end{pmatrix} E \tag{2.171}$$

式中: V 为有效势 $V_{\mathrm{eff}}[\rho^{4c}]$ 的矩阵; T 为非相对论动能矩阵; W 为算符 $(\sigma \cdot p)V_{\mathrm{eff}}[\rho^{4c}](\sigma \cdot p)$ 的矩阵; S 为非相对论重叠矩阵. 所有这些矩阵都是 $2N^L \times 2N^L$ 的. 大、小分量展开系数之间的关系定义为

$$B = XA \tag{2.172}$$

式中: X 为一个 $2N^L \times 2N^L$ 的非对称矩阵, 可视为有效势的矩阵泛函, 它必须满足下列关系才能将式 (2.171) 进行块对角化

$$X = I + \frac{1}{4m^2c^2}T^{-1}WX - \frac{1}{2mc^2}XS^{-1}V - \frac{1}{2mc^2}XS^{-1}TX \tag{2.173}$$

方程 (2.173) 是一个非均匀二次方程, 必须用自洽迭代的方法进行求解[120,121]. 它有两个相互正交的解: 一个是电子正能解 X; 另一个是负能解 $-X^{\dagger}$. 无论 X 是

怎样得到的, 我们可以定义各种哈密顿以确定本征值和本征矢. 最简单的哈密顿 F 可由方程 (2.171) 的第一行和 X 的定义 (2.172) 得到

$$F = TX + V \tag{2.174}$$

$$FA^F = SA^F E \tag{2.175}$$

然而, 该哈密顿是非厄米的, 难以应用. 其对称化形式 $\bar{F}$(称为 symmetrized elimi-nation of the small component, SESC)[49,120] 为

$$\bar{F} = \frac{1}{2}\{\widetilde{S}S^{-1}F + F^{\dagger}S^{-1}\widetilde{S}\} \tag{2.176}$$

$$\bar{F}A = \widetilde{S}AE \tag{2.177}$$

$$\widetilde{S} = S + \frac{1}{2mc^2}X^{\dagger}TX \tag{2.178}$$

式中: $\widetilde{S}$ 为所谓的相对论重叠矩阵. 通过正交变换可将方程 (2.176) 和 (2.177) 变为

$$\bar{F}^+ = \frac{1}{2}\{\bar{S}^{\dagger}\widetilde{S}S^{-1}F\bar{S} + \bar{S}^{\dagger}F^{\dagger}S^{-1}\widetilde{S}\bar{S}\} \tag{2.179}$$

$$\bar{F}^+\bar{A}^+ = S\bar{A}E \tag{2.180}$$

$$\bar{S} = \widetilde{S}^{-1/2}S^{1/2} \tag{2.181}$$

$$\bar{A}^+ = \bar{S}^{-1}A \tag{2.182}$$

与方程 (2.177) 的区别在于, 用 $\bar{A}^+$ 可以得到二分量电荷密度

$$\rho^2 c = \sum_{\mu v} \chi_m^{\dagger}\chi_v P_{v\mu}, \quad P = \bar{A}^+ n(\bar{A}^+)^{\dagger} \tag{2.183}$$

而用 A 只能得到四分量电荷密度的大分量

$$\rho^4 c = \sum_{\mu v}\{\chi_{\mu}^{\dagger}\chi_v D_{v\mu}^L + (\sigma \cdot p\chi_{\mu})^{\dagger}(\sigma \cdot p\chi_v)D_{v\mu}^S\},$$

$$D^L = AnA^{\dagger}, \quad D^S = XD^LX^{\dagger} \tag{3.184}$$

式中: n 为占据数对角矩阵.

如果我们要求 (2.171) 的本征矢对相对论重叠矩阵是归一化的, 即 $A^{\dagger}\widetilde{S}A = I$, 则可得

$$\widetilde{F} = TX + X^{\dagger}T - X^{\dagger}TX + V + \frac{1}{4m^2c^2}X^{\dagger}WX \tag{2.185}$$

$$\widetilde{F}A = \widetilde{S}AE \tag{2.186}$$

此即 Dyall 提出的 NESC 方法[122], 可以按式 (2.184) 构造四分量电荷密度. 为了得到真正的二分量方法, 可将式 (2.185) 和式 (2.186) 变换为

$$\tilde{F}^+ = \bar{S}^\dagger \tilde{F} \bar{S} \tag{2.187}$$

$$\tilde{F}^+ \tilde{A}^+ = S\tilde{A}^+ E \tag{2.188}$$

$$\tilde{A}^+ = \bar{S}^{-1} A \tag{2.189}$$

可按式 (2.183) 构造二分量电荷密度.

有必要讨论一下各哈密顿之间的异同. 首先, 如果 X 是精确的, 则所有哈密顿 [F 式 (2.174), $\bar{F}$ 式 (2.176), $\bar{F}^+$ 式 (2.179), $\tilde{F}$ 式 (2.185), $\tilde{F}^+$ 式 (2.187)] 都是等价的. 从计算效率角度考虑, F、$\bar{F}$ 和 $\bar{F}^+$ 具有很大的优势, 因为其中的有效势保持不变, 意味着这些方法不需要计算 $(SS|SS)$ 类型的双电子积分, 对动能的相对论校正和旋轨耦合作用都包含在 TX 这一项. 同样, $\bar{F}^+(\tilde{F}^+)$ 比 $F(\tilde{F})$ 更优越, 因为后者涉及的相对论重叠矩阵 $\tilde{S}$ 随着迭代而改变, 从而在每一次迭代都需要进行重新正交归一化. 另外, 如果 X 是近似的, 则各哈密顿的精度是不一样的. 例如, 如果取式 (2.173) 的零级正则近似 (zeroth order regular approximation), 即忽略等式右边的最后两项, 可得

$$X^{(0)} = \left(T - \frac{1}{4m^2c^2}W\right)^{-1} T \tag{2.190}$$

将其代入 $\tilde{F}$ 得到 IORA[108]的矩阵表示

$$(TX^{(0)} + V)A^{\mathrm{IORA}} = \left(S + \frac{1}{2mc^2}X^{(0)\dagger}TX^{(0)}\right) A^{\mathrm{IORA}} E^{\mathrm{IORA}} \tag{2.191}$$

而将 $X^{(0)}$ 代入 F 却只能得到 ZORA[89]的矩阵方程

$$(TX^{(0)} + V)A^{\mathrm{ZORA}} = SA^{\mathrm{ZORA}} E^{\mathrm{ZORA}} \tag{2.192}$$

这表明, 对同一近似 X, $\tilde{F}$ 和 $\tilde{F}^+$ 比 F、$\bar{F}$ 和 $\bar{F}^+$ 更精确. 换而言之, 只有当 X 足够精确时, 后三者才是有用的哈密顿. 问题是, 如何有效地得到足够精确的 X. 前面已指出, 原子间相互作用对原子四旋量大、小分量的比例关系影响很小, 因此可用原子间相互作用强度 (inter-atomic interaction strength) 作为微扰展开参数[49], 其零阶近似即为原子近似[45], 即将分子的 X 矩阵近似为各原子矩阵 X_A 的叠加, 即

$$X \approx \begin{pmatrix} X_A & 0 & 0 & 0 \\ 0 & X_B & 0 & 0 \\ 0 & 0 & X_C & 0 \\ 0 & 0 & 0 & \vdots \end{pmatrix} \tag{2.193}$$

一阶近似将考虑双原子间相互作用, 二阶近似将考虑三原子间相互作用等. 而原子 (分子片) 的 X_A 矩阵可以很容易地得到, 即先求解原子 (分子片) 的四分量方程 (2.171) 得到展开系数 A 和 B, 则有

$$X_A = BA^{-1} \tag{2.194}$$

如果确实要得到精确解, 则可以在总能量收敛到一定程度 (如 0.005 a.u.) 后对分子 X 进行一次更新, 即迭代求解方程 (2.173)[120,121]. 实际上, 原子近似本身已达到化学精度[49], 不需要对分子 X 矩阵进行更新. 这是 "用原子合成分子" 思想的再一次体现. 其意义还在于, 我们可以区分重元素、轻元素, 并对它们分别进行相对论、非相对论 (或标量相对论) 处理, 从而大大提高计算效率[45,49]. 也就是说, XQR(包括 SESC 和 NESC) 方法提供了嫁接 Dirac 方程与 Schrödinger 方程的 "无缝桥梁"(seamless bridge). 这是概念上的一大突破. 顺便指出, 我们最近发现[49], NESC 与 Q4C 方法实际上是等价的, 而后者更简单, 因此延续发展 NESC 方法意义不大.

还有一个重要问题需要解决, 即所谓 "绘景变化"(change of picture). 这一问题起源于二分量密度 (2.183) 与四分量密度 (2.184) 之间的差异. 也就是说, 将二分量密度分布产生的有效势直接用于 $\bar{F}^+$ 和 $\tilde{F}^+$ 会导致一定误差. 值得庆幸的是, 二分量与四分量密度的差异仅源于原子核附近, 具有很好的可移植性[130]. 因此, 可以通过原子二分量、四分量密度差的叠加来模拟分子二分量与四分量密度之间的差异, 即

$$\begin{aligned} \rho^{4c} &= \rho^{2c} + (\rho^{4c} - \rho^{2c}) \\ &\approx \rho^{2c} + (\widetilde{\rho}^{4c} - \widetilde{\rho}^{2c}) \\ &= \rho^{2c} + \sum_A (\rho_A^{4c}[V_A^{4c}] - \rho_A^{2c}[V_A^{4c}]) \end{aligned} \tag{2.195}$$

这一过程不需要多少计算量, 因为 $\rho_A^{4c}[V_A^{4c}]$ 和 $\rho_A^{2c}[V_A^{4c}]$ 之间存在非常简单的关系. 可以预先构造原子密度矩阵 $P_A[V_A^{4c}]$(见式 (2.183)) 和 $X_A[V_A^{4c}]$, 由此可得

$$D_A^L = \bar{S}P_A\bar{S}^\dagger \tag{2.196}$$

进而可按式 (2.184) 和式 (2.183) 分别计算 $\rho_A^{4c}[V_A^{4c}]$ 和 $\rho_A^{2c}[V_A^{4c}]$. 在每一次迭代过程中, 将式 (2.195) 中的第二项加到按式 (2.183) 构造的二分量密度 ρ^{2c} 即可得四分量密度 ρ^{4c}, 后者可直接用于 $\bar{F}^+$(或 $\tilde{F}^+$), 尤其重要的是, $\bar{F}^+$(SESC) 只需要非相对论双电子积分, 因此计算量大大降低. 虽然是无穷阶方法, SESC 比广泛应用的有限阶方法 ZORA[89] 和 DKH[96] 还要简单! 顺便指出, ZORA、IORA 方法都依赖于度规 (gauge), 即方程 (2.190) 中的 W 改变 ΔW, ZORA、IORA 方法的能量变化不等于 ΔW, 需要进行适当校正[92,93]. 而 DKH 有关矩阵元的构造要在动量空间进行, 并

大量应用完备基组插入 (completeness insertion)[96,97]. 这些问题在 SESC 方法中都不存在.

最后指出, 上述二分量哈密顿以及四分量方程 (2.171) 的标量形式可以通过 Dirac 关系式得到

$$(\sigma \cdot p)V(\sigma \cdot p) = p \cdot Vp + i\sigma \cdot [p \times Vp] \tag{2.197}$$

2.4.4 交换相关作用: 开壳层体系

对开壳层体系的正确描述一般需要多参考态方法, 但这超出了密度泛函理论. 人们早就发现, 除了总电荷密度 $(\rho_\alpha + \rho_\beta)$, 还可用自旋密度 $(\rho_\alpha - \rho_\beta)$ 作为泛函的基本变量来改进非相对论密度泛函对开壳层体系的计算精度. 此即自旋密度泛函理论[131]. 该理论的成功在于自旋密度在一定程度上模拟了二阶密度矩阵. 可是, 如何在开壳层四分量 (二分量) 相对论密度泛函计算中定义 "自旋密度"? 注意, 自旋不再是好量子数! 现有泛函的近似性允许不同的选择. 首先, 自旋密度可通过 Gordon 对流密度的分解[132]引入

$$\boldsymbol{J} = \frac{1}{2}\boldsymbol{\nabla} \times (\boldsymbol{L} + 2\boldsymbol{S}) = -\frac{1}{2}\boldsymbol{\nabla} \times \boldsymbol{M} \tag{2.198}$$

$$\boldsymbol{S} = \frac{1}{2}\sum_k n_k \Psi_k^\dagger \beta \Sigma \Psi_k \tag{2.199}$$

式中: $\boldsymbol{M}$ 为磁化密度 (magnetization density); $\boldsymbol{S}$ 为自旋密度; $\boldsymbol{L}$ 为轨道角动量密度. 能量泛函对自旋流和轨道流分别是局域和非局域的. 如果忽略轨道流的贡献则有

$$\boldsymbol{M} = -2\boldsymbol{S} = -\sum_k n_k \Psi_k^\dagger \beta \Sigma \Psi_k, \qquad s = |\boldsymbol{M}| \tag{2.200}$$

可用 $\boldsymbol{M}$ 的模 s 作为交换相关泛函的额外变量, 即 $E_{\mathrm{xc}}[\rho, s]$. 此即 "相对论自旋密度泛函理论"(relativistic spin density functional theory, RSDFT)[70,133,134]. 虽然磁化矢量 $\boldsymbol{M}(\boldsymbol{r})$ 在空间每一点的方向是不同的, 它的模 s 对于自旋空间的旋转是不变的, 再加上 $E_{\mathrm{xc}}[\rho, s]$ 对于实空间的旋转也是不变的, 因此 $E_{\mathrm{xc}}[\rho, s]$ 对于双值群的对称操作是不变的. 这种对自旋密度的定义方法称为 "非共线"(noncollinear, NCOL), 因为它描述的是局域、不均匀磁化. 而所谓 "共线"(collinear, COL) 方法即是固定 $\boldsymbol{M}$ 的方向, 如 $\boldsymbol{M} = (0, 0, M_z)$. 与 "共线" 自旋密度相比, "非共线" 自旋密度的交换能更大[134~136]. 处理开壳层体系的第三种方案是由 Ellis 等提出的 "矩极化"(moment polarization)[42](也有人称之为非限制 Kramers 对, Kramers unrestricted, KU). 该方法定义的 "矩密度"(moment density) 与非相对论自旋密度是一一对应的, 实际上就是将全空间 $\Theta\{\Psi_k, \bar{\Psi}_k\}$ 分割成两个正交的子空间, 即假定算符 H_{DKS} 在 $\{\Psi_k\}$ 和其时间反演对 $\{\bar{\Psi}_l = T\Psi_l\}$ 之间的矩阵元为零, $\langle \Psi_k|H_{\mathrm{DKS}}|\bar{\Psi}_l\rangle = 0$. 原则上, KU 方法也是 "共线" 的, 即交换相关能 E_{xc}^{KU} 可随 Kramers 方向的不同而改变, 正如 E_{xc}^{COL}

会随自旋方向的不同而改变一样. 这种方向的依赖性可达 0.1 eV, 但一般不会影响键长和振动频率[136].

KU 方法中的交换相关能形式上与非相对论相同

$$E_{\text{xc}}^{KU} = \int \varepsilon_{\text{xc}}(\rho_u, \rho_d, \gamma_{uu}, \gamma_{dd}, \gamma_{ud}) \mathrm{d}\boldsymbol{r} \tag{2.201}$$

其中

$$\gamma_{uu} = \nabla \rho_u \cdot \nabla \rho_u, \quad \gamma_{dd} = \nabla \rho_d \cdot \nabla \rho_d, \quad \gamma_{ud} = \nabla \rho_u \cdot \nabla \rho_d$$

式中: ρ_u 和 ρ_d 分别为 "上矩"(moment up) 和 "下矩"(moment down) 密度

$$\rho_\lambda = \sum_k n_k \Psi_{k\lambda}^\dagger \Psi_{k\lambda}, \quad \lambda = u, d \tag{2.202}$$

$$\rho = \rho_u + \rho_d, \quad \rho_M = \rho_u - \rho_d$$

与非相对论自旋极化计算相同, KU 方法需构造两个独立的交换相关势矩阵

$$(V_{\text{xc}}^{uu})_{\mu\nu} = \int \mathrm{d}\boldsymbol{r} \left\{ \psi_\mu^\dagger \frac{\delta \varepsilon_{\text{xc}}}{\delta \rho_u} \psi_\nu + \left[2 \frac{\delta \varepsilon_{\text{xc}}}{\delta \gamma_{uu}} \nabla \rho_u + \frac{\delta \varepsilon_{\text{xc}}}{\delta \gamma_{ud}} \nabla \rho_d \right] \cdot \boldsymbol{\nabla}(\psi_\mu^\dagger \psi_\nu) \right\}$$

$$(V_{\text{xc}}^{dd})_{\mu\nu} = \int \mathrm{d}\boldsymbol{r} \left\{ \psi_\mu^\dagger \frac{\delta \varepsilon_{\text{xc}}}{\delta \rho_d} \psi_\nu + \left[2 \frac{\delta \varepsilon_{\text{xc}}}{\delta \gamma_{dd}} \nabla \rho_d + \frac{\delta \varepsilon_{\text{xc}}}{\delta \gamma_{ud}} \nabla \rho_u \right] \cdot \boldsymbol{\nabla}(\psi_\mu^\dagger \psi_\nu) \right\} \tag{2.203}$$

即需要将 H_{DKS}^{uu}、H_{DKS}^{dd} 分别对角化.

为了将非共线方法的交换相关能 $E_{\text{xc}}^{NCOL}[\rho, s]$ 变换到非相对论形式, 可将式 (2.200) 改写为

$$\boldsymbol{M} = -\sum_k n_k \Psi_k^\dagger \beta \Sigma \Psi_k = -\mathrm{tr}(\sigma \boldsymbol{\tau}) \tag{2.204}$$

式中: $\boldsymbol{\tau}$ 为自旋密度矩阵

$$\boldsymbol{\tau} = \begin{pmatrix} \rho^{\alpha\alpha} & \rho^{\alpha\beta} \\ \rho^{\beta\alpha} & \rho^{\beta\beta} \end{pmatrix} \tag{2.205}$$

$$\rho^{\mu\nu} = \sum_k n_k (\phi_k^{\mu*} \phi_k^\nu - \omega_k^{\mu*} \omega_k^\nu), \quad \mu, \nu = \alpha, \beta \tag{2.206}$$

式中: ϕ_k 和 ω_k 分别为 Ψ_k 的大、小分量. 有意思的是, 与二分量情形不同, 由于小分量的贡献, τ 的迹不再是总密度 ρ, 即电子不再是完全极化的. 当然, 其效应只有在高度电离的开壳层重元素体系中才能体现出来[137].

2×2 厄米矩阵 $\boldsymbol{\tau}$ 的本征值为

$$\rho_\pm = \frac{1}{2}(\rho \pm s), \quad s = |\boldsymbol{M}| = \sqrt{(\rho^{\alpha\alpha} - \rho^{\beta\beta})^2 + 4|\rho^{\alpha\beta}|^2}$$

$$\rho = \rho_+ + \rho_-, \quad s = \rho_+ - \rho_- \geqslant 0 \tag{2.207}$$

故 $E_{\text{xc}}^{\text{NCOL}}[\rho, s]$ 可以写作

$$E_{\text{xc}}^{\text{NCOL}}[\rho, s] = \int \varepsilon_{\text{xc}}(\rho_+, \rho_-, \gamma_{++}, \gamma_{--}, \gamma_{+-}) \mathrm{d}\boldsymbol{r} \tag{2.208}$$

其中 γ_{++} 等的定义与式 (2.201) 中的 γ_{uu} 类似. 相应的交换相关势矩阵元为

$$
\begin{aligned}
(V_{\text{xc}}^{\text{NCOL}})_{\mu\nu} &= \int \frac{1}{2}\left(\frac{\delta\varepsilon_{\text{xc}}}{\delta\rho_+} + \frac{\delta\varepsilon_{\text{xc}}}{\delta\rho_-}\right)\psi_\mu^\dagger\psi_\nu \mathrm{d}\boldsymbol{r} \\
&+ \int \frac{1}{2}\left(\frac{\delta\varepsilon_{\text{xc}}}{\delta\gamma_{++}} + \frac{\delta\varepsilon_{\text{xc}}}{\delta\gamma_{+-}} + \frac{\delta\varepsilon_{\text{xc}}}{\delta\gamma_{--}}\right)\boldsymbol{\nabla}\rho\cdot\boldsymbol{\nabla}(\psi_\mu^\dagger\psi_\nu)\mathrm{d}\boldsymbol{r} \\
&+ \int \frac{1}{2}\left(\frac{\delta\varepsilon_{\text{xc}}}{\delta\gamma_{++}} - \frac{\delta\varepsilon_{\text{xc}}}{\delta\gamma_{--}}\right)\boldsymbol{\nabla}s\cdot\boldsymbol{\nabla}(\psi_\mu^\dagger\psi_\nu)\mathrm{d}\boldsymbol{r} \\
&+ \int \frac{1}{2}\left(\frac{\delta\varepsilon_{\text{xc}}}{\delta\rho_+} - \frac{\delta\varepsilon_{\text{xc}}}{\delta\rho_-}\right)\psi_\mu^\dagger\frac{\boldsymbol{M}\cdot\beta\boldsymbol{\Sigma}}{s}\psi_\nu\mathrm{d}\boldsymbol{r} \\
&+ \int \frac{1}{2}\left(\frac{\delta\varepsilon_{\text{xc}}}{\delta\gamma_{++}} - \frac{\delta\varepsilon_{\text{xc}}}{\delta\gamma_{+-}} + \frac{\delta\varepsilon_{\text{xc}}}{\delta\gamma_{--}}\right)\boldsymbol{\nabla}s\cdot\boldsymbol{\nabla}\left(\psi_\mu^\dagger\frac{\boldsymbol{M}\cdot\beta\boldsymbol{\Sigma}}{s}\psi_\nu\right)\mathrm{d}\boldsymbol{r} \\
&+ \int \frac{1}{2}\left(\frac{\delta\varepsilon_{\text{xc}}}{\delta\gamma_{++}} - \frac{\delta\varepsilon_{\text{xc}}}{\delta\gamma_{--}}\right)\boldsymbol{\nabla}\rho\cdot\boldsymbol{\nabla}\left(\psi_\mu^\dagger\frac{\boldsymbol{M}\cdot\beta\boldsymbol{\Sigma}}{s}\psi_\nu\right)\mathrm{d}\boldsymbol{r} \tag{2.209}
\end{aligned}
$$

共线方法的交换相关能为

$$E_{\text{xc}}^{\text{COL}}[\rho, s] = \int \varepsilon(\rho_\uparrow, \rho_\downarrow, \gamma_{\uparrow\uparrow}, \gamma_{\downarrow\downarrow}, \gamma_{\uparrow\downarrow})\mathrm{d}\boldsymbol{r} \tag{2.210}$$

自旋密度定义为

$$
\begin{aligned}
s &= \sum_k \psi_k^\dagger\beta\Sigma_z\psi_k = \rho^{\alpha\alpha} - \rho^{\beta\beta} = \rho_\uparrow - \rho_\downarrow \\
\rho &= \rho_\uparrow + \rho_\downarrow \tag{2.211}
\end{aligned}
$$

其中 $\rho^{\alpha\alpha}$ 和 $\rho^{\beta\beta}$ 由式 (2.206) 定义. 相应的交换相关势矩阵元为

$$
\begin{aligned}
(V_{\text{xc}}^{\text{COL}})_{\mu\nu} &= \int \frac{1}{2}\left(\frac{\delta\varepsilon_{\text{xc}}}{\delta\rho_\uparrow} + \frac{\delta\varepsilon_{\text{xc}}}{\delta\rho_\downarrow}\right)\psi_\mu^\dagger\psi_\nu\mathrm{d}\boldsymbol{r} \\
&+ \int \frac{1}{2}\left(\frac{\delta\varepsilon_{\text{xc}}}{\delta\gamma_{\uparrow\uparrow}} + \frac{\delta\varepsilon_{\text{xc}}}{\delta\gamma_{\uparrow\downarrow}} + \frac{\delta\varepsilon_{\text{xc}}}{\delta\gamma_{\downarrow\downarrow}}\right)\boldsymbol{\nabla}\rho\cdot\boldsymbol{\nabla}(\psi_\mu^\dagger\psi_\nu)\mathrm{d}\boldsymbol{r} \\
&+ \int \frac{1}{2}\left(\frac{\delta\varepsilon_{\text{xc}}}{\delta\gamma_{\uparrow\uparrow}} - \frac{\delta\varepsilon_{\text{xc}}}{\delta\gamma_{\downarrow\downarrow}}\right)\boldsymbol{\nabla}s\cdot\boldsymbol{\nabla}(\psi_\mu^\dagger\psi_\nu)\mathrm{d}\boldsymbol{r} \\
&+ \int \frac{1}{2}\left(\frac{\delta\varepsilon_{\text{xc}}}{\delta\rho_\uparrow} - \frac{\delta\varepsilon_{\text{xc}}}{\delta\rho_\downarrow}\right)\psi_\mu^\dagger\beta\Sigma_z\psi_\nu\mathrm{d}\boldsymbol{r} \\
&+ \int \frac{1}{2}\left(\frac{\delta\varepsilon_{\text{xc}}}{\delta\gamma_{\uparrow\uparrow}} - \frac{\delta\varepsilon_{\text{xc}}}{\delta\gamma_{\uparrow\downarrow}} + \frac{\delta\varepsilon_{\text{xc}}}{\delta\gamma_{\downarrow\downarrow}}\right)\boldsymbol{\nabla}s\cdot\boldsymbol{\nabla}(\psi_\mu^\dagger\beta\Sigma_z\psi_\nu)\mathrm{d}\boldsymbol{r} \\
&+ \int \frac{1}{2}\left(\frac{\delta\varepsilon_{\text{xc}}}{\delta\gamma_{\uparrow\uparrow}} - \frac{\delta\varepsilon_{\text{xc}}}{\delta\gamma_{\downarrow\downarrow}}\right)\boldsymbol{\nabla}\rho\cdot\boldsymbol{\nabla}(\psi_\mu^\dagger\beta\Sigma_z\psi_\nu)\mathrm{d}\boldsymbol{r} \tag{2.212}
\end{aligned}
$$

(2.209) 和 (2.212) 两式中的指标 μ 和 ν 遍及整个旋量空间 Θ. 显然, 共线和非共线方法的计算量均比 KU 方法大.

对于闭壳层体系, 上述三种方法毫无区别, 但对开壳层体系, 非共线和共线方法均破坏了双值群对称性 (因为 $[H_D, \Sigma] \neq 0$), 而 KU 方法则与 Dirac 方程及其对称性是一致的. 共线和非共线方法中的磁化矢量是 KS 波函数的期望值, KU 方法定义的 "矩密度" 却源于与非相对论自旋密度的对应, 数学上不够严格. KU 方法的优点在于将自旋磁性和轨道磁性一视同仁, 而共线和非共线方法则忽略了轨道磁性. 式 (2.211)[式 (2.202)] 中的 $\rho_\uparrow(\rho_u)$ 和 $\rho_\downarrow(\rho_d)$ 分别与选定的全局量子化方向平行和反平行, 即使 $\rho_\uparrow(\rho_u)$ 是主要的, 还可能存在 $\rho_\downarrow(\rho_d)$ 比 $\rho_\uparrow(\rho_u)$ 还大的区域. 而式 (2.207) 中的 ρ_+ 和 ρ_- 对应局部量子化方向, 总是有 $s = \rho_+ - \rho_- \geqslant 0$.

让我们用一些具体的算例对各种方法进行比较[137]. 原子 Tl、Bi 以及相应的超重元素 E113、E115 仅有一个未配对的 p 电子, 用 BP 泛函[138,139]计算的结果列于表 2-1 中. 很显然, KU 方法与非共线方法的结果很接近, 而共线方法没有任何概念或计算上的优势, 应予以放弃.

表 2-1 BP 泛函计算得到的极化组态与虚假的球形非极化参考态(对 Tl 和 E113 是 $p^1_{1/2}$; 对 Bi 和 E115 是 $p^2_{1/2}p^1_{3/2}$)之间的能量差和极化组态的积分自旋密度(N_s, e)[137]

	组态	ΔE			N_s		
		KU	COL	NCOL	KU	COL	NCOL
Tl	$6p^1_{1/2,1/2}$	0.17	0.09	0.16	1.00	0.61	1.00
Bi	$6p^1_{3/2,3/2}$	0.18	0.31	0.31	1.00	2.00	2.02
Bi	$6p^1_{3/2,1/2}$	0.17	0.12	0.18	1.00	0.79	1.10
Bi	$6p^{0.5}_{3/2,1/2}6p^{0.5}_{3/2,3/2}$	0.15	0.07	0.09	1.00	0.67	0.76
E113	$7p^1_{1/2,1/2}$	0.16	0.08	0.15	1.00	0.61	1.01
E115	$7p^1_{3/2,3/2}$	0.17	0.19	0.19	1.00	1.19	1.19
E115	$7p^1_{3/2,1/2}$	0.17	0.11	0.17	1.00	0.71	1.06
E115	$7p^{0.5}_{3/2,1/2}7p^{0.5}_{3/2,3/2}$	0.15	0.07	0.09	1.00	0.67	0.76

注: KU 为矩极化; COL 为共线; NCOL 为非共线.

Bi 原子是个例外, 其基态 $(J = 3/2)$ 由组态 $6p^2_{1/2}6p^1_{3/2}(76.3\%)$、$6p^1_{1/2}6p^2_{3/2}$ (19.3%) 和 $6p^3_{3/2}(5.1\%)$ 混合而成[54]. 正如未配对电子数 N_s 所示, 非共线方法因破坏对称性而在一定程度上模拟了上述多组态性质, 从而其能量低于 KU 方法计算的能量. 对于有多个未充满子壳层的体系, 因为同子壳层内电子间的耦合往往大于不同子壳层之间的耦合, 有必要保持同子壳层内轨道的等价性. 因此从对称性角度考虑, 保持对称性的 KU 方法比非共线方法优越, 而且非共线方法可能遇到收敛困难的问题.

2.4.5 计算效率比较

长期以来, 关于四分量、二分量方法到底孰优孰劣一直存在很大争议, 常有人说 "Four-component good, two-component bad!"[140]或 "Two-component good, four-component bad!". 前者强调 Dirac 方程的简洁性 (simplicity) 和准确性 (accuracy), 而后者则着重于计算效率. 作者认为, 任何好的理论必须满足简洁性、准确性和高效性 (efficiency) 这三个基本条件. 就相对论电子结构理论而言, 甚至 Dirac 方程也不完全满足这三个条件, 因为它的计算量很大; 前期人们发展的准相对论算符方法不仅复杂而且是近似的, 从而也不满足这些条件. 我们发展的四分量 Q4C 方法与二分量 SESC 方法在计算简洁性、计算精度、计算效率三方面达到完美一致, 从而可以说 "Four- and two-component equally good!". 毫不夸张地说, 化学 (和普通物理) 中的相对论问题已经得到解决!

我们知道, 非相对论量子化学计算的精度由基组大小 N 和多体效应 (标度为 y) 两个自由度决定 (图 2-8), 而计算量 (T) 则正比于 N^y, 即

$$T = xN^y \tag{2.213}$$

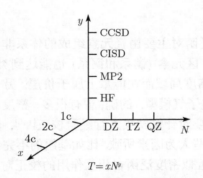

图 2-8　决定电子结构计算精度的因素

其中标度 y 取决于方法本身的数学结构 (即矩阵元的表达式). 因为相对论哈密顿在形式上与非相对论相同, 其计算量也正比于 N^y. 也就是说, 相对论与非相对论在计算量上的差别仅体现在系数 x 的不同, 从而非相对论领域发展的线性标度法 ($y \approx 1$) 可以直接移植到相对论领域. 标量相对论与非相对论的计算量基本上是一样的, 以此为单位我们可以比较各种相对论方法之间的形式标度 (formal scaling), 表 2-2 列举了 BDF 程序 (数值积分, $T \propto N^3$) 和其他程序 (解析积分, $T \propto N^4$) 中四分量、二分量、单分量相对论密度泛函计算量之间的比例关系. 其中, 其他程序的比例关系是基于高斯双电子积分的计算量而估算的 (因为这是计算量最大的一步). 比如, 四分量、二分量方法需要计算的双电子积分的数目分别是非相对论的 32 倍

和 24 倍, 但这并不能真实地反映实际的比例关系, 因为相对论积分涉及更高角动量函数的中间量, 因此基于高斯基的二分量方法是非相对论的 $24a$ 倍 ($a \approx 2$), 而四分量方法大约是二分量方法的 1.5 倍. 也就是说, 不引入进一步的近似, 基于高斯基的二分量、四分量密度泛函 (以及 HF) 方法在计算量上相差不大. 而在 BDF 程序中, 四分量 Q4C 方法与二分量方法计算量相同, 最高为非相对论的 8 倍 (实际计算一般为 5 倍左右). 由此可见, BDF 中的四分量、二分量方法是所有程序中相对计算效率最高的.

表 2-2　　各种相对论密度泛函方法的形式标度

方法	其他程序	BDF 程序
1c	1	1
2c	$24a^{1)}$	8
4c	$32b^{1)}$	$16\ (8^{2)})$

1) $a \approx 2$, $b \approx 2$, $b > a$.

2) Quasi-four-component (Q4C).

注: 1c 为标量相对论或者非相对论; 2c 为二分量; 4c 为四分量.

2.4.6　相对论密度泛函应用举例

1. f 元素

尽管现有近似密度泛函对主要由轻元素组成的体系非常成功[141~144], 但不能先验地预期这些泛函对 f 区元素 (镧系和锕系) 也能达到类似的计算精度, 一方面是因为 f 轨道在空间上高度局域而在能量上属于价层; 另一方面是因为现有近似泛函的构造都基于均匀电子气模型. 的确, 曾有很多 “密度泛函用于 f 元素不很成功” 的负面报道, 常常需要对计算结果进行经验校正[145]. 然而, 我们的计算[48]表明, 上述问题大部分是一些人为因素所致, 比如基组的不完备或使用了不恰当的电子组态. 我们还发现, 对近似密度泛函自相互作用的校正对 f 区元素特别重要[146]. 事实上, BDF 对镧系[147]、锕系[77]原子电离能和激发能的计算与同期大规模从头算具有相同的计算精度. 我们对一些镧系双原子分子的基态和低激发态也进行了系统研究[48,146,148], 其中对 YbS 的计算结果[48]被后来的高分辨激光光谱实验[149]验证. 所有双原子分子中, 已知自旋多重度最高的是 $Gd_2(S = 9)$, 其中 18 个未配对电子 (包括 14 个 4f 电子) 采用铁磁耦合方式形成基态 $^{19}\Sigma_u^-$. 我们预言的光谱常数[148]与后来的实验[150]非常吻合. 当然, 这些成功并不意味着现有密度泛函已有足够的计算精度, 必须进一步发展适用于 f 区元素的泛函.

2. 超重元素

由于超重元素的寿命非常短, 即使单原子化学实验 (one atom at a time experiment) 也难以进行, 因此对这些体系电子结构与化学性质的理解完全依赖于理论计算. 另外, 超重元素也是检验相对论效应、相对论方法可靠性的经典体系. 由于 BDF 涵盖了非相对论, 单分量、二分量以及四分量相对论方法, 可以对各种方法进行系统、直接的比较, 避免了用不同程序计算带来的不确定性[53,78,151,152]. 比如, 我们以超重元素 E111[78]、E114[53]、E113 和 E115[54]以及 E117[49]等为例系统地检验了 ZORA、XQR 等方法的可靠性, 发现 ZORA 对价电子性质具有足够高的精度, 但对芯电子精度很差, 而 XQR 方法无论对价电子还是芯电子都是精确的. 既然 XQR 与 ZORA 具有相同的计算量, ZORA 方法应视为过时的.

2.5 结论与展望

本章着重阐述了相对论量子化学的基本概念和基本原理, 详细讨论了极小极大变分原理和动能平衡条件. 在此基础上我们介绍了相对论密度泛函理论及相关算法. 我们提出了 "用原子 (分子片) 合成分子" 这一思想来大大简化相对论量子化学计算, 其核心是相对论效应具有空间局域性和原子间相互作用对原子轨道大、小分量的比例关系影响很小. 据此我们发展了四分量 (Q4C) 方法和二分量 (SESC) 方法, 它们在简洁性、计算精度、计算效率诸方面达到完全一致, 而且 SESC 方法可以自动区分重、轻元素, 从而可对它们分别进行相对论、标量相对论 (非相对论) 处理, 即将 Dirac 方程和 Schrödinger 方程有机地联系起来. 至此我们可以说, 化学 (和普通物理) 中的相对论问题已基本得到解决! 今后的研究方向是将 SESC 方法与多体理论相结合, 包括发展新的适用于重元素体系的交换相关泛函, 并研发效率更高的计算软件. 由于时间关系和篇幅限制, 我们没有对相对论含时密度泛函理论这一新兴领域进行评述, 有兴趣的读者可以阅读相关文献[153~158].

致谢 本课题由国家自然科学基金项目 (编号：20333020、20573003、20625311) 和科技部 "973" 项目 (编号：2006CB601103) 赞助.

参 考 文 献

[1] Pyykkö P. Chem. Rev., 1988, 88: 563

[2] Dirac P A M. Proc. Roy Soc. London Ser. A, 1928, 117: 610

[3] Dirac P A M, Proc. Roy Soc. London Ser. A, 1928, 118: 351

[4] Dirac P A M, Proc. Roy Soc. London Ser. A, 1929, 123: 714

[5] Visscher L, Schwerdtfeger P. (private communication)

[6] Stark K, Werner H J. J. Chem. Phys., 1996, 104: 6515

[7] Pepper M, Bursten B E. Chem. Rev., 1999, 91: 719

[8] Kutzelnigg W. Chem. Phys., 1997, 225: 203

[9] Pyykkö P. Relativistic quantum chemistry database 'RTAM' at http://www.csc.fl/rtam/

[10] Schwerdtfeger P. Relativistic Electronic Structure Theory. Part 1. Fundamentals; Part 2. Applications. Amsterdam: Elsevier, 2002

[11]　Greiner W. Relativistic Quantum Mechanics. Berlin: Springer-Verlag, 1990

[12]　Dirac P A M. Proc. Roy. Soc. London A, 1929, 126: 360

[13]　Dirac P A M. Proc. Roy. Soc. London A, 1932, 133:60

[14]　Anderson C D. Phys. Rev., 1932, 41: 405.

[15]　Kugel H W, Murnick D E. Rep. Prog. Phys, 1977, 40: 297

[16]　Mohr P J. In: Malli G L ed. Relativistic Effects in Atoms, Molecules and Solids. New York: Plenum, 1983

[17]　Briand J P, Chevalier P, Indelicato P et al. Phys. Rev. Lett., 1990, 65: 2761

[18]　Pyykkö P, Tokman M, Labzowsky L N. Phys. Rev. A, 1999, 57: R689

[19]　Saue T, Visscher L. In: Kaldor U, Wilson S eds. Theoretical Chemistry and Physics of Heavy and Superheavy Elements. Dordrecht: Kluwer Academic, 2003. 211

[20]　Visser O, Visscher L, Aerts P J C et al. Theor. Chim. Acta., 1992, 81: 405

[21]　Visscher L, Saue T, Nieuwpoort W C et al. J. Chem. Phys., 1993, 99: 6704

[22]　Quiney H M, Skaane H, Grant I P. Chem. Phys. Lett., 1998, 290: 473

[23]　Brown G E, Ravenhall D G. Proc. Roy. Soc. London A, 1951, 208: 552

[24]　Sucher J. Phys. Rev. A, 1980, 22: 348

[25]　Sucher J. Int. J. Quantum Chem. Quantum Chem. Symp., 1984, 25: 3

[26]　Rajagopal A K. Callaway J. Phys. Rev. B, 1973, 7: 1912

[27]　Kutzelnigg W. Phys. Rev. A, 2003, 67: 032109

[28]　Xiao Y, Peng D, Liu W. J. Chem. Phys., 2007, 126: 081101

[29]　Xiao Y, Liu W, Cheng L et al. J. Chem. Phys., 2007, 126: 214101

[30]　Schwarz W H E, Wechsel-Trakowski E. Chem. Phys. Lett., 1984, 85: 94

[31]　Schwarz W H E, Wallmeier H. Mol. Phys., 1982, 46: 1045

[32]　Lee Y S, McLean A P. J. Chem. Phys., 1982, 76: 735

[33]　Stanton R E, Havriliak S. J. Chem. Phys., 1984, 81: 1910

[34]　Aerts P J C, Niewpoort W C. Int. J. Quantum Chem. Quantum Chem. Symp., 1986, 19: 267

[35]　Dyall K G, Grant I P, Wilson S. J. Phys. B, 1984, 17: 493

[36]　Kutzelnigg W. J. Chem. Phys., 2007, 126: 201103

[37]　Visscher L, Aerts P J C, Visser O et al. Int. J. Quantum Chem. Quantum Chem. Symp., 1991, 25: 131

[38]　Visscher L. Theor. Chem. Acc., 1997, 98: 68

[39]　Jong G T D, Visscher L. Theor. Chem. Acc., 2002, 107: 304

[40]　Grant I P, Quiney H M. Int. J. Quantum Chem., 2000, 80: 283

[41]　Liu W. Ph. D thesis, Peking University, 1995

[42]　Rosen A, Ellis D E. J. Chem. Phys., 1975, 62: 3039

[43]　Wood C P, Pyper N C. Phil. Trans. R. Soc. London A, 1986, 320: 71

[44]　Malli G L, Pyper N C. Proc. R. Soc. London A, 1986, 407: 377

[45]　Dyall K G, Enevoldsen T. J. Chem. Phys., 1999, 111: 10000

[46]　Liu W, Hong G, Li L et al. Chin. Sci. Bull., 1996, 41: 651

[47]　Liu W, Hong G, Li L. Chem. Res. Appl., 1996, 3: 369

[48]　Liu W, Hong G, Dai D et al. Theor. Chem. Acc., 1997, 96: 75

[49]　Liu W, Peng D. J. Chem. Phys., 2006, 125: 044102; 2006, 125: 149901(E); Peng D, Liu W, Xiao Y et al. J. Chem. Phys., 2007, 127: 104106

[50]　Liu W, Wang F, Li L. J. Theor. Comput. Chem., 2003, 2: 257

[51]　Liu W, Wang F, Li L. In: Hirao K, Ishikawa Y eds. Recent Advances in Relativistic Molecular Theory, Recent Advances in Computational Chemistry. Vol. 5. Singapore: World Scientific, 2004. 257

[52]　Liu W, Wang F, Li L. In: Ragué Schleyer P V, Allinger N L, Clark T, Gasteiger G, Kollman P A, Schaefer III H F, Schreiner P R eds. Encyclopedia of Computational Chemistry (electronic edition). Chichester: Wiley, UK, 2004

[53]　Liu W, Wüllen C V, Han Y K et al. Adv. Quantum Chem., 2001, 39: 325

[54]　Liu W, Wüllen C V, Wang F et al. Chem. Phys., 2002, 116: 3626

[55]　Dyall K G. Chem. Phys. Lett., 1994, 224: 186

[56]　Laerdahl J K, Saue T, Færi jr K. Theor. Chem. Acc., 1997, 97: 177

[57]　Jensen H J A, Dyall K G, Saue T et al. Chem. Phys., 1996, 104: 4083

[58]　Fleig T, Olsen J, Marian C M. J. Chem. Phys., 2001, 114: 4775

[59]　Fleig T, Olsen J, Visscher L. J. Chem. Phys., 2003, 119: 2963

[60]　Fleig T, Jensen H J A, Olsen J et al. J. Chem. Phys., 2006, 124: 104106

[61]　Visscher L, Lee T J, Dyall K G. J. Chem. Phys., 1996, 105: 8769

[62]　Visscher L, Eliav E, Kaldor U. J. Chem. Phys., 2001, 115: 759

[63]　Varga S, Fricke B, Nakamatsu H et al. J. Chem. Phys., 2000, 112: 3499

[64]　Yanai T, Iikura H, Nakajima T et al. J. Chem. Phys., 2001, 115: 8267

[65]　Saue T, Helgaker T. J. Comput. Chem., 2001, 23: 814

[66]　Quiney H M, Belanzoni P. J. Chem. Phys., 2002, 117: 5550

[67]　Hohenberg P, Kohn W. Phys. Rev, 1964, 136B: 864

[68]　Engel E, Dreizler R M. In: Nalewajski R F ed. Density Functional Theory II. Topics in Current Chemistry. Vol. 181. Berlin: Springer, 1996.1

[69]　Rajagopal A K. J. Phys. C, 1978, 11: L943

[70]　MacDonald A H, Vosko S H. J. Phys. C, 1979, 12: 2977

[71]　Ramana R V, Rajagopal A K. Phys. Rev. A, 1981, 24: 1689

[72]　Engel E, Keller S, Bonetti A F et al. Phys. Rev. A, 1995, 52: 2750

[73]　Engel E, Keller S, Dreizler R M. In: Dobson J F, Vignale G, Das M P eds. Electronic Density Functional Theory: Recent Progress and New Direction. New York: Plenum, 1997.149

[74]　Engel E, Keller S, Dreizler R M. Phys. Rev. A, 1996, 53: 1367

[75]　Engel E, Bonetti A F, Keller S et al. Phys. Rev. A, 1998, 58: 964

[76]　Mayer M, Häberlen O D, Rösch N. Phys. Rev. A, 1996, 54: 4775

[77]　Liu W, Küchle W, Dolg M. Phys. Rev. A, 1998, 58: 1103

[78]　Liu W, Wüllen C V. J. Chem. Phys., 1999, 110: 3730

[79]　Kohn W, Sham L J. Phys. Rev., 1965, 140A: 1133

[80]　Kutzelnigg W. Z. Phys. D, 1989, 11: 13

[81]　Kutzelnigg W. Z. Phys. D, 1990, 15: 27

[82]　Kutzelnigg W, Ottschofski E, Franke R. J. Chem. Phys., 1995, 102: 1740

[83]　Ottschofski E, Kutzelnigg W. J. Chem. Phys., 1995, 102, 1752

[84]　Kutzelnigg W. J. Chem. Phys., 1999, 110: 8283

[85] Liu W, Kutzelnigg W. J. Chem. Phys., 2000, 112: 3540 (2000).

[86] Liu W, Kutzelnigg W, Wüllen C V. J. Chem. Phys., 2000, 112: 3559

[87] Chang C, Pélissier M, Durand P. Phys. Scr., 1986, 34: 394

[88] Heully J L, Lindgren I, Lindroth E et al. J. Phys. B, 1986, 19: 2799

[89] Lenthe E V, Baerends E J, Snijders J G. J. Chem. Phys., 1993, 99: 4597

[90] Lenthe E V, Baerends E J, Snijders J G. J. Chem. Phys., 1994, 101: 9783

[91] Lenthe E V, Snijders J G, Baerends E J. J. Chem. Phys., 1996, 105: 6505

[92] Wüllen C V. J. Chem. Phys., 1998, 109: 392

[93] Wang F, Hong G, Li L. Chem. Phys. Lett., 2000, 316: 318

[94] Douglas M, Kroll N M. Ann. Phys. (New York), 1974, 82: 89

[95] Hess B A. Phys. Rev. A, 1985, 32: 756

[96] Hess B A. Phys. Rev. A, 1986, 33: 3742

[97] Jansen G, Hess B A. Phys. Rev. A, 1989, 39: 6016

[98] Matveev A, Rösch N. J. Chem. Phys., 2002, 118: 3997

[99] Nakajima T, Hirao K. J. Chem. Phys., 2003, 119: 4105

[100] Knappe P, Rösch N. J. Chem. Phys., 1990, 92: 1153

[101] Häberlen O D, Rösch N. Chem. Phys. Lett., 1992, 199: 491

[102] Nakajima T, Hirao K. J. Chem. Phys., 2000, 113: 7786

[103] Nakajima T, Hirao K. Chem. Phys. Lett., 2000, 329: 511

[104] Wolf A, Reiher M, Hess B A. J. Chem. Phys., 2002, 117: 9215

[105] Wüllen C V. J. Chem. Phys., 2004, 120: 7307

[106] Nakajima T, Suzumura T, Hirao K. Chem. Phys. Lett., 1999, 304: 271

[107] Filatov M, Cremer D. Chem. Phys. Lett., 2002, 351: 259

[108] Dyall K G, Lenthe E V. J. Chem. Phys., 1999, 111: 1366

[109] Filatov M, Cremer D. J. Chem. Phys., 2003, 119: 11526

[110] Filatov M, Cremer D. J. Chem. Phys, 2005, 122: 064104

[111] Wang F, Li L. Theor. Chem. Acc., 2002, 108: 53

[112] Komoroský S, Repiský M, Malkina O L et al. J. Chem. Phys., 2006, 124: 084108

[113] Barysz M, Sadlej A J. J. Chem. Phys., 2002, 116: 2696

[114] Barysz M, Sadlej A J, Snijders JG. Int. J. Quantum Chem., 1997, 65: 225

[115] Reiher M, Wolf A. J. Chem. Phys., 2004, 121: 2037

[116] Reiher M, Wolf A. J. Chem. Phys., 2004, 121: 10945

[117] Wolf A, Reiher M. J. Chem. Phys., 2006, 124: 064102

[118] Wolf A, Reiher M. J. Chem. Phys., 2006, 124: 064103

[119] Kutzelnigg W, Liu W. Mol. Phys., 2006, 104: 2225

[120] Kutzelnigg W, Liu W. J. Chem. Phys., 2005, 123: 241102

[121] Liu W, Kutzelnigg W. J. Chem. Phys., 2007, 126: 114107

[122] Dyall K G. J. Chem. Phys., 1997, 106: 9618

[123] Dyall K G. J. Chem. Phys., 1998, 109: 4201

[124] Dyall K G. J. Chem. Phys., 2001, 115: 9136

[125] Dyall K G. J. Comput. Chem., 2002, 23, 786

[126] Ilias M, Saue T. J. Chem. Phys., 2007, 126: 064102

[127] Baerends E J, Schwarz W H E, Schwerdtfeger P et al. J. Phys. B, 1990, 23: 3225

[128] Kellö V, Sadlej A J. Int. J. Quantum Chem., 1998, 68: 159

[129] Dyall K G. Int. J. Quantum Chem., 2000, 78: 412

[130] Wüllen C V, Michauk C. J. Chem. Phys., 2005, 123: 204113

[131] Barth U V, Hedin L. J. Phys. C, 1972, 5: 1629

[132] Gordon W. Z. Phys., 1928, 50: 630

[133] Ramana M V, Rajagopal A K. J. Phys. C, 1981, 14: 4291

[134] Eschrig H, Servedio V D P. J. Comput. Chem., 1999, 20: 23

[135] Mayer M, Krüger S, Rösch N. J. Chem. Phys., 2001, 115: 4411

[136] Wüllen C V. J. Comput. Chem., 2002, 23: 779

[137] Wang F, Liu W. J. Chin. Chem. Soc. (Taipei), 2003, 50: 597

[138] Becke A D. Phys. Rev. A, 1988, 38: 3098

[139] Perdew J P. Phys. Rev. B, 1986, 33: 8822; Pewdew JP, 1986, 34: 7406(E)

[140] Quiney H M, Skaane S, Grant I P. Adv. Quantum Chem., 1999, 32: 1

[141] Becke A D. J. Chem. Phys., 1992, 96: 2155

[142] Becke A D. J. Chem. Phys., 1993, 98: 1372

[143] Becke A D. J. Chem. Phys., 1993, 98: 5648

[144] Johnson B G, Gill P M W, Pople J A. J. Chem. Phys., 1993, 98: 5612

[145] Wang S G, Schwarz W H E. J. Chem. Phys., 1995, 102: 9296

[146] Liu W, Dolg M, Li L. J. Chem. Phys., 1998, 108: 2886

[147] Liu W, Dolg M. Phys. Rev. A, 1998, 57: 1721

[148] Dolg M, Liu W, Kalvoda S. Int. J. Quantum Chem., 2000, 76: 359

[149] Melville T C, Coxon J A, Linton C. J. Chem. Phys., 2000, 113: 1771

[150] Chen X, Fang L, Shen X et al. J. Chem. Phys., 2000, 112: 9780

[151] Liu W, Wüllen C V. J. Chem. Phys., 2000, 113: 2506

[152] Wang F, Liu W. Chem. Phys., 2005, 311: 63

[153] Gao J, Liu W, Song B et al. J. Chem. Phys., 2004, 121: 6658

[154] Gao J, Zou W, Liu W et al. J. Chem. Phys., 2005, 123: 054102

[155] Peng D, Zou W, Liu W. J. Chem. Phys., 2005, 123: 144101

[156] Wang F, Ziegler T, Lenthe E V et al. J. Chem. Phys., 2005, 122: 204103

[157] Seth M, Ziegler T. J. Chem. Phys., 2005, 123: 144105

[158] Seth M, Ziegler T. J. Chem. Phys., 2006, 124: 144105

第 3 章　概念密度泛函理论与浮动电荷分子力场

杨忠志

3.1　概念密度泛函理论

密度泛函理论可以细分为计算密度泛函理论和概念密度泛函理论. 计算密度泛函理论在第 1 至 2 章已有介绍, 以讨论计算方法为主; 概念密度泛函理论以阐述与密度泛函理论相关的概念、理论和方法为主[1,2], 本章将着重讨论.

3.1.1　化学势及其相关的概念

在概念密度泛函理论中[2], 通过讨论两种微扰对分子体系基态能量 E 的影响, 来讨论各种化学性质. 根据 Hohenberg-Kohn 定理[3,4], 这两种微扰一个是总电子数 N 的变化, 另外一个是外势 v 的变化, 分别以 dN 微扰和 dv 微扰表示. 对于分子体系, 外势通常指原子核形成的 Coulomb 势. 在微扰影响下, 体系性质的改变可以用敏感度系数 (sensitivity coefficient) 表示[1,2]. 对分子体系而言, 人们感兴趣的敏感度系数是体系基态能量对微扰 dN 和微扰 dv 的一阶和二阶响应. 通过对分子体系的能量泛函 $E[\rho(\boldsymbol{r})] = E[N, v]$ 求导数, 可以得到各种敏感度系数, 包括化学势、电负性、硬度、软度、Fukui 函数及其相关的概念. 图 3-1 给出了密度泛函理论下各种敏感度系数之间的相互关系, 可以看出它们均可以通过对体系总能量泛函的求导得到.

从图 3-1 中可以注意到, 凡是对总电子数 N 求微商的均给出体系的整体性质, 如化学势 μ 和整体硬度 η; 凡是包括对外势 dv 求微商的敏感度系数均为局域性质, 如电子密度 $\rho(\boldsymbol{r})$、Fukui 函数 $f(\boldsymbol{r})$ 以及双变量响应函数 $\beta(\boldsymbol{r}, \boldsymbol{r}')$ 等.

体系总能量对总电子数 N 或外势 v 的一阶导数称为一阶效应, 二阶导数称为二阶效应. 下面我们分别对其进行讨论.

1. 一阶效应: 化学势 μ 和电子密度 ρ

化学势 μ 描述在固定外势 v 下因体系总电子数 N 的改变而引起的能量变化 (能量 E 对电子数 N 的曲线的斜率), Parr 和 Pearson 定义化学势为体系电负性的负值:

$$\mu = \left(\frac{\partial E}{\partial N}\right)_v = -\chi = -\left(\frac{\partial E}{\partial q_{\mathrm{mol}}}\right)_v \tag{3.1}$$

式中: q_{mol} 为分子总电荷. 在原子与键电负性均衡 (ABEEM$_{\sigma\text{-}\pi}$) 模型中:

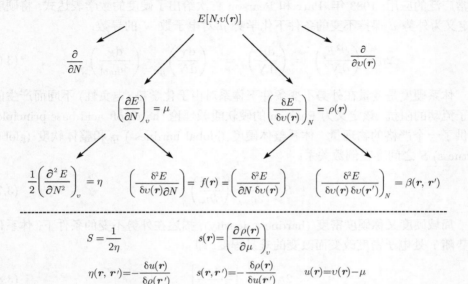

图 3-1 DFT 敏感度系数示意图

$$q_{\text{mol}} = \sum_a q_a + \sum_m q_m + \sum_{a\text{-}b} q_{a\text{-}b} + \sum_{\sigma m=n} q_m + \sum_{\pi m=n} q_{\pi m=n} + \sum_{lp} q_{lp} \tag{3.2}$$

式中: q_a 和 $q_{a\text{-}b}$ 分别为单键原子 a 和单键a—b上的电荷:

$$q_a = Z_a - \int_{\Omega_a} \rho_a(\boldsymbol{r}) \, \mathrm{d}\boldsymbol{r} = Z_a - N_a \tag{3.3}$$

$$q_{a\text{-}b} = -\int_{\Omega_{a\text{-}b}} \rho_{a\text{-}b}(\boldsymbol{r}) \, \mathrm{d}\boldsymbol{r} = -n_{a\text{-}b} \tag{3.4}$$

其他区域的电荷表达式类似.

体系总能量对外势的变化率给出电子密度 ρ:

$$\rho(\boldsymbol{r}) = \left(\frac{\delta E}{\delta \upsilon(\boldsymbol{r})} \right)_N \tag{3.5}$$

应该注意, 通常原子 a 所受外势 υ_a 和化学键 a—b 所受外势 υ_{a-b} 与外势 $\upsilon(\boldsymbol{r})$ 三者是不同的.

2. 二阶效应: 整体硬度, 局域硬度和局域软度, Fukui 函数

二阶效应分别为[1,2]: 分子的整体硬度 η 和整体软度 S, 局域硬度和局域软度, Fukui 函数 $f(\boldsymbol{r})$ 和双变量线性响应函数 $\beta(\boldsymbol{r}, \boldsymbol{r}')$.

硬度的概念自从 Pearson 在 1960 年前后为研究酸碱反应而提出来后, 得到了非常广泛的应用; 1983 年, Parr 和 Pearson 首次给出了硬度的数学表达式, 将硬度 η 定义为外势 v 保持不变的条件下化学势 μ 对电子数 N 的导数:

$$2\eta = \left(\frac{\partial^2 E}{\partial N^2}\right)_v = \left(\frac{\mathrm{d}\mu}{\mathrm{d}N}\right)_v = -\left(\frac{\mathrm{d}\chi}{\mathrm{d}N}\right)_v = \left(\frac{\mathrm{d}\chi}{\mathrm{d}q_{\mathrm{mol}}}\right)_v \tag{3.6}$$

体系硬度是度量在外势不变条件下体系对由于化学势 (电负性) 不同而产生的电子流动的阻抗. 该定义为 Pearson 的硬软酸碱理论 (hard soft acid base principle) 提供了一个严格的物理量. 体系整体硬度 (global hardness) η 和整体软度 (global softness) S 之间存在倒数关系:

$$S = \frac{1}{2\eta} = \left(\frac{\partial N}{\partial \mu}\right)_v \tag{3.7}$$

局域硬度又称硬度密度 (hardness density), 描述在外势不变的条件下, 体系化学势随 r 处电子密度改变而改变的难易程度, 即

$$2\eta\,(\boldsymbol{r}) = \left[\frac{\partial \mu}{\partial \rho\,(\boldsymbol{r})}\right]_v \tag{3.8}$$

局域软度 (local softness) 是一个与反应性密切相关的局域性质, Yang 和 Parr 将其定义为[1]

$$s\,(\boldsymbol{r}) = \left(\frac{\partial \rho\,(\boldsymbol{r})}{\partial \mu}\right)_v \tag{3.9}$$

用以衡量在外势不变的情况下体系某点的电子密度对体系化学势微扰的敏感程度. 根据体系整体软度的定义式 (3.7), 就有

$$S = \int s\,(\boldsymbol{r})\mathrm{d}r \tag{3.10}$$

以及

$$s\,(\boldsymbol{r}) = \left(\frac{\partial \rho\,(\boldsymbol{r})}{\partial \mu}\right)_v = \left(\frac{\partial \rho\,(\boldsymbol{r})}{\partial N}\right)_v\left(\frac{\partial N}{\partial \mu}\right)_v = f\,(\boldsymbol{r}) \cdot S \tag{3.11}$$

且由密度泛函理论中 Fukui 函数的 Maxwell 关系式:

$$f\,(\boldsymbol{r}) = \left[\frac{\delta \mu}{\delta v\,(\boldsymbol{r})}\right]_N = \left[\frac{\delta \rho\,(\boldsymbol{r})}{\partial N}\right]_v \tag{3.12}$$

可以写出

$$s\,(\boldsymbol{r}) = \left(\frac{\delta \mu}{\delta v\,(\boldsymbol{r})}\right)_N S \tag{3.13}$$

从式 (3.11) 中可以看出, 局域软度既包含了 Fukui 函数信息, 又包含了整体软度信息, 因此也就包含了相对于反应物而言的整体反应性, 即硬度或软度. 所以,

Geerlings 等建议用 Fukui 函数仅来描述分子内的反应顺序 (即同一个分子的不同位置的反应性), 而用局域软度来研究分子间的反应顺序. 式 (3.13) 表明, 局域软度还可度量体系化学势对于某区域外势微扰的敏感程度, 因此有可能包含分子中不同位置相对反应活性的信息, 决定了其在化学反应研究中的重要作用.

单变量局域硬度 $\eta(\boldsymbol{r})$ 和局域软度 $s(\boldsymbol{r})$ 间存在如下关系:

$$2 \int s(\boldsymbol{r}) \eta(\boldsymbol{r}) \mathrm{d}\boldsymbol{r} = 1 \tag{3.14}$$

前线分子轨道作为控制化学反应的难易程度和区位与立体选择性的重要因素, 它的重要性最初是被 Fukui 认识到的. 他指出, HOMO (最高占据分子轨道) 是控制亲电反应位置的关键因素, 而 LUMO (最低未占分子轨道) 是控制亲核反应位置的关键因素.

Parr 和 Yang[1,2] 强调指出, 大部分的前线分子轨道理论 (FMO) 均可在密度泛函理论中找到依据. Fukui 函数反映不同位置的反应性, Parr 等将其定义为如下形式:

$$f(\boldsymbol{r}) = \left[\frac{\delta\mu}{\delta\upsilon(\boldsymbol{r})}\right]_N = \left[\frac{\partial\rho(\boldsymbol{r})}{\partial N}\right]_{\upsilon(\boldsymbol{r})} \tag{3.15}$$

衡量体系化学势对来自 r 处的外来微扰的敏感程度, 又由于 Maxwell 关系式, 也等同于体系总电子数的微扰所引起的局域电子密度的改变. 由于 Fukui 函数直接由第一性原理推导而来, 所以在应用范围上没有限制.

值得注意的是, Fukui 函数是归一化的,

$$\int f(\boldsymbol{r})\mathrm{d}\boldsymbol{r} = \frac{\partial}{\partial N}\int \rho(\boldsymbol{r})\mathrm{d}\boldsymbol{r} = \frac{\partial N}{\partial N} = 1 \tag{3.16}$$

另外, Fukui 函数是一个局域性质, 这就意味着分子中不同的位置有不同的 Fukui 值. 因此, Fukui 函数为研究化学反应的区位选择性或确定生物体系的活性中心提供了有力的工具.

对于分子中的任意区域 a, 其 Fukui 函数可以具体表示为

$$f_\alpha = \left(\frac{\mathrm{d}N_\alpha}{\mathrm{d}N}\right)_\upsilon = -\left(\frac{\mathrm{d}q_\alpha}{\mathrm{d}N}\right)_\upsilon = \left(\frac{\mathrm{d}q_\alpha}{\mathrm{d}q_{\mathrm{mol}}}\right)_\upsilon \tag{3.17}$$

3.1.2 电负性与电负性均衡原理

电负性的概念是著名化学家 Pauling 在 60 多年前提出的[5], 用以描述在分子中原子吸引电子的能力, 已被科学家在讨论化学和物理问题时广泛应用. 在两个或多个不同原子 (或其他组合基团) 结合在一起形成分子过程时, 体系中各部分的电负性差导致电子从电负性低的区域流向电负性高的区域 (即电子从化学势高区流

向化学势低区), 从而使各组成原子或基团调整电负性而趋于平衡, 直至都等于最终的分子电负性, 这就是 Sanderson 的电负性均衡原理. 根据密度泛函理论, Parr 等[1]指出, 电负性是体系化学势的负值, 从而给电负性以精密的定义和物理解释, 使 Sanderson 电负性均衡原理有了深刻的理论基础, 电负性理论的研究和应用有了新的发展.

1. 经典电负性标度

1932 年, Pauling 首先提出电负性的热化学标度[5]. 他的电负性标度定义为

$$|\chi_A - \chi_B| = 0.208\sqrt{\Delta} \tag{3.18}$$

其中

$$\Delta = D(AB) - \frac{1}{2}[D(AA) + D(BB)] \tag{3.19}$$

式中: $D(AA)$、$D(BB)$ 和 $D(AB)$ 分别为同核双原子分子 AA、BB 以及异核双原子分子 AB 的键离解能; 0.208 为能量转换过程中的比例常数. Pauling 认为, Δ 正比于原子 A 和 B 的某种性质的差值的平方, 这种性质就是原子 A 和 B 的电负性, 单位为 $\sqrt{\text{energy}}$. 通过式 (3.18) 和式 (3.19), 并且利用热化学数据, 就可以确定原子的相对电负性标度. Pauling 选定氢的电负性 $\chi_H = 2.1$, 在此基础上给出每个原子电负性的绝对数值.

1935 年, Mulliken[6] 提出了一种电负性的绝对标度, 定义原子的电负性等于原子电离势 (I) 和电子亲和势 (A) 的平均值, 即

$$\chi = \frac{(I + A)}{2} \tag{3.20}$$

这里原子的电离势和电子亲和势对任何原子来说都是实验上可测的, 因此 Mulliken 电负性的涵义是清楚的和明确的. Mulliken 电负性与 Pauling 电负性的关系为

$$\chi^p = 0.336\left(\chi^M + 0.617\right) \tag{3.21}$$

此外, 还提出了多种电负性标度[7]. 例如, Gordy 把电负性看成是由被屏蔽的核电荷在共价半径处产生的静电势, 单位为 energy/electron; Allred-Rochow 电负性基于一种简单的假设, 原子的电负性可以表示为被屏蔽的原子核和位于共价半径处的电子之间的吸引力, 单位是 force.

2. 现代电负性思想

最近 30 年来, 关于电负性的大多数理论工作集中在两个主要概念上: 电负性均衡和定义电负性为能量随原子电荷的变化率[1,2,7~27]. 电负性研究工作的一个重要进展, 是 Parr 及其合作者们根据密度泛函理论将这两个概念结合到一起给出对

电负性概念更深刻的理解, 另外还产生了计算分子中原子电荷、总能量、基态电负性及其他一些重要物理量的直接快速的方法[1,2].

1961 年, Iczkowski 和 Margrave 最先指出原子 A 的能量 (E_A) 可以表示为原子部分电荷 δ 的函数, 这就奠定了现代电负性思想的基础, 预示了电负性理论发展的新方向[8].

$$E_A(\delta) = a\delta + b\delta^2 + c\delta^3 + d\delta^4 \tag{3.22}$$

式中: a、b、c 和 d 均为依赖于原子和价态的常数. 由此 Iczkowski 和 Margrave 证明了原子 A 的电负性可以表示为

$$\chi_A = \left(\frac{\mathrm{d}E_A}{\mathrm{d}\delta}\right)_{\delta=0} \tag{3.23}$$

如果式 (3.22) 中仅保留前两项, 并且 a 和 b 利用下述方法确定: 体系处于中性和正、负离子态 (A^+ 和 A^-) 时产生能量分别为 $E_A(0)$、$E_A(1)$ 和 $E_A(-1)$, 则有

$$E_A = \frac{I_A + A_A}{2}\delta + \frac{I_A - A_A}{2}\delta^2 \tag{3.24}$$

式中: I_A 为 A 的电离势; A_A 为 A 的电子亲和势. 利用定义式 (3.23), 在 $\delta = 0$ 时体系能量对电荷的一阶微商就是 Mulliken 电负性. Iczkowski 和 Margrave 的工作数据显示这的确是一个很好的近似, 所以式 (3.23) 的定义应该是合理的. 利用这个近似的能量关系, 电负性可写为

$$\chi_A = a + 2b\delta \tag{3.25}$$

Iczkowski 和 Margrave 的标度代表了电负性理论中的现代思想, 将电负性表示为能量对电荷的微商形式, 引入了电负性对电荷的明确依赖关系, 为 Parr 等的工作提供了一定的线索和启发.Iczkowski 和 Margrave 的工作依赖于 Mulliken 标度, 所以在某种意义上假设了 Mulliken 标度是对电负性的一种好的度量.

1962 年, Hinze 和 Jaffe 等[9]基于 Mulliken 的定义, 把 Iczkowski 和 Margrave 使用的势的思想扩展到包括原子轨道, 提出了轨道电负性这一重要思想.Huheey 在 1965 年提出了一个很简单的途径来计算基团电负性[10].

Sanderson 基于稳定性比 (stability ratio, SR)[原子的平均电子密度 (ED) 与等电子惰性原子电子密度 (ED°) 的简单比] 的想法提出了 SR 电负性标度[11], 其与 Pauling 电负性的相关为

$$\chi_A = [0.21(\mathrm{SR}) + 0.77]^2 \tag{3.26}$$

Sanderson 最早提出了电负性均衡原理, 认为在分子或自由基的形成过程中, 最初的每个原子的电负性值最后都要均衡到同一个值, 这个值等于所有原子电负性的几何平均值. 同时, Sanderson 也意识到电负性是原子电荷的函数, 还提出了简单的方法估算原子电荷.

3. 电负性均衡原理

无论怎样精确地定义什么是 "分子中的原子", 当不同化学势的原子或基团结合在一起形成具有特征化学势的分子时, 在原子或基团保持自己属性 (identity) 的基础上, 它们的化学势必须均衡, 这就是 Sanderson 最早提出的电负性均衡原理[12]. Sanderson 电负性均衡原理与经典宏观热力学中的化学势类似: 当两相接触达到平衡时, 两相中每种组分的化学势相等. 经典宏观热力学中物质流动的方向是从化学势高的相转移到化学势低的相. 在电负性均衡原理中, 当化学势 $\mu_B^0 > \mu_A^0$, 并且没有别的复杂因素时, 在分子 AB 形成过程中电子从 B 向 A 流动. Politzer 和 Weinstein 给出了关于电负性均衡的证明[13].

3.1.3　电负性均衡方法 (EEM)

1. 电负性均衡方法的发展

当电负性均衡原理在密度泛函理论基础上获得了精确的数学表达式后, Mortier 和 Nalewajski 等[14~16]认识到这一原理的优越性, 并严谨具体地论述和定义了分子整体电负性和分子中的原子电负性, 提出了基于分子中原子的电负性均衡方法 (electronegativity equality method, EEM). 随后又陆续提出了多种方案[17~27]. 例如, 电荷平衡方法 (charge equilibration method, Q_{eq})[17]、化学势均衡方法 (chemical potential equalization, CPE)[18]、修正的电负性均衡方法 (modified electronegativity equalization method, MEEM)[23,24]、原子–键电负性均衡方法 (atom-bond electronegativity equalization method, ABEEM)[25~30] 等. 电负性均衡主要用来深入探讨依赖于环境的原子电荷分布、化学键形成过程中的电荷转移、分子的硬度和软度等反应指标, 以及分子筛的催化等问题. 目前, 电负性均衡方法已经广泛应用于各种分子力场, 用来确定动力学模拟过程中体系在不同构象和外势条件下的电荷分布.

2. Mortier 电负性均衡方法 (EEM)[14~18]

分子总能量包括动能 T、电子与电子作用势能 V_{ee}、核与电子作用势能 V_{ne}、核与核作用势能 V_{nn}, 即

$$E = T + V_{ee} + V_{ne} + V_{nn} \tag{3.27}$$

Mortier 提出的电负性均衡方法 (EEM) 中作了两个近似.

第一个近似是原子分辨率近似 (the restriction to atomic resolution), 即将方程 (3.27) 中的四个能量项都写成原子贡献之和:

$$T = \sum_\alpha T_\alpha \tag{3.28}$$

$$V_{ee} = \sum_{\alpha} \left(V_{ee}^{\alpha,\text{intra}} + \sum_{\beta \neq \alpha} \frac{1}{2} \frac{N_{\alpha} N_{\beta}}{R_{\alpha\beta}} \right) \tag{3.29}$$

$$V_{ne} = \sum_{\alpha} \left(V_{ne}^{\alpha,\text{inter}} + \sum_{\beta \neq \alpha} -\frac{N_{\alpha} Z_{\beta}}{R_{\alpha\beta}} \right) \tag{3.30}$$

$$V_{nn} = \sum_{\alpha} \sum_{\beta \neq \alpha} \frac{1}{2} \frac{Z_{\alpha} Z_{\beta}}{R_{\alpha\beta}} \tag{3.31}$$

方程 (3.29) 和 (3.30) 中电子与电子相互作用势能 V_{ee} 和核与电子相互作用势能 V_{ne} 被分解成原子内贡献和原子间贡献. N_{α} 是原子 α 上的电子数, 且有

$$N_{\alpha} = \int_{\Omega_{\alpha}} \rho(\boldsymbol{r}) \mathrm{d}\boldsymbol{r} \tag{3.32}$$

所以体系总能量为

$$E = \sum_{\alpha} \left[T_{\alpha} + V_{ee}^{\alpha,\text{intra}} + V_{ne}^{\alpha,\text{inter}} + \sum_{\beta \neq \alpha} \left(\frac{1}{2} \frac{N_{\alpha} N_{\beta}}{R_{\alpha\beta}} - \frac{N_{\alpha} Z_{\beta}}{R_{\alpha\beta}} + \frac{1}{2} \frac{Z_{\alpha} Z_{\beta}}{R_{\alpha\beta}} \right) \right] \tag{3.33}$$

第二个近似是将方程 (3.33) 的前三项写成二级 Taylor 展开:

$$T_{\alpha} + V_{ee}^{\alpha,\text{intra}} + V_{ee}^{\alpha,\text{intra}} = E_{\alpha}^{*} + \mu_{\alpha}^{*} \left(N_{\alpha} - N_{\alpha}^{0} \right) + \eta_{\alpha}^{*} \left(N_{\alpha} - N_{\alpha}^{0} \right)^{2} \tag{3.34}$$

定义原子 α 的有效电荷为

$$q_{\alpha} = Z_{\alpha} - N_{\alpha} = N_{\alpha}^{0} - N_{\alpha} \tag{3.35}$$

由于电负性等于化学势的负值 $\mu_{\alpha}^{*} = -\chi_{\alpha}^{*}$, EEM 分子总能量表达式可写为

$$E = \sum_{\alpha} \left(E_{\alpha}^{*} + \chi_{\alpha}^{*} q_{\alpha} + \eta_{\alpha}^{*} q_{\alpha}^{2} + \frac{1}{2} \sum_{\beta \neq \alpha} \frac{q_{\alpha} q_{\beta}}{R_{\alpha\beta}} \right) \tag{3.36}$$

参数 $\chi_{\alpha}^{*}, \eta_{\alpha}^{*}$ 和 E_{α}^{*} 是原子 α 的价态电负性、硬度和能量, 可以利用拟合 *ab initio* 计算的 Mulliken 布居分析得到. EEM 方法下部分原子的价态参数列于表 3-1 中.

表 3-1 相对于 $\chi_{O}^{*} = 8.5$ 校准的 EEM 参数

原子类型	χ_{α}^{*}	η_{α}^{*}
H(δ^{-})	4.408 77	13.773 24
H(δ^{+})	3.173 92	9.917 10
C	5.680 45	9.050 58
N	10.599 16	13.186 23
O	8.500 00	11.082 87
Al	−2.239 52	7.672 45
Si	1.331 82	6.492 59
P	2.905 41	6.294 15

方程 (3.36) 对原子 α 的有效电荷或原子 α 上电子数负值的偏导数定义为 EEM 电负性:

$$\chi_\alpha = -\left(\frac{\partial E}{\partial N_\alpha}\right)_v = \left(\frac{\partial E}{\partial q_\alpha}\right)_v = \chi_\alpha^* + 2\eta_\alpha^* q_\alpha + \sum_{\beta \neq \alpha} \frac{q_\beta}{R_{\alpha\beta}} \tag{3.37}$$

方程 (3.37) 表明, 原子的电负性依赖于原子电荷和周围其他原子产生的势场, 电负性等于化学势的负值. 对平衡态的分子, 电负性均衡原理要求所有原子的化学势都相等, 所以

$$\chi_\alpha = \chi_\beta = \cdots = \chi_n = \bar{\chi} \tag{3.38}$$

对于含有 n 个原子的分子体系, 就有 n 个形如 (3.38) 的方程, 外加分子总电荷的限制条件:

$$\sum_{\alpha=1}^{n} q_\alpha = q_{\mathrm{mol}} \tag{3.39}$$

共有 $n+1$ 个线性方程, 很容易解得 $n+1$ 个未知数: n 个原子的原子电荷和 EEM 分子电负性.

EEM 通过分子体系基态能量对微扰的响应 (response) 来研究化学反应. 基于 Hohenberg-Kohn 定理, 这些微扰或是体系电子总数 N 的变化, 或者是势场 v 的变化, 可分别用 $\mathrm{d}N$ 和 $\mathrm{d}v$ 表示. 微扰下性质的改变可用敏感度系数 (sensitivity coefficient) 描述, 与化学反应有关的敏感度系数是基态能量对 N 和 v 的一阶和二阶导数. 除此之外, Mortier 等还提出了简化的计算 Fukui 函数的方案, 并利用该方案计算了胺类化合物的酸碱性, 得到令人满意的结果.EEM 也被应用于分子动力学和 Monte Carlo 模拟计算.

3.1.4　原子–键电负性均衡方法[25~30]

化学键和孤对电子在化学反应中起着重要作用. 以往的各种电负性均衡方法都没有明确地考虑化学键和孤对电子, 因此在讨论分子某些重要性质和化学反应时遇到了困难. Yang 等基于分子中不仅存在各种原子同时还存在各种化学键, 以及 N、O 和 F 等原子的孤对电子在水溶液以及生物体系中具有的特殊作用, 提出了原子–键电负性均衡方法 (atom-bond electronegativity equalization method, ABEEM). 该模型给出了计算分子中原子、化学键以及孤对电子的电荷、分子电负性、分子硬度和软度、Fukui 函数和分子总能量等各种性质的计算方案, 并利用该模型下的敏感性分析成功地解释了分子中的电荷极化. 如果把化学键电荷还原给原子, 则 ABEEM 还原为 EEM.

在 Yang 的原子–键电负性均衡模型中, 分子的单电子密度 $\rho(\boldsymbol{r})$ 按式 (3.40) 分割:

$$\rho(\boldsymbol{r}) = \sum_a \rho_a(\boldsymbol{r}) + \sum_{g-h} \rho_{g-h}(\boldsymbol{r}) + \sum_{lp} \rho_{lp}(\boldsymbol{r}) \tag{3.40}$$

式中: $\rho_a(\boldsymbol{r})$ 为原子 a 上的单电子密度; $\rho_{g-h}(\boldsymbol{r})$ 为位于原子 g 和 h 形成的化学键 g–h 区域的单电子密度, 单电子密度中心位于两成键原子之间的共价半径之比处; $\rho_{lp}(\boldsymbol{r})$ 为孤对电子 lp 上的单电子密度, 单电子密度中心位于孤对电子所属原子的共价半径处. 在此分割下, 分子体系总能量表示为

$$
\begin{aligned}
E_{\text{mol}} =& \sum_a \left(E_a^* - \mu_a^* q_a + \eta_a^* q_a^2 \right) + \sum_{lp} \left(E_{lp}^* - \mu_{lp}^* q_{lp} + \eta_{lp}^* q_{lp}^2 \right) \\
&+ \sum_{a-b} \left(E_{a-b}^* - \mu_{a-b}^* q_{a-b} + \eta_{a-b}^* q_{a-b}^2 \right) + \sum_{g-h} \sum_{a(=g,h)} \frac{k_{a,g-h} q_a q_{g-h}}{R_{a,g-h}} \\
&+ \sum_a \sum_{lp(\in a)} \frac{k_{a,lp} q_a q_{lp}}{R_{a,lp}} + k \left(\frac{1}{2} \sum_a \sum_{b(\neq a)} \frac{q_a q_b}{R_{a,b}} + \frac{1}{2} \sum_{a-b} \sum_{g-h(\neq a-b)} \frac{q_{a-b} q_{g-h}}{R_{a-b,g-h}} \right. \\
&+ \frac{1}{2} \sum_{lp} \sum_{lp'(\neq lp)} \frac{q_{lp} q_{lp'}}{R_{lp,lp'}} + \sum_{g-h} \sum_{a(\neq g,h)} \frac{q_a q_{g-h}}{R_{a,g-h}} \\
&\left. + \sum_a \sum_{lp(\notin a)} \frac{q_a q_{lp}}{R_{a,lp}} + \sum_{lp} \sum_{a-b} \frac{q_{a-b} q_{lp}}{R_{a-b,lp}} \right)
\end{aligned} \tag{3.41}
$$

应用电负性的定义: $\chi_i = (\partial E/\partial q_i)_{q_j,\cdots,R_{i,j},\cdots}$ 得到分子中各区域的电负性表达式如下:

$$
\begin{aligned}
\chi_a =& \chi_a^* + 2\eta_a^* q_a + C_a \left(\sum_{a-b} q_{a-b} + \sum_{lp(\in a)} q_{lp} \right) \\
&+ k \left(\sum_{b(\neq a)} \frac{q_b}{R_{a,b}} + \sum_{g-h(\neq a-b)} \frac{q_{g-h}}{R_{a,g-h}} + \sum_{lp(\notin a)} \frac{q_{lp}}{R_{a,lp}} \right) \\
\chi_{a-b} =& \chi_{a-b}^* + 2\eta_{a-b}^* q_{a-b} + C_{a-b,a} q_a + D_{a-b,b} q_b \\
&+ k \left(\sum_{g(\neq a,b)} \frac{q_g}{R_{a-b,g}} + \sum_{g-h(\neq a-b)} \frac{q_{g-h}}{R_{a-b,g-h}} + \sum_{lp} \frac{q_{lp}}{R_{a-b,lp}} \right) \\
\chi_{lp} =& \chi_{lp}^* + 2\eta_{lp}^* q_{lp} + C_{lp} q_{a(\in lp)} \\
&+ k \left(\sum_{g(\notin lp)} \frac{q_g}{R_{lp,g}} + \sum_{g-h} \frac{q_{g-h}}{R_{lp,g-h}} + \sum_{lp'(\neq lp)} \frac{q_{lp'}}{R_{lp',lp}} \right)
\end{aligned} \tag{3.42}
$$

式中: $\chi_a^* = -\mu_a^*$、$\chi_{a-b}^* = -\mu_{a-b}^*$ 和 $\chi_{lp}^* = -\mu_{lp}^*$ 分别为分子中原子 a、键 a—b 和孤对电子 lp 的价态电负性; η_a^*、η_{a-b}^* 和 η_{lp}^* 分别为分子中原子 a、键 a—b 和孤对电子 lp 的价态硬度; $q_a = N_a^* - N_a = Z_a - N_a$ 为分子中原子 a 的分数电荷; $q_{a-b} = n_{a-b}^* - n_{a-b} = -n_{a-b}$ 为分子中键 a—b 的分数电荷; $q_{lp} = n_{lp}^* - n_{lp} = -n_{lp}$

为分子中孤对电子的分数电荷; $C_{a-b,a} = k_{a,a-b}/R_{a,a-b}$、$C_{a-b,b} = k_{b,a-b}/R_{b,a-b}$ 和 $C_{a,lp} = k_{a,lp}/R_{a,lp}$ 均为可调参数, 假设 $k_{a,a-b}/R_{a,a-b} = k_{a,lp}/R_{a,lp} = C_a = C_{lp}$, k 是一个整体校正因子. 称所有 q_a、q_{a-b} 和 q_{lp} 组成的集合为分子的电荷分布. 电负性均衡原理要求平衡时分子中所有点的电负性都相等, 在 Yang 的单电子密度的原子–键分割模型下:

$$\chi_a = \chi_b = \cdots = \chi_{a-b} = \chi_{g-h} = \cdots = \chi_{lp} = \chi_{lp'} = \cdots = \bar{\chi} \tag{3.43}$$

式中: $\bar{\chi}$ 为分子的电负性. 这样对一个有 n 个原子、m 个化学键和 l 个孤对电子的分子, 就有 $n+m+l$ 个方程, 加上分子总电荷的限制条件, 可得 $n+m+l+1$ 个关于电荷和分子电负性 $\bar{\chi}$ 为未知量的线性方程, 如果价态参数 χ^*、η^* 和 C 等已知, 则可快速求得分子中的电荷分布和分子电负性 $\bar{\chi}$.

为了更加有效地处理带有双键或共轭双键的化合物的加成、氧化和聚合等在有机、生物和制药领域具有广泛用途的反应, Yang 等又发展了原子–键电负性均衡方法中的 σ-π 模型 (ABEEM$_{\sigma\text{-}\pi}$): 将双键划分为一个 σ 键区域和四个 π 键区域 (每个双键有两个 π 键区域), 其中, σ 电荷也是位于两成键原子间的共价半径之比处, π 电荷中心垂直于双键所在平面, 置于双键原子上、下两侧. 在这种情况下, 采用如下电子密度的分割:

$$\rho(\boldsymbol{r}) = \sum_a \rho_a(\boldsymbol{r}) + \sum_m \rho_m(\boldsymbol{r}) + \sum_{a-b} \rho_{a-b}(\boldsymbol{r})$$
$$+ \sum_{\sigma m=n} \rho_{\sigma m=n}(\boldsymbol{r}) + \sum_{\pi m=n} \rho_{\pi m=n}(\boldsymbol{r}) + \sum_{lp} \rho_{lp}(\boldsymbol{r}) \tag{3.44}$$

式中: $\rho_a(\boldsymbol{r})$ 和 $\rho_m(\boldsymbol{r})$ 分别为位于单键原子 a 区域和双键原子 m 区域的单电子密度; $\rho_{a-b}(\boldsymbol{r})$ 为分布于单键区域 a—b 的单电子密度; $\rho_{\sigma m=n}(\boldsymbol{r})$ 为位于双键 m=n 的 σ 键区域的单电子密度; 而 $\rho_{\pi m=n}(\boldsymbol{r})$ 为位于双键 m=n 的 π 键区域的单电子密度; $\rho_{lp}(\boldsymbol{r})$ 为位于孤对电子区域 lp 的单电子密度. 这里应该强调指出, 在 ABEEM$_{\sigma\text{-}\pi}$ 模型中, $\rho_a(\boldsymbol{r})$ 或 $\rho_m(\boldsymbol{r})$ 位于核 a 或核 m 上, $\rho_{a-b}(\boldsymbol{r})$ 或 $\rho_{\sigma m=n}(\boldsymbol{r})$ 分别位于单键 a—b 区域中心或双键 $m=n$ 中的 σ 键区域中心, $\rho_{\pi m=n}(\boldsymbol{r})$ 或 $\rho_{lp}(\boldsymbol{r})$ 分别位于双键 m=n 的 π 键中心或孤对电子中心, 这些中心都是经过适当优选确定的. 在这样的密度分割下, 能量表达式可以写为

$$\begin{aligned}
E_{\mathrm{mol}} = {} & \sum_a \left(E_a^* - \mu_a^* q_a + \eta_a^* q_a^2\right) + \sum_m \left(E_m^* - \mu_m^* q_m + \eta_m^* q_m^2\right) \\
& + \sum_{a-b} \left(E_{a-b}^* - \mu_{a-b}^* q_{a-b} + \eta_{a-b}^* q_{a-b}^2\right) \\
& + \sum_{\sigma m=n} \left(E_{\sigma m=n}^* - \mu_{\sigma m=n}^* q_{\sigma m=n} + \eta_{\sigma m=n}^* q_{\sigma m=n}^2\right)
\end{aligned}$$

$$+ \sum_{\pi m=n} \left(E^*_{\pi m=n} - \mu^*_{\pi m=n} q_{\pi m=n} + \eta^*_{\pi m=n} q^2_{\pi m=n} \right)$$

$$+ \sum_{lp} \left[E^*_{lp} - \mu^*_{lp} q_{lp} + \eta^*_{lp} q^2_{lp} \right]$$

$$+ \sum_{a-b} \left(\frac{k_{a,a-b} q_a q_{a-b}}{R_{a,a-b}} + \frac{k_{b,a-b} q_b q_{a-b}}{R_{b,a-b}} \right)$$

$$+ \sum_a \sum_{lp \in a} \frac{k_{a,lp} q_a q_{lp}}{R_{a,lp}} + \sum_m \sum_{lp \in m} \frac{k_{m,lp} q_m q_{lp}}{R_{m,lp}}$$

$$+ \sum_{\sigma m=n} \left(\frac{k_{m,\sigma m=n} q_m q_{\sigma m=n}}{R_{m,\sigma m=n}} + \frac{k_{n,\sigma m=n} q_n q_{\sigma m=n}}{R_{n,\sigma m=n}} \right)$$

$$+ \sum_m \sum_{\pi m=n \in m} \frac{k_{m,\pi m=n} q_m q_{\pi m=n}}{R_{m,\pi m=n}}$$

$$+ k \left(\sum_{g-h} \sum_{a \neq g,h} \frac{q_a q_{g-h}}{R_{a,g-h}} + \sum_a \sum_{lq \notin a} \frac{q_a q_{lq}}{R_{a.lq}} + \sum_m \sum_{lq \notin m} \frac{q_m q_{lq}}{R_{m,lq}} \right.$$

$$+ \sum_{k=l} \sum_{m \neq k,l} \frac{q_m q_{k=l}}{R_{m,k=l}} + \sum_m \sum_{\pi k=l \notin m} \frac{q_m q_{\pi k=l}}{R_{m,\pi k=l}} + \sum_a \sum_{b \neq a} \frac{\frac{1}{2} N_a N_b - Z_a N_b}{R_{a,b}}$$

$$+ \sum_a \sum_m \frac{N_a N_m - Z_a N_m - Z_m N_a}{R_{a,m}} + \sum_a \sum_{\sigma m=n} \frac{q_a q_{\sigma m=n}}{R_{a,\sigma m=n}}$$

$$+ \sum_a \sum_{\pi m=n} \frac{q_a q_{\pi m=n}}{R_{a,\pi m=n}} + \sum_m \sum_{k \neq m} \frac{\frac{1}{2} N_m N_k - Z_m N_k}{R_{m,k}} + \sum_m \sum_{a-b} \frac{q_m q_{a-b}}{R_{m,a-b}}$$

$$+ \frac{1}{2} \sum_{a-b} \sum_{g-h \neq a-b} \frac{q_{a-b} q_{g-h}}{R_{a-b,g-h}} + \frac{1}{2} \sum_{\sigma m=n} \sum_{\sigma k=l \neq \sigma m=n} \frac{q_{\sigma m=n} q_{\sigma k=l}}{R_{\sigma m=n,\sigma k=l}}$$

$$+ \frac{1}{2} \sum_{\pi m=n} \sum_{\pi k=l \neq \pi m=n} \frac{q_{\pi m=n} q_{\pi k=l}}{R_{\pi m=n,\pi k=l}} + \frac{1}{2} \sum_{lp} \sum_{lq \neq lp} \frac{q_{lp} q_{lq}}{R_{lp,lq}}$$

$$+ \sum_{\sigma m=n} \sum_{a-b} \frac{q_{\sigma m=n} q_{a-b}}{R_{\sigma m=n,a-b}} + \sum_{a-b} \sum_{\pi m=n} \frac{q_{a-b} q_{\pi m=n}}{R_{a-b,\pi m=n}} + \sum_{a-b} \sum_{lp} \frac{q_{a-b} q_{lp}}{R_{a-b,lp}}$$

$$+ \sum_{\sigma m=n} \sum_{\pi m=n} \frac{q_{\sigma m=n} q_{\pi m=n}}{R_{\sigma m=n,\pi m=n}} + \sum_{\sigma m=n} \sum_{lp} \frac{q_{\sigma m=n} q_{lp}}{R_{\sigma m=n,lp}}$$

$$\left. + \sum_{\pi m=n} \sum_{lp} \frac{q_{\pi m=n} q_{lp}}{R_{\pi m=n,lp}} \right) + \frac{1}{2} \sum_c \sum_{d \neq c} \frac{Z_c Z_d}{R_{c,d}} \tag{3.45}$$

式中：μ^*_a、μ^*_m、μ^*_{a-b}、$\mu^*_{\sigma m=n}$、$\mu^*_{\pi m=n}$ 和 μ^*_{lp} 分别为单键原子 a、双键原子 m、单键 a—b、双键 m=n 的 σ 键区域、双键 m=n 的 π 键区域以及孤对电子 lp 区

域的价态化学势; η_a^*、η_m^*、η_{a-b}^*、$\eta_{\sigma m=n}^*$、$\eta_{\pi m=n}^*$ 和 η_{lp}^* 分别为分子中相应区域的价态硬度; $q_a = N_a^* - N_a = Z_a - N_a$、$q_m = N_m^* - N_m = Z_m - N_m$、$q_{a-b} = n_{a-b}^* - n_{a-b} = -n_{a-b}$、$q_{\sigma m=n} = n_{\sigma m=n}^* - n_{\sigma m=n} = -n_{\sigma m=n}$、$q_{\pi m=n} = n_{\pi m=n}^* - n_{\pi m=n} = -n_{\pi m=n}$ 和 $q_{lp} = n_{lp}^* - n_{lp} = -n_{lp}$ 分别为分子中相应区域的区域电荷, $k_{a,a-b}$、$k_{b,a-b}$、$k_{m,lp}$、$k_{n,lp}$、$k_{m,m=n}$ 和 $k_{n,m=n}$ 均为校正因子, k 和 ABEEM 模型一样是总的校正因子. 这样就可以得到单键原子的化学势 μ_a、双键原子的化学势 μ_m、单键的化学势 μ_{a-b}、双键中 σ 键区域的化学势 $\mu_{\sigma m=n}$、双键中 π 键区域的化学势 $\mu_{\pi m=n}$ 和孤对电子 lp 区域的化学势 μ_{lp}:

$$
\begin{aligned}
\mu_a =\ & \mu_a^* - 2\eta_a^* q_a - \sum_{a-b} \frac{k_{a,a-b}}{R_{a,a-b}} q_{a-b} - \sum_{lp \in a} \frac{k_{a,lp}}{R_{a,lp}} q_{lp} - k\left(\sum_{b \neq a} \frac{q_b}{R_{a,b}} + \sum_m \frac{q_m}{R_{a,m}}\right. \\
& \left. + \sum_{g-h \neq a-b} \frac{q_{g-h}}{R_{a,g-h}} + \sum_{\sigma m=n} \frac{q_{\sigma m=n}}{R_{a,\sigma m=n}} + \sum_{\pi m=n} \frac{q_{\pi m=n}}{R_{a,\pi m=n}} + \sum_{lq \notin a} \frac{q_{lq}}{R_{a,lq}}\right)
\end{aligned}
$$

$$
\begin{aligned}
\mu_m =\ & \mu_m^* - 2\eta_m^* q_m - \sum_{\sigma m=n} \frac{k_{m,\sigma m=n}}{R_{m,\sigma m=n}} q_{\sigma m=n} - \sum_{\pi m=n \in m} \frac{k_{m,\pi m=n}}{R_{m,\pi m=n}} q_{\pi m=n} \\
& - \sum_{lp \in m} \frac{k_{m,lp}}{R_{m,lp}} q_{lp} - k\left(\sum_a \frac{q_a}{R_{m,a}} + \sum_{k \neq m} \frac{q_k}{R_{m,k}} + \sum_{a-b} \frac{q_{a-b}}{R_{m,a-b}}\right. \\
& \left. + \sum_{\sigma k=l \neq \sigma m=n} \frac{q_{\sigma k=l}}{R_{m,\sigma k=l}} + \sum_{\pi k=l \neq \pi m=n} \frac{q_{\pi k=l}}{R_{m,\pi k=l}} + \sum_{lq \notin m} \frac{q_{lq}}{R_{m,lq}}\right)
\end{aligned}
$$

$$
\begin{aligned}
\mu_{a-b} =\ & \mu_{a-b}^* - 2\eta_{a-b}^* q_{a-b} - \frac{k_{a-b,a}}{R_{a-b,a}} q_a - \frac{k_{a-b,b}}{R_{a-b,b}} q_b \\
& - k\left(\sum_{g \neq a,b} \frac{q_g}{R_{a-b,g}} + \sum_m \frac{q_m}{R_{a-b,m}} + \sum_{g-h \neq a-b} \frac{q_{g-h}}{R_{a-b,g-h}}\right. \\
& \left. + \sum_{\sigma m=n} \frac{q_{\sigma m=n}}{R_{a-b,\sigma m=n}} + \sum_{\pi m=n} \frac{q_{\pi m=n}}{R_{a-b,\pi m=n}} + \sum_{lp} \frac{q_{lp}}{R_{a-b,lp}}\right)
\end{aligned}
$$

$$
\begin{aligned}
\mu_{\sigma m=n} =\ & \mu_{\sigma m=n}^* - 2\eta_{\sigma m=n}^* q_{\sigma m=n} - \frac{k_{\sigma m=n,m}}{R_{\sigma m=n,m}} q_m - \frac{k_{\sigma m=n,n}}{R_{\sigma m=n,n}} q_n \\
& - k\left(\sum_a \frac{q_a}{R_{\sigma m=n,a}} + \sum_{k \neq m,n} \frac{q_k}{R_{\sigma m=n,k}} + \sum_{a-b} \frac{q_{a-b}}{R_{\sigma m=n,a-b}}\right. \\
& \left. + \sum_{\sigma k=l \neq \sigma m=n} \frac{q_{\sigma k=l}}{R_{\sigma m=n,\sigma k=l}} + \sum_{\pi m=n} \frac{q_{\pi m=n}}{R_{\sigma m=n,\pi m=n}} + \sum_{lp} \frac{q_{lp}}{R_{\sigma m=n,lp}}\right)
\end{aligned}
$$

$$\mu_{\pi m=n} = \mu^*_{\pi m=n} - 2\eta^*_{\pi m=n}q_{\pi m=n} - \frac{k_{\pi m=n,m}}{R_{\pi m=n,m}}q_m$$

$$-k\left(\sum_a \frac{q_a}{R_{\pi m=n,a}} + \sum_{k\neq m} \frac{q_k}{R_{\pi m=n,k}} + \sum_{a-b} \frac{q_{a-b}}{R_{\pi m=n,a-b}}\right.$$

$$\left. + \sum_{\sigma m=n} \frac{q_{\sigma m=n}}{R_{\pi m=n,\sigma m=n}} + \sum_{\pi k=l\neq \pi m=n} \frac{q_{\pi k=l}}{R_{\pi m=n,\pi k=l}} + \sum_{lp} \frac{q_{lp}}{R_{\pi m=n,lp}}\right)$$

$$\mu_{lp} = \mu^*_{lp} - 2\eta^*_{lp}q_{lp} - \frac{k_{lp,a}}{R_{lp,a}}q_a - \frac{k_{lp,m}}{R_{lp,m}}q_m$$

$$-k\left(\sum_{b\notin lp} \frac{q_b}{R_{lp,b}} + \sum_{k\notin lp} \frac{q_k}{R_{lp,k}} + \sum_{a-b} \frac{q_{a-b}}{R_{lp,a-b}}\right.$$

$$\left. + \sum_{\sigma m=n} \frac{q_{\sigma m=n}}{R_{lp,\sigma m=n}} + \sum_{\pi m=n} \frac{q_{\pi m=n}}{R_{lp,\pi m=n}} + \sum_{lq\neq lp} \frac{q_{lp}}{R_{lp,lq}}\right) \tag{3.46}$$

在式 (3.46) 中, 对 a—b 的求和遍及与原子 a 直接相连的所有单键, 对 lp 的求和遍及与单键原子 a 或双键原子 m 直接相连的所有孤对电子区域, 对 b 的求和遍及除原子 a 之外的所有单键原子, 对 m 的求和遍及所有双键原子, 对 g—h 的求和遍及除 a—b 之外的全部单键, 对 $\sigma m = n$ 的求和遍及所有双键中的 σ 键区域, 对 $\pi m = n$ 的求和包括所有的 π 键区域, 对 lq 的求和遍及除 lp 之外的所有孤对电子区域. $\chi^*_a = -\mu^*_a$, $\chi^*_m = -\mu^*_m$, $\chi^*_{a-b} = -\mu^*_{a-b}$, $\chi^*_{\sigma m=n} = -\mu^*_{\sigma m=n}$, $\chi^*_{\pi m=n} = -\mu^*_{\pi m=n}$ 和 $\chi^*_{lp} = -\mu^*_{lp}$ 分别为单键原子 a、双键原子 m、单键 $a-b$、双键 $m=n$ 中的键区域、双键中的键区域和孤对电子 lp 区域的价态电负性. $C_{a,a-b} = k_{a-b,a}/R_{a-b,a}$、$D_{b,a-b} = k_{a-b,b}/R_{a-b,b}$、$C_{n,m=n} = k_{m=n,n}/R_{m=n,n}$、$D_{m,m=n} = k_{m=n,m}/R_{m=n,m}$、$C_{m,m=n} = k_{m=n,m}/R_{m=n,m}$、$C_{a,lp} = k_{lp,a}/R_{lp,a}$ 和 $C_{m,lp} = k_{lp,m}/R_{lp,m}$ 均为可调参数. 类似于 ABEEM 模型, ABEEM$_{\sigma-\pi}$ 模型下分子中所有的原子、单键、双键和孤对电子的电负性也都等于同一数值, 即分子的总体电负性 $\bar{\chi}$. 这样, 对于任意一个有 i 个单键原子、j 个双键原子、k 个单键、l 个双键中的 σ 键区域、$4l$ 个双键中的 π 键区域和 m 个孤对电子区域的分子, 就会同时有 $(i + j + k + l + 4l + m)$ 个方程. 如果式 (3.46) 中的参数已知, 这些方程, 连同分子电荷的限制条件, 就可以确定分子体系的电负性 $\bar{\chi}$ 以及每个原子、化学键和孤对电子所带的电荷.

3.1.5 ABEEM$_{\sigma-\pi}$ 模型中敏感度系数的计算方法

由 3.1.1 节, 凡是总能量对总电子数 N 求微商的均给出体系的整体性质, 如化学势 μ 和整体硬度 η; 凡是包括对外势 dv 求微商的敏感度系数均为局域性质, 如电子密度 $\rho(\boldsymbol{r})$、Fukui 函数 $f(\boldsymbol{r})$ 以及双变量响应函数 $\beta(\boldsymbol{r},\boldsymbol{r}')$ 等. 体系总能

量对总电子数 N 或外势 v 的一阶微商称为一阶效应, 二阶微商称为二阶效应. 在 ABEEM$_{\sigma\text{-}\pi}$ 模型中, 可以方便地计算出各级敏感度系数. 如上所述, 关于一阶微商的方程, 依据电负性均衡原理, 可以求出体系的电荷分布和分子电负性. 下面来看二阶效应.

按照体系整体硬度的定义式, 整体硬度还可以表示为

$$
2\eta = \left(\frac{\partial^2 E}{\partial N^2}\right)_v = -\left(\frac{\partial \chi_a}{\partial N}\right)_v = \cdots = -\left(\frac{\partial \chi_m}{\partial N}\right)_v
$$

$$
= \cdots = -\left(\frac{\partial \chi_{a-b}}{\partial N}\right)_v = \cdots = -\left(\frac{\partial \chi_{m=n}}{\partial N}\right)_v = \cdots \tag{3.47}
$$

因此, 由式 (3.46), 可以得到这样的关系式

$$
-2\eta = 2\eta_a^* \left(\frac{\mathrm{d}q_a}{\mathrm{d}N}\right)_v + C_a \sum_{a-b} \left(\frac{\mathrm{d}q_{a-b}}{\mathrm{d}N}\right)_v + D_a \sum_{lp \in a} \left(\frac{\mathrm{d}q_{lp}}{\mathrm{d}N}\right)_v
$$

$$
+ k\left[\sum_{b \neq a} \frac{\left(\frac{\mathrm{d}q_b}{\mathrm{d}N}\right)_v}{R_{a,b}} + \sum_m \frac{\left(\frac{\mathrm{d}q_m}{\mathrm{d}N}\right)_v}{R_{a,m}} + \sum_{g-h \neq a-b} \frac{\left(\frac{\mathrm{d}q_{g-h}}{\mathrm{d}N}\right)_v}{R_{a,g-h}}\right.
$$

$$
\left. + \sum_{\sigma m = n} \frac{\left(\frac{\mathrm{d}q_{\sigma m=n}}{\mathrm{d}N}\right)_v}{R_{a,\sigma m=n}} + \sum_{\pi m = n} \frac{\left(\frac{\mathrm{d}q_{\pi m=n}}{\mathrm{d}N}\right)_v}{R_{a,\pi m=n}} + \sum_{lq \notin a} \frac{\left(\frac{\mathrm{d}q_{lq}}{\mathrm{d}N}\right)_v}{R_{a,lq}}\right] \tag{3.48}
$$

根据 Fukui 函数的定义式就可得到

$$
2\eta = 2\eta_a^* f_a + C_a \sum_{a-b} f_{a-b} + D_a \sum_{lp \in a} f_{lp} + k\left(\sum_{b \neq a} \frac{f_b}{R_{a,b}} + \sum_m \frac{f_m}{R_{a,m}}\right.
$$

$$
\left. + \sum_{g-h \neq a-b} \frac{f_{g-h}}{R_{a,g-h}} + \sum_{\sigma m=n} \frac{f_{\sigma m=n}}{R_{a,\sigma m=n}} + \sum_{\pi m=n} \frac{f_{\pi m=n}}{R_{a,\pi m=n}} + \sum_{lq \notin a} \frac{f_{lq}}{R_{a,lq}}\right) \tag{3.49}
$$

同理, 我们可以得到下面各式:

$$
2\eta = 2\eta_m^* f_m + C_m \sum_{\sigma m=n} f_{\sigma m=n} + D_m\left(\sum_{lp \in m} f_{lp} + \sum_{\pi m=n} f_{\pi m=n}\right)
$$

$$
+ k\left(\sum_a \frac{f_a}{R_{m,a}} + \sum_{k \neq m} \frac{f_k}{R_{m,k}} + \sum_{a-b} \frac{f_{a-b}}{R_{m,a-b}}\right.
$$

$$
\left. + \sum_{k=l \neq \sigma m=n} \frac{f_{\sigma k=l}}{R_{m,\sigma k=l}} + \sum_{\pi k=l \neq \pi m=n} \frac{f_{\pi k=l}}{R_{m,\pi k=l}} + \sum_{lq \notin m} \frac{f_{lq}}{R_{m,lq}}\right) \tag{3.50}
$$

$$2\eta = 2\eta_{a-b}^* f_{a-b} + C_{a,a-b}f_a + D_{b,a-b}f_b$$

$$+ k\left(\sum_{g\neq a,b}\frac{f_g}{R_{a-b,g}} + \sum_m\frac{f_m}{R_{a-b,m}} + \sum_{g-h\neq a-b}\frac{f_{g-h}}{R_{a-b,g-h}}\right.$$

$$\left. + \sum_{\sigma m=n}\frac{f_{\sigma m=n}}{R_{a-b,\sigma m=n}} + \sum_{\pi m=n}\frac{f_{\pi m=n}}{R_{a-b,\pi m=n}} + \sum_{lp}\frac{f_{lp}}{R_{a-b,lp}}\right) \tag{3.51}$$

$$2\eta = 2\eta_{\sigma m=n}^* f_{\sigma m=n} + C_{n,\sigma m=n}f_n + D_{m,\sigma m=n}f_m$$

$$+ k\left(\sum_a\frac{f_a}{R_{\sigma m=n,a}} + \sum_{k\neq m,n}\frac{f_k}{R_{\sigma m=n,k}} + \sum_{a-b}\frac{f_{a-b}}{R_{\sigma m=n,a-b}}\right.$$

$$\left. + \sum_{\sigma k=l\neq\sigma m=n}\frac{f_{\sigma k=l}}{R_{\sigma m=n,\sigma k=l}} + \sum_{\pi m=n}\frac{f_{\pi m=n}}{R_{\sigma m=n,\pi m=n}} + \sum_{lp}\frac{f_{lp}}{R_{\sigma m=n,lp}}\right] \tag{3.52}$$

$$2\eta = 2\eta_{\pi m=n}^* f_{\pi m=n} + C_{m,\pi m=n}f_m$$

$$+ k\left(\sum_a\frac{f_a}{R_{\pi m=n,a}} + \sum_{k\neq m}\frac{f_k}{R_{\pi m=n,k}} + \sum_{a-b}\frac{f_{a-b}}{R_{\pi m=n,a-b}}\right.$$

$$\left. + \sum_{m=n}\frac{f_{m=n}}{R_{\pi m=n,m=n}} + \sum_{\pi k=l\neq\pi m=n}\frac{f_{\pi k=l}}{R_{\pi m=n,\pi k=l}} + \sum_{lp}\frac{f_{lp}}{R_{\pi m=n,lp}}\right) \tag{3.53}$$

$$2\eta = 2\eta_{lp}^* f_{lp} + C_{a,lp}f_a + D_{m,lp}f_m$$

$$+ k\left(\sum_{a\notin lp}\frac{f_a}{R_{lp,a}} + \sum_{m\notin lp}\frac{f_m}{R_{lp,m}} + \sum_{a-b}\frac{f_{a-b}}{R_{lp,a-b}}\right.$$

$$\left. + \sum_{\sigma m=n}\frac{f_{\sigma m=n}}{R_{lp,\sigma m=n}} + \sum_{\pi m=n}\frac{f_{\pi m=n}}{R_{lp,\pi m=n}} + \sum_{lq\neq lp}\frac{f_{lq}}{R_{lp,lq}}\right) \tag{3.54}$$

与计算分子体系电荷分布和电负性的方法类似, 如果式 (3.50)~ 式 (3.54) 中的参数已知, 这些方程连同 Fukui 函数归一化的限制条件, 解之就能得到分子体系的整体硬度及所有原子、化学键和孤对电子的 Fukui 函数. 整体软度和局域软度再分别由式 (3.7) 和式 (3.11) 得到.

Yang 的原子–键电负性均衡模型, 在已知分子几何和参数条件下, 只需求解一组线形方程组就可以得到分子体系中的电荷分布, 即各个原子、化学键和孤对电子的电荷, 同时得到分子电负性, 进而方便地得到分子总能量. 此外, 利用原子–键电负性均衡模型还可以得到体现分子体系稳定性和活性的整体硬度与整体软度、与化学反应有关的 Fukui 以及电子布居正则模式 (PNM) 等信息.

3.2 分子力学

　　理论与计算化学作为化学的一个新兴分支, 为整个化学的发展提供强有力的理论支撑和科学指导. 我们可以利用理论和计算化学来解释实验现象和结果, 从分子微观层面上更加深入地了解各种化学现象、研究化学反应, 对分子的物理和化学性质, 乃至一些宏观体系的热力学和动力学性质进行模拟和预测, 并通过数字可视化手段, 让我们能更加直观地了解微观世界.

　　计算化学的首要方法就是量子力学方法, 量子力学是以波函数的形式描写分子中电子的行为, 以其波函数表示, 区间内电子出现的概率正比于波函数绝对值的平方, 通过求解 Schrödinger 方程得到电子的波函数. 最为普遍的量子力学计算方法为从头计算 (ab initio) 法. 利用变分原理、常用的分子轨道理论方法, 将分子的单电子波函数展开为原子轨道波函数的组合, 而原子轨道的波函数又是一些特定数学函数, 即基函数 (如 Gauss 函数) 的组合. 虽然这种方法计算精确, 但工作量巨大, 大约与电子数的五次方成正比, 因而所能计算的体系受到了很大限制, 通常不超过 100 个原子. 为了提高量子力学计算的效率, 自 1960 年起, 陆续发展出一些近似的量子化学计算方法, 这些方法多利用一些实验数据作为参数来取代真正的积分项, 称之为半经验分子轨道法 (semi-empirical molecular orbital method). 半经验分子轨道法有 CNDO、INDO、MINDO、MNDO、ZINDO 和 AM1 等, 利用半经验分子轨道法可计算相对较大的分子. 但是即使利用半经验方法和最先进的计算机技术 (并行处理), 目前所能计算的量子体系实际上也不超过 1000 个电子. 科学家正致力于改进量子计算方法及增进其精确度. 密度泛函理论在近年得到了快速的发展. 在密度泛函理论中, 对于电子体系的描述, 使用电子密度 $\rho(r)$ 作为基本变量, 而不像通常理论使用电子数目 (N) 和外势场 (V) 作为基本变量. 电子密度决定着体系基态的波函数和体系的所有其他性质. 简而言之, 单电子密度 $\rho(r)$ 是决定体系一切性质的唯一自变量函数. 以密度泛函理论为基础发展起来的计算体系能量和其他性质的方法, 由于用三维的单电子密度代替了 $3N$ 维的电子波函数, 用求解比较简单的泛函方程代替了求解复杂的 Schrödinger 方程, 计算工作量只约与电子数目 N 的三次方成比例, 比通常量子化学从头计算 (ab initio) 方法所需要的时间大为减少.

　　量子力学的方法仅适用于简单的分子, 或电子数目较少的体系. 在下面几种情况下, 利用量子力学方法来处理是很困难的. 第一, 生物大分子 (蛋白质、酶、酵素、核酸、多糖类……)、聚合物 (橡胶、安全玻璃、脂肪、油类分子……) 等含有大量的原子及电子体系; 第二, 分子环境的影响. 量子力学往往计算一些气态的分子, 而大部分化学过程都发生在溶液或其他凝聚态体系中, 对溶剂和环境的计算无疑是对量子力学方法的巨大挑战. 第三, 利用从头计算方法计算准确的热力学和动力学数据是很困难的, 也只能局限于较小的体系, 然而这些结果可以帮助我们更好地指导工业生产和改进工艺. 针对庞大的体系, 科学家把目光投向了经典力学, 从 1960 年左右, 就开始着手研究分子力学方法, 以此来研究各种复杂体系, 并取得了可喜的成果.

3.2.1 分子力学概述

分子力学[31~34] (molecular mechanics, MM) 方法起源于 1970 年左右, 是依据经典力学的分子力场 (force field) 计算方法. 分子力学的建立基于两条根本近似: 第一, Born-Oppenheimer 近似. 由于组成分子体系的原子核的质量比电子大 $10^3 \sim 10^5$ 倍, 因而在分子中的电子运动速度将比原子核快得多, 对于原子核位置的任何变化, 迅速运动的电子都能立即进行调整, 建立起与变化后的核力场相应的运动状态. 从而, 一方面可以把对原子和分子运动的数学描述同对电子结构及其运动的描述分离开来; 另一方面, 在分子内, 源于分子电子结构变化的物理相互作用 (如核与电子、电子与电子相互作用) 都可以用依靠于组成分子的原子坐标的函数来描述. 第二, 体系中原子和分子的运动服从经典力学. 也就是说, 粒子的任何能级光谱都是连续的, 而不是分立的; 假定原子和分子的运动足够快, 从而可以忽略任何量子影响. 科学家认为体系的运动服从牛顿运动定律, 而不是 Schrödinger 方程. 依据 Born-Oppenheimer 近似, 计算中忽略电子的运动, 将系统的能量视为原子核位置的函数, 这就是分子力场或势能函数, 对应于量子力学中的势能面. 分子力场中有许多参数, 这些参数可由拟合量子力学结果或实验结果得到. 利用分子力学方法可以计算庞大和复杂分子的稳定构象、热力学、动力学性质及振动光谱等. 与量子力学相比较, 分子力学方法要简单得多, 而且往往能够快速得到分子的各种性质. 在某些情形下, 由分子力学方法所得的结果几乎与高水平量子力学方法所得的结果一致, 但其所需要的计算时间却远远小于量子力学的计算时间. 目前分子力学方法常被用于药物、团簇体系和生物大分子等体系的研究.

最早对庞大体系采用的非量子力学计算方法是 Monte Carlo 计算法, 简称 MC 计算法. 1953 年, Metropolis 和他的合作者报道了世界上第一例 Monte Carlo 模拟. Monte Carlo 计算法是由系统中质点 (原子和分子) 的随机运动, 结合统计力学的概率分配原理, 得到体系的统计及热力学资料. MC 计算法至今仍经常被应用于研究复杂体系的结构及其相变等性质. 其缺点在于只能得到统计的平均值, 无法计算系统的动态信息, 而且它所依据的随机运动并不符合物理学的运动原理, 与其他的非量子计算方法比较并非经济快速. 但是, 该方法能够相对高效地寻找体系的低能构型.

分子动力学模拟 (molecular dynamics simulation) 方法, 简称 MD 计算法, 是目前应用更广泛的计算庞大复杂体系的方法. 1957 年, Alder 和 Wainwright 报道了世界上第一例分子动力学模拟; 1964 年, Rahman 采用 Lennard-Jones 函数对于液体氩进行了分子动力学模拟; 1971 年, Stillinger 和 Rahman 模拟了液态水的分子动力学过程; 1977 年, McCammon 等报道了第一例蛋白质分子动力学模拟; 1983 年, Levitt 完成了第一例核酸的分子动力学模拟. 自 1970 年起, 由于分子力学的迅速发展, 科学家又系统地建立了许多适用于生化分子体系、聚合物、金属和非金属材料的力场, 使得计算复杂体系的结构、热力学和光谱性质的能力及准确性大为提升. 分子动力学模拟是应用这些力场及 Newton 运动力学原理发展起来的计算方法, 其优点在于系统中粒子的运动有正确的物理依据, 精确性高, 可同时获得系统的动力学和热力学统计资料, 并可广泛地适用于各种系统及各类特性的探讨.

　　另有一种与分子动力学模拟类似的计算方法是 Brownian 动力学模拟. Brown 动力学模拟适用于大分子的溶液体系, 计算中将大分子的运动分为依力场作用的运动和来自溶剂分子的随机力作用的运动. 利用求解 Brown 运动方程式可得到大分子体系的运动轨迹及一些统计和热力学的性质. Brown 动力学模拟通常用于计算生化分子 (多肽、蛋白质和 DNA 等) 的水溶液. 此方法的优点在于能够在较长时间范围内 (约纳秒, ns) 计算大分子体系的运动; 其缺点是: 将溶剂分子的运动视为 Brown 运动粒子, 该假设缺乏合理性.

3.2.2　分子力场作用项的一般形式

　　基于分子力学的基本近似, 只要某一势能函数能够很好地描述体系内的各种相互作用, 体系内的原子和分子的运动也可以用源于该势能函数的经典力来描述. 那么该势能函数以及相关的参数就称为力场. 力场方法发展经历了近七八十年的历程, 1930 年, Andrews 提出分子力学的基本思想; 1961 年, Hendrickson 完成了对大于六元环分子的构象分析; 1965 年, Wiberg 首次出版了能够搜寻分子能量最低点的通用力场程序; 1976 年, Allinger 发表了 MM1 力场; 1981 年, Kollman 发表了第一个 AMBER 力场; 1983 年, Karplus 发布了分子力学与分子动力学模拟程序 CHARMM. 分子力场不断被完善, 根据要研究的体系和性质的差异, 而更加具有针对性. 经典分子力学模拟的结果的优劣, 取决于所采用的分子力场的质量, 所以发展更好的力场是分子力学模拟的关键.

　　事实上, 每个分子都有其固定的力场, 在实际应用时, 将力场分解成不同的组分, 用理论计算和实验结果拟合的方法建立力场参数, 并且要求这套力场参数具有较强的通用性, 可以对一类分子进行计算. 力场是在光谱分析时为分析和预测振动光谱发展起来的, 早期的分子力场是对振动力场的改进, 侧重于计算分子的结构和能量, 但不能预测分子的振动光谱. 主要理论基础为: 一个由 n 个原子组成的分子, 坐标为 $X\,(x_1,\,x_2,\,\cdots,\,x_n)$, 当分子的平衡构型变为其他构型时, 势函数对其平衡坐标的 Taylor 展开为

$$V = V_0 + \sum_{i=1}^{3n} \left(\frac{\partial V}{\partial x_i} \right) \Delta x_i + \frac{1}{2} \sum_{i,j=1}^{3n} \left(\frac{\partial^2 V}{\partial x_i \partial x_j} \right) \Delta x_i \Delta x_j$$

$$+ \frac{1}{6} \sum_{i,j,k=1}^{3n} \left(\frac{\partial^3 V}{\partial x_i \partial x_j \partial x_k} \right) \Delta x_i \Delta x_j \Delta x_k + \cdots \qquad (3.55)$$

展开式中的第一项 V_0 是分子在平衡时的势能, 可设置为 0; 第二项在 V 取极小值时也为 0; 当分子构型变化不大时, 二次项以上的各项也可忽略不计, 这时势函数主要取决于二次项, 即第三项:

$$V = \frac{1}{2} \sum_{i,j=1}^{3n} f_{ij} \Delta x_i \Delta x_j \qquad (3.56)$$

其中

$$f_{ij} = \frac{\partial^2 V}{\partial x_i \partial x_j} \qquad (3.57)$$

式中: f_{ij} 为力场参数, 即力常数. 用 $f_{ij}(i, j = 1, 2, 3, \cdots, 3n)$ 可组成一个矩阵, 如果忽略非对角项, 则满足 Hooker 定律, 称分子体系为非耦合体系. 如果分子的构型变化较大, 必须考虑式 (3.57) 中的高阶项, 此时分子体系处于非谐振态. 1968 年, Lifson 和 Warshel 发展了自洽力场 (consistent force field, CFF), 目的是为了既能模拟分子的结构, 又能模拟分子的振动光谱, 他们用最小二乘法拟合理论计算和实验结果来获取力场参数, 为力场的参数化奠定了基础.

为简单地描述由原子组成的分子体系的非谐振动, 通常根据分子的各种结构单元, 势函数分解成以下各项: 键的伸缩能 E_{str}、键角弯曲能 E_{bend}、二面角扭转能 E_{tors}、van der Waals 作用能 E_{vdW}、静电作用能 E_{elec} 和以上各项的耦合相互作用 E_{corss} 等, 即总能量 E_{MM} 可表示为

$$E_{MM} = E_{str} + E_{bend} + E_{tors} + E_{vdW} + E_{elec} + E_{cross} \qquad (3.58)$$

对于更精确的力场势函数, 在计算光谱等性质时, 常常加入耦合相互作用项 E_{cross}, 其可以包括键长伸缩–键角弯曲交叉项、二面角扭转–键长伸缩交叉项等, 同时也可加入氢键函数项等其他修正项. 图 3-2 形象地体现了各种结构单元对应的能量项.

下面将对上述各势能项分别讨论.

1. 键长的伸缩振动

分子中最强烈相互作用的原子间形成化学键. 通常情况下, 化学键的长度在其平衡位置附近呈小幅度的振动, 描述此种作用的势能项被称为键伸缩振动势能项.

键伸缩势能函数的最简单的表示就是在平衡位置处进行 Taylor 展开, 其截止到二级展开项的表达式为

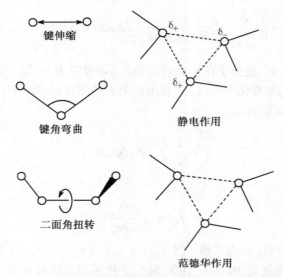

图 3-2　分子力场中四种主要的势能贡献项及对应的结构单元示意图

$$E_{\mathrm{str}}(R^{\mathrm{AB}} - R_0^{\mathrm{AB}}) = E(0) + \frac{\mathrm{d}E}{\mathrm{d}R}(R^{\mathrm{AB}} - R_0^{\mathrm{AB}}) + \frac{1}{2}\frac{\mathrm{d}^2 E}{\mathrm{d}R^2}(R^{\mathrm{AB}} - R_0^{\mathrm{AB}})^2 \qquad (3.59)$$

式中: R_0^{AB} 为 A—B 键的平衡几何键长. 由于力场方法通常得到的是相对势能, 所以 $E(0)$ 可以作为常数, 而从势能函数中去掉. 由于在平衡位置展开, 在求一阶微商时式 (3.59) 中第二项也为零, 因而化学键 A—B 的伸缩振动能可以用谐振势能函数表示:

$$E_{\mathrm{str}}(R^{\mathrm{AB}} - R_0^{\mathrm{AB}}) = k^{\mathrm{AB}}(R^{\mathrm{AB}} - R_0^{\mathrm{AB}})^2 = k^{\mathrm{AB}}(\Delta R^{\mathrm{AB}})^2 \qquad (3.60)$$

式中: k^{AB} 为键 A—B 的力常数.

　　如果化学体系的张力很大, 用谐振势能函数不足以模拟键的伸缩振动, 用谐振函数计算得到的结果与实验值也有较大的偏差. 这就需要对谐振函数进行改进, 最直接的方法就是加入高阶非谐振动项以校正其误差:

$$E_{\mathrm{str}}(\Delta R^{\mathrm{AB}}) = k_2^{\mathrm{AB}}(\Delta R^{\mathrm{AB}})^2 + k_3^{\mathrm{AB}}(\Delta R^{\mathrm{AB}})^3 + k_4^{\mathrm{AB}}(\Delta R^{\mathrm{AB}})^4 + \cdots \qquad (3.61)$$

　　加入高阶项虽然在一定程度上更好地描述了键的伸缩振动, 但同时也增加了需要拟合的参数; 而且键长伸缩振动势能函数的高阶展开不能带来正确的极限行为, 立方非谐振常数 k_3 通常是负值, 如果 Taylor 展开在立方项截断则键长较大时能量值趋向于负数, 而四次项常数 k_4 通常为正值, 如果在四次项截断则键长较大时能

量趋向正数. 利用这样的函数求势能的极小值, 如果初始结构不好就得不到正确的最优几何构型. 化学键伸缩趋近无限大的正确极限是化学键的断裂, 也就是能量趋近于离解能. 能够比较正确地描述这一极限行为的函数有 Morse 势能函数:

$$E_{\text{Morse}}(R^{\text{AB}}) = D[e^{-2\alpha(R^{\text{AB}} - R_0^{\text{AB}})} - 2e^{-\alpha(R^{\text{AB}} - R_0^{\text{AB}})}] \tag{3.62}$$

式中: D 为离解能; α 为和力常数 k 相关的参数, $\alpha = \sqrt{k/2D}$. 虽然在分子力场中 Morse 势能函数并不经常使用, 因为它需要三个参数来描写一个化学键, 但是 Morse 势能函数能够非常好地描述从平衡位置到离解状态较大范围内化学键的行为. 图 3-3 描述了各种势能函数在平衡键长附近的势能曲线. 所以从总体来说, Morse 势能函数在较大的键长变化范围内都能很好地描述键的伸缩势能变化.

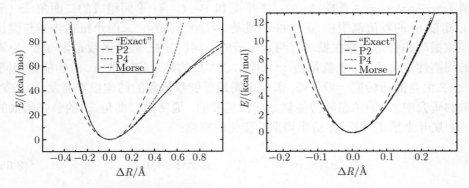

图 3-3　键伸缩势能曲线利用 Morse、四次项展开矫正、谐振模型计算结果同实验相比较的示意图

键伸缩势能函数中的平衡键长参数一般用高分辨率 X 射线结晶学方法测定, 精度可达 0.0001nm, 也可由电子衍射和微波光谱测定. 力常数可由振动光谱得到. 优化力场参数时, 一般选择一定数量的模型化合物, 根据原子和键所处的化学环境来进一步修正, 使得力场参数不但能重现分子的结构和能量, 而且能够较好地模拟分子的振动光谱, 然后再计算其他没有作为模型化合物的分子性质来验证这套参数的可靠性, 具体的力场参数化过程见 3.2.3 节.

2. 键角的弯曲振动

与键长伸缩振动类似, Hooker 定律或是简谐振动也可以用来描述键角的弯曲振动 (angle bending), 即

$$E_{\text{bend}} = k_{\text{bend}}(\theta - \theta_0)^2 \tag{3.63}$$

式中: k_{bend} 为力常数; θ 为键角; θ_0 为平衡键角. 每一个角度对势能的贡献也是利用常数和参考值来描述的. 如果从平衡位置弯曲一个角度需要较小的能量, 则力常

数相对来说也较小. 张力比较大的有机化合物与无张力的有机化合物之间, 键角的差值最大为 15°, 在这种情况下, 非谐振动现象不明显. 当键角过分小时, 如含有三元环和四元环的化合物, 非谐振现象就很明显, 这时谐振模型就要做相应的修正. 与键伸缩振动类似, 加入高阶项是常用的修正方法:

$$E_{\text{bend}} = k_{\text{bend}}(\theta - \theta_0)^2 [1 - k'_{\text{bend}}(\theta - \theta_0) - k''_{\text{bend}}(\theta - \theta_0)^2 - k'''_{\text{bend}}(\theta - \theta_0)^3 - \cdots] \quad (3.64)$$

3. 二面角扭转相互作用

键的伸缩和键角的弯曲通常被称为 "硬自由度", 如果要是它们偏离平衡位置很远则往往需要非常大的能量. 通常, 分子中结构和能量的变化是由二面角扭转和非键势能项共同作用的结果. 分子中连续存在键相连的四个原子 A—B—C—D, 二面角 (torsional angle) 是指 A—B—C 平面和 B—C—D 平面组成的二面角 ϖ (图3-4), 角度 ω 的取值范围在 $[0°, 360°]$ 或是 $[-180°, 180°]$. 二面角扭转势能与键长的伸缩振动和键角的弯曲振动有两点显著的不同: 首先, 能量函数是以 360° 为周期的周期性变化函数, 也就是当 ϖ 旋转 360° 后的能量和旋转 0° 时的能量相同; 其次, 二面角的扭转能一般很低, 因而偏离最低能量构象的结构很容易发生. 在对构象的研究中, 二面角扭转势能就是非常重要的. 通常用二面角 ϖ 的余弦函数的 Taylor 展开来描述其能量, 给出周期性变化的描述:

$$v(\varpi) = \sum_{n=0}^{N} \frac{V_n}{2} [1 + \cos(n\varpi - \gamma)] \quad (3.65)$$

式中: V_n 通常指势能垒的高度, 但是不确切, 因为在展开中其他项和非键项也对绕中心键 2-3 旋转起重要作用; n 为多重度, 它的值表示在区间 $[0°, 360°]$ 内该势能函数给出的极小点个数; γ 为相位因子. 当 $n=1$ 时旋转周期是 360°, 当 $n=2$ 时旋转周期是 180°, 极小点在 0° 和 180°; 当 $n=3$ 时周期是 120°, 极小点在 60°、$-60°$ 和 180°, 极大值在 120°, 其他类推.

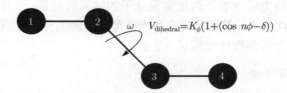

图 3-4　二面角扭转势能的示意图

4. 非共面弯曲振动

在实际分子中, 键角的弯曲振动除了平面内振动外, 还包括平面外振动. 在力场的应用中发现, 一些体系通过一般的势能函数不能正确得到分子结构. 例如, 甲基酮等羰基化合物分子, 只用键伸缩和键角弯曲势能项得不到实际的平面结构, 尽管平面结构使键角弯曲项能量升高, 但是其 π 键离域能更低而使之最终处于相对能量更低的平面结构. 在这种情况下, 就需要在力场中加入非共面弯曲势能项 (或非正常二面角扭转势能项) 来保证其得到合理的平面结构. 如图 3-5 所示, 在环丁酮分子中定义非正常二面角扭转势能函数项, ϖ 表示原子 1 与 5-3-2 平面所成角, 用以上方程形式, 以保持其二面角在 0° 或者 180°.

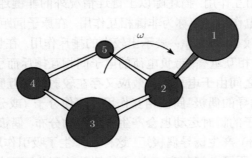

图 3-5 非共面势能项对环丁酮结构的影响

在一些力场中, 还加入了键长伸缩振动–键角弯曲振动的交叉项. 目前主要的方法有三种.

第一种是, 利用非正常二面角扭转势能项:

$$v\left(\varpi\right) = k\left(1 - \cos 2\varpi\right) \tag{3.66}$$

第二和第三种模型分别表示为方程 (3.67) 和 (3.68), 如图 3-6 所示.

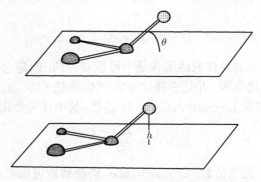

图 3-6 两种方法模拟非共面势能项

$$v\left(\theta\right) = \frac{k}{2}\theta^2 \tag{3.67}$$

$$v\left(h\right) = \frac{k}{2}h^2 \tag{3.68}$$

这种模型定义更容易理解, 首先定义一个平面, 如图 3-6 所示, 该平面由中心原子和其他两个原子确定, 第四个原子与该平面所成的角为 θ, 如果四个原子在一个平面内则 θ 角为 $0°$. 第三种模型中的 h 表示第四原子与上述平面的距离. 通过以上的校正可以保证力场得到合理的分子结构和能量.

5. van der Waals 相互作用

van der Waals 相互作用, 描述除以上键连情况外的非键连的两个原子间的排斥和吸引作用, 与静电作用一起称为非键相互作用. 在原子间距离较大时, E_{vdW} 为零; 而在原子间距离较小时, E_{vdW} 表示出较大的排斥作用. 在量子力学中, 这是由于两个原子的电子云相互重叠, 带负电荷的电子间相互排斥而引起的. 在一定的距离时, 这两个电子云之间由于电子相关效应又存在较弱的相互吸引作用, 这种吸引作用也可以解释为诱导的偶极–偶极相互作用. 即使分子 (或分子的某一部分) 不存在永久偶极矩, 电子的瞬时运动也会产生不均匀的分布, 偶极矩将会在邻近分子 (或者分子的不同部分) 产生诱导偶极矩, 这样就产生了吸引作用. 从理论上说, 这种吸引作用随着两个原子之间距离 6 次方的倒数的变化而变化. 事实上, 诱导偶极–偶极相互作用仅仅是从诱导的四极–偶极、四极–四极等相互作用的贡献中获得的, 并且随着 r^{-8}, r^{-10} 等的变化而变化. r^{-6} 仅仅是在较远距离时的渐近行为, 因而这种相互作用力也可称为 "色散力" 或 "London" 力. van der Waals 相互作用是稀有气体之间的主要相互作用 (这就是为什么氩可以成为液体和固体的原因), 并且它也是非极化分子如烷烃之间的主要相互作用.

在较小的距离时, E_{vdW} 表现为较大的正值, 当两个原子恰好相互 "接触" 时表现出较小的负值, 当距离再增大时, E_{vdW} 趋近于零, 满足这种关系的一般公式形式为

$$E_{\mathrm{vdW}}(r^{\mathrm{AB}}) = E_{\mathrm{repulsive}}(r^{\mathrm{AB}}) - \frac{C^{\mathrm{AB}}}{(r^{\mathrm{AB}})^6} \tag{3.69}$$

从理论上说, 排斥作用的具体表达形式是不可能获得的, 但是它仅要求当 r 趋向于无限大时, 排斥作用趋于零, 并且它要比 r^{-6} 更快地趋于零. 能够满足上面要求的比较通用的势能形式是 Lennard-Jones (LJ) 函数, 其中排斥作用项用 r^{-12} 表示:

$$E_{\mathrm{LJ}}(r) = \frac{C_1}{r^{12}} - \frac{C_2}{r^6} \tag{3.70}$$

式中: C_1 和 C_2 均为优选常数. Lennard-Jones 势函数也可以表示为

$$E_{\mathrm{LJ}}(r) = 4\varepsilon \left[\left(\frac{\sigma}{r} \right)^{12} - \left(\frac{\sigma}{r} \right)^6 \right] \tag{3.71}$$

Lennard-Jones12−6 势能函数中有两个可调参数: 碰撞直径 σ(在这个距离时相互作用能为零) 和势阱深度 ε. 图 3-7 给出了这些参数的图形表示. Lennard-Jones 能量

表达也可以用 r_m 表示, 在这个距离时, 势能函数有一个极小值, 并且能量对原子核间距离的一阶微分等于零 (也就是: $\partial E_{LJ}/\partial r = 0$). 因而可以很容易地得到表达式: $r_m = \sqrt[6]{2}\sigma$. Lennard-Jones 势能函数也可以表示为

$$E_{LJ}(r) = \varepsilon \left[\left(\frac{r_m}{r} \right)^{12} - 2 \left(\frac{r_m}{r} \right)^{6} \right] \tag{3.72}$$

Lennard-Jones 势能函数的特点是有一个相互吸引部分, 它随着 r^{-6} 的变化而变化, 而相互排斥部分随着 r^{-12} 的变化而变化, 这两个部分如图 3-8 所示. 吸引相互作用部分 r^{-6} 类似于 Drude 模型中色散能的理论处理. 虽然排斥部分 r^{-12} 没有理论上的讨论, 尤其是量子力学中没有建议这样的指数项, 但是对于稀有气体指数 12 给出非常合理的计算 (对于碳氢体系指数 12 给出的势能函数太陡). 目前 $12-6$ 势能函数被广泛使用, 尤其是在计算大分子体系时, 原因之一就是从 r^{-6} 可以很容易地得到 r^{-12}. 在计算排斥相互作用时, 也可以用到不同的指数表达形式, 比如在一些力场中, 指数 9 或者 10 就可以给出不太陡的势能函数. 因而 van der Waals 相互作用的一般形式可以写为

$$v(r) = \varepsilon \left[\frac{m}{n-m} \left(\frac{r_m}{r} \right)^{n} - \frac{n}{n-m} \left(\frac{r_m}{r} \right)^{m} \right] \tag{3.73}$$

当 $n=12$, $m=6$ 时就是 Lennard-Jones 势能函数.

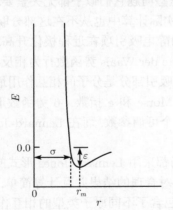

图 3-7 Lennard-Jones 势能函数

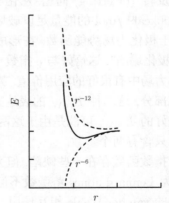

图 3-8 由排斥 (r^{-12}) 和吸引 (r^{-6}) 部分
组成的 Lennard-Jones 势能函数

从电子结构的理论上讲, 排斥作用是由于电子波函数的重叠, 而且随着逐渐远离原子核, 电子密度呈指数形式降低 (氢原子的确切波函数就是 e 指数形式), 这似乎也给出了一些关于排斥部分选择 e 指数形式的证明. "e 指数 $-r^{-6}$" 的 E_{vdW} 相

互作用形式, 也称为 "Buckingham" 或 "Hill" 形式的 van der Waals 函数:

$$E_{\text{vdW}}(r) = Ae^{-Br} - \frac{C}{r^6} \tag{3.74}$$

式中: A、B 和 C 为可调参数, 有时 van der Waals 作用能也被表达成更复杂的形式:

$$E_{\text{vdW}}(r) = \varepsilon \left[\frac{6}{\alpha - 6} e^{\alpha\left(1 - \frac{r}{r_0}\right)} - \frac{\alpha}{\alpha - 6} \left(\frac{r_0}{r}\right)^6 \right] \tag{3.75}$$

式中: r_0 和 ε 的物理意义和前面相同; α 为自由选择的参数. 如果选择 $\alpha=12$, 则描述长程相互作用时就等同于 Lennard-Jones 势函数; 如果 $\alpha=13.772$ 就给出平衡位置时 Lennard-Jones 势能函数的平衡力常数, α 参数也可以利用拟合为常数. 式 (3.74) 给出的 e 指数 -6 形式的势函数在处理较近原子之间的相互作用会产生一些问题. 比如, 在什么距离该势函数会发生 "翻转"(turn over). 当 r 趋近零时, 指数部分趋近于常数 A, 而 r^{-6} 项趋近于 $-\infty$, 因而当优化几何结构时, 两个原子距离很近就会导致原子核的聚变 (fusion).

E_{vdW} 的第三种表达方法是用 Morse 势能函数表示, 在长程相互作用时, Morse 势能函数不包含 r^{-6} 项, 但是正如前面所讲, 它实际上包含了 r^{-8} 和 r^{-10} 项. 描述 E_{vdW} 的 Morse 势函数中 D 和 α 远比 E_{str} 中的小, 而且 r_0 要更长一些.

三种描述 E_{vdW} 的方程主要区别是在近程相互作用的排斥部分. 对于传统力场, Lennard-Jones 和 e 指数 -6 势函数都过高地估计了近程排斥作用, 而且还存在近程 "反转"(inverting) 问题, 从化学角度考虑这些问题它们似乎都无关紧要, 因为超过 100kcal[①]/mol 的能量足以破坏化学键, 在实际计算中也从不在这部分取样. 目前, 对于极化力场势能函数, 在形成氢键原子间静电吸引项在近程极化升高, 甚至导致 "极化塌陷", 这恰好与 e 指数 -6 形式的 van der Waals 势函数行为相反, 因而在极化力场中有很好的应用价值. 势函数的相互吸引部分是分子间相互作用最基本的组成部分, 这三种 E_{vdW} 的表达式基本一致. Morse 和 e 指数 -6 势函数形式都给出较好的 E_{vdW}, 可能是由于这两种方法有三个可调参数, 而在 Lennard-Jones 势函数中只含有两个参数.

尽管指数函数存在一些缺陷, 但大多数的力场都采用 Lennard-Jones 形式的势函数, 因为 Lennard-Jones 势函数不但可以给出相对合理的结果并且计算简单. 多原子体系的 van der Waals 相互作用, 不可避免地包含了不同原子类型的相互作用. 比如, 利用两点模型计算两个 CO 分子之间的 Lennard-Jones 势能, van der Waals 参数不仅包含了 C—C 和 O—O 之间的作用, 同时也需要包含 C—O 之间的相互作用. 如果一个体系中有 N 个不同类型的原子则需要 $N(N-1)/2$ 组参数来计算不同原子的相互作用. van der Waals 参数的确定是一个很困难也很耗时的过程, 通常假

---

① 1 cal= 4.1868J, 下同.

定不同类型原子间的参数是由相同类型原子间的参数拟合而得. Lorentz-Berthelot 拟合原则给出 A—B 间相互作用的碰撞直径 σ_{AB} 等于 A—A 和 B—B 间碰撞直径的算术平均, 而势阱深度等于几何平均:

$$\sigma_{AB} = \frac{1}{2}(\sigma_{AA} + \sigma_{BB}) \tag{3.76}$$

$$\varepsilon_{AB} = \sqrt{\varepsilon_{AA}\varepsilon_{BB}} \tag{3.77}$$

当用最小能量距离 (r_m) 表示时,

$$r_{AB}^m = r_{AA}^m + r_{BB}^m \tag{3.78}$$

Lorentz-Berthelot 的拟合原则应用于相似的分子时给出非常好的计算结果. 它的主要不足是利用几何平均过高地估计了势阱深度. 在一些力场中也可以利用几何平均来代替算术平均计算碰撞直径, 或是利用算术平均代替几何平均计算势阱深度.

如果分子中两个原子相距三个化学键 (A—B—C—D 中 A 原子和 D 原子, 也称为 1, 4 原子), 它们的 van der Waals 和静电相互作用不同于其他的非键相互作用, 要进行特殊的处理. 这些原子的相互作用对于中心键的旋转势垒以及扭转势能都能有很大的贡献. 1, 4 非键相互作用通常需要乘以经验校正因子. 比如, 1984 年的 AMBER 力场中建议的 van der Waals 和静电相互作用的校正因子为 2.0(1995 年的 AMBER 力场中静电部分的校正因子为 1/1.2). 对于 1, 4 非键原子的校正原因主要是: van der Waals 相互作用中排斥部分采用 r^{-12} 的指数形式 (相对于 e 指数形式, 它过于陡峭) 对 1, 4 原子有显著的影响. 另外, 当两个 1, 4 原子距离很近时, 电荷通过相连的键发生了重新分布, 这将部分地降低相互作用能, 因为如果具有相同距离的两个原子处于不同的分子中, 电荷是不可能发生这样的重新分布的.

E_{vdW} 是表示围绕原子核的电子云之间的相互作用, 因而在上面的计算中假设原子是球形的. 这种假设不满足两种情况: 首先是当相互作用的原子中有氢原子, 氢原子是单电子原子, 该电子总是与邻近原子有一定的键连, 所以氢原子核周围的电子分布不是球形的, 而是偏向邻近的原子. 解决这种各向异性的一个方法就是在计算 E_{vdW} 时, 把位置移向键的方向. 在 MM2 和 MM3 方法中采用的协调因子为 0.92, 也就是代入 E_{vdW} 的距离是 0.92 倍的 X—H 键距离. 氢原子周围的电子密度主要取决于 X 原子的性质, 与电负性大的原子 (如氧原子和氮原子) 相连的氢原子的 van der Waals 半径较小, 而与电负性小的原子 (如碳原子) 相连的氢原子的 van der Waals 半径较大. 大部分力场中都包含了许多不同类型的氢原子, 如与碳相连的氢、与氧相连的氢等. 其次是含有孤对电子的原子, 如氧原子和氮原子. 孤对电子要比键上的电子弥散大, 表现为原子在孤对电子方向要 "大" 一些. 一些力场在孤对电子的方向放上虚原子来模拟其行为, 类似于其他原子, 孤对电子有自己的 van der Waals 参数, 只是这些参数值要远远小于氢原子, 这样就可以使氧原子或氮原子在孤对电子方向略有 "膨胀".

氢键的相互作用应该给予特殊的考虑, 氢键是由氢原子与电负性较大的原子如氧原子、氮原子或是氧原子、氮原子的孤对电子形成的. 一般氢键的键能为 5~6 kcal/mol, 而单键的能量一般为 60~110 kcal/mol, van der Waals 相互作用能为 0.1~0.2 kcal/mol. 氢键的能量主要来自带正电荷的氢原子与带负电荷的其他原子或孤对电子之间的静电吸引. 这种特殊的稳定作用可以通过较大的势阱深度和较小的 van der Waals 半径来模拟, 而且氢键的 van der Waals 作用公式也略有所不同, 通常使用改进的 Lennard-Jones 公式:

$$E_{\mathrm{H-bond}}(r) = \varepsilon \left[5 \left(\frac{r_0}{r} \right)^{12} - 6 \left(\frac{r_0}{r} \right)^{10} \right] \tag{3.79}$$

在一些力场中, 还在和氢键距离有关的相关项中加入角度部分: $(1 - \cos \theta^{\mathrm{XHY}})$ 或是 $(1 - \cos \theta^{\mathrm{XHY}})^4$, 来计算氢键的 van der Waals 相互作用. 目前对氢键的处理, 倾向于不特殊考虑其 van der Waals 参数或公式形式, 而仅从静电相互作用方面来解释.

van der Waals 相互作用的参数可以通过多种途径获得. 在早期的力场中, 一般是通过分析晶体堆积获得参数, 这样的 van der Waals 参数可以得到非常好的实验几何结构以及热动力学性质如升华能. 近期的力场是通过模拟液态体系获得 van der Waals 参数, 通过优化这些参数可以计算更广泛的液态体系的各种动力学和热力学性质.

6. 静电相互作用

非键相互作用的另一部分就是静电相互作用. 静电作用是由于分子内部电荷的极化, 产生的带有正电荷和负电荷部分的相互作用. 计算静电相互作用的一种方法是将电荷分配在原子上, 另一种方法是将键上分配一定的偶极矩. 虽然这两种方法给出相似的结果, 但并不完全相同, 只有在计算分子间长程相互作用时这两种方法才给出相同的结果.

点电荷的相互作用可以用 Coulomb 势能函数表示:

$$E_{\mathrm{elec}}(r_{\mathrm{AB}}) = \frac{q_{\mathrm{A}} q_{\mathrm{B}}}{\varepsilon r_{\mathrm{AB}}} \tag{3.80}$$

式中: ε 为介电常数; q_{A}, q_{B} 均为原子电荷. 由于氢键主要为缺少电子的氢原子和电负性较大的原子 (如氧原子和氮原子) 之间的静电吸引作用, 合理的选择部分电荷则可以比较准确地模拟这种相互作用. 有效的介电常数 ε 可以模拟周围分子 (溶液) 的极化作用, ε 值为 1 对应的是真空介质, 较大的 ε 值削弱了电荷–电荷之间的长程相互作用. 尽管没有理论上的证明, 通常 ε 值取为 1~4. 在一些力场中, 介电常数是依赖于距离变化的 $\varepsilon = \varepsilon_0 r_{AB}$, Coulomb 相互作用则表示为: $Q_A Q_B / \varepsilon_0 (r_{AB})^2$.

类似于 van der Waals 相互作用, 传统的静电相互作用仅包括两体作用. 然而对于极化体系, 三体相互作用则非常重要, 大概占两体作用的 10%~20%. 三体相互作用是由于第三个原子的极化作用导致的两个相互作用的原子电荷的改变, "多体" 效应可以用原子的极化来模拟. 由于极化作用大大地增加了计算机时, 因而其应用受到很大限制. 对于极化体系, 忽略极化作用可能是现代分子力学中一个主要的缺陷, 但是一些力场在选取电荷参数时考虑了平均极化作用, 使得原子的点电荷要略大于孤立分子时原子上的电荷.

电负性大的元素比电负性小的元素更容易吸引电子, 在分子中产生不均衡的电荷分布. 这种电荷分布可以用多种方式来表达, 一种普遍的方法就是在整个分子内进行部分电荷重排, 这些电荷可用来描述分子的静电相互作用. 如果电荷被限制在原子核周围, 通常称之为部分电荷模型或净电荷模型. 在两个分子 (或是同一分子的不同部分) 之间的电荷相互作用可用 Coulomb 定律来描述:

$$\nu = \sum_{i=1}^{N_A} \sum_{j=1}^{N_B} \frac{q_i q_j}{4\pi\varepsilon_0 r_{ij}} \tag{3.81}$$

式中: N_A 和 N_B 为两个分子中点电荷的个数. 如果点电荷只分布在原子上, 那么原子点电荷参数可以通过四种方法来获取: 第一种, 通过半经验方法, 如利用电负性均衡方法[20,23,35~38]; 第二种, 通过拟合量子化学计算分子波函数布居分析方法, 如 Mulliken 布居分析[39]、AIM(atoms in molecules) 方法[40]、Löwdin 方法[41] 和自然轨道布居分析方法 (natural population analysis, NPA)[42] 等; 第三种, 拟合从头算分子静电势电荷方法; 第四种, 拟合实验偶极矩方法. 目前在力场中常用的是拟合静电势电荷方法, 该方法可以得到比较合理的静电势能. 当然, 在实际中常常考虑多种因素来拟合点电荷参数, 如静电势电荷、分子偶极矩、分子团簇的结合能和分子的热力学数据等.

另一种计算庞大体系的分子间静电相互作用的方法是中心多极展开法 (central multiple expansion). 这种方法是将整个分子视为一个整体, 利用分子的电次极计算静电相互作用. 分子的各电次极分别为: 零次极为分子所带的电荷、二次极为分子的偶极 (dipole)、四次极为分子的四极 (quadrupole)、八次极为分子的八极 (octopole) 等. 通常最重要的是分子最低不为零的次极. 非中性的离子或分子, 如 Na^+、Cl^-、NH_4^+、$CH_3CO_2^-$ 等均带有电荷. 中性的分子如 H_2O、NH_3、CH_3Cl 等最低的电次极为偶极. 如 CO_2、N_2 等分子最低的电次极为四极. CH_4 和 CCl_4 等分子最低的电次极为八极. 各种电次极可以用适当的电荷排列表示, 如偶极可表示为两个带相反电量的电荷排在适当的距离. 下面简单地介绍中心多极展开法.

设一个分子中带有 q_1 和 q_2 的电荷, 分别位于 $-z_1$ 和 z_2 的位置, 如图 3-9 所示.

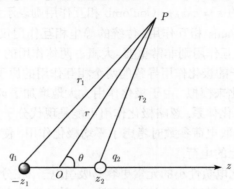

图 3-9 两个点电荷产生的电势

位于图 3-9 中 P 点的势能为

$$\phi(r) = \frac{1}{4\pi\varepsilon_0}\left(\frac{q_1}{r_1} + \frac{q_2}{r_2}\right) \tag{3.82}$$

利用余弦定理, 可得

$$\phi(r) = \frac{1}{4\pi\varepsilon_0}\left(\frac{q_1}{\sqrt{r^2 + z_1^2 + 2rz_1\cos\theta}} + \frac{q_2}{\sqrt{r^2 + z_2^2 - 2rz_2\cos\theta}}\right) \tag{3.83}$$

若 $r \gg z_1$ 并且 $r \gg z_2$, 则式 (3.83) 可展开为

$$
\begin{aligned}
\phi(r) &= \frac{1}{4\pi\varepsilon_0}\left[\frac{q_1}{r\sqrt{1 + (z_1/r)^2 + 2\left(z_1/r\right)\cos\theta}} + \frac{q_2}{r\sqrt{1 + (z_2/r)^2 - 2\left(z_2/r\right)\cos\theta}}\right] \\
&= \frac{1}{4\pi\varepsilon_0}\left[\frac{q_1 + q_2}{r} + \frac{(q_2z_2 - q_1z_1)\cos\theta}{r^2} + \frac{(q_1z_1^2 + q_2z_2^2)(3\cos^2\theta - 1)}{2r^3} + \cdots\right] \\
&= \frac{1}{4\pi\varepsilon_0}\left[\frac{q}{r} + \frac{\mu\cos\theta}{r^2} + \frac{\Theta(3\cos^2\theta - 1)}{2r^3} + \cdots\right]
\end{aligned}
\tag{3.84}
$$

式中: $q = q_1 + q_2$ 为总电荷; $\mu = q_2z_2 - q_1z_1$ 为分子的偶极矩; $\Theta = q_1z_1^2 + q_2z_2^2$ 为分子的四极矩, 依此类推. 由式 (3.84) 可知, P 点的势能可展开为分子多极矩的多项式, 称之为中心多极展开法. 在此展开式中, 仅第一不为零的次极项与坐标无关. 若总电荷为零, 则偶极矩不变, 若总电荷与偶极矩均为零, 则四极矩与选择的位置无关. 通常在计算中选取电荷分布的中心为原点.

利用中心多极展开法计算静电相互作用的优点在于该方法具有较高的效率. 以苯分子为例, 若以原子所带点电荷模型计算两个苯分子的静电作用, 需要计算 144 个相互作用项. 但苯为无电荷且无偶极矩的分子, 最低不为零的次极矩为四极矩.

因此, 以中心多极展开法计算两个苯分子间的静电作用仅需要计算一个四极矩–四极矩作用项. 当两个分子间的距离与分子的尺度相当, 则不能引用中心多极展开法. 只有当分子间的距离大于各个分子的中心至其最远电荷距离的和时, 才能应用中心多极展开法.

顾名思义, 对共价为主的分子, 非键相互作用项对成键势能项中的原子间的势能应当设定没有贡献, 如两个直接共价相连的原子间无 E_{vdW} 和 E_{elec} 相互作用, 它们之间的相互作用主要用 E_{str} 来描述; 对于分子 $CH_3(CH_2)_{50}CH_3$, 两端的 H 原子之间的相互作用等同于不同分子中 H 原子间的相互作用, 因此在描述这类分子的力场函数中就应该包含 E_{vdW}/E_{elec} 项. 但是在实际中, 非键相互作用项的应用范围不尽相同, 大多数力场中当间隔三个或更多化学键时就包含了原子对间的 E_{vdW}/E_{elec} 项, 这就意味着在描述 A—B—C—D 型分子的力场中, 对于 A 和 D 原子对间的相互作用既包括 E_{tors} 又应该包括 E_{vdW}/E_{elec} 项. 或者在一些力场中, 有 1, 3 位的 van der Waals 相互作用 (也就是 A—B—C 分子中 A 和 C 间的 van der Waals 作用), 这样的力场称为 Urey-Bradley. 在这种情况下, 扭曲三个原子相连的分子片段所需要的能量包括了 E_{vdW} 和 E_{bend} 项. 在现代分子力场中, E_{str} 计算分子中所有相互键连的原子对间 (1, 2) 的伸缩振动, E_{bend} 计算间隔一个化学键的原子对间 (1, 3) 的弯曲振动, 类似的 E_{tors} 计算 1, 4 间的扭转运动, E_{vdW}/E_{elec} 描述 1, 4 之间或是间隔更多化学键的原子对间的相互作用.

7. 各种相互作用的耦合

方程 (3.58) 中的前五项, 在通常的力场能量表达式中是普遍存在的. 最后一项, E_{cross}, 表示前面各项的相互耦合势能项. 以水分子为例, 平衡构型的键长为 0.958Å, 键角为 104.5°. 如果角度被压缩到 90°, 由电子结构方法优化得到的最低能量构象的键长为 0.968Å, 略长于平衡几何键长. 类似地, 如果角度变大, 则最低能量构象的键长就小于平衡几何键长. 可以定性地理解为角度变小, 氢原子就会靠得更近, 这将导致氢原子之间的排斥变大, 从而增大了键长. 如果在力场能量表达式中只有前五项, 就不能很好地模拟键长和键角之间的耦合. 这样就可以考虑加入一个额外的既依赖于键长又依赖于键角的相互耦合项.

E_{cross} 通常可以写为单个坐标的 Taylor 展开式. 在所有的耦合相互作用项中最重要的就是键长和键角的耦合, 对于 A—B—C 分子, 键长和键角的耦合可以表示为

$$E_{str/bend} = k^{ABC}(\theta^{ABC} - \theta_0^{ABC})\left[(r^{AB} - r_0^{AB}) + (r^{BC} - r_0^{BC})\right] \tag{3.85}$$

类似的其他耦合相互作用为

$$E_{str/str} = k^{ABC}(r^{AB} - r_0^{AB})(r^{BC} - r_0^{BC})$$

$$E_{bend/bend} = k^{ABCD}(\theta^{ABC} - \theta_0^{ABC})(\theta^{BCD} - \theta_0^{BCD})$$

$$E_{str/tors} = k^{ABCD}(r^{AB} - r_0^{AB})\cos(n\omega^{ABCD})$$

$$E_{\text{bend/tors}} = k^{\text{ABCD}}(\theta^{\text{ABC}} - \theta_0^{\text{ABC}})\cos(n\omega^{\text{ABCD}})$$
$$E_{\text{bend/tors/bend}} = k^{\text{ABCD}}(\theta^{\text{ABC}} - \theta_0^{\text{ABC}})(\theta^{\text{BCD}} - \theta_0^{\text{BCD}})\cos(n\omega^{\text{ABCD}}) \tag{3.86}$$

通常情况下, 耦合相互作用项中的常数并不是依赖所有相关联的原子类型. 比如, 对于 A—B—C 分子片段, 原则上 stretch/bend 耦合作用项的参数应该包括 A, B, C 三个原子, 但是通常只考虑中心原子, 也就是 $k^{\text{ABC}} = k^{\text{B}}$, 或者不依赖原子类型选取一个普遍适用的常数. 必须注意到, 如果分子的几何构型远离平衡几何结构, 上面的耦合相互作用不是很稳定. 比如, 化学键被无限拉大, 如果 θ 小于 θ_0 则 $E_{\text{str/bend}}$ 将会趋向 $-\infty$. 如果键长的伸缩振动势能用简谐振子描述就不会产生这样的问题, 但是如果用 Morse 势能函数, 在几何构型优化和模拟中就要特别注意避免键长过大.

3.2.3　分子力场的参数化

力场方法的一个最基本的假设就是结构单元可以在不同的分子中相互转移, 这就给力场的参数化提供了可靠的依据. 也就是说, 只要确定力场中原子或基团的类型, 从实验或量子力学计算结果中选取恰当而又充分的相关数据, 就可以得到可以相互转移的力场参数. 利用电子和 X 射线衍射, 可以得到键伸缩势能函数的平衡距离; 利用红外和 Raman 振动光谱可以得到相关的力常数; 同样势能函数和其参数的质量也需要用实验结果来验证. 例如, 气化热、溶解热、分子密度和扩散系数等. 从头算方法的发展和应用, 对力场的参数化起到非常重要的作用, 利用从头算方法获取参数有很多优点: ①可以为参数化提供比实验更加充足的数据; ②能够使力场应用于更加广阔的领域和分子类型; ③使其参数更具有可转移性和一致性. 力场的参数化是一个非常重要而又繁琐的工作, 当增加一些新的参数来计算新的目标分子的性质时, 需要大量的数据来拟合力场参数. 对于烷烃分子来说, 如果采用一般的力场函数, 需要 28 个不同的参数. 在 MM2 力场中, 对 30 个不同原子类型就需要 3722 不同的参数. 对键长伸缩振动和键角弯曲振动势能项参数来说, 在不同的力场中具有一定的转移性. 但对非常敏感的非键相互作用和二面角扭转势能项, 由于它们之间存在较强的耦合, 所以要花费大量的时间优化非键相互作用和二面角扭转作用的参数. 分子光谱是很难利用力场方法模拟的, 可以适当地考虑耦合相互作用项 E_{cross}, 则可以大大改善其计算结果. 一些力场的参数化过程充分的利用分子模拟方法得到的热力学数据, 如 OPLS(optimized parameters for liquid simulations) 力场, 从而使其非键相互作用参数能够更加准确地模拟体系的分子间相互作用和相关液态性质.

力场参数化的第一步就是选取一些数据, 利用这些数据指导参数化的过程以及评定力场参数的优劣. 一些重要的结构单元和分子的几何结构以及相应的构象, 都应该包含在这些数据中. 一旦选择了力场能量的表达形式以及确定了参数化过程中所需要的实验或从头计算数据, 有两种基本的方法可以用来获得合理的参数: 一种是 "反复试验" 方法, 不断地调整参数以便更好地重复实验或从头算结果. 在这种方法中同时调节大量参数是很困难的, 所以一般是分阶段地调节. 记住这一点是很重要的: 在所有的自由度中都存在一定的耦合, 因而参数的调节一定不能孤立地进行. 对于自由度较小 (hard degrees of freedom) 的势能项参数 (键长的伸缩振动和键角的弯曲振动) 可以和其他自由度分开调节. 事实上, 键长和键角的参数都是从实验上获得并且可以没有任何改变而在很多力场中转移使用. 对于自由度较大 (soft degrees of freedom) 的势能项参数 (非键相互作用以及二面角扭转作用), 由于彼此之间相互耦合很大, 参数的确定过程就非常困难. 一种实用的方法就是先建立一套 van der Waals 参数, 然后再利用静电势能函数拟合得到适当的静电参数, 最后通过扭转势垒确定扭转势能函数来描述不同构象的相对能量. 另一种是由 Lifson 等发展的, 利用最小二乘法确定力场参数. 他们首先也是选定一组实验或是量子力学从头算数据, 如平衡构象和振动频率等, 作为力场模型参数模拟计算的依据. 最小二乘法优化力场参数的最好应用是由 Hagler、Huler 和 Lifson 等进行的, 他们工作的最重要一点是没有明确描述氢键相互作用的表达式, 而是利用适当的静电相互作用和 van der Waals 相互作用的结合给出氢键相互作用. Hagler 领导的实验组在 1988 年发展了一种基于 *ab initio* 量子力学的分子力场, 该力场的计算并不仅仅针对小分子的平衡几何构型, 同时也计算偏离平衡几何构型的构象. 对每一个几何结构计算能量以及能量的一阶和二阶微商提供了大量丰富的拟合数据. Hagler 等的研究工作给出许多力场参数微商的新算法, 并且提出了许多发展力场表达形式的新假设.

对于任何一个分子力场来说, 参数在不同分子间的可转移性是至关重要的, 没有了这一特性, 上面所讨论的力场参数化过程也就无从谈起. 当进行一个分子力学程序失败时首先要考虑的就是在已有的参数中是否包含了所要计算的分子类型. 发展一个新的力场方法的关键问题, 就是在复杂的能量表达形式和巨大的参数个数之间寻找一个折中的处理方法. 原则上说, 不同的原子类型之间的相互作用都应该利用不同的参数, 但这样需要的参数个数将是巨大的. 因而新力场方法应该尽可能在不同的情况下都利用相同的参数, 尤其是对非键相互作用. 这一点不但可以减少参数的数目, 而且还充分体现了力场参数的可转移性. 比如, 碳原子有 sp^3、sp^2、sp 等杂化类型, 在目前的力场模型中计算这几种类型碳原子的 van der Waals 相互作用时都是利用同一套参数.

分子力场方法研究的体系和范围非常广泛, 但是也有针对性. 一些力场的建立是为了研究一个原子或分子在不同条件下的性质. 比如, Rodger、Stone 和 Tidesley 发展的氯模型能够计算固态、液态和气态氯的各种性质. 该模型是一个各向异性的点模型, 两个分子之间任意两点间的相互作用不仅仅依赖于这两点之间的距

离 (类似于各向同性中的 Lennard-Jones) 而且还依赖于点向量的取向. 其中包含偶极–偶极、偶极–四极、四极–四极的静电相互作用, van der Waals 相互作用是利用 Buckingham 型的公式来模拟. 一些力场的建立是用来模拟一定的分子类型, 比如 AMBER 力场就是用来计算核酸和蛋白质分子, 还有一些力场包含了较大范围的分子或原子类型, 甚至能够模拟整个周期表的原子. 毫无疑问 "专门"(specialized) 描述一定类型原子或分子的力场的计算结果, 要好于那些能够模拟所有原子类型的 "普遍"(general) 的力场模型.

3.2.4　常见的力场[43~48]

1. 第一代力场

1) MM 形式力场

MM 形式力场是美国乔治亚大学 Allinger 教授等所发展的, 依其发展的先后顺序分别称为 MM2、MM3、MM4、MM+ 等[45]. MM 力场将一些常见的原子进行了详细的划分, 如将碳原子分为 sp^3、sp^2、羰基碳、环丙烷碳、碳自由基、碳阳离子等类型. 这些不同类型的碳有不同的力场参数. 应用此力场能够计算有机化合物、自由基和离子等化合物的性质, 如精确的几何构型、构型能、热力学性质、振动光谱和晶体能量等.

2) AMBER 力场

AMBER 力场[46] 是 Weiner 等于 1984 年发展的, 通过拟合与蛋白质和核酸具有类似的结构单元的有机小分子的实验数据来拟合其相应力场参数, 该力场的大部分参数都来源于实验结果. AMBER 力场主要适用于蛋白质、核酸、酶等生物分子, 同时也应用在聚合物和小分子. Homans 等于 1990 年又将力场扩展到低聚糖. 力场模型简单, 又称对角元力场 (谐共振模型), 计算相对省时, 但是也限制了应用范围. 应用此力场通常可得到合理的气态分子几何构型、构型能、振动频率和溶剂化自由能 (solvation free energy) 等性质.

3) CHARMM 力场

CHARMM 力场[47](chemistry at harvard macromolecular mechanics) 是由哈佛大学发展的, 力场参数除来自于实验结果外, 还利用了大量的量子化学数据. 此力场可应用于研究多分子体系, 包括小的有机分子、溶液、聚合物、生化分子等. 几乎除了有机金属外, 通常都可得到与实验值接近的结构、作用能、构型能、转动能垒、振动频率、自由能以及许多与时间有关的物理量. 此力场也是典型的对角元力场, 模型简单.

4) CVFF 力场

CVFF 力场[48] 是 Dauber Osguthope 等所发展的, 其全名为一致性力场 (consistent valence force field). 此力场通过气态和晶体小分子获取参数. 此力场最初以生化分子为主, 力场参数主要适用于计算氨基酸、水以及各种官能团. 经过不断的改进, 目前的 CVFF 力场能够计算各种多肽、蛋白质和大量的有机分子. CVFF 力场的特点是能够准确计算体系的结构和结合能, 并且可以提供合理的构象能与振动频率. 此力场现已应用到材料科学, 可以计算和模拟硅铝酸盐和硅磷酸盐. CVFF 力场加入了非正常二面角扭转势能项, 键伸缩项采用了 Morse 势能函数.

2. 第二代力场

第二代力场的形式比上述经典力场更加复杂, 采用了不同的耦合势能函数, 需要大量的力场参数. 其设计的目的是为了能够准确地给出分子的各种性质, 如结构、光谱、热力学和晶体特性等. 其力场参数的拟合除了利用大量的实验数据外, 还参照精确的量子化学计算结果. 尤其适用于有机分子, 或不含过渡金属元素的分子体系. 第二代力场因参数的不同分为 CFF91、CFF95、PCFF、COMPASS 与 MMFF93 等. 其中, 前三种称为一致性力场.

3. 涵盖周期表元素的力场

前述的力场, 由于最初的设计都是针对有机或生化分子, 故仅能涵盖周期表中的部分元素, 其力场参数主要通过拟合实验或量子化学计算数据得到. 为使力场能广泛地适用于整个周期表元素, 从而发展了从原子角度为出发点的力场. 这些新一代的力场, 其原子的参数来自实验或理论数据, 具有真实的物理意义. 以原子为根据的力场包括 ESFF(extensible systematic force field)、UFF(universal force field) 和 Dreiding 力场等. ESFF 力场可用于预测气态与凝聚态的有机分子、无机分子和有机金属分子体系的结构, 不能用以计算构象能或准确的振动频率. 其力场包涵周期表中由氢至氡的原子. Dreiding 力场可计算分子聚集体的结构及各项性质, 但其力场参数也没有涵盖周期表中所有的元素. UFF 力场可适用于周期表所有的元素, 即适用于任何分子与原子系统. 以 UFF 力场计算的分子结构优于 Dreiding 力场得到的结果, 但计算与分子间相互作用有关的性质, 则有较大的偏差. 该类的力场的参数并不像第一、二代力场从实验和从头计算数据拟合得到, 而是通过一些经验公式和相关物理量 (如电负性、硬度、原子半径等) 直接导出, 从而使参数化更加简单, 其参数也具有可转移性. 该类力场虽然力图包括更多的原子, 但其应用结果并不理想.

3.2.5 极化力场和浮动电荷力场[49~53]

1. 极化力场的发展

利用经典力学进行分子模拟, 其结果的准确性关键取决于力场的质量, 目前大部分常用力场, 如 OPLS、CHARMM、AMBER、MMFF 和 GROMOS 等, 都在不同程度上存在理论模型的局限. 一个共同的不足就是, 它们采用固定的原子中心固定点电荷来计算静电相互作用势能. 把分子中的原子根据一定的化学环境进行分类, 各类型电荷参数通过拟合气态模型分子的量子化学数据和一些实验结果得到. 如果把溶质放入类似水的介电常数较大的溶剂中, 或者当带有较大电荷的离子接近一个中性分子时, 都会发生强烈的静电极化现象, 这样的极化作用会影响体系的结构和能量, 这时利用固定电荷静电势模型无法体现这种细致的极化影响.Brooks 和 Forsman 通过计算得出结果: 氯离子与水分子簇的离解能不等于两体能的差值, 从头计算的结果与力场有一定的偏差. 这样的弊端在凝聚态的模拟中表现得极为突出. 以往为了减小误差, 固定电荷力场在处理相关体系时, 往往利用系数标度或者增加气态时原子点电荷的方法[46,54,55], 得到比较平衡的溶剂–溶剂、溶质–溶剂和溶质–溶质静电相互作用势, 尽管做了一定的校正, 但是介电环境、极化现象仍广泛地存在于各种体系, 在气–液界面和生物分子与溶剂水的界面处表现得尤其突出, 这一缺陷就不能以简单的方式来处理. 许多文献已经报道和分析了在各种物理化学体系中准确处理极化的重要性, 所以正确的处理静电极化是非常必要的.

　　为了克服传统固定电荷力场的弊端, 发展极化力场已成为近年来力场发展的焦点, 并在近 20 年得到了快速的发展, 极化力场从方法上大体可分为四种类型: ① 诱导偶极 (多极) 模型 (inducible point dipole model); ② 浮动电荷模型 (fluctuating charge model, FQ); ③ 浮动电荷与诱导偶极相结合模型 (FQ-DP); ④ Drude Shell (dispersion oscillator) 模型. Drude Shell (dispersion oscillator) 模型近来引起了人们一定的重视, 该模型已经应用到液态水和离子水溶液体系. 但是无论何种方法都应该满足极化力场的目的和要求: ① 极化力场中的电荷必须随着环境的变化而随之改变. 例如, 一些像生物大分子一样自由度很大的分子, 分子间的极化, 强烈的依赖于其分子的构象和空间构型. ② 能够正确地计算多体相互作用, 如气态分子团簇和溶液中分子间的极化作用. ③ 极化力场的参数应具有良好的可转移性. ④ 能准确计算静电长程相互作用能. 近年来, 各种极化力场在许多领域展开了初步的探讨, 尤其是在水和一些小分子体系进行了充分的研究. 下面我们就对在各种体系中极化力场的发展给予简单的介绍.

　　由于液态水具有很好的氢键网络, 在大多数的生物过程中都起着重要的作用, 可以作为很好的体系来测试模型, 所以大多数极化力场都首先把水作为研究对象. Caldwell 等的诱导偶极模型[56], 采用各向同性的原子极化度, 分子极化度等于各原子极化度的简单加和, Bernardo 等把极化区域限制在 1, 2 或 1, 3 键连的原子范围内; 有的力场更是直接地把等于实验值 1.444Å^3 的单极化度点放在氧原子或 H—O—H 的角平分线上[57]. 这些诱导偶极力场, 大多都采用以实验为依据的可转移分子间作用势 (TIP3P/TIP4P) 的几何构型, 或者是理想的简单四面体点电荷几何构型, H—O—H 键角为 $109.5°$; 但是从目前的结果来看, 还不清楚哪种方案更合理, 通常极化力场通过拟合量子化学数据获取参数, TIP 几何构型是较好的选择.

Jedlovsky 和 Richardi 通过比较三种水模型[57~59], 结果发现极化水模型获得的发散常数比 TIP4P 和 SPC 水模型更接近实验值[60]; Sorensen 等通过 X 射线衍射实验结果比较了两种力场模型下的水的径向分布函数, 发现 Chialvo-Cummings(CC) 和 TIP4P-FQ 模型相对 TIP3P 和 SPC 三点模型更符合实验结果, 但是不及 TIP5P 模型, 这也表明加入氧的孤对电子或非中心电荷会得到更好的结果. 浮动电荷极化力场 (FQ), 通过拟合水二聚体、三聚体等团簇从头算方法的二体和三体相互作用能来获取极化参数, 这种模型有一个最大的优点是高效性; 缺点在于极化只能是限制在水分子的平面, 虽然计算的介电常数很合理, 但是它们的极化度是经过拟合得到的, 而不是预先设定的.

极化力场在溶液和溶液表面研究中也取得了一定的进展. Dang 等通过 DC 模型[59], 发现水分子的平均偶极矩从液态接近并通过气–液交界面的过程中, 从 2.75 deb[①]下降到 1.85 deb. 有趣的是, 在这个区域的几埃范围内, 这种过渡是平滑的, 在气–液交界面下几埃的水分子的平均偶极矩有明显的减小. 第二个研究发现, 随着水分子进入有机相中, 在水和 CH_2Cl_2 的界面处水的平均偶极矩下降 30%, 类似的 CH_2Cl_2 分子进入水中时平均偶极矩下降大约 10%, 同样的现象在水和 CCl_4 界面也有类似现象发生[61]. 第三个研究发现[62](Dang 等) 在碘离子和水组成的团簇中, 碘离子总是倾向于在团簇的表面, 而不是在团簇的中心, 如果使用非极化力场这种现象就会消失. 第四个研究发现 (Dang 等) 与以往的非极化力场不同的是, 在氯离子或者铯离子通过水和 CCl_4 界面时没有自由能的最小值出现, 表明它们是没有表面活性的; 另外, 他们发现[63], 当苯分子通过气–液界面时却有 −4 kcal/mol 的自由能最小值出现, 证明苯是具有表面活性的.

极化力场对小分子体系也做了开拓性的研究, 如 CCl_4、CH_2Cl_2、苯、胍离子、甲醛、胺、酰胺、N-甲基乙酰胺等分子. 这些研究都表明, 加入极化使电荷分布等结果与量子化学计算结果更加吻合; 如果忽略了极化效应, 在氢键的静电相互作用方面导致一定的误差. 值得注意的是, Levy 等计算的胺和酰胺的水合自由能, 利用甲基连续的替换氨基上的氢, 从氨水到三甲基氨其自由能差为 3 kcal/mol, 尽管仍旧比实验值 (1.1 kcal/mol) 大, 但是比固定电荷力场的 4.4~6.6 kcal/mol 的结果准确性提高了很多.

金属蛋白质和金属酶的研究一直是力场研究的重要领域, 所以极化力场也对其进行了重新的探讨. Gresh 和他的合作者, 自 1995 年以来, 已经发表了十多篇关于 SIBFA 方法的论文, 大部分是用来建立和参数化应用于蛋白质金属主型配位化合物的力场, 如 Zn^{2+}, 对近距离的静电相互作用采用了屏蔽势能, 他们把极化度和 van der Waals 质心位点都放置在键和孤对电子上, 而不是在原子上. SIBFA 方法又

_____
① 1 deb=3.335 64×10^{-30}C·m, 下同.

加入了极化作用, 来研究在配位键形成的过程中从蛋白质配体到金属电子转移对几何构型和能量的影响; 虽然已经得出了一些重要的结果, 但是它存在两个不足: 第一, 在分子动力学模拟过程中, 不能计算解析梯度; 第二, 刚体近似, 在能量优化的过程中键长和键角值是被固定的, 势必会影响计算结果的合理性.

2. 应用于蛋白质模拟的极化力场的发展

在讨论应用于蛋白质体系的极化力场时, 应该首先回顾一下传统固定电荷力场在该领域的发展历史, 它们对此已经做出了突出贡献, 为极化力场的发展奠定了稳固的基础. 对蛋白质体系的分子动力学和 Monte Carlo 模拟已经有大约近 30 年的历史. 1984 年, Weiner 等建立了 AMBER 力场. 他们利用实验测得的肽片段的光谱数据来确定化学键伸缩和键角弯曲势能函数参数, 开始时他们利用 United-atom(以原子团为基本单元) 模型, 但是这一模型在处理芳香环、受力中心和计算光谱等方面存在一定的弊端, 后来随着计算机运算速度的加快, 发展了 All-atom(以原子为基本单元) 模型, 又利用从头计算 6-31G* 基组下 RESP 静电势方法拟合净电荷的方法代替了 HF/STO-3G 小基组方法, 结合小分子的液态模拟数据来确定 Lennard-Jones 势能参数, 利用精密的从头算方法来重新拟合二面角扭转势能参数. 他们在几个重要的方面都做了突破性的改进, 使 AMBER 力场能够更好地模拟蛋白质体系. 几乎同 AMBER 力场同时发展的 CHARMM 力场[43,47], 更重视蛋白质在溶液中的模拟, 他们利用 RESP 静电势方法拟合模型分子同水分子的二聚体的原子净电荷确定电荷参数, 同时他们在拟合的过程中还考虑到模型小分子二聚体的能量和偶极矩等物理量来最终优化电荷参数; 他们为了减少非键长程相互作用的计算量, 限制分子中基团呈电中性, 该力场更重视溶液中性质的模拟, 所以他们在二面角势能和其他参数确定都大量地参照液态模拟的结果, 使 CHARMM 力场能更好地确定蛋白质在溶液中的结构. 在 AMBER 和 CHARMM 力场之后, OPLS 力场也在 AMBER 力场的基础上发展起来, 该力场能更好地计算液态的热力学物理量, 后来他们完全拟合精密从头计算结果来拟合二面角扭转势能参数, 建立了完全的蛋白质力场, 能很好地重复从头计算的多肽构象结构和相对能量, 在对实际蛋白质体系的模拟中也取得了较好的结果. 除了以上三个力场之外, 如 GROMOS[64]、MMFF[65~69] 和 MM 力场, 在蛋白质体系的模拟中也取得了一定的进展.

以上蛋白质力场同大多数的力场一样, 主要的弊端就在于没有充分考虑静电的极化影响, 而这一因素在蛋白质和其溶液体系中是至关重要的. 因为在蛋白质分子中存在着大量的极化基团和氢键网络, 在溶液中溶剂水分子与溶质蛋白质之间的相互极化也普遍存在, 因此对该体系必须考虑其极化效应, 发展极化力场模拟蛋白质体系势在必行. 极化力场已经对有机小分子和水进行了比较深入的研究, 对多肽和蛋白质等生物大分子的研究也有了一定的进展, 但仍然不够具体和全面. Kollman

和其合作者创建的 AMBER 力场, 根据 Applequist 模型加入了点极化度, 通过抵消和减少一定的固定电荷, 一般是减少到原来固定电荷的 88%, 该种方法应用到一般的有机分子是十分方便的, 但是在一定程度上, 如果直接采用原来力场的其他参数, 就会影响构象能的计算[70]. 根据 Banks 和 Stern 提出的极化力场方法[71,72], Friesner、Berne 和其合作者发展了应用于多肽和蛋白质的极化力场, 对 20 种氨基酸二肽的构象进行了研究, 很好地重复了从头计算的结果, 提供了一个完全的蛋白质极化力场, 并能够很好描述多体影响和计算多体能量[73]. Banks 首先应用了浮动电荷方法[72], 通过拟合量子化学静电响应数据来拟合参数; Stern 等在原来的基础上, 应用浮动电荷和诱导偶极相结合的方法来研究多肽构象[71], 同时克服了单独使用浮动电荷方法的极化仅限于苯分子平面方向的弊端. 后来他们用该方法完成了整个蛋白质极化力场[73], 他们已经发展了一套完整的自动参数化方案, 拟合量子化学计算结果产生静电和极化参数. 近来, 他们采用 Buckingham exp-6 的 van der Waals 势能函数, 通过高水平的从头计算, 利用小分子氢键二聚体拟合力场的 van der Waals 参数, 然后通过计算与氨基酸片段相关的有机分子溶液来调整其势能函数中的色散吸引项参数. 初步的工作表明, 该方法计算得到的气化热结果与实验值相当吻合, 同时也很好地重复了高水平从头计算的构象能. Gresh 等也发展了蛋白质和多肽极化力场[65], 利用 SIBFA(sum of interactions between fragments ab initio computed) 方法对甲酰胺、氮甲基乙酰胺二聚体和丙氨酸、甘氨酸残基二肽的氢键能进行了研究. 研究中发现, 加入孤对电子或者更高级次的极矩比简单原子中心电荷能更好地描述和计算酰胺基之间的氢键取向和能量. 同时, Dixon 和 Kollman 的研究发现, 水分子与吡啶形成氢键时, 水分子更倾向于平行于吡啶平面, 而不是垂直方向, 两者相差 3~4 kcal/mol, 但是用标准的固定电荷的 AMBER 力场却只能得到十分之几千卡, 从而更进一步证明非中心电荷在处理氢键问题的重要性. Patel 等在 2004 年发展了第一代 CHARMM 浮动电荷力场[66,67], 主要用来研究蛋白质和多肽体系的静电模型参数, 如原子的电负性、硬度, 他们利用虚拟的偶极来模仿水分子放置在模型小分子的周围, 通常是 van der Waals 半径处, 从而利用密度泛函方法计算模型小分子的电荷响应, 在不同方向和不同的距离放置虚拟偶极, 从而得到大量的计算数据, 从而拟合以上参数. 利用从头计算的气态的水分子和模型分子的二聚体和多聚体的结构和能量, 以及对模型分子液态性质的模拟, 来进一步优化其非键参数. 该模型计算得到的二聚体的结合能和氢键键长与从头计算符合得很好. 他们利用该浮动电荷力场和 TIP-4P 极化水模型, 对 6 个较小的蛋白质进行了恒温、恒压条件下的分子动力学模拟, 模拟时间达到几纳秒, 是目前对溶剂和溶质蛋白质同时采用极化势场模拟的最长时间. Ogawa 等在 Rappé和 Goddard 的 Qeq 电荷均衡方法基础上提出了 CQEq (the consistent charge equilibration method) 方法[68], 并融合进 UFF 力场, 对一系列的氨基酸分子进行模拟. Ponder 等提出多极极化力场[74~76], 对分子内和分子间的极化进行了一致的处理, 并拟合从头算方法的结果得到二肽分子中原子的多极极化度参数, 利用该模型计算了多种构型的氮甲基乙酰胺二聚体和丙氨酸残基二肽分子五种构象的偶极矩和静电势, 与从头计算符合得很好.

3. 蛋白质极化力场模型

目前, 模拟蛋白质体系的极化力场大体可分为三种: ①诱导偶极 (多极) 模型; ②浮动电荷静电势模型与电负性均衡方法 (fluctuating charge model, FQ); ③电负性均衡原理与分子力场的结合.

1) 诱导偶极 (多极) 模型

Kollman 等首先在 AMBER 力场的基础上, 根据 Applequist 模型加入点极化度, 结果固定电荷减少到了原来的 88%, 该方法可以方便有效地应用于有机分子中. Ponder 等利用诱导多极模型一致处理多肽分子内和分子间极化, 对丙氨酸残基二肽进行了极化力场的研究; Gresh 等利用 SIBFA 点偶极势能模型对蛋白质体系进行了初步的探讨. 通过原子分子偶极或多极极化度来体现和计算体系极化静电相互作用势能, 在近年来已经取得了令人鼓舞的结果, 现已应用到了一些小分子团簇、多肽分子和溶液.

2) 浮动电荷静电势模型与电负性均衡方法

近 20 年来, 极化力场得到了快速的发展, 但是最引人注意而又令人感兴趣的是利用经典力场同电负性均衡方法相结合的模型, 被认为是最有发展前景的模型. 根据电负性均衡方法, 把分子的总能量对其局域的电子密度进行二阶展开, 在核外势的作用下平衡的电子密度就等于分子中每一处的电负性 (化学势的负值) 都相等时的电子密度. 根据电负性均衡方法可以得到分子基态下的许多信息, 如偶极和多极矩、极化度、离解能、电子亲和能, 以及一些局域化学信息, 如原子电荷和 Fukui 函数等. 现在电负性均衡方法结合分子力场方法已经应用到了许多领域的研究, 如液态水、氨基酸残基的相互作用、液态甲醇的光谱特征、有机溶液的极化影响和多原子离子体系的动力学特征.

根据电负性均衡方法, Rick 等在 Rappé 和 Goddard 的电荷均衡方法 (Qeq) 的基础上, 首先利用浮动电荷力场方法[19]对液态水和 NMA 水溶液体系进行了初步的研究, 证明浮动电荷力场能更好地描述体系的静电极化, 他们计算的液态水的结构和热力学物理量相对固定电荷力场与实验结果符合得更好, 计算的顺反式 NMA 分子的溶解自由能差值为 (0.5±0.8)kcal, 与实验值更加吻合, 利用该模型能够合理地描述溶液中溶质与溶剂之间的相互极化. 1996 年, Smirnov 等利用由 Mortier 提出的 EEM 方法与分子力学相结合模型, 对大分子体系和甲烷分子在沸石上的吸附作用进行了初步的模拟. 1999 年, Banks 等在电负性均衡原理的基础上, 利用线性响应模型, 结合 OPLS-AA 力场建立了一种新的浮动电荷力场[72], 以及浮动电荷和诱导偶极相结合力场[71]. 该力场能够准确地计算三体能, 并应用到了多肽构象的研究. 之后, Chelli 和 Tabacchi 在 York 和 Yang 的化学势均衡方法的基础上, 发展了基于原子轨道极化的浮动电荷力场, 前者拟合模型分子的从头算的偶极矩、极化度和硬度等物理量来获得参数, 研究了一些有机小分子之间的极化作用, 后者利用线性响应模型和从头算方法来拟合参数, 讨论了在凝聚态时 LiI 的极化影响. Möllhoff 等利用浮动原子电荷计算库仑相互作用, 原子电荷由键极化模型 (bond polarization theory, BPT) 获得, 并结合 COSMOS 力场其他的势能函数组建了浮动电荷力场, 计算了有机分子之间和 DNA/RNA 碱基对之间的相互作用势, 得到的氢键键长、键角和键能都与实验和从头计算结果符合得较好. 2004 年, CHARMM 力场理论在 Rick 模型的基础上, 发展了浮动电荷力场, 该力场利用了 Rick 建立的浮动电荷静电势模型, 并通过 Stern 和 Banks 等的线性响应模型来拟合参数[71,72], 建立了蛋白质浮动电荷力场, 并且利用该力场结合 TIP-4P 极化水模型对 6 个较小的蛋白质和 NMA 水溶液体系进行了恒温、恒压条件下的分子动力学模拟[66,67].

3) 电负性均衡原理与分子力场的结合

在密度泛函框架下发展的电负性均衡方法 (electronegativity equalization method, EEM), 把分子基态电子密度划分到原子上, 在 Born-Oppenheimer 近似下, 分子的总能量可以写为

$$E = \sum_i \left[(E_i^* + \chi_i^* q_i + \eta_i^* q_i^2) + \frac{1}{2} \sum_{j \neq i} \frac{q_i q_j}{r_{ij}} \right] \tag{3.87}$$

式中: q_i 为原子电荷, 定义为 $q_i = Z_i - N_i$; Z_i 和 N_i 分别为核电荷和电子数; E_i^*、χ_i^* 和 η_i^* 分别为原子内相互作用能量对电荷展开的系数, 其中 χ_i^* 和 η_i^* 分别为分子中原子的价态电负性和价态硬度. 式 (3.87) 中圆括号表示原子内部相互作用能量对总能量的贡献. 式 (3.87) 中的最后一项是描述原子间的静电相互作用项. 式 (3.87) 对电荷 q_i 的偏微分定义了分子中原子 i 的电负性 χ_i:

$$\left(\frac{\partial E}{\partial q_i} \right)_{q_j, R_{ij}} = \chi_i = \left(\chi_i^* + 2\eta_i^* q_i + \sum_{j \neq i} \frac{q_i}{r_{ij}} \right) \tag{3.88}$$

根据电负性均衡原理, 分子中所有原子的电负性都等于分子的整体电负性 χ:

$$\chi_1 = \chi_2 = \chi_3 = \cdots = \chi \tag{3.89}$$

方程 (3.88) 以及电负性均衡和体系总电荷守恒的限制条件 (3.89) 和 (3.90),

$$\sum_i q_i = \text{constant} \tag{3.90}$$

可以用来直接计算分子中各个原子的电荷以及分子的整体电负性. 显然, 由式 (3.88)、

式 (3.89) 和式 (3.90) 计算得到的分子电负性和原子电荷是依赖于分子构象的, 这就提供了在传统的计算机模拟方法中加入依赖几何结构的电荷分布的依据. 关于 EEM 方法在前面以及文献 [14]、[77] ~ [79] 中有更加详细的讨论.

一般情况下, 分子力场中分子总能量的表达式为

$$E = \sum_{\text{bonds}} E_b + \sum_{\text{angles}} E_\theta + \sum_{\text{torsion}} E_\omega + \sum_{\text{non-bonded}} E_{\text{vdW}} + \frac{1}{2} \sum_{i=1}^{N} \sum_{j \neq i}^{N} \frac{q_i q_j}{r_{ij}} \qquad (3.91)$$

式中：E_b、E_θ、E_ω 和 E_{vdW} 分别为键长的伸缩振动能、键角的弯曲振动能、二面角的扭转作用能和 van der Waals 相互作用能, 它们都是利用一定的势能函数来计算的, 其中的参数通过实验值或量子化学计算值获得. 通常在静电相互作用的求和中不包括通过键长和键角相连接的原子与原子间的相互作用能 (也就是 1,2- 和 1,3-相互作用). 在一些分子力中[80,81] 可以利用方程 (3.92) 计算生成热：

$$\Delta H_f = E + 4RT + \sum_{\text{atoms}} I_i + \text{POP} + \text{TOR} \qquad (3.92)$$

其中 $4RT$ 是由 pV、平动和转动自由度计算得到的, I_i 是由原子类型的增加得到的, POP 是由于高能构象的存在而进行的校正, TOR 是对低频、振幅较大的振动的校正. 在 DMM[80,81] 力场中, 方程 (3.92) 的后三项只和分子中相键连的原子有关.

把 EEM 方法最简单地应用到分子力场 (MM) 中就是利用方程 (3.88)~(3.90) 和方程 (3.91)~(3.92) 的结合. 在 EEM 与 MM 的结合中, 静电相互作用的求和应该考虑所有的原子对. 无论在分子力场 (MM) 或是分子动力学 (MD) 的计算中都要用到能量对原子坐标的微分. 利用依赖几何结构的电荷就意味着能量坐标的微分中应该包含电荷对坐标的微分. 然而计算这些微分, 尤其是二阶微分需要耗费大量的计算机时. 如对中性的碳氢化合物, 计算电荷对原子坐标微分所消耗的计算机时并不是很大, 但是对于碳正离子则需要大量的时间计算电荷对原子坐标的一阶和二阶微分. 因此, 第一次把 EEM 方法与 MM 结合时没有考虑这些微分的计算, 但是计算的结果表明能量最低的结构与方程 (3.91) 的力场所描述的结果不一致, 这就是 EEM 与 MM 简单结合的缺陷所在. EEM 与分子力场方法简单结合的另一个缺陷可以在分子动力学模拟的计算中观察到. 当在 NVE 系综下进行分子动力学模拟时, 如果计算电荷的一阶微分, 则体系的总能量和温度随着时间的增加而不断增加. 如果忽略了电荷对原子坐标的微分, 能量和温度虽然在平均值附近波动, 但是总能量较大的波动也说明体系在积分过程中缺乏一定的稳定性. 因而 EEM 方法与 MM 的简单结合在分子动力学计算时会有一定的不守恒性.

4) 电负性均衡原理与分子力场的协调结合 (CIEEM)

电负性均衡原理与分子力场简单结合的不守恒性促使重新考虑 EEM 方程 (3.87) 和 MM 方程 (3.91), 尤其是和电荷相关的表达式. 方程 (3.87) 中的最后

一项给出了分子中不同原子间的 Coulomb 相互作用, 它应该完全等于方程 (3.91) 中的最后一项. 但是这两个方程在处理原子内部和电荷有关的相互作用能对总能量的贡献是不同的, 方程 (3.97) 中显含和电荷相关的表达式来描述分子内的相互作用, 而方程 (3.91) 中不显含这些项. 原子内的相互作用项包含在方程 (3.92) 中原子增量 I 的表达式中, 但是它只依赖于原子的键连情况而和原子的电荷没有关系. 因而很可能就是由于在分子力场的表达式中缺乏了和原子电荷相关的作用项导致了 EEM 和 MM 结合的各种缺陷. 为了弥补这些不足重新结合了方程 (3.87) 和 (3.91) 给出了分子体系总能量的表达式:

$$E = \sum_i^N \left(\chi_i^* q_i + \eta_i^* q_i^2 \right) + \sum_{\text{bonds}} E_b + \sum_{\text{angles}} E_\theta + \sum_{\text{torsions}} E_\omega$$
$$+ \sum_{\text{non-bonded}} E_{\text{vdW}} + \frac{1}{2} \sum_i^N \sum_{j \neq i}^N \frac{q_i q_j}{r_{ij}} \tag{3.93}$$

其中第一项的求和包括了与电荷相关的原子内相互作用对总能量的贡献. E_b、E_θ、E_ω 和 E_{vdW} 和方程 (3.91) 中的意义一样. 如果原子增量 I 写为

$$I_i = I_i' + \sum_i^N \left(\chi_i^* q_i + \eta_i^* q_i^2 \right) \tag{3.94}$$

则方程 (3.94) 就等同于方程 (3.92), 其中 I_i' 为和电荷无关的原子 i 的增量. Graaf 等利用 CIEEM 方法进行了 8 个甲烷分子吸附在硅沸石表面的动力学模拟计算, 给出了体系动能、势能和总能量在一定时间范围内波动的标准偏差. 和 EEM 与 MM 的简单结合相比较, 在分子动力学模拟过程中 CIEEM 方法计算得到的总能量具有很好的守恒性.

4. 蛋白质极化力场小结

应用于蛋白质体系的极化力场, 都毫无疑问地为我们提供了一些更加有效的模型来描述和计算生物蛋白质分子内和其在溶液中的静电极化, 解释和计算了通常固定电荷力场所不能描述和计算的现象和物理量. 那么, 各种不同的模型既有共同之处, 也有各自不同的特点. 下面我们就以氮甲基乙酰胺分子为例简要加以介绍.

(1) 诱导偶极模型利用分子偶极矩来拟合原子偶极极化度参数, 参数拟合相对简单, 而且能有效地利用实验极化度数据. 该模型能更好地符合实验值, 如果采用各向同性极化度, 需要 12 个原子固定电荷参数和 12 个原子各向同性极化度参数, 相对多极模型, 它的参数较少, 但是该模型无法描述不同方向极化的差异; 使用各向异性的偶极极化度, 就会需要 12 个原子固定电荷参数和 36 个原子各向同性极化度参数, 这时计算量与其偶极位点个数的 9 倍成正比, 计算变得更加复杂. Ponder

等的诱导多极模型, 对氢键和共轭体系, 虽然能够更好地描述分子的极化, 但是计算量会大大增加, 对于像蛋白质这样的大分子体系来说, 计算实在困难.

(2) 无论诱导偶极或者多极模型, 都没有考虑到在外场的作用下, 或者是分子自身构象变化时, 分子内部和分子间的电荷转移, 实际上这种影响在生物体系中是非常重要的.

(3) Rick 的浮动电荷模型, 采用 Mulliken 孤立原子的电负性和硬度, 屏蔽 Coulomb 势采用原子 Slater 轨道 Coulomb 重叠积分的方法, 该方法对限制性体系 (刚性, 如键长固定) 的计算是合理的, 在模拟初始时计算一次, 之后就采用不变屏蔽势, 但是对于非限制性体系来说, 计算量很大, 很难适用. 该方法只考虑了沿着化学键方向的电荷极化, 对非共面或分叉氢键等都不能体现有效合理的极化. 但总体来说, 该模型的提出是第一次把浮动电荷模型应用到力场中, 具有里程碑的意义.

(4) CHARMM 浮动电荷模型, 它在模型上采用了 Rick 的模型, 不同之处在于, 采用了半经验的屏蔽 Coulomb 势, 比轨道重叠积分方法简单, 大大地减少了计算时间. 另外, 他们还采用了线性响应方法来拟合电负性和硬度参数. 该方法也只考虑了沿着化学键方向的电荷极化, 对非共面或分叉氢键等都不能体现有效合理的极化. 但是他们提出了利用分子或体系极化度来拟合硬度参数的方案.

(5) 浮动电荷和诱导偶极相结合的静电势模型, 从原理上讲, 它既考虑到了外势变化体系内部的电荷转移, 又体现了各向异性的静电极化, 利用线性响应模型确定参数, 提供了一个很好的极化力场静电势模型. 但是, 该模型的参数确定和静电势的计算都很复杂, 对于一个 NMA 分子而言, 需要 12 个电负性和 12 个硬度参数, 还需要 36 个各向异性极化度参数, 计算量与浮动电荷点的个数的平方成正比, 与偶极点的个数的 9 倍成正比, 对于蛋白质体系来说运算量太大. 所以说, 我们应该平衡考虑计算的精确度和计算量, 目前也没有足够的证据证明该模型的计算结果相对其他模型有明显的优势.

(6) Kiminski 等的浮动电荷和诱导偶极模型, 在 Stern 等的模型的基础上, 采用了键增加电荷, 也就是说, 只考虑相邻成键原子间的电荷转移, 从而简化了模型; 另外, 他们又增加了氧原子的孤对电子区域的诱导偶极位点, 可以更好地描述氢键作用. 但是目前他们仍旧只是采用了固定的键增加电荷, 浮动电荷点也只是放置在原子位置上, 没有放置孤对电子和 π 电荷位点, 尽管使用了氧原子的孤对电子区域的诱导偶极位点, 但是不能忽略电荷的转移极化. 另外, 只考虑成键原子间的电荷转移也是不太合适的.

从以上模型的介绍和比较我们可以看出几点重要的提示: ①诱导偶极模型计算量较大, 浮动电荷模型相对简单有效; ②应该在原子位点的浮动电荷模型的基础上, 增加更多的有效位点, 如化学键、孤对电子、π 电子位点等, 从而能更好地体现非共面和分叉氢键等在蛋白质体系的重要极化现象.

3.2.6 原子–键电负性均衡方法与分子力场的结合

原子–键电负性均衡方法与分子力场相结合的浮动电荷力场 (ABEEM/MM) 是一种新的浮动电荷力场. 该方法考虑了化学键、孤对电子和 π 电子区域的电荷极化, 并利用该方法对 20 多种多肽分子的构象和烷烃进行了研究, 并通过对实验测定的蛋白质分子和晶体进行了模拟, 以验证该模型参数的合理性. 另外, 也对含肽结构小分子溶液进行了模拟, 来进一步考察验证该浮动电荷力场下溶液中的极化现象 (在 3.4 节中将详细介绍).

3.3 分子动力学模拟简述

3.3.1 基本原理[31~34]

分子动力学模拟 (molecular dynamics(MD) simulation) 是一种用来计算一个经典多体体系的平衡和动态性质的方法. 这里的经典意味着, 假设组成粒子的运动遵守经典力学定律, 这对于许多体系是一个很好的近似. 只有当处理到一些较轻的原子或分子 (He、H_2、D_2) 的平动、转动或振动频率 ν 满足 $h\nu > k_B T$ 的振动时, 才需要考虑量子效应.

考虑含有 N 个分子的运动体系, 系统的能量为系统中分子的动能与系统总势能的和, 其总势能为分子中各原子位置的函数, $U(\boldsymbol{r}_1, \boldsymbol{r}_2, \cdots, \boldsymbol{r}_n)$. 通常总势能可分为分子间 (或分子内原子间) 的 van der Waals(vdW) 作用与分子内部势能 (internal, int) 两大部分:

$$U = U_{\text{vdW}} + U_{\text{int}} \tag{3.95}$$

van der Waals 作用一般可将其近似为各原子对间的 van der Waals 作用的加和:

$$U_{\text{vdW}} = u_{12} + u_{13} + \cdots + u_{1n} + u_{23} + u_{24} + \cdots = \sum_{i=1}^{n-1} \sum_{j=i+1}^{n} u_{ij}(r_{ij}) \tag{3.96}$$

依据经典力学, 系统中任一原子 i 所受之力为势能的梯度的负值:

$$\boldsymbol{F}_i = -\nabla_i U = -\left(\boldsymbol{i}\frac{\partial}{\partial x_i} + \boldsymbol{j}\frac{\partial}{\partial y_i} + \boldsymbol{k}\frac{\partial}{\partial z_i} \right) U \tag{3.97}$$

由 Newton 运动定律可得 i 原子的加速度为

$$\boldsymbol{a}_i = \frac{\boldsymbol{F}_i}{m_i} \tag{3.98}$$

将 Newton 运动定律方程式对时间积分, 可预测 i 原子经过时间 t 后的速度与位置:

$$\frac{\mathrm{d}^2}{\mathrm{d}^2 t}\boldsymbol{r}_i = \frac{\mathrm{d}}{\mathrm{d}t}\boldsymbol{v}_i = \boldsymbol{a}_i \tag{3.99a}$$

$$v_i = v_i^0 + a_i t \tag{3.99b}$$

$$r_i = r_i^0 + v_i^0 t + \frac{1}{2} a_i t^2 \tag{3.99c}$$

式中: v 为速度; 上标 "0" 为各物理量的初始值.

分子动力学计算的基本原理就是利用 Newton 运动定律. 先由系统中各分子的位置计算系统的势能, 再计算系统中各原子所受的力及加速度, 然后令式 (3.99) 中的 $t = \delta t$, 则可得到经过 δt 后各分子的位置及速度. 重复以上的步骤, 由新的位置计算系统的势能, 计算各原子所受的力及加速度, 预测再经过 δt 后各分子的位置及速度等. 如此反复延续, 可得各时间下系统中分子运动的位置、速度及加速度等资料. 通常, 将各时间下记录的分子位置 (即所有原子的位置) 称为运动轨迹 (trajectory).

3.3.2　Newton 运动方程式的数值解法

在分子动力学中必须求解式 (3.99) 的 Newton 运动方程以计算速度与位置, 有限差分方法 (finite difference method) 常被用来解具有连续势能函数的分子动力学轨迹, 也就是所有原子速度与位置. 其基本思路就是把积分划分为许多小段, 在时间的间隔上为固定的 δt, 在 t 时刻, 粒子受到的总作用力是其和其他粒子相互作用的力向量之和. 从粒子受到的力我们可以确定粒子的加速度, 结合 t 时刻的位置和速度得到 $t + \delta t$ 时刻新的位置和速度. 这里假定在时间步长 δt 范围内粒子受到的力是不变的. 再计算在新的位置粒子受到的力, 继而得到 $t + 2\delta t$ 时刻的新位置和速度, 这样周而复始的计算就可以得到粒子运动的轨迹.

利用有限差分方法来积分运动方程的算法有好多种, 其中有许多在分子动力学的计算中被广泛地应用. 在所有的算法中都假定位置和动力学性质 (如速度、加速度等) 可以通过 Taylor 展开式表示:

$$r(t + \delta t) = r(t) + \delta t v(t) + \frac{1}{2} \delta t^2 a(t) + \frac{1}{6} \delta t^3 b(t) + \frac{1}{24} \delta t^4 c(t) + \cdots \tag{3.100}$$

$$v(t + \delta t) = v(t) + \delta t a(t) + \frac{1}{2} \delta t^2 b(t) + \frac{1}{6} \delta t^3 c(t) + \cdots \tag{3.101}$$

$$a(t + \delta t) = a(t) + \delta t b(t) + \frac{1}{2} \delta t^2 c(t) + \cdots \tag{3.102}$$

$$b(t + \delta t) = b(t) + \delta t c(t) + \cdots \tag{3.103}$$

式中: $v(t)$ 为速度 (位置对时间的一阶微分); $a(t)$ 为加速度 (二阶微分); $b(t)$ 为三阶微分, 等等. Verlet 算法是在分子动力学模拟中最广泛使用的积分运动方程的算法. Verlet 算法利用 t 时刻的位置和加速度, 以及前一时刻的位置 $r(t - \delta t)$, 来计算新时刻 $t + \delta t$ 的位置 $r(t + \delta t)$, 我们给出这些性质和速度在 t 时刻的相互关系

$$r(t + \delta t) = r(t) + \delta t v(t) + \frac{1}{2} \delta t^2 a(t) + \cdots \tag{3.104a}$$

$$\boldsymbol{r}(t - \delta t) = \boldsymbol{r}(t) - \delta t \boldsymbol{v}(t) + \frac{1}{2} \delta t^2 \boldsymbol{a}(t) - \cdots \tag{3.104b}$$

把这两个方程相加:

$$\boldsymbol{r}(t + \delta t) = 2\boldsymbol{r}(t) - \boldsymbol{r}(t - \delta t) + \delta t^2 \boldsymbol{a}(t) \tag{3.105}$$

在 Verlet 积分算法中不显含速度, 速度可以用很多方法来计算, 如一个最简单的方法:

$$\boldsymbol{v}(t) = [\boldsymbol{r}(t + \delta t) - \boldsymbol{r}(t - \delta t)] / 2\delta t \tag{3.106}$$

另外, 速度还可以利用半个步长 $t + \frac{1}{2}\delta t$ 来确定:

$$\boldsymbol{v}\left(t + \frac{1}{2}\delta t\right) = [\boldsymbol{r}(t + \delta t) - \boldsymbol{r}(t)] / \delta t \tag{3.107}$$

Verlet 算法的应用是很直接的, 并且所需的内存也不是很多, 包括两组位置 [$\boldsymbol{r}(t)$ 和 $\boldsymbol{r}(t - \delta t)$] 以及加速度 $\boldsymbol{a}(t)$. Verlet 算法的缺陷之一是位置 $\boldsymbol{r}(t + \delta t)$ 的确定, 利用了较小项 ($\delta t^2 \boldsymbol{a}(t)$) 和两个较大项 [$2\boldsymbol{r}(t)$ 和 $\boldsymbol{r}(t - \delta t)$] 的差值, 这将导致计算精确性的降低. 而且, 在方程中 Verlet 算法缺乏精确的速度计算项使它获得速度很困难, 并且速度实际上是在下一步位置确定后才能得到. 另外, Verlet 算法不是自我开始 (self-start) 的, 新的位置是通过当前时刻位置 $\boldsymbol{r}(t)$ 和前一时刻位置 $\boldsymbol{r}(t - \delta t)$ 获得的, 在 $t=0$ 时刻, 很显然只有一组位置, 因而利用其他一些方法获得 $t - \delta t$ 的位置是很必要的. 一种获得 $\boldsymbol{r}(t - \delta t)$ 的方法是利用 Taylor 展开, 如方程 (3.100) 在第一项截断, 则 $r(-\delta t) = r(0) - \delta t v(0)$.

随后的跳蛙法 (leap-frog) 是对 Verlet 算法进行了一些改进:

$$\boldsymbol{r}(t + \delta t) = \boldsymbol{r}(t) + \delta t \boldsymbol{v}\left(t + \frac{1}{2}\delta t\right) \tag{3.108}$$

$$\boldsymbol{v}\left(t + \frac{1}{2}\delta t\right) = \boldsymbol{v}\left(t - \frac{1}{2}\delta t\right) + \delta t \boldsymbol{a}(t) \tag{3.109}$$

应用跳蛙算法, 首先要利用 $t - \frac{1}{2}\delta t$ 时刻的速度 $\boldsymbol{v}\left(t - \frac{1}{2}\delta t\right)$ 和 t 时刻的加速度 $\boldsymbol{a}(t)$ 来计算 $t + \frac{1}{2}\delta t$ 时刻的速度 $\boldsymbol{v}\left(t + \frac{1}{2}\delta t\right)$, 然后就可以通过上式中 t 时刻的位置 $\boldsymbol{r}(t)$ 来获得 $t + \delta t$ 时刻的位置 $\boldsymbol{r}(t + \delta t)$, t 时刻的速度可以利用下面方程计算:

$$\boldsymbol{v}(t) = \frac{1}{2}\left[\boldsymbol{v}\left(t + \frac{1}{2}\delta t\right) + \boldsymbol{v}\left(t - \frac{1}{2}\delta t\right)\right] \tag{3.110}$$

这样就 "跳过" 位置给出了 $t + \frac{1}{2}\delta t$ 时刻的速度, 位置则跳过速度给出了 $t + \delta t$ 时刻的新位置, 从而为 $t + \frac{3}{2}\delta t$ 时刻的速度做了准备, 等等. 相对于传统的 Verlet 算法, 跳蛙算法的优点是: 它显含了速度的计算, 而且不需要计算两个较大数的差值. 然而, 它的明显缺点是位置和速度并不是同时确定的, 这就意味着在确定位置的同时计算动能对总能量的贡献是不可能的, 而位置的确定就同时确定了势能对总能量的贡献.

速度 Verlet (velocity Verlet) 算法同时给出了位置、速度和加速度, 而没有任何精确度的损失:

$$\boldsymbol{r}(t + \delta t) = \boldsymbol{r}(t) + \delta t \boldsymbol{v}(t) + \frac{1}{2}\delta t^2 \boldsymbol{a}(t) \tag{3.111}$$

$$\boldsymbol{v}(t + \delta t) = \boldsymbol{v}(t) + \frac{1}{2}\delta t \left[\boldsymbol{a}(t) + \boldsymbol{a}(t + \delta t)\right] \tag{3.112}$$

Beeman 算法也是和 Verlet 算法相关的:

$$\boldsymbol{r}(t + \delta t) = \boldsymbol{r}(t) + \delta t \boldsymbol{v}(t) + \frac{2}{3}\delta t^2 \boldsymbol{a}(t) - \frac{1}{6}\delta t^2 \boldsymbol{a}(t - \delta t) \tag{3.113}$$

$$\boldsymbol{v}(t + \delta t) = \boldsymbol{v}(t) + \frac{1}{3}\delta t \boldsymbol{a}(t) + \frac{5}{6}\delta t \boldsymbol{a}(t) - \frac{1}{6}\delta t \boldsymbol{a}(t - \delta t) \tag{3.114}$$

Beeman 算法对于速度给出了更加精密的表达式, 因为动能是直接从速度计算得到的, 所以它通常给出较好的能量守恒. 然而, 它的表达式比 Verlet 更加复杂, 在计算过程中就需要更多的计算机时.

3.3.3　周期性边界条件

在微分方程的求解中, 边界条件是具有决定性作用的. 正确模拟边界或边界作用对于分子动力学模拟方法是极为重要的, 因为边界条件可以利用相对较小的分子体系来计算 "宏观" 性质. 边界条件的重要性可以利用下面简单的性质来加以说明. 假设我们有 1 个 1L 的容器, 在室温条件下充满水. 这个立方体容器中含有水分子的个数为 3.3×10^{25} 个, 水分子与器壁的相互作用可以延伸到 10 个分子直径的大小, 水分子的直径大概为 2.8Å, 与边界直接接触的水分子的个数为 2×10^{19}. 所以, 在 150 万个水分子中只有 1 个受到容器壁的影响. 在 MC 和 MD 模拟中粒子的个数要远远小于 $10^{25} \sim 10^{26}$, 并且通常要小于 1000 个. 在一个不超过 1000 个分子的体系中, 它们都不包含在和容器壁相互作用的粒子中. 显然, 用容器中 1000 个水分子来获得 "宏观"(bulk) 性质是不太正确的. 可供选择的方法是去掉 (dispense with) 容器.

执行分子动力学模拟计算, 通常选取一定数目的分子, 将其置于一个立方体的盒子里. 但执行的计算必须与实际的体系相符, 通常保持系统的实验测定的密度为必须满足的条件. 设立方体盒子的边长为 L, 则其体积为 $V = L^3$. 若分子的质量为 m, 则 N 个分子系统的密度为

$$d = \frac{N \times m}{L^3} \tag{3.115}$$

计算系统的密度应等于实验所测定的密度, 以此作为调整盒长的依据. 以水分子系统为例, 假设执行含有 1000 个水分子的动力学模拟计算, 水的密度为 1 g/cm³, 则

$$1\text{g/cm}^3 = \frac{1000 \times \left(\frac{18}{6.02 \times 10^{23}}\text{g}\right)}{L^3} \tag{3.116}$$

$$L = 3.10 \times 10^{-7}\text{cm} = 31\text{Å} \tag{3.117}$$

为使计算中系统的密度维持恒定, 通常采用周期性边界条件 (period boundary condition). 周期性边界条件使利用较少粒子进行宏观性质的模拟成为可能. 在周期性边界条件下, 粒子所受到的力和宏观液体中粒子受到的力是一样的. 考虑立方体盒子中的粒子, 它在各种方向重复以给出周期性排列. 图 3-10 给出了一个二维盒子, 其中每个盒子周围有 8 个邻近盒子, 这样在三维中每个盒子周围就有 26 个近邻. 镜像盒子中粒子的坐标可以简单地用加上或减去盒长的整数倍计算. 在图 3-10 中给出, 如果模拟过程中一个粒子离开盒子, 则从相对应的边上有一个粒子进入盒子. 因而在整个模拟过程中体系的总粒子数保持不变, 即密度不变, 符合实际的要求. 尽管在计算机模拟中已广泛地使用周期性边界条件, 但是它确实还存在一些不足. 周期性晶胞的一个很显著的不足是它不能获得大于晶胞长度的波动, 比如接近于液–气临界点.

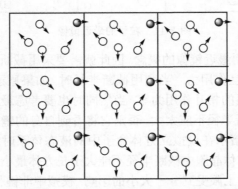

图 3-10 二维体系的周期性边界条件

3.3.4 截断半径与最近镜像

MD 模拟中最耗时的部分, 是能量最小化中非键相互作用能和 (或) 力的计算. 在力场模拟中, 键长伸缩、键角弯曲和二面角扭转的个数正比于原子的个数, 而非键相互作用项的个数随着原子个数平方的增加而增加, 因此它的数量级为 N^2. 原

则上, 非键相互作用在体系中应当对每两对原子间都进行计算, 然而在模型中这一点还没有完全实现. Lennard-Jones 势能函数随距离的衰减是很快的, 在 2.5σ 时的 Lennard-Jones 势大概是 1.0σ 时的 1%. 解决非键相互作用的最普遍的方法, 就是利用截断半径和最小镜像方案. 在最小镜像方案中, 每个原子最多只能 "看到" 体系中每个原子的一个镜像 (通过周期性边界条件无限重复). 如图 3-11 所示, 只需要计算距离最近原子或镜像之间的能量和 (或) 力就可以. 比如, 计算分子 1 与 3 的作用力, 是取与分子 1 最近距离的镜像分子 3. 在所有镜像系统中, 分子 1 和 3 距离最近的是模拟系统中分子 1 与 D 盒中的分子 3, 而非模拟系统中的分子 1 与分子 3. 同样, 计算分子 3 与分子 1 的作用是取模拟系统中的分子 3 与 E 盒中的分子 1.

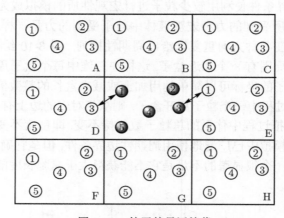

图 3-11　粒子的最近镜像

　　由于在计算中利用最近镜像的概念, 因此就需要采用截断半径 (cut-off radius) 的方法来计算远程相互作用力. 当利用截断半径时, 如果原子对之间的距离大于截断半径, 则它们之间的相互作用为零, 当然同时也要考虑最近镜像. 如果利用周期性边界条件, 则截断半径不应太大, 否则它将看到自身的镜像, 那么同一个原子将被计算两次. 这就暗示在模拟立方体盒子中的液态体系时, 截断半径不能大于立方盒子的一半, 长方体晶胞中截断半径不能大于长方体最小边长的一半. 对于分子的模拟, 截断半径的上限受到分子大小的影响. 模拟中非键相互作用如果只考虑 Lennard-Jones 势能函数, 截断半径就不应过大, 用 2.5σ 的截断半径就会带来一定的误差. 然而, 当考虑长程静电相互作用时, 截断半径必须要大, 事实上证明此时利用多大的截断半径都是有误差的, 一般的原子所选取的静电相互作用的截断半径约为 10Å, 但这只是一个简单的估计, 对于不同的原子是不能一概而论的.

　　一般的非键势能函数在所选取的截断半径处势能值并不为零. 因此, 分子动力学计算中就会出现能量不连续的情况. 处理这种问题的方法, 通常将势能函数乘上

一个开关函数 (switching function) 以弥补这一缺点. 设截断半径为 R_c, 开关函数的起始点为 R_s, 则该函数 $S(r)$ 的形式为

$$
\begin{aligned}
r < R_s, \quad & S(r) = 1, \quad \frac{\mathrm{d}S(r)}{\mathrm{d}r} = 0 \\
R_s \leqslant r \leqslant R_c, \quad & S(r) = \frac{(R_c - r)^2(R_c^2 + 2r - 3R_s)}{(R_c - R_s)^3} \\
& \frac{\mathrm{d}S(r)}{\mathrm{d}r} = \frac{6(R_c - r)(R_s - r)}{(R_c - R_s)^3} \\
r > R_c, \quad & S(r) = 0, \quad \frac{\mathrm{d}S(r)}{\mathrm{d}r} = 0
\end{aligned}
\tag{3.118}
$$

图 3-12 为显示利用开关函数所调整的非键相互作用势能图. 由图 3-12 可知, 利用开关函数可将由 $R_s \to R_c$ 区间的非键势能函数逐渐调整为零, 形成连续且符合计算要求的势能函数. 通常 R_s 不宜过小, 约取 $0.9R_c$.

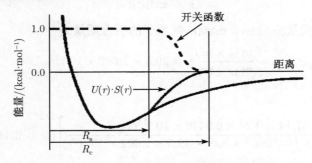

图 3-12 利用开关函数调节非键相互作用

3.3.5 积分步长的选取

在分子动力学计算中, 最重要的工作是如何选取适当的积分步长 δt(integration step), 以节省计算的时间而又不失去计算的准确性. 通常的原则是积分步长应小于系统中最快运动周期的 $1/10$. 以水分子的动力学计算为例, 水分子内的运动为键长和键角的变化, 分子间的运动为质心的平动与分子的转动. 分子间的运动源自于 van der Waals 作用, 一般较慢, 但分子内的运动则较快. 由红外光谱的实验可知水分子的最大振动频率为 O—H 的伸缩振动, $1/\lambda = 3660 \text{ cm}^{-1}$, 则振动频率可以表示为

$$
\nu = C \cdot \frac{1}{\lambda} = 3660 \times 3 \times 10^{10} \text{s}^{-1} = 1.098 \times 10^{14} \text{s}^{-1}
\tag{3.119}
$$

振动周期为

$$
T = \frac{1}{1.098 \times 10^{14}} \text{s}
\tag{3.120}
$$

因此, 分子动力学模拟的积分步长最大为 $\delta t \sim 0.9 \times 10^{-16}$s (目前, 可能最快的就是 O—H 键的伸缩振动). 再以氩原子的分子动力学计算为例, 氩原子间的势能函数只考虑 van der Waals 相互作用, 利用 Lennard-Jones 12−6 势能函数表示, 则势能函数对坐标的二次微商可写为

$$U''(r) = \frac{\mathrm{d}}{\mathrm{d}r} U'(r) = \frac{\mathrm{d}}{\mathrm{d}r} \left[4\varepsilon(-12\sigma^{12}/r^{13} + 6\sigma^6/r^7) \right]$$
$$= 4\varepsilon(156\sigma^{12}/r^{14} - 42\sigma^6/r^8) \tag{3.121}$$

式中: ε 为势阱深度; σ 为碰撞直径. 对氩原子体系通常取 ε 为 0.24 kcal/mol 和 σ 为 3.504Å. 当势能有极小值时, $r_{\min} = \sqrt[6]{2}\sigma$, 此时的 $r_{\min}$ 表示最低能量距离. 将此代入到能量的二阶导数中得到: $U''(r_{\min}) = 57.14\varepsilon/\sigma^2 = 1.117(\mathrm{kcal/mol})/\text{Å}^2$. 因为势能函数最低点的二次微商相当于力常数 k, 即 $U''(r_{\min}) = k$, 由简谐振子的关系式:

$$k = 4\pi^2\nu^2\mu \tag{3.122}$$

式中: μ 为折合质量 (reduced mass). 氩原子的折合质量为

$$\mu = \frac{m_{\mathrm{Ar}} \times m_{\mathrm{Ar}}}{m_{\mathrm{Ar}} + m_{\mathrm{Ar}}} = 39.5 \times 1.662 \times 10^{-22}\mathrm{g}$$

由此得频率:

$$\nu = \left[\frac{57.14 \times 0.24 \times 6.9446 \times 10^{-14}\mathrm{erg}[①]}{(3.504 \times 10^{-8}\mathrm{cm})^2 \times 4\pi^2 \times 39.5 \times 1.662 \times 10^{-22}\mathrm{g}} \right]^{1/2} = 3.44 \times 10^{11}\mathrm{s}^{-1}$$

故在氩原子体系中最快的振动周期 $T = 2.906 \times 10^{-12}$s, 积分步长则可取为 $\delta t \sim 2.9 \times 10^{-13}$s. 比较以上的结果可知, 在以分子动力学模拟过程中, 氩原子的积分步长可取为计算水分子体系的积分步长的 300 倍. 在分子动力学计算中, 积分步长越大则可研究的时间范围就越长. 例如, 研究时间范围为 10^{-9}s 的氩原子系统, 需要 3500 步的分子动力学模拟计算, 但研究相同时间范围内的水分子系统则至少需要 1.05×10^6 步的分子动力学模拟计算. 以上利用 Lennard-Jones 12 − 6 的势能函数估计原子系统积分步长的方法也可应用于不同原子的混合系统或多原子分子系统. 在多原子分子体系中, 通常取 12−6 势能函数中最大的 ε 值原子来估计运动最快的原子间的振动频率, 以此获得对积分步长的估算. 例如, 水分子间的 van der Waals 作用包括氧原子–氧原子、氧原子–氢原子和氢原子–氢原子等原子对间的作用, 其中氧原子–氧原子的 ε 值最大, 故应以此来估计积分步长的标准.

　　时间步长大概是最快运动周期 1/10 的需求是一个非常严格的要求, 但是当这些高频振动并不是我们所感兴趣的, 并且和整个体系的行为并没有多大的关系时,

---

① 1erg=10^{-7}J, 下同.

如何来选取积分步长呢? 有效地解决这个问题的方法就是 "冻结" 这样的高频运动, 也就是通过限制键长为其平衡键长 (刚体结构), 同时在维持分子间和分子内力的存在条件下, 保持其他自由度的变化, 就可以允许一个较大的时间步长, 这就是限制性的动力学计算方法. 表 3-2 给出在分子动力学模拟计算中, 各种模拟系统一般采取的积分步长.

表 3-2 各种模拟系统建议采取的积分步长

系统	运动类型	积分步长/s
简单原子体系	平动	10^{-14}
刚性分子	平动与转动	5×10^{-15}
非刚性分子, 限制键长	平动, 转动, 扭转	2×10^{-15}
非刚性分子, 无限制键长	平动, 转动, 扭转, 振动	10^{-15} 或 5×10^{-16}

3.3.6 分子动力学计算流程

执行分子动力学计算的起点, 就是将一定数目的分子置于立方体盒子中, 使其密度与实验上获得的密度相一致, 选定计算的温度, 即可开始计算. 计算时, 首先必须知道或设定系统中分子的初始位置与速度, 通常可将分子随机置于盒子中, 或者是取其结晶形态的位置排列作为体系的初始位置. 按照统计力学原理的要求, 系统中所有原子运动的动能必须满足:

$$K \cdot E = \sum_{i=1}^{N} \frac{1}{2} m_i (|v_i|)^2 = \frac{3}{2} N k_B T \tag{3.123}$$

式中: $K \cdot E$ 为系统的总动能; N 为总原子数; k_B 为 Boltzmann 常量; T 为热力学温度. 原子的初速度可利用式 (3.123) 产生, 取一半的原子向右运动, 另一半原子向左运动, 或是令原子的初速度呈 Gauss 分布, 则体系的总动能为 $3/2 N k_B T$. 产生原子的初始位置与初速度后, 就可以进行分子动力学模拟计算.

由初始位置与速度开始, 分子动力学模拟计算的每一步都产生新的速度与位置, 由新产生的速度可计算系统的温度 T_{cal}:

$$T_{cal} = \frac{\sum_{i=1}^{N} m_i (v_{x,i}^2 + v_{y,i}^2 + v_{z,i}^2)}{3 N k_B} \tag{3.124}$$

若系统的计算温度 T_{cal} 与所定的温度 T 相比过高或过低, 则需要校正速度, 一般容许的温度范围为

$$0.9 \leqslant \frac{T_{cal}}{T} \leqslant 1.1 \tag{3.125}$$

若计算的温度超过此容许的温度范围, 则将所有原子的速度乘以一个校正因子

$$f = \sqrt{\frac{T}{T_{cal}}} \tag{3.126}$$

这样系统的温度可表示为

$$\frac{\sum_{i=1}^{N} m_i(v_{i,x}^2 + v_{i,y}^2 + v_{i,z}^2) \times f^2}{3Nk_{\mathrm{B}}} = \frac{T}{T_{\mathrm{cal}}} \cdot T_{\mathrm{cal}} = T$$

也就是将计算的温度校正回系统的设定温度. 在实际执行分子动力学模拟的过程中, 在计算开始时每隔数步就需要校正温度; 随后校正的时间间隔增长, 每隔数百步或数千步才需要校正. 直至原子的速度不需要再校正, 而系统的总动能在 $3/2Nk_{\mathrm{B}}T$ 上下 10% 涨落, 此时认为系统已达到热平衡 (thermal equilibrium) 状态, 因其物理意义不够严密, 在达到热平衡状态前的轨迹与速度不需要保存, 只有当系统达到热力学平衡状态后, 才开始存储计算的轨迹与速度. 图 3-13 为 Verlet 跳蛙法的分子动力学模拟计算流程图, 这种计算方法称为一般性动力学计算 (conventional molecular dynamic), 计算中系统的原子数 N、体积 V 和总能量 E 维持不变, 相当于统计力学中的微正则系综 (micro-canonical ensemble, NVE).

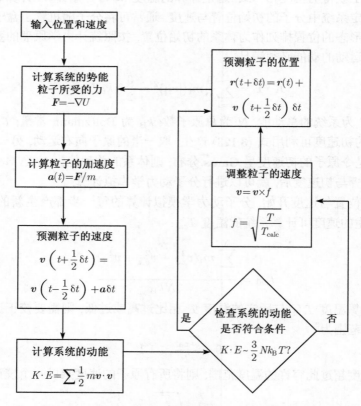

图 3-13　Verlet 跳蛙法的分子动力学模拟计算流程图

3.3.7 分子动力学模拟的初始设定和平衡态

执行分子动力学计算必须选取适当的初始条件, 如起始位置、速度、执行温度、积分步长等. 若初始条件选择不当, 则往往需要浪费相当长的计算时间才能达到系统的热平衡, 甚至根本无法实现热平衡. 初始结构的选取, 越接近模拟系统的结构越好. 如果模拟面心立方的固体系统而选择了体心立方作为初始结构就是不明智的. 通常在模拟前最好执行一些试验性的预测, 以确定所设的系统中没有太高能量的作用, 否则会导致模拟过程的不稳定. 也可利用能量最小化的方法, 以最低能量的结构作为模拟的起点, 从而避免高能作用的产生. 初始构象可以从实验数据中获得, 也可以从理论模型方法中获得, 或是实验和理论相结合的方法中得到. 另一个必不可少的过程就是分配给原子一定的初速度, 它可以从定温下的 Maxwell-Boltzmann 分布中随机获取:

$$p(v_{ix}) = \left(\frac{m_i}{2\pi k_B T}\right)^{1/2} \exp\left(-\frac{1}{2}\frac{m_i v_{ix}^2}{k_B T}\right) \tag{3.127}$$

Maxwell-Boltzmann 方程给出了质量为 m_i 的 i 原子在温度 T 时有沿着 x 轴方向 v_{ix} 速度的可能性. Maxwell-Boltzmann 分布是 Gauss 分布, 可以通过随机数种子获取. 大多数的随机数种子产生的随机数在 0~1 范围内, 把这样的随机数种子转变成 Gauss 分布样本是很直接的, 从 Gauss 正则分布中获得平均值为 $\langle x\rangle$, 变数波动为 σ^2 $\left(\sigma^2 = \left\langle (x - \langle x\rangle)^2 \right\rangle\right)$ 的可能性为

$$p(x) = \frac{1}{\sqrt{2\pi\sigma^2}} \exp\left[-\frac{(x - \langle x\rangle)^2}{2\sigma^2}\right] \tag{3.128}$$

一种方法是在 0~1 获得两个随机数 ξ_1, ξ_2, 这样从正则分布中得到的相应 x_1, x_2 为

$$x_1 = \sqrt{(-2\ln\xi_1)\cos(2\pi\xi_2)} \tag{3.129a}$$

$$x_2 = \sqrt{(-2\ln\xi_1)\sin(\pi\xi_2)} \tag{3.129b}$$

另一种方法就是产生 12 个随机数 $\xi_1, \cdots, \xi_{12}$, 然后计算:

$$x = \sum_{i=1}^{12} \xi_i - 6 \tag{3.130}$$

从这样的分布中获得的数值 $\langle x\rangle$ 和 Gauss 分布中的 x' 相对应. 平均值 $\langle x'\rangle$ 和波动 σ 用式 (3.131) 表示:

$$x' = \langle x'\rangle + \sigma x \tag{3.131}$$

初始速度也可以从单位分布或是简单 Gauss 分布中得到, 在这些方法中, Maxwell-Boltzmann 获得速度的方法是最快的.

　　建立了体系并且分配了初始速度, 就可以按照 3.3.6 节介绍的分子动力学流程开始计算体系的运动轨迹. 平衡态的到达是执行分子动力学模拟过程中最重要的一个步骤, 这个过程的目的就是使系统从设定的初始态达到平衡状态, 以使体系彻底地 "忘记" 初始的各种性质. 在实现平衡态的过程中, 调节体系的各种参数和各种组态, 当利用这些参数所计算的动力学性质达到稳定的数值时, 就达到了体系的产物空间. 在产物空间中, 可以计算各种动力学性质以及其他相关数据. 用来描述体系是否达到平衡态的各种参数, 在某种程度上要依赖于所研究的体系, 但是体系的动能、势能、总能量、速度、温度以及压力应该是保持不变的. 正像我们所期望的, 在巨正则系综下, 势能是在不断波动的, 而体系的总能量应该是保持不变的, 速度的各个部分应该能够描述 Maxwell-Boltzmann 的各个分量 (x、y、z 轴), 动能则应该在 x、y、z 轴三个方向上平均分配. 通常我们要计算在给定温度下的分子动力学模拟, 因而就要利用速度在平衡过程中来调节温度.

3.3.8　等温计算方法

　　以上所介绍的分子一般性动力学模拟计算适用于微正则系综, 能量恒定, 温度在其平衡值附近波动. 除了微正则系综外, 分子动力学模拟计算也可以处理其他类型的系综, 如正则系综、等温等压系综和巨正则系综等. 使用何种系综进行计算要根据实际体系的需要来确定. 例如研究材质的相变化, 多采用等温等压系综, 在定压下计算各温度时系统的能量或比热容, 由此来判断相变化的温度. 而研究一般溶液的行为, 如水合能 (hydration energy)、解离效应等多采用正则系综. 简单介绍两种定温计算法: Anderson 和 Nosé-Hoover 方法. Nosé-Hoover 的定温计算方法比 Anderson 的计算方法稳定, 目前普遍被采用.

　　在 Anderson 提出的恒温方法中, 体系与一个强加了指定温度的热浴相耦合. 与热浴的耦合利用随机选取的粒子上的随机脉冲力表示. 这些与热浴的随机碰撞可以看作 Monte Carlo 移动, 将体系从一个等能面转移到另一个等能面. 在随机碰撞之间, 体系遵从标准的 Newton 运动定律, 在恒定能量的情况下演变. 随机碰撞保证可根据它们的 Boltzmann 权重来遍历所有可能的等势面. 在 Anderson 的正则系综下, 粒子的位置与速度分别为

$$r(t + \delta t) = r(t) + v(t)\delta t + \frac{F(t)}{2m}\delta t^2 \tag{3.132}$$

$$v(t + \delta t) = v(t) + \frac{F(t + \delta t) + F(t)}{2m}\delta t \tag{3.133}$$

　　在 Anderson 的等温分子动力学模拟计算方法中, 恒定的温度通过与严格热浴的随机碰撞获得. Nosé则向人们展示了也可进行恒定温度下的确定的 MD 模拟. Nosé的这一方法基于扩展的 Lagrangian 函数的巧妙使用, 即 Lagrangian 函数包括

附加的、人为指定的坐标和速度. 目前对恒温动力学模拟更多地使用在 Hoover 公式中的 Nosé算法. 这一方法是以变量 s 调节过高或过低的动量 p, 使体系的温度保持不变. 调节后的物理量为

$$
\begin{aligned}
\boldsymbol{v}' &= \boldsymbol{v}, \quad \boldsymbol{p}' = \boldsymbol{p}/s \\
s' &= s, \quad \delta t' = \delta t/s
\end{aligned}
\tag{3.134}
$$

其中上标 ($\prime$) 表示调节后的物理量. 由此可得运动方程为

$$
\begin{aligned}
\frac{\mathrm{d}\boldsymbol{r}_i}{\mathrm{d}t} &= \frac{\boldsymbol{p}_i}{m_i} \\
\frac{\mathrm{d}\boldsymbol{p}_i}{\mathrm{d}t} &= -\boldsymbol{\nabla}_i U - \xi \boldsymbol{P}_i \\
\frac{\mathrm{d}\xi}{\mathrm{d}t} &= \left(\sum_{i=1}^{N} \frac{p_i^2}{m_i} - \frac{3N}{k_{\mathrm{B}}T} \right) \bigg/ Q \\
\left(\frac{\mathrm{d}s}{\mathrm{d}t} \right) \bigg/ s &= \xi
\end{aligned}
\tag{3.135}
$$

式中: Q 为有效质量 (effective mass), 是人为设定值, 通常选取 5 或 10; ξ 为热力摩擦系数 (thermodynamic friction coefficient). 执行分子动力学模拟计算时, 可将以上的运动方程积分来计算时刻 t 的物理量.

3.4 ABEEM/MM 浮动电荷蛋白质力场模型

在传统的力场当中, 其主要的缺点在于: ①用简单的固定点电荷平均势场计算静电势, 忽略了体系随外势变化而引起的静电极化和电荷转移, 而这些影响在各种体系, 尤其对生物分子和生化过程非常重要; ②采用简单的原子中心电荷, 而没有充分考虑化学键和孤对电子等非原子中心电荷的作用. 从第 2 章极化静电势模型的介绍和比较中, 我们可以看出: ①诱导偶极模型计算量较大, 浮动电荷模型相对简单有效; ②应该在原子位点的浮动电荷模型的基础上, 增加更多的有效位点, 如化学键、孤对电子、π 电子位点等, 从而能更好地体现非共面和分叉氢键等在蛋白质体系的重要极化现象. 鉴于以上问题, Yang 等根据电负性均衡原理, 提出了原子-键电负性均衡方法[23~30], 用以计算有机和生物大分子的电荷分布以及 ABEEM 分子总能量, 已经引起了相当的关注[2], 这从一定程度上符合了极化力场发展的要求. 在该模型中不仅包含了原子中心电荷, 而且还包含化学键和孤对电子区域, 其电荷能够随分子外势变化可以准确浮动和极化, 从而能恰当地描述静电作用势能. 浮动电荷模型考虑了所有级次的极化度, 不仅是偶极极化; ABEEM/MM 模型易于参数化, 计算电荷相对节省机时.

　　近来, Yang 等又在其基础上提出了 ABEEM/MM TIP-7P 水模型和水合离子模型, 已经应用到离子水溶液体系中, 结果表明, 该模型能够准确合理地计算水和离子气态团簇和液态的结构和能量, 以及一些相关物理量. 氢键拟合函数的引入, 使得该模型能够较好地描述水分子之间的氢键势能, 有效地防止了形成氢键时电荷的过度极化. 以上研究结果表明, ABEEM/MM 模型能够合理体现分子内和分子间的静电极化[82~87].

　　在以往的研究中, 利用极化力场对水等一些小分子体系的研究已经很具体, 但是对象蛋白质、多肽等一些生物大分子的研究仍旧处于滞后状态. 所以, 我们利用 ABEEM 模型, 建立了 ABEEM/MM 浮动电荷力场, 通过拟合从头计算的结果得到相关参数来初步研究多肽、蛋白质的构象以及在溶液中的一些性质[88~90], 下面我们就介绍一下 ABEEM/MM 浮动电荷力场模型.

3.4.1　ABEEM/MM 浮动电荷力场模型[82~90]

　　对于多肽和蛋白质这样的生物大分子体系的研究, 采用分子力场方法是合适的. 我们前面就谈到过几种经典的固定电荷静电势力场, 它们的势能表达式通常采用比较简单有效的对角元 (谐共振模型) 函数形式, 如 AMBER 和 OPLS 力场. 鉴于体系的考虑, 在价态势能函数部分, 参照采用了 OPLS-AA 力场函数.

　　在 ABEEM/MM 力场中, 分子的总能量可以表示为

$$E_{\text{ABEEM/MM}} = \sum_{\text{bond}} E_b + \sum_{\text{angle}} E_\theta + \sum_{\text{torsion}} E_\phi + \sum_{\text{non-bonded}} (E_{\text{vdW}} + E_{\text{elec}}) \quad (3.136)$$

式中: $E_{\text{ABEEM/MM}}$ 为在 ABEEM/MM 模型下体系的总能量, 根据结构元素可以分为四个部分: ① E_{nb} 为非键作用势能; ② E_{bond} 为键伸缩振动势能; ③ E_{angle} 为分子中连续键连的三个原子形成键角的弯曲振动势能; ④ E_{torsion} 为连续键连的四个原子的二面角扭转势能.

$$E_{\text{bond}} = \sum_{\text{bond}} k_r (r - r_{\text{eq}})^2 \quad (3.137)$$

$$E_{\text{angle}} = \sum_{\text{bond}} k_\theta (\theta - \theta_{\text{eq}})^2 \quad (3.138)$$

$$E_{\text{torsion}} = \sum_i \frac{V_1}{2} [1 + \cos(\phi_i)] + \frac{V_2}{2} [1 - \cos(2\phi_i)] + \frac{V_3}{2} [1 + \cos(3\phi_i)] \quad (3.139)$$

式中: E_{bond}、E_{angle} 和 E_{torsion} 分别为键伸缩、键角弯曲和二面角扭转势能函数; k_r 和 k_θ 分别为键伸缩和键角弯曲势能的力常数, r 和 θ 分别为实际的键长和键角值; r_{eq} 和 θ_{eq} 分别为平衡键长和键角值; V_1、V_2 和 V_3 分别为二面角扭转势能项的

展开力常数; ϕ_i 为实际二面角值, 对所有的二面角求和. 非键作用势能表示为

$$E_{\mathrm{nb}} = \sum_{i<j} \left[f'_{ij} q_i q_j e^2 / r_{ij} + 4 f_{ij} \varepsilon_{ij} \left(\sigma_{ij}^{12} / r_{ij}^{12} - \sigma_{ij}^6 / r_{ij}^6 \right) \right] \tag{3.140}$$

对在同一分子中所有相隔两个化学键以上的原子对, 或者是不同分子的原子对之间, 都需要计算非键相互作用, 原子对 i 和 j 的势能参数等于两个原子势能参数的几何平均: $\sigma_{ij} = (\sigma_{ii} \sigma_{jj})^{1/2}$ 和 $\varepsilon_{ij} = (\varepsilon_{ii} \varepsilon_{jj})^{1/2}$. 在非键势能项中, 除了 Lennard-Jones 势能项外, 另一项是 Coulomb 势能项, 在 ABEEM/MM 模型中, 电荷 q_i 通过我们的原子–键电负性均衡方法计算得到, 体系在基态的能量用 ABEEM 模型表示为

$$
\begin{aligned}
E_{\mathrm{ABEEM}} = \sum_{i=1}^{N_{\mathrm{mol}}} & \left\{ \sum_a \left(E_{ia}^* - \mu_{ia}^* q_{ia} + \eta_{ia}^* q_{ia}^2 \right) \right. \\
& + \sum_{a-b} \left[E_{i(a-b)}^* - \mu_{i(a-b)}^* q_{i(a-b)} + \eta_{i(a-b)}^* q_{i(a-b)}^2 \right] \\
& + \frac{1}{2} \sum_{a \in i} \sum_{b \in i} k_{\mathrm{H-bond}} (R_{ia,ib}) \frac{q_{ia} q_{ib}}{R_{ia,ib}} + k \left[\frac{1}{2} \sum_a \sum_{b(\neq a)} \frac{q_{ia} q_{ib}}{R_{ia,ib}} \right. \\
& \left. + \frac{1}{2} \sum_{a-b} \sum_{g-h(\neq a-b)} \frac{q_{i(a-b)} q_{i(g-h)}}{R_{i(a-b),i(g-h)}} + \frac{1}{2} \sum_{g-h} \sum_a \frac{q_{ia} q_{i(g-h)}}{R_{ia,i(g-h)}} \right] \right\} \\
& + \sum_{i=1}^{N_{\mathrm{mol}}} \sum_{j=1(\neq i)}^{N_{\mathrm{mol}}} \left\{ \frac{1}{2} \sum_{a \in i} \sum_{b \in j} k_{\mathrm{H-bond}} (R_{ia,jb}) \frac{q_{ia} q_{jb}}{R_{ia,jb}} + k \left[\frac{1}{2} \sum_a \sum_b \frac{q_{ia} q_{jb}}{R_{ia,jb}} \right. \right. \\
& \left. \left. + \frac{1}{2} \sum_{a-b} \sum_{g-h} \frac{q_{i(a-b)} q_{j(g-h)}}{R_{i(a-b),j(g-h)}} + \frac{1}{2} \sum_{g-h} \sum_a \frac{q_{ia} q_{j(g-h)}}{R_{ia,j(g-h)}} \right] \right\}
\end{aligned}
\tag{3.141}
$$

在式 (3.141) 中浮动电荷位点只包括原子和化学键区域, 其中 N_{mol} 为体系中分子的个数, 求和遍及体系中所有分子; μ_{ia}^*、η_{ia}^* 和 q_{ia} 分别为分子 i 中原子 a 的价态化学势、价态硬度和部分电荷; $\mu_{i(a-b)}^*$、$\eta_{i(a-b)}^*$ 和 $q_{i(a-b)}$ 分别为分子 i 中化学键 a—b 的价态化学势、价态硬度和部分电荷. 我们很容易发现, 在方程 (3.141) 中第一项表示分子体系中每个分子内部的相互作用能量, 而第二项表示不同分子间的相互作用能量. 第一项和第二项中的 k 是相同的, 都等于 0.57; $R_{ia,jb}$ 是第 i 个分子的 a 原子和第 j 个分子的 b 原子区域之间的距离; 相应的 $k_{\mathrm{H-bond}}(R_{ia,jb})$ 是形成氢键的氢原子和其受体之间距离的拟合函数, 当在方程中的 a 和 b 对应着氢键对时, 等于其拟合函数值, 否则为零.

同样, 根据密度泛函理论中的电负性定义, 由式 (3.141) 就可以得到在体系中

第 i 个分子的原子 a 和化学键 a—b 的有效电负性:

$$\chi_{ia} = \chi_{ia}^* + 2\eta_{ia}^* q_{ia} + \sum_{b \in i} k_{\text{H-bond}}(R_{ia,ib}) \frac{q_{ib}}{R_{ia,ib}} + k \left[\sum_{b(\neq a)} \frac{q_{ib}}{R_{ia,ib}} + \sum_{g-h} \frac{q_{i(g-h)}}{R_{ia,i(g-h)}} \right]$$

$$+ \sum_{j=1(j\neq i)}^{N_{\text{mol}}} \left\{ \sum_{b \in j} k_{\text{H-bond}}(R_{ia,jb}) \frac{q_{jb}}{R_{ia,jb}} \right.$$

$$\left. + k \left[\sum_{b} \frac{q_{jb}}{R_{ia,jb}} + \sum_{g-h} \frac{q_{j(g-h)}}{R_{ia,j(g-h)}} \right] \right\} \tag{3.142}$$

$$\chi_{ia-b} = \chi_{ia-b}^* + 2\eta_{ia-b}^* q_{ia-b} + k \left[\sum_{b} \frac{q_{ib}}{R_{ia-b,ib}} + \sum_{g-h(\neq a-b)} \frac{q_{i(g-h)}}{R_{ia-b,i(g-h)}} \right]$$

$$+ \sum_{j=1(j\neq i)}^{N_{\text{mol}}} k \left[\sum_{b} \frac{q_{jb}}{R_{ia-b,jb}} + \sum_{g=h} \frac{q_{j(g-h)}}{R_{ia-b,j(g-h)}} \right] \tag{3.143}$$

式中: $\chi_{ia}^* = -\mu_{ia}^*$ 和 $\chi_{i(a-b)}^* = -\mu_{i(a-b)}^*$ 分别为分子 i 中原子 a 和化学键 a—b 的价态电负性.

更一般地, 在包含孤对和 π 电子区域时, ABEEM 总能量的一般表达式可写为

$$E_{\text{ABEEM}} = \sum_{i=1}^{N_{\text{mol}}} \left\{ \sum_{a} \left(E_{ia}^* - \mu_{ia}^* q_{ia} + \eta_{ia}^* q_{ia}^2 \right) \right.$$

$$+ \sum_{j=1}^{N_{\text{mol}}} \left[\frac{1}{2} \sum_{a \in i} \sum_{b \in j} k_{\text{H-bond}}(R_{\text{lp,H}}) \frac{q_{ia} q_{jb}}{R_{ia,jb}} \right.$$

$$\left. \left. + \frac{1}{2} k \sum_{a \in i} \sum_{b \in j(a \neq b)} \frac{q_{ia} q_{jb}}{R_{ia,jb}} \right] \right\} \tag{3.144}$$

式中: N_{mol} 为体系中分子的个数, 求和遍及体系中所有分子; μ_{ia}^*、η_{ia}^* 和 q_{ia} 分别为分子 i 中任意区域 a 的价态化学势、价态硬度和部分电荷; lp 和 H 分别为形成氢键的孤对电子和氢原子. 式 (3.144) 中第一项表示分子体系中所有的价态能量, 而第二项表示分子内、分子间各区域之间的静电相互作用能量. $k=0.57$; $R_{\text{ilp},j\text{H}}$ 是第 i 分子的孤对电子和第 j 个分子的氢原子间氢键相互作用区域之间的距离, 相应的 $k_{\text{H-bond}}(R_{\text{lp,H}})$ 是形成氢键的氢原子和其受体的孤对电子之间距离的拟合函数, 当在方程中的 a 和 b 对应着氢键对时, 等于其拟合函数值, 否则为零.

同样, 根据密度泛函理论中的电负性定义, 由式 (3.144) 就可以得出在体系中第 i 个分子的任意一区域 (原子、化学单键、孤对电子, 以及双键的 σ 和 π 区域)

的有效电负性:

$$\chi_{ia} = \chi_{ia}^* + 2\eta_{ia}^* q_{ia} + \sum_b k_{\text{H-bond}}(R_{\text{lp,H}}) \frac{q_{ib}}{R_{ia,ib}} + k \sum_{b(\neq a)} \frac{q_{ib}}{R_{ia,ib}}$$

$$+ \sum_{j=1(j\neq i)}^{N_{\text{mol}}} \left\{ \sum_{b\in j} k_{\text{H-bond}}(R_{ia,jb}) \frac{q_{jb}}{R_{ia,jb}} + k \sum_b \frac{q_{jb}}{R_{ia,jb}} \right\} \tag{3.145}$$

式中: $\chi_{ia}^* = -\mu_{ia}^*$ 为分子 i 中任意一区域的价态电负性.

多分子体系中, 由于电荷守恒条件的存在, 电荷的分布不是相互独立的变量. 对于电中性体系, 有两种形式的电荷守恒条件: 一种是整个体系保持电中性; 另一种是每一个分子各自保持电中性. 在本模型中, 目前采用了后者; 当有必要时, 特别是分子间有电荷转移时, 再适当改变.

每个分子保持电中性, 当然整个体系也就是电中性的, 分子间不存在电荷的转移. 因而含有 N_{mol} 个分子的体系中就有 N_{mol} 个电荷守恒方程:

$$\sum_a^{N_a} q_{ia} = 0 \tag{3.146}$$

其中 a 表示分子中的任意一区域, 根据电负性均衡原理, 在达到电荷平衡时, 分子中每一处的电负性都相等; 如果对于一个含有 N_a 个电荷区域的分子来说, 就得到 N_a 个均衡方程, 加上对每一个分子的电中性限制方程, 对于每一个分子就有 N_a+1 个方程, 含有 N_a 个电荷和一个分子电负性, 一共 N_a+1 个未知数; 如果每个区域的价态电负性和硬度参数我们都已知, 就可解以上线性方程组, 求得作为未知量的所有区域电荷和分子电负性 (参见 3.1.2 节).

通过求解 ABEEM 模型的电负性均衡方程得到每个区域的电荷后, 把它们代入 ABEEM/MM 的静电势函数公式 (3.136) 中, 该函数采用了简单结合静电相互作用势的方法, 也就是说, 该项中不包括 ABEEM 能量项中的电荷自身展开项 (价态电负性和硬度与自身电荷作用项). 式 (3.140) 中的 f_{ij}' 在计算中的具体情况为:

(1) 当 i 和 j 都是原子区域时 (氢键对除外), 至少相隔两个原子, 否则等于零.

(2) 当 i 为原子区域, j 为单键或者 π 键的 σ 区域时, 至少相隔三个原子, 否则等于零.

(3) 当 i 为原子区域, j 为孤对电子或者双键的 π 电子区域时, 原子 i 与拥有该孤对电子或者 π 电子的原子至少相隔两个原子, 否则等于零.

(4) 当 i 为单键或者 π 键的 σ 区域, j 为单键或者双键的 σ 区域, 至少相隔三个原子, 否则等于零.

(5) 当 i 为单键或者双键的 σ 区域, j 为孤对电子或者双键的 π 电子区域时, 单键或者 π 键的 σ 区域 i 与拥有该孤对电子或者 π 电子的原子, 至少相隔三个原子,否则等于零.

(6) 当 i 为孤对电子或者双键的双电子区域, j 为孤对电子或者双键的双电子区域时, 孤对电子或者和双键的 π 电子区域 i 与拥有孤对电子或者 π 电子 j 的原子, 至少相隔两个原子, 否则等于零.

在 ABEEM/MM 浮动电荷力场中, 首先利用 ABEEM 方法计算各区域的电荷, 然后代入 ABEEM/MM 总能量公式, 就可求出体系总能量; 当外势改变, 如化学键、键角、分子的相对位置等变化, 就需要重新计算电荷和能量; 在模拟过程中, 通过实时地重复上述过程, 从而正确合理地体现静电势的极化. 在以下的叙述中, 电荷区域不包含孤对电子和 π 电子区域的 ABEEM/MM 模型, 称为 ABEEM/MM-1 模型, 含有的称为 ABEEM/MM-2 模型.

3.4.2　ABEEM/MM 模型参数的确定

分子力场势能函数中含有大量的参数, 所以参数的拟合是个非常复杂而又繁琐的过程, 尤其是对蛋白质这样的大分子体系. 分子力场的参数大体上可以分为三类: 一是价态部分硬自由度的参数, 如键伸缩和键角弯曲振动; 二是价态部分软自由度的参数, 如二面角扭转势能参数; 三是非键势能参数, 在我们的力场中为 Lennard-Jones 和 Coulomb 势能参数. 硬自由度的参数具有较好的可转移性, 因此我们直接采用了 OPLS-AA 固定电荷力场[44] 的键伸缩和键角弯曲振动势能参数. 对于其他的参数, 大体上可以按照下列顺序来确定: 首先确定非键势能参数, 然后拟合二面角扭转势能参数. 当然这一次序也并不是绝对的, 可以根据具体的情况, 相互协调, 因为非键项与二面角项是相互耦合的. 下面就具体介绍一下 ABEEM/MM 浮动电荷力场的参数化过程.

1. ABEEM 和 Lennard-Jones 势能参数的拟合

在传统的固定电荷力场中, 根据平均静电势场思想, 利用固定电荷静电势模型. 这种方法的一个很大缺陷是, 原子电荷参数在相似的化学环境中可转移性较差. 相反, 在 ABEEM 模型中, 各电荷区域是根据它们的化学环境定义的, 因此具有很好的可转移性. 具体的定义过程如下: ①首先确定体系中每一个原子的杂化态, 然后计算并确定化学键区域的中心位置, 其位置放在相邻原子的共价半径之比处, 再根据化学键相连的原子种类 (原子序数) 和杂化状态确定化学键的类别; ②根据每个原子其相邻原子的原子种类 (原子序数) 和杂化状态确定该原子类别, 按照 C、N、O、H 的顺序.

ABEEM 模型中的价态电负性、价态硬度参数 χ^*、η^* 是基于 Yang 等已经报道的 ABEEM 模型中的相应参数, 利用线性回归以及最小二乘法优化得到的. 此外, 在拟合的过程中, 我们还把模型小分子的构象能、团簇的结合能、偶极矩、OPLS-

AA 力场的固定电荷以及模型小分子的液态信息 (如气化热等) 加入到拟合的误差函数中, 采用不同权重, 来进一步优化. 在该模型中我们采用了双参数模型, 其与以往模型相比, 有以下两个优点: ①参数减少, 所以更适合蛋白质大分子体系; ②避免了硬度矩阵的不对称性. 由于在多肽和蛋白质分子中键伸缩力常数较大, 所以键长变化较小, 所以这种简化对模型没有太大影响. 总体静电校正系数 k 与以往相同, 等于 0.57.

在蛋白质和多肽分子中, 氢键是十分重要的结构, 对蛋白质的二级和三级结构的形成都起着重要的作用. 另外, 在浮动电荷模型中, 为了防止在形成氢键的原子间电荷过度极化, 我们把氢键静电相互作用系数从总校正系数 k 中分离出来, 单独拟合 $k_{\text{H-bond}}(R_{a,b})$, 它作为氢键中的氢原子和其受体之间距离的函数 (不含孤对电子和 π 电荷区域模型, ABEEM/MM-1), 或者和其受体原子的孤对电子区域之间的距离的函数 (含孤对电子和 π 电荷区域模型, ABEEM/MM-2). 对于模型小分子二聚体, 通过拟合在氢键两个区域之间不同距离时从头计算 (HF/6-31G**) 结合能, 来拟合 ABEEM/MM 模型下的氢键函数 $k_{\text{H-bond}}(R_{a,b})$. 我们假定在不同的距离处每个分子的结构不变, 只是氢键相互作用区域间的距离变化, 其氢键拟合函数一般表达式为

$$k_{\text{H-bond}}(R_{a,b}) = 0.57 - \frac{C}{1 + e^{\frac{R_{a,b} - r_{a,b}}{D}}} \tag{3.147}$$

这里, 通过调整氢键相关的 ABEEM 参数, 使得该拟合函数的极限值等于总的校正系数 0.57.

ABEEM/MM 模型下氢键拟合函数 $k_{\text{H-bond}}(R_{a,b})$ 的相关参数如表 3-3 所示.

表 3-3 ABEEM/MM 模型下氢键拟合函数 $k_{\text{H-bond}}(R_{a,b})$ 的相关参数

类型		C	$r_{a,b}$	D
80	11	0.0805	1.990	0.0150
77	11	0.0300	2.100	0.0250
80	18	0.0307	1.070	0.0104
80	3	0.0410	2.200	0.0110
80	173	0.0270	1.860	0.0150
80	174	0.0460	1.720	0.0166
80	1737	0.0270	1.510	0.0274
80	1731	0.0270	1.860	0.0150
80	186	0.0298	1.740	0.0162
86	11	0.0330	1.750	0.0150
80	117	0.0605	1.990	0.0371
80	171	0.0605	1.750	0.0200
772	11	0.305	2.200	0.0250
81	117	0.161	2.100	0.0074

续表

类型		C	$r_{a,b}$	D
81	11	0.161	2.100	0.0074
181	11	0.206	1.855	0.0184
77	18	0.059	2.267	0.0183
77	3	0.263	2.370	0.0196
16	11	0.161	2.370	0.0740
a80	881	0.715	1.803	0.0190
b883	11	0.181	1.550	0.0197
c883	881	0.0813	1.151	0.0697
182	3	0.0463	1.360	0.0890
161	11	0.0776	1.570	0.114
182	11	0.141	1.60	0.0330
182	174	0.231	1.197	0.0290
182	171	0.0578	1.205	0.0310
182	1737	0.0470	1.10	0.0560
183	11	0.0931	1.048	0.0710
182	173	0.0813	1.597	0.0322
182	1731	0.187	1.30	0.0322
182	117	0.181	1.595	0.0330
181	11	0.0313	1.350	0.103
182	18	0.0795	1.352	0.0172
172	11	0.0813	1.196	0.078
a182	881	0.0633	1.154	0.0509
b883	11	0.0488	1.230	0.053
c883	881	0.0813	1.151	0.0697

注：上角标 a、b、c 对应的氢键对的校正因子极限值分别为：0.610, 0.591, 0.621(ABEEM/MM-2)；0.635, 0.610, 0.621(ABEEM/MM-1), 代替方程 (3.147) 中的 0.57.

　　对于 Lennard-Jones 势能参数 ε 和 r, 主要借鉴了 OPLS-AA 固定电荷力场的参数, 该力场的最大优点就是, 能够很好地重复实验的液态性质, 计算的气化热、介电常数等物理量都与实验值符合得很好, 在拟合 Lennard-Jones 势能参数 ε 和 r 时, 主要以液态模拟的热力学数据作为依据. 由于采用了 ABEEM 新的静电势能模型, 因此也必须做必要的调整, 主要根据模型气态小分子团簇的结构、氢键长和结合能以及液态下的氢键长和气化热数据来优化已有的参数, 从而能很好地重复从头计算和实验结果. 优化的 Lennard-Jones 势能参数 ε 和 r 列于表 3-4 和表 3-5 中, 表中的原子、键、孤对电子和 π 电子区域类型如图 3-13 所示.

表 3-4　ABEEM/MM-1 模型中定义的电荷区域类型、参数以及 Lennard-Jones 势能参数 (χ^*、$2\eta^*$、σ 和 ε)

编码	元素	χ^*	$2\eta^*$	$\sigma/\text{Å}$	$\varepsilon/(\text{kcal/mol})$
613	C	2.60	32.30	3.50	0.066
612	C	2.50	12.80	3.50	0.066

编码	元素	χ^*	$2\eta^*$	$\sigma/\text{Å}$	$\varepsilon/(\text{kcal/mol})$
611	C	2.55	12.00	3.50	0.066
1	H	2.00	22.04	2.50	0.03
11	H	2.00	8.30	0.0	0.0
43	C	2.10	6.27	3.75	0.105
647	C	2.55	12.00	3.50	0.066
77	N	5.60	7.30	3.30	0.18
80	O	5.50	6.00	2.76	0.12
615	C	2.75	27.80	3.50	0.066
673	C	2.50	35.85	3.50	0.066
81	O	3.90	3.10	3.22	0.17
18	H	2.00	7.55	0.0	0.0
682	C	2.50	9.00	3.50	0.066
16	S	4.00	1.99	4.05	0.45
3	H	2.00	9.07	0.0	0.0
166	C	2.50	13.02	3.50	0.066
666	C	2.70	9.70	3.50	0.066
66	C	3.40	10.00	3.55	0.07
2	H	2.00	14.04	2.42	0.03
162	S	4.01	1.99	4.05	0.45
772	N	5.60	7.70	3.30	0.18
117	H	2.00	8.08	0.0	0.0
652	C	2.70	9.70	3.50	0.066
525	C	2.50	11.20	3.55	0.07
515	C	2.50	9.20	3.55	0.07
725	N	5.60	7.80	3.25	0.17
455	C	2.50	6.71	3.55	0.07
735	N	5.60	6.90	3.25	0.17
173	H	2.00	7.07	0.0	0.0
668	C	2.50	9.22	2.98	0.21
866	O	3.90	2.90	2.42	0.015
186	H	2.00	7.15	0.0	0.0
566	C	2.10	15.27	3.50	0.066
56	C	2.10	6.27	3.75	0.105
86	O	6.50	4.50	3.01	0.21
674	C	2.50	6.49	3.50	0.066
74	N	3.50	5.20	3.30	0.18
174	H	2.00	5.12	0.0	0.0
737	N	4.61	4.82	3.25	0.17
665	C	2.89	6.50	3.55	0.07
1737	H	2.00	7.09	0.0	0.0
673	C	2.50	8.85	3.55	0.17

编码	元素	χ^*	$2\eta^*$	$\sigma/\text{Å}$	$\varepsilon/(\text{kcal/mol})$
44	C	2.50	4.20	2.25	0.05
731	N	4.70	4.60	3.25	0.17
171	H	2.00	7.50	0.0	0.0
1106	H—C	9.00	65.00		
1107	H—N	9.50	74.00		
1108	H—O	11.00	102.0		
6106	C—C	9.70	67.00		
6107	C—N	10.40	66.00		
6108	C—O	11.10	97.00		
6206	π C=C	9.00	45.50		
6208	C=O	11.90	65.00		
6307	p π N ∼ C=	10.80	80.80		
1116	H—S	9.00	84.00		
6116	C—S	9.50	73.32		

表 3-5　　ABEEM/MM-2 模型中定义的电荷区域类型、参数
以及 Lennard-Jones 势能参数 (χ^*、$2\eta^*$、σ 和 ε)

编码	元素	χ^*	$2\eta^*$	$\sigma/\text{Å}$	$\varepsilon/(\text{kcal/mol})$
613	C	2.55	7.56	3.50	0.066
612	C	2.50	7.80	3.50	0.066
611	C	2.55	7.03	3.50	0.066
1	H	2.00	18.04	2.50	0.03
11	H	2.00	6.92	0.0	0.0
43	C	2.01	4.67	3.75	0.105
647	C	2.55	7.66	3.50	0.066
77	N	4.10	6.53	3.30	0.18
80	O	3.50	19.72	2.96	0.21
615	C	2.45	7.57	3.50	0.066
673	C	2.50	8.85	3.50	0.066
81	O	3.50	13.67	3.12	0.37
18	H	2.00	7.55	0.0	0.0
682	C	2.50	7.01	3.50	0.066
16	S	2.60	8.12	4.05	0.45
3	H	2.00	10.24	0.0	0.0
166	C	2.56	9.02	3.50	0.066
666	C	2.70	7.21	3.50	0.066
66	C	2.50	6.80	3.55	0.07
2	H	2.00	11.04	2.42	0.03
162	S	2.60	8.19	4.05	0.45
772	N	4.10	6.70	3.30	0.18
117	H	2.00	7.43	0.0	0.0

续表

编码	元素	χ^*	$2\eta^*$	$\sigma/\text{Å}$	$\varepsilon/(\text{kcal/mol})$
652	C	2.70	9.70	3.50	0.066
525	C	2.50	6.20	3.55	0.07
515	C	2.50	9.20	3.55	0.07
725	N	3.21	16.80	3.25	0.17
455	C	2.50	4.38	3.55	0.07
735	N	4.27	6.90	3.25	0.17
173	H	2.00	6.24	0.0	0.0
668	C	2.50	9.91	2.98	0.21
866	O	3.89	4.30	2.42	0.015
186	H	2.00	7.21	0.0	0.0
566	C	2.51	8.27	3.50	0.066
56	C	2.34	6.07	3.75	0.105
86	O	4.72	11.48	3.01	0.21
674	C	2.50	6.15	3.50	0.066
74	N	3.30	7.20	3.30	0.18
174	H	2.00	5.31	0.0	0.0
737	N	4.11	7.02	3.25	0.17
665	C	2.57	4.88	3.55	0.07
1737	H	1.81	6.89	0.0	0.0
673	C	2.50	8.85	3.55	0.17
44	C	2.36	3.63	2.25	0.05
731	N	4.22	6.62	3.25	0.17
171	H	2.00	6.19	0.0	0.0
1106	H—C	6.01	42.35		
1107	H—N	6.06	44.88		
1108	H—O	6.85	62.18		
6106	C—C	6.71	47.34		
6107	C—N	6.40	41.49		
6108	C—O	6.92	49.78		
6206	πC=C	5.37	29.50		
6208	C=O	6.14	39.63		
6307	pπN~C=	6.25	43.53		
1116	H—S	5.17	40.86		
6116	C—S	5.51	29.82		
172	LpN-	3.92	5.00		
181	LpO-	4.25	7.16		
182	LpO=	4.16	6.81		
183	LpO= (−)	4.22	5.41		
262	πC=	3.79	94.15		
272	πN=	3.86	34.47		
282	πO=	3.88	36.02		
273	pπN-	3.73	27.13		
283	πO= (−)	4.58	26.02		

2. 二面角势能参数的拟合

与键的伸缩和键角弯曲振动势能项这样的硬自由度相比, 二面角扭转势能项通常同非键势能项耦合在一起, 由于我们采用了 ABEEM 浮动电荷静电势模型, 因此必须对该项的参数重新加以优化和修改. 我们利用最小二乘法对其进行了优化

$$Y_1 = \mathrm{sqrt} \left\{ \sum \left[\left(E_{\mathrm{conf1}}^{\mathrm{exp}} - E_{\mathrm{conf2}}^{\mathrm{exp}} \right)^2 - \left(E_{\mathrm{conf1}}^{\mathrm{cal}} - E_{\mathrm{conf2}}^{\mathrm{cal}} \right)^2 \right] \Big/ n \right\}$$

$$Y_2 = \mathrm{sqrt} \left(\sum \left(E_{\mathrm{conf1}} - E_{\mathrm{conf2}} \right)^2 \Big/ n \right) \tag{3.148}$$

参照 OPLS-AA 力场的肽骨架和氨基酸残基侧链参数, 把它作为初始数据; 对于烷烃分子采用了 MM3 力场参数作为其初始数据, 在此基础上按一定的步长循环系统的变化, 每一步变化后产生一个新的参数文件, 然后通过力场程序对所有构象对进行最小化计算, 构象对中都含有相同类型的二面角单元结构. Y_1 表示误差目标函数, $E_{\mathrm{conf1}}^{\mathrm{exp}} - E_{\mathrm{conf2}}^{\mathrm{exp}}$ 表示实验或者是精密从头计算得到的构象 1(conf1)和构象 2(conf2) 的构象能差值, $E_{\mathrm{conf1}}^{\mathrm{cal}} - E_{\mathrm{conf2}}^{\mathrm{cal}}$ 表示 ABEEM/MM 浮动电荷力场计算得到的构象 1(conf1) 和构象 2(conf2) 的构象能差值, n 是拟合中使用的构象对个数. 为了使拟合的参数也同样能够很好地重复实验或者从头计算的分子结构, 利用最小二乘法, 最小化坐标易位误差函数 Y_2; 我们往往把实验或从头计算的结构作为初始结构, 为了保证在优化过程中结构不要偏离初始结构太远, 要求 Y_2(root mean square of distance, RMSD) 不大于 0.2 Å 的标准. 在拟合多肽蛋白质分子中的骨架和氨基酸残基侧链二面角扭转势能参数中, 主要以 LMP2/cc-pVTZ(-f)// HF/6-31G** 和 MP2/6-31G(d,p) 从头计算结果作为标准值, 后者的计算是在 GAUSSIAN 98 程序中完成的.

通过对丙氨酸和甘氨酸残基二肽和其他 18 种氨基酸残基二肽分子构象能量和结构的拟合获得骨架参数和侧链二面角扭转势能参数, 各种残基侧链结构如图 3-14 所示. 利用量子化学方法拟合力场参数相对利用实验数据有四个优点: ①比实验数据充分; ②力场方法能够应用到更多的分子类型和更广泛的化学环境, 同时可以获取实验无法得到的性质, 如分子的过渡态; ③力场更加具有一致性, 由于

丙氨酸二肽　　　　　　　　　苯丙氨酸　　　　　　　　　丝氨酸

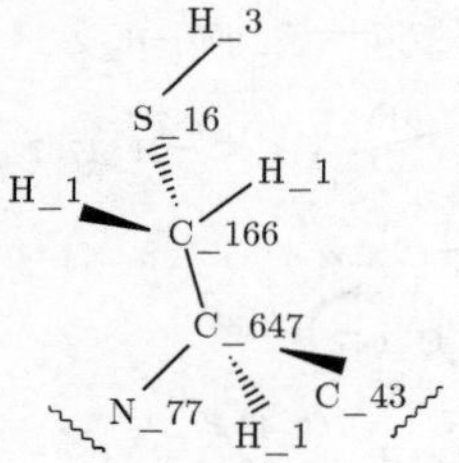

半胱氨酸

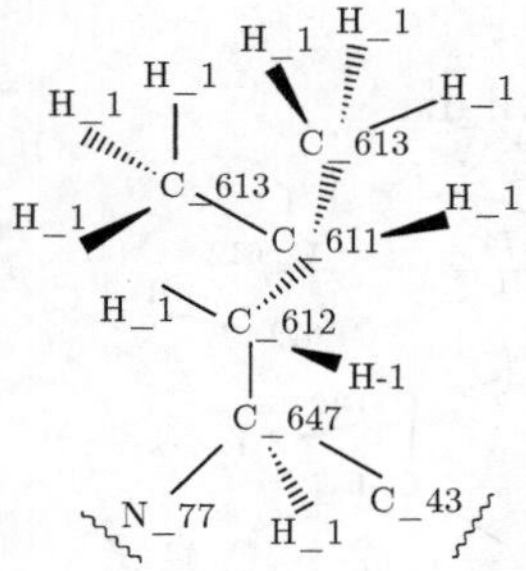

亮氨酸

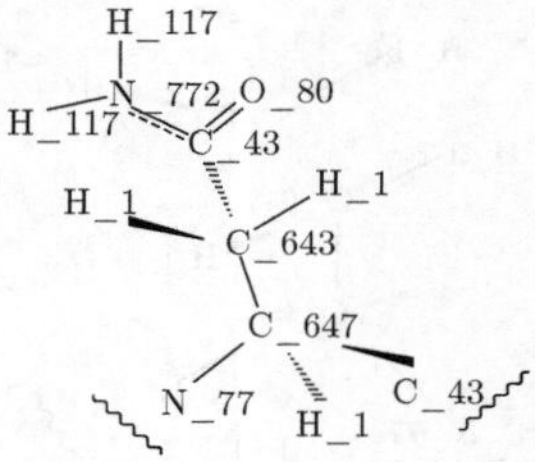

天冬酰胺

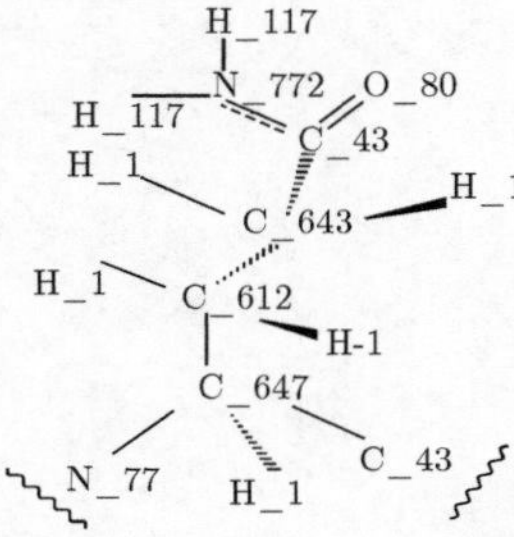

谷氨酰胺

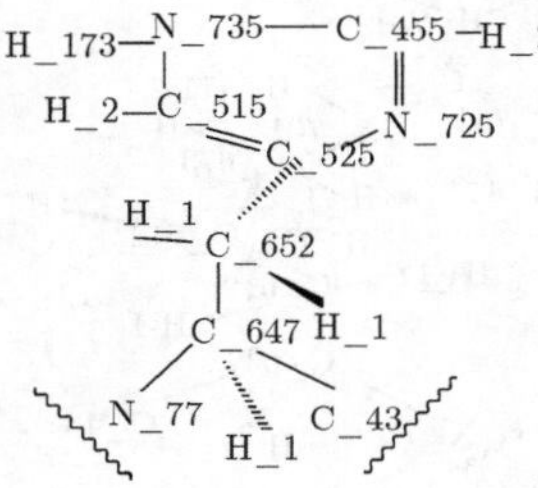

组氨酸

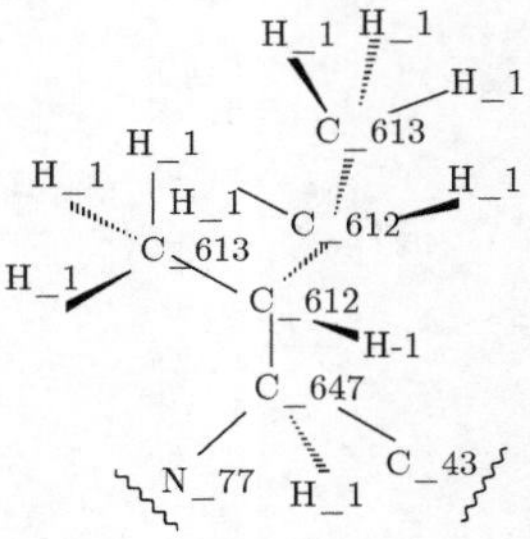

异亮氨酸

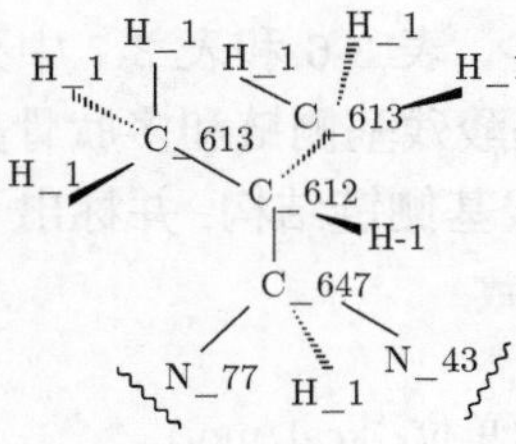

缬氨酸

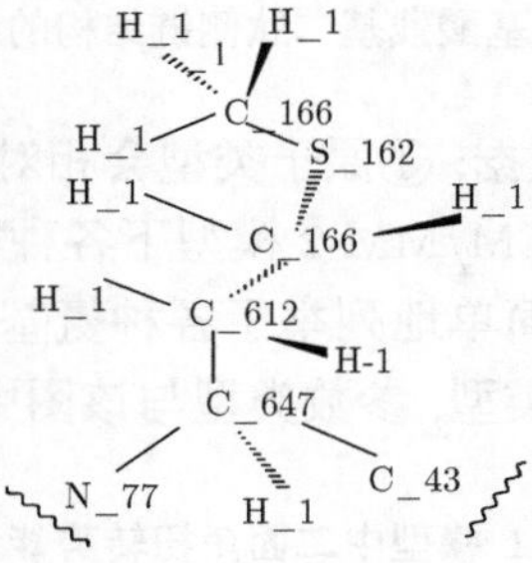

蛋氨酸

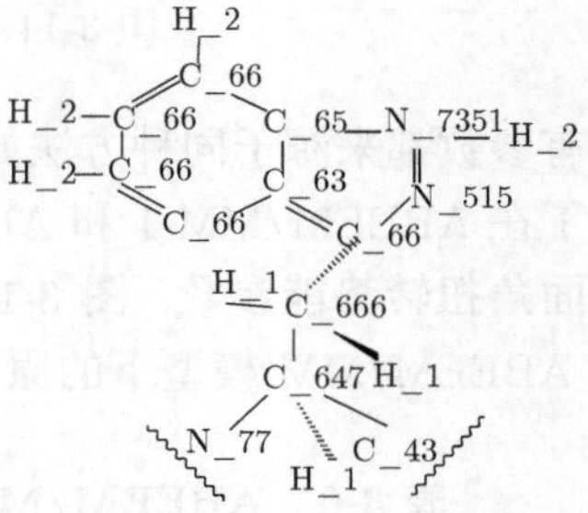

色氨酸

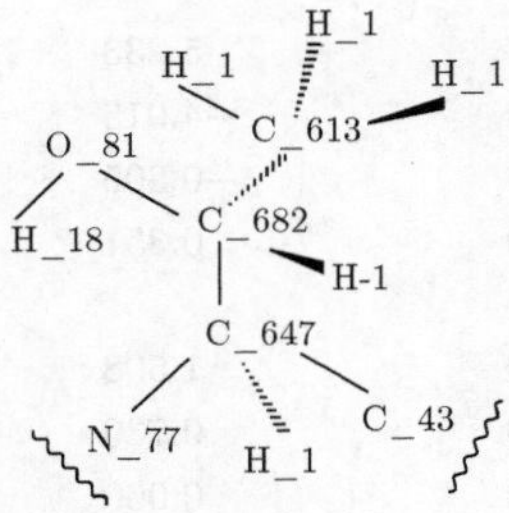

苏氨酸

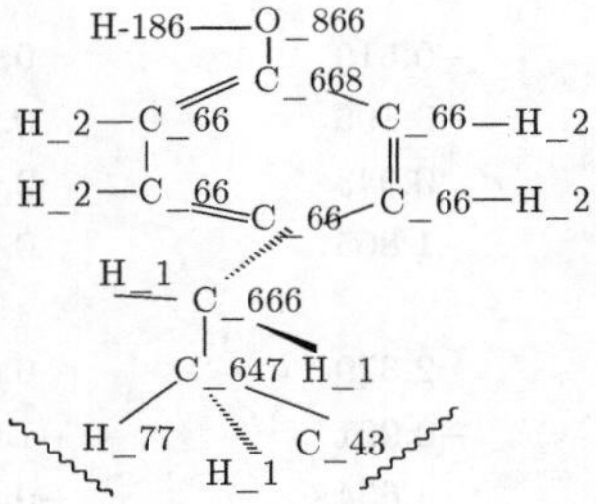

酪氨酸

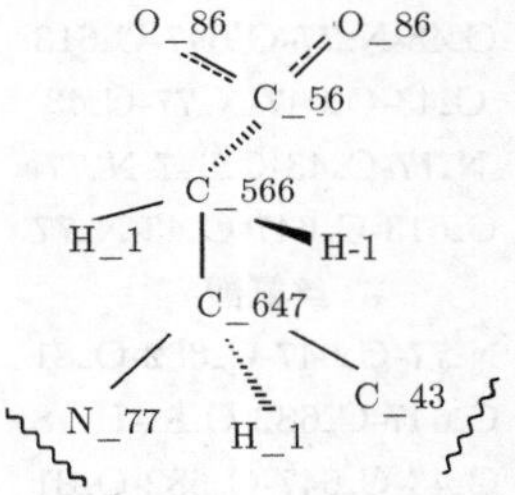

天冬氨酸

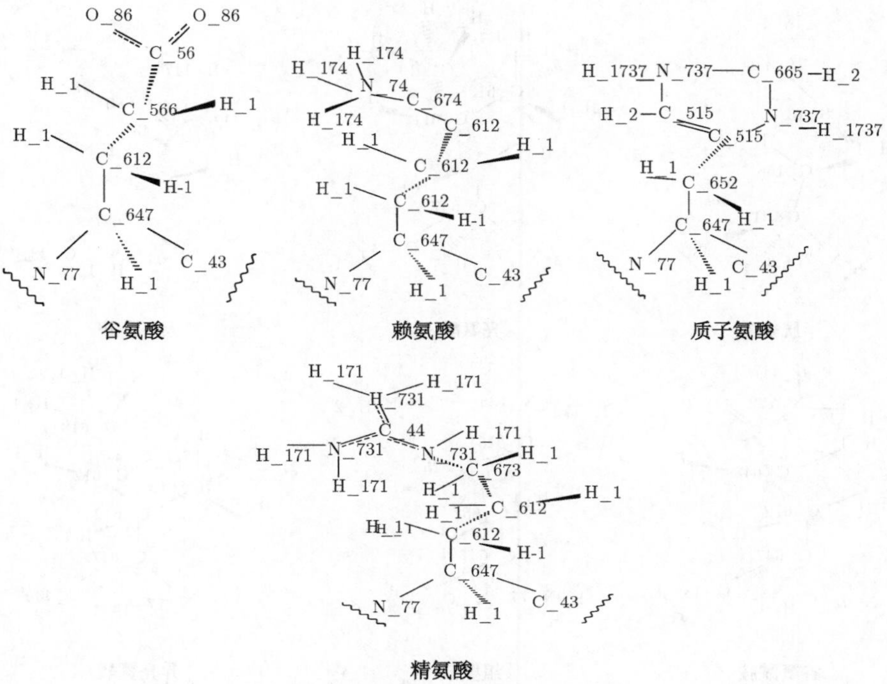

谷氨酸　　　　　　　　　　赖氨酸　　　　　　　　　　质子氨酸

精氨酸

图 3-14　氨基酸残基二肽侧链结构的示意图

所有参数都来源于同种方法的数据; ④原子类型会相对减少. 表 3-6 和表 3-7 中列举了在 ABEEM/MM-1 和 ABEEM/MM-2 模型下各种氨基酸残基侧链和多肽骨架二面角扭转势能参数. 图 3-14 简单地列举了各种氨基酸残基侧链结构, 并标出了在 ABEEM/MM 模型下的原子类型, 参数类型与该图中一致.

表 3-6　ABEEM/MM-1 模型中二面角扭转势能参数(单位: kcal/mol)

二面角类型	V_1	V_2	V_3
丙氨酸及其骨架			
C_43-N_77-C_647-C_613	−0.519	0.877	5.233
C_43-C_647-N_77-C_43	−0.596	0.279	−4.913
N_77-C_43-C_647-N_77	0.943	2.008	−0.805
C_613-C_647-C_43-N_77	1.865	0.089	0.351
丝氨酸			
N_77-C_647-C_682-O_81	2.379	0.879	1.508
C_647-C_682-O_81-H_18	−0.991	−1.869	0.739
C_43-C_647-C_682-O_81	−4.654	−0.872	0.000
苯丙氨酸			
C_43-C_647-C_666-C_66	1.420	0.000	0.266

续表

二面角类型	V_1	V_2	V_3
C_66-C_666-C_647-N_77	1.120	0.000	0.366
半胱氨酸			
N_77-C_647-C_166-S_16	0.583	−1.163	0.141
C_647-C_166-S_16-H_3	−0.759	−1.882	0.603
C_43-C_647-C_166-S_16	−4.214	−2.114	0.969
亮氨酸			
C_611-C_612-C_647-N_77	0.050	0.563	0.894
C_43-C_647-C_612-C_611	0.539	0.740	0.200
C_647-C_612-C_611-C_613	1.740	−0.157	0.279
天冬酰胺			
C_43-C_643-C_647-N_77	−4.617	−2.677	1.465
C_647-C_643-C_43-N_772	−0.291	2.621	1.778
C_43-C_647-C_643-C_43	0.045	0.190	0.000
谷氨酰胺			
C_643-C_612-C_647-N_77	1.165	−0.726	0.813
C_43-C_647-C_612-C_643	−1.092	0.836	0.000
C_43-C_643-C_612-C_647	0.692	−2.836	0.000
C_612-C_643-C_43-N_772	3.295	0.589	0.000
组氨酸			
C_525-C_652-C_647-N_77	0.213	−1.602	0.289
C_647-C_652-C_525-N_725	−1.543	0.014	0.700
C_647-C_652-C_525-C_515	0.200	−0.900	0.300
C_43-C_647-C_652-C_525	0.410	−0.546	0.000
异亮氨酸			
C_612-C_612-C_647-N_77	0.050	1.763	0.894
C_43-C_647-C_612-C_612	1.589	1.740	1.200
缬氨酸			
C_613-C_612-C_647-N_77	0.450	1.463	0.294
C_43-C_647-C_612-C_613	0.539	0.740	0.200
蛋氨酸			
C_166-C_612-C_647-N_77	0.050	0.463	0.294
C_647-C_612-C_166-S_162	−0.830	0.135	0.173
C_43-C_647-C_612-C_166	0.239	0.740	0.206
C_612-C_166-S-C_166	1.325	−0.906	0.377
色氨酸			
C_66-C_666-C_647-N_77	−0.194	0.600	0.291
C_647-C_666-C_66-C_63	−0.714	0.000	0.000
C_63-C_66-C_666-C_647	0.000	0.000	0.000
C_43-C_647-C_666-C_66	−0.058	0.825	0.000
苏氨酸			
N_77-C_647-C682-O_81	0.379	−0.879	0.508

二面角类型	V_1	V_2	V_3
C_647-C_682-O_81-H_18	0.191	−0.869	0.739
C_43-C_647-C_682-O_81	−1.854	−1.372	0.000
酪氨酸			
C_66-C_666-C_647-N_77	1.120	0.000	0.366
C_66-C_66-C_666-C_647	0.000	0.000	0.000
C_43-C_647-C_666-C_66	1.720	0.000	0.166
C_66-C_668-O_866-H_186	0.000	1.382	0.000
天冬氨酸			
C_56-C_566-C_647-N_77	1.125	−0.962	0.480
C_647-C_566-C_56-O_86	0.000	0.820	0.000
C_43-C_647-C_566-C_56	3.060	1.356	0.585
谷氨酸			
C_566-C_612-C_647-N_77	0.250	5.020	0.790
C_56-C_566-C_612-C_647	−3.185	−0.825	0.493
C_612-C_566-C_56-O_86	0.000	0.820	0.000
C-43-C_647-C_612-C_566	4.339	0.840	0.210
赖氨酸			
C_612-C_612-C_647-N_77	−2.067	−0.226	0.805
C_43-C647-C_612-C_612	−1.692	0.836	0.000
C_612-C_612-C_674-N_74	−2.732	2.229	0.485
质子氨酸			
C_515-C_652-C_647-N_77	0.247	−2.152	−0.667
C_647-C_652-C_515-N_737	−0.600	0.862	0.300
C647-C_652-C_515-C_515	0.000	0.000	0.000
C_43-C_647-C_652-C_515	0.330	0.282	−3.100
精氨酸			
C_612-C_612-C_647-N_77	−3.121	0.451	0.068
C_612-C_673-C_44-N_731	4.300	1.288	0.020
C_44-N_731-C_673-C_612	−1.529	−0.543	0.298
C_43-C_647-C_612-C_612	0.078	−5.653	0.220

表 3-7　　ABEEM/MM-2 模型中二面角扭转势能参数(单位：kcal/mol)

二面角类型	V_1	V_2	V_3
丙氨酸及其骨架			
C_43-N_77-C_647-C_613	0.219	0.877	5.233
C_43-C_647-N_77-C_43	−0.596	0.279	−3.913
N_77-C_43-C_647-N_77	1.843	1.708	−0.805
C_613-C_647-C_43-N_77	1.465	0.089	1.051
丝氨酸			
N_77-C_647-C_682-O_81	0.972	1.267	0.630
C_647-C_682-O_81-H_18	−1.656	0.074	0.492

二面角类型	V_1	V_2	V_3
C_43-C_647-C_682-O_81	0.519	−1.620	3.834
苯丙氨酸			
C_43-C_647-C_666-C_66	0.266	1.180	0.266
C_66-C_666-C_647-N_77	0.752	1.800	0.266
半胱氨酸			
N_77-C_647-C_166-S_16	−0.199	0.263	0.141
C_647-C_166-S_16-H_3	0.379	−2.482	0.603
C_43-C_647-C_166-S_16	0.235	1.744	0.310
亮氨酸			
C_611-C_612-C_647-N_77	0.111	0.351	0.368
C_43-C_647-C_612-C_611	0.698	0.853	0.220
C_647-C_612-C_611-C_613	0.185	0.320	0.500
天冬酰胺			
C_43-C_643-C_647-N_77	0.000	0.777	2.625
C_647-C_643-C_43-N_772	−0.291	0.621	0.278
C_43-C_647-C_643-C_43	0.000	0.703	2.969
谷氨酰胺			
C_643-C_612-C_647-N_77	0.211	1.651	0.368
C_43-C_647-C_612-C_643	0.598	0.853	0.220
C_43-C_643-C_612-C_647	−0.733	−2.217	0.037
C_612-C_643-C_43-N_772	1.991	1.621	−0.578
组氨酸			
C_525-C_652-C_647-N_77	−0.313	0.102	0.789
C_647-C_652-C_525-N_725	1.243	−2.414	0.400
C_647-C_652-C_525-C_515	0.200	0.400	0.300
C_43-C_647-C_652-C_525	1.307	2.746	0.310
异亮氨酸			
C_612-C_612-C_647-N_77	0.211	0.451	0.368
C_43-C_647-C_612-C_612	0.298	0.853	0.220
缬氨酸			
C_613-C_612-C_647-N_77	0.000	−1.252	0.968
C_43-C_647-C_612-C_613	1.540	0.872	1.020
蛋氨酸			
C_166-C_612-C_647-N_77	0.050	0.463	0.294
C_647-C_612-C_166-S_162	−0.830	0.135	−1.373
C_43-C_647-C_612-C_166	0.539	1.340	0.200
C_612-C_166-S-C_166	0.325	−0.906	0.377
色氨酸			
C_66-C_666-C_647-N_77	0.694	1.300	0.294
C_647-C_666-C_66-C_63	−0.714	0.000	0.000
C_63-C_66-C_666-C_647	0.000	0.000	0.000

续表

二面角类型	V_1	V_2	V_3
C_43-C_647-C_666-C_66	0.258	0.825	0.000
苏氨酸			
N_77-C_647-C682-O_81	1.091	2.330	0.508
C_647-C_682-O_81-H_18	0.291	−1.369	0.739
C_43-C_647-C_682-O_81	0.254	0.372	5.210
酪氨酸			
C_66-C_666-C_647-N_77	0.920	1.900	0.366
C_66-C_66-C_666-C_647	0.000	0.000	0.000
C_43-C_647-C_666-C_66	0.520	1.020	2.166
C_66-C_668-O_866-H_186	0.000	1.382	0.000
天冬氨酸			
C_56-C_566-C_647-N_77	−0.245	−2.562	0.713
C_647-C_566-C_56-O_86	0.000	0.820	0.000
C_43-C_647-C_566-C_56	1.897	0.956	0.585
谷氨酸			
C_566-C_612-C_647-N_77	0.250	−2.020	0.790
C_56-C_566-C_612-C_647	−0.185	−0.825	0.493
C_612-C_566-C_56-O_86	0.000	0.820	0.000
C-43-C_647-C_612-C_566	0.739	−3.840	0.210
赖氨酸			
C_612-C_612-C_647-N_77	−2.067	−0.226	0.805
C_43-C647-C_612-C_612	2.692	0.836	1.290
C_612-C_612-C_674-N_74	−2.732	−1.229	0.485
质子氨酸			
C_515-C_652-C_647-N_77	−1.670	0.160	0.667
C_647-C_652-C_515-N_737	0.100	0.000	0.300
C647-C_652-C_515-C_515	0.000	0.000	0.000
C_43-C_647-C_652-C_515	2.080	0.282	0.200
精氨酸			
C_612-C_612-C_647-N_77	2.121	1.851	0.068
C_612-C_673-C_44-N_731	0.800	0.288	0.020
C_44-N_731-C_673-C_612	−1.529	0.543	0.298
C_43-C_647-C_612-C_612	0.678	0.653	0.220

3.5　ABEEM/MM 蛋白质力场模拟分子构象

3.5.1　烷烃分子的构象

在讨论多肽构象之前, 为了探讨和检测 ABEEM/MM 模型, 首先对烷烃分子的气态结构和能量进行了研究, 利用充分的实验和部分从头计算数据来拟合烷烃分子的二面角扭转势能参数, 并通过液态烷烃体系的分子动力学模拟进一步的优化和检验模型的非键参数. 结果表明, 与实验相比, ABEEM/MM 模型得到较低的构象能误差, 烷烃分子的构象结构和液态下的有关热力学物理量也与实验结果符合得很好.

饱和的烷烃分子, 是有机分子中最简单、最基础的体系, 力场的最初发展也是从这样的简单分子开始的. 1976 年, Allinger 发表了 MM1 力场, 1977 年又发表文章系统地阐述了用 MM2 力场计算有机分子构象和结构的结果和前景. 其后 MM(1-4*)、CFF、MMFF 等力场被用来对烷烃分子的构象、结构和光谱性质进行系统的研究, 从简单的对角 (谐振子) 函数力场到耦合项力场, 目前人们着重于利用力场方法对光谱性质进行研究. 但是利用极化力场对烷烃体系的研究, 尤其是系统的计算还没有报道. 杨等利用 ABEEM 方法对烷烃等有机分子的电荷分布进行了计算, 能够非常好地重复从头计算 Mulliken 布居分析电荷, 用来探讨 ABEEM/MM 模型的浮动电荷静电势能否与分子力场其他势能函数恰当的结合.

前面已经对 ABEEM/MM 模型和参数化进行了详细的介绍. 不同的力场由于其应用的范围不同, 因而采用的力场形式也不同, 一些蛋白质力场一般采用简单的对角力场, 如 AMBER 力场; 但是对 MM 等力场, 它们主要用来研究分子光谱性质, 因而采用有耦合项的力场形式. ABEEM/MM 模型为了能够更好地重复实验结果, 采用了 MM3 力场的键伸缩和键角弯曲振动势能函数的参数, 但是没有采用耦合项, 一方面耦合项对构象能和结构影响较小, 另一方面为了与应用到多肽体系的势能函数相同, 使模型函数具有一致性. ABEEM 和 Lennard-Jones 函数的参数在表 3-8 中给出. 表 3-9~ 表 3-11 中列出了 ABEEM/MM 模型的键伸缩、键角弯曲振动和二面角扭转势能函数的参数.

表 3-8   **ABEEM 和 Lennard-Jones 函数的参数**

编码	类型说明		χ^*	$2\eta^*$	$\sigma/\text{Å}$	$\varepsilon/(\text{kcal/mol})$
613	C	RCH_3 烷烃	2.60	32.30	3.50	0.066
612	C	R_2CH_2 烷烃	2.50	12.80	3.50	0.066
611	C	R_3CH 烷烃	2.55	12.00	3.50	0.066
1	H	$H—C(sp^3)$	2.00	22.04	2.50	0.032
1106	H—C	H—C 单键	5.50	25.80		
6106	C—C	C—C 单键	5.00	23.90		

注: 编码是 ABEEM/MM 模型程序中定义的原子类型标号.

表 3-9   **键伸缩势能函数中的力常数和平衡键长参数**

键类型	力常数 $k_s/(\text{kcal/mol})$	平衡键长 $l_0/\text{Å}$
C—C	323.01	1.5247
C—H	341.00	1.1120

· 186 ·　　　　　　　　第 3 章　　概念密度泛函理论与浮动电荷分子力场

表 3-10　键角势能函数中的力常数和平衡键角参数

键角类型	力常数 k_b/ (kcal/mol)	平衡键角/(°)		
		(—CR$_2$—)	(—CRH—)	(—CH$_2$—)
C—C—C	48.20	109.500	110.200	111.000
C—C—H	42.44	109.800	109.310	110.700
H—C—H	39.57	107.600	107.800	109.470

表 3-11　二面角扭转势能函数展开项中的力常数参数(单位: kcal/mol)

类型	V_1	V_2	V_3
C—C—C—C	0.185	0.320	0.500
C—C—C—H	0.000	0.000	0.380
H—C—C—H	0.000	0.000	0.350

　　计算 ABEEM/MM 模型下烷烃分子的构象能时, 采用了实验和从头计算的初始结构. 在表 3-12 中列举了利用 ABEEM/MM 浮动电荷力场计算的 13 个烷烃分子的构象能结果. 表 3-13 中详细地列举出了四个烷烃分子在该模型下的结构信息. 我们发现, 从乙烷到丁烷随着链的增长, 实验测得绕 C—C 键转动的势能垒高度从 2.88 kcal/mol 增加到 4.89 kcal/mol, ABEEM/MM 给出的结果[89]为从 2.90 kcal/mol 到 4.90 kcal/mol, 几乎与实验值相等. 对 18 个构象能对进行了统计, ABEEM/MM 力场给出总的均方根偏差 (root mean square deviation, RMSD) 为 0.21 kcal/mol; AMBER、MM3、CHARMM (MSI) 力场给出的相应值分别为: 0.58 kcal/mol、0.50 kcal/mol、0.77 kcal/mol. 通过以上同实验结果的比较, 结果表明: 加入了浮动电荷静电势的 ABEEM/MM 力场给出了更加接近实验值的烷烃分子构象能结果[89].

表 3-12　ABEEM/MM 和其他力场, 以及实验得到的烷烃分子构象能

分子	Expt.[2)	ab initio[4)	Amber[2)	MM3[2)	MSI CHARMm[2)	ABEEM/ MM
乙烷 (能垒)	2.88[1)		3.01[1)	2.41[1)		2.90
丙烷						
(conf2-conf1, 能垒)[3)	3.3	3.26	3.30			3.35
(conf2-conf3, 能垒)[3)	3.90	3.82	3.73			3.64
异丁烷 (能垒)	3.9[1)		3.48[1)			3.87
丁烷						
(邻位交叉式–反式)	0.75	0.77	0.86	0.81	0.78	0.76
(重叠式–反式)	4.1	2.9				3.99
(顺式–反式)	4.89	5.9	5.09			4.90
新戊烷 (能垒)	4.2~4.8[1)		3.94[1)	3.35[1)		4.28
环己烷						
(扭船式–椅式)	5.50	6.26	6.58	5.76	6.72	5.43

续表

分子	Expt.[2]	ab initio[4]	Amber[2]	MM3[2]	MSI CHARMm[2]	ABEEM/MM
(船式–椅式)	7.5	8.12				7.62
戊烷						
(反–反, 反–邻位交叉)	0.465, 0.560[1]	0.76[1]	0.76[1]	0.86[1]		0.78
(反–反, 邻位交叉–邻位交叉)		1.36[1]	1.48[1]	1.62[1]		1.37
甲基环己烷						
(ax-eq)	1.75	1.90	1.66	1.77	1.80	1.64
2,3- 二甲基丁烷						
(H-C2-C3-H, g-a)	0.05	0.00	−0.15	0.38	0.40	0.41
反式 -1,2- 二乙基环己烷						
(ax, ax-eq, eq)	2.58	2.68	2.29	2.57	2.70[2]	2.45
顺式 -1,2- 二乙基环己烷						
(ax, ax-eq, eq)	5.50	5.71	5.67	5.70	4.87	5.35
环戊烯, (平面皱褶)	5.20	5.84	4.03			5.26
环辛烷						
(D4D-C_S)	1.90	2.14	1.59	1.11	0.45	2.47
最大误差			1.17	1.15	1.45	0.57
RMSD			0.58	0.50	0.77	0.21

1) 结果来源于文献 [54].

2) 结果来源于文献 [55].

3) Conf1 为三个碳上的氢都处于交错式; Conf 2 为一对相临两个碳上的氢处于交错式另一对处于重叠式; Conf 3 为碳上的氢都处于重叠式.

4) ab initio 结果计算使用 MP2/6-31G(d) 级的能量和结构.

下面就对各个分子构象的详细结果进行分析.

表 3-13 ABEEM/MM 和实验的乙烷、正丁烷、异丁烷和环己烷分子结构

化合物	性质	实验值	ab initio	ABEEM/MM
乙烷	b(CC)	1.534(1)[1]	1.527	1.526
	b(CH)	1.112(1)	1.086	1.112
	θ(HCH)		107.7	107.9
	θ(CCH)	111.0(2)	111.2	111.0
n-丁烷 (反式)	b(C$_1$C$_2$)	1.531(2)[1]	1.528	1.529
	b(C$_2$C$_3$)		1.530	1.530
	b(C$_1$H$_a$)	1.117(5) av	1.085	1.113
	b(C$_1$H$_b$)	1.117(5) av	1.085	1.112
	b(C$_2$H)		1.088	1.113
	θ(CCC)	113.8(4)	113.0	112.0
	θ(C$_2$C$_1$H$_a$)	110.0(5) av	111.5	111.1
	θ(C$_2$C$_1$H$_b$)	110.0(5) av	111.0	111.2
	θ(HC$_2$H)		106.2	107.4

C$_4$—C$_3$—C$_2$

C$_1$—H$_a$

H$_b$

续表

化合物	性质	实验值	*ab initio*	ABEEM/MM
异丁烷	$b(CC)$	$1.535(1)$[1]	1.531	1.529
	$b(C_1H)$	1.122(6)	1.089	1.113
	$b(CH)_m$	1.113(2)	1.086	1.112
	$\theta(CCC)$	110.8(2)	111.0	110.7
	$\theta(CC_1H)$	108.1(2)	107.9	108.9
	$\theta(C_1CH_1)$	111.4(4)	111.3	111.1
	$\theta(C_1CH_2)$	110.1(3)	110.9	111.0
	$\theta(H_1CH_3)$	108.7(11)	107.8	107.6
	$\theta(H_1CH_2)$	106.5(17)	107.7	107.8
环己烷 (椅式)	$b(CC)$	$1.536(2)$[1]	1.532	1.538
	$b(CH_e)$	1.121(4) av	1.087	1.091
	$b(CH_a)$	1.121(4) av	1.089	1.092
	$\theta(CCC)$	111.4(2)	111.5	111.6
	$\theta(CCH_e)$		110.1	110.0
	$\theta(CCH_a)$		109.2	109.3
	$\theta(HCH)$	107.5(15)	106.6	106.5
	$\Phi(CCCC)$	54.9(4)	54.8	54.3

1) 结果来源于相关参考文献.

注: 括号内值为与实验值的偏差.

1. 直链烷烃

(1) 乙烷. ABEEM/MM 模型给出的反式结构的 C—C 键长为 1.526 Å, 重叠式结构键长为 1.528 Å, 实验值为 1.534 Å, 从头计算键长为 1.527 Å, 我们的结果略小于实验值; C—C—H 键角为 111.2°, 和实验值相等; 绕 C—C 键转动的势能垒高为 2.90 kcal/mol, 也与实验的 2.88 kcal/mol 符合得很好.

(2) 丙烷. ABEEM/MM 模型计算得到的 C—C 键长和 C—C—C 键角为 1.528 Å 和 111.8°, 实验测得的 C—C—C 键角为 112.0°; C—H 键长平均值为 1.112Å, 实验测得的平均值为 1.107(5)Å; 我们计算得到的三个碳上的氢都处于交错式 (conf1)、一对相临两个碳上的氢处于交错式另一对处于重叠式 (conf2) 与都处于重叠式 (conf3) 之间的势能差为 3.35 kcal/mol 和 3.64 kcal/mol, 实验给出的结果为 3.3 kcal/mol 和 3.9 kcal/mol, 前者符合得很好, 较高的转动能垒值略小于实验值.

(3) 顺丁烷. ABEEM/MM 计算的反式丁烷的末端和中间 C—C 键长度为 1.529Å 和 1.530Å, 实验只测得末端的值为 1.531(2)Å; C—C—C 键角为 112.0°, 略大于对应的实验值 113.8 (4)°; ABEEM/MM 计算得到的交错式丁烷的 C—C—C—C 的二面角为 64.27°, 从头计算 (MP2/6-31G*) 优化的最终角度为 63.67°; 对丁烷的构象能量分析一向是非常重要的, 实验的数据也是最充分的. 图 3-15 是简单描述丁烷绕中心 C—C 键旋转的势能曲线, 在 0° ~180° 内, ABEEM/MM 力场给出了清晰的两个势能垒, 最高的势能垒为在 0° 左右的顺式构象, 相对最低的势能点反式构象的高度为 4.90 kcal/mol, 次之的是邻位重叠式构象势能垒, 相对交错式构象的势能高度为 3.99 kcal/mol, 实验高度为 4.1 kcal/mol.

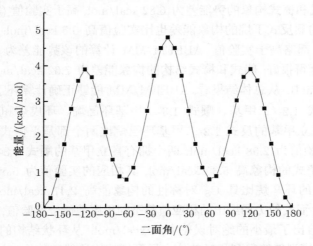

图 3-15　丁烷绕中心 C—C 键旋转的势能曲线

2. 带支链烷烃

(1) 异丁烷. ABEEM/MM 模型计算的 C—C 和端甲基的 C—H 键键长为 1.529Å 和 1.113Å, 相应的实验值为 1.535 (1)Å 和 1.122 (6)Å; ABEEM/MM 和实验得到的 C—C—C 键角为 110.7° 和 110.8°(2); 绕其中任意的 C—C 键旋转的势能垒高度为 3.87 kcal/mol, 实验高度为 3.9 kcal/mol, AMBER 力场计算的高度为 3.48 kcal/mol, 这比实验值要低 0.41 kcal/mol 左右.

(2) 2,3-二甲基丁烷. 该分子具有 C_{2h} 和 C_2 对称性的两个构象, 在溶液中 NMR 实验测得 98 K 时的两种构象的 $\Delta H^0 = (0.0 \pm 0.2)$ kcal/mol, 气态的电子衍射实验结果表明后者更稳定, 自由能差值为 0.24 kcal/mol, ABEEM/MM 模型计算的构象能差为 0.41 kcal/mol.

3. 环烷烃

椅式结构的环丁烷的 C—C 键长为 1.538Å, 实验测得的相应值为 1.536 (2)Å; C—C—C 键角为 111.6°, 实验值为 111.4°(2); 实验测得的椅式环丁烷的直立式和平俯式的 C—H 键长都为 1.121Å, 而从头计算的结果表明, 直立式比平俯式的 C—H 键略长, ABEEM/MM 给出的键长也有同样的变化, 直立式和平俯式的键长分别为: 1.091Å 和 1.092Å. 环丁烷的 C—C—C—C 二面角的数值为 54.3°, 其实验值为 54.9°(4), MM3 和 MM4 力场给出的角度分别为 55.3° 和 55.4°, 都略大于实验值, 证明 ABEEM/MM 拟合的浮动电荷静电势和二面角扭转参数能够合理地得到环状烷烃的结构.

Dixon 等利用高水平的从头计算 (MP2/DZP) 来计算环己烷的构象能差. 他们计算的扭转船式和椅式构象的势能差为 6.82 kcal/mol, 高于实验值 (5.50 kcal/mol), 同样方法计算的顺反式丁烷的构象能差也比实验值高 0.5 kcal/mol, 因此该方法存在内在的误差, 都略高于实验值. ABEEM/MM 计算的该势能差为 5.43 kcal/mol, 与实验结果符合得很好; 船式和椅式结构的构象能差为 7.62 kcal/mol, 略高于实验结果 (7.5 kcal/mol). 从总体结果看, ABEEM/MM 能够正确计算环丁烷的构象能.

计算的反式 1,2- 二甲基、顺式 1,3-二甲基环己烷、环戊烷和环辛烷的构象能, 两个拥有直立甲基的反式 1,2-二甲基环己烷比两个都是平俯式的构象高 2.45 kcal/mol, 而实验值为 2.58 kcal/mol; 两个拥有直立甲基的顺式 1,3-二甲基环己烷比两个都是平俯式的构象高 5.35 kcal/mol, 其相应的实验值为 5.50 kcal/mol; 具有 D4d 对称性的环辛烷比具 C_S 对称性的构象能高 2.47 kcal/mol, 高于实验值 (1.90 kcal/mol), 而其他力场给出的相应值都不同程度地低于实验值, 相对于实验值 ABEEM/MM 给出了最小的绝对误差 0.57 kcal/mol. 从环状结构的烷烃分子的结果可以看出, 该模型能够得到相对其他力场更好的构象能和结构.

4. 烷烃的气化热

为了进一步的验证和优化 ABEEM/MM 模型和参数, 对五种纯的烷烃溶液进行了分子动力学模拟, 并计算了各自的气化热. ABEEM/MM 模型对于液态烷烃体系的所有动力学模拟, 都是利用修改后的 Tinker 程序在正则系综下完成的. 在正则系综中, 用 Berendsen 热浴控制每个分子的温度, 所有系综都是利用 Verlet 跳蛙法积分运动方程. 立方盒子的模拟体系中含有 80 个分子, 同时考虑了周期性边界条件和最近镜像, 选取的积分步长为 1fs. 我们模拟在沸点温度下计算了液态烷烃分子体系的热力学性质. 为了使 ABEEM 势能函数的动力学模拟过程更加方便快捷, 考虑了以下几点:

(1) ABEEM/MM 模型能够清晰地计算体系中所有原子和化学键电荷, 利用 ABEEM/MM 模型进行的分子动力学模拟计算过程中仍然只考虑原子上受到的力, 我们把化学键的电荷重新回归到相应的原子上, 也就是将键电荷的一半放到相邻的原子上. 在一定的温度下, 由 Maxwell 方程随机地分配给原子初速度, 模拟过程中原子的运动遵守 Newton 运动方程, 通过调节速度使体系达到设定的温度或是平衡态.

(2) 所有的分子动力学模拟过程中采用的截断半径都为 9.0Å, 并且利用开关函数调节非键连相互作用, 这样计算的能量和力在截断半径的位置不发生突变, 而是平滑地过渡到零. 虽然我们在计算非键连的长程相互作用时没有利用普遍使用的 Ewald 求和, 但是文献中报道利用截断半径附近的开关函数方法得到的液态水结构等热力学和动力学性质类似于利用了 Ewald 求和的计算结果.

(3) 所有的模拟计算中, 从初始结构到达平衡态的时间为 400ps, 随后 400ps 的轨迹用来统计液态烷烃体系的气化热.

(4) 考虑到计算机时间的消耗问题, 体系中所有原子和化学键的电荷并没有在每一个时间步长都重新计算, 而是以 0.5ps 的时间间隔来计算各部分的电荷. 为了检验这一时间间隔的合理性, 我们对乙烷和丙烷纯溶液进行了不同间隔的测试. 结果发现, 在模拟的初始的 200ps 内, 每隔 1ps 重新计算电荷, 不会影响平衡, 而在平衡以后重新计算电荷的周期有必要缩短, 经验证利用 0.2ps 和 0.5ps 为周期重新计算电荷, 在 400ps 的统计时间内, 对结果影响不大, 因而采用了以上的时间间隔.

气化热 $\Delta H_{\text{vap}}(T)$ 可以通过式 (3.149) 来计算

$$\Delta H_{\text{vap}}(T) = E_{\text{intra}}(g) - (E_{\text{intra}}(l) + E_{\text{inter}}(l)) + RT \tag{3.149}$$

式中: $E_{\text{intra}}(g)$ 为单个的气态分子在 T 温度下分子内平均势能; $E_{\text{intra}}(l)$ 和 $E_{\text{inter}}(l)$ 分别为分子在液态时, 在 T 温度下平均的单个分子内势能和分子间作用势能; R 为摩尔气体常量; T 为热力学温度.

表 3-14 中列举了 ABEEM/MM 模型下, 5 种烷烃的气化热, 以及相应的模拟温度和各能量部分的结果. 从结果可以看出, 烷烃体系的气化热随着烷烃分子链的增长而增加, 从乙烷的 3.52 kcal/mol 到丁烷的 5.35 kcal/mol, 带支链的异丁烷的气化热要比直链的丁烷小, 这与实验结果的变化趋势相同; 从每一种体系的具体值来看, ABEEM/MM 得到的结果相对实验值的最小误差为 0.01 kcal/mol(乙烷), 最大误差为 0.09 kcal/mol(丁烷), 平均误差为 1.01%. 从而可以看出, ABEEM/MM 模型和参数能够很好地计算烷烃体系地相关热力学量.

表 3-14 烷烃的气化热 ΔH_{vap}

体系	温度/°C	$E_{\text{inter}}(l)/$ (kcal/mol)	$E_{\text{intra}}(g)/$ (kcal/mol)	$E_{\text{intra}}(l)/$ (kcal/mol)	$\Delta H_{\text{vap}}(\text{calcd})/$ (kcal/mol)	$\Delta H_{\text{vap}}(\text{expt})/$ (kcal/mol)
乙烷	−88.63	−3.05±0.02	9.42±0.02	9.33±0.02	3.51±0.02	3.52
丙烷	−42.07	−3.98±0.03	15.50±0.04	15.48±0.04	4.46±0.03	4.49
丁烷	−0.50	−4.73±0.04	25.74±0.03	25.75±0.02	5.26±0.04	5.35
异丁烷	25.00	−4.01±0.05	22.46±0.06	22.43±0.07	4.63±0.05	4.57
环己烷	25.00	−7.37±0.06	55.41±0.08	55.50±0.05	7.87±0.08	7.80

3.5.2 多肽分子的构象

多肽分子在许多生物过程都起着重要的作用, 它的气态和在溶液中的构象一直是我们要探究的关键, 通过 NMR 等实验手段能够为我们提供相关的信息, 但那并不足以满足我们的需求, 计算化学的模拟已经成为一个重要的工具, 在最近的 20 年来, 利用量子化学方法和相关算法来研究多肽的构象, 从简单的二肽和单肽, 直到有限的多肽, 这些研究为我们提供了关于化学环境对多肽二级结构稳定性的影响的理解和认识, 同时也为经典力场的参数提供了充足的数据.

利用 ABEEM/MM 浮动电荷力场方法, 拟合量子化学从头计算结果来拟合参数, 对 20 余种气态多肽分子的构象进行了模拟. 结果表明, ABEEM/MM 下的多肽分子相对构象能和结构, 与 OPLS-AA/L、PFF(Polarizable Force Field)、OPLS-FQ 和 FQ-dipole 模型的结果相比, ABEEM/MM 结果与从头计算结果更符合.

1. 单肽分子和团簇

为了获取 ABEEM/MM 模型中的多肽分子参数和进一步验证模型和参数的合理性, 选取了典型的单肽小分子 *N*-甲基乙酰胺 (NMA) 作为模拟肽结构单元, 同时选取了一定数目的具有类似各种氨基酸残基结构小分子, 利用从头算方法对 NMA 与各种模型小分子的团簇进行了计算, 通过拟合从头计算的氢键结构和结合能来拟合氢键函数和优化 ABEEM 和 Lennard-Jones 非键势能参数. ABEEM-1 模型不包含孤对电子和 π 电荷区域, 而 ABEEM-2 模型包含这两个区域, 详细的模型情况参阅前面的 ABEEM 模型部分. 图 3-16 中描述了具有单肽结构的 NMA 分子的电荷孤对电子和 π 电荷区域, 其电荷位置在前面已详细描述; 氮原子相连的氢原子为肽结构中的氢原子, 分子中的氧原子为肽结构中的氧原子, 都是氢键结构中很好的电子受体和给体.

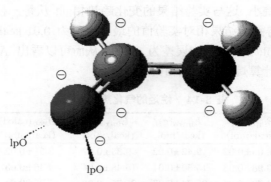

图 3-16　ABEEM 模型下 NMA 分子孤对电子和 π 电子区域示意图

对于力场, 尤其是极化力场, 电荷分布的情况是至关重要的, 尤其是在存在氢键的分子中, 在表 3-15 中列举了在 ABEEM 模型下 NMA 和 NMA-H_2O 二聚体的电荷分布, 电荷区域的标号同图 3-17 中的 NMA 分子结构图中的各原子标号一致, NMAH$_2$O^1 表示肽键中的氧原子与水的氢原子之间形成氢键的二聚体, NMAH$_2$O^2 表示肽键中的氢原子与水的氧原子之间形成氢键的二聚体, 其二者的结构如图 3-18

所示.

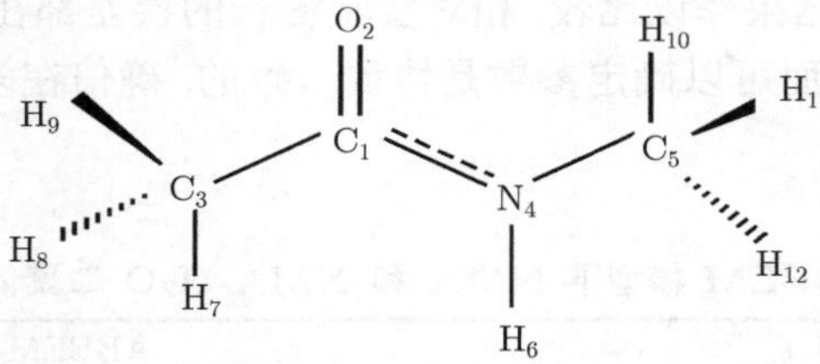

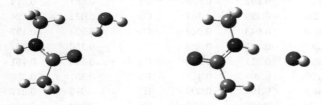

图 3-17   *Z-N-* 甲基乙酰胺分子结构的示意图

图 3-18   NMAH$_2$O^1、NMAH$_2$O^2 二聚体的示意图

孤立的 NMA 分子由于没有氢键的形成, 与有氢键形成的 NMAH$_2$O^1 和 NMAH$_2$O^2 相比, 在电荷的分布上有显著的不同, 尤其是对形成氢键的原子或孤对电子区域电荷. 从表 3-15 中我们发现: ABEEM-1 模型下 NMA 和 NMAH$_2$O^1 体系中的肽结构氧原子 (O$_2$) 电荷为 $-0.397e$ 和 $-0.429e$; ABEEM-2 模型下 NMA 和 NMAH$_2$O^1 体系中的肽结构氧原子 (O$_2$) 的两个孤对电子电荷为 $-0.194e$、$-0.186e$ 和 $-0.197e$, $-0.233e$; 由于水分子中的氢原子与 NMA 分子中的氧原子形成氢键具有一定的方向性, 所以两个孤对电子电荷有不同程度的极化. 在氢键中, 水分子中的氢原子也受到了强烈的极化, 电荷在两个模型中分别为 $0.368e$ 和 $0.384e$, 而没有形成氢键的氢原子电荷只有 $0.351e$ 和 $0.24e$; NMA 分子的偶极矩从 3.82 deb(ABEEM-1) 和 4.10 deb(ABEEM-2) 增加到 4.12 deb 和 4.70 deb; ABEEM-1 模型下 NMA 和 NMAH$_2$O^2 体系中的肽结构氢原子 (H6) 电荷为 $0.397e$ 和 $0.428e$, ABEEM-2 模型下 NMA 和 NMAH$_2$O^1 体系中的肽结构氢原子 (H6) 电荷为 $0.351e$ 和 $0.391e$, 由于水分子中的氧原子与 NMA 分子中的氢原子形成氢键, 所以水分子的氧的孤对电子区域电荷也增加到 $0.222e$, NMA 分子的偶极矩从 3.82 deb(ABEEM-1) 和 4.10 deb(ABEEM-2) 分别增加到 4.21 deb 和 4.64 deb. 从以上的结果我们可以清晰地认识氢键中的静电极化现象, 同时也证明该模型能够很合理地描述和计算肽分子中的电荷极化, 从而确定能够把从小分子中得到的参数转移到多肽大分子的构象研究和模拟中.

ABEEM/MM 模型采用了 OPLS-AA/L 力场中的键伸缩和键角弯曲振动参数, 那么由于重新拟合了二面角扭转和采用了全新的浮动电荷静电势模型, 因而为了验证该模型下的结构, 计算得到了反式 NMA 分子结构数据, 并同时在表 3-16 中列举了实验和从头计算的结果作以比较, 相对实验键长的误差都在 0.01Å 以内, 键角的误差都在 3° 以内. 因而可以确定参数是协调一致的, 确信在多肽的构象模拟中也可以得到合理的结构.

表 3-15   ABEEM 模型下 NMA 和 NMA-H$_2$O 二聚体的电荷分布

位点	ABEEM-1			位点	ABEEM-2		
	NMA	NMAH$_2$O^1	NMAH$_2$O^2		NMA	NMAH$_2$O^1	NMAH$_2$O^2
C1	0.631	0.637	0.629	C1	0.667	0.674	0.664
O2	−0.397	−0.429	0.407	O2	0.021	0.024	0.021
C3	0.042	0.043	0.042	C3	0.124	0.127	0.122
N4	−0.387	−0.385	−0.389	N4	−0.256	−0.253	−0.258
C5	0.246	0.251	0.243	C5	0.145	0.151	0.143
H6	0.397	0.401	0.428	H6	0.351	0.358	0.391
H7	0.098	0.100	0.099	H7	0.076	0.077	0.077
H8	0.104	0.105	0.102	H8	0.082	0.083	0.080
H9	0.104	0.105	0.102	H9	0.082	0.083	0.080
H10	0.097	0.100	0.096	H10	0.087	0.089	0.085
H11	0.097	0.100	0.096	H11	0.087	0.089	0.085
H12	0.103	0.106	0.101	H12	0.094	0.098	0.092
OW		0.098	0.100	OW		0.098	0.099
HW		0.368	0.316	HW		0.384	0.314
HW		0.251	0.316	HW		0.240	0.314
C1-O2	−0.134	−0.133	−0.134	C1-O2	−0.116	−0.116	−0.116
C1-C3	−0.108	−0.108	−0.108	C1-C3	−0.111	−0.111	−0.111
C1-N4	−0.094	−0.095	−0.097	C1-N4	−0.097	−0.097	−0.097
C3-H7	−0.097	−0.098	−0.098	C3-H7	−0.096	−0.097	−0.096
C3-H8	−0.097	−0.097	−0.097	C3-H8	−0.095	−0.095	−0.97
C3-H9	−0.097	−0.097	−0.097	C3-H9	−0.095	−0.095	−0.097
C3-N4	−0.101	−0.101	−0.101	C3-N4	−0.080	−0.080	−0.080
N4-H6	−0.106	−0.106	−0.107	N4-H6	−0.113	−0.113	−0.115
C5-H10	−0.101	−0.101	−0.101	C5-H10	−0.092	-0.092	−0.093
C5-H11	−0.101	−0.100	−0.100	C5-H11	−0.092	−0.097	−0.093
C5-C12	−0.100	−0.100	−0.100	C5-C12	−0.091	−0.095	−0.092
OW-HW		−0.146	−0.146	LpO2	−0.194	−0.197	−0.192
OW-HW		−0.150	−0.146	LpO2	−0.186	−0.233	−0.184
LpOW13		−0.210	−0.221	πO2	−0.016	−0.018	−0.016
LpOW13		−0.210	−0.219	πC1	−0.018	−0.015	−0.018
				πN4	−0.019	−0.018	−0.018
				OW-HW		−0.145	−0.146
				OW-HW		−0.151	−0.146
				LpOW13		−0.213	−0.214
				LpOW13		−0.213	−0.221

表 3-16   NMA 分子在 ABEEM/MM 模型下和实验结构

性质	ab initio	ABEEM/MM	气态	结晶态	实验值
$b(C_1O_2)/(°)$	1.201	1.226	1.225 (3)	1.246 (2)	1.23 (1)
$b(C_1C_3)/(°)$	1.514	1.521	1.520 (3)	1.515 (3)	1.52 (1)
$b(C_1N_4)/(°)$	1.352	1.336	1.386 (4)	1.325 (3)	1.33 (1)
$b(N_4C_5)/(°)$	1.445	1.458	1.469 (6)	1.454 (3)	1.45 (2)
$b(N_4H_6)/(°)$	0.992	1.001			
$b(C_3H_7)/(°)$	1.084	1.090			
$b(C_3H_8)/(°)$	1.083	1.089			
$b(C_3H_9)/(°)$	1.083	1.089			
$b(C_5H_{10})/(°)$	1.085	1.090			
$b(C_5C_{11})/(°)$	1.085	1.090			
$b(C_5C_{12})/(°)$	1.078	1.092			
$\theta(C_3C_1O_2)/(°)$	121.0	120.0	121.8 (4)	121.7 (6)	123 (1)
$\theta(C_3C_1N_4)/(°)$	115.7	117.1	114.1 (15)	116.3 (6)	116 (2)
$\theta(C_1N_4C_5)/(°)$	123.0	124.3	119.7 (8)	121.3 (6)	122 (1)
$\theta(C_1C_4H_6)/(°)$	118.6	117.6	110.0 (50)		
$\Phi(C_3C_1N_4C_5)/(°)$	180.0	180.0			

前面曾介绍过 ABEEM/MM 模型函数中的氢键拟合函数, 那么连同其他的参数, 在计算小分子团簇结合能和氢键键长的结果如何呢? 在表 3-17 和表 3-18 中分别列举了 ABEEM-1 和 ABEEM-2 模型下的部分分子团簇的结合能和氢键键长, 同时列举了从头计算 (HF/6-31G**) 的相应数据, 表中的 "*" 表示形成氢键的原子. 对中性的体系 ABEEM/MM 模型得到的结果与从头计算符合得很好, 但对于非中性的团簇的结合能一般低于从头计算的结果, 为了合理地得到偶极矩、氢键长和多肽中的结构和构象能等其他相关的信息, 因而采用了目前的参数. 从所列举的模型体系的情况看, 总体的结合能在 ABEEM-1 和 ABEEM-2 模型下的均方根偏差分别为 0.66 kcal/mol 和 0.71 kcal/mol, 总体的氢键键长在 ABEEM-1 和 ABEEM-2 模型下的均方根偏差分别为 0.05Å 和 0.06 Å, 都能够基本上合理地计算类似多肽结构的小分子团簇能量和氢键键长, 从而可以将其得到的参数转移到多肽分子的构象模拟中.

表 3-17   ABEEM/MM-1 模型小分子团簇结合能和氢键键长

体系	二聚体化能/(kcal/mol)		氢键长度/Å	
	ab initio[1]	ABEEM/MM	ab initio[1]	ABEEM/MM
$CH_3NHCO^*CH_3$-CH_3OH^*	−6.78	−6.49	1.97	1.93
$CH_3NH^*COCH_3$-CH_3O^*H	−4.59	−4.21	2.17	2.15
$CH_3NHCO^*CH_3$-$NH_2^*COCH_3$	−6.75	−6.65	2.08	2.03
$CH_3NHCO^*CH_3$-$C(NH_2^*)_3$	−26.79	−24.10	1.95	1.95
$CH_3NHCO^*CH_3$-phenol	−8.78	−8.48	1.89	1.79
$CH_3NH^*COCH_3$-imidazole1	−7.87	−7.61	1.99	1.89
$CH_3NHCO^*CH_3$-imidazole2	6.99	5.91	2.19	2.22
$CH_3NHCO^*CH_3$-indole	−6.90	−6.58	2.02	1.90

续表

体系	二聚体化能/(kcal/mol)		氢键长度/Å	
	ab initio[1]	ABEEM/MM	ab initio[1]	ABEEM/MM
$CH_3NH^*COCH_3\text{-}CH_3CO_2^{*2-}$	−27.02	−24.62	1.86	1.88
$CH_3NHCO^*CH_3\text{-}CH_3SH^*$	−2.63	−2.61	2.29	2.14
$CH_3NH^*COCH_3\text{-}CH_3S^*H$	−1.37	−1.69	3.09	3.05
$CH_3NHCO^*CH_3\text{-}$ $CH_3NH^*COCH_3$	−6.45	−6.77	2.09	2.03
$CH_3NHCO^*CH_3\text{-}CH_3NH_3^{*+}$	−26.38	−23.97	2.17	2.11
$CH_3NHCO^*CH_3\text{-pro-imidazole}$	−24.91	−23.46	1.69	1.51
$CH_3NHCO^*CH_3\text{-}2H_2^*O$	−12.57	12.47	2.05/2.10	2.04/2.08
$CH_3NH^*CO^*CH_3\text{-}2H_2^*O^*$	−13.45	−13.45	1.98/2.11	1.98/2.03
$CH_3NHCO^*CH_3\text{- }H_2^*O$	−6.75	−6.85	1.98	1.98
$CH_3NH^*COCH_3\text{- }H_2O^*$	−5.29	−5.49	2.15	2.10
$NH_2CO^*CH_3\text{-}CH_3OH^*$	−9.31	−8.20	2.00/2.15	1.99/2.13
$NH_2^*COCH_3\text{-}CH_3S^*H$	−2.91	−3.52	2.30	2.26
$Phe\text{-}H_2^*O$	−2.46	−2.02	3.08	3.06
平均误差		0.66		0.05

1) 几何优化及单点能计算在 HF/6-31G** 水平.

注: 上标 * 表明原子形成氢键.

表 3-18　　ABEEM/MM-2 模型小分子团簇结合能和氢键键长

体系	二聚体化能/(kcal/mol)		氢键长度/Å	
	ab initio[1]	ABEEM/MM	ab initio[1]	ABEEM/MM
$CH_3NHCO^*CH_3\text{-}CH_3OH^*$	−6.78	−6.57	1.97	2.02
$CH_3NH^*COCH_3\text{-}CH_3O^*H$	−4.59	−4.68	2.17	2.04
$CH_3NHCO^*CH_3\text{-}NH_2^*COCH_3$	−6.75	−6.62	2.08	1.98
$CH_3NHCO^*CH_3\text{-}C(NH_2^*)_3$	−26.79	−24.45	1.95	1.95
$CH_3NHCO^*CH_3\text{-phenol}$	−8.78	−8.21	1.89	1.82
$CH_3NH^*COCH_3\text{-imidazole1}$	−7.87	−7.85	1.99	1.87
$CH_3NHCO^*CH_3\text{-imidazole2}$	6.99	6.25	2.02	2.16
$CH_3NHCO^*CH_3\text{-Indole}$	−6.90	−6.28	2.02	1.96
$CH_3NH^*COCH_3\text{-}CH_3CO_2^{*-}$	−27.02	−25.28	1.86	1.79
$CH_3NHCO^*CH_3\text{-}CH_3SH^*$	−2.63	−2.73	2.29	2.28
$CH_3NH^*COCH_3\text{-}CH_3S^*H$	−1.37	−2.15	3.09	3.09
$CH_3NHCO^*CH_3\text{-}$ $CH_3NH^*COCH_3$	−6.45	−6.84	2.09	1.96
$CH_3NHCO^*CH_3\text{-}CH_3NH_3^{*+}$	−26.38	−22.83	2.17	2.18
$CH_3NHCO^*CH_3\text{-pro-imidazole}$	−24.91	−25.08	1.69	1.53
$CH_3NHCO^*CH_3\text{-}2H_2^*O$	−12.57	11.98	2.05, 2.10	2.04, 2.07
$CH_3NH^*CO^*CH_3\text{-}2H_2^*O^*$	−13.45	−12.48	1.98/2.11	1.98/2.01
$CH_3NHCO^*CH_3\text{- }H_2^*O$	−6.75	−6.35	1.98	1.97
$CH_3NH^*COCH_3\text{- }H_2O^*$	−5.29	−5.23	2.15	1.90
$NH_2CO^*CH_3\text{-}CH_3OH^*$	−9.31	−8.20	2.00/2.15	1.98/2.13
$NH_2^*COCH_3\text{-}CH_3S^*H$	−2.91	−2.93	2.30	2.28
$Phe\text{-}H_2^*O$	−2.46	−2.35	3.08	3.08
平均误差		0.71		0.06

1) 几何优化及单点能计算在 HF/6-31G** 水平.

注: 上标 * 表明原子形成氢键.

2. 丙氨酸残基二肽分子的构象

丙氨酸残基是多肽和蛋白质分子体系的重要单元, 也是最具代表性的分子, 近年来已经有很多的理论和计算化学家对该分子构象进行了模拟, 从精密的从头计算到分子力场方法. 从头计算的结果是拟合力场参数的重要来源, 尤其是对多肽等生物大分子的模拟, 由于实验关于分子构象的数据较少且不全面, 而从头计算方法可以为我们提供非常充分的数据.ABEEMM/MM 模型为了得到多肽骨架二面角扭转势能参数, 在参照 OPLS-AA/L 力场的骨架参数的基础上, 进行了必要的优化, 从而与我们的浮动电荷静电势相一致. 把 NMA、丙氨酸残基二肽分子和甘氨酸残基二肽分子, 尤其是丙氨酸残基二肽分子作为模型分子 (图 3-19), 拟合从头计算 LMP2/cc-PVTZ(d,f) 构象能和 HF/6-31G** 优化的构象结构数据, 来得到该模型的肽骨架二面角扭转势能参数, 其他的参数来源于对小分子的计算.

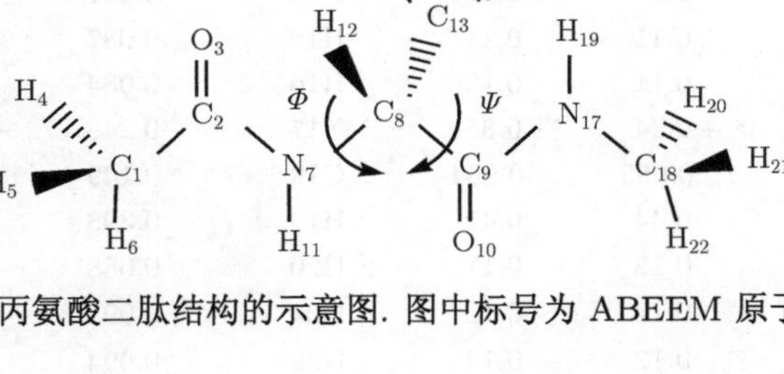

图 3-19 丙氨酸二肽结构的示意图. 图中标号为 ABEEM 原子类别编码

首先列举和讨论一下 ABEEM 模型下的丙氨酸残基二肽分子三种构象的电荷分布, 其结构示意图如图 3-20 所示, 分子中原子编号如图 3-19 所示. 在表 3-19 中可以看到, 由于在 $c7eq$、$c7ax$ 构象中存在着肽键结构的氢键, 所以在形成氢键的原子或孤对电子电荷区域发生了一定的电荷极化; 在 ABEEM-1 模型下 $c7eq$、$c7ax$ 构象的 O3 和 H19 原子的电荷分别为: $-0.41e$, $0.44e$ 和 $-0.40e$, $0.44e$, 而 $c5$ 构象的相应电荷只有 $-0.38e$ 和 $0.41e$; 同样在 ABEEM-2 模型下 $c7eq$、$c7ax$ 构象的 O3 的孤对电子区域和 H19 原子的电荷分别为 $-0.217e$, $-0.199e$, $0.398e$ 和 $-0.203e$, $-0.20e$, $0.402e$, 而 $c5$ 构象的相应电荷只有 $-0.185e$、$-0.181e$ 和 $0.357e$.

图 3-20 丙氨酸二肽 $c7eq$、$c7ax$、$c5$ 三种构象的示意图

表 3-19　丙氨酸二肽三种构象在 ABEEM/MM 模型下的电荷分布/(e)

| 位点 | ABEEM-1 | | | 位点 | ABEEM-2 | | |
	C7eq	C7ax	C5		C7eq	C7ax	C5
C1	0.045	0.045	0.046	C1	0.124	0.123	0.126
C2	0.64	0.64	0.65	C2	0.655	0.651	0.665
O3	−0.41	−0.40	−0.38	O3	0.019	0.019	0.019
H4	0.11	0.11	0.11	H4	0.083	0.084	0.084
H5	0.11	0.11	0.11	H5	0.081	0.079	0.081
H6	0.10	0.10	0.11	H6	0.077	0.078	0.078
N7	−0.37	−0.37	−0.36	N7	−0.262	−0.263	−0.256
C8	0.18	0.18	0.18	C8	0.147	0.147	0.147
C9	0.65	0.66	0.65	C9	0.681	0.682	0.671
O10	−0.37	−0.37	−0.38	O10	0.019	0.019	0.019
H11	0.41	0.41	0.43	H11	0.354	0.352	0.378
H12	0.11	0.11	0.11	H12	0.087	0.087	0.087
C13	0.05	0.05	0.05	C13	0.143	0.144	0.141
H14	0.11	0.11	0.11	H14	0.087	0.090	0.085
H15	0.11	0.11	0.11	H15	0.087	0.086	0.082
H16	0.11	0.11	0.12	H16	0.084	0.086	0.089
N17	−0.34	−0.34	−0.35	N17	−0.249	−0.249	−0.254
C18	0.055	0.055	0.054	C18	0.149	0.149	0.146
H19	0.44	0.44	0.41	H19	0.398	0.402	0.357
H20	0.12	0.12	0.11	H20	0.088	0.089	0.087
H21	0.12	0.12	0.12	H21	0.091	0.093	0.088
H22	0.12	0.12	0.12	H22	0.094	0.092	0.094
C1-C2	−0.12	−0.12	−0.11	C1-C2	−0.111	−0.110	−0.111
C1-H4	−0.096	−0.096	−0.096	C1-H4	−0.095	−0.095	−0.095
C1-H5	−0.096	−0.097	−0.096	C1-H5	−0.095	−0.096	−0.095
C1-H6	−0.097	−0.097	−0.096	C1-H6	−0.096	−0.096	−0.096
C2-O3	−0.13	−0.13	−0.13	C2-O3	−0.116	−0.116	−0.116
C2∼N7	−0.094	−0.094	−0.094	C2∼N7	−0.097	−0.097	−0.097
N7-C8	−0.098	−0.098	−0.097	N7-C8	−0.081	−0.082	−0.081
N7-H11	−0.11	−0.11	−0.11	N7-H11	−0.113	−0.113	−0.115
C8-C9	−0.11	−0.11	−0.11	C8-C9	−0.108	−0.109	−0.109
C8-H12	−0.097	−0.097	−0.097	C8-H12	−0.093	−0.093	−0.093
C8-C13	−0.095	−0.095	−0.095	C8-C13	−0.091	−0.091	−0.091
C9=O10	−0.13	−0.13	−0.13	C9=O10	−0.117	−0.117	−0.116
C9∼N17	−0.094	−0.094	−0.094	C9∼N17	−0.097	−0.097	−0.097
C13-H14	−0.094	−0.094	−0.095	C13-H14	−0.093	−0.093	−0.094
C13-H15	−0.094	−0.095	−0.095	C13-H15	−0.093	−0.094	−0.094
C13-H16	−0.095	−0.094	−0.094	C13-H16	−0.094	−0.093	−0.093
N17-C18	−0.093	−0.093	−0.094	N17-C18	−0.079	−0.079	−0.080
N17-H19	−0.11	−0.11	−0.11	N17-H19	−0.116	−0.117	−0.113

续表

ABEEM-1				ABEEM-2			
位点	C7eq	C7ax	C5	位点	C7eq	C7ax	C5
C18-H20	−0.093	−0.093	−0.093	C18-H20	−0.092	−0.092	−0.092
C18-H21	−0.092	−0.092	−0.093	C18-H21	−0.092	−0.091	−0.092
C18-H22	−0.092	−0.092	−0.092	C18-H22	−0.091	−0.091	−0.091
				LpO3	−0.199	−0.203	−0.185
				LpO3	−0.217	−0.200	−0.181
				LpO10	−0.187	−0.184	−0.202
				LpO10	−0.176	−0.174	−0.179
				πC2	−0.018	−0.018	−0.018
				πC2	−0.018	−0.018	−0.018
				πO3	−0.019	−0.017	−0.016
				πO3	−0.016	−0.020	−0.016
				πN7	−0.019	−0.020	−0.018
				πN7	−0.020	−0.018	−0.018
				πC9	−0.018	−0.018	−0.018
				πC9	−0.018	−0.018	−0.018
				πO10	−0.016	−0.016	−0.016
				πO10	−0.016	−0.016	−0.017
				πN17	−0.017	−0.017	−0.018
				πN17	−0.017	−0.017	−0.018

以上对构象中的重要区域电荷进行了比较和分析, 来探讨电荷极化, 对于不同构象的整体电荷分布情况, 用两种模型计算了六种构象的偶极矩, 结果列于表 3-20 中. ABEEM-1 模型下的 NMA 的偶极矩为 3.82 deb, 几乎与实验值相等; ABEEM-2 模型下的 NMA 的偶极矩为 4.10 deb, 略大于实验值. 丙氨酸二肽分子的五种构象的偶极矩的大小顺序与从头计算 (HF/6-31G*) 的结果相同, 除了 C5 构象的偶极矩偏小外, 其他的构象的偶极矩都与从头计算的结果符合得很好. 从而可以证明, ABEEM/MM 模型无论对电荷的局域极化还是全局的电荷分布和极化, 都能很合理地描述和计算.

表 3-20 丙氨酸二肽构象与 NMA 分子的 ABEEM 模型
和从头计算 (HF/6-31G(d,p)) 偶极矩(单位: deb)

构象	ABEEM/MM-2	ABEEM/MM-1	HF/6-31G (d,p)	实验值
C7eq	3.10	3.20	2.87	
C7ax	3.55	3.84	3.91	
C5	1.12	0.82	2.56	
Alphal	6.34		6.26	
Beta2	5.21	4.83	4.94	
Alphap	6.50	5.91	6.59	
NMA	4.10	3.82		3.73

利用拟合的参数计算了丙氨酸二肽构象能, 以从头计算得到的各构象的结构作为我们模型计算的初始结构, 在此基础上进行能量最小化. 在表 3-21 中, 我们列举了 ABEEM/MM 模型构象能和骨架二面角结构相对从头计算 LMP2/cc-pVTZ (-f)//HF/6-31G** 结果的标准偏差, 同时也列举了 OPLS-AA/L、PFF (polarizable force field)、OPLS-FQ 和 FQ-dipole 模型的相应结果, 并作以比较.

表 3-21　ABEEM/MM 模型下丙氨酸二肽构象能和二面角 Φ, Ψ 相对从头计算的平方根误差

构象 (Φ, Ψ)	ab $initio$[1][91]	ABEEM /MM-2[2]	ABEEM /MM-1[2]	OPLS -AA/L[2]	PFF[2]	FQ -Dipole[1]	OPLS -FQ[1]
C7eq	0.00	−0.16/7.3	−0.15/9.7	−0.11/9.1	−0.23/9.3	0.00	0.00
(−85.8,78.5)							
C5	0.95	0.80/1.5	0.72/1.8	0.82/4.5	0.77/1.2	0.78	0.86
(−157.9,160.3)							
C7ax	2.67	2.40/1.5	2.43/2.9	2.46/0.5	2.48/6.5	2.48	2.11
(75.8,−58.9)							
β_2	2.75	3.26/21.7	2.91/13.1				
(−128.6,23.2)							
α_L	4.31	3.97/7.6					4.97
(66.9, 29.7)							
α'	5.51	5.91/1.5	5.99/6.1	5.97/8.0	6.11/8.6	5.88	4.63
(−166.4,−40.1)							
RMS 误差		0.33/9.9 (0.26/4.8)	0.28/7.9	0.27/6.5	0.35/7.1	0.22	0.55

1) 能量误差, 单位 kcal/mol.

2) 能量误差/角度误差, 能量误差单位 kcal/mol, 角度误差单位 (°).

从表 3-21 的结果中可以看出, ABEEM/MM 模型能够很好地重复从头计算的构象能和结构. ABEEM/MM-2 模型能够得到表 3-21 中的所有构象, 而对于其他的力场都只能得到其中的 4 个, OPLS-FQ 模型虽然能够找到 α_L 构象, 但是它的构象能结果是列举的模型中误差最大的. ABEEM/MM-1 和 ABEEM/MM-2 模型相对从头计算的构象能和骨架结构二面角的平方根误差分别为: 0.28 kcal/mol, 7.9° 和 0.33 kcal/mol, 9.9°; 但是如果把 ABEEM/MM-1 和 ABEEM/MM-2 中的 β_2 构象除外, 这一构象在其他模型中是不存在的, 最终得到的结果为: 0.30 kcal/mol, 6.0° 和 0.26 kcal/mol, 4.8°, 这一结果在表 3-21 中所列的所有固定电荷和极化力场中都是最好的. 这里要注意的是, 虽然在 FQ-Dipole 模型中的构象能误差较小, 但是它未提供确切的骨架结构信息, 所以在信息充分的模型中我们的结果是相当令人满意的. 最大的构象能误差发生在具有较高势能垒的 α'.

在表 3-21 中的构象只是在丙氨酸二肽分子势能面中的几个关键点, 为了验证

ABEEM/MM 模型在整个骨架二面角 ϕ, ψ 旋转势能面的合理性, 用 ABEEM/MM-1 模型计算了关于这两个二面角的约束势能面, 二面角 ϕ, ψ 的变化步长为 $10°$, 这里 $0° \leqslant \phi \leqslant 360°$, $0° \leqslant \psi \leqslant 360°$, 除了这两个转动自由度被约束外, 其他的自由度都是非约束的. 得到的势能面如图 3-21 所示. 从图 3-21 中可以直观地找到在表 3-21 中列举的各个关键构象, 说明该模型能够在整个骨架二面角旋转空间内合理的计算和描述其势能变化.

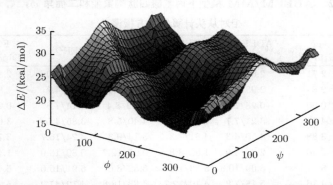

图 3-21 丙氨酸二肽在 ABEEM/MM 模型下的关于二面角 ϕ 和 ψ 的束缚态的势能面.

$$E = E[\phi, \psi], 0° \leqslant \phi \leqslant 360°, 0° \leqslant \psi \leqslant 360°$$

另一个重要的结构要素就是分子内的氢键长, OPLS-AA/L 力场计算得到的分子内的氢键长比从头计算值大 $0.1 \sim 0.2$ Å, 而 OPLS-FQ 模型的相应值比从头计算的结果短 $0.1 \sim 0.2$ Å, 过高地计算了静电极化. ABEEM/MM-2 模型下计算的 c7eq 和 c7ax 构象分子内氢键长为 2.00 Å 和 1.99 Å, 这一结果与从头计算 (MP2/6-31G(d, p)) 的 2.06 Å 和 1.93 Å 符合得很好. 从这个角度来看, ABEEM/MM 浮动电荷模型能够较好地体现和计算多肽分子内的氢键结构和极化.

3. 丙氨酸四肽分子的构象

ABEEM/MM 模型参照从头计算的丙氨酸二肽的结果来拟合骨架二面角扭转势能参数, 为了进一步验证模型和骨架参数的合理性, 仍然完全利用丙氨酸二肽的参数, 不做任何修改直接应用到丙氨酸四肽 (alanine tetrapeptide) 构象的模拟.

表 3-22 中列举了我们模型计算的十个构象的能量和骨架二面角标准偏差, 同时也分列了其他模型的结果进行比较. ABEEM/MM-1 和 ABEEM/MM-2 模型计算丙氨酸四肽构象能和骨架二面角相对 LMP2/cc-pVTZ(-f)//HF/6-31G** 结果的平方根误差分别为: 0.67 kcal/mol, $8.4°$ 和 0.69 kcal/mol, $6.4°$. 对于构象能来说, 除了 OPLS-AA/L 力场的结果外, ABEEM/MM 模型的结果比其他模型更接近从头计算的结果; 而对于各构象的骨架二面角, 我们的两个模型计算得到的结构都是最接近从头计算结果的. 二面角的最大误差出现在构象 8 为 $12.7°$, 但是 OPLS-AA/L

和 PFF 力场给出的相应值误差更大, 分别为: 18.8° 和 47.2°, 后者的结构与从头计算的结构相差很远. OPLS-FQ 和 FQ-Dipole 模型没有提供确切的骨架二面角的相关数据, 尽管后者的构象能与从头计算符合得很好, 但也不能完全证明其合理性. 两个模型的最大构象能误差都出现在具有最大势能垒的构象 10, 这一能量最小值点附近的能量梯度很大, 如果有很小的结构变化, 就会引起能量很大的变化.

表 3-22 ABEEM/MM 模型下丙氨酸四肽构象能和二面角 ϕ_{1-3}, φ_{1-3} 相对从头计算的平方根误差

构象	ab $initio$[1)][91]	ABEEM/ MM-2[2)]	ABEEM /MM-1[2)]	OPLS -AA/L[2)]	PFF[2)]	FQ -Dipole[1)]	OPLS -FQ[1)]
1	2.71	2.62/2.6	2.88/5.6	3.19/4.4	3.31/1.0	2.88	3.03
2	2.84	2.93/5.6	1.94/8.3	3.19/6.5	2.87/4.7	1.84	3.97
3	0.00	−0.28/7.0	0.00/7.8	−0.32/8.4	0.14/7.8	0.22	0.26
4	4.13	3.21/7.7	2.90/8.2	4.40/5.8	3.85/4.0	3.69	2.34
5	3.88	4.50/4.3	4.81/7.3	3.14/9.3	3.24/16.7	3.70	4.62
6	2.20	2.69/4.9	1.80/8.8	0.96/12.7	0.80/13.9	1.45	1.67
7	5.77	5.09/10.3	5.83/11.7	5.82/6.6	6.91/16.0	5.48	6.18
8	4.16	5.15/7.8	4.10/12.7	4.83/18.8	4.12/47.2	5.38	4.39
9	6.92	7.73/5.4	7.21/5.9	7.14/8.2	7.69/8.8	6.74	5.33
10	6.99	6.05/5.0	8.03/4.3	7.25/14.2	6.69/23.0	8.21	7.82
RMS 误差		0.69/6.4	0.67/8.4	0.56/10.4	0.69/19.1	0.71	0.94

1) 能量误差, 单位 kcal/mol.

2) 能量误差/角度误差, 能量误差单位 kcal/mol, 角度误差单位 (°).

4. 多肽分子的构象小结

利用 ABEEM/MM 模型计算了 20 种多肽分子的构象, 进行了系统讨论, 分别列举了各自的构象能和骨架及侧链关键二面角相对从头计算的均方根偏差, 并与其他的力场和模型的计算结果进行比较, 列举和讨论了该模型下和从头计算的分子内氢键键长. 下面为了更加直观地了解和比较 ABEEM/MM 模型和其他模型研究多肽分子构象的结果, 在表 3-23 和表 3-24 中分别列举了中性和非中性多肽的构象能和二面角相对从头计算的均方根误差. 由于目前一些考虑静电极化的模型只对部分氨基酸残基多肽构象进行了初步计算和研究, 所以在表 3-23 中只选择了 4 种多肽分子, 并给出了更多的模型研究结果数据, 以作比较.

在表 3-23 中分列了 ABEEM/MM-1、OPLS-AA/L、PFF 和 MMFF94 模型对 15 种中性多肽分子构象的计算结果, 其中 OPLS-AA/L 和 MMFF94 力场为经典的固定电荷力场, 其他为极化力场. ABEEM/MM-1、ABEEM/MM-2、PFF、OPLS-AA/L 和 MMFF94 模型计算得到的多肽构象能和骨架侧链关键二面角相对 LMP2/cc-pVTZ(-f)// HF/6-31G** 结果的平均误差分别为：0.38 kcal/mol, 7.5°; 0.34 kcal/mol, 6.2°; 0.43 kcal/mol, 10.5°; 0.47 kcal/mol, 10.1°; 1.04 kcal/mol. MMFF94 力场没有提供确切的骨架和侧链二面角误差数据. 从表 3-23 中的数据可以发现，ABEEM/MM 模型比其他的力场模型，能够更好地重复从头计算的中性多肽分子构象能和结构；加入孤对电子和 π 电子区域的 ABEEM/MM-2 模型，由于能够更好地体现非平面和孤对电子方向的电荷极化和转移，计算的多肽构象能和二面角误差在 ABEEM/MM-1 模型的基础上有了一定的减小. ABEEM/MM-1、PFF 和 OPLS-AA/L 模型计算得到的 5 种非中性多肽构象能和骨架侧链二面角相对 LMP2/cc-pVTZ(-f)// HF/6-31G** 结果的平均误差分别为：0.84 kcal/mol, 9.3°; 0.92 kcal/mol; 0.94 kcal/mol. 由于 PFF 和 OPLS-AA/L 力场在能量最小化计算中把侧链二面角限制在相应的从头计算结果，因而它们没有骨架和侧链二面角的误差数据. 尽管对各个构象进行的是完全非约束的计算，但是 ABEEM/MM 的构象能误差仍低于其他力场. 同时应该看到，利用该力场方法对非中性多肽的模拟，其结果相对从头计算误差稍大，还要进一步改善和发展.

表 3-23　ABEEM/MM 模型下中性氨基酸二肽构象能
和骨架二面角相对从头计算的均方根误差

二肽	ABEEM/MM-2[2)	ABEEM/MM-1[2)	PFF[2)	OPLS-AA/L[2)	MMFF94[1)
丙氨酸二肽	0.33/9.9	0.28/7.9	0.35/7.1	0.27/6.5	
丙氨酸三肽	0.69/6.4	0.67/8.4	0.69/19.1	0.56/10.4	
丝氨酸	0.33/6.2	0.28/7.4	0.34/8.1	0.44/4.9	0.97
苯丙氨酸	0.03/3.9	0.05/6.9	0.02/9.5	0.15/7.5	0.21
半胱氨酸	0.22/4.4	0.31/5.6	0.27/4.8	0.35/5.8	1.21
天冬酰胺	0.01/9.4	0.06/9.3	0.02/8.7	0.16/19.5	2.25
谷氨酰胺	0.80/6.0	0.76/9.8	0.92/18.0	0.96/13.9	1.00
组氨酸	0.22/7.5	0.68/8.9	0.83/18.2	0.85/18.7	1.60
亮氨酸	0.53/4.8	0.42/5.1	0.35/5.1	0.34/6.1	1.27
异亮氨酸	0.41/6.8	0.46/8.2	0.88/11.8	0.38/5.5	0.66
缬氨酸	0.06/6.0	0.05/5.1	0.01/5.1	0.08/8.4	1.01
蛋氨酸	0.26/6.0	0.46/6.9	0.53/5.4	0.59/5.2	1.05
色氨酸	0.33/5.7	0.26/6.7	0.49/19.4	0.50/24.2	0.83
苏氨酸	0.40/5.6	0.66/10.1	0.75/8.9	0.87/7.1	1.15
酪氨酸	0.52/4.6	0.28/6.1	0.27/8.9	0.39/8.1	0.28
平均值	0.34/6.2	0.38/7.5	0.43/10.5	0.47/10.1	1.04

1) 能量误差, 单位 kcal/mol.

2) 能量误差/角度误差, 能量误差单位 kcal/mol, 角度误差单位 (°).

表 3-24　ABEEM/MM 模型下非中性氨基酸二肽构象能

和骨架二面角相对从头计算的均方根误差

二肽	ABEEM/MM-1[2]	PFF[1]	OPLS-AA/L[1]
天冬氨酸	0.15/12.0	0.77	0.16
谷氨酸	1.72/9.6	1.47	1.53
赖氨酸	0.78/10.9	0.59	0.88
质子氨酸	1.15/8.6	0.97	0.97
精氨酸	0.38/5.4	0.79	1.15
平均值	0.84/9.3	0.92	0.94

1) 能量误差, 单位 kcal/mol.

2) 能量误差/角度误差, 能量误差单位 kcal/mol, 角度误差单位 (°).

在力场模型中加入静电极化项, 发展极化力场, 是利用分子力学方法研究和模拟多肽和蛋白质体系的关键和必然趋势. 浮动电荷 OPLS-FQ 和浮动电荷与诱导偶极相结合的 FQ-dipole 模型都是建立较早的蛋白质极化力场. 在表 3-25 中列举了五种模型下 4 种多肽分子的计算结果. ABEEM/MM-1、OPLS-AA/L、PFF、FQ-dipole 和 OPLS-FQ 模型, 计算得到的多肽构象能和骨架侧链二面角相对 LMP2/cc-pVTZ(-f)// HF/6-31G** 结果的平均误差, 分别为: 0.39 kcal/mol, 7.7°; 0.39 kcal/mol, 7.6°; 0.48 kcal/mol, 11.9°; 0.38 kcal/mol; 0.77 kcal/mol. FQ-dipole 和 OPLS-FQ 模型没有提供确切的骨架和侧链二面角误差数据. OPLS-AA/L 和 PFF 力场的结果比其他模型相对从头计算误差较大, OPLS-AA/L 和 ABEEM/MM-1 模型几乎得到了相等的构象能和二面角结构误差, 同时也是所列模型中误差最小的两个.

表 3-25　ABEEM/MM^{-1}、OPLS-AA/L、PFF、FQ-Dipole

和 OPLS-FQ 模型下多肽分子构象能和骨架二面角结果比较

分子	ABEEM /MM-1[2]	OPLS -AA/L[2]	PFF[2]	FQ -Dipole[1]	OPLS -FQ[1]
丙氨酸二肽	0.28/7.9	0.27/6.5	0.35/7.1	0.22/	0.55/
丙氨酸三肽	0.67/8.4	0.56/10.4	0.69/19.1	0.71/	0.94/
丝氨酸二肽	0.28/7.4	0.44/4.9	0.34/8.1	0.12/	
苯丙氨酸二肽	0.05/6.9	0.15/7.5	0.02/9.5	0.12/	
平均误差	0.39/7.7	0.39/7.6	0.48/11.9	0.38/	0.77/

1) 能量误差, 单位 kcal/mol.

2) 能量误差/角度误差, 能量误差单位 kcal/mol, 角度误差单位 (°).

从以上的总结中可以得出这样的结论: ABEEM/MM 模型, 不仅考虑原子中心电荷, 而且加入了非原子中心的化学键、孤对电子和 π 电子区域, 从而能够更加合理地描述和计算多肽分子内的静电极化和电荷转移, 并且利用从头计算方法拟合其他力场参数, 从而 ABEEM/MM 模型比其他蛋白质力场能更好地重复从头计算的构象能量和结构.

3.6 实际蛋白质分子 Crambin 结构模拟

这里, 将把 ABEEM/MM-1 模型和其相应的参数应用到研究小的蛋白质分子 Crambin. 另外, 利用已建立的 ABEEM-TIP-7P 水模型[82~87], 讨论单肽小分子在水溶液中的性质, 探讨在浮动电荷力场中溶质与溶剂之间的极化, 进一步检验这个模型和相关参数.

利用实验手段, 能够测定一些实际体系蛋白质和多肽的晶体结构, 从而这也为力场模型的建立和检验提供了有效的数据. 由于我们是利用量子化学从头算方法得到的 ABEEM/MM 力场参数, 对小蛋白质分子 Crambin 在真空中进行模拟, 从而进一步检验 ABEEM/MM 模型和参数, 也是应用范围的扩大[88].

晶体中的蛋白质 Crambin 分子结构, 如图 3-22 所示. 蛋白质 Crambin 是植物种子中的一种小的蛋白质, 它含有 46 个残基和 326 个非氢原子, 它具有两个 α 螺旋 (helix) 和一个小的反平行 β 片层 (sheet) 的二级结构. 采用实验结构, 作为本模型进行在真空中对其进行能量最小化计算的初始结构. 对于长程非键相互作用, 采用截断半径方法, 其数值为 10.0Å, 并且利用开关函数调节非键连相互作用. 计算过程中只考虑原子上受到的力, 把化学键的电荷重新平均回归到相应的原子上. 利用 ABEEM/MM-1 模型计算得到的蛋白质 Crambin 结构信息, 都被列于表 3-26 中[88]. 计算的非氢原子的原子位置, 相对 X 射线衍射数据的平方根误差为 0.20 Å, 键长、键角和二面角相对实验的平方根误差分别为 0.019 Å, 3.82° 和 6.03°. 从结果来看, 相对其他力场, 除了键角以外的其他结构单元, ABEEM/MM 模型的结果都与实验测得的真空状态下蛋白质 Crambin 结构更接近, 如果能够更好的优化和调整现有的键伸缩和键角弯曲势能项参数, 而不直接利用 OPLS-AA/L 力场的参数, 可能会降低键角的误差.

图 3-22 蛋白质 Crambin 晶体结构的示意图

表 3-26　　ABEEM/MM-1 模型下蛋白质 Crambin 相对实验结构的平方根误差

RMSD	MM3	AMBER	TRIPOS	ABEEM/MM[1)]
x/Å	0.25	0.35	0.42	0.20
l/Å	0.023	—	0.025	0.019
θ/(°)	2.01	—	2.97	3.82
τ/(°)	8.7	—	13.4	6.03

1) ABEEM/MM 模型的结果包含侧链的数据.

注: x 为非氢原子的 Cartesian 坐标; l、θ 和 τ 分别为骨架中的键长、键角和二面角.

参 考 文 献

[1] Parr R G, Yang W T. Density-Functional Theory of Atoms and Molecules. New York: Oxford University Press, 1989

[2] Gerrlings P, De Proft F, Langenaeker W. Chem. Rev., 2003, 103: 1793~1873

[3] Hohenberg P, Kohn W. Phys. Rev. B , 1964, 136: B864~B871

[4] Kohn W, Sham L. Phys. Rev. A , 1965 , 140: 1133

[5] Pauling L. The Nature of the Chemical Bond. 3rd ed. Ithaca: Cornell University Press, N. Y., 1960

[6] Mulliken R S. J. Chem. Phys., 1934, 2: 782~793

[7] Ken. Electronegativity, Struct, Bonding (Berlin), 1987, 66

[8] Iczkowski R P, Margrave J L. J. Am. Chem. Soc., 1961, 83: 3547~3551

[9] Hinze J, Jaffe H H. J. Phys. Chem., 1963, 67: 1501~1506

[10] Huheey J E. J. Phys. Chem., 1966, 70: 2086~2092

[11] Sanderson R T. Polar Covalence. New York: Academic Press, 1983; Chemical Bonds and Bond Energy. New. York: Academic Press, 1976

[12] Sanderson R T. Science, 1951, 114: 670~672

[13] Politzer P, Weinstein H. J. Chem. Phys., 1979, 71: 4218~4220

[14] Mortier W J, Ghosh S K, Shankar S. J. Am. Chem. Soc., 1986, 108: 4315~4320

[15] Mortier W J, Genechten K V, Gasteiger J. J. Am. Chem. Soc., 1985, 107: 829~835

[16] Nalewajski R F. J. Am. Chem. Soc., 1984, 106: 944~945

[17] Bultinck P, Langenaeker W, Lahorte P, et al. J. Phys. Chem. A, 2002, 106: 7887~7894

[18] Bultinck P, Langenaeker W, Lahorte P, et al. J. Phys. Chem. A, 2002, 106: 7895~7901

[19] Rappé A K, Goddard W A. J. Phys. Chem., 1991, 95: 3358~3363

[20] Darrin M Y, Yang W. J. Chem. Phys., 1996, 104: 159~172

[21] Smirnov K S, van de Graaf B. J. Chem. Soc. Faraday Trans., 1996, 92: 2469~2474

[22] Chelli R, Procacci P. J. Chem. Phys., 2002, 117: 9175~9189

[23] Yang Z Z, Shen E Z. J. Mol. Struct. (Theochem), 1994, 312: 167

[24] 杨忠志, 沈尔忠. 中国科学 (B 辑), 1995, 25(12): 1233~1239

[25] Yang Z Z, Wang C S. J. Phys. Chem. A, 1997, 101: 6315~6321

[26] Wang C S, Yang Z Z. J. Chem. Phys., 1999, 110: 6189~6197

[27] Yang Z Z, Wang C S, Tang A Q. Science in China (Ser. B), 1998, 41: 331~336

[28] Wang C S, Zhao D X, Yang Z Z. Chem. Phys. Lett., 2000, 330: 132~138

[29] Cong Y, Yang Z Z, Chem. Phys. Lett., 2000, 316: 324~329; Cong Y, Yang Z Z, Wang C S et al. Chem. Phys. Lett., 2002, 357: 59~64

[30] Yang Z Z, Wang C S. J. Theor. Comput. Chem., 2003, 2: 273~299

[31] Jensen F. Introduction to Computational Chemistry. New York: Wiley, 1999

[32] Burkert U, Allinger N L. Molecular Mechanics. Washington D. C.: American Chemistry Society, 198

[33] Allen M P, Tildesley D J. Computer Simulation of Liquids. Oxford: Oxford University Press, 1987

[34] Haile J M. Molecular Dynamics Simulation, Elementary Methods. New York: John Wiley, 1992

[35] Tannor D J, Marten B, Murphy R et al. J. Am. Chem. Soc., 1994, 116: 11875~11882

[36] Yang Z Z, Shen E Z. Science in China (Ser. B), 1996, 39: 20

[37] Rappé A K, Goddard W A. J. Phys. Chem, 1991, 95: 3358~3363

[38] Rappé A K, Casewit C J, Colwell K S et al. J. Am. Chem. Soc., 1992, 114: 10046

[39] Mulliken R S. J. Chem. Phys., 1955, 23:1833

[40] Bader R F W. Oxford: Oxford Univ. Press, 1990

[41] Lowdin P O. J. Chem. Phys., 1953, 21: 374~375

[42] Reed A E, Weinstock R B, Weinhold F. J. Chem. Phys., 1985, 83: 735

[43] Brooks B R, Bruccoleri R E, Olafson B D et al. J. Comp. Chem., 1983, 4: 187~217

[44] Jorgensen W L, Tirado-Rives J. J. Am. Chem. Soc., 1988, 110: 1666~1671

[45] Allinger N L, Chen K, Katzenellenbogen J A et al. J. Comp. Chem., 1996, 17: 747~755

[46] Cornell W D, Cieplak P, Bayly C I et al. J. Am. Chem. Soc., 1995,117: 5179~5197

[47] MacKerell, Karplus M, et al. J. Phys. Chem., B, 1998, 102: 3586~3617; Mackerell A D, Wiorkiewiczkuczera J, Karplus M. J. Am. Chem. Soc., 1995, 117: 11 946~11 975

[48] Dauber-Osguthorpe P, Roberts V A, Osguthorpe D J et al. Proteins: Str. Funct. Genetics, 1988, 4: 31~47

[49] Anisimov V M, Vorobyov I V, Roux B, MacKerell A D. J. Chem. Theory. Comput., 2007, 3: 1927

[50] Öhrn A, Karlström G. J. Chem. Theory. Comput. 2007, 3: 1993

[51] Wick C D, Kuo I F W, Mundy C J et al. J. Chem. Theory. Comput., 2007, 3: 2002

[52] Warshel A, Kato M, Pisliakov A V. J. Chem. Theory. Comput., 2007, 3: 2034

[53] Marenich A V, Olson R M, Chamberlin A C et al. Chem. Theory. Comput, 2007, 3: 2055

[54] Bayly C I, Cieplak P, Cornell W D et al. J. Phys. Chem., 1993, 97: 10269

[55] Cornell W D, Cieplak P, Bayly C I et al. J. Am. Chem. Soc., 1993, 115: 9620

[56] Caldwell J W, Kollman P A. J. Phys. Chem., 1995, 99: 6208~6219

[57] Chialvo A A, Cummings P T. Adv. Chem. Phys., 1999, 109: 115~205

[58] Brodholt J, Samploi M, Vallauri R. Mol. Phys., 1995, 86: 149~158

[59] Dang L X, Chang T M. J. Chem. Phys., 1997, 106: 8149

[60] Jedlovsky P, Richardi J. J. Chem. Phys. 1999, 110: 8019~8031

[61] Chang T M, Dang L X. J. Chem. Phys. 1996, 104: 6772~6783

[62] Dang L X. J. Chem. Phys. 1999, 110: 1526~1532

[63] Dang L X, Feller D. J. Phys. Chem. B. 2000, 104: 4403~4407

[64] Scott W R P, Hunenberger P H, Tironi I G et al. J. Phys. Chem. A 1999, 103: 3596~3607

[65]　Gresh N, Guo H, Salahub D R et al. J. Am. Chem. Soc.,1999, 121: 7885~7894

[66]　Patel S, Brooks C L III. J. Comput. Chem., 2004, 25:1~15

[67]　Patel S, Mackerell A D Jr, Brooks C L III. J. Comput. Chem., 2004, 25: 1504~1514

[68]　Ogawa T, Kitao O, Kuiita N et al. Chem-Bio. Informatics J., 2003, 3: 78~85

[69]　Weiner S J, Kollman P A, Case D A et al. J. Am. Chem. Soc., 1984, 106: 765~784

[70]　Wang J, Cieplak P, Kollman P A. J. Comput. Chem., 2000, 21: 1049~1074

[71]　Stern H A, Kaminski G A, Banks J L et al. Phys. Chem. B, 1999, 103: 4730~4737

[72]　Banks J L, Kaminski G A, Ruhong Z et al. J. Chem. Phys., 1999, 110: 741~754

[73]　Kaminski G A, Stern H A, Berne B J et al. J. Comput. Chem., 2002, 23: 1515~1531

[74]　Ren P, Ponder J W. J. Phys. Chem. B 2003, 107: 5933

[75]　Grossfield A, Ren P, Ponder J W. J. Am. Chem. Soc. 2003, 125: 15 671

[76]　Ren P, Ponder J W. J. Comput. Chem. 2002, 23: 1497~1505

[77]　Baekelandt B G, Mortier W J, Lievens J L et al. J. Am. Chem. Soc., 1991, 113: 6730~6734

[78]　Baekelandt B G, Mortier W J, Schoonheydt R A. Struct. Bonding, 1993, 80: 187

[79]　Baekelandt B G, Janssens G O A, Toufar H et al. J. Phys. Chem, 1995, 99: 9784~9794

[80]　Cioslowski J, Martinov M. J. Chem. Phys., 1995, 102: 7499~7503

[81]　van Duin A C T, Baas J M A, van de Graaf B. J. Chem. Soc., Faraday, Trans., 1994, 90: 2881

[82]　Yang Z Z, Wu Y, Zhao D X. J. Chem. Phys., 2004, 120: 2541~2557

[83]　Wu Y, Yang Z Z, J. Phys. Chem. A, 2004, 108: 7563~7576

[84]　钱萍, 杨忠志. 中国科学 (B 辑), 2006, 36(4): 284~298

[85]　Yang Z Z, Li X. J. Phys. Chem. A (Letters), 2005, 109: 3517~3520

[86]　Li X, Yang Z Z. J. Chem. Phys., 2005, 122: 084514

[87]　Li X, Yang Z Z. J. Phys. Chem. A, 2005, 109: 4102~4111

[88]　Yang Z Z, Zhang Q. J. Comput. Chem., 2006, 27: 1~10

[89]　Zhang Q, Yang Z Z. Chem. Phys. Lett., 2005, 403: 242~247

[90]　Yang Z Z, Qian P. J. Chem. Phys., 2006, 125: 064311~064316

[91]　Kaminski G A, Friesner R A, Tirado-Rives J, Jorgensen W L. J. Phys. Chem. B, 2001, 105: 6474~6487

第 4 章　耦合簇方法的研究进展

黎书华　帅志刚

4.1　引　言

对大多数的分子体系, Hartree-Fock (HF) 单行列式波函数是一个好的近似波函数. 虽然 HF 方法通常可以得到分子总能量的 99% 以上 (在某一给定基函数下), 但是在 HF 水平上计算的化学反应热、反应势垒或解离能一般达不到定量的精度. 因此, 考虑 HF 方法中忽略由电子瞬时 Coulomb 相关导致的电子相关能对定量描述分子的基态能量和性质是必不可少的. 尽管密度泛函理论在近 10 年来得到极广泛的应用, 但它还依赖于经验性的泛函, 并且对于化学反应势垒、能隙、电荷分布、激发态结构等方面还有很大的困难, 还要经常依赖于 post-HF 的高精度来检验.

基于 HF 单行列式波函数, 目前量子化学中处理电子相关最成功的应用、最广泛的方法就是耦合簇 (coupled cluster, CC) 方法[1~6]. 对小分子和中等大小的分子, 单参考耦合簇方法 (single-reference coupled cluster, SRCC)[1~6] 在描述基态的结构、能量和性质方面取得了巨大的成功. 然而, 由于单参考 CC 方法的计算量随体系的增大呈高次方幂上升, 它们尚不能应用于大分子体系的计算.

近年来, 理论化学家认识到耦合簇方法及多体微扰方法的计算量随体系的增大而急剧上升是源自于求解过程中正则分子轨道 (canonical molecular orbital, CMO) 的使用, 因而是 "非物理" 的. 如果使用局域的原子轨道 (atomic orbital, AO) 或局域的分子轨道 (localized molecular orbital, LMO), 则有可能将电子相关计算的计算标度降低到线性标度. 事实上, 基于局域相关的线性标度电子相关算法是传统量子化学领域中近年来的热门课题之一, 理论化学家已经提出了各种各样的线性标度算法[7~15]. 这些算法的主要差别体现在如何用局域的原子轨道或分子轨道来表示占据轨道和 "虚" 轨道空间. 由于这种差别, 这些线性标度算法使用了完全不同的方程式. 除了这些基于第一性原理的局域相关方法外, 理论化学家还发展了一类基于分子片的简化方法[16~19]. 这类方法的基本思想是希望将一个大分子体系的相关能计算简化为对一些相关的小体系进行相关能计算. 这类方法尽管严格性和适用性不如上述的 "标准" 的局域相关方法, 但是由于其计算简单, 也具有一定的应用前景. 在本章中, 我们将介绍在 SRCC 方法的线性标度化方面所取得的一些进展.

虽然 SRCC 方法已被证明能对分子的平衡结构和性质进行定量精确的描述, 但是对开壳层的分子或有较强自由基性质的分子, 如化学反应的过渡态, 由于其他组态可能和 HF 组态一样重要, 基于 RHF 波函数的 SRCC 方法的精度将下降, 甚至可能完全失效. 一种通常的解决方案是选择非限制性的 HF 波函数 (即 UHF) 作为 SRCC 方法的零级波函数, 但是这种基于 UHF 的 SRCC 方法有时会遇到严重的自旋污染[20,21]. 对这类体系, 一个比 UHF 更适合的零级波函数是多组态自洽场波函数. 然而, 多组态自洽场波函数只是较好地考虑了由组态近简并导致的非动态电子相关效应. 要想得到定量精确的描述, 还需要计算动态的电子相关效应. 因此, 基于多参考的电子相关方法也是量子化学基础理论领域的热点课题. 特别是基于 SRCC 方法的成功, 人们对多参考耦合簇 (multi-reference coupled cluster, MRCC) 方法寄予厚望. 虽然目前已提出了各种各样的 MRCC 方法[22~38], 但这些方法的计算量随参考组态空间的维数的增大而迅速攀升, 因而尚未获得广泛的应用. 本章中, 我们将介绍一种新的 MRCC 方法 —— 块相关耦合簇方法[39]. 此外, 耦合簇方法也被应用于激发态和电离态结构与光谱计算, 这部分将在 4.4 节有所介绍.

4.2　单参考耦合簇方法的基本原理

耦合簇方法是由 Coester 和 Kümmel 在 1958 年提出的一种用于求解相互作用的多粒子体系的理论方法[40]. 20 世纪 60 年代, Čižek、Paldus、Sinaoglu 和 Nesbet 把耦合簇方法应用于分子的电子结构计算[1,2]. 70~80 年代 Pople 研究组和 Bartlett 研究组进一步改善发展了该方法[3~5].

耦合簇方法的基本方程如下:

$$\psi = e^{\hat{T}} \Phi_0 \tag{4.1}$$

式中: ψ 为精确的非相对论基态波函数; Φ_0 为归一化的 HF 基态波函数; 算符 $e^{\hat{T}}$ 可以表示成 Taylor 展开的形式:

$$e^{\hat{T}} = 1 + \hat{T} + \frac{\hat{T}^2}{2!} + \frac{\hat{T}^3}{3!} + \cdots = \sum_{k=0}^{\infty} \frac{\hat{T}^k}{k!} \tag{4.2}$$

簇算符 $\hat{T}$ 定义为

$$\hat{T} = \hat{T}_1 + \hat{T}_2 + \cdots + \hat{T}_n \tag{4.3}$$

式中 n 为分子中的电子数; $\hat{T}_n$ 为 n 个电子的激发算符, 如单电子激发算符 $\hat{T}_1$ 和双电子激发算符 $\hat{T}_2$ 分别定义如下:

$$\hat{T}_1 = \sum_a^{\text{vir}} \sum_i^{\text{occ}} t_i^a a_a^+ a_i, \quad \hat{T}_1 \Phi_0 \equiv \sum_a^{\text{vir}} \sum_{i=1}^{\text{occ}} t_i^a \Phi_i^a \tag{4.4}$$

$$\hat{T}_2 = \sum_{\substack{i>j \\ a>b}} t_{ij}^{ab} a_a^+ a_i a_b^+ a_j, \quad \hat{T}_2 \varPhi_0 \equiv \sum_{b>a}^{\text{vir}} \sum_a^{\text{vir}} \sum_{j>i}^{\text{occ}} \sum_{i=1}^{\text{occ}} t_{ij}^{ab} \varPhi_{ij}^{ab} \tag{4.5}$$

式中: 标号 $i, j, \cdots$ 都表示占据自旋分子轨道, $a, b, \cdots$ 则表示虚轨道; $\varPhi_i^a$ 表示占据自旋轨道 i 被虚轨道 a 取代的单激发 Slater 行列式; t_i^a 为相应的激发系数; $\varPhi_{ij}^{ab}$ 和 t_{ij}^{ab} 分别为双激发 Slater 行列式及其激发系数. 耦合簇计算的任务就是找到这些激发系数 $t_i^a, t_{ij}^{ab}, \cdots$, 从而得到式 (4.1) 中的波函数, 进而计算基态能量和性质.

理论表明, 在耦合簇计算中, 簇算符 $\hat{T}$ 中最重要的是 $\hat{T}_2$ 项, 如果我们近似地取 $\hat{T} \approx \hat{T}_2$, 则相应的近似 CC 方法称为 CCD(coupled cluster doubles) 方法. 如果取 $\hat{T} \approx \hat{T}_1 + \hat{T}_2$, 近似的 CC 方法则称为 CCSD(CC singles and doubles) 方法. 类似地, 当 $\hat{T} \approx \hat{T}_1 + \hat{T}_2 + \hat{T}_3$, 则得到更高精度的 CCSDT(CC singles, doubles, and triples) 方法.

下面我们将以 CCD 方法为例, 推导出计算 CCD 激发系数和基态能量的明确表达式. 由前所述, CCD 波函数可表示如下:

$$\varPsi_{\text{CCD}} = e^{\hat{T}_2} \varPhi_0 \tag{4.6}$$

通过将 Schrödinger 方程投影到包含 HF 行列式和所有双激发行列式的子空间, 我们可以得到下列方程组:

$$\langle \varPhi_0 | H - E | \varPsi_{\text{CCD}} \rangle = 0 \tag{4.7}$$

$$\langle \varPhi_{ij}^{ab} | H - E | \varPsi_{\text{CCD}} \rangle = 0 \tag{4.8}$$

将 CCD 波函数的表达式 (4.6) 代入方程 (4.7) 和 (4.8), 并经过简化后可以获得计算 CCD 相关能的表达式和一组求解激发系数 t_{ij}^{ab} 的非线性方程组[14,15]

$$\Delta E^{\text{CCD}} = E^{\text{CCD}} - E^{\text{HF}} = \sum_{\substack{i>j \\ a>b}} \langle ab \| ij \rangle t_{ij}^{ab} \tag{4.9}$$

$$\langle ab \| ij \rangle + \Delta_{ij}^{ab} t_{ij}^{ab} + \mu_{ij}^{ab} + \nu_{ij}^{ab} + \omega_{ij}^{ab} = 0 \tag{4.10}$$

其中

$$\langle ab \| ij \rangle = \iint \phi_a^*(1) \phi_b^*(2) \, r_{12}^{-1} \left[\phi_i(1)\phi_j(2) - \phi_j(1)\phi_i(2) \right] d\tau_1 d\tau_2 \tag{4.11}$$

$$\Delta_{ij}^{ab} = f_{aa} + f_{bb} - f_{ii} - f_{jj} \tag{4.12}$$

$$\mu_{ij}^{ab} = \frac{1}{2} \sum_c \sum_d \langle ab \| cd \rangle t_{ij}^{cd} + \frac{1}{2} \sum_k \sum_l \langle kl \| ij \rangle t_{kl}^{ab}$$
$$+ \sum_k \sum_c \left[\langle ka \| jc \rangle t_{ik}^{bc} + \langle kb \| ic \rangle t_{jk}^{ac} - \langle kb \| jc \rangle t_{ik}^{ac} - \langle ka \| ic \rangle t_{jk}^{bc} \right] \tag{4.13}$$

$$\nu_{ij}^{ab} = \frac{1}{4} \sum_{kl} \sum_{cd} \langle kl \parallel cd \rangle \left[t_{ij}^{cd} t_{kl}^{ab} - 2 \left(t_{ij}^{ac} t_{kl}^{bd} + t_{ij}^{bd} t_{kl}^{ac} \right) - 2 \left(t_{ik}^{ab} t_{jl}^{cd} + t_{ik}^{cd} t_{jl}^{ab} \right) \right.$$
$$\left. + 4 \left(t_{ik}^{ac} t_{jl}^{bd} + t_{ik}^{bd} t_{jl}^{ac} \right) \right] \tag{4.14}$$

$$\omega_{ij}^{ab} = \sum_{c(\neq b)} f_{bc} t_{ij}^{ac} + \sum_{c(\neq a)} f_{ac} t_{ij}^{cb} - \sum_{k(\neq i)} f_{ki} t_{kj}^{ab} - \sum_{k(\neq j)} f_{kj} t_{ik}^{ab} \tag{4.15}$$

这组耦合非线性方程组可以通过迭代方式求解. 通常迭代的第一步令 μ_{ij}^{ab}、ν_{ij}^{ab}、ω_{ij}^{ab} 值为零. 一旦得到激发系数, CCD 相关能可以由方程 (4.9) 计算得到.

需要指出的是, CCD 方程 (4.10) 对局域轨道和正则轨道都适用, 但在正则轨道表示中 ω_{ij}^{ab} 为零, 因为 Fock 矩阵 f 是对角的. 在传统 CC 计算中, 由于正则轨道的离域性, 所有的激发系数之间都有很强的耦合性, 必须全部考虑. 通过引入一些中间数组简化 ν_{ij}^{ab} 的计算, 可推知计算 ν_{ij}^{ab} 的时间与电子数 N 的平方成正比. 由于激发系数数量正比于 N^4, 所以传统 CCD 计算时间的标度为 N^6.

值得注意的是, MP2 方程是 CCD 方程 (4.10) 中去除 μ_{ij}^{ab} 和 ν_{ij}^{ab} 后的特例. 在正则轨道表示中, 由于 f 是对角矩阵, MP2 激发系数可以直接获得而不需要迭代. 而在局域轨道表示中 MP2 激发系数也必须迭代求解. 下面描述的 CIM 方法[14,15] 不仅适用于 CCD 和 MP2 的计算, 也适用于其他更高级别的 CC 计算.

4.3　单参考耦合簇方法的线性标度算法

4.3.1　基于局域轨道的 CIM 算法

在介绍我们自己发展的线性标度 SRCC 算法以前, 有必要先回顾一下其他线性标度算法的基本原理和出发点. 这些算法的主要差别体现在如何用局域的原子轨道或分子轨道来表示占据轨道和 "虚" 轨道空间. 第一个局域相关方法是由 Pulay 于 1983 年提出来的[41], Pulay 及其合作者首先在微扰理论框架下实现了该算法[42,43], 后来 Werner 研究组将该算法推广应用到 CCSD 和 CCSD(T) 方法[8,9]. 在该算法中, 占据轨道空间是用 LMO 表示, 但 "虚" 轨道空间是用非正交的投影原子轨道 (projected atomic orbitals, PAOs). 第二类局域相关方法是由 Scuseria 和 Ayala 于 1999 年提出的[10]. 他们从 CMO 表示中的 CCD 方程 (传统方法) 出发, 推导了在 AO 表示中的相应方程. 这类方法的一个缺点是无法使用在电子相关计算中常采用的 "冻结核" (frozen core) 近似. 最新的进展表明, 利用双电子积分和双激发系数的衰减性质, 以上两类方法的计算时间、需要的内存和硬盘存储空间均可实现线性标度化. 第三类局域相关方法是由 Head-Gordon 研究组于 1998 年提出的[44,45]. 他们建议使用非正交的 PAO 来表示占据轨道和 "虚" 轨道空间. 已经建议了相应的方法来求解导出的 CCSD 方程, 但是否能发展出线性标度的算法尚不清楚.

另外一种局域相关方法的原始思想是由 Förner 及其合作者于 1985 年提出的[12]. 他们建议采用局域的分子轨道来表示占据轨道和 "虚" 轨道空间. 这种方法的一个优点是 CCSD 方程在 LMO 表示中的公式与其在 CMO 表示中的公式完全相同. 然而, Förner 等最初的方案只能获得传统 CCSD 相关能的 80%~90%, 大大低于上述其他方法的精度. 2002 年, 我们提出了一种改进的算法, 即 "分子中的簇"(cluster-in-molecule, CIM) 算法[14], 来计算重要的双激发系数. 试算表明, 利用该算法可以得到和其他方法相媲美的精度. 最近, 我们引入了一种计算局域的 "虚" 轨道的新方法, 并建议了一种简单的近似方法来计算基于 LMO 的双电子积分, 从而实现了 CIM 算法的线性标度化[15]. 与目前其他的局域相关方法相比, CIM 算法的最大优势是它需要的内存和存储量与所研究的体系的大小无关, 且可以高度并行化. 事实上, 只要一个体系的 HF 计算能实现, 利用 CIM 算法现在就可以对它进行电子相关计算. 这在其他局域相关方案中尚未实现.

1. "Cluster-in-Molecule" 方法的基本步骤

在局域轨道表示中, CCD 方程 (4.10) 可以得到极大的简化. 首先, 空间上距离较远的轨道间的激发对相关能的贡献可以忽略. 这样, 在局域轨道表示中重要的激发系数的数目与分子尺寸的标度仅是线形的. 其次, 从方程 (4.10) 可以看出, 由于变换双电子积分和激发系数的衰减性, 方程 (4.10) 中的右边三项 μ_{ij}^{ab}、ν_{ij}^{ab} 和 ω_{ij}^{ab} 本质上都是局域变量. 以 ν_{ij}^{ab} 为例. 由于 ϕ_k 和 ϕ_l 必须满足在空间上靠近自旋轨道 $\{\phi_a, \phi_b, \phi_i, \phi_j\}$ 中的任一个, 所以尽管方程 (4.14) 的第一项求和遍及所有的占据自旋轨道对, 但是只有这些组合中的一个很小的子集会做出不可忽略的贡献. 类似地, 第二个加和中 ϕ_c 和 ϕ_d 的有效组合也是相当有限的. 显然, 对 μ_{ij}^{ab} 项也有类似的推论. 而对于 ω_{ij}^{ab} 项, 它的局域性来源于 Fock 矩阵的非对角元是随两个局域轨道的距离而快速衰减的. 同样, 可以证明, 用空间轨道表示的 μ_{ij}^{ab}、ν_{ij}^{ab} 和 ω_{ij}^{ab} 也是局域变量. 所以, 从方程 (4.10) 可以看到, t_{ij}^{ab} 的局域性是很明显的. 它可以通过求解由一组空间上相邻的多个局域轨道组成的一个 "簇" 的 CCD 方程组来近似获得. 这就是 CIM 局域方案的物理基础.

CIM 方法的基本步骤包括下面几步: ① 获得占据和非占据局域分子轨道; ② 对所有的占据自旋轨道构建不同的簇; ③ 对选定的簇进行 CCD 或 MP2 计算; ④ 通过累加所有选定簇的贡献, 计算出总的相关能.

在以上四步中, 第①步是进行 CIM 计算的关键. 众所周知, 对常规基组, 利用 Boys[46] 或 Pipek-Mezey 方法[47], 获得占据局域轨道没有太大困难. 然而, 当采用较大的原子轨道基组时, 对于大分子, 利用计算占据局域轨道的方法来获得非占据局域轨道很困难. 为了克服这个难题, Subotnik 等发展了一种基于原子核坐标的计算非占据局域轨道的算法, 这种算法可以用来提供 CIM 需要的虚轨道[48]. 但是, 在后面的章节中我们将介绍另一种获得非占据局域轨道的简单方法.

现在, 我们将首先描述对给定体系构建不同簇的方法. 为简化起见, 仅考虑闭壳层体系. 通过对 CCD(或 MP2) 方程的自旋坐标积分, 可以得到只与空间局域轨道相关的激发系数和能量表达式. 然而, 为了讨论的方便, 在下述中我们将仍然保留自旋轨道的表示, 下面的步骤应能轻易地扩展到开壳层分子.

对于闭壳层分子, 所有簇的构造包括以下三步.

首先, 为每个占据空间轨道选择一个中心的分子轨道 (MO) 域. 这里一个中心的 MO 域 $[I]$ 是占据局域轨道的一个子集, 由一个给定的占据局域轨道 ϕ_i 以及它的 "紧邻" 局域轨道组成. 由于 t_{ij}^{ab} 的大小随占据局域轨道 ϕ_i 和 ϕ_j 的距离衰减得很快, 对局域轨道 ϕ_i, 我们可以设置一个 "距离" 阈值来挑选那些空间上与它相近的局域轨道. 我们选择用 Fock 矩阵元 f_{ij} 的绝对值来作为衡量两个局域轨道 ϕ_i 和 ϕ_j 距离的指标. 显然, 较小的指标 f_{ij} 值对应于较大的轨道距离. 这种指标与其他一些常用的指标相比, 对基组的依赖更小. 需要注意的是, 如果用 Pipek-Mezey 方法获得局域轨道, 这种指标将不适用于平面分子. 这是因为由这种方法得到的 σ 和 π 局域轨道是分离的. 这将导致 Fock 矩阵元不管轨道距离的大小都趋向于零. 因此, 后面将采用 Boys 局域化方法. 通过设定 f_{ij} 指标的一个阈值 ζ_1(小于它的将被排除于 MO 域 $[I]$ 之外), 可以自动构建 MO 域 $[I]$. 很明显, 每个 MO 域中的占据轨道数都是有限的. 可以简便地将 $[I]$ 表示为 $[I] = (i, j, k, \cdots)$, 它的组成轨道列在圆括号中 (ϕ_i 总是属于 $[I]$). 显然, 依照上面所讨论的, 中心的 MO 域的数量与占据轨道数相等. 然而, 注意到有些 MO 域完全包含于其他的较大 MO 域中, 这样就完全可以去掉它们, 因为它们所对应的相关能的贡献可以在较大 MO 域对应的簇中更精确地计算得到. 例如, 如果 $[I] = (i, j, k, l)$, 而 $[J] = (i, j, k, l, m)$, 显然 $[I]$ 属于 $[J]$, 这样 $[I]$ 就可以被去掉, 但为了表示 $[I]$ 包含在 $[J]$ 中, 我们重新命名 $[J]$ 为 $[IJ]$. 通过分别比较剩余的 MO 域, 最后可以得到一个 "不可约" 的最小 MO 域子集. 通常情况下, 这些不可约 MO 域的数量比占据轨道数要小很多.

其次, 对中心轨道域 $[I]$ 构建一个相应的环境域 $\langle I \rangle$, 它由与 $[I]$ 中一个或几个轨道有很大重叠的那些占据局域轨道组成. 这可以通过设定 f_{ij} 指标的另一个阈值 ζ_2 来实现. 尽管较小的 ζ_2 导致更精确的结果, 但是为了减少计算时间, 通常 ζ_2 应该比 ζ_1 大. 值得注意的是, 在构建环境域时, 应该避免产生冗余轨道. 这样, 中心的 MO 域和它的局部环境域联合构成了整体 MO 域 (或简称 MO 域). 为了后面讨论的方便, 我们用 $\{I\} = [I] \langle I \rangle = (\cdots, \cdots)$ 来表示整体 MO 域, 圆括号中中心和环境域中的所有占据局域轨道用逗号隔开作为分别. 为了区别 ϕ_i 和整体轨道域 $\{I\}$ 中的其他占据局域轨道, 我们称 ϕ_i 为中心轨道. 类似地, 对轨道域 $\{IJ\}$, ϕ_i 和 ϕ_j 都是中心轨道.

最后一步是为给定的分子轨道域构建非占据局域轨道, 这将在稍后讨论. 一旦完成了这一步, 一个包含一些占据和非占据局域分子轨道的簇就确定了, 这个簇将定域在分子的某一区域. 然后, 我们只要对计算整个体系的 CCD 方程组稍做修改就可以用来求解这些簇的 CCD 方程组. 求解所有选定簇的 CCD 方程后, 整个体系的 CCD 相关能就可由式 (4.16) 和式 (4.17) 近似得到

$$\Delta E^{\text{CCD}} \approx \sum_{\{A\}} \varepsilon_{\{A\}} \tag{4.16}$$

$$\varepsilon_{\{A\}} = \sum_{i \in \{A\}}^{\substack{\text{central} \\ \text{orbitals}}} \left[\frac{1}{4} \sum_{j,a,b \in \{A\}} \langle ab \| ij \rangle t_{ij}^{ab} \right] \tag{4.17}$$

式 (4.16) 是对所有保留的簇的累加, $\varepsilon_{\{A\}}$ 代表簇 $\{A\}$ 的相关能贡献. 在式 (4.17) 中, 第一个累加仅限制在 $\{A\}$ 的中心轨道, 而第二个累加中, j, a 和 b 分别遍及 $\{A\}$ 中的所有占据和非占据轨道. 这里用到的从多个簇估算总的相关能的方法跟 Flocke 和 Bartlet 在他们的自然线性标度 CC 方法中所使用的方法相似[17], 是一种很有效的方法.

2. 给定轨道域的非占据局域轨道的构建

给定轨道域的非占据局域轨道的构建过程的第一步, 是为给定轨道域内的每个占据分子轨道指定相应的 AO 域. 对于一个给定分子轨道 ϕ_i, 它的 AO 域由对它的 Mulliken 电荷有很大贡献的那些原子所组成, 表示为 $\Omega(i)$. 根据 Hampel 和 Werner 所建议的方法[8], 我们首先按照 Mulliken 电荷递减的顺序排列所有原子, 然后依次将具有较大电荷的原子加入 AO 域, 直到原子电荷的总和超出一个标准阈值 ζ_3. 我们发现阈值 $\zeta_3=1.98$ 通常可以给出满意的结果. 接下来, 我们将 MO 域 $\{I\}$ 中的所有轨道的 AO 域组合起来形成簇的 AO 域 $\Omega(I)$ (注意, 大写 I 总是用来表示簇标号), 在组合过程中应避免出现冗余原子.

下面我们给出构建非占据局域轨道的详细步骤:

第一, 对每个簇, 我们在它的 AO 域的基础上添加该域的 "紧邻" 原子 (称为缓冲原子) 形成扩展簇 (在簇标号上加一撇号表示扩展簇). 缓冲原子可以根据阈值 ζ_4 来自动选取, ζ_4 可以定义为簇中原子与相邻原子之间化学键的个数或者距离 (后者用在簇中原子和相邻原子间没有化学键时). 因此, 一个扩展簇 I' 的 AO 域 $\Omega(I')$ 将包括 $\Omega(I)$ 中的所有原子和添加的缓冲原子. 相应地, 扩展簇 I' 的 MO 域 $\{I'\}$ 不但包括 $\{I\}$ 中的所有分子轨道, 还应包括主要局域在缓冲原子上的占据分子轨道. 对总体系中的任一个占据的 LMO, 如果它在 AO 域 $\Omega(I')$ 上的 Mulliken 原子电荷之和超过上面定义的阈值 ζ_3, 就被分配到 $\{I'\}$ 中.

第二, 对扩展簇 I' 中的每个占据 LMOϕ_i, 我们定义它在给定原子轨道域 $\Omega(I')$

上的投影轨道 $\bar{\phi}_i$ 如下:

$$|\bar{\phi}_i\rangle = \sum_{s \in \Omega(I')} D_{si} |\chi_s\rangle \tag{4.18}$$

这里对于基函数的加和仅局限于分布在 $\Omega(I')$ 原子上的那些 (假定所有的基函数 χ_r 都是以原子为中心). 根据 Boughton 和 Pulay 的方法[49], 扩展系数 D_{si} 可以由计算下面的泛函来确定,

$$W(\bar{\phi}_i) = \min \int (\phi_i(r) - \bar{\phi}_i(r))^2 \mathrm{d}r \tag{4.19}$$

对泛函 $W(\bar{\phi}_i)$ 的极小化可推导出求解扩展系数的一组线性方程. 获得投影轨道 $\bar{\phi}_i$ 后, 再对它进行归一化. 显然, $\bar{\phi}_i$ 是 LMOϕ_i 在原子轨道域 $\Omega(I')$ 上的一个很好的近似.

第三, 对原子轨道域 $\Omega(I')$ 上的每个基函数 χ_r, 构建它的投影函数 $\tilde{\chi}_r$ 如下:

$$|\tilde{\chi}_u\rangle = \left(1 - \sum_{i=1}^{m} |\bar{\phi}_i\rangle \langle \bar{\phi}_i|\right) |\chi_u\rangle = \sum_{k \in \Omega(I')}^{K} |\chi_k\rangle \tilde{C}_{ku} \tag{4.20}$$

显然, $\tilde{\chi}_r$ 与 $\{I'\}$ 的所有投影轨道都正交. 将方程 (4.18) 代入 (4.20), 得到扩展系数 $\tilde{C}_{ku}$ 如下:

$$\tilde{C} = I - PS \tag{4.21}$$

其中

$$P_{uv} = \sum_{i=1}^{m} D_{ui} D_{vi} \tag{4.22}$$

是 AO 域 $\Omega(I')$ 上的 (半) 密度矩阵, 而 S 是初始基函数的重叠矩阵. 投影基函数 $\tilde{\chi}_r$ 通常局域在与相应的初始基函数 χ_r 相同的中心上, 但它们是非正交的, 其重叠矩阵可表示为

$$\tilde{S} = \tilde{C}^+ S \tilde{C} \tag{4.23}$$

第四, 为扩展的 AO 域 $\Omega(I')$ 构建正交的非占据分子轨道, 它们可以用 $\Omega(I')$ 上的投影基函数的线性组合来表示:

$$|\phi_a\rangle = \sum_{s \in \Omega(I')} |\tilde{\chi}_s\rangle X_{sa} = \sum_{k \in \Omega(I')} |\chi_k\rangle (\tilde{C}X)_{ka} \tag{4.24}$$

这里第二个等式利用了投影基函数的展开公式 (4.20). 通过利用酉矩阵对重叠矩阵 $\tilde{S}$ 进行对角化, 我们可以得到变换矩阵 X (假设使用正则正交化方法):

$$U^+ \tilde{S} U = \Lambda \tag{4.25}$$

$$X = U\Lambda^{-1/2} \tag{4.26}$$

式中: Λ 为由 $\tilde{S}$ 的本征值组成的对角矩阵. 由于投影基函数 $\tilde{\chi}_r$ 是线性相关的, $\tilde{S}$ 会有 m 个零本征值 (m 是 MO 域 $\{I'\}$ 中占据 LMO 的数目). 因此, 矩阵 X 需要去掉 K 列本征矢中对应于零本征值的 m 列. 利用截断的矩阵 X 可以产生扩展原子轨道域 $\Omega(I')$ 上的 $(K-m)$ 个正交的非占据分子轨道 [K 是 $\Omega(I')$ 中的初始基函数的总数].

第五, 将得到的原子轨道域 $\Omega(I')$ 的正交虚轨道用 Boys 方法局域化, 可以产生非占据的 LMO. 由于这些扩展簇不大, 相应的虚轨道的局域化在常规基组下都很容易完成, 但一般需要较多的循环才能收敛.

第六, 从扩展分子轨道域 $\{I'\}$ 中的所有非占据的 LMO 中选取属于相应的未扩展分子轨道域的虚轨道子集. 实现这个过程的一个简便方法描述如下. 首先, 利用式 (4.18) 和式 (4.19) 计算 MO 域 $\{I'\}$ 中的每个非占据 LMOϕ_a 在相应 AO 域 $\Omega(I)$ 上的投影轨道 $\bar{\phi}_a$. 然后比较 ϕ_a 和 $\bar{\phi}_a$ 的相似度, 这可以用泛函 $W(\bar{\phi}_a)$ [见式 (4.19)] 的最小值来度量. 如果这个最小值小于给定的阈值 ζ_5, 那么非占据 LMOϕ_a 就可以看作是分布在 AO 域 $\Omega(I)$ 上的相关轨道, 应被选入 MO 域 $\{I\}$ 中. 通过这种方法, 我们可以确定 MO 域中的所有非占据 LMO. 这些在扩展分子轨道域 $\{I'\}$ 中定义的非占据 LMO 将被保留用来计算公式 (4.12) 和 (4.15) 中相应的 Fock 矩阵元. 我们测试的结果表明, $\zeta_5 = 0.20$ 对大多数体系都适用.

3. 积分变换的近似计算

很明显, CIM 方法中需要计算的簇的数量随分子尺寸的增加是线性增加的. 为了使 CIM 的计算时间实现线性标度化, 则求解每个簇的 CC 方程所需的时间必须与总体系的大小无关, 因此要求用于每个簇的双电子积分的变换所需的时间也必须是有限的. 在其他局域相关方法中, 通过各种有效的预筛选技术, 已经实现了积分变换的线性标度化[9,10]. 在这里, 我们建议一种简单的基于轨道的局域性的近似计算积分变换的方法. 首先, 对给定簇 I 中的所有局域轨道, 我们计算它们在相应的簇原子轨道域 $\Omega(I)$ 上的投影轨道. 这些投影轨道可由求解公式 (4.19) 导出的线性方程组得到. 其次, 分子轨道积分 $(pq|rs)$ 可以用积分 $(\bar{p}\bar{q}|\bar{r}\bar{s})$ 来近似, $\bar{p}$、$\bar{q}$、$\bar{r}$ 和 $\bar{s}$ 分别是 p、q、r 和 s 所对应的投影轨道. 然后, 双电子积分 $(\bar{p}\bar{q}|\bar{r}\bar{s})$ 就可以通过四次连续的分步变换计算:

$$(\bar{p}\bar{q}|\bar{r}\bar{s}) = \sum_{\mu} \bar{C}_{\mu p} \left[\sum_{\nu} \bar{C}_{\nu q} \left[\sum_{\rho} \bar{C}_{\rho r} \left[\sum_{\sigma} \bar{C}_{\sigma s} (\mu\nu|\rho\sigma) \right] \right] \right], \tag{4.27}$$

式中: $\bar{C}_{\mu p}$ 为投影轨道 $\bar{p}$ 在 AO 域的第 μ 个原子上的展开系数. 假设一个任意簇的 AO 域的大小为 M, 则计算相应簇的积分变换所需的时间标度为 $O(M^5)$. 由于对于大分子来说, 给定簇的 AO 域的大小并不依赖于总体系的大小, 因此计算相应簇的 CC 方程所需的积分变换可以通过有限的运算获得.

下面我们通过数值计算来估计一下由近似的积分变换所引起的相关能的误差. 对十六烷及其异构体 3, 7, 11- 三甲基十三烷, 我们分别采用精确和近似的分子轨道积分进行了 CIM-MP2 计算. 计算得到的传统 MP2 和局域 CIM-MP2 相关能列在表 4-1 中. 由于这两个分子相对较小, 其占据和非占据局域分子轨道都采用 Boys 方法对整个体系的正则分子轨道分别做局域化计算得到. 如表 4-1 所示, 对于这两个分子, 由近似的积分计算引起的绝对误差在 6-31G* 水平下低于 2.0 mhartree[①], 而在 6-311G* 下也低于 4.0 mhartree. 从两个异构体的相关能的差值看, 采用近似积分变换导致的误差更小. 事实上, 在后面的部分可以看到由近似积分所引起的误差比由各种阈值控制的局域近似所引起的误差要小得多.

表 4-1　十六烷及其异构体 3, 7, 11- 三甲基十三烷的 CIM-MP2 相关能的比较

$(\zeta_1 = 0.01, \zeta_2 = 0.05)$

分子	基组[1]	经典 MP2 /a.u.	CIM-MP2/a.u.			最大簇的 基函数
			精确积分	近似积分	能量差	
十六烷	6-31G* (308)	−2.174 950	−2.168 795	−2.170 060	−0.001 265	144
	6-311G* (406)	−2.558 163	−2.551 792	−2.554 546	−0.002 754	188
3, 7, 11- 三甲 基十三烷	6-31G* (308)	−2.188 221	−2.179 418	−2.181 251	−0.001 833	208
	6-311G* (406)	−2.573 318	−2.561 853	−2.565 293	−0.003 440	270

1) 括号中是总的基函数的数目.

原则上, 我们可以进一步改进上述的计算积分变换的近似方法. 在各个簇的 AO 域中, 所有的占据局域轨道可以用它们的投影轨道很好地近似, 但有些非占据轨道由于在邻近的其他 AO 域中有一定的成分不能很好地用它们的投影轨道所表示. 如果用扩展的 AO 域中的投影虚轨道来代替相应 AO 域中的投影轨道, 则与这些虚轨道相关的积分的精度将得到改进, 但这必然会增加积分变换所需要的计算时间.

4.3.2　基于分子片的线性标度算法

另一种对大分子进行相关能计算的简便方法是分子片方法. 该方法将一个大分子划分为许多分子片, 然后将这些分子片的悬挂键用氢原子饱和得到相应的子体系. 利用电子相关能在这些子体系与母体系的近似迁移性, 可以证明母体系的相关能可由这些子体系的相关能的组合得到. 这种计算电子相关能的方法有些类似于以前提出的计算大分子体系的 HF 和 DFT 能量的 "divide-and-conquer" (分而

---

① 1hartree= 110.5×10^{-21} J, 下同.

歼之) 方法[50,51], 因此可称之为 "divide-and-conquer local correlation" (DCLC) 方法[18]. 这种 DCLC 方法的优点是不需要对子体系的轨道进行局域化, 可以直接利用传统的量子化学计算程序进行计算, 缺点是它难以应用于开壳层体系, 且需要人为地对体系进行分割. 对闭壳层的大分子体系而言, 这种方法计算简单, 精度高, 可与基于第一性原理的其他局域相关方法相互比较, 相互印证.

对于闭壳层分子, 相关能可以表示成所有轨道内相关能和轨道间相关能的总和, 即

$$E_{\text{corr}} = \sum_a e_{aa} + \sum_{a>b} e_{ab} \tag{4.28}$$

式中: e_{aa} 和 e_{ab} 分别为空间轨道 a 的轨道内相关能和轨道 a, b 之间的轨道间相关能. 式 (4.28) 不仅对正则分子轨道成立, 也对局域分子轨道成立. 但在局域分子轨道表象下, 由于轨道间相关能随着轨道之间距离的增加而迅速衰减, 方程 (4.28) 可作为大分子体系电子相关能近似计算的出发点. 设想一个目标大分子被分成若干分子片段: $I, J, K, \cdots, L$, 则总的相关能可以近似表示为

$$E_{\text{corr}} \approx \sum_I E_{\text{corr}}(I) + \sum_{I<J} E_{\text{corr}}(I, J) \tag{4.29}$$

$$E_{\text{corr}}(I, J) = E_{\text{corr}}(I - J) + E_{\text{corr}}(CB) + E_{\text{corr}}(I - CB) + E_{\text{corr}}(CB - J) \tag{4.30}$$

式中: $E_{\text{corr}}(I)$ 为片段 I 内的相关能; $E_{\text{corr}}(I - J)$ 为片段 I 内的轨道和片段 J 内的轨道之间的相关能; $E_{\text{corr}}(CB)$ 为与连接两块的化学键相应的局域轨道的轨道内相关能, 该轨道与片段 I, J 内的轨道之间的相关能用 $E_{\text{corr}}(I - CB)$ 和 $E_{\text{corr}}(CB - J)$ 表示. 应注意方程 (4.29) 中连接分子片的化学键相应的局域轨道与远处分子片之间的相关能由于很小已被忽略.

对于方程 (4.29) 和 (4.30) 中的各项相关能, 显然直接计算比较困难. 下面我们将设计一个简单有效的途径来避免直接计算各项相关能. 首先, 对于每个片段, 我们把与它相邻的分子片作为 "帽子" 加在断键处, 如果帽子的末端有未饱和的悬挂键, 则用氢原子饱和. 我们称这些片段为 "中心片段", 加了帽子后所形成的体系为 "饱和子体系". 对于每一个 "断" 键, 在其右边加上用来模拟右边紧邻环境的帽子, 在左边加上模拟左边紧邻环境的帽子, 这样所形成的体系被称为 "共轭帽子". 通过以下的分析, 我们可以看到目标大分子的相关能可以通过计算所有饱和子体系和共轭帽子的相关能得到. 该思想最初来源于计算分子间相互作用能的共轭帽子法[52,53]. 下面我们通过一个示例来说明该方法的基本思想. 设想一个大的体系 A, 可分为 I 和 J 两块, I 又被分为两个子块 I_1 和 I_2, J 被分为 J_1 和 J_2, 即

$$I = I_1 + I_2, \quad J = J_1 + J_2 \tag{4.31}$$

式中: I_2 为与 J 相连的子块; J_1 为与 I 相连的子块.

为了方便讨论, 我们把右端加氢后的子块 J_1 标记为帽子 $\tilde{J}_1$, 左端加氢后的子块标记为帽子 $\tilde{I}_2$, 见图 4-1. 假定块 I 右端加上 $\tilde{J}_1$ 后形成的体系为 X, 块 J 左端加 $\tilde{I}_2$ 后形成的体系为 Y, 两个共轭帽子所形成的体系为 P. 如果假设片段内和片段间的相关能在结构相似的体系间有很好的迁移性, 则可以证明总体系 A 的相关能可由 X、Y 和 P 的相关能近似得到[18]:

$$E_{\mathrm{corr}}(\mathrm{A}) = E_{\mathrm{corr}}(\mathrm{X}) + E_{\mathrm{corr}}(\mathrm{Y}) - E_{\mathrm{corr}}(\mathrm{P}) \tag{4.32}$$

式 (4.32) 可以推广到有三个或更多分子片的体系. 一般来说, 大分子的相关能可以表示为

$$E_{\mathrm{corr}}(\text{总体系}) = \sum E_{\mathrm{corr}}(\text{饱和分子片}) - \sum E_{\mathrm{corr}}(\text{共轭帽子}) \tag{4.33}$$

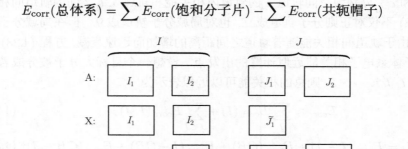

图 4-1　模型体系 A 及其分割得到的子体系

需要指出的是, 对于目标体系的中间分子片, 两边都需要加上帽子, 而对于处于端头的分子片, 只需要在其一边加上帽子. 由于分子片的数目随总体系增加而线性增加, 很明显该方法的计算量随着总体系的增长呈线性增加.

应该指出, 在方程 (4.32) 的推导中, 我们隐含了如下的假设, 即饱和子体系中的中心片段部分的局域轨道和总体系中的相应部分的局域轨道接近, 饱和子体系中的帽子部分的局域轨道和共轭帽子里的相应部分的局域轨道接近. 因此, 利用方程 (4.32) 近似计算体系的相关能的精度依赖于该体系中轨道的局域程度. 对于饱和的闭壳层分子, 如果合理地分块和选择帽子, 该方法一般都能给出比较满意的结果, 但是对于电子强离域的芳环体系, 使用该方法得到的相关能通常有较大的误差. 在后面, 我们将会建议一个指标来预估体系中轨道的局域程度.

下面我们以 2, 3, 4, 5, 6, 7, 8, 9- 八甲基癸烷为例来说明如何分块和构造 "帽子", 示意图见图 4-2. 在图 4-2(a) 中, 该分子在虚线处被分成四个分子片; (b) 和 (c) 分别表示对末端和中间的分子片加上帽子的过程; 在 (d) 中, 被切断键两端的帽

子形成 "共轭帽子". 在所形成的子体系中, 每个帽子的不饱和键都用氢原子饱和. 除了这些额外的氢原子之外, 其他所有原子的位置都与它们在目标体系中的位置相同. 设对于一个给定的帽子, 其末端的不饱和非氢原子用 X 表示, 其中某一断键的另一端非氢原子为 Y, 如前所述, 我们需要在 Y 附近用额外的氢原子替代 Y 原子形成 X—H 键. 具体加氢过程为: 将氢原子加在 X—Y 键之间的某一点, 使 X—H 键的键长取为确定的默认值 (与 X 原子有关). 例如, 我们定义的默认值为: C—H 键长 1.07, N—H 键长 1.00, O—H 键长 0.96, 等等. 上述的讨论适应于 X—Y 键为单键的情形, 因此一般应选择在单键处分割体系.

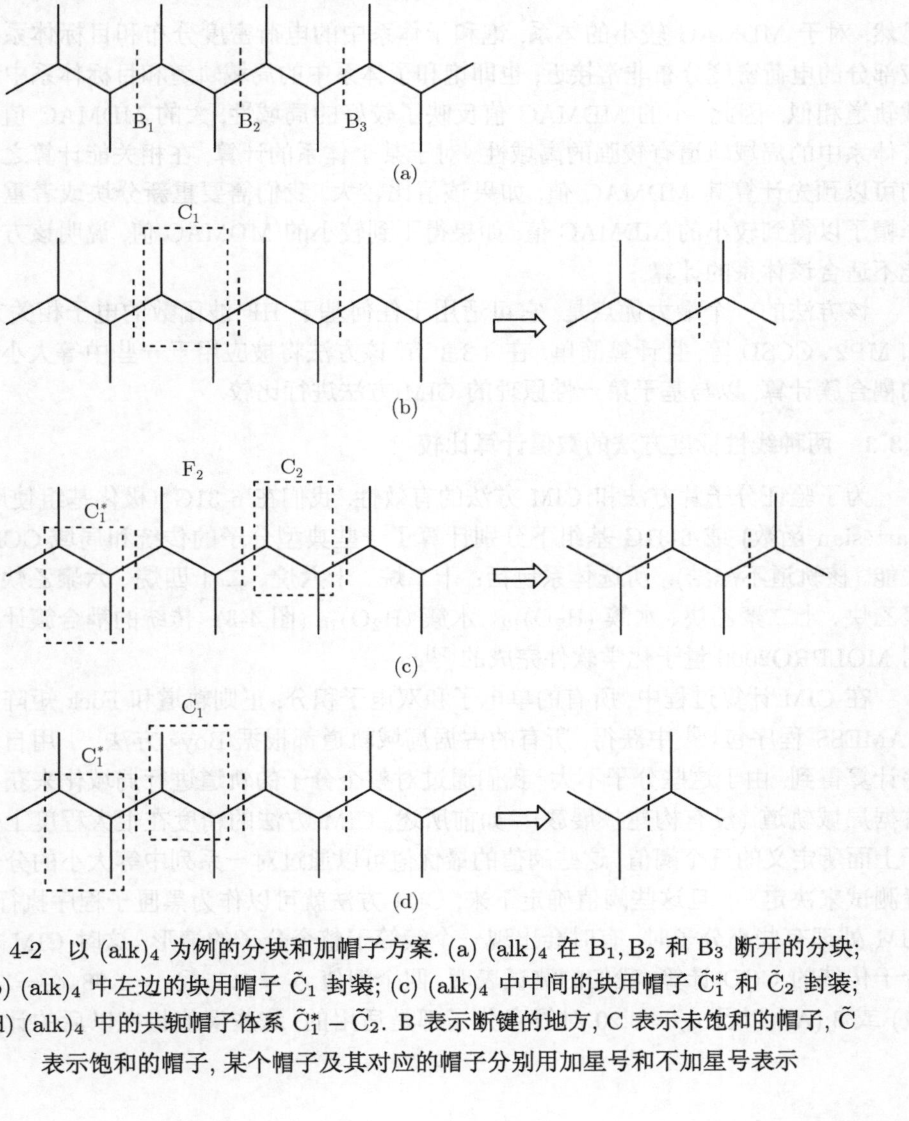

图 4-2 以 $(alk)_4$ 为例的分块和加帽子方案. (a) $(alk)_4$ 在 B_1, B_2 和 B_3 断开的分块; (b) $(alk)_4$ 中左边的块用帽子 $\tilde{C}_1$ 封装; (c) $(alk)_4$ 中中间的块用帽子 $\tilde{C}_1^*$ 和 $\tilde{C}_2$ 封装; (d) $(alk)_4$ 中的共轭帽子体系 $\tilde{C}_1^* - \tilde{C}_2$. B 表示断键的地方, C 表示未饱和的帽子, $\tilde{C}$ 表示饱和的帽子, 某个帽子及其对应的帽子分别用加星号和不加星号表示

很明显, 我们需要一个指标来定性判别分块是否合理, 并且希望该指标能够基本反映相关能的计算精度. 我们建议采用密立根电荷平均偏差 (mean deviation of Mulliken atomic charges, MDMAC) 作为这样一个指标. 该指标定义为在 HF 水平上, 对目标体系通过整体计算得到的密立根电荷 $q_i(i = 1, \cdots, N)$ 和取自饱和子体系中的中心片段部分的密立根电荷 $\tilde{q}_i(i = 1, \cdots, N)$ 的平均偏差, 其表达式如下:

$$\sigma = \frac{\sum\limits_{i=1}^{N} |q_i - \tilde{q}_i|}{N} \tag{4.34}$$

显然, 对于 MDMAC 较小的体系, 饱和子体系中的电荷密度分布和目标体系中相应部分的电荷密度分布非常接近, 也即饱和子体系中的局域轨道和目标体系中的局域轨道相似. 因此, 小的 MDMAC 值反映了较好的局域性, 大的 MDMAC 值意味着体系中的局域轨道有较强的离域性. 对于某个体系的计算, 在相关能计算之前我们可以预先计算其 MDMAC 值, 如果该值比较大, 我们需要重新分块或者重新选择帽子以得到较小的 MDMAC 值; 如果得不到较小的 MDMAC 值, 说明该方法可能不适合该体系的计算.

该方法的一个最大优点是, 它可适用于任何基于 HF 波函数的电子相关方法, 如 MP2、CCSD 等, 且计算简单. 在 4.3.3 节, 该方法将被应用于一些中等大小体系的耦合簇计算, 以与基于第一性原理的 CIM 方法进行比较.

4.3.3　两种线性标度方法的数值计算比较

为了验证分子片方法和 CIM 方法的有效性, 我们在 6-31G*(极化基组使用 6d Cartesian 函数) 或 6-31G 基组下分别计算了一些典型分子的传统和局域 CCD 相关能 (核轨道不冻结). 所选体系包括: 十二烷、十六烷、二十四烷、六聚乙炔、八聚乙炔、十二聚乙炔、水簇 $(H_2O)_{12}$、水簇 $(H_2O)_{16}$ (图 4-3). 传统的耦合簇计算是用 MOLPRO2006 量子化学软件完成的[54].

在 CIM 计算过程中, 所有的单电子和双电子积分, 正则轨道和 Fock 矩阵都从 GAMESS 程序包[55] 中获得, 所有的占据局域轨道都根据 Boys 方法[46] 用自编程序计算得到, 由于这些分子不大, 我们通过对整个分子的轨道进行局域化来获得非占据局域轨道 (没有构建扩展簇). 如前所述, CIM 方法的精度在很大程度上依赖于上面所定义的五个阈值, 这些阈值的最优值可以通过对一系列中等大小的分子进行测试来决定. 一旦这些阈值确定下来, CIM 方法就可以作为黑匣子程序执行. 用 CIM 处理有些小分子时, 有时会出现一个簇等于整个分子的情形, 这时 CIM 将等价于传统的 CCD 计算. 我们的测试表明, 四个阈值 $\zeta_2 = 0.05$, $\zeta_3 = 1.98$, $\zeta_4 = 3$ (键数) 或 3 (Å), 以及 $\zeta_5 = 0.20$ 对很多分子都是适用的, 这些阈值将在以后的计算中

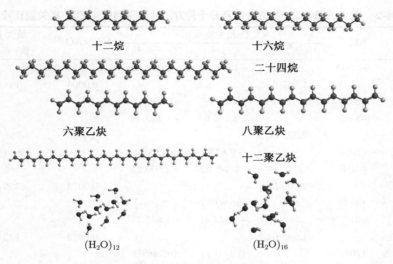

图 4-3　CCD 计算所选分子

采用 (除非特殊声明). 对于参数 ζ_1, 我们发现 $\zeta_1 = 0.01$ 适用于那些大多数键是共价键的体系, 而对于有氢键的体系 (如水簇), 为得到较高的精度应使用 $\zeta_1 = 0.002$.

在分子片方法计算中, 分块和加帽子的方案如下: 对于烷烃和烯烃, 依次取两个相连的碳原子及其相邻的氢原子作为一个分子片, 对于每一分子片, 取与其相连的片段作为帽子; 对于水簇, 取每个水分子作为一个分子片, 对于每个水分子, 取与其氢键相连的水分子作为帽子. 所有子体系的计算是用 GAUSSIAN03 程序[56] 实现的.

对于图 4-3 中所有体系, 传统的 CCD 计算和 CIM 方法及分子片方法计算的结果在表 4-2 列出. 从表 4-2 中可以看出, CIM 方法和分子片方法都能获得传统 CCD 相关能的 99%以上. 对比 CIM 和分子片两种方法, 我们发现 CIM 中的参数选择和分子片方法中的分子片选择使得两种方案中最大子体系 (或簇) 的基函数差不多. 对于烷烃和聚炔, 分子片方法的结果比 CIM 结果稍好, 前者得到的相关能都在 99.9%以上, 而后者得到的相关能略低于 99.9%, 对聚炔两种方法的计算精度都略低于它们对类似的烷烃所得到的精度, 这主要是由于聚炔中的轨道比烷烃中的更加离域的缘故. 对于结构复杂的水簇, CIM 方法能给出令人满意的计算结果, 对两个水簇分子分别得到了 99.8%和 99.9%的相关能, 但分子片方法计算得到的相关能比传统的 CCD 相关能更多, 这可能是因为在现在的分子片方法中未对远处的水分子对每个子体系的极化和静电作用加以考虑的缘故. 从 MDMAC 值我们也可以看出, 水簇的 MDMAC 值在 $0.01e$ 左右, 要比烷烃和烯烃的 MDMAC 值大得多.

由于在分子片方法中, 子体系的计算可以用现有的任何量子化学软件完成, 因此该方法能够很容易地推广到更高级别的相关能计算, 如 CCSD、CCSD(T) 等. 在

表 4-2　传统方法、CIM 方法以及分子片方法计算得到的 CCD 相关能比较

分子	基组 [1]	CCD 相关能/a.u.			MDMAC [3]	最大子体系
		传统方法	CIM [2]	分子片 [2]		(簇) 基函数 [4]
十二烷	6-31G*		−1.765 56	−1.767 56		
		−1.767 65			0.0004	144/118
	(232)		(99.88%)	(99.99%)		
十六烷	6-31G*		−2.349 66	−2.352 50		
		−2.352 66			0.0005	144/118
	(308)		(99.87%)	(99.99%)		
二十四烷	6-31G		−2.498 11	−2.500 23		
		−2.500 52			0.0013	122/82
	(316)		(99.90%)	(99.99%)		
六聚乙炔	6-31G*		−1.642 46	−1.647 71		
		−1.648 04			0.0013	132/106
	(208)		(99.66%)	(99.98%)		
八聚乙炔	6-31G*		−2.184 08	−2.192 50		
		−2.193 08			0.0013	132/106
	(276)		(99.59%)	(99.97%)		
十二聚乙炔	6-31G		−2.277 18	−2.295 21		
		−2.296 06			0.0014	84/70
	(268)		(99.18%)	(99.96%)		
$(H_2O)_{12}$	6-31G*		−2.417 06	−2.425 20		
		−2.422 42			0.0100	129/95
	(228)		(99.78%)	(100.11%)		
$(H_2O)_{16}$	6-31G		−2.177 46	−2.198 20		
		−2.179 39			0.0134	117/104
	(208)		(99.91%)	(100.86%)		

1) 括号中是总的基函数的数目.
2) 括号中表示 CIM 或分子片方法的相关能占传统方法得到的相关能的百分比.
3) 分子片方法计算的 MDMAC.
4) 斜杠前表示 CIM 计算中最大簇包含的基函数, 斜杠后表示分子片方法中最大子体系包含的基函数.
注: 对于 CIM 计算, 一般取 $\zeta_1 = 0.01$, $\zeta_2 = 0.05$, 但对于水簇 $\zeta_1 = 0.002$.

表 4-3 中, 我们在 6-31G 下用分子片方法以及传统方法计算了图 4-3 中烷烃和聚炔的 CCSD(T) 相关能. 从表 4-3 中可以看出, 在 CCSD(T) 水平上的计算精度与在 CCD 水平上的相近, 对于这些体系, 分子片方法也可以获得传统 CCSD(T) 相关能的 99.9%. 在表 4-3 中, 我们还列出了分子片方法与传统计算方法所需要的 CPU 时间. 对于表 4-3 中最小的烷烃和聚炔, 两种方法所需要的 CPU 时间差不多, 但随着体系的增大, 传统计算方法所需要的 CPU 时间迅速增加 [CCSD(T) 的计算标度是电子数的七次方], 而分子片方法的计算时间随着体系的增长基本呈线性增长.

表 4-3 传统方法和分子片方法在 6-31G 基组下计算得到的 CCSD(T) 相关能比较

分子	基函数		CCSD(T) 相关能/a.u.		MDMAC	CPU 时间/min	
	总体系	最大子体系	传统方法	分子片方法 1)		传统方法	分子片方法
十二烷	160	82	−1.274 02	−1.273 90 (99.99%)	0.0009	37	22
十六烷	212	82	−1.695 13	−1.694 92 (99.99%)	0.0011	221	34
二十四烷	316	82	−2.537 34	−2.536 96 (99.99%)	0.0013	2156	57
六聚乙炔	136	70	−1.190 47	−1.189 98 (99.96%)	0.0016	14	13
八聚乙炔	180	70	−1.583 28	−1.582 40 (99.94%)	0.0015	69	21
十二聚乙炔	268	70	−2.368 80	−2.367 12 (99.93%)	0.0014	785	40

1) 括号中表示分子片方法所得相关能占传统方法得到的相关能的百分比.

4.3.4 线性标度算法小结

通过对一系列体系的测试计算, 我们发现, 这两种算法都能够实现耦合簇 (或其他相关方法) 计算的线性标度化, 并且能给出令人满意的计算精度, 从而为大分子的高精度电子相关计算提供了两种新的途径. 其中 CIM 方法是基于局域分子轨道的第一性原理方法, 它不但适用于烷烃烯烃等有机分子, 也可以适用于无机分子和原子簇化合物等, 并且能够很容易地推广到开壳层体系的计算. 只要事先确定几个阈值, CIM 方法是一个 "黑匣子" 方法. 分子片方法是通过直接计算一些饱和子体系来确定大分子相关能的方法. 该方法简单有效, 可利用现成的量子化学程序进行计算, 但它难以应用于开壳层体系的计算, 对于强极性的体系也尚需改进. 另外, 该方法在计算之前需要人为地对大分子进行 "分割". 但是, 这两种方法对于强离域的芳环体系的计算精度都难以令人满意. 综上所述, 这两种方法各有特色, 可以互相补充, 但是都还需要进一步发展和完善. 相信在不久的将来它们能成为对大分子进行高精度量子化学计算的强有力理论工具.

4.4 一种新的多参考耦合簇理论 —— 块相关耦合簇方法

4.4.1 多参考耦合簇理论的现状

为了处理具有简并或近简并电子态的分子体系, 理论化学家在耦合簇理论的框架下已经发展了几种多参考耦合簇方法[22~38]. 这些方法的参考波函数一般选为多组态自洽场波函数. 目前已经报道的 MRCC 方法可分为三类: 价普适法 (valence universal approach)[22~27]、态普适法 (state universal approach)[28~31] 和特定选择态法 (state-specific state-selective approach)[32~38]. 这些方法的区别主要在于用来产生耦合簇波函数的波算符不同. 由于这些 MRCC 方法的计算量和所需要的计算机内存随模型空间的维数增加而线性增加, 现在这些方法还只能用来处理较小的模型体系.

下面将介绍我们发展的块相关耦合簇 (block-correlated coupled cluster, BCCC) 方法[39]. 在 BCCC 方法中, 参考态是每个块中最重要的多电子态的张量积 (假设整个体系可划分为许多块, 每个块由一些正交的局域轨道组成), 而簇展开算符可看成是由块内的激发算符与多个块之间的相关算符的加和. 将簇展开算符截断到某一相关水平, 如 n 块相关, 则定义了近似的 BCCCn 方法. 由于 BCCC 方法中, 参考态可展开为许多行列式的线性组合, 因此 BCCC 可看成是一种多参考态耦合簇方法. 如果每一个块只含有一个自旋轨道, 则 BCCC 方法回归为传统的单参考态耦合簇方法.

4.4.2　块相关耦合簇理论和计算细节

1. 精确波函数的块相关组态相互作用展开

假设所研究的体系为含有 $2N$ 电子的闭壳层体系. 对这个体系, 在进行通常的 RHF 计算后, 将正交归一的正则轨道用 Boys 方法[46] 或其他方法[47] 得到一组正交归一的局域化轨道 (localized MO, LMO). 基于某种判据, 可将所有 LMO 划分为 M 块. 假设组成第 u 块的 LMO 的 $\{\varphi_{ui}, i = 1, 2, \cdots, n_u\}$ $(u = 1, 2, \cdots, M)$. 按照定义, 每子块是由一些正交归一的 LMO 组成, 但每个轨道只属于一个特定的块. 下面用大写字母 I, J, K 等表示不同的块. 由几个块组成的单元称为一个 superblock.

对于一个特定的块 I, 它的第 i 个电子态记为 $|i_I\rangle$, 它的所有正交归一的多电子态可记为集合 $\{|i_I\rangle, i = 1, 2, \cdots, n_I\}$, 这里 n_I 代表电子态的总数. 一般而言, 电子态 $|i_I\rangle$ 是一些行列式的线性组合. 通过定义块电子态的产生算符 $A_{i_I}^+$, $|i_I\rangle$ 可表示为

$$|i_I\rangle = A_{i_I}^+ |0\rangle \tag{4.35}$$

式中: $|0\rangle$ 表示真空态; 算符 $A_{i_I}^+$ 可以表示为第 I 块中一些自旋轨道产生算符的乘积的线性组合. 利用块电子态的定义, 整个体系的任意电子态可以写成下述形式:

$$\Psi = \sum_{i(I)}^{n_I} \sum_{j(J)}^{n_J} \cdots \sum_{m(M)}^{n_M} c^{i_I j_J \cdots m_M} |i_I\rangle |j_J\rangle \cdots |m_M\rangle \tag{4.36}$$

$$|i_I\rangle |j_J\rangle \cdots |m_M\rangle = A_{i_I}^+ A_{j_J}^+ \cdots A_{m_M}^+ |0\rangle \tag{4.37}$$

为了叙述方便, 方程 (4.36) 中求和式中的每一项称为一个组态函数. 一般而言, 对每个块, 存在一个主要的多电子态 (后面将会讨论如何得到这个态). 而由所有块的主要多电子态的张量积得到的组态函数可以看成是整个体系的零级波函数, 也称为参考态. 假设第 I 块的主要多电子态记为 $|1_I\rangle$, 则参考态可以用式 (4.38) 描述:

$$\Phi_0 = |1_I\rangle |1_J\rangle \cdots |1_M\rangle \tag{4.38}$$

需要指出的是, 这个参考态可以看成是由组成整个体系的一些自旋轨道的产生算符的乘积的线性组合作用在真空态上产生的波函数. 显然, 它就是许多 $2N$ 电子行列式的线性组合. 定义了参考态后, 所有其他组态函数可称为激发组态函数. 如果 $A_{i_I}^-$ 定义为消灭块电子态 $|i_I\rangle$ 的算符, 则相对于参考组态函数的单激发、双激发和叁激发组态函数可以定义如下:

$$\Phi^{i_I} = A_{i_I}^+ A_{1_I}^- \Phi_0 \tag{4.39}$$

$$\Phi^{i_I j_J} = A_{i_I}^+ A_{1_I}^- A_{j_J}^+ A_{1_J}^- \Phi_0 \tag{4.40}$$

$$\Phi^{i_I j_J k_K} = A_{i_I}^+ A_{1_I}^- A_{j_J}^+ A_{1_J}^- A_{k_K}^+ A_{1_K}^- \Phi_0 \tag{4.41}$$

因此, 整个体系的任意电子态的精确波函数可以表示为

$$\Psi = C_0 \Phi_0 + \sum_I \sum_{i \in I} C^{i_I} \Phi^{i_I} + \sum_I \sum_{J > I} \sum_{i \in I} \sum_{j \in J} C^{i_I j_J} \Phi^{i_I j_J}$$

$$+ \sum_I \sum_{J > I} \sum_{K > J} \sum_{i \in I} \sum_{j \in J} \sum_{k \in K} C^{i_I j_J k_K} \Phi^{i_I j_J k_K} + \cdots \tag{4.42}$$

式 (4.42) 中对于每块的电子态的求和, 不包含主要的块电子态. 为了更好地理解上述展开式, 应当提醒, 对一给定的块, 其电子态可能含有不同的电子数. 每块中的一个空间轨道有 4 种不同的状态, 即单占据 (α 或 β 自旋)、双占据或未占据. 例如, 如果一个块中有两个空间轨道 (在 HF 组态中一个为占据, 另一个为非占据), 则这个块的主要电子态将含有 2 个电子, 而根据我们的定义, 其他电子态可能有 0, 1, 3, 4 个电子 (一个含有两个空间轨道的块其总的多电子态的数目是 $4^2=16$). 基于上述讨论, 可以看出涉及两个这样的块的同时激发将允许 4 个电子有不同于参考组态的多种分布. 例如, 除了 (2)(2) 分布外, 还存在 (1)(3)、(3)(1)、(0)(4) 和 (4)(0) 分布 (这里括号中明确给出了每个块内的电子数). 因此, 涉及两个块的同时激发能够考虑两个块之间的电子转移. 类似地, 涉及三个块的同时激发将允许电子在三个块内的转移. 综上所述, 可以看出方程 (4.42) 的展开式既考虑了块内的电子相关, 也考虑了多个块之间的电子关联效应. 显然, 如果方程 (4.42) 的展开不作截断, 它将完全等同于传统的全组态相互作用展开 (在 Fock 空间). 方程 (4.42) 的展开, 不同于传统的基于轨道的组态函数展开, 可称为基于块电子态之上的块相关组态相互作用

(BCCI) 展开. 为了在计算上实现 BCCI 方法, 还必须知道如何计算任两个组态函数之间的哈密顿矩阵元. 首先, 在二次量子化表象中, 整个体系的电子哈密顿量可以写为

$$H = \sum_{pq} h_{pq} a_p^+ a_q + \frac{1}{2} \sum_{pqrs} \langle pq| rs \rangle a_p^+ a_q^+ a_s a_r \tag{4.43}$$

式中: a_p^+ (或 a_p) 为一个电子在自旋轨道 p 上的产生或湮灭算符. 对每个块, 显然可以写出它单独的哈密顿量 (其中所有轨道指标限于该块). 因此, 整个体系的哈密顿量可以写为

$$H = \sum_I H_I + \sum_{I>J} H_{IJ} + \sum_{I>J>K} H_{IJK} + \sum_{I>J>K>L} H_{IJKL} \tag{4.44}$$

式中: H_I 为第 I 块内的哈密顿量; H_{IJ} 为块 I 和块 J 之间的相互作用哈密顿. 类似地, 式 (4.44) 中第三项和第四项表示三个块和四个块之间的相互作用. 例如, H_{IJ} 可写为

$$H_{IJ} = \sum_{p \in I\, q \in J} h_{pq} \left(a_p^+ a_q + a_q^+ a_p \right) + \frac{1}{2} \sum_{pq \in I\, rs \in J} \langle pq| rs \rangle a_p^+ a_q^+ a_s a_r + \cdots \tag{4.45}$$

由于每个块可用一组正交归一的多电子态描述, 该块内的每个产生算符或湮灭算符的矩阵表示很容易获得. 由于一个任意的组态函数可表示为每个块内一个特定的多电子态的张量积, 所以任两个组态函数的哈密顿矩阵元可由式 (4.46) 计算获得

$$\langle {}_M m \cdots {}_C c {}_B b {}_A a| H \, |a'_A b'_B c'_C \cdots m'_M \rangle$$
$$= \langle {}_A a| H_A \, |a'_A \rangle \delta_{bb'} \cdots \delta_{mm'} + \langle {}_B b| H_B \, |b'_B \rangle \delta_{aa'} p \left({}_A a, H_B \right) \cdots \delta_{mm'} + \cdots$$
$$+ \langle {}_B b {}_A a| H_{AB} \, |a'_A b'_B \rangle \delta_{cc'} \cdots \delta_{mm'} + \cdots$$
$$+ \langle {}_C c {}_B b {}_A a| H_{ABC} \, |a'_A b'_B c'_C \rangle \cdots \delta_{mm'} + \cdots$$
$$+ \langle {}_D d {}_C c {}_B b {}_A a| H_{ABCD} \, |a'_A b'_B c' d'_D \rangle \cdots \delta_{mm'} + \cdots \tag{4.46}$$

显然, 矩阵元可以表示为一些涉及 $n(n = 1 \sim 4)$ 个块指标的项的加和. 在第二项中 $p \left({}_A a, H_B \right)$ 可能等于 1 或 (-1), 它取决于 $\langle {}_A a| H_B \rightarrow H_B \langle {}_A a|$ 的算符交换过程. 这个值显然由块电子态 $\langle {}_A a|$ 中的电子数和 H_B 中产生和湮灭算符的数目共同决定. 类似的情形可能会出现在方程 (4.46) 中未列出的其他项中. 下面我们以 $\langle {}_B b {}_A a| H_{AB} \, |a'_A b'_B \rangle$ 为例说明如何计算方程 (4.46) 中涉及多个块指标的项. 因为 H_{AB} 可以表示为一些 $O_A O_B$ 项的加和 (O_A 表示为块 A 内的任意算符), 只需给出明确计算 $\langle {}_B b {}_A a| O_A O_B \, |a'_A b'_B \rangle$ 的表达式即可

$$\langle {}_B b {}_A a| O_A O_B \, |a'_A b'_B \rangle = \langle {}_B b {}_A a| O_A \, |a'_A O_B b'_B \rangle p \left(a'_A, O_B \right)$$
$$= [O_A]_{aa'} [O_B]_{bb'} \, p \left(a'_A, O_B \right) \tag{4.47}$$

式中: $[O_A]$ 表示为算符 O_A 的矩阵表示; $p(a'_A, O_B)$ 等于 (± 1), 取决于算符交换过程 $O_B |a'_A\rangle \to |a'_A\rangle O_B$. 因此, 只要已知每个块内的算符的表示矩阵, 则涉及两个或两个以上块指标的复合算符的矩阵元就可通过相关算符的矩阵元的乘积得到.

像传统的组态相互作用方法一样, 实际应用中 BCCI 展开也必须作截断近似. 然而, 截断的 BCCI 近似方法, 像传统 CI 方法中的 CISD 一样, 也不具有大小一致性.

2. 块相关耦合簇展开

基态波函数的 BCCI 展开也可写为块相关耦合簇展开的形式 (假设该波函数为中间归一化, 即 $\langle \Phi_0 | \psi \rangle = 1$, Φ_0 为参考态波函数)

$$\Psi = e^{\hat{T}} \Phi_0 \tag{4.48}$$

此处簇展开算符 $\hat{T}$ 被定义为相连的几块相关算符的加和, 即

$$\hat{T} = \hat{T}_1 + \hat{T}_2 + \hat{T}_3 + \cdots \tag{4.49}$$

上述的 BCCC 展开式非常类似于传统的单参考耦合簇展开式, 除了参考波函数和簇展开算符的定义不同外. 假设定义 Φ_0 为新的真空态, 则 n 块相关算符 $\hat{T}_n$ 可以由式 (4.50)~ 式 (4.52) 明确定义

$$\hat{T}_1 = \sum_I \sum_{i(I)} t^{i_I} A^+_{i_I} A^-_{1_I} \tag{4.50}$$

$$\hat{T}_2 = \frac{1}{2!} \sum_I \sum_{J(\neq I)} \sum_{i(I)} \sum_{j(J)} t^{i_I j_J} A^+_{i_I} A^-_{1_I} A^+_{j_J} A^-_{1_J} \tag{4.51}$$

$$\hat{T}_3 = \frac{1}{3!} \sum_I \sum_{J(\neq I)} \sum_{K(\neq J,I)} \sum_{i(I)} \sum_{j(J)} \sum_{k(K)} t^{i_I j_J k_K} A^+_{i_I} A^-_{1_I} A^+_{j_J} A^-_{1_J} A^+_{k_K} A^-_{1_K} \tag{4.52}$$

上述表达式中对某个块内电子态的求和应将主要的电子态排除在外. 上述表达式中 t^{i_I}、$t^{i_I j_J}$ 和 $t^{i_I j_J k_K}$ 被称为单、双及叁激发系数. 显然, 当 $\hat{T}_n$ 相关算符作用在参考波函数上时将产生所有的 n 重激发组态函数的组合. 如果方程 (4.48) 中 BCCC 展开中簇展开算符不作近似, BCCC 展开将完全等同于不作截断的 BCCI 展开. 然而, 在实际应用中我们必须只保留簇展开中的少数几项. 如将 $\hat{T}$ 截断为 $(\hat{T}_1 + \hat{T}_2)$, 将得到近似的 BCCC 方法, 即 BCCC2. 而将 $\hat{T}$ 近似为 $(\hat{T}_1 + \hat{T}_2 + \hat{T}_3)$ 将得到 BCCC3 方法.

现在我们需要计算 BCCC 方法中激发系数和基态能量的明确公式. 下面我们以 BCCC2 方法为例推导出相应的计算公式. 将 Schrödinger 方程投影到以 Φ_0 和

所有单激发和双激发组态函数构成的空间, 可以获得计算 BCCC2 中所有激发系数和基态能量的方程组:

$$\langle \Phi_0 | H | \Psi_{\mathrm{BCCC2}} \rangle = E_{\mathrm{BCCC2}} \langle \Phi_0 | \Psi_{\mathrm{BCCC2}} \rangle \tag{4.53}$$

$$\langle \Phi^{i_I} | H | \Psi_{\mathrm{BCCC2}} \rangle = E_{\mathrm{BCCC2}} \langle \Phi^{i_I} | \Psi_{\mathrm{BCCC2}} \rangle,$$
$$I = 1, 2, \cdots, M; i = 2, 3, \cdots, n_I \tag{4.54}$$

$$\langle \Phi^{i_I j_J} | H | \Psi_{\mathrm{BCCC2}} \rangle = E_{\mathrm{BCCC2}} \langle \Phi^{i_I j_J} | \Psi_{\mathrm{BCCC2}} \rangle,$$
$$I, J = 1, 2, \cdots, M\,(J > I); i = 2, 3, \cdots, n_I; j = 2, 3, \cdots, n_J \tag{4.55}$$

利用组态函数空间的正交归一性及计算任意两个组态函数之间哈密顿矩阵元的公式, 上述方程组可以被大大简化. 由方程 (4.46) 可知, 如果两个组态函数之间有五个或五个以上块电子态指标不同, 则这两个组态函数之间的哈密顿矩阵元为 0. 通过展开 Ψ_{BCCC2} 中的指数算符及 $T \approx T_1 + T_2$, 并利用上述简化条件, 我们可以将方程组 (4.53)~(4.55) 简化为下述形式:

$$\langle \Phi_0 | H | \Omega_1 \Phi_0 \rangle = E_{\mathrm{ECCC2}}$$
$$\Omega_1 = 1 + T_1 + T_2 + \frac{1}{2} T_1^2 + T_2 T_1 + \frac{1}{6} T_1^3 + \frac{1}{2} T_2^2 + \frac{1}{2} T_2 T_1^2 + \frac{1}{24} T_1^4 \tag{4.56}$$

$$\langle \Phi^{i_I} | H | \Omega_2 \Phi_0 \rangle = E_{\mathrm{BCCC2}} t^{i_I}$$
$$\Omega_2 = \Omega_1 + \frac{1}{2} T_1 T_2^2 + \frac{1}{6} T_2 T_1^3 + \frac{1}{120} T_1^5 \tag{4.57}$$

$$\langle \Phi^{i_I j_J} | H | \Omega_3 \Phi_0 \rangle = E_{\mathrm{BCCC2}} \left(t^{i_I j_J} + t^{i_I} t^{j_J} \right)$$
$$\Omega_3 = \Omega_2 + \frac{1}{6} T_2^3 + \frac{1}{4} T_1^2 T_2^2 + \frac{1}{24} T_2 T_1^4 + \frac{1}{720} T_1^6, \tag{4.58}$$

$$I, J = 1, 2, \cdots, M\,(J > I); i = 2, 3, \cdots, n_I; j = 2, 3, \cdots, n_J$$

将 T_1 和 T_2 的表达式 (见方程 (4.50) 和 (4.51)) 代入方程 (4.56), 我们可以获得计算 BCCC2 基态能量的明确表达式. 显然, 它只依赖于所有单激发和双激发系数及一些组态函数之间的哈密顿矩阵元. 如果将导出的基态能量的表达式代入方程组 (4.57) 和 (4.58), 则可以获得求解所有单激发和双激发系数的一组耦合的非线性方程组. 由于方程中含有一些像 $(t^{i_I})^6$ 和 $(t^{i_I j_J})^3$ 之类的项, 这些方程组只能用迭代的方式求解. 一旦获得所有的激发系数, BCCC2 基态能量就可确定.

　　应该指出的是, BCCC2 方程 (4.58) 中左边表达式中最后一项的计算是计算机用时最多的步骤, 该步骤的计算量与 M 的四次方幂成正比 (M 为体系中块的数目). 由于 BCCC2 方法中双激发组态函数的数目与 M 的平方成正比, BCCC2 方法总的计算量与 M 的六次方幂成正比.

根据类似的步骤并利用 $\hat{T} \simeq \hat{T}_1 + \hat{T}_2 + \hat{T}_3$, 可以容易地推导出确定 BCCC3 基态能量和激发系数的相应方程组. 与传统的单参考耦合簇方法相类似, 截断的 BCCCn 方法也满足大小一致性 (如果所有 LMO 轨道被正确地划分为不同的块). 相关的证明可以参见原始文献 [39].

3. 块中电子态的优化选择: 约化密度矩阵途径

在某些情况下, 一个块可能含有较多的轨道, 因而包含了大量的块电子态. 用大量的块电子态来描述一个块将使 BCCC 方法的计算量急剧上升. 如何选择一组数量较少的优化的块电子态无疑是一个十分重要的课题. 一个自然的选择是选用该块的哈密顿算符的一些能级较低的本征态, 但是除非该块与周围其他块之间相互隔离, 否则这些本征态并不是最优的选择. 当一个块与其他块相互作用时, White 证明了该块的约化密度矩阵的具有较大本征值的本征态才是一组优化的电子态[57,58].

对一给定的块 (如 A), 要得到它的约化密度矩阵, 首先必须构建包含 A 块及它的紧邻块 (统称为环境 "块" B) 的子体系. 假设该子体系的精确基态波函数可用矩阵对角化方法获得. 设 $|a_A\rangle$ $(a = 1, 2, \cdots, n_A)$ 表示块 A 的一组完备的多电子态, $|b_B\rangle$ $b = 1, 2, \cdots, n_B$ 表示环境 "块" B 的多电子态, 则子体系 $A \cup B$ 的基态波函数可以写为

$$\Psi_{AB} = \sum_{a \in A}^{n_A} \sum_{b \in B}^{n_B} c^{a_A b_B} |a_A\rangle |b_B\rangle \tag{4.59}$$

块 A 的约化密度矩阵由式 (4.60) 定义 (设 $c^{a_A b_B}$ 为实数):

$$\rho_{aa'} = \sum_{b \in B} c^{a_A b_B} c^{a'_A b_B} \tag{4.60}$$

假设 ρ 的本征值和本征矢用 ω_v 和 u^v 表示, 则最优的 m 个电子态是 ρ 的具有最大本征值的那些本征态. 由于 ω_v 表示块 A 处在电子态 u^v 的概率 $\left(\text{因此} \sum_{v=1}^{n_A} \omega_v = 1\right)$, $P_m = \left(1 - \sum_{v=1}^{m} \omega_v\right)$ 的数值可以用来表征将块 A 的 n_A 电子态约化为 m 个电子态的截断误差.

4. BCCCn $(n = 2, 3)$ 方法在 Heisenberg 模型哈密顿中的实现

根据上述介绍的步骤, 我们对 $S = 1/2$ 的反铁磁自旋格点体系, 实现了 BCCC2 和 BCCC3 方法的程序化. 所用的 Heisenberg 模型哈密顿由式 (4.61) 定义

$$H = J \sum_{i \sim j} S_i \cdot S_j \tag{4.61}$$

式中: J 为一个正的交换参数, 且求和是对所有的紧邻原子对进行的. 这个只与自旋有关的哈密顿可以转化为下面的等价形式:

$$H = (-J) \sum_{i-j} \left(a_i^+ a_j^+ a_j a_{\bar{i}} + a_i^+ a_{\bar{j}}^+ a_{\bar{j}} a_i \right) + J \sum_{i-j} \left(a_{\bar{i}}^+ a_j^+ a_{\bar{j}} a_i + a_i^+ a_{\bar{j}}^+ a_j a_{\bar{i}} \right) \quad (4.62)$$

式中: a_i^+ 为在格点 i 上一个自旋向下电子的产生算符. Heisenberg 哈密顿被固体物理学家广泛用来处理各种磁性体系. 在化学界, 它等价于 Pauling 和他的合作者提出的经典价键 (classical valence bond) 模型[59]. 许多化学家也采用这个模型哈密顿来研究平面共轭体系的结构–性质关系, 因为这类体系的特殊性质主要由 π 电子决定, 而 π 电子行为可以近似用 Heisenberg 哈密顿来描述.

　　Heisenberg 哈密顿含有多体相互作用, 它的本征态可以表示为中性 Slater 行列式或共价 VB 组态的线性组合. 一个中性 Slater 行列式是指该行列式中的每个空间轨道只允许为单占据 (占据的电子自旋向上, 或自旋向下). 因此, 在 Heisenberg 哈密顿下总的 Slater 行列式的数目是 2^N(N 是体系中格点的数目). 在通常的电子哈密顿下, 对一个含有 N 个空间轨道的体系, 其总的行列式数目为 4^N(在 Fock 空间中), 这是因为如前所述, 每个空间轨道可以有 4 种不同的状态. 因此, Heisenberg 哈密顿和通常的电子哈密顿之间的主要区别是 Heisenberg 哈密顿矩阵的维数比通常哈密顿矩阵的维数大大减少. 使用 Heisenberg 哈密顿带来的另一个简化是其矩阵元简单且哈密顿矩阵为非常稀疏的矩阵.

　　另外, 如果将整个体系分成许多块, Heisenberg 哈密顿只包含块内和两块间的相互作用, 而通常的电子哈密顿还包括三块及四块之间的相互作用项. 因此, 在 Heisenberg 哈密顿下, 如果任意两个组态函数之间有 3 个 (或更多) 块电子态指标不同, 则它们之间的矩阵元为零. 这样, 方程组 (4.56)~(4.58) 中 BCCC2 的基态能量和激发系数的表达式将会大大简化. 相应地, 在 Heisenberg 哈密顿下 BCCCn 方法的计算标度较之在普通的电子哈密顿下也大为降低. 例如, 在 Heisenberg 哈密顿框架内 BCCC3 方法的计算量只与体系中块的数目的三次方成正比.

　　总之, 使用 Heisenberg 哈密顿的主要好处是此时 BCCCn 方法可用来处理相对较大的体系, 从而有可能对 BCCCn 方法的有效性进行全面的评估. 然而, 由于在从头算电子哈密顿和 Heisenberg 哈密顿下求解 BCCCn 方程的基本过程是类似的, 可以直接将本节中介绍的 BCCCn 方法应用于从头算电子哈密顿的计算.

4.4.3　数值计算结果

　　首先, 我们利用 BCCC2 和 BCCC3 方法计算一条含有 24 个格点的自旋链的基态能量. 由于这个体系的精确基态能量可用 Lanczos 对角化方法获得, 因此可用来验证 BCCC2 和 BCCC3 方法的有效性. 由上所述, BCCCn 方法的精度取决于 "块" 的大小及每块中的块电子态的数目. 为了简化, 我们将研究的体系划分为相等大小的 "块". 如果将每块中格点的数目记为 M, 且每块中保留的电子态的数目记为 m, 相应的 BCCCn 方法则可用 BCCC$n(M,m)$ 来缩写. 对含 24 个格点的一维开链, 我们将探讨 M 和 m 的变化对 BCCCn 精度的影响. 然后, 我们将 BCCCn 的应用拓展到更长的一维自旋链 (闭合链或开链) 及闭合的自旋 "梯子". 在每种情况下, 我们将通过与密度矩阵重整化群 (density matrix renormalization group, DMRG) 或精确的解析值的比较, 来测试 BCCCn 方法的适用性和有效性. 为下面讨论的方便, 我们将略去能量的单位 J. 对研究的所有自旋晶格体系, 计算表明 BCCC2 和 BCCC3 方程组的求解通常需要 20~30 次的迭代才能收敛.

表 4-4 中给出了不同 M 和 m 组合下 BCCCn 方法计算的一维开链 ($L = 24$) 的基态能量. 对这个体系, 我们选择了含有 3 个块的子体系来构建每块的优化电子态. 对终端的块, 它的紧邻和次紧邻的块被选为环境块, 而对中间的块, 它的两个紧邻的块被选为环境块. 从表 4-4 中可以看出, 如果每块中只含有 4 个格点, 且每块中所有电子态都保留, BCCC2 方法可以获得精确基态能量的 98.8%. 当每块中格点数目增加时, BCCC2 的精度显著提高. 当块的大小一定时, BCCC2 能量随每块中电子态数目的增加而迅速收敛, 如 BCCC2(8,24) 已非常接近 BCCC2(8,256) 的值. 正如预期的那样, BCCC3 方法的精度比 BCCC2 方法有显著提高. 即使选择最小的块 ($M = 4$), BCCC3 方法也能获得精确基态能量的 99.8%. 当选用最大的块 ($M = 8$), 但每块中 256 态只保留 32 个时, BCCC3 方法可得到几乎精确的基态能量 (到第五位有效数字). 需要指出的是, 对 $L = 24$ 的格点体系, BCCC3(8,256) 方法应获得精确的基态能量, 这是因为 BCCC3(8,256) 计算此时等价于全组态相互作用计算. 当 $M = 8$ 时, 通过比较 BCCC3(8,256) 和 BCCC2(8,256) 的基态能量差, 可以估计三块之间的三体相互作用对基态能量的贡献. 计算表明, 三体相互作用贡献为 $-0.001\,74$, 占基态能量的 0.4%. 如果 $M = 4$, 则三体相互作用的贡献是 $-0.004\,351$. 一般而言, 当选择的块逐渐变大时, 三体相互作用的贡献将逐渐变小. 综上所述, 对 $L = 24$ 的一维开链的计算结果表明, 选用 $M = 8$ 的 BCCC3 方法应该能对一维或准一维的自旋格子体系提供非常精确的基态能量. 对 $L = 24, 32$ 和 64 的开链和闭合链格子体系, 表 4-5 给出了用 BCCC3 方法计算的基态能量. 这里每个块是一个含有 8 个格点的链段. 对开链体系 $L = 32$ 和 64, 每个块的环境块的选择与在 $L = 24$ 中是相同的. 而对所有闭合链, 每块的两个紧邻块被选为它的环境块. 由表 4-5 可知, 对 $L = 24$ 的闭合链, BCCC3(8,32) 的基态能量与精确结果也非常接近, 误差在 0.002% 以内. 这表明每块中 256 个电子态的确可用约化密度矩阵的 32 个本征态来有效描述. 事实上, 对 $L = 24$ 的闭合链, $m = 24$ 时的截断误差 P_m 是 1.4×10^{-4}, 而当 $m = 32$ 时, 其截断误差变为 3.0×10^{-5}. 可喜的是, 对闭合

链 $L = 32$ 和 64 的体系 BCCC3(8,32) 可获得精确基态能量的 99.6% 以上 (这类体系的精确能量的解析式已由 Bethe 获得)[60]. 对开链体系 $L = 32$ 和 64, 与非常精确的 DMRG 结果比较, 可以看出 BCCC3(8,32) 的精度甚至更高 (相比它处理相应的闭合链). 显然, 在 BCCCn 框架内, 如要获得更高精度的结果, 需要发展更复杂的 BCCC4 方法.

表 4-4　长度 $L = 24$ 的 $S = 1/2$ 自旋链 (非闭合) 每个格点的平均基态能量

方法	$M=4$	$M=6$	$M=8$
BCCC2	$-0.430\ 459(m = 16)$	$-0.432\ 583\ (m = 16)$	$-0.433\ 830(m = 24)$
		$-0.432\ 615(m = 24)$	$-0.433\ 831(m = 32)$
		$-0.432\ 617(m = 32)$	$-0.433\ 836(m = 256)$
BCCC3	$-0.434\ 810(m = 16)$	$-0.435\ 218(m = 16)$	$-0.435\ 566(m = 24)$
		$-0.435\ 257(m = 24)$	$-0.435\ 571(m = 32)$
		$-0.435\ 261(m = 32)$	$-0.435\ 574(m = 256)$

注: 由精确对角化得到的基态能量是 $-0.435\ 574$. M 为每块中格点的数目, m 为每块中保留的电子态的数目.

表 4-5　$S = 1/2$ 自旋链每个格点的平均基态能量 (开链或闭合链)

E_0/L	$L = 24$	$L = 32$	$L = 64$
开链			
BCCC3(8,24)	$-0.435\ 566$	$-0.437\ 117$	$-0.439\ 503$
BCCC3(8,32)	$-0.435\ 571$	$-0.437\ 125$	$-0.439\ 514$
DMRG	$-0.435\ 574$	$-0.437\ 416$	$-0.440\ 241$
闭合链			
BCCC3(8,24)	$-0.444\ 535$	$-0.442\ 192$	$-0.441\ 894$
BCCC3(8,32)	$-0.444\ 573$	$-0.442\ 211$	$-0.441\ 909$
Bethe ansatz	$-0.444\ 584$	$-0.443\ 954$	$-0.443\ 348$

注: 体系被划分为相等大小的块, 每块为含 8 个格点的链段.

利用 BCCC3 方法, 对闭合的 $2 \times L$ 自旋梯子 ($L = 12$, 24 和 32), 我们也计算了它们的基态能量, 计算结果列于表 4-6 中. 这里, 每个块被取为一截 2×4 的梯子, 每个块的两个紧邻块被选为环境块. 由表 4-6 可知, 即使对 $L = 32$ 的梯子, BCCC3(8,32) 也能获得几乎精确的 DMRG 基态能量的 99.7%. 因此, 我们的计算表明, BCCC3 方法应能成功地计算其他准一维自旋格点体系的基态能量.

表 4-6　闭合的 $2 \times L$ 自旋梯子每个格点的平均基态能量

$E_0/2L$	$L = 12$	$L = 24$	$L = 32$
BCCC3(8,24)	$-0.577\ 974$	$-0.576\ 231$	$-0.576\ 229$
BCCC3(8,32)	$-0.578\ 132$	$-0.576\ 332$	$-0.576\ 330$
DMRG	$-0.578\ 372$	$-0.578\ 040$	$-0.578\ 037$

注: 体系被划分为相等大小的块, 每块为一截 2×4 的梯子.

4.4.4 小结

在本节中我们介绍了块相关耦合簇方法的理论基础和编程思路. 与其他多参考耦合簇方法不同, BCCC 波函数是由体系中所有块的完备多电子态的张量积来构建的, 如果体系中块的定义是合适的, 截断的 BCCCn 方法具有大小一致性. 为了减少计算量 (但近似保持精度), 我们引进了约化密度矩阵方法来产生每块的一组最优多电子态. 在 Heisenberg 哈密顿框架下, 我们实现了 BCCC$n(n = 2, 3)$ 方法的程序化, 并利用它们计算了一些一维和准一维自旋格点体系的基态能量. 通过与这些体系的精确基态能量或高精度的 DMRG 结果的比较, 证实了 BCCC3 方法可以获得非常满意的基态能量. 对其他的准一维或二维的自旋格点体系, BCCC3 或更高精度的 BCCC4 方法, 可以期望会成为定量计算基态能量和其他性质的有前途的理论工具. 由于 BCCCn 方法中对块的定义有多种可能性, BCCC 方法也可发展为对分子的局部区域用多组态方法处理, 对其他区域用单参考耦合簇方法处理的类似于 CAS-CCSD 的方法. 在未来的工作中, 我们将在从头算电子哈密顿的水平上实现各种类型的 BCCC 方案.

4.5 运动方程耦合簇方法

激发态和电离态是量子化学中的难题. 组态相互作用 (configuration interaction, CI) 方法是量子化学中描述分子激发态最常用、最直接的理论方法之一. 单激发组态相互作用方法 (single configuration interaction, SCI)[61,62] 广泛地被用于计算线性吸收光谱. 从原理上讲, 在 SCI 近似基础上不断增加多重激发组态, CI 波函数很容易就能得到改善. 这样可以更大程度地包含关联效应, 然而也带来了大小不一致 (size-inconsistency) 的问题. 虽然完全组态相互作用方法 (Full CI, FCI) 是精确的, 但是其计算量随着体系大小呈指数增长, 因而受到严格的限制, 只适用于小分子体系. 最近密度泛函理论 (DFT) 在描述及优化中等及大尺寸分子的基态结构及性质方面取得很大的进展. 建立于 Hartree-Fock 或者 DFT 基态的含时密度泛函方法 (time dependent DFT, TDDFT)[63] 等价于二粒子 Green 函数的随机相近似 (random phase approximation, RPA) 方法 [64~66]. 随机相近似方法是一种十分有效的激发态方法, 近来该方法取得线性标度[67]. 但是该方法由于其单粒子激发的特性在描述更为一般的激发态, 尤其是具有共价本质的激发态时陷入困境[68,69].

运动方程耦合簇方法 (equation of motion-coupled cluster method, EOM-CC) 是基于基态耦合簇方法 (CC) 描述激发态的一种有效方法[70]. 该方法具有大小一致的特性. 1968 年, Rowe 等提出了该方法的基本思想[71], 后来 Dunning 与 McKoy、Simons 与 Smith, 以及 McCurdy 等将该思想引入到量子化学领域[72~74],

Bartlett 等进一步将该方法发展壮大得更为实用[75~82]. 目前该方法已应用到中性以及带电分子的激发态计算[83~89]. 类似 CI 方法, EOM-CC 的激发态表示为以 CC 基态为参考的激发组态的线性组合. 因而根据激发的电子数也分为不同理论层级, 理论层级越高, 计算量越大. 目前只考虑单双激发的情况 (EOM-CCSD), 由于其计算量适中, 精确度又高而得到广泛应用. 下面我们就以 EOM-CCSD 为例对该方法进行介绍.

4.5.1 EOM-CCSD 激发态理论

基于 CCSD 基态, 通过从占据轨道激发一个和两个电子到虚轨道我们可以构建一个 Hilbert 子空间, 在该子空间内建立 Heisenberg 运动方程. 基于该框架, EOM-CCSD 激发态波函数构建为在 CCSD 基态波函数基础上单双激发的线性组合:

$$|ex\rangle = \sum_\mu R_\mu \mu |CC\rangle \tag{4.63}$$

式中: 符号 μ 代表激发算符 (包括恒等和单双激发算符), 后面我们还将使用符号 ν 代表该激发算符; 相应的 R_μ 表示该激发对应的系数. 将式 (4.1)CC 基态波函数代入式 (4.63) 可得

$$|ex\rangle = \sum_\mu R_\mu \mu \exp(T) |0\rangle \tag{4.64}$$

因为所有的激发算符 (包括所有的 μ 和 T) 是对易的, 所以式 (4.64) 可以变换为

$$|ex\rangle = \sum_\mu R_\mu \exp(T)\mu |0\rangle = \sum_\mu R_\mu \exp(T) |\mu\rangle = \exp(T) \sum_\mu R_\mu |\mu\rangle \tag{4.65}$$

式中: $|\mu\rangle = \mu |0\rangle$ 代表以 Hartree-Fock 基态为参考的激发行列式. 因而求解激发态波函数的 Schrödinger 方程演变为

$$H |ex\rangle = E |ex\rangle, \quad H \exp(T) \sum_\nu R_\nu |\nu\rangle = E \exp(T) \sum_\nu R_\nu |\nu\rangle \tag{4.66}$$

式中: E 为激发态的能量. 将式 (4.66) 左乘 $\exp(-T)$ 得到

$$\bar{H} \sum_\nu R_\nu |\nu\rangle = E \sum_\nu R_\nu |\nu\rangle \tag{4.67}$$

式中: $\bar{H}$ 为相似变换的哈密顿量. 因为 H 包含的粒子数目最多的算符是双电子算符, 因而 $\bar{H}$ 由著名的 Hausdorff 展开可准确表示为

$$\begin{aligned}
\bar{H} &= \exp(-T)H\exp(T) \\
&= H + [H,T] + \frac{1}{2}[[H,T],T] + \frac{1}{6}[[[H,T],T],T] \\
&\quad + \frac{1}{24}[[[[H,T],T],T],T]
\end{aligned} \tag{4.68}$$

将式 (4.67) 投影到左矢组态 $\langle\mu|$ 得到求解激发态的本征方程为

$$\sum_\nu R_\nu \langle\mu|\bar{H}|\nu\rangle = E\sum_\nu R_\nu \langle\mu|\nu\rangle, \quad \sum_\nu R_\nu \bar{H}_{\mu\nu} = ER_\mu \qquad (4.69)$$

其中

$$\langle\mu|\nu\rangle = \delta_{\mu\nu}, \quad \bar{H}_{\mu\nu} = \langle\mu|\bar{H}|\nu\rangle$$

激发态能量 E 可表示为基态能量 E_{cc} 与激发能 ΔE 的和, 即

$$E = E_{cc} + \Delta E \qquad (4.70)$$

将其代入式 (4.69), 得

$$\sum_\nu \left(\langle\mu|\bar{H}|\nu\rangle - E_{cc}\langle\mu|\nu\rangle\right) R_\nu = R_\mu \Delta E \qquad (4.71)$$

注意到: $\bar{H}|0\rangle = E_{cc}|0\rangle$, 将其结合式 (4.71) 推导可得

$$\sum_\nu \langle\mu|[\bar{H},\nu]|0\rangle R_\nu = R_\mu \Delta E \qquad (4.72)$$

式 (4.72) 即是有效哈密顿量的 Heisenberg 运动方程, 该有效哈密顿矩阵元素为

$$\Delta\bar{H}_{\mu\nu} = \langle\mu|[\bar{H},\nu]|0\rangle \qquad (4.73)$$

相似变换后哈密顿矩阵不再是厄米的, 以实函数为基组时就不再是对称矩阵. 因此对于每个本征值, 都对应一个右矢同时还有一个左矢本征向量. 激发态左矢波函数表示为

$$\langle ex| = \sum_\mu \langle\mu|L_\mu \exp(-T) \qquad (4.74)$$

类似求解 R_μ 过程, 激发态左矢波函数的各个激发组态的系数 L_μ 可通过求解下面方程得出:

$$\sum_\mu \langle\mu|[\bar{H},\nu]|0\rangle L_\mu = L_\nu \Delta E \qquad (4.75)$$

由式 (4.72) 与式 (4.75) 可知, 通过求解有效哈密顿矩阵 $\Delta\bar{H}$ 的本征左、右矢可得激发态的左、右矢波函数. 通过进一步的推导, 矩阵 $\Delta\bar{H}$ 可划分成下面的形式:

$$\Delta\bar{H} = \begin{pmatrix} 0 & \boldsymbol{\eta}^{\mathrm{T}} \\ 0 & \boldsymbol{A} \end{pmatrix} \qquad (4.76)$$

式中: T 表示对列向量 η 做转置. η 向量由式 (4.77) 给出

$$\eta_\mu = \langle 0|\bar{H}|\mu\rangle \qquad (4.77)$$

A 是耦合簇 Jacobian 矩阵, 矩阵元素为

$$A_{\mu\nu} = \langle \mu | [\bar{H}, \nu] | 0 \rangle \tag{4.78}$$

式 (4.77) 与式 (4.78) 中的 μ 和 ν 只代表单、双激发情况, 不含参考态情况.

通过考查式 (4.76), 有效哈密顿矩阵 $\Delta \bar{H}$ 的最低本征向量就是 CCSD 的基态波函数. 为了保证归一化, CCSD 基态左矢波函数向量可表示为 $\begin{pmatrix} 1 \\ \lambda \end{pmatrix}$, 将其代入有效哈密顿量的本征方程并考虑 $\Delta E = 0$ 可得

$$(1 \quad \lambda^{\mathrm{T}}) \begin{pmatrix} 0 & \boldsymbol{\eta}^{\mathrm{T}} \\ 0 & \boldsymbol{A} \end{pmatrix} = (0 \quad 0) \tag{4.79}$$

将其展开即可得到求解激发态左矢波函数的未知组态系数的线性方程:

$$\lambda^{\mathrm{T}} \boldsymbol{A} = -\boldsymbol{\eta}^{\mathrm{T}} \tag{4.80}$$

同样地将激发态的左、右矢波函数的参考态系数与激发组态系数分开表示, 我们可以分别得到求解它们的系数的本征方程或表达式.

下面以半经验 PPP 模型 (详见第 6 章) 为例讨论数值计算结果. 表 4-7 给出了在 PPP 模型下, 利用 EOM-CCSD 方法与密度矩阵重整化群方法 (density matrix renormalized group, DMRG) 计算多烯和反式均二苯乙烯分子的基态及激发态的能量的结果比较 (PPP 模型参数: $U = 11.13$eV, 碳–碳双键 $t = -2.6$eV, 碳–碳单键 $t = -2.2$eV, 苯环碳–碳双键 $t = -2.4$eV). 我们知道在该模型下, DMRG 方法给出的结果几乎是精确的. 比较发现, EOM-CCSD 的结果与 DMRG 的计算结果吻合得很好, 虽然对于多烯的 $2A_g$ 态的能量二者相差较大, 但是其相对 ^1B_u 态的能级顺序是一致的.

表 4-7　EOM-CCSD 与 DMRG 方法计算基态及激发态的能级比较

		^1A_g	^1B_u	^2A_g	^mA_g	$^nB_u1$	$^nB_u2$
多烯	DMRG	−43.731 75	3.450	2.727	5.422	7.205	5.439
	EOM-CCSD	−43.623 29	3.360	3.270	5.415	7.830	5.715
反式均二苯乙烯	DMRG	−33.320 32	4.419	4.180	7.248	8.077	6.235
	EOM-CCSD	−33.245 50	4.343	4.090	7.233	7.887	6.173

注: 激发态的能量相对基态给出. 多烯 (polyene) 含 20 个碳原子, 其 HF 基态能量是 −40.7979eV, MP2 能量为 −42.0602eV. 反式均二苯乙烯 (*trans*-stilbene) 的 HF 基态能量是 −30.507 685eV, MP2 能量为 −32.479 550eV.

4.5.2　EOM-CCSD 带电态

应用 EOM-CCSD 方法处理带一个正电荷的离子时, 其本征态可构建于这样的

激发组态空间:

$$|\sigma\rangle = \{k, \, c^+ik\} \tag{4.81}$$

式中: i, k 为占据轨道; c 为虚轨道. 因此那些带正电荷的本征态可表示为

$$|p\rangle = \sum_\sigma X_\sigma \exp(T) \, |\sigma\rangle \tag{4.82}$$

$$\langle p| = \sum_\sigma \langle\sigma| \exp(-T) Y_\sigma \tag{4.83}$$

将式 (4-82) 代入 Schrödinger 方程并消去 CCSD 基态能量即得

$$(H - E_{cc}) \sum_\sigma X_\sigma \exp(T) \, |\sigma\rangle = (E - E_{cc}) \sum_\sigma X_\sigma \exp(T) \, |\sigma\rangle \tag{4.84}$$

将式 (4.84) 左乘 $\exp(-T)$ 后, 再将其投影到左矢组态 $\langle\sigma|$ 得到求解离子化势能的本征方程

$$\sum_\rho (\bar{H}_{\sigma\rho} - E_{cc}\delta_{\sigma\rho}) X_\rho = \Delta E X_\sigma \tag{4.85}$$

式中: $\Delta E = E - E_{cc}$ 即为离子化势能 (ionization potential, IP). 因而上述的 EOM-CCSD 方法也常称为 IP-EOM-CCSD 方法.

依照上述过程可以类似推导出求解正电态左矢的本征方程, 表示为

$$\sum_\sigma Y_\sigma (\bar{H}_{\sigma\rho} - E_{cc}\delta_{\sigma\rho}) = \Delta E Y_\rho \tag{4.86}$$

在单双激发的行列式组态空间内, 对于 $S_z = 1/2$ 有 6 种类型的行列式组态. 将它们线性组合成自旋匹配的基组时, 可以产生 2 个 $S = 3/2$ 的基矢和 4 个 $S = 1/2$ 的基矢. 4 个低自旋基矢表示为

$$|k_\beta\rangle \tag{4.87a}$$

$$|c_\alpha^+ k_\alpha k_\beta\rangle \tag{4.87b}$$

$$\left(2\left|c_\beta^+ k_\beta i_\beta\right\rangle + \left|c_\alpha^+ k_\alpha i_\beta\right\rangle + \left|c_\alpha^+ k_\beta i_\alpha\right\rangle\right) / \sqrt{6}, \quad i > k \tag{4.87c}$$

$$\left(\left|c_\alpha^+ k_\alpha i_\beta\right\rangle - \left|c_\alpha^+ k_\beta i_\alpha\right\rangle\right) / \sqrt{2}, \quad i > k \tag{4.87d}$$

将 $S_z = 1/2$ 的自旋匹配基矢的 α 和 β 标号交换即可获得由 $S_z = -1/2$ 行列式组态构建的自旋匹配基组.

当一个分子吸附一个电子成为负离子时, EOM-CCSD 的本征态可由下面激发组态空间展开

$$|\nu\rangle = \{c^+, c^+a^+k\} \tag{4.88}$$

因此带负电荷的本征态可以表示为

$$|n\rangle = \sum_\nu U_\nu \exp(T) \,|\nu\rangle \tag{4.89}$$

$$\langle n| = \sum_\nu \langle \nu| \exp(-T) V_\nu \tag{4.90}$$

仿照正电态的方法, 我们可以推导出系数 U_ν 和 V_ν 的本征方程

$$\sum_\nu (\bar{H}_{\mu\nu} - E_{cc}\delta_{\mu\nu}) U_\nu = \Delta E' U_\mu \tag{4.91}$$

$$\sum_\mu V_\mu (\bar{H}_{\mu\nu} - E_{cc}\delta_{\mu\nu}) = \Delta E' V_\nu \tag{4.92}$$

式中: $\Delta E' = E - E_{cc}$ 为电子亲和能 (electron affinity, EA). 因而上述 EOM-CCSD 方法也常称为 EA-EOM-CCSD 方法.

考虑 $S_z = 1/2$ 的负电荷行列式组态组成自旋匹配基组, 4 类 $S = 1/2$ 的基矢为

$$|c_\alpha\rangle \tag{4.93a}$$

$$\left| c_\alpha^+ c_\beta^+ k_\beta \right\rangle \tag{4.93b}$$

$$\left(2 \left| c_\alpha^+ a_\alpha k_\alpha \right\rangle + \left| c_\alpha^+ a_\beta k_\beta \right\rangle + \left| c_\beta^+ a_\alpha k_\beta \right\rangle \right)/\sqrt{6}, \quad a > c \tag{4.93c}$$

$$\left(\left| c_\alpha^+ a_\beta^+ k_\beta \right\rangle - \left| c_\beta^+ a_\alpha k_\beta \right\rangle \right)/\sqrt{2}, \quad a > c \tag{4.93d}$$

类似正电荷的情况, 将上面基矢的自旋标号全部翻转即得到 $S_z = -1/2$ 的 4 类 $S = -1/2$ 的基组.

带电共轭分子在高分子电子学及光电子学中起着至关重要的作用. 在发光和场效应器件中, 电荷从电极注入共轭分子链. 一旦这些分子带上正负电荷, 分子的局部几何构形发生变化, 导致很强的电声子相互作用, 从而产生极化子. 极化子是带电共轭分子的一个显著特征[90~93], 它的形成使得分子的电子结构发生变化: 在原来中性分子的最高占据轨道 (highest occupied molecular orbital, HOMO) 和最低空轨道 (lowest unoccupied molecular orbital, LUMO) 的能级空隙间新增两个局域单电子能级, 即一个靠近 HOMO 的较低的极化子能级 (POL1) 和一个靠近 LUMO 的较高的极化子能级 (POL2)(图 4-4). 对于一个带单个正 (负) 电荷态, 在较低 (高) 的极化子能级上只占据一个电子. 根据上述单电子图像, 可以发现带电共轭分子将会出现两个明显的光学跃迁允许的子带, 即 HOMO → POL1 (POL2 → LUMO) 及 POL1 → POL2. 结合半经验的 INDO 参数化方法, 我们应用 IP(EA)-EOM/CCSD 方法研究了一系列共轭体系分子的极化子光学吸收性质.

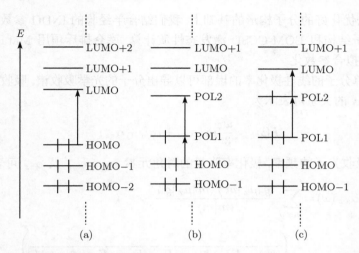

图 4-4 分子的光学吸收过程的单粒子表示图像. (a) 中性电子态 (neutral state); (b) 空穴极化子态 (hole polaron state); (c) 电子极化子态 (electron polaron state). 短的竖直线表示电子占据在轨道上; 箭头表示吸收光子后的电子跃迁

我们计算的体系包括多个单元的齐聚物: polyenes、oligothiophenes(OT)、oligoparaphenylenes(OP) 及 oligoparaphenylenevinylenes(OPV)[89]. 研究分子的中性态及带电态的几何构形全部用半经验的 AM1 方法得到优化. 额外增加一个电荷, 分子的几何构形弛豫发生变化. 表 4-8 给出了其中一些分子的中间部分的键长变化.

表 4-8　AM1 方法优化的不同齐聚物分子 ($C_{20}H_{22}$、OT5、OP5 及 OPV5) 的中间部分从中性态到带电极化子态的几何构型变化

齐聚物	中间部分	键长	中性态	极化子	Δ
$C_{20}H_{22}$		$1-2$	1.444	1.395	-0.049
		$2-3$	1.347	1.392	0.045
OT5		$1-2$	1.419	1.383	-0.036
		$2-3$	1.390	1.430	0.04
OP5		$1-2$	1.391	1.373	-0.018
		$2-3$	1.402	1.426	0.024
OPV5		$1-2$	1.390	1.372	-0.018
		$2-3$	1.406	1.429	0.023

注: C—C 键长的单位为Å; Δ 表示极化子与中性态的键长之差.

在 AM1 方法优化好的分子构形的基础上, 我们结合半经验的 INDO 参数化方法进行分子的电子结构和 EOM-CCSD 激发态性质计算. 库仑排斥项用 Mataga- Nishimoto 势函数拟合参数化.

通过计算分子的线性极化率的虚部可以导出分子的光学吸收谱, 吸收强度 I 与极化率张量 α 的关系可表示为

$$I(\omega) \sim \frac{\omega}{3} \mathrm{Im}\,(\alpha_{xx} + \alpha_{yy} + \alpha_{zz}) \tag{4.94}$$

式中: ω 为吸收光子的频率. 极化率张量的对角元素 α_{xx}、α_{yy} 及 α_{zz} 可表示为

$$\alpha_{xx}(\omega) = \sum_{m \neq g} \frac{\langle g\,|\mu_x|\,m \rangle \langle m\,|\mu_x|\,g \rangle}{\langle m|m \rangle}$$

$$\times \left(\frac{1}{E_m - E_g - \hbar\omega - \mathrm{i}\Gamma} + \frac{1}{E_m - E_g + \hbar\omega + \mathrm{i}\Gamma} \right) \tag{4.95}$$

式中: $m(g)$ 代表激发态 (基态) 的标号; μ 表示电子跃迁偶极算符; Γ 是展宽因子, 在下面的计算中设定为 0.05eV. 基态与激发态之间的跃迁偶极矩可表示为

$$\langle g\,|\mu|\,m \rangle = \sum_{\sigma\nu} L_\sigma^g R_\nu^m \langle \sigma\,|\mathrm{e}^{-T}\mu\mathrm{e}^T|\,\nu \rangle = \sum_{\sigma\nu} L_\sigma^g R_\nu^m \bar{\mu}_{\sigma\nu} \tag{4.96a}$$

$$\langle m\,|\mu|\,g \rangle = \sum_{\sigma\nu} L_\sigma^m R_\nu^g \langle \sigma\,|\mathrm{e}^{-T}\mu\mathrm{e}^T|\,\nu \rangle = \sum_{\sigma\nu} L_\sigma^m R_\nu^g \bar{\mu}_{\sigma\nu} \tag{4.96b}$$

图 4-5~ 图 4-8 给出了一系列不同链长的齐聚物分子的模拟极化子吸收光谱. 从计算的谱图可以发现: ① 谱图总是呈现两个吸收峰; ② 对于长链分子, polyene 和 OT 分子的高能峰的吸收强度大于低能峰的强度, 而 OP 和 OPV 分子的情况与之相反. 产生两个子带吸收峰的根源在前面通过图 4-4 已经分析过. 相对吸收强度的变化印证了电子关联与电声子相互作用的竞争. 这些计算结果和 Bally 等 [94] 的实验结果是完全一致的. 在单电子图像中, 低能峰的强度比高能峰的更为显著. 但是一旦考虑电子间相互作用, 光学跃迁的量子相干效应就显得重要了. 计算结果表明:

(1) 对于空穴极化子, 基态主要由 HOMO 失去一个电子的组态决定 ($L_1^g \sim$ 0.95); 对于电子极化子, 基态主要由 LUMO 增加一个电子的组态决定, 因此基态到激发态的跃迁偶极矩可近似为

$$\langle g\,|\mu|\,m \rangle \approx \sum_\nu R_\nu^m \bar{\mu}_{1\nu} \tag{4.97}$$

(2) 空穴 (电子) 极化子吸收光谱的高能峰和低能峰对应的两个激发态主要由 HOMO → POL1(POL2 → LUMO) 和 POL1 → POL2 两个组态决定, 因此对于空

穴极化子来说, 式 (4.97) 进一步简化为

$$\langle g|\mu|m\rangle \approx -R_{\text{HOMO}\to\text{POL1}}\mu_{\text{HOMO,POL1}} + R_{\text{POL1}\to\text{POL2}}\mu_{\text{POL1,POL2}} \tag{4.98}$$

对于电子极化子来说, 式 (4.97) 可简化为

$$\langle g|\mu|m\rangle \approx R_{\text{POL2}\to\text{LUMO}}\mu_{\text{POL2,LUMO}} + R_{\text{POL1}\to\text{POL2}}\mu_{\text{POL1,POL2}} \tag{4.99}$$

因而极化子吸收光谱的低能峰相对高能峰的强弱取决于组态系数 R 的正负号以及大小, 正是这些相干效应降低了低能峰的强度.

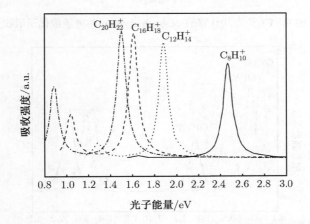

图 4-5 EOM-CCSD 方法计算的 polyene 的空穴极化子的吸收光谱

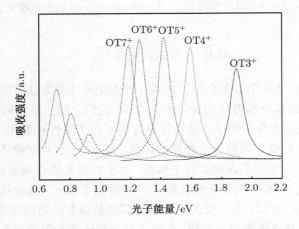

图 4-6 EOM-CCSD 方法计算的 oligothiophene 的空穴极化子吸收光谱

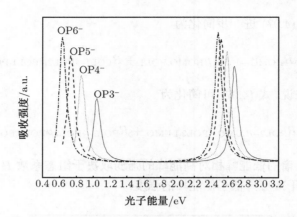

图 4-7　EOM-CCS 方法计算的 oligophenylene 的电子极化子吸收光谱

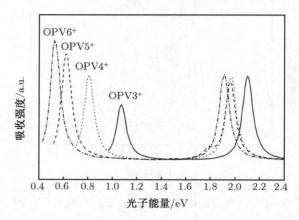

图 4-8　EOM-CCSD 方法计算的 oligophenylenevinylene 的空穴极化子吸收光谱

4.6　总结与展望

在本章中, 我们从几个方面介绍了在耦合簇理论和计算方法方面所取得的一些进展. 在传统的基态耦合簇方法的计算方法方面, 我们介绍的基于局域轨道的 CIM 方法和分子片方法在大分子的单点能量计算方面实现了线性标度化, 未来的发展是将这些算法推广到能量导数和分子性质的计算. 唯有如此, 才能将高精度的单参考耦合簇方法真正推广应用于各种大分子体系. 对于块相关耦合簇理论, 尽管它的前景已在 Heisenberg 哈密顿框架下通过数值计算得到了展示, 但在从头算电子哈密顿水平上实现 CAS-CCSD 或对相关耦合簇计算则是该方法迈向实用化的关键. 我们还针对中性和电离态的激发态问题, 介绍了耦合簇运动方程的基本原理及其在共轭体系的一些应用. 由于篇幅所限, 没有讨论局域化方案以及非线性响应理论在处理大体系的一些发展, 这将是今后该领域的一个重要方向.

参 考 文 献

[1] Čížek J. J. Chem. Phys., 1966, 45: 4256

[2] Čížek J. Adv. Chem. Phys., 1969, 14: 35

[3] Pople J A, Krishnan R, Schlegel H B et al. Int. J. Quantum Chem., 1978, 14: 545

[4] Bartlett R J. Annu. Rev. Phys. Chem., 1981, 32: 359

[5] Bartlett R J. J. Phys. Chem., 1989, 93: 1697

[6] Scuseria G E, Scheiner A C, Lee T J et al. J. Chem. Phys., 1987, 86: 2881

[7] Lecszsynski. J. Computational chemistry: review of current trends. Singapore: World Scientific Publishing, 2002. 7

[8] Hampel C, Werner H J. J. Chem. Phys., 1996, 104: 6286

[9] SchützM, Werner H J. J. Chem. Phys., 2001, 114: 661

[10] Scuseria G E, Ayala P Y. J. Chem. Phys., 1999, 111: 8330

[11] Christiansen O, Manninen P, Jøgensen P et al. J. Chem. Phys., 2006, 124: 084103

[12] Förner W, Ladik J, Otto P et al. Chem. Phys., 1985, 97: 251

[13] Förner W. Chem. Phys., 1987, 114: 21

[14] Li S, Ma J, Jiang Y. J. Comput. Chem., 2002, 23: 237

[15] Li S, Shen J, Li W et al. J. Chem. Phys., 2006, 125: 074109

[16] Flocke N, Bartlett R J. J. Chem. Phys., 2003, 118: 5326

[17] Flocke N, Bartlett R J. J. Chem. Phys., 2004, 121: 10935

[18] Li W, Li S. J. Chem. Phys., 2004, 121: 6649

[19] Fedorov D G, Kitaura K. J. Chem. Phys., 2005, 122: 134103

[20] Bartlett R J, Purvis G D. Int. J. Quant. Chem., 1978, 14: 561

[21] Krylov A I. J. Chem. Phys., 2000, 113: 6052

[22] Lindgren I. Int. J. Quantum Chem. Symp., 1978, 12: 33

[23] Mukherjee D, Moitra R K, Mukhopadhyay A. Mol. Phys., 1975, 30: 1861

[24] Kutzelnigg W. J. Chem. Phys., 1984, 80: 822

[25] Kaldor U. J. Chem. Phys., 1987, 87: 467

[26] Mukherjee D, Pal S. Adv. Quantum Chem., 1989, 20: 291

[27] Bernholdt D E, Bartlett R J. Adv. Quantum Chem., 1999, 34: 271

[28] Jeziorski B, Monkhorst H. J. Phys. Rev. A, 1981, 24: 1668

[29] Jeziorski B, Paldus J. J. Chem. Phys., 1988, 88: 5673

[30] Meissner L, Kucharski S A, Bartlett R J. J. Chem. Phys., 1989, 91: 6187

[31] Balková A, Kucharski S A, Meissner L et al. Theor. Chim. Acta, 1991, 80: 335

[32] Mahapatra U S, Datta B, Bandyopadhyay B et al. Adv. Quantum Chem., 1998, 30: 169

[33] Mahapatra U S, Datta B et al. J. Chem. Phys., 1999, 110: 6171

[34] Laidig W D, Bartlett R J. Chem. Phys. Lett., 1984, 104: 424

[35] Oliphant N, Adamowicz L. J. Chem. Phys., 1991, 94: 1229

[36] Ivanov V V, Adamowicz L. J. Chem. Phys., 2000, 112: 9258

[37] Li X, Paldus J. J. Chem. Phys., 1994, 101: 8812

[38] Máśik J, Hubač I. Adv. Quantum Chem., 1999, 31: 75

[39] Li S. J. Chem. Phys., 2004, 120: 5017

[40] Coester F, Kummel H. Nucl. Phys., 1960, 17: 477

[41] Pulay P. Chem. Phys. Lett., 1983, 100: 151

[42] Saebø S, Pulay P. J. Chem. Phys., 1988, 88: 1884

[43] Saebø S, Pulay P. Annu. Rev. Phys. Chem., 1993, 44: 213

[44] Maslen P E, Head-Gordon M. Chem. Phys. Lett., 1998, 283: 102

[45] Maslen P E, Head-Gordon M. J. Chem. Phys., 1998, 109: 7093

[46] Boys S F. Rev. Mod. Phys., 1960, 32: 296

[47] Pipek J, Mezey P G. J. Chem. Phys., 1989, 90: 4916

[48] Subotnik J E, Dutoi A D, Head-Gordon M. J. Chem. Phys., 2005, 123: 114108

[49] Boughton J W, Pulay P. J. Comput. Chem., 1993, 14: 736

[50] Yang W. Phys. Rev. Lett., 1991, 66: 1438

[51] Yang W, Lee T S. J. Chem. Phys., 1995, 103: 5674

[52] Zhang D W, Xiang Y, Zhang J Z H. J. Phys. Chem. B, 2003, 107: 12039

[53] Zhang D W, Zhang J Z H. J. Chem. Phys., 2003, 119: 3599

[54] Werner H J, Knowles P J et al. MOLPRO, version 2006.1, http://www.molpro.net.

[55] Schmidt M W, Baldridge K K, Boatz J A. et al. J. Comput. Chem., 1993, 14: 1347

[56] Frisch M J et al. Gaussian 03; Revision B.04 ed.; Gaussian, Inc.: Wallingford CT, 2004.

[57] White S R. Phys. Rev. Lett., 1992, 69: 2863

[58] White S R. Phys. Rev. B, 1993, 48: 10345

[59] Pauling L. The nature of the chemical bond. Ithaca: Cornell University Press, 1960

[60] Bethe H. Z. Phys., 1931, 71: 205

[61] Abe S, Schreiber M, Su W P et al. Phys. Rev. B, 1992, 45: 9432

[62] Chandross M, Mazumdar S, Liess M et al. Phys. Rev. B, 1997, 55: 1486

[63] Runge E, Gross E K U. Phys. Rev. Lett., 1984, 52: 997

[64] Oddershede J, Jorgensen P, Yeager D L. Comput. Phys. Rep., 1984, 2: 33

[65] Chen G, Mukamel S. J. Am. Chem. Soc., 1995, 117: 4945

[66] Mukamel S, Tretiak S, Wagersreiter T et al. Science, 1997, 277: 781

[67] Yokojima S, Chen G H. Chem. Phys. Lett., 2002, 355: 400

[68] Tavan P, Schulten K. Phys. Rev. B, 1987, 36: 4337

[69] Soos Z G, Ramasesha S, Galvão D S. Phys. Rev. Lett., 1993, 71: 1609

[70] Bartlett R J, MusiałM. Rev. Mod. Phys., 2007, 79: 291

[71] Rowe D J. Rev. Mod. Phys., 1968, 40: 153

[72] Dunning T H, McKoy V. J. Chem.Phys., 1967, 47: 1735

[73] Simons J, Smith W D. J. Chem.Phys., 1973, 58: 4899

[74] McCurdy C W, Resigno T N, Yeager D L et al. The equation of motion method: an approach to the dynamical properties of atoms and molecules. Webb G A ed. New York: Academic, 1982, 229

[75] Purvis G D, Bartlett R J. J. Chem. Phys., 1982, 76: 1910

[76] Sekino H, Bartlett R J. Int. J. Quantum Chem. Symp., 1984, 18: 255

[77] Stanton J F, Bartlett R J. J. Chem. Phys., 1993, 98: 7029

[78] Nooijen M, Bartlett R J. J. Chem. Phys., 1995, 102: 3629

[79] Gwaltney S R, Nooijen M, Bartlett R J. Chem. Phys. Lett., 1996, 248: 189

[80] Piecuch P, Kucharski S A, Bartlett R J. J. Chem. Phys., 1999, 110: 6103

[81] Geertsen J, Rittby M, Batlett R. J. Chem. Phys. Lett., 1989, 164: 57

[82] Hirata S, Nooijen M, Bartlett R. J. Chem. Phys. Lett., 2000, 326: 255

[83] Stanton J F, Gauss J. J. Chem. Phys., 1994, 101: 8938

[84] Nooijen M, Bartlett R. J. J. Chem. Phys., 1997, 107: 6812

[85] Musial M, Kucharski S A, Bartlett R. J. J. Chem. Phys., 2003, 118: 1128

[86] Musial M, Bartlett R. J. J. Chem. Phys., 2003, 119: 1901

[87] Shuai Z, Brédas J L. Phys. Rev. B, 2000, 62: 15452

[88] Ye A, Shuai Z, Brédas J L. Phys. Rev. B, 2002, 65: 045208

[89] Ye A, Shuai Z, Kwon O et al. J. Chem. Phys., 2004, 121: 5567

[90] Reierls R E. Quantum theory of Solids. Clarendon: Oxford, 1955, 108

[91] Heeger A J, Kivelson S, Schrieffer J R et al. Rev. Mod. Phys., 1988, 60: 781

[92] Su W P, Schieffer J R, Heeger A. J. Phys. Rev. Lett., 1979, 42: 1698

[93] Brédas J L, Street G B. Acc. Chem. Res., 1985, 18: 309

[94] Bally T, Roth K, Tang W et al. J. Am. Chem. Soc., 1992, 114: 2440

第5章 多参考态组态相互作用

文振翼 王育彬

5.1 引 言

基于独立粒子模型的 Hartree-Fock 方法中, 电子经历的是一种平均的非瞬时的相互作用势场, 不能反映电子运动瞬时相关效应, 因此精确的理论化学计算必须应用考虑了电子相关效应的后 Hartree-Fock 方法. 在众多的后 Hartree-Fock 方法中, 组态相互作用 (CI) 是概念最简单、应用最广泛的方法之一. 如果将组态理解为某种多电子波函数, 如 Hylleraas 函数[1]、James-Coolidge 函数[2]、Kolos-Wolniewicz 函数[3] 等, 则 CI 方法也是最早的、最精确的计算电子相关能的方法. 现代的价键 (VB) 理论也可以归结为 CI 方法, 因为 VB 函数实际上是一类非正交的组态函数. 但是本章关心的是基于分子轨道 (MO) 理论的 CI 方法, 即在 Hartree-Fock 近似下, 通过 SCF 计算找到分子轨道和 HF 态, 后者写成满足一定对称性的占据分子轨道的乘积, 组态函数则由 HF 态 (称为参考态) 中电子从占据轨道到非占据轨道的激发 [通常只考虑 1 个或 (和)2 个电子的激发] 而产生, 系统的波函数写成组态函数的线性组合, 组合系数利用变分法确定. 这一方法的一般计算方案是由 Boys[4] 在 1950 年建立起来的, 不久即得到广泛应用. 最早应用电子计算机完成 CI 计算的是 Meckler 关于 O_2 分子的计算[5]. 1960 年, Allen 和 Karo[6] 所引用的 80 个 *ab initio* 算例中, 近一半采用了 CI 计算.

以上从一个参考态产生单、双电子激发组态, 然后完成 CI 计算称为单参考态 CISD 计算, 当参考态在波函数中占有绝对大的权重时, CISD 是一个不错的选择, 因为当分子处于基态且邻近平衡构型时, CISD 计算常常能够获得相当高的相关能份额. 但是, 当需要处理激发态和化学键的破坏和重建 (如构建化学反应势能面) 时, CISD 计算不能得到满意的结果, 这时, 更好的选择是多参考态的 CI(MRCISD) 计算. 20 世纪 70 年代中期以后, MRCISD 的算法和程序相继出现[7~10].

在早期的 MRCISD 计算中, 参考态的选择常常是一个困难问题, 而且更重要的是分子轨道仅是针对一个参考态 (HF 态) 优化得到的, 没有照顾到其他参考态, 然而几个参考态能量可能简并或近似简并, 仅仅针对一个态优化得到的分子轨道是不合理的. F_2 分子是一个最典型的例子, 从 SCF 计算得到的键能竟然是一个大的负值[11], 与 F_2 分子的稳定性相矛盾. 为了避免这类错误, 可以应用多组态自洽场

(MCSCF) 方法[12~15], 即同时对若干个组态和轨道优化的 SCF 方法. MCSCF 中的组态或其中的一部分在后面的 CI 计算中可以作为参考态. 目前最常用的 MCSCF 方法是所谓 CASSCF (complete active space SCF)[16], CAS 的意义是在选定的一定数目的电子 (活性电子) 在一定数目的轨道 (活性轨道) 上任意可能的分配产生的组态函数, 于是, 参考组态的选择变成活性轨道和活性电子的选择, 后者相对要容易一些.

相关效应或相关能可以分为两个部分: 非动力学相关和动力学相关. 前者来源于组态能量的简并或近似简并, 通过 MCSCF 计算可以获得非动力学相关能; 后者是由于单电子的平均场模型忽略了电子运动的瞬时排斥作用, MRCI 计算可以得到动力学相关能. 应该指出, 动力学与非动力学相关不可能严格分开, 因为 MCSCF 计算已经包括了部分动力学相关. 实际上, 区分动力学与非动力学相关并不重要, 重要的是通过 MCSCF 和 MRCI 计算能够获得精确的总能量.

CI 方法的特点之一是需要求解高维哈密顿矩阵的本征值问题. 传统的方法是首先计算矩阵元并保存在外设中, 然后完成矩阵对角化得到本征值和本征函数. 传统方法的应用显然更容易受到计算机资源的限制, 只能处理小规模的 CI 问题. 走出此困境的方法是采用 Roos 建议的直接 CI[17,18], 即不保存也不完整地计算矩阵元, 直接从矩阵元片段确定新的 CI 系数. 然而, Roos 的建议并未得到太多的响应, 直到一些新的特别适合于直接 CI 算法的出现. 新的算法中, 最重要的是图形酉群方法 GUGA(graphical unitary group approach)[19~24] 和置换群图形方法 SGGA(symmetric group graphical approach)[25~26]. 其中 GUGA 出现在许多程序包的 CI 或 MCSCF 程序中, 如 HONDO、GAMESS、MOLCAS 和 GAUSSIAN 等.

本章我们着重介绍 MRCISD 的主要理论和算法, 包括一些近似的算法. 也要简要介绍几个完全 CI 的标志性 (benchmark) 计算结果, 目的是为了与多参考态方法以及某些高水平的单参考态方法比较, 这些比较将有助于我们在特定的计算要求下正确地选用理论方法.

关于 CI 方法的评述很多, 最重要的有 Shavitt[27]、Siegbahn[28]、Karmowski[29] 以及最近 Sherrill 等[30] 的工作.

5.2 组态函数和组态相互作用方法

假定我们所考虑的体系有 N 电子, 选定的基组有 n 个基函数, 从 SCF 计算可以获得波函数 Φ_0 和 n 个互相正交的分子轨道. N 个电子在 n 个分子轨道 ($2n$ 个自旋轨道) 上的一个分配产生一个组态 (函数), Φ_0 是其中之一. 体系的电子波函数可以写成组态的线性组合

$$\Psi = \sum_I C_I \Phi_I \tag{5.1}$$

体系的能量期望值为

$$E = \frac{\langle \Psi | H | \Psi \rangle}{\langle \Psi | \Psi \rangle} \tag{5.2}$$

CI 计算的目的是应用变分原理确定能量 E 和组态系数 C_I. 根据变分原理, 为使能量期望值取极值, 需要求解如下本征方程:

$$HC = EC \tag{5.3}$$

或

$$\sum_J H_{IJ} C_J = EC_I \tag{5.4}$$

在获得方程 (5.3) 和 (5.4) 时, 假定波函数已归一化. 矩阵元 H_{IJ} 定义为

$$H_{IJ} = \langle \Phi_I | H | \Phi_J \rangle$$

组态 Φ_I 都从函数 Φ_0 中的电子激发而来. 在函数 Φ_0 中, MO 可分为占据轨道 (记为 i, j, k, l) 和空轨道 (虚轨道, 记为 a, b, c, d). 一个电子从 $i \to a$, 得到单激发组态 Φ_i^a; 两个电子的激发 $i \to a, j \to b$, 得到双激发组态 Φ_{ij}^{ab}, 等等. 故方程 (5.1) 可明显地写成

$$\Psi = c_0 \Phi_0 + \sum_{ia} c_i^a \Phi_i^a + \sum_{i<j, a<b} c_{ij}^{ab} \Phi_{ij}^{ab} + \sum_{i<j<k, a<b<c} c_{ijk}^{abc} \Phi_{ijk}^{abc} + \cdots \tag{5.5}$$

　　如果允许全部 N 个电子激发到任意轨道, 即式 (5.5) 中包括所有可能的组态, 则叫做完全 CI(full CI) 计算. 对于给定的基组, 完全 CI 是分子轨道理论中最精确的计算方法. 然而, 完全 CI 的计算工作量极其繁重, 对计算机资源的要求极高, 在目前的计算机水平, 只能完成十多个电子和几十个轨道的完全 CI 计算. 但是, 我们可以截断式 (5.5) 的激发级. 例如, 我们仅取式 (5.5) 的前三项作为 CI 组态, 即单、双激发组态完成 CI 计算 (CISD). 由于只有一个参考态, 故称为单参考态 (SR)-CISD 计算. 当参考组态与激发组态分离较好, 如对于许多闭壳层的基态分子, 在平衡几何附近, 非动力学相关效应不明显, CISD 计算即能满足一般的精度要求; 但远离平衡构型, 特别是有化学键的破坏或重建时, 必须应用 MRCISD 计算才能保证态的正确描述和精度.

　　组态函数应该满足以下要求:

　　(1) 反对称性, 即必须满足 Pauli 原理.

　　(2) 自旋对称匹配. 因为哈密顿算符不含自旋, 组态函数应该是总自旋平方算符 $\hat{S}^2$ 及其分量算符 $\hat{S}_z$ 的本征函数.

(3) 空间对称性匹配. 若分子有空间对称性, 组态函数应有与该分子的对称群相应的变换性质.

反对称性是最严格的, 也最容易得到满足, 自旋轨道的 Slater 行列式

$$\Phi = \hat{A}[\phi_1(x_1)\phi_2(x_2)\cdots\phi_k(x_N)] \tag{5.6}$$

就符合反对称性要求. 式中 $\hat{A}$ 是反对称化算符,

$$\hat{A} = \frac{1}{\sqrt{N!}}\sum_p (-1)^P P \tag{5.7}$$

P 是电子指标的置换, $(-1)^p$ 是置换 P 的奇偶性. 容易看出, Slater 行列式有确定的自旋分量, 这是因为每一个自旋轨道有确定的 m_s 值 (α 自旋或 β 自旋), Slater 行列式的每一项, 从而总自旋分量等于

$$M_S = \sum_{t=1}^{N} m_s(t) = \frac{1}{2}(N_\alpha - N_\beta) \tag{5.8}$$

式中: $N_\alpha(N_\beta)$ 为有 $\alpha(\beta)$ 自旋的电子数. 但 Slater 行列式一般不是 $\hat{S}^2$ 的本征函数, 在这个意义上, Slater 行列式不是自旋匹配的. 为了更清楚地看出这一点, 我们注意到 n 个轨道自旋分量为 M_S 的 Slater 行列式的数目为

$$D_{n,M_S} = \begin{pmatrix} n \\ N_\alpha \end{pmatrix} \begin{pmatrix} n \\ N_\beta \end{pmatrix} \tag{5.9}$$

对于 4 个轨道 4 个电子的体系, $M_S = 0$ 的 Slater 行列式的数目为

$$C_4^2 C_4^2 = 36$$

而从 5.3 节的公式可以看出, $S = 0$ 的态 (单重态) 只有 20 个, $S = 1$ 的态 (三重态) 有 15 个, $S = 2$ 的态 (五重态) 有 1 个, 即从 36 个 Slater 行列式可以组合出 20 个单重态、15 个三重态和 1 个五重态. 有确定 S 值的函数称为组态函数 CSF (configuration state function), 其数目一般只有 Slater 行列式的 1/2~1/6, 如果组态函数取 CSF, CI 空间显然要小得多. 另外, $\hat{S}^2$ 与 H 可对易表明, 不同的多重态能量一般不相同. 因此构造自旋匹配的 CSF 在 CI 计算中常常是必要的, 特别是对截断的 CI 计算.

由于哈密顿算符不含自旋, 多电子波函数可以写成空间函数与自旋函数的乘积[31], 即

$$\Psi(x_1, x_2, \cdots, x_N) = \hat{A}\Phi(r_1, r_2, \cdots, r_N)\Theta(\sigma_1, \sigma_2, \cdots, \sigma_N) \tag{5.10}$$

空间函数 $\Phi(r_1, r_2, \cdots, r_N)$ 和自旋函数 $\Theta(\sigma_1, \sigma_2, \cdots, \sigma_N)$ 分别写成单电子空间轨道和自旋变量的乘积. 例如, 首先将空间轨道写成

$$\Phi(r_1, r_2, \cdots, r_N) = \phi_i(r_1)\phi_j(r_2) \cdots \phi_k(r_N) \tag{5.11}$$

对称化可以对函数 Φ 也可以对函数 Θ 执行, 可以对电子指标也可以对轨道指标进行, 最后都可以写成 Slater 行列式的线性组合. 20 世纪 60~70 年代, 大量的理论工作讨论构造 CSF 的方法[27], 其中最有效的是群论方法. 例如, 置换群 $S_N^{[32\sim35]}$、酉群 $U(n)^{[19,36\sim38]}$ 和单模酉群 $SU(2)^{[39\sim41]}$, 三种群论方法之间存在密切的联系. 实际上, 对函数 Φ 和 Θ 中电子指标的对称化得到的是置换群 S_N 的表示, 对函数 Φ 中轨道指标对称化得到酉群 $U(n)$(空间轨道) 的表示, 而对函数 Θ 中轨道指标对称化得到 $SU(2)$ 的表示, Young 图可以作为这三种群不可约表示的标记[35,42\sim44]. 例如, 单列 Young 图 $[1^N]$ 既是 S_N 的全反对称表示, 又是 $U(2n)$ 的全反对称表示, 而且类似于 S_N 表示 $[1^N]$ 的 Clebsch-Gordan 分解, $U(2n)$ 的全反对称表示 $[1^N]$ 可以按 $U(2n) \supset U(n) \times U(2)$ 约化为

$$[1^N] \longrightarrow \sum [\lambda] \times [\tilde{\lambda}] \tag{5.12}$$

式中: $[\lambda]$ 是 $U(n)$ 的表示; $[\tilde{\lambda}]$ 是 $U(2)$ 或 $SU(2)$ 的表示, 二者互相共轭. 因为只有两个自旋变量, 后者的 Young 图只有两行, 前者必须是两列 Young 图, Young 图中 S 为总自旋量子数.

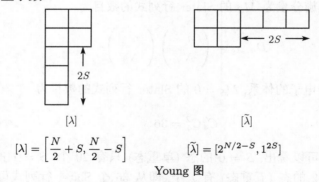

$$[\lambda] = \left[\frac{N}{2} + S, \frac{N}{2} - S \right] \qquad\qquad [\tilde{\lambda}] = [2^{N/2-S}, 1^{2S}]$$

Young 图

群论方法不仅提供了构造 CSF 的简便方法, 也为有效地计算 CI 矩阵元提供了多种可能性. 本章将以图形酉群方法 (GUGA) 为主要框架介绍 CI 的有关算法[20\sim24,42,45\sim48].

5.3　CI 的酉群算法

5.3.1　酉群的生成元

我们已经看到, 多电子函数 (5.10) 包含两套指标: 电子指标 $t = 1, 2, \cdots, N$ 和

轨道指标 $i = 1, 2, \cdots, n$. n 个单电子轨道 ϕ_i 是一组正交归一的分子轨道, 它们是 $U(n)$ 群表示的基矢, 因为在任意酉变换 U 作用下

$$U|\phi_i\rangle = |\phi_i'\rangle = \sum_{j=1}^{n} |\phi_j\rangle U_{ji} = \sum_{j=1}^{n} |\phi_j\rangle \langle \phi_j | U | \phi_i \rangle$$

产生了 $U(n)$ 的一个表示, 表示空间为 n 维, 表示的矩阵元 U_{ji} 满足

$$U_{ji}^* = U_{ij}^{-1} \tag{5.13}$$

乘积函数 (5.11) 的集合 ω_I (指标 $i, j, \cdots, k$ 任意可能地排列) 是完备集合, 也是 $U(n)$ 群表示的基矢, 因为

$$\begin{aligned} U|\omega_I\rangle &= \sum_{i', j', \cdots, k'}^{n} \phi_{i'}(r_1)\phi_{j'}(r_2)\cdots\phi_{k'}(r_N) U_{i'i}U_{j'j}\cdots U_{k'k} \\ &= \sum_{\omega_J} |\omega_J\rangle \langle \omega_J | U | \omega_I \rangle \end{aligned} \tag{5.14}$$

其中

$$|\omega_I\rangle = \phi_i(r_1)\phi_j(r_2)\cdots\phi_k(r_N)$$
$$|\omega_J\rangle = \phi_{i'}(r_1)\phi_{j'}(r_2)\cdots\phi_{k'}(r_N)$$

表示空间为 n^N 维. 这样得到的表示一般是可约的, 但总可以约化成不可约表示 (标记为 Young 图 $[\lambda]$) 的直和. 酉群的表示矩阵 U 是非常复杂的, 但是我们真正关心的不是酉群的表示, 而是酉群的代数表示, 即酉群生成元的表示. 酉群的生成元指的是单位元邻近的无穷小变换算符, 对于 $U(n)$, 独立的无穷小变换算符只有 n^2 个, 它们在对易运算下是封闭的, 构成 $U(n)$ 群的 Lie 代数. 对我们目前的应用, 生成元可以定义为轨道指标的替代算符:

$$e_{ij} = |\phi_i\rangle\langle\phi_j| \tag{5.15}$$

在 e_{ij} 的作用下, 单电子轨道的变换为

$$e_{ij}|\phi_k\rangle = |\phi_i\rangle\langle\phi_j|\phi_k\rangle = |\phi_i\rangle\delta_{jk}$$

于是它们的对易关系为

$$\begin{aligned} [e_{ij}, e_{kl}] &= |\phi_i\rangle\langle\phi_j|\phi_k\rangle\langle\phi_l| - |\phi_k\rangle\langle\phi_l|\phi_i\rangle\langle\phi_j| \\ &= \delta_{jk}e_{il} - \delta_{il}e_{kj} \end{aligned}$$

引入粒子指标 t 和 u, 则有

$$\langle\phi_i(t)|\phi_j(u)\rangle = \delta_{ij}\delta_{tu}$$

多粒子生成元定义为

$$E_{ij} = \sum_{t=1}^{N} |\phi_i(t)\rangle\langle\phi_j(t)| \equiv \sum_{t=1}^{N} |i(t)\rangle\langle j(t)| \tag{5.16}$$

容易验证

$$[E_{ij}, E_{kl}] = \delta_{jk}E_{il} - \delta_{il}E_{kj} \tag{5.17}$$

和

$$E_{ij}^{+} = E_{ji}$$

如果应用自旋轨道, 我们可以类似地定义 $U(2n)$ 群的生成元

$$E_{ij}^{\sigma\tau} = \sum_{t=1}^{N} |i\sigma(t)\rangle\langle j\tau(t)| \tag{5.18}$$

并验证类似的对易关系

$$[E_{ij}^{\sigma\tau}, E_{kl}^{\mu\nu}] = \delta_{jk}\delta_{\tau\mu}E_{il}^{\sigma\nu} - \delta_{il}\delta_{\sigma\nu}E_{kj}^{\mu\tau} \tag{5.19}$$

当哈密顿算符不含自旋, 我们可以恢复 $U(n)$ 群原来的生成元定义

$$E_{ij} = \sum_{\sigma} E_{ij}^{\sigma\sigma} \tag{5.20}$$

生成元定义 (5.16) 和它们之间的对易关系 (5.17) 是我们需要的最基本的关系式, 酉群生成元的表示指的是在给定的基矢下 E_{ij} 的矩阵.

5.3.2　多电子体系的哈密顿算符

多电子体系自旋无关的哈密顿算符为

$$H = \sum_{t=1}^{N} h_t + \sum_{t<u}^{N} h_{tu} \tag{5.21}$$

式中: 单电子算符为

$$h_t = -\frac{1}{2m_e}\nabla_t + \sum_{A} \frac{Z_A}{|R_A - r_t|}$$

双电子算符为

$$h_{tu} = \frac{1}{|r_t - r_u|}$$

我们需要轨道空间哈密顿算符的形式, 为此, 将完备性关系

$$\sum_{i=1}^{n} |i(t)\rangle\langle i(t)| = 1$$

插入到方程 (5.21) 中, 得到

$$
\begin{aligned}
H =& \sum_{i,j}\sum_t \langle i(t)|h_t|j(t)\rangle |i(t)\rangle\langle j(t)| \\
&+ \sum_{i,j,k,l}\sum_{t<u} \langle i(t)k(u)|h_{tu}|j(t)l(u)\rangle |i(t)\rangle|k(u)\rangle\langle j(t)|\langle l(u)| \\
=& \sum_{i,j}\sum_t \langle i(t)|h_t|j(t)\rangle |i(t)\rangle\langle j(t)| \\
&+ \frac{1}{2}\sum_{i,j,k,l}\sum_{t,u} \langle i(t)k(u)|h_{tu}|j(t)l(u)\rangle [|i(t)\rangle\langle j(t)|k(u)\rangle\langle l(u)| \\
&- \delta_{kj}\delta_{tu}|i(t)\rangle\langle l(u)|] \\
=& \sum_{i,j} \langle i|h_1|j\rangle E_{ij} + \frac{1}{2}\sum_{i,j,k,l} \langle ik|h_{12}|jl\rangle (E_{ij}E_{kl} - \delta_{jk}E_{il}) \qquad (5.22)
\end{aligned}
$$

式中: $\langle i|h_1|j\rangle$ 和 $\langle ik|h_{12}|jl\rangle$ 分别为单电子和双电子积分. 选定组态函数, 即可计算 H 的矩阵元.

5.3.3 $U(n)$ 的 Gelfand 基作为 CSF

从单电子轨道构造的多电子 CSF 有多种形式, $U(n)$ 的正则基 ——Gelfand 基是理想的候选之一. 所谓正则基就是与下列子群链

$$U(n) \supset U(n-1) \supset \cdots \supset U(2) \supset U(1) \qquad (5.23)$$

对称匹配的基函数, 与子群链 (5.23) 的对称匹配保证了不同 Gelfand 函数的正交性, 而约化 (5.12) 保证了 Gelfand 基的反对称性和自旋匹配.

Paldus 证明了[19], 对于电子体系, Gelfand 基可以写成,

$$
\left.
\begin{matrix}
a_n & b_n & c_n \\
a_{n-1} & b_{n-1} & c_{n-1} \\
\vdots & \vdots & \vdots \\
a_r & b_r & c_r \\
\vdots & \vdots & \vdots \\
a_1 & b_1 & c_1
\end{matrix}
\right\rangle \qquad (5.24)
$$

$$\text{Paldus 盘}$$

式中: a_r、b_r 和 c_r 分别为到达轨道级 r 时, 双占、单占和非占轨道数, 即对于表中的第 r 行, 下列关系成立

$$a_r + b_r + c_r = r$$

$$a_r = \frac{N_r}{2} - S_r$$

$$b_r = 2S_r$$

其中

$$N_r = 2a_r + b_r$$

是占据前 r 个轨道的总电子数, S_r 是前 r 个轨道产生的总自旋量子数. 由于 a_r、b_r 和 c_r 与电子数及总自旋的关系, $(a_r b_r c_r)$ 也可作为 $U(r)$ 群表示的标记. 实际上, $(a_r b_r c_r)$ 比上面的 $[\lambda]$ 包含更多的信息, 除了群表示外还包含基组的大小. 定义

$$\Delta a_r = a_r - a_{r-1}, \quad \Delta b_r = b_r - b_{r-1}, \quad \Delta c_r = c_r - c_{r-1}$$

和

$$a_0 = b_0 = c_0 = 0$$

得到

$$\Delta a_r + \Delta b_r + \Delta c_r = 1$$

并可推出

$$0 \leqslant \Delta a_r \leqslant 1, \quad 0 \leqslant \Delta c_r \leqslant 1$$

再定义

$$d_r = 3\Delta a_r + \Delta b_r \tag{5.25}$$

则我们可以用一个符号 d_r 代替 Paldus 盘中一行. d_r 只能取 4 个值

$$d_r = 0, \ 1, \ 2, \ 3$$

对应轨道 r 的占据数: $\qquad\qquad\qquad n_r = 0, \ 1, \ 1, \ 2$

$d_r = 1, 2$ 都只有一个电子占据, 分别对应于 α 和 β 自旋. 于是

$$|(d_r)\rangle = |d_1 d_2 \cdots d_n\rangle \tag{5.26}$$

可以代替 Paldus 盘作为 Gelfand 基和 CSF 的标记, 称为步矢 (step vector). 可以证明[42,49~50], $U(n)$ 不可约表示的维数计算公式, 即 CSF 的数目为

$$\begin{aligned}
D^{[2^{N/2-S}1^{2S}]} &= D^{[2^{a_n}1^{b_n}]} \\
&= \frac{2S+1}{n+1} \begin{pmatrix} n+1 \\ N/2-S \end{pmatrix} \begin{pmatrix} n+1 \\ n-N/2-S \end{pmatrix} \\
&= \frac{b_n+1}{n+1} \begin{pmatrix} n+1 \\ a_n \end{pmatrix} \begin{pmatrix} n+1 \\ c_n \end{pmatrix}
\end{aligned} \tag{5.27}$$

例如, 对于 5.2 节 $N = n = 4$ 的体系, 单重态 $(S = 0)$ 的维数等于 20, 三重态 $(S = 1)$ 的维数等于 15, 五重态 $(S = 2)$ 的维数等于 1.

如果必要, 式 (5.26) 的 CSF 可以转化为 Slater 行列式的组合, 组合系数可以利用 Patterson 和 Harter 的 '组装' 公式计算[42,51~52], 但当电子数多时, 转化手续并不简单.

5.3.4 不同行表 DRT

用步矢代替 Paldus 盘大大简化了 CSF 的标记, 更重要的是由于每一步数 d_i 至多取 4 个值, 即从 Paldus 盘的任意一行 $(a_r \, b_r \, c_r)$ 至多可以产生下一轨道级的 4 个不同行, 从顶行 $(a_n \, b_n \, c_n)$ 开始, 所有可能的不同行的总数等于[20]

$$N(\text{row}) = (a+1)(c+1)\left(b+1+\frac{ac}{2}\right) - \frac{1}{6}ac(ac+1)(ac+2) \qquad (5.28)$$

其中

$$ac = \min(a, c)$$

因此, 我们可以用一个表或图, 即 DRT 或 Shavitt 图, 将所有可能的 CSF 直观地表示出来. 图 5-1 是一个 6 个电子 7 个轨道的体系 (如 BeH_2)A_1 态在最小基下的 DRT 或 Shavitt 图. 图 5-1 中每个方框 (称为结点) 代表不同行, 方框中的数字是 $(a_r b_r c_r)$ 值, r 是轨道指标, 自下而上排列, 写在图的左侧. 最上的一个结点 $(a_n b_n c_n)$= (304) 叫做 DRT 的头, 最下面的结点 $(a_0 b_0 c_0)$=(000) 叫做 DRT 的尾. 联结结点的线叫做弧 (arc), 即步数 d_r, 依 d_r= 0, 1, 2 和 3 从左到右线的斜率增大, 有些 d_r 不允许存在, 故未画出. 方框右上侧的数字叫做结点权 (vertex weight), 尾的结点权定义为 1, 其他结点权是与该点联结的下级结点权之和, 因此每一结点的权表示从图的尾到达该点的通道数. 弧上的数是弧权 (arc weight), 也由结点权递推确定, 弧权为 CSF 提供了一种编序方式. 图 5-1 中从尾结点到头结点的每一条通道代表一个 CSF, 即 $|(d_r)\rangle = |d_1 d_2 \cdots d_n\rangle$. 按定义, 头结点的权代表通道总数, 即 CI 空间的维数, 通道上各步弧权之和再加 1 可以作为该 CSF 的序号. 例如, 图 5-1 中最右侧的一条通道: $|0000333\rangle$ 的 CSF 序号为 385+90+14+1=490. 这种编序方式不是唯一的, 我们的程序中还采用了其他编序方式.

以上构成的 DRT 是 6 电子 7 轨道 C_1 对称下的完全 CI 空间, 没有做任何近似或截断, 也没有考虑分子的空间对称性. 如果去掉图中某些结点和弧, 将得到截断的 CI 空间, 其中最重要的是仅允许相对于一个或多个参考组态激发 1 个和 2 个电子的 CISD 或 MRCISD 空间. 为了产生 MRCISD 的 DRT, 首先将轨道分为内、外两个部分, 内轨道 (内空间) 包括参考态中占据轨道和选定的部分未占轨道, 外轨道 (外空间) 则由参考态中的未占轨道组成. 内轨道 (外空间) 又可根据需要分为双占和活性轨道两个部分. 轨道指标按外、活性和双占自下而上编序, 最下 (上) 面的

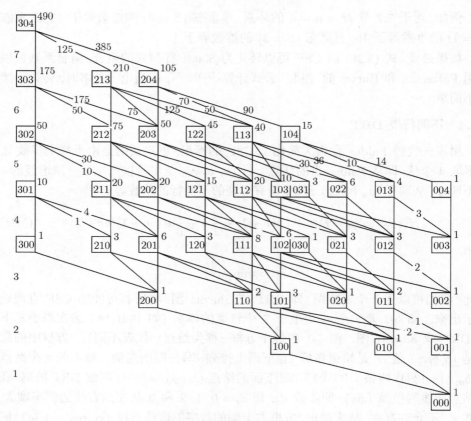

图 5-1　$U(7)$ 群表示 (304) 的 DRT

是空 (双占) 轨道, 活性轨道置于中间. 电子允许从内轨道激发到外轨道, 但仅允许 1 个或 2 个电子激发, 即在外轨道空间仅允许有 0 个、1 个和 2 个电子, 根据以上限制产生的 DRT 就是 MRCISD 所需要的. 可以预期, 在内外空间交界处的结点仅有 4 个 (或 4 种, 若体系有空间对称性), 分别对应零激发 (V)、单激发 (D)、自旋平行双激发 (T) 和自旋反平行双激发 (S)[22], 这样的激发可以在外空间的任一轨道处发生, 因此外空间的 DRT 结构非常简单而有规律. 图 5-2(a) 是 $U(7)$ 表示 (304) 单参考态的 DRT, 虚线是参考态, 但只画出了内空间; 图 5-2(b) 是结构简单的外空间 DRT. 下面我们将看到, 双占轨道空间的 DRT 有类似的简单结构.

　　如果分子有点群对称性, DRT 的构造过程稍许复杂一些, 除每个轨道都需附加一个对称指标外, 每个结点也需附加一个对称指标. 为了使每个结点的对称指标是唯一确定的, 点群必须是 D_{2h} 群及其子群, 因为这些群的所有不可约表示是一维的且是实的. 和确定结点的 $(a_r\ b_r\ c_r)$ 值一样, 结点的对称指标也是由头结点的对称指标递推确定, 这样产生的 DRT 中, 每个 CSF 都与头结点的对称性相同, 头结点

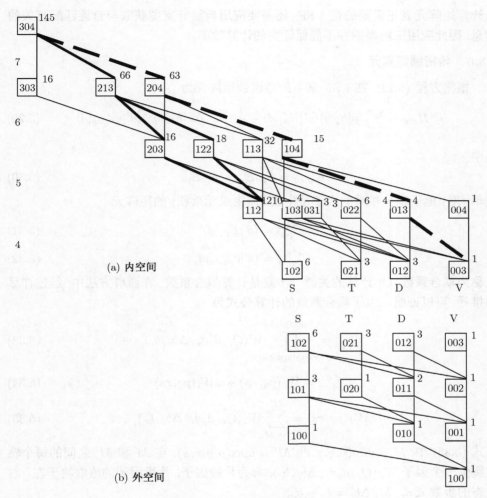

(a) 内空间

(b) 外空间

图 5-2 H₂O¹A₁ 的 DRT

虚线为参考态

的权就是有该对称性的 CSF 的数目. 应该指出, 虽然在 GUGA 中实现非 Abelian 群对称匹配不现实, 但在 UGA 中是可能的, 如在配位场理论中[53].

总之, DRT 是组态相互作用空间的一种紧凑的描述方式, 通过它很好地完成了自旋匹配和空间对称匹配, 而且很容易对 CI 空间做近似处理. 不仅如此, 下面我们还将看到, DRT 为 CI 矩阵元的计算提供了十分有效的途径.

与 GUGA 的 DRT 相对应, 在置换群图形方法 (SGGA) 中, 除了使用类似于 DRT 的图形外, 还引入了一种三斜率图[54~57], 这样的图实际上是由 DRT 中步数 1 和 2 的弧合并而来. 三斜率图更简洁一些, 图中的通道是轨道的乘积, 而非 CSF,

但计算矩阵元真正需要的是 CSF, 还需要应用自旋分支图获取与自旋匹配有关的信息, 因此应用三斜率图并不能保证高的计算效率.

5.3.5   哈密顿矩阵元

根据方程 (5.22), 在 CSF 基下的哈密顿矩阵元为

$$H_{d'd} = \sum_{p,q} \langle p|h_1|q\rangle \langle d'|E_{pq}|d\rangle + \frac{1}{2} \sum_{p,q,r,s} \langle pr|h_{12}|qs\rangle \langle d'|e_{pq,rs}|d\rangle \tag{5.29}$$

其中

$$e_{pq,rs} = E_{pq}E_{rs} - \delta_{qr}E_{ps} \tag{5.30}$$

与单 (双) 电子积分相乘的因子是生成元 (生成元乘积) 的矩阵元

$$C_{pq}^{d'd} = \langle d'|E_{pq}|d\rangle \tag{5.31}$$

$$C_{pq,rs}^{d'd} = \langle d'|e_{pq,rs}|d\rangle \tag{5.32}$$

又称为耦合系数, CI 计算的关键一步就是计算耦合系数. 在酉群方法中, 经过详尽的推导, 可以证明二电子耦合系数的计算公式为

$$C_{pq}^{d'd} = \prod_{r=\min(p,q)}^{\max(p,q)} W(Q_r, d_r'd_r, \Delta b_r, b_r) \tag{5.33}$$

$$C_{pq.rs}^{d'd} = W_0(pq, rs) + \omega W_1(pq, rs) \tag{5.34}$$

$$W_J(pq, rs) = \sum_{r=M}^{M'} W_J(Q_r, d_r'd_r, \Delta b_r, b_r) \tag{5.35}$$

在式 (5.35) 中, $M = \min(p,q,r,s)$, $M' = \max(p,q,r,s)$. 在 M 和 M' 之间的每个轨道贡献一个因子 $W_J(Q_r, d_r'd_r, \Delta b_r, b_r)$, 称为片段因子. 片段因子的值取决于左、右组态的步数 $d_r'd_r$, b_r, $\Delta b_r = b_r - b_r'$,

$$\omega = \begin{cases} 1, & (p-q)(r-s) \geqslant 0 \\ -1 & (p-q)(r-s) < 0 \end{cases}$$

Q_r 代表因子的类型. 所有非零片段因子已经推算出来, 文献 [42]、[45]、[58] 和 [59] 中给出了 CI 计算需要的片段因子列表. 有了耦合系数, 与对应的分子积分结合即可确定哈密顿矩阵元以及 CI 能量表达式

$$\begin{aligned} E &= \sum_{d',d} c_{d'} \left[\sum_{p,q}^{n} C_{pq}^{d'd}\langle p|h_1|q\rangle + \frac{1}{2} \sum_{p,q,r,s}^{n} C_{pq,rs}^{d'd}\langle pr|h_{12}|qs\rangle \right] c_d \\ &= \sum_{p,q}^{n} \gamma_{pq}\langle p|h_1|q\rangle + \frac{1}{2} \sum_{p,q,r,s}^{n} \boldsymbol{\Gamma}_{pq,rs}\langle pr|h_{12}|qs\rangle \end{aligned} \tag{5.36}$$

其中

$$\gamma_{pq} = \sum_{d',d} c_{d'} c_d C_{pq}^{d'd} \tag{5.37}$$

$$\boldsymbol{\Gamma}_{pq,rs} = \sum_{d',d} c_{d'} c_d C_{pq,rs}^{d'd} \tag{5.38}$$

是单、双电子约化密度矩阵. 但是, 能量不能直接从方程 (5.36) 获得, 因为系数 c_d 必须通过 CI 矩阵对角化得到, 而得到 c_d 的同时, 也得到了能量 E.

从上面的讨论可以看出, CI 计算有 3 个大数据块需要处理, 它们是: 分子轨道积分、耦合系数和 CI 矩阵元. 一般情况下, 数据块的大小依分子轨道积分 — 耦合系数 —CI 矩阵元递增. 怎样在 CI 矩阵对角化过程中合理安排这几组数据的计算方法和计算次序产生了各种各样的 CI 算法和程序.

5.3.6 计算策略

1. 组态驱动模式

传统的 CI 计算方法是首先构造组态函数 CSF, 然后依次取一对 CSF 计算和保存 CI 矩阵元, 最后对角化 CI 矩阵求得能量和 CI 波函数[8~10], 这样的 CI 算法叫做组态驱动. 为了计算矩阵元, 早期的方法是将 CSF 还原成 Slater 行列式的线性组合, 再利用 Slater-Condon 规则在一对 Slater 行列式之间计算矩阵元. 但在酉群方法中, 我们可以直接在 CSF 对之间计算矩阵元[60,42].

(1) d' 与 d 的占据轨道完全相同.

对角元

$$H_{dd} = \sum_{i(occ)} \langle i|h_1|i\rangle n_i + \frac{1}{2} \sum_{i(occ)} \langle ii|h_{12}|ii\rangle n_i(n_i-1) + \sum_{\substack{i<j \\ (occ)}} \langle ij|h_{12}|ij\rangle n_i n_j$$

$$+ \langle ij|h_{12}|ji\rangle \langle d'|E_{ij}E_{ji} - E_{ii}|d\rangle. \tag{5.39}$$

非对角元

$$H_{d'd} = \sum_{\substack{i<j \\ (occ)}} \langle ij|h_{12}|ji\rangle \langle d'|E_{ij}E_{ji}|d\rangle \tag{5.40}$$

(2) d' 与 d 相差一个占据轨道, i 属于 d', j 属于 d, 则

$$H_{d'd} = \langle i|h_1|j\rangle \langle d'|E_{ij}|d\rangle + \sum_{r(occ)} \langle ir|h_1|jr\rangle (n_r - \delta_{jr}) \langle d'|E_{ij}|d\rangle$$

$$+ \sum_{\substack{r \neq p,q \\ (occ)}} \langle ij|h_{12}|rr\rangle \langle d'|E_{rj}E_{ir}|d\rangle \tag{5.41}$$

(3) d' 与 d 相差两个占据轨道, i, r 属于 d', j, s 属于 d, 则

$$H_{d'd} = 2^{-\delta_{ir}\delta_{js}} \langle ir|h_{12}|js\rangle \langle d'|E_{ij}E_{rs}|d\rangle$$
$$+ (1 - \delta_{ir})(1 - \delta_{js})\langle ir|h_{12}|sj|\rangle \langle d'|E_{is}E_{rj}|d\rangle \tag{5.42}$$

(4) d' 与 d 占据轨道相差两个以上, 则

$$H_{d'd} = 0 \tag{5.43}$$

在以上各式中, 求和均对占据轨道进行, n_i 是轨道 i 上的电子数. 如果组态函数换成 Slater 行列式, n_i 仅允许等于 1, 则以上各式转换为熟知的 Slater-Condon 规则.

组态驱动目前仍然用于基于 Slater 行列式的完全 CI 程序中, 在 MRCISD 程序中很少使用.

2. Loop 和外 loop 形驱动模式

在酉群和置换群的图形方法中, 耦合系数在 DRT(或类似的三斜率图) 中围成一个回路 (loop), 这是因为组态函数 d' 与 d 对应的两条通道一定在 DRT 中首尾相交, 如图 5-2 中用粗线围起的部分形成一个 loop, 对应的耦合系数为 $\langle d'|E_{46}|d\rangle$, d' 和 d 是左右两侧的路径. 两条路径的上交点称为 loop 头, 下交点称为 loop 尾. 两条重合通道形成对角 loop, 对应的耦合系数为 $\langle d|E_{ii}|d\rangle$, $\langle d|e_{ii,ii}|d\rangle$. 因此, 在 DRT 中搜寻 loop 即能确定耦合系数. 由于 DRT 中包含全部 CSF, 搜寻出所有可能的 loop 意味着找到了全部耦合系数, loop 驱动的含义即在于此. 为了便于搜寻 loop, 有必要进一步分析耦合系数与 loop 的关系. 从式 (5.33) 中可以看出, 耦合系数只与界于 loop 头尾之间的轨道有关, 如左右两侧步数 (弧)$d'_r d_r$, b 值等, 而 $d'_r d_r$ 同时确定了片段因子的类型 Q_r. 片段因子的类型包括:

头因子　　　　$A_R, A_L, D_{RR}, D_{LL}, D_{RL}, A_{RW}$
尾因子　　　　$A^R, A^L, D^{RR}, D^{LL}, D^{RL}, A^{RW}$
连接因子　　　$B^R, B_R, B^L, B_L, D_L^R, D_R^L, D_R^R, D_L^L, C', C''$
权因子　　　　C_W, C_{WW}

头 (尾) 指的是 loop 头的因子类型, 其中 $A_R(A^R)$ 是升算符 (即 $E_{ij}, i < j$) 的头 (尾) 片段因子, $A_L(A^L)$ 是降算符的头 (尾) 片段因子; 权因子是权算符 E_{ii} 的因子, 连接因子是形成 loop 时需要的. 除 C' 和 C'' 外, 其他因子与生成元算符的指标及积分指标有关. 关于片段因子的更多细节可参见文献 [61]、[42].

一个 loop 是头–尾因子或头–连接–尾因子的序列, 权因子可以作为头、连接和尾因子出现在 loop 中. 由于 CI 矩阵是实对称矩阵, loop 型之间的联系构成所有 loop 型的片段因子序列只有 18 种. 除对角 loop 外, 其他 16 个 loop 序列号并无特

殊含义. 这些 loop 序列可以分为两组: 一组以 A_R(包括 A_{RW}) 为头; 另一组以 D_{RR} 和 D_{RL} 为头. 在 DRT 中分别完成 loop 搜寻, 而图 5-3 中允许 loop 序列的树结构在很大程度上简化了搜寻过程. 搜寻到的 loop 包含以下信息: loop 的形式 (即片段因子组合), 头、尾结点, 两侧的分支权 (即两侧路径的弧权之和) 和 loop 值. 这些信息将用来确定组态的序号, 所需要的分子积分及最终的 CI 矩阵元. 与分子积分的结合根据 loop 和积分中的轨道指标按下列公式计算:

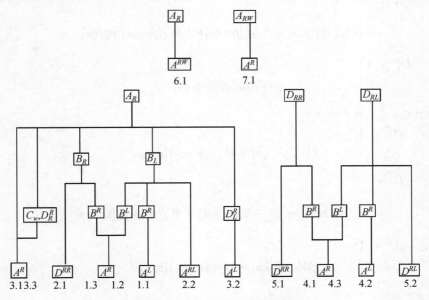

图 5-3 允许 loop 的片段因子序列

Class 1. $p < q < r < s$

1.1 $A_R - B_R - B^R - A^R$

$$W_0(ps, qr)\{[ps, qr] + [pr, qs]\} - W_1(ps, qr)\{[ps, qr] - [pr, qs]\}.$$

1.2 $A_R - B_L - B^R - A^L$

$$W_0(qs, rp)\{[pr, qs] - 2[pq, rs]\} - W_1(qs, rp)[pr, qs].$$

1.3 $A_R - B_L - B^L - A^R$

$$W_0(ps, rq)\{[ps, qr] - 2[pq, rs]\} - W_1(ps, rq)[ps, qr].$$

Class 2. $p = q < r < s$

2.1 $A_R - B_R - D^{RR}$

$$\{W_0(ps, pr) + W_1(ps, pr)\}[ps, pr]$$

2.2 $A_R - B_L - D^{RL}$

$$W_0(ps, rp)\{[ps, pr] - 2[rs, pp]\} - W_1(ps, rp)[rs, pp]$$

Class 3. $p < q = r < s$

3.1 $A_R - C_W(D_R^R) - A^R$

$$W(p, s)\{[p, s] + N(q)[ps, qq]\} + W_0(pq, qs)[pq, qs]$$

3.2 $A_R - D_L^R - A^L$

$$W_0(qs, qp)[pq, qs]$$

Class 4 $p < q < r = s$

4.1 $D_{RR} - B^R - A^R$

$$\{W_0(ps, qs) + W_1(ps, qs)\}[ps, qs]$$

4.2 $D_{RL} - B^L - A^R$

$$W_0(ps, sq)\{[ps, qs] - 2[pq, ss]\} - W_1(ps, sq))[ps, qs]$$

4.3 $D_{RL} - B^R - A^L$

$$\{W_0(qs, sp) - W_1(qs, sp)\}[ps, qs]$$

Class 5 $p = q < r = s$

5.1 $D_{RR} - D^{RR}$

$$\frac{1}{2}W_0(ps, ps)[ps, ps]$$

5.2 $D_{RL} - D^{RL}$

$$\{W_0(ps, sp) - W_1(ps, sp)\}[ps, ps] - 2W_0(ps, sp)[pp, ss], \text{ 对角元}$$

$$\{W_0(ps, sp) - W_1(ps, sp)\}[ps, ps], \text{ 非对角元}$$

Class 6 $p = q = r < s$

6.1 $A_R - A^{RW}$

$$W_0(ps, pp)[pp, ps]$$

Class 7 $p < q = r = s$

7.1 $A_{RW} - A^R$

$$W_0(ps, ss)[ps, ss]$$

Class 8 $p = q = r = s$

8.1 C_W

$$N(p)[p, p]$$

8.2 C_{WW}

$$\frac{1}{2} N(p)(N(p) - 1)[pp, pp]$$

在以上公式中

$$W(p, q) = C_{pq}^{d'd},$$

而

$$[p, q] = \langle p | h_1 | q \rangle, \quad [pq, rs] = \langle pr | h_{12} | qs \rangle$$

为单电子和双电子分子轨道积分.

Loop 驱动的优点是搜寻到一个 loop 常常可以得到几个耦合系数和几个矩阵元, 以图 5-2 中用粗线围起的 loop 为例, 其片段因子序列为 $A_R - A^R$, 它的尾 (112) 结点权等于 12, 即从该结点到 DRT 的尾有 12 条路径, 这些路径对 d' 与 d 是共同的. 因此, 这个 loop 不只对应一个耦合系数, 而是 12 个耦合系数和 12 个矩阵元. 酉群方法应用于 CI 的早期, 只是将上述计算耦合系数的方法用于计算矩阵元, 保存的不是矩阵元, 而是耦合系数. 然而, 利用 loop 驱动方案编写的程序[21,62,63] 有明显的弱点, 该程序即使用于 CISD 计算, 需要储存的数据量仍然很大, 效率也不高, 但是它已经未加改进地移植到如 HONDO[64]、GAMESS[65] 等程序中.

Loop 驱动程序存储量大、效率低的原因之一是没有充分利用外空间 DRT 的简单结构. 由于外空间的 DRT 结构简单而有规律, 我们可以预先计算出外空间的所有片段因子及其对完整 loop 的贡献, 于是, 在外空间不再搜寻和保存片段因子, 而是直接与内空间的不完整 loop 结合, 产生完整的 loop. 外空间的片段因子称为外 loop 形, 故这一方案称为 loop 形驱动. 当然为了减少外 loop 形的反复使用, 内空间的不完整 loop 必须进行细致的分类. 在实现外 loop 形驱动方案时, 准确无误地推导出所有可能的外 loop 形是关键. 本章作者充分利用直接型与交换型 loop 之间关系获得了必要的外 loop 形, 包括完整和不完整的外 loop 形共计 51 种 118 个[42,62]. 在一个新的 CI 程序中, 我们采用内空间 loop 驱动, 外空间 loop 形驱动模式降低了存储需要和提高了计算效率[48,66~68]. 在此以前, 一套独立的不完全相同的外 loop 形出现在 Shavitt 的未发表工作中[69], 并在 COLUMBUS[70,71] 程序中得以实现. 外 loop 形驱动模式是 MRCISD 算法的一个重大进展, 目前最好的 MRCISD 程序都采用这一模式和类似的模式. 与传统的 MRCI 程序, 如 MRD-CI 和 MELD 比较, 新模式的计算效率可能提高 2 个数量级.

3. 积分驱动模式[22,72]

积分驱动也应用外空间的简单结构, 将耦合系数写成内、外两个因子的乘积, 即

$$C_{pq}^{d'd} = B_{pq}^{d'd} D_{pq}^{d'd}, \ C_{pq,rs}^{d'd} = B_{pq,rs}^{d'd} D_{pq,rs}^{d'd}$$

式中: B 和 D 分别为内、外耦合系数, 利用外空间 DRT 的简单结构, 外耦合系数 D 很容易被确定, 是一些非常简单的数值, 如 1, $\sqrt{2}$ 等. 与 loop 及外 loop 形驱动不同的是, 积分驱动程序按积分 $[p, q]$, $[pq, rs]$ 组织. 为此, 首先根据积分中外轨道数将积分划分为 5 类, 对应的外轨道数分别为 0 个, 1 个, 2 个, 3 个和 4 个, 然后根据积分的类别预先计算出外耦合系数 D, 驻留在内存随时调用. 从积分类型可以确定可能的组态相互作用类型和外耦合系数 D, 再算出内耦合系数, 就能计算 CI 矩阵元. Saunders 和 Lenthe[72] 还对积分驱动的几个主要计算步骤转化为矢量–矢量或矢量–矩阵乘法, 首次将 CI 程序在 Cray 机上运行. 在 MOLCAS[73] 程序中采用了积分驱动的 CI 算法, 从运行情况看, 效率并不十分理想.

4. 空穴–粒子对应

空穴–粒子对应不是一个新的概念, 在量子力学多体理论中早被用于简化态的描述和矩阵元的计算. 例如, Racah 在 20 世纪 40 年代一组著名论文的第 II 和 III 篇[74] 就提到利用 l^N 和 l^{4l+2-N} 壳层波函数以及矩阵元之间的关系简化 "几乎满壳层" 体系矩阵元的计算. 配位场理论中的所谓 "补态定理"[75,76] 也是空穴–粒子对应的应用.

可以认为, 电子从内空间到外空间的激发是粒子的激发, 而电子从双占轨道空间的激发是空穴的激发. 两种激发显然是对应的, 如对于 MRCISD, 外空间仅允许至多两个电子, 双占 (空穴) 空间至多仅允许两个空穴, 电子的耦合和空穴的耦合的态也互相对应. 然而这种对应并未得到充分揭示和应用, 特别是未利用空穴–粒子对应改进 MRCISD 的算法. 我们注意到, 外 loop 形驱动就是利用外空间的简单结构明显地改进了 MRCISD 的计算规模和效率, 空穴空间也有简单结构, 应该也可以用来改进 MRCISD 计算. 这样的改进是必要的, 因为外 loop 形驱动虽然明显降低了存储需要和提高了效率, 但保留了一个公式带用以保存内空间产生的不完整 loop(P-loop). 公式带的大小随电子数的增加而快速增大. 例如, 对于 CH_2Br_2 分子, 即使是一个仅有 4 个活性电子和 4 个活性轨道的参考态空间, 产生的公式带需占用硬盘 1.5Gb, 同时大量的 I/O 也将影响效率. 尽管可以采用随用随算 (on the fly) 获得 P-loop, 附加的 loop 搜寻将降低计算效率. 如果像外空间一样, 预先推导出所有可能的空穴 loop 形, 写入代码, 就可省去空穴空间的 loop 搜寻和完整的空穴 loop 形的保存, 进一步降低存储需要和提高效率. 这里面临着处理外空间同样的问题: 准确无误地推导出所有可能的空穴 loop 形. 当然, 应用空穴–粒子对应, 可以将外 loop

形转化为空穴 loop 形, 但是当总自旋 S 不等于零时, 空穴空间与外空间的 DRT 结构不完全相同. 我们已经指出, 活性轨道与外轨道边界只有 4 类结点: V、D、T 和 S, 而在活性轨道与空穴轨道边界可存在 6 类结点: $\bar{V}$、$\bar{D}_{1/2}$、$\bar{T}_1$、$\bar{S}_0(\bar{T}_0)$、$\bar{D}_{-1/2}$ 和 $\bar{T}_{-1}$, 下标是自旋分量 S_z 的值. 当 $S = 0$ 时, 只有前 4 类, 与外空间的 V、D、T 和 S 对应; 当 $S = 1/2$, 增加 $\bar{D}_{-1/2}$; 当 $S > 1/2$, 再增加 $\bar{T}_0$ 和 $\bar{T}_{-1}$. 其中 $\bar{T}_0$ 与 $\bar{S}_0$ 占同一个结点. 图 5-4 是 C_4H_6 分子 $^1A_1$ 态的活性空间部分, 基组为 cc-pVDZ, 共 90 个轨道, 其中内空间 17 个轨道 (包括 4 个冻结、9 个空穴和 4 个活性轨道), 外空间 73 个轨道. 参考态为 CAS (4,4). 图 5-4 中的结点记为 $(a\ b)$, 而非 $(a\ b\ c)$, 图下端的 4 个结点是活性空间与外空间的边界, 结点下的数是结点权, 图上端的 4 个结点是活性空间与空穴空间的边界, 结点上的数是结点权. 从 $\bar{S}$、$\bar{T}$、$\bar{D}$ 和 $\bar{V}$ 到 DRT 头的通道数分别为 45、36、9 和 1, 因此本例中完整 CI 空间的维数等于

$$94\ 910 \times 45 + 136\ 881 \times 36 + 119\ 667 \times 9 + 44\ 258 = 10\ 319\ 927$$

如果对称性取 C_{2h}, 则维数降为 $3\ 546\ 022$(表 5-1).

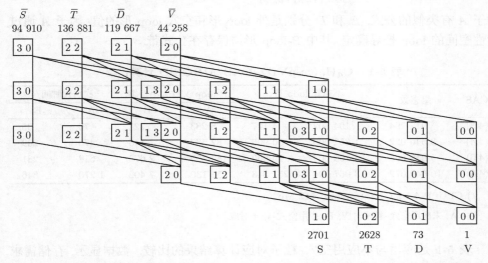

图 5-4 C_4H_6 单重态的活性空间 CAS(4,4). 基组: cc-pVDZ,(6 个 d 轨道), 对称性: C_1

空穴空间边界结点数的增加导致空穴 loop 形数量的增加. 例如, 外空间的一个 loop 形 $A_R(02)B_R(01)B^R(20)A^R(10)$ 将对应 4 个空穴 loop 形: $A_R(23)B_R(13)B^R(32)$ $A^R(31)$、$A_R(23)B_R(13)B^R(31)A^R(32)$、$A_R(13)B_R(23)B^R(32)A^R(31)$ 和 $A_R(13)B_R$ $(23)B^R(31)A^R(32)$. 详细的推导共得到 244 个空穴 loop 形, 几乎是外 loop 形数量的 1 倍[78](见章后附录 1 和附录 2).

空穴轨道分离出来后, 组态函数可按外、活性和空穴轨道三个部分写成

$$|(d)\rangle = |(d)_e(d)_a(d)_d\rangle \tag{5.44}$$

其中

$$(d)_e = d_1 d_2 \cdots d_{n_e}$$
$$(d)_a = d_{n_e+1} d_{n_e+2} \cdots d_{n_e+n_a}$$
$$(d)_d = d_{n_e+n_a+1} d_{n_e+n_a+2} \cdots d_n$$

式中: n_e、n_a 和 n_d 分别为外、活性和空穴轨道数. 耦合系数也分解成三个因子, 即

$$C_{pq,rs}^{\mu\nu} = \langle (d)_d^\mu (d)_a^\mu (d)_e^\mu |(E_{pq}E_{rs} - \delta_{qr}E_{ps})|(d)_e^\nu (d)_a^\nu (d)_d^\nu \rangle$$
$$= E \cdot A \cdot D$$

其中

$$E = \sum_{J=0,1} \prod_{r=1}^{n_e} W_J(Q_r, d_r' d_r, \Delta b_r, b_r) \tag{5.45}$$

$$D = \sum_{J=0,1} \prod_{r=n_e+n_a+1}^{n} W_J(Q_r, d_r' d_r, \Delta b_r, b_r) \tag{5.46}$$

因子 A 有类似的公式. E 和 D 分别是外 loop 形和空穴 loop 形的值, 因子 A 通过活性空间的 loop 搜寻确定, 其中 P-loop 形需保存在公式带.

表 5-1　C_4H_6(cc-pVDZ)CAS/MRCISD 计算比较

CAS	组态数	不完整 loop 数		P-loop 文件大小/Kb		一次迭代时间/s[1]	
		A	B	A	B	A	B
(4,3)	912 794	194 502	4 127	8 283	221	76	35
(4,4)	3 546 022	1 852 609	30 906	82 587	1 145	470	209
(4,5)	5 050 663	4 105 663	79 900	189 359	2 673	618	281
(4,6)	10 049 072	13 967 094	257 343	654 130	7 402	1 270	646

1) CPU: P-4-1.6 GHz, memory: 512 Mb.

注: A. 未应用空穴–粒子对应; B. 应用空穴–粒子对应.

表 5-1 是应用与不应用空穴–粒子对应计算结果的比较. 数据显示, 存储需求随活性空间增大 (双占轨道数不变) 降低更多, 迭代时间几乎减为原时间的一半. 显然, 双占轨道增多将带来存储空间的更大节约. 例如, 上面提到的 CH_2Br_2 分子, 双占轨道数达到 37, 保存 P-loop 的硬盘空间从 1.5Gb 降到 3.4Mb, 约为原存储量的 $1/450$[78].

5.3.7　积分变换和分类

在 SCF 或 MCSCF 计算中, 需要的是基函数或原子轨道积分: $\langle \chi_p|h_1|\chi_q \rangle$ 和 $\langle \chi_p\chi_r|h_{12}|\chi_q\chi_s \rangle$; CI 计算需要的是分子轨道积分: $[p,q]$ 和 $[pq,rs]$. 利用 SCF 或

MCSCF 计算提供的分子轨道系数, $\phi_p = \sum\limits_{q=1}^{n} \chi_q c_{qp}$ 可以将原子轨道积分转换为对分子轨道的积分, 即

$$[p, q] = \sum_{p'}^{n} \sum_{q'}^{n} \langle \chi_{p'} | h_1 | \chi_{q'} \rangle c_{p'p} c_{q'q} \tag{5.47}$$

$$[pq, rs] = \sum_{p'}^{n} \sum_{q'}^{n} \sum_{r'}^{n} \sum_{s'}^{n} \langle \chi_{p'} \chi_{r'} | h_{12} | \chi_{q'} \chi_{s'} \rangle c_{p'p} c_{q'q} c_{r'r} c_{s's} \tag{5.48}$$

分子轨道积分显然满足以下对称性:

$$[p, q] = [q, p]$$

$$[pq, rs] = [qp, rs] = [pq, sr] = [qp, sr]$$

$$[rs, pq] = [sr, pq] = [rs, qp] = [sr, qp]$$

不考虑单电子积分, 积分总数约为 $(1/8)n^4$, 若直接按式 (5.46) 变换, 运算次数为 $\propto n^8$ 量级. n 很大时, 计算量很大. 但若采取分步变换或其他技巧[72], 运算次数降为 $(25/24)n^5$. 为使积分容易存取, 积分总是以一维正则序列数组保存. 积分 $[pq, rs]$ 的正则序列的意义是

$$N_{\text{cano}} = [pq]([pq] - 1)/2 + [rs] \tag{5.49}$$

或

$$N_{\text{cano}} = (p^4 - 2p^3 + 4p^2q - 4pq + 4q^2 - p^2$$
$$+ 2p - 4q + 4r^2 - 4r + 8s)/8 \tag{5.50}$$

其中

$$[pq] = \frac{1}{2}p(p-1) + q \tag{5.51}$$

并满足

$$p \geqslant q, \ r \geqslant s, \quad [pq] \geqslant [rs] \tag{5.52}$$

几乎所有的程序都用正则序列保存二电子积分. 此外, 由于在 CI 计算时, 分子轨道一般需要重新编号, 故分子积分的指标需重新处理和分类. 在完成分类时, 一种更简便的保存积分[66] 的方法被采用了. 定义

$$WYB_1(p) = \sum_{q=1}^{p} q$$

$$WYB_t(p) = \sum_{q=1}^{p} WYB_{t-1}(q)$$

$$p = 0, 1, 2, \cdots$$

则单电子和二电子积分的正则序列为

$$N_{\text{cano}}^1 = WYB_1(q-1) + p \tag{5.53}$$

$$N_{\text{cano}}^1 = WYB_1[WYB_1(s-1) + r] + WYB_1(q-1) + p \tag{5.54}$$

式 (5.54) 和式 (5.49) 是等价的, 但后一方法更普遍且只有加法运算.

如果分子有点群对称, Γ_p、Γ_q、Γ_r 和 Γ_s 分别是轨道 p、q、r 和 s 的不可约表示, 则积分非零的条件为,

$$\Gamma_p \times \Gamma_q \times \Gamma_r \times \Gamma_s = 恒等$$

对于 D_{2h} 及其子群, 积分类型仅有 4 种:

$[\Gamma_p\Gamma_p, \Gamma_p\Gamma_p]$ 积分数 $= (1/8)n_p(n_p+1)[n_p(n_p+1)+2]$

$[\Gamma_p\Gamma_q, \Gamma_p\Gamma_q]$ 积分数 $= (1/8)[n_p(n_p-1)+2n_q][n_p(n_p-1)+2n_q+2]$

$[\Gamma_p\Gamma_p, \Gamma_q\Gamma_q]$ 积分数 $= (1/4)n_p(n_p+1)n_q(n_q+1)$

$[\Gamma_p\Gamma_q, \Gamma_r\Gamma_s]$ 积分数 $= n_pn_qn_rn_s$

积分变换在 CI 计算中是重要的一步, Bunge 等提供了考虑点群对称的二电子积分变换程序[79].

5.3.8　矩阵对角化

CI 的 H 矩阵是实对称的、对角元为主的、维数很高的稀疏矩阵, 目前实际应用的 H 矩阵维数一般都在 10^6 以上, 如此高维数矩阵的对角化常常是 CI 计算的瓶颈问题. 但通常 CI 计算仅需要得到几个最低的本征值和本征向量, 因此多用迭代方法求解, 如 Lanczo 方法[80,81] 和 Davidson 方法[82~84]. 两类方法有类似之处, 主要差别在于更新近似矢量的方法不同, 但在 MRCI 中广泛采用的是 Davidson 方法及其改进[85,86]. 关于矩阵对角化更加详细的讨论可以参见文献 [87]. 文献 [88]、[89] 公布了矩阵对角化的源代码.

迭代方法求解的基本思想是: 设第 k 次迭代的近似本征向量 c^k 是在一个 CI 空间的子空间的投影, 则第 $k+1$ 迭代的近似向量为

$$\sigma_I^{(k+1)} = \sum_J \boldsymbol{H}_{IJ} c_J^{(k)} \tag{5.55}$$

向量 $\sigma^{(k+1)}$ 必须与子空间前 k 次迭代的近似向量正交并归一化, 得到第 $k+1$ 迭代的近似向量 $c^{(k+1)}$. 如果相邻两次迭代的近似向量和近似本征值相差在设定的阈值范围内, 则找到了所需的本征向量和本征值, 否则做下一次迭代, 直至收敛. 式 (5.55) 的基本运算是矩阵–向量乘法, 这是大规模 CI 计算最费机时的部分, 向量 $\sigma^{(k+1)}$ 的归一化及与小空间其他向量的正交化需要不断从硬盘中读取向量的信息, 涉及大量 I/O 操作.

传统 CI 和直接 CI 使用相同的对角化公式, 不同的是传统 CI 预先算好 H 矩阵并保存在硬盘再带入式 (5.55) 计算新的迭代向量, 而直接 CI 无需得到完整的 H_{IJ} 矩阵元, 只要得到矩阵元的一部分, 立即应用式 (5.55) 计算它对新迭代向量的贡献, 因此不需要完整地算出和保存 H 矩阵. 但一般情况下, 直接 CI 计算仍需将新、旧两个大的近似向量驻留在内存, 这是制约 CI 计算规模的主要因素.

5.3.9 大小一致性修正

一个方法的大小一致性指的是, 对足够远离的两子体系 A 和 B 用该方法计算的能量应该等于 $E_A + E_B$, 其中 E_A 和 E_B 是用该方法得到的孤立两子体系的能量. 严格的多体理论, 如微扰理论 (PT) 和耦合簇理论 (CC) 是大小一致的. 完全 CI 也满足大小一致性, 因为 A 和 B 中各自的任意级激发全部包含在 A-B 任意级激发中. 截断的 CI 方法不满足严格的大小一致性, 以 CISD 为例, A 和 B 中各自的二级激发在 A-B 中属四级激发, 两种情况下激发水平的不一致导致了计算能量的大小不一致性. 为了减少截断 CI 方法的大小不一致性, 已经提出了许多方法, 最简单的下面的 Davidson 修正[90]

$$\Delta E_{\mathrm{DC}} = (1 - C_0^2)(E_{\mathrm{CISD}} - E_{\mathrm{SCF}}) \tag{5.56}$$

式中: C_0 为参考态在 CI 波函数的系数. Davidson 等还给出了另外两个修正公式[91,92], 即

$$\Delta E_{\mathrm{DC}} = \frac{(1 - C_0^2)}{C_0^2}(E_{\mathrm{CISD}} - E_{\mathrm{SCF}}) \tag{5.57}$$

$$\Delta E_{\mathrm{DC}} = \frac{(1 - C_0^2)}{2C_0^2 - 1}(E_{\mathrm{CISD}} - E_{\mathrm{SCF}}) \tag{5.58}$$

注意到二电子体系的 CISD 实际上就是完全 CI, 不必做 Davidson 修正, 故可在式 (5.58) 中引入一个因子 (1-2/N), 即

$$\Delta E_{\mathrm{DC}} = \frac{(1 - C_0^2)}{C_0^2}\left(1 - \frac{2}{N}\right)(E_{\mathrm{CISD}} - E_{\mathrm{SCF}}) \tag{5.59}$$

Pople 等通过模型计算证明了式 (5.59) 成立[93]. 实际上, 正如 Luker 和 Meissner 指出[94], 三电子体系也不需要做这类修正, 并引入一个更复杂的因子, 得到

$$\Delta E_{\mathrm{DC}} = \frac{(1 - C_0^2)}{C_0^2} \frac{(N-2)(N-3)}{N(N-1)} (E_{\mathrm{CISD}} - E_{\mathrm{SCF}}) \tag{5.60}$$

式 (5.60) 应用于某些小分子得到了很好的结果. 类似于对式 (5.57) 的修正, Duch 和 Diercksen[95] 利用类氦模型体系计算修正了式 (5.58)

$$\Delta E_{\mathrm{DC}} = \frac{(1 - C_0^2)}{2 \dfrac{N-1}{N-2} C_0^2 - 1} (E_{\mathrm{CISD}} - E_{\mathrm{SCF}}) \tag{5.61}$$

推导这些修正公式时大都以耦合簇或微扰等方法的模型体系单参考态计算作参照, 特别是计算中引入非连通的激发算符. Pople 等提出的二次组态相互作用 (QCISD)[96] 就是将三级和四级激发算符 $\hat{C}_1 \hat{C}_2$ 和 $1/2 \hat{C}_2^2$ 引入到 CISD 中, 使其成为大小一致的, 然而究其本质, QCISD 与 CCSD 是等价的.

总的说来, 对于小的模型体系 (10 个电子以内), CISD 计算修正后 (例如, 应用式 (5.58), 与完全 CI 比较, 精度一般在 2mhartree 之内.

MRCISD 计算可以改进大小不一致性, 但仍需要做大小一致性修正. MRCISD 的修正只需在上述公式中作替代, 如式 (5.54) 变为

$$\Delta E_{\mathrm{DC}} = \left(1 - \sum_{i \in ref} C_i^2 \right) (E_{\mathrm{MRCISD}} - E_{\mathrm{MR}}) \tag{5.62}$$

式 (5.62) 是势能面计算中普遍采用的修正公式.

除了以上简单的修正公式外还有一些将 CI 计算与耦合簇或微扰理论结合起来的方法, 例如, 变分微扰理论 (VPT、QDVPT)[97,98]、平均耦合对泛函理论 (CPF、ACPF)[99,100] 等. 相对于完全 CI 的结果, ACPF 的多参考态版本 MR ACPF 的精度常常在 1mhartree 之内. 然而, 当参考态较多时, 对 F_2 和 CH_2^+ 等分子的计算, 不能保证 MR ACPF 的结果比 MRCISD 的更好[100].

5.4   近似 MRCI 方法

由于计算机技术的快速发展和算法的不断改进, 目前在一台普通配置的家用计算机上几小时内就可以运行一次 10^7 个 CSF 的 CI 计算. 但是这样的计算速度对于 MRCI 的应用仍远远不够, 这是因为 MRCI 最重要的应用是构建化学反应势能面, 为了使计算点覆盖有意义的区域, 即使对于 3~4 个原子的体系, 计算点就需达到 $10^3 \sim 10^4$. 走出这一困境的途径除了改进硬件外就是采用近似方法. 多年来许多

近似的 CI 方法被提出, 如组态选择、内收缩 CI、外收缩 CI 及其改进、双收缩 CI、基于组态的二级微扰和定域化 CI 等.

5.4.1 组态选择[8,10,101~114]

保留对相关能贡献大, 舍弃对相关能贡献小的组态是最简单的组态选择原则, 贡献大小通常由二阶微扰能确定. 假定参考态函数为

$$|0\rangle = \sum_{R \in ref} C_R \Phi_R \tag{5.63}$$

则激发组态 $\Phi_I(\Phi_i^a, \Phi_{ij}^{ab})$ 的能量贡献为

$$\Delta E_I = \frac{|H_{0I}|^2}{E_0 - H_{II}} = |C_I|^2 (E_0 - H_{II}) \tag{5.64}$$

其中

$$E_0 = \langle 0|H|0\rangle = \sum_{R,R'} C_R H_{RR'} C_{R'}$$

$$H_{0I} = \langle 0|H|\Phi_I\rangle = \sum_R C_R H_{RI}$$

$$H_{II} = \langle \Phi_I|H|\Phi_I\rangle$$

$$C_I = \frac{H_{0I}}{E_0 - H_{II}} \tag{5.65}$$

设定一个阈值 η, 如果组态 I 的能量贡献 $\Delta E_I \geqslant \eta$, 则组态 I 保留, 否则舍弃, 但舍弃组态的能量贡献 ΔE_η 可以估算出来. 20 世纪 90 年代以前, 微扰选态主要应用在传统 CI 计算[8,10]. 组态选择程序有两个严重缺点: 一是速度慢; 二是当阈值较大时, 微扰选态常常带来相当大的相关能损失[67]. 关于后者, Buenker 等[103] 建议, 从两个阈值下得到的 CI 能量 E_η 和 ΔE_η 可以外推到零阈值的 CI 能量, 即

$$E_{CI}(0) = E_{CI}(\eta_1) + \frac{E_{CI}(\eta_2) - E_{CI}(\eta_1)}{\Delta E(\eta_1) - \Delta E(\eta_2)} \Delta E(\eta_1) \tag{5.66}$$

并建议二阈值最好选为 $\eta_1 = 10\mu h$ 和 $\eta_2 = 20\mu h$. 90 年代以后, 出现了一些新的效率更高的组态选择 MRCI 程序[104,105]. 微扰选态的 MRCISD 是研究电子激发态, 光谱参量和势能面计算的最重要的方法之一, 积累了大量文献, 包括黄明宝小组的许多工作[106~111] 和本小组的部分工作[112~115].

5.4.2　内收缩 MRCI[116~121]

MRCISD 波函数可以写成

$$\Psi = \sum_{I(V)} c_{I(V)} \Phi_{I(V)} + \sum_{I(D)} \sum_{a} c_{I(D)}^a \Phi_{I(D)}^a + \sum_{I(S,T)} \sum_{a,b} c_{I(S,T)}^{ab} \Phi_{I(S,T)}^{ab} \qquad (5.67)$$

式中：$\Phi_{I(V)}$、$\Phi_{I(D)}^a$ 和 $\Phi_{I(S,T)}^{ab}$ 分别为通过结点 V、D 和 S、T 的步矢量, 分别对应文献 [121] 中的 Ψ_I, Ψ_S^a 和 Ψ_P^{ab}. 通过结点 V 的 $\Phi_{I(V)}$ 是内函数, 它的一部分, 即活性空间 $\bar{V}$-V 块是参考态 (Φ_0), 而 $\bar{D}$-V 和 $\bar{S}-V, \bar{T}$-V 是有一个和两个空穴的函数, $\bar{D}$-V 常常比 $\bar{S}-V, \bar{T}$-V 之和还大. 但从内函数到外空间的单激发, 即 Ψ_S^a 远少于双激发函数 Ψ_P^{ab}. 因此降低 Ψ_P^{ab} 的数目对于降低 CI 空间的维数和提高效率是很有意义的. 为此, Werner 和 Knowles 对单激发函数保持原有的形式, 对双激发函数重新处理, 但不是考察个别的内函数, 而是考虑从内轨道到外轨道的双激发. 他们定义双外轨道激发函数为

$$\begin{aligned} \Phi_{ijp}^{ab} &= \frac{1}{2}(e_{ai,bj} + pe_{bi,aj}) \Phi_0 \\ &= \frac{1}{2}(E_{ai}E_{bj} + pE_{bi}E_{aj}) \Phi_0 \end{aligned} \qquad (5.68)$$

$P = 1$ 对应外轨道的单重态耦合 (通过 S)；$P = -1$ 为三重态耦合 (通过 T). 给定 a, b, 组态的外轨道部分唯一确定, 只有一个单重态或三重态组合；但给定一对 (i, j), 可能激发的函数不是唯一的, 定义 (5.68) 相当于取通过结点 $S(T)$ 的步矢量收缩成一个函数, 由于收缩只涉及内轨道函数, 故称为内收缩. 双激发函数的重叠矩阵为

$$\begin{aligned} \langle \Phi_{ijp}^{ab} | \Phi_{klq}^{cd} \rangle &= \frac{1}{4} \langle 0|(E_{ia}E_{jb} + E_{ib}E_{ja})(E_{kc}E_{ld} + qE_{lc}E_{kd})|0\rangle \\ &= \frac{1}{2} \delta_{pq}(\delta_{ac}\delta_{bd} + p\delta_{ad}\delta_{bc}) S_{ij,kl}^{(p)} \end{aligned}$$

其中

$$S_{ij,kl}^{(p)} = \langle 0|e_{ik,jl} + pe_{il,jk}|0\rangle$$

上式表明, 内收缩双激发函数一般是不正交的. 内收缩 CI 波函数可以写成

$$\Psi = \sum_{I(V)} c_{I(V)} \Phi_{I(V)} + \sum_{I(D)} \sum_{a} c_{I(D)}^a \Phi_{I(D)}^a + \sum_{i>j} \sum_{a,b} \sum_{p} c_{ijp}^{ab} \Phi_{ijp}^{ab} \qquad (5.69)$$

Werner 和 Knowles 强调, 内收缩 CI (ICMRCI) 方法的优越性在于, 内收缩的组态数基本上与参考态数无关, 在通常的应用中, 收缩比 (未收缩与内收缩组态数之比) 可达 1~2 个数量级或更多, 而相关能的损失一般为几毫哈特里 (mhartree). 虽然, ICMRCI 方法存在双激发函数不正交和收缩矩阵元计算相对较慢等问题, 但对

效率影响不大, 与非收缩 CI 相比, 迭代时间常常减少 1 个数量级以上. 因此, ICM-RCI(在程序 MOLPRO 中[122]) 是目前研究激发态和构建势能面的主要方法之一. 国内不少学者应用 ICMRCI 在构建反应势能面、研究激发态电子结构、光化学和光物理学等领域做了有影响的工作, 如 Bian(边文生)[123]、Fang(方维海)[124~128]、Xie(谢代前)[129,130] 和 Zou(邹文力)[131] 等.

应该指出, 内收缩的组态数基本上与参考态数无关有一个先决条件, 即活性空间必须给定. 活性空间指定后, CAS 是最大的参考态空间, 如果组态数与参考态数无关, 则从 CAS 选出部分组态作为参考态, 内收缩组态数将基本相同, 这时 ICMRCI 的这一优点将不再是优点. 因为从 CAS 选出少量贡献大的组态作为参考态直接做 MRCISD 计算, 可能比 ICMRCI 效率更高, 且相关能损失更少. 表 5-2 列出的结果说明, 当取 CAS 中系数大于 0.018 的组态为参考态, MRCISD 计算的相关能损失已经低于 ICMRCI 计算, 但效率却提高了 5 倍, 这在构建全局反应势能面是有意义的.

表 5-2 C_4H_6(^1A_g 态, 基组 cc-pVDZ, CAS 中有 6 个电子, 7 个轨道)

方 法	能量/a.u.	能量差/a.u.	总时钟时间/s
MRCISD (CAS)	−155.462 718[1)	0.0	10373(16)[2)
ICMRCI (CAS)	−155.459 378[1)	0.003 34	3475(10)[3)
MRCISD (0.01)	−155.460 756[1)	0.001 96	990(14)[2)
MRCISD (0.018)	−155.459 406[1)	0.003 31	618(14)[2)
MRCISD (0.03)	−155.458 394	0.00432	262(14)[2)

1) 组态数自上至下为: 24 255 498, 977 805, 3 352 746, 2 158 611.

2) CPU: Xeon 2.8 Gh.

3) CPU: Xeon 2.66 Gh. 括号内为迭代次数.

5.4.3 外收缩 CI(ECCI) 及其改进[131~136]

与内收缩仅对双激发函数 $\Phi_{I(S,T)}^{ab}$ 的内轨道部分收缩不同, 外收缩对 $\Phi_{I(D)}^a$ 和 $\Phi_{I(S,T)}^{ab}$ 的外轨道部分做收缩, 内轨道部分保持原有的形式, 即保持完整步矢中 DRT 的头到达结点 D、T 和 S 的部分. 从 D、T 或 S 进入外空间后, 各自收缩成一个函数, 故外收缩 CI 空间的维数等于 DRT 的头到达结点 D、T 和 S 的通道数. 外收缩后的波函数可以写成

$$\Psi_{ECCI} = \sum_{I(V)} c_{I(V)} \Phi_{I(V)} + \sum_{I(D)} c_{I(D)} \sum_a C_{I(D)}^a \Phi_{I(D)}^a + \sum_{I(S,T)} c_{I(S,T)} \sum_{a,b} C_{I(S,T)}^{ab} \Phi_{I(S,T)}^{ab}$$

式中: $\sum_a C_{I(D)}^a \Phi_{I(D)}^a$ 和 $\sum_{a,b} C_{I(S,T)}^{ab} \Phi_{I(S,T)}^{ab}$ 是外收缩函数, 其中的系数不参与变分,

而是由一阶微扰理论确定

$$C_{I(D)}^{a} = \frac{\langle \Phi_0 | H | \Phi_{I(D)}^{a} \rangle}{E_0 - \langle \Phi_{I(D)}^{a} | H | \Phi_{I(D)}^{a} \rangle} \tag{5.70}$$

$$C_{I(S,T)}^{ab} = \frac{\langle \Phi_0 | H | \Phi_{I(S,T)}^{ab} \rangle}{E_0 - \langle \Phi_{I(S,T)}^{ab} | H | \Phi_{I(S,T)}^{ab} \rangle} \tag{5.71}$$

对于大的外空间, 外收缩 CI 空间的维数比内收缩更低, 但收缩函数之间的矩阵元计算更复杂. 目前 ECCI 还只能做传统 CI 计算, 而且相关能损失比内收缩更大. 尽管如此, ECCI 关于 CH_2 和 SiH_2 单重态和三重态的能差分别为 2.74kJ/mol 和 1.12kJ/mol[137], 应该是很不错的结果. 文献 [137] 也提出了一种改进的外收缩 CI 方法, 目的是为了降低相关能损失, 但效率也随之降低. 翟高红等应用外收缩 CI 计算了 H_2O^+ 的全域势能面[138].

5.4.4   双收缩 CI[139,140]

上面已经看到, 根据空穴–粒子对应, 双占轨道空间与外空间的 DRT 结构相似, 因此组态函数在双占轨道空间部分可以像在外空间一样, 到达每一个边界结点时收缩成一个函数, 即双占空间与外空间同时收缩, 结果将使 CI 空间的大小进一步降低. 实际上, 双收缩 CI 空间的维数为

$$\mathrm{Dim(DCCI)} = \sum_{x,y} P(x,y)$$

式中: $x(y)$ 为活性空间的上 (下) 结点; $P(x,y)$ 为连接上、下结点的通道. 双收缩 CI 波函数可写成

$$\Psi_{\mathrm{DCCI}} = \sum_{R} c_R \Phi_R + \sum_{P(x,y)} c_{P(x,y)} \Phi_{P(x,y)}$$

式中: Φ_R 为参考态函数; $\Phi_{P(x,y)}$ 为双收缩组态函数. 表 5-3 是 C_4H_6 分子完成双收缩和不收缩计算的比较. 基组取 cc-pVDZ, 总轨道数 $n = 90$, 点群对称为 C_{2h}. 可以看出, 相关能损失都在 0.02 a.u. 以下, 这是比较大的损失. 但是 DCCI 与 MRCI 能量有相当好的平行关系. 例如, 从 N_2 和 F_2 分子势能曲线拟合, 两种计算方法得到非常接近的光谱常数[139,140].

5.4.5   基于组态的二级微扰 (MRPT2)[141~159]

以 HF 波函数为零级微扰函数的微扰理论 MPn 是处理动力学相关的有效方法之一[141]. 对于闭壳层基态以及不涉及化学键断裂和重建的分子, 最简单的 MP2 计算就能得到可靠的结果. 但是, MP2 不能处理非动力学相关效应. 为了保持 MP2

表 5-3 C_4H_6 分子完成双收缩和未收缩 CI 计算的比较 [1]

参考空间	MRCISD			DCCI		
	组态数	相关能/a.u.	计算时间/s[2]	组态数	相关能/a.u.	计算时间/s
CAS(2,4)	2 580 686	0.4549	1452 (14)	349	0.4358	82
CAS(4,4)	5 172 616	0.4548	5940 (18)	676	0.4348	282
CAS(4,5)	12 100 136	0.4549	20 809 (21)	1820	0.4358	662
CAS(6,6)	44 208 052	0.4549	81 227 (21)	7020	0.4358	2865

1) CPU: P-4-2.4 GHz, 内存: 1 Gb. 基组: 6-31G*(6d).

2) 括号内的数字为迭代次数.

的简单性, 又能包括非动力学相关, 很容易想到用 MCSCF(如 CASSCF) 波函数代替 HF 波函数作为零级函数 [142~145]. 同样应用 CASSCF 波函数作为零级函数, Andersson 等[146,147] 选取更大的相互作用空间并定义新的零级哈密顿, 通过求解线性方程组获得一级波函数和二级微扰能. 他们的方法被命名为 CASPT2. CASPT2 是目前应用最广泛的多参考态微扰理论方法, 和 MRCI 一样, CASPT2 也是研究激发态有力的工具 [148~151]. 在以上方法中, 二级微扰能公式中的分母是轨道能量之差, 而轨道能量常常需要重新定义, 因此可称这类方法为基于轨道的二阶微扰理论方法. 另一种方法的微扰能公式中, 分母是零级能量与组态能量之差, 其主要的计算步骤和 CI 计算相同, 是 MRCI 计算的一种近似, 故称为基于组态的微扰方法. Wenzel[152], Cimiraglia[153] 和王育彬等[154] 提出的方法属于后一种微扰方法, 其原理简述如下: 组态空间可以分割为模型空间 P 及其补空间 Q, 定义投影算符

$$P = \sum_{\alpha \in P} |\Phi_\alpha\rangle\langle\Phi_\alpha|, \quad Q = \sum_{\beta \in Q} |\Phi_\beta\rangle\langle\Phi_\beta| \tag{5.72}$$

$$P + Q = 1$$

根据 Lowdin[155], 可以将 Schrödinger 方程写成如下等价的形式

$$H_{\text{eff}}(P\Psi) = E(P\Psi) \tag{5.73}$$

式中: Ψ 和 E 分别为精确波函数和精确能量; H_{eff} 为有效哈密顿算符

$$H_{\text{eff}} = PHP + PHQ(E - QHQ)^{-1}QHP \tag{5.74}$$

方程 (5.73) 表明, 模型空间的波函数是有效哈密顿算符的本征函数, 本征值是精确能量. 在微扰理论中, 哈密顿算符写为零级哈密顿和微扰算符之和, 即

$$H = H_0 + V$$

零级哈密顿可以定义为

$$H_0 = \sum_{\alpha \in P} E_\alpha |\Phi_\alpha\rangle\langle\Phi_\alpha| + \sum_{\beta \in Q} E_\beta |\Phi_\beta\rangle\langle\Phi_\beta| \tag{5.75}$$

式中: $E_\alpha(E_\beta)$ 为组态能量; H_0 为组态空间的对角算符. 有效哈密顿算符或者微扰理论有多种形式, 其中常用的有 Brillouin-Wigner 微扰理论即

$$H_{\mathrm{eff}} = P(H_0 + VR_{\mathrm{BW}}V + VR_{\mathrm{BW}}VR_{\mathrm{BW}}V + \cdots)P \tag{5.76}$$

其中

$$R_{\mathrm{BW}} = \frac{Q}{E - H_0} = \sum_{\beta \in Q} \frac{|\Phi_\beta\rangle\langle\Phi_\beta|}{E - E_\beta} \tag{5.77}$$

和 Rayleigh-Schrödinger 微扰理论

$$H_{\mathrm{eff}} = P(H_0 + VR_{\mathrm{RS}}V + VR_{\mathrm{RS}}VR_{\mathrm{RS}}V + \cdots)P \tag{5.78}$$

其中

$$R_{\mathrm{RS}} = \frac{Q}{E' - H_0} = \sum_{\beta \in Q} \frac{|\Phi_\beta\rangle\langle\Phi_\beta|}{E' - E_\beta} \tag{5.79}$$

式中: E' 为已知的零级能量或某种修正能量.

　　模型空间 P 的选择对于零级哈密顿, 从而对微扰理论的精度和实现的难易程度是至关重要的. 最简单的一种选择是取模型空间等同于参考态空间, 即

$$H_0 = \sum_{R \in M_R} E_R |\Phi_R\rangle\langle\Phi_R| + \sum_{I \in Q} E_I |\Phi_I\rangle\langle\Phi_I| \tag{5.80}$$

式中: M_R 为参考态空间; Q 为 M_R 在 MRCISD 组态空间的补. 在式 (5.76) 或式 (5.78) 中仅保留前两项, 则从式 (5.80) 和式 (5.73) 得到考虑二级微扰后的能量表达式为

Brillouin-Wigner 微扰

$$E_{\mathrm{BW}}^{(0-2)} = E_0 + \sum_{I \in Q} \frac{|\langle\Phi_0|H|\Phi_I\rangle}{E - E_I} \tag{5.81}$$

Rayleigh-Schrödinger 微扰

$$E_{\mathrm{RS}}^{(0-2)} = E_0 + \sum_{I \in Q} \frac{|\langle\Phi_0|H|\Phi_I\rangle}{E' - E_I} \tag{5.82}$$

式中: E_0 为参考态 (CASSCF) 能量. RS 能量公式中的 E' 可取 E_0^0, BW 公式中的 E 是未知的精确能量, 因此 BW 能量必须通过迭代自洽求解. RS 能量的可靠性 (即与 MRCISD 能量接近的程度) 依赖于 CAS 的大小, CAS 越大, 零级波函数和零

级能量越好, RS 能量越可靠. 例如, 对于表 5-3 中的 C_4H_6 分子, 当参考态空间为 CAS(4,4) 时, RS 能量比 MRCISD 能量低约 0.1 a.u., 而当参考态空间为 CAS(6,7) 时, RS 能量与 MRCISD 能量相差仅为 0.0022a.u., 甚至比内收缩 CI 还好. 一般说来, BW 能量比 RS 能量更为可靠, 因为当 RS 能量与 MRCISD 计算偏离较远时, 以 RS 能量作为初始猜测, 通过自洽迭代总能校正到更接近 MRCISD 能量.

如果 CASSCF 取多个根, 从上面的 MRPT2 方法可以得到基态和激发态等多个能量, 这时方程 (5.82) 改写为

$$\sum E^{(i)} = E_0^{(i)} + \sum_{I \in Q} \frac{|\langle \Phi_0^{(i)} | H | \Phi_I \rangle|}{E - E_I} \tag{5.83}$$

式中: $E_0^{(i)}$ 和 $\Phi_0^{(i)}$ 分别为 CASSCF 的第 i 个本征值及对应的本征矢量.

应用 5.3.6 节 4 中的概念, 以上 MRPT2 方案的模型空间与 DRT 图 $\bar{V} - V$ 中的组态空间对应, 微扰能的计算仅涉及 S-V、T-V、D-V 及 V-V 态之间的相互作用, 没有考虑 D-D、T-T、S-S、S-T 和 S-D 等组态的相互作用. 不过, 如果考虑所有这些相互作用, 那就不是二级微扰而是完整的 MRCISD 计算. 但是, 模型空间也可以另外选择. 例如, 取 DRT 的头到 V 的全部组态, 即不仅包括 $\bar{V} - V$, 还包括 $\bar{D} - V$、$\bar{T} - V$ 和 $\bar{S} - V$ 空间的组态, 模型空间的扩大显然可以改进零级能量. 文献 [154] 还提出了其他模型空间方案, 目的主要是为了防止入侵态 (能量接近零级能量的组态) 的出现, 但增加了计算工作量.

应该指出, 这里的 MRPT2 方案与 Shavitt 的 A_k 方法 [156] 及 Malrieu 等的 CIPSI (configuration interaction with perturbation selection iteratively) 方法 [157] 有相似之处, 但零级函数的选择及算法不同.

MRPT2 方法已被用于 HBO [158] 和 SO_2 [159] 的基态和许多激发态的势能面计算, 在同样的计算机配置下, 采用非近似的 MRCISD 不可能获得这些势能面.

5.4.6 定域化 MRCI 及其他近似方法 [160~164]

在原子分子物理中, 电子间的库仑势可看成是短程作用, 故一对远离电子的运动仅有很弱的关联. 依据这一事实, Saebø 和 Pulay [160] 引入弱对近似可以用来降低 CI 计算的工作量. 为了定义弱对近似, 首先需要将占据分子轨道定域化, 然后计算一对定域分子轨道中心间的距离, 如果此距离超过某个设定的大小, 则占据在该对轨道上的电子是弱关联的, 它们之间的电子相关可以忽略, 一对电子从该对轨道上同时激发的 CSF 可以消除, 但激发到非弱相关轨道仍保留, 这就是定域化 CI 方法中 Reynold 等对弱对的定义 [161]. 2001 年, Walter 和 Carter 提出弱对的另一定义 [162]: 首先对每个定域内轨道做 Mulliken 布居分析, 确定轨道有最高布居的原子, 按布居大小将原子分类. 然后, 选出那些对总电荷贡献超过某个阈值 (如 0.75,

如果轨道已归一化) 的原子, 计算任意两原子间的最大距离 $r_{\max}$ 和原子电荷权重的平均位置 r_c, 最后定义一个中心在 r_c, 半径为 $\alpha r_{\max}$ 的球同该轨道相联系, α 是一个接近 1.0 的可调参量. 如果与二轨道相联系的球不重叠, 则称二轨道为弱对轨道. 对 core 轨道和 virtue 轨道需另外定义. 表 5-4 是反式 -4- 辛烯分子定域 CI 计算的结果, 基组为 DZP, 但只取 68 个轨道, 非定域 SDCI 包括 2 370 753 个 CSF. 我们看到, 尽管反式 -4- 辛烯是长链分子, α 参量降低了 10 倍, 但组态数的减少和计算时间的节约均不到 3 倍, 相关能损失并不严重.

表 5-4　α 对相关能的影响

α	组态数	一次迭代时间/s	相关能分数/%
0.30	789 345	2800	96.45
1.00	978 929	3100	98.88
2.00	1 677 153	4800	99.95
3.00	2 042 449	6100	99.99

注: 计算机为: Compaq DEC ES40.

近几年又出现了一些新的近似 MRCI 方法, 其中一个称为 SORCI (spectroscopy oriented configuration interaction)[163], 这个方法将一级相互作用空间划分为强和弱的微扰组态, 对前者实行变分计算, 对后者做微扰处理, 基函数取近似自然轨道. 实际上, 这一方法与 5.4.5 节的 MRPT2 类似. SORCI 程序已包含在程序包 ORCA 中[164].

5.5　Xi'an-CI 程序

Xi'an-CI 是西北大学研发的一个量子化学程序包. 目前它有以下功能:

(1) 多参考态一级和二级组态相互作用计算 (MRCISD), 作为特例, 包括 MR-CIS.

(2) 外收缩和改进的外收缩组态相互作用计算 (ECCI, ACCI), 后者通过调节参考态空间, 减少相关能的损失, 见 5.4.3 节.

(3) 双收缩组态相互作用计算 (DCCI), 见 5.4.4 节.

(4) 多参考态二级微扰理论计算 (MRPT2), 见 5.4.5 节.

(5) 利用所有上述算法完成构型优化. 但目前只能实现数值优化, 三个原子以上的构型优化效率较低.

(6) MRCISD 的并行化计算.

(7) 拟在近期增加 MRCISD 水平下的旋–轨耦合计算.

程序的第一版于 1990 年 6 月发布, 后经多次改进和增补. 新的版本采用了空穴–粒子对称 (5.3.6 节 4), 大大减低了公式带长度, 提高了计算效率, 特别是在电子数超过 100, 相关轨道超过 50 的情况下, Xi'an-CI 仍能正常运行. Xi'an-CI 已用于构建基态和激发态的局域和全域势能面, 拟合分子的振动光谱等[138~140,158,159,165].

Xi'an-CI 的源代码已经公开[166].

5.6 基于 Slater 行列式的 CI 方法

CSF 和 Slater 行列式都可以用来表示组态函数, 两者的区别是前者为 S^2 的本征函数, 后者仅是 S_z 的本征函数. 由于通常哈密顿不显含自旋, 两者都可以选为 CI 空间的基, 但计算耦合系数的方法不同. 在截断的 CI 方法如 MRCISD 中, 基于 CSF 的算法是主流, 目前有实用价值的截断 CI 程序几乎都是基于 CSF. 原因是显然的, 因为若以 Slater 行列式为基, CI 空间的维数是 CSF 数量的 2~4 倍, 而且光谱实验数据直接对应的多是 S^2 守恒的态. 然而, 对于完全 CI 计算, 基于 Slater 行列式的算法显示出优越性, Handy[167] 将 Slater 行列式写成 α 链和 β 链是行列式算法的一个重要进展.

5.6.1 α 链和 β 链

一个 $\alpha(\beta)$ 链定义为 $\alpha(\beta)$ 自旋轨道的有序乘积, 即

$$I_\alpha = \prod_{p=1}^{n_\alpha} a_{p,\alpha}^+, \quad I_\beta = \prod_{p=1}^{n_\beta} a_{p,\beta}^+ \tag{5.84}$$

则 Slater 行列式可以写为

$$|I\rangle = |I_\alpha I_\beta\rangle \tag{5.85}$$

同时位移算符 (生成元) 也分裂成两部分, 即

$$E_{pq} = E_{pq}^\alpha + E_{pq}^\beta \tag{5.86}$$

迭代对角化时, 更新向量 (式 (5.55)) 则写为

$$\sigma_{I_\alpha I_\beta} = \sum_{J_\alpha, J_\beta} c_{J_\alpha J_\beta} \left[\sum_{p,q}^n (p,q) C_{pq}^{JI} + \frac{1}{2} \sum_{p,q,r,s}^n (pq,rs) C_{pq,rs}^{JI} \right] \tag{5.87}$$

其中耦合系数定义见方程 (5.31) 和 (5.32), $JI = J_\alpha J_\beta$, $I_\alpha I_\beta$. 利用中间态求和, 双电子耦合可以写成单电子耦合系数的乘积[168], 即

$$\begin{aligned} C_{pq,rs}^{IJ} &= \langle I|(E_{pq}E_{rs} - \delta_{qr}E_{ps})|J\rangle \\ &= \sum_K \langle I|E_{pq}|K\rangle \langle K|E_{rs}|J\rangle - \delta_{qr}\langle I|E_{ps}|J\rangle \end{aligned}$$

$$= \sum_K C_{pq}^{IK} C_{rs}^{KJ} - \delta_{qr} C_{ps}^{IJ} \tag{5.88}$$

将式 (5.79) 和式 (5.81) 代入式 (5.80), 经过整理后得到[169]

$$\sigma_I = \sigma_{1,I} + \sigma_{2,I} + \sigma_{3,I} + \sigma_{4,I} + \sigma_{5,I} + \sigma_{6,I} \tag{5.89}$$

其中

$$\sigma_{1,I} = \sum_J \left\{ \sum_p (p,p) C_{pp}^{\alpha,IJ} + \sum_{p<q} [(pp,qq) - (pq,qp)] C_{pp}^{\alpha,IJ} C_{qq}^{\alpha,IJ} + \sum_{p,q} (pp,qq) C_{pp}^{\alpha,IJ} C_{qq}^{\beta,IJ} \right.$$
$$\left. + \sum_p (p,p) C_{pp}^{\beta,IJ} + \sum_{p<q} [(pp,qq) - (pq,qp)] C_{pp}^{\beta,IJ} C_{qq}^{\beta,IJ} \right\} c_J$$

$$\sigma_{2,I} = \sum_J \left\{ \sum_{p\neq q} (p,q) C_{pq}^{\alpha,IJ} + \sum_{pqr,p<q} [(pq,rr) - (pr,rq)] C_{pq}^{\alpha,IJ} C_{rr}^{\alpha,IJ} \right.$$
$$\left. + \sum_{pqr,p<q} (pq,rr) C_{pq}^{\alpha,IJ} C_{rr}^{\beta,IJ} \right\} c_J$$

$$\sigma_{3,I} = \sum_J \left\{ \sum_{p\neq q} (p,q) C_{pq}^{\beta,IJ} + \sum_{pqr,p<q} [(pq,rr) - (pr,rq)] C_{pq}^{\beta,IJ} C_{rr}^{\beta,IJ} \right.$$
$$\left. + \sum_{pqr,p<q} (pq,rr) C_{pq}^{\beta,IJ} C_{rr}^{\alpha,IJ} \right\} c_J$$

$$\sigma_{4,I} = \sum_J \left\{ \sum_{p\neq q\neq r\neq s,pq<rs} [(pq,rs) - (ps,qr)] \sum_K C_{pq}^{\alpha,IK} C_{rs}^{\alpha,KJ} \right\} c_J$$

$$\sigma_{5,I} = \sum_J \left\{ \sum_{p\neq q\neq r\neq s,pq<rs} [(pq,rs) - (ps,qr)] \sum_K C_{pq}^{\beta,IK} C_{rs}^{\beta,KI} \right\} c_J$$

$$\sigma_{6,I} = \sum_J \left\{ \sum_{p\neq q\neq r\neq s} (pq,rs) \sum_K C_{pq}^{\alpha,IK} C_{rs}^{\beta,KJ} \right\} c_J$$

式中: $\sigma_1 \sim \sigma_6$ 分别为对角项、α 和 β 单替代项、α 和 β 双替代项及 α 和 β 单激发项组合. 在上面的公式中, 非零矩阵元用分子轨道积分和耦合系数明确地写出. 由于行列式之间的耦合系数计算特别简单, 只要调入非零积分就能很容易地确定矩阵元和更新向量. 自从 Handy 引入 α 链和 β 链, 在 FCI 中更新向量 σ 的计算多采用链驱动模式[167,170,171] 和积分驱动模式[172]. 甘正汀等则采用两种模式的结合, 并注意安排一次任务需要的数据互相邻近, 提高了缓存区的使用效率, 既可以提高单机的计算效率, 又有利于并行化任务的分配[169]. 在迭代对角化过程中, 需要一个指标向量 I 标记激发得到的行列式. 当分裂成 α 和 β 链后, 指标向量的长度不必等于 CI 空间维数, 这是因为在 S_z 不变的条件下, α 自旋电子的激发只能使 α 链变成另一条 α 链, β 自旋电子的激发也是如此, 于是完整的 CI 向量不需要都驻留在内存, 更新向量的计算可以简化. 例如, 当 $M_S = 0$, σ_3 和 σ_5 可以消除, σ_6 的工作量可以减半[170].

在 FCI 计算中, 也可以采用类似于 5.3 节的图形方法产生和记录 α 链或 β 链. 例如, Olsen 等[170] 和 Sherrill 等[30] 使用了一种二斜率图, 两个斜率分别对应轨道的占据和非占. 除了记录链的信息, 二斜率图在 FCI 计算中所起的作用似乎不如 DRT 在 MRCISD 计算中那么重要.

FCI 计算的进展得益于计算机技术飞速进步的推动, 在 FCI 中广泛应用的向量化和并行化技术只是在现代超级计算机出现后才能实现. 1990 年, Olsen 等[172] 应用当时的超级计算机首次实现了突破 10^9 个行列式的 FCI(Be 原子) 计算, 但没有得到收敛的结果; 2000 年, Ansaloni 等[171] 应用 CRAY-T3E 超级机, 使 FCI 计算规模超过了 10^{10} 个行列式; 目前已知最大规模的 FCI 计算, 行列式数已超过 $6.4 \times 10^{10[174]}$, 这是一个关于 C_2 分子的计算, 基组为 cc-pVTZ+s(0.4422)+p(0.3569), 共 68 个相关轨道, 计算机为 432MSP Cray-X1. 虽然, 这还不是当前计算机水平下 FCI 计算规模的极限, 但在一段相当长的时间内, FCI 作为一种常规计算仍不现实.

5.6.2 近似 FCI 方法

Knowles 和 Handy 提出直接 FCI 算法[175,176] 后, 又提出了近似的 FCI 算法[177,178]. 他们的近似 FCI 与 5.4.1 节的微扰选择组态方案基本相同, 即应用方程 (??) 挑选出能量贡献大于某个阈值的行列式, 否则舍弃. 对于 NH_3 分子, 取 ANO DZP 基组和阈值 4.0×10^{-5}, 他们从 FCI 的 209×10^6 个行列式中保留 665 247 个行列式, 与 FCI 能量相差仅有 0.0004 hartree. 与 Knowles 等的方法类似的有 Mitrushenkov 的近似 FCI 方案[179], 两者的区别仅在于后者用系数, 即方程 (5.65) 代替前者用能量, 即方程 (5.64) 作为组态的选择依据. 应该说, 近似 FCI 就像 FCI 一样在实际中难以实现, 因此在实际体系的计算中, 没有见到上述近似 FCI 的应用.

5.7 单参考态与多参考态方法的比较

单组态方法, 从最简单的 RHF 到考虑了相关能的 MPn、CISD、CISDTQ、CCSD、CCSD(T)、CCSDT、CCSDTQ 以及与它们对应的非限制性方法, 如 UHF、UMPn、UCCSD、UCCSD(T) 等由于没有包含非动力学相关, 故不能正确地处理激发态、键断裂等问题. 单组态方法的上述缺点早已被人们所认识, 大量文献报道了不同的情况下单组态方法的失败及其原因. 上面列出的单参考态方法中包括一些在基态平衡位置附近非常精确的耦合簇 (CC) 方法, QCISD[180] 和 SAC-CI[181] 虽然以 CI 名义出现, 实际上也属于 CC 方法. 对于激发态, Bartlett 等 [182,183] 和 Kowalski 等 [184,185] 提出可以用运动方程 CC(EOMCC) 改进垂直激发能的计算, 但是当双激发组态的贡献较大时, EOMCC, 即使是精确的 EOM-CCSDT(单、双和三耦合簇的 EOMCC)[185] 都不能很好地描述激发态. 为了减少和消除 CC 和 EOMCC 方法处理键断裂时的错误, 引入多参考态 CC 应该是一个必然的选择, 但经过多年的努力, 多参考态 CC 仍不够成熟. 为此, Kowalski 等提出完全重整化 (completely renormalized) 的 CR-CC 和 CR-EOMCC 方法 [186~188], 希望在单参考态框架内降低 CC 和 EOMCC 方法处理键断裂时的错误. 这类方法中的 CR-CCSD(T)、CR-EOMCCSD(T) 等在处理某些激发态和键断裂过程十分成功. 然而, 这些新的单参考态高相关性方法需要更严格的考验. 多参考态方法主要指多参考态 CI 和多参考态微扰, 目前只考虑达到二级激发和二级微扰的方法, 即 MRCISD 和 MRPT2(CASPT2). 评价这些方法精度和可靠性最直接的办法是将这些方法的计算结果与公认的标准值比较. 公认的标准值有两种: FCI 计算值和经过确认的实验值.

5.7.1   与 FCI 计算比较

FCI 是给定基组下最精确的方法, 因此是检验和评价其他理论方法的依据. 这里我们将各种理论方法得到的势能曲线与 FCI 的结果加以比较, 而不只是比较垂直激发能等个别值. 最近, Sherrill 等应用 FCI/631-G* 计算了 C_2 分子的基态 $X^1\Sigma_g^+$ 以及激发态 $B^1\Delta_g$ 和 $B'^1\Sigma_g^+$ 的势能曲线[189], 并以 FCI 计算结果为标准对目前常用的单、多参考态方法进行了系统的比较[189~191]. 选择 C_2 是因为它是一个奇特的分子, 在它的基态 $X^1\Sigma_g^+$, 二碳原子间有两个 π 键而没有 σ 键, 当 C—C 键长大于 1.6Å, 上述三个态的能量非常接近, 最后到达同一个离解极限 $C(^3P)$. C_2 分子的这些特点使它成为检验量子化学方法的 "试金石".

图 5-5(a) 是关于 C_2 分子基态几种精确的单参考态方法和 FCI 势能曲线的比较, 图 5-5(b) 是这些方法在势能曲线各点相对于 FCI 的计算误差. 可以看出, 单参考态方法在平衡位置附近都相当精确, 但远离平衡位置时偏差增大, 特别是三级微扰修正的方法 CCSD(T) 在接近离解极限时定性和定量上都是错误的. 图 5-5(b) 是势能曲线上各点这些单参考态相对于 FCI 的计算误差, 其中各方法的最大误差与最小误差的差值定义为该方法的非平行误差 NPE(non-parallelity error). 一个方法的 NPE 越小, 说明该方法与 FCI 势能曲线的平行度越好, 拟合得到的光谱参数将越接近, 因此常用 NPE 评价一个理论方法的精度和可靠性. 表 5-5 列出了部分单、双参考态方法的 NPE 值. 虚线以上是单参考态方法, 虚线以下是多参考态方法. 可

以看出, 单参考态方法的 NPE 普遍都高于多参考态方法, 计算工作量最大、应该是目前最精确的单参考态方法 CCSDTQ, 其基态的 NPE(16.6 kcal/mol) 也远高于 CASSCF 计算的 NPE(5.4 kcal/mol). 完全重整化方法 CR-(EOM)CCSD(T),III 的计算精度并不如预期的好, 三个态的 NPE 分别为 13.5kcal/mol、35.9kcal/mol 和 30.9 kcal/mol. 如果键长范围限制在平衡位置附近的 1.1~1.8Å, 激发态的 NPE 有明显改进, 基态的 NPE 虽有所改进, 但仍不能令人满意. 原因是在平衡位置附近, 单组态在二激发态中有很高的权重, 非动力学相关的影响不大, 在远离平衡时, 单组态不能正确描述二激发态, 非动力学相关影响很大, 因此不计入远离平衡的 NPE, 二激发态的 NPE 明显降低; 而对于基态, 不论是在平衡位置附近还是远离平衡位置, 非动力学相关的贡献都很大. 与单参考态方法相比, 表 5-5 下端多参考态方法的 NPE 明显地小于单参考态方法. 最精确的是 MRCI, 三个态的 NPE 都在 1kcal/mol 以下. 表 5-5 中列有两个 MRCI 计算结果, 二者都是在运行态平均的多参考态自洽场 ((SA)-CASSCF) 计算后, 再完成 MRCI 计算. 为了区分, 一个记为 (SA)-CASSCF/MRCI, 另一个简记为 MRCI. 前者应用基于 Slater 行列式的程序 DETCI[192] 计算; 后者则应用 Xi'an-CI 程序得到. 此外, 二者对激发态 $^1\Delta_g$ 的处理也不相同. 由于在计算时取 $D_{\infty h}$ 的子群 D_{2h}, 在子群 D_{2h} 下, $^1\Delta_g$ 分裂为 $(A_g + B_{1g})$. DETCI 计算取对称性 A_g, 通过追踪行列式 $|\cdots 1\pi_x^2 3\sigma_g^2|$ 和 $|\cdots 1\pi_y^2 3\sigma_g^2|$ 的系数而确定是 $^1\Delta_g$(二行列式的系数相等, 符号相反), 或是 $B'^1\Sigma_g^+$(二行列式的系数相等, 符号相同); 应用 Xi'an-CI 程序时, 则取 B_{1g} 计算, 不需追踪行列式 $|\cdots 1\pi_x^2 3\sigma_g^2|$ 和 $|\cdots 1\pi_y^2 3\sigma_g^2|$ 的系数, 当然结果完全相同. 除了 MRCI, 表 5-5 还包括 Xi'an-CI 中的双收缩 CI(DCCI) 的计算结果. 图 5-6 和图 5-7 分别是 MRCI 和 DCCI 沿势能曲线相对于 FCI 的计算差值. DCCI 的 $B'^1\Sigma_g^+$ 态的误差曲线中, 1.7Å的误差为 6.46 kcal/mol, 图中未标出, 由此可计算 NPE = 4.01 kcal/mol.

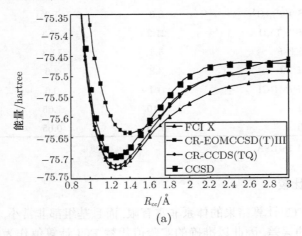

(a)

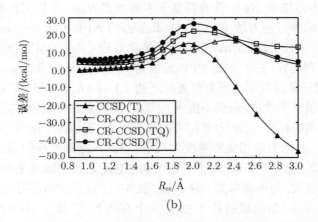

图 5-5　(a) C_2 分子基态单参考态方法和 FCI 势能曲线; (b) 沿势能曲线的计算误差

表 5-5　各种方法相对于 FCI/631-G* 的非平行误差(单位: kcal/mol)

方法	$X^1\Sigma_g^+$	$B^1\Delta_g$	$B'^1\Sigma_g^+$
RHF (UHF)	132.9 (48.7)		
MP2 (UMP2)	81.3 (40.7)		
CCSD (UCCSD)	24.3 (27.0)		
CCSD(T)(UCCSD(T))	61.3 (21.6)		
CCSDT	31.5		
CCSDTQ	16.6		
CR-CCSD(T)	21.7		
(EOM)-CCSD	24.3	34.1	44.9
CR-(EOM)CCSD(T),III	13.5	35.9	30.9
CR-(EOM)CCSD(T),III[1]	8.3	1.3	2.1
CR-(EOM)CCSD(T),IIA	21.2	37.3	33.4
(SA)-CASSCF	5.4	11.3	11.0
SA-CASPT2	3.8	3.6	4.0
(SA)-CASSCF/MRCI	0.4	0.6	0.7
DCCI	1.10	1.65	4.01
MRCI	0.46	0.65	0.63

1) 键长范围 R =1.1~1.8Å.

5.7.2　与实验值比较

由于目前有 FCI 计算结果的体系非常有限, 而且基组都非常小, 基组的不完备性可能带来较大的误差, 因此以准确的实验值代替 FCI 计算值作为判据检验量子

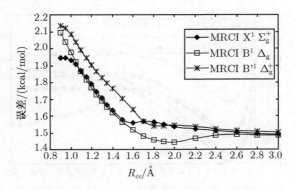

图 5-6 MRCISD 相对于 FCI 的计算误差

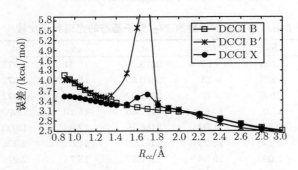

图 5-7 DCCI 相对于 FCI 的计算误差

化学方法的精度更容易实现, 也更具权威性. 可以应用的实验值很多, 如平衡几何、离解能、电离能、各种光谱参量等. 图 5-8 是用各种方法 (基组取 aug-cc-pVTZ) 算得的 N_2 分子基态势能曲线, 这些曲线按广义 Rydberg 函数 (ER)

$$V = -D_0 \left(1 + \sum_{k=1}^{3} a_k \rho^k \right) \exp(-\gamma \rho) \tag{5.90}$$

拟合成解析形式, 式中 $\rho = r - r_e$, r_e 为平衡键长. 离解能 D_0 直接从曲线的最高点与 $E(r_e)$ 之差确定, 并令 $\gamma = a_1$, 因此参与拟合的变量只有 3 个. 表 5-6 是从曲线拟合得到的 N_2 分子基态光谱参量, FCI 的参量取自文献 [193].

正如所料, 多参考态方法 CASSCF、MRPT2、DCCI、MRCI 的光谱参量除离解能偏低外与实验值符合良好; 单参考态方法 QCISD、QCISD(T)、B3LYP 和 B3PW91 的结果则与实验值相去甚远. 值得注意的是, 由于 FCI 计算只能取小的基组 DZP, 算得的光谱参量也不理想. 这一结果说明, 如果基组太小, 即使是最精确的方法也不能保证精确的定量结果.

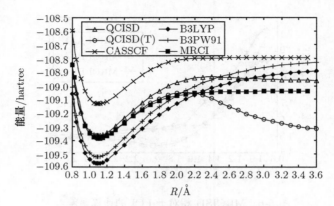

图 5-8　N_2 分子基态基态的势能曲线

表 5-6　不同方法得到的 N_2 分子基态的光谱参量比较

方法	R_e	D_e	ω_e	$\omega_e\chi_e$	B_e	α_e
CASSCF	1.105	9.20	2379.20	15.31	1.972	0.017
MRCI	1.105	9.43	2360.59	15.67	1.972	0.017
DCCI	1.105	9.47	2361.37	15.52	1.972	0.017
MRPT2	1.10	10.67	2412.63	15.10	1.990	0.017
QCISD	1.10	11.02	2466.70	12.86	1.990	0.014
B3LYP	1.09	20.23	2497.50	14.04	2.026	0.016
B3PW91	1.09	20.58	2507.07	13.74	2.026	0.016
FCI/DZP[193]	1.123	8.750	2333			
Exp[194]	1.098	9.91	2358.57	14.32	1.998	0.017

注: R_e 的单位为 Å; D_e 的单位为 eV; 其他光谱参量的单位是 cm^{-1}.

5.8　MRCI 方法展望

5.8.1　MRCI 程序的并行化

大基组 MRCI 的巨大计算工作量是该方法应用的一大障碍. 虽然算法的改进取得了一定的进展, 但如果仍要保持原有 MRCI 的精度, 采用并行计算是唯一途径. 程序并行化的主要目的是利用多 CPU 协同完成计算任务, 提高程序运行速度, 并利用分布式存储来扩大可用内存, 使程序可计算问题的规模得到扩展. 20 世纪 90 年代以来, 一些主要的 MRCI 计算程序, 如 COLUMBUS[195,196]、MOLPRO[197] 等相继实现了并行化. 然而, 这些程序的并行化几乎都在昂贵的超级计算机上实现的. 近年来, 由于廉价的工作站集群和 PC 集群出现, 并行化程序的开发和应用更加容易. Xi'an-CI 的并行化就是在 PC 集群开发的, 而且就程序结构而言, Xi'an-CI 中的 MRCI 非常适合在机群上实现并行化. 已经实现的 Xi'an-CI 并行化工作平台为

深腾 −1800, 包含 12 个结点, 每个结点有两个 CPU (XION 2.4GM), 内存为 3Gb, 硬盘大小为 36Gb. 我们以分子 C_2PH_3 的基态 $^1A'$ 为例说明并行计算的情况. 取基组 aug-cc-pVDZ, 轨道数为 106, 参考态空间为 CAS(6,6), 组态数等于 86 387 627. 表 5-7 是分子 C_2PH_3 并行计算结果[198]. 在该机群上能够运行的最大规模的算例为 C_6H_5N 分子的 MRCISD/CAS(8,8)(约 $5.8×10^8$ 个 CSFs) 计算[199], 使用了全部 12 个节点, 一次完整计算需要 105 026 s. 目前已见报道的最大 MRCISD 计算组态数达到 $1.3×10^9$, 计算机为 IBM-SP2, 使用了 128 个结点[200].

表 5-7 分子 C_2PH_3 并行计算结果

使用节点数	一次迭代时间/s	完整计算时间/s
1	7 820	149 851
2	4 144	78 869
3	2 875	53 147
4	2 208	40 625
12	818	14 429

注: 计算机: 联想深腾 −1800 集群, 共 12 个计算节点, 通过 Gigabyte 以太网互联.

5.8.2 MRCI 与 DFT 的结合

另一个有趣的进展是 CI 与 DFT 的结合. 开始是 DFT 与单参考态 SCI 结合, 在 Grimme 提出的 DFT/SCI 方法中[201], 将传统的 HF 轨道能用 KS (Kohn-Sham) 轨道能替代, 并修改有关的 CI 矩阵元. 这一方案已经推广为 DFT/MRCI[202], 基本思想是利用 MRCI 计算得到 DFT 难以得到的非动力学相关能, 而用 DFT 计算代替 "昂贵" 的 MRCI 计算得到动力学相关能. 为了快速地得到正确的结果, 此方案在修改的矩阵元表达式中引入了少量可调参量和衰减因子, 并采用 DIESEL 程序的算法[105] 改进 MRCI 计算. 利用 DFT/MRCI 计算 15 个分子的 37 个单重态–单重态垂直激发能, 与实验比较的均方差仅为 0.15 eV, 与之对应的 TDDFT 计算, 均方差为 0.58 eV; 9 个分子 13 个单重态 - 三重态垂直分裂能, DFT/MRCI 计算的均方差为 0.14 eV, TDDFT 计算的均方差为 0.72 eV, DFT/MRCI 的结果明显优于 TDDFT. 然而, 这里有一个问题, 在传统的 MRCI 中, 轨道的优化 (用 MCSCF 计算) 对非动力学相关也起了重要作用, 但在目前的 DFT/MRCI 方案中, 没有看到轨道的优化. 虽然 KS 轨道代替 HF 轨道能够提高主参考态的权重[203], 轨道的优化仍然不能忽视, 这一问题可能在处理分子离解能时能显现出来.

5.8.3 半经验 MRCI 方法

除了 *ab initio* 水平的近似 MRCI 方法外, 半经验水平的 MRCI 方法也取得了很大进展. 目前仍在使用的半经验方法、MNDO、AM1 和 PM3 都基于忽略二原子微分重叠 NDDO, 这些方法在忽略微分重叠的同时, 也忽略了原子轨道基的非正交性, 而忽略原子轨道非正交性正是产生许多误差的原因[204,205]. 基于这一认识, Thiel 和 Weber 分别对共振积分和实–价轨道积分进行了正交化修正, 提出了一个新的 NDDO 方法 ——Orthogonalization Model 2 (OM2)[205]. 其后, Strodel 和 Tavan 应用置换群方法完成了 OM2 水平的 MRCI 程序 ——OM2/MRCI[206]. Koslowski、Beck 和 Thiel 则采用酉群方法完成了 OM2/MRCI[207], 这些程序已收录在 MNDO97[208] 和 MNDO99 中. 最近, OM2/MRCI 用于某些蛋白质分子的计算, 如绿色荧光蛋白的顺–反光异构化路径[209] 和视网膜蛋白的光谱位移[210], 取得了很好的结果.

5.8.4　非绝热跃迁

核运动和电子运动的分离 (Born-Oppenheimer 近似) 是绝热态和势能面等概念的基础, 所谓绝热动力学过程指的是原子核运动必须限制在单一的势能面之内, 许多动力学计算都是基于这一近似完成的. 然而, 当两个或多个势能面靠近时, Born-Oppenheimer 近似或绝热近似可能不再成立, 核的振动或自旋–轨道耦合可能导致不同势能面之间的量子跃迁–非绝热跃迁. 实际上, 非绝热跃迁是十分普遍的, 预解离、电子激发态的化学反应 (如光解离)、电子转移和碰撞时电子猝灭等都属于此类, 这是当前实验和理论工作者都很关心的问题[211].

理论上, 非绝热跃迁可以采用绝热描述和透热描述两种表述方式. 这两种表述的最新进展都是基于 MRCI. 在绝热表述中, 绝热态函数取为电子波函数的基, 绝热态之间的电子哈密顿矩阵是对角的, 原子核的运动通过非绝热耦合实现. 因此, 非绝热耦合矩阵元 $d_{ij} = \langle \Psi^I(r;R)|\dfrac{\partial}{\partial R_\alpha}|\Psi^J(r;R)\rangle$ ($\Psi^I(r;R)$ 是 MRCI 波函数; R_α 是核坐标) 的精确、快速计算是其关键[212~214], 其中包括计算量很大的能量一阶及二阶梯度的计算. 除非应用半经验方法, 这一方法的严格处理显然只适用于少数原子的体系. 对于大的体系以及其他因素的考虑, 透热表述也许是更好的选择. 在透热表述中, 绝热耦合矩阵元近似为零, 透热态之间的电子哈密顿矩阵不再是对角的, 原子核的运动从一个绝热势能面光滑地过渡到另一个势能面, 正是这种光滑性要求成为构建透热波函数的一种途径. 透热表述已经积累了大量文献, 较新的有文献 [215]、[216].

5.8.5　自旋–轨道耦合

自旋–轨道耦合在化学、物理和生物学的某些领域有重要应用. 例如, 在光离解、光合成等光化学反应, 在药物的光生物活性和分子的发光现象等中, 自旋–轨道耦合起了关键性的作用.

自旋–轨道耦合起源于相对论效应, 20 世纪 20 年代, Pauli 第一次给出了自旋–

轨道耦合算符. 目前, Breit-Pauli 自旋–轨道哈密顿算符得到广泛应用, 虽然它不是最好的[217,218].

自旋–轨道耦合计算的近期发展也和 MRCI 有关, 但在算法上, 多数工作是展开成 Slater 行列式, 然后应用 Slater-Condon 规则在 Slater 行列式之间计算自旋–轨道耦合矩阵元. 正如 Spin-free 的 CI 计算一样, 基于 Slater 行列式的计算效率不够理想, 而直接应用 CSF 计算自旋–轨道耦合矩阵元也是可行的, 将 Spin-free 的图形酉群方法 (GUGA) 应用于自旋–轨道耦合计算就是这类方法之一[219~221]. 然而, 目前基于 GUGA 的方法仅包括了单电子自旋–轨道耦合[221], 完全二电子的自旋–轨道耦合贡献, 在理论方法和程序实现方面还有困难问题有待解决. 但是部分二电子自旋–轨道耦合贡献可以通过平均场近似包括进来, 时下流行的 MOLPRO 和 GAMESS 程序包中都有这部分功能. 最近, Marian 等采用 MRCI 水平的平均场近似得到一个新的旋–轨耦合程序 SPOCK[222], 如果与上述的 DFT/MRCI 结合, 可以处理较大体系的旋–轨耦合计算.

致谢　感谢国家自然科学基金委员会对本章的资助 (批准号：20073032, 200473060) 以及甘正汀、索兵和李安阳等对本章的贡献.

附　　录

附录 A　空穴空间的完整 loop

编号	类型	结点	片段值序列	w_0	w_1
1-1	1	(V)S-S	$A_R(01)A^R(A^{RW})(32)$	$\sqrt{b/(b+1)}$	0
1-2	1	(V)S-S	$A_R(02)A^R(31)$	$\sqrt{(b+2)/(b+1)}$	0
1-3	1	(V)S-S	$A_R(13)A^R(20)$	$\sqrt{b/(b+1)}$	0
1-4	1	$(D_{1/2})$S-S	$A_R(13)A^R(31)$	1	0
1-5	1	(V)S-S	$A_R(23)A^R(10)$	$\sqrt{(b+2)/(b+1)}$	0
1-6	1	$(D_{-1/2})$S-S	$A_R(23)A^R(32)$	1	0
1-7	1	(V)S-S	$A_R(13)C'(C_w)(22)A^R(31)$	$-\dfrac{\sqrt{b(b+2)}}{b+1}$	0
1-8	1	(V)S-S	$A_R(13)D_R^R(22)A^R(31)$	$\dfrac{\sqrt{b(b+2)}}{b+1}$	0
1-9	1	(V)S-S	$A_R(13)C'(C_w)(21)A^R(32)$	$1/(b+1)$	0
1-10	1	(V)S-S	$A_R(13)D_R^R(21)A^R(32)$	$b/(b+1)$	0
1-11	1	(V)S-S	$A_R(23)C'(C_w)(12)A^R(31)$	$-1/(b+1)$	0
1-12	1	(V)S-S	$A_R(23)D_R^R(12)A^R(31)$	$(b+2)/(b+1)$	0
1-13	1	(V)S-S	$A_R(23)C'(C_w)(11)A^R(32)$	$-\dfrac{\sqrt{b(b+2)}}{b+1}$	0

编号	类型	结点	片段值序列	w_0	w_1
1-14	1	(V)S-S	$A_R(23)D_R^R(11)A^R(32)$	$\dfrac{\sqrt{b(b+2)}}{b+1}$	0
1-15	2	(V)S-S	$A_R(13)D_L^R(30)A^L(23)$	$\sqrt{b/(b+1)}$	0
1-16	2	(V)S-S	$A_R(23)D_L^R(30)A^L(13)$	$\sqrt{(b+2)/(b+1)}$	0
1-17	3	(V)S-S	$A_R(13)B_R(23)D^{RR}(30)$	$-\sqrt{b/(b+1)}$	0
1-18	3	(V)S-S	$A_R(23)B_R(13)D^{RR}(30)$	$-\sqrt{(b+2)/(b+1)}$	0
1-19	4	(V)S-S	$A_R(13)B_R(23)B^R(31)A^R(32)$	$\dfrac{b}{2(b+1)}$	$\dfrac{b+2}{2(b+1)}$
1-20	4	(V)S-S	$A_R(13)B_R(23)B^R(32)A^R(31)$	$\dfrac{\sqrt{b(b+2)}}{2(b+1)}$	$-\dfrac{\sqrt{b(b+2)}}{2(b+1)}$
1-21	4	(V)S-S	$A_R(23)B_R(13)B^R(31)A^R(32)$	$\dfrac{\sqrt{b(b+2)}}{2(b+1)}$	$-\dfrac{\sqrt{b(b+2)}}{2(b+1)}$
1-22	4	(V)S-S	$A_R(23)B_R(13)B^R(32)A^R(31)$	$\dfrac{b+2}{2(b+1)}$	$\dfrac{b}{2(b+1)}$
1-23	5	(V)S-S	$A_R(01)B_L(32)D^{RL}(33)$	$-\sqrt{b/(b+1)}$	0
1-24	5	(V)S-S	$A_R(02)B_L(31)D^{RL}(33)$	$-\sqrt{(b+2)/(b+1)}$	0
1-25	5	(V)S-S	$A_R(13)B_L(20)D^{RL}(33)$	$-\sqrt{b/(b+1)}$	0
1-26	5	(V)S-S	$A_R(13)B_L(31)D^{RL}(22)$	$-1/2$	$\dfrac{b-1}{2(b+1)}$
1-27	5	$(D_{1/2})$S-S	$A_R(13)B_L(31)D^{RL}(33)$	-1	0
1-28	5	(V)S-S	$A_R(13)C'(22)B_L(31)D^{RL}(33)$	$\dfrac{\sqrt{b(b+2)}}{b+1}$	0
1-29	5	(V)S-S	$A_R(13)B_L(31)C''(22)D^{RL}(33)$	-1	0
1-30	5	(V)S-S	$A_R(13)B_L(32)D^{RL}(21)$	0	$\dfrac{\sqrt{b(b+2)}}{b+1}$
1-31	5	(V)S-S	$A_R(13)C'(21)B_L(32)D^{RL}(33)$	$-1/(b+1)$	0
1-32	5	(V)S-S	$A_R(23)B_L(10)D^{RL}(33)$	$-\sqrt{(b+2)/(b+1)}$	0
1-33	5	(V)S-S	$A_R(23)B_L(31)D^{RL}(12)$	0	$\dfrac{\sqrt{b(b+2)}}{b+1}$
1-34	5	(V)S-S	$A_R(23)C'(12)B_L(31)D^{RL}(33)$	$1/(b+1)$	0
1-35	5	(V)S-S	$A_R(23)B_L(32)D^{RL}(11)$	$-1/2$	$\dfrac{b+3}{2(b+1)}$
1-36	5	$(D_{-1/2})$S-S	$A_R(23)B_L(32)D^{RL}(33)$	-1	0
1-37	5	(V)S-S	$A_R(23)C'(11)B_L(32)D^{RL}(33)$	$\dfrac{\sqrt{b(b+2)}}{b+1}$	0
1-38	5	(V)S-S	$A_R(23)B_L(32)C''(11)D^{RL}(33)$	-1	0
1-39	6	(V)S-S	$A_R(13)B_L(31)B^R(32)A^L(23)$	$-1/2$	$-\dfrac{b-1}{2(b+1)}$
1-40	6	(V)S-S	$A_R(13)B_L(32)B^R(31)A^L(23)$	0	$-\dfrac{\sqrt{b(b+2)}}{b+1}$

编号	类型	结点	片段值序列	w_0	w_1
1-41	6	(V)S-S	$A_R(23)B_L(31)B^R(32)A^L(13)$	0	$-\dfrac{\sqrt{b(b+2)}}{b+1}$
1-42	6	(V)S-S	$A_R(23)B_L(32)B^R(31)A^L(13)$	$-1/2$	$-\dfrac{b+3}{2((b+1)}$
1-43	7	(V)S-S	$A_R(13)B_L(31)B^L(23)A^R(32)$	$-1/2$	$-\dfrac{b-1}{2(b+1)}$
1-44	7	(V)S-S	$A_R(13)B_L(32)B^L(23)A^R(31)$	0	$-\dfrac{\sqrt{b(b+2)}}{b+1}$
1-45	7	(V)S-S	$A_R(23)B_L(31)B^L(13)A^R(32)$	0	$-\dfrac{\sqrt{b(b+2)}}{b+1}$
1-46	7	(V)S-S	$A_R(23)B_L(32)B^L(13)A^R(31)$	$-1/2$	$-\dfrac{b+3}{2(b+1)}$
1-47	8	(V)S-S	$D_{RR}(03)D^{RR}(30)$	2	0
1-48	9	(V)S-S	$D_{RL}(12)D^{RL}(21)$	0	$-\dfrac{\sqrt{b(b+2)}}{b+1}$
1-49	10	(V)S-S	$D_{RR}(03)B^R(31)A^R(32)$	$-\sqrt{b/(b+1)}$	0
1-50	10	(V)S-S	$D_{RR}(03)B^R(32)A^R(31)$	$-\sqrt{(b+2)/(b+1)}$	0
1-51	12	(V)S-S	$D_{RL}(11)B^L(23)A^R(32)$	$-1/2$	$\dfrac{b-1}{2(b+1)}$
1-52	12	(V)S-S	$D_{RL}(12)B^L(23)A^R(31)$	0	$\dfrac{\sqrt{b(b+2)}}{b+1}$
1-53	12	(V)S-S	$D_{RL}(21)B^L(13)A^R(32)$	0	$\dfrac{\sqrt{b(b+2)}}{b+1}$
1-54	12	(V)S-S	$D_{RL}(22)B^L(13)A^R(31)$	$-1/2$	$\dfrac{b+3}{2(b+1)}$
1-55	12	(V)S-S	$D_{RL}(33)B^L(01)A^R(32)$	$-\sqrt{b/(b+1)}$	0
1-56	12	(V)S-S	$D_{RL}(33)B^L(02)A^R(31)$	$-\sqrt{(b+2)/(b+1)}$	0
1-57	12	(V)S-S	$D_{RL}(33)B^L(13)A^R(20)$	$-\sqrt{b/(b+1)}$	0
1-58	12	$(D_{1/2})$S-S	$D_{RL}(33)B^L(13)A^R(31)$	-1	0
1-59	12	(V)S-S	$D_{RL}(33)C''(22)B^L(13)A^R(31)$	-1	0
1-60	12	(V)S-S	$D_{RL}(33)B^L(13)C'(22)A^R(31)$	$\dfrac{\sqrt{b(b+2)}}{b+1}$	0
1-61	12	(V)S-S	$D_{RL}(33)B^L(13)C'(21)A^R(32)$	$-1/(b+1)$	0
1-62	12	(V)S-S	$D_{RL}(33)B^L(23)A^R(10)$	$-\sqrt{(b+2)/(b+1)}$	0
1-63	12	(V)S-S	$D_{RL}(33)B^L(23)C'(12)A^R(31)$	$1/(b+1)$	0
1-64	12	$(D_{-1/2})$S-S	$D_{RL}(33)B^L(23)A^R(32)$	-1	0
1-65	12	(V)S-S	$D_{RL}(33)C''(11)B^L(23)A^R(32)$	-1	0
1-66	12	(V)S-S	$D_{RL}(33)B^L(23)C'(11)A^R(32)$	$\dfrac{\sqrt{b(b+2)}}{b+1}$	0
2-1	1	$(D_{1/2})$ T$_1$-T$_1$	$A_R(23)A^R(32)$	1	0

续表

编号	类型	结点	片段值序列	w_0	w_1
2-2	1	(V)T_1-T_1	$A_R(23)C'(C_w)(22)A^R(32)$	1	0
2-3	4	(V)T_1-T_1	$A_R(23)B_R(23)B^R(32)A^R(32)$	0	1
2-4	5	(V)T_1-T_1	$A_R(23)B_L(32)D^{RL}(22)$	$-1/2$	$-1/2$
2-5	5	($D_{1/2}$) T_1-T_1	$A_R(23)B_L(32)D^{RL}(33)$	-1	0
2-6	5	(V)T_1-T_1	$A_R(23)C'(22)B_L(32)D^{RL}(33)$	-1	0
2-7	5	(V)T_1-T_1	$A_R(23)B_L(32)C''(22)D^{RL}(33)$	-1	0
2-8	6	(V)T_1-T_1	$A_R(23)B_L(32)B^R(32)A^L(23)$	$-1/2$	$1/2$
2-9	7	(V)T_1-T_1	$A_R(23)B_L(32)B^L(23)A^R(32)$	$-1/2$	$1/2$
2-10	12	(V)T_1-T_1	$D_{RL}(22)B^L(23)A^R(32)$	$-1/2$	$-1/2$
2-11	12	($D_{1/2}$) T_1-T_1	$D_{RL}(33)B^L(23)A^R(32)$	-1	0
2-12	12	(V)T_1-T_1	$D_{RL}(33)C''(22)B^L(23)A^R(32)$	-1	0
2-13	12	(V)T_1-T_1	$D_{RL}(33)B^L(23)C'(22)A^R(32)$	-1	0
3-1	1	($D_{-1/2}$) T_{-1}-T_{-1}	$A_R(13)A^R(31)$	1	0
3-2	1	(V) T_{-1}-T_{-1}	$A_R(13)C'(C_w)(11)A^R(31)$	1	0
3-3	4	(V) T_{-1}-T_{-1}	$A_R(13)B_R(13)B^R(31)A^R(31)$	0	1
3-4	5	(V) T_{-1}-T_{-1}	$A_R(13)B_L(31)D^{RL}(11)$	$-1/2$	$-1/2$
3-5	5	($D_{-1/2}$) T_{-1}-T_{-1}	$A_R(13)B_L(31)D^{RL}(33)$	-1	0
3-6	5	(V)T_1-T_1	$A_R(13)C'(11)B_L(31)D^{RL}(33)$	-1	0
3-7	5	(V)T_1-T_1	$A_R(13)B_L(31)C''(11)D^{RL}(33)$	-1	0
3-8	6	(V) T_{-1}-T_{-1}	$A_R(13)B_L(31)B^R(31)A^L(13)$	$-1/2$	$1/2$
3-9	7	(V) T_{-1}-T_{-1}	$A_R(13)B_L(31)B^L(13)A^R(31)$	$-1/2$	$1/2$
3-10	12	(V) T_{-1}-T_{-1}	$D_{RL}(11)B^L(13)A^R(31)$	$-\dfrac{1}{2}$	$-\dfrac{1}{2}$
3-11	12	($D_{-1/2}$) T_{-1}-T_{-1}	$D_{RL}(33)B^L(13)A^R(31)$	-1	0
3-12	12	(V) T_{-1}-T_{-1}	$D_{RL}(33)C''(11)B^L(13)A^R(31)$	-1	0
3-13	12	(V) T_{-1}-T_{-1}	$D_{RL}(33)B^L(13)C'(11)A^R(31)$	-1	0
4-1	1	(V)$D_{1/2}$-$D_{1/2}$	$A_R(23)A^R(32)$	1	
4-2	5	(V)$D_{1/2}$-$D_{1/2}$	$A_R(23)B_L(32)D^{RL}(33)$	-1	0
4-3	12	(V)$D_{1/2}$-$D_{1/2}$	$D_{RL}(33)B^L(23)A^R(32)$	-1	0
5-1	1	(V)$D_{-1/2}$-$D_{-1/2}$	$A_R(13)A^R(31)$	1	
5-2	5	(V)$D_{-1/2}$-$D_{-1/2}$	$A_R(13)B_L(31)D^{RL}(33)$	-1	0
5-3	12	(V)$D_{-1/2}$-$D_{-1/2}$	$D_{RL}(33)B^L(13)A^R(31)$	-1	0

附录 B　空穴空间的部分 loop

编号	类型	结点类型	片段值序列	w_0	w_1
1-1	5	(V)S-S	$A_R(01)B_L(32)$-	$\phi\sqrt{\dfrac{b}{2(b+1)}}$	$\phi\sqrt{\dfrac{b+2}{2(b+1)}}$
1-2	5	(V)S-S	$A_R(02)B_L(31)$-	$\phi\sqrt{\dfrac{b+2}{2(b+1)}}$	$-\phi\sqrt{\dfrac{b}{2(b+1)}}$
1-3	5	(V)S-S	$A_R(13)B_L(20)$-	$\phi\sqrt{\dfrac{b}{2(b+1)}}$	$-\phi\sqrt{\dfrac{b+2}{2(b+1)}}$
1-4	5	(V)S-S	$A_R(23)B_L(10)$-	$\phi\sqrt{\dfrac{b+2}{2(b+1)}}$	$\phi\sqrt{\dfrac{b}{2(b+1)}}$
1-5	5	$(D_{1/2})$S-S	$A_R(13)B_L(31)$-	$\phi/\sqrt{2}$	$-\phi\sqrt{\dfrac{b}{2(b+2)}}$
1-6	5	$(D_{-1/2})$S-S	$A_R(23)B_L(32)$-	$\phi/\sqrt{2}$	$\phi\sqrt{\dfrac{b+2}{2b}}$
1-7	5	(V)S-S	$A_R(13)C'(21)B_L(32)$-	$\dfrac{\phi}{\sqrt{2}(b+1)}$	$\dfrac{\phi}{b+1}\sqrt{\dfrac{b+2}{2b}}$
1-8	5	(V)S-S	$A_R(13)C'(22)B_L(31)$-	$-\phi\dfrac{1}{b+1}\sqrt{\dfrac{b(b+2)}{2}}$	$\phi\dfrac{b}{\sqrt{2}(b+1)}$
1-9	5	(V)S-S	$A_R(23)C'(11)B_L(32)$-	$-\phi\dfrac{1}{b+1}\sqrt{\dfrac{b(b+2)}{2}}$	$-\phi\dfrac{b+2}{\sqrt{2}(b+1)}$
1-10	5	(V)S-S	$A_R(23)C'(12)B_L(31)$-	$-\dfrac{\phi}{\sqrt{2}(b+1)}$	$\dfrac{\phi}{b+1}\sqrt{\dfrac{b}{2(b+2)}}$
1-11	5	(V)S-S	$A_R(13)B_L(31)C''(22)$-	$\phi/\sqrt{2}$	$-\phi\dfrac{b-1}{b+1}\sqrt{\dfrac{b+2}{2b}}$
1-12	5	(V)S-S	$A_R(13)\ B_L(32)C''(21)$-	0	$-\phi\dfrac{\sqrt{2}}{b+1}$
1-13	5	(V)S-S	$A_R(23)\ B_L(31)C''(12)$-	0	$-\phi\dfrac{\sqrt{2}}{b+1}$
1-14	5	(V)S-S	$A_R(23)\ B_L(32)C''(11)$-	$\phi/\sqrt{2}$	$\phi\dfrac{b+3}{b+1}\sqrt{\dfrac{b}{2(b+2)}}$
1-15	9	$(D_{1/2})$S-S	$D_{RL}(11)$-	$\phi/\sqrt{2}$	$\phi\sqrt{\dfrac{b}{2(b+2)}}$
1-16	9	$(D_{-1/2})$S-S	$D_{RL}(22)$-	$\phi/\sqrt{2}$	$-\phi\sqrt{\dfrac{b+2}{2b}}$
1-17	9	(S)S-S	$D_{RL}(33)$-	$\phi\sqrt{2}$	0
1-18	9	(V)S-S	$D_{RL}(11)C''(22)$-	$\phi/\sqrt{2}$	$\phi\dfrac{b-1}{b+1}\sqrt{\dfrac{b+2}{2b}}$
1-19	9	(V)S-S	$D_{RL}(12)C''(21)$-	0	$\phi\dfrac{\sqrt{2}}{b+1}$

编号	类型	结点类型	片段值序列	w_0	w_1
1-20	9	(V)S-S	$D_{RL}(22)C''(11)-$	$\phi/\sqrt{2}$	$-\phi\dfrac{b+3}{b+1}\sqrt{\dfrac{b}{2(b+2)}}$
1-21	9	(V)S-S	$D_{RL}(33)C''(00)-$	$\phi\sqrt{2}$	0
1-22	9	$(D_{1/2})$S-S	$D_{RL}(33)C''(11)-$	$\phi\sqrt{2}$	0
1-23	9	$(D_{-1/2})$S-S	$D_{RL}(33)C''(22)-$	$\phi\sqrt{2}$	0
1-24	9	(V)S-S	$D_{RL}(33)C''(11)C''(22)-$	$\phi\sqrt{2}$	0
1-25	9	(V)S-S	$D_{RL}(33)C''(22)C''(11)-$	$\phi\sqrt{2}$	0
2-1	5	(V)S-T_1	$A_R(02)B_L(32)-$	0	1
2-2	5	$(D_{1/2})$S-T_1	$A_R(13)B_L(32)-$	0	$\sqrt{\dfrac{b+1}{b+2}}$
2-3	5	(V)S-T_1	$A_R(13)C'(22)B_L(32)-$	0	$-\sqrt{\dfrac{b}{b+1}}$
2-4	5	(V)S-T_1	$A_R(13)B_L(32)C''(22)-$	0	$-\sqrt{\dfrac{b}{b+1}}$
2-5	5	(V)S-T_1	$A_R(23)C'(12)B_L(32)-$	0	$-\sqrt{\dfrac{1}{(b+1)(b+2)}}$
2-6	5	(V)S-T_1	$A_R(23)B_L(32)C''(12)-$	0	$-\sqrt{\dfrac{1}{(b+1)(b+2)}}$
2-7	9	$(D_{1/2})$S-T_1	$D_{RL}(22)-$	0	$-\sqrt{\dfrac{b+1}{b+2}}$
2-8	9	(V)S-T_1	$D_{RL}(22)C''(12)-$	0	$\sqrt{\dfrac{1}{(b+1)(b+2)}}$
2-9	9	(V)S-T_1	$D_{RL}(12)C''(22)-$	0	$\sqrt{\dfrac{b}{b+1}}$
3-1	5	(V)T_1-S	$A_R(23)B_L(20)-$	0	$\sqrt{\dfrac{b+3}{b+1}}$
3-2	5	$(D_{1/2})T_1$-S	$A_R(23)B_L(31)-$	0	$-\sqrt{\dfrac{b+3}{b+2}}$
3-3	5	(V)T_1-S	$A_R(23)C'(22)B_L(31)-$	0	$-\sqrt{\dfrac{b+3}{b+2}}$
3-4	5	(V)T_1-S	$A_R(23)B_L(31)C''(22)-$	0	$\dfrac{\sqrt{b(b+3)}}{b+1}$
3-5	5	(V)T_1-S	$A_R(23)B_L(32)C''(21)-$	0	$\dfrac{1}{b+1}\sqrt{\dfrac{b+3}{b+2}}$
4-1	5	(V)S-T_{-1}	$A_R(01)B_L(31)-$	0	-1
4-2	5	$(D_{-1/2})$S-T_{-1}	$A_R(23)B_L(31)-$	0	$-\sqrt{\dfrac{b+1}{b}}$
4-3	5	(V)S-T_{-1}	$A_R(13)C'(21)B_L(31)-$	0	$-\sqrt{\dfrac{1}{b(b+1)}}$

编号	类型	结点类型	片段值序列	w_0	w_1
4-4	5	$(V)S\text{-}T_{-1}$	$A_R(13)B_L(31)C''(21)\text{-}$	0	$-\sqrt{\dfrac{1}{b(b+1)}}$
4-5	5	$(V)S\text{-}T_{-1}$	$A_R(23)C'(11)B_L(31)\text{-}$	0	$\sqrt{\dfrac{b+2}{b+1}}$
4-6	5	$(V)S\text{-}T_{-1}$	$A_R(23)B_L(31)C''(11)\text{-}$	0	$\sqrt{\dfrac{b+2}{b+1}}$
5-1	5	$(V)T_{-1}\text{-}S$	$A_R(13)B_L(10)\text{-}$	0	$-\sqrt{\dfrac{b-1}{b+1}}$
5-2	5	$(D_{-1/2})T_{-1}\text{-}S$	$A_R(13)B_L(32)\text{-}$	0	$\sqrt{\dfrac{b-1}{b}}$
5-3	5	$(V)T_{-1}\text{-}S$	$A_R(13)B_L(31)C''(12)\text{-}$	0	$\dfrac{1}{b+1}\sqrt{\dfrac{b-1}{b}}$
5-4	5	$(V)T_{-1}\text{-}S$	$A_R(13)C'(11)B_L(32)\text{-}$	0	$\sqrt{\dfrac{b-1}{b}}$
5-5	5	$(V)T_{-1}\text{-}S$	$A_R(13)B_L(32)C''(11)\text{-}$	0	$\dfrac{-\sqrt{(b-1)(b+2)}}{b+1}$
5-6	9	$(D_{-1/2})T_{-1}\text{-}S$	$D_{RL}(12)\text{-}$	0	$-\sqrt{\dfrac{b-1}{b}}$
5-7	9	$(V)T_{-1}\text{-}S$	$D_{RL}(11)C''(12)\text{-}$	0	$-\dfrac{1}{b+1}\sqrt{\dfrac{b-1}{b}}$
5-8	9	$(V)T_{-1}\text{-}S$	$D_{RL}(12)C''(11)\text{-}$	0	$\dfrac{\sqrt{(b-1)(b+2)}}{b+1}$
6-1	1	$(V)S\text{-}D_{1/2}$	$A_R(02)\text{-}$	1	
6-2	1	$(D_{1/2})S\text{-}D_{1/2}$	$A_R(13)\text{-}$	$\sqrt{\dfrac{b+1}{b+2}}$	
6-3	1	$(V)S\text{-}D_{1/2}$	$A_R(13)C'(22)\text{-}$	$-\sqrt{\dfrac{b}{b+1}}$	$-\sqrt{\dfrac{b}{b+1}}$
6-4	1	$(V)S\text{-}D_{1/2}$	$A_R(23)C'(12)\text{-}$	$-\sqrt{\dfrac{1}{(b+1)(b+2)}}$	$-\sqrt{\dfrac{1}{(b+1)(b+2)}}$
6-5	4	$(V)S\text{-}D_{1/2}$	$A_R(23)B_R(13)B^R(32)\text{-}$	$\dfrac{1}{2}\sqrt{\dfrac{b+2}{b+1}}$	$\dfrac{b}{2}\sqrt{\dfrac{1}{(b+1)(b+2)}}$
6-6	4	$(V)S\text{-}D_{1/2}$	$A_R(13)B_R(23)B^R(32)\text{-}$	$\dfrac{1}{2}\sqrt{\dfrac{b}{b+1}}$	$-\dfrac{1}{2}\sqrt{\dfrac{b}{b+1}}$
6-7	7	$(V)S\text{-}D_{1/2}$	$A_R(13)B_L(32)B^L(23)\text{-}$	0	$-\sqrt{\dfrac{b}{b+1}}$
6-8	7	$(V)S\text{-}D_{1/2}$	$A_R(23)B_L(32)B^L(13)\text{-}$	$-\dfrac{1}{2}\sqrt{\dfrac{b+1}{b+2}}$	$-\dfrac{b+3}{2}\sqrt{\dfrac{1}{(b+1)(b+2)}}$
6-9	10	$(V)S\text{-}D_{1/2}$	$D_{RR}(03)B^R(32)\text{-}$	-1	0
6-10	12	$(V)S\text{-}D_{1/2}$	$D_{RL}(12)B^L(23)\text{-}$	0	$\sqrt{\dfrac{b}{b+1}}$

编号	类型	结点类型	片段值序列	w_0	w_1
6-11	12	(V)S-$D_{1/2}$	$D_{RL}(22)B^L(13)$-	$-\frac{1}{2}\sqrt{\frac{b+1}{b+2}}$	$\frac{b+3}{2}\sqrt{\frac{1}{(b+1)(b+2)}}$
6-12	12	(V)S-$D_{1/2}$	$D_{RL}(33)B^L(02)$-	-1	0
6-13	12	($D_{1/2}$)S-$D_{1/2}$	$D_{RL}(33)B^L(13)$-	$-\sqrt{\frac{b+1}{b+2}}$	0
6-14	12	(V)S-$D_{1/2}$	$D_{RL}(33)C''(22)B^L(13)$ -	$-\sqrt{\frac{b+1}{b+2}}$	0
6-15	12	(V)S-$D_{1/2}$	$D_{RL}(33)B^L(13)C'(22)$-	$\sqrt{\frac{b}{b+1}}$	0
6-16	12	(V)S-$D_{1/2}$	$D_{RL}(33)B^L(23)C'(12)$-	$\sqrt{\frac{1}{(b+1)(b+2)}}$	0
7-1	2	(V)$D_{1/2}$-S	$A_R(23)D_L^R(30)$-	$-\sqrt{\frac{b+2}{b+1}}$	0
7-2	6	(V)$D_{1/2}$-S	$A_R(23)B_L(31)B^R(32)$-	0	$\frac{\sqrt{b(b+2)}}{b+1}$
7-3	6	(V)$D_{1/2}$-S	$A_R(23)B_L(32)B^R(31)$-	$\frac{1}{2}$	$\frac{b+3}{2(b+1)}$
8-1	1	(V)S-$D_{-1/2}$	$A_R(01)$-	ϕ	
8-2	1	($D_{-1/2}$)S-$D_{-1/2}$	$A_R(23)$-	$\phi\sqrt{\frac{b+1}{b}}$	
8-3	1	(V)S-$D_{-1/2}$	$A_R(13)C'(21)$-	$\frac{\phi}{\sqrt{b(b+1)}}$	$\frac{\phi}{\sqrt{b(b+1)}}$
8-4	1	(V)S-$D_{-1/2}$	$A_R(23)C'(11)$-	$-\phi\sqrt{\frac{b+2}{b+1}}$	$-\phi\sqrt{\frac{b+2}{b+1}}$
8-5	4	(V)S-$D_{-1/2}$	$A_R(13)B_R(23)B^R(31)$-	$\frac{\phi}{2}\sqrt{\frac{b}{b+1}}$	$\frac{\phi}{2}\frac{b+2}{\sqrt{b(b+1)}}$
8-6	4	(V)S-$D_{-1/2}$	$A_R(23)B_R(13)B^R(31)$-	$\frac{\phi}{2}\sqrt{\frac{b+2}{b+1}}$	$-\frac{\phi}{2}\sqrt{\frac{b+2}{b+1}}$
8-7	7	(V)S-$D_{-1/2}$	$A_R(13)B_L(31)B^L(23)$-	$-\frac{\phi}{2}\sqrt{\frac{b+1}{b}}$	$-\frac{\phi(b-1)}{2\sqrt{b(b+1)}}$
8-8	7	(V)S-$D_{-1/2}$	$A_R(23)B_L(31)B^L(13)$-	0	$-\phi\sqrt{\frac{b+2}{b+1}}$
8-9	10	(V)S-$D_{-1/2}$	$D_{RR}(03)B^R(31)$-	$-\phi$	0
8-10	12	(V)S-$D_{-1/2}$	$D_{RL}(11)B^L(23)$-	$-\frac{\phi}{2}\sqrt{\frac{b+1}{b}}$	$\phi\frac{b-1}{2}\sqrt{\frac{1}{b(b+1)}}$
8-11	12	(V)S-$D_{-1/2}$	$D_{RL}(33)B^L(01)$-	$-\phi$	0
8-12	12	($D_{-1/2}$)S-$D_{-1/2}$	$D_{RL}(33)B^L(23)$-	$-\phi\sqrt{\frac{b+1}{b}}$	0
8-13	12	(V)S-$D_{-1/2}$	$D_{RL}(33)B^L(13)C'(21)$-	$-\phi\sqrt{\frac{1}{b(b+1)}}$	0

编号	类型	结点类型	片段值序列	w_0	w_1
8-14	12	(V)S-$D_{-1/2}$	$D_{RL}(33)C''(11)B^L(23)$-	$-\phi\sqrt{\dfrac{b+1}{b}}$	0
8-15	12	(V)S-$D_{-1/2}$	$D_{RL}(33)B^L(23)C'(11)$-	$\phi\sqrt{\dfrac{b+2}{b+1}}$	0
9-1	2	(V)$D_{-1/2}$-S	$A_R(13)D_L^R(30)$-	$\phi\sqrt{\dfrac{b}{b+1}}$	0
9-2	6	(V)$D_{-1/2}$-S	$A_R(13)B_L(31)B^R(32)$-	$-\dfrac{\phi}{2}$	$-\phi\cdot\dfrac{b-1}{2(b+1)}$
9-3	6	(V)$D_{-1/2}$-S	$A_R(13)B_L(32)B^R(31)$-	0	$-\phi\dfrac{\sqrt{b(b+2)}}{b+1}$
9-4	11	(V)$D_{-1/2}$-S	$D_{RL}(12)B^R(31)$-	0	$\phi\dfrac{\sqrt{b(b+2)}}{b+1}$
10-1	3	(V)S-V	$A_R(13)B_R(23)$-	$\sqrt{\dfrac{b}{2(b+1)}}$	$\sqrt{\dfrac{b+2}{2(b+1)}}$
10-2	3	(V)S-V	$A_R(23)B_R(13)$-	$\sqrt{\dfrac{b+2}{2(b+1)}}$	$-\sqrt{\dfrac{b}{2(b+1)}}$
10-3	8	(V)S-V	$D_{RR}(03)$-	$-\sqrt{2}$	0
11-1	5	($D_{1/2}$)T_1-T_1	$A_R(23)B_L(32)$-	$\dfrac{\phi}{\sqrt{2}}$	$\phi\sqrt{\dfrac{b+4}{2(b+2)}}$
11-2	5	(V)T_1-T_1	$A_R(23)C'(22)B_L(32)$-	$\dfrac{\phi}{\sqrt{2}}$	$\phi\sqrt{\dfrac{b+4}{2(b+2)}}$
11-3	5	(V)T_1-T_1	$A_R(23)B_L(32)C''(22)$-	$\dfrac{\phi}{\sqrt{2}}$	$\phi\sqrt{\dfrac{b+4}{2(b+2)}}$
11-4	9	($D_{1/2}$)T_1-T_1	$D_{RL}(22)$-	$\dfrac{\phi}{\sqrt{2}}$	$-\phi\sqrt{\dfrac{b+4}{2(b+2)}}$
11-5	9	(V)T_1-T_1	$D_{RL}(22)C''(22)$-	$\dfrac{\phi}{\sqrt{2}}$	$-\phi\sqrt{\dfrac{b+4}{2(b+2)}}$
11-6	9	(T_1)T_1-T_1	$D_{RL}(33)$-	$\phi\sqrt{2}$	0
11-7	9	($D_{1/2}$)T_1-T_1	$D_{RL}(33)C''(22)$-	$\phi\sqrt{2}$	0
11-8	9	(V)T_1-T_1	$D_{RL}(33)C''(22)C''(22)$-	$\phi\sqrt{2}$	0
12-1	5	($D_{-1/2}$)T_{-1}-T_{-1}	$A_R(13)\ B_L(31)$-	$\dfrac{\phi}{\sqrt{2}}$	$-\phi\sqrt{\dfrac{b-2}{2b}}$
12-2	5	(V)T_{-1}-T_{-1}	$A_R(13)C'(11)B_L(31)$-	$\dfrac{\phi}{\sqrt{2}}$	$-\phi\sqrt{\dfrac{b-2}{2b}}$
12-3	5	(V)T_{-1}-T_{-1}	$A_R(13)B_L(31)C''(11)$-	$\dfrac{\phi}{\sqrt{2}}$	$-\phi\sqrt{\dfrac{b-2}{2b}}$
12-4	9	($D_{-1/2}$)T_{-1}-T_{-1}	$D_{RL}(11)$-	$\dfrac{\phi}{\sqrt{2}}$	$\phi\sqrt{\dfrac{b-2}{2b}}$

编号	类型	结点类型	片段值序列	w_0	w_1
12-5	9	$(V)T_{-1}\text{-}T_{-1}$	$D_{RL}(11)C''(11)\text{-}$	$\dfrac{\phi}{\sqrt{2}}$	$\phi\sqrt{\dfrac{b-2}{2b}}$
12-6	9	$(T_{-1})T_{-1}\text{-}T_{-1}$	$D_{RL}(33)\text{-}$	$\phi\sqrt{2}$	0
12-7	9	$(D_{-1/2})T_{-1}\text{-}T_{-1}$	$D_{RL}(33)C''(11)\text{-}$	$\phi\sqrt{2}$	0
12-8	9	$(V)T_{-1}\text{-}T_{-1}$	$D_{RL}(33)C''(11)C''(11)\text{-}$	$\phi\sqrt{2}$	0
13-1	1	$(D_{1/2})T_1\text{-}D_{1/2}$	$A_R(23)\text{-}$	$\phi\sqrt{\dfrac{b+3}{b+2}}$	
13-2	1	$(V)T_1\text{-}D_{1/2}$	$A_R(23)C'(22)\text{-}$	$\phi\sqrt{\dfrac{b+3}{b+2}}$	$\phi\sqrt{\dfrac{b+3}{b+2}}$
13-3	4	$(V)T_1\text{-}D_{1/2}$	$A_R(23)B_R(23)B^R(32)\text{-}$	0	$\phi\sqrt{\dfrac{b+3}{b+2}}$
13-4	7	$(V)T_1\text{-}D_{1/2}$	$A_R(23)B_L(32)B^L(23)\text{-}$	$-\dfrac{\phi}{2}\sqrt{\dfrac{b+3}{b+2}}$	$\dfrac{\phi}{2}\sqrt{\dfrac{b+3}{b+2}}$
13-5	12	$(V)T_1\text{-}D_{1/2}$	$D_{RL}(22)B^L(23)\text{-}$	$-\dfrac{\phi}{2}\sqrt{\dfrac{b+3}{b+2}}$	$-\dfrac{\phi}{2}\sqrt{\dfrac{b+3}{b+2}}$
13-6	12	$(D_{1/2})T_1\text{-}D_{1/2}$	$D_{RL}(33)B^L(23)\text{-}$	$-\phi\sqrt{\dfrac{b+3}{b+2}}$	0
13-7	12	$(V)T_1\text{-}D_{1/2}$	$D_{RL}(33)C''(22)B^L(23)\text{-}$	$-\phi\sqrt{\dfrac{b+3}{b+2}}$	0
13-8	12	$(V)T_1\text{-}D_{1/2}$	$D_{RL}(33)B^L(23)C'(22)\text{-}$	$-\phi\sqrt{\dfrac{b+3}{b+2}}$	0
14	6	$(V)D_{1/2}\text{-}T_1$	$A_R(23)B_L(32)B^R(32)\text{-}$	$-\dfrac{\phi}{2}$	$\dfrac{\phi}{2}$
15-1	1	$(D_{-1/2})T_{-1}\text{-}D_{-1/2}$	$A_R(13)\text{-}$	$\sqrt{\dfrac{b-1}{b}}$	
15-2	1	$(V)T_{-1}\text{-}D_{-1/2}$	$A_R(13)C'(11)\text{-}$	$\sqrt{\dfrac{b-1}{b}}$	$\sqrt{\dfrac{b-1}{b}}$
15-3	4	$(V)T_{-1}\text{-}D_{-1/2}$	$A_R(13)B_R(13)B^R(31)\text{-}$	0	$\sqrt{\dfrac{b-1}{b}}$
15-4	7	$(V)T_{-1}\text{-}D_{-1/2}$	$A_R(13)B_L(31)B^L(13)\text{-}$	$-\dfrac{1}{2}\sqrt{\dfrac{b-1}{b}}$	$\dfrac{1}{2}\sqrt{\dfrac{b-1}{b}}$
15-5	12	$(V)T_{-1}\text{-}D_{-1/2}$	$D_{RL}(11)B^L(13)\text{-}$	$-\dfrac{1}{2}\sqrt{\dfrac{b-1}{b}}$	$-\dfrac{1}{2}\sqrt{\dfrac{b-1}{b}}$
15-6	12	$(D_{-1/2})T_{-1}\text{-}D_{-1/2}$	$D_{RL}(33)B^L(13)\text{-}$	$-\sqrt{\dfrac{b-1}{b}}$	0
15-7	12	$(V)T_{-1}\text{-}D_{-1/2}$	$D_{RL}(33)C''(11)B^L(13)\text{-}$	$-\sqrt{\dfrac{b-1}{b}}$	0
15-8	12	$(V)T_{-1}\text{-}D_{-1/2}$	$D_{RL}(33)B^L(13)C'(11)\text{-}$	$-\sqrt{\dfrac{b-1}{b}}$	0

续表

编号	类型	结点类型	片段值序列	w_0	w_1
16	6	$(V)D_{-1/2}\text{-}T_{-1}$	$A_R(13)B_L(31)B^R(31)\text{-}$	$\dfrac{1}{2}$	$-\dfrac{1}{2}$
17	3	$(V)T_1\text{-}V$	$A_R(23)B_R(23)\text{-}$	0	$-\phi\sqrt{\dfrac{b+3}{b+1}}$
18	3	$(V)T_{-1}\text{-}V$	$A_R(13)B_R(13)\text{-}$	0	$\phi\sqrt{\dfrac{b-1}{b+1}}$
19-1	5	$(V)D_{1/2}\text{-}D_{1/2}$	$A_R(23)B_L(32)\text{-}$	$-\phi/\sqrt{2}$	$-\phi\sqrt{\dfrac{b+3}{2(b+1)}}$
19-2	9	$(V)D_{1/2}\text{-}D_{1/2}$	$D_{RL}(22)\text{-}$	$-\phi/\sqrt{2}$	$\phi\sqrt{\dfrac{b+3}{2(b+1)}}$
19-3	9	$(D_{1/2})D_{1/2}\text{-}D_{1/2}$	$D_{RL}(33)\text{-}$	$-\phi\sqrt{2}$	0
19-4	9	$(V)D_{1/2}\text{-}D_{1/2}$	$D_{RL}(33)C''(22)\text{-}$	$-\phi\sqrt{2}$	0
20-1	5	$(V)D_{-1/2}\text{-}D_{-1/2}$	$A_R(13)B_L(31)\text{-}$	$-\dfrac{\phi}{\sqrt{2}}$	$\phi\sqrt{\dfrac{b-1}{2(b+1)}}$
20-2	9	$(V)D_{-1/2}\text{-}D_{-1/2}$	$D_{RL}(11)\text{-}$	$-\dfrac{\phi}{\sqrt{2}}$	$-\phi\sqrt{\dfrac{b-1}{2(b+1)}}$
20-3	9	$(D_{-1/2})D_{-1/2}\text{-}D_{-1/2}$	$D_{RL}(33)\text{-}$	$-\phi\sqrt{2}$	0
20-4	9	$(V)D_{-1/2}\text{-}D_{-1/2}$	$D_{RL}(33)C''(11)\text{-}$	$-\phi\sqrt{2}$	0
21	5	$(V)D_{1/2}\text{-}D_{-1/2}$	$A_R(23)B_L(31)\text{-}$	0	$-\sqrt{\dfrac{b+2}{b+1}}$
22-1	5	$(V)D_{-1/2}\text{-}D_{1/2}$	$A_R(13)B_L(32)\text{-}$	0	$\sqrt{\dfrac{b}{b+1}}$
22-2	9	$(V)D_{-1/2}\text{-}D_{1/2}$	$D_{RL}(12)\text{-}$	0	$-\sqrt{\dfrac{b}{b+1}}$
23-1	1	$(V)D_{1/2}\text{-}V$	$A_R(23)\text{-}$	$-\phi\sqrt{\dfrac{b+2}{b+1}}$	
23-2	12	$(V)D_{1/2}\text{-}V$	$D_{RL}(33)B^L(23)\text{-}$	$\phi\sqrt{\dfrac{b+2}{b+1}}$	0
24-1	1	$(V)D_{-1/2}\text{-}V$	$A_R(13)\text{-}$	$\sqrt{\dfrac{b}{b+1}}$	
24-2	12	$(V)D_{-1/2}\text{-}V$	$D_{RL}(33)B^L(13)\text{-}$	$-\sqrt{\dfrac{b}{b+1}}$	0
25	9	$(V)V\text{-}V$	$D_{RL}(33)\text{-}$	$\phi\sqrt{2}$	0

注: 表中 $\phi=(-1)^b$, b 为 DRT 头的 b 值.

参 考 文 献

[1] Hylleraas E A. Z. Physik, 1928, 48: 469, 1929, 54: 347, 1930, 85: 209

[2] James H M, Coolidge A S. J. Chem. Phys., 1933, 1: 825

[3] Kolos W, Wolniewitcz L. J. Chem. Phys., 1968, 49: 404

[4] Boys S F. Proc. R. Soc. London, Ser. A, 1950, 200: 529

[5] Meckler A. J. Chem. Phys., 1953, 21: 1750

[6] Allen L C, Karo A M. Rev. Mod. Phys., 1960, 32: 275

[7] Buenker R J, Peyerimhoff S D. Theor. Chim. Acta, 1974, 35: 33, 1975, 39: 217

[8] Buenker R J. MRD-CI Program. Proc. of the Workshop on Quantum Chemistry and Molecular Physics, Wollongong, Australia, 1980

[9] Davidson E R. Int. J. Quantum. Chem., 1974, 8: 83

[10] Davidson ER. MELD Program Description in MOTECC, New York: ESCOM, 1990, 553

[11] Wahl A C. J. Chem. Phys., 1964, 41: 2600

[12] Das G, Wahl A C. J. Chem. Phys., 1972, 56: 1769

[13] Hinze J. J. Chem. Phys., 1973, 59: 6424

[14] Werner H J. In: *Ab Initio* Methods in Quantum Chemistry-II'. Lawley K P ed. John Wiley & Sons Ltd, 2

[15] Shepard R. In: *Ab Initio* Methods in Quantum Chemistry-II'. Lawley K P ed. John Wiley & Sons Ltd, 64

[16] Siegbahn PerEM, Almlöf J, Heiberg A, Roos BO. J. Chem. Phys., 1981, 74: 2384

[17] Roos B O. Chem. Phys. Lett., 1972, 15: 153

[18] Roos B O, Siegbahn P E M. In: Methods of Electronic Structure Theory. Schaefer III H F ed. New York: Plenum, 1977

[19] Paldus J. J. Chem. Phys., 1974, 61: 5321

[20] Shavitt I. Int. J. Quant. Chem., 1978, S12: 5

[21] Brooks B R, Laidig W D, Goddard J D et al. J. Chem. Phys., 1979, 70: 5092, 1980, 72: 3837

[22] Siegbahn PEM. J. Chem. Phys., 1980, 72: 1647

[23] Lischka H, Shepard R, Brown F B et al. Int. J. Quant. Chem., 1981, S15: 91

[24] Saxe P, Fox D J, Schaefer H F et al. J. Chem. Phys., 1982, 77: 5584

[25] Duch W, Karwowski J. Theor. Chim. Acta, 1979, 51: 175

[26] Duch W, Karwowski J. Int. J. Quant. Chem., 1982, 22: 783

[27] Shavitt I. In: Methods of Electronic Structure Theory. New York: Plenum Press, 1977, 189

[28] Siegbahn P E M. In: Lecture Notes in Chemistry. Vol. 58. New York: Springer-Verlag, 1992, 255

[29] Karwowski J. In: Methods in Computational Physics. Wilson S, Diercken G H F eds. New York: Plenum Press, 1992, 65

[30] Sherrill C D, Schaefer III H F. In Advance in Quantum Chemistry. Vol. 34. New York: Academic Press, 1999

[31] Landau L D, Lifshitz E M. Quantum Mechanics. Oxford:Pergamon Press, 1958. 60

[32] Matsen F A. Advan. Quant. Chem., 1964, 1: 60

[33] Yamanouchi T. Proc. Phys. Math. Soc. Jan., 1937, 19: 436

[34] Ruedenberg K, Poshusta R D. Advan. Quant. Chem., 1972, 6: 533

[35] Kaplan L G. Symmetry of Many-Electron Systems. New York: Academic Press, 1975

[36] Gouyet J F. Phys. Rev., 1970, A2: 139

[37] Patera J. J. Chem. Phys., 1972, 56: 1400

[38] Harter W G. Phys. Rev. 1973, A8: 2819

[39] Pauncz R. Spin eigenfunctions. New York: Plenum, 1979

[40] Kotani M, Amemiya A, Kimura T. Table of Molecular Integrals. Tokyo: Maruzen, 1963

[41] Grabenstetter J E, Tzeng T J, Grein F. Int. J. Quant. Chem., 1976, 10: 143

[42] 文振翼, 王育彬. 酉群方法的理论和应用. 上海: 上海科技出版社, 1994

[43] Elliott J P, Dawber P G. Symmetry in physics. Vol.2. London and Basingstock: Macmillan Press, 1979

[44] Hamermesh M. Group Theory and its Application to Physical Problems. Reading, Mass.: Addison-Wesley, 1962

[45] Payne P W. Int. J. Quant. Chem., 1982, 22: 1085

[46] Robb M A, Niaze U. Comput. Phys. Reports, 1984, 1: 127

[47] Shavitt I. In: Mathematical Frontiers in Computational Chemical Physics. Truhlar D G. ed. New York: Springer-Verlag, 1988. 299

[48] Wang Y, Wen Z, Dou Q et al. J. Comput. Chem., 1992, 13: 187

[49] Holman W J, Biedenhavn L C. Group Theory and its Applications. Vol. 2. Loebl E M ed. New York: Academic Press 1975, 1

[50] Robinson G. Representation Theory of the Symmetric Group. Toronto: University of Toronto Press, 1961

[51] Patterson C W, Harter W G. Phys. Rev., 1977, A15: 2772

[52] Patterson C W, Harter W G. Int. J. Quant. Chem., 1977, S11: 445

[53] Wen Z. Int. J. Quant. Chem., 1983, 23: 999

[54] Duch W, Karwowski J. Comput. Phys. Rep., 1985, 2: 93

[55] Duch W. GRMS or Graphical Representation of Model Space. Berlin Heidelberg: Springer-Verlag, 1986

[56] Guldberg A, Rettrup S, Bandazzoli G L et al. Int. J. Quant. Chem., 1986, 29: 119, 1987, S21: 513

[57] Rettrup S. PEDICI 程序, Copenhagen University, 1988

[58] Shavitt I. In: The Unitary Group for the Evaluation of the Electronic Energy Matrix Elements. Hinze ed. 1981. 51

[59] Paldus J. In: The Unitary Group for the Evaluation of the Electronic Energy Matrix Elements. Hinze ed. 1981. 1

[60] 文振翼. 物理学报, 1979, 28: 88

[61] Wang Y, Wen Z, Du Q et al. J. Comput. Chem., 1992, 13: 187

[62] Brooks B R, William W D, Laidig D et al. Physica Scripta, 1980, 21: 312

[63] Brooks B R, Laidig D, Saxe P S et al. In: The Unitary Group for the Evaluation of Electronic Energy Matrix Elements. Hinze J ed. Berlin: Springer, 1981. 158

[64] Dupuis M. HONDO 程序. In: MOTECC. Clemeni E ed. ESCOM, 1990, 277

[65] Schmidt M W, Baldridge K K, Boatz J A et al. GAMESS 程序. J. Comput. Chem., 1993, 14: 1347

[66] Gan Z, Su K, Wang Y et al. Science in China, 1999, B42: 43

[67] 甘正汀, 苏克和, 文振翼等. 化学学报, 2000, 58:1471

[68] Gan Z, Su K, Wang Y et al. J. Comput. Chem., 2001, 22: 560

[69] Shavitt I. Annual Report on New Methods in Computational Chemistry and Their Application on Modern Super-Computers. Battelle Columbus Laboratories, 1979

[70] Ahlrichs R, Böhm H-J, Erhard C et al. J. Comput. Chem., 1985, 6: 200

[71] Shepard R, Shavitt I, Pitzer R M et al. Int. J. Quant. Chem., 1988, S22: 149

[72] Saunders V B, Lenthe J H. Mol. Phys., 1983, 48: 923

[73] Roos B D et al. MOLCAS 程序. In MOTECC. Clemeni E ed. ESCOM, 1990, 533

[74] Racah G. Phys. Rev., 1942, 62: 438, 1943, 63: 367

[75] Griffith J S. The Theory of Transition Metal Ions. Cambridge: Cambridge University Press, 1961

[76] Wen Z. Theor. Chim. Acta, 1982, 61: 335

[77] Wang Y, Zhai G, Suo B et al. Chem. Phys. Lett., 2003, 375: 134

[78] Wilson S. In: Methods in Computational Chemistry. Vol.1 Wilson S ed. New York: Plenum, 1987

[79] Bunge A V, Bunge C F, Cisneros G et al. Computer and Chemistry, 1988, 12: 91

[80] Lanczos C. J. Res. Natl. Bur. Stand., 1950, 45: 255

[81] 蒋尔雄. 对称矩阵计算. 上海: 上海科技出版社, 1984

[82] Davidson E R. J. Comput. Phys., 1975, 17: 87

[83] Davidson E R. Comput. Phys. Comm., 1989, 53: 49

[84] Murry C W, Racine S, Davidson E R. J. Comput. Phys. 1992, 103: 382

[85] Olsen J, Jørgensen P, Simons J. Chem. Phys. Lett., 1990, 169: 463

[86] van Lenthe H J H, Sleijpen G L G, van der Vorst H A. J. Comput. Chem., 1996, 17: 267

[87] Malmqvist P Å. Mathematic tools in quantum chemistry, in Lecture Notes in Quantum Chemistry. Roos B O ed. New York: Springer-Verleg, 1992. 1~35

[88] Weber J, Lacrdix R, Wanner G. Computer and Chemistry, 1980, 4: 55

[89] Cisneros G, Bunge G. Computer and Chemistry, 1984, 8: 157

[90] Langhoff S R, Davidson E R. Int. J. Quant. Chem., 1974, 8: 61

[91] Davidson E R, Silver D W. Chem. Phys. Lett., 1977, 52: 403

[92] Siegbahn P E M. Chem. Phys. Lett., 1978, 58: 421

[93] Pople J A, Seeger R, Krishnan R. Int. J. Quant. Chem., 1977, S11: 149

[94] Meissner L. Chem. Phys. Lett., 1988, 146: 204

[95] Duch W, Diercksen G H F. J. Chem. Phys., 1994, 101: 3018

[96] Pople J A, Head-Gordon M, Raghavachari K. J. Chem. Phys., 1987, 87: 968

[97] Care R J, Davidson E R. J. Chem. Phys., 1988, 88: 5770

[98] Care R J, Davidson E R. J. Chem. Phys., 1988, 88: 6798

[99] Ahlrichs R, Scharf P, Ehrhardt C. J. Chem. Phys., 1985,. 82: 890

[100] Gdanitz R J, Ahlrichs R. Chem. Phys. Lett., 1988, 143: 413

[101] Buenker R J, Peyerimhoff S D, Butscher W. Mol. Phys., 1978, 35: 771

[102] Buenker R J, Peyerimhoff S D. Advance in Chem. Phys., 1987, 67: 1

[103] Buenker R J, Knowles D B, Rai S N et al. In: Quantum chemistry-basic aspects, actual trends. Carbo ed. Amsterdam: Elsevier, 1989. 181

[104] Harrison R J. J. Chem. Phys., 1991, 94: 5021

[105] Hanrath M, Engels B. Chem. Phys., 1997, 225: 197

[106] Liu Y, Huang M, Zhou X et al. Chem. Phys. Letters, 2001, 345: 505

[107] Mao W, Li Q, Kong F et al. Chem. Phys. Lett., 1998, 283: 114

[108] Huang M, Suter H U, Engels B et al. J. Phys. Chem., 1995, 99: 9724

[109] Suter H U, Huang M, Engels B. J. Chem. Phys., 1994, 101: 7686

[110] Xie F Q, Xia Y X, Huang M. Chem. Phys. Letters, 1993, 203: 598

[111] Huang M, Lunell S. J. Chem. Phys., 1990, 92: 6081

[112] Wang Y, Hong X, Liu J et al. Theochem, 1996, 369: 173

[113] Gan Z, Su K, Wang Y et al. Chem. Phys., 1998, 228: 31

[114] Wang Y, Hong X, Wen Z. Chinese Chem. Lett., 1995, 6: 41

[115] Wang Y, Wen Z, Hong X. J. Mol. Sci., 1995, 11: 108

[116] Schaefer H F. Methods of Electronic Structure Theory. New York: Plenum Press, 1977, 413

[117] Siegbahn P S M. Int. J. Quant. Chem., 1980, 18: 1229

[118] Werner H J, Reinsch E A. J. Chem. Phys., 1982, 76: 3144

[119] Werner H J, Knowles P J. J. Chem. Phys., 1988, 89: 5803.

[120] Werner H J, Knowles P J. Chem. Phys. Lett., 1988, 145: 514

[121] Werner H J, Knowles P J. Theor. Chim. Acta, 1992, 84: 95

[122] Werner H J, Knowles P J. J. Chem. Phys., 1988, 89: 5803

[123] Bian W, Werner H J. J. Chem. Phys., 2000, 112: 220

[124] Lin L, Zhang F, Ding W et al. J. Phys. Chem., 2005, 109: 554

[125] Li Q, Fang W, Chem. Phys., 2005, 313: 71

[126] Zhang F, Lin L, Fang W. J. Chem. Phys., 2004, 121: 6830

[127] Fang W, Liu R. J. Org. Chem., 2002, 67: 8407

[128] Ding W, Fang W, Liu R et al. J. Chem. Phys., 2002, 117: 8745

[129] Xie D, Guo H, Peterson K A. J. Chem. Phys., 2001, 115: 10404

[130] Xie D, Guo H, Peterson K A. J. Chem. Phys., 2000, 112: 8378

[131] Zou W, Lin M, Yang X et al. J. Chem. Phys., 2003, 119: 3721

[132] Carbo R. In: Quantum chemistry-basic aspects, actual trends. Carbo ed. Amsterdam: Elsevier, 1981. 65

[133] Siegbahn S M. Int. J. Quant. Chem., 1983, 23: 1869

[134] Lee T J. J. Chem. Phys., 1987, 87: 2885

[135] Rohlfing C M, Hay P J. J. Chem. Phys., 1987, 86: 4518

[136] Wang Y, Gan Z, Su K et al. Science in China, 1999, 42B: 43

[137] Wang Y, Gan Z, Su K et al. Chem. Phys, Lett., 1999, 312: 277

[138] 翟高红, 王育彬, 石婷等. 高等学校化学学报, 2003, 24: 2039

[139] Wang Y, Suo B, Zhai G et al. Chem. Phys. Lett., 2004, 389: 315

[140] Wang Y, Han H, Zhai G et al. Science in China, 2004, 47B, 276

[141] Miller C, Plesset M S. Phys. Rev., 1934, 46: 618

[142] Roos B O, Linse P, Siegbahn P E M et al. Chem. Phys., 1982, 66: 197

[143] Wolinski K, Sellers H L, Pulay P. Chem. Phys. Lett., 1987, 140: 225

[144] Dyall K G. J. Chem. Phys., 1995, 102: 4909

[145] Hirao K. Chem. Phys. Lett., 1992, 190: 374; 1992, 196: 397

[146] Andersson K, Malmqvist P Å, Roos B O et al. J. Phys. Chem., 1990, 94, 5483

[147] Andersson K, Malmqvist P Å, Roos B O. J. Chem. Phys., 1992, 96: 1218

[148] Yu S, Huang M, Li W. J. Phys. Chem. A, 2006, 110: 1078

[149] Xi H, Huang M, Chen B et al. J. Phys. Chem. 2005, A109: 9149; 2005, A109: 4381

[150] Li W, Huang M, Chen B. J. Phys. Chem., 2004, 120: 4677

[151] Li W, Huang M. J. Phys. Chem. 2004, A108: 6901

[152] Wenzel W, Steiner M. J. Chem. Phys., 1998, 108: 4714

[153] Cimiraglia R. Int. J. Quant. Chem., 1996, 60: 167

[154] 王育彬, 甘正汀, 苏克和, 文振翼, 中国科学, 1998, B30: 543

[155] Lowdin P O. J. Math. Phys., 1962, 3: 969

[156] Shavitt I. Chem. Phys. Lett., 1992, 192: 135

[157] Huron B, Rancurel P, Malrieu J P. J. Chem. Phys., 1973, 58: 5745

[158] Peng Q, Wang Y, Suo B et al. J. Chem. Phys., 2004, 121: 778

[159] 李安阳, 索兵, 文振翼, 王育彬, 中国科学, 2006, 36: 36

[160] Saebø S, Pulay P. Ann. Rev. Phys. Chem., 1993, 44: 213

[161] Reynolds G, Masrtinez T J, Carter E A. J. Chem. Phys., 1996, 105: 6455

[162] Walter D, Carter E A. Chem. Phys. Lett., 2001, 346: 177

[163] Neese F. J. Chem. Phys., 2003, 11: 8428

[164] Neese F. ORCA-An *ab initio*, density functional and semi-empirical program package, version 2.3, Mülheim: Max Plank Institut für Strahlenchemie, 2004

[165] 韩慧仙, 彭谦, 文振翼, 王育彬. 物理学报, 2005, 54: 78

[166] http//www.sccas.cn/gb/cooper/cooper15/index.html.

[167] Handy N C. Chem. Phys. Lett., 1980, 74: 289

[168] Siegbahn P E M. Chem. Phys. Lett., 1984, 109: 417

[169] Gan Z, Alexeev Y, Kendall R A et al. J. Chem. Phys., 2003, 119: 47

[170] Olsen J, Roos B O, Jorgensen P et al. J. Chem. Phys., 1988, 89: 2185

[171] Ansaloni R, Bendazzoli G L, Evangelisti S et al. Comput. Phys. Commu., 2000, 128: 496

[172] Olsen J, Jørgensen P, Simons J. Chem. Phys. Lett., 1990, 169: 463

[173] Rossi E, Bendazzoli G L, Evangelisti S. J.Comput. Chem., 1998, 19: 658

[174] Gan Z. 私人通信

[175] Knowles P J, Handy N C. Chem. Phys. Lett., 1984, 111: 315

[176] Knowles P J, Handy N C. Computer Phys. Commun., 1989, 54: 75

[177] Knowles P J. Chem. Phys. Lett., 1989, 155: 513

[178] Knowles P J, Handy N C. J. Chem. Phys., 1989, 91: 2396

[179] Mitrushenkov A O. Chem. Phys. Lett., 1994, 217: 559

[180] Pople J A, Head-Gordon M, Raghavachari K. J. Chem. Phys.,1987, 87: 5968

[181] Nakatsuji H, Ehara M. J. Chem. Phys.,1993, 98: 7179

[182] Geertsen J, Rittby M, Bartlett R J. Chem. Phys. Lett., 1989, 164: 57

[183] Kucharski S A, Wloch N, Musial M et al. J. Chem. Phys.,2001, 115: 8263

[184] Kowalski K, Piecuch P. J. Chem. Phys., 2000, 113: 8490

[185] Kowalski K, Piecuch P. J. Chem. Phys., 2001, 115: 643

[186] Kowalski K, Piecuch P. J. Chem. Phys., 2000, 113: 18

[187] Kowalski K, Piecuch P, Pimienta I S O. Theor. Chem. Acc., 2004, 112: 349

[188] Piecuch P, Kowalski K. J. Chem. Phys., 2004, 120: 1715

[189] Abrams M L, Sherrill C D. J. Chem. Phys., 2004, 121: 9211

[190] Sherrill C D, Piecuch P. J. Chem. Phys., 2005, 122: 124104

[191] Chaudhuri R K, Freed K F. J. Chem. Phys., 2005, 122: 154310

[192] Crawford T D, Sherrill C D. J. Comput. Chem., (To appear)

[193] Charles W, Bauschlicher J r, Stephen R et al. In: Advances in Chemical Physics. Prigogine I, Rice S A eds. New York: John Wiley & Sons, Inc., 1990. 103

[194] Huber K P, Herzberg G. Constants of Diatomic Molecules. New York: Van Nostrand Reinhold, 1979

[195] Schüler M, Konver T, Lischka H et al. Theor. Chim. Acta, 1993, 84: 489

[196] Dachsel H, Lischka H, Shepard R et al. J. Comput. Chem., 1997, 18: 430

[197] Dobbyn A J, Knowles P J, Harrison R J. J. Comput. Chem. 1998, 19: 1215

[198] Suo B, Zhai G, Wang Y, et al. J. Comput. Chem., 2005, 26: 88

[199] 索兵, 翟高红, 王育彬等. 化学学报, 2004, 62: 2131

[200] Dachsel H, Harrison R J, Dixon D A. J. Phys. Chem., 1999, 103A: 152

[201] Grimme S. Chem. Phys. Lett., 1996, 259: 128

[202] Grimme S, Waletzke M. J. Chem. Phys., 1999, 111: 5645

[203] Bour B. Chem. Phys. Lett., 2001, 345: 331

[204] Nanda D N, Jug K. Theor. Chim. Acta, 1980, 57: 95

[205] Weber W, Thiel W. Theor. Chem. Acc., 2000, 103: 495

[206] Strodel P, Tavan P. J. Chem. Phys., 2002, 117: 4667; 2002, 117: 4677

[207] Koslowski A, Beck M E, Thiel W. J. Comput. Chem., 2003, 24: 714

[208] Thiel W, MNDO97, Version 5.0 MPI für Kohlenforschung, Mülheim an der Ruhr, Germany, 1997

[209] Weber W, Helms V, McCammon J A et al. Proc. Natl. Sci. USA, 1999, 96: 6177

[210] Wanko M, Hoffmann M, Strodel P et al. J. Phys. Chem., 2005, B109: 3606

[211] Nakamura H. Nonadiabatic Transition: Concepts, Basic Theories and Applications. Singapore: World Scientific, 2002

[212] Lengsfield B H, Saxe P, Yarkony D R. J. Chem. Phys., 1984, 81: 4549

[213] Lischka H, Dallos M, Szalay P G et al. J. Chem. Phys., 2004, 120: 7322

[214] Dallos M, Lischka H, Shepard R et al. J. Chem. Phys., 2004, 120: 7330

[215] Nakamura H, Truhlar D G. J. Chem. Phys., 2001, 15: 10353

[216] Jasper A W, Zhu C, Nangia S et al. Faraday Discuss, 2004, 127: 1

[217] Marian C M. Reviews in Computational Chemistry. Vol.17. Chapt.3. Lipowitz K B, Boyd D B eds. New York: John Wiley & Sons Inc, 2001

[218] Fedorov D G, Koseki S, Schmidt M W et al. Int. Reviews in Physical Chemistry, 2003, 22: 551

[219] Drke G W F. Lecture notes in chemistry. Vol. 22. Berlin: Springer, 1981. 243

[220] Wen Z, Wang Y, Lin H. Chem. Phys. Letters, 1994, 230: 41

[221] Zhang Z. Doctor al Dissertation, Ohio: The Ohio State University, 1998

[222] Kleinschmidt M, Tatchen J, Marian C M. J. Comput. Chem., 2002, 23: 824

第6章 密度矩阵重整化群与半经验价键理论

刘春根 武 剑 帅志刚

6.1 引 言

电子关联问题是理论物质科学的核心问题, 也是理论量子化学发展的难点. 实际上, 量子力学发展初期所提出的 Hartree-Fock 自洽场理论已经为现代量子化学提供了基本框架, 但是在近 50 年, 研究的重点一直是电子关联效应. 20 世纪 60 年代提出了全新的密度泛函理论框架, 跳出了传统的 post-Hartree-Fock 体系, 总关联能被表达为密度的函数, 取得了重要成就. 但这并不是最后的答案, 因为准确的关联泛函形式是无从得到的, 这就导致了密度泛函理论的 "半经验" 性. 虽然关联能占总能量的份额很小, 但其带来的效应却经常是决定性的. 凝聚态物理学理论的发展在近几十年中心问题就是电子关联效应, 如在高温超导、磁性、量子相变以及近几年热门的量子信息与量子计算, 无不与电子关联密切相关. 同时, 量子化学从来都没有停止探索发展更好、更快、更准确的处理电子关联的新方法. 本章将讨论建立在近似哈密顿量基础上, (几乎是) 精确求解电子关联的两个方法, 即价键理论和密度矩阵重整化群理论.

现代化学与材料科学强调计算方法的第一性, 即不依赖于任何外来参数, 使得计算化学变得越来越复杂, 同时也越来越精确. 物理学则常常从抓住关键问题基本模型出发, 给出图像和过程. 化学家早就于 20 世纪 30 年代提出了单电子的精确可解的 Hückel 模型[1], 为理解一大类碳氢化合物的电子结构和化学性质打下了基础. 特别值得一提的是, 基于 Hückel 模型上发展的 Su-Schrieffer-Heeger 模型[2]抓住链状多烯共轭体系的键交错特征, 建立了拓扑性元激发的孤子模型, 为导电聚合物的发展打下理论基础. 当然, 理论化学家 Pople 和 Walmsley 早在 1962 年就已经提出了与中性孤子相同的概念, 即 Pople-Walmsley 缺陷[3]: 许多有机共轭分子在室温下是绝缘态, 但却有可观的顺磁共振信号, Pople-Walmsley 提出了单双键交错失配的缺陷态是基本元激发, 没有电荷但有自旋. 今天, 我们知道, 这就是中性孤子. Pople 等在 20 世纪 50 年代提出了 Pariser-Parr-Pople(PPP) 模型抓住了电子–电子相互作用的本质[4,5], 直到现在仍被广泛应用于描述共轭分子体系. 最为广泛的 Hubbard 模型是由 Kanamori[6]、Gutzwiller[7] 和 Hubbard[8]在 1963 年和 1964 年先后独立提出的. 值得注意的是, 在量子力学早期, Heisenberg[9]、Dirac[10]等就提出了自旋相互

作用的 Heisenberg 模型. 这三类电子关联描述模型如下:

PPP 模型

$$H = \sum_{\langle ij \rangle} -t_{ij} a_{i\sigma}^+ a_{j\sigma} + \frac{1}{2} \sum_{i,j} \gamma_{ij} \left(Z_i - \sum_{\sigma} a_{i\sigma}^+ a_{i\sigma} \right) \left(Z_j - \sum_{\sigma'} a_{j\sigma'}^+ a_{j\sigma'} \right) - \sum_{i,\sigma} I_i a_{i\sigma}^+ a_{i\sigma}$$

(6.1)

式中: Z_i 为 i 轨道所属原子的点电荷; I_i 为轨道 i 中电子的电离能; γ_{ij} 为轨道 i 和轨道 j 的双中心电子排斥积分; $\langle ij \rangle$ 代表对化学键 ij 求和.

Hubbard 模型

$$H = \sum_{\langle ij \rangle} -t_{ij} a_{i\sigma}^+ a_{j\sigma} + \sum_{i} U_i n_{i\uparrow} n_{i\downarrow}$$

(6.2)

其中跃迁积分 t_{ij} 表示着原子 i 和 j 上 π 电子的成键能力, 一般情况下 i 和 j 取为近邻对. $n_{i\uparrow} = a_{i\uparrow}^+ a_{i\uparrow}$ 代表碳原子 i 的 $2p_z$ 轨道上自旋向上的电子占据数, U_i 为原子 i 的电子排斥能, 表示将分布在两个不同原子轨道上的电子并入一个轨道时所需要的能量.

Heisenberg 自旋耦合模型

$$H = J \sum_{\langle ij \rangle} (2S_i \cdot S_j - 1/2)$$

(6.3)

J 表征了 i 轨道上电子和 j 轨道上电子的自旋耦合系数, 经典模型下, i 和 j 取为近邻碳原子上的 $2p_z$ 轨道. 实际上, 在强关联极限下, Hubbard 模型等价于 Heisenberg 模型.

对于 Hubbard 模型, 半满时, 即平均每个格点占据电子数为 1 时, 在强关联极限下, $U/t \to \infty$, 格点双占据的构型能量太大, 因此可以忽略, 此时, 每个格点占据一个电子, 可以证明 Hubbard 模型与 $S=1/2$ 的 Heisenberg 模型等价, 所有电子都局域在格点不能运动. 对于偏离半满, 同样在强关联极限下, 排除双占据, 则 Hubbard 模型过渡到 t-J 模型[11], 在氧化物高温超导研究中发挥了重要作用.

对于一维无限长链, Heisenberg 模型和当 t, U 都是常数时的 Hubbard 模型可以通过 Bethe-Ansatz[12,13]精确求解. 精确解给出的一个重要结论是, 对于任意非零 U, 半填充体系具有有限能隙, 因此是绝缘体, 该模型对于解释过渡金属氧化物有些是绝缘体取得了重要成功, 而单电子能带图像却给出金属的错误结论. 对于半填充, Hubbard 模型的基态是单线态.Ovchinnikov 用 Bethe-Ansatz 给出了 Hubbard 模型的光学能隙的精确解[14]:

$$E_g = U - 4t - 8t \sum_{n=1}^{\infty} (-1)^n \left[\left(1 + \frac{1}{4} n^2 U^2 \right)^{1/2} - \frac{1}{2} nU \right]$$

(6.4)

遗憾的是, 只有在这样简单的情况下, 才有精确解, 即使对于一维模型, 如果 t 有交错如长–短键, 或有长程库仑项, 则至今没有精确解, 更别提高于一维的情况. 因此, 数值求解仍然是主要的研究手段.

Bethe-Ansatz 精确解成为所有近似求解更复杂哈密顿量计算方案的试金石, 即一个方法提出来后, 都要先看看在一维 Hubbard 模型中与精确解到底相差多少.

实际上, 困难在于这些量子模型的 Hilbert 空间维数随体系的增大而指数增加. 对于自旋模型, 维数为 $(2S + 1)^N$, 而对于电子模型, 维数是 4^N, N 是格点数. 当然实际数值计算中, 需要考虑各种对称性来降低总维数, 但即使用世界上最大的计算机, 考虑所有对称性, 所能精确处理的体系也低于 40 个格点, 或 π 轨道.

本章介绍两种方法: 价键 (valence bond) 理论和密度矩阵重整化群 (density matrix renormalization group, DMRG) 方法.6.2 节介绍精确求解 Heisenberg 哈密顿量的办法, 即将完备的 Hilbert 空间利用自旋对称性分解为低维度的子空间. 价键理论不仅可以用于自旋模型, 也可以用于费密子模型, 普林斯顿大学 Soos 教授[15]成功地利用图形价键理论 (diagramatic valence bond) 精确计算了 18 个格点的 PPP 模型, 等价于 36 个格点的自旋 −1/2 模型的计算量. 6.3 节将介绍近年来发展的密度矩阵重整化群 (DMRG) 理论, 该方法的出现基本解决了一维量子模型的问题, 在非常高的精度下, 近似求解 Heisenberg 和 Hubbard 模型.1997 年, 帅志刚等发展了量子化学中的 DMRG 方法, 近乎精确地求解了长链多烯分子 (PPP 模型) 的基态与激发态[16], 根据文献所列, 这是第一个量子化学 DMRG 研究工作[17]. 经过 10 年, 量子化学 DMRG 取得了重要的进展, 已经从半经验模型走向从头计算, 在本章最后一节, 我们会做个简短的总结. 6.4 节介绍 DMRG 在价键模型中的应用, 6.5 节介绍 DMRG 方法求解 PPP 模型在共轭分子体系的一些应用. 6.6 节介绍对称化 DMRG 方法以及针对共轭体系激发态问题的几个应用.

6.2 价键理论在半经验模型中的应用

6.2.1 半经验价键理论方法简介

半经验价键理论的发展多建立在 Pauling-Wheland 的价键模型上, 该模型利用共振概念探讨了苯和苯型烃的芳香性[18,19]. 在半经验价键中, 有如下三个方面的问题被经常讨论且仍需要深入研究[20~22]: 第一, 价键基组 (或价键图形) 的选取与构建, 主要是如何构建更符合传统化学键图形的价键基组; 第二, 有效的价键 (哈密顿) 模型的构建; 第三, 价键波函数的求解及其性质. 通常, 价键基组由自旋配对的轨道 (特别是定域轨道) 构成, 当体系总自旋为单态时, 所有自旋轨道两两配对, 对高自旋态, 一定数量的自旋轨道将不再配对. 如果用点来代替自旋轨道, 用两点间的边来表示两个自旋轨道间的配对, 则构造的价键基组往往与经典的价电子结构图像吻合. 例如, 苯分子的 6 个 π 电子, 如果它们按自旋两两相反的方式分别占据 6 个碳原子的 $2p_z$ 轨道, 且自旋相反的电子两两配对, 此时定域的 π 自旋轨道构成的基组会出现如下两个主要构型:

上述构型和经典的苯分子的化学结构 (Kekulé结构) 相似. 进一步的计算表明, 上述两个结构在苯 π 电子的价键波函数中占据了相当大的比例, 并且它们的贡献相同. 可见, 价键理论对经典化学结构有直观且正确的描述. 完备的价键基组还存在其他一些构造方式, 如 Rumer-Weyl 基组、Young-Yamanouchi 基组和键表方法等. 已选定的价键基组和在此基础上建立的有效哈密顿模型, 一般被称为价键模型. 对于同一模型哈密顿, 可以有多种形式的基组, 半经验价键的基组大多由定域的单占据的原子轨道构成. 例如, Pauling 和 Wheland 对苯和萘分子 π 电子的价键计算, 其共轭基组就是由单占据的原子轨道组成.

6.2.2　Slater 行列式基组下的价键计算

对于上述常见的三个半经验价键哈密顿, 我们可以用已提及的各种价键基组做计算, 也可以用 Slater 行列式基组做计算. 前面提及的各种价键基组均建立在电子总自旋 S 守恒的空间, 而 Slater 行列式基组则建立在总自旋 Z 方向 S_Z 守恒的空间. 相对于 S 守恒的空间, S_Z 空间的维数要大很多, 但是在 Slater 行列式基组上, 能量矩阵元的计算相对简单了许多, 耗时较少. 对于价电子和价轨道数均为 N, 并且每个轨道均是单占据时, 在 S_Z 本征值为 M 的空间, 其中性行列式的个数为

$$n^c(N, M) = \begin{pmatrix} N \\ N/2 - M \end{pmatrix} \tag{6.5}$$

式 (6.5) 表示在 N 个价轨道中, 取出 $N/2 - M$ 个轨道的各种可能. 可以理解为 $N/2 - M$ 个 β 电子填充到 N 个轨道, 剩余 $N/2 + M$ 个轨道则填充 α 电子的可能. 对于全组态空间, 即中性和离子行列式共同张开的空间, 每个轨道都有可能同时被 α 和 β 电子占据, 也就是说 $N/2 - M$ 个 β 电子和 $N/2 + M$ 个 α 电子是分别独立地填充 N 个轨道, 故其维数表达式为

$$n^f(N, M) = \begin{pmatrix} N \\ N/2 - M \end{pmatrix} \begin{pmatrix} N \\ N/2 + M \end{pmatrix} = \begin{pmatrix} N \\ N/2 - M \end{pmatrix}^2 \tag{6.6}$$

在表 6-1 中, 我们列举了 Hubbard 模型和 Heisenberg 模型在不同的 S_Z 空间的行列式基组的维数. 可见, 随着电子数的增加, 价键空间的维数按指数形式快速增加.

表 6-1　Habbard 模型及 Heisenberg 模型的维数

价电子数	$n^f(N,0)$	$n^c(N,0)$	$n^c(N,1)$
6	400	20	15
8	4900	70	56
10	63 504	252	210
12	853 776	924	792
14	11 778 624	3 432	3 003
16	165 636 900	12 870	11 440
18	2 363 904 400	48 620	43 758
20	34 134 779 536	184 756	167 960
22		705 432	646 646
24		2 704 156	2 496 144
26		10 400 600	9 657 700
28		40 116 600	37 442 160
30		155 117 520	145 422 672
32		601 080 384	565 722 752

对于半经验价键来说, 由于哈密顿矩阵元的计算被参数化, 而且价轨道被假设是相互正交的, 故其计算的最大困难是: 如何处理如此庞大的基组, 并对角化哈密顿. 为此, 我们将从如下三个方面给出方案, 达到计算含有更多价电子体系的目的[23].

第一个方面, 可以采用编码的方式来存储和搜寻 Slater 行列式. 在中性态行列式张开的空间, 编码的具体步骤如下:

(1) 从每个行列式中抽取出具有 α 自旋的轨道, 构成一个单调有序数列. 例如, 在 $M = 0$ 空间中, 该数列为 $\{\alpha_1\alpha_2\cdots\alpha_i\cdots\alpha_{N/2}\}$, 其中 $\alpha_i(i = 1,\cdots,N/2)$ 满足 $\alpha_1 < \alpha_2 < \cdots < \alpha_i\cdots < \alpha_{N/2}$. 表 6-2 列出了 6 个价电子的 $M = 0$ 空间中, 20 个行列式对应的 α 自旋数列 $\{\alpha_1\alpha_2\alpha_3\}$, 它们都是单调有序的. 根据该数列的排布方式, 可知必有: $i \leqslant \alpha_i \leqslant N/2 + i$. 因为如果 $\alpha_i < i$, 根据 $\alpha_1 < \alpha_2 < \cdots < \alpha_i\cdots < \alpha_i$ 的要求, α_{i-1} 取的最大值应小于 $i-1$, 依次类推, α_1 选取的最大值为 0. 但编号为 0 的原子是不存在的, α_1 最小只能选取 1. 说明 α_i 取值不能小于 i. 同理可以证明 α_i 最大只能选取 $N/2 + i$, 否则可以导出 $\alpha_{N/2}$ 的最小取值为 $N + 1$, 这也是不合理的.

(2) 对上述所有的 α 自旋数列排序, 其排序的法则是从 α_1 到 $\alpha_{N/2}$ 依次比较大小. 同一位上, α_i 值小的数列排在较大的前面; 如果 α_i 上的取值相同, 则比较 α_{i+1} 位的取值大小. 依此类推, 就可以将所有的 α 数列排序. 例如, 表 6-2 中任两个数列 $\{\alpha_1\alpha_2\alpha_3\}$ 和 $\{\alpha_1'\alpha_2'\alpha_3'\}$, 当 $\alpha_1 < \alpha_1'$ 时, 或者 $\alpha_1 = \alpha_1'$ 但 $\alpha_2 < \alpha_2'$, 或者 $\alpha_1 = \alpha_1'$,

$\alpha_2 = \alpha'_2$ 但 $\alpha_3 < \alpha'_3$, 数列 $\{\alpha_1\alpha_2\alpha_3\}$ 将排在数列 $\{\alpha'_1\alpha'_2\alpha'_3\}$ 前.

表 6-2　六个价电子张开 $S_Z=0$ 空间的 Slater 行列式的编码

Slater 行列式	自旋数列 $\alpha_1\alpha_2\alpha_3$	自然数序号	Slater 行列式	自旋数列 $\alpha_1\alpha_2\alpha_3$	自然数序号
$\|123\bar4\bar5\bar6\|$	123	1	$\|\bar1234\bar5\bar6\|$	234	11
$\|12\bar34\bar5\bar6\|$	124	2	$\|\bar123\bar45\bar6\|$	235	12
$\|12\bar3\bar45\bar6\|$	125	3	$\|\bar123\bar4\bar56\|$	236	13
$\|12\bar3\bar4\bar56\|$	126	4	$\|\bar12\bar3456\|$ ... 245	245	14
$\|1\bar234\bar5\bar6\|$	134	5	$\|\bar12\bar34\bar56\|$	246	15
$\|1\bar23\bar45\bar6\|$	135	6	$\|\bar12\bar3\bar456\|$	256	16
$\|1\bar23\bar4\bar56\|$	136	7	$\|\bar1\bar23456\|$	345	17
$\|1\bar2\bar3456\|$ ... 145	145	8	$\|\bar1\bar234\bar56\|$	346	18
$\|1\bar2\bar34\bar56\|$	146	9	$\|\bar1\bar23\bar456\|$	356	19
$\|1\bar2\bar3\bar456\|$	156	10	$\|\bar1\bar2\bar3456\|$	456	20

(3) 在排序的基础上, 对 α 自旋数列编码. 例如, 我们可以寻求该序列与自然数列一一对应的关系, 即把此序列依次用自然数 $\{1, 2, \cdots, n^c(N, 0)\}$ 标定, 从而实现计算机对行列式的自动编码过程. $n^c(N, M)$ 个 α 自旋的有序数列 $\{\alpha_1\alpha_2\cdots\alpha_i\cdots\alpha_{N/2-M}\}$ 组与自然数序号一一对应的公式可归纳推导为

$$\delta\{\alpha\} = \delta\left\{\alpha_1\alpha_2\cdots\alpha_i\cdots\alpha_{N/2-M}\right\} = \sum_{i=1}^{N/2-M} \sum_j \begin{pmatrix} N - \alpha_{i-1} - j \\ \dfrac{N}{2} - M - i \end{pmatrix} + 1 \quad (6.7)$$

式中: $\delta\{\alpha\}$ 为该数列对应的序号, 其中 $1 \leqslant j \leqslant \alpha_i - \alpha_{i-1} - 1$. 为了表示方便, 引入 α_0, 定义其值恒为零. 例如, 含 6 个价电子的体系, 其 $M = 0$ 空间含有 20 个中性态的行列式, 这些行列式的编码方式如表 6-2 所示. 表 6-2 中 $1,2,\cdots, 6$ 分别代表了 $1,2,\cdots, 6$ 个价轨道的标号, 标号上的横线表示此轨道上的电子具有 β 自旋, 否则为 α 自旋.

对含有 N 个价电子的体系, 在任一 S_Z 守恒的空间中, 中性态的 Slater 行列式均可由 α 自旋位 (或等同效果的 β 自旋位) 组成的数列 $\{\alpha_1\alpha_2\cdots\alpha_i\cdots\alpha_{N/2-M}\}$ 表征, $\alpha_1\alpha_2\cdots\alpha_i\cdots\alpha_{N/2-M}$ 总共有 $n^c(N, M)$ 个数列 $\{\alpha_1\alpha_2\cdots\alpha_i\cdots\alpha_{N/2-M}\}$, 相应的序号可以用自然数来表征. 无论 $n^c(N, M)$ 有多大, 必可建立自然数 $(1, 2, 3, \cdots, M)$ 与 α 自旋数列 $\{\alpha_1\alpha_2\cdots\alpha_i\cdots\alpha_{N/2-M}\}$ 的一一对应, 从而由行列式的形式就能确定它属于哈密顿空间的哪个分量; 反之, 从哈密顿空间的任一分量也可以很方便地推算出其行列式的形式. 对于具有特定 M 值的全组态空间, 由于其 $N/2 - M$ 个 β 电子和 $N/2 + M$ 个 α 电子是分别独立地填充 N 个轨道, 故此时 Slater 行列式的编码序号 (δ^f) 由 α 自旋和 β 自旋数列的序号共同决定,

$$\delta^f = (\delta\{\alpha\} - 1)\delta\{\beta\} \tag{6.8}$$

式中: $\delta\{\alpha\}$ 和 $\delta\{\beta\}$ 分别为 α 自旋数列和 β 自旋数列的序号.

如上所述, 我们可以方便地实现 Slater 行列式序列与自然数列的一一对应, 并实现它们相互间的快速转化. 在实际计算中, 由于计算机能自动生成自然数列, 所以我们并不需要存储每个行列式的具体形式, 当需要讨论哈密顿空间的某一分量时, 我们可以通过上述关系式来唯一确定其对应行列式的形式. 当哈密顿作用到行列式上生成新的行列式时, 我们只需要对新的行列式进行重新编码, 就能决定它属于哈密顿空间的哪个分量. 同时, 这种解码与编码的计算量是建立在二项式组合系数计算的基础上, 对二项式系数的计算只有 $N/2$-M 次, 也不会占用很多计算时间. 总之, 通过编码方法, 我们可以摆脱存储行列式形式带来的两大麻烦: 一是对内存的大量占用; 二是对行列式形式搜寻和对比耗费的大量 CPU 时间.

第二个方面, 在基态能量的计算过程中, 通过开列两个 Lanczos 矢量的数组来对角化大型能量矩阵. 由于半经验价键的能量矩阵具有庞大的维数, 故这种大型矩阵的对角化过程可以使用 Lanczos 方法或 Davidson 方法. 如果我们只考察价键基态, 经典的 Lanczos 方法已经完全可以达到目的. 经典的 Lanczos 方法如下[24]:

(1) 选择一初始的已归一化的 Lanczos 矢量 φ_0.

(2) 按照下式得到新的 Lanczos 矢量 φ_1.

$$\varphi_1 = (H\varphi_0 - a_0\varphi_0)/b_1 \tag{6.9}$$

其中常数 a_0 和 b_1 由 $\langle\varphi_0|\varphi_1\rangle=0$ 和 $\langle\varphi_1|\varphi_1\rangle=1$ 确定的两个方程求得

$$a_0 = \langle\varphi_0|H|\varphi_0\rangle \tag{6.10}$$

$$b_1^2 = \langle(H\varphi_0 - a_0\varphi_0)|(H\varphi_0 - a_0\varphi_0)\rangle \tag{6.11}$$

(3) 由 φ_0 和 φ_1 可以得到一系列的正交归一化的 Lanczos 矢量 $\{\varphi_2\varphi_3\cdots\varphi_n\}$, 其构造方法如下:

$$\varphi_i = (H\varphi_{i-1} - a_{i-1}\varphi_{i-1} - b_{i-1}\varphi_{i-2})/b_i \tag{6.12}$$

其中

$$a_{i-1} = \langle\varphi_{i-1}|H|\varphi_{i-1}\rangle \tag{6.13}$$

$$b_i^2 = \langle(H\varphi_{i-1} - a_{i-1}\varphi_{i-1} - b_{i-1}\varphi_{i-2})|(H\varphi_{i-1} - a_{i-1}\varphi_{i-1} - b_{i-1}\varphi_{i-2})\rangle \tag{6.14}$$

$i = 2, 3, 4, \cdots$, 这组新的正交归一化基函数 φ_i $(i = 0, 1, 2, \cdots, n)$ 将能量矩阵转化成了一个三对角矩阵, 其对角元为 $a_i(i = 0, 1, 2, \cdots, n)$, 次对角元为 $b_i(i = 1, 2, \cdots, n)$.

对于半经验的价键计算, 在一定的精度范围内, 少数几次的 Lanczos 迭代就能使基态的本征值收敛, 也就是说 $n \ll n(N, M)$. 如果初始的 Lanczos 矢量具有一定的对称性, 则在迭代过程中该对称性保持不变.

在上述经典 Lanczos 迭代过程中, 为了求出下一步的 Lanczos 矢量, 则需要保留前两步的 Lanczos 矢量, 而且每一个 Lanczos 矢量的维数都等于哈密顿空间的维数. 在计算中好像需要三个数组来实现这个过程, 每个数组都具有 $n(N, M)$ 个分量, 但在实际计算中, 我们其实可以使用两个数组来实现以上的迭代结算, 且每个数组具有的分量个数不变. 这个过程的实现, 主要是因为在使用计算机计算时, 可以先定义 $\varphi_i = b_{i-1}\varphi_{i-2}$, 而后再令 $\varphi_i = \varphi_i + H\varphi_{i-1} - a_i\varphi_{i-1}$. 具体的计算流程如下:

(1) 构造 φ_1, 并令 φ_2 为零.

(2) 做循环 $i = 1, 2, \cdots$ 直到迭代收敛.

(3) $\{a_i = \langle\varphi_1|H|\varphi_1\rangle$

(4) $\varphi_2 = \varphi_2 + H\varphi_1 - a_i\varphi_1$

(5) $b_i^2 = \langle\varphi_2|\varphi_2\rangle$

(6) $\varphi_2 = \varphi_2/b_i$

(7) 做循环 $j = 1, 2, \cdots, n(N, M)$

(8) $\{c = \varphi_2(j)$

(9) $\varphi_2(j) = -b_i\varphi_1(i)$

(10) $\varphi_1(j) = c\}$

(11) $\}$

可见, 两个一维数组 φ_1 和 φ_2 足够进行 Lanczos 迭代, 比常见的形式节省了一个数组, 而对于大规模的价键能量矩阵来说, 意味着将节省一个具有 $n(N, M)$ 个分量的数组, 这对于大体系的价键计算意味着节省数 Gbytes 的内存.

第三个方面, 利用对称性, 不但能约化能量矩阵, 同时能简化能量矩阵元的计算. 如果我们讨论的体系具有对称性, 如分子的点群对称性, 那么通过投影算符方法构造对称性匹配的基能方块化能量矩阵以减少该矩阵的维数. 有关群论方面的书籍对上述约化过程有比较详细的介绍, 但是, 基于这种对称匹配基组的能量矩阵元的简化运算却几乎无人提及. 下面我们将先介绍不变子空间及子空间中生成子概念, 然后给出能量矩阵元简化计算的公式[25].

对于哈密顿空间 V 中基组 B, 如果其存在如下一些子集合, 该子集合中的元素在群 G 操作的作用下是封闭的, 即群的所有操作作用到该子集合中的任一元素都会得到集合自身, 则可以定义这种基组子集合 B^ν 张开了一个不变子空间 V^ν. 即

在群操作下, 若基组 B 被划分成这样一些相互不重叠的极小子集合

$$B = \sum_{\nu} \oplus B^{\nu} \tag{6.15}$$

式中: ν 为各个子集合, 则哈密顿空间会分解成相应不变子空间的直和.

$$V = \sum_{\nu} \oplus V^{\nu} \tag{6.16}$$

对于每个不变子空间 ν 的任何一个元素 $|i\nu\rangle$, 总是存在群 G 的一个子群 $F_{i\nu}$, 在群 $F_{i\nu}$ 的作用下生成自身:

$$F_{i\nu} \equiv \{G|i\nu\rangle = x^{i\nu}(G)|i\nu\rangle : G \in G\}$$

在异构体计数方法中, $F_{i\nu}$ 也常被称为稳定群 (stabilizer group), 而且 $x^{i\nu}$ 大多为 $+1$. 对于行列式空间, 当 G 操作为奇置换时, $x^{i\nu}$ 可以为 -1. 而在 π 电子的 Hückel 计算中, $F_{i\nu}$ 就是各个碳原子的在位对称性 (site-symmetry). 在价键计算中, $F_{i\nu}$ 就是 Slater 行列式基组本身具有的对称性.

如果将群 G 分解成子群 $F_{i\nu}$ 的左陪集之和, 即

$$G = \sum_{c} \oplus C_c F_{i\nu} \tag{6.17}$$

式中: C_c 为不同左陪集的乘因子. 每个不同的 $C_c|i\nu\rangle$ 对应集合 B^{ν} 中一个不同的元素, 因为如果 $C_c|i\nu\rangle$ 和 $C_{c'}|i\nu\rangle$ 相同 $(C_c|i\nu\rangle \sim C_{c'}|i\nu\rangle)$, 则 $C_{c'}^{-1}C_c|i\nu\rangle \sim |i\nu\rangle$, 即 $C_{c'}^{-1}C_c \in F_{i\nu}$, 所以 $c' = c$. 也就是说, 任选一 $|i\nu\rangle$, 所有可能的左陪集 $C_c|i\nu\rangle$ 总能对应出 B^{ν} 中的所有元素, 因此我们可以将 $|i\nu\rangle$ 确定为 $|1\nu\rangle$, 且把 $|1\nu\rangle$ 定义为生成子 (genarator), 相应的 $F_{i\nu}$ 可以写为 F_{ν}. 综上所述, 不变子空间 V^{ν} 由 $C_i|1\nu\rangle$ 张开, 该空间的表示也由 $C_i|1\nu\rangle$ 基组决定. 一种常见的情况是, 左陪集所有的乘因子 C_c 构成一个群 G_{ν}. 如果 G_{ν} 群是 G 和 F_{ν} 构成的商群, 那么能量矩阵元的计算公式会更加简单. 要注意的是, G_{ν} 可能是 G, 也可能是 G 的一个子群. 对于大多数基组, F_{ν} 比 G_{ν} 更加容易确定. 可以证明, 由生成子 $|1\nu\rangle$ 造出的对称性匹配基组, 能简化能量矩阵元的计算.

在不变子空间 ν 中, 利用标准投影算符, 我们可以构造出对称匹配的轨道:

$$|\nu r; \gamma t\rangle = P_{tr}^{\gamma}|1\nu\rangle = \frac{f^{\gamma}}{|G|} \sum_{R}^{\Gamma} \Gamma_{tr}^{\gamma}(R^{-1})R|1\nu\rangle \tag{6.18}$$

式中: $\Gamma_{tr}^{\gamma}(R^{-1})$ 为群操作 R^{-1} 在 Γ^{γ} 中对应矩阵的 (t,r) 元素; Γ^{γ} 为 G 的 f^{γ} 维不可约表示. 可以证明, 当 $f^{\gamma} = 1$ 时, 相应的 Γ^{γ} 表示在 ν 不变空间内也是一维不

可约表示, 并且投影算符可以转化成如下的形式:

$$P_{Sr}^{\gamma}|1\nu\rangle = \frac{f^{\gamma}|G_{\nu}|}{|G|} \sum_c \sum_{\rho} (r|\gamma|\rho\nu) \Gamma_{(\rho\nu)s}^{\gamma} (C_c^{-1}) C_c |1\nu\rangle \tag{6.19}$$

其中 ρ 由 Γ^{γ} 在 G_{ν} 中表示的维数决定. 在此基础上, 引入群 G 的双陪集分解 G_{ν}, $G_{\nu'}$

$$G = \sum_d \oplus G_{\nu} D_d G_{\nu'} \tag{6.20}$$

式中: d 代表所有不同的双陪集分解; D_d 代表相应的双陪集操作. 群的双陪集分解已被成功地应用在异构体计数等方面[26]. 如果 G_{ν} 和 $G_{\nu'}$ 走遍 G_{ν} 和 $G_{\nu'}$ 所有的群操作, 则 D_d 出现的次数为

$$n_d \equiv |G_{\nu} \cap D_d G_{\nu'} D_d^{-1}| \tag{6.21}$$

将式 (6.21) 代入到投影算符中

$$P^{\gamma}(\rho\nu)(\rho'\nu') = \frac{f^{\gamma}}{|G|} \sum_{G_{\nu}} \sum_d \sum_{G_{\nu'}} \frac{1}{n_d} \Gamma_{(\rho'\nu')(\rho\nu)}^{\gamma} (G_{\nu'}^{-1} D_d^{-1} G_{\nu}^{-1}) G_{\nu} D_d G_{\nu'} \tag{6.22}$$

$$= \frac{f^{\gamma}|G_{\nu\nu'}|}{|G|} \sum_d \frac{1}{n_d} \Gamma_{(\rho'\nu')(\rho\nu)}^{\gamma} (D_d^{-1}) P^{\nu} D_d P^{\nu'} \tag{6.23}$$

则哈密顿矩阵元在对称性匹配基组下的表示可简化为

$$\langle \nu\rho; \gamma t|H|\nu'\rho'; \gamma t\rangle = \frac{f^{\gamma}|G_{\nu}||G_{\nu'}|}{|G|} \sum_d \frac{1}{n_d} \Gamma_{(\rho'\nu')(\rho\nu)}^{\gamma} (D_d^{-1}) \langle 1\nu|D_d H|1\nu'\rangle \tag{6.24}$$

当然, 利用群操作与哈密顿算符的对易关系和对称投影算符的厄米性, 一维不可约表示的能量矩阵元也可简化为

$$\langle \nu\rho; \gamma|H|\nu'\rho'; \gamma\rangle = \sqrt{|\Gamma|/|\Gamma_{\nu}|} \langle \nu\rho; \gamma|H|1\nu'\rangle \tag{6.25}$$

通过上述两个简化公式可见, 哈密顿对对称性匹配基组的作用简化为对一个生成子的作用, 故此算法被定义为生成子算法. 在上述公式简化能量矩阵元计算的同时, 电子波函数也可以化简为各个不变子空间中生成子的线性组合. 也就是说, 利用对称性, 我们不但约化了能量矩阵, 而且减少了波函数的存储单元, 简化了能量矩阵元的计算. 对于一维不可约表示来说, 如果原波函数空间的维数是 n, 点群作用下不变子空间的个数是 n^{ν}, 即生成子的个数是 n^{ν}, 则节省的计算时间比值至少为 n^{ν}/n.

下面将利用 Heisenberg 自旋哈密顿 (6.3), 以苯分子的 π 电子为例, 来说明对称性的应用. 对于含 6 个价电子和价轨道的苯分子, 当 $M = 0$ 时, 含有 20 各中性态的 Slater 行列式, 这些行列式分属 A, B, C 三个不变子空间 (图 6-1).

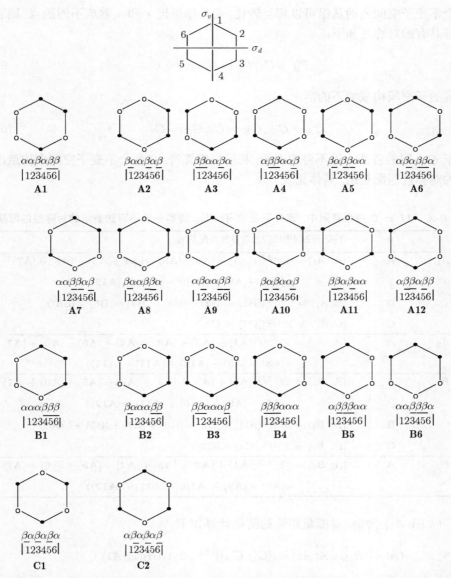

图 6-1　苯分子 π 自旋轨道所构造的 20 个 Slater 行列式及其分属的三个不变子空间

　　我们取分子的点群对称性 G 为 C_{6v}. 为了表述方便, 我们为每个行列式编了号, 分别为 A1, A2, $\cdots$, B1, $\cdots$, C2, 其中 A, B, C 分别代表了三个不同的不变子空间 ν, 相应的生成子为 $|A1\rangle$, $|B1\rangle$, $|C1\rangle$. 图 6-1 中碳位上的 ● 表示该位上的 π 电子具有 α 自旋, ○ 表示该位上的 π 电子具有 β 自旋. 可见, 在点群对称性作用下,

每个不变子空间内的基组可以相互转化, 而且如果把 • 和 ◦ 看成不同的点, 则它们自身具有的对称性如下:

$$F_A = C_1, F_B = C_v, F_C = C_{3v} \tag{6.26}$$

相应的子空间构成如下的群:

$$G_A = C_{6v}, G_B = C_6, G_C = C_2 \tag{6.27}$$

对于 C_{6v} 群的各个一维不可约表示, 利用投影算符, 在各个不变子空间中构造出相应的对称性匹配基组, 具体见表 6-3.

表 6-3　$M = 0$ 守恒空间中, 苯分子 π 电子 C_{6v} 点群一维不可约表示的对称性匹配基组

Γ^γ	ν	不变子空间中相应的对称性匹配基组
A_1	A	$\|A; A_1\rangle = 12^{-1/2}(\|\mathbf{A1}\rangle - \|\mathbf{A2}\rangle + \|\mathbf{A3}\rangle - \|\mathbf{A4}\rangle + \|\mathbf{A5}\rangle - \|\mathbf{A6}\rangle - \|\mathbf{A7}\rangle$ $+ \|\mathbf{A8}\rangle - \|\mathbf{A9}\rangle + \|\mathbf{A10}\rangle - \|\mathbf{A11}\rangle + \|\mathbf{A12}\rangle)$
	B	$\|B; A_1\rangle = 6^{-1/2}(\|\mathbf{B1}\rangle - \|\mathbf{B2}\rangle + \|\mathbf{B3}\rangle - \|\mathbf{B4}\rangle + \|\mathbf{B5}\rangle - \|\mathbf{B6}\rangle)$
	C	$\|C; A_1\rangle = 2^{-1/2}(\|\mathbf{C1}\rangle - \|\mathbf{C2}\rangle)$
A_2	A	$\|A; A_2\rangle = 12^{-1/2}(\|\mathbf{A1}\rangle - \|\mathbf{A2}\rangle + \|\mathbf{A3}\rangle - \|\mathbf{A4}\rangle + \|\mathbf{A5}\rangle - \|\mathbf{A6}\rangle + \|\mathbf{A7}\rangle$ $- \|\mathbf{A8}\rangle + \|\mathbf{A9}\rangle - \|\mathbf{A10}\rangle + \|\mathbf{A11}\rangle - \|\mathbf{A12}\rangle)$
B_1	A	$\|A; B_1\rangle = 12^{-1/2}(\|\mathbf{A1}\rangle + \|\mathbf{A2}\rangle + \|\mathbf{A3}\rangle + \|\mathbf{A4}\rangle + \|\mathbf{A5}\rangle + \|\mathbf{A6}\rangle + \|\mathbf{A7}\rangle$ $+ \|\mathbf{A8}\rangle + \|\mathbf{A9}\rangle + \|\mathbf{A10}\rangle + \|\mathbf{A11}\rangle + \|\mathbf{A12}\rangle)$
	B	$\|B; B_1\rangle = 6^{-1/2}(\|\mathbf{B1}\rangle + \|\mathbf{B2}\rangle + \|\mathbf{B3}\rangle + \|\mathbf{B4}\rangle + \|\mathbf{B5}\rangle + \|\mathbf{B6}\rangle)$
	C	$\|C; B_1\rangle = 2^{-1/2}(\|\mathbf{C1}\rangle + \|\mathbf{C2}\rangle)$
B_2	A	$\|A; B_2\rangle = 12^{-1/2}(\|\mathbf{A1}\rangle + \|\mathbf{A2}\rangle + \|\mathbf{A3}\rangle + \|\mathbf{A4}\rangle + \|\mathbf{A5}\rangle + \|\mathbf{A6}\rangle - \|\mathbf{A7}\rangle$ $- \|\mathbf{A8}\rangle - \|\mathbf{A9}\rangle - \|\mathbf{A10}\rangle - \|\mathbf{A11}\rangle - \|\mathbf{A12}\rangle)$

以 $|A; A_1\rangle$ 为例, 对能量矩阵的简化计算如下:

$$\langle A; A_1|H_{\text{Heis}}|A; A_1\rangle = (|G|/|G_A|)^{1/2}\langle A; A_1|H_{\text{Heis}}|A1\rangle$$

$$= (|G|/|G_A|)^{1/2}\langle A; A_1|(\mathbf{A9} + \mathbf{A7} - 4\mathbf{A1})\rangle$$

$$= 12^{1/2}J(12^{-1/2}\langle \mathbf{A1}| - 12^{-1/2}\langle \mathbf{A7}|$$

$$- 12^{-1/2}\langle \mathbf{A9}|)(|\mathbf{A9}\rangle + |\mathbf{A7}\rangle - 4|\mathbf{A1}\rangle)$$

$$= -6J \tag{6.28}$$

基组越多, 对称性越高, 生成子算法的优越性就越明显. 表 6-4 中, 我们以多省烃同系分子为例, 列出了生成子算法对计算机 CPU 时间和内存的节省变化. 从表 6-4 中可见, ① 由生成子张开的空间的维数远远小于原空间的维数; ② 如果不使用对称性, 一般的计算机已经不能计算含 26 个电子的体系, 但生成子方法能比较快地计算出其本征值和本征向量; ③ 生成子方法对 CPU 时间和内存的节省比例, 相当于对称约化前、后基组空间维数的比值.

表 6-4　对称性的生成子算法对计算时间和计算机内存的节省

多省同系分子 (D_{2h})		⬡⬡⬡	⬡⬡⬡⬡	⬡⬡⬡⬡⬡	⬡⬡⬡⬡⬡⬡
π 电子数		14	18	22	26
$M=0$ 空间的维数		3432	48 620	705 432	10 400 600
A_g 不可约表示的维数		868	12 190	176 484	2 600 612
CPU 时间/s	不利用对称性	1.7	38.2	1009.7	—
	生成子算法	0.3	7.4	183.6	4251.7
占用内存/10^6 B	不利用对称性	1.4	2.1	12	—
	生成子算法	1.4	1.8	7.5	86
基态能量/J		−21.450 50	−27.858 19	−34.266 51	−40.675 65

上述生成子方法, 不仅对点群对称性计算有效, 对其他一些操作, 如果该操作与哈密顿满足对易关系, 也有效. 例如, 在 $M=0$ 守恒空间, 如果同时反转所有电子的自旋 (α 自旋反转为 β 自旋, β 自旋反转为 α 自旋), 组态空间保持不变则哈密顿形式也不变, 此时自旋反演操作和恒等操作构成一个自旋反演群. 此自旋反演群能进一步约化 Heisenberg 自旋哈密顿的能量矩阵, 同样生成子算法依然适用.

6.2.3　半经验价键计算的应用

PPP 和 Hubbard 价键模型对共轭体系 π 电子有良好的效果. 但是上述两个模型, 其基组空间是全组态空间 (包含所有的中性态和离子态行列式), 能处理的体系电子数有限. 为了扩大半经验价键计算的范围, 我们可以选取 Heisenberg 模型哈密顿做价键计算. 众多的计算也表明, Heisenberg 模型对共轭体系的描绘是可信的. 已有的半经验价键计算主要为以下几个方面: 自由基的铁磁性、分子构型的优化、含四圆环体系的反芳香性、NMR 的计算等[27~30].

利用上述算法, 我们可以把 Heisenberg 模型哈密顿的计算推广到含 30～32 个价电子的体系. 图 6-2 和表 6-5 中, 我们列出了一些常见苯型烃 π 电子的 Heisenberg 哈密顿 (6.3) 的最低单态和三态能级, 其中 Heisenberg 模型仅考虑紧邻原子上的电子自旋耦合, 并假设所有的耦合常数 J 相等, 所列举的苯型烃最多含 28 个 π 电子.

1) 括号内标注了分子所属的点群.

2) 能量单位为 J.

3) 对具有对称性的分子, 基态能量属于全对称不可约表示, 三重态能量的对称性见括号.

4) 单–三态能差的单位为 −J.

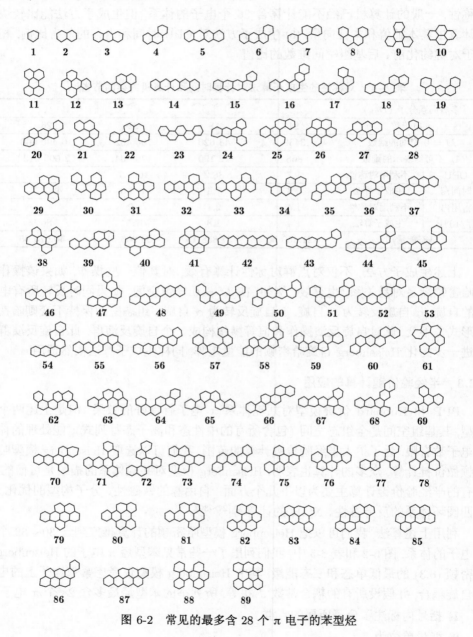

图 6-2　常见的最多含 28 个 π 电子的苯型烃

表 6-5 一些常见苯型烃 (图 6-2) 的基态和最低三重态的能级, 以及相应的单–三态能差

分子编号 [1]	$E_S^{[2]}$	$E_T^{[2],[3]}$	$\Delta E_{S-T}^{[4]}$	分子编号 [1]	$E_S^{[2]}$	$E_T^{[2],[3]}$	$\Delta E_{S-T}^{[4]}$
1	$-8.605\ 55$	$-7.223\ 607$	$1.369\ 48$	45	$-40.823\ 51$	$-40.232\ 90$	$0.590\ 61$
2	$-15.039\ 97$	$-14.033\ 95$	$1.006\ 02$	46	$-40.825\ 53$	$-40.236\ 98$	$0.588\ 55$
3	$-21.450\ 50$	$-20.671\ 85$	$0.778\ 65$	$47(C_{2V})$	$-40.833\ 01$	$-40.216\ 04(A_1)$	$0.616\ 97$
4	$-21.522\ 50$	$-20.644\ 75$	$0.877\ 75$	$48(C_{2h})$	$-40.835\ 21$	$-40.221\ 67(B_u)$	$0.613\ 54$
5	$-27.858\ 19$	$-27.222\ 40$	$0.635\ 79$	$49(C_{2V})$	$-40.850\ 50$	$-40.235\ 85(A_1)$	$0.614 65$
6	$-27.944\ 44$	$-27.205\ 43$	$0.739\ 01$	$50(C_{2h})$	$-40.850\ 58$	$-40.236\ 72(B_u)$	$0.613 86$
7	$-27.994\ 97$	$-27.216\ 58$	$0.778 39$	51	$-40.858\ 94$	$-40.218\ 62$	$0.640\ 32$
8	$-27.993\ 14$	$-27.209\ 19$	$0.783\ 95$	52	$-40.859\ 30$	$-40.220\ 98$	$0.638\ 32$
9	$-28.039\ 38$	$-27.219\ 88$	$0.819\ 51$	53	$-40.889\ 14$	$-40.241\ 38$	$0.647\ 76$
10	$-25.132\ 56$	$-24.411\ 03$	$0.721\ 53$	54	$-40.889\ 99$	$-40.241\ 51$	$0.648\ 48$
11	$-31.603\ 19$	$-30.989\ 49$	$0.613\ 70$	55	$-40.890\ 19$	$-40.242\ 42$	$0.647\ 77$
12	$-31.651\ 32$	$-30.946\ 75$	$0.704\ 57$	56	$-40.891\ 90$	$-40.247\ 21$	$0.644\ 69$
13	$-31.592\ 04$	$-30.962\ 44$	$0.629\ 60$	57	$-40.904\ 32$	$-40.246\ 84$	$0.657\ 48$
14	$-34.266\ 52$	$-33.723\ 57$	$0.542\ 95$	58	$-40.904\ 48$	$-40.247\ 51$	$0.656\ 97$
15	$-34.354\ 97$	$-33.729\ 39$	$0.625\ 58$	59	$-40.906\ 16$	$-40.250\ 75$	$0.655\ 41$
16	$-34.369\ 70$	$-33.706\ 09$	$0.663\ 61$	60	$-40.906\ 48$	$-40.253\ 13$	$0.653\ 35$
17	$-34.413\ 13$	$-33.731\ 85$	$0.681\ 28$	61	$-40.941\ 97$	$-40.262\ 71$	$0.679\ 26$
18	$-34.415\ 14$	$-33.737\ 79$	$0.677\ 35$	$62(C_{2h})$	$-40.942\ 46$	$-40.262\ 36(B_u)$	$0.680\ 10$
19	$-34.434\ 51$	$-33.731\ 09$	$0.703\ 42$	63	$-40.943\ 23$	$-40.265\ 51$	$0.677\ 72$
20	$-34.434\ 83$	$-33.733\ 65$	$0.701\ 18$	64	$-40.944\ 15$	$-40.266\ 60$	$0.677\ 55$
21	$-34.468\ 09$	$-33.744\ 83$	$0.723\ 26$	$65(C_{2V})$	$-40.944\ 31$	$-40.266\ 55(A_1)$	$0.677\ 76$
22	$-34.469\ 08$	$-33.746\ 15$	$0.722\ 93$	$66(C_{2h})$	$-40.945\ 98$	$-40.272\ 43(B_u)$	$0.673\ 55$
23	$-34.470\ 83$	$-33.752\ 56$	$0.718\ 27$	$67(C_{2V})$	$-40.880\ 45$	$-40.257\ 06(B_2)$	$0.623\ 39$
24	$-34.468\ 38$	$-33.747\ 75$	$0.720\ 63$	$68(C_{2V})$	$-40.899\ 34$	$-40.239\ 11(B_2)$	$0.660\ 23$
25	$-34.502\ 82$	$-33.770\ 33$	$0.732 49$	69	$-40.921\ 31$	$-40.275\ 44$	$0.645\ 87$
26	$-35.284\ 75$	$-34.654\ 56$	$0.630 19$	70	$-40.930\ 73$	$-40.270\ 45$	$0.660\ 28$
27	$35.193\ 45$	$-34.663\ 78$	$0.529\ 67$	71	$-40.930\ 73$	$-40.271\ 45$	$0.659\ 28$
$28(D_{2h})$	$-38.168\ 81$	$-37.484\ 31(B_{3u})$	$0.684\ 50$	72	$-40.968\ 99$	$-40.294\ 43$	$0.674\ 56$
29	$-38.116\ 72$	$-37.484\ 65$	$0.632\ 07$	$73(C_{2V})$	$-40.970\ 03$	$-40.299\ 97(B_2)$	$0.670\ 06$
30	$-38.115\ 25$	$-37.469\ 32$	$0.645\ 93$	74	$-40.956\ 13$	$-40.271\ 37$	$0.684\ 76$
31	$-38.101\ 04$	$-37.485\ 38$	$0.615\ 66$	$75(C_{2V})$	$-40.968\ 65$	$-40.292\ 34(B_2)$	$0.676\ 31$
$32(C_{2V})$	$-38.081\ 40$	$-37.435\ 23(B_2)$	$0.646\ 17$	76	$-40.979\ 99$	$-40.289\ 80$	$0.690\ 19$
33	$-38.083\ 81$	$-37.500\ 29$	$0.583\ 52$	77	$-40.981\ 04$	$-40.292\ 05$	$0.688\ 99$
34	$-38.071\ 92$	$-37.464\ 34$	$0.607\ 58$	$78(D_{2h})$	$-41.005\ 54$	$-40.320\ 46(B_{3u})$	$0.685\ 08$
35	$-38.075\ 79$	$-37.478\ 99$	$0.596\ 80$	79	$-41.796\ 31$	$-41.185\ 68$	$0.610\ 63$
$36(C_{2V})$	$-38.057\ 67$	$-37.485\ 64(B_2)$	$0.572\ 03$	$80(C_{2V})$	$-41.781\ 28$	$-41.200\ 91(B_2)$	$0.580\ 37$
$37(C_{2h})$	$-38.048\ 32$	$-37.494\ 77(B_u)$	$0.553\ 55$	81	$-41.753\ 42$	$-41.181\ 56$	$0.536\ 33$
38	$-38.042\ 58$	$-37.523\ 52$	$00.519\ 06$	$84(D_{2h})$	$-41.715\ 85$	$-41.220\ 52(B_{2u})$	$0.495\ 33$
39	$-38.011\ 45$	$-37.453\ 50$	$0.557\ 95$	85	$-41.708\ 26$	$-41.198\ 10$	$0.510\ 16$
$40(C_{2h})$	$-37.967\ 59$	$-37.544\ 90(B_u)$	$0.422\ 69$	86	$-41.667\ 39$	$-41.175\ 75$	$0.491\ 64$
$41(D_{6h})$	$-38.950\ 98$	$-38.347\ 55(B_{1u})$	$0.603\ 43$	87	$-41.649\ 40$	$-41.180\ 98$	$0.468\ 42$
$42(D_{2h})$	$-40.675\ 65$	$-40.195\ 77(B_{3u})$	$0.479\ 88$	$88(C_{2V})$	$-44.618\ 13$	$-44.006\ 45(B_2)$	$0.611\ 68$
43	$-40.763\ 89$	$-40.221\ 98$	$0.541\ 91$	$89(D_{2h})$	$-45.310\ 55$	$-44.903\ 99(B_{3u})$	$0.406\ 56$
44	$-40.781\ 30$	$-40.195\ 58$	$0.585\ 72$				

6.3　密度矩阵重整化群方法

6.3.1　DMRG 方法的构思背景

用价键结构作为基函数求解哈密顿方程受到很大限制. 簇展开和 Kekulé 近似在一定程度上减少了计算量, 但还是难以从根本上解决体系扩大所带来的问题. 采取分而歼之 (divide-and-conquer) 策略的线性标度量子化学方法 (linear-scaling quantum chemical method), 在将大分子分割为若干可计算小片段时, 能否较好地计及片段周围化学环境的影响将极大地影响计算精度. 远程化学环境的影响虽然远小于临近环境, 但也不可完全忽略, 共轭分子中电子的离域性使远程环境的影响更为显著. 重整化群方法[31] 为我们提供了另一种思路: 将大体系分为若干小片段, 通过适当的方法将小片段中的基函数数目加以收缩 (减维), 然后在收缩后的基函数空间中重新构建大体系的哈密顿. 最初的重整化群方法通过对小片段的哈密顿进行求解, 将能量较低的那部分本征函数保留作为收缩后的基函数, 舍弃能量较高的本征函数. 人们发现, 这一做法甚至无法得到定性正确的结果, 因为在对每一个片段中基函数进行收缩时没有考虑到其周围化学环境的影响[32].

量子统计中发展的密度矩阵理论对于如何在计算特定片段时考虑周围化学环境的影响提供了一种有效的解决方案[33]. 不妨将该片段称为体系 (system), 除此之外的剩余部分称为环境 (environment), 将完整包含体系和环境的整个分子称为超级块 (superblock), 三者分别标记为 B、B′、BB′. 通过以下分析, 我们将能理解在对 B 和 B′ 的基函数空间进行收缩 (减维) 时, 密度矩阵理论能够为我们提供基函数空间减维变换的最佳方案, 以保证重构的超级块能够精确地再现分子的目标态 (基态或某些激发态). 如果用 $|i\rangle$ 代表体系片段的多粒子态的全部基组, 用 $|j\rangle$ 代表环境片段的多粒子态的全部基组, $|\psi\rangle$ 是整个超级块中的一个态, 那么有

$$|\psi\rangle = \sum_{ij} \psi_{ij} |i\rangle |j\rangle \tag{6.29}$$

式中: ψ_{ij} 为组合系数. 进而, 体系片段的密度矩阵定义为

$$\rho_{ii'} = \sum_j \psi_{ij}^* \psi_{ij} \tag{6.30}$$

如果有算符 A 作用于体系片段, 则有

$$\langle A\rangle = \sum_{ii'} A_{ii'}\rho_{ii'} = \mathrm{Tr}(\rho A) \tag{6.31}$$

密度矩阵 ρ 为正定矩阵, 假定 ρ 的本征态为 $|v_\alpha\rangle$, 对应的本征值分别为 $\omega_\alpha(\omega_\alpha \geqslant 0, \sum_\alpha \omega_\alpha = 1)$. ω_α 表征基函数 $|v_\alpha\rangle$ 在构成目标态 $|\psi\rangle$ 时的贡献. 算符 A 的期望

值也可以这样计算

$$\langle A \rangle = \sum_{\alpha} \omega_{\alpha} \langle v_{\alpha} | A | v_{\alpha} \rangle \tag{6.32}$$

由式 (6.32) 可知, 如果 $\omega_{\alpha} \approx 0$, 舍弃基函数 $|v_{\alpha}\rangle$ 将基本不会影响对 $\langle A \rangle$ 的估算. 换而言之, 保留密度矩阵中本征值较大的那些本征函数作为基函数, 也就是保留了体系片段中最重要的基函数, 借此即可实现对各力学量的高精度计算. 众所周知, 要获得严格意义上的密度矩阵, 必须预先知道系统 BB′ 的精确波函数, 而这恰恰是需要求解的. 因而, 如何获得性质上与精确密度矩阵性质相近的近似密度矩阵对于基函数减维至关重要. 在密度矩阵重整化群方法中, White 建议了一套有效的方案[33,34], 并成功地应用于一维共轭体系的计算.

6.3.2 DMRG 的算法

DMRG 方法通过两个步骤来计算并优化密度矩阵. 第一步为无限系统算法 (infinite system algorithm), 此时只考虑体系的近程化学环境, 选择适当大小的分子片段以代替整个分子, 获取近似的密度矩阵. 在诸如聚多烯 (polyene)、聚多省 (polyacene) 等一维共轭体系中, 分子的不同区域的化学环境高度相似, 如果采用仅计及紧邻作用的价键模型, 上述密度矩阵已经能够提供很好的减维方案, 从而得到精度令人满意的基态态能量和某些力学量计算结果. 但是一般而言, 此时密度矩阵不能体现实际化学环境, 需要通过第二步有限系统算法 (finite system algorithm) 对密度矩阵和基函数做进一步的优化.

1. 无限系统算法

在分子轨道理论中, 求解多电子体系时, 通常先求解单电子模型得到分子轨道, 再通过组态相互作用或其他方法进一步考虑电子相关效应. 在 DMRG 方法中模型哈密顿可以选择在实空间中求解, 即直接以原子轨道而不是分子轨道作为构建电子组态 (Slater 行列式) 的基函数. 针对这种处理方法, White 将无限系统算法总结为以下几个步骤:

(1) 构建一个包含 L 个空间位点的超级块, 对于两端对称的一维链, 可取 L 为偶数, 将其中左侧 $l = L/2$ 个位点组成的子体系成为系统块, 而将右侧 $l' = L/2$ 个位点称为环境块. 超级块的大小适当, 可以精确求解其能量最低的几个电子态.

(2) 利用 Lanczos 或 Davidson 方法对角化超级块的哈密顿 H_L^{Super}, 获得目标态 (基态或某些低激发态) 的波函数 $|\psi\rangle$.

(3) 应用式 (6.30) 构建体系块中目标态 $|\psi\rangle$ 的约化密度矩阵 $\rho_{ii'}$.

(4) 将约化密度矩阵 $\rho_{ii'}$ 对角化, 获得 m 个最大本征值对应的本征函数, 作为体系块基函数变换矩阵的列向量, 构造变换矩阵 O_L.

(5) 对体系块中的算符进行减维变换, 如 $\tilde{H}_l^L = O_L^+ H_l^L O_L$. 在不同的模型哈密顿中, 算符的形式和数目均不相同. 右侧环境块的算符 $\tilde{H}_{l'}^R$ 根据对称性, 经由左侧块的算符 $\tilde{H}_l^L$ 简单地进行镜像变换得到.

(6) 在左右块中间新增两个新的位点, 构建长度为 $L+2$ 的链模型 H_{L+2}^{Super}.

(7) 将步骤 (2) 中 H_L^{Super} 换成 H_{L+2}^{Super}, 重复步骤 (2)~(6).

图 6-3 为上述算法的示意图.

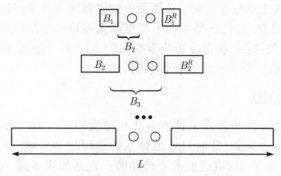

图 6-3　无限系统算法的示意图

2. 有限系统算法

在有限系统算法中, 链的长度不改变, 也即环境块的长度和体系块的长度之和保持恒定. 通过反复迭代优化密度矩阵, 并获得更为精确的能量. 一般而言, 有限系统算法应在无限系统算法之后进行. 为实施有限系统算法的步骤, 必须保留无限系统算法过程中每一长度环境块的算符矩阵, 如 $\tilde{H}_l^R(l = 1, 2, \cdots, L/2 - 2)$ 等. 有限系统算法示于图 6-4 中.

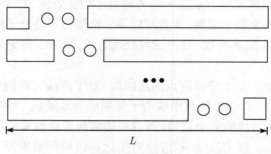

图 6-4　有限系统算法的示意图

其实施步骤概括如下:

(1) 完成无限系统算法, 直到整个链模型达到期望的长度 L. 保留每一步中的体系块的所有算符 $\tilde{H}_l^L$.

(2) 利用无限系统算法中的步骤 (3)~(5), 以获得 $\tilde{H}_{l+1}^L$, 保留该算符. 注意到此时左右块的长度已不相等 $(l = l')$.

(3) 以 $\tilde{H}_{l+1}^L$、$\tilde{H}_{l'-1}^R$ 及两个新的位点构建长度为 L 的超级块. 注意到 $l' = L - l - 2$.

(4) 重复步骤 (1)~(2), 直到 $l = L - 3$, 完成从左到右的扫描.

(5) 利用无限系统算法中的步骤 (3)~(5), 将体系和环境的角色互换, 构建右块的算符 $\tilde{H}_{l'+1}^R$, 并保留.

(6) 利用 $\tilde{H}_{l-1}^L$、$\tilde{H}_{l'+1}^R$ 及两个新位点构建超级块.

(7) 重复 (4)~(5), 直到 $l = 1$, 完成从右到左的扫描.

(8) 从第一步开始重复上述步骤, 反复迭代直到计算收敛.

6.3.3 超级块的构建

在 DMRG 算法中, 系统块和环境块一起构成整个分子, 即超级块. 在每一步的计算过程中, 为下一步计算中能够构建超级块, 必须保留系统块和环境块中某些算符. 以一维 Heisenberg 链模型为例, 哈密顿算符形式为

$$H_{\text{Heisenberg}} = J \sum_{i-j} S_i S_j \tag{6.33}$$

当位点自旋量子数 $S = 1/2$ 时, 该模型等同于 Pauling-Wheland 价键模型[35], 仅考虑紧邻位点之间的自旋相互作用. 计算中, 自旋耦合作用 $S_i S_j$ 可以展开为

$$S_i S_j = S_i^z S_j^z + \frac{1}{2} \left(S_i^+ S_j^- + S_j^+ S_i^- \right) \tag{6.34}$$

超级块的哈密顿表示为

$$H_{B_L B_R} = H_{B_L} + H_{B_R} + J \sum_{\text{LR}} S_L S_R \tag{6.35}$$

式中: L 代表左块; R 代表右块; $J \sum_{\text{LR}} S_L S_R$ 代表相邻的左、右两块之间的相互作用. 若用下标 i_1 和 i_2 分别代表相邻两块的元素, 方便起见, 可令 $J = 1$, 有

$$[H_{B_L B_R}]_{i_1 i_2; i_1' i_2'} = [H_{B_L}]_{i_1 i_1'} \delta_{i_2 i_2'} + [H_{B_R}]_{i_2 i_2'} \delta_{i_1 i_1'} + [S_r^z]_{i_1 i_1'} [S_l^z]_{i_2 i_2'}$$
$$+ \frac{1}{2} [S_r^+]_{i_1 i_1'} [S_l^-]_{i_2 i_2'} + \frac{1}{2} [S_r^-]_{i_1 i_1'} [S_l^+]_{i_2 i_2'} \tag{6.36}$$

式中: r 代表左块中最靠右的点; l 代表右块中最靠左的点. 因此, 在计算的每一步, 除必须保留左、右块的哈密顿算符之外, 为了重建体系和环境的相互作用, 还必须保留左块中最右边位点和右块中最左边位点的自旋算符 S_r^z、S_r^+、S_r^-、S_l^z、S_l^+、S_l^-.

由于体系的对称性且 S_r^+ 和 S_r^- 互为转置共轭, 实际只需保留 S_r^z 和 S_r^+. 上面的算式可以用如下一般形式描述:

$$[H^{\text{super}}]_{i_1 i_2; i_1' i_2'} = \sum_{\alpha} A_{i_1 i_1'}^{\alpha} B_{i_2 i_2'}^{\alpha} \tag{6.37}$$

而乘积 $H^{\text{super}} \psi$ 可以写成如下形式:

$$\sum_{i_1' i_2'} [H^{\text{super}}]_{i_1 i_2; i_1' i_2'} \psi_{i_1' i_2'} = \sum_{\alpha} \sum_{i_1'} A_{i_1 i_1'}^{\alpha} \sum_{i_2} B_{i_2 i_2'}^{\alpha} \psi_{i_1' i_2'} \tag{6.38}$$

6.3.4　物理量的计算

在 DMRG 的计算过程中, 基函数空间在不断变换, 因此需要计算的力学量的算符表示矩阵在整个计算过程应当与基函数同时变换. 例如, 如果需要计算一维链模型每一位点的自旋密度 S_l^z, 就必须在整个 DMRG 计算过程中的每一步保留并刷新每一位点算符 S_l^z 的表示矩阵. 这样, 就可以利用目标态波函数 ψ 计算出算符 S_l^z 的期望值. 当位点处于系统块中时计算公式如下:

$$\langle \psi | S_l^z | \psi \rangle = \sum_{i, i', j} \psi_{ij}^* [S_l^z]_{ii'} \psi_{i'j} \tag{6.39}$$

在计算某些相关函数时处理方法则稍有不同. 例如, 在计算 $\langle \psi | S_l^z S_m^z | \psi \rangle$ 时, 将视位点 l 和 m 是否在同一个块 (体系块或者环境块) 中而采取不同方法. 如果 l 和 m 不在同一个块中, 只要在整个计算过程中保留和更新算符 S_l^z 和 S_m^z 的表示矩阵, 并以如下公式计算:

$$\langle \psi | S_l^z S_m^z | \psi \rangle = \sum_{i, i', j, j'} \psi_{ij}^* [S_l^z]_{ii'} [S_m^z]_{jj'} \psi_{i'j'} \tag{6.40}$$

但是, 当位点 l 和 m 处于同一个块中时, 则不可以应用与式 (6.40) 类似的公式

$$\langle \psi | S_l^z S_m^z | \psi \rangle = \sum_{i, i', i'', j'} \psi_{ij}^* [S_l^z]_{ii'} [S_m^z]_{i'i''} \psi_{i''j} \tag{6.41}$$

进行计算. 因为关于 i' 的求和只遍及 DMRG 计算中保留的基函数空间, 而恰当的做法应当是遍及整个基函数空间. 详细的讨论可以参见文献. 一般的做法是, 在 DMRG 计算过程中直接保留并更新算符 $S_l^z S_m^z$ 的表示矩阵. 这样, 在最后一步中, 利用式 (6.42) 计算其期望值:

$$\langle \psi | S_l^z S_m^z | \psi \rangle = \sum_{i, i', j} \psi_{ij}^* [S_l^z S_m^z]_{ii'} \psi_{i'j} \tag{6.42}$$

6.3.5　DMRG 的精度

图 6-5 列出了采用有限系统算法和无限系统算法在计算一维 Heisenberg 链基态能量时的误差随链长增长时的演变情况. 在只保留 16 个基函数的情形下, 两种方法已能达到较好的精度, 但误差随链长的增长而有增大的趋势, 实际计算中应当根据实际情况选择保留适当数目的基函数以保证 DMRG 方法的数值精度, 特别是在计算大体系的时候, 保留过少的基函数会使 DMRG 方法丧失大小一致性. DMRG 方法用于计算激发态能量时, 精度低于基态能量的计算, 应当保留更多的基函数以获得相应的计算精度.

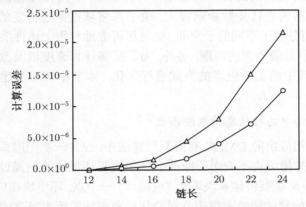

图 6-5　一维 Heisenberg 链模型密度矩阵重整化群算法的误差随链长演变. 计算中仅保留 16 个基函数. △ 代表无限系统算法的结果; ○ 代表有限系统算法的结果

图 6-6 给出了直链与环体系的 Heisenberg 模型的计算精度随保留基函数数目增加时的改善情况. 可以发现, 误差随保留基函数数目的增加而指数衰减. 另外, 链

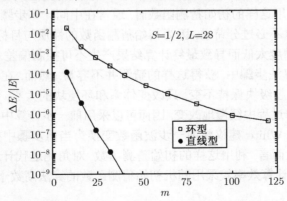

图 6-6　点数为 28 的直线型与环型体系的 Heisenberg 模型的计算精度与保留基函数数目的演化

状体系的计算精度明显优于环状体系.

6.3.6 计算方案的进一步优化

在 DMRG 算法实施过程中, 最为耗时的步骤是超级块哈密顿算符的对角化, 因为待处理矩阵的维数通常在 10^5 以上. 在处理 Heisenberg 模型时这一步往往占总计算时间的 90% 以上, 因此一个好的计算策略必须对此加以认真对待. 一般而言, 人们仅关注基态或几个最低的激发态, 对角化方法可以选择诸如 Lanczos 方法[24]、Davidson 方法[36] 等迭代求解算法, 因为此类方法的迭代步数一般在 100 以下即可获得计算精度很高的目标态能量. 人们熟知, 对角化过程初始猜测函数的选取对于计算所需的迭代步数影响很大; 电子态将依据某些特定的性质 (如粒子数、自旋态等) 而分属于不同的子空间, 如何尽可能地利用上述性质以减少计算量是 DMRG 计算中必须考虑的问题. 另外, 为了提高计算速度以及改善程序的通用性, 还可以对计算中增加新位点的方式进行优化. 本节中将对上述几点分别加以讨论.

1. 对角化算法中的初始态猜测波函数[37]

在 White 最初提出的 DMRG 有限系统算法中, 包含一次无限系统算法的完整过程和若干次保持超级块不变而不断改变体系块和环境块的扫描过程. 在每次扫描过程中, 每一步都需要将体系块增加 (或减少) 一个点, 环境块相应地减少 (或增加) 一个点, 并对构建的新哈密顿矩阵对角化以获得新的更为可靠的基态或少数几个激发态的能量值. 整个系统的哈密顿空间维数巨大, 因而通常采用 Lanczos 算法或者 Davidson 算法求解, 从某个初始猜测函数开始采用迭代的方法来逐步逼近最终所需要求解的电子态. 采用随机确定的初始猜测函数时, 一般需要迭代几十次乃至上百次, 而采用一个较接近目标态的波函数作为初始猜测函数时迭代所需的次数就会大大减少. 采用这样的初始猜测函数时, 通常在中间计算步骤中对哈密顿矩阵对角化计算的精度不必过分苛求, 因为初始猜测函数的性质与目标态比较接近, 无需担心由于计算精度太低而导致最终计算结果产生不可控制偏差.

在无限系统算法步骤中, 获得这样的猜测并不容易. 然而, 在有限系统算法的来回扫描过程中, 超级块保持不变, 只改变体系和环境块的大小, 分子的目标态波函数的性质在计算过程中缓慢地改变, 因而可以采用前一步计算中得到的波函数作为初始猜测函数. White 建议将前一步波函数变换为当前步骤中初始猜测函数的一般性方法. 一般而言, 利用这样的初始猜测函数, 对角化迭代计算只需数次乃至 2~3 次即能收敛, 计算效率较采用随机初始猜测函数的算法高数十倍, 能够节省大量的时间.

2. 分子对称性和守恒量子数的应用[38]

在小分子哈密顿的严格对角化计算中, 可以充分利用分子的对称性将哈密顿矩阵分块对角化. 在每一个分块的矩阵中, 还可以利用粒子数与自旋量子态守恒等性质进一步将矩阵分块化. 在 DMRG 计算中, 粒子数与自旋量子态守恒也可以方便地利用. 目前, 完全的分子空间和自旋对称性还难以全部考虑, 这是因为在切块过程中, 分子的整体对称性遭到破坏. 对于具有局部对称的操作如半填满状态的自旋翻转、电荷共轭以及空间反演对称性, 将在 6.6 节重点介绍.

3. 一些多电子哈密顿计算的简化[39]

在一些考虑了多中心积分的模型哈密顿或者从头算计算当中, 由于需要多重求和, DMRG 的每一步计算的计算量都和 N^2(甚至 N^3 或者 N^4) 成正比, 非常耗时间. 一般地, 模型哈密顿形式为 $H = \sum_{ij} T_{ij} a_i^+ a_j + \sum_{ijkl} V_{ijkl} a_i^+ a_j^+ a_k a_l$, 若利用 Lanczos 算法或者 Davidson 算法对角化超级块的哈密顿矩阵时, 计算量为 N^4. 当 i、j 位点处于体系块中, k、l 位点处于环境块中时, 可以在体系块中定义新的算符 $O_{kl} = \sum_{ij} V_{ijkl} a_i^+ a_j^+$, 相应地, 双电子项简化为 $\sum_{kl} O_{kl} a_k a_l$, 从而将计算量减少到 N^2; 当 i、j、k 处于体系块, l 处于环境块时, 可以在体系中定义新的算符 $O_l = \sum_{ijk} V_{ijkl} a_i^+ a_j^+ a_k$, 使得 H 中的双电子部分简化为 $\sum_l O_l a_l$, 并将双电子部分的计算量进一步减少为 N^1; 其他情况也可类似地加以处理. 一般而言, 利用定义新算符的方法来减少对角化 H 时双电子部分计算的求和次数可以大大减少计算量, 乃至达到节约 90%以上的计算时间. 具体可以参见文献 [39].

4. 每次增加一个位点的算法[40]

在 DMRG 算法创立的初期, White 通过对一系列增加位点的方式进行了对比, 最终确定在体系块和环境块的交界处增加两个位点, 即体系和环境同时包含一个新加的精确位点为最佳方案. 例如, 在 $S = 1/2$ 的 Heisenberg 模型 (价键模型) 中, 每个位点的自由度等于 2, 计算中的体系块和环境块的最大保留数设为 m, 对于整个超级块需要求解 $(4m^2 \times 4m^2)$ 的矩阵. 其实, 如果只在体系块中加一个精确的位点, 而在环境块中不增加精确的位点, 则超级块的哈密顿矩阵维数将减小一半, 显然单点算法的计算量要比两点算法少很多. 为什么这一方案在 DMRG 方法创立的最初没有被采纳呢? 这是由于环境中没有包含新加的精确位点的信息, 对于真实环境的模拟并不如增加两点的算法合理, 导致了有限系统算法计算的收敛很慢, 数值精度也不好.

我们可以对此加以简单分析. 人们熟知, 应用乘幂法 (power method) 迭代求解基态波函数 ($\Psi_{n+1} = (1 - \varepsilon H)\Psi_n$, 其中 ε 是一个很小的常数) 时, 只要初始的波函数 Ψ_0 与精确基态波函数不正交, 且 ε 足够小, 迭代求解就一定能够收敛于基态波函数. 从这一点出发, 可以设想, 如果在 DMRG 计算过程中每次保留的基函数能够同时高精度地描述超级块的目标态波函数 Ψ 和 $H\Psi$, 那么, DMRG 最终一定能够获得高精度的计算结果 (图 6-7). 在原始的 DMRG 方法中, 根据体系块约化密度矩阵而选择的保留基函数仅能高精度地描述波函数 Ψ, 并不能保证能够正确地描述 $H\Psi$. 基于此, White 最近建议了一套新的计算方案, 将算符信息引入密度矩阵以改善体系块中保留基函数的规则, 并进一步利用微扰理论对超级块的波函数加以校正. 将算符信息引入密度矩阵的方法可以改善精度, 弥补环境精确信息不足的缺陷. 此外, 也可以把环境缺少的精确点信息看成对现有系统的 Hilbert 空间的微扰, 构造出微扰哈密顿 H', 进而可求得微扰波函数 Ψ', 从而可以写出修正后的密度矩阵. 基于这些改进, 在计算时间相对于标准的两点算法大大减少的情况下, 单点算法可以得到能与两点算法相比拟乃至更好的计算结果. 特别是在处理结构较为复杂, 计算过程收敛较困难的系统时, 这种算法显得更加合理. 具体计算细节可以参见文献 [40].

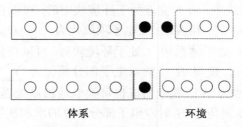

体系   环境

图 6-7   标准的两点 DMRG 算法和单点 DMRG 算法

5. 数值重整化群方法与 DMRG 的结合

DMRG 最初被用来计算一维 Heisenberg 模型和 Hubbard 模型. 这类体系结构简单, 前后类似, 便于采用无限系统算法获得在有限系统计算中需要的不同长度的环境块的算符. 对于一些关联度比较复杂的系统, 如准二维、二维和三维结构, 或者一般的共轭分子, 无限系统算法的 DMRG 计算实施起来就更为困难, 因为很难为体系找到前后类似的环境. 一般而言, 针对不同的体系, 必须合理设计路径, 将复杂体系拉伸为一条一维链, 其中包含远程相互作用. 因而这样的计算必须针对不同的结构编写不同的无限系统算法的 DMRG 程序, 通用性很差. 为了克服这一缺点, 我们采用 Wilson 的数值重整化群方法 (renormalization group method, RG) 代替无限系统算法, 为有限系统算法提供最初的不同长度的环境块中的算符. 由于 RG 算法不考虑环境与体系的相互作用, 计算中仅根据单独求解的环境块中各本征态的能量高低决定基函数的取舍, 能量低的本征态被保留下来作为构造更大的环境块的基函数. 这一步计算量很小, 在整个有限系统 DMRG 算法中所占的时间份额几乎可以忽略. 而且只要给定加点次序和位点间的连接情况, 即可自动完成计算, 无需为不同的系统编写不同的程序, 通用性很强, 便于推广应用. 当然, 由 RG 算法得到的环境块中算符的表示矩阵性质上无法和无限系统算法的 DMRG 计算得到的表示矩阵相比拟, 有待在有限系统计算的扫描过程中不断加以改善, 最终依然能够得到可靠的结果.

6.4 DMRG 在共轭体系的价键理论计算中的应用

6.4.1 苯型烃共轭分子的研究近况

共轭体系是有机功能材料分子的基本骨架, 苯环结构则是众多有机共轭结构中最重要的结构基元之一. 近年来, 通过有机合成或其他制备手段获得了大量的多苯环分子, 其中有一维结构, 如 oligophenylenes、oligo(1,4-naphthylene) 等; 也有二维结构, 如小块石墨面、笼状富勒烯分子以及碳纳米管等. 这些共轭结构为人们提供了大量的模板分子, 加深了人们对共轭分子物理化学行为的理解, 并为进一步研制分子功能材料提供了更多的选择途径. 但是, 由于上述结构往往有很强的分子间相互作用而难以通过分离获得高纯度的样品, 导致结构难以准确测定, 也无法得到诸如键长、键角等基本的结构数据. 另外, 含有自由基的有机化合物属于非闭壳层电子结构, 带有不成对电子, 这是构建磁性分子的基本出发点. 一般情况下, 自由基是不稳定的, 但如果有立体位阻高的取代基来保护或者使其处于共轭系统, 则能延长自由基的寿命. 通过合适的结构调控, 使这些自由基之间形成较强的铁磁或亚铁磁耦合, 可以形成非常高自旋的有机共轭分子. 通过调节有机共轭体系的自由基耦合来合成高分子磁体已经成为当前开发新磁性材料的有效方法[41].

理论化学计算在揭示这类共轭体系的结构和性质方面具有难以替代的作用. 从头算法在处理小体系和中等大小体系方面已经发挥了重要作用. 然而, 由于其计算量太大, 尚不能用于计算大型共轭体系, 难以应用于大范围总结共轭体系的同系线性规律. 虽然复杂的高精度量子化学从头算法对小分子的计算取得了巨大的成功, 但为了大范围地系统理解和总结分子结构与性质的规律, 特别是对于有机共轭分子, 简单的模型哈密顿的方法似乎更受到实验化学家和理论工作者的青睐. 共轭分子的化学行为几乎完全由 π 电子所决定, 而 π 电子可以认为是处在核和 σ 键所形成的分子骨架上运动, 所以特别适合用模型哈密顿来处理. 模型哈密顿只考虑 π 电子, 而将 σ 电子的作用通过参数来调节. 传统的半经验计算方法中, Hückel 分子轨道方法 (HMO) 能够处理庞大的体系, 但由于电子相关效应的缺位, 其结论的可靠性常常受到人们的质疑. 在大部分的情况下, 价键方法 (VB) 的可靠性明显优于 HMO 方法. 在小分子和中等大小分子的 VB 模型计算方面, 早在 20 世纪 80 年代,

Alexander 和 Schmalz 借助于酉群方法完成了 24 个 π 电子以下苯型烃价键模型的精确处理[42]. 武剑和江元生利用 Lanczos 对角化方法, 精确处理了最大为 28 个原子的苯型体系[23]. 但是, 人们熟知, VB 模型的哈密顿矩阵维数随原子数的增加而呈指数增长, 计算的代价高昂, 目前的计算条件难以实现. 于是一些近似解法被发展出来, 如基于 Kekulé共振结构的 RVB 方法 (resonance valence bond method)[43~45], 能够较方便地用于处理上百个原子的共轭分子. 但其缺点是模型比较粗糙, 通常对于中等大小的体系也只能得到 80%~90%的基态能量.

　　DMRG 方法的建立为高精度地处理 VB 模型提供了可能. 在 DMRG 成功地应用于处理一维电子强相关体系之后, 人们对将其应用拓展至二维体系体系倾注了极大的热情. 对于一些简单的准一维结构, 如 poly(p-phenylene) (PPP) 和 poly(p-phenylene vinylene) (PPV), 曾设想对于每一个苯环用前线分子轨道来代替实际的原子轨道从而大大减少哈密顿空间的维数[46], 但是结果难以令人满意. 对于二维方格子模型, 最直接的想法就是将每次增加两个新位点变为增加两排新位点, 但是, DMRG 的精度也随体系宽度的增加而呈指数衰减. 目前, 通常的做法是, 通过仔细选择初始块和每次增加的块, 有可能为每一个准二维和二维体系设计出独特的计算方案, 得到较精确的计算结果[47,48], 总结从分子到聚合物的线性渐变行为.

6.4.2　多省和多菲的无限系统算法计算

1. 多省和多菲的计算策略

　　对于处理二维及准二维格子体系, 简单的加点方法如图 6-8 所示. 然而, 这种处理方式的缺点是被拉成直链的位点之间存在长程作用, 单纯采用无限系统算法不能取得满意的数值精度, 必须采用有限系统算法对结果进行进一步的校正.

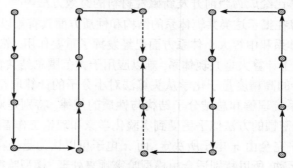

图 6-8　简单的加点方法

　　在对于多省和多菲同系物的基态和第一激发态能量的计算过程中, 通过设计合理的加点方案建立的计算方法可以实现大共轭体系的无限系统算法, 得到可靠的基态和第一激发态的能量, 结合外推就能得到在聚合物极限时的单三态能隙[49]. 以多省为例, 第一步直接对角化蒽的哈密顿得到它的基态波函数. 第二步将蒽分割为两块 (图 6-9 的第一步), 然后将上一步得到的基态波函数投影到左块 H_L, 构成密度矩阵 ρ_{ij}. 下一步对角化密度矩阵, 保留对应于最大本征值的 m 个本征向量, 构成变换矩阵 O. 然后变换 H_L 为 $H_L' = OH_LO^+$, 并且反映到右块构成 H_R'. 最后用 H_L' 和一个乙烯片段组成新的 H_L, 让 $H_R = H_R'$, 就得到增加了一个六元环单位的多省 (图 6-9 的第二步). 继续上述步骤, 就能得到整条多省链的性质. 具体步骤见图 6-9. 类似地, 多菲加点方案设计如图 6-10 所示.

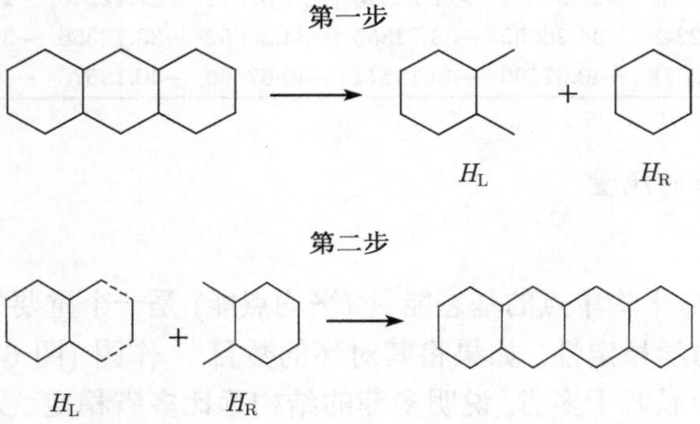

第一步

H_L H_R

第二步

H_L H_R

图 6-9 多省的分段方案

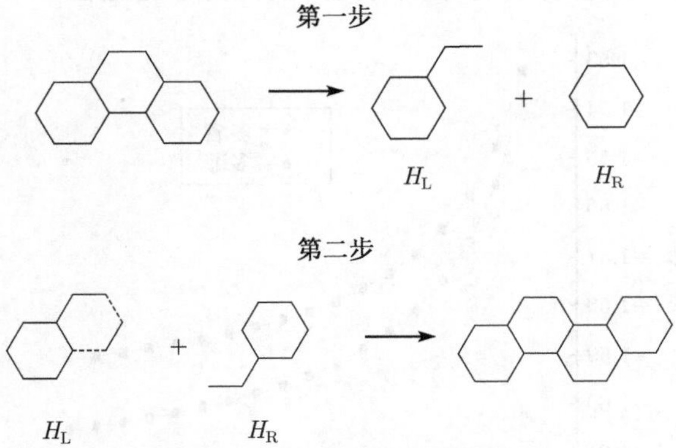

第一步

H_L H_R

第二步

H_L H_R

图 6-10 多菲的分段方案

可以发现, 采用这样的加点方案, 每一次也仅增加两个位点, 能够保证计算的数值精度. 表 6-6 列出了从 $n=3$ 到 $n=6$(n 为苯环数目) 的基态和第一激发态的 DMRG 方法和直接对角化方法的结果. 可以发现, 在运算过程中, 保留态的数目越多, 计算结果的精度就越高. 当保留 128 个态时, 基态的精度在小数点后第五位, 第一激发态的精度在小数点后第三位. 当保留态的数目增加到 256 和 512 后, 基态精度为小数点后第五位, 而第一激发态为小数点后第四位. 在绝大多数情况下, 这样的计算精度是相当令人满意的.

表 6-6　多省的基态和第一激发态的能量(单位: J)

n	DMRG						精确对角化	
	$m=128$		$m=256$		$m=512$			
	单态	三态	单态	三态	单态	三态	单态	三态
3	−21.45050	−20.67185	−21.45050	−20.67185	−21.45050	−20.67185	−21.45050	−20.67185
4	−27.85818	−27.22081	−27.85819	−27.22240	−27.85819	−27.22240	−27.85819	−27.22240
5	−34.26649	−33.72248	−34.26652	−33.72355	−34.26652	−33.72356	−34.26652	−33.72357
6	−40.67563	−40.19478	−40.67566	−40.19574	−40.67566	−40.19576	−40.67566	−40.19577

2. 多蒽与多菲的能量

1) 基态能量

在苯型体系中, 平均单点的基态能量 (平均点能) 是一个重要的指标, 它可以用来衡量体系的热力学稳定性. 如果将其对环的数目 n 作图 (图 6-11), 发现多菲的基态平均点能要明显低于多蒽, 说明多菲的结构远比多蒽稳定. 另外, 两个系列都随着环的数目增加平均点能逐渐降低, 直至最后收敛. 通过渐近拟合可以得到多蒽和多菲的基态平均点能极限分别为 $−1.6025\,\mathrm{J}$ 和 $−1.6189\mathrm{J}$. 与一维链的基态平均点能 $−1.3862\mathrm{J}$ 相比, 一维多苯环体系具有更好的热力学稳定性[50].

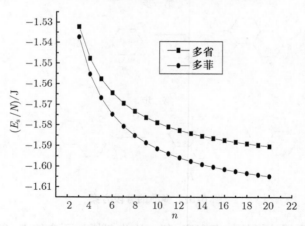

图 6-11　多蒽与多菲的平均点能随链长的变化趋势

2) 单–三态能量差 (S-T Gap)

众所周知, 在分子轨道理论中人们广泛使用分子的 HOMO-LUMO 能量差来衡量分子的稳定性, 而 HOMO-LUMO 能量差的一半又称为 "绝对硬度", 它可以用于衡量共轭分子的芳香性[51]. 与此对应, 在 VB 理论中, 基态和第一激发三态的能量差 ΔE_{S-T} 反映了分子的动力学稳定性, 可以用来衡量分子的反应活性. 对于大量小苯型烃研究表明, ΔE_{S-T} 与 HOMO-LUMO 能隙存在很好的线性关系[52]. 图 6-12 考察了 ΔE_{S-T} 与 $1/n$ 之间的相关性, 可以看到随着共轭环数的增加和长度的增长, 多苊和多菲的 ΔE_{S-T} 都在逐渐降低, 说明它们的动力学稳定性随着长度的增加而逐渐降低. 同时聚菲体系的 ΔE_{S-T} 明显大于多苊, 表明多菲总是比同尺度的多苊更稳定. 用函数 $A+B\,(1/n)^x$ 拟合上述数据, 得到聚合物极限时的单三态能隙, 分别为 0.224J 和 0.485J 见图 6-13 和图 6-14. 需要指出的是, 不包含电子相关的 HMO 理论计算多苊结构的单三态能隙的聚合物极限为零, 两种理论所得结论的差别表明电子相关对于共轭体系的描述是至关重要的.

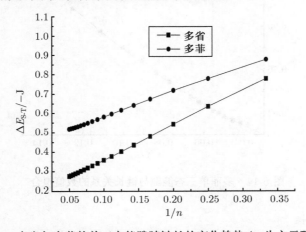

图 6-12 多苊与多菲的单三态能隙随链长的变化趋势 (n 为六元环的数目)

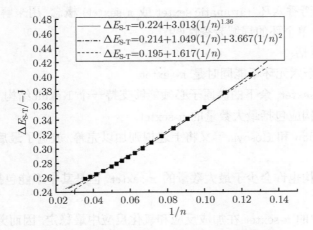

图 6-13 多苊单三态能隙与链长关系的数值拟合

根据多省和多菲系列中现有所能得到的最大体系 napentacene(n=4)[53] 和 picene(n=5)[54] 的实验数据, 我们可以进一步得到 VB 模型中交换参数 J 分别为 1.99eV 和 3.47eV, 这与以前得到的结果极为相近[55]. 将这两个结果运用于多省和多菲, 可以估算出多省的 ΔE_{S-T} 应为 0.446eV, 而多菲的 ΔE_{S-T} 为 1.683 eV. 这一结果与以前预测的多省的 ΔE_{S-T} 为 0.3~0.5 eV 和多菲的 ΔE_{S-T} 约为 2eV 的结果十分接近[56], 同时也说明多菲的长链聚合物是稳定的.

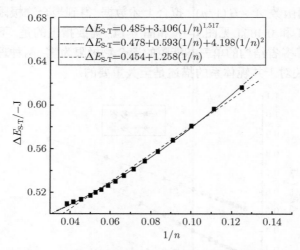

图 6-14 多菲单三态能隙与链长关系的数值拟合

3. 局域芳香性

在总结了大量实验事实和经验规则的基础上, 早在 20 世纪 70 年代, Clar 就提出了苯型烃的 "芳香六环"(aromatic sextet 或 π-sextet) 概念, 用来解释苯型烃的相对稳定性和其中单个环的局域芳香性[57].

Clar 规则包括:

(1) 邻近两个六元环不能同时是 π-sextet.

(2) 除了 π-sextet, 余下的碳原子必须能够支持一个 Kekulé结构.

(3) Clar 结构应包括最大数量的 π-sextet.

后来, Herndon 和 Hosoya 等又将上述规则加以完善, 放宽了最后一条规则, 从而有了规则.

(4) Clar 结构也许会少于最大数量的 π-sextet, 但是其中不能包括 Kekulé结构的苯环.

Clar 结构中的 π-sextet 在加成反应和氧化反应中最稳定, 因而芳香性最强.

为了将 Clar 局域芳香性的思想定量化, 黎书华和江元生以局域六元环的能量和苯的基态能量的比值作为指标, 来衡量每个苯环的局域芳香性. 这个指标被称为 RLHE[48]. 由于 VB 的基态能量可以写成

$$E_\pi = \left\langle \psi \middle| J \sum_{i-j} \left(2S_i S_j - \frac{1}{2} \right) \middle| \psi \right\rangle = -2J \sum_{i-j} P_{ij}^s \qquad (6.43)$$

也就是说, 一个分子的 VB 基态能量能够表示成其各个键上单态概率的加和. 那么局域六元环的能量可以直接用该六元环上所有键的键级 P_{ij} 加和得到.

价键模型下键级 P_{ij} 的表达形式最早是由 Malrieu 等提出的[58]. P_{ij} 的定义如下:

$$P_{ij} = \left\langle \psi \middle| \frac{1}{2}(a_i^+ a_{\bar{j}}^+ - a_{\bar{i}}^+ a_j^+)(a_{\bar{j}} a_i - a_j a_{\bar{i}}) \middle| \psi \right\rangle \qquad (6.44)$$

式 (6.44) 说明, 在原子 i 和 j 之间找到特定态 ψ 的概率. 在式 (6.59) 中, a_i^+ 代表在原子 i 上产生一个自旋为 β 的电子, a_i 代表在原子 i 上湮灭一个自旋为 α 的电子. 根据

$$S_i S_j = S_i^z S_j^z + \frac{1}{2} \left(S_i^+ S_j^- + S_i^- S_j^+ \right)$$

$$= \frac{1}{4}(a_i^+ a_i + a_{\bar{i}}^+ a_{\bar{i}})(a_j^+ a_j + a_{\bar{j}}^+ a_{\bar{j}}) - \frac{1}{2}(a_i^+ a_{\bar{j}}^+ - a_{\bar{i}}^+ a_j^+)(a_{\bar{j}} a_i - a_j a_{\bar{i}})$$

$$= \frac{1}{4} - P_{ij} \qquad (6.45)$$

只要求得 $\langle \psi | S_i S_j | \psi \rangle = \langle S_i S_j \rangle$, 就可以得到 P_{ij}.

图 6-15 给出了多省和多菲的局域芳香性指数 (RLHE). 图 6-15 中数据显示了如下特点: 首先, 多省分子的局域芳香性从终端环向中间环单调减弱, 直至最后收敛, 这一现象类似于 "芳香六环" 的稀释, 与 Clar 的思想相同. 另外, 尽管多菲分子的局域芳香性最后也收敛, 但靠近两边的环中可以明显看到在两个芳香六环中间的环显示出最弱的芳香性, 这也与 Clar 的 "空环" 思想相符合. 其次, 在多菲分子增长的过程中, 局域芳香性的保持远优于多省分子. 多菲分子的每个六元环的 RLHE 都要明显大于对应多省分子六元环的 RLHE, 说明多菲分子各个六元环远比多省分

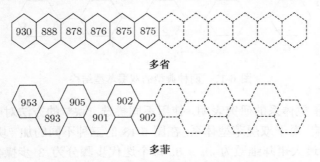

图 6-15 多省与多菲的局域方向性, 环中所标为 1000×RLHE

子对应各环稳定. 最后一点则是, 多省和多菲分子的 RLHE 都约在长度为 12 个环时收敛, 由此得出这类一维苯型烃的有效共轭长度为 12 个六元环.

6.4.3　准二维苯型体系的无限系统 DMRG 计算

1. 计算策略

准二维苯型烃的结构体系可以分为两类: 菲边界 (phenanthrene-edge type 或 armchair-edge type) 和省边界 (acene-edge type 或 zigzag-edge type), 见图 6-16. 实际上, 多省和多菲就是单层的菲边界和省边界苯型体系. 可以定义这两类体系分别为 Pph(1) 和 Pac(1), 双层苯型体系则有 Pac(2) 和 Pph(2) 两种, 见图 6-17.

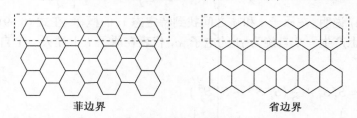

菲边界　　　　　　　　　　　　省边界

图 6-16　石墨片段中的菲边界和省边界

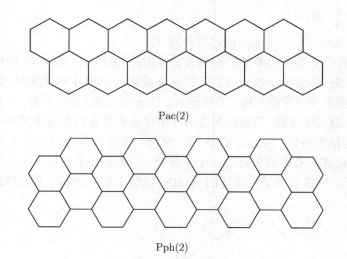

Pac(2)

Pph(2)

图 6-17　两种典型的双层苯型结构

对于多层苯型体系的研究表明, 使用不同挑选 "块" 的方法对于数值精度会造成很大的影响. 对于双层苯型体系, 在图 6-18 的三种不同的加 "块" 方法中, 方法 1 所需要的最大矩阵维数为 $m \times 8$, 每个迭代步骤分为 3 步操作; 方法 2 所需要的最大矩阵维数为 $m \times 4$, 循环需要 4 步; 方法 3 所需要的最大矩阵维数为

方法1
第一步

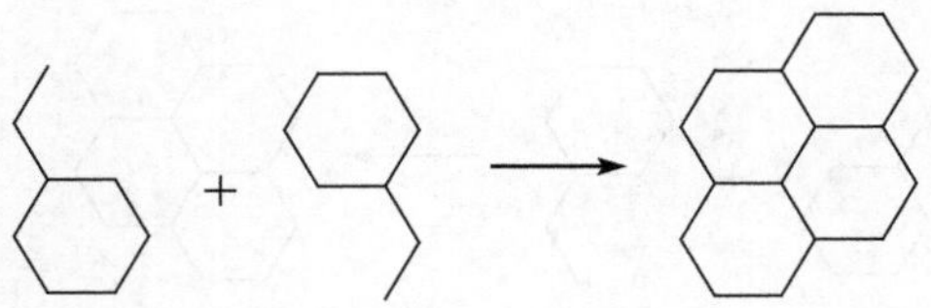

第二步

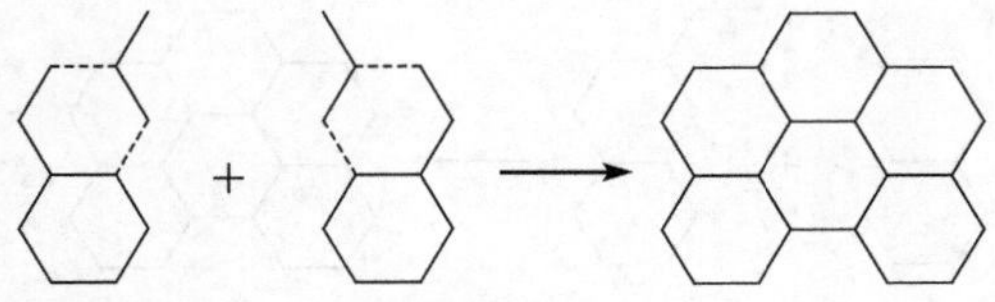

第三步

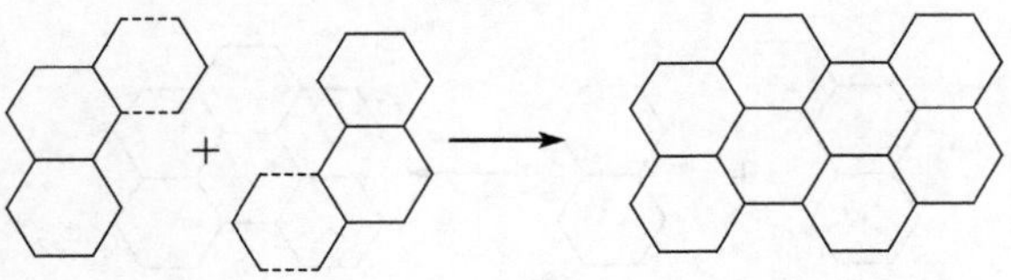

方法2
第一步

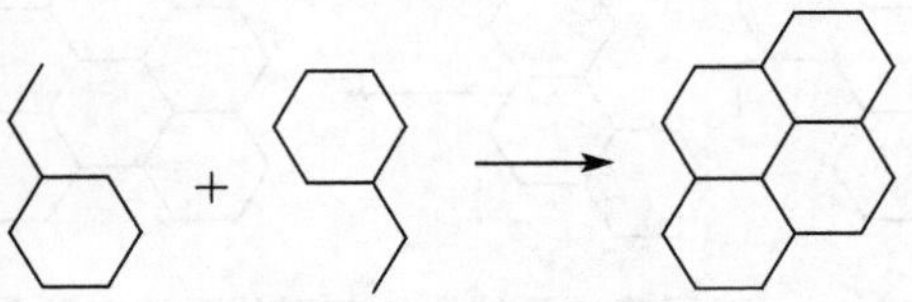

第二步

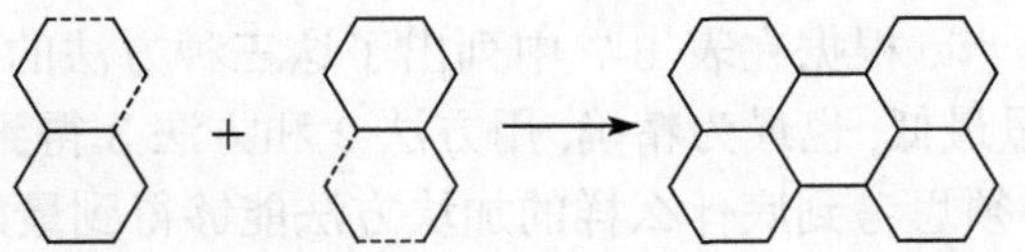

第三步

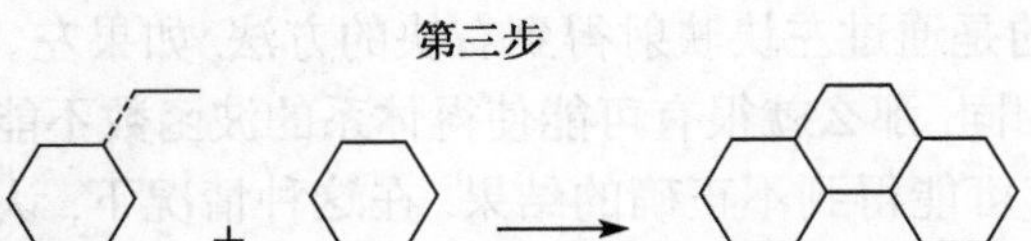

第四步

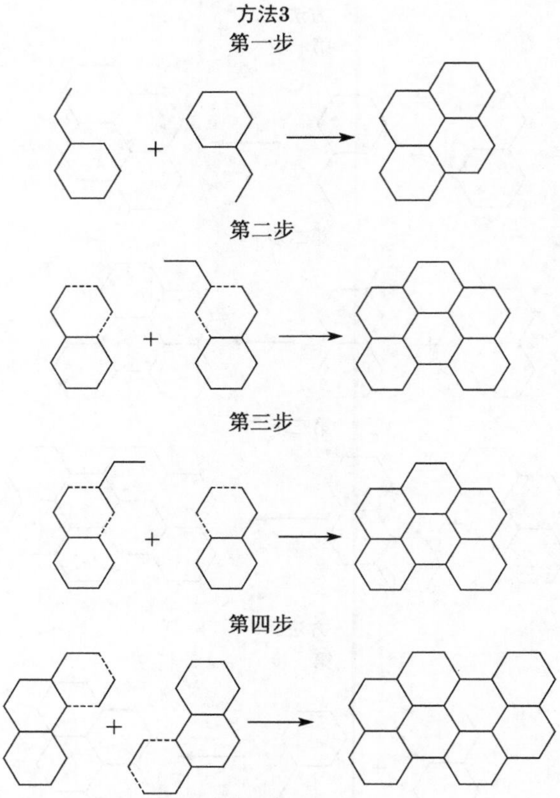

方法3
第一步

第二步

第三步

第四步

图 6-18   双层菲边界结构的苯型体系的三种分段策略

$m \times 16$, 循环需要 4 步. 根据在表 6-7 中列出了这三种方法的结果, 很明显, 用方法 1 得到的结果能量最低, 也最为精确, 用方法 2 和方法 3 得到的结果很快就发散了. 这就促使我们必须思考到底什么样的加块方法能够得到最好的结果. 由于我们在实际处理中采用的是通过左块映射得到右块的方法, 如果左、右两块在超级块中所处的环境不完全相同, 那么就很有可能使得体系的波函数不能成为整个波函数的很好近似, 也就很有可能得到不正确的结果. 在这种情况下, 认为可以采取两种方法: 第一种方法就是尽量保持左、右两块的在超级块中的对称性, 但在复杂体系中也许很难找到类似的加 "块" 方法; 第二种方法就是将两块分开处理, 当然这肯定会大大增加计算量, 还需要进一步研究.

以 Pph(2) 为例, 采用第一种加块方案, 对于小体系的计算表明, 当保留 128 个态时, 基态能量的精度约为 10^{-4}J; 当保留 256 个态时, 基态能量的精度能够达到 10^{-5}J.

Pac(2) 和 Pph(2) 的基态平均点能量随链长的增长而衰减的趋势示于图 6-19

表 6-7　利用三种分块方案, DMRG 方法所得的双层多菲同系物的基态能量比较(单位: J)

n	方法 1	方法 2	方法 3
2	−25.132 562	−25.132 562	−25.132 562
3	−35.284 732	−35.284 678	−35.284 732
4	−45.424 404	−45.252 234	−45.424 396
5	−55.568 766	−55.313 678	−55.009 566

注: n 为单层结构中苯环的数目.

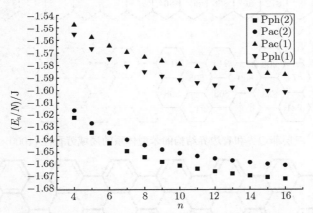

图 6-19　双层菲边界和省边界结构苯型体系的基态平均点能量

n 为单层结构的苯环数

中, 其中还同时给出多省 [Pac(1)] 及多菲 [Pph(2)] 的平均基态点能量以供比较. 显然, 双层结构的平均点能均低于相应单层结构的平均点能, 表明随着原子层数的增加, 石墨片段的热力学稳定性也在逐渐增加. 另外, 相同层数的菲系列的基态能量都要低于相对应的省系列的基态能量, 这意味着同层数的多菲比多省更为稳定. 进一步可以通过对 n 较大的同系物的能量与 n 进行线性拟合从而得到两种结构的基态能量表达式:

$$\text{Pac}(2)E_s = -4.9691 - 10.0675n \tag{6.46}$$

$$\text{Pph}(2)E_s = -4.8475 - 10.1441n \tag{6.47}$$

由上式推得双层多省和多菲聚合物的基态平均点能分别为 −1.6779 J 和 −1.6907 J, 比单层多省和多菲聚合物的平均点能 (−1.6025 J, −1.6189 J) 更低.

2. 局域芳香性与有效共轭长度

为了考虑双层苯型体系的局域芳香性, 图 6-20 列出了这两个体系的 RLHE. 和图 6-16 中 Pac(1) 和 Pph(1) 的 RLHE 进行了对比. 很明显, 双层苯型体系的有效

相关长度 (ECL) 和单层苯型体系类似, 在体系长度大于 12 个环以后, RLHE 就趋于收敛. Pph(2) 六元环可以分为三组: 上层和下层的 RLHE 较大 (平均值为 912), 可看作为两层连苯环; 中间一层的 RLHE 要小得多 (平均值为 808), 可看成空环, 见图 6-21, 这与 Clar 的 "芳香六环" 的规则是一致的.

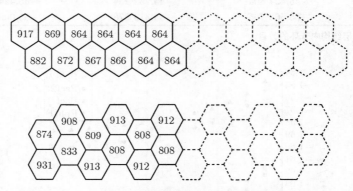

图 6-20　双层菲边界和省边界结构的苯型体系的局域芳香性 (1000×RLHE)

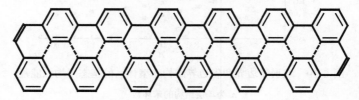

图 6-21　双层菲边界结构的苯型体系中的方向六环 (π-sextet)

尽管小块石墨面已经被合成出来, 但是对于它的键长、键角等基本电子结构数据, 人们目前还是无法通过实验得到. 这里我们可以利用键长与 P_{ij} 关联公式

$$d_{ij}(A) = 1.492 - 0.162P_{ij} \quad (P_{ij} > 0.75)$$
$$= 1.622 - 0.316P_{ij} \quad (0.63 \leqslant P_{ij} \leqslant 0.75)$$
$$= 1.558 - 0.210P_{ij} \quad (P_{ij} < 0.63) \tag{6.48}$$

来得到双层苯环体系中的碳–碳键长, 见图 6-22. 容易发现, 在上、下两层连苯环之间的碳–碳键长通常都在 1.457Å, 大大长于邻近的碳–碳键长 1.421 Å, 表现出明显的单键性质, 这可以在一定程度上解释通过简单的脱氢反应利用联苯环合成大块石墨面的反应机理.

6.4.4　共轭体系中自由基耦合的有限系统算法[59]

超高自旋的有机共轭高分子是潜在的新型磁性材料, 相关的设计与合成研究已经引起了人们广泛的关注. 然而, 对于此类体系的量子化学计算仍然难以开展.

一方面, 多自由体系为开壳层电子结构, 必须采用多参考态方法才能有效地计及电子相关效应, 自由基耦合如果采用 VB-DMRG 方法对于此类体系进行计算则可以完全避免自旋污染, 同时又在计算量不是很大的前提下得到比较可靠的定性、半定量结果. 因此, 我们对一些典型的共轭双自由基、多自由基系列以及一些具有非常高自旋的共轭簇分子和高分子体系进行了 VB-DMRG 计算与研究, 讨论了不同的自由基耦合方式的相对稳定性, 并预测了一些设计超高自旋共轭体系的重要基元结构.

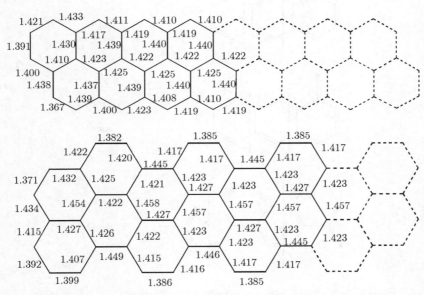

图 6-22 双层菲边界结构的苯型体系中的 C—C 键长 (单位: Å)

尽管在超高自旋的有机共轭化合物中多个自由基之间的耦合情况非常复杂, 但是最重要、最基础的耦合方式仍然是两个自由基之间的耦合. 因此, 我们首先计算了几个系列的双自由基 (图 6-23), 将计算得到的各系列的单态–三态能量差列于图 6-24 中. 可以发现、随着链长的增长, 主链的拓扑结构的性质对于两个自由基之间的耦合起决定作用, 不同的拓扑连接方式对于两个自由基之间耦合强弱有显著影响. 如果主链的芳香性相对较强, 意味着电子的离域能力比较强, 就会导致相应的各个位置的自旋极化变小, 使得两端的自由基之间耦合强度变弱. 所以, 随着链长的增长, D 和 E 系列的单态–三态能量差就会比相应的 A~C 系列要小, 意味着它们的耦合强度相对较小, 不利于形成高自旋. 我们计算的各个系列的自旋分布情况 (图 6-25) 也证实了上述的分析.

有机分子为了形成非常高的自旋, 除了要使两个自由基之间形成强耦合, 也需要含有多个自由基中心, 通过合适的拓扑连接方式让这些自由基之间形成有效的自

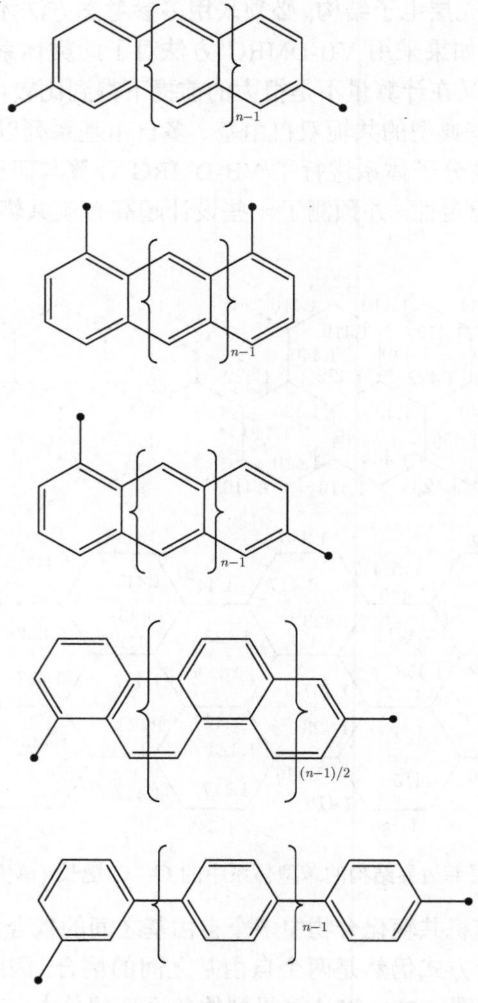

set A

set B

set C

set D

set E

图 6-23　一些双自由基共轭体系系列

旋耦合从而产生比较大的净自旋. 我们也计算了一系列的线性多自由基、树枝状多自由基以及环状多自由基 (图 6-26). 计算得到的基态自旋 S 和基态与第一激发态之间的能量差 $\Delta E_{\mathrm{L-H}}$ 列于表 6-8 中. 可以发现, 在一维和树枝状的系列中, 随着链长的增长 $\Delta E_{\mathrm{L-H}}$ 的大小下降得很快, 也就说明它们在热力学上越来越不稳定, 这表明在这种体系中不可能形成非常高的自旋. 相反, 环形系列 (J 系列) 的 $\Delta E_{\mathrm{L-H}}$ 比相应的一维情形要大很多, 而且随着体系的增长衰减也慢一些, 这是由于环结构可以为自由基中心提供比一维结构更多的耦合通道, 有利于形成更高的自旋, 而且一维结构中的自由基单通道耦合容易被一些化学缺陷或者构象扭转所终断. 但是,值得注意的是: 随着环体系的增长, 共轭环体系的共平面性质可能会逐渐丧失, 这种结构扭转不利于自由基中心间的耦合, 也就不可能形成高自旋. 这说明, 中等大小的共轭环结构应该是形成非常高自旋的有机共轭高分子的重要基元结构.

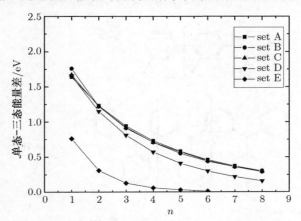

图 6-24 一些双自由基共轭体系系列的单态–三态能量差

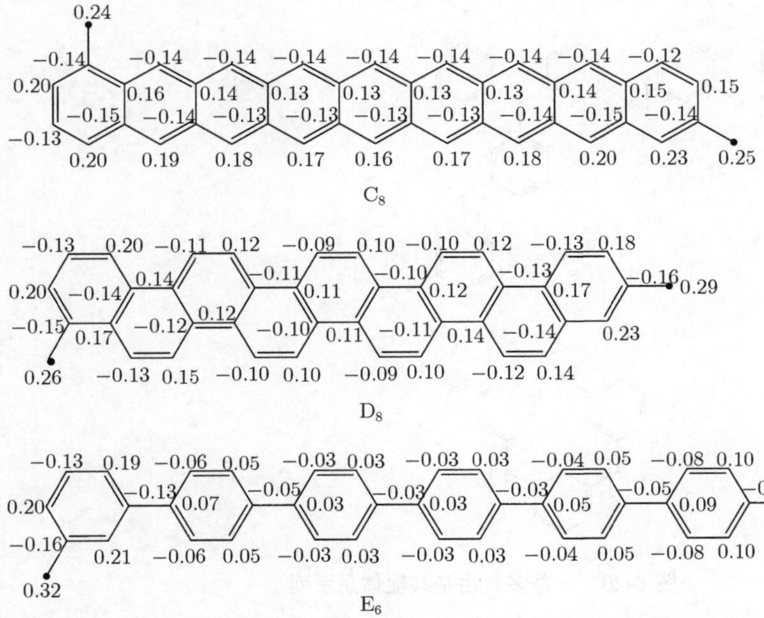

C_8

D_8

E_6

图 6-25 一些双自由基共轭体分子的自旋分布情况

在研究了一些模型双自由基分子和多自由基分子的基础上, 我们也计算研究了一些复杂的高自旋共轭簇分子 (图 6-27). 在共轭大环上添加一些自由基基团是形

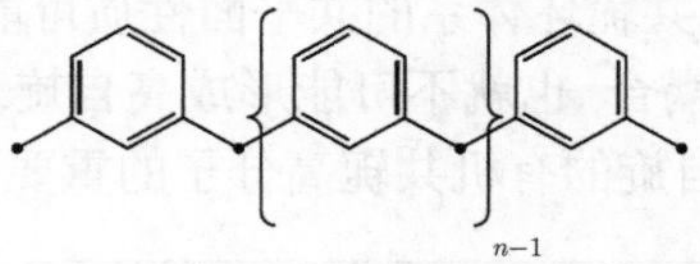

set F

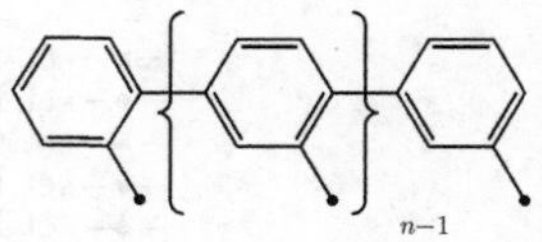

set G

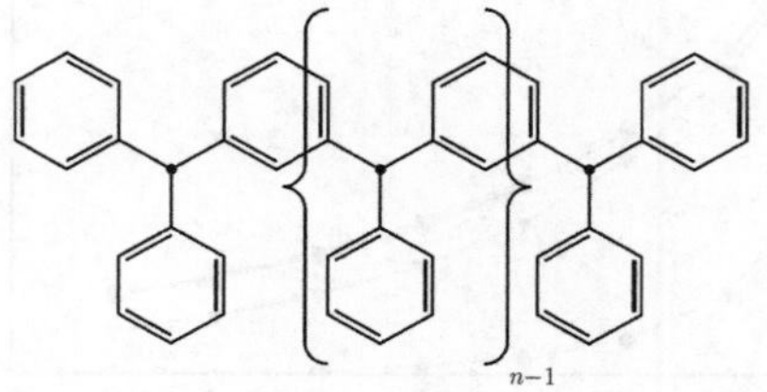

set H

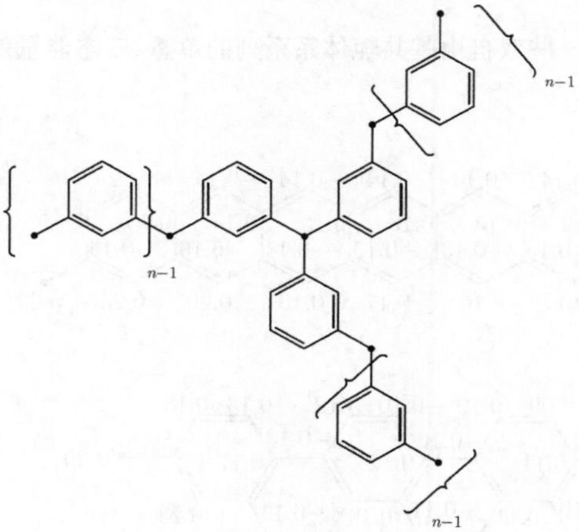

set I

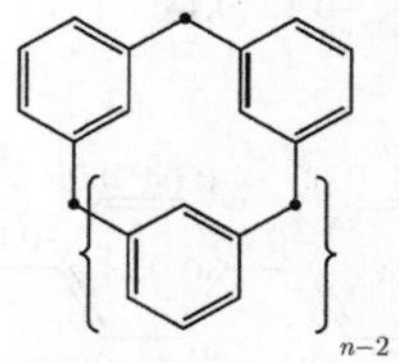

set J

图 6-26 一些多自由基共轭体系系列

成非常高自旋化合物的一个重要途径, 实验上也合成了很多这样的高自旋簇分子. 我们将计算得到的基态与第一激发态能量差 $\Delta E_{\rm L-H}$ 和基态自旋 S 与实验值一起列于表 6-9 中. 可以看到: 计算得到的基态自旋 $S_{\rm cal}$ 与实验测定值 $S_{\rm exp}$ 比较一致;

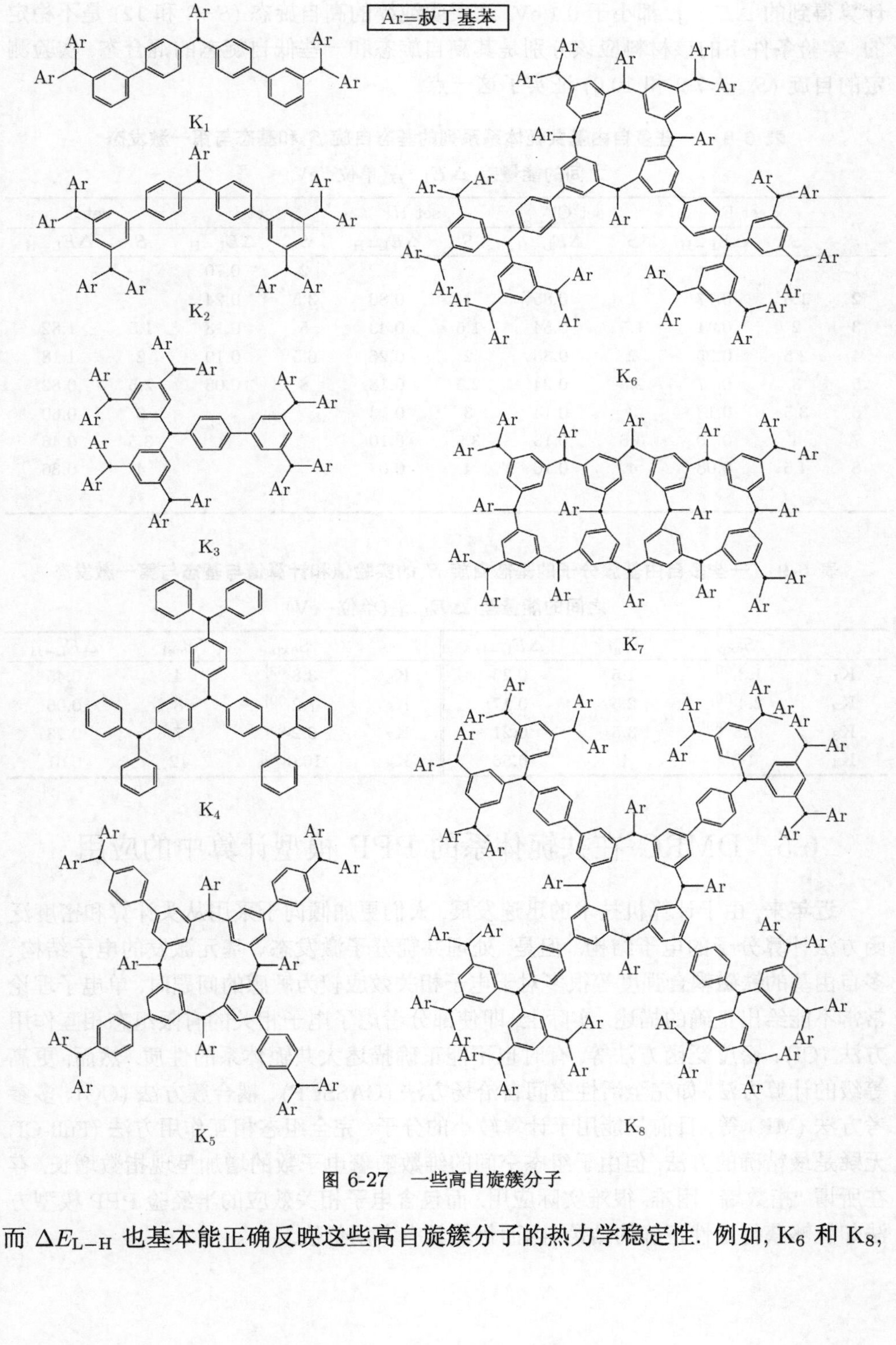

图 6-27   一些高自旋簇分子

而 $\Delta E_{\text{L-H}}$ 也基本能正确反映这些高自旋簇分子的热力学稳定性. 例如, K_6 和 K_8,

计算得到的 $\Delta E_{\mathrm{L-H}}$, 都小于 0.1 eV, 这表明纯粹的高自旋态 (S=8 和 12) 是不稳定的, 实验条件下的该材料应该分别是其高自旋态和一些低自旋态的混合态, 实验测定的自旋 (S_{exp}=7.2 和 10.0) 证实了这一点.

表 6-8　一些多自由基共轭体系系列的基态自旋 S 和基态与第一激发态
之间的能量差 $\Delta E_{\mathrm{L-H}}$(单位: eV)

n	set F		set G		set H		set I		set J	
	S	$\Delta E_{\mathrm{L-H}}$	S	$\Delta E_{\mathrm{L-H}}$	S	$\Delta E_{\mathrm{L-H}}$	S	$\Delta E_{\mathrm{L-H}}$	S	$\Delta E_{\mathrm{L-H}}$
1							2	0.70		
2	1.5	0.77	1	0.85	1	0.80	3.5	0.24		
3	2	0.41	1.5	0.54	1.5	0.43	5	0.13	1.5	1.82
4	2.5	0.25	2	0.35	2	0.26	6.5	0.10	2	1.18
5	3	0.17	2.5	0.24	2.5	0.18	8	0.08	2.5	0.82
6	3.5	0.13	3	0.14	3	0.13			3	0.60
7	4	0.10	3.5	0.13	3.5	0.10			3.5	0.46
8	4.5	0.08	4	0.10	4	0.08			4	0.36
...										

表 6-9　一些多自由基簇分子的基态自旋 S 的实验值和计算值与基态与第一激发态
之间的能量差 $\Delta E_{\mathrm{L-H}}$(单位: eV)

	S_{exp}	S_{cal}	$\Delta E_{\mathrm{L-H}}$		S_{exp}	S_{cal}	$\Delta E_{\mathrm{L-H}}$
K_1	1.3[60]	1.5	0.25	K_5	3.8[62]	4	0.45
K_2	2.4[60]	2.5	0.17	K_6	7.2[60]	8	0.06
K_3	3.28[60]	3.5	0.21	K_7	6.2[63]	7	0.23
K_4	1[61]	1	0.56	K_8	10.0[62]	12	0.01

6.5　DMRG 在共轭体系的 PPP 模型计算中的应用

近年来, 由于计算机技术的迅速发展, 人们更加倾向于采用从头计算和密度泛函方法计算分子的电子结构. 但是, 处理共轭分子激发态、基元激发的电子结构、多自由基的铁磁耦合强度等很多对于电子相关效应较为敏感的问题时, 单电子理论常常不能给出正确的描述. 实际上, 即使部分考虑了电子相关的有限组态相互作用方法 (CI)、密度泛函方法等, 有时也不能正确描述大共轭体系的性质. 然而, 更高等级的计算方法, 如完全活性空间自洽场方法 (CASSCF)、耦合簇方法 (CC)、多参考方法 (MR) 等, 目前只能用于计算较小的分子. 完全组态相互作用方法 (Full-CI) 无疑是最精确的方法, 但由于组态空间的维数随着电子数的增加呈现指数增长, 存在所谓 "指数墙" 困难, 很难实际应用. 而包含电子相关效应的半经验 PPP 模型方法却能够获得定性正确的结论, 因而仍然具有实用价值.

在现有的计算条件下, 考虑所有 π 电子相关效应的 PPP 模型的 Full-CI 精确解最大只能处理含有不多于 20 个 π 电子的体系. 帅志刚等首次将 DMRG 方法应用于 PPP 模型[16], 在数值精度非常接近 Full-CI 的前提下, 可以方便地处理数十个乃至上百个 π 电子的共轭体系的激发态. 近年来, 结合了 DMRG 方法的 PPP 计算 (PPP-DMRG) 已经被成功地应用于研究一些大共轭体系的基态和低激发态, 全面地考察了 π 电子相关效应对于分子的结构、电子态激发、自由基的自旋分布、基元激发及非线性光学等性质的影响, 得到了一些有意义的结果. 下面就对这些应用进行简要介绍.

6.5.1 分子几何构型优化

分子的几何构型的正确描述对于研究其基态及低激发态的物理与化学性质至关重要. 一般情况下, 密度泛函方法能够较好地预测分子的基态几何结构, 但对于激发态的描述, 由于经验的交换和相关势本身固有的缺陷, 常常难以令人满意. 通过一系列比较计算, 我们发现, PPP-DMRG 能够较好地描述共轭分子体系的平衡几何构型. 在目前的实际 PPP-DMRG 计算中, 一般通过以下两种方案来实施几何构型优化.

对于反式聚乙炔, 可以利用人们熟知的键长–键级关系式 (6.49) 来迭代优化几何构型[64].

$$R_{ij} = 1.517 - 0.18P_{ij} \tag{6.49}$$

式中: P_{ij} 为键级, 可以通过式 (6.27) 来计算.

$$P_{ij} = \left\langle \Psi \left| \frac{1}{2} \sum_{\sigma} (a_{i\sigma}^+ a_{j\sigma} + a_{j\sigma}^+ a_{i\sigma}) \right| \Psi \right\rangle \tag{6.50}$$

在这里, 我们以反式聚乙炔的 S_0 和 T_1 态为例来说明 PPP-DMRG 计算共轭分子体系的基态及低激发态的平衡几何构型的有效性.

对于反式聚乙炔的基态 (S_0), 聚合物链中部的键长交替 (ΔR_∞) 是一个重要的结构参数. 由于难以通过计算值得到聚合物的 ΔR_∞, 一般理论计算中常将长寡聚物链中间的键长交替近似看成 ΔR_∞. PPP-DMRG 计算发现: 随着反式聚乙炔寡聚体的链长增长, 链中间的单、双键的键长分别收敛为 1.445Å 和 1.367Å, 即 ΔR_∞=0.069Å. 早期的 X 射线衍射实验测定 ΔR_∞=0.104Å[65], 更可靠的章动核磁共振 (nutation NMR) 实验测得 0.08Å[66]. 显然, PPP-DMRG 计算结果和后者能够很好地吻合. 早期的理论计算中, SSH 和 MNDO 计算分别得到了 ΔR_∞=0.139Å 和 0.106Å 的结果, 而 HF/STO-3G 和 HF/6-31G 计算分别给出了 0.152Å 和 0.112Å 的结果, 合理性远不如 PPP-DMRG 方法. 基于不同基组的一系列的 MP2 计算给出了 $0.050 \sim 0.086$Å 的 ΔR_∞ 值, 这些结果和章动核磁共振实验测定值以及 PPP-DMRG

结果较好地吻合. 可以认为, 是否恰当地考虑了电子相关效应对于描述共轭体系的 π 电子离域以及与之相关的键长交替至关重要.

　　几何构型优化也被应用于研究反式聚乙炔的 T_1 态. 因为反式聚乙炔的 T_1 态是一些重要的生物光化学反应的中间态, 其几何构型也是人们关注的一个焦点. 1991 年, Kuki 等的 PPP-SDCI 计算发现: 反式聚乙炔寡聚体的 S_0 态中的单双键键长交替现象在 T_1 态时的链中间区域消失了, 并且随着链的增长这个共轭区域的宽度基本不变, 横跨 9 个 C—C 键, 他们把这样的一个区域称之为 "三态激发区域"[67], 类似于图 6-28 中给出的第 I 种情形. 这一源自半经验计算的判断得到从头算 SCI 结果的支持, 但对于小分子的 CASSCF 计算结果的分析表明这一结论值得怀疑, 更合理性的结构可能表现为在偏离链中心的两侧对称分布着两个自由基区域, 而不是一个连续的共轭区域, 类似于图 6-28 中给出的第 II 情形[68]. 针对这一问题, PPP-DMRG 的系统计算表明, 反式聚乙炔从 S_0 态转变为 T_1 态时, 偏离链中心的两侧各出现一个带有自由基性质的共轭区域, 此处键长交替被极地削弱. 而且, 随着链长的增长, 两个自由基中心的距离越来越远, 也即其相互耦合作用越来越弱, 直至最终消失. 以 $C_{22}H_{24}$ 为例, 我们在图 6-29 中画出了其键长情况, 并与从头算 SCI 和 UB3LYP 结果进行了比较. 可以看出, PPP-DMRG 给出了和 CASSCF、UB3LYP 计算一致的结果.

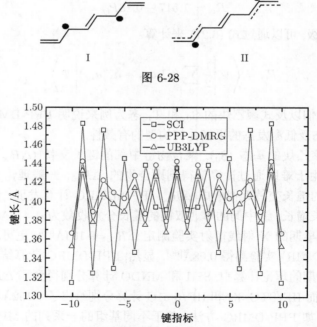

图 6-28

图 6-29　不同理论方法计算的 $C_{22}H_{24}$ 的 T_1 态几何构型的比较

6.5.2 激发能的计算[69]

反式聚乙炔的激发性质对于研究其导电机理以及胡萝卜素在某些生化反应中的关键角色有重要作用, 因此反式聚乙炔的吸收光谱受到了广泛关注. 反式聚乙炔能量最低的两个激发单态是偶极允许的 1^1B_u 态和偶极禁阻的 2^1A_g 态. 其中, 1^1B_u 态主要来源于一个 (HOMO)→(LUMO) 的单激发组态, 而 2^1A_g 态主要来源于一个 (HOMO)^2 →(LUMO)^2 的双激发组态. PPP-CI 计算发现: 对于小的聚乙炔寡聚体, 包含到直至四级激发组态的 CISDTQ 计算已经能够得到和实验值比较吻合的结果; 大于 C_8H_{10} 的寡聚体 CISDTQ 的结果尚未收敛[70~72]. 上述研究表明, 随着碳链的增长, 激发态中的电子相关效应更加难以描述. 经由 PPP-DMRG 计算, 可以得到更为可靠的垂直激发能 (结果见图 6-30 和图 6-31). 通过指数函数拟合的方式预测的 1^1B_u 态和 2^1A_g 态的垂直激发能的聚合物极限值分别是 2.05eV 和 2.92 eV 也和实验值很好地吻合. 因为 1^1B_u 态是一个共价态, VBDFT(s) 也可以用于描述此态, 计算结果和 PPP-DMRG 也能相互验证[73]. 图 6-31 中也列出了 DFT 的计算结果, 很明显其激发能随链长衰减过快, 可能的原因是现有的泛函过于夸大电子的局域性.

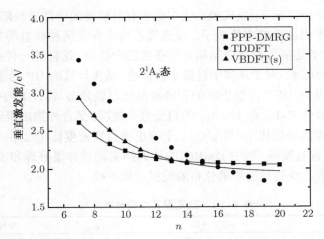

图 6-30 聚乙炔 $C_{2n}H_{2n+2}(n \leqslant 20)$ 的 2^1A_g 态的垂直激发能

由于电荷掺杂会使聚乙炔的电导性大幅度提高, 聚乙炔寡聚体的一价和二价正离子 $C_{2n}H_{2n+2}^+$ 和 $C_{2n}H_{2n+2}^{2+}$ 的低激发态的激发能也引起了人们的关注[74]. 通过 PPP-DMRG 计算并结合指数函数拟合预测, 聚合物极限时 $C_{2n}H_{2n+2}^+$ 的四个最低的激发双重态的垂直激发能分别是 0.48eV、0.58eV、0.91eV 和 1.49eV; $C_{2n}H_{2n+2}^{2+}$ 的三个最低的激发单态 1^1B_u、2^1A_g 和 2^1B_u 态的垂直激发能分别是 1.09eV、1.09eV 和 1.89eV. 第一个光学允许的激发态的垂直激发能具有以下的大小关系: $C_{2n}H_{2n+2}^+ <$

$C_{2n}H_{2n+2}^{2+} < C_{2n}H_{2n+2}.$

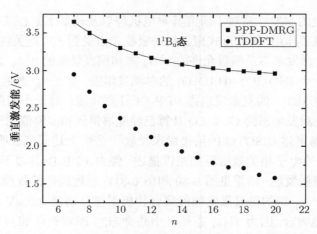

图 6-31　聚乙炔 $C_{2n}H_{2n+2}(n \leqslant 20)$ 的 1^1B_u 态的垂直激发能

6.5.3　自由基中的自旋分布[75]

即使在未掺杂情况下, 反式聚乙炔中也含有可移动的中性磁缺陷, 这种自旋缺陷分布现象源于内源性的中性孤子. 反式聚乙炔中存在两种能量简并的键长交替方式, 两种结构的边界层呈畴壁结构并可在主链中传播, 这样的一种在链上传播的畴壁就被称之为孤子. 对于此类中性孤子的描述, 从头计算的 HF 乃至 CISD、MP2等方法都很不成功, DFT 方法也不能正确地描述自旋分布. 通过 PPP-DMRG 计算系统地研究寡聚体 C_7H_9 至 $C_{49}H_{51}$ 的自旋分布情况, 结合外推出得到的结构缺陷的正负自旋密度的峰值比 $(\rho(1)/\rho(0))$、平均正负自旋密度比 (ρ_-/ρ_+) 及半峰宽列于表 6-10 中. 容易发现, PPP-DMRG 的计算结果则能够很好地和实验结果相符, 对未掺杂反式聚乙炔的自旋缺陷分布的模拟定性正确.

表 6-10　反式聚乙炔的自旋分布

	$\rho(1)/\rho(0)$	ρ_-/ρ_+	半峰宽
理论			
PPP-DMRG[75]	−0.48	−0.52	14
Soos 等[76]		−0.45	
Reid 等[77]		−0.24	
White 等[78]		−0.39	
Kirtman 等[79]	−0.17±0.05	−0.48±0.01	4.6±0.6
实验			
Kuroda 等[80]	−0.44		18
Thomann 等[81,82]		−0.34±0.05	
Mehring 等[83]		−0.42	22

6.6 对称化 DMRG 与共轭高分子激发态结构

6.4 节和 6.5 节详细介绍了 DMRG 方法及其在共轭体系和自旋体系的应用. 本节将着重讨论 DMRG 对称化方案以及应用于共轭高分子激发态结构这一引起广泛争议的问题.

6.6.1 对称化 DMRG

哈密顿等算符矩阵是按不同的好量子数标记的分块矩阵, 在 DMRG 中充分利用此性质可以减少存储量和计算时间. 一般常用的好量子数有总磁自旋 S_{tot}^z 和总粒子数 N_{tot}. 由于 DMRG 方案中, 目标态 (targer state) 很重要, 密度矩阵的构造是根据目标态波函数. 通常的做法是将能量最小的态 (基态) 作为目标态. 由此构造的重整化之后的约化密度矩阵空间可以很好地描写目标态. 但是在研究激发态时, 这些密度矩阵基矢就显得不够了[84]. 如果将目标态瞄准为某个激发态, 在重整化过程中, 无法确认到底是哪个态, 因为除了最低能量的态是确定的之外, 其他态随长度变化难以瞄准. 对称化 DMRG 除了考虑 S_{tot}^z 和 N_{tot}, 还加入了自旋–反转对称性、电子–空穴对称性、空间反演对称性. 也就是说, 我们可以瞄准每个对称子空间的基态, 它们就对应全空间中一定的激发态. 这样, 重整化过程所构造的基矢空间都是有针对性的. 这些对称操作都是根据高分子与光相互作用, 即电偶极算符对称操作来将 Hilbert 空间分类, 能更有效地利用有限的密度矩阵基矢表达光学性质, 因此能更有效地研究与激发态相关的性质[38].

1. 电子–空穴对称性

对 Fock 空间的单个位点 i, 在电子–空穴对称算符 $\hat{J}_i$ 的作用下, 有如下关系: $\hat{J}_i|0\rangle = |\uparrow\downarrow\rangle$, $\hat{J}_i|\uparrow\rangle = (-1)^i|\uparrow\rangle$, $\hat{J}_i|\downarrow\rangle = (-1)^i|\downarrow\rangle$, $\hat{J}_i|\uparrow\downarrow\rangle = (-1)|0\rangle$ 其中 $|0\rangle$ 表示空占据, $|\uparrow\downarrow\rangle$ 表示双占据, $|\uparrow\rangle$、$|\downarrow\rangle$ 分别表示自旋朝上、朝下的单占据. 全电子–空穴的对称算符是各个位点算符的直积, 即 $\hat{J} = \prod_i \hat{J}_i$, 它将空间分为共价子空间 "+" 和离子子空间 "–". 基态位于 "+" 子空间, 偶极跃迁允许的激发态位于 "–" 子空间.

2. 自旋翻转对称性

对单个位点 i, 自旋–反转对称算符 $\hat{P}_i$ 的作用下, 有如下关系: $\hat{P}_i|0\rangle = |0\rangle$, $\hat{P}_i|\downarrow\rangle = |\uparrow\rangle$, $\hat{P}_i|\uparrow\rangle = |\downarrow\rangle$, $\hat{P}_i|\uparrow\downarrow\rangle = (-1)|\uparrow\downarrow\rangle$. 全自旋–反转对称算符是各个位点算符的直积, 即 $\hat{P} = \prod_i \hat{P}_i$, 它将空间分为奇 (o)$(S = 1,3,5,\cdots)$ 和偶 (e)$(S = 0,2,4,6,\cdots)$ 两个子空间. 该对称性的最大优点是在低激发态中, 将三线态 $(S = 1)$ 分离开. 对于大部分有机分子和高分子, 三线态比单线激发态能量更低, 因此成为

令人讨厌的 "入侵态"(intruder state). 假如不考虑该对称性, 在求解光激发的单线态时, 就会有三线态的基矢贡献进到约化空间, 增添了无效维数.

　　3. 空间反演对称性

　　空间反演对称算符 $\hat{C}_2$ 作用在 DMRG 直积空间中有如下关系: $\hat{C}_2 |\mu, \sigma, \sigma', \mu'\rangle = (-1)^{\gamma} |\mu', \sigma', \sigma, \mu\rangle$, $\gamma = (n_{\mu} + n_{\sigma})(n_{\mu'} + n_{\sigma'})$, 其中, $\mu(\mu')$ 为密度矩阵中左 (右) 第 $\mu(\mu')$ 个特征矢, 而 $\sigma(\sigma')$ 为 Fock 空间中新加的位点, γ 为相因子, $n_{\mu}, n_{\sigma}, n_{\mu'}$ 和 $n_{\sigma'}$ 分别为 $|\mu\rangle, |\sigma\rangle, |\mu'\rangle$ 和 $|\sigma'\rangle$ 的占据数. 需要注意的是, 在有限系统 DMRG 过程中, 只有体系和环境的位点数一样时才能使用算符 $\hat{C}_2$, 它将空间分为 A 和 B 两个子空间. 因此, 该操作适用于无限算法的每一步以及有限算法的最后一步.

　　算符 $\hat{J}$、$\hat{P}$、$\hat{C}_2$ 互相对易, 构成一个 Abel 群, 包含八个不可约表示: $^eA^+$、$^eA^-$、$^oA^+$、$^oA^-$、$^eB^+$、$^eB^-$、$^oB^+$、$^oB^-$. 其中, 基态和所有的 A_g 激发态都位于 $^eA^+$ 子空间, 而偶极跃迁允许的 B_u 激发态位于 $^eB^-$ 子空间. 经过对称算符的投影, 在特定的不可约空间里, 所瞄准的目标态就是所求的激发态, 如自旋对称 $(S = 0, 2, 4, 6, \cdots)$、电子–空穴反对称 $(-)$、空间反对称 (B) 的不可约表示子空间中, 最低态就是对于光电过程最重要的 ^1B_u 单线激发态; 而自旋对称、电子–空穴对称、空间对称的不可约表示子空间的最低态就对应于系统的基态 ^1A_g. 因此, 表达 ^1A_g 的密度矩阵基矢空间与 ^1B_u 不同, 各自都是最优化的, 这比用一套基矢空间同时描述两个态要准确得多.

　　我们将对称化 DMRG 应用到 Hubbard 模型, 计算了 ^1B_u 与基态能量差随链长变化的关系[38], 如图 6-32 所示. 对 $U=4t$ 和 $U=6t$, 根据 Bethe ansatz 方法对无线长链所得到的精确解分别为 $1.2867t$ 和 $2.8926t$[85], 而我们用数值计算 $(m = 80)$ 外推得到的值是 $1.278t$ 和 $2.895t$, 两者吻合得很好. 这说明对称化 DMRG 可以用很少的子空间精确描述激发态.

　　另外, 我们还计算了最低的三线态与基态的能量差与链长的关系[38], 如图 6-33 所示. 根据 Bethe ansatz 方法, 在热力学极限下, 该能量差会消失, 因为三线态从本质上是自旋激发态, 对于任何半整数自旋链, 自旋激发没有能隙. 我们计算的结果与此结论是一致的.

6.6.2　对称化 DMRG 计算激子束缚能 E_b

　　固体物理能带理论非常成功地描述了无机半导体的电子结构以及光电性质. 电子 (空穴) 处于导带底 (价带顶) 做扩展运动. 因此, 光激发所产生的电子–空穴对是独立运动的, 没有关联. 如果考虑电子与空穴的相互作用, 则形成束缚态, 即激子态. 在无机半导体中, 激子的束缚能, 即激子态与能隙的差别在毫电子伏特的量级, 即电子关联效应很弱. 在分子晶体中, 电子与空穴紧紧地被束缚在一个分子中, 要将电子与空穴分离, 一般需要电子伏特量级的能量. 但对于高分子, 到底应该用半导体模型还是分子固体来描述, 一直存在激烈争论.

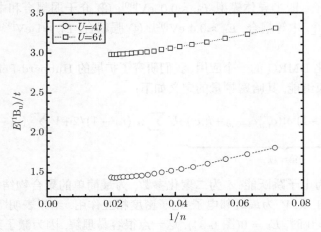

图 6-32 Hubbard 模型 ^1B_u 激发态能量随链长的变化关系

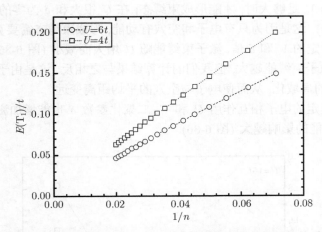

图 6-33 Hubbard 模型最低三线态 T_1 的能量与链长的关系

能隙所代表的状态可以被描述为电子与空穴完全分离的状态, 而激子表示电子与空穴相互作用形成的束缚态. 对于 N 电子体系, 能带连续态定义为体系中多一个电子加上多一个空穴的和: $E_g = E(N+1) + E(N-1) - 2E(N)$. 由于电子和空穴是分别加入体系, 因此它们之间没有相互作用, 可以看成是自由电子–空穴对的激发能, 而激子束缚能则定义为: $E_b = E_g - E(^1B_u)$.

我们知道电子关联在共轭聚合物中起着很重要的作用, 它影响聚合物的结构[86]、谱图[87] 和非线性响应[88]. 一般说来, 激子与光激发过程相关, 但是无论是从实验上还是理论上, 对能带连续态和激子束缚能的认识还不完全. 早期的实验表明, 聚乙炔的 $E_b \approx 0.1\text{eV}$[89], 而对于 PPV 的束缚能存在很大争议, 主要有四种模型: ① 弱耦合, 即半导体模型 $E_b \approx 0.05\text{eV}$[90]; ② 介于弱耦合和中等耦合之间, $E_b \approx 0.2\text{eV}$[91]; ③ 中等耦合, $E_b \approx 0.4\ \text{eV}$[92]; ④ 强耦合, $E_b \approx 1\ \text{eV}$[93], 即分子固体模型.

作为对称化 DMRG 的一个应用, 我们研究了扩展的 Hubbard-Peierls 模型下的 ^1B_u 激发态的束缚能, 其哈密顿量的定义如下:

$$H = \underbrace{-\sum_{i,\sigma} t[1+(-1)^i\delta](c_{i,\sigma}^+ c_{i+1,\sigma} + h.c.)}_{\text{第一项}} + U\sum_i n_i(n_i-1)/2 + V\sum_i (n_i-1)(n_{i+1}-1)$$

式中: 第一项为电子跳跃能; δ 为二聚化参数, 为最简单的聚合物结构参数; U 为 on-site Hubbard 项; V 为最近邻电子–电子密度相互作用. 结果表明[94]:

(1) 当 $V = 0$ 时, $E_b = 0$(图 6-34), 这一点很容易理解, 因为激子束缚能是由于邻近格点电子–空穴相互作用导致的.

(2) 只有当 V 足够大时, 才能形成束缚态; 在 U 很大和 δ 为零的情况下, 阈值 $V_c = 2t$(图 6-34). 这是因为只有电子和空穴有动能, 形成束缚态需要克服动能.

(3) 对于固定的 V 和 δ 值, 激子束缚能随 U 增大而减小 (图 6-35). 一般地, 电子关联越大, 激子束缚能越大, 但我们的计算结果与之相反. 这是由于 U 导致了电子和空穴运动的局域化, 从而使电子与空穴的平均距离变远.

(4) 对于固定的电子相互作用 U 和 V, 二聚化参数 δ 也能增加激子束缚能. U 越小, δ 对束缚能的影响越大 (图 6-36).

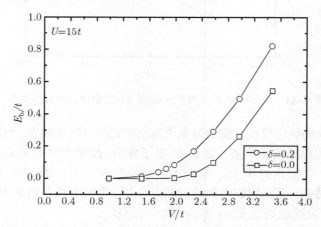

图 6-34　激子束缚能 E_b 与近邻电子相互作用 V 之间的关系 $(U = 15t)$,
数值结果表明激子束缚存在一个阈值 V_c

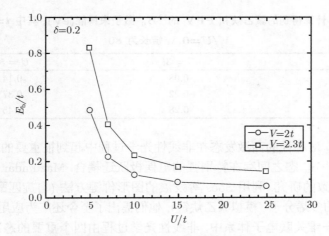

图 6-35　激子束缚能 E_b 随 U 的变化关系 ($\delta = 0.2$)

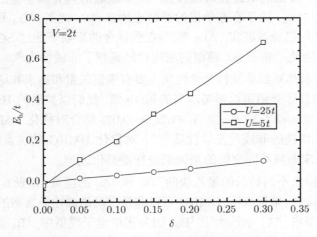

图 6-36　激子束缚能 E_b 与二聚化参数 δ 之间的关系 ($V = 2t$)

　　根据共轭体系通常采用的参数范围, 我们使用上述方法计算出聚乙炔和 PPV 的激子束缚能 (表 6-11). 结果表明: 对于聚乙炔 ($\delta=0.07$), 激子束缚能为 0.1eV 左右, 因此实验上一般观测不到; 对于 PPV($\delta=0.15\sim0.2$), 激子束缚能为 $0.3\sim0.5$eV, 与大多数实验结果一致, 从而排除了弱耦合和强耦合模型.

6.6.3　对称化 DMRG 研究非线性光学响应与 ^mA_g 态

　　多年来, 共轭聚合物的光学性质, 如非线性光学响应[95]和电致发光[96], 一直是研究的热点. 这些光学过程均与激发态相关, 因此, 在准一维的有机体系中, 无论是在实验上还是在理论上, 激发态的性质都是一个重要的研究课题. Heflin 等[97] 在半经验的组态相互作用下研究了短的多烯分子. 他们首次提出了 "重要态" 模型,

表 6-11　计算得到的聚乙炔和 PPV 的 ^1B_u 激子束缚能(eV), 其中 $t=2.4eV$, $V/U=0.4$, 链长为 80

δ	$U = 3t$	$U = 5t$
0.07	0.08	0.14
0.15	0.22	0.37
0.20	0.28	0.45

即某个具有 A_g 对称性的高激发态在非线性光学过程中起到很重要的作用, 这个激发态的特征是 ^1B_u 态之间存在特别强的电偶极跃迁耦合. Mazumdar 等[98]进一步对该态做了细致的研究, 利用 Soos 等发展的图形价键方法 (自旋匹配的精确对角化) 研究了短的多烯分子 (模拟聚乙炔链), 他们提出了至今还广为应用的 "重要态" 的机理, 即在一维关联电子体系中, 非线性光学过程由四个重要的态决定, 它们分别是: 基态 ^1A_g、最低的跃迁允许激发态 ^1B_u、最低的具有偶宇称的离子态 ^mA_g, 以及能带连续态 ^mB_u. 除了存在争议的能带连续态 ^mB_u 之外, ^1B_u 和 ^mA_g 在瞬态光学探测中的作用已经被证实. Abe 等[99]在弱耦合的极限下通过 SCI 方法也提前了类似的机理. 因此, "重要态" 模型的应用已经超越了非线性光学.

目前计算有机体系的非线性光学性质主要有修正矢量和态求和这两种方法. 关于这两种方法的具体介绍可以参考本书的第 15 章. 我们以扩展的 Hubbard-Peierls 为模型, 选取参数 $t=2.4t$, $U=3t$, $V=1.2t$, $\delta=0.07$, 结合对称化 DMRG 与态求和方法来研究聚乙炔链的非线性光学性质[100]. 对称化 DMRG 的优点在于将偶极跃迁相联系的初、末态按不同空间的基矢来进行重整化过程.

首先, 我们给出不同链长的聚乙炔的 ^1B_u 和 ^2A_g 的能量, 如表 6-12 所示, 实验数据[101]也列在其中. 结果表明, DMRG 可以非常准确地描述激发态的结构. 我们知道, 在单电子模型中, ^2A_g 永远大于 ^1B_u, 因为在单电子模型中, ^1B_u 就是 (LUMO)-(HOMO), ^2A_g 等于 (LUMO+1) – (HOMO). ^2A_g 小于 ^1B_u 是个典型的电子关联效应. 目前, 量子化学理论还不能很好地解决该问题, 即使是含时密度泛函也只能给出 $^2A_g > ^1B_u$ 的结果, 因为 ^2A_g 含有双电子或多电子激发特征, 只有 FCI 或大活性空间, 高精度 MRDCI 才能给出正确的描述, 但这些方法计算量太大, 只适合小分子体系, 如果要回答高分子中激发态结构问题, 目前只有通过 DMRG 求解半经验模型才能给出可靠的结果.

表 6-12　对称化 DMRG 计算得到的不同链长多烯的 ^1B_u 和 ^2A_g 的能量(单位: eV)

碳原子数目	6	8	10	12
^1B_u	4.60(4.67)1)	3.95(3.97)	3.53(3.60)	3.25(3.28)
^2A_g	4.60(4.67)	3.53(3.54)	3.14(3.06)	2.88(2.68)

1) 括号中数值为实验值.

图 6-37 和图 6-38 显示了聚乙炔线性极化率 α 和一阶超级极化率 γ 随链长的变化关系. 我们可以看到, 随着链长的增加, 单位链长的极化率 α/N 呈现出收敛的趋势. 对于 γ, 我们使用指数函数 $\gamma \propto N^a$ 进行拟合. 结果表明, 当 $N=6$ 时, $a=5.0$, 当 $N=20$ 时, $a=3.5$, 这与以前的研究结果[102]是一致的. 由于有机非线性的问题在其他章中会涉及, 在此不做详细讨论.

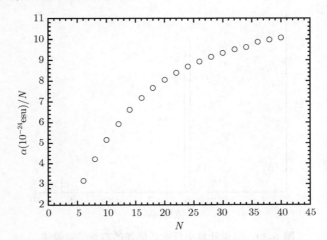

图 6-37　聚乙炔线性极化率 α 与碳原子数目 N 的变化关系

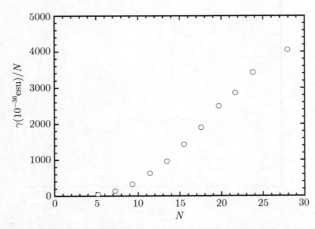

图 6-38　聚乙炔一阶超级极化率 γ 与碳原子数目 N 的变化关系

在此, 我们提出一个简单的判断与探测 "重要态" ^mA_g 的方案. 用精确对角化, 我们计算了全反式八烯烃的双光子吸收谱, 如图 6-39 所示, ^2A_g、^3A_g、^4A_g 和 ^5A_g 的能量分别为 3.62eV、5.19eV、5.75eV 和 6.00eV. 可以明显地看出, ^mA_g 就是 ^5A_g, 与 ^1B_u 存在主导的跃迁偶极矩, 远远超过其他 A_g 态. 实验上, 采用双光子荧光激

发谱可以测量具有 A_g 对称性的激发态的能量. Kohler 等[103]检测了该化合物的双光子荧光激发谱, 如图 6-40 所示, 4 个主要的峰分别位于 5.54eV、5.81eV、5.96eV 和 6.18eV. 双光子荧光激发谱中还有一个位于 3.4~5.5eV 的宽峰没有显示, 它的来源可归结为 ^2A_g 激发态及其振动耦合; 而 5.81eV 和 5.96eV 两个峰则来源于 ^4A_g 激发态.

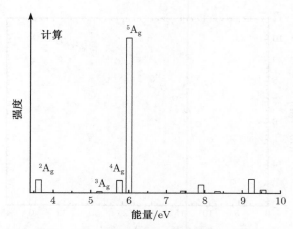

图 6-39　理论计算全反式八烯烃的双光子吸收谱

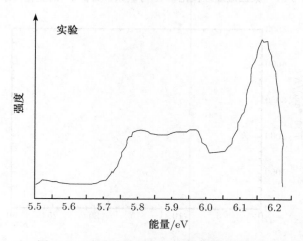

图 6-40　全反式八烯烃的双光子荧光激发谱

另外, 共轭多烯的顺反光异构化在很多光学过程中起到很重要的作用. 一般说来, 全反式链具有最稳定的结构. 紫外–可见光谱的实验结果表明[104] 顺式聚乙炔链比反式聚乙炔链多出一个峰, 这个特征峰被称为顺式带 (*cis*-band). 表 6-13 中列出了实验上测得不同链长多烯的顺式带[104], 我们也计算了这些体系的 ^mA_g 激发态的能量, 可以看到计算得到的 $^m A_g$ 结果与实验数据高度吻合 (表 6-13). 因此, 我们推断顺式带来源于 $^m A_g$ 激发态, 即多烯分子在光作用下发生异构化, 破坏了全反式的对称性, 使得原先光跃迁禁止的 $^m A_g$ 态变得允许了, 从而导致了顺式吸收带. 因此, 这给 $^m A_g$ 激发态的检测建议一种新的简便方法.

表 6-13 比较不同链长的聚乙炔计算得到的 $^m A_g$ 激发态能量
与实验上顺式带的能量(单位: eV)

碳原子数目	8	10	12
$^m A_g$(计算)	5.75	5.14	4.70
顺式带 (实验)	5.76	5.16	4.77

6.7 总结与展望

本章先介绍了半经验价键理论, 本质上, 所有价键结构构成了完备自旋对称化的 Hilbert 空间, 目前还只能处理小于 20 个费米子的体系. 从强关联理论物理发展起来的 DMRG 在一维体系取得了重要成就. 从精确计算的角度来讲, 量子化学除了 FCI 之外, 还没有更好的办法. 自 1997 年以来 DMRG 取得了非常显著的进展. 目前, 国际上主要有 8 个课题组开展了量子化学的 DMRG 研究: ①帅志刚等用对称化 DMRG 求解了 PPP 模型的基态、$^1 B_u / ^2 A_g$ 态的结构[16]以及激子的束缚能, 并与三阶准粒子 Green 函数和 RPA 以及二阶 RPA 做了对比, 发现这些准粒子多体理论在短程相互作用势的情况下难以正确地描述激发态和电荷分离态[105]. 这是有文献报道的第一个量子化学 DMRG 工作. ②之后, Fano 等也独立地发表了 DMRG 求解 PPP 基态的计算结果[106], 在此基础上, 他们还发展了从头算 DMRG[107]. ③第一个从头算量子化学 DMRG 归功于 White 与 Martin 的合作[108]. 由于一般的 DMRG 所处理的哈密顿是以实空间表达, 其精确性依赖于密度矩阵在实空间的局域行为. 但量子化学二次量子化以扩展的分子轨道为基函数. 因此, 他们应用向涛建立的动量空间 DMRG 技巧[109], 求解了一般性的哈密顿量, 并以水分子 (25 个轨道) 为例, 与传统的量子化学方法比较, 发现在很小的截断空间就可以接近 MRCI 精度. ④ 正是由于分子轨道是扩展的, 在做重整化过程中, 从初始选取的轨道到随后一步一步加入的轨道, 有个轨道序列问题. Hess、Reiher 等发现 DMRG 结果与轨道序密切相关, 并提出了如何优化轨道序的量子化学 DMRG[110], 并用于研究重元素的相对论量子化学[111]. ⑤目前, 从计算效率和体系大小来看, 从头算量子化学 DMRG 最高水平来自 Chan 等[112,113], 他们还证明 DMRG 是局域低标度、多参考、大小一致、变分的方法, 从而集中了所有的量子化学计算的要求[17]. ⑥刘春根、江元生等的贡献, 在本章 6.3 节 ~6.5 节作了介绍. ⑦罗洪刚和向涛的从头算量子化学程序, 对于水分子, 使用 TZ ANO 基组, 在保留 $m = 128$ 和 10 次 swap 的情况下, 得到基态能量为 -85.536 hartree 的国际最低能量, 此前所得到的最低能量为 -85.512 hartree. ⑧ Zgid 和 Nooijen 最近发展了 DMRG 自洽场理论, 实现优化轨道序, 相当于选取活化空间进行重整化[114], 并提出了二体约化密度矩阵的计算方法[115]. 从 Chan、罗洪刚等的结果来看, 量子化学的高精度从头算已经从传统的 post-Hartree-Fock 走向 DMRG, 值得进一步推广, 扩大该领域的发展和应用, 并做标准化程序.

参 考 文 献

[1] Hückel E Z. Physik, 1931, 70: 204

[2] Su W P, Schrieffer J R, Heeger A J. Phys. Rev. Lett., 1979, 42: 1698

[3] Pople J A, Walmsley S H. Mol. Phys., 1962, 5:15

[4] Pariser R, Parr R G. J. Chem. Phys., 1953, 21: 466

[5] Pople J A. J. Chem. Phys., 1953, 49: 1375

[6] Kanamori J. Prog. Theo. Phys. (Kyoto), 1963, 30: 275

[7] Gutzwiller M. Phys. Rev. Lett., 1963, 10: 159

[8] Hubbard J. Proc. Roy. Soc. A, 1964, 276: 238; 1964, 277:237; 1964, 281:401

[9] Heisenberg W Z. Physik, 1928, 38: 411; 1929, 49:619

[10] Dirac P A M. Proc. Roy. Soc. A, 1929, 123:714

[11] Zhang F C, Rice T M. Phys. Rev. B, 1988, 37:3759

[12] Bethe H A Z. Physik, 1931, 71:205

[13] Yang C N, Yang C P. Phys. Rev., 1966, 147:303

[14] Ovchinnikov A A. Soviet Phys. JETP., 1973, 37:176

[15] Soos Z G, Anusooya A, Pati S K. J. Chem. Phys., 2000, 112: 3133

[16] Shuai Z G, Brédas J L, Pati S K et al. Proc. SPIE, 1997, 3145:293

[17] Hachmann J, Cardoen W, Chan G K L. J Chem. Phys., 2006, 125: 144101

[18] Pauling L. The nature of the chemical bond. Ithaca: Cornell University Press, 1939

[19] Wheland G W. Resonance in organic chemistry. NY: John Wiley & Sons, 1955

[20] Heitler W, London F. Zeit. Physik, 1927, 44: 455

[21] Klein D J, Trinajstić N. Valence bond theory & chemical structure. Amsterdam: Elsevier, 1990

[22] Cooper D L. Valence Bond Theory. Amsterdam: Elsevier, 2002

[23] Wu J, Jiang Y S. J. Comput. Chem., 2000, 21: 856

[24] Lanczos C. J. Rds. Nat. But. Stand., 1950, 45: 255

[25] Wu J, Klein D J, Schmalz T G. Intl. J. Quantum Chem., 2003, 94: 7

[26] a. Balaban A T. Chemical applications of graph theory. London: Academic Press, 1976; b. 张乾二等. 多面体分子轨道. 北京: 科学出版社, 1987

[27] a. Malrieu J P, Maynau D. J. Am. Chem. Soc., 1982, 104:3021; b. Maynau D, Malrieu J P. J. Am. Chem. Soc., 1982, 104: 3029; c. Said M, Maynau D, Malrieu J P. J. Am. Chem. Soc., 1984, 106: 580

[28] a. Schmalz T G, Seitz W A, Klein D J et al. J. Am. Chem. Soc., 1988, 110: 1113; b. Flocke N, Schmalz T G, Klein D J. J. Chem. Phys., 2000, 112: 8233; c. Wu J, Schmalz T G, Klein

D J. J. Chem. Phys., 2002, 119: 11011; d. Wu J, Klein D J, Schmalz T G. Int. J. Quantum Chem., 2003, 95: 455

[29]　a. Soos Z G, Kuwajima S, Harding R H. J. Chem. Phys., 1986, 85: 601; b. Ramasesha S, Soos Z G. J. Chem. Phys., 1993, 98: 4015

[30]　a. Li S H, Jiang Y S. J. Am. Chem. Soc., 1995, 117: 8401; b. Ma J, Li S H, Jiang Y S. J. Phys. Chem., 1996, 100: 15068; c. Li S H, Ma J, Jiang Y S. J. Phys. Chem., 1997, A101: 5567; d. Wu J, Cooper D L. Phys. Chem. Chem. Phys., 2001, 3: 2419

[31]　Wilson K G. Rev. Mod. Phys., 1975, 47:773

[32]　White S R, Noack R M. Phys. Rev. Lett., 1992, 68:3487

[33]　White S R. Phys. Rev. Lett., 1992, 69:2863

[34]　White S R. Phys. Rev. B, 1993, 48:10345

[35]　Pauling L, Wheland G W. J. Chem. Phys., 1933, 1:362

[36]　Davidson E R. J. Comput. Phys., 1975, 17: 87

[37]　White S R. Phys. Rev. Lett., 1996, 77:3633

[38]　Ramasesha S, Pati S K, Krishnamurthy H R et al. Phys. Rev. B, 1996, 54: 7598

[39]　Schollwöck U. Rev. Mod. Phys., 2005, 77: 259

[40]　White S R. Phys. Rev. B, 2005, 72: 190403

[41]　Rajca A. Adv. Phys. Org. Chem., 2005, 40:153

[42]　Alexander S A, Schmalz T G. J. Am. Chem. Soc., 1987, 109: 6933

[43]　Flocke N, Schmalz T G, Klein D J. J. Chem. Phys., 1998, 100: 873

[44]　Li S H, Ma J, Jiang Y S. Chinese J. Chem., 2002, 20: 1168

[45]　Cai F, Shao H, Liu C et al. J. Chem. Inf. Model., 2005, 45: 371

[46]　a. Barford W, Bursill R J. Chem. Phys. Lett., 1997, 268: 535; b. Barford W, Bursill R J. Synth. Met., 1997, 85: 1155; c. Bursill R J, Barford W, Daly H. Chem. Phys., 1999, 243: 55

[47]　Henelius P. Phys. Rev. B, 1999, 60: 9561

[48]　Bursill R J. Phys. Rev. B, 1999, 60: 1643

[49]　Gao Y, Liu C G, Jiang Y S. J. Phys. Chem. A, 2002, 106: 2592

[50]　Natario R, Abboud J L M. J. Phys. Chem. A, 1998, 102: 5290

[51]　a. Zhou Z, Parr R G. J. Am. Chem. Soc., 1998, 111: 7371; b. Zhou Z, Parr R G, Garst J F. Tetrahedron Lett., 1988, 38: 4843

[52]　Li S H, Jiang Y S. J. Am. Chem. Soc., 1995, 117: 8401

[53]　Dewar M J S, Trinajstic N J. J. Chem. Soc. A, 1971, 1220

[54]　Orloff M K. J. Chem. Phys., 1967, 47: 235

[55]　Ma J, Li S, Jiang Y. J. Phys. Chem. A, 1997, 101: 4770

[56]　a. Tanaka K, Ohzeki K, Nankai S et al. J. Phys. Chem. Solid, 1983, 44: 1069; b. Yoshizawa K, Yahara K, Tanaka K et al. J. Phys. Chem. B, 1998, 102: 498

[57]　Clar E. The aromatic sextet. New York: Wiley, 1972

[58]　Maynau D, Said M, Malrieu J P. J. Am. Chem. Soc., 1983, 105: 5244

[59]　Ma H B, Liu C G, Jiang Y S. J. Phys. Chem. A, 2007, 111: 9471

[60]　Rajca A, Wongsriratanakul J, Rajca S. J. Am. Chem. Soc., 1997, 119: 11674

[61]　Rajca A, Shiraishi K, Vale M et al. J. Am. Chem. Soc., 2005, 127: 9014

[62]　Rajca S, Rajca A, Wongsriratanakul J et al. J. Am. Chem. Soc., 2004, 126: 6972

[63]　Rajca A, Lu K, Rajca S. J. Am. Chem. Soc., 1997, 119: 10335

[64] Coulson C A, Golebiewski A. Proc. Phys. Soc. London, 1961, 78: 1310

[65] Fincher Jr C R, Chen C E, Heeger A J et al. Phys. Rev. Lett., 1982, 48: 100

[66] Yannoni C S, Clarke T C. Phys. Rev. Lett., 1983, 51: 1191

[67] Kuki M, Koyama Y, Nagae H. J. Phys. Chem., 1991, 95: 7171

[68] Takahashi O, Watanabe M, Kikuchi O. J. Mol. Struct. (Theochem), 1999, 469: 121

[69] Ma H B, Liu C G, Jiang Y S. J. Chem. Phys., 2005, 123: 084303

[70] Schulten K, Ohmine I, Karplus M. J. Chem. Phys., 1976, 64: 4422

[71] Tavan P, Schulten K. J. Chem. Phys., 1979, 70: 5407

[72] Tavan P, Schulten K. J. Chem. Phys., 1986, 85: 6602

[73] Wu W, Danovich D, Shurki A et al. J. Phys. Chem. A, 2000, 104: 8744

[74] Kawashima Y, Nakayama K, Nakano H et al. Chem. Phys. Lett., 1997, 267: 82

[75] Ma H, Cai F, Liu C et al. J. Chem. Phys., 2005, 122: 104909

[76] Soos Z G, Ramasesha S. Phys. Rev. Lett., 1983, 51: 2374

[77] Reid R D, Schug J C, Lilly A C et al. J. Chem. Phys., 1988, 88: 2049

[78] White C T, Kutzler F W, Cook M. Phys. Rev. Lett., 1986, 56: 252

[79] Kirtman B, Hasan M, Chipman D M. J. Chem. Phys., 1991, 95: 7698

[80] Kuroda S. Int. J. Mod. Phys. B, 1995, 9: 221

[81] Thomann H, Dalton L R, Tomkiewicz Y et al. Phys. Rev. Lett., 1983, 50: 533

[82] Thomann H, Dalton L R, Grabowski M et al. Phys. Rev. B, 1985, 31: 3141

[83] Mehring M, Grupp A, Höfer P et al. Synth. Met., 1989, 28: D399

[84] Noack R W, White S R. Phys. Rev. B, 1993, 47: 9243

[85] a. Lieb E H, Wu F Y. Phys. Rev. Lett., 1968, 20: 1445; b. Ovchhinikov A A. Zh. Eksp. Teor. Fiz., 1969, 57: 2137

[86] a. Baeriswyl D, Campbell D K, Mazumdar S. Conjugated conducting polymers. Kiess H ed. Berlin: Springer-Verlag, 1992; b. Wu C Q, Sun X, Nasu K. Phys. Rev. Lett., 1987, 59: 831; c. Mazumdar S, Campbell D K. Phys. Rev. Lett., 1987, 55: 2067; d. Brédas J L, Heeger A J. Phys. Rev. Lett., 1989, 63: 2534

[87] a. Ramasesha S, Soos Z G. J. Chem. Phys., 1984, 80: 3278; b. Baeriswyl D, Maki K. Phys. Rev. B, 1998, 31: 6633; c. Mazumdar S, Dixit S N. Synth. Met. 1989, 28: 463; d. Tavan P, Schulten K. Phys. Rev. B, 1987, 36: 4337

[88] a. Soos Z G, Ramasesha S. J. Chem. Phys., 1989, 90: 1067; b. Dixit S N, Guo D, Mazumdar S. Phys. Rev. B, 1991, 43: 6781; c. Abe S, Yu J, Su W P. Phys. Rev. B, 1992, 45: 8264; d. Shuai Z, Beljonne D, Brédas J L. J. Chem. Phys., 1992, 97: 1132

[89] Fincher C R. Phys. Rev. B, 1979, 20: 1589

[90] a. Lee C H, Yu G, Heeger A J. Phys. Rev. B, 1993, 47: 543; b. Pakbaz K. Synth. Met., 1994, 64: 295

[91] Campbell I H. Phys. Rev. Lett., 1996, 76: 1900

[92] a. Friend R H, Bradley D D C, Townsend P D. J. Phys. D, 1987, 20: 1367; b. Kersting R. Phys. Rev. Lett., 1994, 73: 1440; c. Gomes da Costa P, Conwell E M. Phys. Rev. B, 1993, 48 : 1993

[93] a. Chandross M. Phys. Rev. B, 1994, 50: 702; b. Leng J M. Phys. Rev. Lett., 1994, 72 : 156

[94] a. Shuai Z, Pati S K, Su W P et al. Phys. Rev. B, 1997, 55: 15368 ; b. Shuai Z, Brédas J L, Pati S K, Ramasesha S. Phys. Rev. B, 1998, 58: 15329

[95] Chemla D S, Zyss J. Nonlinear optical propertiess of organic molecules and crystals. New York: Academic, 1987

[96] a. Burroughes J H, Bradley D D C, Brown A R et al. Nature, 1990, 347: 539; b. Gustafsson G, Cao Y, Treacy G M. et al. Nature, 1992, 357: 477; c. Salaneck W R, Stafstöm S, Brédas J L. Conjugated polymer surfaces and interfaces. Cambridge: Cambridge University Press, 1996

[97] Heflin J R, Wong K Y, Zamani-Khamiri O et al. Phys. Rev. B, 1988, 38: 1573

[98] a. Dixit S N, Guo D, Mazumdar S. Phys. Rev. B, 1991, 43: 6781; b. Guo D, Mazumdar S, Dixit S N. et al. Phys. Rev. B, 1993, 48: 1433; c. Guo F, Guo D, Mazumdar S. Phys. Rev. B, 1994, 49: 10102

[99] Abe S, Schreiber M, Su W P et al. Phys. Rev. B, 1992, 45: 9432

[100] Shuai Z, Brédas J L, Saxena A et al. J. Chem. Phys., 1998, 109: 2549

[101] Kohler B E. J. Chem. Phys., 1991, 93: 5838

[102] Shuai Z, Brédas J L. Phys. Rev. B, 1991, 44: 5962

[103] Kohler B E, Terpougov V. J. Chem. Phys., 1996, 104: 9297

[104] Granville M F, Holtom G R, Kohler B E. Proc. Natl. Acad. Sci. USA, 1980, 77: 31

[105] Yaron D, Moore E E, Shuai Z et al. J. Chem. Phys., 1998, 108: 7451

[106] Fano G, Ortolani F, Ziosi L. J. Chem. Phys., 1998, 108 : 9246

[107] Mitrushenkov A O, Fano G, Ortolani F. J. Chem. Phys., 2001, 115 : 6815

[108] White S R, Martin R L. J. Chem. Phys., 1999, 110: 4127

[109] Xiang T. Phys. Rev. B, 1996, 53 : 10445

[110] Moritz G, Hess B A, Reiher M. J. Chem. Phys., 2005, 122: 024107

[111] Moritz G, Wolf A, Reiher M. J. Chem. Phys., 2005, 123: 184105

[112] Chan G K L. J. Chem. Phys., 2004, 120: 3172

[113] Chan G K L, Van Voorhis T. J. Chem. Phys., 2005, 122: 204101

[114] Zgid D, Nooijen M. J. Chem. Phys., 2008, 128: 14416

[115] Zgid D, Nooijen M. J. Chem. Phys., 2008, 128: 14415

第二篇　化学动力学和光谱及统计力学

第7章 多原子分子振转光谱的精确量子力学研究

周燕子 冉 翀 谢代前

分子光谱包含分子结构和动力学的详细性质, 在现代化学的各个领域中都有重要应用. 传统的分子光谱理论是基于正则模近似, 即用平衡位置的简谐振动描述分子中原子核的振动, 而用刚体转子描述分子的整体转动. 如需要考虑非谐振动和非刚性转子的影响, 则采用微扰理论进行修正. 这个简化的模型在计算上很简便, 因而对实验光谱学家解析谱图以及从理论上对谱图进行指认提供了很大方便, 对分子光谱理论和实验的发展有着重要作用. 但是正则模近似也有较大的局限. 例如, 有时需要处理振动高激发态甚至到分子解离时的振动态, 而谐振子是不能解离的; 当分子具有多个柔性极小点时, 显然也不能把势能函数向平衡点展开; 对于 van der Waals 体系, 分子间作用力较小, 振动频率很低, 分子间振动波函数分布在势能面上较广的区域, 因而也不适合用正则模近似处理. 另外, 微扰理论也不一定会收敛. 近年来, 随着理论化学方法和计算技术的不断发展, 人们越来越期望获得定量的理论研究结果. 目前, 对小分子体系, 首先采用 Born-Oppenheimer 近似分离电子运动和原子核运动, 并利用高级别量子化学计算方法构造精确的势能面, 再利用变分法求解严格的核运动方程, 从而获得精确的振动–转动能级和波函数, 定量模拟实验光谱图, 已成为现代分子光谱理论发展的一个主要趋势.

7.1 多原子分子核运动动能算符的量子力学表达式

7.1.1 Born-Oppenheimer 近似

我们知道对于一个体系, 定态 Schrödinger 方程可以写为

$$\hat{H}\Psi(r;R) = E\Psi(r;R) \tag{7.1}$$

式中: E 为体系的总能量; $\hat{H}$ 为体系总的哈密顿, 可以写为

$$\hat{H} = \hat{T}_N(R) + \hat{H}_e(r;R) \tag{7.2}$$

式中: $R = (R_\alpha)$ 为原子核坐标的集合; $r = (r_i)$ 为电子坐标的集合; $\hat{T}_N(R)$ 为原子核的动能算符; $\hat{H}_e(r;R)$ 为电子哈密顿, 在核固定的情况下, 可写作

$$\hat{H}_{\mathrm{e}} = \hat{T}_{\mathrm{e}} + V(\boldsymbol{r}; \boldsymbol{R}) \tag{7.3}$$

式中: $\hat{T}_{\mathrm{e}}$ 为电子的动能算符; $V(\boldsymbol{r}; \boldsymbol{R})$ 为势能算符.

　　考虑到电子的运动速度比原子核快很多, 我们可以把电子运动和核运动分开处理, 体系总的波函数可采用 Born-Oppenheimer 展开

$$\Psi(\boldsymbol{r}; \boldsymbol{R}) = \sum_{i=1}^{N} \Theta_i(\boldsymbol{R}) \phi_i(\boldsymbol{r}; \boldsymbol{R}_0) \tag{7.4}$$

式中: $\Theta_i(\boldsymbol{R})$ 为含原子核坐标的系数; $\phi_i(\boldsymbol{r}; \boldsymbol{R}_0)$ 为电子本征函数并满足方程

$$\hat{H}_{\mathrm{e}} \phi_i(\boldsymbol{r}, \boldsymbol{R}_0) = E_{\mathrm{e}}(\boldsymbol{R}_0) \phi_i(\boldsymbol{r}, \boldsymbol{R}_0) \tag{7.5}$$

式中: $E_{\mathrm{e}}(\boldsymbol{R}_0)$ 为含原子核坐标的电子本征值, 这里我们定义, 当 $\boldsymbol{R} \equiv \boldsymbol{R}_0$ 时称为电子绝热表象, 当 $\boldsymbol{R} \neq \boldsymbol{R}_0$ 称为电子非绝热表象.

　　下面我们考虑在电子绝热情况下 $(\boldsymbol{R} \equiv \boldsymbol{R}_0)$, 把方程 (7.4) 带入方程 (7.1), 得

$$(\hat{T}_N + \hat{H}_{\mathrm{e}} - E) \sum \Theta_i(\boldsymbol{R}) \phi_i(\boldsymbol{r}; \boldsymbol{R}) = 0 \tag{7.6}$$

把方程 (7.6) 左乘 $\phi_j(\boldsymbol{q}; \boldsymbol{r})$ 并对电子坐标积分, 应用方程 (7.5), 这样方程 (7.6) 可化为

$$\sum_{i=1}^{N} \langle \phi_j | \hat{T}_N \Theta_i(\boldsymbol{R}) | \phi_i \rangle + (E_{\mathrm{e}j}(\boldsymbol{R}) - E) \Theta_j = 0 \tag{7.7}$$

原子核动能算符 $\hat{T}_N$ 为

$$\hat{T}_N = -\frac{1}{2m} \boldsymbol{\nabla}^2 \tag{7.8}$$

式中: m 为体系的质量, 把方程 (7.6) 带入方程 (7.5) 可得到矩阵元

$$\langle \phi_j | \hat{T}_N \Theta_i(\boldsymbol{R}) | \phi_i \rangle = -\frac{1}{2m} \left(\boldsymbol{\nabla}^2 \Theta_j + 2 \langle \phi_j | \boldsymbol{\nabla} \phi_i \rangle \cdot \boldsymbol{\nabla} \Theta_i + \langle \phi_j | \boldsymbol{\nabla}^2 \phi_i \rangle \Theta_i \right) \tag{7.9}$$

定义非绝热耦合矩阵元

$$\tau_{ji}^{(1)} = \langle \phi_j | \boldsymbol{\nabla} \phi_i \rangle \tag{7.10a}$$

$$\tau_{ji}^{(2)} = \langle \phi_j | \boldsymbol{\nabla}^2 \phi_i \rangle \tag{7.10b}$$

这些非绝热耦合矩阵元直接影响原子核的动量. 把方程 (7.10) 带入方程 (7.9), 得

$$\langle \phi_j | \hat{T}_N \Theta_i(\boldsymbol{R}) | \phi_i \rangle = -\frac{1}{2m} \left[\boldsymbol{\nabla}^2 \Theta_j + 2 \tau_{ji}^{(1)} \cdot \Theta_i + \tau_{ji}^{(2)} \Theta_i \right] \tag{7.11}$$

把方程 (7.11) 带入方程 (7.7) 可得电子绝热 Schrödinger 方程

$$-\frac{1}{2m} \boldsymbol{\nabla}^2 \Theta_j + (E_{\mathrm{e}j}(\boldsymbol{R}) - E) \Theta_j - \frac{1}{2m} \sum_{i=1}^{N} (2 \tau_{ji}^{(1)} \cdot \boldsymbol{\nabla} \Theta_i + \tau_{ji}^{(2)} \Theta_i) = 0 \tag{7.12}$$

当方程 (7.12) 中的 $\tau_{ji}^{(1)}$ 和 $\tau_{ji}^{(2)}$ 非常小并可以忽略时, 方程 (7.12) 可简化为

$$-\frac{1}{2m}\boldsymbol{\nabla}^2\Theta_j + (E_{ej}(\boldsymbol{R}) - E)\,\Theta_j = 0 \tag{7.13}$$

这个方程称为 Born-Oppenheimer 方程, 这个方程中所包含的近似称为 Born-Oppenheimer 近似.

在研究分子中电子的运动时, 认为原子核是固定不动的, 将原子核间的相对位置看成参数, 求解电子运动方程 (7.5) 得到某一固定的核构型下的电子运动的波函数和能量; 而研究原子核的运动时, 需要求解方程 (7.13), 电子运动的总能量被视为原子核运动的势能. 用量子化学方法求解多个核构型下的电子运动方程得到电子运动的总能量, 就可以构造出原子核运动的势能面, 进一步解核运动方程, 从而得到核运动的波函数和能量. 分子的总波函数是电子的波函数和核运动的波函数的乘积.

7.1.2 原子核运动的分离

对一个含 n 个原子的多原子体系, 设第 i 个原子的质量是 m_i, 其直角坐标为 (x_i, y_i, z_i), 则核运动的哈密顿在原子单位下可以写为

$$\hat{H} = \hat{T}_N + \hat{\boldsymbol{V}}(\boldsymbol{R}) = \sum_{i=1}^{n} -\frac{1}{2m_i}\boldsymbol{\nabla}_i^2 + \hat{\boldsymbol{V}}(\boldsymbol{R}) \tag{7.14}$$

式中: $\hat{\boldsymbol{V}}(\boldsymbol{R})$ 为核运动的势能; $\boldsymbol{\nabla}_i^2$ 为 Laplace 算符, 在直角坐标系下时

$$\boldsymbol{\nabla}_i^2 = \frac{\partial^2}{\partial x^2} + \frac{\partial^2}{\partial y^2} + \frac{\partial^2}{\partial z^2} \tag{7.15}$$

原子核的运动分为平动、转动和振动. 通过坐标变换, 体系的动能可以表示为质心运动 (平动) 和相对运动的加和:

$$\hat{H} = -\frac{1}{2M}\boldsymbol{\nabla}_M^2 + \hat{T}' + \hat{\boldsymbol{V}}(\boldsymbol{R}) \tag{7.16}$$

式中: M 为体系的总质量; $\boldsymbol{\nabla}_M^2$ 为质心运动的 Laplace 算符; $\hat{T}'$ 为相对运动的动能项, 包括转动和振动:

$$\hat{T}' = \hat{T}_V + \hat{T}_{VR} \tag{7.17}$$

式中: $\hat{T}_V$ 为纯振动动能算符; $\hat{T}_{VR}$ 为振–转相互作用算符. 体系的平动与势能无关, 所以可以分离出去, 再通过求解 Schrödinger 方程:

$$\hat{H}'\psi = \left[\hat{T}' + \hat{\boldsymbol{V}}(\boldsymbol{R})\right]\psi = E\psi \tag{7.18}$$

可得到体系的转动和振动的能量和波函数. 并且, 势能只与原子核的内坐标有关, 也就是只与振动相关, 因而当体系处于转动基态时, 振–转相互作用 $\hat{T}_{VR}$ 为零, $\hat{T}' = \hat{T}_V$, 求解 Schrödinger 方程 (7.18) 得到纯振动的波函数和能量. 当然在转动不为基态时, 振动和转动运动间是有耦合的, 不能完全分离.

　　将平动分离出去后, 体系的质心位置固定不变, 一般将其固定在坐标原点, 这样得到的直角坐标系就称之为空间固定 (SF) 坐标系. 若需要考虑分子的转动, 则可把坐标系固定在分子上, 即物体固定 (BF) 坐标系. 通过三个 Euler 角可实现 SF 坐标系与 BF 坐标系的相互转换. 不论是采用 SF 坐标系还是 BF 坐标系, 体系都由 $3n$ 个坐标描述, 这些坐标并不是完全独立的, 对线性分子只有 $3n-5$ 个振动自由度和 2 个转动自由度, 非线性分子的振动自由度为 $3n-6$, 转动自由度为 3. 所以, 计算时往往不采用直角坐标系, 而用内坐标来描述原子间的相对位置, 分子的转动则由三个 Euler 角描述. 内坐标的选取有多种方式, 比较直观的是键长–键角坐标系 (图 7-1), 在此坐标系下三原子分子的振动哈密顿算符为[1]

$$\hat{H}_{vib} = -\frac{1}{2\mu_1}\frac{\partial^2}{\partial r_1^2} - \frac{1}{2\mu_2}\frac{\partial^2}{\partial r_2^2} - \frac{\cos\theta}{m_3}\frac{\partial^2}{\partial r_1 \partial r_2}$$

$$-\frac{1}{2}\left(\frac{1}{\mu_1 r_1^2} + \frac{1}{\mu_2 r_2^2} - \frac{2\cos\theta}{m_3 r_1 r_2}\right)\left(\frac{\partial^2}{\partial \theta^2} + \cot\theta \frac{\partial}{\partial \theta}\right)$$

$$-\frac{1}{m_3}\left(\frac{1}{r_1}\frac{\partial}{\partial r_2} + \frac{1}{r_2}\frac{\partial}{\partial r_1} - \frac{1}{r_1 r_2}\right)\left(\sin\theta \frac{\partial}{\partial \theta} + \cot\theta\right) + \hat{V}(r_1, r_2, \theta) \quad (7.19)$$

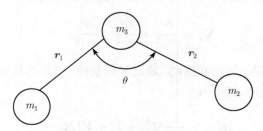

图 7-1　三原子分子的键长–键角坐标系

式中: r_1 和 r_2 为键长; θ 为键角, 积分体积元为 $\sin\theta dr_1 dr_2 d\theta$; m_3 为中心原子的质量; μ_1 和 μ_2 为约化质量,

$$\mu_1^{-1} = m_1^{-1} + m_3^{-1}, \quad \mu_2^{-1} = m_2^{-1} + m_3^{-1} \quad (7.20)$$

m_1 和 m_2 分别为键 1 和键 2 的端点原子质量; $\hat{V}$ 为体系的势能函数. 这种坐标系下动能体系的动能算符中含有 r_1 和 r_2 的交叉项. 所以为求解简便, 应选择适当的正交坐标系, 将交叉项去掉.

7.1.3 三原子分子的 Radau 和 Jacobi 坐标

对三原子体系, Radau 坐标可由键长–键角内坐标变换得到[2]

$$\boldsymbol{R}_1 = \left[1 + (\alpha - 1)\frac{m_1}{m_1 + m_2}\right]\boldsymbol{r}_1 + (\alpha - 1)\frac{m_2}{m_1 + m_2}\boldsymbol{r}_2$$

$$\boldsymbol{R}_2 = (\alpha - 1)\frac{m_1}{m_1 + m_2}\boldsymbol{r}_1 + \left[1 + (\alpha - 1)\frac{m_2}{m_1 + m_2}\right]\boldsymbol{r}_2$$

$$\theta = \arccos\left(\frac{\boldsymbol{R}_1 \cdot \boldsymbol{R}_2}{|\boldsymbol{R}_1||\boldsymbol{R}_2|}\right)$$

$$\alpha = \sqrt{\frac{m_3}{m_1 + m_2 + m_3}}$$

$$(7.21)$$

其振动哈密顿算符可以写为[2]

$$\hat{H} = -\frac{1}{2m_1}\frac{\partial^2}{\partial R_1^2} - \frac{1}{2m_2}\frac{\partial^2}{\partial R_2^2} - \left(\frac{1}{2m_1 R_1^2} + \frac{1}{2m_2 R_2^2}\right)\left(\frac{\partial^2}{\partial \theta^2} + \cot\theta\frac{\partial}{\partial \theta}\right) + \hat{V}(R_1, R_2, \theta)$$

$$(7.22)$$

由式 (7.22) 可见, 在 Radau 坐标系下, 体系的动能算符中没有 $\boldsymbol{R}_1$ 和 $\boldsymbol{R}_2$ 的交叉项, 因而动能矩阵的计算比较简单.

对由原子 A 和一个线性分子 BC 组成的弱相互作用分子体系 (van der Waals 体系), 常用 Jacobi 坐标 (R, r, θ) 来描述分子的构型 (图 7-2). 其中 R 为原子 A 到线性分子质心的距离, θ 为矢量 $\boldsymbol{R}$ 和线性分子轴之间的夹角, r 为线性分子的键长.

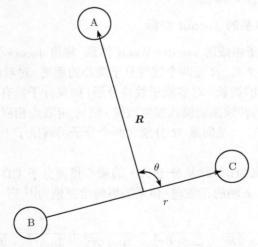

图 7-2　原子和线性分子组成的 van der Waals 体系的 Jacobi 坐标系

该类分子体系的振动哈密顿算符可表达为[3]

$$\hat{H}(r, R, \theta) = -\frac{1}{2\mu_R}\frac{\partial^2}{\partial R^2} - \frac{1}{2\mu_r}\frac{\partial^2}{\partial r^2} + \left(\frac{1}{2\mu_R R^2} + \frac{1}{2\mu_r r^2}\right)\hat{j}^2 + \hat{V}(r, R, \theta) \quad (7.23)$$

若考虑分子转动, 其振转哈密顿算符可表达为[4,5]

$$\hat{H} = -\frac{1}{2\mu_R}\frac{\partial^2}{\partial R^2} - \frac{1}{2\mu_r}\frac{\partial^2}{\partial r^2} + \frac{(\hat{\boldsymbol{J}} - \hat{\boldsymbol{j}})^2}{2\mu_R R^2} + \frac{\hat{\boldsymbol{j}}^2}{2\mu_r r^2} + \hat{V}(r, R, \theta) \quad (7.24)$$

式中: $\hat{\boldsymbol{J}}$ 为总角动量; $\hat{\boldsymbol{j}}$ 为线性分子转动的角动量; μ_R 为 A 和线性分子 BC 的约化质量

$$\mu_R = \frac{m_A \mu_r}{m_A + \mu_r} \quad (7.25)$$

m_A 为原子 A 的质量; μ_r 为线性分子 BC 的约化质量; $\hat{V}$ 为体系总的势能,

$$\hat{V}(r, R, \theta) = \hat{V}_r(r) + \Delta\hat{V}(r, R, \theta) \quad (7.26)$$

$\hat{V}_r(r)$ 为线性分子的势能; $\Delta\hat{V}(r, R, \theta)$ 为分子间相互作用力的势能. 描述分子转动的物体固定 (BF) 坐标系定义为: z 轴与向量 $\boldsymbol{R}$ 重合, 且向量 $\boldsymbol{r}$ 在 xz 平面并指向 x 轴的正方向.

在处理这类体系的分子间束缚态时, 由于分子内振动比分子间振动快得多, 如果在能级的跃迁过程中线性分子的振动态没有发生改变, 常把线性分子的构型固定为它在给定振动态下的平衡构型[6,7] 或振动平均构型[8,9]. 对多原子线性分子, 通常研究的是涉及其一种伸缩振动模式的跃迁, 则采用正则模近似, 用相应的正则坐标和有效约化质量来代替 r 和 μ_r[10,11].

7.1.4 多原子分子体系的 Jacobi 坐标

对由两个线性分子组成的 van der Waals 体系, 常用 Jacobi 坐标作为其内坐标 $(R, r_1, r_2, \varphi, \theta_1, \theta_2)$(图 7-3). R 是两个线性分子质心的距离, 对双原子分子, r_1 和 r_2 分别是两个线性分子的键长. 对多原子线性分子, 如果分子没有振动, 则构型固定不变, 如果分子内部的伸缩振动模式发生改变, 则 r_i 可取为相应的正则坐标. θ_i 是两个分子与 $\boldsymbol{R}$ 的夹角. φ 是向量 $\boldsymbol{R}$ 分别和两个分子的端原子 B 和 D 组成的两个半平面的二面角.

BF 坐标系的定义为: z 轴从分子 AB 的质心指向分子 CD 的质心, 分子 AB 在 xz 平面内, 且指向 x 轴的正方向. 体系的振转哈密顿为[12,13]

$$\hat{H} = -\frac{1}{2\mu_R}\frac{\partial^2}{\partial R^2} - \frac{1}{2\mu_{r1}}\frac{\partial^2}{\partial r_1^2} - \frac{1}{2\mu_{r2}}\frac{\partial^2}{\partial r_2^2} + \frac{\hat{j}_1^2}{2\mu_{r1}r_1^2} + \frac{\hat{j}_2^2}{2\mu_{r2}r_2^2}$$

$$+ \frac{(\hat{\boldsymbol{J}} - \hat{\boldsymbol{j}}_1 - \hat{\boldsymbol{j}}_2)^2}{2\mu_R R^2} + \hat{V}(r_1, r_2, R, \varphi, \theta_1, \theta_2) \quad (7.27)$$

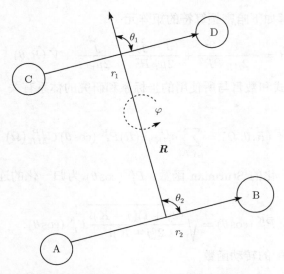

图 7-3 两个线性分子组成的 van der Waals 体系的 Jacobi 坐标系

式中: μ_R 为整个体系的约化质量; μ_{r1} 和 μ_{r2} 为两个线性分子的约化质量; $\hat{J}, \hat{j}_1$ 和 $\hat{j}_2$ 分别为体系总的角动量和两个线性分子的角动量; $\hat{V}$ 为体系的势能, 和三原子体系类似, 包含两个线性分子自身的势能和线性分子间的相互作用力. 如果在跃迁过程中, 某一线性分子的振动态没有发生改变, 也常把其构型固定.

7.2 有限基组表象与离散变量表象

7.2.1 有限基组表象

确定振转哈密顿算符后, 选定一组正交归一化的有限基组, 将体系的振转波函数向基函数展开:

$$\psi = \sum_i c_i \phi_i \tag{7.28}$$

在有限基组表象 (FBR) 下, 采用变分法来确定展开系数, 从而得到振转能级和波函数:

$$H^{\mathrm{FBR}} C = \boldsymbol{C} \boldsymbol{E} \tag{7.29}$$

对角化振转哈密顿矩阵, 就可以得到能量本征值和系数矩阵. 其中, $H_{ij}^{\mathrm{FBR}} = \langle \phi_i | \hat{H} | \phi_j \rangle$, $\boldsymbol{C}$ 为展开系数矩阵, $\boldsymbol{E}$ 是对角矩阵, 其对角元是能量的本征值.

对于由原子和一个线性分子组成的弱相互作用体系, 线性分子内的振动和分子间的伸缩振动处理方法相似, 所以暂时先不考虑线性分子的振动, 则 r 是一固定值,

在 FBR 表象下求解如下哈密顿算符的矩阵元:

$$\hat{H} = -\frac{1}{2\mu_R}\frac{\partial^2}{\partial R^2} + \frac{(\boldsymbol{\hat{J}} - \boldsymbol{\hat{j}})^2}{2\mu_R R^2} + \frac{\boldsymbol{\hat{j}}^2}{2\mu_r r^2} + \hat{V}(R, \theta) \tag{7.30}$$

有限基组的具体形式和数目与所使用的坐标系和研究的体系有关. Light 等[14]建议采用的有限基组为

$$\psi_n^{JP}(R, \theta, \Omega) = \sum_{i,j,K} c_{ijK}^{JP} \varphi_i(R) \bar{P}_j^K(\cos\theta) C_{MK}^{JP}(\Omega) \tag{7.31}$$

式中: $\varphi_i(R)$ 为归一化的 Sturmian 函数; $\bar{P}_j^K(\cos\theta)$ 为归一化的连带 Legendre 多项式,

$$\bar{P}_j^K(\cos\theta) = \sqrt{\frac{(2j+1)(j-K)!}{2(j+K)!}} P_j^K(\cos\theta) \tag{7.32}$$

$C_{MK}^{JP}(\Omega)$ 为宇称匹配的转动函数,

$$C_{MK}^{JP}(\Omega) = \left[2\left(1+\delta_{K0}\right)\right]^{-1/2} \left[D_{MK}^J(\Omega) + (-1)^{J+K+P} D_{M-K}^J(\Omega)\right],$$
$$K = 0, 1, \cdots, J; P = 0, 1 \tag{7.33}$$

Ω 为三个 Euler 角, $P=0$ 代表偶宇称, $P=1$ 代表奇宇称; $D_{MK}^J(\Omega)$ 为通常用 Euler 角表示的归一化的角动量的本征函数. 当 $K=0$ 时, 宇称匹配的转动函数为

$$C_{M0}^{JP}(\Omega) = \begin{cases} D_{M0}^J(\Omega) & \text{if}(J+P)\text{even} \\ 0 & \text{if}(J+P)\text{odd} \end{cases} \tag{7.34}$$

由此可见, 宇称匹配的转动函数分为两组: 一组对应 $(J+P)$ 为偶数, K 从 0 到 J, 共有 $(J+1)$ 个转动函数; 另一组对应 $(J+P)$ 为奇数, K 从 1 到 J, 共有 J 个转动函数.

总角动量 J 和宇称 P 是好量子数, 总的哈密顿矩阵元是按 (JP) 对角分块的, 可以对每一个 (JP) 块进行处理. 在式 (7.31) 定义的有限基组表象 (FBR) 下, 对式 (7.30) 应用:

$$(\hat{J} - \hat{j})^2 = \hat{J}^2 + \hat{j}^2 - 2\hat{J}_z\hat{j}_z - \hat{J}_+\hat{j}_+ - \hat{J}_-\hat{j}_- \tag{7.35}$$

则振转哈密顿矩阵元为

$$H_{ijK}^{i'j'K'} = \left\langle C_{MK'}^{JP}, \bar{P}_{j'}^{K'} \varphi_{i'} | \hat{H} | \varphi_i \bar{P}_j^K C_{MK}^{JP} \right\rangle$$

$$= D_{i'i}^R \cdot \delta_{j'j} \cdot \delta_{K'K} + f_{i'i}^R \cdot D_{j'j}^{\theta K} \cdot \delta_{K'K} + g_{i'i}^R \left[J(J+1) - 2K^2\right] \cdot \delta_{j'j} \cdot \delta_{K'K}$$

$$- g_{i'i}^R \left(1+\delta_{K0}\right)^{1/2} \Lambda_{JK}^+ \Lambda_{jK}^+ \cdot \delta_{j'j} \cdot \delta_{K'K+1}$$

$$- g_{i'i}^R \left(1+\delta_{K'0}\right)^{1/2} \Lambda_{JK}^- \Lambda_{jK}^- \cdot \delta_{j'j} \cdot \delta_{K'K-1} + V_{ij}^{i'j'K} \cdot \delta_{K'K} \tag{7.36}$$

其中

$$D_{i'i}^R = \left\langle \varphi_{i'} \Big| - \frac{1}{2\mu} \frac{\partial^2}{\partial R^2} \Big| \varphi_i \right\rangle \tag{7.37}$$

$$D_{j'j}^{\theta K} = \left\langle \bar{P}_{j'}^K | \hat{j}^2 | \bar{P}_j^K \right\rangle = j(j+1) \cdot \delta_{j'j} \tag{7.38}$$

$$V_{ij}^{i'j'K} = \left\langle \varphi_{i'} \bar{P}_{j'}^K | \hat{V}(R,\theta) | \varphi_i \bar{P}_j^K \right\rangle \tag{7.39}$$

$$f_{i'i}^R = \left\langle \varphi_i' \left| \left(\frac{1}{2\mu R^2} + \frac{1}{2M_l r^2} \right) \right| \varphi_i \right\rangle \tag{7.40}$$

$$g_{i'i}^R = \left\langle \varphi_i' \left| \left(\frac{1}{2\mu R^2} \right) \right| \varphi_i \right\rangle \tag{7.41}$$

$$\Lambda_{JK}^{\pm} = \sqrt{J(J+1) - K(K \pm 1)} \tag{7.42}$$

$$\Lambda_{jK}^{\pm} = \sqrt{j(j+1) - K(K \pm 1)} \tag{7.43}$$

将矩阵 (7.36) 对角化就可以得到振转能级和本征态. 从式 (7.36) 可见, 总角动量 J 在 SF 坐标系 z 轴的分量 M 在耦合矩阵元中没有出现, 所以不必考虑 M 的影响, 计算得到的能级是 $2J+1$ 重简并的.

7.2.2 离散变量表象方法

在 FBR 表象下的势能矩阵是一个满矩阵, 不仅占的内存大, 而且对角化这么大的一个矩阵也非常费时, 这就需要发展更有效的方法来解决这个问题. DVR 方法[14]正是近年来发展的简化计算的有力手段. DVR 方法是一种逐点表象, 它将耦合方程用一些适当的积分点而不是基函数来标记. 以一维的哈密顿为例:

$$\hat{H} = \hat{T} + \hat{V}(x) \tag{7.44}$$

首先选定 FBR 表象下的一组基函数 $\varphi_1(x), \varphi_2(x), \cdots, \varphi_M(x)$, 按照下列步骤构造 DVR 表象:

(1) 计算矩阵坐标矩阵

$$A_{mn} = \langle \varphi_m | x | \varphi_n \rangle \tag{7.45}$$

(2) 对角化该矩阵得到本征值 $x_1, x_2, \cdots, x_M$(即 DVR 的节点) 和本征向量 $B_{ml}(m = 1, \cdots, M; l = 1, \cdots, M)$.

(3) 任意函数 $f(x)$ 与基函数的积分可以由式 (7.46) 得到

$$F_{m'm} = \langle \varphi_{m'} | f(x) | \varphi_m \rangle = \sum_{l=1}^M B_{m'l} f(x_l) B_{ml} \tag{7.46}$$

比如 FBR 表象下的势能矩阵可表示为

$$V_{m'm} = \langle \varphi_{m'}|V(x)|\varphi_m \rangle = \sum_{l=1}^{M} B_{m'l}V(x_l)B_{ml} \tag{7.47}$$

将式 (7.47) 写为矩阵的乘积形式:

$$\boldsymbol{V} = \boldsymbol{B}\tilde{\boldsymbol{V}}\boldsymbol{B}^+ \tag{7.48}$$

其中

$$\tilde{V}_{l'l} = \hat{V}(x_l)\delta_{l'l}$$

将式 (7.48) 代入式 (7.29), 得

$$\boldsymbol{H}^{\mathrm{FBR}}\boldsymbol{C} = (\boldsymbol{T}^{\mathrm{FBR}} + \boldsymbol{B}\tilde{\boldsymbol{V}}\boldsymbol{B}^+)\boldsymbol{C} = \boldsymbol{C}\boldsymbol{E} \tag{7.49}$$

式 (7.49) 左乘 $\boldsymbol{B}^+$, 并应用 $\boldsymbol{B}^+\boldsymbol{B} = \boldsymbol{I}$, 得到

$$(\boldsymbol{B}^+\boldsymbol{T}^{\mathrm{FBR}}\boldsymbol{B} + \tilde{\boldsymbol{V}})\boldsymbol{B}^+\boldsymbol{C} = \boldsymbol{B}^+\boldsymbol{C}\boldsymbol{E} \tag{7.50}$$

设 $\boldsymbol{B}^+\boldsymbol{T}^{\mathrm{FBR}}\boldsymbol{B} = \boldsymbol{T}^{\mathrm{DVR}}, \boldsymbol{B}^+\boldsymbol{C} = \tilde{\boldsymbol{C}}$, 式 (7.50) 变为

$$\boldsymbol{H}^{\mathrm{DVR}}\tilde{\boldsymbol{C}} = (\boldsymbol{T}^{\mathrm{DVR}} + \tilde{\boldsymbol{V}})\tilde{\boldsymbol{C}} = \tilde{\boldsymbol{C}}\boldsymbol{E} \tag{7.51}$$

多维情况下的 DVR 的哈密顿矩阵可由 FBR 下的哈密顿矩阵经过 $\boldsymbol{B}$ 矩阵的正交变换后得到

$$\boldsymbol{H}^{\mathrm{DVR}} = \boldsymbol{B}^+\boldsymbol{H}^{\mathrm{FBR}}\boldsymbol{B} \tag{7.52}$$

比较式 (7.29) 与式 (7.51), 可见 DVR 表象有如下性质:

(1) DVR 表象和 FBR 表象下的本征值是相同的, $\boldsymbol{B}$ 是 FBR 表象到 DVR 表象的变换矩阵, 且在 DVR 表象下势能矩阵是对角化的.

(2) FBR 表象下哈密顿矩阵的下标代表基函数, 而 DVR 表象下是指 DVR 节点.

(3) DVR 表象下的本征矢并不是基函数的展开系数, 系数矩阵由 $\boldsymbol{C} = \boldsymbol{B}\tilde{\boldsymbol{C}}$ 得到.

对 van der Waals 体系, R 方向的伸缩振动采用 Sine-DVR 方法, θ 方向的弯曲振动采用 Gaussian-Legendre 积分方法. Sine-DVR 是用一维势箱的本征函数集作为 R 方向的振动基函数[15]:

$$\varphi_i(R) = \left(\frac{2}{b-a}\right)^{1/2}\sin\left[\frac{i\pi(R-a)}{b-a}\right], \quad i = 1, 2, 3, \cdots, M \tag{7.53}$$

式中: a, b 为 R 的积分区间, 此时得到的 DVR 积分点在区间 $[a, b]$ 上均匀分布:

$$R_\alpha = a + \frac{(b-a)}{M+1}\alpha, \quad \alpha = 1, 2, \cdots, M \tag{7.54}$$

定义 R 方向的一维正交变换矩阵为 ${}^R\boldsymbol{B}$:

$$
{}^R\boldsymbol{B}_{i\alpha} = \frac{1}{\sqrt{M}} \varphi_i (R_\alpha) \tag{7.55}
$$

Colbert 和 Miller[15] 证明了在 Sine-DVR 表象下, 一维振动哈密顿矩阵具有简单的统一表达式:

$$
{}^R d_{\alpha'\alpha} = \frac{1}{2\mu} \frac{(-1)^{\alpha'-\alpha}\pi^2}{2(b-a)^2} \left\{ \frac{1}{\sin^2 \dfrac{\pi(\alpha'-\alpha)}{2(M+1)}} - \frac{1}{\sin^2 \dfrac{\pi(\alpha'+\alpha)}{2(M+1)}} \right\}, \quad \alpha' \neq \alpha
$$

$$
{}^R d_{\alpha\alpha} = \frac{1}{2\mu} \frac{\pi^2}{2(b-a)^2} \left\{ \frac{2(M+1)^2+1}{3} - \frac{1}{\sin^2 \dfrac{\pi\alpha}{M+1}} \right\}, \quad \alpha' = \alpha \tag{7.56}
$$

式中: ${}^R d_{\alpha'\alpha}$ 和 ${}^R d_{\alpha\alpha}$ 分别为一维振动动能矩阵的非对角元和对角元. 对弯曲振动采用 Gauss-Legendre 积分方法[16], 对基函数 $\bar{P}_j^K (\cos\theta)$ 取$(j_{\max} - K+1)$ 个积分节点 ($j_{\max}$ 是 j 的最大值), $\omega_\beta^{(K)}$ 和 $\chi_\beta^{(K)}$ 分别是权重和积分节点. 实际上, $\chi_\beta^{(K)}$ 是连带 Legendre 多项式 $\bar{P}_{j_{\max}}^K (\cos\theta)$ 的零点:

$$
\bar{P}_{j_{\max}}^K \left(\chi_\beta^{(K)} \right) = 0 \tag{7.57}
$$

定义 θ 方向的一维正交变换矩阵为 ${}^{K\theta}\boldsymbol{B}$:

$$
{}^{K\theta}\boldsymbol{B}_{j\beta} = \left[\omega_\beta^{(K)} \right]^{1/2} \bar{P}_j^K \left(\chi_\beta^{(K)} \right) \tag{7.58}
$$

于是由式 (7.52) 得到对每一固定的 (JP) 块的 ${}^{\mathrm{DVR}}H$ 的矩阵元为

$$
\begin{aligned}
H_{\alpha\beta K}^{\alpha'\beta'K'} &= \sum_{j'j} \sum_{i'i} {}^{K\theta}B_{j'\beta'}^R B_{i'\alpha'} H_{ijK}^{i'j'K'}{}^R B_{i\alpha}{}^{K\theta} B_{j\beta} \\
&= {}^R d_{\alpha'\alpha} \cdot \delta_{\beta'\beta} \cdot \delta_{K'K} + \frac{1}{2\mu} \left(\frac{1}{R_\alpha^2} + \frac{1}{r^2} \right) {}^{K\theta} d_{\beta'\beta} \cdot \delta_{\alpha'\alpha} \cdot \delta_{K'K} \\
&\quad + \frac{1}{2\mu R_\alpha^2} \bigg\{ \left[J(J+1) - 2K^2 \right] \cdot \delta_{\alpha'\alpha} \cdot \delta_{\beta'\beta} \cdot \delta_{K'K} \\
&\quad - (1+\delta_{K0})^{1/2} \Lambda_{JK}^+ B_{\beta'\beta}^+ \cdot \delta_{\alpha'\alpha} \cdot \delta_{K'K+1} \bigg\} \\
&\quad - (1+\delta_{K'0})^{1/2} \Lambda_{JK}^- B_{\beta'\beta}^- \cdot \delta_{\alpha'\alpha} \delta_{K'K-1} + V_{\alpha\beta}^{\alpha'\beta'} \cdot \delta_{K'K} \tag{7.59}
\end{aligned}
$$

$$
{}^R d_{\alpha'\alpha} = \sum_{i'i} {}^R B_{i'\alpha'} \cdot {}^R D_{i'i} \cdot {}^R B_{i\alpha} \tag{7.60}
$$

$$^{K\theta}d_{\beta'\beta} = \sum_{j'j}^{K\theta} B_{j'\beta'} \cdot {}^{K\theta}D_{j'j} \cdot {}^{K\theta}B_{j\beta} \tag{7.61}$$

$$B_{\beta'\beta}^{\pm} = \sum_{j}^{K\theta} B_{j\beta} \cdot \Lambda_{jK}^{\pm} \cdot {}^{K\theta}B_{j\beta} \tag{7.62}$$

$$V_{\alpha\beta}^{\alpha'\beta'} = V(R_a, \theta_\beta^{(K)}) \cdot \delta_{\alpha',\alpha} \cdot \delta_{\beta',\beta} \tag{7.63}$$

7.2.3　FBR/DVR 混合表象方法

对由两个线性分子组成的 van der Waals 体系, 径向采用 Sine-DVR 表象, 积分节点为 α; 角度采用 FBR 表象, θ 方向积分节点为 β, ϕ 方向为 σ, 采用宇称匹配的基函数

$$|j_1, j_2, m, K; JMP\rangle = (2 + 2\delta_{K0}\delta_{m0})^{-\frac{1}{2}} \times [D_{MK}^J Y_{j_1 m}(\theta_1, \phi)\Theta_{j_2, K-m}(\theta_2)$$

$$+ (-1)^{J+P} D_{M-K}^J Y_{j_1, -m}(\theta_1, \phi)\Theta_{j_2, m-K}(\theta_2)] \tag{7.64}$$

式中: $Y_{j_1 m}$ 为归一化的球谐函数; $\Theta_{j_2, K-m}$ 为归一化的连带 Legendre 多项式; D_{M-K}^J 为归一化的角动量的本征函数. 其在径向 DVR- 角度 FBR 表象下的矩阵元为[17](先设 r_1, r_2 固定)

$$H(\alpha' j_1' j_2' K'm', \alpha j_1 j_2 K m)$$
$$= T^{\mathrm{DVR}}(\alpha', \alpha)\delta(j_1' j_1)\delta(j_2' j_2)\delta(K', K)\delta(m', m)$$
$$+ \left(\frac{1}{2M_1 r_1^2} + \frac{1}{2\mu R_\alpha^2}\right) j_1(j_1 + 1)\delta(\alpha', \alpha)\delta(j_1' j_1)\delta(j_2' j_2)\delta(K', K)\delta(m', m)$$
$$+ \left(\frac{1}{2M_2 r_2^2} + \frac{1}{2\mu R_\alpha^2}\right) j_2(j_2 + 1)\delta(\alpha', \alpha)\delta(j_1' j_1)\delta(j_2' j_2)\delta(K', K)\delta(m', m)$$
$$+ \frac{1}{2\mu R_\alpha^2} \left\{ \left[J(J+1) - 2K^2 + 2m(K - m) \right] \delta(\alpha', \alpha)\delta(j_1' j_1)\delta(j_2' j_2)\delta(K', K)\delta(m', m) \right.$$
$$+ (1 + \delta(K, 0)\delta(m, 0))^{1/2}\Lambda_{j_1 m}^+ \Lambda_{j_2 K-m}^- \delta(\alpha', \alpha)\delta(j_1' j_1)\delta(j_2' j_2)\delta(K', K)\delta(m', m+1)$$
$$+ (1 + \delta(K, 0)\delta(m', 0))^{1/2}\Lambda_{j_1 m}^- \Lambda_{j_2 K-m}^+ \delta(\alpha', \alpha)\delta(j_1' j_1)\delta(j_2' j_2)\delta(K', K)\delta(m', m-1)$$
$$- (1 + \delta(K', 0)\delta(m', 0))^{1/2}\Lambda_{JK}^- \Lambda_{j_1 m}^- \delta(\alpha', \alpha)\delta(j_1' j_1)\delta(j_2' j_2)\delta(K', K-1)\delta(m', m-1)$$
$$- (1 + \delta(K, 0)\delta(m, 0))^{1/2}\Lambda_{JK}^+ \Lambda_{j_1 m}^+ \delta(\alpha', \alpha)\delta(j_1' j_1)\delta(j_2' j_2)\delta(K', K+1)\delta(m', m+1)$$
$$- (1 + \delta(K', 0)\delta(m, 0))^{1/2}\Lambda_{JK}^- \Lambda_{j_2 K-m}^- \delta(\alpha', \alpha)\delta(j_1' j_1)\delta(j_2' j_2)\delta(K', K-1)\delta(m', m)$$
$$\left. - (1 + \delta(K, 0)\delta(m, 0))^{1/2}\Lambda_{JK}^+ \Lambda_{j_2 K-m}^+ \delta(\alpha', \alpha)\delta(j_1' j_1)\delta(j_2' j_2)\delta(K', K+1)\,\delta(m', m) \right\}$$
$$+ \langle j_1', j_2', m', K'; JMP | V(R_\alpha \theta_1 \theta_2 \phi) | j_1, j_2, m, K; JMP\rangle \delta(\alpha', \alpha)\delta(K', K)$$

$$\tag{7.65}$$

式中: T^{DVR} 为 Sine-DVR 表象下 R 方向的一维振动哈密顿矩阵. 对不同的 $(J+P)$ 分块处理, K 取值范围从 0 到 J, m 从 $-j_{1\max}$ 到 $j_{1\max}$, j_1 从 $|m|$ 到 $j_{1\max}$, j_2 从 $|K-m|$ 到 $j_{2\max}$. 式 (7.65) 定义的势能矩阵不是一个对角矩阵, 如果要计算其矩阵元需要在角度方向求积分. 事实上, 通常并不需要做这样的计算. 在具体的计算过程中, 常将角度方向 FBR 表象下的向量转换到 DVR 表象下, 与离散的势能点乘积后, 再将向量从 DVR 表象转换到 FBR 表象. DVR-FBR 的转换过程与 FBR-DVR 的转换是一个逆过程, 由 FBR-DVR 的转换按式 (7.66) 依次进行[12,18]:

$$\psi(j_1 j_2 mK) \overset{B(\theta_1:m)}{\longleftrightarrow} \psi(\beta_1 j_2 mK) \overset{B(\theta_2:K-m)}{\longleftrightarrow} \psi(\beta_1 \beta_2 mK) \overset{B(\phi)}{\longleftrightarrow} \psi(\beta_1 \beta_2 \sigma K) \tag{7.66}$$

$$B_{\beta,j}(\theta:m) = \sqrt{w_\beta}\,\Theta_{j,m}(\theta_\beta), \quad j = |m|, \cdots, j_{\max}; \ \beta = 1, \cdots, n_\theta \tag{7.67}$$

$$B_{\sigma,m}(\phi) = \sqrt{1/n_\phi}\exp(im\phi_\sigma), \quad \sigma = 1, \cdots, n_\phi \tag{7.68}$$

式中: n_θ 和 n_ϕ 为角度方向的积分节点的数目; $\phi_\sigma = 2\pi\sigma/n_\phi$; θ_β 和 w_β 分别为 Gauss-Legendre 积分的节点和权重.

对线性分子内的伸缩振动通常采用势能优化的离散变量表象 (PODVR) 方法[19] 处理, 以减少 DVR 点的个数从而减少哈密顿矩阵的维数, 提高计算速度. PODVR 表象下的一维参考哈密顿为

$$\hat{H}^0 = -\frac{1}{2M}\frac{\partial^2}{\partial r^2} + \hat{V}_l(r) \tag{7.69}$$

式中: M 为线性分子的约化质量; r 为分子的键长; $\hat{V}_l(r)$ 为孤立的线性分子的势能. 求解它的本征值和本征矢量可采用 Sine-DVR 方法, 即用一维势箱的本征函数集作为体系的基函数, 对角化 DVR 表象下的参考哈密顿矩阵得到线性分子的本征能量和本征矢 $|e_n\rangle$. PODVR 的节点通过对角化矩阵 $r_{nm} = \langle e_n|\hat{r}|e_m\rangle$ 得到, 坐标算符的本征向量矩阵即为从 FBR 表象到 PODVR 表象的变换矩阵. 然后再用参考哈密顿的本征矢 $|e_n\rangle$ 代替一维势箱的本征函数作为基函数来计算体系在 r 方向的一维振动矩阵. 此时计算总的势能矩阵时应扣除相应的线性分子的势能. 在 DVR 点的选择上考虑了势能面的影响, 使达到收敛所需要的 DVR 点数大为减少, 从而有效提高了计算的效率.

7.3 求解大型稀疏矩阵本征问题的 Lanczos 递推算法

前面通过 DVR 方法计算得到的哈密顿矩阵是一个大型的稀疏矩阵, 直接对角化该矩阵需要占用大量内存和时间, 这给求解本征值问题带来一定困难. 对这一类稀疏矩阵的对角化问题常常需要采用递推方法. 这一类递推方法最初是用于含时表象中来提高在时间表象中的传播效率, 最近的发展已经使递推方法扩展到非含时

表象, 广泛地用于求解本征值和本征函数. Lanczos[20,21]递推算法的做法是: 首先任意选定一个正交归一化的向量 ϕ_1 作为初始的 Lanczos 态, 采用下列递推步骤式:

$$\phi_{m+1} = (H\phi_m - \alpha_m\phi_m - \beta_{m-1}\phi_{m-1})/\beta_m$$

$$\alpha_m = \langle \phi_m \mid H\phi_m - \beta_{m-1}\phi_{m-1}\rangle \tag{7.70}$$

$$\beta_m = \|H\phi_m - \alpha_m\phi_m - \beta_{m-1}\phi_{m-1}\|$$

$$\beta_0 = 0$$

得到一系列 Lanczos 态, 并且体系的哈密顿矩阵被约化为三对角矩阵, 三对角矩阵的对角元和非对角元分别为 α_m 和 β_m, 通过对角化这个三对角矩阵就可以得到能量本征值和本征向量.

在理想情况下, Lanczos 态是正交归一的, 则上述方程可以用矩阵表示为

$$H\psi^{(M)} = \psi^{(M)}T^{(M)} + \beta_M\phi_{M+1}e_M^{\mathrm{T}} \tag{7.71}$$

式中: $\psi^{(M)} = [\phi_1, \phi_2, \cdots, \phi_M]$; $e_M^{\mathrm{T}} = [0, 0, \cdots, 1]$, 并且 ϕ_M 是列向量; $T^{(M)}$ 为体系的哈密顿矩阵的约化形式, 即 Lanczos 矩阵为

$$T_{m',m}^{(M)} = \alpha_m\delta_{m',m} + \beta_{m'}\delta_{m'+1,m} + \beta_m\delta_{m',m+1} \tag{7.72}$$

它的本征向量可以通过求解本征方程得到

$$T^{(M)}z_i^{(M)} = E_i^{(M)}z_i^{(M)} \tag{7.73}$$

式中: $z_i^{(M)} \equiv \left[z_{1i}^{(M)}, z_{2i}^{(M)}, \cdots, z_{Mi}^{(M)}\right]$ 为正交归一的本征向量. 当 M 足够大时, 可近似地认为 $E_i^{(M)}$ 是哈密顿矩阵的第 i 条本征值, 对应的本征态为

$$\Psi_i^{(M)} = \psi^{(M)}z_i^{(M)} \tag{7.74}$$

在式 (7.71) 的等号两边同时右乘 $z_i^{(M)}$, 并利用式 (7.73) 和式 (7.74) 得到

$$H\Psi_i^{(M)} = E_i^{(M)}\Psi_i^{(M)} + \beta_M z_{Mi}^{(M)}\phi_{M+1} \tag{7.75}$$

可见, 如果 $\beta_M z_{Mi}^{(M)}$ 很小可以忽略时, $E_i^{(M)}$ 与 $\Psi_i^{(M)}$ 就是体系的本征值与本征向量. 也就是说, Lanczos 本征向量的最后一个元素 $z_{Mi}^{(M)}$ 可以当作收敛的判据[22,23].

在理想的没有舍入误差的情况下, 所有的 Lanczos 态都是正交归一的, 并且 M 将在第 N 步终止, N 为 H 矩阵的维数. 由于计算中机器精度的限制, 舍入误差的引入导致了 Lanczos 态全局正交性的丧失. 这不但需要增加 Lanczos 的递推步数,

而且将会有所谓 "ghost" 或者 "spurious" 本征值的出现, 这类本征值要么显示为已收敛本征值的多余拷贝, 要么是没收敛. 因此, 尽管 Lanczos 递推方法[24]早在 1950 年就已经提出, 但直到 70 年代, 当 Paige[23,25]发现 Lanczos 向量正交性丧失的产生机理之后, 才被广泛应用. Paige 指出, 上述的正交性问题, 无论是 "ghost" 本征值的出现, 还是同一本征值的多个收敛拷贝都与舍入误差相互关联. 虽然后来又发现 Lanczos 向量的正交性可以通过重新正交化而恢复[26~28], 但这需要更大的计算量. 目前, 对于 "ghost" 或者 "spurious" 本征值的消除, 有两种更简单的方法可以用于辨认: 一种是 Cullum-Willooughby(CW) 方法[20], 即将 Lanczos 矩阵与去掉第一列和第一行之后的小矩阵的本征值进行比较, 如果在两个矩阵中都出现本征值则认为是假的, 应删掉; 另一种是比较在不同递推步长的 Lanczos 矩阵的本征值. 因为一个真正的本征值与递推步长无关, 所以对于有多个收敛拷贝的本征值, 在递推中最早出现的则认为是好的本征值, 其他的接近与这个本征值的拷贝则认为是假的. 对于 Lanczos 本征值的收敛性, 可以由 Lanczos 本征向量 $z_i^{(M)}$ 的最后一个元素的大小来判断. 如果其值很小 (接近于 0), 则认为收敛, 否则没有. 在真实本征值附近的收敛拷贝中, 只有一个拷贝和初始的 Lanczos 态具有最大的重叠积分, 从而其 Lanczos 本征向量的第一个元素 $z_{1i}^{(M)}$ 最大, 通常标记为 "principal" 拷贝. 上面两种方法对于获取体系的正确本征值非常有效.

对于本征态的计算, 可以通过过滤对角化或者逆迭代以及其他一些有效的方法得到[29]. 常用的有 QL 方法[26,30,31], 对一个实对称的三对角阵 T_1, 可以分解成一个正交矩阵 Q_1 和下三角矩阵 L_1 的乘积:

$$T_1 = Q_1 L_1 \tag{7.76}$$

则新的三对角矩阵也是 Q_1 和 L_1 的乘积, 不过乘积的先后顺序相反:

$$T_2 = L_1 Q_1 = Q_1^T T_1 Q_1 \tag{7.77}$$

也就是说, T_2 可由 T_1 经过正交变化而得到. 然后再进一步分解 T_2 矩阵, 重复这个过程直到矩阵被完全对角化, T_1 的本征向量可表示为

$$Z = Q_1 Q_2 \cdots Q_n \tag{7.78}$$

初始的矩阵 Z 选为单位矩阵: $z(m,i) = \delta_{mi}$, 并按式 (7.79) 迭代:

$$\begin{cases} z_{new}(m,i) = c \times z_{old}(m,i) - s \times z_{old}(m,i+1) \\ z_{new}(m,i+1) = s \times z_{old}(m,i) + c \times z_{old}(m,i+1) \end{cases} \tag{7.79}$$

随着本征值的收敛, Z 也收敛为 T 的本征向量矩阵. 而 c, s 与 m 无关, 所以如果要计算本征向量矩阵的某一行的值, 并不需要直接对整个本征向量矩阵进行迭代, 这样可以节省内存和计算时间.

采用 Lanczos 方法对角化大型稀疏矩阵的优点在于计算过程中不需要保存体系的振转哈密顿矩阵, 而只需保存其中的非零元素, 通过循环方法将大型的稀疏矩阵变换为低维的三对角矩阵, 这就极大地提高了计算机内存的使用效率. 通过调整循环步数 m 可以使感兴趣的振动能级达到所需的收敛精度, 因此采用 Lanczos 方法可以方便地控制计算规模.

Lanczos 算法除了可以计算算符 $\hat{H}$ 的本征值和本征函数外, 还可以用来计算跃迁幅度矩阵, 也就是计算积分 $(\chi'_n|\hat{H}|\chi_n)$[21,32], χ_n 是任意的波函数, 并非 $\hat{H}$ 的本征函数. 这里括号表示积分: $(\phi|\psi) = \int \phi\psi \mathrm{d}\tau$. 对厄米算符和复波函数, 则应改为内积的形式: $\langle \phi|\psi \rangle = \int \phi^*\psi \mathrm{d}\tau$. 首先将这两个被积波函数线性组合成两个新的波函数, 作为初始的 Lanczos 态, 分别进行传播

$$\chi^{\pm} = \frac{\chi_n \pm \chi_{n'}}{\sqrt{2}} \tag{7.80}$$

而 $\hat{H}$ 的每一个本征态与 $\chi^{\pm}$ 的乘积 $(\Psi_i|\chi^{\pm})$ 是 Lanczos 的本征矢量的第一个分量 (z_{1i}), 那么重叠积分 $(\Psi_i|\chi_n)$ 也可以算出来了.

$$(\chi_{n'}|\hat{H}|\chi_n) = \sum_{ij} (\chi_{n'}|\Psi_i)(\Psi_i|\hat{H}|\Psi_j)(\Psi_j|\chi_n) = \sum_i (\chi_{n'}|\Psi_i)E_i(\Psi_i|\chi_n) \tag{7.81}$$

于是, 由式 (7.81) 可以计算积分 $(\chi_{n'}|\hat{H}|\chi_n)$. 这种方法被称为 RRGM 方法. 对于在 Lanczos 算法中有多余拷贝出现的情况, 有一个简单的处理方法, 设第 k 条能级有多个收敛的拷贝:

$$\left(\Psi_k|\chi^{\pm}\right)^2 = \sum_i z_{1i}^2 \tag{7.82}$$

同一能级的每一个收敛的拷贝都要考虑进来, 而不只是 "principal" 拷贝, 这是因为虽然其他拷贝的 z_{1i} 较小, 但共同的贡献却是不可忽略的. 重叠积分的符号由 "principal" 拷贝确定. 虽然在计算过程中, 不需要计算和保存 Lanczos 本征矢量, 但是 RRGM 方法对不同的给定态, 需要分别进行 Lanczos 递推才能得到所有的重叠积分.

最近, Guo 及其合作者提出了一种更为有效的方法, 可以用一次 Lanczos 递推而得到所有的跃迁幅度矩阵, 即 SLP(single Lanczos propagation) 方法[33~35]. 由式 (7.74) 可知, 任意一个指定态与第 k 条本征态的积分可写为

$$(\chi_n|\Psi_k) = \sum_m z_{mk}(\chi_n|\phi_m) \tag{7.83}$$

如果 $\phi_1 = \chi_n$, 就是 RRGM 方法. 任意一个本征态自身的积分为

$$\left(\Psi_i^{(M)}|\Psi_i^{(M)}\right) = \sum_{m,m'} z_{mi}^{(M)} z_{m'i}^{(M)}(\phi_m|\phi_{m'}) \tag{7.84}$$

Lanczos 的本征向量 z_i 是正交的, 由于正交性的丧失, 积分 $(\phi_m|\phi_m')$ 不是 δ 函数, 而且计算量很大. Chen 和 Guo[36]证明, 如果第 k 条本征值有多个收敛的拷贝, 则有

$$\sum_i \left(\Psi_i^{(M)} | \Psi_i^{(M)}\right) \cong N_k^{(M)} \tag{7.85}$$

式中: i 包含了所有收敛的拷贝; N 为收敛的拷贝的数目. 那么给定态与本征态的积分可以由多个拷贝计算:

$$(\chi_n|\Psi_k) = \sum_i \left(\chi_n|\Psi_i^{(M)}\right) / N_k^{(M)} \tag{7.86}$$

在递推的过程中, 每一步都计算多个 χ_n 的积分 $(\chi_n|\phi_m)$, 这样就可以经过一次 Lanczos 递推而得到全部所需的跃迁幅度矩阵. 利用修正 QL 方法[33]可以不计算 Lanczos 本征向量 z_i 而直接得到 $\sum_m z_{mi}(\chi_n|\phi_m)$. 在 QL 迭代开始时, 用 $(\chi_n|\phi_i)$ 代替单位矩阵:

$$y(n,i) = \sum_m z_{mi}(\chi_n|\phi_m) = \sum_m \delta_{mi}(\chi_n|\phi_m) = (\chi_n|\phi_n) \tag{7.87}$$

式 (7.79) 改写为

$$\begin{cases} y_{\text{new}}(n,i) = c \times y_{\text{old}}(n,i) - s \times y_{\text{old}}(n,i+1) \\ y_{\text{new}}(n,i+1) = s \times y_{\text{old}}(n,i) + c \times y_{\text{old}}(n,i+1) \end{cases} \tag{7.88}$$

在一些情况下, Lanczos 矩阵太大, 用修正 QL 方法也难以对角化, 这就需要采用逆迭代的方法[29]来计算本征向量.

7.4 光谱强度的计算

体系的振转态用量子数 J 和 v 标记, J 为总角动量, v 为振转量子数集合. 体系的振转波函数为 ψ_v^{JM}, 其振转能级与 J 在 SF 坐标 z 轴上的分量 M 无关, 是 $2M+1$ 重简并的. 从初态 $|J,v\rangle$ 到终态 $|J',v'\rangle$ 跃迁的线性强度为[37,38]

$$S_{Jv \to J'v'} \propto \sum_M \sum_{M'} \sum_{g=-1}^{1} \left| \left\langle \psi_v^{JM} | \mu_g' | \psi_{v'}^{J'M'} \right\rangle \right|^2 \tag{7.89}$$

式中: μ_g' 为偶极矩在 SF 坐标下的三个分量. 由于我们从头算的偶极矩总是在 BF 坐标下计算的, 因而需要变换到 SF 坐标:

$$\mu_g' = \sum_{h=-1}^{1} \mu_h D_{hg}^1(\alpha,\beta,\gamma) \tag{7.90}$$

式中: D 为转动函数; μ_h 为 BF 坐标下张量算符 μ 的不可约分量.

$$
\begin{cases}
\mu_{+1} = -\dfrac{1}{\sqrt{2}}(\mu_x + i\mu_y) \\[2mm]
\mu_{-1} = \dfrac{1}{\sqrt{2}}(\mu_x - i\mu_y) \\[2mm]
\mu_0 = \mu_z
\end{cases}
\tag{7.91}
$$

式中: μ_x, μ_y, μ_z 分别为实际从头算得到的偶极矩的分量. 对原子和线性分子组成的 van der Waals 体系, $v=(v_3, v_s, v_b, k_a, k_c)$, 其中 v_3 是线性分子的伸缩振动量子数, v_s, v_b 分别是 van der Waals 伸缩和弯曲振动量子数, k_a, k_c 是总角量子数 J 在惯量主轴坐标系的 a 轴和 c 轴的上的投影. 若 Ω 角方向采用转动波函数作为基函数, ψ_v^{JM} 可写为归一化的转动波函数和振动波函数的乘积:

$$
\psi_v^{JM} = \sum_{K=-J}^{J} \bar{D}_{MK}^{J}(\Omega)\psi_v^{JK}(r, R, \theta)
\tag{7.92}
$$

$\psi_v^{JK}(r, R, \theta)$ 可由 FBR 或 DVR 方法得到, 通常角度选用连带 Legendre 多项式作为基函数, 径向可采用 PODVR 或 Sine-DVR 方法:

$$
\psi_v^{JK}(r, R, \theta) = \sum_{i,j,l} c_{ijlK}^{J}\phi_i(r)\varphi_j(R)\bar{P}_l^{K}(\cos\theta)
\tag{7.93}
$$

因此

$$
S_{Jv \to J'v'} \propto \sum_{M}\sum_{M'}\sum_{g=-1}^{1}\left|\sum_{K}\sum_{K'}\sum_{h=-1}^{1}\int \bar{D}_{MK}^{J*}\bar{D}_{M'K'}^{J'}D_{hg}^{1}\mathrm{d}\Omega\right.
$$

$$
\left.\times \int \psi_v^{JK}(r,R,\theta)\mu_h(r,R,\theta)\psi_{v'}^{J'K'}(r,R,\theta)\mathrm{d}\tau\right|^2
$$

$$
= \sum_{M}\sum_{M'}\sum_{g}\left|\sum_{K}\sum_{K'}\sum_{h}(-1)^{K-M}\sqrt{(2J+1)(2J'+1)}\begin{pmatrix} J & J' & 1 \\ -K & K' & h \end{pmatrix}\right.
$$

$$
\left.\times \begin{pmatrix} J & J' & 1 \\ -M & M' & g \end{pmatrix}\int \psi_v^{JK}\mu_h\psi_{v'}^{J'K'}\mathrm{d}\tau\right|^2
\tag{7.94}
$$

式 (7.94) 中 2 个 $3j$ 系数决定了跃迁选律:

$$
\begin{cases}
J' = J, J \pm 1(J \neq 0); J' = J + 1(J = 0) \\
K' = K + h \\
M' = M + g
\end{cases}
\tag{7.95}
$$

转动温度 T 下的绝对积分跃迁强度为[38]

$$I_{Jv \to J'v'} = \frac{8\pi^3 N_{\mathrm{A}} w g_{ns}[\exp(-E_{Jv}/kT) - \exp(-E_{J'v'}/kT)]}{3hcQ} S_{Jv \to J'v'} \tag{7.96}$$

式中: N_{A} 为 Avogadro 常量; w 为跃迁频率; g_{ns} 为核自旋的简并度; E_{Jv} 为态 $|J, v\rangle$ 的能量; Q 为配分函数, $Q = \sum_i g_i \exp(-E_i/kT)$, E_i 和 g_i 分别是能级 i 的能量和简并度. 如果采用宇称匹配的转动函数 $C_{MK}^{JP}(\Omega)$ 作为基函数, 则只要将式 (7.94) 中的转动函数 $\bar{D}_{MK}^J(\Omega)$ 换为 $C_{MK}^{JP}(\Omega)$, 再将 $C_{MK}^{JP}(\Omega)$ 用 $\bar{D}_{MK}^J(\Omega)$ 表示出来, 根据转动函数乘积的性质就可得到其强度计算公式.

7.5 振动共振态的计算

7.5.1 共振态的概念和分类

共振态, 在化学上被称为亚稳态, 是嵌在连续谱中的准束缚态[39], 既有连续散射态的特征, 又具有束缚态的局域性. 共振态在双分子碰撞以及单分子离解反应中起着重要的作用[40]. 共振态对双分子化学反应的分支比、产物的能量分布以及单分子的解离都有重要的影响. 共振态有一定的存在时间, 在实验上是可以观测到的. 共振态的形成会引起能量的转移, 研究化学反应中的共振态对于探索化学反应速率过程的详细机理、提高反应物系不同能量形式 (如平动能、转动能、振动能和电子激发能等) 的利用率, 进而达到控制化学反应的产物及反应速率具有十分重要的意义[41].

共振态的典型特征是它通过分子内一个或多个振动模式来暂时捕获能量, 与束缚态类似, 它在相互作用的区域内, 有清楚的节点结构, 可以通过波函数的节点结构来指认. 束缚态和共振态主要的不同在于边界条件, 束缚态的波函数在离解渐近限为零, 而共振态的波函数在离解渐近区域还有较大的值. 共振态的能量在形式上是一个复数, 即 $E - \mathrm{i}\Gamma/2$, 其中实部 E 为共振态的位置, Γ 为共振态的宽度, 其倒数就是共振态的寿命. 从严格意义上来说, 共振态是连续态, 但同时又兼备束缚态的一些性质.

根据共振态的生成机理, 可以分为 Shape 共振态和 Feshbach 共振态. 通常将在势能面反应坐标上被势阱捕获的共振称为 Shape 共振, 粒子可以通过隧道来逃离势阱, 它的形成与势能面的形状 (包括阱深、宽度和曲率等) 有密切关系. 而在多维反应中即使不存在势阱时也会出现的共振称为动力学共振或 Feshbach 共振, 这样的共振是由沿反应坐标的平动与垂直于反应坐标的振动等之间的耦合所致, 对于多电子态参与的非绝热反应, 还包括与电子态之间的耦合, 这种耦合往往导致瞬间的势阱, 正是粒子受这些势阱的捕获而生成准束缚态[42].

7.5.2   共振态的计算方法

严格地讲, 分子的共振态或准束缚态是连续谱, 应该由严格的量子反应散射计算获得. 常用的量子反应散射理论计算方法有以下几种: ① CCDE (closed coupling differential equation) 方法[43~45]; ② S- 矩阵变分法[46~48]; ③ LCAC- SW (linear combination of arrangement channels-scattering wave function) 方法[49~51]; ④ TD-WPP (time-dependent wave packet propagation) 法[40]. 在以上量子散射方法的基础上, 通过分析能量相关的散射矩阵元, 可以获取共振态的信息. 但是, 由于散射共振态波函数高度定域化, 越尖锐的共振态, 寿命越长, 定域性也越强, 所以可以采用束缚态的方法来计算共振态.

近年来, 采用直接对角化复对称哈密顿[52~54]来获取共振态的位置和宽度的方法被广泛应用. 因为这种方法非常简单, 只需要在体系的哈密顿上附加一个负的虚势, 又称为吸收势[55], 来限制出射波的边界条件, 即

$$\hat{H}' = \hat{H} - i\hat{W} \tag{7.97}$$

式中: $\hat{H}$ 为体系的真实哈密顿, $\hat{W} > 0$, $-i\hat{W}$ 为置于在离解渐近限区域的虚势. 在 DVR 下的复哈密顿矩阵是一个大型的稀疏矩阵, 直接通过对角化复对称哈密顿来获取共振态需要占用更大的内存和花费更多的 CPU 时间. 所以, 用依赖于重复矩阵矢量相乘的递推法能有效解决这一问题, 递推方法已经用于共振态[56,57]的研究. Mandelshtam 和 Taylor 等[58~62]发现, 采用厄米共轭哈密顿, 加入吸收势的 Chebyshev 迭代能回避由于复的虚势所产生的不稳定性. 尤其是 FD(Filter-diagonalization)[63~65]被引入, 使 Chebyshev 迭代更能准确有效地决定共振态的参数. 同时, 基于复对称的 Lanczos 迭代方法也能更有效地计算共振态[66~70]. 最近 Xie 等[71]比较了 Chebyshev、Faber 以及 Lanczos 三种不同的迭代方法来计算 HCO 分子的共振态. 结果表明, 基于 Chebyshev 和 Lanczos 上的递推方法比 Faber 方法更能有效地计算共振态的参数. 复对称 Lanczos 方法与前面提到的传统 Lanczos 递推方法一样, 只是在递推过程中, 全部采用复变量计算, 有关它的报道在文献中有详细的讨论[24,66]. 通过复对称 Lanczos 方法, 可以将体系的 $\hat{H}'$ 矩阵三对角化, 产生复数的对角元 α_k 和非对角元 β_k. 最后对角化三对角矩阵, 即可得到体系的本征值和本征向量. 因为 $\hat{H}'$ 是复矩阵, 所以得到的本征值是复数, 即 $E - i\Gamma/2$, 其中 E 为共振态的位置, Γ 为共振态的宽度, 宽度的倒数即是寿命 (原子单位).

吸收势的形式有很多种, Vibok 和 Balint-Kurti(VB)[72]、Seideman 和 Miller(SM)[73], 以及 Riss 和 Meyer(RM)[74]等研究小组, 从尽可能减少反射波和出射波在边界处的概率出发, 提出了不同的吸收势形式. 近来, Poirier 和 Carrington[75,76]进一步提出了吸收势的多项式形式, 并优化得到了多项式的相应系数. 该吸收势极大

地提高了计算效率, 减少了计算中需要的基函数或者 DVR 格点, 因此被广泛应用. Seideman 和 Miller[73] 在 Jabobi 坐标下研究 H+H$_2$ 的反应时, 发现采用不同形式的吸收势能得到一致的计算结果, 但计算效率与选用的函数形式直接相关. 对离解过程, 常常选用离解坐标作为吸收势的自变量. 对三原子体系, 常存在两体和三体两条离解通道, 在研究三体离解通道时, 要在这条三体离解通道上引入吸收势, 就要将一维吸收势的自变量进一步改写成与二维坐标相关的函数. 如对 HArF 的共振态计算中[77], 采用吸收势形式为

$$W(R) = \begin{cases} 0, & R < R_d \\ \lambda \left(\dfrac{R - R_d}{R_{\max} - R_d} \right)^2, & R \geqslant R_d \end{cases} \tag{7.98}$$

$$R = \sqrt{(R_1 - R_{1e})^2 + (R_2 - R_{2e})^2} \tag{7.99}$$

式中: R_{ie} (i=1,2) 为两个 Radau 径向坐标的平衡值; R_d 和 $R_{\max}$ 分别为吸收势的起点和 R 的最大值. 吸收势的参数要经过大量测试才能最后确定.

7.6 应　　用

7.6.1 He-N$_2$O 体系

由于土壤和海洋中的厌氧性细菌的活动, N$_2$O 在大气层的丰度不断增加. 它不仅会导致温室效应[78], 而且其演变物 NO$_x$ 对大气臭氧层的破坏也起着关键性作用[78,79]. 由于 N$_2$O 在大气中的重要作用, 涉及 N$_2$O 的分子间弱相互作用力的研究备受重视. 由于 He-N$_2$O 体系的分子间相互作用力很弱, 所以目前对其光谱性质的研究较困难. 含 He 原子的 van der Waals 体系通常表征出复杂的能谱和光谱特性. 2002 年, Tang 和 McKellar[80] 采用二极管激光技术观测了 ^{4}He-N$_2$O 及同位素分子 ^{3}He-N$_2$O 的红外光谱, 并计算了它们的光谱常数. 结果表明, 这两种复合物的平衡构型都接近 T 型, ^{4}He-N$_2$O 的惯量亏损为 4.7 μÅ^2, 而 ^{3}He-N$_2$O 的惯量亏损为 6.2 μÅ^2, 都是刚性较强的分子. 他们还发现, ^{4}He-N$_2$O 近似为扁对称陀螺分子, 而 ^{3}He-N$_2$O 则为不对称陀螺分子. 实验观测到的红外光谱图表明: ^{3}He-N$_2$O 的 a 型 (ΔK_a=0) 跃迁很强, b 型 ($\Delta K_a = \pm 1$) 跃迁非常弱, 而 ^{4}He-N$_2$O 的 a 型和 b 型跃迁都很显著. Chang 等[81] 采用对称性匹配的微扰理论 (SAPT) 计算了 He-N$_2$O 体系的二维势能面, 并在此势能面上计算了 ^{4}He-N$_2$O 的振转能级. 最近, Zhou 等[7] 采用超分子方法在 CCSD(T) 水平上计算了 He-N$_2$O 的势能面并预测了体系的振转跃迁频率和光谱强度.

从 CCSD(T) 势能面可以看出, He-N$_2$O 体系在势能面有两个极小值: 全局极小值为非对称的 T 型构型, He 原子在偏向 O 原子的这一端, 势阱深度为 60.30cm^{-1};

线性极小值为第二极小值, 对应于线性 He-ONN 构型. 这两个极小值间存在一个能量为 -23.49cm^{-1} 的过渡态. 线性极小值的能量只比过渡态低 9.9cm^{-1}, 这说明该体系的 van der Waals 振动态具有很强的离域性, 并且 van der Waals 伸缩振动模式和弯曲振动模式间会存在很强的耦合作用. 从计算得到的偶极矩面可见, 偶极矩主要随角度的变化而改变, 而受 R 的影响不大, He-N$_2$O 的偶极矩几乎沿径向方向为直线. 这是由于 He 为惰性原子, 对体系偶极矩的影响较小, 体系的偶极矩主要来自于 N$_2$O 分子, 总的偶极矩主要在 N$_2$O 分子轴上.

为得到 He-N$_2$O 体系的振转能级和光谱常数, 将单体 N$_2$O 的转动常数[82,83]取为 $0.419\ 011\ 0\text{cm}^{-1}$ 和 $0.415\ 556\ 5\text{cm}^{-1}$ 来分别计算当 N$_2$O 处于基态和非对称伸缩振动 ν_3 态时的 He-N$_2$O 的 van der Waals 振转束缚态. 计算所得的转动能级用五个量子数 $J, \nu_s, \nu_b, K_a, K_c$ 来标记, 其中 J 是总角量子数, ν_s 和 ν_b 分别表示 van der Waals 伸缩振动和弯曲振动模式, K_a 和 K_c 分别是 J 在惯量主轴坐标系 a 轴和 c 轴上的投影. 对 ^{4}He-N$_2$O 和 ^{3}He-N$_2$O, CCSD(T) 势能面分别支持 5 和 4 个振动束缚态, 并且 N$_2$O 的 ν_3 激发对振动态的影响很小. 图 7-4 给出了 ^{4}He-N$_2$O 的几个振动束缚态 (0,0), (0,1), (0,2) 及 (1,0) 的波函数. 从图 7-4 中可以看出, 基态波函数定域在全局极小点附近, 而第一激发态 (对应于弯曲振动) 分布在全局极小点和线性极小点之间, 而其他的激发态在角度方向分布得更宽. 三个最低的激发态都表

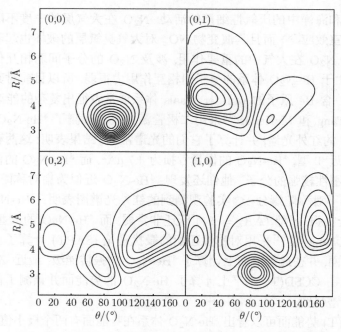

图 7-4　^{4}He-N$_2$O 的振动态 (0,0), (0,1), (0,2), (1,0) 的波函数

现出很强的弯曲振动的特征. 而第五个激发态 (1,0) 是第一伸缩振动激发态, 也表现出部分弯曲振动的特征. 为了获得光谱常数, 可把计算得到的振转能级按 I^r 表象下 a 型约化的 Watson 反对称哈密顿形式进行拟合[84]

$$H = \frac{1}{2}(B+C)J^2 + \left[A - \frac{1}{2}(B+C)\right]J_a^2 + \frac{1}{2}(B-C)(J_b^2 - J_c^2) - \Delta_J J^4 - \Delta_{JK} J_a^2 J^2$$

$$- \Delta_K J_a^4 - 2\delta_J J^2(J_b^2 - J_c^2) - \delta_k[J_a^2(J_b^2 - J_c^2) + (J_b^2 - J_c^2)J_a^2]$$

表 7-1 列出了计算和实验得到的光谱常数. 从该表可看出, ^{3}He-N$_2$O 分子的转动参数 A, B 和 C 均比 ^{4}He-N$_2$O 的大, 这是因为 ^{3}He 比 ^{4}He 轻, 运动得更快.

表 7-1　He-N$_2$O 的光谱常数

	^{3}He-N$_2$O		^{4}He-N$_2$O	
	观察值[80]	计算值[7]	观察值[80]	计算值[7]
基态				
	0.545 51	0.536 35	0.453 40	0.454 93
B	0.443 94	0.445 75	0.416 06	0.408 41
C	0.224 53	0.222 37	0.204 50	0.201 63
Δ_K	0.532×10^{-3}	0.625×10^{-3}	0.1426×10^{-2}	0.1385×10^{-2}
Δ_{JK}	0.742×10^{-3}	0.286×10^{-3}	-0.1063×10^{-2}	-0.1013×10^{-2}
Δ_J	0.182×10^{-3}	0.305×10^{-3}	0.312×10^{-3}	0.348×10^{-3}
δ_K	0.1073×10^{-2}	0.1007×10^{-2}	0.595×10^{-4}	1.862×10^{-4}
δ_J	0.591×10^{-4}	1.174×10^{-4}	0.1432×10^{-3}	0.1538×10^{-3}
激发态				
	0.543 43	0.536 37	0.451 33	0.452 30
B	0.440 29	0.441 99	0.412 76	0.407 23
C	0.222 85	0.221 29	0.203 24	0.200 90
Δ_K	0.595×10^{-3}	0.501×10^{-3}	0.1509×10^{-2}	0.1491×10^{-2}
Δ_{JK}	0.694×10^{-3}	0.397×10^{-3}	-0.1077×10^{-2}	-0.1092×10^{-2}
Δ_J	0.186×10^{-3}	0.286×10^{-3}	0.304×10^{-3}	0.349×10^{-3}
δ_K	0.1136×10^{-2}	0.1037×10^{-2}	0.237×10^{-4}	1.422×10^{-4}
δ_J	0.549×10^{-4}	1.095×10^{-4}	0.1392×10^{-3}	0.1564×10^{-3}

单体 N$_2$O 的非对称伸缩振动 ν_3 表示为 van der Waals 分子 He-N$_2$O 的 ν_4 的振动模式, 跃迁频率表达式为: $\nu = E_0 + E(\nu_4) - E(g)$, 其中 $E(\nu_4)$ 为 N$_2$O 处于 ν_3 激发态的 van der Waals 分子的振转能级, $E(g)$ 为 N$_2$O 处于基态下的 van der Waals 分子的振转能级, E_0 为 N$_2$O 的非对称伸缩振动频率 ν_3. 在此简化的固定单体近似下, 不能正确计算出 E_0 的值, 所以为了与实验结果进行比较, 可对 ^{4}He-N$_2$O 和 ^{3}He-N$_2$O 的 E_0 值分别取实验值 2224.0099cm^{-1} 和 2223.9737cm^{-1}. 计算所得的部分跃迁频率列于表 7-2 中. 从表 7-2 中可见, 计算值和实验值非常接近, 无论是 ^{4}He-N$_2$O 还是 ^{3}He-N$_2$O, 其均方差 (rms) 都仅为 0.02cm^{-1}. 表 7-2 还给出了转

动温度为 3 K 时 ^{4}He-N$_2$O 与 ^{3}He-N$_2$O 的跃迁强度. 由于强度为相对值, 所以对 ^{4}He-N$_2$O 定义 $1_{10}-1_{01}$ 的跃迁强度为 1, 而对 ^{3}He-N$_2$O 定义的 $1_{10}-1_{11}$ 强度为 1. 图 7-5 给出了在跃迁频率为 2223.6~2224.4cm^{-1} 的光谱图. 从图 7-5 中可见, 该体

表 7-2　He-N$_2$O 的部分振转频率(cm^{-1})和相对跃迁强度

$J'_{Ka'Kc'} - J_{KaKc}$	^{3}He-N$_2$O			^{4}He-N$_2$O		
	$\nu_{\rm obs}$	$\nu_{\rm cal} - \nu_{\rm obs}$	强度	$\nu_{\rm obs}$	$\nu_{\rm cal} - \nu_{\rm obs}$	强度
$2_{12}-3_{03}$				2222.5543	0.0056	0.46
$1_{10}-2_{11}$	2222.4274	−0.0129	0.44	2222.5630	0.0105	0.13
$1_{01}-2_{12}$	2222.7524	−0.0006	0.21	2222.9371	−0.0090	0.44
$1_{01}-2_{02}$	2222.7740	−0.0024	0.52	2222.9472	−0.0064	0.37
$1_{11}-2_{12}$	2222.8551	−0.0069	0.45	2222.9773	−0.0015	0.33
$1_{11}-2_{02}$				2222.9873	0.0012	0.40
$0_{00}-1_{11}$	2223.2046	−0.0063	0.05	2223.3514	−0.0177	0.65
$0_{00}-1_{01}$	2223.3048	−0.0138	0.70	2223.3906	−0.0078	0.20
$2_{11}-2_{20}$				2223.7065	−0.0258	0.56
$1_{01}-1_{10}$	2223.6524	−0.0113	0.06	2223.7558	−0.0205	0.85
$1_{11}-1_{10}$	2223.7546	−0.0171	0.90	2223.7959	−0.0129	0.30
$3_{31}-3_{30}$	2223.8728	−0.0034	0.27	2223.8520	0.0039	0.09
$3_{30}-3_{31}$	2224.0137	0.0114	0.28	2224.1069	−0.0307	0.09
$2_{21}-2_{20}$	2223.8235	−0.0129	0.68	2223.8237	−0.0046	0.23
$2_{20}-2_{21}$	2224.0942	−0.0028	0.73	2224.1669	−0.0274	0.22
$1_{10}-1_{11}$	2224.1835	−0.0101	1.00	2224.2148	−0.0226	0.30
$2_{11}-2_{12}$				2224.6181	−0.0278	0.22
$1_{10}-1_{01}$	2224.2845	−0.0184	0.08	2224.2541	−0.0128	1.00
$2_{20}-2_{11}$				2224.2821	0.0005	0.68
$1_{01}-0_{00}$	2224.6368	−0.0168	0.97	2224.6252	−0.0277	0.31
$2_{02}-1_{11}$				2225.0174	−0.0337	0.54
$2_{12}-1_{11}$	2225.0764	−0.0179	0.82	2225.0279	−0.0314	0.63
$2_{02}-1_{01}$	2225.1551	−0.0248	0.98	2225.0566	−0.0237	0.71
$1_{11}-0_{00}$	2224.7389	−0.0224	0.07	2224.6653	−0.0201	0.86
$2_{21}-2_{12}$				2224.7349	−0.0062	0.26
$2_{12}-1_{01}$	2225.1772	−0.0260	0.31	2225.0672	−0.0215	0.63
$2_{11}-1_{10}$	2225.4966	−0.0151	0.92	2225.4361	−0.0386	0.29
$3_{13}-2_{12}$	2225.5534	−0.0214	0.33	2225.4361	−0.0278	0.46
$3_{03}-2_{12}$				2225.4361	−0.0325	0.82
$3_{03}-2_{02}$	2225.5760	−0.0282	0.34	2225.4478	−0.0315	0.47
$3_{13}-2_{02}$				2225.4478	−0.0268	0.83
$3_{22}-2_{21}$	2225.9128	−0.0102	0.38			
$3_{21}-2_{20}$	2226.2662	−0.0089	0.45			
$2_{21}-1_{10}$				2225.5534	−0.0175	0.87
$3_{12}-2_{11}$	2226.1061	−0.0284	0.59	2225.9039	−0.0237	0.39
$2_{20}-1_{11}$				2225.9339	−0.0326	0.43

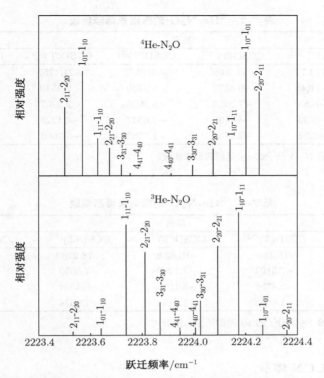

图 7-5 ^{3}He-N_2O 及 ^{4}He-N_2O 在分子间振动基态 $(0,0)$ 下的跃迁强度

系表现出很强的同位素效应, 对 a 型跃迁, ^{4}He-N_2O 与 ^{3}He-N_2O 都较强, 但对于 b 型跃迁, ^{4}He-N_2O 也较明显, 而 ^{3}He-N_2O 却非常弱. 这与实验谱图完全一致. 从转动常数还可以看到, ^{4}He-N_2O 近似为扁对称陀螺分子, 它的转动常数 A 几乎与 B 相等, 而 ^{3}He-N_2O 则为不对称陀螺.

以上研究中将 N_2O 分子看作是刚性的, 这导致 N_2O 在 He 原子影响下 ν_3 激发态的红外光谱谱带位移的计算结果与实验有较大偏差. Zhou 等后来改进方法[10], 在计算势能面时考虑了 N_2O 的 ν_3 反对称伸缩振动的 Q_3 正则模式, 并采用三维的离散变量表象方法计算振转态. 在改进后的方法下, He-N_2O 体系由 Q_3, R 和 θ 三个 Jacobi 坐标定义. Q_3 即代表 N_2O 的 ν_3 反对称伸缩振动的正则模式坐标, 其他两个振动固定在平衡值. 得出的三维势能面全局极小值仍为 T 型结构, 对应 $R=5.605\ a_0$, $Q_3=0.003$, $\theta=87.4°$, 势阱深度为 $62.3448\ \mathrm{cm}^{-1}$. 表 7-3 和表 7-4 分别给出 ^{4}He-N_2O 及 ^{3}He-N_2O 的纯振动束缚态能级. 表 7-3 和表 7-4 中还列出了 N_2O 的 ν_3 反对称伸缩振动方向第一激发态的能级. 计算出的基态 van der Waals 体系 ^{4}He-N_2O 及 ^{3}He-N_2O 的 N_2O 分子 ν_3 振动态谱带位移分别为 $0.1704\ \mathrm{cm}^{-1}$ 及 $0.1551\mathrm{cm}^{-1}$, 与对应实验值 $0.2532\mathrm{cm}^{-1}$ 及 $0.2170\mathrm{cm}^{-1}$ 很接近.

表 7-3　　^{4}He-N$_2$O 的振动束缚态能级

ν_s	ν_b	基态				ν_3 态 [1]
		SAPT[81]	CCSD(T)[85]	CCSD(T)[7]	CCSD(T)[10]	CCSD(T)[10]
0	0	−23.77	−21.3486	−19.9172	−21.4252	−21.2548
0	1	−11.45	−9.3578	−8.9730	−9.3540	−9.3467
0	2	−8.83	−7.2259	−6.8669	−7.2367	−7.2031
0	3	−5.80	−4.1198	−3.6947	−4.1228	−4.0833
1	0	−3.32	−2.1734	−1.7282	−2.2008	−2.1451

1) 相对于单独的 N$_2$O 分子的 ν_3 基频的振动能级.

表 7-4　　^{3}He-N$_2$O 的振动束缚态能级

ν_s	ν_b	基态			ν_3 态 [1]
		CCSD(T)[85]	CCSD(T)[7]	CCSD(T)[10]	CCSD(T)[10]
0	0	−18.1804	−16.8529	−18.2289	−18.0738
0	1	−7.5104	−7.1200	−7.5059	−7.4957
0	2	−5.4758	−5.1025	−5.4854	−5.4566
0	3	−1.5882	−1.1194	−1.5844	-1.5431

1) 相对于单独的 N$_2$O 分子的 ν_3 基频的振动能级.

7.6.2　Ar-HCCCN 体系

丙炔腈 (HCCCN) 分子是一个广泛存在于星际大气中的相对较大的有机分子. 1920 年, Moureu 和 Bongrand[86]首次合成了 HC$_3$N 分子. Deleon 与 Muenter[86]对它的分子束电子共振谱 (MBEP) 进行了研究, 发现它具有很大的偶极矩 (μ=3.731 72 deb). 最近, Huckauf 等[87]测得了 Ar-HCCCN 的微波光谱, 并用耦合簇方法研究了 Ar-HCCCN 的平衡构型. 其微波光谱一共记录下了 25 条纯的转动跃迁谱线, 由转动常数得到的有效结构与理论计算得到的平衡构型很接近. Zhou 等[88]采用全电子完全四级 Møller-Plesset (MP4) 方法计算得到了 Ar-HCCCN 分子的势能面, 并在该势能面的基础上用 DVR 方法计算得到了振转能级及振动束缚态的波函数, 进一步计算得到了其在分子间振动基态及第一振动激发态下的微波光谱, 计算结果很好地解释了实验光谱.

MP4 势能面表现出很强的角度各向异性. 势能面上存在两个极小值: 第一极小值在 θ=94.41°, 即非对称的 T 型构型, 氩原子在稍靠近 H 原子的这一端, 对应的 R_m=3.57 Å, V_m= −236.81cm^{-1}; 第二极小值在 θ=0°, 对应于线性 Ar-HCCCN 构型, R_m=5.83 Å, V_m=−160.51cm^{-1}. 在两个势能极小值之间存在一个鞍点, 其几何结构为 θ=20.39°, R_m=5.57 Å, V_m=−151.59cm^{-1}. 和 He-N$_2$O 体系类似, Ar-HCCCN 体系的偶极矩表现出很大的角度各向异性, 而几乎与 R 无关, 并且体系的偶极矩主要由 HCCCN 分子决定. 由于偶极矩几乎与 Ar 原子没有关系, 所以体系的偶极矩几乎与 HCCCN 的分子轴平行, 所以 μ_x 与 $\sin\theta$ 近似成正比, 而 μ_z 与 $\cos\theta$ 近似成正比.

在 MP4 势能面上, 对键伸缩振动在 2.7~14Å范围选择 120 个 Sine-DVR[15] 积分点, 对弯曲振动在 $0° \sim 180°$ 选择 90 个 Gauss-Legendre[16] 积分点计算体系的振动能级. 由于其势阱较深, 所以支持的振动束缚态较多, 表 7-5 中仅列出了部分振动能级. 表 7-5 中量子数用 ν_s 和 ν_b 标记, 分别代表伸缩振动和弯曲振动量子数. 因为该体系伸缩振动和弯曲振动之间存在较强的耦合, 所以实际上 ν_s 和 ν_b 都并非好量子数, 只是近似地用于标记振动能级. 振动能级相应的量子数是根据波函数的节面结构来确定的. Ar-HCCCN 的振动基态能级为 $-203.81\mathrm{cm}^{-1}$, 与势能面的阱深差值即零点能为 $33.00\mathrm{cm}^{-1}$. 由于振动零点能不足能垒高度 ($85.22\mathrm{cm}^{-1}$) 的一半, 这意味着 Ar-HCCCN 分子的振动基态是定域在平衡构型附近的. 图 7-6 画出

表 7-5　计算得到的 Ar-HCCCN 分子的部分振动能级

ν_s	ν_b	E/cm^{-1}	ν_s	ν_b	E/cm^{-1}
0	0	−203.8076	0	4	−134.0334
0	1	−181.8222			−131.5699
1	0	−171.3793			−129.9651
0	2	−160.9902			−127.7237
1	1	−157.9608			−124.2318
2	0	−147.8551			−122.7915
0	3	−142.7053			−120.6126
1	2	−137.2517			−119.3530
2	1	−136.8213			−118.2505

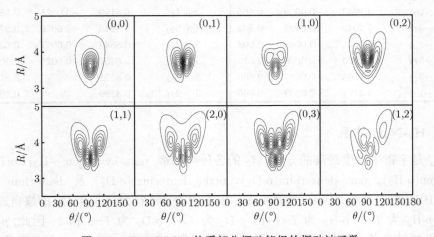

图 7-6　Ar-HCCCN 体系部分振动能级的振动波函数

了 Ar-HCCCN 的前 8 个振动波函数. 从图 7-6 中可以看出, 这几个较低的振动态都定域在平衡构型附近. 第一激发态对应的是弯曲振动, 振动频率为 $19.98\mathrm{cm}^{-1}$, 而第二激发态对应的是伸缩振动, 振动频率为 $32.43\mathrm{cm}^{-1}$.

为了与实验光谱相比较, 还计算了 Ar-HCCCN 的转动跃迁频率和相对强度 (表 7-6). 计算结果和实验值吻合得非常好, 相对误差都在1%以内, 均方差为 $0.0025\mathrm{cm}^{-1}$, 这说明了该从头算势能面的精确性. 由于 Ar-HCCCN 的偶极矩主要来自于 HC-CCN 分子, 而后者又几乎与体系的 b 轴平行, 所以 b 型 $(\Delta K_a = \pm1)$ 跃迁很明显, 而 a 型 $(\Delta K_a=0)$ 很弱. 计算强度时转动温度取为 3K. 计算结果验证了实验光谱, 即 a 型跃迁的强度很弱, 几乎都在 0.05 以下, 而 b 型跃迁则很强, 最强的一条为 3_{12}-3_{03} 的跃迁. 通过计算分子间第一振动激发态下的转动跃迁频率和跃迁强度发现其性质和基态相似, 也是 b 型跃迁很强而 a 型跃迁的强度很弱, 表现出和振动基态类似的光谱行为.

表 7-6　　Ar-HCCCN 振动基态的转动跃迁频率(cm^{-1})及相对强度

$J'_{Ka'Kc'}$-J_{KaKc}	ν_{cal}	$\nu_{cal} - \nu_{obs}$	强度	$J'_{Ka'Kc'}$-J_{KaKc}	ν_{cal}	$\nu_{cal} - \nu_{obs}$	强度
3_{30}-3_{31}	0.0001		0.015	3_{03}-2_{02}	0.2876	0.0007	0.015
2_{20}-2_{21}	0.0017		0.014	2_{20}-2_{11}	0.2921	−0.0037	0.389
3_{12}-2_{21}	0.0266		0.072	3_{22}-2_{21}	0.2945	0.0011	0.007
3_{13}-2_{20}	0.0693		0.047	3_{21}-2_{20}	0.3014	0.0013	0.007
2_{02}-1_{11}	0.0979		0.261	3_{12}-2_{11}	0.3170	0.0012	0.013
1_{10}-1_{01}	0.1125	−0.0011	0.665	2_{21}-2_{12}	0.3376	−0.0032	0.323
2_{11}-2_{02}	0.1299	−0.0010	0.932	3_{13}-2_{02}	0.3527	−0.0006	0.838
3_{12}-3_{03}	0.1593	−0.0005	1.000	3_{22}-2_{13}	0.3621	−0.0030	0.471
2_{12}-1_{11}	0.1806	0.0005	0.008	2_{21}-1_{10}	0.5025	−0.0029	0.630
2_{02}-1_{01}	0.1947	0.0007	0.011	3_{30}-3_{21}	0.5158	−0.0061	0.275
1_{11}-0_{00}	0.1950	−0.0009	0.465	2_{20}-1_{11}	0.5199	−0.0028	0.586
3_{03}-2_{12}	0.2049	0.0022	0.533	3_{31}-3_{22}	0.5243	−0.0059	0.273
2_{11}-1_{10}	0.2121	0.0008	0.008	3_{22}-2_{11}	0.5849	−0.0027	0.633
3_{13}-2_{12}	0.2700	0.0008	0.013	3_{21}-2_{12}	0.6407	−0.0020	0.503
3_{21}-3_{12}	0.2765	−0.0037	0.660	3_{31}-2_{20}	0.8171		0.810
2_{12}-1_{01}	0.2774	−0.0008	0.665	3_{30}-2_{21}	0.8189		0.808

7.6.3　H$_2$-N$_2$O 体系

H$_2$ 是宇宙中丰度最高的分子. H$_2$ 的各种同位素, para-hydrogen(p-H$_2$)、ortho-hydrogen(o-H$_2$)、para-deuterium(p-D$_2$)、ortho-deuterium(o-D$_2$) 及 deuterium hydride (HD) 在 van der Waals 体系中显示出不同的量子行为. H$_2$ 和 D$_2$ 的核自旋态不同: p-H$_2$ 为 I=0, o-H$_2$ 为 I=1; 而 p-D$_2$ 为 I=1, o-D$_2$ 为 I=0 和 2. 因此, p-H$_2$ 和 o-D$_2$ 的转动角动量量子数 j_H 只能为偶数, 而 o-H$_2$ 和 p-D$_2$ 的 j_H 只能为奇数.

p-H_2 在所有同位素中最为特殊, 它像 He 原子一样是不可区分的玻色子, 并且它是除了 He 原子外唯一具有超流体性质的天然分子[89]. H_2-OCS 体系及 H_2-CO 体系近年来被研究得较多[8,90~94]. Tang 和 McKellar[95]观测到了 H_2-OCS 的五种同位素体系的红外光谱, 发现只有 a 型跃迁 (ΔK_a=0) 而且谱带略微红移. Grebenev 等[96]研究了簇合物 OCS-$(H_2)_n$ 在 n=2~8 时的高分辨率红外光谱. Paesani 等[97]用 Monte Carlo 量子方法确定了 n=1~8 时 $(p$-$H_2)_n$–OCS 的结构和能量. 他们还计算了 $(p$-$H_2)_n$–OCS 在 n=9~17 时的转动激发态, 发现该簇合物直到 n=13 都可视为近刚性的转子. Paesani 和 Whaley[98]计算了依赖于 OCS 分子的 Q_3 正则模式的 OCS-H_2 体系的五维势能面, 并在此势能面基础上, 计算了氢的各种同位素体系的红外光谱. 2005 年, McKellar[99]观测到了 CO_2-H_2 体系的红外光谱, 发现与 CO-H_2 的光谱很相似, CO_2-p-H_2 体系 CO_2 的 ν_3 振动谱带略显红移 (-0.20cm^{-1}). Tang 和 McKellar[100]观察到 N_2O-H_2 的包括所有实验可测的氢的同位素形式的 van der Waals 体系的红外光谱. N_2O-H_2 的五种同位素体系的谱带都发生了蓝移. 最近, Zhou 等[101]计算了 N_2O-H_2 体系的依赖 N_2O 分子反对称伸缩振动 Q_3 正则模的势能面, 并用径向离散变量和角度有限基组的混合表象方法计算了体系的振转态. 由于氢分子的振动基本不发生改变, 故将其键长固定为振动基态的平均值. 体系由 R, Q_3, φ, θ_1, θ_2 五个 Jacobi 坐标定义. Q_3 代表 N_2O 的 ν_3 反对称伸缩振动模式. 通过一些测试发现在 Q_3 方向用四个 PODVR 点即可满足较高精度, 对每个 Q_3 点分别计算分子间势能面. 发现体系的全局极小值为 T 型的平面构型, 势阱深度为 244.35cm^{-1}. 该势能面随 θ_2 变化显著, 而沿 θ_1 和 φ 方向变化缓慢.

采用离散变量表象方法 (径向方向) 和有限基组表象方法[12,18](角度方向) 及 Lanczos 算法[24]计算了体系的振转能级, 计算中 H_2 的转动常数取为实验值 59.322cm^{-1}, D_2 为 29.9037cm^{-1}[98], 总角动量 J 取值为 0~3. 表 7-7 列出了振动束缚态 (J=0) 的前十个能级. 由于氢分子的转动能级间隔相对较宽, 在 van der

表 7-7　N_2O–H_2 体系束缚态的前十个能级(单位: cm^{-1})

n	N_2O-p-H_2	N_2O-o-H_2	N_2O-o-D_2	N_2O-p-D_2
1	−64.72	31.47	−84.62	−48.14
2	−35.05	63.24	−52.95	−14.66
3	−27.61	77.41	−40.62	2.92
4	−23.32	81.78	−36.46	8.80
5	−18.16	86.55	−30.28	12.98
6	−11.04	88.64	−28.04	14.77
7	−6.74	91.25	−23.26	16.68
8	−0.93	96.53	−17.80	21.05
9		101.21	−13.65	24.13
10		105.80	−8.56	29.84

Waals 体系中, 氢的四种同位素 (p-H$_2$, o-H$_2$, p-D$_2$, o-D$_2$) 几乎都处于转动基态, 故将 p-H$_2$ 和 o-D$_2$ 的转动角量子数设为 $j_1=0$, o-H$_2$ 和 p-D$_2$ 设为 $j_1=1$. 对 N$_2$O-p-H$_2$, N$_2$O-o-H$_2$, N$_2$O-o-D$_2$, N$_2$O-p-D$_2$, 该五维势能面分别支持 8 个、16 个、14 个及 26 个束缚态. 四个体系的振动基态都定域在全局极小值附近, 第一激发态对应 van der Waals 体系的弯曲振动, N$_2$O-D$_2$ 的第二激发态对应体系的伸缩振动, 更高激发态则表现出弯曲振动与伸缩振动模式间的强烈耦合. 对 N$_2$O-H$_2$ 体系而言, 所有振动束缚态都表现出弯曲振动的特征.

　　类似 He-N$_2$O 的处理方法, 将计算得到的振转能级按 I^r 表象[84]下 a 型约化的 Watson 反对称哈密顿形式进行拟合, 得出的分子光谱常数列于表 7-8 和表 7-9 中. 计算得出的转动常数与实验值[100]吻合得很好. 可以看出, 不同同位素体系对应的转动常数 A 有显著的变化, 而转动常数 B 都在 0.4cm^{-1} 左右, 与自由 N$_2$O 分子的 B 值 (0.419cm^{-1}) 非常接近, 这说明体系呈 T 型结构, 惯量主轴坐标的 a 轴几乎与 N$_2$O 分子轴平行, b 轴近似通过 H$_2$ 分子的质心. N$_2$O-H$_2$ 体系的转动常数

表 7-8　　N$_2$O-H$_2$ 体系的光谱常数(单位: cm^{-1})

	N$_2$O-p-H$_2$		N$_2$O-o-H$_2$	
	实验值	本工作值	实验值	本工作值
	基态			
A	0.800 57	0.790 92	0.834 16	0.829 13
B	0.431 023	0.434 854	0.397 233	0.397 620
C	0.268 863	0.268 717	0.270 198	0.270 241
Δ_K	0.012×10^{-3}	-0.315×10^{-3}	-0.17×10^{-3}	-0.10×10^{-3}
Δ_{JK}	0.6293×10^{-3}	0.6899×10^{-3}	0.3832×10^{-3}	0.4442×10^{-3}
Δ_J	0.1217×10^{-4}	0.1288×10^{-4}	-0.1404×10^{-4}	-0.2347×10^{-4}
δ_K	0.426×10^{-3}	0.422×10^{-3}	0.099×10^{-3}	0.098×10^{-3}
δ_J	0.054×10^{-5}	0.027×10^{-5}	-0.0909×10^{-4}	-0.1396×10^{-4}
	激发态			
谱带偏移	0.2261	0.2219	0.6238	0.4236
A	0.798 72	0.789 69	0.831 92	0.826 719
B	0.427 441	0.434 729	0.393 621	0.397 481
C	0.267 110	0.268 319	0.268 315	0.269 834
Δ_K	0.011×10^{-3}	-0.301×10^{-3}	-0.11×10^{-3}	-0.11×10^{-3}
Δ_{JK}	0.6426×10^{-3}	0.6788×10^{-3}	0.3851×10^{-3}	0.4361×10^{-3}
Δ_J	0.1128×10^{-4}	0.1212×10^{-4}	-0.1804×10^{-4}	-0.2094×10^{-4}
δ_K	0.421×10^{-3}	0.531×10^{-3}	0.096×10^{-3}	0.102×10^{-3}
δ_J	0.152×10^{-5}	-0.750×10^{-5}	-0.1032×10^{-4}	-0.1131×10^{-4}

注: 实验数据见文献 [100].

表 7-9　N_2O-D_2 体系光谱常数(单位: cm^{-1})

	N_2O-o-D_2		N_2O-p-D_2	
	实验值	本工作值	实验值	本工作值
		基态		
A	0.460 364	0.441 580	0.464 186	0.455 467
B	0.413 182	0.429 138	0.395 766	0.402 022
C	0.211 735	0.211 451	0.213 182	0.213 032
Δ_K	0.301×10^{-3}	0.348×10^{-3}	0.008×10^{-4}	-1.409×10^{-4}
Δ_{JK}	-0.1795×10^{-3}	-0.2364×10^{-3}	0.0883×10^{-3}	0.2284×10^{-3}
Δ_J	0.592×10^{-4}	0.692×10^{-4}	0.511×10^{-5}	-1.288×10^{-5}
δ_K	-0.0104×10^{-3}	-0.0182×10^{-3}	0.400×10^{-4}	0.822×10^{-4}
δ_J	0.2772×10^{-4}	0.3223×10^{-4}	-0.006×10^{-5}	-0.6829×10^{-5}
		激发态		
谱带偏移	0.4534	0.3585	0.7900	0.5437
A	0.458 634	0.443 768	0.462 822	0.454 489
B	0.410 075	0.425 804	0.392 247	0.401 331
C	0.210 531	0.211 191	0.211 867	0.212 555
Δ_K	0.316×10^{-3}	0.388×10^{-3}	-0.110×10^{-4}	-1.002×10^{-4}
Δ_{JK}	-0.2002×10^{-3}	-0.2816×10^{-3}	0.1004×10^{-3}	0.1779×10^{-3}
Δ_J	0.590×10^{-4}	0.779×10^{-4}	0.100×10^{-5}	-0.723×10^{-5}
δ_K	-0.0077×10^{-3}	-0.0028×10^{-3}	0.415×10^{-4}	0.789×10^{-4}
δ_J	0.2676×10^{-4}	0.3460×10^{-4}	-0.138×10^{-5}	-0.132×10^{-5}

注: 实验数据见文献 [100].

A 比 B 大很多, 可视为不对称的陀螺转子, 而对 N_2O-D_2 体系而言, 常数 A 与常数 B 相差很小, 趋于扁陀螺极限. 说明该体系的转动光谱具有很强的同位素效应, 与 He-N_2O 体系[80]类似. 从表 7-8 和表 7-9 中可见, 所有谱带均发生蓝移. 在跃迁过程中, H_2 分子和分子间振动都处于振动基态. 计算的四个同位素体系的谱带位移值都与实验值较好地吻合.

为了计算光谱强度, Zhou 等[101]还在 MP2 水平上计算了 N_2O-H_2 体系的五维偶极矩面, 采用的基组与计算势能面时的基组一样. 偶极矩的每一个分量 (μ_x, μ_y, μ_z) 都用适当的解析函数进行了拟合. 在强度计算中, 将振动基态的 van der Waals 体系在 N_2O 分子 ν_3 态下的转动跃迁温度取为 1.5 K. 计算所得的 N_2O-H_2 体系的跃迁频率及强度列于表 7-10 中. 从表 7-10 中可以看出, 该体系具有显著的同位素效应. N_2O-H_2 体系的光谱仅有 a 型跃迁 (ΔK_a=0), 而 N_2O-D_2 体系的平行跃迁 (ΔK_a=0) 谱带和垂直跃迁 ($\Delta K_a = \pm 1$) 谱带都较显著, 甚至还有些 $\Delta K_a = \pm 2$ 的 a 型跃迁都具有明显的谱线强度. 图 7-7 给出计算和实验所得的 N_2O-H_2 体系部分红外光谱. 图 7-7 表明, 计算的谱线位置和强度都与实验十分吻合, 再次表明了 Zhou 等计算的五维势能面具有非常高的精度.

表 7-10　N$_2$O-H$_2$ 体系在转动温度 $T=1.5$K 时的跃迁频率(cm^{-1})及强度

$J'_{Ka'Kc'}$-J_{KaKc}	N$_2$O-p-H$_2$			N$_2$O-o-H$_2$		
	ν_{cal}	$\nu_{obs}-\nu_{cal}$	强度	ν_{cal}	$\nu_{obs}-\nu_{cal}$	强度
1_{10}-2_{11}	−1.5696	0.0068	0.103			
1_{01}-2_{02}	−1.3629	−0.0005	0.269	−1.3129	−0.0040	0.246
1_{11}-2_{12}	−1.2410	0.0011	0.165	−1.2100	−0.0013	0.158
0_{00}-1_{01}	−0.7036	0.0034	0.509	−0.6679	0.0002	0.508
1_{11}-1_{10}	−0.1659	0.0015	0.462	−0.1297	−0.0014	0.445
1_{10}-1_{11}	0.1631	−0.0080	0.541	0.1245	−0.0035	0.503
1_{01}-0_{00}	0.7030	−0.0086	1.000	0.6673	−0.0054	0.832
2_{12}-1_{11}	1.2371	−0.0130	0.543	1.2032	−0.0093	0.503
2_{02}-1_{01}	1.3608	−0.0172	0.993	1.3104	−0.0143	1.000
2_{11}-1_{10}	1.5659	−0.0266	0.464	1.4588	−0.0167	0.446
3_{13}-2_{12}	1.8313	−0.0240	0.290	1.7916	−0.0219	0.280
3_{03}-2_{02}	1.9451	−0.0253	0.393	1.9091	−0.0262	0.419
3_{12}-2_{11}	2.3184	−0.0483	0.181	2.1733	−0.0337	0.194

注: 实验观测的跃迁频率见文献 [100].

7.6.4　Mg-H$_2$ 体系

近来, 金属氢化合物因为具有安全和简便的储氢能力, 以及作为未来可能的储氢材料, 从而受到广泛关注. 在这些候选金属材料中, 镁 (Mg) 因为拥有轻质、低廉和大储存能力等优点 [102~106] 而被认为是未来储氢的高品质材料. 但不足的是, 镁 (Mg) 转化成镁的氢化合物 (MgH$_2$) 很缓慢. 所以, 研究 Mg 与 H$_2$ 间的相互作用及反应动力学成为研究者们感兴趣的重要课题之一. 许多研究小组已研究了 Mg(^{1}S$_0$, ^{1}P$_1$) + H$_2$ ⟶ MgH + H 的气相反应动力学 [107~116]. 尽管 Tague 等 [117] 和 McCaffrey 等 [118] 分别在低温稀有气体基质环境中探测到了 MgH$_2$ 的红外光谱, 但稳定的气相 MgH$_2$ 化合物却难以隔离观测. 直到最近, Shayesteh 及其合作者采用在高温炉中电极放电的方法才合成了气相 MgH$_2$ 化合物 [119]. 从头算计算结果表明, Mg(^{1}S$_0$) + H$_2$($^1\Sigma_g^+$) ⟶ MgH$_2$($^1\Sigma_g^+$) 反应是吸热的 [120,121], HMgH 电子基态的能量稍微高于 Mg(^{1}S$_0$) + H$_2$(g) 离解渐近限的能量. 但是由于受到 Woodward-Hoffmann 禁阻的影响, 在 Mg(^{1}S$_0$) 插入 H$_2$ 的反应通道上, 存在一个很大的势垒 [115,122]. 所以, MgH$_2$ 的绝热基态相对于 Mg + H$_2$ 离解渐近限是亚稳态的.

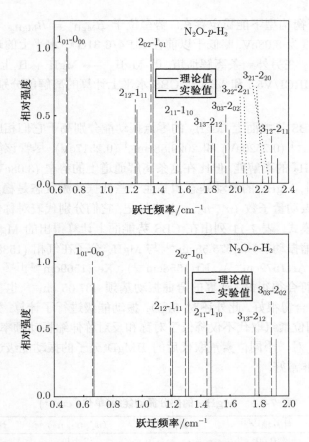

图 7-7 N$_2$O-p-H$_2$ 和 N$_2$O-o-H$_2$ 体系的计算谱线强度 (转动温度为 T=1.5K).
实验观测的红外光谱取自文献 [100]

为了更好地了解 MgH$_2$ 分子的红外光谱以及它的反应动力学, 计算它的势能面显得尤为必要. Li 等[123] 在内收缩的多参考组态相互作用并加 Davidson 修正 (icMRCI+Q) 水平上, 采用完备基组 (complete basis set), 计算了 3000 多个构型点, 构造出了 MgH$_2$(1^1A′) 的基态势能面. 在势能面的基础上, 采用 Lanczos 方法分别得到 MgH$_2$ 和 MgD$_2$ 分子的振动能级, 进一步检验了势能面的质量.

由该 MgH$_2$ 基态势能面可以清楚地看出, MgH$_2$ 在线性构型下存在一个能量极小点, 即 MgH$_2$ 分子的平衡构型. 在 MRCI/V5Z 水平下位于 $R_{\mathrm{MgH_1}} = R_{\mathrm{MgH_2}}$= 3.2314 a_0 处, 与 MRCI/ CBS 水平上的计算结果 $R_{\mathrm{MgH_1}} = R_{\mathrm{MgH_2}}$=3.2306$a_0$ 很好地吻合. 离解反应 MgH$_2$ $\longrightarrow$ Mg + H$_2$ 为放热反应. 在 MRCI/V5Z 和 MRCI/CBS 理论水平上的计算结果分别为 0.16eV (3.7 kcal/mol) 和 0.15eV (3.6 kcal/mol). 虽然 MgH$_2$ $\longrightarrow$ Mg + H$_2$ 反应为放热反应, 但在这条离解通道上存在很大一个势垒.

所以, MgH_2 在平衡构型下能稳定存在. 势垒位于 $R_{MgH_1} = R_{MgH_2} = 3.431\ a_0$ 和 $\gamma=53.9°$, 势垒高度为 3.08eV, 略低于以前在 MP4/6-31G** 水平上的理论计算结果 3.62eV[124]. MgH_2 在另外一条离解通道, 即 $MgH_2 \longrightarrow MgH + H$ 上, 表现为强烈的吸热反应, 在 MRCI/V5Z 和 MRCI/ CBS 水平上计算的离解能分别为 3.16eV 和 3.17eV.

在 V5Z 和 CBS 势能面上, MgH_2 的零点振动能分别高于它们相应的平衡构型极小点 2032.16cm^{-1} (0.2520eV) 和 2029.88cm^{-1} (0.2517eV). 尽管该能量大于反应 $MgH_2 \longrightarrow Mg + H_2$ 的离解能, 但比在这条离解通道上的势垒 (3.08eV) 低很多. 所以, 从这种角度讲, MgH_2 的振动基态和其他一些低振动激发态是稳定的. 计算的振动能级用三个振动量子数 (n_1, n_2, n_3) 来标记, 它们分别代表对称伸缩、弯曲和反对称伸缩振动模式. 表 7-11 列出在 CBS 势能面上计算得出的 MgH_2 振动能级. 计算的反对称伸缩振动基频 1575.55cm^{-1} 与 MgH_2 分子在气相 (1588.67cm^{-1})[119] 以及在稀有气体 Ar(1572cm^{-1})、Kr(1558cm^{-1})、Xe (1569cm^{-1})[117,118] 基质环境中的实验观测值符合得很好. 计算的弯曲振动基频 437.05 cm^{-1} 也与实验估算值 (437cm^{-1})[119] 吻合得很好. 此外还对 MgD_2 振动能级进行了计算. 发现在 MgD_2 分子中, 更重的同位素氘取代不仅降低了对称和反对称伸缩振动频率, 而且也降低了弯曲振动频率. 对一个同位素氘取代后的 HMgD 分子的振动能级进行的计算也与实验室符合得非常好.

表 7-11　　MgH_2 的部分振动能级(单位: cm^{-1})

(n_1, n_2, n_3)	计算值[123]	实验值[119]	(n_1, n_2, n_3)	计算值[123]
(0,0,0)	0.00		(2,4,1)	6238.19
(0,2,0)	867.48		(1,4,2)	6320.25
(1,0,0)	1552.42		(0,4,3)	6345.20
(0,0,1)	1575.55	1588.67	(2,8,0)	6503.71
(0,4,0)	1739.67		(1,8,1)	6504.63
(1,2,0)	2413.23		(0,8,2)	6551.35
(0,2,1)	2431.17		(0,12,1)	6782.58
(0,6,0)	2617.05		(1,12,0)	6788.56
(2,0,0)	3073.13		(4,2,0)	6814.34
(1,0,1)	3083.61		(3,2,1)	6814.62
(0,0,2)	3137.99	3165.42	(2,2,2)	6939.07
(1,4,0)	3278.40		(1,2,3)	6956.75
(0,4,1)	3291.29		(0,2,4)	7014.15
(0,8,0)	3499.91		(3,6,0)	7083.05
(2,2,0)	3925.31		(2,6,1)	7085.78

用正则模表示的 MgH_2 和 MgD_2 分子振动能级, 通常用本征函数的节点结构来指认. 随着能量的增加, 能级指认越来越困难, 这是因为高激发态的节点结构变得较模糊. 而且, 从正则模到局域模的转变也很明显. 从 $(n_1,0,0)/(n_1-1,0,1)$ 能级对间能量差的变化趋势也可以看出正则模向局域模的转变. 由表 7-12 可以看出, 对 MgH_2 来说, $(n_1,0,0)/(n_1-1,0,1)$ 能级对间的能量差, 从 $n_1=2$ 时的 $10.76cm^{-1}$ 减小到 $n_1=5$ 时的 $0.08cm^{-1}$. 而对 MgD_2 分子, 因为更重的同位素氘取代, 相应的正则模到局域模的转变来得更晚, 发生在更大的量子数. 当 $n_1=7$ 时, $(n_1,0,0)/(n_1-1,0,1)$ 能级对间的能量差还为 $1.59cm^{-1}$.

表 7-12 在 CBS 势能面上计算的局域模对能级(cm^{-1})

(n_1,n_2,n_3)	MgH_2		(n_1,n_2,n_3)	MgD_2	
	E	ΔE		E	ΔE
(2,0,0)	3073.13		(2,0,0)	2204.47	
(1,0,1)	3083.61	10.48	(1,0,1)	2252.31	47.84
(3,0,0)	4551.61		(3,0,0)	3287.41	
(2,0,1)	4554.38	2.77	(2,0,1)	3323.81	36.40
(4,0,0)	5983.59		(4,0,0)	4355.58	
(3,0,1)	5984.10	0.51	(3,0,1)	4379.80	24.22
(5,0,0)	7371.48		(5,0,0)	5405.89	
(4,0,1)	7371.56	0.08	(4,0,1)	5418.86	12.97
			(6,0,0)	6434.09	
			(5,0,1)	6439.30	5.21
			(7,0,0)	7437.82	
			(6,0,1)	7439.41	1.59

注: ΔE 代表能级对间能量差.

图 7-8 给出了 MgH_2 分子在 $n_1=2\sim5$ 时的局域模对波函数. 选用对称和反对称 Radau 坐标表示 (s_1, s_2), 其中, $s_1 = R_1 + R_2$ 和 $s_2 = R_1 - R_2$. 相对于 s_2 坐标, $(n_1,0,0)$ 为对称振动态, 而 $(n_1-1,0,1)$ 振动态是反对称的. 当量子数 n_1 很小时, 振动主要是正则的, 所以波函数也基本上沿着对称伸缩坐标 s_1, 但是, 由于两个伸缩正则模间的耦合, 波函数开始在 s_1 较大的区域加宽. 当 n_1 增加时, 对称和反对称态都变成三角形状, 进一步表明它们间存在很强的模间耦合. 当 $n_1=5$ 时, 两个局域模分支就已经完全分离. 在图 7-8 的最下端, 展示了两个非定态的波函数, 它们通过 (5,0,0) 和 (4,0,1) 本征态的线性组合得到, 可以清楚地看到这两个波函数都是集中在某一个 Mg—H 键上. MgD_2 的波函数的形状与 MgH_2 的非常类似. 只是波函数的分叉发生得更晚一些. 当 n_1 量子数很大时, 波函数在 s_1 两端分叉, 表明此时的局域模振动更趋向于非 C_{2v} 构型, 即其中一个 Mg—H 键比另一个长.

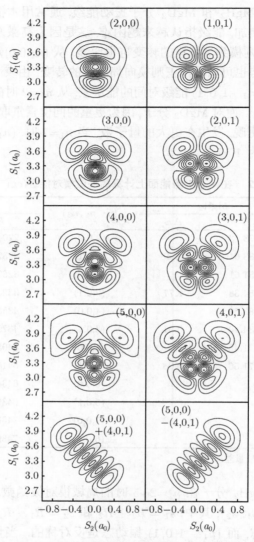

图 7-8　MgH$_2$ 的部分局域模对波函数 (角度固定在平衡值)

参 考 文 献

[1]　Xie D, Yan G. Science in China (B), 1996, 39: 439

[2]　Johnson B R, Reinhardt W P. J. Chem. Phys., 1986, 85: 4538

[3]　Jeziorska M, Jankowski P, Szalewicz K et al. J. Chem. Phys., 2000, 113: 2957

[4]　Tennyson J, Sutcliffe B T. Mol. Phys., 1984, 51: 887

[5]　Miller S, Tennyson J. J. Mol. Spectrosc., 1988, 128: 132530

[6]　McBane G C, Cybulski S M. J. Chem. Phys., 1999, 110: 11734

[7]   Zhou Y Z, Xie D Q. J. Chem. Phys., 2004, 120: 8575

[8]   Jankowski P, Szalewicz K. J. Chem. Phys., 1998, 108: 3554

[9]   Jankowski P, Tsang S N, Klemperer W et al. J. Chem. Phys., 2001, 114: 8948

[10] Zhou Y Z, Xie D Q, Zhang D H. J. Chem. Phys., 2006, 124: 144317

[11] Gianturco F A, Paesani F. J. Chem. Phys., 2000, 113: 3011

[12] Lin S Y, Guo H. J. Chem. Phys., 2002, 117: 5183

[13] Avoird Avd, Wormer P E S, Moszynski R. Chem. Rev. (Washington, D C), 1994, 94: 1931

[14] Choi S E, Light J C. J. Chem. Phys., 1990, 92: 2129

[15] Colbert D T, Miller W H. J. Chem. Phys., 1992, 96: 1982

[16] Lill J V, Parker G A, Light J C. Chem. Phys. Lett., 1982, 89: 483

[17] Gatti F, Lung C, Menou M et al. J. Chem. Phys., 1998, 108: 8821

[18] Chen R Q, Ma G B, Guo H. Chem. Phys. Lett., 2000, 320: 567

[19] Echave J, Clary D C. Chem. Phys. Lett., 1992, 190: 225

[20] Cullum J, Willoughby R A. J. Comput. Phys., 1981, 44: 329

[21] Nauts A, Wyatt R E. Phys. Rev. Lett., 1983, 51: 2238

[22] Paige C C. J. Inst. Math. Appl., 1972, 10: 373

[23] Paige C C. Linear Algebra and App., 1980, 34: 235

[24] Lanczos C. J. Res. Natl. Bur. Stand., 1950, 45: 255

[25] Paige C C. J. Inst. Math. Appl., 1976, 18: 341

[26] Golub G H, VanLoan C F. Matrix computations. 2nd ed. Baltimore: The Johns Hopkins
      University Press, 1989

[27] Sorensen D C. SIAM J. Matrix Anal. Appl., 1992, 13: 357

[28] Yu H-G, Smith S C. J. Comput. Phys., 1998, 143: 484

[29] Cullum J K, Willoughby R A. Lanczos Algorithms for Large Symmetric Eigenvalue Compu-
      tations. Boston: Birkhauser, 1985

[30] Golub G H, VanLoan V. Matrix Computations. Baltimore: The Johns Hopkins University
      Press, 1983

[31] Parlett B N. The Symmetric Eigenvalue Problem. Englewood Cliffs: Prentice-Hall, 1980

[32] Nauts A, Wyatt R E. Phys. Rev. A, 1984, 30: 872

[33] Chen R, Guo H. J. Chem. Phys., 2001, 114: 1467

[34] Li S, Li G, Guo H. J. Chem. Phys., 2001, 115: 9637

[35] Guo H, Chen R Q, Xie D Q. J. Theo. Comp. Chem., 2002, 1: 173

[36] Chen R, Guo H. J. Chem. Phys., 1999, 111: 9944

[37] Sueur C R L, Miller S, Tennyson J et al. Mol. Phy., 1992, 76: 1147

[38] Jensen P, Spirko V. J. Mol. Spectrosc., 1986, 118: 208

[39] Messiah A. Quantum Mechanics. New York: Wiley, 1968

[40] Zhang J Z H. Theory and Application of Quantum Molecular Dynamics. Singapore: Wold
      Scientific Publishing, 1999

[41] Kupperman A. Potential Energy Surfaces and Dynamics Calculation. Truhlar D G. ed.
      Plenum Publishing Corp, 1981

[42] Cai Z T, Sun X M, Feng D C. Chinese J. Struct. Chem., 2003, 22: 503

[43] Kuppermann A, Schatz G C. J. Chem. Phys., 1975, 62: 2502

[44] Schatz G C, Kuppermann A. J. Chem. Phys., 1976, 65: 4642

[45]　Schatz G C, Kuppermann A. J. Chem. Phys., 1980, 72: 2737

[46]　Miller W H. J. Chem. Phys., 1969, 50: 407

[47]　Miller J A, Kee R J, Westbrook C K. Annu. Rev. Phys. Chem., 1990, 41: 345

[48]　Miller W H, Berndette M D D. J. Chem. Phys., 1987, 86: 6213

[49]　Deng C H, Feng D C, Cai Z T. Sci. China Ser. B, 1994, 24: 463

[50]　Cai Z T, Mu Y G, Hao C H. Chin. Sci. Bull., 1995, 40: 1673

[51]　Lu W C, Cai Z T, Hao C H. Chin. J. Chem., 1998, 16: 317

[52]　Jolicard G, Austin E J. Chem. Phys., 1986, 103: 295

[53]　Jolicard G, Leforestier C, Austin E J. J. Chem. Phys., 1988, 88: 1026

[54]　Wang D, Bowman J M. J. Chem. Phys., 1994, 100: 1021

[55]　Jolicard G, Austin E J. Chem. Phys. Lett.,1985, 121: 106

[56]　Gray S K. J. Chem. Phys., 1992, 96: 6543

[57]　Dixon R N. J. Chem. Soc. Faraday Trans., 1992, 88: 2575

[58]　Mandelshtam V A, Taylor H S. J. Chem. Phys., 1995, 103: 2903

[59]　Mandelshtam V A, Taylor H S. J. Chem. Phys., 1995, 102: 7390

[60]　Chen R, Guo H. Chem. Phys. Lett., 1996, 261: 605

[61]　Yu H-G, Smith S C. J. Chem. Phys., 1997, 107: 9985

[62]　Gray S K, Balint-Kurti G G. J. Chem. Phys., 1998, 108: 950

[63]　Neuhauser D. J. Chem. Phys., 1990, 93: 2611

[64]　Neuhauser D. J. Chem. Phys., 1991, 95: 4927

[65]　Wall M R, Neuhauser D. J. Chem. Phys., 1995, 102: 8011

[66]　Milfeld K F, Moiseyev N. Chem. Phys. Lett., 1986, 130: 145

[67]　Dallwig S, Fahrer N, Schlier C. Chem. Phys. Lett., 1992, 191: 69

[68]　Leforestier C, Yamashita K, Moiseyev N. J. Chem. Phys., 1995, 103: 8468

[69]　Kroes G-J, Neuhauser D. J. Chem. Phys., 1996, 105: 9104

[70]　Yu H-G, Smith S C. Chem. Phys. Lett., 1998, 283: 69

[71]　Xie D, Chen R, Guo H. J. Chem. Phys., 2000, 112: 5263

[72]　Vibok A, Balint-Kurti G G. J. Phys. Chem., 1992, 96: 8712

[73]　Seideman T, Miller W H. J. Chem. Phys., 1992, 96: 4412

[74]　Riss U V, Meyer H-D. J. Chem. Phys., 1996, 105: 1409

[75]　Poirier B, Carrington T. J. Chem. Phys., 2003, 118: 17

[76]　Poirier B, Carrington T. J. Chem. Phys., 2003, 119: 77

[77]　Li H, Xie D Q, Guo H. J. Chem. Phys., 2004, 120: 4273

[78]　Nagri M S, Jager W. J. Mol. Spectrosc., 1998, 192: 452

[79]　Crutzen P J. Angew. Chem. Int. Ed. Engl., 1996, 35: 1758

[80]　Tang J, McKellar A R W. J. Chem. Phys., 2002, 117: 2586

[81]　Chang B T, A-Ojo O, Bukowski R et al. J. Chem. Phys., 2003, 119: 11654

[82]　Toth R A. J. Opt. Soc. Am. B, 1987, 4: 357

[83]　Kobayashi M, Suzuki I. J. Mol. Spectrosc., 1987, 125: 24

[84]　Watson J K G. J. Chem. Phys., 1967, 46: 1935

[85]　Song X G, Xu Y J, Roy P-N et al. J. Chem. Phys., 2004, 121: 12308

[86]　Deleon R L, Muenter J S. J. Chem. Phys., 1985, 82: 1702

[87]　Huckauf A, Jager W, Botschwina P et al. J. Chem. Phys., 2003, 119: 7749

[88] Zhou Y Z, Xie D Q. J. Chem. Phys., 2004, 121: 2630

[89] Paesani F, Zillich R E, Kwon Y et al. J. Chem. Phys., 2005, 122: 181106

[90] Schinke R, Meyer H, Buck U et al. J. Chem. Phys., 1984, 80: 5518

[91] Moroni S, Botti M, Palo S D et al. J. Chem. Phys., 2005, 122: 094314

[92] McKellar A R W. J. Chem. Phys., 1990, 93: 18

[93] McKellar A R W. J. Chem. Phys., 1998, 108: 1811

[94] McKellar A R W. J. Chem. Phys., 2000, 112: 9282

[95] Tang J, McKellar A R W. J. Chem. Phys., 2002, 116: 646

[96] Grebenev S, Sartakov B, Toennies J P et al. Phys. Rev. Lett., 2002, 89: 225301

[97] Paesani F, Zillich R E, Whaley K B. J. Chem. Phys., 2003, 119: 11682

[98] Paesani F, Whaley K B. Mol. Phys., 2006, 104: 61

[99] McKellar A R W. J. Chem. Phys., 2005, 122: 174313

[100] Tang J, McKellar A R W. J. Chem. Phys., 2002, 117: 8308

[101] Zhou Y Z, Ran H, Xie D Q. H_2-N_2O. J. Chem. Phys., 2006: in press

[102] Huot J, Liang G, Schulz R. Appl. Phys. A: Mater Sci. Process, 2001, 72: 187

[103] Bouaricha S, Huot J, Guay D et al. Int. J. Hydrogen Energy, 2002, 27: 909

[104] Shang C X, Bououdina M, Song Y et al. Int. J. Hydrogen Energy, 2004, 29: 73

[105] Song Y, Guo Z X, Yang R. Mat. Sci. Eng. A-Struct., 2004, 365: 73

[106] Malinova T, Guo Z X. Mat. Sci. Eng. A-Struct. 2004, 365: 219

[107] Kleiber P D, Lyyra A M, Sando K M et al. Phys. Rev. Lett., 1985, 54: 2003

[108] Kleiber P D, Lyyra A M, Sando K M et al. J. Chem. Phys., 1986, 85: 5493

[109] Breckenridge W H, Wang J H. Chem. Phys. Lett., 1987, 137: 195

[110] Breckenridge W H, Umemoto H. J. Chem. Phys., 1984, 80: 4168

[111] Lin K C, Huang C T. J. Chem. Phys., 1989, 91: 5387

[112] Breckenridge W H, Wang J H. Chem. Phys. Lett., 1987, 139: 28

[113] Breckenridge W H, Stewart J. J. Chem. Phys., 1982, 77: 4469

[114] Liu D K, Chin T L, Lin K C. Phys. Rev. A,1994, 50: 4891

[115] Breckenridge W H. J. Phys. Chem., 1996, 100: 14840

[116] Breckenridge W H, Umemoto H. J. Chem. Phys., 1981, 75: 698

[117] Tague T J, Andrews L. J. Phys. Chem., 1994, 98: 8611

[118] McCaffrey J G, Parnis J M, Ozin G A et al. J. Phys. Chem., 1985, 89: 4945

[119] Shayesteh A, Appadoo D R T, Gordon I et al. MgH_2. J. Chem. Phys., 2003, 119: 7785

[120] Pople J A, Luke B T, Frisch M J et al. J. Phys. Chem., 1985, 89: 2198

[121] Ahlrichs R, Keil F, Lischka H et al. J. Chem. Phys., 1975, 63: 455

[122] Chaquin P, Sevin A, Yu H. J. Phys. Chem., 1985, 89: 2813

[123] Li H, Xie D, Guo H. MgH_2. J. Chem. Phys., 2004, 121: 4156

[124] Ou Y R, Liu D K, Lin K C. J. Chem. Phys., 1998, 108: 1475

第 8 章 分子反应动力学的含时波包 与非绝热过程理论

韩克利 楚天舒 张 岩

在分子反应散射领域, 含时波包理论是近十年来常用的理论研究方法. 含时方法的一个最显著的特征在于它解决了反应散射领域的一个重要问题: 计算时间的消耗. 常用的非含时散射理论在精确求解散射矩阵 $\boldsymbol{S}$ 时, 计算规模是正比于 $(J\prod_i N_i)^3$ 的, 而在含时方法中则减为 $J(\prod_i N_i)\sum_i N_i$. 其中 J 是反应体系的总角动量, N_i 是与第 i 个内自由度相关的基函数的数目. 如果在第 i 个内自由度上, 采用均匀分布的格点基矢, 那么, 将会进一步降低为 $J(\prod_i N_i)\sum_i \log_2 N_i$. 在采用分裂算符传播波包的含时波包理论中, 就引入了这样的格点基矢: 分离变量表象 DVR(discrete variable representation) 和快速 Fourier 变换 FFT(fast Fourier transformation). 前者用来处理在坐标空间中势能算符作用到体系波函数上的过程; 后者则用来对波函数在动量空间和坐标空间进行变换, 以实现在动量空间对波函数作用动能算符这个过程. 因此, 即便是在含时方法中, 采用分裂算符方法传播波包的含时波包理论也是最节省计算资源的理论方法. 此外, 含时波包理论引入了时间变量, 并且可以在时间域计算一系列碰撞能下的反应概率和反应截面, 从而提供了一个反应体系随时间演化的简明直观的物理图像. 含时波包方法最适于解释初始态可分辨的一些实验现象.

本章中, 我们主要介绍采用分裂算符的含时波包理论的基本原理, 以及该理论在化学反应动力学研究领域的应用. 从本质上来说, 所有的化学反应都是非绝热过程, 在非绝热效应很小的情形下, 通常采用绝热近似, 也就是我们所熟悉的 Bohn-Oppenheimer 近似, 来处理化学反应, 并且可以得到接近或符合事实的理论研究结果. 但是化学反应的种类多种多样, 对某些化学反应而言, 如存在锥形交叉的光化学反应、激发态物种之间的碰撞过程、生物体系中的电荷转移过程、金属复合物中由自旋–轨道耦合导致的系间窜越过程等, 非绝热效应往往是导致这些化学反应能够发生的重要因素, 因而是不能忽略的, 如果继续采用绝热近似处理这些反应过程就不能给出合理的描述. 因此, 需要用相应的考虑非绝热效应在内的理论方法来研究化学反应的非绝热过程. 随着计算机水平及人们对分子反应体系电子结构的认知水平的不断提升, 在化学反应动力学理论研究领域, 人们的研究兴趣已经由过去的精确描述化学反应的绝热过程逐渐转到精确描述非绝热过程上来, 对化学反应非绝热效应的研究构成了这一领域十分活跃的一个分支. 我们介绍的非绝热含时波包理论就是这样一种可以处理化学反应非绝热过程的量子力学研究方法. 尤其是在对计算量需求比较大的研究工作中. 例如, 研究有深势阱的插入型反应、有较重的反应物参与的反应体系等, 以及在更为详细的态 - 态动力学计算中, 含时波包理论方法因其在计算资源上的优势, 是更为适合研究发生在这些类型的化学反应中的非绝热效应的理论方法之一.

8.1 绝热含时波包理论

含时波包法作为一种量子力学方法, 其核心问题依然是求解 Schödinger 方程. 化学反应的含时 Schödinger 方程可以写成

$$i\hbar\frac{\partial \Psi}{\partial t} = \hat{H}\Psi \tag{8.1}$$

式中: $\hat{H}$ 为体系的哈密顿量算符.

对于一个 A+BC 的三原子反应, 它有 B+AC 和 C+AB 两个可能的反应通道. 我们采用反应物的 Jacobi 坐标来描述整个体系. 当总角动量一定时, 体系的哈密顿可以写为[1]

$$\hat{H} = -\frac{\hbar^2}{2\mu_R}\frac{\partial^2}{\partial R^2} + \frac{(\hat{J}-\hat{j})^2}{2\mu_R R^2} + \frac{\hat{j}^2}{2\mu_r r^2} + V(\boldsymbol{r}, \boldsymbol{R}) + h(r) \tag{8.2}$$

式中: μ_R 为 A 和双原子分子 BC 的约化质量; μ_r 为双原子分子 BC 的约化质量; $\hat{J}$ 为体系总的角动量算符; $\hat{j}$ 为双原子分子 BC 的转动角动量算符; $h(r)$ 为双原子分子的参考哈密顿,

$$h(r) = -\frac{\hbar^2}{2\mu_r}\frac{\partial^2}{\partial r^2} + V_r(r) \tag{8.3}$$

$V_r(r)$ 为双原子分子势函数.

满足吸收边界条件的含时波函数可以用体固定坐标系的平动、振动和转动基矢展开为[1]

$$\Psi^{JMp}(\boldsymbol{R}, \boldsymbol{r}, t) = \sum_{\nu jkn} C_{n\nu jK}^{JMp}(t) u_n^\nu(R)\phi_\nu(r) Z_{jK}^{JMp}(\Omega, \theta) \tag{8.4}$$

式中: Ω 为 Euler 角; ν 为振动量子数; M 为总角动量量子数 J 在空间固定坐标系 z 轴上的投影; K 为总角动量量子数 J 在体固定坐标系 z 轴上的投影; $C_{n\nu jK}^{JMp}(t)$ 为

与时间有关的展开系数; Z_{jK}^{JMp} 为体固定坐标系中转动本征函数; $u_n^{\nu}(R)$ 为平动基函数, 通常取如下的形式[1]:

$$
u_n^{\nu} = \begin{cases} \sqrt{\dfrac{2}{R_4 - R_1}} \sin\left(\dfrac{n\pi R}{R_4 - R_1}\right) & \nu > \nu_{asy} \\ \sqrt{\dfrac{2}{R_2 - R_1}} \sin\left(\dfrac{n\pi R}{R_2 - R_1}\right) & \nu \leqslant \nu_{asy} \end{cases} \tag{8.5}
$$

R_2, R_4 用来定义渐近区和相互作用区, n 为平动基矢的量子数, ν_{asy} 为能量可达到的振动态数目加上几个关闭的振动态; $\phi_v(r)$ 为振动波函数, 它可以通过求解一维 Schrödinger 方程得到

$$
\left[-\frac{\hbar^2}{2\mu_r}\frac{\partial^2}{\partial r^2} + V_r(r)\right]\phi_v(r) = \varepsilon\phi_v(r) \tag{8.6}
$$

ε 和 $\phi_v(r)$ 分别为双原子反应物分子的振动本征值和本征函数; Z_{jK}^{JMp} 通常采取下面的形式[1]

$$
Z_{jK}^{JMp} = \frac{1}{\sqrt{2(1 + \delta_{K0})}}\left[Z_{jK}^{JM} + (-1)^P Z_{j-K}^{JM}\right] \tag{8.7}
$$

其中

$$
P = (-1)^{J+p}
$$

p 为体系的宇称, Z_{jK}^{JM} 定义为

$$
Z_{jK}^{JM} = \bar{D}_{KM}^{J^*}(\Omega) P_{jK} \tag{8.8}
$$

其中

$$
P_{jK} = \sqrt{2\pi} Y_j^K(\theta, 0)
$$

$Y_j^K(\theta, 0)$ 为球谐函数, $\bar{D}_{MK}^{J^*}(\Omega)$ 为正交的转动矩阵,

$$
\bar{D}_{KM}^{J^*}(\Omega) = \sqrt{\frac{2J+1}{8\pi^2}} D_{KM}^J(\Omega) \tag{8.9}
$$

$D_{KM}^J(\Omega)$ 为 Wagner 转动矩阵.

含时波函数采用分裂算符方法进行传播[2]

$$
\Psi^{JMp}(\boldsymbol{R}, \boldsymbol{r}, t + \Delta) = \exp\left(-\mathrm{i}\hat{H}_0\frac{\Delta}{2}\right)\exp\left(-\mathrm{i}\hat{U}\Delta\right)\exp\left(-\mathrm{i}\hat{H}_0\frac{\Delta}{2}\right)\Psi^{JMp}(\boldsymbol{R}, \boldsymbol{r}, t) \tag{8.10}
$$

这里 $\hat{H}_0$ 定义为

$$
\hat{H}_0 = -\frac{\hbar^2}{2\mu_R}\cdot\frac{\partial^2}{\partial R^2} - \frac{\hbar^2}{2\mu_r}\cdot\frac{\partial^2}{\partial r^2} + V_r(r) \tag{8.11}
$$

有效势能算符 $\hat{U}$ 通常被定义为

$$\hat{U} = \hat{V}_{\text{rot}} + V \tag{8.12}$$

这里 $\hat{V}_{\text{rot}}$ 可以写成

$$\hat{V}_{\text{rot}} = \frac{\hat{L}^2}{2\mu_R R^2} + \frac{\hat{j}^2}{2\mu_r r^2} \tag{8.13}$$

式中：$\hat{L}$ 为轨道角动量算符. 在传播过程中, $\exp(-i\hat{U}\Delta)$ 可进一步利用分裂算符法写为

$$\exp(-i\hat{U}\Delta) = \exp(-i\hat{V}_{\text{rot}}\Delta/2)\exp(-iV\Delta)\exp(-i\hat{V}_{\text{rot}}\Delta/2) \tag{8.14}$$

经过简单推导可以得到 $\hat{L}^2$ 作用到转动基矢 Z_{jK}^{JMp} 上的表达式：

$$\hat{L}^2 Z_{jK}^{JMp} = \left[J(J+1) + j(j+1) - 2K^2\right] Z_{jk}^{JMp} - \lambda_{JK}^+ \lambda_{jK}^+ \sqrt{1+\delta_{K0}} Z_{jK+1}^{JMp}$$
$$- \lambda_{JK}^- \lambda_{jK}^- (1-\delta_{K0})\sqrt{1+\delta_{K1}} Z_{jK-1}^{JMp} \tag{8.15}$$

其中

$$\lambda_{JK}^{\pm} = \sqrt{J(J+1) - K(K\pm1)} \quad (\lambda_{JK}^{\pm} \text{ 为系数}) \tag{8.16}$$

对 $\lambda_{jK}^{\pm}$ 有同样的表达式. 通常为了计算方便, 人们一般采用 CS(centrifugal sudden) 近似, 方程 (8.15) 可以简化为

$$\hat{L}^2 Z_{jK}^{JMp} = \left[J(J+1) + j(j+1) - 2K^2\right] Z_{jK}^{JMp} \tag{8.17}$$

总的能量分辨的反应概率 $P_i^J(E)$ 可以通过计算概率流而得到[1].

$$P_i^J(E) = \int \mathrm{d}\boldsymbol{S} \cdot \boldsymbol{j} = \frac{\hbar}{\mu_r} \mathrm{Im}\left[\left\langle \Psi_{iE}^+ \left| \delta(r - r_s)\frac{\partial}{\partial r} \right| \Psi_{iE}^+ \right\rangle\right] \tag{8.18}$$

其中 i 表示初始态, 非含时的散射波函数 Ψ_{iE}^+ 可以通过 Fourier 变换得到[1]

$$|\Psi_{iE}^+\rangle = \frac{1}{2\pi\hbar a(E)} \int_{-\infty}^{+\infty} \exp\left(\frac{i}{\hbar}Et\right) |\Psi(t)\rangle \, \mathrm{d}t \tag{8.19}$$

系数 $a(E)$ 可通过初始波函数向渐近态投影得到

$$a(E) = \langle \varphi(E) \mid \Psi_{in}\rangle \tag{8.20}$$

式中：$\varphi(E)$ 为能量归一化的渐近波函数, 如果初始波函数位于反应物的渐近区, 则有

$$|\Psi_{in}\rangle = \lim_{t\to-\infty} \exp\left(\frac{i}{\hbar}H_0 t\right)\exp\left(-\frac{i}{\hbar}Ht\right)|\Psi_0(0)\rangle = |\Psi_0(0)\rangle \tag{8.21}$$

总的积分截面可由式 (8.22) 给出[1,3]

$$\sigma_{v_0 j_0}(E) = \frac{1}{2j_0 + 1}\frac{\pi}{k^2}\sum_J (2J + 1)P_i^J(E) \qquad (8.22)$$

其中

$$k = \sqrt{2\mu E}$$

8.2　化学反应的绝热及非绝热效应

由于电子的运动速度比原子核大得多, Born 和 Oppenheimer 证明波动方程的电子运动和核运动是可以分离的, 即把核运动和电子运动分开处理[3]. 基于此而产生了现代化学物理学中一个基本的概念 —— 势能面. 通常在计算中人们采用 Born-Oppenheimer 近似, 这个近似假定原子核只在一个绝热的势能面上运动; 而当简并或近简并的电子态之间的非绝热耦合不可忽略的时候, 在计算当中我们就需要考虑势能面间的耦合, 这时我们认为原子核在多个耦合的非绝热势能面上运动.

电子的非绝热跃迁可以分为两大类[4]: 一类是径向耦合[5,6], 它是由在化学反应中原子分子的平动、振动、角度运动而产生的. 这种耦合主要使对称性相同的电子态之间发生跃迁. 另一类是转动耦合[7,8], 主要由电子和总角动量守恒条件下的分子空间固定坐标到体固定坐标转换而产生的. 这种耦合不仅可以使对称性相同的电子态之间发生跃迁, 而且可以使不同对称性的电子态之间发生跃迁.

8.2.1　Born-Oppenheimer 方程[9]

第 7 章详细讨论了 Born-Oppenheimer 近似, 得知电子绝热$(\boldsymbol{R} \equiv \boldsymbol{R}_0)$Schrödinger 方程

$$-\frac{1}{2m}\boldsymbol{\nabla}^2\Theta_j + (E_{ej}(\boldsymbol{R}) - E)\Theta_j - \frac{1}{2m}\sum_{i=1}^N (2\tau_{ji}^{(1)}\bullet\boldsymbol{\nabla}\Theta_i + \tau_{ji}^{(2)}\Theta_i) = 0 \qquad (8.23)$$

当方程 (8.23) 中的 $\tau_{ji}^{(1)}$ 和 $\tau_{ji}^{(2)}$ 非常小并可以忽略时, 可简化为我们熟悉的 Born-Oppenheimer 方程

$$-\frac{1}{2m}\boldsymbol{\nabla}^2\Theta_j + (E_{ej}(\boldsymbol{R}) - E)\Theta_j = 0 \qquad (8.24)$$

当在构型空间的一些点存在锥形交叉 (conical intersection) 时, 这会使得在交叉点附近的含有原子核坐标的电子绝热波函数具有多值性[9~12]. 为保证绝热电子波函数的单值性和连续性, 在理论处理时就需要对 Born-Oppenheimer 方程进行修正. Longuet-Higgins 指出, 这时需要把原子核波函数乘以一个相因子也称为 HLH 相因子或结构相因子. Mead 和 Truhlar 研究锥形交叉时在电子绝热的原子

核 Schrödinger 方程中引入矢量势[13~15]. H_2+H 体系的理论和实验结果的差异体现了结构相因子对化学反应的影响. Kupperman 等[16~21]首次研究了结构相因子在 $D+H_2$ 反应中的影响.

8.2.2 Born-Oppenheimer-Huang 方程[3~5,12,13]

我们假定一个 N 维的 Hilbert 空间, 可以得到耦合矩阵 $\tau^{(1)}$ 和 $\tau^{(2)}$ 之间的关系, 考虑到耦合矩阵 $\tau^{(1)}$ 第 ij 个矩阵元的梯度为

$$\nabla \tau_{ij}^{(1)} = \nabla \langle \phi_i \mid \nabla \phi_j \rangle = \langle \nabla \phi_i \mid \nabla \phi_j \rangle + \langle \phi_i \mid \nabla^2 \phi_j \rangle = \langle \nabla \phi_i \mid \nabla \phi_j \rangle + \tau_{ij}^{(2)} \quad (8.25)$$

应用单位矩阵

$$\boldsymbol{I} = \sum_{k=1}^{N} |\phi_k\rangle \langle \phi_k| \quad (8.26)$$

可以导出

$$\langle \nabla \phi_i \mid \nabla \phi_j \rangle = \langle \nabla \phi_i| \boldsymbol{I} |\nabla \phi_j \rangle = -\sum_{k=1}^{N} \tau_{ki}^{(1)} \tau_{kj}^{(1)} = -(\tau^{(1)})_{ij}^2 \quad (8.27)$$

这样可以得到耦合矩阵元之间的关系

$$\tau_{ij}^{(2)} = (\tau^{(1)})_{ij}^2 + \nabla \tau_{ij}^{(1)} \quad (8.28a)$$

它的矩阵形式为

$$\boldsymbol{\tau}^{(2)} = (\boldsymbol{\tau}^{(1)})^2 + \nabla \boldsymbol{\tau}^{(1)} \quad (8.28b)$$

把方程 (8.28) 带入方程 (8.23), 并写成矩阵形式为

$$-\frac{1}{2m}\nabla^2 \Theta + \left(E_e - \frac{1}{2m}\tau^{(1)2} - E\right)\Theta - \frac{1}{2m}(2\tau^{(1)} \cdot \nabla + \nabla \tau^{(1)})\Theta = 0 \quad (8.29)$$

我们称这个方程为 Born-Oppenheimer-Huang 方程, 其中 Θ 是表示原子核波函数的列矢量矩阵, $\boldsymbol{E}_e$ 表示绝热势能面的对角矩阵. 这个方程可以简写为

$$-\frac{1}{2m}(\boldsymbol{\nabla} + \boldsymbol{\tau})^2 \Theta + (\boldsymbol{E}_e - E)\Theta = 0 \quad (8.30)$$

8.2.3 电子非绝热 Schrödinger 方程[5,9,10]

8.2.1 节和 8.2.2 节我们导出的是在绝热 $(\boldsymbol{R} \equiv \boldsymbol{R}_0)$ 表象中的方程, 本节我们将讨论在非绝热表象中的 Schrödinger 方程, 并给出绝热到非绝热的变换矩阵.

对于电子运动和核运动分离的体系总波函数展开式:

$$\Psi(\boldsymbol{r}; \boldsymbol{R}) = \sum_{i=1}^{N} \Theta_i(\boldsymbol{R}) \varphi_i(\boldsymbol{r}; \boldsymbol{R}_0) \quad (8.31)$$

在非绝热表象下, $\boldsymbol{R}$ 是一个变量, $\boldsymbol{R}_0$ 是一个常数, 这样我们把电子绝热情况下的方程:

$$(\hat{T}_N + \hat{H}_e - E) \sum \Theta_i(\boldsymbol{R})\phi_i(\boldsymbol{r}; \boldsymbol{R}) = 0 \tag{8.32}$$

左乘以 $\langle\phi_j(\boldsymbol{r}; \boldsymbol{R}_0)|$ 并对电子坐标积分可以得到

$$\left(-\frac{1}{2m}\boldsymbol{\nabla}^2 - E\right)\Theta_j(\boldsymbol{R}) + \sum_{i=1}^{N}\langle\phi_j(\boldsymbol{r}; \boldsymbol{R}_0)|\,\hat{H}_e(\boldsymbol{r}; \boldsymbol{R})\,|\phi_i(\boldsymbol{r}; \boldsymbol{R}_0)\rangle\,\Theta_i(\boldsymbol{R}) = 0 \tag{8.33}$$

这里我们可以把电子哈密顿写成如下形式

$$\hat{H}_e(\boldsymbol{r}; \boldsymbol{R}) = \hat{T}_e + V(\boldsymbol{r}; \boldsymbol{R})$$

$$\hat{H}_e(\boldsymbol{r}; \boldsymbol{R}_0) = \hat{T}_e + V(\boldsymbol{r}; \boldsymbol{R}_0)$$

$$\hat{H}_e(\boldsymbol{r}; \boldsymbol{R}) = \hat{H}_e(\boldsymbol{r}; \boldsymbol{R}_0) + [V(\boldsymbol{r}; \boldsymbol{R}) - V(\boldsymbol{r}; \boldsymbol{R}_0)] \tag{8.34}$$

这样我们可以得到

$$\langle\phi_j(\boldsymbol{r}; \boldsymbol{R}_0)|\,\hat{H}_e(\boldsymbol{r}; \boldsymbol{R})\,|\phi_i(\boldsymbol{r}; \boldsymbol{R}_0)\rangle = E_i(\boldsymbol{R}_0)\delta_{ji} + \tilde{v}_{ji}(\boldsymbol{R}, \boldsymbol{R}_0) \tag{8.35}$$

其中

$$\tilde{v}_{ji}(\boldsymbol{R}, \boldsymbol{R}_0) = \langle\phi_j(\boldsymbol{r}; \boldsymbol{R}_0)|\,V(\boldsymbol{r}; \boldsymbol{R}) - V(\boldsymbol{r}; \boldsymbol{R}_0)\,|\phi_i(\boldsymbol{r}; \boldsymbol{R}_0)\rangle$$

$$v_{ji}(\boldsymbol{R}, \boldsymbol{R}_0) = \tilde{v}_{ji}(\boldsymbol{R}, \boldsymbol{R}_0) + E_i(\boldsymbol{R}_0)\delta_{ji} \tag{8.36}$$

把上面几个方程带入方程 (8.33) 中可以得到在非绝热表象下的 Schrödinger 方程

$$\left(-\frac{1}{2m}\boldsymbol{\nabla}^2 - E\right)\Theta_j(\boldsymbol{R}) + \sum_{i=1}^{N}v_{ji}(\boldsymbol{R}, \boldsymbol{R}_0)\Theta_i(\boldsymbol{R}) = 0 \tag{8.37}$$

从方程 (8.37) 中可以看出, 势能面间的非绝热耦合项 $v_{ji}(\boldsymbol{R}, \boldsymbol{R}_0)$ 使各个不同的电子态耦合在一起.

为了得到绝热到非绝热的变换矩阵, 我们首先假定绝热的原子核波函数 Θ 和非绝热的原子核波函数 χ 之间有如下的变换关系:

$$\Theta = \boldsymbol{A}\chi \tag{8.38}$$

式中: $\boldsymbol{A}$ 为一个未确定的变换矩阵, 对于绝热的电子基函数和非绝热的电子基函数有同样的变换关系. 这样, 我们把绝热和非绝热之间的变换关系方程 (8.38) 带入电子绝热的 Born-Oppenheimer-Huang 方程 (8.30) 中, 可得

$$(\boldsymbol{\nabla} + \boldsymbol{\tau})^2\boldsymbol{A}\chi = (\boldsymbol{\nabla} + \boldsymbol{\tau})(\boldsymbol{\nabla} + \boldsymbol{\tau})\boldsymbol{A}\chi$$

$$= \boldsymbol{A}\boldsymbol{\nabla}^2\chi + 2(\boldsymbol{\nabla}\boldsymbol{A} + \boldsymbol{\tau}\boldsymbol{A})\cdot\boldsymbol{\nabla}\chi + \{(\boldsymbol{\tau} + \boldsymbol{\nabla})\cdot(\boldsymbol{\nabla}\boldsymbol{A} + \boldsymbol{\tau}\boldsymbol{A})\}\chi \tag{8.39}$$

应用式 (8.39) 可以得到方程

$$-\frac{1}{2m}\left\{A\nabla^2\chi + 2(\nabla A + \tau A)\cdot\nabla\chi + \{(\tau+\nabla)\cdot(\nabla A + \tau A)\}\chi\right\} + (E_e - E)A\chi = 0 \tag{8.40}$$

如果 A 是方程

$$\nabla A + \tau A = 0 \tag{8.41}$$

的解, 则有

$$(\nabla + \tau)^2 A\chi = A\nabla^2\chi \tag{8.42}$$

方程 (8.40) 可简化为

$$-\frac{1}{2m}\nabla^2\chi + (A^{-1}E_e A - E)\chi = 0 \tag{8.43}$$

方程 (8.43) 与方程 (8.30) 类似, 也是一个非绝热的 Schrödinger 方程, $A^{-1}E_e A$ 是非绝热的势能矩阵, 矩阵 A 被称为绝热到非绝热的变换矩阵并由方程 (8.41) 给出.

8.3 非绝热含时波包理论

与描述绝热过程的含时 Schrödinger 方程相比, 非绝热含时 Schrödinger 方程的复杂之处表现在以下几个方面:

(1) 因为非绝热过程涉及了多个电子态, 所以 Schrödinger 方程中的势能面这一项就不再是一个与单一电子态相应的核坐标的解析函数, 而应该替换为电子的哈密顿量在由多个电子态组成的非绝热电子基函数下展开的矩阵形式, 即非绝热表象中的势能面. 这里对空间某个固定点来说, 势能是矩阵的形式, 而不是类似绝热条件下的一个数值. 矩阵的非对角元就代表了非绝热耦合作用, 可以是自旋–轨道耦合, 也可以是势能面之间的静电相互作用等.

(2) 波函数的展开, 考虑到在波函数中相应地需要增加描述电子运动的电子波函数, 应该包括对电子运动的电子基函数的展开. 因此, Schrödinger 方程中的波函数相应地也要变成一个归一化的列矩阵, 其中的某一个分量就代表在某个特定的电子态上传播的体系的核波函数. 而且每一个分量波函数同样要在一组平动–振动–转动基函数中展开.

(3) 在非绝热体系的哈密顿量中, 还应该包括描述电子运动的电子的轨道角动量算符和电子的自旋角动量算符.

综上考虑, 对三原子 A+BC 反应体系, 描述其非绝热过程的含时 Schrödinger

方程的形式如下 (以涉及三个电子态的非绝热过程为例):

$$
i\hbar \frac{\partial}{\partial t}
\begin{pmatrix} \psi_1 \\ \psi_2 \\ \psi_3 \end{pmatrix}
= H
\begin{pmatrix} \psi_1 \\ \psi_2 \\ \psi_3 \end{pmatrix}
$$

$$
= H_0
\begin{pmatrix} \psi_1 \\ \psi_2 \\ \psi_3 \end{pmatrix}
+ V_{\mathrm{rot}}
\begin{pmatrix} \psi_1 \\ \psi_2 \\ \psi_3 \end{pmatrix}
+
\begin{pmatrix} V_{11} & V_{12} & V_{13} \\ V_{21} & V_{22} & V_{23} \\ V_{31} & V_{32} & V_{33} \end{pmatrix}
\begin{pmatrix} \psi_1 \\ \psi_2 \\ \psi_3 \end{pmatrix}
\tag{8.44}
$$

其中, 在 Jacobi 坐标下

$$
H_0 = -\frac{\hbar^2}{2\mu_R} \frac{\partial^2}{\partial R^2} + h(r) \tag{8.45}
$$

$$
h(r) = -\frac{\hbar^2}{2\mu_r} \frac{\partial^2}{\partial r^2} + V_r(r) \tag{8.46}
$$

式 (8.45) 和式 (8.46) 与绝热过程是相同的. 而在 V_{rot} 算符中加入了电子的轨道角动量算符 l 和自旋角动量 s 算符, 这与绝热过程不同.

$$
V_{\mathrm{rot}} = \frac{(\hat{J} - \hat{j} - \hat{l} - \hat{s})^2}{2\mu_R R^2} + \frac{\hat{j}^2}{2\mu_r r^2} \tag{8.47}
$$

$\begin{pmatrix} V_{11} & V_{12} & V_{13} \\ V_{21} & V_{22} & V_{23} \\ V_{31} & V_{32} & V_{33} \end{pmatrix}$ 是非绝热表象中的势能矩阵, 对角化这个势能矩阵, 就可以得到三个电子态的绝热的势能面. 矩阵中的非对角元素 $V_{ij}(i, j = 1, 2, 3)$ 是两个电子态 i 和 j 之间的非绝热耦合作用. $\Psi = [\Psi_1\ \Psi_2\ \Psi_3]^+$ 是归一化的波函数, 其中 Ψ_i $(i = 1, 2, 3)$ 是与第 i 个电子态相应的核波函数, Ψ 在平动–振动–转动以及电子基矢 $\{u_n^v(R)\phi_v(r)Y_{jk}^{JK\varepsilon}(\hat{R}, \hat{r})\}$ 中展开, 在这里对所有的波函数分量我们取相同的平动–振动–转动基矢做展开

$$
\psi_i^{JK\varepsilon}(\hat{R}, \hat{r}, t) = \sum_{nvjk} F_{nvjk,i}^{JK\varepsilon}(t) u_n^v(R)\phi_v(r)Y_{jk}^{JK\varepsilon}(\hat{R}, \hat{r}), \quad i = 1, 2, 3 \tag{8.48}
$$

与绝热不同的是, 非绝热中由于电子轨道和自旋角动量的存在, 精确的处理过程需要进一步涉及电子的基函数 $|\lambda\sigma\rangle$ 项, λ 是电子的轨道角动量 $\hat{l}$ 在坐标轴 (可以是 Jacobi 坐标中的 R 轴, 也可以采用双原子分子的分子轴) 上的投影, σ 是体系的总自旋角动量 $\hat{s}$ 的投影. 在这种情形下, 总角动量 J 的投影 K 满足

$$
K = k + \sigma + \lambda \tag{8.49}
$$

电子基函数也可以取 ls 耦合表象 ($j_a = l + s$) 中的形式 $|j_\alpha k_\alpha\rangle$, 它和未耦合表象中的基函数 $|\lambda\sigma\rangle$ 通过一个 CG(Clebsch-Gordan) 系数联系在一起[22~25].

$$|jk j_\alpha k_\alpha\rangle = \sum_{\lambda\sigma} \langle l\lambda s\sigma \mid j_a k_a\rangle |jk\lambda\sigma\rangle \tag{8.50}$$

离心势算符 $\dfrac{(\hat{J} - \hat{j} - \hat{l} - \hat{s})^2}{2\mu_R R^2}$ 作用到波函数上, 会影响量子数 J, j, l, s 的投影值 $K, k,$ λ, σ. 为简单起见, 我们用 $|Kk\lambda\sigma\rangle$ 来表示位于某个量子态的波函数. 那么算符 $\hat{L}^2 = (\hat{J} - \hat{j} - \hat{l} - \hat{s})^2$ 作用到波函数上, 会导致以下结果[26]:

$$
\begin{aligned}
\hat{L}^2 |Kk\lambda\sigma\rangle = & [J(J+1) + j(j+1) + \langle \hat{l}^2 \rangle + \langle \hat{s}^2 \rangle \\
& - 2K\lambda - 2K\sigma - 2Kk + 2\lambda\sigma + 2k\lambda + 2k\sigma] |Kk\lambda\sigma\rangle \\
& - [J(J+1) - K(K\pm 1)]^{1/2}\alpha_\pm |K\pm 1, k, \lambda\pm 1, \sigma\rangle \\
& - [J(J+1) - K(K\pm 1)]^{1/2}[\langle \hat{s}^2 \rangle - \sigma(\sigma\pm 1)]^{1/2} |K\pm 1, k, \lambda\pm 1, \sigma\rangle \\
& - [J(J+1) - K(K\pm 1)]^{1/2}[j(j\pm 1) - k(k\pm 1)]^{1/2} |K\pm 1, k\pm 1, \lambda, \sigma\rangle \\
& + [j(j+1) - k(k\pm 1)]^{1/2}\alpha_\pm |K, k\pm 1, \lambda\mp 1, \sigma\rangle \\
& + [j(j+1) - k(k\pm 1)]^{1/2}[\langle \hat{s}^2 \rangle - \sigma(\sigma\mp 1)]^{1/2} |K, k\pm 1, \lambda, \sigma\mp 1\rangle \\
& + \alpha_\mp[\langle \hat{s}^2 \rangle - \sigma(\sigma\pm 1)]^{1/2} |K, k, \lambda\mp 1, \sigma\pm 1\rangle
\end{aligned}
\tag{8.51}
$$

其中

$$
\begin{aligned}
\langle \hat{l}^2 \rangle &= \langle \lambda| \hat{l}^2 |\lambda\rangle \\
\langle \hat{s}^2 \rangle &= \langle \sigma| \hat{s}^2 |\sigma\rangle \\
\alpha_\pm &= \langle \lambda\pm 1| \widehat{l}_\pm |\lambda\rangle
\end{aligned}
\tag{8.52}
$$

如果不考虑 Coriolis 耦合的话, 并利用式 (8.49) 所示的投影关系, 那么式 (8.51) 等式右边可以简化为

$$[J(J+1) + j(j+1) + l(l+1) + s(s+1) - 2K^2 + 2k(\lambda + \sigma) + 2\lambda\sigma] |Kk\lambda\sigma\rangle \tag{8.53}$$

这样的处理, 即为前面提到的 CS(Coupled-State 或 Centrifugal Sudden) 近似. 反之, 如果考虑 Coriolis 耦合的话, 我们称为 CC(Coupled-Channel) 计算或严格的量子力学计算. 很明显, 与绝热过程相比, 关系式中多了和算符 l, s 有关的项, 此处在 $|\lambda\sigma\rangle$ 电子基函数下非绝热、势能矩阵也相应变大, 因此处理起来就会复杂一些. 在某些反应体系中, 由于 l 和 s 算符, 与其他角动量算符相比, 影响比较小, 我们可以做更进一步的处理即在离心势中忽略算符 l, s, 这样一来, 体系的自旋-轨道耦合作用仅体现在非绝热势能矩阵中, 但却在一定程度上节省了计算的资源和计算时间.

　　另外, 我们可以看出, 在用分裂算符方法传播波函数的时候, 传播子 e 指数上的势能也已经变成一个矩阵的形式, 这说明原有的适用于在绝热过程中传播波函数的分裂算符方法不再适用于非绝热过程, 需要修改原有的传播方法. 因此, 我们采用了一种叫做扩展的分裂算符方法 XSOS(extended split-operator scheme)[27~31] 来传播非绝热过程的波函数. 在这个方法中, 在不同电子态的势能面上传播的波函数可以通过势能矩阵的非对角项 (即势能面之间的耦合作用) 相互影响, 体现了非绝热耦合项在反应动力学过程中的作用.

　　通过对角化非绝热势能矩阵, 我们可以得到一个由非绝热势能矩阵

$$
\begin{pmatrix}
V_{11} & V_{12} & V_{13} \\
V_{21} & V_{22} & V_{23} \\
V_{31} & V_{32} & V_{33}
\end{pmatrix}
\tag{8.54}
$$

向对角化的绝热势能矩阵

$$
\begin{pmatrix}
V_1 & 0 & 0 \\
0 & V_2 & 0 \\
0 & 0 & V_3
\end{pmatrix}
\tag{8.55}
$$

变换的转换矩阵 $\boldsymbol{T}$

$$
\begin{pmatrix}
T_{11} & T_{12} & T_{13} \\
T_{21} & T_{22} & T_{23} \\
T_{31} & T_{32} & T_{33}
\end{pmatrix}
\tag{8.56}
$$

在扩展的分裂算符方法中, 就利用这个转换矩阵 $\boldsymbol{T}$ 和它的转置共轭矩阵 $\tilde{\boldsymbol{T}}^{+}$, 可以把原来在 e 指数上的势能矩阵变成 $\boldsymbol{T}$ 矩阵和由 e 指数构成的对角矩阵以及 $\tilde{\boldsymbol{T}}^{+}$ 矩阵三者的乘积矩阵, 即

$$
\begin{pmatrix}
\psi_1(t+\Delta) \\
\psi_2(t+\Delta) \\
\psi_3(t+\Delta)
\end{pmatrix}
= e^{-iH_0\Delta/2} e^{-iV_{\rm rot}\Delta/2} e^{-i\begin{pmatrix} V_{11} & V_{12} & V_{13} \\ V_{21} & V_{22} & V_{23} \\ V_{31} & V_{32} & V_{33} \end{pmatrix}\Delta} e^{-iV_{\rm rot}\Delta/2} e^{-iH_0\Delta/2}
\begin{pmatrix}
\psi_1(t) \\
\psi_2(t) \\
\psi_3(t)
\end{pmatrix}
$$

$$
= e^{-iH_0\Delta/2} e^{-iV_{\rm rot}\Delta/2} T e^{-i\begin{pmatrix} V_1 & 0 & 0 \\ 0 & V_2 & 0 \\ 0 & 0 & V_3 \end{pmatrix}\Delta} \tilde{T}^{+} e^{-iV_{\rm rot}\Delta/2} e^{-iH_0\Delta/2}
\begin{pmatrix}
\psi_1(t) \\
\psi_2(t) \\
\psi3(t)
\end{pmatrix}
$$

$$
= e^{-iH_0\Delta/2} e^{-iV_{\rm rot}\Delta/2} T
\begin{pmatrix}
e^{-iV_1\Delta} & 0 & 0 \\
0 & e^{-iV_2\Delta} & 0 \\
0 & 0 & e^{-iV_3\Delta}
\end{pmatrix}
$$

$$\times \tilde{T}^+ \mathrm{e}^{-\mathrm{i}V_{\mathrm{rot}}\Delta/2} \mathrm{e}^{-\mathrm{i}H_0\Delta/2} \begin{pmatrix} \psi_1(t) \\ \psi_2(t) \\ \psi_3(t) \end{pmatrix} \qquad (8.57)$$

在非绝热含时波包动力学计算中, 上述 XSOS 方法镶嵌在描述波函数传播部分的子程序中.

同样, 当传播时间达到足够长以后, 我们可以利用分量波函数 (与时间无关) 来计算和参与反应的每一个电子态相应的反应概率和反应截面. 在这里我们分两种情况来给出计算反应概率的更具体一些的表达式.

如果体系中发生了反应 (有化学键的断裂和新键的生成), 那么计算与第 i 个电子态有关的反应散射概率是在产物通道 (在 Jacobi 坐标中与 r 有关) 中进行的

$$P_{v_0 j_0 k_0, i}^R(E) = \frac{\hbar}{\mu_r} \mathrm{Im} \left(\sum_{nvjkv'} \bar{F}_{nvjk,i}^*(E) \phi_v^*(r) \times \frac{\partial}{\partial r} \phi_{v'}(r) \bar{F}_{nv'jk,i}(E) \right)_{r=r_s},$$
$$i = 1, 2, 3 \quad (8.58)$$

$$\bar{F}_{nvjk,i}(E) = \frac{1}{a(E)} \int_{-\infty}^{\infty} \mathrm{e}^{(\mathrm{i}/\hbar)Et} \bar{F}_{nvjk,i}(t) \mathrm{d}t \qquad (8.59)$$

$\bar{F}_{nvjk,i}(t)$ 和式 (8.48) 中的展开系数 $F_{nvjk,i}(t)$ 之间通过一个 DVR 转换联系在一起.

$$\bar{F}_{nvjk,i}(t) = \sum_m \boldsymbol{A}_{n,m} F_{mvjk,i}(t) \qquad (8.60)$$

式中: $\boldsymbol{A}_{n,m}$ 为 (在 R 方向上的) 有限基矢表象向 DVR 表象的转换矩阵.

如果体系是非反应的 (没有键的断裂和生成), 那么计算非反应散射概率是在反应物通道 (在 Jacobi 坐标中与 R 有关) 中进行的

$$P_{v_0 j_0 k_0, i}^R(E) = \frac{\hbar}{\mu_R} \mathrm{Im} \left(\sum_{vjknn'} F_{nvjk,i}^*(E) u_n^*(R) \times \frac{\partial}{\partial R} u_{n'}(R) F_{n'vjk,i}(E) \right)_{R=R_s},$$
$$i = 1, 2, 3 \quad (8.61)$$

对所有可能的总角动量 J 求和就可以得到总反应截面. 这里略去计算公式, 同绝热过程的.

8.4 非绝热量子含时波包理论在化学反应中的应用

8.4.1 F+H$_2$ 反应的非绝热效应的研究[32]

F+H$_2$ 反应是一个典型的放热反应, 作为化学反应中的一个基元反应, 人们对这个体系进行了大量的研究[33~35]. 当 F 原子靠近 H$_2$ 分子时, F 原子简并的 ^{2}P

将会分裂成三个电子态[36], 其裂距为 $404\mathrm{cm}^{-1}(1.15\mathrm{kcal/mol})$[37]. 其中两个电子态 $1^2\mathrm{A}'$ 和 $1^2\mathrm{A}''$(线性构型下分别为 $^2\Sigma^+$ 和 $^2\Pi$) 为反应物的基态 $^2\mathrm{P}_{3/2}$ 态, 第三个态 $2^2\mathrm{A}'$(线性构型下为 $^2\Pi$) 为反应物的激发态 $^2\mathrm{P}_{1/2}$ 态[38,39]. 这里只有 $1^2\mathrm{A}'$ 电子态为产物的基电子态 $[\mathrm{HF}(\mathrm{X}^1\Sigma^+) + \mathrm{H}(^2\mathrm{S})]$, 其他的两个电子态为产物的激发态 $[\mathrm{HF}(\mathrm{a}^3\Pi) + \mathrm{H}(^2\mathrm{S})]$, 在这两个态上, 产物通道能量非常高, 一般情况下根本不可能达到产物通道的这两个电子态[40].

在对 $\mathrm{F}(^2\mathrm{P}_{3/2}, {}^2\mathrm{P}_{1/2})+\mathrm{H}_2$ 反应的非绝热效应的研究中, 我们采用的是 ASW 非绝热势能面. 它的电子哈密顿矩阵元在未耦合表象下可以写成如下形式:

$$
\boldsymbol{V} =
\begin{array}{c|cccccc}
 & |0,1/2\rangle & |0,-1/2\rangle & |1,1/2\rangle & |1,-1/2\rangle & |-1,1/2\rangle & |-1,-1/2\rangle \\
\hline
|0,1/2\rangle & V_\Sigma & 0 & -V_1 & 0 & V_1 & 0 \\
|0,-1/2\rangle & 0 & V_\Sigma & 0 & -V_1 & 0 & V_1 \\
|1,1/2\rangle & -V_1 & 0 & V_\Pi & 0 & V_2 & 0 \\
|1,-1/2\rangle & 0 & -V_1 & 0 & V_\Pi & 0 & V_2 \\
|-1,1/2\rangle & V_1 & 0 & V_2 & 0 & V_\Pi & 0 \\
|-1,-1/2\rangle & 0 & V_1 & 0 & V_2 & 0 & V_\Pi
\end{array}
$$

(8.62)

其中

$$V_\Sigma = V_{zz}, \quad V_\Pi = (V_{yy} + V_{xx})/2, \quad V_2 = (V_{yy} - V_{xx})/2, \quad V_1 = V_{xz}/\sqrt{2}$$

式中: V_{zz}, V_{yy}, V_{xx} 和 V_{xz} 分别为通过从头算得出的非绝热势能面.

电子的自旋–轨道哈密顿矩阵元主要由两个参量构成

$$
\boldsymbol{H}_{SO} =
\begin{array}{c|cccccc}
 & |0,1/2\rangle & |0,-1/2\rangle & |1,1/2\rangle & |1,-1/2\rangle & |-1,1/2\rangle & |-1,-1/2\rangle \\
\hline
|0,1/2\rangle & 0 & 0 & 0 & -2^{1/2}B & 0 & 0 \\
|0,-1/2\rangle & 0 & 0 & 0 & 0 & -2^{1/2}B & 0 \\
|1,1/2\rangle & 0 & 0 & -A & 0 & 0 & 0 \\
|1,-1/2\rangle & -2^{1/2}B & 0 & 0 & A & 0 & 0 \\
|-1,1/2\rangle & 0 & -2^{1/2}B & 0 & 0 & A & 0 \\
|-1,-1/2\rangle & 0 & 0 & 0 & 0 & 0 & -A
\end{array}
$$

(8.63)

由于自旋–轨道哈密顿只有在 F 原子电子的耦合表象下才是对角的, 因此初始波包需要采用 F 原子电子的耦合表象来展开, 在这个表象中的态采用 F 原子总的电子角动量 j_α 和 j_α 在 $\boldsymbol{R}$ 上的投影 k_α 来表示. 在计算中的势能面是采用电子未耦合表象来表示的, 这样我们就需要把初始波包从 F 原子电子角动量的耦合表象

变换到未耦合表象. F 原子电子角动量耦合表象到未耦合表象变换为

$$|nvJMKjk\lambda\sigma\rangle = \sum_{j_\alpha k_\alpha} \langle j_\alpha k_\alpha \mid l\lambda s\sigma \rangle |nvJMKjkj_\alpha k_\alpha\rangle \tag{8.64}$$

式中: $\langle j_\alpha k_\alpha \mid l\lambda s\sigma \rangle$ 为 Clebsch-Gordan 系数.

由于在产物通道只有一个势能面, 而且产物 H 原子只有一个未成对电子, 自旋–轨道哈密顿矩阵元为零, 这样我们在产物通道计算时就不用再把 F 原子电子的未耦合表象变换到电子的耦合表象.

这样, 当采用含时波包法研究 $F(^2P_{3/2},{}^2P_{1/2})+H_2$ 非绝热反应时, 在反应物 Jacobi 坐标下体系总的哈密顿可以写成

$$\hat{H} = -\frac{1}{2\mu_R}\frac{\partial^2}{\partial R^2} + \frac{\hat{L}^2}{2\mu_R R^2} + \frac{\hat{j}^2}{2\mu_r r^2} + \boldsymbol{V}_I(r,R,\theta) + \boldsymbol{H}_{SO}(r,R,\theta) + h(r) \tag{8.65}$$

其中

$$\boldsymbol{V}_I(r,R,\theta) = \boldsymbol{V}(r,R,\theta) - V_r(r)$$

$\boldsymbol{V}(r,R,\theta)$ 和 $\boldsymbol{H}_{SO}(r,R,\theta)$ 分别由方程 (8.62) 和方程 (8.63) 给出. $h(r)$ 为双原子分子参考哈密顿

$$h(r) = -\frac{1}{2\mu_r}\frac{\partial^2}{\partial r^2} + V_r(r) \tag{8.66}$$

式中: $V_r(r)$ 为双原子分子势函数.

为了研究电子的非绝热耦合势 V_1 和 V_2 在这个非绝热反应过程中的影响, 我们把这两个电子的耦合势取为零. 这时, 态 $|0,1/2\rangle$ 和 $|1,-1/2\rangle$ 耦合在一起, 态 $|0,-1/2\rangle$ 和 $|-1,1/2\rangle$ 耦合在一起, 耦合项只有自旋–轨道项. $\boldsymbol{V}+\boldsymbol{H}_{SO}$ 可以简化为

$$\boldsymbol{V}+\boldsymbol{H}_{so} = \begin{pmatrix} V_\Sigma & -2^{1/2}B \\ -2^{1/2}B & V_\Pi + A \end{pmatrix} \tag{8.67}$$

这里变量的定义同方程 (8.62) 和方程 (8.63) 中的一样. 不过在这个势能面上的计算中, 当初始波包处在基态 $j_\alpha = 3/2(j_\alpha = l+s)$, $k_\alpha = \pm 3/2$ 时, 总的反应概率为零. 在基态的反应概率的计算中, 初始波包只能选择态 $j_\alpha = 3/2$, $k_\alpha = \pm 1/2$. 在我们采用含时波包计算 $F(^2P_{3/2}) + H_2$ 的非绝热反应中, R 的取值范围为 $[0.5, 14.5]\,a_0$, 总的平动基函数个数为 140, 其中 60 个基函数是用于相互作用区的. r 取的范围为 $[0.5, 9.5]\,a_0$, 振动基函数的个数为 45, 最大的转动量子数 $j_{max} = 70$. 初始波包的中心 $R = 10a_0$, 初始波包宽度为 $0.3a_0$, 平均平动能为 0.2eV. 波包总传播时间为 70 000a.u., 时间步长为 10a.u.. 我们在计算中采用了 CS(centrifugal sudden) 近似.

图 8-1 给出了在势能面方程 (8.67) 上计算的 $F\,(^2P_{3/2}) + H_2(v = j =0)$ 基态反应的总的反应概率, 比较了总角动量 $J = 0.5$, $J = 2.5$ 和非含时计算的 $J = 0.5$

反应概率[41]. 图 8-2 给出了图 8-1 中低碰撞能处的结果. 从图 8-1 和图 8-2 中可以看到, 随着 J 的增大, 总反应概率的共振峰向高碰撞能处移动. 当 $J = 0.5$ 时, 除了共振峰的差别, 两态计算的结果同非含时的结果非常类似, 这说明电子的非绝热耦合势 V_1 和 V_2 对基态的活性影响非常小. Castillo 等已经讨论过总反应概率的共振峰产生的原因, 认为它主要是由产物的亚稳态而产生的. 共振峰的差别可能是由于我们采用反应物的 Jacobi 坐标来描述整个反应过程而产生的, 而实际上反应物的 Jacobi 坐标并不适合用于描述产物的亚稳态. 可能由于在我们的计算中没有包

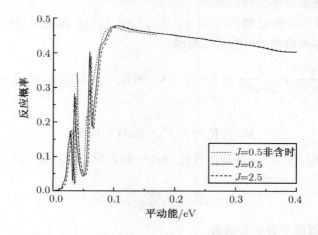

图 8-1　在两个面上计算的基态的 $J = 0.5$ 和 $J = 2.5$ 的总的反应概率.
点线是非含时计算的结果

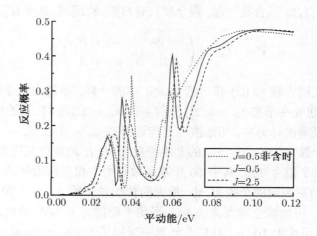

图 8-2　在两个面上计算的基态的 $J = 0.5$ 和 $J = 2.5$ 的总的反应概率.
点线是非含时计算的结果. 把低能共振处放大

括 Coriolis 项和电子的非绝热耦合势, 我们两个面计算的 $J = 2.5$ 总的反应概率在高碰撞能处和 $J = 0.5$ 的反应概率重合, 而在非含时的计算中 $J = 1.5$ 的反应概率要大于 $J = 0.5$ 的[41], 在我们含时的六个面的计算中, 在高碰撞能处, $J = 1.5$ 的基态总反应概率也比 $J = 0.5$ 的总反应概率大.

图 8-3 给出了在两个势能面和六个势能面上计算的 $J = 0.5$ 的自旋–轨道激发态 $F(^2P_{1/2}) + H_2(v = j = 0)$ 反应的总的反应概率. 在六个面的计算中我们包括了电子的非绝热耦合势和自旋–轨道哈密顿, 而在两个面的计算中只包括自旋–轨道哈密顿. 从图 8-3 中可以看出, 六个面的计算结果和非含时的计算结果[41]符合得非常好, 而两个面的结果比六个面的结果要小很多. 这说明电子的非绝热耦合势对这个反应的非绝热过程影响非常大, 相对于基态而言, 电子的非绝热耦合势对激发态的活性起着相当大的作用. 在碰撞能为 $0.076eV$ 时, 六个面的结果和两个面的结果差别最大, 然后随着碰撞能的增加两者的差别逐渐减小.

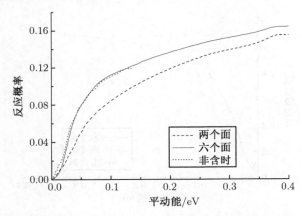

图 8-3 在两个面和六个面上计算激发态 $J = 0.5$ 的总的反应概率. 点线是非含时计算的结果

图 8-4 给出了在两个势能面和六个势能面上计算的基态 $F(^2P_{3/2}) + H_2(v = j = 0)$ 反应的总的积分截面, 并把这些结果同非含时的计算[41]进行了比较. 由于在我们的计算中采用的是 CS 近似, 而没有考虑 Coriolis 耦合, 在高碰撞能处六个面的结果要比非含时的结果大, 而在低能处两者符合得非常好. 这说明, Coriolis 耦合对这个非绝热反应中的基态反应的影响在高碰撞能处要比低碰撞能处大. 在两个面的计算中, 我们忽略了电子的耦合势. 比较两个面的结果、六个面的含时结果和非含时的结果, 我们可以看到在高碰撞能处它们有一定的差别, 但不是很大, 而在低碰撞能处符合得比较好, 这表明电子的耦合势同 Coriolis 耦合一样, 对这个基态反应都是在高能处影响比较明显, 而在低能处的影响比较小.

图 8-5 给出了激发态 $F(^2P_{1/2}) + H_2 (v = j = 0)$ 反应的两个面和六个面计算的总

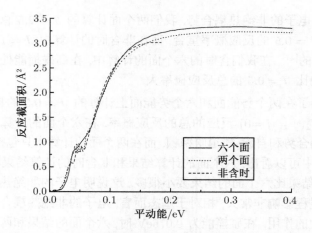

图 8-4　在两个面和六个面上计算的基态的总的积分截面. 虚线是非含时计算的结果

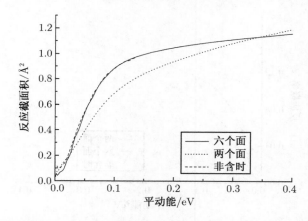

图 8-5　在两个面和六个面上计算的激发态的总的积分截面. 虚线是非含时计算的结果

的积分截面, 并同样与非含时的计算结果[41]进行了比较. 在低碰撞能处, 由于自旋–轨道耦合激发态有较大内能, 所以激发态的积分截面比基态大. 与非含时的结果相比较, 六个面的计算结果与非含时计算的结果符合得非常好, 而两个面的结果在我们计算的能量范围中在低碰撞能处明显小于六个面的结果. 这一结果表明, Coriolis 耦合对激发态活性几乎没有影响, 而电子的非绝热耦合势对激发态的影响非常大. 而且从两个面计算结果的趋势上看 (图 8-6), 在碰撞能小于 0.342eV 时, 两个面的结果比六个面的结果小, 表明在这个能量范围内电子的非绝热耦合势使自旋–轨道耦合激发态的活性增大; 在碰撞能等于 0.342eV 时, 两个面的结果和六个面的结果相等, 表明此时电子的非绝热耦合势对自旋–轨道耦合激发态的活性几乎没有影响; 在碰撞能大于 0.342eV 时, 两个面的结果比六个面的结果大, 表明在这个能量范围内电子的非绝热耦合势使自旋–轨道耦合激发态的活性减小. 电子的非绝热耦合势在不同的碰撞能范围内对激发态的活性影响不同的具体原因还需进一步讨论.

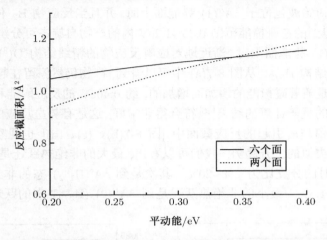

图 8-6　在两个面和六个面上计算的激发态的总的积分截面. 虚线是非含时计算的结果

8.4.2　$O(^3P_{2,1,0}, {}^1D_2)+H_2$ 系间窜越过程的非绝热动力学研究[42]

在非绝热动力学研究领域, 有相当多的研究是集中在某些基元反应以及更为复杂的碰撞反应体系中由自旋–轨道耦合作用所导致的系间窜越现象. 在这里, 我们将非绝热含时量子波包方法应用到 $O(^3P_{2,1,0}, {}^1D_2)+H_2$ 体系中. 我们在对应于四个电子态分别是 $^1A'$、$^3A'$, 以及两个简并的 $^3A''$ 态的势能面上, 做了含时波包量子非热动力学研究, 计算了反应物和产物精细结构可分辨的总反应截面, 并进一步计算了反应的分支用以揭示自旋–轨道耦合在非绝热跃迁中的作用和地位. 量子动力学计算中使用的势能面是非绝热表象的 4×4 势能矩阵. 势能矩阵的对角元素分别是 $^3A''(1)$、$^3A''(2)$、$^3A'$[43]和 $^1A'$[44]势能面, 其中前两个势能面是简并的. 势能矩阵的非对角元素是实自旋–轨道耦合解析函数, 是 Maiti 和 Schatz[45]根据 7 个 (电子) 态平均 CASSCF 计算的数据点拟合的. 有关势能面和自旋–轨道耦合矩阵的详细描述见文献 [43]、[44] 和 [45]. 在我们的动力学处理过程中, 包含了从非绝热表象到绝热表象的转换, 这允许我们在绝热表象中构造初始波包, 也允许我们在绝热表象中做终态波包分析, 从而避免了渐近区电子态信息的丢失. 为得到收敛的结果, 我们采用了以下的参数: 若初始波包是在三重态势能面上, 那么在 $R=0.0 \sim 15.0 a_0$ 范围内取 200 个平动基函数, $r=0.5 \sim 11.5 a_0$ 内取 100 个振动基函数, 对于转动基函数, 我们取 $j_{max} = 68$, 传播时间为 25 000a.u.. 而当初始波包位于单重态势能面上时, 由于这个面上存在深势阱, 我们取的参数就相应地大一些, 即在 $R=0.0 \sim 22.0 a_0$ 范围内取 350 个平动基函数, $r=0.5 \sim 11.5 a_0$ 内取 240 个振动基函数, 转动基函数取 $j_{max} = 78$, 传播时间 30 000a.u.. 对总角动量 $J > 0$ 的计算, 我们都采用了 CS(centrifugal sudden) 近似.

图 8-7 是初始波包位于 $^3\mathrm{A}''(1)$ 势能面上时, 并且当反应物 $\mathrm{H_2}$ 位于初始振转基态时, 计算得到的在碰撞能范围 0.35~1.2eV 内的产物自旋态可分辨的反应截面. 波包位于 $^3\mathrm{A}''(1)$ 势能面上时, 渐近地对应着反应物的精细结构 $\mathrm{O}(^3\mathrm{P}_2)+\mathrm{H_2}$ 或产物 OH 的精细结构 $\Pi_{3/2}$. 从图 8-7(a) 中可以看到, 产物仍然停留在起始态 $^3\mathrm{A}''(1)$ 上的反应截面是随着碰撞能的增加而增加的, 约 0.40eV 的反应阈能和以前在单态势能面上所做的量子计算的结果[46]符合得非常好, 这是有势垒反应的特征. 我们在三个由系间窜越所引起的反应截面中 [图 8-7(b)、(c)、(d)] 也观察到了在研究的能量范围内类似的上升趋势. 我们可以看出, 最大的非绝热跃迁是到 $^3\mathrm{A}'(\Pi_{1/2})$ 态的跃迁, 此时的分支比为 5%~20%. 其次是到 $^1\mathrm{A}'(\Pi_{1/2})$ 态的非绝热跃迁, 分支比为 0.6%~1.8%. 最小的非绝热跃迁是到 $^3\mathrm{A}''(2)$ $(\Pi_{3/2})$ 态的跃迁, 分支比为

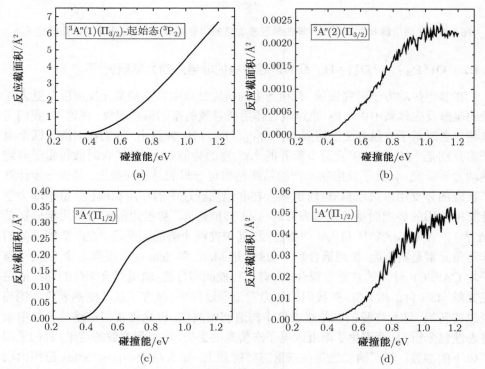

图 8-7　初始波包位于 $^3\mathrm{A}''(1)$ 势能面上时, 渐近地对应反应物精细结构 $\mathrm{O}(^3\mathrm{P}_2)+\mathrm{H_2}$ 时, 并且反应物 $\mathrm{H_2}$ 处在初始振转基态时, 计算的产物自旋态可分辨的反应截面积 (单位: Å²). (a) 在起始传播态 $^3\mathrm{A}''(1)$ 势能面上的反应截面; (b), (c), (d) 是由自旋–轨道耦合引起的非绝热跃迁反应截面, 分别对应 $^3\mathrm{A}''(2)$、$^3\mathrm{A}'$ 和 $^1\mathrm{A}'$ 势能面上的结果

0.03%~0.1%. 此外, 在 $^3A''(2)$ 和 $^1A'$ 势能面上得到的反应截面出现了共振峰, 这是一个与单态深势阱相关的量子特征, 这个独有的量子特征可以进一步给我们提供一些信息来研究这个体系的系间窜越过程. 因为在 $^3A''(2)$ 和 $^3A''(1)$ 态之间没有直接的自旋–轨道耦合. 因此, 在 $^3A''(2)$ 势能面上得到的反应截面中观察到的共振结构, 就说明了在 $O(^3P_2)+H_2$ 的系间窜越中从 $^1A'$ 到 $^3A''(2)$ 态的跃迁要比从 $^3A'$ 到 $^3A''(2)$ 态的跃迁重要.

当初始波函数位于 $^3A''(2)$ 势能面上, 渐近地对应反应物精细结构 $O(^3P_1)+H_2$ 的计算结果见图 8-8. 到 $^1A'$、$^3A'$ 和 $^3A''(1)$ 态的非绝热跃迁的分支比分别为 1.5%~4.8%、1%~2.6% 和 0.07%~0.58%. 可以看出, 到 $^3A''(1)$ 态的非绝热跃迁是最小的, 到 $^1A'$ 态的跃迁稍稍优于到 $^3A'$ 态的. 我们还观察到, 当碰撞能高于 0.8eV 时, 在 $^3A''(1)$ 和 $^1A'$ 势能面上得到的反应截面中出现了具有量子特征的共振峰 [图 8-8(b)、(d)], 这说明了在高于 0.8eV 的碰撞能下, 发生在单重态和三重态之间的系间窜越有较大增强. 这证实了 Schatz 等[45]在他们的研究中所指出的当碰撞能超过

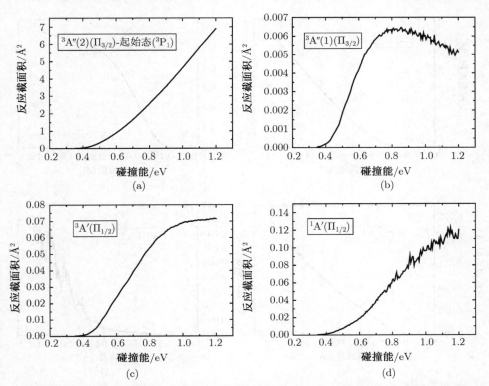

图 8-8 同图 8-7, 但初始波包位于 $^3A''(2)$ 势能面, 渐近地对应着反应物的精细结构 $O(^3P_1)+H_2$. (a)$^3A''(2)$ 势能面上的结果; (b)$^3A''(1)$ 势能面上的结果; (c)$^3A'$ 势能面上的结果; (d)$^1A'$ 势能面上的结果

其中一个单重态和三重态的交叉缝隙的能量 (为 20kcal/mol) 时, 体系就很容易到达这个单重态和三重态之间的交叉缝隙. 此外, 在 $^3A''(1)$ 势能面上得到的反应截面在高能处有轻微的下降趋势 [图 8-8(b)], 说明了在高碰撞能下, 碰撞能对到 $^3A''(1)$ 态的非绝热跃迁的辅助作用与其对到其他态的跃迁的辅助作用相比, 要弱一些.

图 8-9 是初始波包在 $^3A'$ 势能面上, 渐近地对应反应物精细结构 $O(^3P_0)+H_2$ 的计算结果. 最大的由自旋–轨道耦合导致的非绝热跃迁是发生在到 $^3A''(1)$ 态的跃迁过程中, 分支比为 11.6%~56.6%; 其次是到 $^3A''(2)$ 态的跃迁, 分支比为 0.45%~1.7%; 最小的跃迁是到 $^1A'$ 态的, 分支比为 0.1%~1.1%. 到 $^3A''(1)$ 态的跃迁中较大的分支比, 如在碰撞能为 0.465eV 下的 50% 和碰撞能为 0.54eV 下的 40%, 说明了在某些碰撞能下, 来自 $^3A'$ 和 $^3A''(1)$ 态之间的自旋–轨道耦合对发生在精细结构 $O(^3P_0)+H_2$ 反应中的系间窜越过程的贡献很大. 在 $^3A''(2)$ 势能面上得到的反应截面中 [图 8-9(c)], 没有出现很明显的共振结构, 仅仅出现了一点点波动, 这说明了对这个非绝热跃迁, 来自 $^3A'$ 和 $^3A''(2)$ 态之间的自旋–轨道耦合的贡献是主要的. 当然反应截面

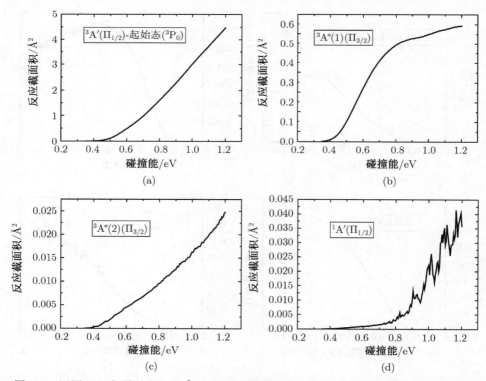

图 8-9　同图 8-7, 初始波包位于 $^3A'$ 势能面, 渐近地对应着反应物精细结构 $O(^3P_0)+H_2$.
(a)$^3A'$ 势能面上的结果; (b)$^3A''(1)$ 势能面上的结果; (c)$^3A''(2)$ 势能面上的结果;
(d)$^1A'$ 势能面上的结果

中不明显的振荡结构也说明了在这个跃迁中 $^1A'$ 态也起到一定的作用. 在碰撞能 0.8eV 附近, 在 $^1A'$ 势能面上得到的含有大量共振结构的反应截面迅速地上升 [图 8-9(d)], 再次证实了当碰撞能大于交叉缝隙的能量 (20kcal/mol) 时, 反应体系可以通过发生在单重态和三重态之间的跃迁直接到达产物通道, 而无需越过存在于三重态势能面上的能垒[45]. 值得注意的是, 这种反应截面迅速上升的现象仅仅是当来自于相同对称性的电子态之间的自旋–轨道耦合对单重态和三重态之间的跃迁贡献较大时, 才能被观察到. 这也从另外一个方面说明了满足这个条件的非绝热跃迁, 在碰撞能低于 0.8eV 时是不容易发生的, 而一旦碰撞能超过了这个数值, 将会极大地促进这种类型的非绝热跃迁过程.

图 8-10 是初始波函数位于 $^1A'$ 势能面, 渐近地对应反应物精细结构 $O(^1D_2)+H_2$ 时的反应截面. 这里碰撞能范围为 0.05~0.4eV. 由于在 $^1A'$ 势能面上存在一个深势阱的缘故, 计算得到的所有反应截面都有不同程度的轻微震荡. 在 $^1A'$ 势能面上

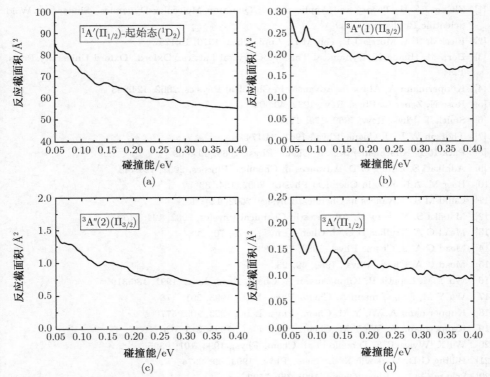

图 8-10 同图 8-7, 初始波包位于 $^1A'$ 势能面, 渐近地对应着反应物精细结构 $O(^1D_2)+H_2$. 这里碰撞能范围为 0.05~0.4eV. (a)$^1A'$ 势能面上的结果; (b)$^3A''(1)$ 势能面上的结果; (c)$^3A''(2)$ 势能面上的结果; (d)$^3A'$ 势能面上的结果

得到的反应截面随着碰撞能的增加而下降 [图 8-10(a)], 符合无能垒反应的特征. 计算给出在当前的反应体系中, 到 $^3A''(1)$、$^3A''(2)$ 和 $^3A'$ 态的跃迁的分支比分别是 $0.27\%\sim0.33\%$、$1.17\%\sim1.66\%$ 和 $0.16\%\sim0.22\%$.

以上的量子计算结果表明, 在该反应体系系间窜越过程中存在不同对称性的三重态之间的自旋–轨道耦合, 尤其是 $^3A'$ 和 $^3A''(1)$ 态之间的耦合, 所起到的作用远大于存在于单重态和三重态之间的自旋–轨道耦合. 尤其是在对应精细结构 $O(^3P_0)+H_2$ 的反应体系中, 在某些低碰撞能下这种类型的非绝热跃迁发生的概率非常大. 而发生在单重态和三重态之间的非绝热跃迁, 在反应中的作用不是很大, 因为这些跃迁的分支比都低于 5%. 在这些不太重要的非绝热跃迁中, $^1A'$ 和 $^3A''(2)$、$^1A'$ 和 $^3A''(1)$, 以及 $^1A'$ 和 $^3A'$ 态之间的跃迁对体系系间窜越过程的贡献是依次减小的.

参 考 文 献

[1] Zhang J Z H. Theory and Application of Quantum Molecular Dynamics. Singapore: Wold Scientific Publishing, 1999

[2] Fleck Jr J A, Morris J R, Feit M D. Appl. Phys, 1976, 10:129

[3] Born M, Huang K. Dynamical Theory of Crystal Lattics. Oxford: Oxford University Press, 1954

[4] Kuppermann A, Abrol R. Advances in Chemical Physics, 2002, 124:283

[5] Rose N, Zener C. Phys. Rev., 1932, 40:502

[6] Smith T. Phys. Rev., 1969, 179: 111

[7] Thorson W R. J. Chem. Phys., 1961, 34:1744

[8] Pack R T, Hirschfelder J O. J. Chem. Phys., 1968, 49:4009

[9] Adhikari S, Billing G D. Advances in Chemical Physics, 2002, 124:143

[10] Baer M. Advances in Chemical Physics, 2002, 124: 39

[11] Child M S. Advances in Chemical Physics, 2002, 124: 1

[12] Matsika S, Yarkony D. Advances in Chemical Physics, 2002, 124: 557

[13] Mead C A, Trulhar D G. J. Chem. Phys., 1979, 70: 2284

[14] Mead C A. J. Chem. Phys., 1980, 72: 3839

[15] Mead C A. Chem. Phys., 1980, 49: 23

[16] Wu Y M, Lepetit B, Kuppermann A. Chem. Phys. Lett., 1991, 186:319

[17] Wu Y M, Kuppermann A. Chem. Phys. Lett., 1993, 201: 178

[18] Kuppermann A, Wu Y M. Chem. Phys. Lett., 1993, 205: 577

[19] Kuppermann A, Wu Y M. Chem. Phys. Lett., 1993, 213: 636

[20] Wu X, Wyatt R E, D'mello M. J. Chem. Phys., 1994, 101: 9395

[21] Billing G D, Markovic N. J. Chem. Phys., 1993, 99: 2674

[22] Schatz G C. J. Phys. Chem., 1995, 99: 7522

[23] Maierle S, Schatz G C, Gordon M S et al. J. Chem. Soc. Faraday Trans., 1997, 93: 709

[24] Schatz G C, McCabe P, Connor J N L. Faraday Discuss. Chem. Soc., 1998, 110: 139

[25] Zare R N. Angular Momentum. New York: Wiley, 1988

[26] Alexander M H, Manolopoulos D E, Werner H J. J. Chem. Phys., 2000, 113: 11084

[27]　Xie T X, Zhang Y, Zhao M Y et al. Phys. Chem. Chem. Phys., 2003,5: 2034

[28]　Zhang Y, Xie T X, Han K L et al. J. Chem. Phys., 2003, 119: 12921

[29]　Zhang Y, Xie T X, Han K L et al. J. Chem. Phys., 2004, 120: 6000

[30]　Chu T S, Zhang Y, Han K L. Int. Rev. Phys. Chem., 2006, 25: 201

[31]　韩克利. 物理化学学报, 2004, 20(专刊): 1032

[32]　Zhang Y, Xie T X, Han K L et al. J. Chem. Phys., 2003, 119: 12921

[33]　Aquilanti V, Cavalli S, De Fazio D et al. Chem. Phys. Lett., 2003, 371: 504

[34]　Chao S D, Skodje R T. J. Chem. Phys., 2000, 113: 3487

[35]　Chao S D, Skodje R T. J. Chem. Phys., 2003, 119: 1462

[36]　Manolopoulos D E. J. Chem. Soc. Faraday Trans., 1997, 93: 673

[37]　Alexander M H, Werner H J, Manolopoulos D E. J. Chem. Phys., 1998, 109: 5710

[38]　Rebentrost F, Lester, Jr W A. J. Chem. Phys., 1975, 63: 3737

[39]　Aquilanti V, Cavalli S, de Fazio D et al. J. Chem. Phys., 1998, 109: 3805

[40]　Faist M B, Muckerman J T. J. Chem. Phys., 1979, 71: 233

[41]　Alexander M H, Manolopoulos D E, Werner H J. J. Chem. Phys., 2000, 113: 11084

[42]　Chu T S, Zhang X, Han K L. J. Chem. Phys., 2005, 122: 214301

[43]　Rogers S, Wang D, Kuppermann A et al. J. Phys. Chem. A, 2000, 104: 2308

[44]　Dobbyn J, Knowles P J. Faraday Discuss., 1998, 110: 247

[45]　Maiti B, Schatz G C. J. Chem. Phys., 2003, 119: 12360

[46]　Garton D J, Minton T K, Maiti B et al. J. Chem. Phys., 2003, 118: 1585

第 9 章　实时和虚时量子演化半经典近似

邵久书

复杂体系量子动力学是当今国际理论化学、凝聚态物理、量子信息等领域的重要研究方向. 这是因为许多重要的化学过程, 如凝聚相中电子转移、振荡能量弛豫等, 涉及多个自由度, 而且量子效应十分明显. 认识这些化学物理过程需要解决多维量子动力学问题. 然而, 已有方法如实时波包演化算法, 所需的计算量随着体系尺度的增大呈指数增长, 即使用最先进的计算机, 目前人们也只能对含有几个自由度的小分子体系进行精确的量子动力学计算. 当然, 通过这类方法取得的理论计算结果对阐明基本的气相化学反应机理意义重大, 这些方法本身也需要进一步发展, 但它们无法直接或通过简单的改变就能够用于多自由度体系问题. 实际上, 必须通过某些近似才可能研究复杂分子体系的量子动力学. 通常可以选择的两种方案为: 在理论处理中引进近似如半经典方法以及采用简化但不失物理意义的近似微观模型如凝聚态和化学物理中常用的自旋–玻色模型等. 本章主要介绍半经典方法在量子动力学和热平衡密度算符计算中的应用. 其中大部分内容是我们过去工作的总结[1~8].

本质上讲, 量子动力学半经典近似的核心思想为基于经典轨线的线性叠加原理. 它在过去十几年里得到广泛的关注, 且有可能发展成模拟多自由度体系量子动态行为的有效手段 (请参考近来的综述文章[9~12]). 本章主要介绍半经典近似两个方面的内容: 一是前向–后向半经典动力学. 该方法将前向和后向量子演化结合一起近似处理, 从而部分避免了单向半经典传播子所固有的、导致应用困难的强烈振荡结构. 二是以半经典近似为基础的系统微扰展开. 此方法不仅可用于量子实时演化, 也可用于处理虚时演化, 即热平衡密度矩阵.

9.1　概　　论

建立于 20 世纪的量子力学和相对论彻底改变了人类对世界的认识, 也直接推动了人类物质文明的进步. 如果说相对论的提出是 Einstein 的个人英雄史话, 那么量子力学的诞生则归功于一群科学家的集体智慧. 1900 年, Planck 提出量子概念; 5 年后, Einstein 提出光量子概念; 1913 年, Bohr 提出量子论, 1918 年又提出对应原理;

1923 年, de Broglie 提出波粒二象性等工作最终导致量子力学的建立: Heisenberg 矩阵力学 (1925 年) 和等价的 Schrödinger 波动力学 (1926 年) 以及 Dirac 提出的相对论量子力学 (1927 年). 沿着 Dirac 早期的思想, Feynman 于 1948 年提出了量子力学的另一种形式, 即路径积分方法. Dirac 在 1929 年讨论多电子体系的论文中断言, 量子力学的建立原则上解决了所有的化学问题, 但实际计算太困难 (有关评论见第 1 章和所列的相关文献). 量子化学理论与近似方法在过去几十年里有了长足的发展. 目前, 现有的计算程序可以准确地解决包含几十个原子的分子的电子结构问题. 在给定原子间的相互作用即势能面和初始状态的情况下, 分子体系的量子动力学原则上可以通过求解含时 Schrödinger 方程或路径积分确定. 数值上, 前者通过格点法实现, 但所需存储量随体系的增大而指数增加. 20 世纪 80 年代发展起来的的分裂算符法[13] 是目前求解含时 Schrödinger 方程的通用算法, 但它只能除了限于四原子以内的分子体系. 实施路径积分计算原则上没有存储困难, 但由于必须计算随时间极为振荡的 Green 函数的积分, 从而导致所谓的符号困难. 这一困难随着体系的增大和时间的增长迅速变得不可克服. 实际上, 无论采用哪种方法, 准确的量子动力学计算目前远远不能满足化学的要求. 因此, 为了研究多原子分子体系的量子动态行为, 必须寻求有效的近似方法, 而半经典近似就是其中的一种.

在经典力学中, 体系的状态由位置和动量, 即相空间中的一点确定. 这样的理论描述与人们对宏观世界的感知相一致. 而在量子力学中, 刻画体系性质的波函数不是一个物理可测量, 它没有直接的宏观对应. 目前, 建立在经典力学基础上的分子力学方法可以模拟液体、蛋白质等包括上万个粒子的性质. 因此, 发展半经典近似有两个方面的意义: 一个是概念上; 另一个是实用上. 对于前者, 半经典理论可以帮助建立微观和宏观两个世界的联系, 加深理解与宏观经验不一致的量子效应. 对于后者, 半经典方法能够处理多自由度体系的量子效应, 是分子动力学的拓展. 实际上, 由于量子力学可以通过经典力学的正则量子化得到, 人们一直希望从熟悉的经典运动揭示内在的量子特性. 早期的半经典方法包括解静态本征问题的 WKB 方法[14] 和计算量子传播子的 van Vleck(VV) 公式[15]. 用这些方法处理谐振子势得到的结果是准确的[16,17].

量子力学方程中包含 Planck 常量 $\hbar$. 如果假定它比经典作用量小, 则通过数学处理就得到半经典近似. 量子动力学最著名的半经典近似为 VV 公式, 它在路径积分框架中容易推导[17,18]. 直接应用 VV 公式会遇到两个困难: 一为其在焦散点的发散; 二为无法避免寻根问题, 即求解双边界固定的经典运动方程. 在其开创性工作中[19], Maslov 最早引入 "Maslov 指数" 用以克服第一个困难, Miller 则最早将微分方程边界值寻根问题转化为现在称为初值表示 (IVR) 的初值问题[20~22]. Heller 提出的 Gauss 波包演化并用于光谱和混沌问题大大促进了量子动力学半经典方法的发展[23~30]. 在一系列的工作中, Kay 详细地分析了不同的半经典 IVR 积分表示形式和解决多维量子动力学问题的潜力[31~43]. 目前最成功的半经典 IVR 传播子由 Herman 和 Kluk(HK) 提出[44~46]. 后来, 有许多人用不同近似方法分析得到了 HK 公式[32,47~49]. 例如, Baranger 等从相干态表示出发, 推导出严格的但与 HK 传播子不同的半经典近似, 从而引起不小的争论[50~53]. 半经典方法数学上是对 $\hbar$ 渐进展开的结果, 其收敛性等问题不容易回答. Pollak 等[7,54,55,55~57] 建立了以半经典近似为零阶结果的系统微扰方法. 对许多实际体系的高阶微扰项计算表明, 此方法可以给出收敛于准确量子力学的结果.

半经典近似的另一种方案是以量子力学的相空间表示为起点[58]. Wigner 最早建议了量子算符和经典物理量的对应, 即 Wigner 表示[59]. 这样, Heisenberg 算符的 Wigner 表示遵从所谓的 Wigner-Moyal(WM) 动力学[58]. 目前应用十分广泛的经典 Wigner 或统计准经典轨线方法可以看成 WM 动力学的经典极限结果[60]. 理论上, 可以在此基础上进行系统的微扰处理[61~64], 所得的高阶贡献由经典轨线的高阶稳定性矩阵确定. 因此, 该方法难以用于多维体系的实际计算. Lee 和 Scully 将 WM 动力学方程的解命名为 Wigner 轨道[65~68]. 自然, 求出 Wigner 轨道等于严格解决了量子动力学问题. 虽然 Wigner 轨道概念非常诱人, 但它不满足 Liouville 定理, 即有时生成, 有时消失[69]. 这一量子的内在特性导致其应用受到极大的限制. 实际上, 由于 Heisenberg 测不准原理, 相空间的概念本身并不完全适用于量子情况. 例如, 一个严重的问题为密度矩阵的 Wigner 表示或量子相空间密度并不是非负定的. 然而, 鉴于经典 Wigner 方法的巨大成功, 建立实用的、超越此方法的半经典近似有待完成. Husimi[70] 在 Wigner 表示的基础上提出了一种新的表示. Mizrahi[71] 则进一步地完成了 Husimi 表示的动力学. 与 WM 动力学类似, 相应的高阶半经典近似不适用于多自由度系统.

对于一个给定的量子体系, 其演化完全由传播子确定. 半经典传播子虽然只与经典运动有关, 但由于包含了线性叠加原理, 它仍然保持着内禀量子性, 具有强烈的振荡结构, 也无法直接用于多维体系的动力学计算. 半经典 IVR 一般表示为相空间的积分. 被积函数包含以经典作用量为相位的和一个元素由经典轨线稳定性矩阵确定的行列式. 除了随时间的振荡性导致积分困难外, 行列式的计算代价与体系自由度的三次方成正比, 因此, 也难以用于多维系统. 特别是, 解决许多实际问题需要处理如下所示的 Heisenberg 算符:

$$\hat{B}_H(t) = \mathrm{e}^{\mathrm{i}\hat{H}t/\hbar}\hat{B}\mathrm{e}^{-\mathrm{i}\hat{H}t/\hbar} \tag{9.1}$$

式中: $\hat{H}$ 为体系的哈密顿; $\hat{B}$ 为一厄米算符. 式 (9.1) 包含前向和后向两个传播子 $\mathrm{e}^{\pm\mathrm{i}\hat{H}t/\hbar}$, 如果它们分别用半经典 IVR 近似结果则无法避免前述困难, 而且比计算单个传播子还困难. 考虑到两个传播子的联合为一最简单的单位算符, 一个自然的想法是将 Heisenberg 算符中的两个传播子相结合而得到一个新的演化方式. 这样, 对应的准确或半经典近似传播子将不再强烈振荡, 从而易于数值计算. Kleinert 和 Shabanov 最早在量子耗散动力学理论研究[72] 中引入这一想法. Makri 和 Thompson 则提出前向–后向半经典动力学 (FBSD) 方法并用于计算影响泛函[73,74]. Makri 和 Miller 等后来用 FBSD 技术计算和实验密切相关的关联函数[1~3,75~84].

从 HK 传播子出发, 作者和 Makri 推导出一种十分简单的 FBSD 形式[1~3]. 与经典 Wigner 方法一样, 实现这种 FBSD 形式只需要知道经典轨线信息而无需计算轨道的稳定性矩阵和由其构成的行列式. 因此, 适用于大分子体系的计算. Miller[83] 利用 FBSD 思想和线性化近似也得到经典 Wigner 方法.

应该说, 经典 Wigner 或其他等价的准经典轨迹方法是准确度和实用性的最佳妥协[68]. 此类方法对量子效应的描述仅仅源于初始条件的量子种子, 其对隧穿等强的量子效应则无能为力.

作者和 Makri 等[3] 曾提出在相互作用表象下将 FBSD 与准确量子动力学相结合的方法. 对耗散双势阱体系的实际应用表明, 如果准确计算孤立双势阱体系的演化, 而用简单的 FBSD 近似计算相互作用表象下的动力学, 则弱耗散对量子隧穿的影响可以较准确地得到. 类经典 Wigner 方法在此情况下完全失效.

量子平衡态密度矩阵可以看成体系算符沿着虚时间箭头的演化[85]. 与实时演化相比, 虚时演化算符不存在振荡结构即符号困难, 因此容易在路径积分理论框架中准确计算. 实际上, 这也是量子路径积分 Monte Carlo 方法在过去几十年里取得成功的根本原因[86]. 不过, 当体系很大且温度非常低时, 此方法的有效性随之骤减. 因此, 从实用角度考虑, 探索比量子 Monte Carlo 更简单有效的计算方法十分必要. 有人曾尝试运用半经典 IVR 思想处理量子平衡态密度矩阵, 但所得结果并不自洽. 导致这一问题的根源在于量子平衡密度矩阵不是幺正的. 20 世纪 70 年代 Miller[87] 在讨论反应速率理论问题时, 对热平衡密度矩阵进行了一系列的开创性工作. 他发现, 在经典近似下, 热平衡算符可以等价为在负势场中的虚时量子演化算符, 其最重要的结果是发现了虚时运动的周期解即瞬子. 有关的详细讨论参见第 10 章.

Mandelshtam 和合作者[88~90] 近来提出处理平衡密度矩阵的含时演化 Gauss 近似 (TEGA). 与针对实时演化的 Heller 方法相似, TEGA 是一种类半经典近似. 对许多体系热力学性质的实际计算表明, 此方法可以准确处理低温、强非线性情况, 比量子 Monte Carlo 所需要的计算量小得多. TEGA 方法是通过变分法得到的, 其准确性在理论上难以直接验证. 作者和 Pollak 采用类似于实时半经典微扰展开的技术, 以 Mandelshtam 等的 Gauss 近似为零阶项, 得到了一系列等价的 TEGA 结果和相应的高阶贡献. 特别是, 新得到的一种 TEGA 近似比 Mandelshtam 等的公式更容易数值实现, 因为前者无需对势函数做 Gauss 平均, 而后者这是必要的步骤.

本章主要介绍如何在不同半经典 IVR 表象基础上推导无指前因子的 FBSD 近

似以及处理量子热密度算符的类半经典方法 ——TEGA. 本章的组织结构如下: 9.2
节给出几种常用的半经典 IVR 传播子和它们的推导; 9.3 节介绍基于 HK 公式和其
他半经典近似的无指前因子 FBSD; 9.4 节说明量子 ——FBSD 的主要思想和构造,
介绍基于 TEGA 的微扰展开; 9.5 节为本章内容的结论和展望.

9.2　半经典传播子

虽然物理上准确的结果只有一个, 但不同的近似方法一般导致准确程度各不相
同的结果. 半经典近似实际上是一个统称. 用其思想处理量子力学的不同表象也将
得到相异的答案. 本节简要总结实时演化算子或传播子的半经典近似方法. 首先介
绍如何采用路径积分方法推导最早的、应用最广的半经典传播子——VV 公式、分
析在应用 VV 公式时存在的问题. 然后介绍几种半经典 IVR 公式和物理意义.

考虑一般的 N 维体系. 其哈密顿量为

$$\hat{H} = \frac{\hat{\boldsymbol{p}}^2}{2m} + V(\hat{\boldsymbol{x}}) \tag{9.2}$$

其相应的传播子在实空间表示的矩阵元或 Green 函数为

$$K(\boldsymbol{x}, \boldsymbol{x}_0, t) = \langle \boldsymbol{x}|U(t)|\boldsymbol{x}_0\rangle \tag{9.3}$$

其中

$$U(t) = \exp\{-\mathrm{i}\hat{H}t/\hbar\}$$

实时演化半经典传播子最早在 1928 年由 van Vleck 提出并在量子力学统计解
释的对应原理思想下论证的[15]. 1951 年, Morette 在路径积分表示中引入稳相近
似得到 van Vleck 的结果[17]. 后来, Gutzwiller 对 VV 公式进行了重新推导和分析,
指出它需要另外加上一相位才是严格的半经典结果[18]. 特别是, 他利用路径积分
半经典近似方法成功地求得混沌体系的本征能量, 而传统的 WKB 方法只适用于可
积体系的量子本征值问题. 下面将简要给出 VV 公式的推导过程. 详细的推导参见
文献 [91 ~ 93]. 将 Green 函数 $K(\boldsymbol{x}, \boldsymbol{x}_0, t)$ 表示为路径积分形式, 有

$$K(\boldsymbol{x}, \boldsymbol{x}_0, t) = \lim_{n\to\infty} \left(\frac{m}{2\pi\mathrm{i}\hbar\epsilon}\right)^{\frac{n}{2}} \int \prod_{j=1}^{n-1} \mathrm{d}\boldsymbol{x}_j \exp\left[\frac{\mathrm{i}}{\hbar}S_n\left(\boldsymbol{x}_0, \boldsymbol{x}_1, \cdots, \boldsymbol{x}_n\right)\right] \tag{9.4a}$$

其中

$$\epsilon = t/n, \quad \boldsymbol{x}_n = \boldsymbol{x}$$

式中: S_n 为离散化的经典作用量, 即

$$S_n(\boldsymbol{x}_0, \boldsymbol{x}_1, \cdots, \boldsymbol{x}_n) = \sum_{j=1}^{n} \left[\frac{m(\boldsymbol{x}_j - \boldsymbol{x}_{j-1})^2}{2\epsilon^2} - V(\boldsymbol{x}_{j-1})\right] \tag{9.4b}$$

如果 $\hbar$ 非常小, 则被积函数振荡得十分剧烈, 从而导致不同路径的振幅贡献 $e^{iS_n/\hbar}$ 基本上会相互抵消. 在 $\hbar \to 0$ 或半经典极限情况下, 积分的主要贡献来自使相位 S_n 接近极值的那些路径:

$$\frac{\partial S_n(\boldsymbol{x}_0, \boldsymbol{x}_1, \cdots, \boldsymbol{x}_n)}{\partial \boldsymbol{x}_j} = 0, \quad j = 1, \cdots, n-1 \tag{9.5}$$

显然, 这就是经典力学中最小作用量原理的离散形式. 当 n 趋于无穷时, 离散表示则变为连续极限形式, 而方程 (9.5) 的解对应于允许的经典轨线. 记 $\bar{\boldsymbol{x}}_{\alpha,i}$ 为沿着第 α 个经典轨线的第 i 个点. 对于一般 "轨线" 点 $\boldsymbol{x}_i$, 它与经典轨线的偏离称为量子涨落, $\boldsymbol{y}_{\alpha,i} = \boldsymbol{x}_i - \bar{\boldsymbol{x}}_{\alpha,i}$. 注意到任何轨线的端点都是固定的, 故存在边界条件 $\boldsymbol{y}_{\alpha,0} = \boldsymbol{y}_{\alpha,n} = 0$. 这样, 对于第 α 条经典轨线附近的轨线 $\{\boldsymbol{x}_i\}$, 其作用量可以展开为量子涨落 $\boldsymbol{y}_{\alpha,i}$ 的级数形式. 截止到二次项, 有

$$S_n(\boldsymbol{x}_0, \boldsymbol{x}_1, \cdots, \boldsymbol{x}_n) \approx S_n(\boldsymbol{x}_0, \bar{\boldsymbol{x}}_{\alpha,1}, \cdots, \boldsymbol{x}_n) + \frac{1}{2} \sum_{i,j=1}^{n-1} \boldsymbol{y}_{\alpha,i} \left(\frac{\partial^2 S_n}{\partial \boldsymbol{x}_i \partial \boldsymbol{x}_j} \right)_\alpha \boldsymbol{y}_{\alpha,j} \tag{9.6}$$

通过式 (9.4b) 求作用量的二阶偏导数, 并代入到式 (9.6) 中的二次项, 得

$$S_{n,2} \equiv \frac{1}{2} \sum_{i,j=1}^{n-1} \boldsymbol{y}_{\alpha,i} \left(\frac{\partial^2 S_n}{\partial \boldsymbol{x}_i \partial \boldsymbol{x}_j} \right)_\alpha \boldsymbol{y}_{\alpha,j}$$

$$= \sum_{k=1}^{n} \left[\frac{m|\boldsymbol{y}_{\alpha,k} - \boldsymbol{y}_{\alpha,k-1}|^2}{2\epsilon^2} - \frac{1}{2} \sum_{i,j=1}^{n-1} \boldsymbol{y}_{\alpha,i}^{\mathrm{T}} \nabla_{\bar{\boldsymbol{x}}_{\alpha,i}} \nabla_{\bar{\boldsymbol{x}}_{\alpha,j}}^{\mathrm{T}} V(\bar{\boldsymbol{x}}_{\alpha,k-1}) \boldsymbol{y}_{\alpha,j} \right] \tag{9.7}$$

它可以看成是一个频率随时间变化的 N 维线性谐振子的经典作用量. 将前两个方程带入 (9.4a), 有

$$K(\boldsymbol{x}, \boldsymbol{x}_0, t) = \lim_{n \to \infty} \sum_\alpha \left(\frac{m}{2\pi i \hbar \epsilon} \right)^{\frac{n}{2}}$$

$$\times \int d\boldsymbol{y}_{\alpha,1} \cdots d\boldsymbol{y}_{\alpha,n-1} \exp\left(\frac{i}{\hbar} S_{n,2} \right) \exp\left[\frac{i}{\hbar} S_n(\boldsymbol{x}_0, \bar{\boldsymbol{x}}_{\alpha,1}, \cdots, \boldsymbol{x}_n) \right] \tag{9.8}$$

其中 α 表示所有可能的经典轨线. 对于每一条经典轨线, 上面的近似看成是把所研究的体系变换为一个线性谐振子, 其频率矩阵为 $\Omega(t) = \boldsymbol{\nabla}\boldsymbol{\nabla}^{\mathrm{T}} V(\bar{\boldsymbol{x}}_\alpha)/m$, 一般随时间变化. 尽管并不非常简单, 但式 (9.8) 中的 Gauss 积分可以准确求出, 从而得到 VV 公式:

$$K(\boldsymbol{x}, \boldsymbol{x}_0, t) = \sum_\alpha \frac{e^{-i\mu\pi/2}}{(2\pi i \hbar)^{N/2}} \left| \det\left(-\nabla_{\boldsymbol{x}} \nabla_{\boldsymbol{x}_0}^{\mathrm{T}} S_\alpha \right) \right|^{\frac{1}{2}} \exp\left[\frac{i}{\hbar} S_\alpha(\boldsymbol{x}, \boldsymbol{x}_0, t) \right] \tag{9.9}$$

式中：S_α 为对应于第 α 个经典轨线的作用量；μ 为矩阵 $(-\nabla_{\boldsymbol{x}}\nabla_{\boldsymbol{x}_0}^{\mathrm{T}}S_\alpha)^{-1}$ 负本征值的个数. 容易证明，VV 公式对线性谐振子体系是严格的.

　　上面的半经典 Green 函数以及其 Fourier 变换，即能量域上的 Green 函数，已经成功地用于各种体系和问题，其有效性也得到广泛验证[20,21,94,95]. 特别是，它是用于揭示混沌动力学体系量子特征的有效工具[24,26,96].

　　当经典轨线通过焦散点时，$\nabla_{\boldsymbol{x}}\nabla_{\boldsymbol{x}_0}^{\mathrm{T}}S_\alpha$ 为一奇异矩阵，VV 公式发散，从而导致半经典近似失效[91,96]. 为了解决这一严重问题，Maslov 和同事通过引入刻画焦散点拓扑性指数得到在焦散点附近一致成立的半经典近似[19]. 在 Maslov 理论中，式 (9.9) 保持不变但指数 μ 的意义发生了变化：它每遇到焦散点一次就增加一. μ 也因此被称为 Maslov 指数.

　　除了在焦散点发散外，阻碍 VV 传播子数值实现的另一主要困难是所谓 "寻根" 问题：需要找出所有满足双边界条件的经典轨线. 如 Miller 所指出，这一困难实际上可以通过初值表象 (IVR) 得以克服[20,21]. 在 IVR 中，对所有经典轨线贡献的求和被对满足初始条件的经典轨线的积分所代替. 正如 Miller[22] 所指出的那样，Heller 提出的单元动力学方法[97,98] 本质上也是 IVR. 简单的 IVR 表示不能直接避免 VV 半经典近似在焦散点的发散问题，所以也难以应用. 按照 Heller 的观点[12]，单元动力学方法从数值上显示了尽管 VV 传播子本身的奇异性很强，但它作用到光滑的波函数上会得到十分准确的结果，因此是一个实用的半经典工具.

　　目前最为成功、已被广为研究和应用的半经典 IVR 传播子为 HK 传播子. 它是 Herman 和 Kluk(HK) 以 VV 公式为参考标准，在 Heller 冻结 Gauss 近似 (FGA)[99] 基础上借助于 Gauss 函数的超完备性和稳相近似推导出的[44]. 它的具体形式如下：

$$U^{HK}(t) = (2\pi\hbar)^{-\frac{N}{2}}\int \mathrm{d}\boldsymbol{p}_0\mathrm{d}\boldsymbol{q}_0 D(\boldsymbol{q}_0,\boldsymbol{p}_0,t)$$

$$\times \exp\left\{\frac{\mathrm{i}}{\hbar}S(\boldsymbol{q}_0,\boldsymbol{p}_0,t)\right\}|g(\boldsymbol{q}_t,\boldsymbol{p}_t)\rangle\langle g(\boldsymbol{q}_0,\boldsymbol{p}_0)| \tag{9.10a}$$

其中指前因子 $D(\boldsymbol{q},\boldsymbol{p},t)$ 的表达式为

$$D(\boldsymbol{q},\boldsymbol{p},t) = \left[\det\left|\frac{1}{2}\left(\boldsymbol{m}_{11} + \Gamma^{-1}\boldsymbol{m}_{22}\Gamma - \frac{1}{2\mathrm{i}\hbar}\Gamma^{-1}\boldsymbol{m}_{21} - 2\mathrm{i}\hbar\boldsymbol{m}_{12}\Gamma\right)\right|\right]^{\frac{1}{2}} \tag{9.10b}$$

记号 $|g(\boldsymbol{q},\boldsymbol{p})\rangle$ 表示相干态，即

$$\langle\boldsymbol{x}|g(\boldsymbol{q},\boldsymbol{p})\rangle = \left(\frac{2}{\pi}\right)^{\frac{N}{4}}(\det\Gamma)^{\frac{1}{4}}\exp\left[-(\boldsymbol{x}-\boldsymbol{q})^{\mathrm{T}}\Gamma(\boldsymbol{x}-\boldsymbol{q}) + \frac{\mathrm{i}}{\hbar}\boldsymbol{p}\cdot(\boldsymbol{x}-\boldsymbol{q})\right]$$

式中：Γ 为表示波包宽度的任意对角矩阵. 注意指前因子中行列式的元素 $\boldsymbol{m}_{ij}$ 由

经典轨线的稳定性矩阵

$$M(t) \equiv \begin{pmatrix} m_{11} & m_{12} \\ m_{21} & m_{22} \end{pmatrix} = \begin{pmatrix} \dfrac{\partial q(t)}{\partial q} & \dfrac{\partial q(t)}{\partial p} \\ \dfrac{\partial p(t)}{\partial q} & \dfrac{\partial p(t)}{\partial p} \end{pmatrix} \tag{9.11}$$

确定, 而 $M(t)$ 遵从下面的运动方程

$$\frac{\mathrm{d}}{\mathrm{d}t} M(t) = F(t) M(t) \tag{9.12}$$

其中矩阵 F 为

$$F(t) = \begin{pmatrix} \dfrac{\partial^2 H}{\partial q_t \partial p_t} & \dfrac{\partial^2 H}{\partial p_t^2} \\ -\dfrac{\partial^2 H}{\partial q_t^2} & -\dfrac{\partial^2 H}{\partial p_t \partial q_t} \end{pmatrix} \tag{9.13}$$

方程的初始条件为

$$M(0) = \begin{pmatrix} 1 & 0 \\ 0 & 1 \end{pmatrix}$$

显然, 确定稳定性矩阵需要求解 $(2N)^2$ 个耦合的一级微分方程. 可以证明, 在 HK 近似中, 正反向传播互为厄米共轭, 且在稳相近似下传播子保持幺正性[46]. 对许多不同体系的实际计算表明, HK 传播子的准确度一般很高. 尽管文献中有多种不同推导 HK 传播子的方法[32,47,48], 但这些工作都未能揭示其高准确性的内在原因. 有趣的是, Baranger 和合作者从相空间路径积分出发, 详细的推导出了相干态传播子的半经典极限[50]. 令人不解的是, 他们得到的结果与 HK 传播子并不一致, 他们认为 HK 公式不是严格半经典近似结果的评论遭到他人的反驳[51,52]. 无论理论上是否为严格的半经典近似, HK 传播子由其高度的准确性在物理和化学许多问题中已经得到广泛的应用[9,83].

最早意识到 HK 工作重要性的是 Kay. 与 HK 推导半经典传播子采用的思想类似, Kay 提出了一种建立一类半经典传播子 IVR 积分表示的方案[31]. 实际上, 他首先将传播子写成一定形式的积分, 其中的积分函数尚待完全确定, 而确定方法就是要求积分的稳相近似结果在 $\hbar$ 的最低阶还原为 VV 公式. 他也对几种半经典 IVR 公式进行了数值验证, 其中的一个如下:

$$K(q, q_0, t) = (2\pi\hbar)^{-N} \int \mathrm{d}p_0 \left| \det \frac{\partial p(t)}{\partial p_0} \right|^{\frac{1}{2}}$$

$$\times \mathrm{e}^{-\mathrm{i}\frac{\pi}{2}\mu[p_0;t]} \exp\left\{ \frac{\mathrm{i}}{\hbar} \left[S(q_0, p_0, t) + p(t) \cdot (q - q(t)) \right] \right\} \tag{9.14}$$

其中 $\boldsymbol{q}(t) = \boldsymbol{q}(\boldsymbol{q}_0, \boldsymbol{p}_0, t)$, $\boldsymbol{p}(t) = \boldsymbol{p}(\boldsymbol{q}_0, \boldsymbol{p}_0, t)$ 为经典轨线. 式 (9.14) 中被积函数的相位指数 μ 与矩阵 $\dfrac{\partial \boldsymbol{p}(t)}{\partial \boldsymbol{p}_0}^{\mathrm{T}} \dfrac{\partial \boldsymbol{q}(t)}{\partial \boldsymbol{q}_0}$ 的符号差以及 Maslov 指数有关.

这一近似传播子最早由 Levit 和 Smilansky 提出[100], 后来又被他人重新推导和仔细研究[101,102]. 我们将以此和其他半经典传播子的 IVR 形式构造没有指前因子的 Heisenberg 算符的半经典表示.

需要强调的是, Gauss 波包演化方法也一直是量子动力学半经典近似中的一种重要方法. 它由 Heller 提出、提倡并成功地用于量子混沌和分子光谱的研究[23,103,104]. 该方法的核心思想是将 Gauss 波包中心的准确运动近似处理为只受二次有效哈密顿量支配, 从而波包的平均位置和动量服从一阶微分方程. 此方法中, Gauss 波包的宽度在一般势场中演化会逐渐变大. 与波包固定不变的、只适应于短时间动力学的冻结 Gauss 近似类比, Heller 将此方法称为融化的 Gauss 近似. 本节不拟讨论 Heller 方法. 有兴趣的读者可见文献 [12].

无论哪种类型的 "严格" 半经典传播子, 其指前因子都包含由稳定性矩阵确定的行列式. 因此, 确定指前因子需要计算 $(2N)^2$ 个演化方程和相关的行列式, 它的计算代价与体系尺度 N 的三次方成正比. 这样的计算量标度导致半经典近似难以应用于非常大的体系. 实际上, 除了由内禀量子波动性导致的强烈振荡外, 这也是半经典近似难以用于多原子分子体系量子动力学的另一大困难. 下面介绍避免指前因子 FBSD 方法.

9.3　无指前因子的 FBSD 方法

9.3.1　基于 HK 传播子的 FBSD

对于给定哈密顿量为 $\hat{H}$ 的体系, 利用微分技巧, 可将由式 (9.1) 表示的 Heisenberg 算符改写为

$$B_H(t) = -\mathrm{i}\,\frac{\partial}{\partial \mu}\left(\mathrm{e}^{\mathrm{i}\hat{H}t/\hbar}\mathrm{e}^{\mathrm{i}\mu\hat{B}}\mathrm{e}^{-\mathrm{i}\hat{H}t/\hbar}\right)\bigg|_{\mu=0} \equiv -\mathrm{i}\frac{\partial}{\partial \mu}\mathcal{U}(\mu, t)\bigg|_{\mu=0} \tag{9.15}$$

因此, 可以将 $\mathcal{U}(\mu, t)$ 看成是沿着前向–后向时间演化的量子传播子. 它对应的哈密顿量为

$$\tilde{H}(t') = \hat{H} - \mu\hbar\hat{B}\delta(t' - t) \tag{9.16}$$

首先说明, 为了记号的简洁, 在下面的一些公式中, 作为函数变量的时间 t 或 t' 常常写为下标的形式.

现在考虑哈密顿量 (9.16). 其相应的经典动力学方程为

$$\frac{\mathrm{d}\boldsymbol{q}_{t'}}{\mathrm{d}t'} = \nabla_{\boldsymbol{p}_{t'}}\tilde{H}(t') = \nabla_{\boldsymbol{p}_{t'}}H(t') - \mu\hbar\delta(t - t')\nabla_{\boldsymbol{p}_{t'}}B_{t'} \tag{9.17a}$$

$$\frac{\mathrm{d}\boldsymbol{p}_{t'}}{\mathrm{d}t'} = -\nabla_{\boldsymbol{q}_{t'}}\tilde{H}(t') = -\nabla_{\boldsymbol{q}_{t'}}H(t') + \mu\hbar\delta(t-t')\nabla_{\boldsymbol{q}_{t'}}B_{t'} \tag{9.17b}$$

同时, 经典作用量运动方程为

$$\begin{aligned}
\frac{\mathrm{d}\mathcal{S}_{t'}}{\mathrm{d}t'} &= \boldsymbol{p}_{t'}\cdot\dot{\boldsymbol{q}}_{t'} - H(t') + \mu\hbar\delta(t-t')B_{t'} \\
&= \boldsymbol{p}_{t'}\cdot\left[\nabla_{\boldsymbol{p}_{t'}}H(t') - \mu\hbar\delta(t-t')\nabla_{\boldsymbol{p}_{t'}}B_{t'}\right] - H(t') + \mu\hbar\delta(t-t')B_{t'} \tag{9.17c}
\end{aligned}$$

其中 $B_{t'}$ 和 $H(t')$ 分别表示 $B(\boldsymbol{q}_{t'},\boldsymbol{p}_{t'})$ 与 $H(\boldsymbol{q}_{t'},\boldsymbol{p}_{t'})$. 因此, 沿着前向–后向时间周线, $0 \to t \to 0$, 体系的经典运动起于 $(\boldsymbol{q}_0,\boldsymbol{p}_0)$, 在时间 t 时达到 $(\boldsymbol{q}_t,\boldsymbol{p}_t)$, 最后在时间为 0 时终于 $(\boldsymbol{q}_f,\boldsymbol{p}_f)$. 如果哈密顿量不包括第二项, 即在时间为 t 时的瞬间作用, 则前向–后向演化是平庸的往返运动, 体系的状态不改变. 因此, 对于由 Heisenberg 算符生成的经典前向–后向运动, 物理上的本质变化发生在无穷小瞬间, 即 $t^- \to t^+ \to t^-$. 根据上面的经典演化方程, 体系的位置和动量在时间 t 可能会产生不连续的跳跃. 容易求出跳跃的量为

$$\delta\boldsymbol{q} = -\mu\hbar\nabla_{\boldsymbol{p}_t}B_t \tag{9.18a}$$

$$\delta\boldsymbol{p} = \mu\hbar\nabla_{\boldsymbol{q}_t}B_t \tag{9.18b}$$

相应的作用量的跳跃值为

$$\delta\mathcal{S} = -\mu\hbar\boldsymbol{p}_t\cdot\nabla_{\boldsymbol{p}_t}B_t \tag{9.18c}$$

考虑总的前向–后向量子传播子 $\mathcal{U}(\mu,t)$. 作者和合作者发现, 如果采用 HK 或其他半经典传播子的 IVR 形式, 则指前因子在 FBSD 中不再出现[1~3]. 首先以 HK 传播子为例进行详细说明. 从 Heisenberg 算符的微分表示 (9.15) 可知, 它完全由 $\mu=0$ 附近的前向–后向传播子 $\mathcal{U}(\mu,t)$ 确定. 注意到当 $\mu=0$ 时经典演化为循环运动, 即 $(\boldsymbol{q}_f,\boldsymbol{p}_f)\to(\boldsymbol{q}_0,\boldsymbol{p}_0)$, $\mathcal{S}\to 0$, $\partial\boldsymbol{q}_f/\partial\boldsymbol{q}_0\to\mathbf{1}$, $\partial\boldsymbol{p}_f/\partial\boldsymbol{p}_0\to\mathbf{1}$. 因此, 在 HK 半经典近似中, 对 $\mathcal{U}(\mu,t)$ 的贡献来自指前因子、相位和终态三项. 自然, $-\mathrm{i}\partial\mathcal{U}/\partial\mu|_{\mu=0}$ 可以分为相应的三个部分, 即

$$-\mathrm{i}\left.\frac{\partial\mathcal{U}}{\partial\mu}\right|_{\mu=0} = B_{H_1}(t) + B_{H_2}(t) + B_{H_3}(t) \tag{9.19}$$

通过基本的代数运算, 可以得到

$$B_{H_1}(t) = -\mathrm{i}(2\pi\hbar)^{-N}\int\mathrm{d}\boldsymbol{q}_0\mathrm{d}\boldsymbol{p}_0\left.\frac{\partial D(\boldsymbol{q}_0,\boldsymbol{p}_0)}{\partial\mu}\right|_{\mu=0}^{\frac{1}{2}}|g(\boldsymbol{q}_0,\boldsymbol{p}_0)\rangle\langle g(\boldsymbol{q}_0,\boldsymbol{p}_0)| \tag{9.20a}$$

$$B_{H_2}(t) = \frac{1}{\hbar}(2\pi\hbar)^{-N}\int\mathrm{d}\boldsymbol{q}_0\mathrm{d}\boldsymbol{p}_0\left.\frac{\partial\mathcal{S}}{\partial\mu}\right|_{\mu=0}|g(\boldsymbol{q}_0,\boldsymbol{p}_0)\rangle\langle g(\boldsymbol{q}_0,\boldsymbol{p}_0)| \tag{9.20b}$$

和

$$B_{H_3}(t) = -\mathrm{i}(2\pi\hbar)^{-N} \int \mathrm{d}\boldsymbol{q}_0 \mathrm{d}\boldsymbol{p}_0 \left. \frac{\partial}{\partial\mu} |g(\boldsymbol{q}_f, \boldsymbol{p}_f)\rangle\langle g(\boldsymbol{q}_0, \boldsymbol{p}_0)| \right|_{\mu=0} \tag{9.20c}$$

因为在这些式子中仅包含相关导数在极限为 $\mu \to 0$ 的值, 所以进行计算时只需确定体系在 $\mu = 0$ 附近的运动情况. 例如, 通过分析经典力学方程 (9.17a) 和 (9.17b) 可以直接求得 $\boldsymbol{q}_f$ 和 $\boldsymbol{p}_f$ 对 μ 的导数分别为

$$\left. \frac{\partial\boldsymbol{q}_f}{\partial\mu} \right|_{\mu=0} = \frac{\partial\boldsymbol{q}_0}{\partial\boldsymbol{q}_t} \left. \frac{\partial\delta\boldsymbol{q}}{\partial\mu} \right|_{\mu=0} + \frac{\partial\boldsymbol{q}_0}{\partial\boldsymbol{p}_t} \left. \frac{\partial\delta\boldsymbol{p}}{\partial\mu} \right|_{\mu=0} = -\hbar\frac{\partial\boldsymbol{q}_0}{\partial\boldsymbol{q}_t}\nabla_{\boldsymbol{p}_t}B_t + \hbar\frac{\partial\boldsymbol{q}_0}{\partial\boldsymbol{p}_t}\nabla_{\boldsymbol{q}_t}B_t \tag{9.21a}$$

$$\left. \frac{\partial\boldsymbol{p}_f}{\partial\mu} \right|_{\mu=0} = \frac{\partial\boldsymbol{p}_0}{\partial\boldsymbol{q}_t} \left. \frac{\partial\delta\boldsymbol{q}}{\partial\mu} \right|_{\mu=0} + \frac{\partial\boldsymbol{p}_0}{\partial\boldsymbol{p}_t} \left. \frac{\partial\delta\boldsymbol{p}}{\partial\mu} \right|_{\mu=0} = -\hbar\frac{\partial\boldsymbol{p}_0}{\partial\boldsymbol{q}_t}\nabla_{\boldsymbol{p}_t}B_t + \hbar\frac{\partial\boldsymbol{p}_0}{\partial\boldsymbol{p}_t}\nabla_{\boldsymbol{q}_t}B_t \tag{9.21b}$$

同样, 根据稳定性矩阵满足的运动方程 (9.12), 将它在 $\mu = 0$ 处进行 Taylor 级数展开至 μ 一次项, 有

$$\frac{\partial\boldsymbol{q}_f}{\partial\boldsymbol{q}_0} = 1 + \mu\nabla_{\boldsymbol{q}_0}\frac{\partial\boldsymbol{q}_f}{\partial\mu} \tag{9.22a}$$

$$\frac{\partial\boldsymbol{q}_f}{\partial\boldsymbol{p}_0} = \mu\frac{\partial}{\partial\boldsymbol{p}_0}\left(\frac{\partial\boldsymbol{q}_f}{\partial\boldsymbol{p}_t}\frac{\partial\boldsymbol{p}_t}{\partial\mu}\right) \tag{9.22b}$$

$$\frac{\partial\boldsymbol{p}_f}{\partial\boldsymbol{q}_0} = \mu\frac{\partial}{\partial\boldsymbol{q}_0}\left(\frac{\partial\boldsymbol{p}_f}{\partial\boldsymbol{p}_t}\frac{\partial\boldsymbol{p}_t}{\partial\mu}\right) \tag{9.22c}$$

$$\frac{\partial\boldsymbol{p}_f}{\partial\boldsymbol{p}_0} = 1 + \mu\nabla_{\boldsymbol{p}_0}\frac{\partial\boldsymbol{p}_f}{\partial\mu} \tag{9.22d}$$

注意, 上面四个式子中的导数 $\partial\boldsymbol{q}_f/\partial\boldsymbol{p}_t$ 对应于反向运动的稳定性矩阵. 在进一步的数学处理中, 需要用到下面的关系

$$\det(\boldsymbol{I} + a\boldsymbol{A}) = 1 + a\mathrm{Tr}(\boldsymbol{A}) + O(a^2) \tag{9.23}$$

式中: $\boldsymbol{I}$ 为单位矩阵; $\boldsymbol{A}$ 为任意矩阵; a 为一小常数. 现在, 将稳定性矩阵表达式代入到 HK 公式的指前因子 (9.10b), 得

$$\begin{aligned}
\left. \frac{\partial D(\boldsymbol{q}_0, \boldsymbol{p}_0, t)}{\partial\mu} \right|_{\mu=0} = \frac{1}{4}\,\mathrm{Tr}&\left\{ \frac{\partial}{\partial\boldsymbol{q}_0}\left(\frac{\partial\boldsymbol{q}_0}{\partial\boldsymbol{p}_t} - \frac{1}{2\mathrm{i}\hbar}\Gamma^{-1}\frac{\partial\boldsymbol{p}_0}{\partial\boldsymbol{p}_t}\right) \left. \frac{\partial\boldsymbol{p}_t}{\partial\mu} \right|_{\mu=0} \right. \\
&\left. + \frac{\partial}{\partial\boldsymbol{p}_0}\left(\frac{\partial\boldsymbol{p}_0}{\partial\boldsymbol{p}_t} - 2\mathrm{i}\hbar\frac{\partial\boldsymbol{q}_0}{\partial\boldsymbol{p}_t}\Gamma\right) \left. \frac{\partial\boldsymbol{p}_t}{\partial\mu} \right|_{\mu=0} \right\}
\end{aligned} \tag{9.24}$$

将式 (9.24) 代入方程 (9.20a), 然后进行分步积分, 有

$$B_{H_1}(t) = \frac{\mathrm{i}}{4}(2\pi\hbar)^{-N} \int \mathrm{d}\boldsymbol{q}_0 \mathrm{d}\boldsymbol{p}_0 \left. \frac{\partial\boldsymbol{p}_t}{\partial\mu} \right|_{\mu=0} \left[\left(\frac{\partial\boldsymbol{q}_0}{\partial\boldsymbol{p}_t} - \frac{1}{2\mathrm{i}\hbar}\Gamma^{-1}\frac{\partial\boldsymbol{p}_0}{\partial\boldsymbol{p}_t}\right) \frac{\partial}{\partial\boldsymbol{q}_0}\right.$$

$$+ \left(\frac{\partial \boldsymbol{p}_0}{\partial \boldsymbol{p}_t} - 2\mathrm{i}\hbar\frac{\partial \boldsymbol{q}_0}{\partial \boldsymbol{p}_t}\Gamma \right) \frac{\partial}{\partial \boldsymbol{p}_0} \right] |g(\boldsymbol{q}_0, \boldsymbol{p}_0)\rangle\langle g(\boldsymbol{q}_0, \boldsymbol{p}_0)| \tag{9.25}$$

为了方便, 令 $\hat{G}(\boldsymbol{q}_0, \boldsymbol{p}_0) = |g(\boldsymbol{q}_0, \boldsymbol{p}_0)\rangle\langle g(\boldsymbol{q}_0, \boldsymbol{p}_0)|$ 表示相干态投影算符. 采用通常的算符代数运算, 可以证明

$$\frac{\partial}{\partial \boldsymbol{q}_0}\hat{G}(\boldsymbol{q}_0, \boldsymbol{p}_0) = -4\Gamma\boldsymbol{q}_0\hat{G}(\boldsymbol{q}_0, \boldsymbol{p}_0) + 2\Gamma\hat{\boldsymbol{q}}\hat{G}(\boldsymbol{q}_0, \boldsymbol{p}_0) + 2\hat{G}(\boldsymbol{q}_0, \boldsymbol{p}_0)\Gamma\hat{\boldsymbol{q}} \tag{9.26a}$$

以及

$$\frac{\partial}{\partial \boldsymbol{p}_0}\hat{G}(\boldsymbol{q}_0, \boldsymbol{p}_0) = \frac{\mathrm{i}}{\hbar}\hat{\boldsymbol{q}}\hat{G}(\boldsymbol{q}_0, \boldsymbol{p}_0) - \frac{\mathrm{i}}{\hbar}\hat{G}(\boldsymbol{q}_0, \boldsymbol{p}_0)\hat{\boldsymbol{q}} \tag{9.26b}$$

将方程 (9.26) 代入方程 (9.25) 中, 则 $B_{H_1}(t)$ 变为

$$\begin{aligned} B_{H_1}(t) &= -\mathrm{i}(2\pi\hbar)^{-N}\int \mathrm{d}\boldsymbol{q}_0\mathrm{d}\boldsymbol{p}_0(\boldsymbol{q}_0 - \hat{\boldsymbol{q}}) \cdot \frac{\partial}{\partial \boldsymbol{p}_t}\left(\Gamma\boldsymbol{q}_0 - \frac{1}{2\mathrm{i}\hbar}\boldsymbol{p}_0\right) \\ &\quad \times \left.\frac{\partial \boldsymbol{p}_t}{\partial \mu}\right|_{\mu=0}\hat{G}(\boldsymbol{q}_0, \boldsymbol{p}_0) \\ &\equiv \int \mathrm{d}\boldsymbol{q}_0\mathrm{d}\boldsymbol{p}_0\hat{\boldsymbol{f}}_1 \cdot \left.\frac{\partial \boldsymbol{p}_t}{\partial \mu}\right|_{\mu=0} \end{aligned} \tag{9.27}$$

现在考虑 $B_H(t)$ 第二项 $B_{H_2}(t)$, 即式 (9.20b). 注意到

$$\left.\frac{\partial \mathcal{S}}{\partial \mu}\right|_{\mu=0} = \boldsymbol{p}_0 \cdot \left.\frac{\partial \boldsymbol{q}_f}{\partial \mu}\right|_{\mu=0} + \hbar B_t \tag{9.28a}$$

$$= \boldsymbol{p}_0 \cdot \left.\frac{\partial \boldsymbol{q}_f}{\partial \boldsymbol{p}_t}\frac{\partial \boldsymbol{p}_t}{\partial \mu}\right|_{\mu=0} + \hbar B_t \tag{9.28b}$$

则易得

$$\begin{aligned} B_{H_2}(t) &= (2\pi\hbar)^{-N}\int \mathrm{d}\boldsymbol{q}_0\mathrm{d}\boldsymbol{p}_0\left(\frac{1}{\hbar}\boldsymbol{p}_0 \cdot \left.\frac{\partial \boldsymbol{q}_0}{\partial \boldsymbol{p}_t}\frac{\partial \boldsymbol{p}_t}{\partial \mu}\right|_{\mu=0} + B_t\right)\hat{G}(\boldsymbol{q}_0, \boldsymbol{p}_0) \\ &\equiv \int \mathrm{d}\boldsymbol{q}_0\mathrm{d}\boldsymbol{p}_0\,\hat{\boldsymbol{f}}_2 \cdot \left.\frac{\partial \boldsymbol{p}_t}{\partial \mu}\right|_{\mu=0} + C_{qc}(t) \end{aligned} \tag{9.29}$$

可见, 式 (9.29) 的第一项正比于动量跳跃, 而第二项来自作用量的增量. 通过类似的处理, 可以得到 $B_{H_3}(t)$ 的表达式如下:

$$\begin{aligned} B_{H_3}(t) &= 2\mathrm{i}(2\pi\hbar)^{-N}\int \mathrm{d}\boldsymbol{q}_0\mathrm{d}\boldsymbol{p}_0\left[(\boldsymbol{q}_0 - \hat{\boldsymbol{q}}) \cdot \frac{\partial}{\partial \boldsymbol{p}_t}\left(\Gamma\boldsymbol{q}_0 - \frac{1}{2\mathrm{i}\hbar}\boldsymbol{p}_0\right)\right. \\ &\quad \left.-\frac{1}{2\mathrm{i}\hbar}\boldsymbol{p}_0 \cdot \frac{\partial \boldsymbol{q}_0}{\partial \boldsymbol{p}_t}\right]\left.\frac{\partial \boldsymbol{p}_t}{\partial \mu}\right|_{\mu=0}\hat{G}(\boldsymbol{q}_0, \boldsymbol{p}_0) \end{aligned} \tag{9.30a}$$

同样可以看出, 式 (9.30a) 中的被积函数正比于动量跳跃的导数, 即

$$B_{H_3}(t) = \int \mathrm{d}\boldsymbol{q}_0 \mathrm{d}\boldsymbol{p}_0 \hat{\boldsymbol{f}}_3(\boldsymbol{q}_0, \boldsymbol{p}_0) \cdot \frac{\partial \boldsymbol{p}_t}{\partial \mu}\bigg|_{\mu=0} \tag{9.30b}$$

对比式 (9.27)、式 (9.29) 和式 (9.30), 可以立即看出

$$-\frac{1}{2}\left[\hat{\boldsymbol{f}}_2(\boldsymbol{q}_0, \boldsymbol{p}_0) + \hat{\boldsymbol{f}}_3(\boldsymbol{q}_0, \boldsymbol{p}_0)\right] = \hat{\boldsymbol{f}}_1(\boldsymbol{q}_0, \boldsymbol{p}_0) \tag{9.31}$$

从而进一步得到 $B_H(t)$ 的表达式为

$$\begin{aligned}
B_H(t) &= \int \mathrm{d}\boldsymbol{q}_0 \mathrm{d}\boldsymbol{p}_0 \frac{1}{2}\left[\hat{\boldsymbol{f}}_2(\boldsymbol{q}_0, \boldsymbol{p}_0) + \hat{\boldsymbol{f}}_3(\boldsymbol{q}_0, \boldsymbol{p}_0)\right] \frac{\partial \boldsymbol{p}_t}{\partial \mu}\bigg|_{\mu=0} + C_{qc}(t) \\
&= (2\pi\hbar)^{-N} \int \mathrm{d}\boldsymbol{q}_0 \mathrm{d}\boldsymbol{p}_0 \left[B_t + \mathrm{i}(\boldsymbol{q}_0 - \hat{\boldsymbol{q}}) \cdot \frac{\partial}{\partial \boldsymbol{p}_t}\left(\Gamma\boldsymbol{q}_0 - \frac{1}{2\mathrm{i}\hbar}\boldsymbol{p}_0\right)\right. \\
&\quad \left. \times \frac{\partial \boldsymbol{p}_t}{\partial \mu}\bigg|_{\mu=0}\right] \hat{G}(\boldsymbol{q}_0, \boldsymbol{p}_0)
\end{aligned} \tag{9.32}$$

式 (9.32) 可以看出是相空间积分. 其物理意义为: 方括号中的第一项为经典量 $B(t)$, 它是动量的净增量, 而第二项正比于动量跳跃的导数, 可以看成半经典修正. 因此, Heisenberg 算符可以近似写为

$$B_H(t) = -\mathrm{i}(2\pi\hbar)^{-N} \frac{\partial}{\partial \mu} \int \mathrm{d}\boldsymbol{q}_0 \mathrm{d}\boldsymbol{p}_0 \exp\left[\frac{\mathrm{i}}{\hbar} S_t(\mu, t)\right] |g(\boldsymbol{q}_f, \boldsymbol{p}_f)\rangle\langle g(\boldsymbol{q}_0, \boldsymbol{p}_0)|\bigg|_{\mu=0} \tag{9.33}$$

用式 (9.33) 计算时, 为了补偿指前因子的贡献, 经典轨线在时间 t 时必须按照式 (9.34) 重置:

$$\delta\boldsymbol{q}_{\mathrm{opt}} = -\frac{1}{2}\hbar\mu\frac{\partial B_t}{\partial \boldsymbol{p}_t} \tag{9.34a}$$

$$\delta\boldsymbol{p}_{\mathrm{opt}} = \frac{1}{2}\hbar\mu\frac{\partial B_t}{\partial \boldsymbol{q}_t} \tag{9.34b}$$

而作用量的增量置为式 (9.18c).

　　文献 [1] 首先给出了表达式 (9.33), 但其详细推导在稍后的工作[2] 中给出. 这一方法的主要优势在于只需要求解经典轨线而无需计算轨道的稳定性矩阵和行列式. 因此, 它需要的计算量随体系增大只是线性增加. 显然, 如果能够解析处理对 μ 的导数, 则式 (9.34) 还可以进一步简化. 为此, 定义 $2N \times 2N$ 辛矩阵为

$$\boldsymbol{J} = \begin{pmatrix} 0 & 1 \\ -1 & 0 \end{pmatrix}$$

注意到经典轨线稳定性的运动方程 (9.13) 中的矩阵 $\boldsymbol{F}(t)$ 满足

$$\boldsymbol{F}^{\mathrm{T}}(t)\boldsymbol{J} + \boldsymbol{J}\boldsymbol{F}(t) = \boldsymbol{0} \tag{9.35}$$

有了这一关系, 可以验证 $\boldsymbol{M}(t)$ 具有性质

$$\frac{\mathrm{d}}{\mathrm{d}t}\left[\boldsymbol{M}^{\mathrm{T}}(t)\boldsymbol{J}\boldsymbol{M}(t)\right] = \boldsymbol{0} \tag{9.36}$$

就是说, 量 $\boldsymbol{M}^{\mathrm{T}}(t)\boldsymbol{J}\boldsymbol{M}(t)$ 不随时间的变化而改变, 是一运动守恒量. 从初始条件 $\boldsymbol{M}^{\mathrm{T}}(0)\boldsymbol{J}\boldsymbol{M}(0) = \boldsymbol{J}$, 有

$$\boldsymbol{M}^{\mathrm{T}}(t)\boldsymbol{J}\boldsymbol{M}(t) = \boldsymbol{J}$$

因此, 稳定性矩阵和其之间的关系为

$$\boldsymbol{M}(t) = \boldsymbol{J}^{-1}\left[\boldsymbol{M}^{-1}(t)\right]^{\mathrm{T}}\boldsymbol{J} = -\boldsymbol{J}\left[\boldsymbol{M}^{-1}(t)\right]^{\mathrm{T}}\boldsymbol{J} \tag{9.37}$$

根据定义可知, 稳定性矩阵逆恰好为其反向稳定性矩阵[105], 即

$$\boldsymbol{M}^{-1}(t) = \begin{pmatrix} \dfrac{\partial \boldsymbol{q}_0}{\partial \boldsymbol{q}_t} & \dfrac{\partial \boldsymbol{q}_0}{\partial \boldsymbol{p}_t} \\[3mm] \dfrac{\partial \boldsymbol{p}_0}{\partial \boldsymbol{q}_t} & \dfrac{\partial \boldsymbol{p}_0}{\partial \boldsymbol{p}_t} \end{pmatrix} \tag{9.38}$$

代入式 (9.37), 并利用恒等式 $\boldsymbol{M}(t)\boldsymbol{M}^{-1}(t) = \boldsymbol{I}$ 得如下关系:

$$\frac{\partial \boldsymbol{q}_0}{\partial \boldsymbol{q}_t}\frac{\partial \boldsymbol{p}_0}{\partial \boldsymbol{p}_t}^{\mathrm{T}} - \frac{\partial \boldsymbol{q}_0}{\partial \boldsymbol{p}_t}\frac{\partial \boldsymbol{p}_0}{\partial \boldsymbol{q}_t}^{\mathrm{T}} = \boldsymbol{I} \tag{9.39a}$$

$$\frac{\partial \boldsymbol{q}_0}{\partial \boldsymbol{q}_t}\frac{\partial \boldsymbol{q}_0}{\partial \boldsymbol{p}_t}^{\mathrm{T}} - \frac{\partial \boldsymbol{q}_0}{\partial \boldsymbol{p}_t}\frac{\partial \boldsymbol{q}_0}{\partial \boldsymbol{q}_t}^{\mathrm{T}} = \boldsymbol{0} \tag{9.39b}$$

$$\frac{\partial \boldsymbol{p}_0}{\partial \boldsymbol{q}_t}\frac{\partial \boldsymbol{p}_0}{\partial \boldsymbol{p}_t}^{\mathrm{T}} - \frac{\partial \boldsymbol{p}_0}{\partial \boldsymbol{p}_t}\frac{\partial \boldsymbol{p}_0}{\partial \boldsymbol{q}_t}^{\mathrm{T}} = \boldsymbol{0} \tag{9.39c}$$

$$\frac{\partial \boldsymbol{p}_0}{\partial \boldsymbol{q}_t}\frac{\partial \boldsymbol{q}_0}{\partial \boldsymbol{p}_t}^{\mathrm{T}} + \frac{\partial \boldsymbol{p}_0}{\partial \boldsymbol{p}_t}\frac{\partial \boldsymbol{q}_0}{\partial \boldsymbol{q}_t}^{\mathrm{T}} = -\boldsymbol{I} \tag{9.39d}$$

将之代入到经典轨线最终位置 $\boldsymbol{q}_f$ 和动量 $\boldsymbol{p}_f$ 对参数 μ 的导数表达式 (9.21a) 和 (9.21b), 并利用导数的链规则, 有

$$\left.\frac{\partial \boldsymbol{q}_f}{\partial \mu}\right|_{\mu=0} = -\hbar\nabla_{\boldsymbol{p}_0}B_t \tag{9.40a}$$

$$\left.\frac{\partial \boldsymbol{p}_f}{\partial \mu}\right|_{\mu=0} = -\hbar\nabla_{\boldsymbol{q}_0}B_t \tag{9.40b}$$

应用导数的链规则, 式 (9.32) 实际上可以写为

$$
B_H(t) = (2\pi\hbar)^{-N} \int \mathrm{d}\boldsymbol{q}_0 \mathrm{d}\boldsymbol{p}_0 \left[B_t + \mathrm{i}(\boldsymbol{q}_0 - \hat{\boldsymbol{q}}) \cdot \left(\varGamma \frac{\partial \boldsymbol{q}_f}{\partial \mu} \bigg|_{\mu=0} \right. \right.
$$
$$
\left. \left. - \frac{1}{2\mathrm{i}\hbar} \frac{\partial \boldsymbol{p}_f}{\partial \mu} \bigg|_{\mu=0} \right) \right] \hat{G}(\boldsymbol{q}_0, \boldsymbol{p}_0) \tag{9.41}
$$

将式 (9.40) 代入并完成分步积分, 则得到最终的近似 Heisenberg 算符为[4]

$$
B_H(t) = (2\pi\hbar)^{-N} \int \mathrm{d}\boldsymbol{q}_0 \mathrm{d}\boldsymbol{p}_0 B_t
$$
$$
\times \left[\frac{2+N}{2} \hat{G}(\boldsymbol{q}_0, \boldsymbol{p}_0) - 2(\hat{\boldsymbol{q}} - \boldsymbol{q}_0) \cdot \varGamma \hat{G}(\boldsymbol{q}_0, \boldsymbol{p}_0)(\hat{\boldsymbol{q}} - \boldsymbol{q}_0) \right] \tag{9.42}
$$

最初引进参量 μ(最后取零值) 是为了获得将前向–后向演化连接在一起、易于数值处理的 "光滑" 量子传播子. 这一辅助量在简化后的 Heisenberg 算符近似表达中并没出现. 这样, 在应用无指前因子的 FBSD 方法解决实际问题时, 只需计算体系的经典轨线和相空间积分, 因此适用于多粒子体系. 此方法本质上与经典 Wigner 方法等价, 可以看出是经典 Husimi 方法[5].

9.3.2   基于其他半经典 IVR 公式的 FBSD

9.3.1 节介绍了从 HK 传播子出发如何推导没有指前因子的 FBSD. 同样的思路可以用于其他半经典传播子. 例如, 考虑下面的半经典传播子[102]:

$$
\mathrm{e}^{-\mathrm{i}\hat{H}t/\hbar} = (2\pi\hbar)^{-\frac{N}{2}} \int \mathrm{d}\boldsymbol{q}_0 \mathrm{d}\boldsymbol{p}_0 \left| \det \frac{\partial \boldsymbol{q}_t}{\partial \boldsymbol{q}_0} \right|^{\frac{1}{2}}
$$
$$
\times \mathrm{e}^{\mathrm{i}[S(\boldsymbol{q}_0, \boldsymbol{p}_0, t) + \boldsymbol{q}_0 \cdot \boldsymbol{p}_0]/\hbar} |\boldsymbol{q}_t\rangle\langle\boldsymbol{p}_0| \tag{9.43}
$$

将式 (9.43) 应用到前向–后向量子传播子 (9.15). 与以上用 HK 传播子讨论的情况类似, $-\mathrm{i}\partial\mathcal{U}/\partial\mu|_{\mu=0}$ 也可以分成三项 $B_{H_i}(t)(i=1,2,3)$, 它们的表达式分别为

$$
B_{H_1}(t) = -\mathrm{i}(2\pi\hbar)^{-\frac{N}{2}} \int \mathrm{d}\boldsymbol{q}_0 \mathrm{d}\boldsymbol{p}_0 \mathrm{e}^{\mathrm{i}\boldsymbol{q}_0 \cdot \boldsymbol{p}_0/\hbar} \frac{\partial}{\partial\mu} \left| \det \frac{\partial \boldsymbol{q}_f}{\partial \boldsymbol{q}_0} \right|^{\frac{1}{2}}_{\mu=0} |\boldsymbol{q}_0\rangle\langle\boldsymbol{p}_0|
$$

$$
B_{H_2}(t) = \frac{1}{\hbar}(2\pi\hbar)^{-\frac{N}{2}} \int \mathrm{d}\boldsymbol{q}_0 \mathrm{d}\boldsymbol{p}_0 \mathrm{e}^{\mathrm{i}\boldsymbol{q}_0 \cdot \boldsymbol{p}_0/\hbar} \frac{\partial \mathcal{S}}{\partial\mu} \bigg|_{\mu=0} |\boldsymbol{q}_0\rangle\langle\boldsymbol{p}_0|
$$

$$
B_{H_3}(t) = -\mathrm{i}(2\pi\hbar)^{-\frac{N}{2}} \int \mathrm{d}\boldsymbol{q}_0 \mathrm{d}\boldsymbol{p}_0 \mathrm{e}^{\mathrm{i}\boldsymbol{q}_0 \cdot \boldsymbol{p}_0/\hbar} \frac{\partial}{\partial\mu} |\boldsymbol{q}_f\rangle\langle\boldsymbol{p}_0| \bigg|_{\mu=0}
$$

利用式 (9.22), 指前因子对 μ 的导数可以写为

$$
\frac{\partial}{\partial\mu} \left| \det \frac{\partial \boldsymbol{q}_f}{\partial \boldsymbol{q}_0} \right|^{\frac{1}{2}}_{\mu=0} = \frac{1}{2} \boldsymbol{\nabla}_{\boldsymbol{q}_0} \frac{\partial \boldsymbol{q}_f}{\partial\mu} \bigg|_{\mu=0} \tag{9.44}
$$

因此, $B_{H_1}(t)$ 可以重写为

$$B_{H_1}(t) = -\frac{1}{2\hbar}(2\pi\hbar)^{-\frac{N}{2}} \int \mathrm{d}\boldsymbol{q}_0 \mathrm{d}\boldsymbol{p}_0 \mathrm{e}^{\mathrm{i}\boldsymbol{q}_0 \cdot \boldsymbol{p}_0/\hbar} (\boldsymbol{p}_0 - \hat{\boldsymbol{p}}) \cdot \left.\frac{\partial \boldsymbol{q}_f}{\partial \mu}\right|_{\mu=0} |\boldsymbol{q}_0\rangle\langle\boldsymbol{p}_0| \quad (9.45)$$

在推导式 (9.45) 时, 用到体系不能到无穷远边界的条件以及关系 $\hbar\nabla_{\boldsymbol{q}_0}|\boldsymbol{q}_0\rangle = -\mathrm{i}\hat{\boldsymbol{p}}|\boldsymbol{q}_0\rangle$. 对于第二项, 将式 (9.28) 代入, 得

$$B_{H_2}(t) = (2\pi\hbar)^{-\frac{N}{2}} \int \mathrm{d}\boldsymbol{q}_0 \mathrm{d}\boldsymbol{p}_0 \mathrm{e}^{\mathrm{i}\boldsymbol{q}_0 \cdot \boldsymbol{p}_0/\hbar} \left(\frac{1}{\hbar}\boldsymbol{p}_0 \cdot \left.\frac{\partial \boldsymbol{q}_f}{\partial \mu}\right|_{\mu=0} + B_t \right) |\boldsymbol{q}_0\rangle\langle\boldsymbol{p}_0| \quad (9.46)$$

通过基本的算符代数运算可知

$$\left.\frac{\partial}{\partial \mu}|\boldsymbol{q}_f\rangle\right|_{\mu=0} = -\frac{\mathrm{i}}{\hbar}\hat{\boldsymbol{p}} \cdot \left.\frac{\partial \boldsymbol{q}_f}{\partial \mu}\right|_{\mu=0} |\boldsymbol{q}_0\rangle$$

代入到第三项的表达式则给出

$$B_{H_3}(t) = -\frac{1}{\hbar}(2\pi\hbar)^{-\frac{N}{2}} \int \mathrm{d}\boldsymbol{q}_0 \mathrm{d}\boldsymbol{p}_0 \mathrm{e}^{\mathrm{i}\boldsymbol{q}_0 \cdot \boldsymbol{p}_0/\hbar}\hat{\boldsymbol{p}} \cdot \left.\frac{\partial \boldsymbol{q}_f}{\partial \mu}\right|_{\mu=0} |\boldsymbol{q}_0\rangle\langle\boldsymbol{p}_0| \quad (9.47)$$

将三项贡献合并, 有

$$B_H(t) = (2\pi\hbar)^{-\frac{N}{2}} \int \mathrm{d}\boldsymbol{q}_0 \mathrm{d}\boldsymbol{p}_0 \mathrm{e}^{\mathrm{i}\boldsymbol{q}_0 \cdot \boldsymbol{p}_0/\hbar} \left[B_t + \frac{1}{2\hbar}(\boldsymbol{p}_0 - \hat{\boldsymbol{p}}) \cdot \left.\frac{\partial \boldsymbol{q}_f}{\partial \mu}\right|_{\mu=0} \right] |\boldsymbol{q}_0\rangle\langle\boldsymbol{p}_0|$$

将式 (9.40a) 代入上式、进行分步积分, 得

$$\begin{aligned} B_H(t) =& (2\pi\hbar)^{-\frac{N}{2}} \int \mathrm{d}\boldsymbol{q}_0 \mathrm{d}\boldsymbol{p}_0 \mathrm{e}^{\mathrm{i}\boldsymbol{q}_0 \cdot \boldsymbol{p}_0/\hbar} B_t \left[\frac{2+N}{2}|\boldsymbol{q}_0\rangle\langle\boldsymbol{p}_0| \right.\\ & \left. + \frac{\mathrm{i}}{2\hbar}(\boldsymbol{p}_0 - \hat{\boldsymbol{p}}) \cdot |\boldsymbol{q}_0\rangle\langle\boldsymbol{p}_0|(\boldsymbol{q}_0 - \hat{\boldsymbol{q}}) \right] \end{aligned} \quad (9.48)$$

这样, 我们又得到一种 Heisenberg 算符的半经典近似表达. 如果使用近似 Green 函数 (9.14), 其对应的传播子如下:

$$\mathrm{e}^{-\mathrm{i}\hat{H}t/\hbar} = (2\pi\hbar)^{-\frac{N}{2}} \int \mathrm{d}\boldsymbol{q}_0 \mathrm{d}\boldsymbol{p}_0 \left|\det\frac{\partial \boldsymbol{p}_t}{\partial \boldsymbol{p}_0}\right|^{\frac{1}{2}} \times \mathrm{e}^{\mathrm{i}[S(\boldsymbol{q}_0,\boldsymbol{p}_0,t)-\boldsymbol{q}_t \cdot \boldsymbol{p}_t]/\hbar}|\boldsymbol{p}_t\rangle\langle\boldsymbol{q}_0|$$

重复以上的推导过程, 可得 Heisenberg 算符的近似为

$$\begin{aligned} B_H(t) =& (2\pi\hbar)^{-\frac{N}{2}} \int \mathrm{d}\boldsymbol{q}_0 \mathrm{d}\boldsymbol{p}_0 \mathrm{e}^{-\mathrm{i}\boldsymbol{q}_0 \cdot \boldsymbol{p}_0/\hbar} B_t \\ & \times \left[\frac{2+N}{2}|\boldsymbol{q}_0\rangle\langle\boldsymbol{p}_0| - \frac{\mathrm{i}}{2\hbar}(\boldsymbol{q}_0 - \hat{\boldsymbol{q}}) \cdot |\boldsymbol{p}_0\rangle\langle\boldsymbol{q}_0|(\boldsymbol{p}_0 - \hat{\boldsymbol{p}}) \right] \end{aligned} \quad (9.49)$$

显然, 式 (9.48) 和式 (9.49) 互为厄米共轭. 和 9.3.1 节从 HK 近似得到的结果一样, 它们本质上都是准经典近似, 都不能描述量子效应较强的情况. 9.33 节讨论如果在这些简单近似的基础上发展更准确的方法.

9.3.3　基于相互作用表象的量子–FBSD 方法

对许多模型的实际测试表明, 无指前因子 FBSD 方法可以用于计算量子效应不强的多维非线性体系的动力学. 不过, 由于没有考虑前向和后向经典轨线的干涉, FBSD 在深量子区域无能为力. 最明显的例子是它不能描述粒子在双势阱中运动的量子相干效应. 因为量子效应在小体系、低能量区域更明显, 所以一般来说随着体系的增大、自由度之间相互作用的增加, 体系的性质会向经典区域过渡. 为了比较准确地研究多维体系的量子效应, 一个可行的理论方案为将准确量子力学计算与 FBSD 相结合. 在此方案中, 总哈密顿量被分为两个部分: H_0 和 H_{int}. 前者表示显示体系量子性质的子体系; 后者表示其余部分. 如果用准确动力学计算处理由 H_0 确定的量子演化而用近似的 FBSD 处理其他自由度的影响, 则预计会得到不错的结果. 为了实现这一量子–FBSD 方案, 首先需要将体系的总传播子写为

$$U(t) = \tilde{U}(t)U_0(t) \tag{9.50a}$$

其中

$$U_0(t) = \mathrm{e}^{-\mathrm{i}H_0 t/\hbar} \tag{9.50b}$$

是对应于量子子体系 H_0 的传播子, $\tilde{U}(t)$ 是相互作用表象下的体系传播子. 后者服从下面的运动方程

$$\mathrm{i}\hbar\frac{\partial}{\partial t}\tilde{U}(t) = \tilde{U}(t)\tilde{H}_{\text{int}}(t) \tag{9.50c}$$

其中

$$\tilde{H}_{\text{int}}(t) = U_0(t)H_{\text{int}}U_0^{\dagger}(t) \tag{9.50d}$$

是 H_{int} 的相互作用表象. $\tilde{U}(t)$ 的初始条件为 $\tilde{U}(0) = 1$.

借助于相互作用表象, Heisenberg 算符可以写为

$$B_{\text{H}}(t) = U_0^{\dagger}(t)\tilde{U}^{\dagger}(t)B\tilde{U}(t)U_0(t) \equiv U_0^{\dagger}(t)\tilde{B}_{\text{H}}(t)U_0(t) \tag{9.51}$$

因此, 相互作用表象传播子

$$\tilde{U}(t) = U(t)U_0^{\dagger}(t) \tag{9.52}$$

包含两步连续演化. 第一步为由子体系 H_0 确定的反向运动, 第二步是总体系沿着时间 $-t \to 0$ 的演化. 直接利用 FBSD 公式 (9.42) 可得 $\tilde{B}_H(t)$ 的近似表达式. 此时, 所涉及的经典动力学由量子传播子 (9.52) 确定. 因此, 经典轨线的运动可以分为不同的五步[3,106~108]: 第一步, 从时间 0 到 $-t$, 由子体系的哈密顿量 H_0 确定; 第二步, 从 $-t$ 演化到 0, 由总体系的哈密顿量确定; 第三步, 体系按照式 (9.18) 发

生瞬间跳跃；第四步，从 0 到 $-t$ 的反向演化，由 H_0 确定；第五步，从时间 $-t$ 到 0，由 H_0 确定. 这样，Heisenberg 算符的近似表达式为

$$
\begin{aligned}
B_H(t) =& (2\pi\hbar)^{-N} \int \mathrm{d}\boldsymbol{q}_0 \int \mathrm{d}\boldsymbol{p}_0 B_t U_0^\dagger(t) \\
& \times \left[\frac{2+N}{2} \hat{G}(\boldsymbol{q}_0, \boldsymbol{p}_0) - 2(\hat{\boldsymbol{q}} - \boldsymbol{q}_0) \cdot \Gamma \hat{G}(\boldsymbol{q}_0, \boldsymbol{p}_0)(\hat{\boldsymbol{q}} - \boldsymbol{q}_0) \right] U_0(t)
\end{aligned}
$$

量子–FBSD 方法最早用于模拟耗散双势阱模型的动力学[3]. 当然，在实际应用时，自然需要考虑如何从总体系中划分出量子部分，因为划分恰当与否直接影响近似的效果. 例如，如果选择的量子部分过大，那么就无法进行准确的动力学计算. 一般来说，所研究的问题本身可以提供确定量子部分的线索. 例如，在文献 [3] 所研究的体系中，孤立的双势阱为需要准确处理的量子部分，而其余部分则包括谐振子热库和与双势阱的相互作用项[3]. 计算结果表明，量子–FBSD 方法可以比较准确地描述弱耗散情况下的隧穿动力学过程. 这样的结果并不令人惊奇，因为当选择的量子体系和其他自由度没有相互作用时，这一方法是准确的.

无指前因子的 FBSD 近似为发展多维体系量子动力学理论方法提供了一种思路. 和传统的经典 Wigner 相似，这一方法对线性体系是准确的. 许多实例表明，FBSD 方法可以描述非线性不强、时间不太长的多粒子体系，如水分子四聚体的动力学[2]. 不过，需要再次强调的是，简单的 FBSD 方法虽然可以处理多自由度体系，但由于其忽略了太多的干涉效应，难以有效地描述量子效应突出的动力学行为. 因此，研究量子特征明显的多维体系动力学还需要将 FBSD 与准确方法相结合. 具体应用 FBSD 的计算机实现以及相空间积分的一些有效算法参见本章所列的文献.

9.4 热平衡算符的时间演化高斯近似 TEGA

与实时量子演化相比，虚时量子演化本质上没有微观波动性导致的振荡结果，因此相对来说易于处理. 这也是过去几十年用路径积分 Monte Carlo 方法研究多体热力学性质获得成功的原因[86]. 然而，当研究体系的光谱和其他动态性质时，不仅需要知道平衡算符或密度矩阵，而且还要和量子实时演化联系在一起. 因此，发展有效的近似方法处理多维体系热平衡算符仍然十分必要.

对于由哈密顿量 (9.2) 描述的一般体系，Mandelshtm 等提出 $\mathrm{e}^{-\beta\hat{H}}$ 近似表达如下：

$$
\left\langle \boldsymbol{x} \left| \hat{K}_0(\tau) \right| \boldsymbol{q}_0 \right\rangle = \frac{(2\pi)^{-N/2}}{|\det \mathcal{G}(\tau)|^{1/2}} \exp\left\{ -\frac{1}{2} [\boldsymbol{x} - \boldsymbol{q}(\tau)] \cdot \mathcal{G}(\tau)^{-1} [\boldsymbol{x} - \boldsymbol{q}(\tau)] + \gamma(\tau) \right\}
$$

$$(9.53)$$

式中: $\mathcal{G}(\tau)$ 为具有正本征值的 $N \times N$ 对称矩阵. 为了保证在无穷高温时 $\tau \to 0$, 平衡算符变为单位算符, 需要引入初始条件

$$\boldsymbol{q}(\tau \simeq 0) = \boldsymbol{q}_0, \quad \mathcal{G}(\tau \simeq 0) = \hbar^2 \tau I, \quad \gamma(\tau \simeq 0) = -\tau V(\boldsymbol{q}_0) \tag{9.54}$$

为了寻求三个变量与 "时间" τ 的依赖关系, Frantsuzov 和 Mandelshtam(FM) 利用变分方法, 得到三个运动方程为

$$\frac{\mathrm{d}}{\mathrm{d}\tau}\mathcal{G}(\tau) = -\mathcal{G}(\tau) \left\langle \nabla\nabla^{\mathrm{T}} V(\boldsymbol{q}(\tau)) \right\rangle \mathcal{G}(\tau) + \hbar^2 I \tag{9.55a}$$

$$\frac{\mathrm{d}}{\mathrm{d}\tau}\boldsymbol{q}(\tau) = -\mathcal{G}(\tau) \left\langle \nabla V(\boldsymbol{q}(\tau)) \right\rangle \tag{9.55b}$$

$$\frac{\mathrm{d}}{\mathrm{d}\tau}\gamma(\tau) = -\frac{1}{4}\mathrm{Tr}\left[\left\langle \nabla\nabla^{\mathrm{T}} V(\boldsymbol{q}(\tau)) \right\rangle \mathcal{G}(\tau)\right] - \left\langle V(\boldsymbol{q}(\tau)) \right\rangle \tag{9.55c}$$

其中尖括号表示 Gauss 平均, 即对任意 $h(\boldsymbol{q})$, 有

$$\langle h(\boldsymbol{q}) \rangle = \left(\frac{1}{\pi}\right)^{\frac{N}{2}} \frac{1}{|\det(\mathcal{G}(\tau))|} \int \mathrm{d}\boldsymbol{x} \exp\left\{-\left[(\boldsymbol{x} - \boldsymbol{q}(\tau)] \cdot \mathcal{G}(\tau)^{-1}\left[\boldsymbol{x} - \boldsymbol{q}(\tau)\right]\right\} h(\boldsymbol{x}) \tag{9.56}$$

为了对由式 (9.55) 描述的虚时演化运动有一基本的认识, 首先推导出其加速度方程:

$$\ddot{\boldsymbol{q}}(t) + \left\langle \nabla V(\boldsymbol{q}(t)) \right\rangle + \left[\frac{2}{\hbar}\mathcal{G}(t) \left\langle \nabla\nabla^{\mathrm{T}} V(\boldsymbol{q}(t)) \right\rangle \mathcal{G}(t)\right] \dot{\boldsymbol{q}}(t) = 0 \tag{9.57}$$

其中选取的时间 $t = \hbar\tau$. 因此, Gauss 波包中心的演化相当于一个粒子在平均势 $\langle V(\boldsymbol{q}(t)) \rangle$ 中受到量子阻尼 $\frac{2}{\hbar}\mathcal{G}(t) \left\langle \nabla\nabla^T V(\boldsymbol{q}(t)) \right\rangle \mathcal{G}(t)$ 的经典运动. 阻尼项的量子根源十分明显, 因为在经典极限 $\hbar \to 0$ 下, Gauss 波包宽度矩阵 $\mathcal{G}(t)$ 为零, 阻尼项消失.

注意, 热平衡算符 $\hat{K}(\tau)$ 是厄米的, 即它满足 $\left\langle \boldsymbol{x} \left| \hat{K}(\tau) \right| \boldsymbol{x}' \right\rangle = \left\langle \boldsymbol{x}' \left| \hat{K}(\tau) \right| \boldsymbol{x} \right\rangle$. 然而, TEGA 表示 (9.53) 并不能保证 $\hat{K}(\tau)$ 的厄米性. 这一缺陷导致 TEGA 的准确性大大降低. 为了解决此问题, FM 利用 $\hat{K}(\tau) = \hat{K}(\tau/2)^2$ 来构造对称化的 TEGA 如下:

$$\left\langle \boldsymbol{x} \left| \hat{K}_{sym}(\tau) \right| \boldsymbol{x}' \right\rangle = \left(\frac{1}{2\pi}\right)^N \int \mathrm{d}\boldsymbol{q} \frac{\exp\left[2\gamma(\tau/2)\right]}{|\det(\mathcal{G}(\tau/2))|}$$

$$\times \exp\left\{-\frac{1}{2}\left[\boldsymbol{x} - \boldsymbol{q}(\tau/2)\right] \cdot \mathcal{G}(\tau/2)^{-1}\left[\boldsymbol{x} - \boldsymbol{q}(\tau/2)\right]\right\}$$

$$\times \exp\left\{-\frac{1}{2}\left[\boldsymbol{x}' - \boldsymbol{q}(\tau/2)\right] \cdot \mathcal{G}(\tau/2)^{-1}\left[\boldsymbol{x}' - \boldsymbol{q}(\tau/2)\right]\right\} \tag{9.58}$$

其中 $\mathcal{G}(\tau/2)$, $\boldsymbol{q}(\tau/2)$ 以及 $\gamma(\tau/2)$ 同样服从方程 (9.55). 这样, 热平衡算符级数展开为

$$\left\langle \boldsymbol{x} \left| \hat{K}(\tau) \right| \boldsymbol{x}' \right\rangle = \sum_{i,j=0}^{\infty} \int \mathrm{d}\boldsymbol{y} \left\langle \boldsymbol{x} \left| \hat{K}_i(\tau/2) \right| \boldsymbol{y} \right\rangle \left\langle \boldsymbol{y} \left| \hat{K}_j(\tau/2) \right| \boldsymbol{x}' \right\rangle \tag{9.59}$$

如果级数 (9.63) 和 (9.64) 都给出收敛的结果, 则热平衡算符的这两种展开都是准确的. 可以证明, 两种展开当 $\hbar \to 0$ 都回到经典极限, 此时, TEGA 变为相空间中的分布而修正算符消失为零. 注意, 两者在相同级别截断时结果并不相同. 因此, 实际应用时要考虑计算量和准确度之间的平衡.

一般而言, 通过变分方法得到的近似结果难以进行系统的改善. 为了得到更好的结果, 则需要采用微扰方法. 为了更好地理解和改进时间演化 Gauss 波包近似, 我们将借助实时演化传播子的微扰展开方法[7] 进行讨论. 该方法的基本思想十分简单. 它通过准确的运动方程和给定形式、但含有随时间变化的未知 "经典" 量的近似传播子, 引入 "小量" 修正算符, 从而将准确传播子表示为修正算符的级数形式. 不同近似传播子的精度可以通过它们的修正算符来反映. 而且, 一旦要求近似传播子对于线性体系是准确的, 就可以确定其中的经典量的演化方程. 这样, 不仅构造出近似的传播子, 而且也得到准确传播子的级数表示.

现在利用这一方法考虑虚时演化. 准确的热平衡算符满足 Bloch 方程, 即

$$\left(-\frac{\partial}{\partial \tau} - \hat{H}\right) \hat{K}(\tau) = 0, \quad \hat{K}(0) = I \tag{9.60}$$

定义一修正算符[7]

$$\hat{C}(\tau) \equiv \left(-\frac{\partial}{\partial \tau} - \hat{H}\right) \hat{K}_0(\tau) \tag{9.61}$$

如果将 $\hat{C}(\tau)$ 当作外场, 则准确的热平衡算符 $\hat{K}(t)$ 是方程 (9.61) 齐次部分的解或 Green 函数. 这样, $\hat{K}(t)$ 和 $\hat{K}_0(t)$ 满足下面的关系:

$$\hat{K}_0(\tau) = \hat{K}(\tau) - \int_0^\tau \mathrm{d}\tau' \hat{K}(\tau - \tau') \hat{C}(\tau') \tag{9.62}$$

现在, 将 TEGA 即式 (9.53) 看成热平衡算符 $\hat{K}(\tau)$ 比较准确的近似, 则修正因子 $\hat{C}(\tau)$ 可以看成是一小量. 这样, 可将 $\hat{K}(\tau)$ 展开成 $\hat{C}(\tau)$ 的级数, 即

$$\hat{K}(\tau) = \sum_{j=0}^\infty \hat{K}_j(\tau) \tag{9.63}$$

其中假定 $\hat{K}_j(\tau) \sim \hat{C}(\tau)^j$. 将此级数带入到积分表示式 (9.62), 并令两端含相同幂次修正因子的项相等, 则得到如下循环关系:

$$\hat{K}_{j+1}(\tau) = \int_0^\tau \mathrm{d}\tau' \hat{K}_j(\tau - \tau') \hat{C}(\tau'), \quad j \geqslant 0 \tag{9.64}$$

这就是平衡算子的级数表示, 其中 TEGA 为其主要贡献项. 为了得到 FM 形式的 TEGA, 考虑修正算符的矩阵元:

$$\left\langle \boldsymbol{x} \left| \hat{C}(\tau) \right| \boldsymbol{q}_0 \right\rangle = \Delta E\left(\boldsymbol{x}, \boldsymbol{q}_0, \tau\right) \left\langle \boldsymbol{x} \left| \hat{K}_0(\tau) \right| \boldsymbol{q}_0 \right\rangle \tag{9.65}$$

其中能量函数 $\Delta E(\boldsymbol{x}, \boldsymbol{q}_0, \tau)$ 为

$$\Delta E = \frac{1}{2}\frac{\partial}{\partial\tau}\ln|\det(\mathcal{G}(\tau))| + \frac{1}{2}[\boldsymbol{x} - \boldsymbol{q}(\tau)] \cdot \frac{\partial}{\partial\tau}\mathcal{G}^{-1}(\tau)[\boldsymbol{x} - \boldsymbol{q}(\tau)]$$

$$- \frac{1}{2}\left\{\frac{\partial\boldsymbol{q}(\tau)}{\partial\tau} \cdot \mathcal{G}^{-1}(\tau)[\boldsymbol{x} - \boldsymbol{q}(\tau)] + [\boldsymbol{x} - \boldsymbol{q}(\tau)] \cdot \mathcal{G}^{-1}(\tau)\frac{\partial\boldsymbol{q}(\tau)}{\partial\tau}\right\} - \frac{\partial\gamma(\tau)}{\partial\tau}$$

$$- \frac{\hbar^2}{2}\mathrm{Tr}[\mathcal{G}^{-1}(\tau)] - \frac{\hbar^2}{2}[\boldsymbol{x} - \boldsymbol{q}(\tau)] \cdot \mathcal{G}^{-2}(\tau)[\boldsymbol{x} - \boldsymbol{q}(\tau)] - V(\boldsymbol{x}) \tag{9.66}$$

将势能函数用 Gauss 平均势能函数和其导数展开, 得

$$V(\boldsymbol{x}) = \langle V(\boldsymbol{q}(\tau))\rangle + \frac{1}{2}\{\langle\nabla V(\boldsymbol{q}(\tau))\rangle \cdot [\boldsymbol{x} - \boldsymbol{q}(\tau)]$$

$$+ [\boldsymbol{x} - \boldsymbol{q}(\tau)] \cdot \langle\nabla V(\boldsymbol{q}(\tau))\rangle\}$$

$$+ \frac{1}{2}[\boldsymbol{x} - \boldsymbol{q}(\tau)] \cdot \langle\nabla\nabla^T V(\boldsymbol{q}(\tau))\rangle[\boldsymbol{x} - \boldsymbol{q}(\tau)]$$

$$- \frac{1}{4}\mathrm{Tr}\left[\langle\nabla\nabla^T V(\boldsymbol{q}(\tau))\rangle\mathcal{G}(\tau)\right] + \langle V_1(\boldsymbol{x}, \boldsymbol{q}, \tau)\rangle \tag{9.67}$$

其中平均后的非线性部分以 $\langle V_1(\boldsymbol{x}, \boldsymbol{q}, \tau)\rangle$ 表示. 为了确定 $\boldsymbol{q}(\tau)$、$\mathcal{G}(\tau)$ 和 $\gamma(\tau)$ 三个量随时间的运动方程, 必须要求能量函数 $\Delta E(\boldsymbol{x}, \boldsymbol{q}_0, \tau)$ 中不包含低阶贡献, 即 $[\boldsymbol{x} - \boldsymbol{q}(\tau)]^j, j \leqslant 2$ 为零. 这样, 就得到 FM 建议的 TEGA 所满足的运动方程 (9.55). 实际上, 令 $[\boldsymbol{x} - \boldsymbol{q}(\tau)]$ 的二次项系数为零则给出方程 (9.55a); 令其线性项的系数为零, 则导致方程 (9.55b); 而令其零阶项消失以及方程 (9.55a), 则导出方程 (9.55c). 在此情况下, 修正算符的矩阵元为

$$\left\langle \mathbf{x}\left|\hat{C}(\tau)\right|\boldsymbol{q}_0\right\rangle = \langle V_1(\boldsymbol{x}, \boldsymbol{q}, \tau)\rangle\left\langle \boldsymbol{x}\left|\hat{K}_0(\tau)\right|\boldsymbol{q}_0\right\rangle \tag{9.68}$$

从式 (9.68) 立即可以看出, TM 的 TEGA 形式对于谐振子势是准确的.

为了得到一般的 TEGA 方法, 引入归一化的平均函数 $f(\boldsymbol{q} - \boldsymbol{x})$:

$$\widetilde{V}_f(\boldsymbol{q}) = \int \mathrm{d}\boldsymbol{x} f(\boldsymbol{q} - \boldsymbol{x})V(\boldsymbol{x}) \tag{9.69}$$

进一步假设 f 对应于一个归一且对 $\boldsymbol{q} - \boldsymbol{x}$ 对称的逆函数 f^{-1}. 这样, 便有

$$V(\boldsymbol{x}) = \int \mathrm{d}\boldsymbol{q} f^{-1}(\boldsymbol{q} - \boldsymbol{x})\widetilde{V}_f(\boldsymbol{q}) \tag{9.70}$$

将 $V(\boldsymbol{x})$ 对 f 平均做级数展开, 得

$$V(\boldsymbol{x}) = \widetilde{V}_f(\boldsymbol{q}(\tau)) + [\boldsymbol{x} - \boldsymbol{q}(\tau)] \cdot \nabla\widetilde{V}_f(\boldsymbol{q}(\tau)) + \frac{1}{2}[\boldsymbol{x} - \boldsymbol{q}(\tau)] \cdot \nabla\nabla^T\widetilde{V}_f(\boldsymbol{q}(\tau))[\boldsymbol{x} - \boldsymbol{q}(\tau)]$$

$$+ \frac{1}{2}\int \mathrm{d}\boldsymbol{x} f^{-1}(\boldsymbol{x} - \boldsymbol{q})(\boldsymbol{x} - \boldsymbol{q}) \cdot \nabla\nabla^T\widetilde{V}_f(\boldsymbol{q}(\tau))(\boldsymbol{x} - \boldsymbol{q})$$

$$+ \frac{1}{2} \int \mathrm{d}\boldsymbol{x} f^{-1}(\boldsymbol{x} - \boldsymbol{q}) \widetilde{V}_{f_1}(\boldsymbol{q}(\tau), \boldsymbol{x}) \tag{9.71}$$

式中: $\widetilde{V}_{f_1}(\boldsymbol{q}(\tau), \boldsymbol{x})$ 表示 $\widetilde{V}_f(\boldsymbol{q})$ 关于 $\boldsymbol{q}(\tau)$ 展开的非线性项. 带入能量式由式 (9.66) 确定的能量方程 $\Delta E(\boldsymbol{x}, \boldsymbol{q}_0, \tau)$, 并令 $(\boldsymbol{x} - \boldsymbol{q}(\tau))^j$ $(j \leqslant 2)$ 的系数为零, 则有

$$\frac{\mathrm{d}}{\mathrm{d}\tau} \mathcal{G}(\tau) = -\mathcal{G}(\tau) \nabla \nabla^{\mathrm{T}} \widetilde{V}_f(\boldsymbol{q}(\tau)) \mathcal{G}(\tau) + \hbar^2 I \tag{9.72a}$$

$$\frac{\mathrm{d}}{\mathrm{d}\tau} \boldsymbol{q}(\tau) = -\mathcal{G}(\tau) \nabla \widetilde{V}_f(\boldsymbol{q}(\tau)) \tag{9.72b}$$

$$\frac{\mathrm{d}}{\mathrm{d}\tau} \gamma(\tau) = +\frac{1}{2} \int \mathrm{d}\boldsymbol{x} f^{-1}(\boldsymbol{x} - \boldsymbol{q})(\boldsymbol{x} - \boldsymbol{q}) \cdot \nabla \nabla^{\mathrm{T}} \widetilde{V}_f(\boldsymbol{q}(\tau))(\boldsymbol{x} - \boldsymbol{q})$$
$$- \frac{1}{2} \mathrm{Tr} \left[\nabla \nabla^{\mathrm{T}} \widetilde{V}_f(\boldsymbol{q}(\tau)) \mathcal{G}(\tau) \right] - \widetilde{V}(\boldsymbol{q}(\tau)) \tag{9.72c}$$

这样, 修正算符的矩阵元为

$$\left\langle \boldsymbol{x} \left| \hat{C}(\tau) \right| \boldsymbol{q}_0 \right\rangle = \widetilde{V}_{f_1}(\boldsymbol{x}, \boldsymbol{q}_0, \tau) \left\langle \boldsymbol{x} \left| \hat{K}_{0_f}(\tau) \right| \boldsymbol{q}_0 \right\rangle \tag{9.73}$$

作为一个简单的例子, 选取 f 为多维 Dirac δ 函数, 即 $\delta(\boldsymbol{x} - \boldsymbol{q})$. 可以立刻得到 $\widetilde{V}_f(\boldsymbol{q}(\tau)) = V(\boldsymbol{q}(\tau))$. 这样, 方程 (9.72a) 和 (9.72b) 仍然保持原来的简单形式, 而方程 (9.72c) 简化为

$$\frac{\mathrm{d}}{\mathrm{d}\tau} \gamma(\tau) = -\frac{1}{2} \mathrm{Tr} \left[\nabla \nabla^{\mathrm{T}} V(\boldsymbol{q}(\tau)) \mathcal{G}(\tau) \right] - V(\boldsymbol{q}(\tau)) \tag{9.74}$$

相应的修正算符也变得十分简单, 其表达式为

$$\left\langle \boldsymbol{x} \left| \hat{C}(\tau) \right| \boldsymbol{q}_0 \right\rangle = V_1(\boldsymbol{x}, \boldsymbol{q}_0, \tau) \left\langle \boldsymbol{x} \left| \hat{K}_0(\tau) \right| \boldsymbol{q}_0 \right\rangle \tag{9.75}$$

在此情况下, 这一非线性项 $V_1(\boldsymbol{x}, \boldsymbol{q}_0, \tau)$ 就是势能函数 $V(\boldsymbol{x})$ 关于 $\boldsymbol{q}(\tau)$ 的 Taylor 级数展开的非线性部分:

$$V_1(\boldsymbol{x}, \boldsymbol{q}_0, \tau) = \sum_{j=3}^{\infty} \frac{\left\{ [\boldsymbol{x} - \boldsymbol{q}(\tau)] \cdot \nabla_{\boldsymbol{q}(\tau)} \right\}^j}{j!} V(\boldsymbol{q}(\tau)) \tag{9.76}$$

式中: $\boldsymbol{q}(\tau)$ 为 Gauss 波包在 τ 时中心位置. 这一形式 TEGA 的优点在于无需对势能函数进行 Gauss 平均, 因此大大减少了计算量. 不过, TEGA 级数的收敛性是否得到改善需要进一步的研究.

9.5　结论和展望

量子力学的半经典理论的发展有相当长的历史. 过去, 人们主要把它作为从经典概念出发理解量子现象的工具以及连接宏观和微观世界的桥梁, 即其意义在于概

念方面. 例如, 早期的 WKB 是对可积体系量子化的有用工具, 而后来发展的 VV 方法可以用于非可积体系. 这样, 半经典近似自然地成为研究经典混沌现象在量子层次反映的不可或缺的手段. 近年来, 由于激光技术的广泛使用, 凝聚相化学动力学实验得到快速发展. 但目前还没有有效的理论手段和计算方法研究大分子体系的量子动力学. 因此, 化学物理学家发展半经典近似方法的目的更在于实用性. 对模型体系的大量研究表明, 量子传播子的半经典近似, 特别是初值表示方法, 在很多情况下都能给出定量或半定量结果. 不过, 计算半经典传播子不仅需要确定经典轨线, 而且还必须计算由稳定性矩阵元素构成的行列式. 这样, 计算量随体系的增加也会迅速增大. 此外, 同精确的量子传播子一样, 半经典近似也显示强烈的振荡特征, 从而造成物理量的计算难以收敛. 由于量子运动的内在波动性, 无论是准确的还是近似的传播子都有振荡结构, 从而对数值计算带来所谓符号困难.

　　因为人们通常关心物理量而非波函数本身随时间的变化, 所以需要处理对应于瞬时物理量的 Heisenberg 算符. 但后者包含正向和反向两个传播子, 因此符号问题更为严重. 解决这一问题的方法之一是把 Heisenberg 算符当为一个整体传播子, 即把前向与后向演化一起考虑. 可以预期, 这样的处理可以使两个方向传播产生的振荡得到部分抵消. 利用微分形式和 Herman-Kluk 等半经典传播子, 我们曾提出了无指前因子的前向–后向半经典技术和与准确量子力学计算结合的方案, 这些方法成功地用于模拟含有几十个自由度的水分子簇和耗散隧穿动力学过程. 本质上, 前向–后向半经典理论与相空间量子力学的经典 Wigner 近似或准经典轨线方法的近似程度相当. 例如, 基于 Herman-Kluk 传播子的前向–后向结果等同于经典 Husimi 近似, 即量子力学在 Husimi 相空间表示的零级准经典近似.

　　半经典近似是以 Planck 常量作小参量对传播子进行渐进展开的结果, 它在量子效应不突出的情况下十分准确. 因此, 如何系统地改进半经典方法的有效性使其能够描述深度量子效应也是一个极为重要的问题. 与 Pollak 教授合作, 我们建议用微扰方法改进半经典传播子的初值表示的准确性. 对双势阱中的量子相干效应研究表明, 在短时间内它的确可以提高半经典近似的准确性. 特别是, 微扰方法成功地用于量子隧穿效应的准确计算, 改变了人们一直认为实经典轨线无法描述量子隧穿的观念. 虽然本章没有直接这方面的工作, 即实时演化半经典微扰展开, 但是我们详细地讨论了虚时演化即热平衡算符的微扰处理方法, 它们本质上是相同的. 对于给定近似传播子的初值表示, 则可用微扰展开方法获得准确传播子对小修正量的级数形式. 如果只给出近似传播子的函数形式, 则微扰方法也可用于确定其中的函数随时间运动的方程, 从而得到初值表示结果. 对 Mandelshtam 提出的时间演化高斯波包近似进行微扰处理发现, 该类近似还存在更简单、易于计算的其他方式.

　　本章主要总结了作者和合作者近来发展的没有指前因子的前向–后向半经典近似方法和时间演化 Gauss 波包近似. 这些工作的目标是探索能有效描述多自由度

体系量子效应的实用计算手段. 到目前为止, 真正能用于研究大体系实时动力学的还仅限于经典 Wigner 近似以及类同的 (或准经典) 方法. 准经典方法只需要确定经典轨线和相空间积分, 而后者是所有半经典初值表示的必要一步, 因此非常容易应用. 遗憾的是, 这类方法对深层量子效应如隧穿等无能为力. 因此, 在准经典近似的基础上发展更准确且实用的方法具有十分重要的意义. 我们提出的与准确量子处理相结合是一种思路, 但此方法只适合量子体系和其他自由度间耦合较弱的情况. 此外, 虽然已经得到了简单的热平衡算符时间演化 Gauss 波包近似, 但使之有效地与实时演化结合并用于实际凝聚相体系动力学和光谱计算还有许多工作等待完成.

致谢 感谢严运安博士的帮助. 本工作得到国家自然科学基金委员会、科技部和中国科学院的支持.

参 考 文 献

[1] Shao J, Makri N. J. Phys. Chem. A, 1999, 103(1):7753

[2] Shao J, Makri N. J. Phys. Chem. A, 1999, 103(2):9479

[3] Shao J, Makri N. J. Chem. Phys., 2000, 113:3681

[4] Makri N, Shao J. Semiclassical Time Evolution in the Forward-Backward Stationary-Phase Limit. In: Hoffman R, Dyall K G eds. Low-Lying Potential Energy Surfaces. Washington: American Chemical Society, 2002. 400~417

[5] Shao J. J. Chin. Chem. Soc., 2003, 50:641

[6] Yan Y, Shao J. J. Theo. Comp. Chem., 2003, 2:419

[7] Pollak E, Shao J. J. Phys. Chem. A, 2003, 107:7117

[8] Shao J, Pollak E. J. Chem. Phys., 2006, 125:133502

[9] Thoss M, Wang H. Ann. Rev. Phys. Chem., 2004, 55:299

[10] Kay K G. Ann. Rev. Phys. Chem., 2005, 56:255

[11] Miller W H. J. Chem. Phys., 2006, 125:132305

[12] Heller E J. Acc. Chem. Res., 2006, 39:127

[13] Feit M D, Fleck J A. J. Comput. Phys., 1982, 47:412

[14] a. Wentzel G. Z. Phys., 1926, 38:518; b. Kramers H. Z. Phys., 1926, 39:828; c. Brillouin L. Compt. Rend., 1926, 183:24

[15] Van Vleck J H. Proc. Natl. Acad. Sci., 1928, 14:178

[16] Schweber S. Ann. Phys., 1967, 41:205

[17] Morette C. Phys. Rev., 1951, 81:848

[18] Gutzwiller M C. J. Math. Phys., 1967, 8:1979

[19] Maslov V P, Fedoriuk M V. Semi-Classical Approximation in Quantum mechanics. Boston: Reidel, 1981

[20] Miller W H. Adv. Chem. Phys., 1974, 25:69

[21] Miller W H. J. Chem. Phys., 1970, 53:3578

[22] Miller W H. J. Chem. Phys., 1991, 95:9428

[23] Heller E J. J. Chem. Phys., 1975, 62:1544

[24] Tomsovic S, Heller E J. Phys. Rev. Lett., 1991, 67:664

[25]　Oconnor P W, Tomsovic S, Heller E J.　Physica D, 1992, 55:10433

[26]　Sepúlveda M A, Tomsovic S, Heller E J.　Phys. Rev. Lett., 1992, 69:402

[27]　Oconnor P W, Tomsovic S, Heller E J.　J. Stat. Phys., 1992, 68:131

[28]　Sridhar S, Heller E J.　Phys. Rev. A, 1992, 46:R1728

[29]　Tomsovic S, Heller E J.　Phys. Rev. Lett., 1993, 70:1405

[30]　Heller E J.　J. Phys. Chem. A, 1999, 103:10433

[31]　Kay K G.　J. Chem. Phys., 1994, 100:4432

[32]　Kay K G.　J. Chem. Phys., 1994, 100:4377

[33]　Kay K G.　J. Chem. Phys., 1994, 101:2250

[34]　Zor D, Kay K G.　Phys. Rev. Lett., 1996, 76:1990

[35]　Kay K G.　J. Chem. Phys., 1997, 107:2313

[36]　Madhusoodanan M, Kay K G. J. Chem. Phys., 1998, 109:2644

[37]　Elran Y, Kay K G. J. Chem. Phys., 1999, 110:3653

[38]　Elran Y, Kay K G.　J. Chem. Phys., 1999, 110:8912

[39]　Kay K G.　Phys. Rev. Lett., 1999, 83:5190

[40]　Elran Y, Kay K G.　J. Chem. Phys., 2001, 114:4362

[41]　Kay K G.　J. Phys. Chem. A, 2001, 105:2535

[42]　Elran Y, Kay K G.　J. Chem. Phys., 2002, 116:10577

[43]　Sklarz T, Kay K G.　J. Chem. Phys., 2002, 117:5988

[44]　Herman M F, Kluk E.　Chem. Phys., 1984, 91:27

[45]　Kluk E, Herman M F, Davis H L.　J. Chem. Phys., 1986, 84:326

[46]　Herman M F.　J. Chem. Phys., 1986, 85:2069

[47]　Grossmann F, Xavier Jr. A L.　Phys. Lett. A, 1998, 243:243

[48]　Miller W H.　Mol. Phys., 2002, 100:397

[49]　Kay K G.　Chem. Phys., 2006, 322:3

[50]　Baranger M, de Aguiar M, Keck F et al.　J. Phys. A: Math. Gen., 2001, 34:7227

[51]　Grossmann F, Herman M R.　J. Phys. A: Math. Gen., 2002, 35:9489

[52]　Baranger M, de Aguiar M A M, Keck F et al. J. Phys. A: Math. Gen., 2002, 35:9493

[53]　Baranger M, de Aguiar M A M, Korsch H J.　J. Phys. A: Math. Gen., 2003, 36:9795

[54]　Zhang S, Pollak E.　Phys. Rev. Lett., 2003, 91:190201

[55]　Zhang S, Pollak E.　J. Chem. Phys., 2004, 121:3384

[56]　Zhang S, Pollak E.　J. Chem. Theo. Comp., 2005, 1:345

[57]　Martin-Fierro E, Pollak E.　J. Chem. Phys., 2006, 125:164104

[58]　Moyal J E.　Proc. Cambridge Philos. Soc., 1949, 45:99

[59]　Wigner E.　Phys. Rev., 1932, 40:749

[60]　Bund G W, Mizrahi S S, Tijero M C.　Phys. Rev. A, 1996, 53:1191

[61]　Osborn T A, Molzahn F H.　Ann. Phys., 1995, 241:79

[62]　McQuarrie B R, Osborn T A, Tabisz G C.　Phys. Rev. A, 1998, 58:2944

[63]　Molzahn F H, Osborn T A.　Ann. Phys., 1994, 230:343

[64]　Barvinsky A O, Osborn T A, Gusev Y V.　J. Math. Phys., 1995, 36:30

[65]　Lee H W, Scully M O.　J. Chem. Phys., 1980, 73:2238

[66]　Lee H W, Scully M O.　J. Chem. Phys., 1982, 77:4604

[67]　Lee H W, Scully M O.　Found. Phys., 1983, 13:61

[68] Lee H W. Phys. Rep., 1995, 259:147

[69] Sala R, Brouard S, Muga J G. J. Chem. Phys., 1993, 99:2708

[70] Husimi K. Proc. Phys. Math. Soc. Japan, 1940, 22:264

[71] Mizrahi S S. Physica A, 1984, 127:241; 1986, 135:237; 1988, 150:541

[72] Kleinert H, Shabanov S. Phys. Lett. A, 1995, 200:244

[73] Makri N, Thompson K. Chem. Phys. Lett., 1998, 291:101

[74] Thompson K, Makri N. J. Chem. Phys., 1999, 110:1343

[75] Kuhn O, Makri N. J. Phys. Chem., 1999, 103:9487

[76] Nakayama A, Makri N. J. Chem. Phys., 2003, 119:8592

[77] Wright N J, Makri N. J. Chem. Phys., 2003, 119:1634

[78] Liu J, Makri N. Chem. Phys., 2006, 322:23

[79] Miller W H. Faraday Discuss., 1998, 110:1

[80] Batista V, Zanni M T, Greenblatt J et al. J. Chem. Phys., 1999, 110:3736

[81] Sun X, Miller W H. J. Chem. Phys., 1999, 110:6635

[82] Wang H, Thoss M, Miller W H. J. Chem. Phys., 2000, 112:47

[83] Miller W H. J. Phys. Chem. A, 2001, 105:2942

[84] Thoss M, Wang H, Miller W H. J. Chem. Phys., 2001, 114:9220

[85] Feynman R P. Statistical Mechanics. Reading: Addison-Wesley, 1972

[86] Ceperley D M. Rev. Mod. Phys., 1995, 67:279

[87] Miller W H. J. Chem. Phys., 1971, 55:3146; 1973, 58:1664; 1975, 62:1899; 1975, 63:1166

[88] Frantsuzov P A, Neumaier A, Mandelshtam V A. Chem. Phys. Lett., 2003, 381:117

[89] Frantsuzov P A, Mandelshtam V A. J. Chem. Phys., 2004, 121:9247

[90] Predescu C, Frantsuzov P A, Mandelshtam V A. J. Chem. Phys., 2005, 125:154305

[91] Schulman L S. Techniques and applications of path integration. New York: Wiley, 1981

[92] Reichl L. The transition to chaos: in conservative classical systems: quantum menifestations. New York: Springer, 1992

[93] Kleinert H. Path integrals in quantum mechanics, statistics, and polymer physics. 2nd ed. Singapore: World Scientific, 1995

[94] Eu B C. Semiclassical theory of molecular scattering. Berlin: Springer, 1984

[95] Child M S. Semiclassical mechanics with molecular applications. Oxford: Clarendon, 1991

[96] Gutzwiller M C. Chaos in classical and quantum mechanics. New York: Springer, 1990

[97] Heller E J. J. Chem. Phys., 1991, 94:2723

[98] Heller E J. J. Chem. Phys., 1991, 95:9431

[99] Heller E J. J. Chem. Phys., 1981, 75:2923

[100] Levit S, Smilansky U. Ann. Phys., 1971, 108:165

[101] Sepúlveda M A, Heller E J. J. Chem. Phys., 1994, 101:8004

[102] Campolieti G, Brumer P. Phys. Rev. A, 1994, 50:997

[103] Littlejohn R G. Phys. Rep., 1986, 138:193

[104] Heller E J. Acc. Chem. Res., 1981, 14:368

[105] Goldstein H, Poole C, Safko J. Classical Mechanics. 3rd ed. Higher Eduation Press, 2005

[106] Marcus R A. J. Chem. Phys., 1970, 53:1349

[107] Skodje R T. Chem. Phys. Lett., 1984, 109:221

[108] Moller K B, Dahl J P, Henriksen N E. J. Phys. Chem., 1994, 98:3272

第10章　化学反应速率常数的量子瞬子理论

赵　仪　王文己

本章主要从计算化学反应速率常数的严格的量子力学理论出发, 详细讨论了最近发展起来的量子瞬子 (QI) 理论. 建立在瞬子模型之上的 QI 理论, 重点考虑了在计算化学反应速率常数时的量子效应, 它继承了瞬子模型中周期轨道的特点, 并以量子的 Boltzmann 算符代替了原有瞬子理论中半经典近似的 Boltzmann 算符, 纠正了其在定量上的缺陷. 由于目前对复杂体系的 Boltzmann 算符可以用 Monte Carlo 路径积分技术的方法来实现, 因此, QI 理论可作为研究复杂体系化学反应速率常数的有效的量子力学近似方法.

10.1　引　言

发展研究复杂体系化学反应热速率常数 $k(T)$ 的有效理论和计算方法是理论化学研究的中心任务之一. 在 Born-Oppenheimer(BO) 近似下, 准确地计算速率常数需要解决 BO 势能面上的核运动的量子动力学问题. 由于严格量子力学方法对核动力学的数值计算目前仍然只适用于小分子体系 (5 ~ 6 个原子), 所以, 对于由许多原子组成的复杂分子体系, 人们不得不寻求各种近似方法. 过去已经建议了多种近似方法来解决核运动的动力学问题, 不过, 这些方法都存在很大的局限性. 例如, 半经典力学或者准确地称为准经典力学[1] 在高温情况下可以得到很好的化学反应速率结果. 此外, 过渡态理论[2~4] 也是低维近似的结果, 因为其关于在分割面 (分割反应物与产物的面) 处没有折返的假设只有对一维体系才有效. 这一假设的自然结果是: 过渡态理论给出了准确速率常数的上限. 然而, 随着温度的降低, 量子隧道效应变得很显著, 过渡态理论也不再适用. 因此, 发展能够有效地描述低温量子效应的速率方法十分重要[5~31]. 目前最常用的方法为变分过渡态理论, 其主要思想是利用变分方法找出最优过渡态分割面, 对某些假设的路径采用半经典隧道效应纠正. 具体应用时, 通常对最低能量路径采用局域谐振子近似, 从而可以对势能面和反应路径的哈密顿量进行描述[25], 并达到描述反应坐标和与其正交的模式之间的耦合的效果. Truhlar 等[26] 对这一方法进行了深入、系统的研究. 他们校正了各种近似, 同时又引入了很好的经验修正, 并研发出一个软件包以便实际应用[27]. Voth

等[8,28] 也发展了几种用 Boltzmann 算符表示的量子过渡态理论, 该理论与速率常数的半经典初始值表象和 Pollak 的量子过渡态理论[13,30] 的 "线性" 模式[1,29] 接近. 其他工作包括基于对通量–通量自相关函数的短时间行为进行分析的近似过渡态理论, 如 Hansen 和 Andersen[31] 的工作. 由于过渡态理论中需要定义分割面和面上的运动, 即要求位置和动量同时确定, 因此它不存在严格的量子对应. 尽管已有许多量子 "类" 过渡态理论方法[5~13], 但它们都无法准确地处理低温隧道效应.

本章将介绍一种比较准确的量子过渡态理论 —— 量子瞬子 (QI) 理论[32]. QI 理论建立在半经典的瞬子模型基础上, 它着重考虑了在计算化学反应速率常数时的量子效应. 虽然瞬子的概念在量子场论中得到广泛应用[33], 但最早发现它的是化学家 Miller[5]. 为了使读者有一清晰的图像, 现对 Miller 工作的主要思想给予简介. 考虑简单的一维散射过程或有势垒的反应, 其速率常数正比于从反应物到产物的透射率. 因此, 当温度固定时, 热平均或平衡速率常数正比于对所有能量下透射率或隧穿概率的 Boltzmann 分布平均值. 简单来看, Boltzmann 分布就是沿虚时演化的量子运动的振幅[34]. 不过, 此时的运动由负势函数确定. 这样, 原来的势垒在虚时演化中便成为势阱. 如果采用半经典近似, 则需要求解势阱中的经典运动方程. 可以想象, 从势阱一侧到另一侧的经典运动可能允许不稳定的周期轨道即瞬子[35], 而瞬子的周期自然与温度 (虚时间) 有关. 沿着周期轨道可以计算它在两个转折点 (速度为零) 之间的作用量, 即热平均隧穿概率, 进而能够计算热平衡速率常数. 对于多维势阱, 同样可以找出给定温度下的瞬子解, 从而求出相应的反应速率常数. 因为瞬子是半经典近似的结果, 所以瞬子理论又称为半经典过渡态理论. 为了提高瞬子方法的准确性, 我们发展了 QI 理论[32]. 其主要思想是以量子 Boltzmann 算符代替前者中的半经典近似. 鉴于对复杂体系的 Boltzmann 算符采用路径积分 Monte Carlo 技术就可以实现, QI 方法也可以很容易地用于解决多自由度体系的速率问题.

本章 10.2 节将介绍瞬子理论的发展过程. 瞬子理论本身具有很多优点, 如对隧穿效应路径没有特殊假设, 其结果只取决于动力学性质 (如同反转势能面上的周期轨道), 而且它可以说明 "corner-cutting" 效应[17~21] 依赖于反应路径的曲率. 可以说, 瞬子理论是过渡态理论的一种严格半经典描述. 由于其概念简单且实用性强, 瞬子方法在化学和物理中已广被采用, 但其准确性往往达不到要求. 10.3 节将介绍瞬子方法的改进 ——QI 理论. 首先详细地讨论一维情况, 然后扩展到多维. 10.4 节将介绍 QI 理论的具体应用. 在给出其 Feynman 路径积分表示和计算方法[22] 后, 将具体研究三个基本反应体系: ① $D + H_2$[22]; ② 极性溶剂中的质子转移[23]; ③ $CH_4 + H$[24]. 计算结果表明, QI 理论无论在低温深层量子区还是在高温区都给出较准确的结果.

10.2　瞬 子 理 论

10.2.1　量子散射理论的速率常数表达式

下面主要介绍的是基于 Miller 的工作. 考虑 A+BC⟶AB+C 反应. 若用 a 代表反应物构型 A+BC, b 代表产物构型 AB+C, 由量子散射理论可得速率常数的表达式[5] 为

$$k_{b\leftarrow a}(T) = (2\pi\mu/\beta)^{-1/2}Q_{BC}^{-1}\sum_{n_a,n_b}\int_0^\infty \mathrm{d}E_1 \mathrm{e}^{-\beta(E_1+\varepsilon_{n_a})}\left|S_{n_b,n_a}(E_1)\right|^2 \tag{10.1}$$

式中: n_a, n_b 分别为 BC 和 AB 分子的振动量子数; μ 为 A 相对与 BC 的约化质量; E_1 为初始的平动能; $S_{n_b,n_a}(E_1)$ 为 S 矩阵 (由量子散射计算可得); Q_{BC} 为 BC 分子的配分函数. 式 (10.1) 可以进一步表示为

$$k_{b\leftarrow a}(T) = \frac{kT}{h}Q_a^{-1}\sum_{n_a,n_b}\int_0^\infty \mathrm{d}(\beta E_1)\mathrm{e}^{-\beta(E_1+\varepsilon_{n_a})}\left|S_{n_b,n_a}(E_1)\right|^2 \tag{10.2}$$

式中: Q_a 为单位体积反应物的总配分函数. 对于三维体系 A + B C (反应势能面如图 10-1 所示), 考虑分子转动 (J) 贡献, 则速率常数可以进一步表示为

$$k_{b\leftarrow a}(T) = \frac{kT}{h}Q_a^{-1}\sum_{\substack{n_a,j_a,l_a,\\n_b,j_b,l_b,J}}(2J+1)\int_0^\infty \mathrm{d}(\beta E_1)\mathrm{e}^{-\beta(E_1+\varepsilon_{n_a,j_a})}$$
$$\times \left|S_{n_bj_bl_b,n_aj_al_a}(J,E_1)\right|^2 \tag{10.3}$$

其中

$$Q_a = Q_{BC}(2\pi\hbar)^{-3}\int \mathrm{d}^3P\exp(-\beta P^2/2\mu) \tag{10.4}$$

$$Q_{BC} = \sum_{n_a,j_a}(2j_a+1)\exp(-\beta\varepsilon_{n_a,j_a}) \tag{10.5}$$

式 (10.2)∼ 式 (10.5) 中, n 和 J 分别为振动和转动量子数.

为了将式 (10.3) 改写为一个简单的形式, 需要引入通量概念[36]. 考虑面 S_1(图 10-1), 其定义为: $R_0 - R = 0$, R_0 为 A 的平动坐标 R 的某个较大的渐近值. 利用波函数 $\Psi(r,R)(r$ 是 BC 的振动坐标) 可以计算通过 S_1 的通量为

$$-\mathrm{Re}\int_{-\infty}^\infty \mathrm{d}r\,\Psi(r,R)^*\frac{\hbar}{\mathrm{i}\mu}\frac{\partial}{\partial R}\Psi(r,R)|_{R=R_0} \tag{10.6}$$

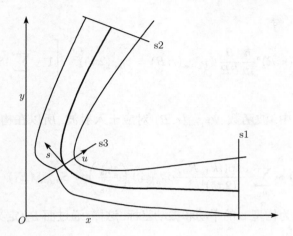

图 10-1 对称反应 A+BC——→AB+C (A=C) 的势能面简图. 坐标 $x = R(\mu/M)^{1/2}$ 和 $y = r(m/M)^{1/2}$ 分别为 A 到 BC 质心的坐标 R 和分子 BC 坐标 r 的质量加权坐标, $\mu = A(B+C)/(A+B+C)$ 和 $m = BC/(B+C)$ 为相应的约化质量. M 为任意质量, 一般取为 1, 其经典的动能为: $M/2(\dot{x}^2 + \dot{y}^2)$, s 和 u 表示在鞍点处的正则坐标, s1, s2, s3 对应于正文中的面 S_1, S_2, S_3

式中: Re 代表取实部, 正通量指向 R 减小的方向, 即反应方向. 考虑散射波函数 $\Psi_{P_1 n_a}(r, R)$, 它满足 Schrödinger 方程

$$(H - E)\Psi_{P_1 n_a} = 0 \tag{10.7}$$

其中

$$E = P_1^2/2\mu + \varepsilon_{n_a}$$

当初始振动态为 n_a 时, $\Psi_{P_1 n_a}(r, R)$ 的渐近形式为

$$\Psi_{P_1 n_a}(r, R) \sim -\frac{\exp(-ik_{n_a}R)}{(2\pi\hbar)^{1/2}}\phi_{n_a}(r) + \sum_{n_a'}\frac{\exp(ik_{n_a'}R)}{(2\pi\hbar)^{1/2}}\phi_{n_a'}(r)\left(\frac{v_{n_a}}{v_{n_a'}}\right)^{1/2}S_{n_a',n_a}(E_1) \tag{10.8}$$

其中

$$E_1 = P_1^2/2\mu \tag{10.9}$$

$$k_n = [2\mu(E - \varepsilon_n)]^{1/2}/\hbar \tag{10.10}$$

$$v_n = \hbar k_n/\mu \tag{10.11}$$

式中: v_n 为对通道 n 的渐近速度. 由于式 (10.8) 适用于较大的 R, 因此它可以用来计算通过面 S_1 的通量. 考虑到振动波函数 $\{\phi_n(r)\}$ 是标准正交的, 这样, 由式

(10.6) 和式 (10.8) 可得

$$-\mathrm{Re}\int_{-\infty}^{\infty}\mathrm{d}r\,\Psi_{P_1 n_\mathrm{a}}(r,R)^*\frac{\hbar}{\mathrm{i}\mu}\frac{\partial}{\partial R}\Psi_{P_1 n_\mathrm{a}}(r,R)=\upsilon_{n_\mathrm{a}}(2\pi\hbar)^{-1}\left[1-\sum_{n_\mathrm{a}'}\left|S_{n_\mathrm{a}',n_\mathrm{a}}(E_1)\right|^2\right]$$

(10.12)

由于在构型 a 中, 波函数 $\Psi_{P_1 n_\mathrm{a}}(r,R)$ 对应于入射波, 所以在构型 b 中 (产物区) 只有出射波

$$\Psi_{P_1 n_\mathrm{a}}(r,R)\sim\sum_{n_\mathrm{b}}\frac{\exp(ik_{n_\mathrm{b}}R_\mathrm{b})}{(2\pi\hbar)^{1/2}}\phi_{n_\mathrm{b}}(r_\mathrm{b})\left(\frac{\upsilon_{n_\mathrm{a}}}{\upsilon_{n_\mathrm{b}}}\right)^{1/2}S_{n_\mathrm{b},n_\mathrm{a}}(E_1)$$

(10.13)

式中: R_b 和 r_b 分别为构型 b 的平动和振动坐标. 这样, 通过面 S_2(定义为 $R_0-R_\mathrm{b}=0$, 图 10-1) 的通量为

$$\upsilon_{n_\mathrm{a}}(2\pi\hbar)^{-1}\sum_{n_\mathrm{b}}\left|S_{n_\mathrm{b},n_\mathrm{a}}(E_1)\right|^2$$

(10.14)

注意, 量子演化的幺正性保证

$$1=\sum_{n_\mathrm{b}}\left|S_{n_\mathrm{b},n_\mathrm{a}}(E_1)\right|^2+\sum_{n_\mathrm{a}'}\left|S_{n_\mathrm{a}',n_\mathrm{a}}(E_1)\right|^2$$

(10.15)

即通过 S_1 和 S_2 的通量一样. 实际上, 通过任何分割反应物和产物构型空间的面的通量都是一样的, 这是因为一个与时间无关的波函数通过一个闭合面的通量为零

$$\mathrm{Re}\oint\mathrm{d}s\cdot\Psi^*\frac{\hbar}{\mathrm{i}u}\nabla\Psi=0$$

(10.16)

对于一般情况, 可定义分割面为 $f(r,R)=0$. 可选 $f(r,R)>0(<0)$ 对应于产物 (反应物) 区. 这样, 穿过此面的通量可以写为空间积分

$$\mathrm{Re}\int\mathrm{d}q\delta\left[f(q)\right]\Psi^*(q)\frac{\partial f(q)}{\partial q}\cdot v\,\Psi(q)=\mathrm{Re}\left\langle\Psi|F|\Psi\right\rangle$$

(10.17)

其中通量算符 (flux operator) 定义为

$$F=\delta\left[f(q)\right]\left[\partial f(q)/\partial q\right]\cdot v$$

(10.18)

因此, 利用式 (10.12) 和式 (10.15) 得到

$$(2\pi\hbar)^{-1}\sum_{n_\mathrm{b}}\left|S_{n_\mathrm{b},n_\mathrm{a}}(E_1)\right|^2=\upsilon_{n_\mathrm{a}}^{-1}\mathrm{Re}\left\langle\Psi_{P_1 n_\mathrm{a}}|F|\Psi_{P_1 n_\mathrm{a}}\right\rangle$$

(10.19)

将其代入式 (10.2), 则得速率表达式为

$$k_{\mathrm{b}\leftarrow\mathrm{a}}=Q_\mathrm{a}^{-1}\sum_{n_\mathrm{a}}\int_0^{\infty}\mathrm{d}E_1\mathrm{e}^{-\beta(E_1+\varepsilon_{n_\mathrm{a}})}\upsilon_{n_\mathrm{a}}^{-1}\mathrm{Re}\left\langle\Psi_{P_1 n_\mathrm{a}}|F|\Psi_{P_1 n_\mathrm{a}}\right\rangle$$

(10.20)

由 Schrödinger 方程可知

$$\exp[-\beta(E_1 + \varepsilon_{n_a})]\Psi_{P_1 n_a} = e^{-\beta H}\Psi_{P_1 n_a} \tag{10.21}$$

利用

$$E_1 = P_1^2/2\mu \tag{10.22}$$

$$dE_1 = (P_1/\mu)dP_1 = \upsilon_{n_a}dP_1 \tag{10.23}$$

则式 (10.20) 简化为

$$k_{b\leftarrow a} = Q_a^{-1}\sum_{n_a}\int_{-\infty}^{0} dP_1 \left\langle \Psi_{P_1 n_a} \left| Fe^{-\beta H} \right| \Psi_{P_1 n_a} \right\rangle \tag{10.24}$$

为了得到更方便的速率常数表达式, 定义投影算符 ϑ 为

$$\vartheta\,\Psi_{P_1 n_a} = \begin{cases} \Psi_{P_1 n_a}, & P_1 < 0 \\ 0, & P_1 > 0 \end{cases} \tag{10.25}$$

则有

$$k_{b\leftarrow a} = Q_a^{-1}\sum_{n_a}\int_{-\infty}^{\infty} dP_1 \left\langle \Psi_{P_1 n_a} \left| Fe^{-\beta H}\vartheta \right| \Psi_{P_1 n_a} \right\rangle \tag{10.26}$$

注意到对 P_1 的积分可以写成求迹形式, 从而速率常数可以简单地表示为

$$k_{b\leftarrow a} = Q_a^{-1}\mathrm{tr}\left[Fe^{-\beta H}\vartheta\right] \tag{10.27}$$

由于 ϑ 和 H 对易, 所以式 (10.27) 也可以写为

$$k_{b\leftarrow a} = Q_a^{-1}\mathrm{tr}\left[e^{-\beta H}F\vartheta\right] \tag{10.28}$$

这样, 速率常数就是反应通量算符 $F\vartheta$ 的 Boltzmann 平均. 至此, 我们用到基函数 $\Psi_{P_1 n_a}(r, R)$ 是 Schrödinger 方程本征函数即精确散射态的条件. 但式 (10.28) 是一个量子力学迹, 其值并不依赖于所选取的表象.

对于投影算符 ϑ, 根据其定义式 (10.25), 它可以写为

$$\vartheta = \sum_{n_a}\int_{-\infty}^{0} dP_1 \left| \Psi_{P_1 n_a} \right\rangle \left\langle \Psi_{P_1 n_a} \right| = \sum_{n_a}\int_{-\infty}^{\infty} dP_1 h(-P_1) \left| \Psi_{P_1 n_a} \right\rangle \left\langle \Psi_{P_1 n_a} \right| \tag{10.29}$$

其中 $h(x)$ 是一个阶跃函数

$$h(x) = \begin{cases} 1, & x > 0 \\ 0, & x < 0 \end{cases} \tag{10.30}$$

通过利用标准的散射理论 (见本章附录 A), 可以将 $\Psi_{P_1 n_a}$ 写成非微扰波函数 $\Phi_{P_1 n_a}$ 的形式

$$\Phi_{P_1 n_a}(r, R) = \phi_{n_a}(r) \mathrm{e}^{\mathrm{i} P_1 R / \hbar} / (2\pi\hbar)^{1/2} \tag{10.31}$$

两者的关系为

$$\Psi_{P_1 n_a} = \lim_{t \to -\infty} \mathrm{e}^{\mathrm{i} H t / \hbar} \mathrm{e}^{-\mathrm{i} H_0 t / \hbar} \Phi_{P_1 n_a} \tag{10.32}$$

这样式 (10.29) 变为

$$\vartheta = \mathrm{e}^{\mathrm{i} H t / \hbar} \mathrm{e}^{-\mathrm{i} H_0 t / \hbar} \vartheta_0 \mathrm{e}^{\mathrm{i} H_0 t / \hbar} \mathrm{e}^{-\mathrm{i} H t / \hbar} \tag{10.33}$$

其中 $t \to -\infty$, 且

$$\vartheta_0 = \sum_{n_a} \int_{-\infty}^{\infty} \mathrm{d} P_1 h(-P_1) |\Phi_{P_1 n_a}\rangle \langle \Phi_{P_1 n_a}| \tag{10.34}$$

而 P_1 为构型 a 的平动动量算符. 考虑到 ϑ_0 和 H_0 之间的对易关系, 式 (10.33) 变为

$$\vartheta = \lim_{t \to -\infty} \mathrm{e}^{\mathrm{i} H t / \hbar} h(-P) \mathrm{e}^{-\mathrm{i} H t / \hbar} \tag{10.35}$$

因此, 投影算符 ϑ 是算符 $h(-P)$ 的 Heisenberg 变换. 这样, 在 Heisenberg 表象中, 投影算符 ϑ 为

$$\vartheta = h[-P(-\infty)] \tag{10.36}$$

其中

$$P(-\infty) = \lim_{t \to -\infty} P(t) \tag{10.37}$$

而 $P(t)$ 是平动动量算符的 Heisenberg 变换. 因此, 在 Hilbert 空间中, ϑ 投影到在初始构型 a 中, 在无限远的过去, 具有负的平动动量的部分. 这样, 速率常数表达式最终可以写为

$$k_{b \leftarrow a} Q_a = \mathrm{tr}\{\mathrm{e}^{-\beta H} F h[-P(-\infty)]\} \tag{10.38}$$

　　需要强调的是, 式 (10.38) 的结果不依赖于分割面的选取. 图 10-1 中面 S_3 有特殊的意义. 若以 (s, u) 来表示, 则 S_3 的定义为

$$f(s, u) \equiv s = 0 \tag{10.39}$$

　　于是, 式 (10.38) 变为

$$k_{b \leftarrow a} Q_a = \mathrm{tr}\{\mathrm{e}^{-\beta H} \delta(s)(p_s / m_s) h[-P(-\infty)]\} \tag{10.40}$$

式中: m_s 为体系沿着 s 坐标上的约化质量; p_s 为对应的动量算符.

10.2.2 瞬子理论

现在考虑双分子反应. 如果这样选取坐标, 使得其中的一维如 q_1 垂直于分割面, 则 F 立即可以写为

$$F = \delta(q_1)(p_1/m_1) \tag{10.41}$$

式中: p_1 为与 q_1 共轭的动量算符. 在准确的速率常数表达式 (10.28) 中, 因为投影算符 ϑ 包含量子时间演化信息, 在实际应用中难以确定. 作为简单的近似, 可以将 ϑ 用阶跃函数 $h(p_1)$ 代替,

$$\vartheta \to h(p_1) \tag{10.42}$$

从而得到速率的过渡态理论, 即

$$k_{\mathrm{b \leftarrow a}}^{\mathrm{TST}} Q_{\mathrm{a}} = \mathrm{tr}[\mathrm{e}^{-\beta H} \delta(q_1)(p_1/m_1)h(p_1)] \tag{10.43}$$

由于 $p_1 h(p_1) = \frac{1}{2}[p_1 + |p_1|]$, 且 $\mathrm{tr}[\mathrm{e}^{-\beta H}\delta(q_1)p_1] = 0$, 这样, 式 (10.43) 变为

$$k_{\mathrm{b \leftarrow a}} Q_{\mathrm{a}} = \mathrm{tr}\left[\mathrm{e}^{-\beta H}\delta(q_1)\frac{1}{2}\,|p_1|\,/m_1\right] \tag{10.44}$$

为了简洁, 在式 (10.44) 以及后面有关的式子中都将省略过渡态理论标号 "TST".

Boltzmann 算符 $\mathrm{e}^{-\beta H}$ 可以被看成是量子力学的传播子. 显然, 这样的对应即

$$\mathrm{e}^{-\beta H} = \mathrm{e}^{-\mathrm{i}Ht/\hbar} \tag{10.45}$$

需要引入虚时 $t = -\mathrm{i}\hbar\beta$. 类似于实时量子演化的半经典近似, 虚时演化的半经典近似结果为[37]

$$\langle q_2\,|\mathrm{e}^{-\beta H}|\,q_1\rangle = \left[(2\pi\mathrm{i}\hbar)^N\left|\frac{\partial q_2}{\partial p_1}\right|\right]^{-1/2}\exp\left[\frac{\mathrm{i}}{\hbar}\phi(q_2, q_1)\right] \tag{10.46}$$

其中

$$\phi(q_2, q_1) = \int_0^{-\mathrm{i}\hbar\beta} \mathrm{d}t\,[p(t)\cdot\dot{q}(t) - H(p(t), q(t))] \tag{10.47}$$

是经典作用量积分, 从 $q_1(t = 0)$ 到 $q_2(t = -\mathrm{i}\hbar\beta)$, 且最初的动量依赖于方程

$$q_2(p_1, q_1) = q_2 \tag{10.48}$$

Jacobi $|\partial q_2(p_1, q_1)/\partial p_1|_{q_1}$ 由式 (10.48) 中的根决定, 而 $q_2(p_1, q_1)$ 是在以 (p_1, q_1) 为起点在轨道上运动的 q 的终值.

现在考虑速率常数表示式 (10.44). 其右端实际上为物理量 $A = \delta(q_1)\frac{1}{2}\,|p_1|\,/m_1$ 的量子统计平均. 为了更好地理解经典路径近似, 采用量子力学中的 Wigner 相空间

表示[38]. 可以证明, 在此表示中, 任意物理量 A 的量子统计平均 $\langle A \rangle \equiv \mathrm{tr}\{\mathrm{e}^{-\beta H}A\}$ 严格地等于其 Wigner 表示 (或符号)$A(p,q)$ 的量子相空间积分, 即

$$
\begin{aligned}
\langle A \rangle &= \int \mathrm{d}p \int \mathrm{d}q W(p,q) A(p,q) \\
&= h^{-N} \int \mathrm{d}p \int \mathrm{d}q \int \mathrm{d}q' A(p,q) \mathrm{e}^{-\mathrm{i}p \cdot q'/\hbar} \left\langle q + \frac{1}{2}q' \left| \mathrm{e}^{-\beta H} \right| q - \frac{1}{2}q' \right\rangle \\
&= h^{-N} \int \mathrm{d}p \int \mathrm{d}q_1 \int \mathrm{d}q_2 A\left(p, \frac{q_1 + q_2}{2}\right)
\end{aligned}
$$
$$
\times \exp\left[\frac{-\mathrm{i}}{\hbar} p \cdot (q_2 - q_1)\right] \left\langle q_2 \left| \mathrm{e}^{-\beta H} \right| q_1 \right\rangle \tag{10.49}
$$

其中 Wigner 表示的定义为

$$
A(p,q) = \int \mathrm{d}z \mathrm{e}^{\mathrm{i}pz/\hbar} \left\langle q - \frac{1}{2}z \left| A \right| q + \frac{1}{2}z \right\rangle \tag{10.50}
$$

将式 (10.46) 代入式 (10.49), 有

$$
\begin{aligned}
\langle A \rangle = h^{-N} \int \mathrm{d}q_1 \int \mathrm{d}q_2 \int \mathrm{d}p A\left(p, \frac{q_1 + q_2}{2}\right) \exp\left[\frac{-\mathrm{i}}{\hbar} p \cdot (q_2 - q_1)\right] \\
\times \left[(2\pi\mathrm{i}\hbar)^N \left| \frac{\partial q_2}{\partial p_1} \right| \right]^{-1/2} \exp\left[\frac{\mathrm{i}}{\hbar} \phi(q_2, q_1)\right]
\end{aligned} \tag{10.51}
$$

对式 (10.51) 积分采用稳态近似 (见本章附录 B). 首先考虑 p 和 q_2 的积分, 则稳态近似的两个条件为

$$
\frac{\partial}{\partial q_2}\left[\phi(q_2, q_1) - p \cdot (q_2 - q_1)\right] = p_2 - p = 0 \tag{10.52}
$$

$$
\frac{\partial}{\partial p}\left[\phi(q_2, q_1) - p \cdot (q_2 - q_1)\right] = q_1 - q_2 = 0 \tag{10.53}
$$

其二阶偏导为

$$
\frac{\partial^2}{\partial q_2^2}\left[\phi(q_2, q_1) - p \cdot (q_2 - q_1)\right] = \frac{\partial p_2(q_2, q_1)}{\partial q_2} \tag{10.54}
$$

$$
\frac{\partial^2}{\partial p_2^2}\left[\phi(q_2, q_1) - p \cdot (q_2 - q_1)\right] = 0 \tag{10.55}
$$

$$
\frac{\partial^2}{\partial q_2 \partial p}\left[\phi(q_2, q_1) - p \cdot (q_2 - q_1)\right] = -1 \tag{10.56}
$$

因此, 式 (10.51) 的稳态近似结果为

$$
\langle A \rangle = h^{-N} \int \mathrm{d}q_1 A(p_1, q_1) \left[\frac{(2\pi\mathrm{i}\hbar)^{2N}}{(-1)^N}\right]^{1/2} \left[(2\pi\mathrm{i}\hbar)^N \left| \frac{\partial q_2}{\partial p_1} \right| \right]^{-1/2} \exp\left[\frac{\mathrm{i}}{\hbar} \phi(q_1, q_1)\right]
$$

$$= \int \mathrm{d}q_1 A(p_1, q_1) \left[(2\pi\mathrm{i}\hbar)^N \left| \frac{\partial q_2}{\partial p_1} \right| \right]^{-1/2} \exp\left[\frac{\mathrm{i}}{\hbar} \phi(q_1, q_1) \right]$$

$$= \int \mathrm{d}q A(p, q) \langle q | \mathrm{e}^{-\beta H} | q \rangle \tag{10.57}$$

其中 p_1 是由式 (10.48) 决定 $(p = p_1, q = q_1)$. 同样, 对于 q_1 的积分也可用稳态近似来处理, 此时稳态近似的条件为

$$\frac{\partial}{\partial q_1} \phi(q_1, q_1) = \left[\frac{\partial \phi(q_2, q_1)}{\partial q_2} + \frac{\partial \phi(q_2, q_1)}{\partial q_1} \right]_{q_2 = q_1} = p_2 - p_1 = 0 \tag{10.58}$$

式 (10.58) 和式 (10.53) 表明, q_1 一定位于一个周期轨道 (即上述中所指的瞬子[15,16]) 上. 此周期轨道是构型空间的一个曲线, 这意味着有连续无穷多的稳态近似点. 因此, 只能对 $N-1$ 维坐标而不可能对所有的 N 个坐标进行稳态近似处理.

现在回到速率表达式 (10.44). 此时

$$A(p, q) = \delta(q_1) \frac{1}{2} |p_1| / m_1 \tag{10.59}$$

则由式 (10.57) 得速率常数的结果为

$$k_{\mathrm{b} \leftarrow \mathrm{a}} Q_\mathrm{a} = \int \mathrm{d}q \delta(q_1) \frac{1}{2} |\dot{q}_1| \langle q | \mathrm{e}^{-\beta H} | q \rangle$$

$$= \int \mathrm{d}q_1 \delta(q_1) \int \mathrm{d}q_2 \int \mathrm{d}q_3 \cdots \int \mathrm{d}q_N \frac{1}{2} |\dot{q}_1| \langle q | \mathrm{e}^{-\beta H} | q \rangle \tag{10.60}$$

其中

$$\dot{q}_1 \equiv p_1 / m_1$$

选取这样的分割面使得周期轨道垂直地通过. 因此, 可以用 q_1 表示周期轨道上的距离, 而其他 $N-1$ 个坐标 $\{q_i\} (i = 2, \cdots, N)$ 为与周期轨道的垂直距离. 这样, 对 q_1 的积分不能采用稳态近似而对其他的就可以.

为了简单地求得稳态近似结果, 直接利用 Gutzwiller[39] 对 Green 函数采用的相似处理的计算结果, 即著名的 Gutzwiller 迹公式

$$\int \mathrm{d}q_2 \int \mathrm{d}q_3 \cdots \int \mathrm{d}q_N \langle q | G(E) | q \rangle = \frac{\mathrm{i}}{\hbar} \frac{1}{|\dot{q}_1|} \sum_{k=1}^{\infty} (-1)^k \mathrm{e}^{\mathrm{i}k\phi(E)/\hbar} \prod_{i=1}^{N-1} \frac{1}{2 \sinh[ku_i(E)/2]} \tag{10.61}$$

式中: $G(E) = (E - H)^{-1}$; $\phi(E)$ 为作用量积分,

$$\phi(E) = \int_0^{T(E)} \mathrm{d}t p(t) \cdot \dot{q}(t) \tag{10.62}$$

积分的上限 $T(E)$ 是轨道的周期, $\{u_i\}\,(i=1,\cdots,N-1)$ 是不稳定周期轨道的稳定性矩阵参数[40]. 注意对 k 的求和包括每次通过的周期轨道. 考虑到 Green 函数的 Fourier 变换就是传播子[41], 即

$$\mathrm{e}^{-\mathrm{i}Ht/\hbar} = \frac{-1}{2\pi i}\int \mathrm{d}E\mathrm{e}^{-\mathrm{i}Et/\hbar}G\,(E) \tag{10.63}$$

则同样可得

$$\mathrm{e}^{-\beta H} = \frac{-1}{2\pi i}\int \mathrm{d}E\mathrm{e}^{-\beta E}G\,(E) \tag{10.64}$$

将式 (10.64) 代入式 (10.61), 有

$$\int \mathrm{d}q_2\int \mathrm{d}q_3\cdots\int \mathrm{d}q_N\,\langle q\,|\mathrm{e}^{-\beta H}|\,q\rangle = \frac{1}{2\pi\hbar}\int \mathrm{d}E\mathrm{e}^{-\beta E}\frac{1}{|\dot{q}_1|}\sum_{k=1}^{\infty}(-1)^{k-1}\mathrm{e}^{\mathrm{i}k\phi(E)/\hbar}$$
$$\times \prod_{i=1}^{N-1}\frac{1}{2\sinh\left[ku_i\,(E)\,/2\right]} \tag{10.65}$$

这样, 速率常数的表达式可改写为

$$k_{b\leftarrow a}Q_a = \frac{1}{2\pi\hbar}\int \mathrm{d}E\mathrm{e}^{-\beta E}P\,(E) = \frac{kT}{h}\int d\,(\beta E)\mathrm{e}^{-\beta E}P\,(E) \tag{10.66}$$

其中

$$P\,(E) = \sum_{k=1}^{\infty}(-1)^{k-1}\mathrm{e}^{\mathrm{i}k\phi(E)/\hbar}\prod_{i=1}^{N-1}\frac{1}{2\sinh\left[ku_i\,(E)\,/2\right]} \tag{10.67}$$

在式 (10.67) 推导中, 用到了关系

$$\int \mathrm{d}q_1\delta\,(q_1) = 2 \tag{10.68}$$

因为周期轨道通过分割面两次.

　　温度较低时, 式 (10.67) 中 $k=1$ 的项为主要贡献项. 此时, 式 (10.66) 的积分可以用最陡下降方法处理. 最陡下降的条件为

$$0 = \frac{\mathrm{d}}{\mathrm{d}E}\left[-\beta E + \mathrm{i}\Phi\,(E)\,/\hbar\right] = -\beta + \mathrm{i}\Phi'(E)/\hbar \tag{10.69}$$

因为 $\Phi'(E) = T(E)$, 所以式 (10.69) 变为

$$T\,(E) = -\mathrm{i}\hbar\beta \tag{10.70}$$

即轨道的周期为虚数, 其值由前面得到的半经典轨线之间的关系确定. 这样, 对应的速率常数为

$$k_{\mathrm{b}\leftarrow \mathrm{a}}Q_{\mathrm{a}} \approx \left[\frac{-E'(\beta)}{2\pi\hbar^2}\right]^{1/2}\mathrm{e}^{-\bar{\Phi}(\beta)/\hbar}\prod_{i=1}^{N-1}\frac{1}{2\sinh\left[u_i\,(E)\,/2\right]} \tag{10.71}$$

其中

$$\bar{\Phi}(\beta) = \hbar\beta E - \mathrm{i}\Phi(E) = \hbar\beta E - \mathrm{i}\int_0^T \mathrm{d}t p\dot{q}$$

$$= \int_0^{\hbar\beta} \mathrm{d}\tau \left[\frac{1}{2}\bar{p}(\tau)\cdot q'(\tau) + V(q(\tau))\right] \tag{10.72}$$

为作用量积分 (见式 (10.47)). 与简单的 Arrhenius 公式对比, 由于

$$\frac{\mathrm{d}}{\mathrm{d}\beta}\bar{\phi}(\beta)/\hbar = \frac{\mathrm{d}}{\mathrm{d}\beta}\left[\beta E(\beta) - \mathrm{i}\Phi(E(\beta))/\hbar\right]$$

$$= E(\beta) + [\beta - (\mathrm{i}/\hbar)\phi'(E)]E'(\beta)$$

$$= E(\beta) \tag{10.73}$$

因此, 式 (10.70) 中的能量可以解释为依赖于温度的反应活化能.

为了与传统过渡态理论比较, 假设除了反应坐标外, 相互作用为分离的谐振子势. 这样, 式 (10.71) 中的稳定性矩阵参数为

$$u_i(E(\beta)) = \hbar\omega_i\beta \tag{10.74}$$

其中 $\{\omega_i\}$ 是 "过渡态" 的振动频率, 其配分函数为 $[2\sinh(\hbar\omega_i\beta/2)]^{-1}$.

10.2.3 关于周期轨道的进一步讨论

为简单起见, 考虑一个只有两个自由度的共线反应 $H+H_2 \longrightarrow H_2+H$. 如果其势能面有一个势垒将反应物和产物分开, 则在实时演化中不可能存在通过分割线的周期轨道. 然而, 虚时演化的经典运动相当于受负势能面作用的实时经典运动, 它允许周期轨道的存在. 又因为负势能面在与分割面平行的方向上表现为势垒形式, 所以这类周期轨道并不稳定.

对于 N 维体系, 在鞍点附近势能在反应路径方向上存在势垒, 而在其他 $N-1$ 维方向上表现为势阱. 负势能面 $-V(q)$ 则恰恰相反. 因此, 虚时演化 (受负势能面作用) 时, 周期轨道的作用量积分表达式 (10.62) 可以改写为

$$-\mathrm{i}\Phi(E)/\hbar \equiv 2\theta(E) = \hbar^{-1}\int_0^{T_f(E)} \mathrm{d}\tau\bar{p}(\tau)\cdot q'(\tau) \tag{10.75}$$

注意, 式 (10.75) 的积分上限大于零. 若 V_{sp} 为鞍点处的势能, 则当 $E > V_{\mathrm{sp}}$ 时, 位置和动量是虚值, 所以 $\theta(E) < 0$; 反之, 当 $E < V_{\mathrm{sp}}$ 时, 有 $\theta(E) > 0$. 实际上, $\theta(E)$ 可以看成是一维势垒穿透积分的一般表达式[42].

10.2.4　关于 $P(E)$

结合式 (10.75), $P(E)$ 的半经验表达式 (10.69) 为

$$P(E) = \sum_{k=1}^{N-1} (-1)^{k-1} e^{-2k\theta(E)} \prod_{i=1}^{N-1} \frac{1}{2\sinh\left[ku_i(E)/2\right]} \tag{10.76}$$

可以看出, 当 $\theta(E) > 0$ 时, $P(E)$ 为收敛级数. 但当 $\theta(E) < 0$ 时, $P(E)$ 不一定收敛. 考虑 $\theta(E) < 0$ 的情况. 将 sinh 项展开成几何级数.

$$\frac{1}{2\sinh\left[ku_i(E)/2\right]} = \sum_{n_i=0}^{\infty} \exp\left[-k\left(n_i + \frac{1}{2}\right)u_i(E)\right] \tag{10.77}$$

则 $P(E)$ 的表达式改写为

$$P(E) = \sum_n \sum_{k=1}^{\infty} (-1)^{k-1} \exp\left\{-k\left[2\theta(E) + \sum_{i=1}^{N-1}\left(n_i + \frac{1}{2}\right)u_i(E)\right]\right\} \tag{10.78}$$

其中 $n = n_1, n_2, n_3, \cdots, n_{N-1}$ 且

$$\sum_n = \sum_{n_1=1}^{\infty} \sum_{n_2=0}^{\infty} \sum_{n_3=0}^{\infty} \cdots \sum_{n_{N-1}=0}^{\infty}$$

完成对 k 的求和, 可得

$$P(E) = \sum_n \left\{1 + \exp\left[2\theta(E) + \sum_{i=1}^{N-1}\left(n_i + \frac{1}{2}\right)u_i(E)\right]\right\}^{-1} \tag{10.79}$$

在分离限定条件下, 稳定性矩阵参数 u_i 为[40]

$$u_i(E) = \omega_i T_f(E) \tag{10.80}$$

由 $\theta(E)$ 的定义可得 $2\theta'(E) = -T_f(E)/\hbar$, 于是

$$2\theta(E) + \sum_{i=1}^{N-1}\left(n_i + \frac{1}{2}\right)u_i(E) = 2\theta(E) - 2\theta'(E)\sum_{i=1}^{N-1}\left(n_i + \frac{1}{2}\right)\hbar\omega_i \simeq 2\theta(E_n) \tag{10.81}$$

其中

$$E_n = E - \sum_{i=1}^{N-1}\left(n_i + \frac{1}{2}\right)\hbar\omega_i \tag{10.82}$$

因为式 (10.82) 右边第二项表示过渡态的 $N-1$ 个振动模的振动能量, 所以 E_n 是总能量在反应坐标上的剩余平动部分.

此外, 应用标准半经典理论, 可以推导出能量为 E_t 的粒子的一维势垒隧穿概率为[42]

$$P_{1-d}(E_t) = \frac{\mathrm{e}^{-2\theta(E_t)}}{1 + \mathrm{e}^{-2\theta(E_t)}} = \left[1 + \mathrm{e}^{2\theta(E_t)}\right]^{-1} \tag{10.83}$$

因此, 在分离限定条件下, 式 (10.79) 可写为

$$P(E) = \sum_n P_{1-d}(E_n) \tag{10.84}$$

即累积反应概率等于过渡态的所有量子态一维隧穿概率之和.

10.3 QI 理 论

10.3.1 双分子反应的量子速率常数

前面推导的速率常数表达式如式 (10.27) 和式 (10.28) 虽然都是准确的, 但它们不能直接用于多原子体系的实际计算. 为了得到更具实用性、更容易进行近似处理的速率常数公式, 需要在已有的结果基础上改进[7a]. 考虑式 (10.28), 因为投影算符 ϑ 与哈密顿量 H 对易, 所以可将其写为对称形式

$$kQ = \mathrm{Re}\left\{\mathrm{tr}\left[Fe^{-\beta H/2}\vartheta e^{-\beta H/2}\right]\right\} \tag{10.85}$$

由投影算符 ϑ 的定义, 有

$$kQ = \lim_{t \to \infty} \mathrm{Re}\left\{\mathrm{tr}\left[Fe^{\mathrm{i}Ht/\hbar}e^{-\beta H/2}h(p)e^{-\beta H/2}e^{-\mathrm{i}Ht/\hbar}\right]\right\} \tag{10.86}$$

因为 $G = \mathrm{e}^{-\beta H/2}h(p)\mathrm{e}^{-\beta H/2}$ 是厄米算符 $(G^+ = G)$, 易证

$$\begin{aligned}
&\mathrm{tr}[F\exp(\mathrm{i}Ht/\hbar)G\exp(-\mathrm{i}Ht/\hbar)]^* \\
&= \mathrm{tr}\left\{[F\exp(\mathrm{i}Ht/\hbar)G\exp(-\mathrm{i}Ht/\hbar)]^+\right\} \\
&= \mathrm{tr}[\exp(\mathrm{i}Ht/\hbar)G\exp(-\mathrm{i}Ht/\hbar)F^+] \\
&= \mathrm{tr}[F^+\exp(\mathrm{i}Ht/\hbar)G\exp(-\mathrm{i}Ht/\hbar)]
\end{aligned} \tag{10.87}$$

因此, 有

$$\mathrm{Re}\left\{\mathrm{tr}\left[Fe^{\mathrm{i}Ht/\hbar}Ge^{-\mathrm{i}Ht/\hbar}\right]\right\} = \mathrm{tr}\left[\bar{F}e^{\mathrm{i}Ht/\hbar}Ge^{-\mathrm{i}Ht/\hbar}\right] \tag{10.88}$$

式中: $\bar{F}$ 为对称通量算符,

$$\bar{F} = \frac{1}{2}(F + F^+) = \frac{1}{2}[\delta(s)(p/m) + (p/m)\delta(s)] \tag{10.89}$$

若将时间演化算符与 Boltzmann 算符相结合, 则有

$$kQ = \lim_{t \to \infty} \text{tr} \left[\bar{F} e^{iHt_c^*/\hbar} h(p) e^{-iHt_c/\hbar} \right] \tag{10.90}$$

其中

$$t_c = t - i\hbar\beta/2$$

将 $h(p)$ 代换成 $h(s)$, 具体见本章附录 C, 投影算符变为

$$\lim_{t \to \infty} e^{iHt/\hbar} h(s) e^{-iHt/\hbar} = \lim_{t \to \infty} h[s^H(t)] \tag{10.91}$$

式中: $s^H(t)$ 为 Heisenberg 表象下的位置算符. 此投影算符将投影到 $t \to \infty$ 的所有态上, 也就是产物. 这样, 式 (10.90) 变为

$$kQ = \lim_{t \to \infty} \text{tr} \left[\bar{F} \exp(iHt_c^*/\hbar) h(s) \exp(-iHt_c/\hbar) \right] \tag{10.92a}$$

由于 $t = 0$ 时, 求迹等于 $0^{①}$, 所以式 (10.92a) 可以改写为

$$kQ = \text{tr} \left[\bar{F} \exp(iHt_c^*/\hbar) h(s) \exp(-iHt_c/\hbar) \right] \Big|_{t=0}^{t=\infty} = \int_0^{\infty} \text{d}t C_f(t) \tag{10.92b}$$

其中

$$C_f(t) = \frac{\text{d}}{\text{d}t} \text{tr} \left[\bar{F} \exp(iHt_c^*/\hbar) h(s) \exp(-iHt_c/\hbar) \right] \tag{10.93}$$

或

$$C_f(t) = \frac{i}{\hbar} \text{tr} \left\{ \bar{F} \exp(iHt_c^*/\hbar) [H, h(s)] \exp(-iHt_c/\hbar) \right\} \tag{10.94}$$

考虑到

$$[H, h(s)] = \left[\frac{p^2}{2m}, h(s) \right] = \frac{1}{2m} \left\{ p[p, h(s)] + [p, h(s)]p \right\}$$

$$= \frac{\hbar}{i} \frac{1}{2} [(p/m)\,\delta\,(s) + \delta\,(s)\,(p/m)] = \frac{\hbar}{i} \bar{F} \tag{10.95}$$

则有

$$C_f(t) = \text{tr} \left[\bar{F} \exp(iHt_c^*/\hbar) \bar{F} \exp(-iHt_c/\hbar) \right] \tag{10.96}$$

由于迹的循环不变性, 式 (10.92a) 可写为

$$kQ = \lim_{t \to \infty} \text{tr} \left[\exp(-iHt_c/\hbar) \bar{F} \exp(iHt_c^*/\hbar) h(s) \right] \tag{10.97}$$

---

① 这是由于算符 $\exp\left(-\frac{1}{2}\beta H\right)$ 的矩阵元是实数, 而 F 含有因子 $i = \sqrt{-1}$.

由于 $\exp(-iHt_c/\hbar)\bar{F}\exp(iHt_c^*/\hbar) = \dfrac{\mathrm{d}}{\mathrm{d}t}\exp(-iHt_c/\hbar)h(-s)\exp(iHt_c^*/\hbar)$, 所以, 有

$$kQ = \lim_{t\to\infty}\frac{\mathrm{d}}{\mathrm{d}t}C_s(t) \tag{10.98a}$$

其中位置自相关函数 $C_s(t)$ 为

$$C_s(t) = \mathrm{tr}\left[h(-s)\exp(iHt_c^*/\hbar)h(s)\exp(-iHt_c/\hbar)\right] \tag{10.98b}$$

考虑到通量自相关函数为偶函数, 可得

$$kQ = \int_0^\infty \mathrm{d}tC_f(t) = \frac{1}{2}\int_{-\infty}^\infty \mathrm{d}tC_f(t) \tag{10.99a}$$

注意, 式 (10.98a) 可写为

$$kQ = \lim_{t\to\infty}C_{f,s}(t) \tag{10.99b}$$

其中

$$C_{f,s}(t) = \mathrm{tr}\left[\bar{F}\exp(iHt_c^*/\hbar)h(s)\exp(-iHt_c/\hbar)\right] \tag{10.100}$$

为通量位置相关函数, 是时间的奇函数. 三个相关函数均为实值函数, 它们相互之间的关系为

$$C_f(t) = \dot{C}_{f,s}(t) = \ddot{C}_s(t) \tag{10.101}$$

我们也可以从入射能量的角度考虑速率常数的计算方法. 引入由式 (10.102) 定义的微正则系综累积反应概率 $N(E)$[43]

$$kQ = (2\pi\hbar)^{-1}\int_{-\infty}^\infty \mathrm{d}Ee^{-\beta E}N(E) \tag{10.102}$$

利用恒等关系

$$\exp(-iHt_c/\hbar) = \int_{-\infty}^\infty \mathrm{d}E\exp(-iEt_c/\hbar)\delta(E - H) \tag{10.103}$$

由式 (10.92b) 和式 (10.96) 可得

$$kQ = \frac{1}{2}\int_{-\infty}^\infty \mathrm{d}t\int_{-\infty}^\infty \mathrm{d}E\int_{-\infty}^\infty \mathrm{d}E'\exp\left[-\beta(E+E')/2\right]\exp\left[-i(E-E')t/\hbar\right]$$
$$\times \mathrm{tr}\left[\bar{F}\delta(E'-H)\bar{F}\delta(E-H)\right] \tag{10.104}$$

由于

$$\int_{-\infty}^\infty \mathrm{d}t\exp\left[-i(E-E')t/\hbar\right] = 2\pi\hbar\delta(E-E') \tag{10.105}$$

则式 (10.104) 变为

$$kQ = \pi\hbar\int_{-\infty}^\infty \mathrm{d}Ee^{-\beta E}\mathrm{tr}\left[\bar{F}\delta(E-H)\bar{F}\delta(E-H)\right] \tag{10.106}$$

从而, 可确定

$$N(E) = \frac{1}{2}(2\pi\hbar)^2 \operatorname{tr}\left[\bar{F}\delta(E-H)\bar{F}\delta(E-H)\right] \tag{10.107}$$

为给定能量下的微正则反应概率.

10.3.2　一维体系的 QI 近似

从式 (10.106) 出发, 有

$$k(T)Q(T) \equiv kQ_r = \pi\hbar \int_{-\infty}^{\infty} \mathrm{d}E \mathrm{e}^{-\beta E} \operatorname{tr}\left[\bar{F}_1\delta(E-H)\bar{F}_2\delta(E-H)\right] \tag{10.108}$$

这里, 对两个通量算符采用普适化的处理, 也就是说, 考虑到周期轨道的存在, 取 $\bar{F}_1$ 和 $\bar{F}_2$ 对应于两个不同的分割面 (在一维情况对应于两个点), 即

$$\bar{F}_n = \frac{1}{2m}\left[\delta(x-x_n)p + p\delta(x-x_n)\right] \tag{10.109a}$$

其中 $n = 1, 2, p$ 是动量算符,

$$p = \frac{\hbar}{\mathrm{i}}\frac{\partial}{\partial x} \tag{10.109b}$$

为了方便, 取 $x_1 < x_2$. 对于任何 x_1 和 x_2, 即对应于任何的两个分割面, 式 (10.108) 都是一个准确表达式. 在坐标表象下进行求迹运算, 得

$$kQ_r = 2\pi\hbar \left(\frac{\hbar}{2m}\right)^2 \int_{-\infty}^{\infty} \mathrm{d}E \mathrm{e}^{-\beta E}\left[\frac{\partial^2}{\partial x_1 \partial x_2}\langle x_1|\delta(E-H)|x_2\rangle \langle x_2|\delta(E-H)|x_1\rangle \right.$$
$$\left. -\frac{\partial}{\partial x_1}\langle x_1|\delta(E-H)|x_2\rangle \frac{\partial}{\partial x_2}\langle x_2|\delta(E-H)|x_1\rangle\right] \tag{10.110}$$

选取 x_1 和 x_2 的值满足如下条件 [原因将在后面阐述, 具体见式 (10.118)]

$$\frac{\partial}{\partial x_1}\langle x_1|\delta(E-H)|x_2\rangle = 0 \tag{10.111}$$

$$\frac{\partial}{\partial x_2}\langle x_1|\delta(E-H)|x_2\rangle = 0 \tag{10.112}$$

即 (x_1, x_2) 是二维空间的一个极点, 则式 (10.110) 可以改写为

$$kQ_r = 2\pi\hbar \left(\frac{\hbar}{2m}\right)^2 \frac{1}{2}\frac{\partial^2}{\partial x_1 \partial x_2}\int_{-\infty}^{\infty} \mathrm{d}E \mathrm{e}^{-\beta E}\left(\langle x_2|\delta(E-H)|x_1\rangle\right)^2 \tag{10.113}$$

因为 Boltzmann 算符是微正则密度算符的 Laplace 变换, 所以有

$$\langle x_2|\delta(E-H)|x_1\rangle = \frac{1}{4\pi\mathrm{i}}\int_{\gamma-\mathrm{i}\infty}^{\gamma+\mathrm{i}\infty} \mathrm{d}\beta \mathrm{e}^{\beta E/2}\langle x_2|\mathrm{e}^{-\beta H/2}|x_1\rangle \tag{10.114}$$

如果对 β 的积分采用最陡下降近似 (细节见本章附录 D), 则有

$$\langle x_2 | \delta(E - H) | x_1 \rangle = \frac{1}{\sqrt{2\pi}\Delta H(\beta_0)} e^{\beta_0 E/2} \langle x_2 | e^{-\beta_0 H/2} | x_1 \rangle \tag{10.115}$$

其中 $\beta_0(E)$ 由式 (10.116) 决定

$$E = E(\beta_0) \tag{10.116}$$

而 $E(\beta)$ 和 $\Delta H(\beta)$ 分别为

$$E(\beta) = -2\frac{\partial}{\partial\beta}\lg\langle x_2 | e^{-\beta H/2} | x_1 \rangle = \langle x_2 | e^{-\beta H/2} H | x_1 \rangle / \langle x_2 | e^{-\beta H/2} | x_1 \rangle \tag{10.117}$$

$$\Delta H(\beta)^2 = -2E'(\beta) = \frac{\langle x_2 | e^{-\beta H/2} H^2 | x_1 \rangle}{\langle x_2 | e^{-\beta H/2} | x_1 \rangle} - \left(\frac{\langle x_2 | e^{-\beta H/2} H | x_1 \rangle}{\langle x_2 | e^{-\beta H/2} | x_1 \rangle}\right)^2 \tag{10.118}$$

如本章附录 D 所示, 如果 x_1 和 x_2 满足式 (10.111) 和式 (10.112), 则 $E \leftrightarrow \beta$ 的关系是唯一的. 将式 (10.115) 代入速率常数表达式 (10.113), 则得

$$kQ_r = 2\pi\hbar\left(\frac{\hbar}{2m}\right)^2 \frac{1}{2}\frac{\partial^2}{\partial x_1 \partial x_2}\int_{-\infty}^{\infty}\mathrm{d}E e^{-\beta E}\frac{e^{\beta_0 E}}{2\pi\Delta H(\beta_0)^2}\left(\langle x_2 | e^{-\beta_0 H/2} | x_1 \rangle\right)^2 \tag{10.119}$$

前面已经用最陡下降近似确定 β 的积分, 即求解最陡下降方程, 从而用 E 确定 β. 现在反过来, 即对式 (10.119) 中的 E 积分采用最陡下降近似, 从而需要由 β 确定 E. 这样, 便得到速率常数的表达式为

$$kQ_r = \frac{\hbar}{2}\frac{\sqrt{\pi}}{\Delta H(\beta)}C_{ff}(0) \tag{10.120}$$

其中

$$\begin{aligned}
C_{ff}(0) &= \left(\frac{\hbar}{2m}\right)^2\frac{\partial^2}{\partial x_1 \partial x_2}\left(\langle x_2 | e^{-\beta_0 H/2} | x_1 \rangle\right)^2 \\
&= 2 \times \left(\frac{\hbar}{2m}\right)^2\frac{\partial^2}{\partial x_1 \partial x_2}\langle x_1 | e^{-\beta_0 H/2} | x_2 \rangle \langle x_2 | e^{-\beta_0 H/2} | x_1 \rangle \tag{10.121}
\end{aligned}$$

注意, 这里通量自相关函数定义为

$$C_{ff}(t) = \mathrm{tr}\left[\exp(-\beta H/2)\bar{F}_1\exp(-\beta H/2)\exp(\mathrm{i}Ht/\hbar)\bar{F}_2\exp(-\mathrm{i}Ht/\hbar)\right] \tag{10.122}$$

式 (10.120) 和式 (10.121) 是 QI 近似的基本结果. 由于推导主要针对隧穿效应比较明显的低温区域, 我们来讨论它在高温区域的近似程度. 考虑没有势垒反应, 即自由粒子运动. 此时, 两个分割面在同一位置, 从而 Boltzmann 算符的自由粒子矩阵元为

$$\langle x_2 | e^{-\beta H/2} | x_1 \rangle = \left(\frac{m}{\pi\hbar^2\beta}\right)^2 e^{-(m/\hbar^2\beta)(x_2-x_1)^2} \tag{10.123}$$

这样便有 $C_{ff}(0) = 1/\pi(\hbar\beta)^2$, 而 $\Delta H(\beta) = \sqrt{2}/\beta$. 代入式 (10.120) 得

$$kQ_r = \frac{kT}{h}\sqrt{\frac{\pi}{2}} \tag{10.124}$$

由于准确结果为 $kQ_r = kT/h$, QI 近似在高温极限时与准确值相差 $\sqrt{\pi/2}$ 倍. 该误差可以通过简单地唯象修正加以消除 [见式 (10.126)].

10.3.3　对称势垒

在进一步探讨多维体系的 QI 理论之前, 有必要先研究一维情况确定其准确性. 考虑 Eckart 势

$$V(x) = V_0 \sec h^2(ax) \tag{10.125}$$

其中 $V_0 = 0.425\text{eV}$, $a = 1.36\text{a.u.}$, $m = 1060\text{a.u.}$, 即参数的设定近似于反应 $H + H_2$ 的势能面. 在这一例子中, 将采用离散变量基处理 Boltzmann 算符. 由于需要的存储量随系统的维数指数增长, 因此, 基组方法只适用于小体系. 对于高维体系, 必须借助于 Morte Carlo 路径积分确定 Boltzmann 算符.

图 10-2 首先画出了矩阵元 $\langle x_2| \exp(-\beta H/2) |x_1\rangle$ 在二维空间 (x_1, x_2) 的等高图. 图 10-2(a) 是在低温 100K 时的曲线; (b) 是在高温 1000K 时的曲线. 因为 Boltzmann 算符是厄米的, 所以交换 $x_1 \leftrightarrow x_2$ 矩阵元保持不变. 实际上只需要关注曲线的上半部分, $x_2 > 0$. 但为了得到更直观的效果, 应该考查整个 (x_1, x_2) 空间. 由于势能面的对称性, 两个分割面显然是对称的, 即 $x_1 = -x_2$, $x_1 < 0, x_2 > 0$, 对应于图 10-2(a) 中的点 A(点 B 则是下半平面的对称点). 这个点在 $(x_1 + x_2)$ 坐标方向上是一个极小值, 而在 $(x_1 - x_2)$ 坐标方向上是一个极大值 (一个对应于从 $x_1 \to x_2$ 的虚时轨道上转折点的 Franck-Condon 最大值). 就是说, 在二维空间 (x_1, x_2) 中, 它是一个鞍

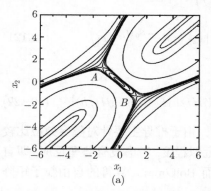
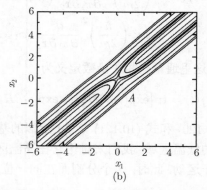

图 10-2[32]　一维对称 Eckart 势的矩阵元 $\langle x_2| \exp(-\beta H/2) |x_1\rangle$ 在二维空间 (x_1, x_2) 的等高图. (a)$T =$100K; (b) $T=$1000K; (a) 中的两个鞍点在 (b) 中重叠到一个点 $x_1 = x_2 = 0$

点. 在较高的温度时 [图 10-2(b)] 两个鞍点合并在 $x_1 = x_2 = 0$ 处, 即传统的势能面顶端处为分割面位置.

图 10-3 是速率常数的 Arrhenius 图. 图 10-4 为 QI 结果的误差图. 可以看出, 在低温的隧穿效应区域, 结果准确, 但在高温区, 误差接近 25%. 图 10-4 同样也给出了如果选取两个分割面在一起时的结果. 高温情况下两种选法没有什么差别 (因为此时, 两个分割面合二为一); 低温情况下, 选两个不同的分割面结果更好.

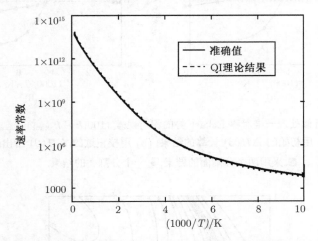

图 10-3[32]　一维对称 Eckart 的能垒反应的热力学速率常数的 Arrhenius 图

高温结果不准确问题可以通过一些简单的修正得以改进. 通过调查发现在高温时, 误差来自于 $\Delta H(\beta)$. 一种简单但有效的方法是调整 $\Delta H(\beta)$ 如下:

$$\Delta H_{\text{mod}}(\beta) = \Delta H(\beta) + \frac{\sqrt{\pi} - \sqrt{2}}{\beta} \tag{10.126}$$

在低温时, β 较大, 这个调整影响很小, 而在高温时 $\Delta H(\beta)$ 能够得到自由粒子极限值. 图 10-4(b) 是关于采用了调整后的 $\Delta H(\beta)$ 所得结果的误差. 从图 10-4 中可以明显地看出, QI 近似在整个温度范围内的结果都很好.

现在考虑非对称势垒. 选取下面的 Eckart 势能面[44]

$$V(x) = \frac{V_0(1 - \alpha)}{1 + \mathrm{e}^{-2\alpha x}} + \frac{V_0(1 + \sqrt{\alpha})^2}{4 \cosh^2(ax)} \tag{10.127}$$

其中参数 (a, m, V_0) 与对称情况一样. 非对称因子 α 取为 1.25 , 即左右的非对称区域能垒高度有 25%的不同.

图 10-5 是在 100K 时的 Boltzmann 算符矩阵元的等高图. 鞍点 (A 和 B) 与对称情况图 10-2(a) 相似, 都很明显, 决定着分割面的位置; 与对称势能面情况不一样

的是, 两个分割面的位置不再是对称的. $T=400K$ 时两个分割面合并到一起. 此过渡温度高于对称势能面的情况.

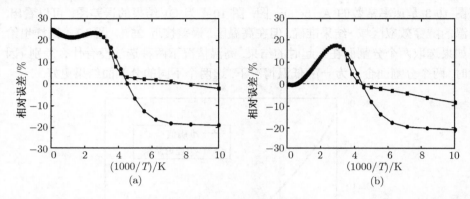

图 10-4[32]　QI 近似处理一维对称 Eckart 势的相对误差 $(100(k - k_{exact})/k_{exact})$ 与温度的关系图. (a) 用初始的 $\Delta H(\beta)$ 计算的结果; (b) 用校正过的 $\Delta H(\beta)$ 给出的结果
■ 采用两个分割面的结果; ● 一个分割面的结果.

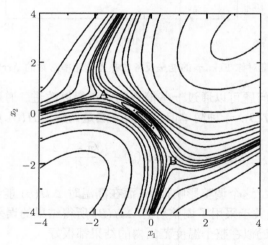

图 10-5[32]　一维非对称 Eckart 势能面矩阵元 $\langle x_2| \exp(-\beta H/2) |x_1 \rangle$
在二维空间 (x_1, x_2) 的等高图. $T=100K$

　　图 10-6 显示了应用于非对称势的 QI 近似结果. 也比较了采用单一分割面时的结果 [$x_1 = x_2$ 为图 10-5 中等高线的最小点, 对应于对角矩阵元 $\langle x_1| \exp(-\beta H/2) |x_1 \rangle$ 的最小值]. 当然, 此点满足式 (10.111) 和式 (10.112). 从上述的结果可以看出, 在采用两个分割面情况下, 无论是对称的还是非对称的势能面, QI 近似都能够给出很好的结果. 尤其是在非对称反应中, 即使温度在 150 K 时, 误差仍然小于 20%, 而其他

存在的近似方法所得速率的误差也在此数量级上.

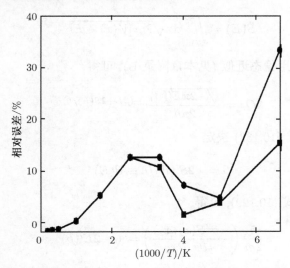

图 10-6[32] 在一维非对称的 Eckart 势能面的情况下, QI 结果的百分比误差 $[100(k - k_{\text{exact}})/k_{\text{exact}}]$ 与温度的关系图. ■ 采用两个分割面的结果; ● 采用一个分割面的结果

10.3.4 最简单的 QI 理论

通过借助半经典近似的结果, 可以得到一个更简单、欠准确的 QI 理论. 对 Boltzmann 算符采用半经典处理[37a], 有

$$\langle x_2| \, e^{-\beta H/2} \, |x_1\rangle = \left(-\frac{1}{2\pi\hbar}\frac{\partial^2 S(x_1, x_2)}{\partial x_1 \partial x_2}\right)^{1/2} e^{-S(x_1, x_2)/\hbar} \tag{10.128}$$

式中: $S(x_1, x_2)$ 为在虚时 $\hbar\beta/2$ 内从 x_1 到 x_2 轨道上的虚时的作用量积分, 其中 x_1 和 x_2 的选取见本章附录 D, 因此从 x_1 到 x_2 只有一条轨道符合条件. 在半经典近似框架, 对式 (10.128) 求导 [见式 (10.120)] 只对指数项进行即可. 这样, 便得到

$$kQ_r = \frac{\sqrt{\pi}}{\sqrt{-2E'(\beta)}}\left(\frac{\hbar}{2m}\right)^2 \frac{1}{2\pi\hbar}\left(-\frac{\partial^2 S(x_1, x_2)}{\partial x_1 \partial x_2}\right)^2 e^{-2S(x_1, x_2)/\hbar} \tag{10.129}$$

若将式 (10.129) 与半经典的瞬子近似相比较, 可以得到一个半经典的近似结果. 对于一维情况, 半经典瞬子近似的结果就是 WKB 隧穿概率的 Boltzmann 平均

$$kQ_r = \frac{1}{2\pi\hbar}\int \mathrm{d}E e^{-\beta E} e^{-2S(E)/\hbar} \tag{10.130}$$

式中: $S(E)$ 为从 x_1 到 x_2 的与能量相关的作用量积分,

$$S(E) = \int_{x_1}^{x_2} \mathrm{d}x \sqrt{2m\left[V(x) - E\right]} \tag{10.131}$$

对能量 E 的积分采用稳态近似 (见本章附录 B), 可得

$$kQ_r = \frac{\sqrt{-2\pi E'(\beta)}}{2\pi\hbar}\mathrm{e}^{-(\beta E + 2S(E)/\hbar)} \tag{10.132}$$

其中 $E = E(\beta)$ 由式 (10.133) 决定

$$\beta = -2S'(E)/\hbar \equiv \beta(E) \tag{10.133}$$

比较式 (10.132) 与式 (10.129), 可得

$$\frac{\hbar}{2m}\left(-\frac{\partial^2 S(x_1, x_2)}{\partial x_1 \partial x_2}\right) = \sqrt{-2E'(\beta)} \tag{10.134}$$

用上述的关系消去式 (10.129) 中的 $\sqrt{-2E'(\beta)}$ 项, 然后再利用式 (10.128) 的近似, 有

$$kQ_r = \sqrt{\pi}\frac{\hbar}{2m}\left(\langle x_2|\,\mathrm{e}^{-\beta H/2}\,|x_1\rangle\right)^2 \tag{10.135}$$

式 (10.135) 就是最简单的 QI 近似结果. 容易将此结果扩展到多维, 从而有

$$kQ_r = \sqrt{\pi}\frac{\hbar}{2m}\int \mathrm{d}Q_1 \mathrm{d}Q_2 \left(\langle x_2 Q_2|\,\mathrm{e}^{-\beta H/2}\,|x_1 Q_1\rangle\right)^2 \tag{10.136}$$

　　上面所有的分析都针对低温隧穿效应明显的情况. 考虑自由粒子情况 (相当于高温极限情况). 由式 (10.115) 可得速率常数为

$$kQ_r = \sqrt{\pi}\frac{kT}{h} \tag{10.137}$$

此结果是准确结果的 $\sqrt{\pi} \approx 1.77$ 倍, 因此简单的 QI 公式在高温极限时引起的误差更大.

10.3.5　多维体系的 QI 近似

　　考虑多维体系. 选取 x 为反应坐标, Q 为与 x 正交的其他坐标. 仿照一维情况, 则可得速率常数的表达式为

$$\begin{aligned} kQ_r = {}& \hbar\sqrt{\pi}\left(\frac{\hbar}{2m}\right)^2 \int \mathrm{d}Q_1 \int \mathrm{d}Q_2 \left[\frac{\partial^2}{\partial x_1 \partial x_2}\langle x_1 Q_1|\,\mathrm{e}^{-\beta H/2}\,|x_2 Q_2\rangle\langle x_2 Q_2|\,\mathrm{e}^{-\beta H/2}\,|x_1 Q_1\rangle \right. \\ & \left. - \frac{\partial}{\partial x_1}\langle x_1 Q_1|\,\mathrm{e}^{-\beta H/2}\,|x_2 Q_2\rangle\frac{\partial}{\partial x_2}\langle x_2 Q_2|\,\mathrm{e}^{-\beta H/2}\,|x_1 Q_1\rangle\right] \end{aligned}$$

$$/\Delta H\left(\beta;Q_1,Q_2\right) \tag{10.138}$$

其中

$$\Delta H\left(\beta;Q_1,Q_2\right)^2 = -2\frac{\partial}{\partial\beta}E(\beta;Q_1,Q_2) = 4\frac{\partial^2}{\partial\beta^2}\lg\langle x_2Q_2|\,\mathrm{e}^{-\beta H/2}\,|x_1Q_1\rangle$$

$$= \frac{\langle x_2Q_2|\,\mathrm{e}^{-\beta H/2}H^2\,|x_1Q_1\rangle}{\langle x_2Q_2|\,\mathrm{e}^{-\beta H/2}\,|x_1Q_1\rangle} - \left(\frac{\langle x_2Q_2|\,\mathrm{e}^{-\beta H/2}H\,|x_1Q_1\rangle}{\langle x_2Q_2|\,\mathrm{e}^{-\beta H/2}\,|x_1Q_1\rangle}\right)^2 \tag{10.139}$$

不过, 这个结果有两点不足之处: 其一, 当用于处理真实分子体系时, 需要采用路径积分 Monte Carlo 方法处理 (10.138) 中的 Boltzmann 矩阵元; 而且, 对多维坐标 Q 的积分也必须借助 Monte Carlo 方法. 这样, 需要在一个 Monte Carlo 循环内嵌套另一个 Monte Carlo, 从而导致极低的运算效率. 当然, 如果两个 Monte Carlo 同时进行, 则效率将得到大大的改善. 其二, 如果变量可分离, 即反应坐标 x 与其他坐标 Q 没有耦合, 则式 (10.138) 和式 (10.139) 将不再成立. 此时, 哈密顿量为

$$H = h + H_b \tag{10.140}$$

式中: h 和 H_b 分别为包含 x 与 Q 的自由度. 在此情况下, 速率常数表达式是一维的结果乘以 Q 的配分函数 Q_b. 然而, 对于变量可分体系, 式 (10.138) 给出的结果为

$$kQ_r = \hbar\sqrt{\pi}\left(\frac{\hbar}{2m}\right)^2\left[\frac{\partial^2}{\partial x_1\partial x_2}\langle x_1|\,\mathrm{e}^{-\beta h/2}\,|x_2\rangle\langle x_2|\,\mathrm{e}^{-\beta h/2}\,|x_1\rangle - \frac{\partial}{\partial x_1}\langle x_1|\,\mathrm{e}^{-\beta h/2}\,|x_2\rangle\right.$$

$$\left.\times\frac{\partial}{\partial x_2}\langle x_2|\,\mathrm{e}^{-\beta h/2}\,|x_1\rangle\right]\int\mathrm{d}Q_1\int\mathrm{d}Q_2\left(\langle Q_2|\,\mathrm{e}^{-\beta H_b/2}\,|Q_1\rangle\right)^2$$

$$\Big/\left[\Delta h(\beta)^2 + \Delta H_b\left(\beta;Q_1,Q_2\right)^2\right]^{1/2} \tag{10.141}$$

其中

$$\Delta H\left(\beta;Q_1,Q_2\right)^2 = \Delta h(\beta)^2 + \Delta H_b\left(\beta;Q_1,Q_2\right)^2 \tag{10.142a}$$

$$\Delta h(\beta)^2 = \frac{\langle x_2|\,\mathrm{e}^{-\beta h/2}h^2\,|x_1\rangle}{\langle x_2|\,\mathrm{e}^{-\beta h/2}\,|x_1\rangle} - \left(\frac{\langle x_2|\,\mathrm{e}^{-\beta h/2}h\,|x_1\rangle}{\langle x_2|\,\mathrm{e}^{-\beta h/2}\,|x_1\rangle}\right)^2 \tag{10.142b}$$

$$\Delta H_b(\beta;Q_1,Q_2)^2 = \frac{\langle Q_2|\,\mathrm{e}^{-\beta H_b/2}H_b^2\,|Q_1\rangle}{\langle Q_2|\,\mathrm{e}^{-\beta H_b/2}\,|Q_1\rangle} - \left(\frac{\langle Q_2|\,\mathrm{e}^{-\beta H_b/2}H_b\,|Q_1\rangle}{\langle Q_2|\,\mathrm{e}^{-\beta H_b/2}\,|Q_1\rangle}\right)^2 \tag{10.142c}$$

如果忽略式 (10.141) 中的 ΔH_b^2 项, 则有

$$\int\mathrm{d}Q_1\int\mathrm{d}Q_2\left(\langle Q_2|\,\mathrm{e}^{-\beta H_b/2}\,|Q_1\rangle\right)^2 = \mathrm{tr}\left(\mathrm{e}^{-\beta H_b/2}\mathrm{e}^{-\beta H_b/2}\right) = \mathrm{tr}\left(\mathrm{e}^{-\beta H_b}\right) = Q_b \tag{10.143}$$

代入式 (10.141) 就得到可分离变量条件下速率常数的正确表达式. 比忽略 ΔH_b^2 项更好的近似是将平方根展开如下:

$$\left(\Delta h(\beta)^2 + \Delta H_b\left(\beta; Q_1, Q_2\right)^2\right)^{-1/2} = \frac{1}{\Delta h} - \frac{\Delta H_b^2}{2\Delta h^3} \tag{10.144}$$

这样, 式 (10.141) 中的相关项就变为

$$\int dQ_1 \int dQ_2 \left(\langle Q_2| e^{-\beta H_b/2} |Q_1\rangle\right)^2 \Big/ \left[\Delta h(\beta)^2 + \Delta H_b\left(\beta; Q_1, Q_2\right)^2\right]^{1/2}$$

$$\simeq \frac{Q_b}{\Delta h(\beta)} - \frac{1}{2\Delta h(\beta)^3} \int dQ_1 \int dQ_2 \left(\langle Q_2| e^{-\beta H_b/2} |Q_1\rangle\right)^2 \Delta H_b\left(\beta; Q_1, Q_2\right)^2 \tag{10.145}$$

结合式 (10.142c), 式 (10.145) 右边的第二项正比于

$$\int dQ_1 \int dQ_2 \left[\langle Q_2| e^{-\beta H_b/2} H_b^2 |Q_1\rangle \langle Q_2| e^{-\beta H_b/2} |Q_1\rangle - \left(\langle Q_2| e^{-\beta H_b/2} H_b |Q_1\rangle\right)^2\right]$$

$$= \mathrm{tr}(e^{-\beta H_b/2} H_b^2 e^{-\beta H_b/2}) - \mathrm{tr}(e^{-\beta H_b/2} H_b e^{-\beta H_b/2} H_b)$$

$$= 0 \tag{10.146}$$

即 ΔH_b 的一阶贡献消失. 这样, 便推得正确的速率常数表达式.

根据上面的分析, 解决第二个问题, 即保证可分离变量条件下得到正确结果的有用且普遍的方法为: 将式 (10.138) 中的 $\Delta H\left(\beta; Q_1, Q_2\right)$ 用其均方根代替

$$\Delta H\left(\beta; Q_1, Q_2\right) \rightarrow \sqrt{\left\langle \Delta H\left(\beta\right)^2\right\rangle} \equiv \Delta H\left(\beta\right) \tag{10.147}$$

其中

$$\left\langle \Delta H\left(\beta\right)^2\right\rangle$$

$$\equiv \frac{\int dQ_1 \int dQ_2 \left(\langle x_2 Q_2| e^{-\beta H/2} |x_1 Q_1\rangle\right)^2 \Delta H\left(\beta; Q_1, Q_2\right)^2}{\int dQ_1 \int dQ_2 \left(\langle x_2 Q_2| e^{-\beta H/2} |x_1 Q_1\rangle\right)^2}$$

$$= \frac{\int dQ_1 \int dQ_2 \left[\langle x_1 Q_1| e^{-\beta H/2} H^2 |x_2 Q_2\rangle \langle x_2 Q_2| e^{-\beta H/2} |x_1 Q_1\rangle - \left(\langle x_2 Q_2| e^{-\beta H/2} H |x_1 Q_1\rangle\right)^2\right]}{\int dQ_1 \int dQ_2 \left(\langle x_2 Q_2| e^{-\beta H/2} |x_1 Q_1\rangle\right)^2}$$

$$\tag{10.148}$$

在可分离变量条件下有

$$\left\langle \Delta H(\beta)^2\right\rangle = \Delta h(\beta)^2 \tag{10.149}$$

这样就可以得到正确的速率常数表达式. 同样重要的是, 由于式 (10.148) 的结构, 对 Q_1 和 Q_2 采用 Monte Carlo 积分和对 Boltzmann 矩阵元的路径积分可以同时进行. 这样, 上面提到的第一个问题也得以解决.

作为小结, 多维体系的 QI 近似包括如下步骤: 首先选取 x_1 和 x_2 使得二维空间点 (x_1, x_2) 是量 $\int \mathrm{d}Q_1 \int \mathrm{d}Q_2 \left(\langle x_2 Q_2 | \mathrm{e}^{-\beta H/2} | x_1 Q_1 \rangle \right)^2$ 的一个鞍点. 这样, 从式 (10.138) 得出的速率常数表达式

$$
\begin{aligned}
kQ_r = \frac{\hbar \sqrt{\pi}}{\Delta H(\beta)} \left(\frac{\hbar}{2m} \right)^2 \int \mathrm{d}Q_1 \int \mathrm{d}Q_2 \Bigg[& \frac{\partial^2}{\partial x_1 \partial x_2} \langle x_1 Q_1 | \mathrm{e}^{-\beta H/2} | x_2 Q_2 \rangle \\
& \times \langle x_2 Q_2 | \mathrm{e}^{-\beta H/2} | x_1 Q_1 \rangle - \frac{\partial}{\partial x_1} \langle x_1 Q_1 | \mathrm{e}^{-\beta H/2} | x_2 Q_2 \rangle \\
& \times \frac{\partial}{\partial x_2} \langle x_2 Q_2 | \mathrm{e}^{-\beta H/2} | x_1 Q_1 \rangle \Bigg]
\end{aligned} \tag{10.150}
$$

其中

$$
\Delta H(\beta) = \sqrt{\left\langle \Delta H(\beta)^2 \right\rangle} \tag{10.151}
$$

且

$$
\begin{aligned}
\left\langle \Delta H(\beta)^2 \right\rangle = & \frac{\int \mathrm{d}Q_1 \int \mathrm{d}Q_2 \left[\langle x_1 Q_1 | \mathrm{e}^{-\beta H/2} H^2 | x_2 Q_2 \rangle \langle x_2 Q_2 | \mathrm{e}^{-\beta H/2} | x_1 Q_1 \rangle \right]}{\int \mathrm{d}Q_1 \int \mathrm{d}Q_2 \left(\langle x_2 Q_2 | \mathrm{e}^{-\beta H/2} | x_1 Q_1 \rangle \right)^2} \\
& - \frac{\int \mathrm{d}Q_1 \int \mathrm{d}Q_2 \left[\left(\langle x_2 Q_2 | \mathrm{e}^{-\beta H/2} H | x_1 Q_1 \rangle \right)^2 \right]}{\int \mathrm{d}Q_1 \int \mathrm{d}Q_2 \left(\langle x_2 Q_2 | \mathrm{e}^{-\beta H/2} | x_1 Q_1 \rangle \right)^2}
\end{aligned} \tag{10.152}
$$

高温情况下, 对 $\Delta H(\beta)$ 需要另加一项进行修正, 即

$$
\Delta H(\beta) \rightarrow \Delta H(\beta) + \left(\sqrt{\pi} - \sqrt{2} \right) / \beta \tag{10.153}
$$

下面将对 $\Delta H(\beta)$ 需要用其均方根代替做一更具启发性说明. 为此, 考虑速率常数的通量自相关函数对时间积分的表达式 (10.96), 对通量–通量相关函数进行短时近似

$$
C_{ff}(t) = C_{ff}(0) \exp \left[\frac{\ddot{C}_{ff}(0) t^2}{2 C_{ff}(0)} \right] \tag{10.154}
$$

由式 (10.92b) 可得

$$
kQ_r = C_{ff}(0) \frac{1}{2} \left(\frac{2\pi C_{ff}(0)}{-\ddot{C}_{ff}(0)} \right)^{1/2} \tag{10.155}
$$

若定义 $\Delta H(\beta)$ 为

$$
\Delta H(\beta) = \hbar \left[\frac{-\ddot{C}_{ff}(0)}{2 C_{ff}(0)} \right]^{1/2} \tag{10.156}
$$

则式 (10.155) 与式 (10.120) 完全一致. 注意可以直接求出式 (10.156) 中的二次导数

$$
\ddot{C}_{ff}(0) = -\frac{2}{\hbar^2} \left[\mathrm{tr} \left(F_1 \mathrm{e}^{-\beta H/2} F_2 \mathrm{e}^{-\beta H/2} H^2 \right) - \mathrm{tr} \left(F_1 \mathrm{e}^{-\beta H/2} H F_2 \mathrm{e}^{-\beta H/2} H \right) \right]
$$

$$(10.157)$$

这样, 式 (10.156) 变为

$$
\Delta H(\beta)^2 = \frac{\mathrm{tr} \left(F_1 \mathrm{e}^{-\beta H/2} F_2 \mathrm{e}^{-\beta H/2} H^2 \right) - \mathrm{tr} \left(F_1 \mathrm{e}^{-\beta H/2} H F_2 \mathrm{e}^{-\beta H/2} H \right)}{\mathrm{tr} \left(F_1 \mathrm{e}^{-\beta H/2} F_2 \mathrm{e}^{-\beta H/2} \right)} \tag{10.158}
$$

如果将式 (10.158) 中的通量算符 F_n 用函数 $\delta(x - x_n)$ 代替, 即假设分子与分母的速度因子抵消掉, 就可以得到式 (10.148).

考虑反应坐标为体系坐标的函数情况. 假设 q 代表体系所有的坐标, 定义分割面为

$$
s_1(q) - s_1 = 0 \tag{10.159a}
$$

$$
s_2(q) - s_2 = 0 \tag{10.159b}
$$

式中: $s_1(q)$ 和 $s_2(q)$ 为坐标 q 的给定函数. 此时, 通量算符 F_n 为

$$
F_n = \frac{1}{2m} \left[\delta \left(s_n(q) - s_n \right) \frac{\partial s_n(q)}{\partial q} \cdot p + p \cdot \frac{\partial s_n(q)}{\partial q} \delta \left(s_n(q) - s_n \right) \right] \tag{10.160}
$$

为了简化讨论, 这里假设对于所有的 Cartesian 坐标, 质量 m 都一样. 从而有

$$
\begin{aligned}
C_{ff}(0) = {} & 2 \left(\frac{\hbar}{2m} \right)^2 \int \mathrm{d}q_1 \int \mathrm{d}q_2 \delta \left(s_1(q) - s_1 \right) \delta \left(s_2(q) - s_2 \right) \\
& \times \left[\langle q_1 | \mathrm{e}^{-\beta H/2} | q_2 \rangle \left(\frac{\partial s_1(q_1)}{\partial q_1} \cdot \frac{\partial}{\partial q_1} \frac{\partial s_2(q_2)}{\partial q_2} \cdot \frac{\partial}{\partial q_2} \right) \right. \\
& \times \langle q_2 | \mathrm{e}^{-\beta H/2} | q_1 \rangle - \frac{\partial s_1(q_1)}{\partial q_1} \cdot \frac{\partial}{\partial q_1} \langle q_1 | \mathrm{e}^{-\beta H/2} | q_2 \rangle \\
& \times \left. \left(\frac{\partial s_2(q_2)}{\partial q_2} \cdot \frac{\partial}{\partial q_2} \right) \langle q_2 | \mathrm{e}^{-\beta H/2} | q_1 \rangle \right]
\end{aligned} \tag{10.161}
$$

$$
\begin{aligned}
\Delta H(\beta)^2 = {} & \frac{\int \mathrm{d}q_1 \int \mathrm{d}q_2 \delta \left(s_1(q) - s_1 \right) \delta \left(s_2(q) - s_2 \right) \langle q_1 | \mathrm{e}^{-\beta H/2} | q_2 \rangle \langle q_2 | \mathrm{e}^{-\beta H/2} H^2 | q_1 \rangle}{\int \mathrm{d}q_1 \int \mathrm{d}q_2 \delta \left(s_1(q) - s_1 \right) \delta \left(s_2(q) - s_2 \right) \left(\langle q_1 | \mathrm{e}^{-\beta H/2} | q_2 \rangle \right)^2} \\
& - \frac{\int \mathrm{d}q_1 \int \mathrm{d}q_2 \delta \left(s_1(q) - s_1 \right) \delta \left(s_2(q) - s_2 \right) \left(\langle q_1 | \mathrm{e}^{-\beta H/2} H | q_2 \rangle \right)^2}{\int \mathrm{d}q_1 \int \mathrm{d}q_2 \delta \left(s_1(q) - s_1 \right) \delta \left(s_2(q) - s_2 \right) \left(\langle q_1 | \mathrm{e}^{-\beta H/2} | q_2 \rangle \right)^2}
\end{aligned} \tag{10.162}
$$

实际应用时, 广义分布函数 $\delta(s_n(q) - s_n)$ 需要用一般分布函数代替, 例如

$$\delta(s_n(q) - s_n) \rightarrow \left(\frac{\alpha}{\pi}\right)^{1/2} e^{-\alpha(s_n(q) - s_n)^2} \tag{10.163}$$

其中只要选取足够大的 α 即可. 当然, 对 q_1 和 q_2 采用的 Monte Carlo 积分和对 Boltzmann 矩阵元的路径积分可以同时进行.

考虑更为普遍的情况, 即 $\xi_\gamma(q)$ 为确定分割面的任意函数. 此时, 有[24]

$$F_\gamma = \frac{1}{2m} \{p \cdot \nabla \xi_\gamma(q)\delta(\xi_\gamma(q)) + \delta(\xi_\gamma(q))\nabla \xi_\gamma(q) \cdot p\} \tag{10.164}$$

$$\Delta H^2 = \frac{\text{tr}[\widehat{\Delta}_a e^{-\beta \widehat{H}/2} \widehat{H}^2 \widehat{\Delta}_b e^{-\beta \widehat{H}/2}] - \text{tr}[\widehat{\Delta}_a e^{-\beta \widehat{H}/2} \widehat{H} \widehat{\Delta}_b e^{-\beta \widehat{H}/2} \widehat{H}]}{\text{tr}[\widehat{\Delta}_a e^{-\beta \widehat{H}/2} \widehat{\Delta}_b e^{-\beta \widehat{H}/2}]} \tag{10.165}$$

式中: $\widehat{\Delta}_a$ 和 $\widehat{\Delta}_b$ 是修饰过的 Dirac δ 函数, 其有如下形式

$$\widehat{\Delta}_\gamma = \Delta(\xi_r(q)) \equiv \delta(\xi_r(q)) \left| m^{-1/2} \nabla \xi_r(q) \right|, \quad \gamma = a, b \tag{10.166}$$

在实际的运用中, 通常将 ΔH 改写为

$$\Delta H = \hbar \left[-\frac{\ddot{C}_{dd}(0)}{2C_{dd}(0)} \right]^{1/2} \tag{10.167}$$

式中: $C_{dd}(0)$ 和 $\ddot{C}_{dd}(0)$ 分别为 δ 的自相关函数的初始值和初始二次导数, 而其中 $C_{dd}(t)$ 为

$$C_{dd}(t) = \text{tr}[e^{-\beta H/2} \widehat{\Delta}_a e^{-\beta H/2} e^{iHt/\hbar} \widehat{\Delta}_b e^{-iHt/\hbar}] \tag{10.168}$$

若 $\{c_k\}$ 是与反应坐标有关的参数, 则分割面的位置由以下条件确定

$$\frac{\partial}{\partial c_k} C_{dd}(0; \{c_k\}) = 0 \tag{10.169}$$

现在, 最终的多维速率公式可以表示为

$$k = \frac{C_{ff}(0)}{Q_r} \frac{\sqrt{\pi}}{2} \frac{\hbar}{\Delta H(\beta)} \tag{10.170}$$

实际应用中, 为了处理方便, 我们更多地采用以下形式

$$k = \frac{C_{dd}(0)}{Q_r} \left\{ \frac{\sqrt{\pi}}{2} \frac{\hbar}{\Delta H(\beta)} \frac{C_{ff}(0)}{C_{dd}(0)} \right\} \tag{10.171}$$

10.4　QI 理论的应用

10.4.1　路径积分表示

首先关注式 (10.171) 右边大括号里的两项

$$C_{ff}(0)/C_{dd}(0) \tag{10.172}$$

$$\frac{\Delta H^2}{\hbar^2} = -\frac{1}{2}\frac{\ddot{C}_{dd}(0)}{C_{dd}(0)} \tag{10.173}$$

这些量只包含 Boltzmann 算符. 因此, 在多自由度情况下, 最有效的处理方法是将虚时路径积分和 Monte Carlo[45~47] 或分子动力学方法 [48] 相结合 (在只有几个自由度的情况下, 采用基函数组更加有效). 这里我们将建立适用于带有任意的非线性反应坐标的一般体系的路径积分表达式. 假设体系的自由度为 d, 且哈密顿量有如下基本形式

$$H = p^2/2m + V(q)$$

首先考虑式 (10.172) 中的分母

$$C_{dd}(0) = \mathrm{tr}\left[\mathrm{e}^{-\beta H/2}\Delta(\xi_a(q))\mathrm{e}^{-\beta H/2}\Delta(\xi_b(q))\right] \tag{10.174}$$

将 Boltzmann 算符近似为 [34,49,50]

$$\mathrm{e}^{-\beta H/2} \simeq \left(\mathrm{e}^{-\beta V/2P}\mathrm{e}^{-\beta T/P}\mathrm{e}^{-\beta V/2P}\right)^{P/2} \tag{10.175}$$

可以得到一个离散化的路径积分的表达式. 若将式 (10.175) 中的势能算符以坐标本征态展开, 可以得到

$$C_{dd}(0) = \left(\frac{mP}{2\pi\hbar^2\beta}\right)^{\mathrm{d}P/2}\int \mathrm{d}x_1 \int \mathrm{d}x_2 \cdots \int \mathrm{d}x_P \,\Delta(\xi_a(x_0))\Delta(\xi_b(x_{P/2}))$$
$$\times \exp\left[-\beta\Phi(x_1, x_2, \cdots, x_p)\right] \tag{10.176}$$

式中: P 为虚时间步数; x_k 为第 k 个时间步长的路径积分变量; $\Phi(x_1, x_2, \cdots, x_p)$ 为离散化的作用量积分, 其具体形式为

$$\Phi(x_1, x_2, \cdots, x_p) = \frac{mP}{2\hbar^2\beta^2}\sum_{k=1}^{P}(x_k - x_{k-1})^2 + \frac{1}{P}\sum_{k=1}^{P}V(x_k) \tag{10.177}$$

其中有 $x_0 = x_P$. 实质上, 这一表达式与配分函数 $\mathrm{tr}(\mathrm{e}^{-\beta H})$ 的路径积分表达式一样. 唯一的不同之处在于 δ 函数将 x_0 与 $x_{P/2}$ 限制在两个分割面上.

对 $C_{ff}(0)$ 也可以直接处理. 将式 (10.122) 中的 t 取为 0, 则得下述求迹的表达式

$$
\begin{aligned}
C_{ff}(0) &= \text{tr}\left(e^{-\beta H/2} F_a e^{-\beta H/2} F_b\right) \\
&= \int dx \int dy \int dx' \int dy' \langle x| F_a |y\rangle \langle y| e^{-\beta H/2} |y'\rangle \langle y'| F_b |x'\rangle \\
&\quad \times \langle x'| e^{-\beta H/2} |x\rangle
\end{aligned}
\tag{10.178}
$$

将通量算符的矩阵元进行如下替换

$$
\langle x''| F_\gamma |x'\rangle = \frac{\hbar}{2mi}\left\{
\begin{aligned}
&\delta(\xi_\gamma(x'))\nabla\xi_\gamma(x') \cdot \frac{\partial}{\partial x''}\delta(x''-x') \\
&-\delta(\xi_\gamma(x''))\nabla\xi_\gamma(x'') \cdot \frac{\partial}{\partial x'}\delta(x''-x')
\end{aligned}
\right\}
\tag{10.179}
$$

再通过分部积分可得

$$
\begin{aligned}
C_{ff}(0) &= \left(\frac{\hbar}{2mi}\right)^2 \int dx \int dy \int dx' \int dy' \delta(x-y)\delta(x'-y')\delta(\xi_a(x))\delta(\xi_b(x')) \\
&\quad \times \nabla\xi_a(x)\left(\frac{\partial}{\partial x} - \frac{\partial}{\partial y}\right)\nabla\xi_b(x')\left(\frac{\partial}{\partial y'} - \frac{\partial}{\partial x'}\right)\langle y| e^{-\beta H/2} |y'\rangle \\
&\quad \times \langle x'| e^{-\beta H/2} |x\rangle
\end{aligned}
\tag{10.180}
$$

然后, 像处理式 (10.175) 和式 (10.176) 一样, 将 Boltzmann 算符离散化, 并将所有的相关量重新标示, 有

$$
\begin{aligned}
C_{ff}(0) &= \left(\frac{mP}{2\pi\hbar^2\beta}\right)^{dP/2} \int dx_1 \int dx_2 \cdots \int dx_P \Delta(\xi_a(x_0))\Delta(\xi_b(x_{P/2})) \\
&\quad \times \exp\left[-\beta\Phi(x_1, x_2, \cdots, x_p)\right] f_v(x_1, x_2, \cdots, x_p)
\end{aligned}
\tag{10.181}
$$

式 (10.181) 与式 (10.176) 的不同之处在于: 由于通量算符的关系, 多了一项 "速度" 因子

$$
\begin{aligned}
f_v(x_1, x_2, \cdots, x_p) &= m\left(\frac{iP}{2\hbar\beta}\right)^2 \{n_a(x_0) \cdot (x_1 - x_{P-1})\} \\
&\quad \times \{n_b(x_{P/2}) \cdot (x_{P/2+1} - x_{P/2-1})\}
\end{aligned}
\tag{10.182}
$$

其中 $n_\gamma(x) = \nabla\xi_\gamma(x)/|\nabla\xi_\gamma(x)|$, $\gamma = a, b$. 首先注意到由于 "速度" 因子的关系, $C_{ff}(0)$ 的表达式与虚时的速度–速度自相关函数[51,52] 十分类似. 此外, 对势能函数的导数并没有在式 (10.182) 中出现, 原因是对关于终点的通量算符的对称处理, 使得这些项相互抵消.

现在考虑 $\ddot{C}_{dd}(0)$ 项. 有了它就可以得到 ΔH. 一个方法是: 用虚时 $\hbar\lambda$ 代替实时 t, 通过代换 $t = -\mathrm{i}\hbar\lambda$; 然后将问题改为对温度的倒数 λ 的求导, 即

$$\ddot{C}_{dd}(0) = \frac{\mathrm{d}^2}{\mathrm{d}t^2} C_{dd}(t)\,|_{t=0} = -\frac{1}{\hbar^2}\frac{\mathrm{d}^2}{\mathrm{d}\lambda^2}\bar{C}_{dd}(\lambda)\,|_{\lambda=0} \tag{10.183}$$

式中: $\bar{C}_{dd}(\lambda)$ 为虚时相关函数,

$$\bar{C}_{dd}(\lambda) = C_{dd}(-\mathrm{i}\hbar\lambda) = \mathrm{tr}\left[\mathrm{e}^{-(\beta/2+\lambda)H}\Delta(\xi_a(q))\mathrm{e}^{-(\beta/2-\lambda)H}\Delta(\xi_b(q))\right] \tag{10.184}$$

这样, ΔH 的表达式为

$$\Delta H^2 = \frac{1}{2}\bar{C}_{dd}''(0)/\bar{C}_{dd}(0) \tag{10.185}$$

为了进一步处理, 类似于式 (10.175), 先将 Boltzmann 算符 $\mathrm{e}^{-(\beta/2\pm\lambda)H}$ 进行离散化处理. 然后对 λ 求二次导数, 并考虑到极限条件 $\lambda \to 0$, 可以得到

$$
\begin{aligned}
\bar{C}_{dd}''(0) = {} & \left(\frac{mP}{2\pi\hbar^2\beta}\right)^{dP/2}\int \mathrm{d}x_1\int \mathrm{d}x_2\cdots\int \mathrm{d}x_P\,\Delta(\xi_a(x_0))\Delta(\xi_b(x_{P/2})) \\
& \times \exp\left[-\beta\Phi(x_1, x_2, \cdots, x_p)\right] \\
& \times \left\{F(x_1, x_2, \cdots, x_p)^2 + G(x_1, x_2, \cdots, x_p)\right\}
\end{aligned}
\tag{10.186}
$$

其中

$$
\begin{aligned}
F(x_1, x_2, \cdots, x_p) = {} & -\frac{mP}{\hbar^2\beta^2}\left\{\sum_{k=1}^{P/2} - \sum_{k=P/2+1}^{P}\right\}(x_k - x_{k-1})^2 \\
& + \frac{2}{P}\left\{\sum_{k=1}^{P/2-1} - \sum_{k=P/2+1}^{P-1}\right\}V(x_k)
\end{aligned}
\tag{10.187a}
$$

$$G(x_1, x_2, \cdots, x_p) = \frac{2\mathrm{d}P}{\beta^2} - \frac{4mP}{\hbar^2\beta^3}\sum_{k=1}^{P}(x_k - x_{k-1})^2 \tag{10.187b}$$

有了相关的路径积分表达式, 就可以将 $C_{ff}(0)/C_{dd}(0)$ 和 ΔH 用 Monte Carlo 形式表示出来

$$C_{ff}(0)/C_{dd}(0) = \langle f_v(x_1, x_2, \cdots, x_p)\rangle \tag{10.188a}$$

$$\Delta H^2 = \frac{1}{2}\left\langle F(x_1, x_2, \cdots, x_p)^2 + G(x_1, x_2, \cdots, x_p)\right\rangle \tag{10.188b}$$

其中 $\langle\cdots\rangle$ 代表系综平均

$$\langle\cdots\rangle = \frac{\displaystyle\int \mathrm{d}x_1\int \mathrm{d}x_2\cdots\int \mathrm{d}x_P\rho(x_1, x_2, \cdots, x_p)(\cdots)}{\displaystyle\int \mathrm{d}x_1\int \mathrm{d}x_2\cdots\int \mathrm{d}x_P\rho(x_1, x_2, \cdots, x_p)} \tag{10.189}$$

相应的权重函数为

$$\rho(x_1, x_2, \cdots, x_p) = \Delta(\xi_a(x_0))\Delta(\xi_b(x_{P/2})) \exp\left[-\beta\Phi(x_1, x_2, \cdots, x_p)\right] \quad (10.190)$$

它们可以通过 Monte Carlo 或分子动力学模拟计算得出. 分子动力学模拟更为方便, 因为它可以直接处理 δ 函数. 若采用 Monte Carlo 方法, 则不能直接处理 δ 函数, 必须将 δ 函数用足够小宽度的 Gauss 分布函数代换

$$\delta(\xi_\gamma(q)) \to \frac{1}{\sqrt{2\pi}\sigma} \exp\left[-\frac{1}{2}\left(\frac{\xi_\gamma(q)}{\sigma}\right)^2\right] \quad (10.191)$$

此外, 对于不同的具体问题, 可以采用不同形式的路径积分表达式以便获得更好的计算效果 (见本章附录 E).

10.4.2 计算 $C_{dd}(0)/Q_r$ 的伞形取样

前面介绍了计算 $C_{ff}(0)/C_{dd}(0)$ 和 ΔH 的方法. 然而, 由于 $C_{dd}(0)$ 与势能面的鞍点有关, 而 Q_r 与反应物的势阱有关, 因此直接计算 $C_{dd}(0)/Q_r$ 是比较困难的. 为了解决这一问题, 需要借助热力学积分或伞形取样. 首先, 假设反应坐标 $\xi_a(q)$ 和 $\xi_b(q)$ 具有下述形式

$$\xi_a(q) = \xi(q) - \xi_a \quad (10.192)$$
$$\xi_b(q) = \xi(q) - \xi_b \quad (10.193)$$

式中: $\xi(q)$ 为某种反应坐标的参照; ξ_a 和 ξ_b 分别为用来调整分割面的位置的参数. 这样, $C_{dd}(0)$ 可以改写为 (ξ_a, ξ_b) 的函数, 即

$$C_{dd}(0; \xi_a, \xi_b) = \mathrm{tr}\left[\mathrm{e}^{-\beta H/2}\Delta(\xi(q) - \xi_a)\mathrm{e}^{-\beta H/2}\Delta(\xi(q) - \xi_b)\right] \quad (10.194)$$

这样, 需要解决两个问题:

(1) 寻找 $C_{dd}(0; \xi_a, \xi_b)$ 的一个稳态点 (一个特殊的鞍点) 即

$$\frac{\partial C_{dd}(0; \xi_a, \xi_b)}{\partial \xi_a} = 0 \quad (10.195)$$
$$\frac{\partial C_{dd}(0; \xi_a, \xi_b)}{\partial \xi_b} = 0 \quad (10.196)$$

(2) 计算 $C_{dd}(0; \xi_a, \xi_b)/Q_r$. 首先为了得到在 (ξ_a, ξ_b) 处的 $(\xi(x_0), \xi(x_{P/2}))$, $C_{dd}(0; \xi_a, \xi_b)/Q_r$ 可以改写为

$$C_{dd}(0; \xi_a, \xi_b)/Q_r = \kappa P(\xi_a, \xi_b) \quad (10.197)$$

式中：$P(\xi_a, \xi_b)$ 为一个联合的概率密度函数,

$$P(\xi_a, \xi_b) = \frac{\int \mathrm{d}x_1 \int \mathrm{d}x_2 \cdots \int \mathrm{d}x_P \delta(\xi(x_0) - \xi_a) \delta(\xi(x_{P/2}) - \xi_b) \exp\left[-\beta \Phi'(x_1, x_2, \cdots, x_p)\right]}{\int \mathrm{d}x_1 \int \mathrm{d}x_2 \cdots \int \mathrm{d}x_P h(\xi^{\ddagger} - \xi(x_0)) h(\xi^{\ddagger} - \xi(x_{P/2})) \exp\left[-\beta \Phi'(x_1, x_2, \cdots, x_p)\right]}$$

$$(10.198)$$

其中

$$\Phi'(x_1, x_2, \cdots, x_p) = \Phi(x_1, x_2, \cdots, x_p) - k_\mathrm{B}T \lg \left| m^{-1/2} \nabla \xi(x_0) \right| \left| m^{-1/2} \nabla \xi(x_{P/2}) \right|$$

$$(10.199)$$

且 $P(\xi_a, \xi_b)$ 满足

$$\int_{-\infty}^{\xi^{\ddagger}} \mathrm{d}\xi_a \int_{-\infty}^{\xi^{\ddagger}} \mathrm{d}\xi_b P(\xi_a, \xi_b) = 1 \tag{10.200}$$

而 κ 是一个纠正因子,

$$\kappa = \frac{\int \mathrm{d}x_1 \int \mathrm{d}x_2 \cdots \int \mathrm{d}x_P h(\xi^{\ddagger} - \xi(x_0)) h(\xi^{\ddagger} - \xi(x_{P/2})) \exp\left[-\beta \Phi'(x_1, x_2, \cdots, x_p)\right]}{\int \mathrm{d}x_1 \int \mathrm{d}x_2 \cdots \int \mathrm{d}x_P h(\xi^{\ddagger} - \xi(x_0)) h(\xi^{\ddagger} - \xi(x_{P/2})) \exp\left[-\beta \Phi(x_1, x_2, \cdots, x_p)\right]}$$

$$(10.201)$$

式中：$\Phi(x_1, x_2, \cdots, x_p)$ 为一个离散化的作用量积分; $\xi^{\ddagger}$ 为粗略地分开反应物区和产物区的参数. 为了能够在分割面接近势能垒时同样得出精确的结果, 在这里用适应的伞形取样 (adaptive umbrella sampling)[22,53~55] 来处理. 它在两个方面不同于传统的伞形取样[57]: ① 运用了一个全局的伞形势能面来人为地改变对势能面顶点的取样; ②此伞形势能面需要通过迭代更新, 从而可以得到对目标量的近似平面分布.

　　在具体的计算中可用简化的方式处理概率密度 (10.198). 相应地, 可以定义一个自由能面 $F(\xi_a, \xi_b)$

$$F(\xi_a, \xi_b) = -k_\mathrm{B}T \lg P(\xi_a, \xi_b) \tag{10.202}$$

　　首先对 $\Phi(x_1, x_2, \cdots, x_p)$ 加一项全局伞形势能面 $U_*(\xi(x_0), \xi(x_{P/2}))$, 同时定义一个修改的概率密度 $P_*(\xi_a, \xi_b)$, 即

$$P_*(\xi_a, \xi_b) = \frac{\int \mathrm{d}x_1 \int \mathrm{d}x_2 \cdots \int \mathrm{d}x_P \delta(\xi(x_0) - \xi_a) \delta(\xi(x_{P/2}) - \xi_b) \exp\left[-\beta \Phi'_*(x_1, x_2, \cdots, x_p)\right]}{\int \mathrm{d}x_1 \int \mathrm{d}x_2 \cdots \int \mathrm{d}x_P h(\xi^{\ddagger} - \xi(x_0)) h(\xi^{\ddagger} - \xi(x_{P/2})) \exp\left[-\beta \Phi'_*(x_1, x_2, \cdots, x_p)\right]}$$

$$(10.203)$$

其中

$$\Phi'_*(x_1, x_2, \cdots, x_p) = \Phi'(x_1, x_2, \cdots, x_p) + U_*(\xi(x_0), \xi(x_{P/2})) \tag{10.204}$$

由于 $U_*(\xi(x_0), \xi(x_{P/2}))$ 只是 $(\xi(x_0), \xi(x_{P/2}))$ 的函数, 所以 $P_*(\xi_a, \xi_b)$ 与 $P(\xi_a, \xi_b)$ 有下述关系

$$P_*(\xi_a, \xi_b) = C \exp[-\beta U_*(\xi_a, \xi_b)] P(\xi_a, \xi_b) \tag{10.205}$$

式中: C 为一个不依赖于 (ξ_a, ξ_b) 的常数. 假设 (ξ_a^0, ξ_b^0) 和 (ξ_a^+, ξ_b^+) 分别对应于在反应物的势阱和势垒处的分割面, 则由式 (10.205) 可得

$$\frac{P_*(\xi_a^+, \xi_b^+)}{P_*(\xi_a^0, \xi_b^0)} = \frac{C \exp[-\beta U_*(\xi_a^+, \xi_b^+)] P(\xi_a^+, \xi_b^+)}{C \exp[-\beta U_*(\xi_a^0, \xi_b^0)] P(\xi_a^0, \xi_b^0)} \tag{10.206}$$

这样, 只要确定了 $\dfrac{P_*(\xi_a^+, \xi_b^+)}{P_*(\xi_a^0, \xi_b^0)}$ 和 $P(\xi_a^0, \xi_b^0)$, 就可以准确地求得 $P(\xi_a^+, \xi_b^+)$, 而 $P(\xi_a^0, \xi_b^0)$

的值可以直接通过平衡模拟[①] 得到, $\dfrac{P_*(\xi_a^+, \xi_b^+)}{P_*(\xi_a^0, \xi_b^0)}$ 的值则需要由 $U_*(\xi(x_0), \xi(x_{P/2}))$ 产

生一个在 (ξ_a^0, ξ_b^0) 和 (ξ_a^+, ξ_b^+) 区域内 $P_*(\xi_a, \xi_b)$ 的平均分布. 因此, $U_*(\xi(x_0), \xi(x_{P/2}))$ 的最恰当的定义为

$$\exp[-\beta U_*^{\text{optimal}}(\xi_a, \xi_b)] \times P(\xi_a, \xi_b) = \text{const} \tag{10.207}$$

尽管 $P(\xi_a, \xi_b)$ 是一未知量, 上面的定义并不能直接应用, 但是, 下述的迭代方法可以解决此问题, 从而得到一个很好的 $U_*(\xi_a, \xi_b)$.

(1) 取第 m 次迭代的伞形势能面为: $U_*^{(m)}(\xi_a, \xi_b)$, 对修改的概率密度 $P_*^{(m)}(\xi_a, \xi_b)$ 进行一次短时模拟. 在第一次迭代中, 取 $U_*^{(1)}(\xi_a, \xi_b) = 0$. 实际的计算是在直方图中对需要用的 (ξ_a, ξ_b) 区域进行填充加高.

(2) 在第 $(m+1)$ 次的迭代中, 通过式 (10.208) 确定一个新的伞形势能面

$$\exp[-\beta U_*^{(m+1)}(\xi_a, \xi_b)] \equiv \exp[-\beta U_*^{(m)}(\xi_a, \xi_b)] \frac{1}{P_*^{(m)}(\xi_a, \xi_b)} \tag{10.208}$$

然后, 取一个合适的总平移以避免数据的不稳定; 对在第 m 次模拟中没有取到样的区域的填充数加 1. 上述的定义将导致对未用到的 (ξ_a, ξ_b)[55,57] 区域进行统计取样.

(3) 重复 (1) 和 (2) 直到 $P_*^{(m)}(\xi_a, \xi_b)$ 变得足够平坦.

(4) 用一个固定的 $U_*^{(m)}(\xi_a, \xi_b)$ 进行一次长时模拟, 得到 $\dfrac{P_*(\xi_a^+, \xi_b^+)}{P_*(\xi_a^0, \xi_b^0)}$ 的准确值.

---

① $\rho(x_1, x_2, \cdots, x_p) = h(\xi^+ - \xi(x_0)) h(\xi^+ - \xi(x_{P/2})) \exp[-\beta \Phi'(x_1, x_2, \cdots, x_p)]$ 用 Monte Carlo 路径积分来对 $(x_1, x_2, \cdots, x_p)$ 进行取样; 构建一个关于 $(\xi(x_0), \xi(x_{p/2}))$ 的直方图; 根据式对直方图进行调整. 这样就可以得到 $P(\xi_a, \xi_b)$ 的值.

总的来说, $C_{dd}(0)/Q_r$ 这一项的处理较为困难, 本章附录 F 中是一个双分子反应的例子.

10.4.3   反应坐标的选取 [24]

将以 $CH_4 + H$ 为例说明如何选取适当的反应坐标 (图 10-7). 定义一个广义反应坐标 $s(r;\xi)$, 其中 ξ 是一个可调参数, 通过它来移动分割面 (定义为 $s(r;\xi) = 0$) 的位置. 实际上, $s(r;\xi)$ 可以选取为两个反应坐标的线性插值, 即

$$s(r;\xi) \equiv \xi s_1(r) + (1 - \xi)s_0(r) \tag{10.209}$$

式中: $s_1(r)$ 为其中分割面在鞍点处的一个反应坐标,

$$s_1(r) = \max\{s_\alpha(r), s_\beta(r), s_\gamma(r), s_\delta(r)\} \tag{10.210}$$

这里, $s_x(r), x = \alpha, \beta, \gamma, \delta$ 对应于甲烷上不同的H被另一H原子夺走的反应坐标. 它们的形式如下

$$s_x(r) = r(C - H_x) - r(H_x - H) - [r^{\ddagger}(C - H_x) - r^{\ddagger}(H_x - H)] \tag{10.211}$$

式中: $r(X - Y)$ 代表原子X与Y之间的距离; $r^{\ddagger}(X - Y)$ 代表过渡态中 X 与 Y 之间的距离. 式 (10.209) 中 $s_0(r)$ 则描述了一个位于反应物区域的分割面. 其定义为

$$s_0(r) = R_\infty - |\boldsymbol{R}| \tag{10.212}$$

式中: $\boldsymbol{R}$ 为散射矢量, 其为 H 原子与甲烷质心之间的距离.

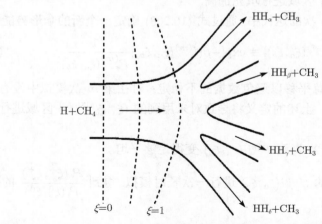

图 10-7   反应 $H + CH_4 \longrightarrow H_2 + CH_3$ 示意图, 四个反应通道对应于甲烷的四个氢被夺走. 虚线代表由 $s(r;\xi) = 0$ 定义的反应分割面. $s(r;\xi)$ 为由式 (10.209) 定义的反应坐标

10.4.4 反应 $H_2 + D$

考虑反应 $D + H_\alpha H_\beta \longrightarrow \begin{cases} DH_\alpha + H_\beta \\ DH_\beta + H_\alpha \end{cases}$. 此反应的计算结果列于表 10-1 中. 其中校准过的反应速率 k_{QI}^{mod}

$$k_{QI}^{mod} = \frac{1}{Q_r} C_{ff}(0) \frac{\sqrt{\pi}}{2} \frac{\hbar}{\Delta H + \left(\sqrt{\pi} - \sqrt{2}\right)/\beta} \tag{10.213}$$

和最简化的 QI 速率

$$k_{SQI} = \frac{1}{Q_r} C_{dd}(0) \frac{\sqrt{\pi}}{2} \hbar \tag{10.214}$$

都被包含在内.

从表 10-1 中可以看出, k_{QI}^{mod} 和 k_{QI} 与量子力学计算的结果[60] 符合得很好, 分别仅有 10%左右和 20%~30%的偏差. 而 k_{SQI} 在高温时的偏差较大 (~80%), 低温时有所改善 (~20%), 这一点和前述的几个一维和其他二维体系很相似. 此外, 在温度为 200K 时, 鞍点分成两个, 在鞍点处计算的 QI 速率常数 (3%) 明显好于在最高点计算的速率 (19%). 这一结果很有意义.

表 10-1 对于反应 $D + H_2$ 的 QI 理论速率常数(单位:cm^3/s)

T/K	$\left(\bar{\xi}^{\ddagger}, \Delta\xi^{\ddagger}\right)$	k_{QI}	error[3]	k_{QI}^{mod}	error[4]	k_{SQI}	error[5]	k_{QM}	k_{expt}
1500	$(1.00, 0.00)$[1]	1.17(−11)	30	9.48(−12)	6	1.61(−11)	79	8.99(−12)	1.30(−11)
1000	$(0.99, 0.00)$[1]	2.26(−12)	25	1.84(−12)	2	3.04(−12)	69	1.80(−12)	2.14(−12)
500	$(0.98, 0.00)$[1]	3.78(−14)	19	3.18(−14)	0	4.79(−14)	51	3.17(−14)	3.17(−14)
300	$(0.98, 0.00)$[1]	3.32(−16)	20	2.93(−16)	6	3.58(−16)	30	2.76(−16)	2.96(−16)
200	$(0.97, 0.00)$[2]	2.10(−18)	19	1.95(−18)	11	1.63(−18)	−7	1.76(−18)	1.47(−18)
200	$(0.98, 0.30)$[1]	1.82(−18)	3	1.64(−18)	−7	2.19(−18)	24		

1) 自由能面的鞍点.

2) 沿着 $\bar{\xi}$ 的自由能曲线的最高点.

3) $(k_{QI} - k_{QM})/k_{QM} \times 100$.

4) $(k_{QI}^{mod} - k_{QM})/k_{QM} \times 100$.

5) $(k_{SQI} - k_{QM})/k_{QM} \times 100$.

注: 表中列出了三种不同 QI 理论处理结果[22], 式 (10.170) 给出 k_{QI}, k_{SQI} 由式 (10.214) 给出, 而 k_{QI}^{mod} 是式 (10.213) 的结果. k_{QM} 是准确量子散射理论计算的结果[60]. k_{expt} 为实验值[61]. 括号里的项代表以 10 为底的指数.

10.4.5 极性溶剂中的质子转移

考虑在溶液中的反应 $AH + B \longrightarrow A^- + H^+ B$. 具体应用中采用 Azzouz-Borgis 模型[60]. 该模型中, A、B 为两个 Lennard-Jones 中心, 分别对应于苯酚和三甲基

氨, 而溶剂为一氯甲烷. 假定 H 原子只在 AB 轴上运动, 即 AH 和 B 的复合物被当作是线性三原子分子. 极性溶剂一氯甲烷被近似为刚体, 甲基被看成是一个有效的原子. 表 10-2 比较了目前流行的几种量子过渡态理论 (QTST) 计算出的速率常数以及其他一些理论所得的结果. 第二行与第三行是 Azzouz 和 Borgis 用一种半经验非绝热过渡态理论 (curve-crossing TST) 和质心密度量子过渡态理论 (centroid density QTST) 计算所得的结果. 注意他们用 centroid density QTST 计算的结果比 Yamamoto 和 Miller 用质心密度量子过渡态理论计算的结果小了一个数量级. 这个差别主要是由于气相势能面所引起的. 因为表 10-2 中其他的结果都采用 Hammes-Schiffer 和 Tully 构建的势能面, 所以, 将第二行和第三行的速率常数直接与其他速率常数比较意义不大. 表 10-2 中列出的其他结果与目前 QTST 的理论结果以及 MDQT 和 VTST/MT 计算结果在相同的量级内.

表 10-2　各种理论计算结果的比较(单位: $10^{-10}s^{-1}$)

方法	H	D	H/D KIE
Classical TST[1]	7.5(−4)	5.3(−4)	1.4
Curve-crossing TST[2]	0.78	0.017	46
Centroid-density QTST[2]	1.1	0.026	40
MDQT[3](1D,reversal)[4]	7.8	2.0	3.9
MDQT[5](1D,no reversal)[4]	10	2.2	4.5
MDQT[5](2D,no reversal)[4]	13	2.0	6.5
VTST/MT[1](ES)[6]	16	1.0	16
VTST/MT[1](NES)[6]	13	0.85	15
Quantum instanton theory[7]	17	0.36	47
Hansen-Andersen QTST[7]	13	0.33	39
Centroid-density QTST[7]	12	0.28	43

1) 文献 [61].

2) 文献 [60].

3) 文献 [62].

4) 文献 [23].

5) 文献 [63].

6) 文献 [23].

7) 文献 [23].

由于没有严格的方法可以计算上述反应速率, 从表 10-2 中难以得出更为确定的结论. 但有一点值得注意, 即对于 Azzouz-Borgis 模型, AHB 复合物是一个典型的 "重–轻–重" 体系, 重原子氯不能很快地耗散掉氢原子的快速运动能量[64], 质子的折返效应将影响转移速率. 尽管质子与极性溶剂的耦合会在一定程度上抑制折返效应[65], 但是较之实际的凝聚相中的氢原子转移反应, Azzouz-Borgis 模型的简化特点会加强质子的折返, QI 理论会或多或少地高估速率常数.

10.4.6　气相反应 $H + CH_4 \longrightarrow H_2 + CH_3$

表 10-3 列出了三种 QI 理论计算的结果、CVT/μOMT 理论结果以及实验值. 计算中势能面采用 Espinosa-Garcia [66] 构建的形式. 比较三种 QI 理论的结果, 可以发现调整过的 k_{QI}^{mod} 比未调整的 k_{QI} 小 10%~20%. 而最简单的 k_{SQI} 比 k_{QI} 大 30%~50%. 这个趋势与 $H_2 + D$ 的反应相似. 同时, 可以认为 k_{QI}^{mod} 给出的结果是最好的. 在实验值的误差范围内, k_{QI}^{mod} 与实验值符合得很好. 更具体地说: k_{QI}^{mod} 与 Baulch 等 [67] 的实验结果符合得更好. 另外, k_{QI}^{mod} 与 CVT/μOMT 理论计算的结果为 $T=600\sim2000K$, 差别在 10% 以内; 但是当温度近一步降低时, 差别变大, 如在 $T=300K$ 和 $500K$ 时, 差别分别为 55% 和 30%. 根据目前的信息, 对速率常数的准确讨论还是比较困难的. 有一点是值得注意的: k_{QI}^{mod} 与 CVT/μOMT 理论计算的结果差别小于实验误差. 因此, 对目前的反应体系而言, k_{QI}^{mod} 与 CVT/μOMT 理论计算的结果都可以认为是可接受的. 但在低温时, 与 QI 理论结果相比, CVT/μOMT 过小地估计了速率常数.

表 10-3　反应 $H + CH_4 \longrightarrow H_2 + CH_3$ 的反应速率常数的理论与实验值的比较

T/K	k_{QI}	k_{QI}^{mod}	k_{SQI}	$k_{CVT/\mu OMT}$	k_{expt}^a	k_{expt}^b
200	3.59(−22)	3.30(−22)	4.75(−22)		2.87(−22)	3.36(−23)
300	8.68(−19)	7.80(−19)	1.09(−18)	5.03(−19)	8.20(−19)	1.86(−19)
400	6.92(−17)	6.00(−17)	9.32(−17)	4.16(−17)	5.66(−17)	1.82(−17)
500	1.05(−15)	9.00(−16)	1.48(−15)	6.96(−16)	8.35(−16)	3.33(−16)
600	6.38(−15)	5.42(−15)	9.29(−15)	5.00(−15)	5.56(−15)	2.57(−15)
700	2.87(−14)	2.40(−14)	3.99(−14)		2.31(−14)	1.19(−14)
800	8.55(−14)	7.13(−14)	1.23(−13)	6.72(−14)	7.10(−14)	4.00(−14)
900	2.24(−13)	1.85(−13)	3.14(−13)		1.78(−13)	1.07(−13)
1000	4.84(−13)	3.97(−13)	6.68(−13)	3.58(−13)	3.82(−13)	2.43(−13)
2000	1.87(−11)	1.52(−11)	2.78(−11)	1.70(−11)	2.31(−11)	1.96(−11)

注: k_{QI}, k_{QI}^{mod}, k_{SQI} 是三种 QI 理论的结果 (参见文献 [24]), $k_{CVT/\mu OMT}$[66], k_{expt}^a 和 k_{expt}^b 是实验值其中 $k_{expt}^a = 2.18 \times 10^{-20} T^{3.0} \exp(-4045/T)$[67], $k_{expt}^b = 6.78 \times 10^{-21} T^{3.156} \exp(-4406/T)$[68] 所有的速率常数都是以 cm^3/s 为单位. 括号里的项代表以 10 为底的指数.

10.5　总　结

本章详细描述了化学反应量子速率常数的定义和理论来源. 介绍了半经典过渡态理论 (瞬子理论), 着重讨论了最近发展的量子瞬子理论. 在具体应用中, 对不同的体系和研究内容可采用不同的方法. 对小分子体系化学反应而言, 本章介绍的严格量子速率理论可以直接进行数值计算, 如可以采用基组方法或离散坐标表象数值方法, 但是由于计算机内存和计算时间的限制, 此方法不能处理较大的反应体系. 对复杂分子体系而言, 如果人们仅考虑能量的隧穿劈裂, 瞬子理论不失为较好的方法, 数值计算中需要克服在负势能面上发现不稳定周期轨道的难点. 而对复杂体系反应速率而言, 量子瞬子理论是较好的选择. 原则上, 量子瞬子理论中仅涉及 Boltzmann 算符以及相关的量, 数值计算完全可以利用成熟的路径积分 Monte Carlo 数值技术实现. 可是对发生在溶液中或固体表面上的化学反应, 全量子力学处理时需要计算超过上万重的积分, 因此, 要求发展有效的 Monte Carlo 技术来加速计算值的收敛速度.

致谢　在文稿准备过程中, 冯书路做了大量的工作; 邵久书教授仔细阅读了本章, 特此致谢.

附　　录

附录 A　散射波函数

这里我们将给出, 怎样从正规的散射理论得到式 (10.32). 由于

$$
\begin{aligned}
\Psi_{P_1 n_{\mathrm{a}}} &\equiv \Psi_{P_1 n_{\mathrm{a}}}^{(+)} \\
&= \left[1 + (E - H + \mathrm{i}\varepsilon)^{-1} V\right] \Phi_{P_1 n_{\mathrm{a}}} \\
&= \left[1 + (E - H + \mathrm{i}\varepsilon)^{-1}(H - E)\right] \Phi_{P_1 n_{\mathrm{a}}} \\
&= \mathrm{i}\varepsilon (E - H + \mathrm{i}\varepsilon)^{-1} \Phi_{P_1 n_{\mathrm{a}}}
\end{aligned}
$$

其中

$$
V = H - H_0
$$

Green 函数 $(E - H + \mathrm{i}\varepsilon)^{-1}$ 可以用传播子的 "半 Fourier 变换" 来表达, 这样上式变为

$$
\begin{aligned}
\Psi_{P_1 n_{\mathrm{a}}} &= (\mathrm{i}\varepsilon)\,(\mathrm{i}\hbar)^{-1} \int_0^\infty \mathrm{d}t\, \mathrm{e}^{-\varepsilon t/\hbar} \mathrm{e}^{\mathrm{i}Et/\hbar} \mathrm{e}^{-\mathrm{i}Ht/\hbar} \Phi_{P_1 n_{\mathrm{a}}} \\
&= (\varepsilon/\hbar) \int_0^\infty \mathrm{d}t\, \mathrm{e}^{-\varepsilon t/\hbar} \mathrm{e}^{-\mathrm{i}Ht/\hbar} \mathrm{e}^{\mathrm{i}H_0 t/\hbar} \Phi_{P_1 n_{\mathrm{a}}} \\
&= \int_0^\infty \mathrm{d}x\, \mathrm{e}^{-x} \mathrm{e}^{-\mathrm{i}Hx/\varepsilon} \mathrm{e}^{\mathrm{i}H_0 x/\varepsilon} \Phi_{P_1 n_{\mathrm{a}}} \\
&= \int_0^\infty \mathrm{d}x\, \mathrm{e}^{-x} \left(\lim_{t \to \infty} \mathrm{e}^{-\mathrm{i}Ht/\hbar} \mathrm{e}^{\mathrm{i}H_0 t/\hbar}\right) \Phi_{P_1 n_{\mathrm{a}}}
\end{aligned}
$$

可知

$$
\Psi_{P_1 n_{\mathrm{a}}} = \lim_{t \to -\infty} \mathrm{e}^{\mathrm{i}Ht/\hbar} \mathrm{e}^{-\mathrm{i}H_0 t/\hbar} \Phi_{P_1 n_{\mathrm{a}}}
$$

附录 B　稳态近似

考虑简单积分

$$I = \lim_{\lambda \to \infty} \int_{-\infty}^{\infty} \mathrm{d}x \mathrm{e}^{-\lambda f(x)} \tag{B1}$$

假设 $f(x)$ 有一个全局极小值, $x = x_0$, 即 $f'(x_0) = 0$. 如果这个极小值很好地与其他的极小值分开, 且这个极小值比其他极小值小很多, 则当 $\lambda \to \infty$ 时, 对积分贡献主要来自 x_0 附近的区域. 则在 x_0 附近展开 $f(x)$ 到二阶近似有

$$f(x) = f(x_0) + f'(x_0)(x - x_0) + \frac{1}{2} f''(x_0)(x - x_0)^2 \tag{B2}$$

由于 $f'(x_0) = 0$, 式 (B2) 变为

$$f(x) = f(x_0) + \frac{1}{2} f''(x_0)(x - x_0)^2 \tag{B3}$$

将此项插入式 (B1), 有

$$I = \lim_{\lambda \to \infty} \mathrm{e}^{-\lambda f(x_0)} \int_{-\infty}^{\infty} \mathrm{d}x \mathrm{e}^{-\frac{1}{2}\lambda f''(x_0)(x-x_0)^2} = \lim_{\lambda \to \infty} \left[\frac{2\pi}{\lambda f''(x_0)} \right]^{1/2} \mathrm{e}^{-\lambda f(x_0)} \tag{B4}$$

附录 C　空间投影算符和动量投影算符的一致性

这里将证明下面两个投影算符

$$\vartheta_s = \mathrm{e}^{\mathrm{i}Ht/\hbar} h(s) \mathrm{e}^{-\mathrm{i}Ht/\hbar} \tag{C1}$$

$$\vartheta_p = \mathrm{e}^{\mathrm{i}Ht/\hbar} h(p) \mathrm{e}^{-\mathrm{i}Ht/\hbar} \tag{C2}$$

在时间 $t \to \infty$ 时, 是等价的, 其中 h 是阶跃函数

$$h(\varepsilon) = \begin{cases} 1, & \varepsilon > 0 \\ 0, & \varepsilon < 0 \end{cases}$$

式 (C1) 和式 (C2) 可以改写为

$$\vartheta_s = \Omega^+ \mathrm{e}^{\mathrm{i}H_0 t/\hbar} h(s) \mathrm{e}^{-\mathrm{i}H_0 t/\hbar} \Omega \tag{C3}$$

$$\vartheta_p = \Omega^+ \mathrm{e}^{\mathrm{i}H_0 t/\hbar} h(p) \mathrm{e}^{-\mathrm{i}H_0 t/\hbar} \Omega \tag{C4}$$

其中

$$\Omega^+ = \mathrm{e}^{\mathrm{i}Ht/\hbar} \mathrm{e}^{-\mathrm{i}H_0 t/\hbar} \tag{C5}$$

$$\Omega = \mathrm{e}^{\mathrm{i}H_0/\hbar} \mathrm{e}^{-\mathrm{i}Ht/\hbar} \tag{C6}$$

式中: Ω 为 Møller 算符, 且在 $t \to \infty$ 时有极限. 这样, 问题就变为建立下述两者之间在 $t \to \infty$ 时的等同关系

$$\vartheta_s^0 = \mathrm{e}^{\mathrm{i}H_0 t/\hbar} h(s) \mathrm{e}^{-\mathrm{i}H_0 t/\hbar} \tag{C7}$$

$$\vartheta_p^0 = \mathrm{e}^{\mathrm{i}H_0 t/\hbar} h(p) \mathrm{e}^{-\mathrm{i}H_0 t/\hbar} \tag{C8}$$

当 $t \to \infty$, $H_0 = (p^2/2m)$. 对式 (C8) 采用坐标矩阵表示有

$$\begin{aligned} \langle s'| \vartheta_p^0 |s \rangle &= \langle s'| \exp((\mathrm{i}p^2/2m)(t/\hbar)) h(p) \exp(-(\mathrm{i}p^2/2m)(t/\hbar)) |s \rangle \\ &= \langle s'| h(p) |s \rangle = \int_0^\infty \mathrm{d}p \, \langle s'| p \rangle \langle p |s \rangle \\ &= (2\pi\hbar)^{-1} \int_0^\infty \mathrm{d}p \exp[\mathrm{i}p(s'-s)/\hbar] \end{aligned} \tag{C9}$$

其中用到下述条件: $\langle s \mid p \rangle = (2\pi\hbar)^{-1/2} \exp(\mathrm{i}ps/\hbar)$. 同样, 式 (C7) 的坐标矩阵表示为

$$\begin{aligned} \langle s'| \vartheta_s^0 |s \rangle &= \langle s'| \exp(\mathrm{i}H_0 t/\hbar) h(s) \exp(-\mathrm{i}H_0 t/\hbar) |s \rangle \\ &= \int_0^\infty \mathrm{d}s'' \, \langle s'| \exp(\mathrm{i}H_0 t/\hbar) |s'' \rangle \langle s''| \exp(-\mathrm{i}H_0 t/\hbar) |s \rangle \end{aligned} \tag{C10}$$

由于

$$\langle s''| \exp(-\mathrm{i}H_0 t/\hbar) |s \rangle = \left(\frac{m}{2\pi\mathrm{i}\hbar t} \right)^{1/2} \exp[\mathrm{i}m(s''-s)^2/(2\hbar t)] \tag{C11}$$

式 (C11) 变为

$$\begin{aligned} \langle s'| \vartheta_s^0 |s \rangle &= \frac{m}{2\pi\hbar t} \int_0^\infty \mathrm{d}s'' \exp\{\mathrm{i}m[(s''-s)^2 - (s'-s'')^2]/(2\hbar t)\} \\ &= \frac{m}{2\pi\hbar t} \exp[\mathrm{i}m(s^2 - s'^2)/(2\hbar t)] \int_0^\infty \mathrm{d}s'' \exp[\mathrm{i}ms''(s'-s)/(\hbar t)] \end{aligned} \tag{C12}$$

通过用 $ms''/t = p$ 改变式 (C12) 中的积分变量 s'', 可以得到

$$\langle s'| \vartheta_s^0 |s \rangle = \exp[\mathrm{i}m(s^2 - s'^2)/(2\hbar t)](2\pi\hbar)^{-1} \int_0^\infty \mathrm{d}p \exp[\mathrm{i}p(s'-s)/\hbar] \tag{C13}$$

当 $t \to \infty$ 时, 式 (C13) 右边的第一项趋近于 1, 这样式 (C13) 就与式 (C9) 相同.

附录 D　$\delta(E-H)$ 与 $\exp(-\beta H)$ 的最陡下降近似计算

利用最陡下降近似计算积分表达式为

$$\int \mathrm{d}\beta \mathrm{e}^{-A(\beta)} \simeq \left(\frac{2\pi}{A''(\beta_0)} \right)^{1/2} \mathrm{e}^{-A(\beta_0)} \tag{D1}$$

其中 β_0 是式 $A'(\beta) = 0$ 的根. 将式 (D1) 用于式 (10.114), 有

$$A(\beta) = -\frac{\beta E}{2} - \lg \langle x_2| e^{-\beta H/2} |x_1\rangle \tag{D2}$$

这样有

$$A'(\beta) = -\frac{E}{2} + \frac{1}{2} \langle x_2| e^{-\beta H/2} H |x_1\rangle / \langle x_2| e^{-\beta H/2} |x_1\rangle \tag{D3}$$

$$A''(\beta) = \frac{1}{2} E'(\beta) \tag{D4}$$

其中 $E(\beta)$ 定义为

$$E(\beta) = \langle x_2| e^{-\beta H/2} H |x_1\rangle / \langle x_2| e^{-\beta H/2} |x_1\rangle \tag{D5}$$

这样最陡近似的参数 β_0 的值即为以下方程的根.

$$E = E(\beta) \tag{D6}$$

对式 (10.114) 进行最陡近似的结果为

$$\langle x_2| \delta(E - H) |x_1\rangle = \frac{1}{\sqrt{2\pi}\Delta H(\beta_0)} e^{\beta_0 E/2} \langle x_2| e^{-\beta_0 H/2} |x_1\rangle \tag{D7}$$

$$\Delta H(\beta) \equiv \sqrt{-2E'(\beta)} \tag{D8}$$

其中 $\beta_0(E)$ 由式 (D6) 决定. 由式 (D5) 可得

$$\Delta H(\beta)^2 = \frac{\langle x_2| e^{-\beta H/2} H^2 |x_1\rangle}{\langle x_2| e^{-\beta H/2} |x_1\rangle} - \left(\frac{\langle x_2| e^{-\beta H/2} H |x_1\rangle}{\langle x_2| e^{-\beta H/2} |x_1\rangle} \right)^2 \tag{D9}$$

上述的讨论只是对 Boltzmann 算符的矩阵元进行处理. 若考虑到 Boltzmann 矩阵元的半经验近似, 则其物理意义将会更加明确

$$\langle x_2| e^{-\beta H/2} |x_1\rangle = C e^{-S(x_2, x_1; \hbar\beta/2)/\hbar} \tag{D10}$$

式中: S 为虚时轨道的运动积分, 在虚时 $\hbar\beta/2$ 内从 x_1 走到 x_2; C 为一个指前因子, 在这里不需要考虑. 由于 S 对时间 (虚时) 的求导是轨道的能量, 则最陡近似的条件 (D6) 就相当于: 能量 E 等于轨道的能量, 即

$$E = \frac{2}{\hbar} \frac{\partial S}{\partial \beta} \tag{D11}$$

由于由式 (D11) 所确定的 E 与 β 的关系是 (一一对应的) 唯一的, 则对于一个给定的 E 或 β, 从 x_1 到 x_2 应该只有一个轨道. 例如, 若像图 D-1(a) 一样选取 x_1

和 x_2, 此时有两个轨道从 0 到 0, 一个碰到左边的转折点, 然后返回; 一个碰到右边的转折点后返回. 如果势能面不是对称的, 若这两个轨道具有相同的能量, 必对应于不同的时间 (虚时); 同样, 若要求对应于同样的时间, 则这两个轨道具有不同的能量. 这两种情况都不能满足 β, E 一一对应的关系. 如果像图 D-1(b) 一样来选取 x_1 和 x_2, 即 x_1 和 x_2 分别位于左、右两个转折点. 此时, 从 x_1 到 x_2, 就只有一个轨道. 这也就是选取 x_1 和 x_2 符合条件式 (10.111) 和式 (10.112)(对应于 Franck-Condon 极大值, 也是经典转折点的量子对应), 尽管这是一种经典的近似, 但是其与 Boltzmann 算符符合得很好 (在较高的温度时, x_1 和 x_2 趋向于同一点). 最后, 最陡近似同样用于对能量 E 的积分

$$\int \mathrm{d}E \mathrm{e}^{-A(E)} = \left(\frac{2\pi}{A''(E_0)} \right)^{1/2} \mathrm{e}^{-A(E_0)} \tag{D12}$$

其中 E_0 由 $A'(E) = 0$ 决定. 对于式 (10.119) 有

$$A(E) = \beta E - \beta_0(E)E - 2\lg \langle x_2| \, \mathrm{e}^{-\beta_0(E)H/2} \, |x_1\rangle \tag{D13}$$

则

$$A'(E) = \beta - \beta_0(E) + \beta_0'(E) \left[-E + E(\beta_0(E)) \right] \tag{D14}$$

考虑到 $E(\beta_0(E)) = E$, 式 (D14) 为

$$A'(E) = \beta - \beta_0(E) \tag{D15}$$

于是

$$A''(E) = -\beta_0'(E) = -1/E'(\beta_0) \tag{D16}$$

结合式 (D8), 式 (D16) 相当于

$$A''(E) = 2/\Delta H(\beta_0(E))^2 \tag{D17}$$

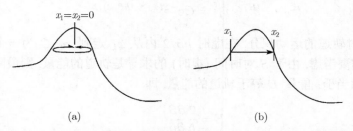

图 D-1　选取不同的分割面时的轨道图. (a) 对应于一个分割面两个轨道的情况;
(b) 对应于两个分割面一个轨道的情况

附录 E　另一种路径积分表达

这里, 将对 $C_{ff}(0), C_{dd}(0), \ddot{C}_{dd}(0)$ 与严格的 Dirac δ 函数无关并因此可以直接用 Monte Carlo 方法进行计算的量推导一系列其他的路径积分表达式. 首先, 对高温的 Boltzmann 算符采用一种以势能为参考的简单近似

$$e^{-\varepsilon H} \simeq \int dx e^{-\varepsilon T/2} \left| x \right\rangle e^{-\varepsilon V(x)} \left\langle x \right| e^{-\varepsilon T/2} \tag{E1}$$

$C_{dd}(0)$ 采取下面的离散化处理

$$C_{dd}(0) = \mathrm{tr} \left[\left(e^{-\Delta\beta H} \right)^{P/2} \Delta(\xi_a(q)) \left(e^{-\Delta\beta H} \right)^{P/2} \Delta(\xi_b(q)) \right]$$

$$\simeq \int dx_1 \int dx_2 \cdots \int dx_P \left(\prod_{k=P/2+2}^{P} \left\langle x_k \right| e^{-\Delta\beta T} \left| x_{k-1} \right\rangle \right)$$

$$\times \left\langle x_{P/2+1} \right| e^{-\Delta\beta T/2} \Delta(\xi_b(q)) e^{-\Delta\beta T/2} \left| x_{P/2} \right\rangle$$

$$\times \left(\prod_{k=2}^{P/2} \left\langle x_k \right| e^{-\Delta\beta T} \left| x_{k-1} \right\rangle \right) \left\langle x_1 \right| e^{-\Delta\beta T/2} \Delta(\xi_a(q)) e^{-\Delta\beta T/2} \left| x_P \right\rangle$$

$$\times \exp \left[-\Delta\beta \sum_{k=1}^{P} V(x_k) \right] \tag{E2}$$

其中 $\Delta\beta = \beta/P$, 式 (E2) 中关于 δ 函数的矩阵元可用 Fourier 变换来近似,

$$\left\langle x'' \right| e^{-\Delta\beta T/2} \Delta(\xi_\gamma(q)) e^{-\Delta\beta T/2} \left| x' \right\rangle = \int_{-\infty}^{\infty} \frac{dk}{2\pi} \int dy \left\langle x'' \right| e^{-\Delta\beta T/2} \left| y \right\rangle \left\langle y \right| e^{-\Delta\beta T/2} \left| x' \right\rangle$$

$$\times e^{ik\xi_\gamma(y)} \left| m^{-1/2} \nabla \xi_\gamma(y) \right| \tag{E3}$$

其中, 对反应坐标在 $\bar{x} \equiv (x'' + x')/2$ 处进行 Taylor 展开到一阶项

$$\xi_\gamma(y) \simeq \xi_\gamma(\bar{x}) + \nabla \xi_\gamma(\bar{x})(y - \bar{x}) \tag{E4}$$

这个近似在 $\Delta\beta = \beta/P$ 足够小的时候, 可以认为其是精确的: ①由于因子 $e^{-\Delta\beta T/2}$ 的关系, x' 和 x'' 是很接近的; ② 反应坐标是体系坐标的一种变化很缓慢的函数. 这样式 (E3) 中关于 y 和 k 的积分就可以直接得出

$$\left\langle x'' \right| e^{-\Delta\beta T/2} \Delta(\xi_\gamma(q)) e^{-\Delta\beta T/2} \left| x' \right\rangle \simeq \tilde{\Delta}(\xi_\gamma(\bar{x})) \left\langle x'' \right| e^{-\Delta\beta T} \left| x' \right\rangle \tag{E5}$$

其中

$$\tilde{\Delta}(\xi_\gamma(\bar{x})) \equiv \tilde{\delta}(\xi_\gamma(\bar{x})) \left| m^{-1/2} \nabla \xi_\gamma(\bar{x}) \right| \tag{E6}$$

$\tilde{\delta}(f(x))$ 是一个修改的 δ 函数, 其表达式为

$$\tilde{\delta}(f(x)) \equiv \left(\frac{2m}{\pi\hbar^2\Delta\beta}\right)^{1/2} \frac{1}{|\nabla f(x)|} \exp\left[-\frac{2m}{\hbar^2\Delta\beta}\left(\frac{f(x)}{|\nabla f(x)|}\right)^2\right] \tag{E7}$$

注意到 $\tilde{\delta}(f(x))$ 可以看成是 $f(x)$ 的 Gauss 函数, 且其标准偏差为 $\sqrt{\hbar^2\Delta\beta/4m}$ $|\nabla f(x)|$. 将上述的近似代入式 (E2) 中, 有

$$C_{dd}(0) = \left(\frac{mP}{2\pi\hbar^2\beta}\right)^{dP/2} \int dx_1 \int dx_2 \cdots \int dx_P \tilde{\Delta}(\xi_a(\bar{x}_1))\tilde{\Delta}(\xi_b(\bar{x}_{P/2+1}))$$
$$\times \exp\left[-\beta\Phi(x_1, x_2, \cdots, x_p)\right] \tag{E8}$$

其中 $x_0 = x_P$, $\bar{x}_k = (x_k + x_{k-1})/2$, $\Phi(x_1, x_2, \cdots, x_p)$ 是离散化的作用量, 同式 (10.177) 一样. 式 (E8) 的形式与式 (10.176) 是一样的, 除了将严格的 Dirac δ 函数 换成了修改的 δ 函数.

对于 $C_{ff}(0)$ 的路径积分表达式的推导也是采用同样的方法. 结合式 (10.159) 中的通量算符, 可以很容易地得出下述关系

$$\langle x''| e^{-\Delta\beta T/2}F_\gamma e^{-\Delta\beta T/2} |x'\rangle \simeq \frac{i}{\hbar\Delta\beta} \int dy \delta\left(\xi_\gamma(y)\right) \nabla\xi_\gamma(y) \cdot (x'' - x')$$
$$\times \langle x''| e^{-\Delta\beta T/2} |y\rangle \langle y| e^{-\Delta\beta T/2} |x'\rangle \tag{E9}$$

下面将对式 (E9) 采用 (E4) 中的近似, 为了与 $\xi_\gamma(y)$ 的线性展开一致, 将式 (E9) 中的 $\nabla\xi_\gamma(y)$ 以 $\nabla\xi_\gamma(\bar{x})$ 代替, 其中 $\bar{x} \equiv (x'' + x')/2$, 这样可以得到

$$\langle x''| e^{-\Delta\beta T/2}F_\gamma e^{-\Delta\beta T/2} |x'\rangle \simeq \frac{i}{\hbar\Delta\beta} \nabla\xi_\gamma(\bar{x}) \cdot (x'' - x') \langle x''| e^{-\Delta\beta T/2}\delta(\xi_\gamma(q))e^{-\Delta\beta T/2} |x'\rangle \tag{E10}$$

即通量算符的矩阵元精确地分成速度因子与 δ 函数的矩阵元的乘积. 将式 (E5) 的 近似代入式 (E10), 有

$$C_{ff}(0) = \left(\frac{mP}{2\pi\hbar^2\beta}\right)^{dP/2} \int dx_1 \int dx_2 \cdots \int dx_P \tilde{\Delta}(\xi_a(\bar{x}_1))\tilde{\Delta}(\xi_b(\bar{x}_{P/2+1}))$$
$$\times \exp\left[-\beta\Phi(x_1, x_2, \cdots, x_p)\right] \tilde{f}_v(x_1, x_2, \cdots, x_p) \tag{E11}$$

其中 "速度" 因子定义为

$$\tilde{f}_v(x_1, x_2, \cdots, x_p) = m\left(\frac{iP}{\hbar\beta}\right)^2 \{n_a(\bar{x}_1) \cdot (x_1 - x_P)\} \{n_b(\bar{x}_{P/2+1}) \cdot (x_{P/2+1} - x_{P/2})\} \tag{E12}$$

其中

$$n_\gamma(x) = \nabla\xi_\gamma(x)/|\nabla\xi_\gamma(x)|$$

关于二阶导数 $\ddot{C}_{dd}(0)$ 的推导则有些不同. 基本的方法与 10.4 中讲的一样, 即关于 $\bar{C}_{dd}(\lambda) = C_{dd}(-i\hbar\lambda)$ 的二阶求导只对 λ 进行, 但是, 为了使最后的结果更加简单, 可将 Boltzmann 算符进行如下的分离

$$
\bar{C}_{dd}(\lambda) = \mathrm{tr}\left[e^{-\Delta\beta H}(e^{-(\Delta\beta+\Delta\lambda)H})^{P/2-2}e^{-\Delta\beta H}\Delta(\xi_a(q)) \right.
$$
$$
\left. \times e^{-\Delta\beta H}(e^{-(\Delta\beta-\Delta\lambda)H})^{P/2-2}e^{-\Delta\beta H}\Delta(\xi_b(q)) \right] \tag{E13}
$$

其中 $\Delta\lambda = \lambda/(P/2-2)$, 这样就可以直接运用式 (E5) 中的近似. 现在引入以势能为参考的简单近似, 式 (E1) 同时对 $\xi_r(q)$ 进行一阶展开, 可以得到

$$
\bar{C}_{dd}(\lambda) \simeq \int \mathrm{d}x_1 \int \mathrm{d}x_2 \cdots \int \mathrm{d}x_P \tilde{\Delta}(\xi_a(\bar{x}_1))\tilde{\Delta}(\xi_b(\bar{x}_{P/2+1}))
$$
$$
\times \left(\prod_{k=1}^{P} \langle x_k| e^{-(\Delta\beta+a_k\Delta\lambda)T}|x_{k-1}\rangle \right)
$$
$$
\times \exp\left[-\sum_{k=1}^{P}(\Delta\beta+b_k\Delta\lambda)V(x_k) \right] \tag{E14}
$$

其中 $\{a_k\}$ 和 $\{b_k\}$ 为

$$
a_k = \begin{cases} 0, & k=1 \\ 1/2, & k=2,P/2 \\ 1, & 3\leqslant k \leqslant P/2-1 \end{cases} \tag{E15a}
$$

$$
b_k = \begin{cases} 0, & k=1,P/2 \\ 1, & 2\leqslant k \leqslant P/2-1 \end{cases} \tag{E15b}
$$

且在 $P/2+1 \leqslant k \leqslant P$ 时, 有 $a_k = -a_{k-P/2}$, $b_k = -b_{k-P/2}$ 对式 (E14) 进行二次求导, 并考虑到 $\lambda \to 0$ 的极限有

$$
\bar{C}''_{dd}(0) = \left(\frac{mP}{2\pi\hbar^2\beta}\right)^{dP/2} \int \mathrm{d}x_1 \int \mathrm{d}x_2 \cdots \int \mathrm{d}x_P \tilde{\Delta}(\xi_a(\bar{x}_1))\tilde{\Delta}(\xi_b(\bar{x}_{P/2+1}))
$$
$$
\times \exp\left[-\beta\Phi(x_1,x_2,\cdots,x_p)\right]
$$
$$
\times \frac{1}{(P/2-2)^2}\left\{ \tilde{F}(x_1,x_2,\cdots,x_p)^2 + \tilde{G}(x_1,x_2,\cdots,x_p) \right\} \tag{E16}
$$

其中

$$
\tilde{F}(x_1,x_2,\cdots,x_p) = -\frac{mP}{2\hbar^2\Delta\beta^2}\sum_{k=1}^{P}a_k(x_k-x_{k-1})^2 + \sum_{k=1}^{P}b_kV(x_k) \tag{E17a}
$$

$$
\tilde{G}(x_1,x_2,\cdots,x_p) = \frac{d}{2\Delta\beta^2}\sum_{k=1}^{P}a_k^2 - \frac{m}{\hbar^2\Delta\beta^3}\sum_{k=1}^{P}a_k^2(x_k-x_{k-1})^2 \tag{E17b}
$$

附录 F　关于气相反应中的 $C_{dd}(0)/Q_r$ 的值

对于一个 N 原子的气相反应通常可以通过两步来计算 $C_{dd}(0)/Q_r$ 的值

$$\frac{C_{dd}(0; \xi_a^+, \xi_b^+)}{Q_r} = \frac{C_{dd}(0; \xi_a^0, \xi_b^0)}{Q_r} \frac{C_{dd}(0; \xi_a^+, \xi_b^+)}{C_{dd}(0; \xi_a^0, \xi_b^0)} \tag{F1}$$

在 10.4.2 节中, 可以通过条件确定 $C_{dd}(0)$ 的参数 (ξ_a, ξ_b). 这里 (ξ_a^+, ξ_b^+) 代表满足式 (10.195) 与式 (10.196) 中的稳态条件的值, 而根据定义 (ξ_a^0, ξ_b^0) 的值设为 $(0,0)$. 式 (F1) 右边的第二项的值可以通过数值模拟得出, 即通过伞形取样来进行; 第一项可以解析得出. 为了简单起见, 在下述的推导中取一个单原子与一个多原子分子的反应

$$A + B(N-1) \longrightarrow C + D \tag{F2}$$

为例. 这里采用 Jacobi 坐标 R(连接分子 A 与 B 的质心) 和 r(分子 B 的内部坐标) 来描述整个体系. 其哈密顿量可以写为

$$H = p_R^2/2\mu_R + p_r^2/2\mu_r + V(R,r) \tag{F3}$$

式中: p_R 和 p_r 分别为与 R 和 r 共轭的动量, 与其相关的约化质量和坐标为

$$\mu_R = \frac{\left(\sum_i^{(1)} m_i\right)\left(\sum_i^{(2)} m_i\right)}{\sum_i^N m_i} \tag{F4}$$

$$R = \frac{\sum_i^{(1)} m_i r_i}{\sum_i^{(1)} m_i} - \frac{\sum_i^{(2)} m_i r_i}{\sum_i^{(2)} m_i} \tag{F5}$$

式中: $\sum_i^{(k)}$ 为对第 k 个反应分子的原子求和 (例如, 对于反应 $CH_4 + H$, $k = 1$ 或 2 分别对应于 H 和 CH_4). 而 μ_r 和 r 的形式要视分子 B 的结构而定.

首先, 注意到 Q_r 不是定义在一个单独的、束缚的体系, 而是定义在一对无相互作用的分子上, 则有

$$Q_r = Q_{trans} \times Q_{int} \tag{F6}$$

式中: Q_{trans} 为与平动相关的单位体积的配分函数, 且有

$$Q_{trans} = \left(\mu_R/2\pi\hbar^2\beta\right)^{3/2} \tag{F7}$$

而 Q_{int} 是没有相互作用的分子的内部配分函数, 对于式 (F2) 的反应, 其形式为

$$Q_{\text{int}} = \text{tr}_r \left[\exp(-\beta h_r) \right] = \sum_v \sum_j (2j + 1) \exp(-\beta \varepsilon_{vj}) \tag{F8}$$

式中: h_r 为多原子分子 $B(N-1)$ 的哈密顿量; $\{\varepsilon_{vj}\}$ 为它的本征值. 对于 $C_{dd}(0; \xi_a^0, \xi_b^0)$ 有

$$C_{dd}(0; \xi_a^0, \xi_b^0) = \text{tr} \left[e^{-\beta H/2} \Delta(s(r; \xi_a^0)(e^{-\beta H/2} \Delta(s(r; \xi_b^0))) \right] \tag{F9}$$

考虑到反应体系是没有相互作用的双分子反应, 只要 R_∞ 选得足够大, 其中的哈密顿量 H 可以被式 (F10) 替代

$$H = T_R + h_r \tag{F10}$$

其中 $T_R = p_R^2/2\mu_R$, $h_r = p_r^2/2\mu_r + v_B(r)$, 于是 $C_{dd}(0; \xi_a^0, \xi_b^0)$ 就可以改写为两项的乘积的形式

$$C_{dd}(0; \xi_a^0, \xi_b^0) = C_{dd}^{trans}(0) Q_{\text{int}} \tag{F11}$$

Q_{int} 如前所述是分子内的配分函数. 而 $C_{dd}^{trans}(0)$ 为

$$C_{dd}^{trans}(0) = \text{tr} \left[e^{-\beta T_R/2} \Delta(R_\infty - |R|) e^{-\beta T_R/2} \Delta(R_\infty - |R|) \right] \tag{F12}$$

其中

$$\Delta(R_\infty - |R|) = \delta(R_\infty - |R|) \sqrt{\sum_{i=1}^N \frac{1}{m_i} \left(\frac{\partial |R|}{\partial r_i} \right)^2} \tag{F13}$$

经过数学分析可得

$$C_{dd}^{trans}(0) = R_\infty^2 \frac{2}{\pi} \left(\frac{\mu_R}{\hbar^2 \beta} \right)^2 \sum_{i=1}^N \frac{1}{m_i} \left(\frac{\partial |R|}{\partial r_i} \right)^2 \tag{F14}$$

于是有

$$\begin{aligned}
\frac{C_{dd}(0; \xi_a^0, \xi_b^0)}{Q_r} &= \frac{1}{Q_r} \text{tr} \left[e^{-\beta H/2} \Delta(s(r; \xi_a^0) e^{-\beta H/2} \Delta(s(r; \xi_b^0)) \right] \\
&= \frac{1}{Q_{trans}} \text{tr} \left[e^{-\beta T_R/2} \Delta(R_\infty - |R|) e^{-\beta T_R/2} \Delta(R_\infty - |R|) \right] \\
&= 4\pi R_\infty^2 \left(\frac{2\mu_R}{\pi \hbar^2 \beta} \right)^{1/2} \sum_{i=1}^N \frac{1}{m_i} \left(\frac{\partial |R|}{\partial r_i} \right)^2
\end{aligned} \tag{F15}$$

为了得到更好的数学分析的结果, 可以考虑将最初的 Cartesian 坐标转化为一系列的 Jacobi 矢量: $\{r_1, r_2, \cdots, r_N\} \to \{\rho_1, \rho_2, \cdots, \rho_N\}$, 这里选取 ρ_N 为整个体系

的质心, ρ_{N-1} 是连接两个反应分子的矢量 (即 R), $\rho_i(1 \leqslant i \leqslant N-2)$ 为对应的相关量. 这样式 (E14) 中的求和项可以改写为

$$\sum_{i=1}^{N} \frac{1}{m_i} \left(\frac{\partial |R|}{\partial r_i} \right)^2 = \sum_{i=1}^{N} \frac{1}{\mu_i} \left(\frac{\partial |\rho_{N-1}|}{\partial \rho_i} \right)^2 = \frac{1}{\mu_R} \tag{F16}$$

式中: $\{\mu_i\}$ 为与 $\{\rho_i\}$ 对应的约化质量, 且有 $\mu_N = \sum_{i=1}^{N} m_i$, $\mu_{N-1} = \mu_R$, 同时这里还用到了这样一个事实, 即质量权重的坐标的转化 ($\{\sqrt{m_1}r_1, \sqrt{m_2}r_2, \cdots, \sqrt{m_N}r_N\}$ $\rightarrow \{\sqrt{\mu_1}\rho_1, \sqrt{\mu_2}\rho_2, \cdots, \sqrt{\mu_N}\rho_N\}$) 在对其中的某些量进行特殊的选取后仍然是正交的. 于是对于式 (E14) 有下面的结果

$$\frac{C_{dd}(0; \xi_a^0, \xi_b^0)}{Q_r} = \frac{4R_\infty^2}{\hbar} \left(\frac{2\pi}{\mu_R \beta} \right)^{1/2} \tag{F17}$$

参 考 文 献

[1] Wang H, Sun X, Miller W H. J. Chem. Phys., 1998, 108: 9726
[2] Eyring H. J. Chem. Phys., 1935, 3:107
[3] Eyring H. Trans. Faraday Soc., 1938, 34:41
[4] Wigner E. Trans. Faraday Soc., 1938, 34:29
[5] Miller W H. J. Chem. Phys., 1974, 61:1823
[6] Truhlar D G. In: Baer M ed. The Theory of Chemical Reaction Dynamics. Vol.4. Chap.2. Boca Raton: CRC, 1985
[7] a. Miller W H, Schwartz S S, Trmop J W. J. Chem. Phys., 1983, 79:4889; b. Tromp J W, Miller W H. J. Phys. Chem., 1986, 90:3482
[8] a. Voth G A, Chandler D, Miller W H. J. Chem. Phys., 1989, 91:7749; b. Jang S, Voth G A. J. Chem., Phys., 2000, 112:8747(其中有对 centroid 方法的更严格的推导); c. Geva E, Shi Q, Voth G A. J. Chem. Phys., 2001,115:9209
[9] Voth G A. Chem. Phys. Lett., 1990, 170:289
[10] Truhlar D G, Garrett B C. J. Phys. Chem., 1992, 96:6515
[11] Hansen N F, Andersen H C. J. Chem., Phys. 1994, 101: 6032
[12] Hansen N F, Andersen H C. J. Phys. Chem., 1996, 100:1137
[13] Pollak E, Liao J L. J. Chem. Phys., 1998, 108:2733
[14] Miller W H. J. Chem. Phys., 1975, 62:1899
[15] Coleman C. Phys. Rev. D, 1977, 15:2929
[16] Leggett A J, Chakravarty S, Dosey A T et al. Rev. Mod. Phys., 1987, 59:1
[17] Mortensen E M, Pitzer K S. Chem. Soc. London: Spec. Publ., 1962, 16:57
[18] Marcus R A. J. Chem. Phys., 1966, 45:4493
[19] McCullough E A. Wyatt R E. J. Chem. Phys., 1971, 54: 357
[20] Truhlar D G, Kuppermann A. J. Chem. Phys., 1972, 56:2232
[21] George T F, Miller W H. J. Chem. Phys., 1972, 57:2458
[22] Yamamoto T, Miller W H. J. Chem. Phys., 2004, 120:3086

[23] Yamamoto T, Miller W H. J.Chem. Phys., 2005, 122:044106

[24] Zhao Y, Yamamoto T, Miller W H. J. Chem. Phys., 2004, 120:3100

[25] Miller W H, Handy N C, Adams J E. J. Chem. Phys., 1980, 72:99

[26] Truhlar D G, Garrett B C, Klippenstein S J. J. Phys. Chem., 1996, 100:12771

[27] Gonzalezlafont A, Rai S N, Hancock G C et al. Comput. Phys. Commun., 1993, 75:143

[28] Voth G A, Chandler D, Miller W H. J. Phys. Chem., 1989, 93:7009

[29] Miller W H. J. Phys. Chem., 1999, 103:9384

[30] a. Shao J S, Liao J L, Pollak E. J. Chem. Phys., 1998, 108:9711; b. Liao J L, Pollak E. J. Phys. Chem. A, 2000, 104:1799

[31] a. Hansen N F, Andersen H C. J. Chem. Phys., 1994, 101:6032; b. Yamashita K, Miller W H. J. Chem. Phys., 1985, 82:5475

[32] Miller W H, Zhao Y, Ceotto M et al. J. Chem. Phys., 2003, 119:1329

[33] Rajaraman R. Solitions and Instantons. North-Holland: Amsterdam, 1982

[34] Feynman R P, Hibbs A R. Quantum Mechanics and Path Integrals. New York: McGraw-Hill, 1965

[35] Sakita B. Quantum Theory of Many-Variable Systems and Fields. Singapore: World Scientific, 1985

[36] Schiff L I. Quantum Mechanics. New York: McGrawHill, 1968, 25~27

[37] a. Miller W H, J. Chem. Phys., 1971, 55:3146; 1973, 58:1664; b. Hornstein S M, Miller W H. Chem. Phys. Lett., 1972, 13:298

[38] a. Wigner E. Phys. Rev., 1932, 40:749; b. Hillery M, O'Connelly R F, Scully M O et al. Phys. Rep., 1984, 106:121

[39] Gutzwiller M C. J. Math. Phys., 1971, 12:343

[40] Whittaker E T. A Treatise on The Analytical Dynamics of Particles and Rigid Bodies. Cambridge: Cambridge University, 1965, 395~406(同样可参见文献 [35] 中 Miller W H 文章中的附录]

[41] Goldberger M L, Watson K M. Collision Theory. New York: Wiley, 1964. 94~101

[42] Heading J. An Introduction to Phase-Integral Methods. New York: Wiley, 1962., 94~101

[43] Miller W H. J. Chem. Phys., 1976, 65:2216

[44] Johnston H S. Gas Phase Reaction Rate Theory. New York: Ronald, 1966. 37~47

[45] Berne B J, Thirumalai D. Annu. Rev. Phys. Chem., 1986, 37:401

[46] Ceperley D M. Rev. Mod. Phys., 1995, 67:279

[47] Chakravarty C. Int. Rev. Phys. Chem., 1997, 16:421

[48] Tuckerman M E, Hughes A. In: Berne B J, Ciccotti G, Coker D F eds. Classical and Quantum Dynamics in Condensed Phase Simulation. Singapore: World Science, 1998

[49] Feynman R P. Statistical Mechanics. New York: Benjamin, 1972

[50] Schulman L S. Techniques and Applications of Path Integrals. New York: Wiley, 1986

[51] Rabani E, Reichman D R. J. Phys. Chem. B, 2001, 105:6550

[52] Rabani E, Reichman D R, Krilov G et al. Proc. Natl. Acad. Sci. U.S.A., 2002, 99:1129

[53] Mezei M. J. Comput. Phys., 1987, 68:237

[54] Hooft R W W, Eijck B P V, Kroon J. J. Chem. Phys., 1992, 97:6690

[55] Bartels C, Karplus M. J. Comput. Chem., 1997, 18:1450

[56] Chandler D. An Introduction to Modern Statistical Mechanics. New York: Oxford University Press, 1987

[57] Mielke S L, Lynch G C, Truhlar D G et al. J. Phys. Chem., 1994, 98:8000

[58] Michael J V, Fisher J R. J. Phys. Chem., 1990, 94:3318

[59] a. Azzouz H, Borgis D. J. Chem. Phys., 1993, 98:7361; b. J. Mol. Liq., 1994, 61:17; c. J. Chem. Phys., 1995, 63: 89

[60] a. McRae R P, Schenter G K, Garrett B C et al. J. Chem. Phys., 2001, 115:8460

[61] Hammes-Schiffer S, Tully J C. J. Chem. Phys., 1994, 101:4657

[62] Kim S Y, Hammes-Schiffer S. J. Chem. Phys., 2003, 119:4389

[63] Ceotto M, Miller W H. J. Chem. Phys., 2004, 120:6356

[64] a. Borgis D, Hynes J T. J. Chem. Phys., 1991, 94:3619; b. J. Phys. Chem., 1996, 100:1118

[65] Espinosa-Garcia J. J. Chem. Phys., 2002, 116:10664

[66] Baulch D L, Cobos C J, Cox R A et al. J. Phys. Chem. Ref. Data, 1992, 21:411

[67] Sutherland J W, Su M C, Michael J V. Int. J. Chem. Kinet., 2001, 33:669

第 11 章　量子耗散体系随机描述方法

邵久书　　周　匀

研究凝聚相体系量子动力学的困难在于必须处理彼此之间存在的相互作用、天文数字的自由度[1~3]. 对于由体系和环境两个部分组成的耗散系统, 因为我们仅仅对体系的运动感兴趣, 所以只需求解系统的约化密度矩阵, 即整体的密度矩阵对所有环境自由度取迹. 耗散系统在凝聚相物理化学中占有重要地位. 实际上, 人们直接感兴趣的过程一般只涉及较少的自由度, 一个典型的例子就是包括几个原子的气相化学反应. 但同样的过程如果发生在溶液或表面, 则由于受溶剂等环境的作用 (能量交换、相位破坏), 反应可能表现出完全不同的效应. 对于耗散体系, 已有的理论工具包括以路径积分为基础的影响泛函理论、投影算符方法以及直接对量子 Liouville 方程的其他处理方法. 这些方法在实际应用时都受一定的限制. 特别是, 它们都难以用于研究强耗散问题. 近年来, 我们严格证明了体系与环境的耦合可以通过引入辅助经典噪声场转化为经典随机场中运动的关联, 即环境对体系性质的影响完全由其独立运动所产生 "场" 的量子平均和对随机场的统计平均决定. 这样, 耗散系统的准确量子动力学是体系在环境诱导的随机场中运动的平均结果[4,5]. 自然, 建立有效的理论和计算方法解决随机场中量子运动问题成为耗散随机描述的关键. 随机方法具有普适性, 但效率低. 为此, 在随机理论基础上, 通过考察环境诱导的随机场的特征, 我们又进一步建立了确定性的级联方程方法[6]. 这一方法原则上可以处理任意体系–环境相互作用、任何外场作用下的量子耗散体系. 计算结果表明, 该方法对关联时间较短的 Gauss 随机场十分有效. 在此基础上, 我们充分利用随机性方法和确定性级联方程方法的各自优势, 提出灵活的随机–确定性方法, 研究了零温强耗散自旋–玻色体系动力学问题[7,8]. 本章就是对这些工作的总结.

11.1　概　　论

20 世纪 20 年代, 量子力学的建立为化学奠定了坚实的理论基础. 对只包含三四个原子的微观体系动力学过程而言, 目前已有的理论计算方法可以给出精度足以与实验测量相比较的结果[9]. 然而, 这些理论方法无法推广到较大的分子体系, 因为它们需要的计算量和存储随体系的尺度急剧增加. 因此, 为了研究多自由度体系量子动力学, 特别是具有重要化学和生物意义的凝聚相动力学过程, 需要发展新的理论近似和计算方案. 进行近似处理的主要思路是尽量避免用量子力学处理所有自由度. 例如, 本书第 9 章介绍的半经典方法就是一种有潜力的方法. 另一种方法是只严格处理少数与动力学过程直接相关的自由度, 而将其他自由度的影响看成是噪声并引入随机场来描述. 本章所讨论的量子耗散体系的随机描述就与后者有关.

随机过程的研究则以 Brown 运动的观察为标志. 1905 年前后, Einstein 和 Smoluchowski 各自独立地给出了 Brown 运动的微观解释[10.11]. Einstein 得到的 Brown 运动的扩散方程为

$$\frac{\partial f}{\partial t} = D\frac{\partial^2 f}{\partial x^2} \tag{11.1}$$

式中: $f(x, t)$ 为 t 时刻 Brown 粒子位于 x 的概率密度; D 为扩散系数. 之后, Langevin 提出随机运动方程方法研究此问题[12]:

$$m\frac{\mathrm{d}^2 x}{\mathrm{d}t^2} = -6\pi\eta a\frac{\mathrm{d}x}{\mathrm{d}t} + X(t)$$

其中左边是粒子的质量乘以加速度, 右边第一项表示与速度成正比的黏滞阻力 (Stokes 定理), 第二项表示由热源性质确定的随机力. Langevin 方程是随机微分方程的最早例子. 关于随机微分方程的严格数学理论, 由 Ito 建立的 (关于 Ito 分析, 请参见本章附录和文献 [13]~[15]). Kramers 于 1940 年最早将随机过程引入反应动力学的研究中[16]. 他将凝聚相化学反应看成是 Brown 粒子在溶剂影响下翻越能垒的过程. 在高黏滞极限下, Kramers 发现反应速率由布朗粒子在空间的扩散所决定, 它随黏度的增加而减小. 与之对比, 在低黏滞极限下, 反应速率取决于 Brown 粒子的能量扩散, 它随黏度的增加而升高. 综合上述两点, Kramers 指出反应速率常数存在随黏度的增加先上升后下降的反转区. 这个预测被后来的实验和理论所证实[17~19].

和经典力学类似, 量子力学从描述孤立体系到描述开放体系促进了随机过程在解决自然科学问题中的应用. Schrödinger 方程只适用于孤立的量子体系. 对于开放体系, 由于体系和环境间存在着纠缠, 一般无法使用波函数来描写体系的状态. 在此情况下, 体系的性质由约化密度矩阵完全刻画[20,21]. 因此, 最重要的问题是建立开放量子体系的约化密度矩阵满足的动力学方程或主方程[22,23]. 人们曾试图通过量子化含时哈密顿量或 Lagrangian 量或非线性 Schrödinger 方程等讨论量子耗散问题[24~27], 但这些方法要么存在人为的假设, 要么违背测不准关系或叠加原理[28], 因此不是成功的理论. 目前研究量子开放系统广为采用的方法基于整体描述. 整体分成两个部分, 即体系和热库或环境. 前者是物理上感兴趣的部分, 而后者包括除体系以外的所有自由度. 正是因为体系与热库之间的相互作用才引起体系的耗散. 整体的密度矩阵满足 Liouville 方程. 由于人们只关心体系的运动, 因此希望通过理论

处理得到只包含体系自由度的主方程. 例如, 可以用投影算子形式上消去 Liouville 方程

$$i\hbar \frac{\mathrm{d}}{\mathrm{d}t} W = [H, W] = \mathcal{L}W$$

中环境部分自由度, 得到体系约化密度矩阵满足的广义量子主方程[29~31]

$$\dot{\rho} = P\mathcal{L}\rho + \int_0^t \mathrm{d}t' P\mathcal{L} \exp[(1-P)\mathcal{L}t'](1-P)\mathcal{L}\rho(t-t') \\ + P\mathcal{L} \exp[(1-P)\mathcal{L}t](1-P)W(0)$$

式中: W 为总密度矩阵; H 为总哈密顿量; $\mathcal{L}$ 为 Liouville 算符, $\rho = PW = \mathrm{Tr}_b\{W\}$ 为体系的约化密度矩阵; P 为表示求迹的投影算符. 对相互作用项进行微扰处理, 则上式在二阶近似下为 Born-Markov 主方程[32], 它能处理弱耗散问题.

真正的热库应该与具体的物理问题有关, 所以其微观模型并不是唯一的. 然而, Caldeira 和 Leggett 的研究[33,34] 表明, 由与体系坐标线性耦合的无穷多谐振子构成的热库可以作为一般的热库. 实际上, 通过谐振子热库可以容易推导出 Brown 运动的经典 Langevin 方程[35] 和量子 Langevin 方程[36,37]. 现在一般称谐振子热库耗散体系为 Caldeira-Leggett 模型. 本章 11.4 节中讨论的自旋 - 玻色模型 (SBM) 就是这种情况.

建立在路径积分基础上的 Feynman-Vernon 影响泛函方法[38,39] 是研究量子耗散的有力工具. 热库对体系的影响完全由影响泛函确定. 此方法由于 Caldeira 和 Leggett 等的工作[34,40] 而得以普及. 一般来说, 影响泛函方法便于理论分析, 而用其进行动力学数值计算则非常困难. 其实用性受限的原因在于实时数值路径积分的计算量太大 (见第 9 章). 不过, 如果环境的记忆效应较短或研究短时间演化, 则可以通过准 Markov 演化或 Monte Carlo 方法在此框架内进行数值模拟[41~43].

量子耗散随机方法最早是针对已知的约化密度矩阵满足的主方程提出的. 这一方法的核心是用适当的随机波函数取代密度矩阵, 而后者是前者组成的投影算符的统计平均. 随机方法有两个方面的意义: 一是可以和量子测量联系; 二是减少涉及的线性空间维度 (从 Liouville 到 Hilbert 空间), 有利于计算. 例如, 常用的 Lindblad 形式的主方程可以拆分成随机 Schrödinger 方程 (量子态扩散方法)[44~46], 也可以使用量子跳跃过程的 Monte Carlo 随机波函数模拟[47~49].

用随机场来描写体系和环境间的相互作用是近来发展起来的一种方法[4,50]. 其核心为构造体系和环境分别满足的随机微分方程, 要求对随机过程平均后能回到严格的 Liouville 方程. 由作者提出和发展的量子耗散体系的随机描述就是这样的方法[4~8]. 在此方法中, 体系和环境的相互作用通过 Hubbard-Stratonovich 变换[51~54] 转化为复白噪声中的关联. 之前相关的工作包括 Stockburger 等对 Caldeira-Leggett 模型影响泛函的随机解释[55~58]. 随机描述方法可以看成是 Stockburger

等工作的推广. 与之类似, Breuer[50] 通过构造体系和环境的随机波函数, 也提出一种新的量子耗散随机场方法.

　　量子耗散体系的随机描述尽管数学上是严格的, 但是直接用于数值模拟一般来说效率不高. 为了提高其有效性, 在随机描述的基础上发展了级联方程组方法、混合随机–确定性方法和可变混合的数值方法. 这些方法已经成功地用于零温自旋–玻色模型动力学研究.

　　本章主要介绍量子耗散随机场理论方法和在此基础上发展的各种数值模拟方法及其应用. 具体的组织结构如下: 11.2 节讨论量子耗散体系的随机描述理论方法和各种数学表示; 11.3 节讨论基于随机描述的各种数值计算方法, 分析了确定性的级联方程组方法和随机–确定性联合方法的有效性; 11.4 节介绍利用随机–确定性相结合的方法研究自旋–玻色模型零温动力学; 11.5 节为本章的总结和展望. 此外, 本章附录为有关随机过程的基本概念简介.

11.2　量子耗散体系的随机描述

　　量子耗散体系的随机描述或随机去耦合方法[4] 通过 Hubbard-Stratonovich 变换将体系和环境的相互作用项用随机场关联表示, 从而使整体运动分解为随机体系和随机环境的各自演化. 整体的量子传播子则形式上变成体系和环境两个随机传播子乘积的统计平均. 随机去耦合方法为处理量子体系间的相互作用提供了一个简洁的框架. 而且, 由于它在演化算符中直接引入随机场, 数值实现也比较简便. 通过随机描述方法可以证明, 环境对体系的影响完全等价于一个随机场, 而约化密度矩阵则是体系的随机密度矩阵的统计平均. 与影响泛函类似, 环境诱导的随机场包含了体系所受外部影响的全部信息.

11.2.1　随机去耦合方法

　　包含体系和环境的整体哈密顿量 H 可以写为

$$H = H_s + H_b + f_s g_b$$

式中: H_s 为体系的哈密顿量; H_b 为环境的哈密顿量; $f_s g_b$ 为体系和环境的相互作用. 这里算符 f_s 和 g_b 分别对应体系和环境. 需要指出的是, 一般相互作用形式 $I(f_s, g_b)$ 可以展开成 Taylor 级数

$$I(f_s, g_b) = \sum_{m,n} C_{m,n} f_s^m g_b^n = \sum_{m,n} C_{m,n} F_m G_n$$

下面讨论的随机去耦合方法也可以应用, 只不过需要引入更多的复随机场而已. 在此不另赘述.

量子体系的密度矩阵随时间的演化遵从 Liouville 方程:

$$i\frac{d}{dt}\rho = [H, \rho] = [H_s + H_b + f_s g_b, \rho]$$

为方便起见, 本章选取 $\hbar$ 为单位量. 容易验证, Liouville 方程的形式解为

$$\rho(t) = \exp\left[-i(H_s + H_b + f_s g_b)t\right]\rho(0)\exp\left[i(H_s + H_b + f_s g_b)t\right]$$
$$\equiv U(t)\rho(0)U^\dagger(t) \tag{11.2}$$

式中: $U(t)$ 和 $U^\dagger(t)$ 分别为整体的前向和后向量子演化传播子. 由于体系和环境的哈密顿量一般与相互作用项不对易, 所以整体的量子传播子不能分解为两部分的贡献. 这也是耗散动力学理论研究的困难之处. 为了解决这一问题, 考虑 Trotter 展开[59]

$$U(t) = \lim_{N\to\infty}\prod_{i=1}^{N}\left[\exp(-iH_s\Delta t)\exp(-iH_b\Delta t)\exp(-if_s g_b\Delta t)\right] \tag{11.3}$$

其中 $\Delta t = t/N$. 可以看出, 体系、环境和相互作用在无穷小时间内各自对量子传播子都有贡献. 如果能够将相互作用的贡献分解为体系部分和环境部分, 则体系和环境表面上不再有相互作用, 它们的演化也就可以分别处理. 为此, 利用 Hubbard-Stratonovich 变换[51,52,54], 相互作用的传播子可以写为

$$\exp(-if_s g_b\Delta t) = \frac{\Delta t}{2\pi}\int_{-\infty}^{\infty}dx\int_{-\infty}^{\infty}dy\exp\left[-\frac{\Delta t}{2}(x^2 + y^2)\right]$$
$$\times\exp\left[-\frac{i\Delta t}{\sqrt{2}}f_s(x + iy)\right]\exp\left[-\frac{i\Delta t}{\sqrt{2}}g_b(ix + y)\right] \tag{11.4}$$

因此, 相互作用的传播子分解为分别对应于体系和环境的、两个对易的传播子, 而分解的代价是引入了一个二重积分. 将式 (11.4) 直接代入式 (11.3) 可得

$$U(t) = \lim_{N\to\infty}\left(\frac{\Delta}{2\pi}\right)^N\int_{-\infty}^{\infty}\prod_{j=1}^{N}dx_j dy_j\exp[A(x_1, y_2, x_2, y_2, \cdots, x_N, y_N)] \tag{11.5}$$

式 (11.5) 的积分号表示 N 重积分而指数因子函数为

$$A(x_1, y_2, x_2, y_2, \cdots, x_N, y_N)$$
$$= -\frac{1}{2}\sum_{j=1}^{N}\Delta t(x_j^2 + y_j^2)$$
$$- i\sum_{j=1}^{N}\Delta t[H_s + \frac{1}{\sqrt{2}}f_s(x_j + iy_j)] - i\sum_{j=1}^{N}\Delta t[H_b + \frac{1}{\sqrt{2}}g_b(ix_j + y_j)]$$

式 (11.5) 实际上可以看成一种离散的路径积分表示.

如果将式 (11.4) 中的被积函数

$$\frac{\Delta t}{2\pi} \exp\left[-\frac{\Delta t}{2}(x^2 + y^2)\right] \tag{11.6}$$

解释为随机变量 x 和 y 的概率密度, 则积分就是 x 和 y 的函数的数学期望或统计平均:

$$\exp(-\mathrm{i}f_s g_b \Delta t) = M_{x,y}\left\{\exp\left[-\frac{\mathrm{i}\Delta t}{\sqrt{2}}f_s(x + \mathrm{i}y)\right]\exp\left[-\frac{\mathrm{i}\Delta t}{\sqrt{2}}g_b(\mathrm{i}x + y)\right]\right\}$$

式中: $M_{x,y}\{\ \}$ 为对随机变量 x 和 y 取统计平均. 将分解得到的体系和环境部分分别归置到孤立的体系和环境, 则 Δt 时间的传播子也可以写为

$$U(\Delta t) = M_{x,y}\left\{U_s(x, y; \Delta t)U_b(x, y; \Delta t)\right\} \tag{11.7}$$

其中

$$U_s(x, y; \Delta t) = \exp\left(-\mathrm{i}H_s \Delta t\right)\exp\left[-\frac{\mathrm{i}\Delta t}{\sqrt{2}}f_s(x + \mathrm{i}y)\right]$$

和

$$U_b(x, y; \Delta t) = \exp\left(-\mathrm{i}H_b \Delta t\right)\exp\left[-\frac{\mathrm{i}\Delta t}{\sqrt{2}}g_b(\mathrm{i}x + y)\right]$$

分别只包含体系和环境的算符. 将式 (11.7) 代入式 (11.3) 即可得到任意时间的传播子. 因为分解每个 $\exp(-\mathrm{i}f_s g_b \Delta t)$ 需要引入两个 Gauss 型随机变量 x 和 y, 所以式 (11.3) 中共需要引入 $2N$ 个随机变量. 记这些随机变量为 x_t 和 y_t , 其中 $t = \Delta t, 2\Delta t, \cdots, N\Delta t$ 是一个离散指标. 这样便有

$$U(t) = \lim_{N\to\infty} M_{x_t,y_t}\left\{\prod_{t=\Delta t}^{N\Delta t} U_s(x_t, y_t; \Delta t)U_b(x_t, y_t; \Delta t)\right\} \tag{11.8}$$

$$= M_{x_t,y_t}\left\{U_s[x_t, y_t; t]U_b[x_t, y_t; t]\right\} \tag{11.9}$$

其中

$$U_s[x_t, y_t; t] = \lim_{N\to\infty}\prod_{t=\Delta t}^{N\Delta t} U_s(x_t, y_t; \Delta t)$$

$$U_b[x_t, y_t; t] = \lim_{N\to\infty}\prod_{t=\Delta t}^{N\Delta t} U_b(x_t, y_t; \Delta t)$$

从概率密度出发, 可以直接验证, 在极限 $\Delta t \to 0$ 情况下

$$M\{x_t\} = M\{y_t\} = 0$$

$$M\{x_t x_s\} = M\{y_t y_s\} = \delta(t-s)$$
$$M\{x_t y_s\} = 0$$

式中: $\delta(t)$ 为 Dirac δ 函数. 可见, x_t 和 y_t 是互不关联的白噪声.

由 $U_s[x_t, y_t; t]$ 和 $U_b[x_t, y_t; t]$ 的定义可以直接推导出它们满足的微分方程分别为

$$\frac{\mathrm{d}}{\mathrm{d}t} U_s[x_t, y_t; t] = -\mathrm{i}\left[H_s + \frac{1}{\sqrt{2}} f_s(x_t + \mathrm{i}y_t)\right] U_s[x_t, y_t; t]$$

$$\frac{\mathrm{d}}{\mathrm{d}t} U_b[x_t, y_t; t] = -\mathrm{i}\left[H_b + \frac{1}{\sqrt{2}} g_b(\mathrm{i}x_t + y_t)\right] U_b[x_t, y_t; t] \tag{11.10}$$

如果初始态的密度算符为非纠缠的乘积形式, 即

$$\rho(0) = \rho_s(0)\rho_b(0)$$

将式 (11.9) 代入式 (11.2), 可得

$$\rho(t) = M_{x_t, y_t, x_t', y_t'}\{\rho_s(t)\rho_b(t)\} \tag{11.11}$$

其中

$$\rho_s(t) = U_s[x_t, y_t; t]\rho_s(0)U_s^{-1}[x_t', y_t'; t]$$
$$\rho_b(t) = U_b[x_t, y_t; t]\rho_b(0)U_b^{-1}[x_t', y_t'; t]$$

类似于 x_t 和 y_t, 这里 x_t' 和 y_t' 是处理整体后向传播子时引入的随机场, 而 U_s^{-1} 和 U_b^{-1} 分别为对应于体系和环境的随机后向传播子. 在此情况下, 体系和环境的随机密度矩阵 $\rho_s(t)$ 和 $\rho_b(t)$ 满足的运动方程可从式 (11.10) 推出, 它们分别为

$$\mathrm{i}\mathrm{d}\rho_s = [H_s, \rho_s]\mathrm{d}t + \frac{1}{2}[f_s, \rho_s](\nu_{1,t} + i\nu_{4,t})\mathrm{d}t + \frac{\mathrm{i}}{2}\{f_s, \rho_s\}(\nu_{2,t} - i\nu_{3,t})\mathrm{d}t \tag{11.12}$$

$$\mathrm{i}\mathrm{d}\rho_b = [H_b, \rho_b]\mathrm{d}t + \frac{1}{2}[g_b, \rho_b](\nu_{2,t} + i\nu_{3,t})\mathrm{d}t + \frac{\mathrm{i}}{2}\{g_b, \rho_b\}(\nu_{1,t} - i\nu_{4,t})\mathrm{d}t \tag{11.13}$$

其中

$$\nu_{1,t} \equiv \frac{1}{\sqrt{2}}(x_t + x_t')$$
$$\nu_{2,t} \equiv \frac{1}{\sqrt{2}}(y_t + y_t')$$
$$\nu_{3,t} \equiv \frac{1}{\sqrt{2}}(x_t - x_t')$$
$$\nu_{4,t} \equiv \frac{1}{\sqrt{2}}(y_t - y_t') \tag{11.14}$$

式中: [,] 和 { , } 分别为对易子和反对易子. 可以验证, $\nu_{i,t}(i = 1 \sim 4)$ 是四个独立的白噪声. 可以将 $\nu_{i,t}\mathrm{d}t$ 当作随机过程 $w_{i,t}$ 的增量

$$\nu_{i,t}\mathrm{d}t = \mathrm{d}w_{i,t} = w_{i,t+\mathrm{d}t} - w_{i,t} \tag{11.15}$$

由 $\nu_{i,t}$ 的定义, 可以验证 $w_{i,t}$ 是 Wiener 过程 (见本章附录). 这一性质在后面会用到.

式 (11.12) 和式 (11.13) 是随机去耦合的基本形式. 可以看出, $\rho_s(t)$ 满足的微分方程中只包含体系的算符, 而 $\rho_b(t)$ 的方程也只包含环境的算符. 体系和环境的相互作用体现在体系和环境同时与随机场 $\nu_{i,t}$ 的影响 (图 11-1). 由式 (11.13) 可以看出, 环境是通过其密度矩阵的迹 $\mathrm{Tr}\{\rho_b(t)\}$ 影响体系的约化密度矩阵 $\tilde{\rho}_s(t) = M_{\nu_{i,t}}\{\rho_s(t)\mathrm{Tr}_b\{\rho_b(t)\}\}$.

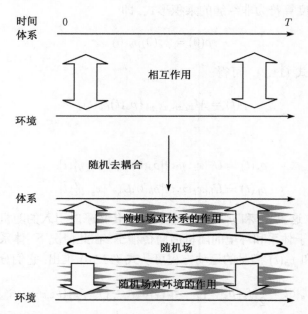

图 11-1   随机去耦合示意图. 随机去耦合将体系和环境的耦合转化成体系和环境
在经典随机场中运动的关联

11.2.2   随机去耦合的迹守恒的形式

从式 (11.12) 和式 (11.13) 出发, 可以直接产生 Wiener 过程 $w_{i,t}$ 来演化这两个随机微分方程. 对所有的随机样本平均 [式 (11.11)] 就能得到密度矩阵 $\rho(t)$. 注意, 虽然 $\rho(t)$ 是迹守恒的, 但 $\rho_s(t)$ 和 $\rho_b(t)$ 的迹 $\mathrm{Tr}_s\{\rho_s(t)\}$ 和 $\mathrm{Tr}_b\{\rho_b(t)\}$ 并不守恒. 为了推导迹守恒的随机密度矩阵, 首先将式 (11.11) 写成

$$\rho(t) = M_{\nu_{1,t},\nu_{2,t},\nu_{3,t},\nu_{4,t}}\left\{\bar{\rho}_s(t)\bar{\rho}_b(t)\mathrm{Tr}_s\{\rho_s(t)\}\mathrm{Tr}_b\{\rho_b(t)\}\right\} \tag{11.16}$$

其中

$$\bar{\rho}_s(t) \equiv \frac{\rho_s(t)}{\mathrm{Tr}_s\{\rho_s(t)\}}$$

$$\bar{\rho}_b(t) \equiv \frac{\rho_b(t)}{\mathrm{Tr}_b\{\rho_b(t)\}}$$

由定义, $\bar{\rho}_s(t)$ 和 $\bar{\rho}_b(t)$ 的迹始终为 1. 由式 (11.12) 和式 (11.13) 易得 $\mathrm{Tr}_s\{\rho_s(t)\}$ 和 $\mathrm{Tr}_b\{\rho_b(t)\}$ 满足的微分方程分别为

$$\mathrm{d}\mathrm{Tr}_s\{\rho_s(t)\} = \mathrm{Tr}_s\{f_s\rho_s(t)\}(\nu_{2,t} - \mathrm{i}\nu_{3,t})\mathrm{d}t$$

$$\mathrm{d}\mathrm{Tr}_b\{\rho_b(t)\} = \mathrm{Tr}_b\{g_b\rho_b(t)\}(\nu_{1,t} - \mathrm{i}\nu_{4,t})\mathrm{d}t$$

它们的解为

$$\mathrm{Tr}_s\{\rho_s(t)\} = \exp\left[\int_0^t \bar{f}(t')(\nu_{2,t} - \mathrm{i}\nu_{3,t})\mathrm{d}t\right]$$

$$\mathrm{Tr}_b\{\rho_b(t)\} = \exp\left[\int_0^t \bar{g}(t')(\nu_{1,t} - \mathrm{i}\nu_{4,t})\mathrm{d}t\right] \tag{11.17}$$

其中 $\bar{f}(t)$ 和 $\bar{g}(t)$ 分别是 f_s 和 g_b 的平均值

$$\bar{f}(t) \equiv \frac{\mathrm{Tr}_s\{f_s\rho_s(t)\}}{\mathrm{Tr}_s\{\rho_s(t)\}}$$

$$\bar{g}(t) \equiv \frac{\mathrm{Tr}_b\{g_b\rho_b(t)\}}{\mathrm{Tr}_b\{\rho_b(t)\}}$$

注意, $\rho_s(t)$ 和 $\rho_b(t)$ 并不是严格意义上的体系和环境的密度算符, 所以 $\bar{f}(t)$ 和 $\bar{g}(t)$ 也只是形式上的平均值.

结合以上结果, 则可得 $\bar{\rho}_s(t)$ 和 $\bar{\rho}_b(t)$ 满足的微分方程

$$\mathrm{i}\mathrm{d}\bar{\rho}_s = [H_s, \bar{\rho}_s]\mathrm{d}t + \frac{1}{2}[f_s, \bar{\rho}_s](\nu_{1,t} + \mathrm{i}\nu_{4,t})\mathrm{d}t + \frac{\mathrm{i}}{2}\{f_s - \bar{f}(t), \bar{\rho}_s\}(\nu_{2,t} - \mathrm{i}\nu_{3,t})\mathrm{d}t$$

$$\mathrm{i}\mathrm{d}\bar{\rho}_b = [H_b, \bar{\rho}_b]\mathrm{d}t + \frac{1}{2}[g_b, \bar{\rho}_b](\nu_{2,t} + \mathrm{i}\nu_{3,t})\mathrm{d}t + \frac{\mathrm{i}}{2}\{g_b - \bar{g}(t), \bar{\rho}_b\}(\nu_{1,t} - \mathrm{i}\nu_{4,t})\mathrm{d}t \tag{11.18}$$

可以将式 (11.16) 中的 $\mathrm{Tr}_s\{\rho_s(t)\}\mathrm{Tr}_s\{\rho_b(t)\}$ 吸收到概率测度中 (Radon-Nikodym 定理[60]). 这一处理实际上是 Girsanov 变换[13,61,62], 即如果进行线性变换

$$\nu'_{i,t} = \nu_{i,t} - \lambda(t)$$

并取 $\nu'_{i,t}$ 为白噪声, 则对任意随机过程的泛函 $F[\nu'_{i,t}]$, 有

$$M_{\nu_{i,t}}\{Z[\nu_{i,t}]F[\nu_{i,t}]\} = M_{\nu'_{i,t}}\{F[\nu'_{i,t}]\}$$

其中

$$Z[\nu_{i,t}] = \exp\left\{\int_0^t \lambda(t)\nu_{i,t'}\mathrm{d}t' - \frac{1}{2}\int_0^t \lambda(t')^2\mathrm{d}t'\right\}$$

由此, 可以验证, 通过变换

$$\nu'_{1,t} = \nu_{1,t} - \bar{g}(t)$$
$$\nu'_{2,t} = \nu_{2,t} - \bar{f}(t)$$
$$\nu'_{3,t} = \nu_{3,t} + \mathrm{i}\bar{f}(t)$$
$$\nu'_{4,t} = \nu_{4,t} + \mathrm{i}\bar{g}(t) \tag{11.19}$$

式 (11.16) 变为

$$\rho(t) = M_{\nu_{1,t},\nu_{2,t},\nu_{3,t},\nu_{4,t}}\{\bar{\rho}_s(t)\bar{\rho}_b(t)\} \tag{11.20}$$

其中变换后的随机密度矩阵满足

$$\mathrm{i}\mathrm{d}\bar{\rho}_s = [H_s + \bar{g}(t)f_s, \bar{\rho}_s]\mathrm{d}t + \frac{1}{2}[f_s, \bar{\rho}_s](\nu_{1,t} + \mathrm{i}\nu_{4,t})\mathrm{d}t + \frac{\mathrm{i}}{2}\{f_s - \bar{f}(t), \bar{\rho}_s\}(\nu_{2,t} - \mathrm{i}\nu_{3,t})\mathrm{d}t$$
$$\mathrm{i}\mathrm{d}\bar{\rho}_b = [H_b + \bar{f}(t)g_b, \bar{\rho}_b]\mathrm{d}t + \frac{1}{2}[g_b, \bar{\rho}_b](\nu_{2,t} + \mathrm{i}\nu_{3,t})\mathrm{d}t + \frac{\mathrm{i}}{2}\{g_b - \bar{g}(t), \bar{\rho}_b\}(\nu_{1,t} - \mathrm{i}\nu_{4,t})\mathrm{d}t \tag{11.21}$$

这里已将随机变量的撇号省略. 上面的两个式子就是迹守恒的随机去耦合形式, 而 $\bar{f}(t)$ 和 $\bar{g}(t)$ 可以理解为体系和环境各自诱导的随机场.

11.2.3 随机去耦合的厄米形式

随机去耦合基本形式以及迹守恒形式中的密度矩阵不能保证厄米性, 而实际物理体系的密度矩阵必须是厄米的. 这使得对随机去耦合方法作物理解释有一定困难. 因此, 下面将推导随机去耦合的厄米形式, 这种形式能保证随机密度矩阵在演化过程中保持厄米.

由式 (11.11) 可以看出, 最后与密度矩阵 $\rho(t)$ 相关的是 $\rho_s(t)\rho_b(t)$ 的统计平均, 只要保证 $\rho_s(t)\rho_b(t)$ 的统计平均不变, $\rho(t)$ 就不变. 据此, 可以任意改变 $\rho_s(t)$ 和 $\rho_b(t)$ 满足的微分方程, 只要保证它们乘积的平均不受影响. 根据 Ito 微分的性质

$$\mathrm{d}[\rho_s(t)\rho_b(t)] = [\mathrm{d}\rho_s(t)]\rho_b(t) + \rho_s(t)\mathrm{d}\rho_b(t) + [\mathrm{d}\rho_s(t)]\mathrm{d}\rho_b(t)$$

$$\mathrm{d}w_{i,t}\mathrm{d}w_{j,t} = \delta_{i,j}\mathrm{d}t$$

可以直接验证, 如果 $\rho_s(t)$ 和 $\rho_b(t)$ 服从下面的随机微分方程

$$\mathrm{i}\mathrm{d}\rho_s = [H_s, \rho_s]\mathrm{d}t + \frac{1}{\sqrt{2}}[f_s, \rho_s]\nu_{1,t}\mathrm{d}t + \frac{\mathrm{i}}{\sqrt{2}}\{f_s, \rho_s\}\nu_{2,t}\mathrm{d}t$$

$$\mathrm{i}d\rho_b = [H_b, \rho_b]\mathrm{d}t + \frac{1}{\sqrt{2}}[g_b, \rho_b]\nu_{2,t}\mathrm{d}t + \frac{\mathrm{i}}{\sqrt{2}}\{g_b, \rho_b\}\nu_{1,t}\mathrm{d}t \tag{11.22}$$

则 $\rho_s(t)\rho_b(t)$ 的平均是 Liouville 方程的解.

方程 (11.22) 能保证 $\rho_s(t)$ 和 $\rho_b(t)$ 的厄米性. 当然, 也可以将式 (11.22) 变成迹守恒形式, 结果为

$$\mathrm{i}d\bar{\rho}_s = [H_s + \bar{g}(t)f_s, \bar{\rho}_s]\mathrm{d}t + \frac{1}{\sqrt{2}}[f_s, \bar{\rho}_s]\nu_{1,t}\mathrm{d}t + \frac{\mathrm{i}}{\sqrt{2}}\{f_s - \bar{f}(t), \bar{\rho}_s\}\nu_{2,t}\mathrm{d}t$$

$$\mathrm{i}d\bar{\rho}_b = [H_b + \bar{f}(t)g_b, \bar{\rho}_b]\mathrm{d}t + \frac{1}{\sqrt{2}}[g_b, \bar{\rho}_b]\nu_{2,t}\mathrm{d}t + \frac{\mathrm{i}}{\sqrt{2}}\{g_b - \bar{g}(t), \bar{\rho}_b\}\nu_{1,t}\mathrm{d}t \tag{11.23}$$

在此情况下, 体系和环境除了和共同的随机场 $\nu_{1,t}$ 和 $\nu_{2,t}$ 相互作用外, 还通过诱导的随机场 $\bar{g}(t)$ 和 $\bar{f}(t)$ 相互作用 (图 11-2).

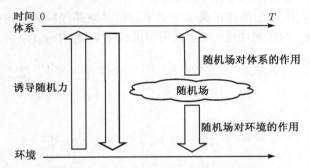

图 11-2　随机去耦合的厄米形式的示意图. 与图 11-1 相比,
厄米形式中增加了诱导随机场的作用

11.2.4 随机去耦合的线性演化方程

前面介绍的随机去耦合的两种结果虽然可以加深物理理解, 但由于运动方程是非线性的, 直接用于数值模拟往往导致不稳定的计算结果. 所以, 为了保证数值方法的可靠性, 一般应用随机去耦合解决物理问题时需要采用线性方程. 下面就给出随机密度矩阵线性演化方程的简单推导.

需要再次强调的是, 我们仅仅对体系的运动感兴趣. 也就是说, 我们无需关注整体的密度矩阵而只需求出约化密度矩阵, 即

$$\tilde{\rho}_s(t) = \mathrm{Tr}_b\{\rho(t)\} = M_{\nu_{1,t}, \nu_{2,t}, \nu_{3,t}, \nu_{4,t}}\{\rho_s(t)\mathrm{Tr}_b\{\rho_b(t)\}\} \tag{11.24}$$

通过 Girsanov 变换

$$\nu'_{1,t} = \nu_{1,t} - \bar{g}(t)$$

$$\nu'_{4,t} = \nu_{4,t} + \mathrm{i}\bar{g}(t) \tag{11.25}$$

可将 $\rho_b(t)$ 的迹吸收到随机过程的权重函数中, 从而得到

$$\mathrm{i}\mathrm{d}\rho_s = [H_s + \bar{g}(t)f_s, \rho_s]\mathrm{d}t + \frac{1}{2}[f_s, \rho_s](\nu_{1,t} + \mathrm{i}\nu_{4,t})\mathrm{d}t + \frac{\mathrm{i}}{2}\{f_s, \rho_s\}(\nu_{2,t} - \mathrm{i}\nu_{3,t})\mathrm{d}t \tag{11.26}$$

因此, 一旦可以求出所有的 $\rho_s(t)$ 即随机轨线, 则它们的统计平均就是约化密度矩阵 $\tilde{\rho}_s(t)$:

$$\tilde{\rho}_s(t) = M_{\nu_{1,t},\nu_{2,t}\nu_{3,t}\nu_{4,t}}\{\rho_s(t)\} \tag{11.27}$$

如果环境诱导的随机场 $\bar{g}(t)$ 已知 [例如, 可以通过解 $\rho_b(t)$ 的随机微分方程得到], 则方程 (11.26) 只包含体系的随机密度矩阵 $\rho_s(t)$ 一个未知量. 注意, $\rho_s(t)$ 运动方程 (11.26) 不能保证它的厄米性和迹守恒.

可以看出, $\bar{g}(t)$ 所起的作用类似于量子耗散体系路径积分理论中的 Feynman-Vernon 影响泛函. 为了说明这一点, 首先写出式 (11.13) 中 $\rho_b(t)$ 形式解

$$\rho_b[s^+, s^-] = T_+\mathrm{e}^{-\mathrm{i}\int_0^t \mathrm{d}\tau(H_b + g_b s^+(\tau))}\rho_b(0)T_-\mathrm{e}^{\mathrm{i}\int_0^t \mathrm{d}\tau'(H_b + g_b s^-(\tau'))}$$

其中

$$s^+(t) = \frac{1}{2}[(\nu_{2,t} + \nu_{4,t}) + \mathrm{i}(\nu_{1,t} + \nu_{3,t})]$$

$$s^-(t) = \frac{1}{2}[(\nu_{2,t} - \nu_{4,t}) - \mathrm{i}(\nu_{1,t} - \nu_{3,t})]$$

注意到 $\mathrm{Tr}_b\{\rho_b[s^+, s^-]\} = \mathcal{F}[s^+, s^-]$ 正是 Feynman-Vernon 影响泛函, 则根据 $\bar{g}(t)$ 的定义, 可以验证

$$\bar{g}(t) = \frac{\delta \ln \mathcal{F}[s^+, s^-]}{\delta s^+} \tag{11.28}$$

式中: $\dfrac{\delta}{\delta s^+}$ 为泛函导数.

在随机去耦合的迹守恒形式和厄米形式中, 同样可以得到影响泛函和环境诱导的随机场 $\bar{g}(t)$ 间的关系. 例如, 在迹守恒的形式中, 有

$$\bar{g}(t) = \left.\frac{\delta \ln \mathcal{F}[s^+, s^-]}{\delta s^+}\right|_{s^\pm(t) = \bar{f}(t) + \frac{1}{2}[\nu_{2,t} \pm \nu_{4,t} \pm \mathrm{i}\nu_{1,t} + \mathrm{i}\nu_{3,t}]}$$

上述结果表明, 环境诱导的随机场包含了环境对体系作用的全部信息 (图11-3), 在随机形式中起到类似影响泛函的作用. 诱导随机场本身是标量, 在物理上容易理解.

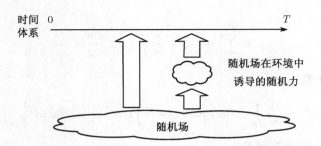

图 11-3　随机去耦合的线性运动方程示意图. 体系运动只受白噪声 $\nu_{i,t}$
和环境诱导的随机场 $\bar{g}(t)$ 的影响

11.2.5　Caldeira-Leggett 模型

对于线性体系构成的热库, 如果它和体系之间的耦合也为线性的, 则其随机密度矩阵满足的运动方程可解. 这样, 它诱导的随机场 $\bar{g}(t) \equiv \dfrac{\mathrm{Tr}_b\{g_b\rho_b(t)\}}{\mathrm{Tr}_b\{\rho_b(t)\}}$ 便可准确确定. 当然, 如果影响泛函已知, 则也可以通过式 (11.28) 直接计算 $\bar{g}(t)$, 而 Caldeira-Leggett 模型[33,63] 正是这种情况. 该模型的哈密顿量为

$$H = \frac{P^2}{2M} + V(X) + \sum_i \left(\frac{p_i^2}{2m_i} + \frac{1}{2}m_i\omega_i^2 x_i^2 \right) - X\sum_i C_i x_i + X^2 \sum_i \frac{C_i^2}{2m_i\omega_i^2} \quad (11.29)$$

其中右边前两项是体系的哈密顿量 H_s , 第三项表示谐振子热库 H_b , 第四项是环境和体系的耦合项 H_i , 最后一项是补偿项. 补偿项保证了当体系在任意位置 X 而环境在相应的平衡位置时, 体系受到的有效势场为 $V(X)$. 虽然谐振子热库并不是严格的微观模型, 实际问题中环境自由度可能包含非谐性, 且自由度间一般也有耦合, 但它在很多方面准确地描述了热库的基本特征, 从而成为一种理论上广为使用的热库模型.

因为环境部分是线性系统, 所以可以解析地求出其影响泛函为[22,38,39]

$$\mathcal{F}[s^+, s^-] = \exp\{-\Phi_{FV}[s^+, s^-]\} \quad (11.30)$$

其中

$$\Phi_{FV}[s^+, s^-] = \int_0^t \mathrm{d}t' \int_0^{t'} \mathrm{d}t''[s^+(t') - s^-(t')][\alpha(t' - t'')s^+(t'') - \alpha^*(t' - t'')s^-(t'')]$$

$$+ \mathrm{i}\frac{\mu}{2} \int_0^t \mathrm{d}t'\{[s^+(t')]^2 - [s^-(t')]^2\} \quad (11.31)$$

式中: $s^+(t)$ 和 $s^-(t)$ 分别为前向和后向传播子对应的路径; μ 为与补偿项相关的

一个常数

$$\mu \equiv \sum_j \frac{c_j^2}{m_j \omega_j^2} = \frac{2}{\pi} \int_0^\infty \mathrm{d}\omega \frac{J(\omega)}{\omega}$$

而 $\alpha(t)$ 是响应函数

$$\alpha(t) \equiv \frac{1}{\pi} \int_0^\infty J(\omega) \left[\coth\left(\frac{\beta\omega}{2}\right) \cos(\omega t) - \mathrm{i}\sin(\omega t) \right] \tag{11.32}$$

其中的 $J(\omega)$ 表示谱密度函数:

$$J(\omega) \equiv \frac{\pi}{2} \sum_j \left[\frac{C_j^2}{m_j \omega_j} \delta(\omega - \omega_j) \right]$$

由于补偿项可以归并到哈密顿量的体系部分, 所以在推导中常不予考虑. 物理上常见的谱密度函数形式为

$$J(\omega) = \eta \omega^s f_{\omega_c}(\omega) \tag{11.33}$$

其中, η 反映了体系和环境的耦合强度, $f_{\omega_c}(\omega)$ 表示截断函数, s 则确定 $J(\omega)$ 在 $\omega = 0$ 附近的基本形状. 一般地, 选取 $f_{\omega_c}(\omega)$ 在 $0 < \omega \leqslant \omega_c$ 时接近 1, 而在 $\omega > \omega_c$ 时迅速衰减到 0. 参数 s 是刻画谱密度函数性质的一个重要指标, 它取 1 时称为 Ohm 型, $s > 1$ 为超 Ohm 型, 而 $1 > s > 0$ 为亚 Ohm 型. 对于 Ohm 情况, $J(\omega)$ 在 $\omega = 0$ 时附近接近一条直线. 利用式 (11.28) 和式 (11.30) 可以得到

$$\begin{aligned}
\bar{g}(t) &= \int_0^t \mathrm{d}t' \alpha_R(t - t')[\nu_1(t') - \mathrm{i}\nu_4(t')] + \int_0^t \mathrm{d}t' \alpha_I(t - t')[\nu_2(t') + \mathrm{i}\nu_3(t')] \\
&= \bar{g}_R(t) + \bar{g}_I(t)
\end{aligned} \tag{11.34}$$

式中: $\alpha_R(t)$, $\alpha_I(t)$ 分别为响应函数 $\alpha(t)$ 的实部和虚部. 当然, 直接求解随机微分方程 (11.26) 并将解代入 $\bar{g}(t)$ 的定义中进行必要的求迹运算, 同样也能获得 $\bar{g}(t)$ 的表达式.

　　已知显式的 $\bar{g}(t)$ 为数值计算带来了很大的便利. 例如, 通过重新组合影响随机密度矩阵 $\rho_s(t)$ 运动的随机场, 其演化方程 (11.26) 改写为

$$\mathrm{i}\mathrm{d}\rho_s = [H_s, \rho_s]\mathrm{d}t + [f_s, \rho_s]\xi_t \mathrm{d}t + [f_s, \bar{g}_I(t)\rho_s]\mathrm{d}t + \frac{\mathrm{i}}{2}\{f_s, \rho_s\}(\nu_{2,t} - \mathrm{i}\nu_{3,t})\mathrm{d}t \tag{11.35}$$

其中

$$\xi_t = \bar{g}_R(t) + \frac{1}{2}(\nu_{1,t} + \mathrm{i}\nu_{4,t}) \tag{11.36}$$

是重新定义的一个 Gauss 过程. 这样, 约化密度矩阵只依赖于随机过程 ξ_t 的平均值和二阶关联:

$$M\{\xi_t\} = 0$$

$$M\{\xi_t\xi'_t\} = \alpha_R(|t - t'|) \tag{11.37}$$

在实际计算中, 可以借助快速 Fourier 变换直接产生满足式 (11.37) 的实色噪声. 因为复色噪声包含实部和虚部两个分量, 用实噪声代替之则减少了一个噪声, 有助于数值效率的提高.

类似地, 也可以定义

$$\xi_t = \bar{g}(t) + \frac{1}{2}(\nu_{1,t} + \mathrm{i}\nu_{4,t})$$
$$\zeta_t = \frac{1}{2}(\nu_{2,t} - \mathrm{i}\nu_{3,t})$$

相应的运动方程 (11.26) 则变为

$$\mathrm{id}\rho_s = [H_s, \rho_s]\mathrm{d}t + \frac{1}{2}[f_s, \rho_s]\xi_t\mathrm{d}t + i\{f_s, \rho_s\}\zeta_t\mathrm{d}t$$

这里, ξ_t 和 ζ_t 满足

$$M\{\xi_t\} = M\{\zeta_t\} = 0$$
$$M\{\xi_t\xi'_t\} = \alpha_R(|t - t'|)$$
$$M\{\zeta_t\zeta'_t\} = 0$$
$$M\{\xi_t\zeta'_t\} = H(t - t')\alpha_I(t - t')$$

而 $H(t)$ 是 Heaviside 函数. 这正是 Stockburger 等的结果[55~58,64]. 由于 ξ_t 和 ζ_t 是复 Gauss 噪声, 要完全确定它们还需要定义 $M\{\xi^*_t\xi'_t\}$、$M\{\zeta^*_t\zeta'_t\}$ 以及 $M\{\xi^*_t\zeta'_t\}$. 但因为这些关联函数对最终的统计平均没有影响, 所以可以任意选取.

由此可见, 量子耗散体系的随机描述可以通过引入不同的色噪声来实现, 具有很大的灵活性.

11.2.6 随机形式的密度算符拆分

通常的波函数只能描写量子体系的纯态, 即 Hilbert 空间中的元素. 由于在耗散体系动力学中一般需要处理体系的混合态, 所以必须使用密度算符, 即 Liouville 空间中的元素. 在进行数值计算时, 由于空间维数的差异, 使用密度算符的效率可能会比使用波函数来得低. 例如, 对一个由 N 个基函数构成的体系, 使用密度算符形式需要处理 $N \times N$ 维矩阵, 而相应的波函数形式只需要处理 N 维矢量. 因此, 将密度算符的运动方程拆分成波函数的方程在进行数值处理时有一定意义.

以式 (11.27) 为例, 注意到 $\rho_s(t)$ 的形式解可以写成[5]

$$\rho_s(t) = U_1(t)\rho_s(0)U_2^{-1}(t)$$

其中

$$U_1(t) = T_+ \exp \left\{ -\mathrm{i} \int_0^t \mathrm{d}\tau \left[H_s + \bar{g}(\tau) f_s + \frac{1}{2} f_s (\nu_{1,\tau} + \mathrm{i}\nu_{2,\tau} + \nu_{3,\tau} + \mathrm{i}\nu_{4,\tau}) \right] \right\}$$

和

$$U_2^{-1}(t) = T_- \exp \mathrm{i} \int_0^t \mathrm{d}\tau \left[H_s + \bar{g}(\tau) f_s + \frac{1}{2} f_s (\nu_{1,\tau} - \mathrm{i}\nu_{2,\tau} - \nu_{3,\tau} + \mathrm{i}\nu_{4,\tau}) \right]$$

可以看成是两个随机演化传播子. 如果初始状态 $\rho_s(0)$ 为一纯态, 即

$$\rho_s(0) = |\phi_s(0)\rangle \langle \phi_s(0)|$$

则容易证明

$$\tilde{\rho}_s(t) = M_{\nu_{1,t}, \nu_{2,t} \nu_{3,t} \nu_{4,t}} \{ |\phi_{s1}(t)\rangle \langle \phi_{s2}(t)| \}$$

其中

$$|\phi_{s1}(t)\rangle = U_1(t) |\phi_{s1}(0)\rangle$$
$$|\phi_{s2}(t)\rangle = U_2(t) |\phi_{s2}(0)\rangle$$

直接验证可知, $|\phi_{s1}(t)\rangle$ 和 $|\phi_{s2}(t)\rangle$ 满足的微分方程分别为

$$\mathrm{i} \mathrm{d}|\phi_{s1}(t)\rangle = \left[H_s + \bar{g}(\tau) f_s + \frac{1}{2} f_s (\nu_{1,\tau} + \mathrm{i}\nu_{2,\tau} + \nu_{3,\tau} + \mathrm{i}\nu_{4,\tau}) \right] |\phi_{s1}(t)\rangle \mathrm{d}t$$

$$\mathrm{i} \mathrm{d}|\phi_{s2}(t)\rangle = \left[H_s + \bar{g}^*(\tau) f_s + \frac{1}{2} f_s (\nu_{1,\tau} + \mathrm{i}\nu_{2,\tau} - \nu_{3,\tau} - \mathrm{i}\nu_{4,\tau}) \right] |\phi_{s2}(t)\rangle \mathrm{d}t$$

　　尽管理论上求解波函数的随机微分方程比求解密度矩阵的微分方程在阶数较大时有优势, 但实际测试表明, 拆分方法的统计收敛性并不太好. 如何利用随机去耦合得到数值效率更好的拆分形式仍然是一个值得研究的问题.

11.3　级联方程组方法、混合随机–确定性方法
和可变随机–确定性方法

　　应用随机理论研究耗散体系动力学时首先需要求解随机微分方程, 然后再对得到的结果 (随机轨线) 进行统计平均. 这一方法的有效性受两个因素的限制: 其一, 随机微分方程的数值算法一般没有确定性微分方程的数值算法稳定; 其二, 随机方法需要大量求解随机微分方程, 以期得到收敛的统计平均结果. 例如, 在计算自旋–玻色模型的动力学时, 有时需要求出数百万条随机轨线作平均才得到比较准

确的结果. 因此, 提高数值效率的一种思路就是设法减少甚至去掉随机场. 本节所讨论的几种数值方法就是基于这一思想. 它们的出发点都是对随机微分方程进行平均处理. 一般来说, 对随机微分方程进行平均会引入新的变量, 得不到封闭的、确定性的微分方程. 例如, 对式 (11.26) 两边求 $\nu_{i,t}$ ($i = 1 \sim 4$) 的平均, 就能得到关于 $\tilde{\rho}_s(t) = M\{\rho_s(t)\}$ 的确定性的微分方程, 但同时带来了新的未知项 $M\{\bar{g}(t)\rho_s(t)\}$. 这个未知项满足的微分方程可以借助 Ito 微分推导出, 但其又带来更多的未知项. 重复上面的过程可以得到一个耦合的微分方程组. 它类似 Tanimura 和合作者得到的级联结构[65~67]. 最近严以京组通过路径积分也得到相似的级联方程 (见第 12 章及文献[68]、[69]). 级联方程组包含无穷多个互相耦合的微分方程. 计算表明, 随着未知项的阶数增大, 其对 $\tilde{\rho}_s(t)$ 的影响逐渐减小. 因此, 为了得到数值收敛到一定精度的 $\tilde{\rho}_s(t)$, 在解级联方程组时只需保留足够大但数目有限的项, 这样的处理称为截断. 当然, 截断的正确性必须通过不断扩大方程组来检验. 按照不同程度的统计平均, 可以得到级联方程组方法[6]、联合随机–确定性方程方法[7] 以及可变随机–确定性方法[8].

11.3.1 级联方程组方法

对式 (11.26) 两边求平均. 由于 $\rho_s(t)$ 依赖于 $\nu_{i,t'}(i = 1, 2, 3, 4;\ t' < t)$, 但和 $\nu_{i,t}$ 无关 (所谓非可料性, 见文献 [14]), 所以有

$$M\{\rho_s(t)\nu_{i,t}\} = M\{\rho_s(t)\}M\{\nu_{i,t}\} = 0$$

因此, 方程 (11.26) 变为

$$\mathrm{i}\mathrm{d}M\{\rho_s(t)\} = [H_s, M\{\rho_s(t)\}]\mathrm{d}t + [f_s, M\{\bar{g}(t)\rho_s(t)\}]\mathrm{d}t \tag{11.38}$$

显然, 方程 (11.38) 中不包含任何噪声, 但是出现了新的未知量 $M\{\bar{g}(t)\rho_s(t)\}$, 它是随机密度矩阵和环境诱导的随机场之间的相联函数.

对于 Caldeira-Leggett 模型, $\bar{g}(t)$ 由式 (11.34) 给出. 为了说明级联方程组方法, 先假定 $\bar{g}(t)$ 表达式中的响应函数为指数形式

$$\alpha(t) = \kappa \exp(-\gamma t) \tag{11.39}$$

式中: κ 为实数; γ 为复数. 将其代入式 (11.34) 中, 则 $\bar{g}(t)$ 可拆分为两个部分, 即

$$\begin{aligned}
\bar{g}(t) &= \frac{1}{2}\int_0^t \mathrm{d}t' \{\alpha(t - t')[\nu_1(t') - \mathrm{i}\nu_4(t') - \mathrm{i}\nu_2(t') + \nu_3(t')] \\
&\quad + \alpha^*(t - t')[\nu_1(t') - \mathrm{i}\nu_4(t') + \mathrm{i}\nu_2(t') - \nu_3(t')]\} \\
&\equiv \bar{g}_1(t) + \bar{g}_2(t)
\end{aligned} \tag{11.40}$$

相应地, $M\{\bar{g}(t)\rho_s(t)\}$ 可分解为两项:

$$M\{\bar{g}(t)\rho_s(t)\} = M\{\bar{g}_1(t)^1\bar{g}_2(t)^0\rho_s(t)\} + M\{\bar{g}_1(t)^0\bar{g}_2(t)^1\rho_s(t)\}$$

$$\equiv \rho_{1,0}(t) + \rho_{0,1}(t)$$

由于 $\tilde{\rho}_s(t) = M\{\bar{g}_1^0(t)\bar{g}_2(t)^0\rho_s(t)\} = \rho_{0,0}(t)$, 式 (11.38) 可以改写为

$$\mathrm{id}\rho_{0,0} = [H_s, \rho_{0,0}]\mathrm{d}t + [f_s, \rho_{1,0}]\mathrm{d}t + [f_s, \rho_{0,1}]\mathrm{d}t$$

式中: $\rho_{1,0}(t)$ 和 $\rho_{0,1}(t)$ 为新出现的未知量. 根据 Ito 微分, 可以方便地求出它们满足的微分方程. 首先, 由 $\bar{g}_1(t)$ 和 $\bar{g}_2(t)$ 的定义, 有

$$\begin{aligned}
\mathrm{d}\bar{g}_1(t) &= \bar{g}_1(t+\mathrm{d}t) - \bar{g}_1(t) \\
&= \frac{1}{2}\alpha(0)[\nu_1(t) - \mathrm{i}\nu_4(t) - \mathrm{i}\nu_2(t) + \nu_3(t)]\mathrm{d}t \\
&\quad + \frac{1}{2}\int_0^t \mathrm{d}t' \frac{\partial}{\partial t}\alpha(t-t')[\nu_1(t') - \mathrm{i}\nu_4(t') - \mathrm{i}\nu_2(t') + \nu_3(t')] \\
&= \frac{1}{2}\kappa[\nu_1(t) - \mathrm{i}\nu_4(t) - \mathrm{i}\nu_2(t) + \nu_3(t)]\mathrm{d}t - \gamma\bar{g}_1(t) \tag{11.41}
\end{aligned}$$

以及

$$\begin{aligned}
\mathrm{d}\bar{g}_2(t) &= \bar{g}_2(t+\mathrm{d}t) - \bar{g}_2(t) \\
&= \frac{1}{2}\alpha^*(0)[\nu_1(t) - \mathrm{i}\nu_4(t) + \mathrm{i}\nu_2(t) - \nu_3(t)]\mathrm{d}t \\
&\quad + \frac{1}{2}\int_0^t \mathrm{d}t' \frac{\partial}{\partial t}\alpha^*(t-t')[\nu_1(t') - \mathrm{i}\nu_4(t') + \mathrm{i}\nu_2(t') - \nu_3(t')] \\
&= \frac{1}{2}\kappa[\nu_1(t) - \mathrm{i}\nu_4(t) + \mathrm{i}\nu_2(t) - \nu_3(t)]\mathrm{d}t - \gamma^*\bar{g}_2(t) \tag{11.42}
\end{aligned}$$

由 Ito 微分法则 [见本章附录和式 (11.15)] , 易知 $\nu_{i,t}\mathrm{d}t\nu_{j,t}\mathrm{d}t = \mathrm{d}\omega_{i,t}\mathrm{d}\omega_{j,t} = \delta_{i,j}\mathrm{d}t$. 因此,

$$\mathrm{d}[\bar{g}_i(t)\rho_s(t)] = [\mathrm{d}\bar{g}_i(t)]\rho_s(t) + \bar{g}_i(t)\mathrm{d}\rho_s(t) + [\mathrm{d}\bar{g}_i(t)][\mathrm{d}\rho_s(t)], \quad i=1,2 \tag{11.43}$$

将式 (11.26)、式 (11.41) 和式 (11.42) 代入式 (11.43), 并考虑到 $M\{\bar{g}_1(t)\rho_s(t)\nu_{i,t}\} = 0$, 可得

$$\begin{aligned}
M\{d[\bar{g}_1(t)\rho_s(t)]\} &= -\mathrm{i}[H_s, M\{\bar{g}_1(t)\rho_s(t)\}]\mathrm{d}t \\
&\quad - \mathrm{i}[f_s, M\{\bar{g}_1(t)^2\rho_s(t) + \bar{g}_1(t)\bar{g}_2(t)\rho_s(t)\}]\mathrm{d}t \\
&\quad - \gamma M\{\bar{g}_1(t)\rho_s(t)\}\mathrm{d}t + \kappa f_s M\{\rho_s(t)\}\mathrm{d}t
\end{aligned}$$

以及

$$
\begin{aligned}
M\{d[\bar{g}_2(t)\rho_s(t)]\} = &-\mathrm{i}[H_s, M\{\bar{g}_2(t)\rho_s(t)\}]\mathrm{d}t \\
&-\mathrm{i}[f_s, M\{\bar{g}_2(t)^2\rho_s(t) + \bar{g}_1(t)\bar{g}_2(t)\rho_s(t)\}]\mathrm{d}t \\
&-\gamma^* M\{\bar{g}_2(t)\rho_s(t)\}\mathrm{d}t - \kappa M\{\rho_s(t)\}f_s\mathrm{d}t
\end{aligned}
$$

由于求统计平均和微分的顺序可以交换, 所以, 以上两式即为 $\rho_{1,0}(t)$ 和 $\rho_{0,1}(t)$ 满足的运动方程:

$$
\mathrm{d}\rho_{1,0} = -\mathrm{i}[H_s, \rho_{1,0}\mathrm{d}t] - \mathrm{i}[f_s, \rho_{2,0}]\mathrm{d}t - \mathrm{i}[f_s, \rho_{1,1}]\mathrm{d}t - \gamma\rho_{1,0}\mathrm{d}t + \kappa f_s\rho_{0,0}
$$

和

$$
\mathrm{d}\rho_{0,1} = -\mathrm{i}[H_s, \rho_{0,1}\mathrm{d}t] - \mathrm{i}[f_s, \rho_{0,2}]\mathrm{d}t - \mathrm{i}[f_s, \rho_{1,1}]\mathrm{d}t - \gamma\rho_{0,1}\mathrm{d}t - \kappa\rho_{0,0}f_s
$$

注意, 方程中又出现了新的未知项 $\rho_{2,0}(t)$、$\rho_{1,1}(t)$ 和 $\rho_{0,2}(t)$. 它们遵从的微分方程也可以用类似的方法推导出来. 因此, 重复上面过程可以得到包含无穷多个未知量 $\rho_{m,n}(t) \equiv M\{\bar{g}_1(t)^m\bar{g}_2(t)^n\rho_s(t)\}$ $(m, n \geqslant 0)$ 的联立微分方程组为

$$
\begin{aligned}
\mathrm{i}\mathrm{d}\rho_{m,n} = &[H_s, \rho_{m,n}]\mathrm{d}t + [f_s, \rho_{m+1,n}]\mathrm{d}t + [f_s, \rho_{m,n+1}]\mathrm{d}t \\
&- \mathrm{i}(m\gamma + n\gamma^*)\rho_{m,n}\mathrm{d}t + \kappa(mf_s\rho_{m-1,n} - n\rho_{m,n-1}f_s)\mathrm{d}t
\end{aligned}
$$

这些变量和它们之间的关系组成了一个级联结构 (图 11-4), $m+n$ 相等的项 $\rho_{m,n}(t)$ 构成一层. 由定义, $\rho_{m,n}(t)$ 可以看成是 $\rho_s(t)$ 和随机场的各阶关联函数. 下标值 $m+n$ 越大, 关联阶数越高. 一般来说, 高阶关联对零阶关联即 $\tilde{\rho}_s(t) \equiv \rho_{0,0}(t)$ 的影响很小. 在数值计算中, 当 $m+n$ 大于某个 N 时, 项 $\rho_{m,n}$ 可以忽略 (可简单地设其为 0). 这样便得到截断到第 N 层的级联方程组. 此时的级联方程组只包含有限个耦合的微分方程, 可以用计算机数值求解. 为了保证计算结果的准确性, 一般需要通过增加截断层数 N 用以检查收敛情况.

上述计算方法只是针对响应函数为一个指数函数 [式 (11.39)] 的情况. 实际上, 可以方便地将它推广到一般情况. 只要响应函数 $\alpha(t)$ 可以写成

$$
\alpha(t) = \sum_{i=1}^{I} \alpha_i(t)
$$

其中每个 $\alpha_i(t)$ 是 $\kappa_i t^{p_i} \exp(-\gamma_i t)$ 的形式, 则就能建立相应的级联方程组. 例如, 考虑谱密度函数为

$$
J(\omega) = \eta\omega\frac{\omega_c^2}{\omega^2 + \omega_c^2} \tag{11.44}
$$

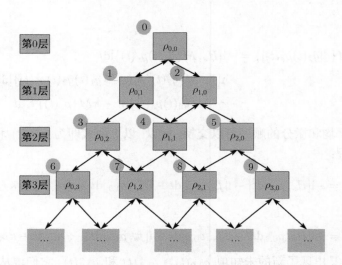

图 11-4   级联方程组结构示意图. 箭头表示随机微分方程中互相引用的关系. 例如, $\rho_{0,0}$ 的
随机微分方程中包含 $\rho_{1,0}$ 和 $\rho_{0,1}$, $\rho_{1,0}$ 的微分方程中包含了 $\rho_{2,0}$ 和 $\rho_{1,1}$, 依此类推

的自旋–玻色模型. 其响应函数可以写成[66]

$$\alpha(t) = -\frac{\mathrm{i}\eta\omega_c^2}{2}\exp(-\omega_c t) + \frac{\eta\omega_c^2}{2\tan\left(\dfrac{\omega_c}{2k_{\mathrm{B}}T}\right)}\exp(-\omega_c t) - \sum_{j=1}^{\infty}\frac{2\eta\omega_c^2 k_{\mathrm{B}}T\omega_j}{\omega_c^2 - \omega_j^2}\exp(-\omega_j t)$$

$$\equiv \sum_{k=0}^{\infty} c_k \exp(-\omega_k t)$$

式中: $\omega_j = 2\pi j k_{\mathrm{B}}T$ 为 Matsubara 频率. 当温度较高而 ω_c 不很大时, c_j 很快衰减
到 0, 所以只需考虑前面有限的几项即可. 于是, 定义

$$\bar{g}(t) = \sum_{j=0}^{M} \bar{g}_j(t)$$

$$\bar{g}_0(t) = \int_0^t \mathrm{d}t' c_0 \exp[-\omega_0(t - t')][\nu_2(t') + \nu_3(t')]$$

$$\bar{g}_j(t) = \int_0^t \mathrm{d}t' c_j \exp[-\omega_j(t - t')][\nu_2(t') + \nu_3(t')]$$

记 $\rho_V(t) = \rho_{V_0, V_1, \cdots, V_M}(t) = M\left\{\rho_s(t)\prod_{j=0}^{M}\bar{g}_j^{V_j}(t)\right\}$, 其中 V 是 $M + 1$ 维矢量 $(V_0,$
$V_1, \cdots, V_M)$. 利用 Ito 分析, 可以得到级联方程组

$$\mathrm{i}\mathrm{d}\rho_V = -\mathrm{i}\sum_{j=0}^{M} V_j \omega_j \rho_V \mathrm{d}t + [H_s, \rho_V]\mathrm{d}t + \sum_{j=0}^{M}[f_s, \rho_{V+I_j}]\mathrm{d}t$$

$$+ \mathrm{i} c_0 V_0 f_s, \rho_{V-I_0} \mathrm{d}t + \sum_{j=1}^{M} c_j V_j [f_s, \rho_{V-I_j}] \tag{11.45}$$

这里, I_j 是 $M+1$ 维矢量, 其第 $j+1$ 个分量为 1, 而其他分量为 0. 此方法已用于模拟由自旋 - 玻色模型描述的电子转移瞬时动力学过程[6].

　　一般而言, 只要响应函数的实部和虚部可以写成有限个指数项之和, 则 $\bar{g}(t)$ 就可以分解为 M 个组分 $\bar{g}_i$ (M 是一个有限的正整数, 每个 $\bar{g}_i$ 都等于一个核为指数函数的随机积分). 因此, 总能用类似于上述方法得到相应的级联方程组. 因为一般有限区域上的函数都可以通过 Fourier 变换写成指数项的和, 所以原则上任意响应函数都可以用级联方程组来处理. 但由于数值效率的原因, 只有 N 和 M 都不太大时从随机到确定性的级联方程组方法才能适用. 作为估计, 响应函数包含 M 个指数项的级联方程组中通项可记为 $\rho_{n_1,n_2,\cdots,n_M}(t)$. 如果截断到 N 阶则方程组包含 $T = \dfrac{(M+N)!}{N!M!}$ 个项. 图 11-5 显示了 $\log_{10} T$ 和 M , N 的关系. 它表明随着 M 和 N 变大, T 的值会迅速增大到计算机难以处理的程度.

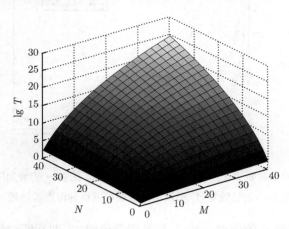

图 11-5　级联方程的数目 T 对指数项的数目 M 以及截断数 N 的依赖关系. 图中反映了 $\log_{10} T$ 和 M , N 的关系. 它表明当 M 和 N 增加时, T 会迅速增长到计算机难以处理的数目

　　为了研究截断数 N 对响应函数 $\kappa \exp(-\gamma t)$ 中的参数 κ 和 γ 的依赖关系, 采用自旋–玻色模型 (见 11.4 节). 在此模型中, 令 $\epsilon = 0$ 且 κ 和 γ 为实数. 定义 $\rho_n(t) = M\{\bar{g}(t)^n \rho_s(t)\}$. 利用上述推导过程, 可以确定现在问题的级联方程组为

$$\mathrm{i}\frac{\mathrm{d}\rho_n}{\mathrm{d}t} = [H_s, \rho_n] + [f_s, \rho_{n+1}] + n\kappa[f_s, \rho_{n-1}] - \mathrm{i}n\gamma\rho_n$$

图 11-6 和图 11-7 显示了得到准确的结果所需要的最小截断数 $N_{\min}$ 与参数 κ 及 γ 的关系.

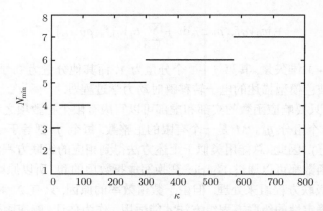

图 11-6　最小截断 $N_{\min}$ 与 κ 的关系. 图中 $N_{\min}$ 随 κ 的增加缓慢上升 (γ 固定为 20),
表明耦合不太强时, 用较小的截断 $N_{\min}$ 就可以得到准确的结果

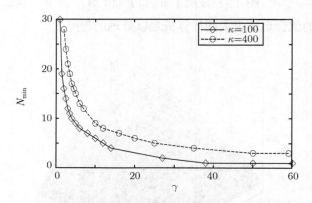

图 11-7　最小截断 $N_{\min}$ 与 γ 的关系. 图中 $N_{\min}$ 随着 γ 的增加迅速下降,
表明当记忆较短时, 用较小的截断可以得到可靠的结果

可以看出, 随着 κ 的增加, $N_{\min}$ 只是缓慢地增大, 即截断对耦合强度不敏感.
与之对比, 随着 γ ($1/\gamma$ 反映记忆长短) 的增加, $N_{\min}$ 迅速减小, 即截断对记忆效
应敏感.

11.3.2　混合随机–确定性方法

级联方程组方法只需要求解完全确定性的运动方程的演化. 如果截断后所包
含的微分方程的数目不大, 这是一种效率很高的方法. 它的主要缺陷是难以处理响
应函数衰减比较慢的情况. 在此情况下, $\alpha(t)$ 必须用多个指数型函数才能拟合, 同
时需要较大的截断阶数 $N_{\min}$, 从而导致级联方程的数目过大, 超过计算机的处理
能力. 例如, 当 Caldeira-Leggett 模型为 Ohm 型耗散时, 零温时响应函数的实部衰

减得很慢, 无法用级联方程组求解 [可以从式 (11.45) 中看出)]. 为了求解低温下的动力学问题, 作者在级联方程组方法的基础上发展了混合随机–确定性方程方法 (MRD)[7]. 需要指出的是, 虽然响应函数的实部和温度有关, 但虚部并不受温度的影响 [式 (11.32)] , 而且很快衰减到零. 例如, 选取谱密度函数为式 (11.44) 时, 响应函数的虚部为 $\gamma \exp(-\Omega t) = -\dfrac{\mathrm{i}\eta\omega_c^2}{2}\exp(-\omega_c t)$. 而当谱密度函数为

$$J(\omega) = \eta\omega\frac{\omega_c^4}{(\omega^2 + \omega_c^2)^2} \tag{11.46}$$

时, 响应函数的虚部是 $\gamma_1 t\exp(-\Omega_1 t) = -\dfrac{1}{4}\eta\omega^3 t\exp(-\omega_c t)$. 如果只考虑虚部, 上述两种情况都可以用级联方程组处理. 为此, 可将响应函数的实部和虚部分开, 实部仍然使用随机场描述而虚部使用级联方程组处理. 下面的讨论以式 (11.46) 形式的谱密度函数为例. 在式 (11.26) 中, 只对 $\nu_{2,t}$, $\nu_{3,t}$ 求平均可得

$$\begin{aligned}\mathrm{id}M_{\nu_2,\nu_3}\{\rho_s(t)\} = {}&[H_s, M_{\nu_2,\nu_3}\{\rho_s(t)\}]\mathrm{d}t + [f_s, M_{\nu_2,\nu_3}\{\bar{g}_I(t)\rho_s(t)\}]\mathrm{d}t\\&+ [f_s, M_{\nu_2,\nu_3}\{\bar{g}_I(t)\rho_s(t)\}]\xi(t)\mathrm{d}t\end{aligned} \tag{11.47}$$

这里 $\bar{g}_R(t)$ 和 $\bar{g}_I(t)$ 由式 (11.34) 定义. 为了利用级联方程组方法, 定义 $\rho_{m,n}(t) = M_{\nu_2,\nu_3}\{\bar{g}_1^m(t)\bar{g}_2^n(t)\rho_s(t)\}$, 其中

$$\bar{g}_1(t) = \bar{g}_I(t)$$
$$\bar{g}_2(t) = -\int_0^t \mathrm{d}t'\frac{1}{4}\eta\omega^3 \exp[-\omega_c(t-t')][\nu_2(t') + \mathrm{i}\nu_3(t')]$$

易得 $\rho_{m,n}(t)$ 满足方程为

$$\begin{aligned}\mathrm{id}\rho_{m,n} = {}&[H_s, \rho_{m,n}]\mathrm{d}t - \mathrm{i}(m+n)\Omega\rho_{m,n}\mathrm{d}t + [f_s, \rho_{m,n}]\xi(t)\mathrm{d}t + [f_s, \rho_{m+1,n}]\mathrm{d}t\\&+ \mathrm{i}n\gamma\{f_s, \rho_{m,n-1}\}\mathrm{d}t + \mathrm{i}m\rho_{m-1,n+1}\mathrm{d}t\end{aligned} \tag{11.48}$$

与 11.3.1 节的情况略有不同, 方程 (11.48) 并不是完全确定性的, 因为它还含有色噪声 $\xi(t)$. 因此, 求解约化密度矩阵 $\tilde{\rho}_s(t) = M_{\nu_{2,t},\nu_{3,t}}\{\rho_{0,0}(t)\}$ 还需要对依赖于 $\xi(t)$ 的随机轨线 $\rho_{m,n}(t)$ 求统计平均.

混合随机–确定性方法的有效性取决于两个因素: 第一, 与级联方程组方法一样, 当截断数 $N_{\min}$ 较大 (对应于长记忆时间) 时, 它会因为包含过多相互耦合的级联方程使数值效率降低; 第二, 由于需要求随机轨线 $\rho_{m,n}(t)$ 的统计平均, 所以数值效率也和随机轨线 $\rho_{m,n}$ 偏离平均值的程度有关. 这一性质可以用 $\rho_{m,n}$ 的标准差粗略地反映. 实际数值计算表明, 当体系和环境耦合较强时, 标准差较大, 需要更多的随机轨线平均才能得到收敛的结果.

11.3.3　可变随机–确定性方法

混合随机–确定性方法计算耗散较弱的 Caldeira-Leggett 模型如自旋–玻色模型非常有效[7]. 它的主要成功之处在于将一部分随机场用确定性的级联方程组来处理. 由于这部分随机场对应的响应函数 $\alpha_I(t)$ 只包含一个指数型的函数, 相应的级联方程组在截断后涉及的未知项较少, 所以计算量不大. 而去掉一部分随机场极大地减小了随机轨线的标准差, 使较少的随机样本就能得到收敛的统计平均结果. 然而, 随着耗散强度的增加, 剩下的随机场 $\xi(t)$ 的强度和关联时间会增加, 这使 $\rho_{m,n}(t)$ 的标准差变大, 从而导致数值效率降低.

为了计算较强耦合下的量子耗散动力学, 作者对混合随机–确定性方法进行了改进, 得到可变随机–确定性方法 (FRD). 其基本思想为对所有随机场尽量地用级联方程组处理, 从而得到较弱的、易于随机模拟的剩余随机场.

注意到 $\xi(t)$ 是平均值为 0 的 Gauss 噪声, 其自关联函数由 $\alpha_R(t)$ 确定. 显然, $\alpha_R(t)$ 越大, $\xi(t)$ 的强度越大. 因此, 为了把噪声减弱, 必须把 $\alpha_R(t)$ 减小. 为此, 尽可能地从 $\alpha_R(t)$ 中分离出指数成分以便用级联方程组处理, 而剩余部分仍然用随机实现.

为了进一步说明, 考虑方程 (11.48). 首先, 将 $\xi(t)$ 用两个 Gauss 噪声的和替换, 即

$$\xi_t \to \xi'_t + \xi''_t \tag{11.49}$$

其中

$$\begin{cases} M(\xi'_t) = M(\xi''_t) = 0 \\ M(\xi'_t \xi'_{t'}) = \chi'(t) \\ M(\xi''_t \xi''_{t'}) = \chi''(t) \\ M(\xi''_t \xi'_{t'}) = 0 \end{cases} \tag{11.50}$$

且要求

$$\chi'(t) + \chi''(t) = \alpha_R(t) \tag{11.51}$$

可以验证, $\xi'_t + \xi''_t$ 与 ξ_t 的平均值和自关联函数都相同. 因此, 这一替换不会改变随机轨线的统计平均 [也就是 $\tilde{\rho}_s(t)$]. 显然, 在保证式 (11.51) 成立的前提下, $\chi'(t)$ 和 $\chi''(t)$ 两个关联函数可以任选, 从而为实际计算带来极大的灵活性. 例如, 为了充分利用确定性的级联方程组方法, 选取其中的一项为

$$\chi''(t) = \gamma_2 \exp(-\Omega_2 t) + \gamma_3 \exp(-\Omega_3 t) \tag{11.52}$$

其中 $\gamma_2 \exp(-\Omega_2 t)$ 和 $\gamma_3 \exp(-\Omega_3 t)$ 可以是复值函数, 但 $\chi''(t)$ 必须是实值函数. 现

在, 可将 ξ_t'' 选为

$$\xi_t'' = \int_0^t \chi''(t-t')(\eta_{1,t'} - \mathrm{i}\eta_{2,t'})\mathrm{d}t' + \frac{1}{2}(\eta_{1,t} + \mathrm{i}\eta_{2,t}) \tag{11.53}$$

此处 $\eta_{1,t}$ 和 $\eta_{2,t}$ 是与 ξ_t' 没有关联的白噪声. 可以验证, ξ_t'' 满足式 (11.50). 将式 (11.49) 和式 (11.53) 代入式 (11.48), 有

$$\mathrm{i}\mathrm{d}\rho_{m,n} = [H_s, \rho_{m,n}]\mathrm{d}t - \mathrm{i}(m+n)\Omega\rho_{m,n}\mathrm{d}t + [f_s, \rho_{m,n}]\xi'(t)\mathrm{d}t + [f_s, \rho_{m+1,n}]\mathrm{d}t$$
$$+ [f_s, \rho_{m,n}]\left[\int_0^t \chi''(t-t')(\eta_{1,t'} - \mathrm{i}\eta_{2,t'})\mathrm{d}t' + \frac{1}{2}(\eta_{1,t} + \mathrm{i}\eta_{2,t})\right]\mathrm{d}t$$
$$+ \mathrm{i}n\gamma\{f_s, \rho_{m,n-1}\}\mathrm{d}t + \mathrm{i}m\rho_{m-1,n+1}\mathrm{d}t$$

对 $\eta_{1,t}$, $\eta_{2,t}$ 求统计平均, 可得

$$\mathrm{i}M\{\mathrm{d}\rho_{m,n}\} = [H_s, M\{\rho_{m,n}\}]\mathrm{d}t - \mathrm{i}(m+n)\Omega M\{\rho_{m,n}\}\mathrm{d}t + [f_s, M\{\rho_{m,n}\}]\xi'(t)\mathrm{d}t$$
$$+ [f_s, M\{h_2(t)\rho_{m,n}\}]\mathrm{d}t + [f_s, M\{h_3(t)\rho_{m,n}\}]\mathrm{d}t + [f_s, M\{\rho_{m+1,n}\}]\mathrm{d}t$$
$$+ \mathrm{i}n\gamma\Big\{f_s, M\{\rho_{m,n-1}\}\Big\}\mathrm{d}t + \mathrm{i}mM\{\rho_{m-1,n+1}\}\mathrm{d}t \tag{11.54}$$

其中

$$h_2(t) = \int_0^t \gamma_2 \exp[-\Omega_2(t-t')](\eta_{1,t'} - \mathrm{i}\eta_{2,t'})\mathrm{d}t'$$
$$h_3(t) = \int_0^t \gamma_3 \exp[-\Omega_3(t-t')](\eta_{1,t'} - \mathrm{i}\eta_{2,t'})\mathrm{d}t'$$

方程 (11.54) 中未知项 $M\{h_1(t)\rho_{m,n}(t)\}$ 和 $M\{h_2(t)\rho_{m,n}(t)\}$ 满足的方程可以通过 Ito 微分推出. 一般地, 级联方程中

$$\rho_{k,l,m,n}(t) = M_{\eta_{1,t},\eta_{2,t}}\left[h_2(t)^k h_3(t)^l \rho_{m,n}(t)\right]$$

满足的随机微分方程为

$$\mathrm{d}\rho_{k,l,m,n} = -(k\Omega_2 + l\Omega_3 + m\Omega_1 + n\Omega_1)\rho_{k,l,m,n}\mathrm{d}t - \mathrm{i}[H_s, \rho_{k,l,m,n}]\mathrm{d}t$$
$$- \mathrm{i}[f_s, \rho_{k,l,m,n}]\xi_t'\mathrm{d}t - \mathrm{i}k\gamma_2[f_s, \rho_{k-1,l,m,n}]\mathrm{d}t - \mathrm{i}l\gamma_3[f_s, \rho_{k,l-1,m,n}]\mathrm{d}t$$
$$+ n\gamma_1\{f_s, \rho_{k,l,m,n-1}\}\mathrm{d}t + m\rho_{k,l,m-1,n+1}\mathrm{d}t - \mathrm{i}[f_s, \rho_{k,l,m+1,n}]\mathrm{d}t$$
$$- \mathrm{i}[f, \rho_{k+1,l,m,n}]\mathrm{d}t - \mathrm{i}[f_s, \rho_{k,l+1,m,n}]\mathrm{d}t \tag{11.55}$$

当然, 最终需要确定的量为 $M_{\xi_t'}\{\rho_{0,0,0,0}(t)\}$, 即约化密度矩阵 $\tilde{\rho}_s(t)$.

　　使用上述公式进行数值计算时, 通过拟合参数 γ_2、Ω_2、γ_3 和 Ω_3 使 $\chi''(t)$ 尽量接近 $\alpha_R(t)$. 这样自然得到较小的 $\chi'(t) = \alpha_R(t) - \chi''(t)$, 而相应的随机场 ξ_t' 比较弱. 当然, 由于 $M\{|\xi_t'|^2\} \geqslant |\chi'(0)|$, 所以当 $|\chi'(0)|$ 较大时, ξ_t' 不可能很弱.

原则上, 式 (11.52) 中可以包含更多的指数项, 从而能够进一步减小 $\chi'(t)$, 使 ξ_t' 更弱, 有助于提高随机模拟的数值效率. 但这样做同时会使级联结构更复杂, 方程 (11.55) 截断后包含更多的项, 从而导致确定性计算的数值效率降低. 因此, 为了得到数值模拟整体效率的最优化, 在选择多少个指数项时需要权衡这两个相互矛盾的因素.

11.4　自旋–玻色模型在零温度下的耗散动力学

自旋–玻色子模型 (SBM)[40] 是一个非常重要的量子耗散模型, 它描述一个和环境耦合的自旋 -1/2 的两态量子体系 (TSS). 其中的环境是无穷多相互独立的谐振子即玻色场. 谐振子环境或玻色场可以表示一般的热库. 物理和化学中许多问题可以由两态系统描述. 例如, 自旋 -1/2 是严格的两态体系. 而对于一维双势阱体系, 当两阱之间的能垒足够高, 其低能区域运动也可以用一个 TSS 表示. 因此, SBM 是最基本的量子耗散模型之一, 研究其动力学对理解量子耗散的特征具有重要意义. SBM 的哈密顿量为

$$H_{sb} = H_s + H_b + f_s g_b$$
$$= -\frac{\hbar\Delta}{2}\sigma_x + \frac{\hbar\epsilon}{2}\sigma_z + \sum_i \left(\frac{p_i^2}{2m_i} + \frac{m_i\omega_i^2}{2}x_i^2 \right) + \frac{1}{2}\sigma_z \sum_i C_i x_i$$

其中第一项表示自旋 -1/2 体系, 第二项为体系的非对称性, 第三项为热库, 最后一项为体系和热库的相互作用. 注意, Caldeira-Leggett 模型中出现的补偿项在 SBM 中被省略掉了. 这是因为 SBM 的补偿项为一常数, 对系统的动力学没有影响. 本节只讨论对称情况, 即 $\epsilon = 0$. 此外, 为了方便, 在所有讨论中 $\hbar\Delta$ 作为能量单位.

对于 SBM, 环境诱导的随机场 $\bar{g}(t)$ 由式 (11.34) 给出. 在给定温度时, $\bar{g}(t)$ 只依赖于响应函数 $\alpha(t)$ 而后者则由谱密度函数 $J(\omega)$ 确定 (见 11.2.5 节). 因此, SBM 的动力学行为不直接依赖于单个谐振子的物理参数 m_i、 ω_i 和 C_i, 而是由 $J(\omega)$ 确定.

我们只讨论物理上常用的 Ohm 型谱密度函数, 其形式为

$$J(\omega) = 2\pi\alpha\omega f_{\omega_c}(\omega) \tag{11.56}$$

式中: α 为 Kondo 参数, 表示耗散强度. 在经典极限下, Ohm 型谱密度函数对应于耗散系统的摩擦系数与频率无关的情况. 有趣的是, SBM 的动力学在 ω_c 充分大时 (称为标度极限), 通常具有某种时间标度规律. 这样, 不同 ω_c 对应的动力学只相差一个时间上的标度因子 $\Delta_r(\omega_c, \alpha)$.

作为一个简化模型, SBM 经常用于研究量子效应较强的耗散体系. 20 世纪 70 年代, Phillips 曾使用唯象 TSS 来解释低温下玻璃的反常比热容[70]. 后来实验发现, 超声会使金属玻璃中唯象 TSS 的本征态寿命显著缩短, 而绝缘体玻璃中没有这个现象. Golding 等作者用 TSS 和环境中导电电子的耦合来解释这种现象[71]. 80 年代对超导量子干涉器件 (SQUID) 的研究促使 Leggett 等从理论上详细地讨论了耗散二能级的性质[40]. SBM 与许多重要的模型都有联系. 例如, 它和特定参数区间的 Kondo 模型[72]、Ising 模型以及周期势场中的轻粒子的输运过程[22,73] 都密切相关. 由于 TSS 可以看成一个量子比特 (qubit), SBM 自然就是玻色场中的一个量子比特. 因此, SBM 在量子信息和量子控制问题中也有广泛应用[74~77]. 在物理化学中, SBM 可以用来讨论凝聚相中的电荷转移问题[22]. 由于溶剂化作用, 电子在给体和受体间移动可以看成是在双势阱的两个局部稳定态间的隧穿运动. 溶剂是一个耗散的环境, 它对电子转移速率有明显的影响.

尽管 TSS 是最简单的量子体系, 谐振子热库的行为解析可解, 但理论上研究 SBM 的准确动态行为非常困难. 目前主要通过近似手段, 或者借助数值计算来求解 SBM 的动力学.

对于 SBM , 人们最感兴趣的是给定初始态为局域态 (两个本征态的线性叠加) 的演化动力学. 对于这一问题, 已有的最重要的近似为 Leggett 等提出的非作用点近似即 NIBA[40]. 后来证明, NIBA 可以通过对经过极化子变换后的哈密顿量进行简单的微扰处理得到[78]. Leggett 等认为, NIBA 在大部分参数区间都能给出不太长时间上定性正确的结果. 在 Ohm 耗散情况下, 他们预测当 $0 < \alpha < 0.5$ 时是阻尼振荡; $\alpha = 0.5$ 时, 在时间较长时为严格的指数衰减 (Toulouse 极限); $\alpha \geqslant 1$ 时出现局域化. 他们同时指出, NIBA 在 $0.5 < \alpha < 1$, $k_b T \leqslant \hbar \Delta_r$ 时并不适用. 总之, 按照 Leggett 等的论述, 在弱耦合极限 $\alpha \to 0$ 下, NIBA 能给出准确的结果; 在 $0 < \alpha < 0.5$ 时, 它给出的结果定性正确; 在 $\alpha = 0.5$ 时, NIBA 可以给出严格的渐进衰减速率

$$k = -\omega_c \lim_{t \to t_c} \frac{\mathrm{d} \ln[\sigma_z(t)]}{\mathrm{d}t}$$

式中: t_c 为一个充分长的时间; $\sigma_z(t) = \mathrm{Tr}\{\sigma_z \tilde{\rho}_s(t)\}$ 为 σ_z 的平均值. 在 $0.5 < \alpha < 1$ 时, NIBA 结果的正确性不能保证.

除了微扰展开 (见文献 [79])、累积展开[80]、变分法[81] 等经典方法以外, 一些新的理论 (如共形场理论[82]) 也被应用于 SBM 的研究. 尽管如此, 现有的理论方法并没有完全解决 SBM 在整个参数区间的动力学问题.

数值计算提供了另一种研究 SBM 动力学的途径. 和理论近似方法相比, 它的优势在于能给出数值上准确的结果. 常见的计算方法主要是数值路径积分. 由于路径积分在数值实现时是高维积分, 所以只能使用 Monte Carlo 方法来求解. 这一

方法的问题是统计偏差随时间增长而迅速增大. 虽然经过一定的改善[42], 但仍然难以计算零温下大高频截断、较强耦合 ($\alpha > 0.5$)、较长时间的动力学. Nancy 等发展的准绝热路径积分[41] 方法使用确定性的传播子计算路径积分, 适用于计算弱耗散、长时间的动力学. Stockburger 和合作者发展了 Feynman 和 Vernon 的思想[38], 利用 Hubbard-Stratonovich 变换将影响泛函的实部解释为经典随机场的平均[55]. 他们还进一步将这种方法扩展到影响泛函的虚部, 证明了约化密度矩阵为随机 Liouville 方程解的平均[57]. 这种方法非常容易编程实现, 在计算 SBM 动力学时可以处理有长时记忆效应的环境[64]. 其他能够用于计算 SBM 动力学的数值方法还包括多层含时 Hartree 方法[83] 和数值重整化群方法[84,85] 等. 以上两种方法都只能采用离散或有限的谐振子构成的环境.

作者利用 MRD 和 FRD 计算了 SBM 零温度下 $\sigma_z(t)$ 随时间的变化. 其中选取代数截断 [式 (11.44)] 的 Ohm 型谱密度函数. 通过这两种方法可以模拟 Kondo 参数在 $0 \leqslant \alpha \leqslant 0.8$ 时的准确实时动力学. 计算表明, α 接近 0 时, MRD 与 NIBA 的结果非常接近. 图 11-8 显示了 $\alpha = 0.1$ 的情况. 注意, 图 11-8 中为重新标度过的时间, 标度因子 $\Delta_r = \Delta \left(\dfrac{\Delta}{\omega_c} \right)^{\frac{\alpha}{1-\alpha}}$. 重整化理论预言, 在达到标度极限即 ω_c 足够大时, 对应于不同 ω_c 的动力学随标度时间的变化趋于一致. 图 11-8 即反映了动力学标度率的存在. 可以看出, 当 $\omega_c = 10\Delta$ 时就接近了标度极限. 图 11-8 中 NIBA 的结果① 是使用 $\omega_c = 10$ 计算的, 由于 NIBA 用不同 ω_c 得到的结果在乘以标度因子之后几乎完全一样, 所以只画出一个. 显然, NIBA 在弱耗散情况下是非常好的近似. 图 11-9~ 图 11-11 给出了 $\alpha = 0.2 \sim 0.4$ 的动力学. 可见, 随着 α 增加, 振荡衰

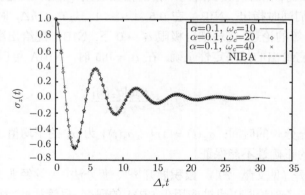

图 11-8　自旋–玻色模型零温动力学: $\alpha = 0.1$. 近似的 NIBA 与准确的 MRD 给出相同的结果

① 通过计算积分 $\dfrac{\mathrm{d}}{\mathrm{d}t}\sigma_z(t) = -\int_0^t \mathrm{d}s F(t-s)\sigma_z(t)$ 得到. 其中 $F(t) = \cos[Q_1(t)]\exp[-Q_2(t)]$, $Q_1(t) = \dfrac{1}{\pi}\int_0^\infty \mathrm{d}\omega J(\omega)\sin(\omega t)/\omega^2$, $Q_2(t) = \dfrac{1}{\pi}\int_0^\infty \mathrm{d}\omega J(\omega)\coth(\beta\omega/2)(1-\cos(\omega t))/\omega^2$.

减加快. 而且, Δ_r 标度规律仍然成立. NIBA 给出了与 MRD 数值计算定性符合的结果.

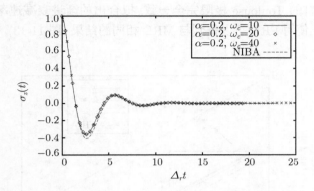

图 11-9 自旋–玻色模型零温动力学: $\alpha = 0.2$. 与 MRD 相比,
NIBA 给出较慢振荡衰减的动力学

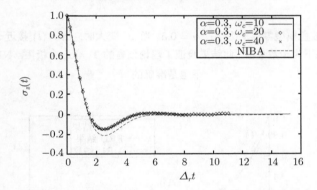

图 11-10 自旋–玻色模型零温动力学: $\alpha = 0.3$. NIBA 结果和 MRD 模拟基本一致

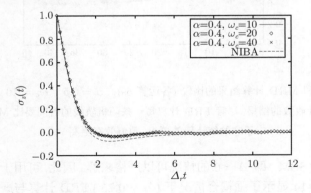

图 11-11 自旋–玻色模型零温动力学: $\alpha = 0.4$. NIBA 结果和 MRD 模拟基本一致

　　图 11-12 显示了用 MRD 计算的 $\alpha = 0.5$ 时的动力学. 除了在非常短的时间范围 ($t = 0$ 附近), $\sigma_z(t)$ 都接近指数衰减. 而且, ω_c 越大, 越接近严格的指数规律, 与理论预言的 Toulouse 极限完全一致. 拟合出的渐进衰减速率为 1.454, 和 NIBA 结果相同. 使用 FRD 可以得到与 MRD 相同的结果 (图 11-13), 但需要较少的时间.

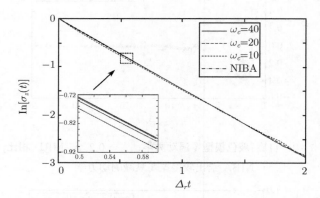

图 11-12　自旋–玻色模型零温动力学: $\alpha = 0.5$. 当 ω_c 变大时, $\ln \sigma_z(t)$ 接近一条直线, 表明 $\sigma_z(t)$ 在标度极限下为指数衰减. 此结果验证了理论预言的 Toulouse 极限. NIBA 在此情况下也是准确的

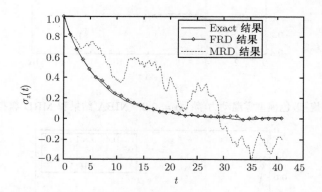

图 11-13　FRD 和 MRD 计算结果的比较 (各运算 5s): $\alpha = 0.5$, $\omega_c = 10$. 标注 Exact 的是 MRD 方法统计收敛的结果. 尽管 FRD 计算每一条随机轨线的时间要比 MRD 长, 但是由于它的统计偏差更小, 数值效率更高

　　纯去相位的 SBM, 即 $\Delta = 0$ 的情况可以严格求解. 因此, 可用于验证数值模拟的有效性. 图 11-14 显示了强耦合情况下 ($\alpha = 0.75$) FRD 计算与严格解析解的比较, 表明 FRD 的确是一种可靠的方法. 因此, 下面模拟强耗散 SBM ($\Delta \neq 0$) 的动

力学都采用 FRD 方法. 图 11-15~图 11-20 给出了 $\alpha = 0.6, 0.75, 0.8$ 时的结果. 数值结果显示, $\sigma_z(t)$ 按指数规律衰减. 在标度极限, 即 ω_c 很大时, 时间以 $1/\omega_c$ 标度, 与 $\alpha = 0.5$ 的情况相同. 此结果还不能用现有的理论解释. 需要指出的是, NIBA 只在短时间内和 FRD 数值模拟定性符合. 在长时间时, 两者有极大的差别, 因为前者给出的时间标度为 Δ_r.

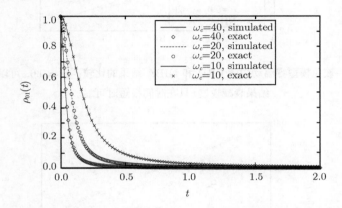

图 11-14 纯去相位自旋–玻色模型 $(\Delta = 0)$ 零温时的严格解析解和数值解的比较: $\alpha = 0.75$. 标注 "exact" 的是严格结果, 即 $\rho_{01}(t) = \exp[-\Gamma(t)]\rho_{01}(0)$, $\Gamma(t) = \frac{1}{\pi} \int_0^\infty d\omega \left[J(\omega) \coth\left(\frac{\beta\omega}{2}\right) \frac{(1-\cos(\omega t))}{\omega^2} \right]$. 标注 "simulated" 的是 FRD 计算结果. 可见, FRD 数值结果和解析解相同

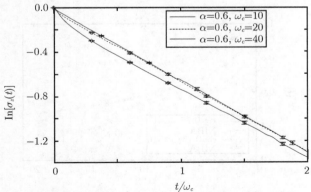

图 11-15 自旋–玻色模型零温动力学: $\alpha = 0.6$. 时间标度因子为 $\frac{1}{\omega_c}$. 所有图中标出的误差估计由 $\delta = \frac{\sigma}{\sqrt{N}}$ 得到, 其中 σ 是统计标准偏差, N 是随机样本数

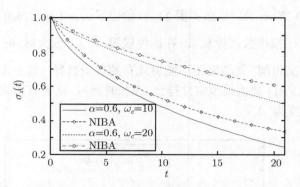

图 11-16　自旋–玻色模型零温动力学 FRD 和 NIBA 结果的比较：$\alpha = 0.6$. 可以看出, NIBA
结果衰减较慢, 只在时间很短时可靠

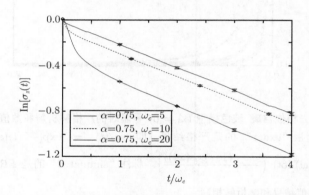

图 11-17　自旋–玻色模型零温动力学：$\alpha = 0.75$. $\sigma_z(t)$ 仍然依指数规律衰减,
时间标度还是 $1/\omega_c$

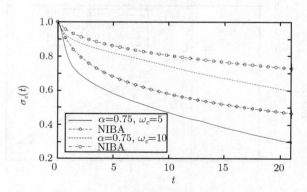

图 11-18　自旋–玻色模型零温动力学 FRD 和 NIBA 结果的比较：$\alpha = 0.75$. 可以看出,
NIBA 和 FRD 的结果差异较大

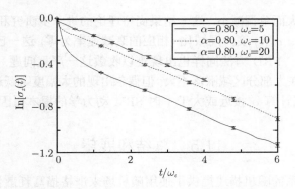

图 11-19 自旋–玻色模型零温动力学: $\alpha = 0.8$. $\sigma_z(t)$ 按照指数规律衰减, 时间标度 $\dfrac{1}{\omega_c}$ 不变

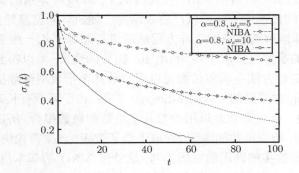

图 11-20 自旋–玻色模型零温动力学 FRD 和 NIBA 结果的比较: $\alpha = 0.8$.
可见, NIBA 和 FRD 的结果明显不同

图 11-21 显示了指数衰减的速率 k 同耗散强度 α 的关系. 可以看出, 衰减速率随

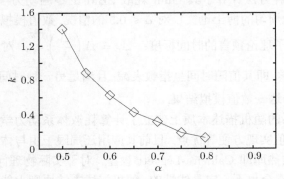

图 11-21 衰减速率 k 对 Kondo 参数 α 的依赖关系. 其中 k 是用 $\exp\left(-k\dfrac{t}{\omega_c}\right)$ 拟合 $\sigma_z(t)$
得到的. 显然, k 随着 α 的增大而单调减小

着耗散强度的增大而单调减小. 这一结果尚待理论的进一步研究和阐明. 不过, 它同 α 增大到 1 时, $\sigma_z(t)$ 变为局域化 (相应的衰减速率为零) 这一已知结论相符合.

当 α 再大时, FRD 方法同样也出现难以收敛这一严重问题. 虽然 FRD 模拟的每条随机轨线在大部分区域涨落不大, 但偶尔出现的大幅度跳跃造成统计收敛的困难. 这也是难以计算 α 接近或大于 1 时 SBM 动力学的根本原因.

11.5　总结和展望

量子开放体系的随机描述提供了使用随机场来严格描写耗散体系动力学的理论方法. 对于 Caldeira-Leggett 模型, 环境由与体系线性耦合的谐振子构成, 其在随机场作用下的运动可以解析求出. 在此情况下, 环境对体系的影响等价于随机 Gauss 场. 因此, 约化密度矩阵可以严格表示为一随机体系密度矩阵的平均. 直接使用随机描述, 即求解随机密度矩阵方程然后进行系综平均一般来说数值效率较低. 如果对所有的噪声直接求平均, 利用 Ito 微分的性质, 可以得到完全确定性的级联方程组. 确定性方法在响应函数可以用少数几个指数型函数拟合的情况下数值效率很高. 然而, 对零温的 Caldeira-Leggett 模型, 由于环境有长时间的记忆效应 (随时间的衰减慢), 响应函数难以用少数几个指数型函数拟合, 所以级联方程组并不适用. 一般来说, 响应函数的虚部 (对应于量子效应) 衰减得较快, 可用级联方程组处理. 对衰减慢的实部则用随机场描写, 这就是 MRD 的基本思想. 对 SBM 的实际应用表明, MRD 方法可以准确地模拟中等耦合强度 ($\alpha \leqslant 0.5$) 情况下的动力学. 如果将实部的一些指数成分也分离出来用级联方程组处理, 而剩下的部分用随机场表示, 则就是可变随机–确定性的 FRD 方法. FRD 方法减弱了随机场的强度, 在较强的耦合下可以提高统计收敛性. 本章讨论了上面几种方法的理论和数值实现, 并利用这几种方法计算了具 Ohm 耗散 SBM 的零温动力学 (有关数值实现的算法问题可参考周匀的博士论文). 对 $\alpha \leqslant 0.5$ 的情况, 数值模拟得到和 NIBA 接近的结果, 也验证了理论预言的时间标度: $\Delta_r = \Delta \left(\dfrac{\Delta}{\omega_c} \right)^{\frac{\alpha}{1-\alpha}}$. 对于 $\alpha > 0.5$, 发现 $\sigma_z(t)$ 为速率动力学, 即其值随时间呈指数衰减, 且满足另一种时间标度: $\dfrac{1}{\omega_c}$. 已有的理论还不能解释这一数值模拟结果.

量子开放体系的随机描述本质上建立了计算耗散体系动力学的理论框架. 它具有概念简单、数值实现方便等优点. 目前其应用还局限于由与体系有线性相互作用的谐振子构成的热库即 Caldeira-Leggett 模型. 对于实际物理问题, 环境部分可能包含非谐振子, 耦合也不一定是线性的. 随机描述方法原则上能够处理一般的环境模型和非线性的耦合方式. 但如何才能得到简单、高效的数值模拟方案仍然是需要研究的问题. 例如, 处理比较复杂的环境可以考虑半经典近似 (见第 9 章), 这样,随机描述的实际应用范围会更广.

统计收敛性差是制约随机方法的根本问题. 在随机形式的基础上发展数值效率更高的方案仍然是一个极具挑战的问题. 可以发展求解随机微分方程的高效算法以减小数值误差或进一步优化程序, 但这样做难以使计算效率大幅度提高. 因此, 最重要的仍然是探索有效的部分平均方法. 例如, 可以在相互作用表象下求解随机微分方程, 也可以继续寻找处理其他形式 (非指数型) 响应函数的级联方程组方法, 以避免级联方程组数目迅速增长 (图 11-5).

总之, 随机场理论方法是研究量子耗散体系的动力学的一个有效工作, 它具有广泛适用性. 在其基础上发展起来的数值方法已经用于解决基本且极为困难的 SBM 零温动力学. 而且, 这一方法也已经用于量子耗散体系的热力学性质研究并得到很好的结果 (可参考杨帆的学士论文). 当然, 随着随机场方法的不断发展和完善, 它有望成为研究复杂体系量子特征的有效的理论手段和数值模拟技术.

致谢　感谢国家自然科学基金委员会、科学技术部和中国科学院对本工作的支持.

附录　随机过程、随机微积分的一些基本概念

下面只简要介绍随机过程和随机微积分的一些简单概念. 详细的讨论参见文献 [13]、[14]、[86]).

随机变量是定义在概率空间 Ω 上的可测函数

$$X(\omega), \quad \omega \in \Omega$$

并由概率空间的概率测度诱导出分布函数. 直观而言, 实值的随机变量是在实数集 **R** 上随机取值的变量, 并可以用定义在实数集上的分布函数确定其落在某个实数区间的概率.

如果一个矢量的分量都是随机变量:

$$\boldsymbol{X}(\omega) = (X_1(\omega), X_2(\omega), \cdots, X_n(\omega))$$

并且也在 $\mathbf{R}^n$ 上定义有相应的概率测度, 则是一个随机矢量. 随机矢量在某个区间 $B \in \mathbf{R}^n$ 内的概率可以由概率密度函数

$$f(\boldsymbol{x}) = f(x_1, x_2, \cdots, x_n)$$

在 B 上的积分得到.

随机矢量的特征函数定义为概率密度函数的 Fourier 变换, 即

$$\Phi(\boldsymbol{t}) = \Phi(t_1, t_2, \cdots, t_n)$$

$$= \int_{\mathbf{R}^n} \mathrm{d}x_1 \mathrm{d}x_2 \cdots \mathrm{d}x_n f(x_1, x_2, \cdots, x_n) \exp[\mathrm{i}(t_1 x_1 + t_2 x_2 + \cdots + t_n x_n)]$$
$$= M\{\exp[\mathrm{i}(t_1 x_1 + t_2 x_2 + \cdots + t_n x_n)]\}$$

式中：M 为统计平均. 因此, 特征函数包含了概率密度函数的全部信息.

Gauss 型的随机矢量是指具有特征函数

$$\Phi(\boldsymbol{t}) = \exp\left(-\frac{1}{2}\sum_{\ell,j} \sigma_{\ell j} t_\ell t_j + \mathrm{i}\sum_{\ell} \mu_\ell t_\ell\right)$$

的随机矢量. 这里, $\sigma_{\ell j}$ 是一个正定对称矩阵的矩阵元. Gauss 型随机矢量完全由它的平均值 $M\{x_i\}$ 和二阶关联 $M\{x_i x_j\}$ 确定. 此性质可以直接由

$$M\{x_i\} = -\mathrm{i}\frac{\partial}{\partial t_i} \Phi(t_1 = 0, t_2 = 0, \cdots, t_n = 0) = \mu_i$$
$$M\{(x_i - \mu_i)(x_j - \mu_j)\} = \sigma_{ij}$$

看出. 容易验证, Gauss 型随机矢量各个分量的线性组合也是 Gauss 型随机变量.

随机过程是随机矢量的推广. 如果对每个 $t \in T$, 其中 $T \subset \mathbf{R}$ 是某个指标集, $X_t(\omega)$ 都对应于一个随机变量的话, 随机变量族 $X_t(\omega)$ 是一个随机过程. 随机过程也要求相应的概率测度存在.

一个随机过程 $X_t(\omega)$, $t \in \mathbf{R}$, 如果对任意有限个指标 t_1, t_2, $\cdots$, t_n, 随机矢量 $(X_{t_1}, X_{t_2}, \cdots, X_{t_n})$ 是 Gauss 型随机矢量, 则称为 Gauss 过程. 连续 Gauss 过程是 Gauss 型随机矢量的推广, Gauss 型随机矢量的许多性质可以推广到连续的 Gauss 过程. 例如, Gauss 过程也可以由平均值 $M\{x_t\}$ 和二阶关联 $M\{x_t x_s\}$ 完全刻画.

Wiener 过程或 Brown 运动, $W_t(\omega)$, $t \in T$（T 是 $\mathbf{R}$ 上的区间）是一种特殊的 Gauss 过程, 它满足: 对任意 $t_1 < t_2 < \cdots < t_n$, 随机增量

$$W_{t_2} - W_{t_1}, \quad W_{t_3} - W_{t_2}, \quad \cdots, \quad W_{t_n} - W_{t_{n-1}}$$

是独立的随机变量, $W_t - W_s$, $t > s$ 具有 Gauss 型的分布函数

$$f(x) = \frac{1}{\sqrt{2\pi\sigma(t-s)}} \exp\left[-\frac{x^2}{2\sigma^2(t-s)}\right]$$

并且以概率唯一处处连续. Wiener 过程是不可导的, 但它的增量

$$\mathrm{d}W_t = W_{t+\mathrm{d}t} - W_t$$

可以形式地写为

$$\mathrm{d}W_t = \mu_t \mathrm{d}t$$

由 Wiener 过程的性质可以直接验证 $M\{\mathrm{d}W_t\} = 0$, $M\{(\mathrm{d}W_t)^2\} = \mathrm{d}t$. 这里, μ_t 是白噪声, 满足 $M\{\mu_t\} = 0$ 以及 $M\{\mu_t\mu_s\} = \delta(t - s)$.

随机过程的积分结果与定义有关. 例如, 考虑形如

$$\int_{t_0}^{t_e} G(t)\mathrm{d}W_t$$

的积分, 这里 W_t 是 Wiener 过程. 类似普通积分, 可以将区间 $[t_0, t_e]$ 划分成小区间 $[t_0, t_1]$, $[t_1, t_2]$, $\cdots$, $[t_{n-1}, t_e]$, 其中 $t_0 \leqslant t_1 \leqslant t_2 \leqslant \cdots \leqslant t_e$. 积分定义为求和

$$\sum_{i=1}^{n} G(\tau_i)(W_{t_i} - W_{t_{i-1}})$$

在 $n \to \infty$ 时的极限, τ_i 位于区间 $[t_{i-1}, t_i]$. 如果 W_t 是确定性函数, 如何选取 τ_i 不影响积分的结果. 但如果 W_t 是 Wiener 过程, 将 τ_i 选为 t_{i-1} 或 $\frac{1}{2}(t_{i-1} + t_i)$ 则得到不同的结果. 按照前一种方式定义的积分就是 Ito 积分. 对于 Ito 积分, 可以证明

$$\int_{t_0}^{t_e} \mathrm{d}W_t^{2+N} G(t) = \begin{cases} \displaystyle\int_{t_0}^{t_e} \mathrm{d}t G(t), & \text{如果} N = 0 \\ 0, & \text{如果} N > 0 \end{cases}$$

所以形式上可以写为

$$\mathrm{d}W_t^2 = \mathrm{d}t$$
$$\mathrm{d}W_t^N = 0, \quad \text{当 } N > 2$$

因此, Wiener 过程的微分应该考虑到二阶. 类似地, 对几个 Wiener 过程也可以验证 $W_{i,t}$, $W_{j,t}$ 有

$$\mathrm{d}W_{i,t}\mathrm{d}W_{j,t} = \delta_{i,j}\mathrm{d}t$$

考虑随过程

$$\mathrm{d}X(t) = \mu(t)\mathrm{d}t + \sigma(t)\mathrm{d}W_t$$

考虑 $X(t)$ 的函数 $f(X(t))$. 利用上面的分析, 则可求出其微分为

$$\begin{aligned} \mathrm{d}f(X(t)) &= f'(X(t))\mathrm{d}X(t) + \frac{1}{2}f''(X(t))\mathrm{d}X(t)\mathrm{d}X(t) \\ &= \left[f'(X(t))\mu(t) + \frac{1}{2}f''(X(t))\sigma^2(t)\right] + f'(X(t))\sigma(t)\mathrm{d}W_t \end{aligned}$$

这就是著名的 Ito 公式, 也是在量子耗散随机描述中常用的基本公式.

参 考 文 献

[1] Berne B J, Ciccotti G, Coker D F. Classical and Quantum Dynamics in Condensed Phase Simulations. Singapore: World Scientific, 1998

[2] Schwartz S D. Theoretical Methods in Condensed Phase Chemistry. Dordrecht: Kluwer Academic Publishers, 2000

[3] Nitzan A. Chemical Dynamics in Condensed Phases. Oxford: Oxford University Press, 2006

[4] Shao J. Journal of Chemical Physics, 2004, 120:5053

[5] Shao J. Chemical Physics, 2006, 322:187

[6] Yan Y, Fan Y, Yu L et al. Chemical Physics Letters, 2004, 395:216

[7] Zhou Y, Yan Y, Shao J. Europhysics Letters, 2005, 72:334

[8] Zhou Y, Shao J. Journal of Chemical Physics, 2008, 128:034106

[9] Althorpe S C, Clary D C. Annual Review of Physical Chemistry, 2003, 54:493

[10] Einstein A. Annalen der Physik, 1905, 17:549

[11] Smoluchowski M V. Annalen der Physik, 1906, 21:757

[12] Langevin P. Comptes rendus de l'Académie des sciences, 1908, 146:530

[13] Øksendal B. Stochastic Differential Equations. 6th ed. Berlin: Springer, 2005

[14] Gardiner C W. Handbook of Stochastic Methods. 3rd ed. Berlin: Springer, 2004

[15] Kleinert H. Path Integrals in Quantum Mechanics, Statistics, Polymer Physics, and Finacial Markets. 4th ed. Singapore: World Scientific, 2004

[16] Kramers H A. Physica, 1940, 7:284

[17] Hänggi P, Talkner P, Borkovec M. Review of Modern Physics, 1990, 62:251

[18] Hänggi P, Fleming G. Activated Barrier Crossing. Singapore: World Scientific, 1992

[19] Voth G A, Hochstrasser R M. Journal of Physical Chemistry, 1996, 100:13034

[20] 曾谨言. 量子力学 (卷 2). 北京: 科学出版社, 2000

[21] Blum K. Density Matrix Theory and Applications. New York: Plenum Press, 1996

[22] Weiss U. Quantum Dissipative Systems. 2nd ed. Singapore: World Scientific, 1999

[23] Breuer H P, Petruccione F. The Theory of Open Quantum Systems. Oxford: Oxford University Press, 2002

[24] Caldirola P. Nuovo Cimento, 1941, 18:393

[25] Kanai E. Progress of Theoretical Physics, 1948, 3:440

[26] Kostin M D. Journal of Chemical Physics, 1972, 57:3589

[27] Dekker H. Physical Review A, 1977, 16:2126

[28] Louisell W H. Quantum Statistical Properties of Radiation. New York: Wiley, 1973

[29] Nakajima S. Progress of Theoretical Physics, 1958, 20:948

[30] Zwanzig R. Journal of Chemical Physics, 1960, 33:1338

[31] Shibata F, Takahashi Y, Hashitsume N. Journal of Statistical Physics, 1977, 17:171

[32] Grabert H. Projection Operator Techniques in Nonequilibrium Statistical Mechanics. Berlin: Springer, 1982

[33] Caldeira A O, Leggett A J. Annals of Physics, 1983, 149:374

[34] Caldeira A O, Leggett A J. Physica, 1983, 121A:587

[35] Zwanzig R. Nonequilibrium Statistical Mechanics. New York: Oxford University Press, 2001

[36] Ford G W, Kac M. Journal of Statistical Physics, 1987, 46:803

[37] Ford G W, Kac M. Physical Review A, 1988, 37:4419

[38] Feynman R P, Vernon F L. Annals of Physics, 1963, 24:118

[39] Feynman R P, Hibbs A R. Quantum Mechanics and Path Integrals. New York: McGraw-Hill, 1965

[40] Leggett A J, Chakravarty S, Dorsey A T, et al. Reviews of Modern Physics, 1987, 59:1

[41] Makri N. Journal of Mathematical Physics, 1995, 36:2430

[42] Egger R, Mak C H. Physical Review B, 1994, 50:15210

[43] Mak C H, Egger R. Advances in Chemical Physics, 1996, 93:39

[44] Gisin N, Percival I C. Journal of Physics A, 1992, 25:5677

[45] Schack R, Brun T A, Percival I C. Journal of Physics A, 1995, 28:5401

[46] Percival I C. Quantum State Diffusion. Cambridge: Cambridge University Press, 1998

[47] Diosi L. Journal of Physics A, 1988, 21:2885

[48] Dalibard J, Castin Y, Molmer K. Physical Review Letters, 1992, 68:580

[49] Dum R, Parkins A S, Zoller P et al. Physical Review A, 1992, 46:4382

[50] Breuer H P. Physical Review A, 2004, 69:022115

[51] Stratonovich R L. Dokl. Akad. Nauk S.S.S.R., 1957, 115:1097

[52] Hubbard J. Physical Review Letters, 1959, 3:77

[53] Juillet O, Chomaz P. Physical Review Letters, 2002, 88:142503

[54] Shopova D V, Uzunov D I. Physics Reports, 2003, 379:1

[55] Stockburger J T, Mak C H. Physical Review Letters, 1998, 80:2657

[56] Stockburger J T, Mak C H. Journal of Chemical Physics, 1999, 110:4983

[57] Stockburger J T, Grabert H. Chemical Physics, 2001, 268:249

[58] Stockburger J T, Grabert H. Physical Review Letters, 2002, 88:170407

[59] Trotter H F. Proceedings of the American Mathematical Society, 1959, 10:545

[60] Shilov G E. Integral, Measure, and Derivative: A Unified Approach. Dover Publications, 1977

[61] Gatarek D, Gisin N. Journal of Mathematical Physics, 1991, 32:2152

[62] Ghirardi G C, Pearle P, Rimini A. Physical Review A, 1990, 42:78

[63] Leggett A J. Physical Review B, 1984, 30:1208

[64] Stockburger J T. Chemical Physics, 2004, 296:159

[65] Tanimura Y, Kubo R. Journal of the Physical Society of Japan, 1989, 58:101

[66] Tanimura Y, Wolynes P G. Physical Review A, 1991, 43:4131

[67] Ishizaki A, Tanimura Y. Journal of the Physical Society of Japan, 2005, 74:3131

[68] Xu R X, Cui P, Li X Q et al. Journal of Chemical Physics, 2005, 122:041103

[69] Xu R X, Yan Y J. Physical Review E, 2007, 75:031107

[70] Phillips W A. Journal of Low Temperature Physics, 1972, 7:351

[71] Golding B, Graebner J E, Kane A B et al. Physical Review Letters, 1978, 41:1487

[72] Guinea F, Hakim V, Muramatsu A. Physical Review B, 1985, 32:4410

[73] Anderson P W, Yuval G. Journal of Physics C, 1971, 4:607

[74] Palma G M, Suominen K A, Ekert A K. Proceedings of the Royal Society of London Series a-Mathematical Physical and Engineering Sciences, 1996, 452:567

[75] Makhlin Y, Schon G, Shnirman A. Reviews of Modern Physics, 2001, 73:357

[76] Chiorescu I, Nakamura Y, Harmans C J P M et al. Science, 2003, 299:1869

[77] Jirari H, Potz W. Europhyics Letters, 2007, 77:50005

[78] Aslangul C, Pottier N, Saint-James D. Journal de Physique, 1986, 47:1657

[79] Cheche T O, Lin S H. Physical Review E, 2001, 64:061103

[80] Reichman D R, Brown F L H, Neu P. Physical Review E, 1997, 55:2328

[81] Amann A. Journal of Chemical Physics, 1992, 96:1317

[82] Lesage F, Saleur H. Physical Review Letters, 1998, 80:4370

[83] Wang H B. Journal of Chemical Physics, 2000, 113:9948

[84] Bulla R, Lee H J, Tong N H et al. Physical Review B, 2005, 71:045122

[85] Anders F B, Schiller A. Physical Review B, 2006, 74:245113

[86] 王梓坤. 随机过程论. 北京: 科学出版社, 1978

第12章 量子耗散动力学理论介绍

徐瑞雪　严以京

本章介绍量子耗散动力学的基本理论, 希望能以有限的篇幅为不熟悉量子耗散理论的读者打通一扇门. 本章首先介绍线性响应理论和相关函数, 接下来回顾路径积分方法. 从影响泛函路径积分出发通过对时间求微分可以得到正则 Gauss 统计下严格的量子耗散动力学方程. 我们首先以 Brown 振子体系为例推导它的量子主方程并讨论量子耗散理论的一些基本问题, 最后推导任意体系非 Markov 耗散下的耦合运动方程组.

12.1　引　　言

对于仅含有几个自由度的简单体系, 它的状态可以通过 Schrödinger 方程来确定. 实际的体系譬如溶液中的化学反应往往包含宏观量级 (10^{23}) 的自由度, 在这种情况下, 求解 Schrödinger 方程是不可能的, 而且也是不必要的. 人们所感兴趣的常常只是整个系统中的一小部分, 仅包含少数的几个自由度, 我们可以把它们挑出来作为体系严格处理, 而余下的则看成是体系所处的环境并只考虑它对体系的影响. 环境在某一温度 T 处于热力学平衡态, 对体系的影响具有统计性质, 因而又称为热库. 一般来说, 体系–环境相互作用的统计行为使体系从任何初态最终趋于热平衡, 这一动力学过程就称为耗散. 量子耗散不仅指能量的耗散, 也包括量子相干性的耗散, 即所谓的去相干作用. 由以上介绍可知, 耗散的研究与系统的约化描述 (即体系与环境的区分) 紧密关联. 耗散理论的研究内容就是在环境作用下的约化体系的运动规律.

量子耗散理论的发展涉及很多科学领域, 如核磁共振[1]、量子光学[2]、固体物理[3]、数理物理学[4]、非线性光谱[5]和化学物理[6~20]等. 量子耗散理论的关键量是约化密度算符, 定义为 $\rho \equiv \mathrm{tr_B}\rho_\mathrm{T}$. 这里 ρ_T 是体系与环境的总的密度算符, 其动力学是由体系与环境的总的哈密顿量 $H_\mathrm{T} = H + h_\mathrm{B} + H'$ 决定的, 即 $i\hbar\dot{\rho}_\mathrm{T} = [H_\mathrm{T}, \rho_\mathrm{T}]$. 在本章, 我们用 ρ 表示约化密度算符, H 表示约化体系的哈密顿量, Tr 表示只对体系空间求迹, $\mathrm{tr_B}$ 表示只对热库空间求迹, h_B 代表热库哈密顿量, H' 代表体系–热库相互作用. 由于任一体系的力学量 A 的期望值总可表示为

$$\langle A \rangle \equiv \mathrm{Tr_{total}}(A\rho_\mathrm{T}) = \mathrm{Tr}[\mathrm{tr_B}(A\rho_\mathrm{T})] = \mathrm{Tr}(A\rho) \tag{12.1}$$

即由约化密度算符来决定, 所以约化密度算符的动力学即量子耗散理论是研究复杂体系动力学性质的基础.

当前量子耗散理论发展的重要问题之一是描述在外场影响下体系–环境具有较强相互作用的非 Markov 耗散动力学过程. 低阶量子耗散理论及其应用 [21,22] 已经显示对量子耗散动力学的描述需正确处理外场驱动与非 Markov 耗散之间的耦合效应. 作为严格方法, 路径积分 [6~9,23] 通过影响泛函描述环境的影响以及耗散与外场的耦合, 但是由于在数值计算上的繁冗而只能应用于个别体系. 对路径积分求时间导数可以建立严格意义上的微分运动方程组 [7,24~30], 从而在数值应用上具有更大的效率和灵活性, 本章主要讲述此方面的内容. 对于其他超越低阶微扰的理论方法, 比如极化子变换或溶剂化模转换 [12,31~34]、半经典方法 [35~47] 和随机场方法 [14,48~56], 这些方向的工作将不在此介绍, 感兴趣的读者可参阅相关文献.

在本章, 我们取 $\hbar \equiv 1$ 和 $\beta \equiv 1/(k_B T)$, 这里 k_B 是 Boltzmann 常量, T 是温度, 并标记 $\partial_t \equiv \partial/\partial t$.

12.2　线性响应理论与相关函数

在本节, 我们将从线性响应理论出发, 介绍相关 (或关联) 函数 (correlation function) 和响应函数 (response function), 讨论它们的对称性、细致平衡和涨落耗散定理. 相关函数与响应函数都是非常基本的动力学函数, 是光谱、输运、反应速率等理论中的关键量 [5,57~59]. 本节在 12.2.4 节之前不涉及体系与环境的约化描述, 所有的关系式都定义在整个系统空间.

12.2.1　相关函数与响应函数

考虑由哈密顿量 H_M 表示的系统以及它的两个由 Hermit 算符 A 和 B 表示的力学量. 假设系统一开始处于正则热力学平衡态: $\rho_M^{eq} = e^{-\beta H_M}/\mathrm{Tre}^{-\beta H_M}$, 之后受到外场扰动. 这一外加探测场 $\epsilon(t)$ 通过 B 与系统相互作用: $H_f = -B\epsilon(t)$. 我们所感兴趣的量是 A, 它在某一时刻的测量值为

$$\bar{A}(t) = \langle A(t) \rangle = \mathrm{Tr}[A\rho_T(t)] \tag{12.2}$$

式中: $\rho_T(t)$ 为在外场作用下整个系统随时间演化的密度算符. 将 $\bar{A}(t)$ 与它在系统处于平衡态时的偏离值 $\delta\bar{A}(t) = \mathrm{Tr}\{A[\rho_T(t) - \rho_M^{eq}]\}$ 对外场 $\epsilon(t)$ 做一阶展开, 可整理出下面的关系式:

$$\delta\bar{A}(t) = \int_{-\infty}^{t} d\tau \chi_{AB}(t-\tau)\epsilon(\tau) \tag{12.3}$$

其中 $\chi_{AB}(t)$ 就是响应函数, 定义为

$$\chi_{AB}(t-\tau) \equiv i\langle [A(t), B(\tau)]\rangle_M \tag{12.4}$$

式中: $\langle \cdot \rangle_{\mathrm{M}} \equiv \mathrm{Tr}(\cdot \rho_{\mathrm{M}}^{\mathrm{eq}})$; $[\cdot, \cdot]$ 代表对易子; $O(t) \equiv \mathrm{e}^{\mathrm{i}H_{\mathrm{M}}t} O \mathrm{e}^{-\mathrm{i}H_{\mathrm{M}}t}$ 是 Heisenberg 表象的算符. 物理上, 由于因果性, 响应函数 $\chi_{AB}(t)$ 只是定义在 $t \geqslant 0$ [见方程 (12.3)], 但是可以根据它的定义式 [方程 (12.4)] 把它的定义域拓展到 $t < 0$ 空间并得到以下对称性关系:

$$\chi_{AB}(-t) = -\chi_{BA}(t) \tag{12.5}$$

对于厄米算符 A 和 B, 它们之间的响应函数 $\chi_{AB}(t)$ 是实函数. 它们之间的相关函数定义为

$$\tilde{C}_{AB}(t - \tau) \equiv \langle A(t)B(\tau) \rangle_{\mathrm{M}} \tag{12.6}$$

这里, 相关函数和响应函数都只依赖于两个时刻的时间间隔 $t - \tau$, 这是由于 $[H_{\mathrm{M}}, \rho_{\mathrm{M}}^{\mathrm{eq}}] = 0$, 也就是系统处于自身平衡态的缘故. 同理可得 $\langle A(t) \rangle_{\mathrm{M}} = \langle A \rangle_{\mathrm{M}}$ 是一个与时间无关的量, 并且有

$$\langle \dot{A}(t)B(0) \rangle_{\mathrm{M}} = -\langle A(t)\dot{B}(0) \rangle_{\mathrm{M}} \tag{12.7}$$

相关函数满足下面的对称性关系和细致平衡原理:

$$\tilde{C}_{AB}^*(t) = \tilde{C}_{BA}(-t) = \tilde{C}_{AB}(t - \mathrm{i}\beta) \tag{12.8}$$

并且相关函数和响应函数之间具有如下的关系: $\chi_{AB}(t) = -2\mathrm{Im}\tilde{C}_{AB}(t)$. 当 $t \to \infty$, 不同的物理量之间趋于统计无关, 即 $\tilde{C}_{AB}(t \to \infty) = \langle A \rangle_{\mathrm{M}}\langle B \rangle_{\mathrm{M}}$. 以下我们默认相关函数都已将极限值减去, 即定义在 $A - \langle A \rangle_{\mathrm{M}}$ 和 $B - \langle B \rangle_{\mathrm{M}}$ 上, 因此总有 $\tilde{C}_{AB}(t \to \infty) = 0$.

12.2.2 谱函数与色散函数

由于上述提到的因果性, 让我们首先来考虑下面这一变换:

$$\hat{C}_{AB}(\omega) \equiv \int_0^\infty \mathrm{d}t\, \mathrm{e}^{\mathrm{i}\omega t}\tilde{C}_{AB}(t) = C_{AB}(\omega) + \mathrm{i}D_{AB}(\omega) \tag{12.9}$$

式中: $C_{AB}(\omega)$ 和 $D_{AB}(\omega)$ 分别为谱函数和色散函数, 定义为

$$C_{AB}(\omega) \equiv \frac{1}{2}[\hat{C}_{AB}(\omega) + \hat{C}_{BA}^*(\omega)] = \frac{1}{2}\int_{-\infty}^\infty \mathrm{d}t\, \mathrm{e}^{\mathrm{i}\omega t}\tilde{C}_{AB}(t) = C_{BA}^*(\omega) \tag{12.10a}$$

$$D_{AB}(\omega) \equiv \frac{1}{2\mathrm{i}}[\hat{C}_{AB}(\omega) - \hat{C}_{BA}^*(\omega)] = D_{BA}^*(\omega) \tag{12.10b}$$

因此谱函数和色散函数分别代表 $\hat{C}_{AB}(\omega)$ 的厄米和反厄米部分, 而不是实部和虚部.

由方程 (12.9) 可知, $\hat{C}_{AB}(z)$ 在上半复平面 $(\mathrm{Im}\, z > 0)$ 是一个解析函数, 用 $\mathcal{P}$ 标记主值积分, 由复变函数的一些基本关系可得

$$\hat{C}_{AB}(\omega) = \frac{\mathrm{i}}{\pi}\mathcal{P}\int_{-\infty}^\infty \mathrm{d}\omega' \frac{\hat{C}_{AB}(\omega')}{\omega - \omega'} \tag{12.11}$$

由此可得谱函数和色散函数之间的 Kramers-Kronig 关系:

$$C_{AB}(\omega) = -\frac{1}{\pi}\mathcal{P}\int_{-\infty}^{\infty}\mathrm{d}\omega'\frac{D_{AB}(\omega')}{\omega-\omega'}, \quad D_{AB}(\omega) = \frac{1}{\pi}\mathcal{P}\int_{-\infty}^{\infty}\mathrm{d}\omega'\frac{C_{AB}(\omega')}{\omega-\omega'} \tag{12.12}$$

下面来考虑对响应函数的相应变换:

$$\hat{\chi}_{AB}(\omega) \equiv \int_{0}^{\infty}\mathrm{d}t\mathrm{e}^{\mathrm{i}\omega t}\chi_{AB}(t) = \hat{\chi}_{AB}^{(+)}(\omega) + \mathrm{i}\hat{\chi}_{AB}^{(-)}(\omega) \tag{12.13}$$

其中 $\hat{\chi}_{AB}^{(+)}(\omega) = [\hat{\chi}_{BA}^{(+)}(\omega)]^*$ 和 $\hat{\chi}_{AB}^{(-)}(\omega) = [\hat{\chi}_{BA}^{(-)}(\omega)]^*$ 分别是 $\hat{\chi}_{AB}(\omega)$ 的厄米和反厄米部分, 它们之间同样有 Kramers-Kronig 关系.

通过方程 (12.4)、(12.9)、(12.13) 可得

$$\hat{\chi}_{AB}^{(+)}(\omega) = -[D_{AB}(\omega) + D_{BA}(-\omega)] \tag{12.14a}$$

$$\hat{\chi}_{AB}^{(-)}(\omega) = C_{AB}(\omega) - C_{BA}(-\omega) = \frac{1}{2\mathrm{i}}\int_{-\infty}^{\infty}\mathrm{d}t\,\mathrm{e}^{\mathrm{i}\omega t}\chi_{AB}(t) \tag{12.14b}$$

因此有 $\hat{\chi}_{AB}^{(+)}(-\omega) = \hat{\chi}_{BA}^{(+)}(\omega)$, $\hat{\chi}_{AB}^{(-)}(-\omega) = -\hat{\chi}_{BA}^{(-)}(\omega)$, 而 $\{\hat{\chi}_{AB}^{(-)}(\omega)\}$ 就是通常所说的谱密度函数.

12.2.3　涨落耗散定理

方程 (12.8) 所示细致平衡关系变换到频率空间为

$$C_{BA}(-\omega) = \mathrm{e}^{-\beta\omega}C_{AB}(\omega) \tag{12.15}$$

由方程 (12.14b) 的第一个等式得到

$$\hat{\chi}_{AB}^{(-)}(\omega) = (1 - \mathrm{e}^{-\beta\omega})C_{AB}(\omega) \tag{12.16}$$

式 (12.16) 称为涨落耗散定理, 它变换到时间域为

$$\tilde{C}_{AB}(t) = \frac{1}{\pi}\int_{-\infty}^{\infty}\mathrm{d}\omega\frac{\mathrm{e}^{-\mathrm{i}\omega t}\hat{\chi}_{AB}^{(-)}(\omega)}{1 - \mathrm{e}^{-\beta\omega}} \tag{12.17}$$

将方程 (12.14b) 代入式 (12.17) 就得到相关函数 $\tilde{C}_{AB}(t)$ 与响应函数 $\chi_{AB}(t)$ 之间的关系. 容易证明, 对于任意厄米算符 A, 谱函数 $C_{AA}(\omega) \geqslant 0$, 实际上 $\{C_{AB}(\omega)\}$ 在任一点 ω 所构成的厄米矩阵是一个正定矩阵. 同样, 谱密度函数 $\{\hat{\chi}_{AB}^{(-)}(\omega)\}$ 当 $\omega > 0$ 时也是一个正定矩阵.

12.2.4 热库相关函数与响应函数

下面我们将讨论与环境有相互作用的耗散体系, 环境将只考虑它对所感兴趣体系的影响, 并假设是通过一系列环境空间的算符 $\{\hat{F}_a(t) \equiv e^{ih_Bt}\hat{F}_a e^{-ih_Bt}\}$ 与体系相互作用. 在本节前面部分所讨论的各种定义式和关系式针对热库空间同样适用. 热库相关函数为

$$\tilde{C}_{ab}(t) \equiv \mathrm{tr}_B[\hat{F}_a(t)\hat{F}_b(0)\rho_B^{\mathrm{eq}}] \equiv \langle\hat{F}_a(t)\hat{F}_b(0)\rangle_B \tag{12.18}$$

热库响应函数为避免混淆将采用符号 $\phi_{ab}(t)$ 表示

$$\phi_{ab}(t) \equiv i\langle[\hat{F}_a(t), \hat{F}_b(0)]\rangle_B \tag{12.19}$$

而热库谱密度函数 $\hat{\phi}_{ab}^{(-)}(\omega)$ 将采用专门的符号 $J_{ab}(\omega)$ 表示. 前面所给出的各种变换和关系式对于热库相关函数和响应函数都仍适用, 如相关函数的对称性和细致平衡关系为

$$\tilde{C}_{ab}^*(t) = \tilde{C}_{ba}(-t) = \tilde{C}_{ab}(t - i\beta) \tag{12.20}$$

由涨落耗散定理有

$$\tilde{C}_{ab}(t) = \frac{1}{\pi}\int_{-\infty}^{\infty}\mathrm{d}\omega\frac{e^{-i\omega t}J_{ab}(\omega)}{1 - e^{-\beta\omega}} \tag{12.21}$$

热库摩擦函数记为 $\gamma_{ab}(t)$, 可以一般性地通过以下关系式引入:

$$\phi_{ab}(t) \equiv -\dot{\gamma}_{ab}(t), \qquad \hat{\phi}_{ab}(\omega) = \gamma_{ab}(0) + i\omega\hat{\gamma}_{ab}(\omega) \tag{12.22}$$

摩擦函数的对称性满足 $\gamma_{ab}(t) = \gamma_{ba}(-t)$, 式 (12.22) 中

$$\gamma_{ab}(0) = \hat{\phi}_{ab}(0) = \frac{1}{\pi}\int_{-\infty}^{\infty}\mathrm{d}\omega\frac{J_{ab}(\omega)}{\omega} \tag{12.23}$$

12.3 影响泛函路径积分

12.3.1 Hilbert 空间路径积分表达式

本节我们将简单回顾描述耗散动力学的影响泛函路径积分公式. 为了引入路径积分表达式, 我们从 Hilbert 空间的波矢传播子 $U(t, t_0)$ 开始, 即

$$|\psi(t)\rangle = U(t, t_0)|\psi(t_0)\rangle \tag{12.24}$$

它满足 Schrödinger 方程

$$\partial_t U(t, t_0) = -iH(t)U(t, t_0) \tag{12.25}$$

在实空间表象, 方程 (12.24) 表示为

$$\psi(\boldsymbol{x}, t) = \int d\boldsymbol{x}_0 U(\boldsymbol{x}, t; \boldsymbol{x}_0, t_0) \psi(\boldsymbol{x}_0, t_0) \tag{12.26}$$

在 $t_0 \sim t$ 取一系列时间间隔点, 并在每一个时间间隔点插入完备基, 从而得到

$$U(\boldsymbol{x}, t; \boldsymbol{x}_0, t_0) = \int d\boldsymbol{x}_N \int d\boldsymbol{x}_{N-1} \cdots \int d\boldsymbol{x}_1 U(\boldsymbol{x}, t; \boldsymbol{x}_N, t_N)$$
$$\times U(\boldsymbol{x}_N, t_N; \boldsymbol{x}_{N-1}, t_{N-1}) \cdots U(\boldsymbol{x}_1, t_1; \boldsymbol{x}_0, t_0) \tag{12.27}$$

当时间间隔 $\Delta t = t_{j+1} - t_j \to 0$, 式 (12.27) 变为

$$U(\boldsymbol{x}, t; \boldsymbol{x}_0, t_0) = \int_{\boldsymbol{x}_0[t_0]}^{\boldsymbol{x}[t]} \mathcal{D}\boldsymbol{x} \, e^{iS[\boldsymbol{x}]} \tag{12.28}$$

这就是传播子矩阵元或 Green 函数的路径积分表达式 [6,8], 其中 $S[\boldsymbol{x}]$ 是沿起点 $\boldsymbol{x}(t_0) = \boldsymbol{x}_0$ 与终点 $\boldsymbol{x}(t) = \boldsymbol{x}$ 之间的某一路径 $\boldsymbol{x}(\tau)$ 的经典作用量泛函:

$$S[\boldsymbol{x}] \equiv \int_{t_0}^{t} d\tau L(\boldsymbol{x}, \dot{\boldsymbol{x}}; \tau) \equiv \int_{t_0}^{t} d\tau [\boldsymbol{p}\dot{\boldsymbol{x}} - H(\boldsymbol{x}, \boldsymbol{p}; \tau)] \tag{12.29}$$

$L = \boldsymbol{p}\dot{\boldsymbol{x}} - H$ 就是经典 Lagrange 函数. 以上讨论了从 Schrödinger 方程推导 Green 函数的路径积分表达式方程 (12.28). 反过来, 通过方程 (12.28) 对时间 t 求微分, 也会得到 Schrödinger 方程, 即方程 (12.25). 需要注意的是, 终点 $\boldsymbol{x}(t) = \boldsymbol{x}$ 是固定的, 因此 $\boldsymbol{p}\dot{\boldsymbol{x}}$ 没有贡献. 在任一表象, 路径积分表达式为

$$U(\alpha, t; \alpha_0, t_0) \equiv \langle \alpha | U(t, t_0) | \alpha_0 \rangle = \int_{\alpha_0}^{\alpha} \mathcal{D}\alpha \, e^{iS[\alpha]} \tag{12.30}$$

其中起点 $\alpha(t_0) = \alpha_0$, 终点 $\alpha(t) = \alpha$.

12.3.2　约化 Liouville 空间耗散动力学的影响泛函路径积分

现在考虑量子耗散体系. 体系与环境总的哈密顿量总可以表示为

$$H_{\mathrm{T}}(t) = H(t) - \sum_a Q_a \hat{F}_a + h_{\mathrm{B}} \tag{12.31}$$

式中: $H(t)$ 为体系哈密顿量, 它包含了与之相互作用的含时外场; h_{B} 是热库哈密顿量. 式 (12.31) 中等号右侧的第二项是体系–热库相互作用, 其中 $\{Q_a\}$ 和 $\{\hat{F}_a\}$ 分别是体系和热库的厄米算符.

在路径积分理论中, 体系–热库相互作用对于体系的影响通过影响泛函来表示. 文献中人们常常采用 Caldeira-Leggett 模型, 即假设热库由一系列互相独立

的谐振子 ($\{q_j\}$) 组成, 热库对体系的作用是通过这些谐振子的坐标的线性耦合 ($H' = -Q\hat{F} = -Q\sum_j c_j q_j$), 进而推导出 Feynman–Vernon 影响泛函[6~8]. Caldeira-Leggett 模型满足 Gauss 统计, 下面我们来运用 Gauss 统计的性质简单推导一下约化体系动力学的影响泛函路径积分方程. 在 h_B- 相互作用表象, 热库作用算符 $\{\hat{F}_a(t) \equiv \mathrm{e}^{\mathrm{i}h_B t}\hat{F}_a \mathrm{e}^{-\mathrm{i}h_B t}\}$ 考虑为满足 Gauss 统计的随机过程. 假设热库具有正则平衡态, 即 $\rho_B^{\mathrm{eq}} = \mathrm{e}^{-\beta h_B}/\mathrm{tr}_B \mathrm{e}^{-\beta h_B}$. 我们有 $\langle\hat{F}_a(t)\rangle_B \equiv \mathrm{tr}_B[\hat{F}_a(t)\rho_B^{\mathrm{eq}}] = 0$ 和 $\tilde{C}_{ab}(t-\tau) = \langle\hat{F}_a(t)\hat{F}_b(\tau)\rangle_B$. 在 Gauss 统计中, 热库作用对于体系的影响完全通过这一相关函数来描述.

体系与环境总的密度算符满足 Liouville 方程 $\dot{\rho}_T(t) = -\mathrm{i}[H_T(t), \rho_T(t)]$. 在 h_B- 相互作用表象,

$$\rho_T^I(t) \equiv \mathrm{e}^{\mathrm{i}h_B t}\rho_T(t)\mathrm{e}^{-\mathrm{i}h_B t} = U_T(t, t_0; \{\hat{F}_a(t)\})\rho_T^I(t_0)U_T^\dagger(t, t_0; \{\hat{F}_a(t)\}) \tag{12.32}$$

其中 U_T 是总的系统在 Hilbert 空间的传播子:

$$\partial_t U_T(t, t_0; \{\hat{F}_a(t)\}) = -\mathrm{i}\Big[H(t) - \sum_a Q_a\hat{F}_a(t)\Big]U_T(t, t_0; \{\hat{F}_a(t)\}) \tag{12.33}$$

设 $\{|\alpha\rangle\}$ 是体系空间的一组完备基, 我们有

$$U_T(\alpha, t; \alpha_0, t_0; \{\hat{F}_a(t)\}) = \int_{\alpha_0}^{\alpha}\mathcal{D}\alpha\,\mathrm{e}^{\mathrm{i}S[\alpha]}\exp_+\Big\{\mathrm{i}\sum_a\int_{t_0}^t\mathrm{d}\tau Q_a[\alpha(\tau)]\hat{F}_a(\tau)\Big\} \tag{12.34a}$$

$$U_T^\dagger(\alpha', t; \alpha_0', t_0; \{\hat{F}_{a'}(t)\}) = \int_{\alpha_0'}^{\alpha'}\mathcal{D}\alpha'\,\mathrm{e}^{-\mathrm{i}S[\alpha']}\exp_-\Big\{-\mathrm{i}\sum_{a'}\int_{t_0}^t\mathrm{d}\tau Q_{a'}[\alpha'(\tau)]\hat{F}_{a'}(\tau)\Big\} \tag{12.34b}$$

这里的作用量泛函 $S[\alpha]$、$S[\alpha']$ 只与约化体系哈密顿量 $H(t)$ 有关, $Q_a[\alpha(\tau)]$、$Q_{a'}[\alpha'(\tau)]$ 是路径积分表象中的数, 而 $\hat{F}_a(\tau)$、$\hat{F}_{a'}(\tau)$ 仍是热库空间的算符, 因此方程 (12.34a) 中的指数函数需按编时顺序展开, 而方程 (12.34b) 中的指数函数按逆编时顺序展开.

假设初始态体系与热库互不相关, $\rho_T(t_0) = \rho(t_0)\rho_B^{\mathrm{eq}} = \rho_T^I(t_0)$. 由方程 (12.32), 对于约化密度算符 $\rho(t) \equiv \mathrm{tr}_B[\rho_T(t)] = \mathrm{tr}_B[\rho_T^I(t)]$, 应用迹循环不变性和 $\mathrm{e}^{\beta h_B}\hat{F}_a(t) \cdot \mathrm{e}^{-\beta h_B} = \hat{F}_a(t - \mathrm{i}\beta)$, 可以得到

$$\begin{aligned}
\rho(t) &= \mathrm{tr}_B[U_T(t, t_0; \{\hat{F}_a(t)\})\rho(t_0)\mathrm{e}^{-\beta h_B}U_T^\dagger(t, t_0; \{\hat{F}_{a'}(t)\})\rho_B^{\mathrm{eq}}\mathrm{e}^{\beta h_B}] \\
&= \langle U_T(t, t_0; \{\hat{F}_a(t - \mathrm{i}\beta)\})\rho(t_0)U_T^\dagger(t, t_0; \{\hat{F}_{a'}(t)\})\rangle_B \\
&\equiv \mathcal{U}(t, t_0)\rho(t_0)
\end{aligned} \tag{12.35}$$

上面的最后一个等式在体系的完备基 $\{|\alpha\rangle\}$ 表象中表示为

$$\rho(\alpha, \alpha', t) = \iint \mathrm{d}\alpha_0 \mathrm{d}\alpha_0' \, \mathcal{U}(\alpha, \alpha', t; \alpha_0, \alpha_0', t_0) \rho(\alpha_0, \alpha_0', t_0) \tag{12.36}$$

这里 $\mathcal{U}(t, t_0)$ 是约化体系 Liouville 空间传播函数, 由方程 $(12.34) \sim (12.36)$ 我们得到

$$\mathcal{U}(\alpha, \alpha', t; \alpha_0, \alpha_0', t_0) = \int_{\alpha_0}^{\alpha} \mathcal{D}\alpha \int_{\alpha_0'}^{\alpha'} \mathcal{D}\alpha' \, \mathrm{e}^{\mathrm{i}S[\alpha]} \mathcal{F}[\alpha, \alpha'] \mathrm{e}^{-\mathrm{i}S[\alpha']} \tag{12.37}$$

其中 $\mathcal{F}[\alpha, \alpha']$ 就是影响泛函:

$$\begin{aligned}
\mathcal{F}[\alpha, \alpha'] &= \Big\langle \exp_+ \Big\{ \mathrm{i} \sum_a \int_{t_0}^{t} \mathrm{d}\tau \, Q_a[\alpha(\tau)] \hat{F}_a(\tau - \mathrm{i}\beta) \Big\} \\
&\quad \times \exp_- \Big\{ -\mathrm{i} \sum_b \int_{t_0}^{t} \mathrm{d}\tau \, Q_b[\alpha'(\tau)] \hat{F}_b(\tau) \Big\} \Big\rangle_{\mathrm{B}} \\
&\equiv \exp\big\{ -\Phi[\alpha, \alpha'] \big\}
\end{aligned} \tag{12.38}$$

对于 $\{\hat{F}_a(t)\}$ 满足 Gauss 统计, 方程 (12.38) 中的热库系综平均可以通过二阶累积展开严格求解, 并应用方程 (12.18) 和 (12.20), 得

$$\begin{aligned}
\Phi[\alpha, \alpha'] &= \sum_{a,b} \Big\{ \int_{t_0}^{t} \mathrm{d}\tau_2 \int_{t_0}^{\tau_2} \mathrm{d}\tau_1 \, Q_a[\alpha(\tau_2)] Q_b[\alpha(\tau_1)] \tilde{C}_{ab}(\tau_2 - \tau_1) \\
&\quad + \int_{t_0}^{t} \mathrm{d}\tau_2 \int_{t_0}^{\tau_2} \mathrm{d}\tau_1 \, Q_b[\alpha'(\tau_1)] Q_a[\alpha'(\tau_2)] \tilde{C}_{ab}^*(\tau_2 - \tau_1) \\
&\quad - \int_{t_0}^{t} \mathrm{d}\tau_2 \int_{t_0}^{\tau_2} \mathrm{d}\tau_1 \, Q_a[\alpha(\tau_2)] Q_b[\alpha'(\tau_1)] \tilde{C}_{ab}^*(\tau_2 - \tau_1) \Big\} \\
&= \sum_a \int_{t_0}^{t} \mathrm{d}\tau \, \big\{ Q_a[\alpha(\tau)] - Q_a[\alpha'(\tau)] \big\} \big\{ \tilde{Q}_a(\tau; \alpha) - \tilde{Q}_a^*(\tau; \alpha') \big\}
\end{aligned} \tag{12.39}$$

其中

$$\tilde{Q}_a(\tau; \alpha) \equiv \sum_b \int_{t_0}^{t} \mathrm{d}\tau \, \tilde{C}_{ab}(t - \tau) Q_b[\alpha(\tau)] \tag{12.40a}$$

$$\tilde{Q}_a^*(\tau; \alpha') \equiv \sum_b \int_{t_0}^{t} \mathrm{d}\tau \, \tilde{C}_{ab}^*(t - \tau) Q_b[\alpha'(\tau)] \tag{12.40b}$$

方程 $(12.36) \sim (12.40)$ 构成描述约化体系动力学的影响泛函路径积分方程. 推导方程 (12.39) 过程中需利用 $\int_{t_0}^{t} \mathrm{d}\tau_2 \int_{t_0}^{t} \mathrm{d}\tau_1 = \int_{t_0}^{t} \mathrm{d}\tau_2 \int_{t_0}^{\tau_2} \mathrm{d}\tau_1 + \int_{t_0}^{t} \mathrm{d}\tau_1 \int_{t_0}^{\tau_1} \mathrm{d}\tau_2$, 然后对后者互换 τ_1、τ_2 和 a、b.

12.4 Brown 振子体系

Brown 振子体系是一类可严格解析求解的体系, 它的动力学方程具有简单的形式, 并可以通过多种方法导出[7~9,19,24,25,60]. 在文献 [19] 中我们曾介绍通过 Wigner 表象的 Gauss 波包演化来推导 Brown 振子体系量子主方程的方法. 本节我们介绍路径积分求导的方法[7,24,25]. 我们将只给出关键步骤, 详细内容可参见文献 [7]~[9]、[24]、[25]. 12.5 节我们将讨论对于任意体系如何通过路径积分求导建立微分运动方程组.

12.4.1 哈密顿量

设在经典外场作用下 Brown 振子体系与环境的总的哈密顿量为 $H_T(t) \equiv H_M + H_f(t)$, 其中 $H_f(t) = -q\epsilon(t)$ 为体系与外场之间的相互作用, 而不含外场作用的总的物质哈密顿量具有 Calderia-Leggett 形式[61,62]

$$H_M = \left(\frac{p^2}{2M} + \frac{1}{2}M\Omega_0^2 q^2 \right) + \sum_j \left[\frac{p_j^2}{2m_j} + \frac{1}{2}m_j\omega_j^2 \left(x_j - \frac{c_j}{m_j\omega_j^2}q \right)^2 \right] \tag{12.41}$$

对于方程 (12.41) 的第二项, 将其中的完全平方展开, 这一项实际上包含了热库哈密顿量 $h_B = \sum_j [p_j^2/(2m_j) + m_j\omega_j^2 x_j^2/2]$、体系与热库通过坐标 $\{q \cdot x_j\}$ 的相互耦合、热库重组能 (H_{reorg}) 三个部分, 因此方程 (12.41) 展开为

$$H_M = H_0 + H_{reorg} + h_B - qF \equiv H_s + h_B - qF \tag{12.42}$$

其中

$$F \equiv \sum_j c_j x_j$$

而热库作用响应函数和摩擦函数就定义为 [见方程 (12.22)]:

$$\phi(t) \equiv i\langle[F(t), F(0)]\rangle = -\dot{\gamma}(t), \qquad \hat{\phi}(\omega) = \gamma(0) + i\omega\hat{\gamma}(\omega) \tag{12.43}$$

其中

$$F(t) = e^{ih_B t}Fe^{-ih_B t}$$

用谐振子的升降算符 $a_j^\dagger$ 和 a_j 来表示:

$$x_j = \frac{1}{\sqrt{2m_j\omega_j}}(a_j + a_j^\dagger), \qquad p_j = i\sqrt{\frac{m_j\omega_j}{2}}(a_j^\dagger - a_j) \tag{12.44}$$

因 $e^{ih_B t}a_j e^{-ih_B t} = e^{-i\omega_j t}a_j$、$e^{ih_B t}a_j^\dagger e^{-ih_B t} = e^{i\omega_j t}a_j^\dagger$ 有

$$F(t) = \sum_j c_j \left[x_j \cos(\omega_j t) + \frac{p_j}{m_j\omega_j}\sin(\omega_j t) \right] \tag{12.45a}$$

$$\phi(t) = \sum_j \frac{c_j^2}{m_j \omega_j} \sin(\omega_j t), \qquad \gamma(t) = \sum_j \frac{c_j^2}{m_j \omega_j^2} \cos(\omega_j t) \tag{12.45b}$$

这里的 $\gamma(t)$ 与经典摩擦力函数 $\gamma_{\mathrm{cl}}(t)$ 的关系为

$$\gamma_{\mathrm{cl}}(t) = \gamma(t)/M \tag{12.46}$$

方程 (12.42) 中的 H_0 是方程 (12.41) 中的第一项, 频率为 Ω_0;

$$H_s \equiv H_0 + H_{\mathrm{reorg}} = \frac{p^2}{2M} + \frac{1}{2} M \Omega_{\mathrm{H}}^2 q^2 \tag{12.47}$$

频率为

$$\Omega_{\mathrm{H}}^2 \equiv \Omega_0^2 + \frac{1}{M} \sum_j \frac{c_j^2}{m_j \omega_j^2} = \Omega_0^2 + \gamma_{\mathrm{cl}}(0) \tag{12.48}$$

后面会看到在 Markov 极限下, 体系的频率表现为 Ω_0; 而在一般情况下, 处于耗散环境中的体系所体现的频率既不是 Ω_0, 也不是 Ω_{H}.

12.4.2　Langevin 方程

由方程 (12.41), 体系与热库各自由度坐标和动量算符的 Heisenberg 方程为

$$\dot{q}(t) = \hat{p}(t)/M \tag{12.49a}$$

$$\dot{p}(t) = -M \Omega_{\mathrm{H}}^2 \hat{q}(t) + \epsilon(t) + \sum_j c_j \hat{x}_j(t) \tag{12.49b}$$

$$\dot{x}_j(t) = \hat{p}_j(t)/m_j \tag{12.49c}$$

$$\dot{p}_j(t) = -m_j \omega_j^2 \hat{x}_j(t) + c_j \hat{q}(t) \tag{12.49d}$$

以下为方便起见, 取 $t_0 = 0$, $\hat{x}_j(t)$ 的形式解可写为

$$\hat{x}_j(t) = x_j \cos(\omega_j t) + \frac{p_j}{m_j \omega_j} \sin(\omega_j t) + \int_0^t \mathrm{d}\tau \frac{c_j}{m_j \omega_j} \sin[\omega_j(t-\tau)] \hat{q}(\tau) \tag{12.50}$$

将方程 (12.50) 代入方程 (12.49b) 得

$$\dot{p}(t) = -M \Omega_{\mathrm{H}}^2 \hat{q}(t) + \int_0^t \mathrm{d}\tau\, \phi(t-\tau) \hat{q}(\tau) + \epsilon(t) + F(t)$$

$$= -M \Omega_0^2 \hat{q}(t) - \int_0^t \mathrm{d}\tau\, \gamma_{\mathrm{cl}}(t-\tau) \hat{p}(\tau) + \epsilon(t) + F(t) - M \gamma_{\mathrm{cl}}(t) \hat{q}(0) \tag{12.51}$$

上面第二式即为 Langevin 方程, 它由第一式经分部积分得到, 其中最后一项因 $\gamma_{\mathrm{cl}}(t)$ 的衰减性而随时间趋于零.

在下面建立量子主方程的过程中, 我们所遇到的关键量将是体系的坐标响应函数 $\chi(t) \equiv \mathrm{i}\langle[\hat{q}(t), \hat{q}(0)]\rangle_{\mathrm{M}}$. 由方程 (12.49a) 和 (12.51) 可得 $\chi(t)$ 所满足的方程为

$$\ddot{\chi}(t) + \Omega_{\mathrm{H}}^2 \chi(t) - \frac{1}{M}\int_0^t \mathrm{d}\tau \phi(t-\tau)\chi(\tau) = 0 \tag{12.52a}$$

或

$$\ddot{\chi}(t) + \Omega_0^2 \chi(t) + \int_0^t \mathrm{d}\tau \gamma_{\mathrm{cl}}(t-\tau)\dot{\chi}(\tau) = 0 \tag{12.52b}$$

初始条件为 $\chi(0) = \ddot{\chi}(0) = 0$ 和 $\dot{\chi}(0) = 1/M$. 方程 (12.52) 变换到频率空间有

$$\hat{\chi}(\omega) = \frac{1}{M(\Omega_{\mathrm{H}}^2 - \omega^2) - \hat{\phi}(\omega)} = \frac{1/M}{\Omega_0^2 - \omega^2 - \mathrm{i}\omega\hat{\gamma}_{\mathrm{cl}}(\omega)} \tag{12.53}$$

12.4.3 极值路径

考虑 Brown 振子体系随时间演化的影响泛函路径积分, 为方便起见, 在实空间表象引入

$$s_t \equiv q(t) - q'(t), \quad x_t \equiv \frac{1}{2}[q(t) + q'(t)] \tag{12.54}$$

另外用 $\tilde{Q}_t$ 表示方程 (12.39) 和 (12.40) 中的 $\tilde{Q}(t; \alpha)$ [$\tilde{Q}_t'^*$ 表示 $\tilde{Q}^*(t; \alpha')$], 注意到 $Q = q$, 我们有

$$\tilde{Q}_t - \tilde{Q}_t'^* = \int_0^t \mathrm{d}\tau\, \kappa(t-\tau)s_\tau + \mathrm{i}\int_0^t \mathrm{d}\tau\, \dot{\gamma}(t-\tau)x_\tau \tag{12.55}$$

其中

$$\kappa(t) \equiv \mathrm{Re}[\tilde{C}(t)] \tag{12.56}$$

所以 Brown 振子体系随时间演化的传播函数的路径积分表达式可以表示为 [见方程 (12.37)~(12.40)]:

$$\mathcal{U}(q, q', t; q_0, q_0', 0) = \int_{q_0}^q \mathcal{D}q \int_{q_0'}^{q'} \mathcal{D}q' \exp\{\Xi[q, q']\} \tag{12.57a}$$

其中

$$\begin{aligned}
\Xi = {}& \mathrm{i}\int_0^t \mathrm{d}\tau[M\dot{s}_\tau \dot{x}_\tau - M\Omega_{\mathrm{H}}^2 s_\tau x_\tau + \epsilon(\tau)s_\tau] - \int_0^t \mathrm{d}\tau s_\tau(\tilde{Q}_\tau - \tilde{Q}_\tau'^*) \\
= {}& \mathrm{i}\int_0^t \mathrm{d}\tau[M\dot{s}_\tau \dot{x}_\tau - M\Omega_{\mathrm{H}}^2 s_\tau x_\tau + \epsilon(\tau)s_\tau] \\
& - \int_0^t \mathrm{d}\tau \int_0^\tau \mathrm{d}\tau' s_\tau[\kappa(\tau-\tau')s_{\tau'} + \mathrm{i}\dot{\gamma}(\tau-\tau')x_{\tau'}]
\end{aligned} \tag{12.57b}$$

对于 Brown 振子体系, 方程 (12.57) 的路径积分结果由极值路径决定; 围绕极值路径的波动, 其贡献与端点 $(q, q'; q_0, q_0')$ 无关, 进一步考虑约化密度矩阵迹不变性, 其贡献只归结为一个常数指前因子. 详细说明参见本章附录 A 或文献 [7] ~ [9].

对方程 (12.57b) 的被积函数分别求相对于 s_τ 和 x_τ 的偏微分可得极值轨迹所满足的方程为 (对 $\dot{s}_\tau \dot{x}_\tau$ 项利用分部积分)

$$\ddot{s}_\tau + \Omega_{\mathrm{H}}^2 s_\tau + \frac{1}{M} \int_\tau^t \mathrm{d}\tau' \, \dot{\gamma}(\tau' - \tau) s_{\tau'} = 0 \tag{12.58a}$$

$$\ddot{x}_\tau + \Omega_{\mathrm{H}}^2 x_\tau - \frac{\epsilon(\tau)}{M} + \frac{1}{M} \int_0^\tau \mathrm{d}\tau' \, \dot{\gamma}(\tau - \tau') x_{\tau'} - \frac{\mathrm{i}}{M} \int_0^t \mathrm{d}\tau' \, \kappa(\tau - \tau') s_{\tau'} = 0 \tag{12.58b}$$

其解为 $\left[\text{记 } \tilde{s}_\tau \equiv \mathrm{i} \int_0^t \mathrm{d}\tau' \, \kappa(\tau - \tau') s_{\tau'} \right]$

$$s_\tau = M[s_t \dot{\chi}(t - \tau) - \dot{s}_t \chi(t - \tau)] \tag{12.59a}$$

$$\begin{aligned}
x_\tau = {} & x_t \frac{\chi(\tau)}{\chi(t)} + \frac{\dot{\chi}(\tau)\chi(t) - \chi(\tau)\dot{\chi}(t)}{\ddot{\chi}(t)\chi(t) - \dot{\chi}^2(t)} \left\{ \dot{x}_t - x_t \frac{\dot{\chi}(t)}{\chi(t)} \right. \\
& \left. - \int_0^t \mathrm{d}\tau' \left[\dot{\chi}(t - \tau') - \frac{\dot{\chi}(t)}{\chi(t)} \chi(t - \tau') \right] [\epsilon(\tau') + \tilde{s}_{\tau'}] \right\} \\
& + \int_0^\tau \mathrm{d}\tau' \, \chi(\tau - \tau')[\epsilon(\tau') + \tilde{s}_{\tau'}] - \int_0^t \mathrm{d}\tau' \frac{\chi(\tau)}{\chi(t)} \chi(t - \tau')[\epsilon(\tau') + \tilde{s}_{\tau'}]
\end{aligned} \tag{12.59b}$$

这里的 $\chi(t)$ 即为体系的坐标响应函数 [见方程 (12.52)]. 将方程 (12.59) 代入方程 (12.57) 即得 Brown 振子体系沿极值路径的积分结果.

12.4.4　量子主方程

现在介绍 Brown 振子体系演化方程的推导. 采用的基本方法为对路径积分结果求时间 t 的导数. 请读者注意回顾 12.3.1 节方程 (12.29) 之后的说明. 通过基本的数学运算, 对方程 (12.57) 的求导最终得到

$$\partial_t \mathcal{U}(t, 0) = \left\{ -\mathrm{i}[M\dot{s}_t \dot{x}_t + M\Omega_{\mathrm{H}}^2 s_t x_t - \epsilon(t) s_t] - s_t(\tilde{Q}_t - \tilde{Q}_t'^*) \right\} \mathcal{U}(t, 0) \tag{12.60}$$

对于极值路径, 由方程 (12.55) 和 (12.58b) 有

$$\tilde{Q}_t - \tilde{Q}_t'^* = -\mathrm{i}M\ddot{x}_t - \mathrm{i}M\Omega_{\mathrm{H}}^2 x_t + \mathrm{i}\epsilon(t) \tag{12.61}$$

根据方程 (12.59) 得

$$\ddot{x}_t = -\tilde{\Omega}^2(t) x_t - \tilde{\gamma}(t) \dot{x}_t + \mathrm{i}h_p(t) s_t - \mathrm{i}h_q(t) \dot{s}_t + \frac{1}{M}[\epsilon(t) + \delta\epsilon(t)] \tag{12.62}$$

其中

$$\tilde{\Omega}^2(t) \equiv \frac{\ddot{\chi}^2(t) - \dddot{\chi}(t)\dot{\chi}(t)}{\dot{\chi}^2(t) - \ddot{\chi}(t)\chi(t)} \tag{12.63a}$$

$$\tilde{\gamma}(t) \equiv \frac{\dddot{\chi}(t)\chi(t) - \ddot{\chi}(t)\dot{\chi}(t)}{\dot{\chi}^2(t) - \ddot{\chi}(t)\chi(t)} \tag{12.63b}$$

$$\delta\epsilon(t) = \int_0^t d\tau \chi_\epsilon(t - \tau; t)\epsilon(\tau) \tag{12.63c}$$

$$\chi_\epsilon(\tau; t) \equiv M[\ddot{\chi}(\tau) + \tilde{\gamma}(t)\dot{\chi}(\tau) + \tilde{\Omega}^2(t)\chi(\tau)] \tag{12.63d}$$

$$h_p(t) \equiv \int_0^t d\tau \, \dot{\chi}(\tau) \left[\kappa(\tau) + \int_0^t d\tau' \, \kappa(\tau - \tau')\chi_\epsilon(\tau'; t) \right] \tag{12.63e}$$

$$h_q(t) \equiv \int_0^t d\tau \, \chi(\tau) \left[\kappa(\tau) + \int_0^t d\tau' \, \kappa(\tau - \tau')\chi_\epsilon(\tau'; t) \right] \tag{12.63f}$$

这里的 $\delta\epsilon(t)$, $\tilde{\Omega}^2(t)$, $\tilde{\gamma}(t)$ 与温度无关, 而 $h_p(t)$ 和 $h_q(t)$ 是与温度有关的函数. 方程 (12.62) 代入方程 (12.61) 再代入方程 (12.60), 注意到以下路径积分端点表象与算符作用的对应关系 ($\{\cdot, \cdot\}$ 代表反对易子):

$$x_t \to \frac{1}{2}\{q, \cdot\}, \quad M\dot{x}_t \to \frac{1}{2}\{p, \cdot\}, \quad s_t \to [q, \cdot], \quad M\dot{s}_t \to [p, \cdot] \tag{12.64}$$

最终得到约化密度算符 $\rho(t) \equiv \mathcal{U}(t, 0)\rho(0)$ 随时间演化的方程为

$$\dot{\rho} = -\mathrm{i}\left[\frac{p^2}{2M} + \frac{1}{2}M\tilde{\Omega}^2(t)q^2 - q(\epsilon(t) + \delta\epsilon(t)), \rho \right]$$
$$- \frac{\mathrm{i}}{2}\tilde{\gamma}(t)[q, \{p, \rho\}] - Mh_p(t)[q, [q, \rho]] + h_q(t)[q, [p, \rho]] \tag{12.65}$$

这一结果与文献 [24] 的结果等价, 不过那里没有包含外场作用. 当存在外场作用时, 驱动与耗散的耦合在这里简单地体现为一个场的实时修正 $\delta\epsilon(t)$, 只影响体系的相干运动部分. 对于一般的体系, 场与耗散的耦合形式将表现为复杂的超算符作用, 不仅影响体系的相干运动, 也会影响它的非相干运动, 即耗散部分.

假设外场尚未作用时, 体系处于热力学平衡态, 相当于有效时间 $t \to \infty$(即时间足够长以使体系达到并处于稳定态), 在此极限下

$$h_p(t \to \infty) = \tilde{\gamma}(t)\sigma_{pp}^{\mathrm{eq}}/M \tag{12.66a}$$

$$h_q(t \to \infty) = M\tilde{\Omega}^2(t)\sigma_{qq}^{\mathrm{eq}} - \sigma_{pp}^{\mathrm{eq}}/M \tag{12.66b}$$

式中: $\sigma_{qq}^{\mathrm{eq}} \equiv \langle q^2 \rangle_{\mathrm{M}} - \langle q \rangle_{\mathrm{M}}^2$ 和 $\sigma_{pp}^{\mathrm{eq}} \equiv \langle p^2 \rangle_{\mathrm{M}} - \langle p \rangle_{\mathrm{M}}^2$ 为体系处于平衡态时在相空间的方差, 它们的具体求解可参见文献 [8]、[9]、[19]、[20]. 方程 (12.66) 的推导过程见本章附录 B. 将方程 (12.66) 代入方程 (12.65) 即为我们在文献 [19]、[20] 中所给出的方程, 在那里它是通过 Wigner 表象的 Gauss 波包演化推出的.

在 Markov 极限下：$\gamma_{\rm cl}(t) = 2\gamma_{\rm mar}\delta(t)$ 或等价于 $\hat{\gamma}_{\rm cl}(\omega) = \gamma_{\rm mar}$，由此得

$$\chi(t) \to \frac{\sin\left[(\Omega_0^2 - \gamma_{\rm mar}^2/4)^{\frac{1}{2}}\,t\right]}{M(\Omega_0^2 - \gamma_{\rm mar}^2/4)^{\frac{1}{2}}}\,{\rm e}^{-\gamma_{\rm mar}t/2} \tag{12.67a}$$

$$\tilde{\Omega}(t) \to \Omega_0 \qquad\qquad \tilde{\gamma}(t) \to \gamma_{\rm mar} \tag{12.67b}$$

$$\chi_\epsilon(\tau;t) = 0 \qquad\qquad \delta\epsilon(t) = 0 \tag{12.67c}$$

即外场与耗散的耦合作用为零. 在此极限下, $\sigma_{pp}^{\rm eq}$ 在有限温度是发散的, 人们选用 $\sigma_{qq}^{\rm eq}$ 和 $\sigma_{pp}^{\rm eq}$ 在没有环境耦合时的 H_0- 体系的零阶值 $\sigma_{qq}^0 = \coth(\beta\Omega_0/2)/(2M\Omega_0)$ 和 $\sigma_{pp}^0 = (M\Omega_0/2)\coth(\beta\Omega_0/2)$ 来代替它们, 方程 (12.65) 由此变为 $[h_q = 0$, 见方程 (12.66b)]

$$\dot{\rho}(t) \to -{\rm i}[H_0 + H_f(t), \rho(t)] - \frac{\rm i}{2}\tilde{\gamma}[q, \{p, \rho(t)\}] - \tilde{\gamma}\sigma_{pp}^0[q, \{q, \rho(t)\}] \tag{12.68}$$

式 (12.68) 即为传统的 Fokker-Planck 方程; 它采用体系哈密顿量 H_0(见 12.4.1 节), 忽略外场与耗散的耦合, 体系演化趋于零阶平衡态 $\rho_{\rm eq}^0 \propto {\rm e}^{-\beta H_0}$, 这些特点构成一类重要的被广泛采用的唯象的量子耗散理论[63], 它也应用于一般的非谐性体系.

作为本节小结, 我们通过 Brown 振子这样一个可严格解析求解的体系, 来透视量子耗散理论的一些基本问题. 描述体系–环境总哈密顿量的 Caldeira-Leggett 模型 [方程 (12.41)] 被广泛采用, 如果是严格的理论推导, 那么显然无论从方程 (12.42) 的前一个等式还是后一个等式出发, 都是等价的; 一般情况下体系无论是在动力学 [见方程 (12.53) 和方程 (12.65)] 还是平衡态所体现的哈密顿量实际上既不是 H_0 也不是 H_s; 体系的约化热力学平衡态 $\rho_{\rm eq} \propto {\rm tr}_{\rm B}{\rm e}^{-\beta H_{\rm M}}$ 包含着热库的耦合; 在 Markov 极限或是在高温极限下[8,20,22], 体系性质趋于 H_0, 而不是 H_s, 也就是说 H_0 更具物理意义; 这是广泛采用 Caldeira-Leggett 模型的原因, 也是应用唯象量子耗散理论时采用 H_0 作为体系哈密顿量的原因. 最后, 外场作用与耗散之间存在耦合, 这种耦合效应对于 Brown 振子体系表现为一个相干的局域场修正, 而对于一般的非谐性体系, 通常表现为复杂的超算符作用, 既影响体系的相干运动也影响耗散; 外场驱动与耗散的耦合需要正确处理才会得到合理的物理结果, 关于此方面的内容可参见文献 [21]、[22]、[64].

12.5　通过路径积分求导建立微分
量子耗散方程

现在讨论对于任意体系, 如何由影响泛函路径积分求导建立微分运动方程组. 对于任意的非谐性体系, 它的复杂之处在于 $\tilde{Q}_t - \tilde{Q}_t'^*$ 不能像谐振子那样明确解出,

它所包含的积分求值依赖于全部路径的遍历. 因此, 通过路径积分求导的方法不能获得简单的单个量子主方程, 而是一套耦合的方程组. 这就是本节所要介绍的内容.

通过路径积分求导建立微分量子耗散方程的方法由来已久. 不过, 过去人们多是采用一些近似手段以获得一些形式相对简洁的方程. 例如, 最早 Caldeira 和 Leggett 采用高温和 Markov 近似来推导量子主方程[61]; 人们也常常采用忽略一些量子路径耦合的方法, 如引入 NIBA(non-interacting blip approximation) 近似[8,65,66]. 此外, Tanimura 和他的合作者采用热库谱密度的 Drude 模型和高温近似建立了一套耦合 Fokker-Planck 方程[26,27], 并且在最近扩展到有限温度[28]. 需要说明的是, 通过量子耗散的随机描述也可以等价地获得各种近似或严格的微分量子耗散方程[16,50~54,60,67].

本节我们先介绍一般性的理论推导[29], 然后采用热库谱密度的一个参数化模型来示范如何建立严格的微分方程组. 为简单示例, 在这里将只考虑单模式体系–环境耦合的情况, 即 $H'(t) = -Q\hat{F}(t)$, 热库作用相关函数记为 $\tilde{C}(t) = \langle \hat{F}(t)\hat{F} \rangle_{\mathrm{B}}$. 至于 12.3.2 节中的多模式体系–环境相互作用的一般情况可参见文献 [30].

12.5.1 方法概述

对方程 (12.37) 逐项进行求导, 首先对于作用量泛函的求导可得

$$\partial_t \mathrm{e}^{\mathrm{i}S[\alpha]} = -\mathrm{i}\int \mathrm{d}\bar{\alpha} H_t(\alpha, \bar{\alpha})\mathrm{e}^{\mathrm{i}S[\bar{\alpha}]} \equiv -\mathrm{i}H(t)\cdot\mathrm{e}^{\mathrm{i}S[\alpha]} \tag{12.69}$$

类似地:

$$\partial_t \mathrm{e}^{-\mathrm{i}S[\alpha']} = \mathrm{i}\mathrm{e}^{-\mathrm{i}S[\alpha']} \cdot H(t) \tag{12.70}$$

对于影响泛函的求导可得

$$\partial_t \mathcal{F} = -Q\cdot[(\tilde{Q}_t - \tilde{Q}'^*_t)\mathcal{F}] + [(\tilde{Q}_t - \tilde{Q}'^*_t)\mathcal{F}] \cdot Q \tag{12.71}$$

其中 [见方程 (12.40)]

$$\tilde{Q}_t \equiv \tilde{Q}(t;\alpha) = \int_{t_0}^t \mathrm{d}\tau\, \tilde{C}(t-\tau)Q[\alpha(\tau)] \tag{12.72a}$$

$$\tilde{Q}'^*_t \equiv \tilde{Q}^*(t;\alpha') = \int_{t_0}^t \mathrm{d}\tau\, \tilde{C}^*(t-\tau)Q[\alpha'(\tau)] \tag{12.72b}$$

依赖于整个积分路径的遍历. 因此, 我们获得下面这样一个方程

$$\dot{\rho}(t) = -\mathrm{i}[H(t), \rho(t)] - \mathrm{i}[Q, \rho_1(t)] \tag{12.73}$$

这里的 $\rho_1(t)$ 通过路径积分形式定义为

$$\rho_1(\alpha, \alpha', t) = \iint \mathrm{d}\alpha_0\mathrm{d}\alpha'_0\, \mathcal{U}_1(\alpha, \alpha', t; \alpha_0, \alpha'_0, t_0)\rho(\alpha_0, \alpha'_0, t_0) \tag{12.74}$$

其中

$$\mathcal{U}_1(\alpha, \alpha', t; \alpha_0, \alpha_0', t_0) \equiv \int_{\alpha_0}^{\alpha} \mathcal{D}\alpha \int_{\alpha_0'}^{\alpha'} \mathcal{D}\alpha' \, \mathrm{e}^{\mathrm{i}S[\alpha]} (-\mathrm{i})[\tilde{Q}(t; \alpha) - \tilde{Q}^*(t; \alpha')]$$
$$\times \mathcal{F}[\alpha, \alpha'] \mathrm{e}^{-\mathrm{i}S[\alpha']} \tag{12.75}$$

接下来可对 $\rho_1(t)$ 继续进行求导, 依此类推, 从而建立一套耦合方程.

为方便起见, 我们统一引入辅助算符

$$\rho_n(t) \equiv \mathcal{U}_n(t, t_0)\rho(t_0) \tag{12.76}$$

辅助算符 $\rho_n(t)$ 通过传播函数 $\mathcal{U}_n(t, t_0)$ 定义, 而 $\mathcal{U}_n(t, t_0)$ 通过如下的路径积分形式引入:

$$\mathcal{U}_n(\alpha, \alpha', t; \alpha_0, \alpha_0', t_0) = \int_{\alpha_0}^{\alpha} \mathcal{D}\alpha \int_{\alpha_0'}^{\alpha'} \mathcal{D}\alpha' \, \mathrm{e}^{\mathrm{i}S[\alpha]} \mathcal{F}_n[\alpha, \alpha'] \mathrm{e}^{-\mathrm{i}S[\alpha']} \tag{12.77}$$

其中

$$\mathcal{F}_n[\alpha, \alpha'] \equiv (-i)^n (\tilde{Q}_t - \tilde{Q}_t'^*)^n \mathcal{F}[\alpha, \alpha'] \tag{12.78}$$

因此 $\rho_0(t) = \rho(t)$ 就是我们所感兴趣体系的约化密度算符. 对 $\rho_n(t)$ 或 $\mathcal{U}_n(t, t_0)$ 继续求导数时我们会遇到

$$\partial_t \mathcal{F}_n[\alpha, \alpha'] = -\mathrm{i} \left\{ Q \cdot \mathcal{F}_{n+1}[\alpha, \alpha'] - \mathcal{F}_{n+1}[\alpha, \alpha'] \cdot Q \right\} + n \tilde{\mathcal{F}}_n[\alpha, \alpha']$$
$$- \mathrm{i}n \left\{ \tilde{C}(0) Q \cdot \mathcal{F}_{n-1}[\alpha, \alpha'] - \tilde{C}^*(0) \mathcal{F}_{n-1}[\alpha, \alpha'] \cdot Q \right\} \tag{12.79}$$

其中

$$\tilde{\mathcal{F}}_n[\alpha, \alpha'] \equiv -\mathrm{i}\mathcal{F}_{n-1}[\alpha, \alpha'] \int_{t_0}^{t} \mathrm{d}\tau \left\{ \dot{\tilde{C}}(t - \tau) Q[\alpha(\tau)] - \dot{\tilde{C}}^*(t - \tau) Q[\alpha'(\tau)] \right\} \tag{12.80}$$

综合上面的推导, 我们得到关于 $\{\rho_n; n \geqslant 0\}$ 的耦合方程组为

$$\dot{\rho}_n(t) = -\mathrm{i}[H(t), \rho_n(t)] - \mathrm{i}[Q, \rho_{n+1}(t)] + n\tilde{\rho}_n(t)$$
$$- \mathrm{i}n \left[\tilde{C}(0) Q \rho_{n-1}(t) - \tilde{C}^*(0) \rho_{n-1}(t) Q \right] \tag{12.81}$$

这里的 $\tilde{\rho}_n(t)$ 定义为 $\tilde{\rho}_n(t) \equiv \tilde{\mathcal{U}}_n(t, t_0)\rho(t_0)$, 它的传播函数 $\tilde{\mathcal{U}}_n(t, t_0)$ 与方程 (12.77) 引入的 $\mathcal{U}_n(t, t_0)$ 具有相同的形式, 只不过用 $\tilde{\mathcal{F}}_n$ 代替那里的 $\mathcal{F}_n$. 若将 ρ_n 和 $\tilde{\rho}_n$ 依体系–环境相互作用展开, 它们的首次项为体系–环境相互作用的 $2n$ 阶. 方程 (12.81) 中, $\rho_n(t)$ 与 $\rho_{n\pm1}(t)$ 和 $\tilde{\rho}_n(t)$ 耦合; $\tilde{\rho}_n(t)$ 来自于热库相关函数 $\tilde{C}(t)$ 随时间的导数 [方程 (12.80)], 不属于 $\{\rho_n\}$ 同一个系列. 所以现在有两个问题需要解决: 其一需要

将方程 (12.81) 转换为建立于同一系列算符的耦合方程; 其二需要对所得的方程进行截断. 关于截断最直接的方法是在足够高阶时设 $\rho_N(t) = \tilde{\rho}_N(t) = 0$. 我们在这里将不再对截断做更详细阐述, 相关内容可参见文献 [29]、[30]. 关于第一个问题, 我们很容易想到如果热库相关函数是指数函数, 如采用 Drude 模型在高温时有下面的形式 $\tilde{C}(t) = \nu e^{-\gamma t}$, 其中 $\nu \propto i/(e^{i\beta\gamma} - 1)$; 那么在这一简单模型下 $\tilde{\rho}_n(t) = -\gamma \rho_n(t)$, 方程 (12.81) 将具有非常简单的形式, 也就是 Tanimura 和他的合作者早期所建立的 Fokker-Planck 方程 [26,27]. 更一般地, 可将热库相关函数 $\tilde{C}(t)$ 做指数函数展开 (同时必须满足涨落耗散定理), 由此可以建立一套闭合的耦合方程组. 12.5.2 节里, 我们将具体介绍此方面的内容.

12.5.2 耦合微分运动方程组的建立

若以热库谱密度函数 $J(\omega)$ 为基础来将 $\tilde{C}(t)$ 做指数函数展开, 涨落耗散定理将会自动满足. 本节我们取 $J(\omega)$ 为如下的参数化模型 [17,19,20]:

$$J(\omega) = \sum_{k=0}^{K} \frac{\eta_k \omega}{|\omega^2 - (\omega_k + i\gamma_k)^2|^2} \tag{12.82}$$

这里所有的参数 η_k、ω_k 和 γ_k 均为实数, 其中 $\omega_0 = 0$. 由涨落耗散定理 [方程 (12.21)] 可得热库相关函数为

$$\begin{aligned}
\tilde{C}(t) = {} & [\nu_0 + (\nu_1 + i\mu_1)\gamma_0 t]\, e^{-\gamma_0 t} \\
& + \sum_{k=1}^{K} [\nu_{2k} \cos(\omega_k t) + (\nu_{2k+1} + i\mu_{2k+1}) \sin(\omega_k t)]\, e^{-\gamma_k t} \\
& + \sum_{m=1}^{M} \nu_{2K+1+m} e^{-\varpi_m t}
\end{aligned} \tag{12.83}$$

其中所有的系数均为实数, 具体如下:

$$\nu_0 \equiv \frac{\beta\eta_0}{4\gamma_0[1 - \cos(\beta\gamma_0)]}, \quad \nu_1 \equiv \frac{\eta_0}{4\gamma_0^2}\operatorname{ctan}\left(\frac{\beta\gamma_0}{2}\right), \quad \mu_1 \equiv -\frac{\eta_0}{4\gamma_0^2} \tag{12.84a}$$

$$\nu_{2k} \equiv \frac{\eta_k \sinh(\beta\omega_k)}{4\omega_k\gamma_k[\cosh(\beta\omega_k) - \cos(\beta\gamma_k)]} \tag{12.84b}$$

$$\nu_{2k+1} \equiv \frac{\eta_k \sin(\beta\gamma_k)}{4\omega_k\gamma_k[\cosh(\beta\omega_k) - \cos(\beta\gamma_k)]}, \quad \mu_{2k+1} \equiv -\frac{\eta_k}{4\omega_k\gamma_k} \tag{12.84c}$$

$$\nu_{2K+1+m} \equiv -\frac{2}{\beta} \sum_{k=0}^{K} \frac{\eta_k \varpi_m}{[\varpi_m^2 + (\omega_k + i\gamma_k)^2]^2}, \quad \varpi_m \equiv 2\pi m/\beta \tag{12.84d}$$

设

$$K_M \equiv 2K + 1 + M \tag{12.85}$$

则方程 (12.83) 中 $\tilde{C}(t)$ 总的项数为 $K_M + 1$. 方程 (12.83) 的最后一行是 Matsubara 项加和, ϖ_m 是 Matsubara 频率, M 是 Matsubara 项截断数, 严格意义上 $M \to \infty$.

为建立耦合运动方程组, 首先对照方程 (12.40a) 或方程 (12.72a), 依方程 (12.83) 中各项引入以下各量:

$$\tilde{Q}_0(t; \alpha) \equiv \int_{t_0}^t \mathrm{d}\tau\, \mathrm{e}^{-\gamma_0(t-\tau)} Q[\alpha(\tau)] \tag{12.86a}$$

$$\tilde{Q}_1(t; \alpha) \equiv \int_{t_0}^t \mathrm{d}\tau\, \gamma_0(t-\tau) \mathrm{e}^{-\gamma_0(t-\tau)} Q[\alpha(\tau)] \tag{12.86b}$$

$$\tilde{Q}_{2k}(t; \alpha) \equiv \int_{t_0}^t \mathrm{d}\tau \mathrm{e}^{-\gamma_k(t-\tau)} \cos[\omega_k(t-\tau)] Q[\alpha(\tau)], \quad k = 1, \cdots, K \tag{12.86c}$$

$$\tilde{Q}_{2k+1}(t; \alpha) \equiv \int_{t_0}^t \mathrm{d}\tau \mathrm{e}^{-\gamma_k(t-\tau)} \sin[\omega_k(t-\tau)] Q[\alpha(\tau)], \quad k = 1, \cdots, K \tag{12.86d}$$

$$\tilde{Q}_{2K+1+m}(t; \alpha) \equiv \int_{t_0}^t \mathrm{d}\tau \mathrm{e}^{-\varpi_m(t-\tau)} Q[\alpha(\tau)], \quad m = 1, \cdots, M \tag{12.86e}$$

它们对于时间 t 的偏导数有如下关系 $(\partial_t \equiv \partial/\partial t,\ \omega_k' \equiv \gamma_0 \delta_{k0} + \omega_k)$

$$\partial_t \tilde{Q}_{2k} = Q - \gamma_k \tilde{Q}_{2k} - \omega_k \tilde{Q}_{2k+1}, \quad k = 0, \cdots, K \tag{12.87a}$$

$$\partial_t \tilde{Q}_{2k+1} = \omega_k' \tilde{Q}_{2k} - \gamma_k \tilde{Q}_{2k+1}, \quad k = 0, \cdots, K \tag{12.87b}$$

$$\partial_t \tilde{Q}_{2K+1+m} = Q - \varpi_m \tilde{Q}_{2K+1+m}, \quad m = 1, \cdots, M \tag{12.87c}$$

我们即将建立的微分运动方程组是关于 $\{\rho_{\boldsymbol{n}}(t) \equiv \mathcal{U}_{\boldsymbol{n}}(t, t_0)\rho(t_0)\}$ 的耦合运动方程, 下标 $\boldsymbol{n}$ 是一个由一系列非负整数所构成的向量:

$$\boldsymbol{n} \equiv \{n_0, n_1, \cdots, n_{K_M}, \bar{n}_0, \bar{n}_1, \cdots, \bar{n}_{2K+1}\}, \quad n_l, \bar{n}_j = 0, 1, \cdots \tag{12.88}$$

由 $\boldsymbol{n}$ 所标记的 $\mathcal{U}_{\boldsymbol{n}}$ 以方程 (12.37) 或方程 (12.77) 的形式定义, 对应的影响泛函为

$$\mathcal{F}_{\boldsymbol{n}} \equiv \prod_{l=0}^{K_M} [-\mathrm{i}\nu_l(\tilde{Q}_l - \tilde{Q}_l')]^{n_l}$$

$$\times \prod_{k=0}^{K} \left\{ [\nu_{2k}(\tilde{Q}_{2k} + \tilde{Q}_{2k}')]^{\bar{n}_{2k}} [\mu_{2k+1}(\tilde{Q}_{2k+1} + \tilde{Q}_{2k+1}')]^{\bar{n}_{2k+1}} \right\} \mathcal{F} \tag{12.89}$$

所以 $\rho_{\boldsymbol{n}=\boldsymbol{0}} = \rho$ 就是所感兴趣的体系的约化密度算符, 它的运动方程将与一系列辅助算符 $\{\rho_{\boldsymbol{n}\neq\boldsymbol{0}}\}$ 耦合在一起.

对 $\rho_{\boldsymbol{n}}(t)$ 求导并结合方程 (12.87), 所得耦合微分方程组整理如下:

$$
\partial_t \rho_{\boldsymbol{n}} = -(\mathrm{i}\mathcal{L} + \gamma_{\boldsymbol{n}})\rho_{\boldsymbol{n}} - \mathrm{i}\sum_{l=0}^{K_M} \mathcal{Q}\rho_{\boldsymbol{n}_l^+} - \mathrm{i}\sum_{k=0}^{K} \mathcal{Q}\rho_{\bar{\boldsymbol{n}}_{2k+1}^+}
$$
$$
- \mathrm{i}\sum_{k=0}^{K} n_{2k}\nu_{2k}\mathcal{Q}\rho_{\boldsymbol{n}_{2k}^-} + \sum_{k=0}^{K} \bar{n}_{2k}\nu_{2k}\mathcal{Q}_+\rho_{\bar{\boldsymbol{n}}_{2k}^-} - \mathrm{i}\sum_{l=2K+2}^{K_M} n_l\nu_l\mathcal{Q}\rho_{\boldsymbol{n}_l^-}
$$
$$
+ \sum_{k=0}^{K} \frac{\omega_k'}{\nu_{2k}}\left(n_{2k+1}\nu_{2k+1}\rho_{\boldsymbol{n}_{2k+1}^{2k}} + \bar{n}_{2k+1}\mu_{2k+1}\rho_{\bar{\boldsymbol{n}}_{2k+1}^{2k}}\right)
$$
$$
- \sum_{k=1}^{K} \omega_k\nu_{2k}\left(\frac{n_{2k}}{\nu_{2k+1}}\rho_{\boldsymbol{n}_{2k}^{2k+1}} + \frac{\bar{n}_{2k}}{\mu_{2k+1}}\rho_{\bar{\boldsymbol{n}}_{2k}^{2k+1}}\right) \tag{12.90}
$$

其中

$$
\mathcal{L}\hat{O} \equiv [H, \hat{O}], \quad \mathcal{Q}\hat{O} \equiv [Q, \hat{O}], \quad \mathcal{Q}_+\hat{O} \equiv Q\hat{O} + \hat{O}Q
$$
$$
\gamma_{\boldsymbol{n}} \equiv \sum_{k=0}^{K}(n_{2k} + \bar{n}_{2k} + n_{2k+1} + \bar{n}_{2k+1})\gamma_k + \sum_{m=1}^{M} n_{2K+1+m}\varpi_m \tag{12.91}
$$

下标 $\boldsymbol{n}_j^\pm/\bar{\boldsymbol{n}}_j^\pm$ 表示 $\boldsymbol{n}$ 的元素 $n_j/\bar{n}_j$ 变为 $n_j \pm 1/\bar{n}_j \pm 1$; 而 $\boldsymbol{n}_j^l/\bar{\boldsymbol{n}}_j^l$ 表示 $\boldsymbol{n}$ 的一对元素的变化: $(n_j, n_l) \to (n_j - 1, n_l + 1)/(\bar{n}_j, \bar{n}_l) \to (\bar{n}_j - 1, \bar{n}_l + 1)$.

方程 (12.72a) 所定义的 $\tilde{Q}$ 对应于两阶体系–环境相互作用, 在方程 (12.89) 中各项 $\tilde{Q}_l$ 的幂次总和为

$$
n_{\boldsymbol{n}} \equiv \sum_{l=0}^{K_M} n_l + \sum_{l=0}^{2K+1} \bar{n}_l \tag{12.92}
$$

因而具有次数 $n_{\boldsymbol{n}} = n$ 的 $\rho_{\boldsymbol{n}}$ 对应 $2n$ 阶体系–环境相互作用的一部分, 设 $m = M + 4(K+1)$ 是 $\boldsymbol{n}$ 的元素个数, 那么具有次数 $n_{\boldsymbol{n}} = n$ 的 $\rho_{\boldsymbol{n}}$ 的个数为 $N_n = \dfrac{(n+m-1)!}{n!\,(m-1)!}$.

设由所有具有次数 $n_{\boldsymbol{n}} = n$ 的 $\rho_{\boldsymbol{n}}$ 所组成的向量为 $\boldsymbol{\rho}_n \equiv \{\rho_{\boldsymbol{n}}; n_{\boldsymbol{n}} = n\}$, 方程 (12.90) 可归并为下面的形式

$$
\partial_t \boldsymbol{\rho}_n = -\boldsymbol{\Lambda}_n\boldsymbol{\rho}_n - \mathrm{i}\boldsymbol{A}_n\boldsymbol{\rho}_{n-1} - \mathrm{i}\mathcal{Q}\boldsymbol{B}_n\boldsymbol{\rho}_{n+1} \tag{12.93}
$$

式中: $\boldsymbol{\Lambda}_n$、$\boldsymbol{A}_n$ 和 $\boldsymbol{B}_n$ 都是矩阵, 元素为数字或超算符. 具体而言, $\boldsymbol{\Lambda}_n$ 是 $N_n \times N_n$ 矩阵, 对角元由方程 (12.90) 右边第一项决定, 而非对角元由方程 (12.90) 的最后两行决定; $\boldsymbol{A}_n$ 是 $N_n \times N_{n-1}$ 矩阵, 对应于方程 (12.90) 的第二行; $\boldsymbol{B}_n$ 是 $N_n \times N_{n+1}$ 矩阵, 对应于方程 (12.90) 第一行的最后两项, 元素取值 1 或 0; 可以看出所有 $\boldsymbol{\Lambda}_n$、$\boldsymbol{A}_n$ 和 $\boldsymbol{B}_n$ 都是稀疏矩阵.

12.5.3　递归 Green 函数

类似 ρ_n, 设传播函数所组成的向量 $\boldsymbol{\mathcal{U}}_n \equiv \{\mathcal{U}_{\mathrm{n}}; n_{\mathrm{n}} = n\}$, 方程 (12.93) 等价于

$$\partial_t \boldsymbol{\mathcal{U}}_n = -\boldsymbol{\Lambda}_n \boldsymbol{\mathcal{U}}_n - \mathrm{i}\boldsymbol{A}_n \boldsymbol{\mathcal{U}}_{n-1} - \mathrm{i}\boldsymbol{Q}\boldsymbol{B}_n \boldsymbol{\mathcal{U}}_{n+1} \tag{12.94}$$

初始条件为 $\boldsymbol{\mathcal{U}}_n(t_0, t_0) \equiv \delta_{n0}$, $\boldsymbol{\mathcal{U}}_0$ 只含有一个元素, 即我们所要求的约化体系的传播函数 $\mathcal{U}(t, t_0)$. 依下式引入递归 Green 函数

$$\boldsymbol{\mathcal{U}}_0(t, t_0) \equiv \boldsymbol{\mathcal{G}}_0(t, t_0) \tag{12.95a}$$

$$\boldsymbol{\mathcal{U}}_n(t, t_0) \equiv -\mathrm{i} \int_{t_0}^{t} \mathrm{d}\tau \boldsymbol{\mathcal{G}}_n(t, \tau) \boldsymbol{A}_n \boldsymbol{\mathcal{U}}_{n-1}(\tau, t_0) \tag{12.95b}$$

初值为 $\boldsymbol{\mathcal{G}}_n(t_0, t_0) = 1$, 可得递归 Green 函数所满足的方程为

$$\partial_t \boldsymbol{\mathcal{G}}_n = -\boldsymbol{\Lambda}_n \boldsymbol{\mathcal{G}}_n - \int_{t_0}^{t} \mathrm{d}\tau \boldsymbol{\Pi}_n(t, \tau) \boldsymbol{\mathcal{G}}_n(\tau, t_0) \tag{12.96a}$$

$$\boldsymbol{\Pi}_n(t, \tau) = \boldsymbol{Q}\boldsymbol{B}_n \boldsymbol{\mathcal{G}}_{n+1}(t, \tau) \boldsymbol{A}_{n+1} \tag{12.96b}$$

传播函数 $\boldsymbol{\mathcal{U}}_n$ 同时与 $\boldsymbol{\mathcal{U}}_{n+1}$ 和 $\boldsymbol{\mathcal{U}}_{n-1}$ 耦合, 而 Green 函数 $\boldsymbol{\mathcal{G}}_n$ 只与 $\boldsymbol{\mathcal{G}}_{n+1}$ 有关. 当 $n = 0$ 时, $\boldsymbol{\Pi}_0(t, \tau) \equiv \boldsymbol{\Pi}(t, \tau)$ 和 $\boldsymbol{\Lambda}_0 = \mathrm{i}\mathcal{L}$ 都只含有一个元素, 由方程 (12.95a) 和方程 (12.96a) 可知约化密度算符的方程形式上可写为

$$\dot{\rho}(t) = -\mathrm{i}\mathcal{L}(t)\rho(t) - \int_{t_0}^{t} \mathrm{d}\tau \, \Pi(t, \tau)\rho(\tau) \tag{12.97}$$

到目前为止, 本节所有的方程都适用于包含外场作用的含时体系. 若体系哈密顿量不含时, 则有 $\boldsymbol{\mathcal{G}}_n(t, \tau) = \boldsymbol{\mathcal{G}}_n(t - \tau)$ 和 $\boldsymbol{\Pi}_n(t, \tau) = \boldsymbol{\Pi}_n(t - \tau)$, 方程 (12.96) 可以变换到 Laplace 空间求解, 得到连分数方程:

$$\hat{\boldsymbol{\mathcal{G}}}_n(s) = \frac{1}{s + \boldsymbol{\Lambda}_n + \boldsymbol{Q}\boldsymbol{B}_n \hat{\boldsymbol{\mathcal{G}}}_{n+1}(s) \boldsymbol{A}_{n+1}} \tag{12.98}$$

递归 Green 函数的方程 [方程 (12.96)] 和连分数方程 [方程 (12.98)] 提供了不同于方程 (12.94) 的研究量子耗散动力学问题的方法, 它们各自具有数值上和理论分析上的便捷之处, 相关工作可参见文献 [68]、[69].

12.6　小　　结

本章所介绍的通过影响泛函路径积分求导建立量子统计动力学方程的方法 (辅以有效修正和截断[30]), 适用于任意体系–环境相互作用、任意外场和任意温度; 提

供了超越低阶微扰理论研究有限温度下非 Markov 耗散动力学过程的系统方法; 唯一的假设是热库的 Gauss 统计性质. 尽管所建立的耦合微分运动方程组的数值计算量仍然很大, 但是相对于影响泛函路径积分方法, 它的计算效率已经大为提高, 可以解决许多过去无法处理的问题. 耗散的随机描述方法[14,48~56] 是量子耗散理论的另一重要方向, 它不仅富有潜力提高数值效率, 也是有力的理论分析工具. 另外, 各种半经典方法或量子–经典混合的方法[35~47] 是研究大体系化学反应动力学不得已而为之的重要途径. 这三方面构成当前量子耗散动力学理论方法发展的主体.

量子耗散理论是关于量子统计动力学的基础理论, 体系与环境的相互作用千丝万缕, 既不单纯也不分立. 从 Brown 振子这一简单体系已经可以看出, 对于一个处于环境中的体系, 怎样分析它所体现的性质即实验所观测到的性质; 一个外加场的作用, 怎样考虑它在耗散耦合下对体系所施加的实际影响和体系对它的响应, 这些看似简单的问题必须采用合理的理论方法才会获取真实的信息. 因此不仅量子耗散方程理论本身的发展, 它们对于各种实际问题 (比如体系的电磁性质或光学响应) 的应用, 也是理论工作的重要内容.

致谢 感谢国家自然科学基金的支持.

附 录

附录 A Brown 振子体系的路径积分

考虑方程 (12.57) 沿某路径 $\{q(\tau), q'(\tau)\}$ 的积分, 假设

$$q(\tau) = q_{ex}(\tau) + \delta q(\tau), \qquad q'(\tau) = q'_{ex}(\tau) + \delta q'(\tau) \tag{A.1}$$

或

$$s_\tau = s_\tau^{ex} + \delta s_\tau, \qquad x_\tau = x_\tau^{ex} + \delta x_\tau \tag{A.2}$$

其中 $q_{ex}(\tau)$ 和 $q'_{ex}(\tau)$ 表示极值路径, 满足方程 (12.58); $\delta q(\tau)$ 和 $\delta q'(\tau)$ 表示相对于极值路径的起伏, 在端点处有

$$\delta q(t) = \delta q'(t) = \delta q(0) = \delta q'(0) = \delta s_t = \delta x_t = \delta s_0 = \delta x_0 = 0 \tag{A.3}$$

将方程 (A.2) 代入方程 (12.57b), 得

$$\varXi = \varXi_{ex} + \Delta\varXi + \Delta^2\varXi \tag{A.4}$$

其中

$$
\begin{aligned}
\varXi_{\mathrm{ex}} = \mathrm{i} \int_0^t \mathrm{d}\tau [M \dot{s}_\tau^{\mathrm{ex}} \dot{x}_\tau^{\mathrm{ex}} - M \varOmega_{\mathrm{H}}^2 s_\tau^{\mathrm{ex}} x_\tau^{\mathrm{ex}} + \epsilon(\tau) s_\tau^{\mathrm{ex}}] \\
- \int_0^t \mathrm{d}\tau \int_0^\tau \mathrm{d}\tau' s_\tau^{\mathrm{ex}} [\kappa(\tau - \tau') s_{\tau'}^{\mathrm{ex}} + \mathrm{i}\dot{\gamma}(\tau - \tau') x_{\tau'}^{\mathrm{ex}}]
\end{aligned} \tag{A.5a}
$$

$$
\begin{aligned}
\Delta\varXi = \mathrm{i} \int_0^t \mathrm{d}\tau [M \delta s_\tau \dot{x}_\tau + M \dot{s}_\tau \delta \dot{x}_\tau - M \varOmega_{\mathrm{H}}^2 \delta s_\tau x_\tau - M \varOmega_{\mathrm{H}}^2 s_\tau \delta x_\tau + \epsilon(\tau) \delta s_\tau] \\
- \mathrm{i} \int_0^t \mathrm{d}\tau \int_0^\tau \mathrm{d}\tau' [\delta s_\tau \dot{\gamma}(\tau - \tau') x_{\tau'} + s_\tau \dot{\gamma}(\tau - \tau') \delta x_{\tau'}] \\
- \int_0^t \mathrm{d}\tau \int_0^t \mathrm{d}\tau' \delta s_\tau \kappa(\tau - \tau') s_{\tau'}
\end{aligned} \tag{A.5b}
$$

$$
\begin{aligned}
\Delta^2\varXi \mathrm{i} \int_0^t \mathrm{d}\tau [M \delta \dot{s}_\tau \delta \dot{x}_\tau - M \varOmega_{\mathrm{H}}^2 \delta s_\tau \delta x_\tau] \\
- \int_0^t \mathrm{d}\tau \int_0^\tau \mathrm{d}\tau' \delta s_\tau [\kappa(\tau - \tau') \delta s_{\tau'} + \mathrm{i}\dot{\gamma}(\tau - \tau') \delta x_{\tau'}]
\end{aligned} \tag{A.5c}
$$

对方程 (A.5b) 中的 $(\delta \dot{s}_\tau \dot{x}_\tau + \dot{s}_\tau \delta \dot{x}_\tau)$ 项进行分部积分 [利用端点条件方程 (A.3)], 然后根据方程 (12.58) 得 $\Delta\varXi = 0$ (这实际上就是极值轨迹所应满足的条件); 关于方程 (A.5a) 沿极值路径的求解在正文 (见 12.4.3 节) 给出; 从方程 (A.5c) 可以看出, $\Delta^2\varXi$ 对于方程 (12.57a) 的贡献与端点无关, 考虑归一性, 它只贡献一个常数因子.

附录 B　方程 (12.66) 的推导

首先让我们明确 $\sigma_{qq}^{\mathrm{eq}}$ 和 $\sigma_{pp}^{\mathrm{eq}}$ 的具体形式. 实际上, $\sigma_{qq}^{\mathrm{eq}} = \tilde{C}_{qq}(0)$、$\sigma_{pp}^{\mathrm{eq}} = -M^2 \ddot{\tilde{C}}_{qq}(0)$ [见方程 (12.7)], 因此由涨落耗散定理 [方程 (12.17)] 得

$$
\sigma_{qq}^{\mathrm{eq}} = \frac{1}{\pi} \int_{-\infty}^{\infty} \mathrm{d}\omega \frac{\mathrm{Im}[\hat{\chi}(\omega)]}{1 - \mathrm{e}^{-\beta\omega}}, \quad \sigma_{pp}^{\mathrm{eq}} = \frac{M^2}{\pi} \int_{-\infty}^{\infty} \mathrm{d}\omega \frac{\omega^2 \mathrm{Im}[\hat{\chi}(\omega)]}{1 - \mathrm{e}^{-\beta\omega}} \tag{B.1a}
$$

由方程 (12.53) 第一个等式并参见 12.2 节可知

$$
\mathrm{Im}[\hat{\chi}(\omega)] = J(\omega)|\hat{\chi}(\omega)|^2 \tag{B.1b}
$$

式中: $J(\omega)$ 为热库谱密度函数.

现在来推导方程 (12.66a), 将方程 (12.63d) 代入方程 (12.63e), 有

$$
\begin{aligned}
h_p(t) \equiv \int_0^t \mathrm{d}\tau \, \dot{\chi}(\tau) \kappa(\tau) \\
+ M \int_0^t \mathrm{d}\tau \int_0^t \mathrm{d}\tau' \, \dot{\chi}(\tau) \kappa(\tau - \tau') \ddot{\chi}(\tau') \\
+ M \tilde{\gamma}(t) \int_0^t \mathrm{d}\tau \int_0^t \mathrm{d}\tau' \, \dot{\chi}(\tau) \kappa(\tau - \tau') \dot{\chi}(\tau')
\end{aligned}
$$

$$+ M\tilde{\Omega}^2(t) \int_0^t \mathrm{d}\tau \int_0^t \mathrm{d}\tau' \dot{\chi}(\tau)\kappa(\tau - \tau')\chi(\tau')$$

$$\equiv (\mathrm{I}) + (\mathrm{II}) + (\mathrm{III}) + (\mathrm{IV}) \tag{B.2}$$

下面我们来逐项考虑, 主要采用分部积分, 并注意到因 $\kappa(t)$ 为偶函数所以 $\dot{\kappa}(t)$ 为奇函数会导致 $\int_0^t \mathrm{d}\tau \int_0^t \mathrm{d}\tau' a(\tau)a(\tau')\dot{\kappa}(\tau - \tau') = 0$. 我们有

$$(\mathrm{I}) = \int_0^t \mathrm{d}\tau\, \dot{\chi}(\tau)\kappa(\tau) \tag{B.3a}$$

$$(\mathrm{II}) = M \int_0^t \mathrm{d}\tau\, \dot{\chi}(\tau) \left[\dot{\chi}(t)\kappa(t - \tau) - \frac{\kappa(\tau)}{M} + \int_0^t \mathrm{d}\tau'\, \dot{\kappa}(\tau - \tau')\dot{\chi}(\tau') \right]$$

$$= M\dot{\chi}(t) \int_0^t \mathrm{d}\tau\, \kappa(t - \tau)\dot{\chi}(\tau) - \int_0^t \mathrm{d}\tau\, \dot{\chi}(\tau)\kappa(\tau) \tag{B.3b}$$

$$(\mathrm{III}) = M\tilde{\gamma}(t)\chi(t) \int_0^t \mathrm{d}\tau'\, \kappa(t - \tau')\dot{\chi}(\tau')$$

$$- M\tilde{\gamma}(t) \int_0^t \mathrm{d}\tau \int_0^t \mathrm{d}\tau'\, \chi(\tau)\dot{\kappa}(\tau - \tau')\dot{\chi}(\tau')$$

$$= M\tilde{\gamma}(t)\chi(t) \int_0^t \mathrm{d}\tau\, \kappa(t - \tau)\dot{\chi}(\tau) + M\tilde{\gamma}(t)\chi(t) \int_0^t \mathrm{d}\tau\, \dot{\kappa}(t - \tau)\chi(\tau)$$

$$- M\tilde{\gamma}(t) \int_0^t \mathrm{d}\tau \int_0^t \mathrm{d}\tau'\, \chi(\tau)\ddot{\kappa}(\tau - \tau')\chi(\tau') \tag{B.3c}$$

$$(\mathrm{IV}) = M\tilde{\Omega}^2(t) \int_0^t \mathrm{d}\tau'\, \chi(\tau') \left[\chi(t)\kappa(t - \tau') - \int_0^t \mathrm{d}\tau\, \chi(\tau)\dot{\kappa}(\tau - \tau') \right]$$

$$= M\tilde{\Omega}^2(t)\chi(t) \int_0^t \mathrm{d}\tau\, \kappa(t - \tau)\chi(\tau) \tag{B.3d}$$

加和上面四项, 取 $t \to \infty$ 极限, 此时 $\chi(\infty) = \dot{\chi}(\infty) = \kappa(\infty) = \dot{\kappa}(\infty) = 0$, 得

$$h_p(t \to \infty) = -M\tilde{\gamma}(t) \int_0^\infty \mathrm{d}\tau \int_0^\infty \mathrm{d}\tau'\, \chi(\tau)\ddot{\kappa}(\tau - \tau')\chi(\tau') \tag{B.4}$$

由方程 (12.21) 可知

$$\kappa(t) \equiv \mathrm{Re}[\tilde{C}(t)] = \frac{1}{\pi} \int_{-\infty}^\infty \mathrm{d}\omega \frac{\cos(\omega t)J(\omega)}{1 - \mathrm{e}^{-\beta\omega}} \tag{B.5}$$

方程 (B.5) 代入方程 (B.4), 得

$$h_p(t \to \infty) = \frac{M}{\pi}\tilde{\gamma}(t) \int_{-\infty}^\infty \mathrm{d}\omega \frac{\omega^2 J(\omega)}{1 - \mathrm{e}^{-\beta\omega}} \int_0^\infty \mathrm{d}\tau \int_0^\infty \mathrm{d}\tau'\, \chi(\tau)\chi(\tau') \cos[\omega(\tau - \tau')]$$

$$= \frac{M}{\pi}\tilde{\gamma}(t) \int_{-\infty}^\infty \mathrm{d}\omega \frac{\omega^2 J(\omega)}{1 - \mathrm{e}^{-\beta\omega}} |\hat{\chi}(\omega)|^2 \tag{B.6}$$

结合方程 (B.1), 方程 (12.66a) 得证.

现在证明方程 (12.66b), 将方程 (12.63d) 代入方程 (12.63f), 有

$$
\begin{aligned}
h_q(t) &\equiv \int_0^t \mathrm{d}\tau\, \chi(\tau)\kappa(\tau) \\
&\quad + M \int_0^t \mathrm{d}\tau \int_0^t \mathrm{d}\tau'\, \chi(\tau)\kappa(\tau-\tau')\ddot{\chi}(\tau') \\
&\quad + M\tilde{\gamma}(t) \int_0^t \mathrm{d}\tau \int_0^t \mathrm{d}\tau' \chi(\tau)\kappa(\tau-\tau')\dot{\chi}(\tau') \\
&\quad + M\tilde{\Omega}^2(t) \int_0^t \mathrm{d}\tau \int_0^t \mathrm{d}\tau' \chi(\tau)\kappa(\tau-\tau')\chi(\tau') \\
&\equiv (\mathrm{I}) + (\mathrm{II}) + (\mathrm{III}) + (\mathrm{IV})
\end{aligned}
\tag{B.7}
$$

其中

$$
(\mathrm{I}) = \int_0^t \mathrm{d}\tau\, \chi(\tau)\kappa(\tau)
\tag{B.8a}
$$

$$
\begin{aligned}
(\mathrm{II}) &= M \int_0^t \mathrm{d}\tau\, \chi(\tau) \left[\dot{\chi}(t)\kappa(t-\tau) - \frac{\kappa(\tau)}{M} + \int_0^t \mathrm{d}\tau'\, \dot{\kappa}(\tau-\tau')\dot{\chi}(\tau') \right] \\
&= M\dot{\chi}(t) \int_0^t \mathrm{d}\tau\, \kappa(t-\tau)\chi(\tau) - \int_0^t \mathrm{d}\tau\, \chi(\tau)\kappa(\tau) \\
&\quad + M \int_0^t \mathrm{d}\tau \int_0^t \mathrm{d}\tau'\, \chi(\tau)\dot{\kappa}(\tau-\tau')\dot{\chi}(\tau') \\
&= M\dot{\chi}(t) \int_0^t \mathrm{d}\tau\, \kappa(t-\tau)\chi(\tau) - \int_0^t \mathrm{d}\tau\, \chi(\tau)\kappa(\tau) \\
&\quad - M\chi(t) \int_0^t \mathrm{d}\tau\, \dot{\kappa}(t-\tau)\chi(\tau) \\
&\quad + M \int_0^t \mathrm{d}\tau \int_0^t \mathrm{d}\tau'\, \chi(\tau)\ddot{\kappa}(\tau-\tau')\chi(\tau')
\end{aligned}
\tag{B.8b}
$$

$$
\begin{aligned}
(\mathrm{III}) &= M\tilde{\gamma}(t) \int_0^t \mathrm{d}\tau\, \chi(\tau) \left[\chi(t)\kappa(t-\tau) + \int_0^t \mathrm{d}\tau'\, \dot{\kappa}(\tau-\tau')\chi(\tau') \right] \\
&= M\tilde{\gamma}(t)\chi(t) \int_0^t \mathrm{d}\tau\, \kappa(t-\tau)\chi(\tau)
\end{aligned}
\tag{B.8c}
$$

$$
(\mathrm{IV}) = M\tilde{\Omega}^2(t) \int_0^t \mathrm{d}\tau \int_0^t \mathrm{d}\tau'\, \chi(\tau)\kappa(\tau-\tau')\chi(\tau')
\tag{B.8d}
$$

同样, 将以上四项加和, 取 $t \to \infty$ 极限, 代入方程 (B.5), 并结合方程 (B.6), 可得

$$
\begin{aligned}
h_q(t \to \infty) &= M \int_0^\infty \mathrm{d}\tau \int_0^\infty \mathrm{d}\tau'\, \chi(\tau)\ddot{\kappa}(\tau-\tau')\chi(\tau') \\
&\quad + M\tilde{\Omega}^2(t) \int_0^\infty \mathrm{d}\tau \int_0^\infty \mathrm{d}\tau' \chi(\tau)\kappa(\tau-\tau')\chi(\tau')
\end{aligned}
$$

$$
\begin{aligned}
&= -\frac{M}{\pi} \int_{-\infty}^{\infty} \mathrm{d}\omega \frac{\omega^2 J(\omega)}{1 - \mathrm{e}^{-\beta\omega}} |\hat{\chi}(\omega)|^2 \\
&\quad + \frac{M}{\pi} \tilde{\Omega}^2(t) \int_{-\infty}^{\infty} \mathrm{d}\omega \frac{J(\omega)}{1 - \mathrm{e}^{-\beta\omega}} \int_0^{\infty} \mathrm{d}\tau \int_0^{\infty} \mathrm{d}\tau' \chi(\tau)\chi(\tau') \cos[\omega(\tau - \tau')] \\
&= -\frac{M}{\pi} \int_{-\infty}^{\infty} \mathrm{d}\omega \frac{\omega^2 J(\omega)}{1 - \mathrm{e}^{-\beta\omega}} |\hat{\chi}(\omega)|^2 + \frac{M}{\pi} \tilde{\Omega}^2(t) \int_{-\infty}^{\infty} \mathrm{d}\omega \frac{J(\omega)}{1 - \mathrm{e}^{-\beta\omega}} |\hat{\chi}(\omega)|^2 \\
&= -\frac{1}{M} \sigma_{pp}^{\mathrm{eq}} + M \tilde{\Omega}^2(t) \sigma_{qq}^{\mathrm{eq}}
\end{aligned}
\tag{B.9}
$$

证毕.

参 考 文 献

[1] Golden M. J. Magn. Reson., 2001, 149: 160

[2] Louisell W H. Quantum Statistical Properties of Radiation. New York: Wiley, 1973

[3] Born M, Huang K. Dynamical Theory of Crystal Lattices. New York: Oxford University Press, 1985

[4] Alicki R, Lendi K. Quantum Dynamical Semigroups and Applications: Lecture Notes in Physics 286. New York: Springer, 1987

[5] Mukamel S. The Principles of Nonlinear Optical Spectroscopy. New York: Oxford University Press, 1995

[6] Feynman R P, Vernon F L. Ann. Phys., 1963, 24: 118

[7] Grabert H, Schramm P, Ingold G L. Phys. Rep., 1988, 168: 115

[8] Weiss U. Quantum Dissipative Systems. 2nd ed. Series in Modern Condensed Matter Physics. Vol. 10. Singapore: World Scientific, 1999

[9] Kleinert H. Path Integrals in Quantum Mechanics, Statistics, Polymer Physics, and Financial Markets. 4th ed. Singapore: World Scientific, 2006

[10] Kubo R, Toda M, Hashitsume N. Statistical Physics II: Nonequilibrium Statistical Mechanics. 2nd ed. Berlin: Springer-Verlag, 1985

[11] Mukamel S. Chem. Phys., 1979, 37: 33

[12] Pollard W T, Felts A K, Friesner R A. Adv. Chem. Phys., 1996, 93: 77

[13] Dittrich T, Hänggi P, Ingold G L et al. Quantum Transport and Dissipation. Weinheim: Wiley-VCH, 1998

[14] Breuer H P, Petruccione F. The Theory of Open Quantum Systems. New York: Oxford University Press, 2002

[15] Nitzan A. Chemical Dynamics in Condensed Phases: Relaxation, Transfer and Reactions in Condensed Molecular Systems. New York: Oxford University Press, 2006

[16] Tanimura Y. J. Phys. Soc. Jpn., 2006, 75: 082001

[17] Meier C, Tannor D J. J. Chem. Phys., 1999, 111: 3365

[18] Shi Q, Geva E. J. Chem. Phys., 2003, 119: 12063

[19] Xu R X, Mo Y, Cui P et al. Non-Markovian quantum dissipation in the presence of external fields. In: Maruani J, Lefebvre R, Brändas E eds. Progress in Theoretical Chemistry and Physics. Vol. 12: Advanced Topics in Theoretical Chemical Physics. Dordrecht: Kluwer, 2003. 7~40

[20] Yan Y J, Xu R X. Annu. Rev. Phys. Chem. 2005, 56: 187
[21] Xu R X, Yan Y J, Ohtsuki Y et al. J. Chem. Phys., 2004, 120: 6600
[22] Mo Y, Xu R X, Cui P et al. J. Chem. Phys., 2005, 122: 084115
[23] Makri N. J. Math. Phys., 1995, 36: 2430
[24] Hu B L, Paz J P, Zhang Y. Phys. Rev. D, 1992, 45: 2843
[25] Karrlein R, Grabert H. Phys. Rev. E, 1997, 55: 153
[26] Tanimura Y, Kubo R. J. Phys. Soc. Jpn., 1989, 58: 101
[27] Tanimura Y, Wolynes P G. Phys. Rev. A, 1991, 43: 4131
[28] Ishizaki A, Tanimura Y. J. Phys. Soc. Jpn., 2005, 74: 3131
[29] Xu R X, Cui P, Li X Q et al. J. Chem. Phys., 2005, 122: 041103
[30] Xu R X, Yan Y J. Phys. Rev. E, 2007, 75: 031107
[31] Holstein T. Ann. Phys., 1959, 8: 325
[32] Holstein T. Ann. Phys., 1959, 8: 343
[33] Liao J L, Pollak E. J. Chem. Phys., 2002, 116: 2718
[34] Pomyalov A, Tannor D J. J. Chem. Phys., 2005, 123: 204111
[35] Kay K G. J. Chem. Phys., 1994, 100: 4377
[36] Kay K G. J. Chem. Phys., 1994, 100: 4432
[37] Kay K G. J. Chem. Phys., 1994, 101: 2250
[38] Sun X, Miller W H. J. Chem. Phys., 1999, 110: 6635
[39] Thoss M, Wang H B, Miller W H. J. Chem. Phys., 2001, 114: 9220
[40] Jang S, Voth G A. J. Chem. Phys., 1999, 111: 2357
[41] Jang S, Voth G A. J. Chem. Phys., 1999, 111: 2371
[42] Zhang S S, Pollak E. J. Chem. Phys., 2003, 118: 4357
[43] Zhang S S, Pollak E. J. Chem. Phys., 2003, 119: 11058
[44] Shao J S, Makri N. J. Phys. Chem. A, 1999, 103: 7753
[45] Shao J S, Makri N. J. Phys. Chem. A, 1999, 103: 9479
[46] Shao J S, Makri N. J. Phys. Chem. A, 2000, 113: 3681
[47] Mukamel S. Phys. Rev. E, 2003, 68: 021111.
[48] Plenio M B, Knight P L. Rev. Mod. Phys., 1998, 70: 101
[49] Breuer H P, Kappler B, Petruccione F. Phys. Rev. A, 1999, 59: 1633
[50] Stockburger J T, Mak C H. J. Chem. Phys., 1999, 110: 4983
[51] Stockburger J T, Grabert H. Phys. Rev. Lett., 2002, 88: 170407
[52] Shao J S. J. Chem. Phys., 2004, 120: 5053
[53] Yan Y A, Yang F, Liu Y et al. Chem. Phys. Lett., 2004, 395: 216
[54] Shao J S. Chem. Phys., 2006, 322: 187
[55] Goan H S, Milburn G J, Wiseman H M et al. Phys. Rev. B, 2001, 63: 125326
[56] Gambetta J, Wiseman H M. Phys. Rev. A, 2002, 66: 012108
[57] Hänggi P, Talkner P, Borkovec M. Rev. Mod. Phys., 1990, 62: 251
[58] Miller W H. J. Chem. Phys., 1974, 61: 1823
[59] Miller W H, Schwartz S D, Tromp J W. J. Chem. Phys., 1983, 79: 4889
[60] Strunz W T, Yu T. Phys. Rev., A 2004, 69: 052115
[61] Caldeira A O, Leggett A J. Ann. Phys., 1983, 149: 374
[62] Caldeira A O, Leggett A J. Physica A, 1983, 121: 587

[63] Yan Y J, Shuang F, Xu R X et al. J. Chem. Phys., 2000, 113: 2068
[64] Hänggi P, Ingold G L. Chaos, 2005, 15: 026105
[65] Leggett A J, Chakravarty S, Dorsey A T et al. Rev. Mod. Phys., 1987, 59: 1
[66] Thorwart M, Grifoni M, Hänggi P. Ann. Phys., 2001, 293: 15
[67] Yu T. Phys. Rev. A, 2004, 69: 062107
[68] Cui P, Li X Q, Shao J S et al. Phys. Lett. A, 2006, 357: 449
[69] Han P, Xu R X, Li B Q et al. J. Phys. Chem. B, 2006, 110: 11438

第13章　非平衡非线性化学动力学

侯中怀　辛厚文

非线性化学动力学的研究对象, 是化学体系在远离平衡条件下, 由体系中非线性过程的作用, 自发形成的宏观尺度上的各种复杂的时空有序结构, 包括多重定态、化学振荡、图灵斑图、化学波和化学混沌等[1~3]. 这些现象都是非平衡条件下大量分子的集体行为, 因此非线性化学动力学的研究, 属于物理化学和非平衡统计物理的交叉领域.

随着 20 世纪 50 年代 Belousov-Zhabotinsky(BZ) 反应体系中各类非线性化学现象的实验发现, 非线性化学动力学的研究便成为物理化学研究中的一个新的生长点. 20 世纪 70 年代, 以 Prigogine 为首的比利时布鲁塞尔学派提出了著名的 "耗散结构" 理论[4,5], 奠定了非线性化学现象的热力学基础. 过去 20 年, 由于计算机技术和非线性科学的发展, 人们得以模拟实验上观测到的各种非线性现象, 从而能够深入了解非线性化学现象的动力学机制, 并进一步推动了非线性化学动力学在实际体系中的应用. 近年来, 随着化学研究的对象向生命和纳米等复杂体系的扩展, 非平衡、非线性和复杂性之间的相互作用也已成为非线性化学动力学研究的一个主要方向. 在生命和表面催化等体系中, 实验上已发现大量的非线性动力学行为, 如细胞体系内的钙振荡及钙波[6], 生理时钟振荡[7], 单晶表面催化过程中的化学振荡、螺旋波、化学混沌等[8,9]. 研究表明, 这些非线性化学动力学行为对生命体系的功能和催化过程的活性与选择性等起着非常重要的作用. 因此, 要深入理解这些作用的机制, 必须考虑到实际体系中的各种复杂性因素, 包括噪声和无序等随机因素, 环境和体系以及体系内部的复杂相互作用等.

本章中, 我们将对非线性化学动力学的基本内容和研究进展作一简单概述. 为使内容具有相对完整性, 13.1 节主要介绍非线性化学动力学的基本概念和研究方法. 在 13.2 节和 13.3 节, 将重点介绍近年来复杂体系非线性化学动力学的一些研究结果, 主要包括环境噪声、空间和拓扑无序、介观反应体系内涨落对非线性化学动力学的调控作用等. 在 13.4 节我们进行简单的总结和展望.

13.1　非线性化学动力学简介

本节中, 我们将对非线性化学动力学的基本概念和理论方法进行简单概括. 首先结合表面催化和生命体系的实例, 描述几种典型的非线性化学现象, 以增加读者的感性认识. 接着对非线性化学现象的热力学基础、确定性动力学方法和随机动力学方法进行简介.

13.1.1 非线性化学现象

1. 化学振荡

化学振荡是最典型的非线性化学动力学特征, 它指的是化学反应物质的浓度随时间呈周期变化的现象. 虽然早在 1828 年就有人报道了电化学体系中的振荡现象, 但直到 20 世纪 70 年代, 人们还一致认为化学振荡现象违反了热力学第二定律. 当时人们接受的普遍观点是: 化学反应体系不可能自发形成有序结构. 当然我们现在已经知道, 在远离平衡的条件下, 化学振荡的自发形成并不违反热力学第二定律. 随着 20 世纪 50 年代 BZ 振荡反应体系的发现[10,11], 化学振荡现象逐渐受到了化学和生物学科工作者的重视.

生命及表面催化体系中存在丰富的化学振荡现象. 在生命体系中, 化学振荡作为信号传递的基本形式, 扮演着十分重要的角色. 例如, 钙离子振荡信号既调节着细胞内的生命过程, 同时又在细胞间传递信息以控制细胞整体的行为[6]; 生理时钟振荡的分子机制, 是基因表达产物蛋白质浓度的振荡[7]; 神经网络中信号的传递也是以振荡的形式进行的[12]. 在非均相表面催化体系中, 反应速率及产物浓度常常表现出振荡, 这种振荡与催化活性及选择性都密切相关. 例如, 图 13-1(a) 显示了合成基因振荡网络体系中, 基因表达产物蛋白质浓度 (用荧光强度来表征) 随时间的振荡现象[13]; 图 13-1(b) 中给出了 10 nm 的 Pd 金属粒子表面, CO 催化氧化产物 CO_2 的浓度随时间的振荡现象[14].

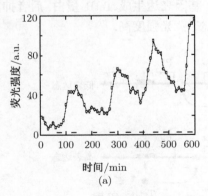
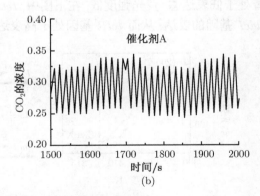

图 13-1 (a) 合成基因网络中的蛋白质浓度振荡;

(b) 纳米粒子表面催化过程中的浓度振荡

2. 多重定态

多重定态是指在恒定的外界条件 (如温度、压力、流速等) 下, 因初始条件的不

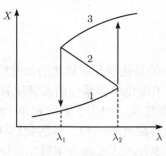

图 13-2　双稳态示意图

同, 化学体系表现出不同的稳定动力学状态的现象. 最简单的多重定态是双稳态, 如图 13-2 所示. 在特定的控制参量范围内 ($\lambda_1 < \lambda < \lambda_2$), 体系可能的状态有 3 种, 其中分支 1 和分支 3 是稳定的, 是实验上可观测到的状态; 而分支 2 不稳定, 不能直接实验观测. 双稳态的最重要效应是跃迁和滞后现象: 若初始时体系处于分支 1 的稳定态, 随着控制参量 λ 的增大, 在经过 λ_2 时体系会突然跃迁到分支 3 所在的状态; 若此时减小 λ, 体系并不

会立刻回到分支 1, 而是一直处于分支 3 的状态, 直到 λ 小于 λ_1. 值得强调的是, 多重定态的存在与化学反应的稳定性、灵敏性和效率密切相关. 视体系所处的状态不同, 稳定性也截然不同; 如在分支 1 的 λ_2 附近及分支 3 的 λ_1 附近区域, 体系对外界扰动十分敏感, 微小的刺激可能导致体系状态的突然跃迁, 这有可能导致灾难性的后果, 并且滞后现象使得这种后果并不能及时地得到补救. 另外, 体系处于不同的状态时, 也可能具有不同的反应活性和功能. 图 13-3 中给出了生命和表面催化体系中的双稳态实例. 图 13-3(a) 显示了 Pt 单晶表面上, 场发射针尖小区域内, CO 催化氧化过程中的双稳态现象[15]: 随着温度的变化, 可以出现高反应活性和低反应活性两种状态. 图 13-3(b) 为一种具有双稳 "开关" 特性的合成基因网络的示意图[16,17]: 在上图中, *lacI* 基因的表达产物 LacI 蛋白抑制 *tetR* 基因的表达, 从而后者处于低表达态, 荧光强度低; 在下图中, *tetR* 基因表达生成 TetR 蛋白, 后者抑制 *lacI* 基因的表达, 从而 *tetR* 基因处于高表达态, 荧光强度高.

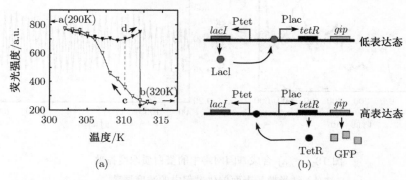

图 13-3　(a) 表面催化体系的双稳态; (b) 具有双稳
开关性质的合成基因网络

3. 化学波和斑图

化学振荡是化学反应体系在远离平衡条件下形成的时间上的有序结构. 若进一步考虑到空间的扩散过程和反应的相互作用, 则可产生更多丰富的时空有序结构[18~21]: 化学波和图灵斑图 (Turing pattern). 顾名思义, 前者是反应组分的浓度分布呈现 "波动变化", 从而在空间和时间上都出现 "结构"; 而后者指的是反应组分的浓度不随时间变化, 但在空间呈周期变化的现象, 是一种空间有序结构.

化学波在化学和生物体系中非常普遍. 特别是在单晶表面催化体系中, 德国的 Ertl(2007 年诺贝尔化学奖得主) 研究组利用 PEEM(photo emission electro-microscopy) 技术, 从实验上观测到了 Pt(110)、(100) 等晶面上, 高真空条件下 CO 的浓度分布所形成的各种化学波, 包括波前运动、靶环波 (target wave)、脉冲波、驻波、孤波、螺旋波等[9,22]. 生命体系中最常见的化学波是钙离子波, 它在细胞内和细胞间的通信过程中有重要作用, 主要表现为行波、螺旋波等. 图 13-4(a) 是实验观察到的卵细胞中的钙螺旋波[23]. 图灵斑图的概念早在 20 世纪 50 年代就被提出, 但实验上一直没有观测到这种现象, 主要原因是由于开放型的 (即维持体系处于非平衡状态) 反应器不容易设计; 并且图灵结构的形成要求体系中两种关键组分的扩散系数相差很大, 这一点在溶液中很难实现. 直到 90 年代初, 欧阳颀等首次设计出了克服上述困难的反应器[21,24]: 反应在 2 片多孔透明玻璃夹住的圆盘状的凝胶介质中进行, 一方面阻止了破坏斑图形成的对流运动, 同时小分子等反应物可以在介质中只有扩散, 从而维持体系处于非平衡. 接着, 人们发现一些物质既能达到显色剂的作用, 又能改变某些组分的扩散系数, 为从实验上实现图灵结构创造了条件. 图 13-4(b) 是实验上观测到的次氯酸–碘化物–丙二酸反应体系中六角对称性的图灵斑图[24].

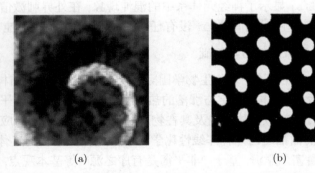

(a)　　　　　　　　　　　　　(b)

图 13-4　(a) 卵细胞中钙螺旋波; (b) 具有六角对称性的图灵斑图

4. 化学混沌

混沌是确定性系统所产生的内在 "随机" 行为. 1963 年, 气象学家 Lorenz 在数值研究液体热对流的一个 3 变量的简化模型时发现: 虽然描述体系的动力学微分方程是确定性的, 但是初始条件的微小差别, 却会导致体系的长时间行为发生巨大改变, 即表现出对初始条件的极度敏感性. 因此, 体系的长时间行为实际上是 "不可预测" 的, 这种 "不可预测性" 并非源于量子力学的随机性, 也不是由外界的噪声所致, 而是动力系统本身的内禀性质. 现在, 人们常可以听到对混沌现象的一个形象且略带夸张的描述 ——"蝴蝶效应", 即台湾海峡一只蝴蝶轻轻扇动翅膀, 便有可能导致新奥尔良一场飓风的形成.

混沌概念一经提出, 便受到物理学家和数学家的高度重视. 有人认为, 混沌是和相对论以及量子力学可以相提并论的 20 世纪的重要物理新思想: 它们都一样冲破了 Newton 力学的教规. 相对论指出 Newton 力学只适用于远低于光速运动的物体; 量子力学指出 Newton 力学不适用于微观物体; 而混沌理论则指出 Newton 力学并不总是能确定性地预知未来. 另外, 混沌理论的发展, 也为深刻理解统计物理的基石之一 ——"遍历性假设" 提供了新的思路.

化学混沌[25,26] 作为混沌的具体形式之一, 通常是指化学反应系统中某些组分的浓度随时间的不规则变化. 当然, 要确定观测到的是混沌现象, 而不是复杂的振荡或噪声, 需要对实验得到的时间序列进行定性甚至定量的分析. 通常, 混沌时间序列的特征通过庞加莱截面、功率谱、自相关函数、李雅普诺夫指数等来刻画. 此外还可以对时间序列进行重构, 得到相空间的 "奇怪吸引子", 这些在一般的非线性动力学参考书中都有详细阐述[27]. 目前, 人们在 BZ 反应、电化学反应、表面催化等许多化学体系中都从实验上发现了化学混沌现象[25]; 在生命体系中, 钙信号传导、神经信号传递、大脑运动等过程中也都发现了混沌现象. 图 13-5(a) 是 Pt 单晶表面 CO 催化氧化过程中, 实验观测到的由螺旋波破裂引发的时空混沌[28], 又称 "湍流" 现象; 图 13-5(b) 显示了神经元体系中的混沌现象, 在外界刺激信号位于箭头所指区域时, 神经脉冲的时间间隔 Δt 没有任何周期性, 信号呈现混沌特征[29].

13.1.2　非线性化学现象的热力学基础

1969 年, Prigogine 在理论物理与生物学国际会议上提出了 "耗散结构" 的新概念. 接着, 他相继出版了《结构、稳定与涨落的热力学理论》[30] 以及《非平衡系统中的自组织》[4] 等著作, 对耗散结构理论及其在物理、化学和生物学中的应用作了全面的阐述. 实际上, 前面描述的几种非线性化学现象都是耗散结构的具体例子. 以 Prigogine 为首的布鲁塞尔学派, 基于 "非平衡是有序之源" 等基本观点, 从热力学上为耗散结构的形成提供了理论依据. 本小节中, 我们将简单地回顾布鲁塞尔学派的基本思想.

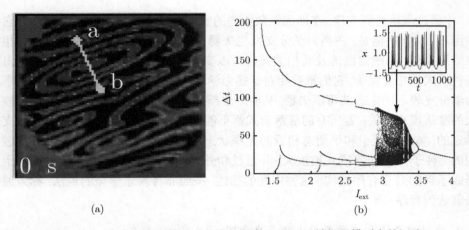

图 13-5 (a) 单晶表面催化过程中的时空混沌; (b) 神经元模型中的混沌

1. 布鲁塞尔学派的基本观点

概括说来, 以 Prigogine 为首的布鲁塞尔学派, 对耗散结构的形成机制持如下基本观点:

(1) 非平衡是有序之源. 按照热力学第二定律, 孤立系统中的自发过程总是导致熵的增加, 因此随着时间的演化, 孤立系统将最终到达熵最大的平衡态, 也就是最 "混乱" 的状态, 从而不会出现 "时空有序结构". 但在和外界有能量和物质交换的热力学开放体系中, 单位时间内系统的熵变 ds 由来自外界的熵流 d_es 和体系内部自发过程的熵产生 d_is 两个部分组成: $ds = d_es + d_is$; 虽然第二定律意味着 $d_is \geqslant 0$, 但只要维持足够的负熵流 $(d_es < 0)$, 原则上体系可以处于 $ds < 0$ 的低熵状态, 这种状态可能对应于某种时空有序结构. 从这个意义上说, 非平衡是产生时空有序结构的必要条件, 是有序之源. 又由于维持稳定的负熵流需要耗散物质和能量, Prigogine 将这类时空有序结构称为耗散结构.

(2) 非线性是必要条件. 非平衡是出现耗散结构的必要条件, 但不是充分条件. 一方面, 在靠近平衡态的线性非平衡区, 外界的负熵流可以维持体系处于稳定的非平衡定态. Prigogine 指出, 这种非平衡定态是由平衡态连续变化而来, 属于热力学分支, 不会出现新的结构. 只有当体系处于远离平衡态的非线性非平衡区域时, 热力学分支会失稳, 此时发生非平衡相变才有可能产生耗散结构. 另一方面, 从数学上看, 体系的某种状态相当于描述体系的微分动力学方程的某种特解, 而耗散结构的出现对应于某种特解的失稳, 而根据微分方程的理论, 只有非线性方程才会出现解的失稳现象; 从物理上看, 只有非线性反馈才会导致体系中不同单元的协同而形成有序的耗散结构.

(3) 通过涨落达到有序. 在形成耗散结构的宏观体系中, 涨落一般是很小的, 它的作用可以忽略. 但是, 在热力学分支发生失稳的非平衡相变点附近, 和平衡态相变点附近类似, 系统的涨落及其相关效应可以变得反常的大. 此时, 体系中可以出现各种模式的相互竞争, 它们都是相对于热力学分支的涨落; 当某些模式被放大时, 热力学分支表示的定态就可能失稳, 从而产生新的状态. 这种新的状态的性质和被放大的涨落模式相关: 若所有的涨落模式都不能被放大, 则显然体系的热力学分支是稳定的, 体系也处于和平衡态相近的无序状态上. 因此, 模式的涨落是形成耗散结构的 "种子", 当涨落模式被放大, 并通过和外界的能量和物质交换达到稳定后, 便形成了新的时空有序结构. 这种定性的描述, 按照布鲁塞尔学派的说法, 称为通过涨落达到有序.

2. 线性非平衡热力学和最小熵产生原理

在非平衡态开放体系中, 由于体系并没有到达平衡态, 因此严格说来, 并不是所有的热力学状态量都有严格定义. 例如, 当体系没有达到热平衡时, 并不能对整个体系严格定义温度 T. 因此, 人们通常采取局域平衡假设, 即可以把体系分为很多小的单元, 每个小单元内部可以认为达到了热力学平衡, 并且每个小单元内部的热力学量之间满足通常的平衡热力学关系. 如此, 可以对这些小单元定义局部的热力学强度量和广延量, 整个宏观体系的热力学量可以由局部热力学量得到. 例如, 定义局域熵 $s(\boldsymbol{r}; t)$, 则体系的总熵为

$$S(t) = \int_v s(\boldsymbol{r}; t)\,\mathrm{d}v \tag{13.1}$$

对于处于等温等压条件下的开放化学反应系统, 设体系内部进行如下的化学反应:

$$\text{第 } r \text{ 步反应 } X_i \longrightarrow X_i + v_{ir} \tag{13.2}$$

式中: v_{ir} 为第 r 个化学反应步骤中第 i 种组分的计量系数变化. 考虑到通过边界的物质交换, 则小单元内的局域组分浓度 c_i 满足如下的质量守恒方程:

$$\frac{\partial c_i}{\partial t} = -\boldsymbol{\nabla} \cdot j_i + \sum_r v_{ir} w_r \tag{13.3}$$

式中: j_i 为通过小单元边界的扩散流; w_r 为第 r 步反应的速率. 由于小单元内体系处于平衡态, 等温等压条件下, 局域熵 s 是浓度 $\{c_i\}$ 的函数, 因此

$$\frac{\partial s}{\partial t} = \sum_i \left(\frac{\partial s}{\partial c_i} \right) \left(\frac{\partial c_i}{\partial t} \right) \tag{13.4}$$

利用局域热力学关系 $(\partial s/\partial c_i) = \mu_i/T$, 其中 μ_i 为化学势, 并经过一些数学推导, 可以得到

$$\frac{\partial s}{\partial t} = -\boldsymbol{\nabla} \cdot J_s + \sigma \tag{13.5}$$

其中 $J_s = -\sum_i \frac{\mu_i}{T} j_i$ 是 "局域熵流", 它来自外界的贡献; σ 称为 "局域熵产生", 是内部不可逆过程的结果, 表达式为

$$\sigma = -\sum_i j_i \nabla \left(\frac{\mu_i}{T}\right) + \sum_r \frac{a_r}{T} w_r \tag{13.6}$$

式中: $\nabla \left(\frac{\mu_i}{T}\right)$ 为组分 i 的 "扩散力"; j_i 为 "扩散流"; $\frac{a_r}{T}$ 为第 r 步反应的 "反应力"; w_r 为 "反应流". $a_r = -\sum_i \mu_i v_{ir}$ 为第 r 步反应的化学亲和势. 可以将局域熵产生写成如下一般形式:

$$\sigma = \sum_k J_k X_k \tag{13.7}$$

式中: X_k 为某种热力学 "力"; J_k 为由该热力学力导致的热力学 "流". 对于开放的化学反应体系, 热力学第二定律要求:

$$\sigma \geqslant 0 \tag{13.8}$$

显然, 在到达平衡时, 反应力和扩散力均为 0, 从而式 (13.8) 取等号. 对方程 (13.5) 进行积分, 便可得到整个体系的总熵演化方程:

$$\frac{\mathrm{d}S}{\mathrm{d}t} = \int_v (-\boldsymbol{\nabla} \cdot J_s + \sigma) \, \mathrm{d}v = \int_\Sigma \boldsymbol{n} \cdot J_s \mathrm{d}\Sigma + \int_v \sigma \mathrm{d}v \equiv \frac{\mathrm{d}_e S}{\mathrm{d}t} + \frac{\mathrm{d}_i S}{\mathrm{d}t} \tag{13.9}$$

式中: Σ 为体系的边界; $\boldsymbol{n}$ 为边界上的法向量; $\frac{\mathrm{d}_e S}{\mathrm{d}t}$ 为整个体系的 "总熵流"; $\frac{\mathrm{d}_i S}{\mathrm{d}t} \equiv P$ 为体系内部的 "总熵产生".

一般地, 可以认为体系中的热力学力 X 导致了热力学流 J, 而二者的乘积对熵产生有贡献. 在平衡态附近, 可以认为力和流之间满足如下的 "线性唯象" 关系:

$$J_k \left(\{X_l\}\right) = \sum_l L_{kl} X_l \tag{13.10}$$

式中: L_{kl} 为唯象系数, 它表征了第 l 种力和第 k 种流之间的相互作用. 例如, 对简单的一级反应

$$A \underset{k_2}{\overset{k_1}{\rightleftharpoons}} B$$

其 "反应力" 为 $a = k_B T \lg \frac{k_1 c_A}{k_2 c_B}$, "反应流" 为 $w = k_1 c_A - k_2 c_B = k_1 c_A \left[1 - \right.$

$\exp\left(-a/k_{\mathrm{B}}T\right)$. 显然, 当 $a \ll k_{\mathrm{B}}T$, 即很接近化学平衡时, 近似的有线性关系 $w \propto a$ 成立. Onsager 证明, 由于微观过程的时间可逆性, 唯象系数之间满足如下关系:

$$L_{kl} = L_{lk} \tag{13.11}$$

常称为 Onsager 倒易关系 reciprocity relation. 另外, 由于空间对称性的要求, 标量力 (流) 和矢量流 (力) 之间一般是退耦的, 因此可以认为扩散和反应之间的唯象系数为 0.

在唯象关系成立的线性非平衡区, 体系可以处于某种 "非平衡定态", 如稳定的扩散过程. 由于此时 $\frac{\partial c_i}{\partial t} = 0$, 故 $\mathrm{d}S = \mathrm{d}_e S + \mathrm{d}_i S = 0$, 因此 $\mathrm{d}_e S = -\mathrm{d}_i S \leqslant 0$, 即维持非平衡定态, 必须有依赖于体系性质的负熵流存在. 由于非平衡定态可由平衡态连续变化而来, 因此并不对应于 "耗散结构", Prigogine 称其为热力学分支. 显然, 若热力学分支是稳定的, 则耗散结构不可能形成.

在线性非平衡区, 将唯象关系 (13.10) 代入熵产生的表达式 (13.5), 可以得到

$$P = \int_v \sigma \mathrm{d}v = \frac{1}{T^2} \int \mathrm{d}v \left(\sum_{ij} L_{ij} \nabla \mu_i \nabla \mu_j + \sum_{rr'} L_{rr'} a_r a_{r'} \right) \geqslant 0 \tag{13.12}$$

考察熵产生的变化, 利用唯象关系和倒易关系, 可以证明:

$$\frac{\mathrm{d}P}{\mathrm{d}t} = -\frac{2}{T^2} \int \mathrm{d}v \sum_{ij} \left(\frac{\partial \mu_i}{\partial c_j} \right) \frac{\partial c_i}{\partial t} \frac{\partial c_j}{\partial t} \leqslant 0 \tag{13.13}$$

注意到在非平衡定态, $\frac{\partial c_i}{\partial t} = 0$, 故 $\frac{\mathrm{d}P}{\mathrm{d}t} = 0$. 方程 (13.12) 和 (13.13) 构成了线性非平衡热力学的主要结论: 体系处于非平衡定态时, 熵产生最小; 当偏离该定态时, 体系的熵产生单调减小, 直至到达非平衡定态, 熵产生不再变化; 这就是著名的最小熵产生原理. 最小熵产生原理告诉我们, 线性非平衡区内, 非平衡定态是稳定的, 因此不可能形成耗散结构. 只有在远离平衡的非线性非平衡区, 耗散结构才有可能形成.

3. 非线性非平衡热力学和耗散结构

远离平衡时, 线性唯象关系不再成立. 仍然考虑熵产生的变化, 可以将其分成两个部分:

$$\frac{\mathrm{d}P}{\mathrm{d}t} = \int \mathrm{d}v \left(\sum_k J_k \frac{\mathrm{d}X_k}{\mathrm{d}t} + \sum_k X_k \frac{\mathrm{d}J_k}{\mathrm{d}t} \right) \equiv \frac{\mathrm{d}_X P}{\mathrm{d}t} + \frac{\mathrm{d}_J P}{\mathrm{d}t} \tag{13.14}$$

$d_X P$ 和 $d_J P$ 分别为由力和流的微小变化导致的熵产生的改变. 在线性非平衡区, 二者实际上是相等的, 并且都小于或等于 0; 在非线性区, 对 $d_J P$ 的符号并不能作出判断, 但可以证明:

$$\frac{d_X P}{dt} = -\frac{1}{T^2} \int dv \sum_{ij} \left(\frac{\partial \mu_i}{\partial c_j} \right) \frac{\partial c_i}{\partial t} \frac{\partial c_j}{\partial t} \leqslant 0 \tag{13.15}$$

其右端实际上是式 (13.13) 的一半. 由于式 (13.15) 在线性和非线性区均成立, 因此被称为普适演化判据 (universal evolution criterion).

为了考察非线性区体系的稳定性, 取热力学分支为参考态 "0", 考虑它受到变分扰动:

$$c_i = c_i^0 + \delta c_i, \quad X_k = X_k^0 + \delta X_k, \quad J_k = J_k^0 + \delta J_k$$

式中: δX_k 称为 "超力"; δJ_k 称为 "超流". 相应地, 熵和熵产生均有偏离:

$$\Delta S = S - S^0 = \delta S + \frac{1}{2} \delta^2 S$$

$$\Delta P = P - P^0 = \delta P + \frac{1}{2} \delta^2 P$$

其中

$$\delta S = \int dv \sum_i \left(\frac{\partial s}{\partial c_i} \right)_0 \delta c_i = -\frac{1}{T} \int dv \left(\sum_i \mu_i^0 \delta c_i \right)$$

并由此得到

$$\delta^2 S = -\frac{1}{T} \int dv \sum_{ij} \left(\frac{\partial \mu_i}{\partial c_j} \right)_0 \delta c_i \delta c_j \leqslant 0 \tag{13.16}$$

$\delta^2 S$ 称为 "超熵". 而且, 由 $\delta P = \int dv \sum_k \left(J_k^0 \delta X_k + X_k^0 \delta J_k \right)$, 可以证明:

$$\frac{1}{2} \delta^2 P = \int dv \sum_k \delta J_k \delta X_k \tag{13.17}$$

式中右端是各种 "超流" 和 "超力" 的乘积之和, 称为 "超熵产生", 计为 $\delta_X P$. 进一步可以证明, 超熵和超熵产生之间满足如下关系式:

$$\frac{d}{dt} \left(\frac{1}{2} \delta^2 S \right) = \delta_X P \tag{13.18}$$

即超熵的时间变化率正比于超熵产生; 如果注意到熵产生即为熵的变化率, 上述结果直观上容易理解.

由式 (13.16) 和式 (13.18) 可以定性讨论参考态的稳定性. 若参考态为平衡态, 则 $X_k^0 = J_k^0 = 0$, 从而 $\delta J_k = J_k$, $\delta X_k = X_k$, 进而 $\delta_X P = P \geqslant 0$; 此时有

$$\frac{\mathrm{d}}{\mathrm{d}t}\left(\frac{1}{2}\delta^2 S\right) \geqslant 0, \quad \frac{1}{2}\delta^2 S \leqslant 0 \tag{13.19}$$

即对平衡态产生偏离之后, 超熵单调变化, 体系又会回到平衡态, 因此平衡态是稳定的. 若参考态是非平衡定态, 在线性区域时, 根据最小熵产生原理, 定态的 P 最小, 故 $\delta_X P \sim P - P^0 \geqslant 0$, 此时式 (13.19) 仍然成立, 即非平衡定态仍是稳定的; 但在非线性区域时, 无任何原理保证 $\delta_X P \geqslant 0$. 因此, 若随着时间演化 $\delta_X P$ 变为负数, 非平衡定态将失稳, 体系可能演化到新的状态, 后者可能是我们期待的 "耗散结构". 图 13-6(a) 中描述了超熵随时间的演化和体系稳定性的关系, 而图 13-6(b) 示意了随着体系远离平衡 (λ 表示偏离平衡的程度), 热力学分支失稳出现新状态的分支 (branching) 行为.

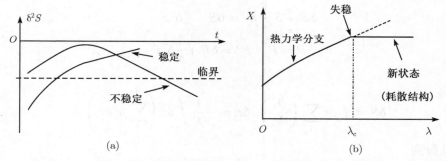

图 13-6   (a) 超熵产生随时间的变化和稳定性的关系; (b) 远离平衡时, 热力学分支发生失稳

综上所述, 在体系处于非线性非平衡区、超熵产生可能变负的条件下, 耗散结构有可能形成. 布鲁塞尔学派基本上奠定了非线性化学现象的热力学基础. 当然, 热力学方法并不能告诉我们, 热力学分支失稳和各种耗散结构形成的动力学机制以及耗散结构的性质, 而这些必须借助于动力学的理论和方法.

13.1.3   非线性化学的确定性动力学方法

宏观反应扩散体系中的时空有序结构, 主要表现为某种组分的浓度的时空分布. 对于宏观体系, 可以认为浓度是时间和空间的连续函数, 且在感兴趣的时间尺度上遵循确定性的演化规律. 实际上, 对方程 (13.3) 中的扩散项应用 Fick 扩散定律 $j_i = -D_i \nabla c_i$, 并假设扩散系数 D_i 是常数, 便可得到如下一般形式的反应–扩散方程:

$$\frac{\partial c_i(\boldsymbol{x}, t)}{\partial t} = f\left(\{c_i\}; \{\lambda\}, t\right) + D_i \nabla^2 c_i\left(\boldsymbol{x}; t\right), \quad i = 1, 2, \cdots, n \tag{13.20}$$

式中: c_i 为第 i 种组分的浓度, 它是时间和空间的函数. 方程右端第一项是反应项, 与基元反应的具体细节有关, 可以根据质量作用定律等动力学规律写出, f 通常是非线性函数, $\{\lambda\}$ 表示一组控制参量, 对应于实际体系中的实验条件, 如温度、压强、反应流速等. 从数学上看, 方程 (13.20) 是非线性的偏微分方程, 在特定的初值条件和边界条件下, 方程可以有一个或多个特解, 其中稳定的特解就可能对应于实验上观测到的耗散结构. 当然, 由于方程 (13.20) 常常十分复杂, 严格解析求解很困难, 因此, 人们必须借助于计算机数值计算来了解其解的性质. 另外, 人们也可以利用稳定性分析和分岔理论方法定性地研究方程解的特性. 为此, 先对线性稳定性分析和分岔理论作一简单介绍.

我们称方程的某个定态解是稳定的, 是指系统在受到扰动偏离该定态解后, 仍然能够自动返回该状态. 因此, 可以采用线性稳定性分析的方法来判断某个状态的局部稳定性. 考虑如下的双变量动力学方程 (为简单起见, 略去扩散项):

$$\frac{\mathrm{d}X_1}{\mathrm{d}t} = f_1(X_1, X_2), \quad \frac{\mathrm{d}X_2}{\mathrm{d}t} = f_2(X_1, X_2) \tag{13.21}$$

其定态解为 (X_{1S}, X_{2S}), 满足 $f_1(X_{1S}, X_{2S}) = 0$ 及 $f_2(X_{1S}, X_{2S}) = 0$. 当系统以此为参考态并受到小的扰动时, 体系状态可表示为

$$X_1(t) = X_{1S} + x_1(t), \quad X_2(t) = X_{2S} + x_2(t) \tag{13.22}$$

代入式 (13.21) 并略去 $x_{1,2}(t)$ 的高次项, 可以得到如下线性化方程组:

$$\frac{\mathrm{d}}{\mathrm{d}t} \begin{pmatrix} x_1 \\ x_2 \end{pmatrix} = \begin{pmatrix} J_{11} & J_{12} \\ J_{21} & J_{22} \end{pmatrix} \begin{pmatrix} x_1 \\ x_2 \end{pmatrix} \tag{13.23}$$

其中 $\boldsymbol{J}$ 为 Jacobi 矩阵, $J_{ij} = (\partial f_i / \partial X_j)_{(X_{1S}, X_{2S})}$. 由微分方程理论, 式 (13.23) 的特解有如下形式:

$$x_1 = x_{10}\mathrm{e}^{\lambda t}, \quad x_2 = x_{20}\mathrm{e}^{\lambda t} \tag{13.24}$$

代入式 (13.23), 根据线性方程组解的存在条件, 可以得到如下本征方程:

$$\lambda^2 - T\lambda + \Delta = 0 \tag{13.25}$$

式中: $T = J_{11} + J_{22}$ 为 Jacobi 矩阵的迹; $\Delta = J_{11}J_{22} - J_{12}J_{21}$ 为其对应的行列式的值. 两个本征值为 $\lambda_\pm = (T \pm \sqrt{T^2 - 4\Delta})/2$, 对应于方程 (13.23) 两组线性无关的解, 而解的一般形式为二者的线性组合:

$$x_1(t) \sim \mathrm{e}^{\lambda_+ t} + c_1\mathrm{e}^{\lambda_- t}, \quad x_2(t) \sim \mathrm{e}^{\lambda_+ t} + c_2\mathrm{e}^{\lambda_- t} \tag{13.26}$$

由此, 我们可以按照 $\lambda_\pm$ 的符号对定态解 (X_{1S}, X_{2S}) 的稳定性进行如下分析:

(1) 若 $\lambda_{\pm}$ 的实部均小于 0, 则 $\lim\limits_{t\to\infty} |x_i(t)| \to 0$, 即扰动最终会趋于 0, 从而定态解是局部稳定的.

(2) 若 $\lambda_{\pm}$ 中至少有一个实部大于 0, 则 $\lim\limits_{t\to\infty} |x_i(t)| \to \infty$, 从而定态解不稳定.

(3) 若 $\lambda_{\pm}$ 的实部有一个为 0, 另一个为负, 则定态解 (X_{1S}, X_{2S}) 处于临界稳定的状态, 此时不能简单地从线性稳定性分析来判别解的性质.

给定初始条件, 动力学方程 (13.21) 实际上在二维相空间平面 (X_1, X_2) 上确定了一条轨线, 其满足的方程为

$$\frac{\mathrm{d}X_1}{\mathrm{d}X_2} = \frac{f_1(X_1, X_2)}{f_2(X_1, X_2)} \quad (f_2 \neq 0) \quad \text{或} \quad \frac{\mathrm{d}X_2}{\mathrm{d}X_1} = \frac{f_2(X_1, X_2)}{f_1(X_1, X_2)} \quad (f_1 \neq 0) \qquad (13.27)$$

当 f_1 和 f_2 不同时为 0 且有连续偏导数时, 轨线的斜率在相空间各点都是确定的, 从而经过每个点只有一条轨线; 但是对于方程 (13.21) 的定态解 (X_{1S}, X_{2S}), $f_1 = f_2 = 0$, 轨线在这些点没有确定的斜率, 即轨线可以相交. 根据定态解附近轨线的性质, 可以对其进行如下分类:

(1) 当 $T^2 - 4\Delta > 0$ 时, $\lambda_{\pm}$ 均为实数. 若 $\Delta > 0$, 则本征值实部同号, 定态解为结点 (node); 当实部均小于 0 时, 结点附近的轨线向它靠近, 结点是稳定的; 实部均大于 0 时, 结点不稳定. 若 $\Delta < 0$, 则本征值实部异号, 定态解称为鞍点 (saddle): 此时沿一个方向轨线向鞍点趋近, 而另一个方向上轨线远离鞍点.

(2) 当 $T^2 - 4\Delta < 0$ 时, 本征值为相互共轭的一对复数. 若 $T \neq 0$, 则本征值实部不为 0, 定态解为焦点 (focus): 若实部小于 0, 该焦点是稳定的, 附近的轨线以螺旋的方式向它趋近; 若实部大于 0, 则为不稳定焦点. 若 $T = 0$, 则定态解附近的轨线围绕它振荡运动, 此时定态解称为中心点 (center), 由于实部为 0, 中心点处于临界稳定的状态. 图 13-7 给出了几种定态解的示意图.

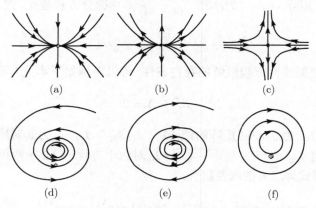

图 13-7　稳定结点 (a); 不稳定结点 (b); 鞍点 (c); 稳定焦点 (d); 不稳点焦点 (e); 中心点 (f)

随着时间的演化, 动力学方程的状态最终会趋于稳定, 到达吸引子. 显然, 定态解中的稳定结点和焦点都是吸引子. 除定态解外, 相空间中还可能有其他类型的吸引子, 如稳定极限环、混沌 (奇怪) 吸引子等. 极限环指的是相空间中的孤立闭轨, 若其附近的轨线趋近于它, 则极限环是稳定的, 否则是不稳定的; 稳定的极限环对应于实验上可观测的振荡状态.

随着控制参量的变化, 确定性动力学方程的行为会发生突然变化, 称为分岔现象. 分析表明, 分岔点附近的行为是普适的, 可以通过一定的 "范式 (normal form)" 来分析其性质. 分岔理论的内容十分丰富, 这里仅简单地介绍和本节内容有关的几种分岔现象, 更多内容可以参见有关专著[31~33].

1) 叉形分岔和鞍结分岔

考虑简单的含参数的单变量方程

$$\frac{\mathrm{d}x}{\mathrm{d}t} = \mu x - x^3 \tag{13.28}$$

显然, $\mu < 0$ 时只有一个定态解 $x = 0$, 且该解是稳定的 (Jacobi 矩阵的本征值为 μ); 而 $\mu \geqslant 0$ 时, 体系有 3 个定态解 $x = 0, \pm\sqrt{\mu}$, 其中 $x = 0$ 是不稳定的, $x = \pm\sqrt{\mu}$ 是稳定的. 因此, 在 $\mu = \mu_c = 0$ 时, 体系由单稳状态转变成双稳状态, 这种类型的分岔称为 "叉形分岔 (pitchfork bifurcation)", 见图 13-8(a). 可以看到, 叉形分岔是体系出现双稳态的一种合理机制.

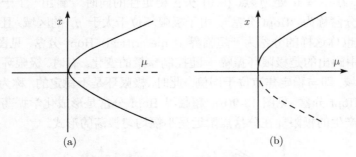

图 13-8 叉形分岔 (a); 鞍结分岔 (b)

对于如下的动力学方程

$$\frac{\mathrm{d}x}{\mathrm{d}t} = \mu - x^2 \tag{13.29}$$

在 $\mu < 0$ 时, 体系没有定态解; 在 $\mu \geqslant 0$ 时, 体系的定态解为 $x = \pm\sqrt{\mu}$. 稳定性分析可知 $x = \sqrt{\mu}$ 是稳定结点, 而 $x = -\sqrt{\mu}$ 是不稳定的鞍点. 在 $\mu = \mu_c = 0$ 处, 从 μ 增大的方向看, 突然产生了一对鞍结点, 而在 μ 减小的方向上, 一对鞍结点发生 "碰撞" 消失; 因此, 这种分岔现象称为 "鞍结分岔 (saddle-node bifurcation)", 见图 13-8(b). 另外, 也称此时的 μ_c 为 "回转点 (turning point, TP)". 可以看到,

图 13-2 中的双稳态迟滞回线实际上包含 2 个鞍结分岔, 因此鞍结分岔是形成多重定态的另一种机制.

一维常微分动力学方程中还有许多其他类型的分岔, 如跨临界分岔, 尖点分岔等, 在此不赘述.

2) Hopf 分岔

考虑如下的二维常微分动力学方程

$$\begin{cases} \dfrac{\mathrm{d}x}{\mathrm{d}t} = -\omega y + x\left[\mu - \left(x^2 + y^2\right)\right] \\[2mm] \dfrac{\mathrm{d}y}{\mathrm{d}t} = \omega x + y\left[\mu - \left(x^2 + y^2\right)\right] \end{cases} \tag{13.30}$$

易得 $(x = 0, y = 0)$ 是唯一的定态解. 方程的 Jacobi 矩阵为 $\boldsymbol{J} = \begin{pmatrix} \mu & -\omega \\ \omega & \mu \end{pmatrix}$, 本征值为 $\lambda_{\pm} = \mu \pm \mathrm{i}\omega$. 因此, 定态解 $(0,0)$ 的性质取决于 μ 的符号. 当 $\mu < 0$ 时它为稳定焦点; 在 $\mu = \mu_c = 0$ 处发生分岔, 焦点失稳成为中心点; 在 $\mu > 0$ 时它是不稳定焦点. 另外, 若将方程 (13.30) 写成极坐标形式 $(r\mathrm{e}^{\mathrm{i}\theta} = x + \mathrm{i}y)$, 则

$$\frac{\mathrm{d}r}{\mathrm{d}t} = r\left(\mu - r^2\right), \qquad \frac{\mathrm{d}\theta}{\mathrm{d}t} = \omega \tag{13.31}$$

可知在 $\mu \geqslant 0$ 时, $\mathrm{d}r/\mathrm{d}t = 0$ 有稳定解 $r = \sqrt{\mu}\,(r > 0)$. 该解实际上对应于稳定的极限环. 因此, 在 $\mu = 0$ 处, 焦点 $(0,0)$ 失去稳定性的同时, "冒出" 了一个稳定的极限环, 这种分岔称为 "Hopf 分岔". 由于极限环位于大于 μ_c 的区域, 且位于稳定焦点的一侧, 也称这样的分岔为 "超临界 (supercritical)" Hopf 分岔, 见图 13-9(a). 注意图 13-9 中画出的是极限环振幅 r 随控制参量的变化. 有时, 极限环也会位于小于 μ_c 的区域, 即与稳定焦点位于同侧. 此时, 极限环是不稳定的, 称为 "次临界 (subcritical)" Hopf 分岔, 见图 13-9(b). 超临界 Hopf 分岔是形成化学振荡的最常见机制, 通过它产生的极限环在分岔点附近呈小幅均匀振荡的形式.

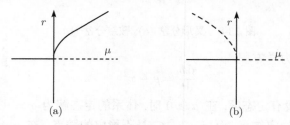

图 13-9　超临界 Hopf 分岔 (a); 次临界 Hopf 分岔 (b)

3) 弛豫振荡、可激发性和 Canard 现象

实际体系中观察到的化学振荡, 如 CO 浓度振荡、细胞内钙离子浓度的振荡、

生理时钟振荡等, 常常并不是均匀的小幅振荡, 而是往往表现为 "弛豫振荡 (relaxation oscillation)" 的形式. 弛豫振荡的最大特点是体系的周期运动出现明显的 2 个时间尺度: 一段时间内的缓慢变化后, 体系的状态突然出现急剧变化. 可以用图 13-10 简单地描述弛豫振荡行为.

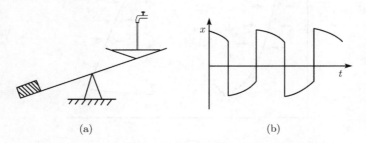

图 13-10 弛豫振荡的形象说明 (a); 相应的时间序列 (b)

图 13-10(a) 中跷跷板的一端是接水的容器, 小量的水流连续注入, 一段时间内, 体系可以维持图中的状态, 直至容器中水的重量超过另一端的物体时, 跷跷板瞬间发生转动, 两端上下易位; 然后容器颠覆而被置空, 又很快重新回到初始状态. 若用 x 表示左端重物的高度, 则其随时间的变化如图 13-10(b) 所示.

一般地, 弛豫振荡和体系的可激发特性密切相关. 考虑如下的二维动力系统:

$$\frac{\mathrm{d}u}{\mathrm{d}t} = F(u, w), \qquad \frac{\mathrm{d}w}{\mathrm{d}t} = \varepsilon G(u, w; \mu) \tag{13.32}$$

其中 $0 < \varepsilon \ll 1$, 使得变量 u 变化的时间尺度远远快于 w. 通常 u 的零线 (nullcline) $F = 0$ 呈倒 N 形, 如图 13-11 所示, 它和 w 的零线 $G = 0$ 相交于一点, 交点即为体系的定态解. 在 u-零线的上方, $\mathrm{d}u/\mathrm{d}t < 0$, 轨线向左运动, 而在 u-零线下方轨线向右运动, 因此 u-零线的左右支都是稳定的 "流形", 而中间一支是不稳定流形. 若交点位于 u-零线的左支, 则定态解是稳定的; 随着交点的右移, 定态解失稳发生超临界 Hopf 分岔, 体系出现振荡, 图 13-11 中 H 标出了发生 Hopf 分岔时交点的位置. 实际钙振荡、神经元和 CO 催化等体系的动力学方程都具有上述特性, 它们具有如下性质:

(1) 可激发性. 当两条零线的交点位于左支, 即发生 Hopf 分岔之前时, 体系最终会处于稳定的定态. 但是, 在不同的初始条件下, 体系到达稳定态的路径不同. 如从图 13-11 中初始点 1 出发时, $\mathrm{d}u/\mathrm{d}t < 0$, u 直接减小到达稳定点; 但从初始点 2 出发时, $\mathrm{d}u/\mathrm{d}t > 0$, u 会先迅速增大到达右支, 此时 $\mathrm{d}u/\mathrm{d}t \approx 0$, 体系沿右支运动, 到达 u-零线的极大值后, u 迅速减小, 直到沿左支回到稳定点. 因此, 体系从 2 处出发时, 经历了一个 "激发" 过程. 注意到这种可激发性是由零线的性质所决定的, 因此只要体系的零线有如图 13-11 所示的形状, 就一定会有可激发性.

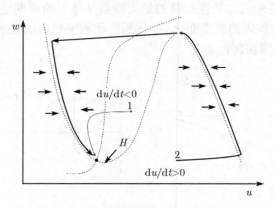

图 13-11　可激发体系的零线特征

(2) Canard 现象. 当体系发生 Hopf 分岔后, 可激发性会有另一种有趣的表现形式. 此时交点处的定态解是不稳定的, 体系的吸引子是稳定的极限环. 但是随着交点位置的不同, 极限环的形状有很大的差别: 若交点离 H 很近, 极限环呈小幅振荡的形式, 轨线位于u-零线中间一支的左边; 但是随着交点的右移, 极限环突然变成大幅度的弛豫振荡, 轨线会跃迁到右支, 然后经历一段激发过程, 如此周而复始. 图 13-12 中, (a)~(c) 是小幅震荡, (d)~(f) 是弛豫振荡. 值得强调的是, 从小幅振荡向弛豫振荡转变的参量区间十分狭窄, 实际上是一个点, 起到 "分水岭" 的作用. 注意到图 13-12 中极限环轨线的形状很像一只无头的 "鸭子", 因此最早发现并定量研究此现象的法国科学家将其命名为 "Canard"(法文 "鸭子") 现象, 发生振荡状态改变的点称为 "Canard 点". 需要指出的是, Canard 现象并不是传统意义上的分岔行为, 因为在 Canard 点处, 体系的稳定性并未发生变化, 只是轨线的形状发生了突变. 在 CO 体系、钙体系、神经元体系中都相继发现了 Canard 现象[34~40], 人们对这种现象的性质和应用的研究正在兴起.

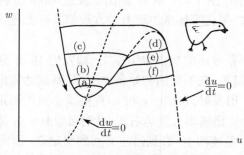

图 13-12　Canard 现象的示意图

当然, 稳定性分析和分岔理论方法的基本思想可以直接应用到反应扩散系统中. 不过, 由于空间自由度的加入, 分岔行为要复杂、丰富得多. 感兴趣的读者可以参见有关专著[21].

13.1.4 非线性化学的随机动力学方法

宏观动力学理论中, 人们完全忽略了噪声、无序等随机因素的作用. 但对于实际化学反应体系而言, 不确定的随机因素总是必然存在的. 根据物理机制的不同, 可以将体系中的随机因素区分为外在随机因素和内在随机因素. 一方面, 环境的扰动、空间的不均匀和无序以及相互作用的不规则总是可能存在的; 另一方面, 由大量粒子组成的化学反应系统, 分子数目的涨落总是不可避免的. 一般情况下, 这些随机因素或者可以忽略, 或者对体系的行为没有大的影响, 即使有影响, 也总被认为是起到破坏作用. 但是, 在体系发生分岔的 "非平衡相变点" 附近, 小的涨落可能被放大到宏观量级, 从而驱动系统到达一个新的状态, 即噪声可能表现出积极的作用. 而对于介观尺度上进行的化学反应, 如亚细胞水平上发生的基因表达等生物化学过程、纳米粒子表面的吸附、反应等过程, 涨落本身也可以达到不可忽略的程度, 即使在离开分岔点的地方, 也可能对体系的状态演化起到重要的调控作用. 因此, 揭示随机因素对非线性动力学产生的各种效应, 也是非线性化学的重要内容之一.

为了阐明随机因素的作用, 需要借助随机动力学的理论方法[41~44]. 本节中, 我们对一些基本概念和理论方法进行简单的阐述. 13.2 节中, 我们主要介绍外噪声和无序对非线性动力学的积极调控作用; 而在 13.3 节中, 主要介绍介观化学体系中内涨落的效应.

1. 外在随机因素: 外噪声和无序

针对确定性的反应扩散方程:

$$\frac{\partial c_i(\boldsymbol{r};t)}{\partial t} = f\left(\{c_i\};\{\lambda\},t\right) + D_i\boldsymbol{\nabla}^2 c_i\left(\boldsymbol{r};t\right), \quad i = 1,2,\cdots,n \tag{13.33}$$

可以从以下几个方面来理解体系中的外在随机因素:

对于所考虑的化学反应体系, 外界扰动总是不可避免的. 例如, 化学反应总要控制一定的温度、压力或流速等条件, 这些控制参量随时间会有涨落. 这种随机力来自环境, 是一种 "外噪声". 同时, 方程 (13.33) 是基于唯象定律得到的, 方程的右端可能忽略了一些次要的、不可预测的因素, 它们也可以表现成某种随机扰动. 进一步考虑到空间效应, 方程 (13.33) 中可以有多种表现形式的 "无序". 首先, 控制参量 $\{\lambda\}$, 扩散系数 D_i 等在空间各处并不是均匀的, 可能随空间坐标 $\boldsymbol{r}$ 存在随机分布. 其次, 实际体系有时并不能方便地用平直的欧几里德空间来描述, 如催化剂表面活性位点的分布可以具有 "分形" 的特征, 此时扩散过程发生在 "无序" 的嵌入空间上. 另外, 实际体系各部分之间除了近邻的相互作用之外, 有时还存在长程的相互作用, 如表面上发生的随机跳跃过程、大分子在溶液中的 "自回避随机行走" 以及复杂神经元网络中的随机连接等. 此时, 整个体系可以抽象成复杂的相互作用网络, 而同时也导致了体系中的拓扑无序.

2. Langevin 方程和 Fokker-Planck 方程

考虑到随机因素的作用时, 宏观变量 x 实际上成为随机变量, 相应的确定性动力学方程也成为随机动力学方程. 以单变量无扩散体系为例, 可以用如下形式的随机微分方程来描述体系的动力学行为

$$\dot{x} = f(x, t) + g(x)\xi(t) \tag{13.34}$$

这种形式的方程最早是由 Langevin 在研究 Brown 运动时提出的, 因此常称作 "Langevin 方程". 方程中 $\xi(t)$ 表示某种随机力, 又称 Langevin 力. 若 $g(x)$ 是常数 (和随机变量 x 无关), 则对应的随机力称为 "加性噪声", 否则称为 "乘性噪声". 对于随机力, 人们还可以根据统计性质进行区分. 一般地, 总可以合理地假设噪声的系综均值为 0, 即 $\langle \xi(t) \rangle = 0$; 若关联函数为 δ 函数:

$$\langle \xi(t)\xi(t') \rangle = 2D\delta(t - t') \tag{13.35}$$

则随机力称为白噪声, D 为噪声强度; 若噪声值的分布满足 Gauss 分布, 则称为 Gauss 白噪声. 当然, 实际体系中的噪声总有一定的时间关联, 这种噪声称为色噪声; 一种常用的色噪声是相关函数为指数型的 Gauss 色噪声:

$$\langle Q(t) \rangle = 0, \quad \langle Q(t)Q(t') \rangle = \frac{D}{\tau}\mathrm{e}^{-\frac{|t-t'|}{\tau}} \tag{13.36}$$

式中: τ 为相关时间. 若 τ 很小, 则可以近似地用白噪声代替色噪声.

当体系的动力学具有非线性特征时, Langevin 方程 (13.34) 和对应的确定性行为有本质的区别. 以单变量体系为例, 设 $\dot{x} = f(x) + \xi(t)$, 对其两边求平均可以得到

$$\langle \dot{x} \rangle = \langle f(x) \rangle = \sum_{i=0}^{\infty} f^{(i)}(0) \langle x^i \rangle \tag{13.37}$$

当 $f(x)$ 是线性函数时, 式 (13.37) 右边等于 $f(\langle x \rangle)$, 即随机变量的平均值满足宏观确定性动力学方程; 但当 $f(x)$ 是非线性函数时, $f(\langle x \rangle) \neq \langle f(x) \rangle$, 因此平均值不再遵循确定性方程, 因而从 Langevin 方程出发会得到和确定性方程截然不同的行为. 也就是说, 在非线性体系中, 噪声有可能起到重要的作用.

对 Langevin 方程进行积分, 我们可以确定一条特定的 "样本" 轨迹. 而为了从整体上了解体系的统计性质, 常需要研究随机变量的分布函数 $\rho(x; t)$ 的演化规律. 对于形如 (13.34) 的 Langevin 方程, $\rho(x; t)$ 遵循如下的 Fokker-Planck 方程 (FPE)[42]

$$\frac{\partial \rho(x; t)}{\partial t} = -\frac{\partial}{\partial x}\left\{[f(x) + Dg'(x)g(x)]\rho(x; t)\right\} + D\frac{\partial^2}{\partial x^2}\left[g^2(x)\rho(x; t)\right] \quad (13.38)$$

若能求出方程的定态解, 则可了解系统的长时间行为. 一般说来, 精确求解 FPE 是十分困难的, 只有对于特定的体系, 可以求得定态解[42]. 因此, 更多的情况下是基于对 Langevin 方程的数值积分, 进行多样本的统计平均后, 以了解体系的行为.

3. 内在随机因素: 内涨落

外噪声和无序等外在随机因素, 与体系的内部动力学机制无关, 它们的 "强度" 也是可以控制的. 但即使人们能够设法消除这些外在的随机因素, 体系中仍然存在 "内涨落". 内涨落是由体系的内禀动力学性质决定的, 不能人为改变, 也不能消除, 源自于对体系动力学行为的统计描述.

以 N 个粒子组成的经典哈密顿系统为例, 按照经典力学, 给定哈密顿量

$$H = H(q_1, q_2, \cdots, q_N; p_1, p_2, \cdots, p_N) \quad (13.39)$$

式中: $\boldsymbol{q} = (q_1, q_2, \cdots, q_N)$ 和 $\boldsymbol{p} = (p_1, p_2, \cdots, p_N)$ 分别为正则坐标和动量, 我们可以得到 $(\boldsymbol{q}, \boldsymbol{p})$ 满足的正则方程:

$$\dot{q}_i = \frac{\partial H}{\partial p_i}, \quad \dot{p}_i = -\frac{\partial H}{\partial q_i} \quad (13.40)$$

若以 $\rho(\boldsymbol{q}, \boldsymbol{p})$ 代表相空间的点落到 $(\boldsymbol{q}, \boldsymbol{p})$ 处的概率密度, 则描述轨道运动的正则方程 (13.40) 可用描述概率密度演化的 Liouville 方程来等效表示:

$$\frac{\partial \rho(\boldsymbol{q}, \boldsymbol{p})}{\partial t} = \{H, \rho\} \equiv \sum_i \left(\frac{\partial H}{\partial q_i}\frac{\partial \rho}{\partial p_i} - \frac{\partial H}{\partial p_i}\frac{\partial \rho}{\partial q_i}\right) \quad (13.41)$$

原则上, 在给定系统的初始动量和坐标 $(\boldsymbol{q}_0, \boldsymbol{p}_0)$ 或初始概率分布 $\rho(\boldsymbol{q}_0, \boldsymbol{p}_0)$ 后, 可以由哈密顿方程或 Liouville 方程唯一地确定一条轨道或概率密度 $\rho(\boldsymbol{q}, \boldsymbol{p}; t)$ 的演化过程, 从而完全掌握系统的性质. 从这个意义上讲, 在微观层次上, 经典哈密顿并没有噪声可言.

但在非线性化学动力学的研究中, 人们关心的往往是浓度等一组宏观可测量 $\boldsymbol{x} = (x_1, x_2, \cdots, x_n) (n \ll N)$ 随时间和空间的演化, 涉及众多粒子的集体行为. 根据统计力学的基本原理, 这些宏观可测量应是对各种可能的微观轨道进行统计平均的结果, 即

$$\overline{x}_i = \int \overline{x}_i(\boldsymbol{q}, \boldsymbol{p})\rho(\boldsymbol{q}, \boldsymbol{p}; t)\,\mathrm{d}\boldsymbol{q}\mathrm{d}\boldsymbol{p} \quad (13.42)$$

同时, 人们又可根据各种宏观层次上的唯象定律, 如化学反应的质量作用定律、Fick 扩散定律等, 写出形如 (13.33) 的宏观动力学方程. 如果能从方程 (13.42) 严格导出式 (13.33), 则我们完全实现了从微观到宏观的跨越, 但由于 $n \ll N$, 这一步基本是不可能实现的. 由式 (13.41)、式 (13.42) 给出的少数宏观量 x_i 的演化方程一般不能封闭, 因此在形如式 (13.33) 的宏观方程中, 必然忽略了一些微观作用. 要想严格地从微观出发, 仔细地求出方程 (13.33) 中略去的微观部分是不可能的; 但与宏观量的变化相比, 上述微观作用具有快速变化、"随机" 的特征, 这正是我们所谓的 "内涨落". 也就是说, 当人们采用宏观统计量来描述体系的动力学演化时, 必然意味着 "内涨落" 的存在, 它源自于对体系的不完整描述, 是内禀动力学性质.

4. 介观随机理论和方法

我们考虑 N 种物质在空间 V 中经 M 个基元反应过程发生的均相化学反应, 用 $X_i(t)$ 表示反应体系中第 i 种物质的分子数. 由于内涨落的作用, $\boldsymbol{X}(t) \equiv (X_1(t), \cdots, X_N(t))$ 已成为随机变量, 若用 $\sigma_{X_i} = \sqrt{\langle X_i^2 \rangle - \langle X_i \rangle^2} / \langle X_i \rangle$ 来衡量内涨落的大小, 则根据统计物理的一般原理, $\sigma_{X_i} \propto \dfrac{1}{\sqrt{V}}$ 或 $\dfrac{1}{\sqrt{N}}$ (V 和 N 分别为体系的体积和总粒子数). 因此, 对于热力学极限下的宏观体系 (N 或 $V \to \infty$), 内涨落一般可以忽略, 但对于 N 或 V 较小的介观体系, 内涨落可以达到显著的水平, 宏观确定性方程不再有效, 体系状态的演化需要用随机动力学方程来描述[43,44].

1) 化学主方程

化学反应是反应物分子之间发生有效碰撞的结果. 一般来说, 在相邻的有效碰撞之间有非常多的非有效碰撞, 因此, 化学反应可以看成是离散的 Markov 随机过程. 若用 $P(\boldsymbol{x}, t | \boldsymbol{x}_0, t_0)$ 表示当初始时刻 $\boldsymbol{X}(t_0) = \boldsymbol{x}_0$ 时, 反应体系 t 时刻 $\boldsymbol{X}(t) = \boldsymbol{x}$ 的概率密度函数, 则 $P(\boldsymbol{x}, t | \boldsymbol{x}_0, t_0)$ 随着时间演化遵循如下形式的化学主方程 (chemical master equations, CME)[43,44]:

$$\frac{\partial}{\partial t} P(\boldsymbol{x}, t | \boldsymbol{x_0}, t_0) = \sum_{j=1}^{M} [a_j(\boldsymbol{x} - \boldsymbol{\nu}_j) P(\boldsymbol{x} - \boldsymbol{\nu}_j, t | \boldsymbol{x}_0, t_0) - a_j(\boldsymbol{x}) P(\boldsymbol{x}, t | \boldsymbol{x}_0, t_0)] \quad (13.43)$$

式中右端方括号内第一项表示体系经过化学反应到达状态 $\boldsymbol{x}$ 的概率, 第二项表示体系处于 $\boldsymbol{x}$ 状态时发生反应的概率, 主方程实际上是概率守恒方程. 在式 (13.43) 中的 $\boldsymbol{\nu}_j = (\nu_{j1}, \cdots, \nu_{jN})$ 表示反应 $R_j : \boldsymbol{X} \to \boldsymbol{X} + \boldsymbol{\nu}_j, (j = 1, \cdots, M)$ 中分子数目的改变, $a_j(\boldsymbol{x}(t))$ 表示单位时间在体积 V 内反应 R_j 发生的概率, 可称之为趋势函数 (propensity function), 它的具体形式取决于反应 R_j 的表达式 [对于宏观体系, $a_j(\boldsymbol{x}(t))$ 即是通常的反应速率, 但对于介观体系, 反应的随机和离散特性使得 "反应速率" 缺乏严格的定义, 而应代之以 "反应概率"]. 例如, 若取反应 R_j 为

$X_1 + X_2 \longrightarrow 2X_1$, 则有 $a_j(\boldsymbol{x}) = c_1 x_1 x_2$, $\boldsymbol{\nu}_1 = (+1, -1, 0, \cdots, 0)$, 其中 c_1 为某种常数, 它与通常的确定性反应速率常数 k_1 之间满足 $c_1 = k_1/V$. 一般地, 对于形如 $(n_1 X_1 + n_2 X_2 \longrightarrow)$ 的反应 R_j, 有

$$a_j(\boldsymbol{x}) = c_j \frac{x_1!}{n_1!\,(x_1 - n_1)!} \cdot \frac{x_2!}{n_2!\,(x_2 - n_2)!} \tag{13.44}$$

而 $a_j(\boldsymbol{x})$ 与确定性反应速率常数 k_j 之间满足如下关系式:

$$a_j(\boldsymbol{x})/V = k_j \cdot (x_1/V)^{n_1} \cdot (x_2/V)^{n_2} \tag{13.45}$$

特别是当反应分子数 x_1, x_2 都很大时, 从式 (13.44) 及式 (13.45) 可得到

$$c_j = \frac{n_1!\,n_2!}{V^{n_1 + n_2 - 1}} k_j \tag{13.46}$$

为方便起见, 在后面的叙述中有时也简单地用反应速率来代表趋势函数.

2) 随机模拟方法[45]

由于化学主方程只有在极少数的情况下才能解析求解, Gillespie 以此方程为理论基础, 建立起一种随机模拟方法 (stochastic simulation algorithm, SSA). 这种方法在随机化学动力学的研究中得到广泛应用, 特别是在近年来, 在亚细胞水平反应体系, 如基因表达、钙振荡等体系的研究中备受关注. 为了模拟化学反应的进行, 必须要回答如下两个问题: 相继发生的是哪一步反应和该反应在什么时候发生? 为此, 可以定义下一步反应密度函数 (next-reaction density function)$P(\tau, j|\boldsymbol{x}, t)$, 它表示在 $\boldsymbol{X}(t) = \boldsymbol{x}$ 时, 下一步反应在 $[t + \tau, t + \tau + \mathrm{d}\tau)$ 内发生, 且为反应 R_j 的概率. 可以证明, 随机数对 (τ, j) 满足如下联合概率分布:

$$P(\tau, j|\boldsymbol{x}, t) = a_j(\boldsymbol{x}) \exp(-a_0(\boldsymbol{x})\tau), \quad \tau \geqslant 0; j = 1, \cdots, M \tag{13.47}$$

式中: $a_0(\boldsymbol{x}) = \sum_{j=1}^{M} a_j(\boldsymbol{x})$ 为当前时刻所有反应的趋势函数之和. 为了产生满足式 (13.47) 分布的随机数对, Gillespie 提出了如下算法: ① 随机产生两个 $(0, 1)$ 间均匀分布的随机数 r_1 及 r_2; ② 计算 $a_0(\boldsymbol{x})$, 取 $\tau = \dfrac{1}{a_0(\boldsymbol{x})} \ln \dfrac{1}{r_1}$; ③ 取 j 为满足 $\sum_{k=1}^{j} a_k(\boldsymbol{x}) \geqslant r_2 a_0(\boldsymbol{x})$ 的最小整数. Gillespie 所提出的上述算法很容易用计算机编程实现: 按此算法产生 (τ, j) 后, 进行第 j 步反应, 即更新体系状态 $X_i \longrightarrow X_i + \nu_{ji}, (i = 1, \cdots, N)$, 并更新时间 $t \to t + \tau$; 然后再按算法产生新的 (τ, j), 如此往复进行.

3) 化学 Langevin 方程 (CLE)[46]

尽管上述 SSA 方法得到了广泛应用, 但由于 $a_j(\boldsymbol{X}) \propto V$, 当参与反应的分子数目很多时, SSA 方法非常慢. 为了解决这个问题, Gillespie 先后发展了一系列优化的、快速的近似方法. 他证明, 当体系存在一个 "宏观无限小 (macro-infinitesimal)" 的时间尺度时, 体系动力学状态的演化可以用如下的随机动力学方程来描述:

$$X_i(t + \mathrm{d}t) = X_i(t) + \sum_{j=1}^{M} \nu_{ji} a_j(\boldsymbol{X}(t))\mathrm{d}t + \sum_{j=1}^{M} \nu_{ji} a_j^{1/2}(\boldsymbol{X}(t)) N_j(t)(\mathrm{d}t)^{1/2} \quad (13.48)$$

式中: $N_{j=1,\cdots,M}(t)$ 为 M 个时间上独立无关的正态分布的随机数, 其均值为 0, 方差为 1; $\mathrm{d}t$ 为前面提到的宏观无限小的时间尺度 [在 $\mathrm{d}t$ 时间间隔内, 一方面所有的反应 $R_j(j = 1, \cdots, M)$ 已经发生多次 ($\geqslant 1$), 另一方面所有的趋势函数 $a_j(\boldsymbol{X}(t))$ 均相对改变很小. 当体系的尺度 V 很大时, 参与反应的分子数目很多, 这样的条件常常可以得到满足]. 因此, CLE 在体系尺度较大时是对 SSA 方法一个很好的近似.

根据标准的 Markov 随机过程理论, 方程 (13.48) 等价于如下标准 Langevin 方程[45]:

$$\frac{\mathrm{d}X_i(t)}{\mathrm{d}t} = \sum_{j=1}^{M} \nu_{ji} a_j(\boldsymbol{X}(t)) + \sum_{j=1}^{M} \nu_{ji} a_j^{1/2}(\boldsymbol{X}(t)) \xi_j(t), \quad i = 1, \cdots, N \quad (13.49)$$

式中: $\xi_j(t)$ 为时间无关的 Gauss 白噪声, 满足

$$\langle \xi_j(t) \rangle = 0, \quad \langle \xi_j(t)\xi_{j'}(t') \rangle = \delta_{jj'}\delta(t - t') \quad (13.50)$$

将方程 (13.48) 两边同除以 V, 得到

$$\frac{\mathrm{d}(X_i(t)/V)}{\mathrm{d}t} = \sum_{j=1}^{M} \nu_{ji} \left(\frac{a_i(\boldsymbol{X}(t))}{V} \right) + \frac{1}{\sqrt{V}} \sum_{j=1}^{M} \nu_{ji} \left(\frac{a_j(\boldsymbol{X}(t))}{V} \right)^{1/2} \xi_j(t) \quad (13.51)$$

式中: $X_i(t)/V$ 为第 i 种分子的浓度. 式 (13.51) 给出了浓度随时间演化的随机微分方程, 其中右端第 1 项反映了浓度随时间变化的确定性信息, 而第 2 项是完全随机的, 它给出了化学反应的内涨落对体系动力学行为的影响, 我们可称之为内涨落项. 仔细观察可以发现, 内涨落项中不仅包含随机数 $\xi_j(t)$, 而且 $\xi_j(t)$ 是和每步反应 R_j 的特征 $a_j(\boldsymbol{X})$ 及 ν_j 相互耦合在一起的. 因此, 化学 Langevin 方程清晰地给出了化学反应的内涨落特征. 特别地, 内涨落项的大小与 $1/\sqrt{V}$ 成正比. 因此, 当 $V \to \infty$ 时, 内涨落项可以忽略, 方程 (12.51) 变为

$$\frac{\mathrm{d}(X_i(t)/V)}{\mathrm{d}t} = \sum_{j=1}^{M} \nu_{ji} \left(\frac{a_i(\boldsymbol{X}(t))}{V} \right) \quad (13.52)$$

而这正是宏观确定性方程的具体形式.

4) τ-leap 方法[47]

当体系尺度较大时, 为了提高模拟的速度, 还可以采用 τ-leap 近似方法. 与随机模拟方法 SSA 不同, τ-leap 方法并不跟踪每步反应的发生, 而是随机地确定在接下来的时间间隔 $[t, t+\tau)$ 内, 每步反应所发生的次数 $K_j(\tau; \boldsymbol{x}, t)$. 可以证明, 当 τ 满足所谓的 "跳跃 (leap)" 条件, 即 τ 足够小使得所有的趋势函数 $a_j(\boldsymbol{x})$ 并不发生显著的改变时, $K_j(\tau; \boldsymbol{x}, t)$ 满足泊松分布, 即

$$K_j(\tau; \boldsymbol{x}, t) = \mathcal{P}(a_j(\boldsymbol{x}), \tau) \tag{13.53}$$

式中: $\mathcal{P}(a_j(\boldsymbol{x}), \tau)$ 为均值与方差均为 $a_j(\boldsymbol{x})\tau$ 的泊松随机数. τ-leap 方法的程序实现并不困难: ① 选择合适的跳跃时间 τ, 计算 $a_j(\boldsymbol{x})$, 根据式 (13.53) 随机产生 $K_j(\tau; \boldsymbol{x}, t)$; ② 计算每种分子数目的变化, $\Delta X_i = \sum_{j=1}^{M} \nu_{ji} K_j(\tau; \boldsymbol{x}, t)$; ③ 更新分子数目, $X_i \longrightarrow X_i + \Delta X_i$; ④ 重复步骤①~③, 当然跳跃时间保持不变. 显然, 在跳跃条件得到满足的条件下, 跳跃时间越大则模拟速度越快. 在体系尺度很大且参与反应的分子数目很多时, τ-leap 方法可以很好地模拟体系的反应动力学行为. 还可以证明, 对于大的体系, τ-leap 方法和化学 Langevin 方程实际上是相互一致的.

简而言之, 对于介观化学反应体系, 由于内涨落的作用不可忽视, 体系的动力学行为必须用随机过程的理论方法来研究. 当体系的尺度较小时, 随机模拟方法 SSA 可以给出精确的结果; 而当体系尺度较大时, SSA 方法基本不可行, 此时可以采用 τ-leap 及 CLE 的近似方法来研究. 与 τ-leap 方法相比, CLE 给出了内涨落项的具体表达形式, 明确了内涨落与体系的尺度、状态及控制参量间的关系, 因此物理概念更加清晰. 在 Gillespie 工作的基础上, 人们针对具体的体系, 还发展了许多优化的算法, 如 "下一步反应" 方法[48]、应用 "准稳态近似" 的方法[49]、"快慢" 反应分离的算法[50]、刚性体系的 "隐式" τ-leap 方法[51]、优化的 τ-leap 方法[52]等. 一般在实际的工作中, SSA 和 CLE 是比较常用的方法.

13.2 噪声和无序的积极作用

近 20 年来, 噪声和无序对非线性体系动力学行为调控作用的研究受到人们的很大关注. 人们通常认为这些随机因素往往破坏有序结构的形成. 然而, 研究表明, 在非线性体系中, 随机力往往可以起到与人们直觉相反的积极作用, 如噪声诱导相变、随机共振等. 本节中, 我们将简单介绍噪声、无序和拓扑无序等随机因素对非线性化学动力学行为的调控作用, 包括随机共振、噪声诱导斑图转变、无序导致有序等.

13.2.1　表面催化体系中的随机共振

随机共振 (stochastic resonance, SR) 现象指的是噪声、非线性体系和输入弱信号三者之间的协作效应: 在噪声的帮助下, 输入体系的弱信号可以被放大, 且在噪声强度取合适的值时, 输出信号的信噪比可以达到极大值[53]. 随机共振的概念最早是由 Benzi 等为解释古冰川期地球气候的周期变化而提出的[54], 在近 20 年中受到了极大关注, 在物理、化学、生物等各个领域中都得到应用, 目前仍然是非线性动力学研究的主要问题之一.

1. 随机共振基本原理及其进展

尽管 SR 现象似乎违背人们的直觉, 但它的一般原理却并不难理解. 考虑一在对称双势阱 $U(x)$ 中运动的粒子, 当它不受任何外力作用时, 粒子将最终停留于其中的一个势阱内, 而位于哪一个势阱将由初始位置决定. 但当存在随机扰动时, 粒子在随机力的作用下会有一定的概率在两个势阱间跃迁. 在周期力 $A\cos\omega_0 t$ 和 Gauss 白噪声 $\xi(t)$ 作用下, 它的动力学行为可以用如下 Langevin 方程描述:

$$\frac{\mathrm{d}x}{\mathrm{d}t} = -U'(x) + A\cos\omega_0 t + \xi(t) \tag{13.54}$$

没有周期外力时 $(A = 0)$, 跨势阱跃迁的速率由著名的 Kramers 跃迁速率给出[53]:

$$r_k = \frac{\sqrt{|U''(x_u)\,U''(x_s)|}}{2\pi} \exp\left(-\frac{\Delta U}{D}\right) \tag{13.55}$$

式中: $U''(x_s)$ 和 $U''(x_u)$ 分别为势函数 $U(x)$ 在稳定点 (极小点) 和不稳定点 (极大点) 处的二阶导数; $\Delta U = U(x_u) - U(x_s)$ 为势垒的高度; D 为随机力的强度. 而仅对粒子施加周期外力时, 若周期力的强度很小, 粒子将在某个势阱内作小范围的振动, 而不会有跨势阱的大范围运动. 但是, 当二者同时作用时, 上述情况将发生改变: 当随机力诱导的势阱间的跃迁和周期外力发生同步时, 粒子便会以外驱动力的频率在两个势阱间做大范围的运动, 因此弱的输入周期信号得以被放大, 于是便发生了随机共振. 通过以上分析, 可以得到对称双势阱中发生随机共振现象必须满足的时间尺度的匹配条件: Kramers 跃迁速率的倒数 (噪声诱导的逃逸时间) 与周期驱动的半周期相当, 即

$$1/r_k = T/2 \tag{13.56}$$

研究中, 我们通常使用体系输出信号的信噪比 (signal-to-noise ratio, SNR) 来表征随机共振现象. 如果将某个状态参量 $x(t)$ 看成体系的输出信号, 可以通过它的自相关函数来计算功率谱密度:

$$P(\omega) = \int_{-\infty}^{+\infty} \mathrm{e}^{-\mathrm{i}\omega t}\langle x(t+\tau)x(t)\rangle\mathrm{d}\tau \tag{13.57}$$

式中：$\langle \cdot \rangle$ 为对系综的平均. 可以将 $P(\omega)$ 分成两个部分, 即

$$P(\omega) = S(\omega)\delta(\omega - \omega_0) + N(\omega) \tag{13.58}$$

其中第一项表示输入信号的频率 ω_0 处的功率谱密度, 第二项表示连续分布的噪声背景. 那么信噪比就定义为

$$\mathrm{SNR} = S(\omega_0)/N(\omega_0) \tag{13.59}$$

对于对称双势阱 $U(x) = -\dfrac{\mu}{2}x^2 + \dfrac{1}{4}x^4$, 在 $A \ll 1$, $D \ll 1$ 及 $\omega_0 \ll 1$ 的情况下, 经过一些数学处理, 可以得到信噪比的表达式如下:

$$\mathrm{SNR} = \frac{\sqrt{2}\mu^2 A^2 \mathrm{e}^{-\mu^2/4D}}{4D^2} = \sqrt{2}\Delta U \left(\frac{A}{D}\right)^2 \mathrm{e}^{-\Delta U/D} \tag{13.60}$$

容易求出, 在 $D_{\max} = \Delta U/2$ 时, SNR 取得极大值, 表明发生了随机共振. 如果对 $P(\omega)$ 积分, 得到输出的总功率为 $2\pi\mu$, 这是一个与 A、D 无关的常数, 从而在信噪比出现最大值的地方, 噪声功率最小, 这时候发生了噪声能量向有序信号的转移. 人们可以利用随机共振现象, 从噪声背景中检测出弱信号, 甚至能够利用噪声来增加输出的信噪比, 提高输出信号的清晰度. 值得注意的是, 该结果是在一些近似条件下得到的, 有一定的适用范围. 但作为定性理论, 已足够简单而清晰地阐明随机共振现象发生的机理.

随机共振现象有三个基本要素: 非线性体系、外信号和噪声. 20 多年来, 不同学者针对这三个要素的各自特性, 对随机共振现象进行了广泛而深入的研究. 随机共振现象不仅可以发生在双稳态体系, 还可以发生在单稳体系[55,56]、可激发体系[57,58]、非动力学体系[59~61]、时空扩展体系[62~64]、耦合体系[65~75] 等. 输入的外信号可以是非周期甚至是混沌的[76,77], 可以是外噪声或是内噪声[78,79], 加性噪声或是乘性噪声[80~83], 白噪声或是色噪声[84,85] 等. 此外, 当体系的势函数满足某种特定条件时, 还会出现多随机共振现象[86], 即随着噪声强度的变化, 体系的输出信噪比会在多个噪声强度下达到极大值. 随机共振还有个非常重要的推广, 即无外周期力情况下的随机共振. 前面提到随机共振现象的发生需要周期外信号等三个要素, 但对实际体系而言, 它受到的刺激可能仅仅是随机的刺激, 而并不具备周期性或规则性. 1993 年, 胡岗等在理论研究中发现, 即使没有外周期信号, 噪声也可以激发系统的相干运动, 并且相干运动的信噪比也有极大值出现, 他们称之为自治随机共振 (autonomous SR)[87]. 后来, Rappel 等重新研究了该系统[88], 认为是系统在极限环上的非均匀性运动导致了随机共振现象的出现. 1997 年, Pikovsky 等对可激发 FHN 体系研究了噪声诱导的振荡行为, 也发现了类似的现象[89], 他们称之为相干

共振 (coherence resonance). 在近 10 年来, 这种由非线性体系和噪声的协作效应引起的类随机共振现象受到人们的广泛关注[90].

随机共振研究的一个值得强调的重要方面是生命体系中的随机共振现象[91]. 早在 1993 年, Moss 等在 *Nature* 上报道了他们在龙虾机械力感受器官的实验中观察到的随机共振现象[92]. 结果表明, 单一的神经元个体就可以作为生物体实现 SR 现象的基础. 之后, 出现关于生物体离子通道体系中随机共振的报道[93]; 1996 年, Miller 等报道了蟋蟀神经感受单元利用随机共振原理增强感应能力的发现[94]; 关于单细胞体系中随机共振现象[95]、鱼类利用随机共振原理捕食[96,97]、蝙蝠依靠随机共振原理提高听觉感受力等的相关报道[98] 也相继出现. 另外有实验报道, 在人类脑波的活动中也发现了随机共振现象[99]; 人类平衡控制的机制中, 竟也存在有随机共振的现象[100]. 这些发现使随机共振的研究更具重要的应用价值.

化学体系在远离平衡时, 存在许多非线性态. 这些非线性态之间在噪声诱导下的跃迁, 为化学体系中随机共振现象的产生提供了物理机制. 同时, 化学体系的各种非线性态都可以通过调节反应物浓度、温度、反应物流速、光照强度等控制参量来得到, 从而为实验研究随机共振提供了便利条件. 1996 年, Schneider 等首次在 BZ 均相体系中从实验上发现了随机共振现象[101~103]. 1998 年以来, 作者等从理论上系统研究了非线性化学体系中噪声的作用. 对于双稳态体系, 在同时受到周期信号和噪声的作用时, 可以观察到随机共振现象[104,105]. 而在超临界 Hopf 分岔点, 即使没有外信号输入, 发现噪声可以诱导化学振荡, 并且噪声诱导振荡的有效强度随噪声变化出现极大值; 由于化学振荡是一种内信号, 称此现象为内信号随机共振[106~108]. 和上述的自治随机共振及相干共振不同的是, 内信号随机共振并不是源于体系在极限环上的不均匀运动, 而是有不同的机制. 人们相继在许多体系中都预言了此类随机共振现象的存在[109~112], 并且实验上也证实了流动反应[113]、激光[114]、猫中枢神经[115] 等体系中的内信号随机共振现象.

下面, 我们简单介绍 CO 表面催化体系中的随机共振现象.

2. CO 表面催化体系的动力学模型

Pt 单晶表面的 CO 催化过程中, 实验上观测到了双稳态、振荡、各种化学波及混沌等丰富的非线性化学现象. 近 20 年来, 德国马普研究所的 Ertl 研究组对这些现象进行了大量而细致深入的研究, 不仅从实验上总结出了大量规律, 并且建立了相应的理论模型[9], 很好地解释了实验现象.

一般认为, CO 表面催化反应过程遵循 Languire-Hinshelwood(LH) 机理: 参与反应的 CO 和 O_2 分子首先吸附在催化剂表面的空的活性位点上, CO 分子以 C 原子和表面接触, O 原子悬于空间, 因此只占据一个位点; 但 O_2 分子的吸附伴随着离解过程, 即吸附态的 O 原子需要占据 2 个空的活性位点; CO 和表面的相互作用较弱, 因此吸附态的 CO 分子还可以脱附, 但吸附态的 O 原子很难脱附; 反应一旦生成 CO_2, 则后者很快离开表面, 留下 2 个空位. 上述过程可以简单地表示为

$$
\begin{aligned}
&CO + S \Longrightarrow CO_{ad} \\
&O_2 + 2S \longrightarrow 2O_{ad} \\
&CO_{ad} + O_{ad} \longrightarrow CO_2 + 2S
\end{aligned}
\tag{13.61}
$$

式中: S 表示空位; 下脚 ad 表示吸附态. 考虑到吸附、脱附和反应过程, 根据质量作用定律, 在平均场近似下, 可以写出如下的动力学方程:

$$
\begin{aligned}
\frac{\mathrm{d}u}{\mathrm{d}t} &= k_1 p_{CO} s_C \left[1 - \left(\frac{u}{u_s}\right)^r\right] - k_2 u - k_3 uv \\
\frac{\mathrm{d}v}{\mathrm{d}t} &= k_4 p_{O_2} s_O \left(1 - \frac{u}{u_s} - \frac{v}{v_s}\right)^2 - k_3 uv
\end{aligned}
\tag{13.62}
$$

式中: u 和 v 分别为表面上 CO 和 O 的平均覆盖度; s_C 和 s_O 分别为 CO 和 O 原子的黏附概率; u_s 和 v_s 分别为 CO 和 O 原子在表面的饱和覆盖度; k_1 和 k_4 分别为 CO 和 O 的吸附常数; k_2 为吸附态 CO 分子的脱附常数; k_3 为吸附态 CO 分子和 O 原子之间的反应速率常数; p_{CO} 和 p_{O_2} 分别为 CO 和 O_2 的分压, 通常在 10^{-6} mbar[①]量级, 因此实验基本在超高真空状态下进行. 维持压力恒定, 消耗的 CO 和 O_2 分子可以得到及时补充, 从而体系保持在远离平衡的状态. 第一式的右端 3 项分别表示 CO 的吸附、脱附以及反应对其覆盖度的改变, 第二式的右端只有吸附项和反应项. 由于 O_2 分子的吸附需要 2 个有效空位, 在平均场近似下, 其吸附速率正比于空位率的平方, 即 $\left(1 - \frac{u}{u_s} - \frac{v}{v_s}\right)^2$; 但实验表明, CO 的吸附并不是简单地取决于空位率, 而是与 $\frac{u}{u_s}$ 有非线性的依赖关系, 如方程第一式右端第一项所示, 实验测得 $r \approx 3$. 对方程 (13.62) 进行简单的稳定性分析可以得出, 体系存在一个鞍结点分岔, 从而可以解释实验上观测到的双稳态行为.

然而, 方程 (13.62) 并不能解释 Pt(110) 表面上的振荡行为, 必须考虑表面上的其他物理过程. 实验表明, 在 Pt(110) 面上存在一种吸附诱导的结构相变[116]: 空的 Pt(110) 面呈 "1×2" 的构型, 随着 CO 覆盖度的增加, 此 "1×2" 相向另外一种 "1×1" 构型转变, 而 1×1 相更利于 O 的吸附. 这种吸附诱导的结构相变提供了一种负反馈机制: 当 CO 的覆盖度增加时, 1×1 相增多, 从而 O 的吸附变得更容易; 而 O 吸附的增多, 使得表面反应加快, 这又将降低 CO 的覆盖度. 若用 w 表示表面上 1×1 相所占比例, 则 O 的黏附概率为 $s_O = w s_1 + (1-w) s_2$, 其中 s_1 和 s_2 分别表示 1×1 相和 1×2 相的黏附概率, s_1 大约是 s_2 的 1.5 倍. 实验观测表明, w 随

---

① 1 bar$=10^5$ Pa, 下同.

时间的变化呈非单调的 "S" 形, 通过对实验数据的拟合, Ertl 等得到如下动力学方程:

$$\frac{\mathrm{d}w}{\mathrm{d}t} = k_5\left[f\left(w\right) - w\right], \qquad f\left(w\right) = \begin{cases} 0, & u \leqslant 0.2 \\ \displaystyle\sum_{i=0}^{3} c_i u^i, & 0.2 < u < 0.5 \\ 1, & u \geqslant 0.5 \end{cases} \tag{13.63}$$

其中拟合参数 $c_3 = -\dfrac{1}{0.0135}, c_2 = -1.05c_3, c_1 = 0.3c_3, c_0 = -0.026c_3$; $u = 0.2$ 和 0.5 分别表示相变起始和终止时 CO 的临界覆盖度, 也由实验测得. 其他参数列于表 13-1 中, 其中各反应常数按 Arrhenius 公式 $k_i = k_{i0}\exp\left(-\dfrac{E_i}{RT}\right)$ 求得.

表 13-1　CO 表面催化体系的模型参数

CO 吸附	$k_1 = 3.135 \times 10^3/(\mathrm{s \cdot Pa})$, $s_C = 1.0$, $u_s = 1.0$
CO 脱附	$k_2^0 = 2 \times 10^{16}/\mathrm{s}$, $E_2 = 38$ kcal/mol
反应	$k_3^0 = 3 \times 10^{16}/\mathrm{s}$, $E_3 = 10$ kcal/mol
O$_2$ 吸附	$k_4 = 5.858 \times 10^3/(\mathrm{s \cdot Pa})$, $s_1 = 0.6$, $s_2 = 0.4$, $v_s = 0.8$
相变	$k_5^0 = 10^2/\mathrm{s}$, $E_5 = 7$ kcal/mol

3. 双稳态区域的随机共振

方程 (13.62) 和 (13.63) 的分岔行为十分丰富, 随着控制参量的变化, 体系可以出现单稳态、双稳态、以及振荡行为等. 1998 年, 作者等从理论上研究了该体系双稳区域附近的随机共振现象. 固定 $p_O = 1.3 \times 10^{-4}$ mbar, $T = 539$ K 时, 可以得到如图 13-13 所示的分岔图. 在 CO 分压小于 p_B 时, CO 覆盖度处于低占据态; 大于 p_E 时, 只有高占据态是稳定的; 在 BGEH 区域, 体系具有双稳特性.

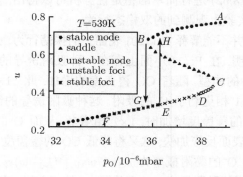

图 13-13　$p_O = 1.3 \times 10^{-4}$ mbar, $T = 539$ K CO 体系的分岔图.
在 BGEH 区域, 体系处于双稳态

为了研究体系的随机共振现象, 我们在双稳区域调节控制参量 p_u, 使它同时受到周期信号和 Gauss 白噪声的扰动[104], 即

$$p_u = p_0 + A\cos(\omega t) + \xi(t) \tag{13.64}$$

式中: p_0 为恒定流速时所确定的 CO 分压, 取为 36×10^{-6} mbar, 位于双稳区中间. 固定信号强度 A 和频率 ω, 选择初始条件, 使体系在没有噪声时处于下态. 噪声强度 D 很小时, 体系只会在下态附近做小范围的振荡, 不会发生向上态的跃迁; 随着噪声强度的增大, 这种跃迁会偶尔发生; 当噪声强度增加到合适的值时, 噪声诱导的跃迁和外信号会发生同步, 这时跃迁最为规则; 若噪声强度进一步增大, 虽然跃迁仍然频繁发生, 但信号却被噪声淹没, 如图 13-14 所示. 计算 u 的时间序列的功率谱, 在输入信号对应的频率处有一个尖峰; 计算该处的信噪比, 它随噪声强度的变化出现明显的极大值, 表明发生了随机共振, 如图 13-15 所示.

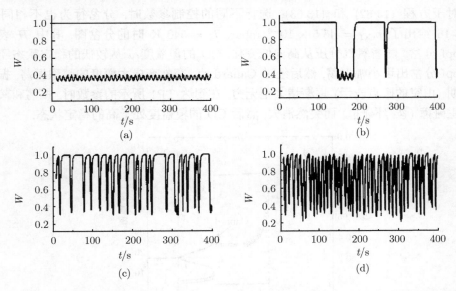

图 13-14 CO 体系在双稳区时, 对外信号和噪声响应的时间序列. 信号幅度和频率为:
$A = 0.2 \times 10^{-6}$ mbar, $\omega = 0.1\mathrm{s}^{-1}$. (a) $D/A = 0.2$; (b) $D/A = 0.4$;
(c)$D/A = 1.5$; (d) $D/A = 5$

4. 内信号随机共振

自 1999 年以来, 作者等研究了化学振荡体系在超临界 Hopf 分岔点附近对噪声的响应行为, 发现了噪声诱导振荡 (noise induced oscillation, NIO) 以及 NIO 信

噪比随噪声强度变化而出现极大值的现象, 称为内信号随机共振. 这里以 CO 表面催化体系为例, 对这一现象进行介绍[108,118].

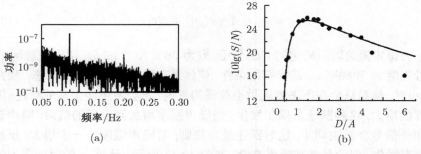

(a)　　　　　　　　(b)

图 13-15　时间序列的功率谱, 在 $\omega = 0.1$ 处有明显尖峰 (a); 信噪比曲线 (b),
在 $D/A = 1.5$ 附近有明显极大值, 实现是用式 (13.60) 拟合的结果

对于方程 (13.62) 和 (13.63), 选择不同的控制参数时, 分岔行为也不相同. 图 13-16 给出了 $p_{CO} = 45.5 \times 10^{-4}$ mbar, $T = 540$ K 时的分岔图, 其中 H 表示 Hopf 分岔. 随着氧气分压从高向低变化, CO 的覆盖度 u 从较低的稳定状态经过 Hopf 分岔出现小幅振荡, 然后经过 Canard 点, 突然变成大幅度的弛豫振荡, 振荡周期 (由空的圆点表示) 逐渐增大至无穷, 在到达 TP1 所示的参数时, 振荡和鞍点发生碰撞 (鞍–环碰撞) 而突然消失, 然后 CO 的覆盖度处于高的稳定状态.

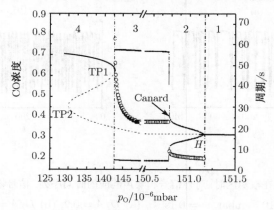

图 13-16　$p_{CO} = 45.5 \times 10^{-4}$ mbar, $T = 540$ K 时, CO 体系随 p_O 变化的分岔图

Canard 现象的出现意味着体系具有明显的可激发特性. 为了说明这一点, 图 13-17 显示了 p_O 变化时变量 u 和 w 的零线变化情形. 从图 13-17 中可以看到, u 的零线呈倒 N 形, 且随控制参量的变化出现上下移动, 而 w 的零线是单调曲线, 并且和控制参量 p_O 无关. 最低的一条 u 零线对应着 Hopf 分岔, 两条零线的

唯一交点是不稳定焦点. 随着 p_O 的减小, u 零线逐渐上升; 当其极大值处与 w 零线相切时, 对应于 TP1 点的鞍–环碰撞. $\dot{u} = 0$ 零线继续上升, 出现了三个并存交点, 从左至右分别是不稳定焦点、鞍点和稳定结点, 对应于图 13-16 中 TP1 和 TP2 之间的区域. 最后, 当 u 零线的不稳定分支与 w 零线相切时, 对应的是鞍结点分岔 (TP2). 注意到 Canard 现象发生在 Hopf 和 TP1 之间, 在零线的变化上并没有体现, 表明动力系统解空间的拓扑结构并没有变化, 这也进一步说明 Canard 现象并不是通常意义上的分岔.

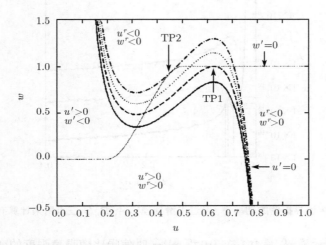

图 13-17 u 和 w 的零线随控制参量的变化; 自下至上, p_O 逐渐降低

为了研究噪声的作用, 选择 p_O 位于 Hopf 分岔的右边附近, 并受到噪声的扰动,

$$p_O = p_O^0 (1 + D\xi(t)) \tag{13.65}$$

式中: $\xi(t)$ 为方差为 1 的 Gauss 白噪声. 若没有噪声, 则体系显然不会出现振荡. 但当噪声强度不为 0 时, 对数值计算得到的含噪声的时间序列进行功率谱分析, 可以看到在功率谱上有明显的峰, 位置位于 Hopf 分岔点对应的本征频率附近. 功率谱峰的出现, 意味着时间序列中含有振荡信息, 这是一种噪声诱导振荡 (NIO), 如图 13-18 所示. 但与有外信号时不同, 此时的峰明显有展宽, 说明频率受到噪声的调制. 为了衡量 NIO 的有效强度, 可以用功率谱中的峰高除以峰宽来定义 "信噪比". 在应用中, 为计算方便, 我们常采用如下的信噪比定义:

$$SNR = \frac{H}{(\Delta\omega/\omega_p)} \tag{13.66}$$

式中: ω_p 为尖峰所对应的频率; $\Delta\omega/\omega_p$ 表征了尖峰的相对宽度; $\Delta\omega$ 定义为 ω_p 与其右侧功率谱强度下降到 $1/e$ 时所对应的频率 ω_1 之间的距离; H 表示尖峰的高度. 于是根据图 13-18 中的示意, 得到 $\mathrm{SNR} = \dfrac{p(B)}{p(A)} \times \dfrac{\omega_B}{\omega_C - \omega_B}$. SNR 值越大, 则表明尖峰相对越高、越窄, 振荡信息越强, 因此 SNR 的大小可以有效地表征随机振荡的强度.

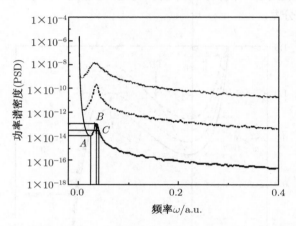

图 13-18　噪声诱导振荡的功率谱 (经过平滑处理). A, B, C 三点用来计算有效信噪比

图 13-19 显示了 $p_O^0 = 151.5 \times 10^{-6}$ mbar 时信噪比随噪声强度的变化. 可以看到, SNR 曲线有明显的双峰, 表现出 "内信号随机双共振" 的特征. 第一个极大值处 (噪声小) 的振荡为小幅的简谐振荡, 对应图 13-16 中 H 和 Canard 点之间的区域; 而对应于第二个极大值处 (噪声大) 的振荡为大幅的弛豫振荡, 对应于 Canard 和 TP1 之间的区域. 上述特征一方面可以从对应的振荡频率看出 (图 13-19), 另一方面也可以从振荡的时间序列得到验证. 图 13-20 中给出了几个不同噪声强度时 CO 覆盖度的时间曲线, 在两个峰值对应的位置, 振荡状态有明显的不同.

结合分岔图 13-16, 我们可以对双共振现象做定性说明. 当控制参量处于区域 1 时, 小的内涨落强度可以诱导体系进入区域 2, 从而产生小幅的简谐振荡; 而当内涨落强度较大时, 体系可以被诱导进入区域 3, 从而有大幅的弛豫振荡出现. 对于两种类型的振荡都存在相应的最佳噪声强度, 从而使体系出现双峰. 需要指出的是, 两种类型的振荡对噪声的敏感性有明显差别, 使得双峰的位置间并没有重叠. 因此, 正是由于 Canard 现象的存在导致了双共振现象. 进一步数值模拟表明, 若改变 p_{CO} 使得体系的分岔图中的 Canard 现象消失, 则在 Hopf 分岔点附近, 内信号随机共振现象仍然能够出现, 但此时不再有双峰, 而噪声诱导的振荡也只是小幅的简谐振荡[118].

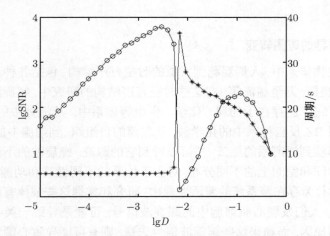

图 13-19 Hopf 分岔点附近噪声诱导振荡的信噪比 (○) 和周期 (∗) 随噪声强度的变化

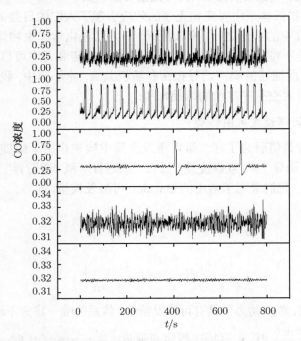

图 13-20 不同噪声强度时噪声诱导振荡的时间序列, 从下到上 $\lg D = -4, -3, -2, -1, -0.5$

　　大量模拟计算表明, 只要体系位于超临界 Hopf 分岔点附近, 总可以出现内信号随机共振现象. 因此, 内信号随机共振是化学振荡体系的普适行为. 研究还发现, 噪声的性质对内信号随机共振有明显的调制作用, 如色噪声的相关时间[119]、噪声脉冲的延迟时间[120,121]等, 都可能增强内信号随机共振现象, 并且呈现非单调的调制特性等.

13.2.2　噪声诱导的斑图转变

在化学和生物体系中, 人们观测到大量的时空有序结构, 包括各种动态的化学波, 以及静态的斑图, 乃至湍流等. 在这些时空有序结构的研究中, 螺旋波一直是备受关注的热点: 它广泛存在于物理、化学、生命等体系中. 从流体中的 Rayleigh-Benard 对流, 到 BZ 反应体系中的化学波, 从黏菌的自组织, 到细胞中的钙离子波, 甚至从飓风的形状到银河系的星云, 都可以看到它的踪迹. 螺旋波的不同状态对应于物质浓度在时间和空间上的不同分布, 对应于体系的不同性质和功能. 研究表明, 螺旋波的动力学行为存在跨系统的普适性规律, 研究和掌握这些规律有很大的潜在应用价值. 例如, 人们发现心肌细胞中的螺旋波信号, 可能是导致一类心律不齐和心动过速现象的原因, 而如果这些螺旋波信号失稳, 则有可能导致心颤致死. 因此, 研究螺旋波的演化、失稳及其控制, 具有很重要的意义.

近年来, 反应扩散体系中噪声和无序的效应引起了人们的日益关注, 目前仍是非线性动力学研究中的热点之一. 究其原因, 一方面在化学和生物体系中, 噪声和无序等随机因素是不可避免的; 另一方面, 人们发现噪声和无序可以起到多种形式的积极作用, 如前面描述的噪声诱导振荡和随机共振. 本小节中, 我们主要介绍可激发介质中噪声对时空有序结构的调控作用.

1. 噪声诱导的螺旋波斑图转变

1998 年, 作者数值研究了在二维可激发介质中噪声作用下螺旋波的动力学行为, 发现噪声可以诱导 "单-双螺旋波" 以及 "顺时针" 和 "逆时针" 螺旋波之间的相互转变现象[122]. 我们采用了常用的 Barkley 可激发模型, 即

$$\frac{\mathrm{d}u}{\mathrm{d}t} = f(u) + D\nabla^2 u, \quad \frac{\mathrm{d}v}{\mathrm{d}t} = u - v \tag{13.67}$$

其中

$$f(u) = \frac{1}{\varepsilon} u(1-u)\left(u - \frac{v+b}{a}\right)$$

不考虑扩散时, 单点动力学具有可激发特性: 体系的唯一稳定不动点位于 (0,0); 当 $u < u_{th}(v) = \frac{v+b}{a}$ 时, u 直接向稳定点逼近; 当 $u > u_{th}(v)$ 时, 由于 $\varepsilon \ll 1$, u 将经过一个快速的激发过程, 然后回到稳定点. 对固定的参量 a, 参量 b 表征了体系可激发程度的大小. u 的动力学具有自催化特性, 它变化很快, 称为 "触发变量 (trigger variable)", 而 v 变化较慢, 且它和 u 相互作用使体系回到激发前的状态, 因此称为 "恢复变量 (recovery variable)". 通过触发变量的耦合, 这些可激发单元便构成可激发介质.

可激发介质中化学波的形成比较容易理解. 当表面有浓度梯度时, 触发变量 u 的扩散导致近邻区域 u 的增加, 一旦后者越过阈值, 便可导致该近邻区域中 u 的激发; 而原来区域中由于扩散后 u 浓度降低, 恢复到 0, 这样便在表面形成了行波. 一旦行波中由于缺陷或其他的原因导致了点缺陷, 便可产生螺旋波. 另外, 由于可激发介质的 "阈值" 特性, 噪声的作用变得越来越重要. 直观说来, 如果没有噪声, 则小于阈值的信号永远不能产生 "激发" 过程, 因此在介质中不可能导致化学波的传播; 而如果有噪声时, 各个空间点的阈值会受到扰动, 便有可能产生 "阈值" 低于信号的情形, 从而导致局部的激发, 这种偶然的激发过程却有可能导致 "多米诺" 效应, 从而在介质中形成完全由噪声诱导的波动现象等.

为了考察噪声的作用, 我们认为体系的可激发程度随时间受到随机扰动:

$$b(t) = b_0 + \xi(t) \tag{13.68}$$

式中: $\xi(t)$ 为均值为 0, 方差为 1 的 Gauss 白噪声: $\langle \xi(t)\xi(t') \rangle = \delta(t - t')$. 实际上, 在 CO 催化氧化等体系中, 参量 b 和系统中 CO 的偏压、温度等因素有关, 因此 b 受到的扰动可以来自热涨落、偏压的涨落等. 对方程 (13.67)、(13.68) 进行数值求解, 我们得到如下主要结果:

(1) 采用如图 13-21(a) 所示的初始条件, 取 $a = 0.3$, $b_0 = 0.016$, $D_u = 0.2$. 当噪声强度 $D = 0$ 时, 系统所形成的时空有序结构是 "单螺旋波", 这种单螺旋波是稳定的; 当噪声强度不为 0 但很小时 (如 $D = 10^{-4}$), 单螺旋在持续一段时间后失稳, 这是因为螺旋波的中心在噪声的扰动下会有随机运动, 一旦它运动出边界, 螺旋波便消失, 系统恢复到非激发的稳定状态; 但对于中等强度的噪声, 我们发现, 经过一段时间的演化后, 单螺旋波会跃迁到一种 "双螺旋波" 的结构, 出现两个螺旋波头围绕同一个中心旋转, 这种双螺旋波也可能失稳, 重新跃迁回到单螺旋状态. 图 13-21 给出了上述斑图的跃迁过程, 这种单--双螺旋波的跃迁可以有多次, 且在合适的噪声强度下最频繁.

单--双螺旋波的跃迁意味着体系的时空状态在噪声的作用下, 表现出某种双稳特性. 定义表面上总的 u 值, 即 $u_{\text{tot}}(t) = \sum_{ij} u_{ij}(t)$, 在不同的噪声强度下, 它随时间的变化趋势如图 13-22 所示. 其中, 图 (a) 的振荡对应于单螺旋波结构, 图 (b) 则清晰地显示出了单--双螺旋之间的跃迁, 图 (c) 给出了两个噪声强度下 $u_{\text{tot}}(t)$ 的统计分布, 可以看到在噪声的作用下, $u_{\text{tot}}(t)$ 的统计分布由单峰变为双峰函数, 说明双稳态的出现, 它是介质整体表现出来的, 是介质内复杂的非线性耦合和噪声相互作用的结果.

(2) 采用如图 13-23(a) 所示的初始条件, 取 $a = 0.3$, $b_0 = 0.015$, 可以形成有两个头的单螺旋波. 在 $D = 0$ 时, 螺旋波的两个分支会相互碰撞至湮灭, 从而在表面上不会形成稳定的结构. 这种湮灭是确定性的, 它是因为初始条件的特殊设置, 以及体系的某种内在对称性导致. 但在对 b 加以扰动时, 尽管噪声可能很小, 由于对确定性的破坏, 螺旋波不再能湮灭, 而是形成双螺旋结构. 有趣的是, 这种双螺旋的结构可以是 "顺时针" 旋转的 [图 13-23(b)], 也可以是 "逆时针" 旋转的 [图 13-23(d)], 并且这两种螺旋波之间的转变要经历一个中间态, 其中顺时针和逆时针螺旋相互混合, 如图 13-23(c) 所示.

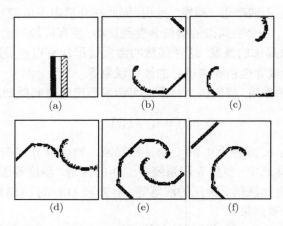

图 13-21　单–双螺旋波的相互跃迁. (a) 为初始螺旋波 "种子": 黑色区域 $u = 0.7, v = 0$;
阴影区域: $u = 0, v = 0.7$; 二者之间: $u = 0.7, v = 0.5$; (b)~(f) 为斑图的跃迁过程

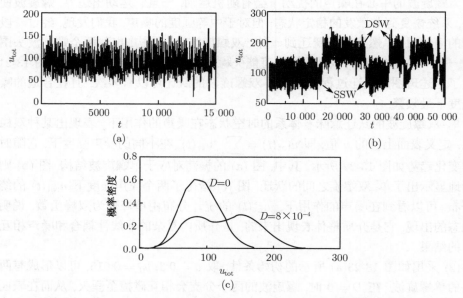

图 13-22　(a) $D = 0$ (b) $D = 8 \times 10^{-4}$ 时 u_{tot} 随时间的变化及统计分布 (c)

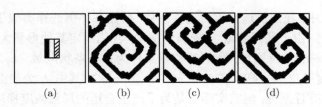

图 13-23   噪声诱导的顺时针和逆时针螺旋波的相互转变

2. 噪声和无序的时空关联效应

2002 年, 我们进一步研究了表面体系中噪声的时空关联效应对螺旋波动力学的影响[123]. 在前面的描述中, 可激发参量 b 受到噪声的扰动, 但表面各个点受到的扰动是一样的, 即各个空间点之间并不存在无序. 然而在实际的体系中, 空间各点的可激发程度可以有所不同. 例如, 光敏 BZ 体系中, 可以利用光强在空间随机分布的光束来控制表面各点的可激发程度; 在实际的表面催化体系中, 也可因表面的缺陷和皱褶等导致空间可激发程度的无序. 另外, 空间可激发程度的无序分布可以是静态的, 即不随时间而变, 如表面缺陷导致的无序; 也可以是随时间而变的, 如利用光强等方法产生的可控无序; 并且随时间的变化可以是完全独立无关的, 也可以是有关联的. 因此, 在表面体系中, 噪声常常具有多种 "时空关联" 性质. 我们的问题是, 噪声的这种关联性质对螺旋波的动力学性质有什么影响呢?

我们仍然研究 Barkley 可激发模型在二维 $L \times L$ 表面上的时空行为. 考察参量 a 受到噪声的扰动:

$$a_{ij}(t) = a_0 + \sigma \xi_{ij}(t) \tag{13.69}$$

式中: σ 为噪声强度的大小; $\xi_{ij}(t)$ 为依赖于时间和空间的噪声; 下标 ij 为空间点的坐标. 按其时空关联性质的不同, 可以将噪声分为三种情形:

(i) $\xi_{ij}(t) = \xi(t)$, $\langle \xi(t) \rangle = 0$, $\langle \xi(t)\xi(t') \rangle = \delta(t - t')$;

(ii) $\xi_{ij}(t) = \xi_{ij}$, $\langle \xi_{ij} \rangle = 0$, $\langle \xi_{ij}\xi_{i'j'} \rangle = \delta_{ii'}\delta_{jj'}$;

(iii) $\langle \xi_{ij}(t) \rangle = 0$, $\langle \xi_{ij}(t)\xi_{i'j'}(t') \rangle = \delta_{ii'}\delta_{jj'}\delta(t - t')$.

情形 (i) 和方程 (13.68) 中的噪声相同, 即空间各点受到相同的随时间变化的 Gauss 扰动; 情形 (ii) 中, 空间各点受到的扰动是静态的, 它并不随时间而变, 但是空间各点之间的扰动是独立无关的, 且满足 Gauss 分布; 在情形 (iii) 中, 空间各点的扰动随时间涨落, 同时各点之间的涨落也独立无关. 按关联性质划分, 情形 (i) 的噪声空间上是强关联的, 时间上独立无关; 情形 (ii) 中, 时间上是强关联的, 空间独立无关; 而情形 (iii) 中的噪声在时间和空间上都是独立无关的. 当然, 实际体系中的噪声可能比这些情形更加复杂, 但这三种情形具有典型的代表意义. 为方便起见, 可以把这三类噪声分别称为 "时间噪声", "空间无序" 和 "时空涨落".

在数值模拟中, 我们仍选择零流边界条件, 初始条件仍选择类似于图 13-21(a) 中的螺旋波种子. 由于选择参量 a 受噪声扰动, 我们固定其他参量为 $\varepsilon = 1/300$, $b = 0.016$, $D = 1.0$. 特别地, 我们的初始条件为: 在条状区域 ($L/2 - 2 \leqslant i \leqslant L/2 + 2$, $1 \leqslant j \leqslant L/2$) 内, 取 $u(i,j) = v(i + 2, j) = 0.7$, 其中 L 为表面边长. 这样的初始条件看似有任意性, 但它实际上是为了产生合适的局部浓度梯度, 使得触发变量能引起螺旋波的传播. 在此情形下, 数值模拟表明, 螺旋波在 $a < 1.059$ 范围内都能稳定于表面区域, 但在超过此 "阈值" 后会失稳. 当然这里的阈值与表面的大小、初始条件的选取都是有关系的. 取 $a = 1.059$, 使得在没有噪声时并不能观测到稳定的螺旋波; 然后增加噪声强度, 分别考察三种关联性质的噪声的作用. 得到主要结果如下:

(1) 当噪声强度 σ 较小时, 可以偶尔看到稳定的螺旋波; 当噪声很大时, 螺旋波破裂成很多碎片; 而在合适的中等强度的噪声时, 可以看到相当规则的稳定的螺旋波. 因此, 三种噪声都能 "诱导并维持" 螺旋波的产生和传播, 并且都存在一个 "最佳" 的噪声强度值, 此时螺旋波最为规则. 图 13-24 给出了噪声强度 $\sigma = 0.05$ 和 $\sigma = 0.2$ 时, 三种情形下典型的时空斑图, 显然, $\sigma = 0.05$ 时的斑图更加规则.

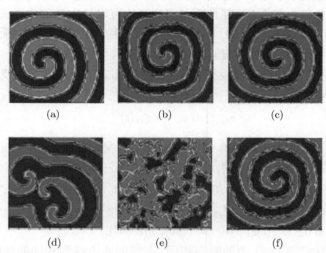

图 13-24   三种噪声情形下表面的时空快照. 第 1 行: $\sigma = 0.05$; 第 2 行: $\sigma = 0.2$; 从左到右分别为时间噪声、空间无序和时空涨落

为了定量地刻画时空斑图的规则程度, 我们定义了如下的 "序参量":

$$\text{WWSAC} = \frac{1}{N} \sum_{r=1}^{N} t_r C_r \tag{13.70}$$

式中: WWSAC 为英文 weighted windowing spatial auto-correlation 的首字母缩写,

表征的是斑图在空间上的自相关性质, 是一种空间有序的量度. WWSAC 的计算大致分为 3 步: 首先在体系达到稳定后, 对每个采样时间点 t, 计算函数 $C(t)$, 表征 t 时刻斑图的 "空间有序程度"; 其次, 对 $C(t)$ 做时间平均得到第 r 次模拟计算的值 $C_r = \langle C(t) \rangle_t$; 最后重复计算 N 次, 对 C_r 进行加权求和得到式 (13.70), 其中权重 t_r 表示第 r 次模拟过程中螺旋波在经过暂态后的 "寿命". 观察图 13-24, 第 1 行的斑图明显比第 2 行更规则; 若沿表面的中间区域横截一宽为 W 的带状窗口, $D_W = \left(1 \leqslant i \leqslant L, \dfrac{L-W}{2} \leqslant j \leqslant \dfrac{L+W}{2} \right)$, 则可以用该窗口内斑图的空间周期性来表示斑图的空间规则性. 据此, 函数 $C(t)$ 定义如下:

$$C(t) = \sum_{k=1}^{L-1} c^2(k, t) \tag{13.71}$$

其中

$$c(k, t) = \frac{\langle (u(i, t) - \bar{u})(u(i+k, t) - \bar{u}) \rangle}{\langle (u(i, t) - \bar{u})^2 \rangle} \tag{13.72}$$

是窗口内空间延迟为 k 的空间自相关函数, $\bar{u}$ 是整个窗口内 u 的平均值, 而 $u(i, t)$ 是窗口内第 i 列各点 u 的平均值. 在我们的计算中, 取 $W = 4$. 图 13-25 给出了 WWSAC 随噪声强度的变化曲线, 可以看到, 三条曲线都有明显的极大值.

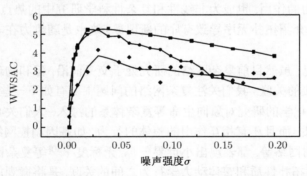

图 13-25 序参量 WWSAC 随噪声强度的变化, 均出现明显的极值

(2) 比较三种噪声的效果, 我们发现: 与时间噪声和空间无序相比, 时空涨落诱导的螺旋波更加规则, 从图 13-24 和图 13-25 中都可以清楚地看到这一点. 这似乎表明, 增加时间和空间的关联, 都会降低噪声诱导斑图的规则性. 为了证实这一点, 我们通过改变时空涨落的关联性质, 观测其效应. 时空涨落情形中, 加到 a_0 的扰动在每个时间步骤都会刷新, 即没有时间记忆; 相应地, 每个空间点的涨落也毫不相关, 没有空间记忆. 因此, 我们可以每隔 m_t 个时间步长才刷新噪声的数值, 以增加时间记忆; 也可以将平面划分成多个 $m_s \times m_s$ 的小块, 每个小块中的噪声值是一样

的, 从而增加空间记忆. 图 13-26 给出了同等噪声强度下, WWSAC 随 m_t 和 m_s 的变化, 证实了时空关联在此体系中的负面效应.

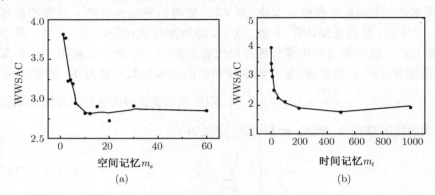

图 13-26　序参量随时空关联程度的变化. (a) 空间记忆效应; (b) 时间记忆效应

13.2.3　拓扑无序导致有序

现实体系中的随机因素, 不仅有噪声和空间无序, 在耦合的非线性动力系统中, 还存在拓扑无序. 近年来, 随着复杂网络的研究受到人们的高度关注, 并在物理、化学、生物、工程和社会学等各个领域得到越来越多的应用[124~128], 拓扑无序对非线性体系动力学行为的作用, 也成为非线性和复杂性科学研究中的热点问题之一. 本小节中, 我们简单介绍拓扑无序导致有序的新现象, 这也是随机力在非线性体系中积极效应的体现.

应该指出的是, 虽然目前复杂网络的研究处于交叉前沿, 但和物理化学研究的问题似乎缺乏直接的关联. 我们关注复杂网络的问题主要有如下一些原因:

(1) 随着物理化学的研究对象向生命等复杂体系的深入, 人们关心的问题已经不仅是个体的性质, 而且还有相互作用的整体的行为. 如基因调控网络、蛋白质相互作用网络、代谢网络等, 都表现出小世界[129]、无标度 [130] 等复杂网络的统计性质. 研究这些网络拓扑性质和整体动力学行为之间的关联, 是将微观层次上物理化学的研究成果和生命体系在介观和宏观层次上的功能联系起来的必经途径.

(2) 复杂网络研究是研究非线性化学动力学研究的必然交叉延伸. 首先, 反应扩散体系只是描述了近邻耦合的一类化学体系, 但实际体系中常存在 "长程" 的耦合, 这既有物理上的长程相互作用力的因素, 也有化学反应机制的因素; 如 CO 在表面吸附反应的过程中, 既有吸附态的 CO 分子和分解后的 O 原子之间的 "近邻" 反应, 也有经过 "跳跃" 而发生的非近邻的反应. 另外, 反应体系在空间的耦合可能并不是线性的扩散耦合, 而有复杂的非线性机制, 应该将反应扩散方程代替为更一般的耦合体系的演化方程. 由于拓扑无序也代表一种随机因素, 因此研究复杂网络中拓扑无序的作用, 也与非线性化学动力学的研究紧密有关.

(3) 复杂网络是一种概念, 它表示的是事物之间的联系. 从数学上看, 网络是一种图, 由结点和边组成. 对应于实际的体系, 不同的体系有不同的结点和边的定义. 例如, 蛋白质的折叠过程要经历很多的中间态, 如果把这些态视为结点, 可以转变的态之间看成是有连接边, 则我们可以得到一个态跃迁的有向复杂网络, 分析该网络的拓扑性质和动力学, 对理解蛋白质的折叠过程可能有帮助. 又如, 大分子在溶液中的构象相当复杂, 也可以在粗粒化尺度上抽象成复杂网络, 研究大分子的拓扑结构和动力学性质之间的关联, 是令人感兴趣的课题. 有趣的是, 有研究表明, 若将局部极小点对应的亚稳态视为结点, 亚稳态之间经过鞍点的反应通道视为边, 则原子团簇的高维势能面也可以映射到一个加权复杂网络[131], 可以建立该网络的拓扑性质和团簇的物理化学性质之间的关联, 等等. 因此, 即便是物理化学研究的个体对象, 也与复杂网络问题有关, 而后者提供了一种新的可供借鉴的研究思路.

1. 小世界网络中的拓扑无序

现实世界中的网络当然不是完全规则的, 但也不是完全随机的. 1998 年, Watts 和 Stragotz 提出了著名的小世界网络模型, 称为 WS 模型[129]. 首先构造结点度为 K 的完全规则网络, 其 N 个结点围成一个环, 每个结点和最近邻的左右各 $K/2$ 个结点相连; 接着, 以概率 p 随机地重连网络中的每个边, 即将边的一个端点保持不变, 另一个端点随机选择, 重连过程中保证每 2 个点之间只有一条边, 并且结点和自身没有连接. 因此, 随着重连概率 p 从 0 到 1 变化, 网络从完全规则向完全随机转变, 此时参量 p 可以定量地表征网络的拓扑无序度, 如图 13-27 所示.

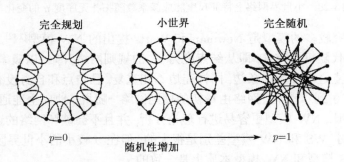

图 13-27 Watts-Strogatz 小世界网络模型

WS 模型的一个最大特点, 就是很小的 p 便可以导致网络统计性质的很大变化. 描述网络拓扑性质的一个重要统计量是网络的特征尺度 (characteristic length)L, 它定义为网络上任意 2 个结点间的平均最短路径长度, 即

$$L = \frac{2}{N(N-1)} \sum_{i>j} d_{ij} \tag{13.73}$$

式中：d_{ij} 为结点 i 和 j 之间的最短路径长度. 另一个常用的统计性质是成簇系数 (clustering coefficient)C：对给定度为 k_i 的结点 i, 其 k_i 个近邻结点间可能有的总边数为 $E_0 = k_i(k_i - 1)/2$, 若实际存在的边数为 E_i, 则结点 i 的成簇系数定义 $C_i = E_i/E_0$; 整个网络的成簇系数就是所有结点 C_i 的平均值, 即 $C = \sum_i C_i/N$. 注意到 L 刻画的是网络的远程关联性质, 而 C 主要描述的是网络局部的结构特性. 图 13-28 中给出了小世界网络的特征尺度和成簇系数随参量 p 的变化趋势. 可以看出, 很小的 p 可以导致网络的特征尺度急剧下降, 而同时网络的成簇系数几乎没有改变. 因此, 很少数的随机长程连接便可以在不破坏网络局部结构的前提下大大地增强网络的远程关联性质. 通常, 把成簇系数较大而特征尺度较小的区域称为小世界区域.

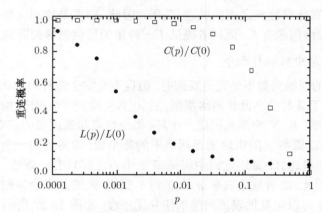

图 13-28   小世界网络上特征尺度和成簇系数随拓扑无序度 p 的变化

另一种研究较多的模型是 Newman 和 Watts 提出的 NW 模型[132]. 该模型用随机化加边取代随机化重连, 即从结点度为 K 的规则网络开始, 以概率 p 在随机选取的一对结点之间加上一条边, 同样连边不能重复, 且结点和自身没有连接. 随着加边概率从 0 到 1 变化, 网络由最初的规则网络 "随机" 地向全连通网络演变. 和 WS 模型相比, NW 模型更容易进行理论分析, 并且不会破坏网络的连通性. 显然, 当 p 较大时, WS 和 NW 模型差别是很大的, 但在 p 较小的小世界区域 (N 一般足够大), WS 模型和 NW 模型本质上是一致的.

小世界模型一经提出, 便引起人们的广泛兴趣. 人们自然要问, 小世界网络的拓扑性质与其动力学行为之间有何种关联. 例如人们发现, 网络的小世界特性可以增强随机共振[133], 可以增强耦合振子的同步[134], 可以改变 Ising 模型的相变性质[135], 可以加快神经元的响应和增强神经网络的协同[136], 等等. 作者等在研究中发现, 小世界网络中的拓扑无序对非线性动力学行为有重要的调控作用. 特别地, 作者等发现拓扑无序可以驯服时空混沌, 可以消除死振等, 下面主要对此进行简单介绍.

2. 拓扑无序驯服混沌

2003 年, 作者等研究了小世界网络上耦合单摆振子的动力学行为, 发现在规则网络上的时空混沌, 在小世界网络中可以被有效地 "驯服", 而形成空间接近同步, 时间上有周期性的规则时空斑图, 并且存在最佳的拓扑无序度, 此时时空斑图的规则程度最大[137].

考虑 N 个耦合的周期驱动的阻尼单摆振子, 体系动力学方程如下:

$$ml_n^2\ddot{\theta}_n + \gamma\dot{\theta}_n = -mgl_n\sin\theta_n + \tau' + \tau\sin\omega t + \sum_m k_{nm}(\theta_m - \theta_n), \qquad (13.74)$$

$$n = 0, 1, 2, \cdots, N-1; N = 128$$

计算中采用零流边界条件, $n = 0, 128$ 为边界点. 参数值具体为: 重力加速度 $g = 1.0$, 单摆长度 $l_n = 1.0$, $\tau' = 0.7155$, $\tau = 0.4$, 角频率 $\omega = 0.25$, 阻尼系数 $\gamma = 0.75$. 对单个单摆振子而言, 当 $l = 1.0$ 时体系出现混沌行为, 当 $l > 1.0$ 时单摆在平衡位置两边振荡, θ 不会超过 2π, 当 $l < 1.0$ 时单摆绕过最高点快速旋转, θ 会超过 2π 一直增加. 因此对于上述参数, 每个单摆都处于混沌状态. 式 (13.74) 中右边求和项为耦合项, k_{nm} 为耦合强度, 若 (m, n) 之间直接有边相连, 则取 $k_{nm} = 0.5$, 否则 $k_{nm} = 0$. 为了引入拓扑无序, 采用加边的方式构造小世界网络, 即在规则网络的基础上随机加入长程边, 或称 "捷径 (shortcut)". 对于 N 结点的网络, 可能有的总边数为 $C_N^2 = \dfrac{(N-1)(N-2)}{2}$, 若捷径的数目是 M, 则参量 $q = 2M/(N-1)(N-2)$ 表示 "随机捷径" 所占的比例; 在 q 不大时, 它可以用来表征网络的相对拓扑无序度.

在规则网络中, 每个单摆与 2 个最近邻相连. 可以看到, 体系呈现出时空混沌的行为, 在时间和空间上都相当混乱, 如图 13-29(a) 所示. 但是, 当向体系中增加一定数目的捷径时, 我们发现, 体系呈现出相当规则的时空动力学行为, 不仅在空间上接近同步, 而且在时间上展现很好的周期性. 图 13-29(b) 中给出了 $M = 80$ 时的时空演化行为, 可以明显地看到这种时空规则性. 有趣的是, 如果网络中的随机边数进一步增加, 虽然单摆之间的同步可以得到增强, 但时间上的周期性却遭到破坏, 此时体系表现出同步的混沌状态. 因此, 我们得到结论: 拓扑无序可以有效驯服时空混沌; 并且存在最佳的拓扑无序度, 此时体系呈现出最规则的时空行为.

进一步研究表明, 拓扑无序驯服混沌的效应并不是个别的现象. 在后续研究中, 作者在耦合的混沌神经元体系中也发现了这种现象[138]. 另外, 在受噪声调制的耦合弛豫振子体系中, 也发现在最佳拓扑无序度时, 体系的时空规则度最佳的情形[139]. 目前, 对这一现象的机制和应用的研究仍在继续中.

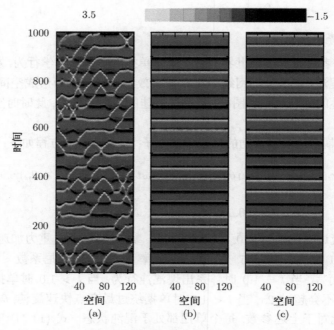

图 13-29　拓扑无序驯服混沌. 从左至右: $q = 0, 0.01, 0.02$

3. 拓扑无序消除死振

2003 年, 作者等还研究了小世界网络上耦合极限环振子的动力学行为. 我们发现, 规则网络上的部分 "死振 (oscillator death)", 即由于耦合相互作用而导致的一部分振子振幅被抑制的有趣现象, 在小世界网络上可以被消除. 另外, 随着拓扑无序度的改变, 还可以出现全局死振, 即所有振子的振幅都被抑制的现象[140]. 由于采用的是一般模型, 这些结果也同样适用于具体的耦合化学振荡体系.

作者等采用 WS 模型构造小世界网络, $p=0$ 的规则网络上每个振子和 $K=4$ 个近邻相连. 考虑 N 个极限环振子耦合的体系, 其动力学方程如下:

$$\dot{z}_j = i\omega_j z_j + \left(r - |z_j|^2 \right) z_j + d \sum_i (z_i - z_j) \tag{13.75}$$

式中: $z_j = |z_j| \mathrm{e}^{\mathrm{i}\varphi_j}$ 为第 j 个振子的复振幅; ω_j 为其频率; r 为参数, 表征振子振幅变化的速度; d 为耦合强度. 求和项遍及和振子 j 相连的振子. 在没有耦合时, 最终每个振子都将被吸引到振幅为 $\sqrt{r}$ 的极限环上, 各自以频率 ω_j 振荡. 在不同的耦合强度和频率分布情况下, 式 (13.75) 的动力学行为相当丰富, 有同步振荡、分叉、混沌等. 当振子的频率分布范围相对较宽和耦合强度较大时, 体系可以表现出部分死振的行为, 即一部分振子的振幅接近于 0. 图 13-30 给出了 $d = 2.0, \Delta\omega = 5.0,$

$\omega_j = \Delta\omega \dfrac{j-1}{N-1}$ 时, $K=4$ 的规则网络上的部分死振现象, 其中纵轴是取时间平均后振子的振幅. 我们主要考察了规则网络出现死振的条件下, 随着网络拓扑无序度 p 的改变, 体系动力学行为的变化.

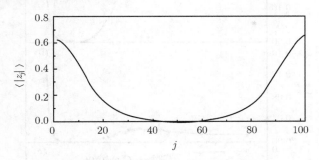

图 13-30 规则网络上的部分死振现象

为了定量地刻画体系的振荡强度, 可以定义如下 "序参量":

$$E = \frac{\left[\left\langle \sum\limits_{j=1}^{N} |z_j|^2 \right\rangle\right]}{Nr} \quad \text{及} \quad W = \frac{\left[\left\langle \left|\sum\limits_{j=1}^{N} z_j\right|^2 \right\rangle\right]}{N^2 r} \tag{13.76}$$

式中: $\langle\cdot\rangle$ 为对时间求平均; $[\cdot]$ 为对给定 p 时不同的网络求平均. 注意, E 表征的是单个振子的平均振荡强度, 而 W 是整个网络 "协同" 振荡的强度. 当网络中每个振子出现同步振荡时, E 和 W 是一致的. 图 13-31(a), (b) 中给出了 $d=2.0$, $\Delta\omega=5.0$ 时 E 和 W 随 p 的变化曲线, 从图 13-31 中可以看到, 拓扑无序体现出了多重效应.

(1) 消除部分死振. 在曲线的第 1 段, E 和 W 都有显著的增加, 意味着死振得到部分消除. 值得指出的是, E 和 W 随 p 的变化出现明显的极值, 此时 $p \sim 0.02$, 随机重连边的数目大约为 4, 因此很少的拓扑无序便导致了体系行为的显著的变化. 为比较起见, 在图 13-31(c) 中画出了网络的特征尺度 L 和成簇系数 C 随 p 的变化, 可以看到极值的位置明显地位于小世界区域内.

(2) 诱导全局死振. 在曲线的第 3 段, E 和 W 的值均几乎为 0. E 为 0 意味着每个振子的振荡强度都几乎为 0, 从而是一种全局死振的状态. 出现全局死振的区域大约在小世界区域的边缘. 由于对每个给定的 p 值, 我们都要做 40 次以上的平均来求得 E 和 W, 因此这种全局死振行为是具有鲁棒特性的.

(3) 增强协同. 在曲线的第 4 段, E 和 W 出现明显的快速增加. W 的快速增加以及它接近 E 的数值表明振子间的协同大大增强. 体系振荡性质随 p 的变化还可以通过振幅的轮廓线得到体现. 图 13-32 给出了几个典型的 p 值时 $\langle|z_j|\rangle$ 的轮廓线, 可以清楚地看到上述几种效应.

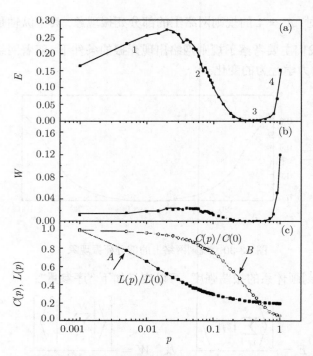

图 13-31　(a), (b) 振荡强度随拓扑无序度的变化; (c) 点 A, B 标示了小世界的起止区域

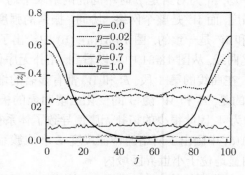

图 13-32　不同 p 时网络上振子平均振幅的分布

13.3　介观化学振荡体系中的内涨落效应

近年来, 随着化学研究的对象向生命和纳米体系的深入, 介观化学体系动力学规律的研究已成为广泛关注的前沿课题. 13.1.4 节已经说明, 对于分子总数 N 或反应体系的体积 V 较小的介观体系, 内涨落可以达到显著的水平. 研究内涨落对介

观体系性质, 包括热力学和动力学性质的影响, 是目前统计物理发展和研究中的一个重要方向. 另外, 在介观化学体系中, 实验上也发现了大量非线性动力学行为, 如 13.1 节中描述的合成基因网络中的蛋白质浓度振荡、细胞内及细胞间钙离子浓度的振荡和螺旋波、纳米粒子催化剂表面的反应速率振荡等. 因此, 一个自然的问题是, 内涨落对介观化学体系中的非线性动力学行为有什么影响呢?

最近, 生命和表面催化体系中内涨落效应的研究已开始受到越来越多的关注, 并且已经取得了一些重要的成果. 在生命体系, 特别是基因表达过程中, 由于参与反应的分子数目非常少, 内涨落的效应尤其受到重视[141~149]. 正如 Mcadams 等指出的, 基因表达过程 "is a noisy business"[141]. 这种 "噪声" 既有内在根源, 即来自于基因自身转录和翻译过程的化学反应内涨落, 也有外在原因, 即由细胞中其他组分的浓度或状态的涨落所引起[142]. 目前, 人们主要通过实验[143]和理论[144]的方法研究基因表达过程中内涨落的起源、表征及其效应[145]. 例如, 研究表明, 原核生物基因表达产物的内涨落主要由翻译过程决定[148], 而真核生物的表达过程中翻译和转录过程都有贡献[149]. 另外, 由于生理时钟振荡在分子水平上是由基因表达过程调控的[150], 因此内涨落对生理振荡的影响同样受到关注. 例如人们已经发现, 一旦体系的内涨落太大, 则生理振荡已经失去意义[151], 从而为了抵制内涨落, 对生理振荡的机制提出了更高的要求[152]; 但同时人们又发现, 某些情况下内涨落又有可能诱导产生生理振荡, 使得内涨落的效应更加复杂[153]. 在表面催化体系中, 当涉及非常小的尺度时, 参与反应的分子数目较少, 内涨落也可能起到重要的影响. 如在铂电极的场发射针尖区域, 人们发现内涨落可以诱导 CO 的氧化过程在活性和非活性两种状态间的转变[15]; 在 Pt(111) 表面 H_2 催化氧化体系中时空自组织现象的研究中, Ertl 等指出必须考虑到内涨落的影响, 才可能定量地解释实验中观测到的结果[154]; 而在纳米粒子表面催化过程的研究中, Peskov 等指出 4 nm 和 10 nm 粒子表面反应速率振荡表现出的明显差别, 正是内涨落对体系作用的结果[14,155], 等等.

在本节中, 主要介绍作者在介观化学振荡体系内涨落效应的研究中取得的进展. 由于内涨落与体系非线性动力学机制的相互耦合作用, 可导致三种类型的动力学尺度效应: 最佳尺度效应[156~162]、尺度选择效应[163,164]和双重尺度效应[165,166], 这些结果给出了介观尺度效应的一种新机制. 最后, 作者对最佳尺度效应给出了理论解释[167].

13.3.1 最佳尺度效应

化学振荡是一种非常重要的非线性化学动力学行为. 前面已经提到, 生命和表面催化等介观化学体系中, 实验中已经发现了大量的化学振荡现象, 它们对实际体系功能的实现有重要作用. 由于化学振荡是一种时间规则的行为, 因此一个重要的问题是: 内涨落如何影响介观化学振荡行为呢? 由于内涨落的大小依赖于体系的尺

度 V, 内涨落的影响同时也反映了体系尺度对振荡行为的影响.

为了研究这个问题, 我们选择了一个一般的化学振荡模型[157]: Brusselator. Brusselator 最早是由 Prigogine 提出的假想化学反应模型, 用以阐述他所提出的耗散结构理论. Brusselator 包含如下的基元反应过程:

$$\xrightarrow{k_1} X, \quad X \xrightarrow{k_2} Y, \quad 2X + Y \xrightarrow{k_3} 3X, \quad X \xrightarrow{k_4} \tag{13.77}$$

相应的宏观确定性方程如下:

$$\frac{\mathrm{d}x}{\mathrm{d}t} = k_1 - k_2 x + k_3 x^2 y - k_4 x, \quad \frac{\mathrm{d}y}{\mathrm{d}t} = k_2 x - k_3 x^2 y \tag{13.78}$$

式中: x 和 y 分别为 X 和 Y 分子的浓度. 方程 (13.78) 的稳态解 $\mathrm{d}x/\mathrm{d}t = 0$, $\mathrm{d}y/\mathrm{d}t = 0$ 给出 $x_s = k_1/k_4$ 及 $y_s = k_2 k_4/k_1 k_3$. 定义 $\alpha \equiv 2k_4/k_2$, 则在 $\alpha_c = 2(1 - x_s/y_s)$ 时, 由式 (13.78) 定义的动力学方程发生 Hopf 分岔; 当 $\alpha < \alpha_c$ 时出现化学振荡, 而当 $\alpha > \alpha_c$ 时体系最终会稳定在 (x_s, y_s) 状态上.

为了研究内涨落的效应, 需要采用随机动力学的方法. 根据 (13.77) 列出的基元反应过程, 可以写出相应的趋势函数 a_j 如下:

$$a_1 = k_1 \cdot V, \quad a_2 = k_2 x \cdot V, \quad a_3 = k_3 x^2 y \cdot V, \quad a_4 = k_4 x \cdot V \tag{13.79}$$

按照 13.1.4 节中描述的方法, 可以利用随机模拟和化学 Langevin 方程的方法来研究体系的行为. 根据式 (13.51), 可以得到体系的化学 Langevin 方程如下:

$$\mathrm{d}x/\mathrm{d}t = (k_1 - k_2 x + k_3 x^2 y - k_4 x) + (\sqrt{k_1}\xi_1(t) - \sqrt{k_2 x}\xi_2(t)$$
$$+ \sqrt{k_3 x^2 y}\xi_3(t) - \sqrt{k_4 x}\xi_4(t))/\sqrt{V} \tag{13.80}$$
$$\mathrm{d}y/\mathrm{d}t = (k_2 x - k_3 x^2 y) + (k_2 x \xi_2(t) - k_3 x^2 y \xi_3(t))/\sqrt{V}$$

研究表明, 体系动力学行为对 V 的依赖关系取决于控制参量 α 的大小. 当 α 处于振荡区以内时, 存在一个 V 的临界值 V_c, 使得当 $V < V_c$ 时体系的振荡行为被彻底破坏, 从而 "振荡" 失去意义. 而当 α 处于稳定点区域时, 体系的行为不明显地依赖于 V 的大小. 但在分岔点附近, 涨落可能会起到非常重要的调控作用. 我们发现, 当 $\alpha > \alpha_c$ 且靠近 α_c, 即体系处于确定性方程预言的 Hopf 分岔点右端附近的稳定点区域时, 随机模拟方法、τ-leap 方法和化学 Langevin 方程均能产生随机振荡. 因此, 与外噪声类似, 内涨落也可以诱导振荡. 与完全随机的噪声不同, 这些随机振荡包含了体系的内信号信息, 其功率谱在 Hopf 分岔点的特征振荡频率附近, 可以看到明显的信号峰. 内涨落诱导的随机振荡的出现, 意味着此时体系的动力学行为对尺度 V 有非单调的依赖关系. 当 V 很大时, 如 $V \to \infty$, 确定性方程 (13.78) 有效, 此时体系处于稳定点状态, 不会出现振荡; 当 V 很小时, 内涨落非常大, 任何振荡信息都被淹没到涨落背景中. 而当 V 处于某个中间值时, 内涨落强度适中, 此时内涨落诱导的随机振荡会最为规则. 因此, 体系的随机振荡的强度随着 V 的改变出现了极大值.

为了描述这种现象, 取 $x_s = 1.0, y_s = 2.0, \alpha = 1.1$. 由于 $\alpha_c = 2(1 - x_s/y_s) = 1.0$, 此时体系处于确定性方程所定义的稳定点区域. 图 13-33 中给出了 $V = 10^2, 10^5, 10^9$ 时随机振荡的功率谱密度 (power spectrum density, PSD) 曲线. 其中, $V = 100$ 的结果由随机模拟方法 SSA 得到, 其他两条曲线由 τ-leap 方法得到. 3 条曲线上都有明显的峰, 随着体积 V 的增大, 相应的噪声背景值降低, 而峰的宽度和高度也发生变化. 可以明显地看出, $V = 10^5$ 时信号峰相对而言更为尖锐, 即振荡信号最强, 时间序列最为规则. 为定量地表征随机振荡的有效强度, 我们仍然使用 13.2.1 节中定义的有效信噪比: $\mathrm{SNR} = \dfrac{p(B)}{p(A)} \times \dfrac{\omega_B}{\omega_C - \omega_B}$. 图 13-34(a) 给出了 SNR 值随体系尺度 V 的变化曲线. 可以明显地看到, $V \approx 10^{4.5}$ 时有效信噪比 SNR 出现极大值. 这种现象和随机共振非常类似; 由于它是内涨落导致的, 因此被称为内涨落随机共振, 又由于内涨落的最佳值同时意味着尺度 V 的最佳值, 因此也称这种现象为尺度共振 (system size resonance, SSR). 从图 13-34(a) 中可以看出, SSA 方法、τ-leap 方法以及 CLE 方法得到了定性上相当一致的结果, 特别是在 $V > 10^4$ 时, τ-leap 方法和 CLE 方法几乎定量一致, 这种一致性说明尽管 CLE 在 V 较小时不能严格成立, 但用它来研究体系内涨落的效应仍是一个方便可行的方法. 因此, 为方便起见, 我们

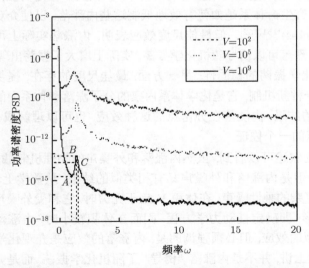

图 13-33 Brusselator 体系随机振荡时间序列的功率谱密度曲线

可以用 CLE 对体系中内涨落的效应做进一步系统的研究. 在图 13-34(b) 中, 我们给出了当 α 渐渐远离分叉点 α_c 时 SNR-$\lg V$ 曲线的变化, 可以看到尺度的最佳值 V_{opt} 渐渐向小的方向移动, 相应的信噪比的最大值 SNR_{max} 渐渐降低. 可以预见, 当 α 进一步远离 α_c 时, 信噪比的峰值将会消失, 因此体系的行为将不再依赖于尺度 V.

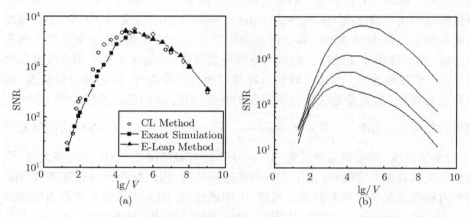

图 13-34　(a) 有效信噪比 SNR 随体系尺度 V 的变化, $\alpha = 1.1$; (b)SNR-V 曲线随控制参量 α 的变化, 从上到下, α 分别为 1.1, 1.2, 1.3, 1.4

最佳内涨落 (尺度) 效应的发现改变了人们对内涨落的传统认识. 例如, 在目前对生理时钟振荡及合成基因网络振荡的研究中, 人们大多假定内涨落是起破坏作用的, 因此主要研究生命体系是如何有效地抵制这些内涨落, 以使介观化学振荡具有稳固性 (robustness)[151,152]. 但最佳尺度效应表明, 内涨落实际上可以起到积极作用的: 一方面内涨落可以诱导随机化学振荡, 实际上增大了振荡出现的参数范围, 从而增加了介观化学振荡的稳固性; 另一方面, 最佳尺度的存在, 提供了介观化学体系尺度效应的一种新机制, 它是化学体系内禀的分子涨落和体系中的非线性动力学特性相互作用的结果. 内涨落在分岔点的这种效应, 也可以理解成 Prigogine "涨落导致有序" 观点的一个佐证.

通过本小节的叙述可以看到, 虽然内涨落和外噪声的物理机制截然不同, 也是不可外在控制的, 但是内涨落和外噪声却有相类似的结果. 从数学上看, 内涨落实际上是一种形式复杂的乘性噪声; 在体积 V 趋于无穷时, 它和受外噪声扰动的体系有相同的极限情形, 即确定性动力学方程; 因而在体积较小时, 内涨落能够起到定性上和外噪声类似的效应. 但必须强调的是, 内涨落的效应是介观化学体系的内禀性质. 从这个意义上讲, 并不是内涨落 "诱导" 了随机化学振荡, 而是介观化学振荡体系的振荡本来就是 "随机的"; 如果能在不改变体系其他特性的情况下改变内涨落的强度 (如改变体系尺度), 则 "最佳尺度效应" 告诉我们在分岔点的附近, 内涨落的大小处在最佳值时, 随机振荡的信噪比最大. 当然还要说明一点, 由于体系的尺度一般不是可调参量, 因此目前看来, 最佳尺度效应的理论意义似乎更大于实际意义.

13.3.2　尺度选择效应

在 13.2.1 节中, 我们介绍了 CO 表面催化体系中, 由控制参量的外噪声导致的随机双共振现象. 由于内涨落和外噪声的类似作用, 人们自然期待, 存在尺度双共振效应, 即随着体系尺度 (内涨落大小) 的变化, 随机振荡的强度也会出现两个极大值, 并且两个极大值对应不同的振荡形式和频率. 的确, 作者在表面催化体系和钙振荡体系中都发现了这种效应, 它可以形象地理解为一种尺度选择效应. 下面以钙振荡体系为例作简单说明.

生命体系中, 钙作为第二信使, 对生理功能的实现起着非常重要的作用. 钙离子振荡信号既调节着细胞内的生命过程, 同时又在细胞间传递信息以控制细胞整体的行为[168]. 有关钙振荡的实验工作很多, 人们也提出了许多相应的动力学模型, 较好地解释了实验现象[6]. 目前绝大多数的理论模型都是确定性的, 并没有考虑内涨落的效应. 然而, 细胞是一个典型的介观化学反应体系, 内涨落的作用不可忽略; 实验中也观察到钙振荡并不规则, 其振幅和相位都有明显的涨落, 意味着涨落实际上的确存在. 因此, 研究内涨落对细胞内钙振荡过程的影响是十分自然而又有重要实际意义的问题.

钙振荡的模型有很多, 不同的体系有不同的振荡机制, 这里我们选择 Höfer 等于 1999 年提出的肝细胞中的钙振荡模型[169]. 细胞内的钙离子可以在细胞质、内质网、线粒体及一些细胞内的蛋白质之间流动, 还可以透过细胞膜和外界发生交换. 根据 Höfer 的模型, 钙离子在细胞质、内质网和细胞外的交换是关键的过程, 可以忽略其他的物质交换过程. 实际上, 细胞内发生的生物化学反应过程相当复杂. 例如, 钙离子在内质网膜上的进出就涉及膜内离子通道的开关等很多细节. 但为了考察在整个细胞尺度内化学反应的随机性带来的影响, 我们并不仔细地研究每步化学反应的细节, 而是采用准稳态近似, 将细胞内发生的反应过程根据不同的时间尺度加以整合. 记细胞质内的钙离子数目为 X, 整个细胞 (包括内质网) 内的钙离子数目为 Z, 则细胞内的反应都将导致 X 和 Z 数目的变化. 作为简单但不失一般性的处理, 可以将细胞内的反应分为 4 个过程, 如表 13-2 所示. 表 13-2 中 x 和 z 分别表示细胞质内和整个细胞中自由钙离子的浓度, V 代表细胞质部分的体积, 相应的反应速率都是准稳态近似后的结果. 函数 $k_r(x, P) = \nu_1 \left[\dfrac{P}{d_p + P} \dfrac{x}{d_a + x} \dfrac{Q(P)}{Q(P) + x} \right]^3 + \nu_2$,

其中 $Q(P) = d_2 \dfrac{P + d_1}{P + d_3}$, 描述了钙离子经内质网膜上离子通道的释放, 涉及 IP$_3$ 受

体通道门的开关过程. α, β, ρ 均为结构因子: α 为内质网膜和细胞膜面积之比, β 为内质网和细胞体积之比, ρ 为细胞膜面积和细胞体积之比. P 为细胞内 IP$_3$(三磷酸甘油醇) 的浓度, 设为控制参量. $\nu_{0,1,2,3,4,c}$ 单位均为 $\mu mol/(L \cdot s)$, 对应于某种物理过程导致的钙流速率; $k_{0,3,4}$ 单位均为 mol/L, 表示某种过程的速率达到最大值一半时对应的浓度值. 具体参数值为: $\alpha = 2.0$, $\beta = 0.1$, $\rho = 0.02 \ L/\mu mol$; $\nu_0 = 0.2 \ \mu mol/(L \cdot s)$, $\nu_1 = 40/s$, $\nu_2 = 0.02/s$, $\nu_3 = 9.0 \ \mu mol/(L \cdot s)$, $\nu_4 = 3.6 \ \mu mol/(L \cdot s)$, $\nu_c = 4.0 \ \mu mol/(L \cdot s)$; $k_0 = 4.0 \ mol/L$, $k_3 = 0.12 \ mol/L$, $k_4 = 0.12 \ mol/L$, $d_1 = 0.3 \ mol/L$, $d_2 = 0.4 \ mol/L$, $d_3 = 0.2 \ mol/L$, $d_p = 0.2 \ mol/L$, $d_a = 0.4 \ mol/L$; 更多细节参见文献 [169].

表 13-2　　细胞内钙振荡反应过程及其速率

随机过程描述	结果	反应速率
钙经细胞膜输入细胞	$\Delta X^{(1)} = 1$ $\Delta Z^{(1)} = 1$	$a_1 = \rho \left(\nu_0 + \nu_c \dfrac{P}{k_0 + P} \right)$
钙经细胞膜从细胞中输出	$\Delta X^{(2)} = -1$ $\Delta Z^{(2)} = -1$	$a_2 = \rho \left(\nu_4 \dfrac{x^2}{k_4^2 + x^2} \right)$
内质网释放钙至细胞质中	$\Delta X^{(3)} = 1$ $\Delta Z^{(3)} = 0$	$a_3 = \rho \left[\alpha k_r(x, p) \left(\dfrac{z - x}{\beta} - x \right) \right]$
内质网从细胞质中吸收钙	$\Delta X^{(4)} = -1$ $\Delta Z^{(4)} = 0$	$a_4 = \rho \left(\nu_3 \dfrac{x^2}{k_3^2 + x^2} \right)$

注: P 为控制参量.

根据表 13-2, 可以很容易地写出体系的化学 Langevin 方程如下:

$$\frac{dx}{dt} = \sum_{j=1}^{4} \Delta X^{(j)} \left(a_j + \sqrt{\frac{a_j}{V}} \xi_j(t) \right)$$

$$\frac{dz}{dt} = \sum_{j=1}^{4} \Delta Z^{(j)} \left(a_j + \sqrt{\frac{a_j}{V}} \xi_j(t) \right) \tag{13.81}$$

当忽略方程右端的内涨落项时, 我们可以得到确定性动力学方程. 取 P 为控制参量, 则体系的分岔图如图 13-35 所示. 可以看到, 体系在 $P \approx 1.45 \ mol/L$ 时发生 Hopf 分岔, 而在 $P \approx 1.47 \ mol/L$ 时也发生了 Canard 现象. 可以预期, 当体系处于 Hopf 分岔点左端的区域时, 我们可以观察到尺度选择效应. 图 13-36 显示了 $P \approx 1.3$ 时随机钙振荡的有效 SNR 随 V 的变化. 可以明显地看到, 在 $V \sim 10^3$ 和 $V \sim 10^6$ 时 SNR 均出现极大值. 图 13-36 中也给出了随机振荡的频率的信息, 两个峰所对应的振荡有明显的不同: 前者是大幅度的弛豫振荡, 而后者是小幅度的简谐振荡. 因此, 不同大小的内涨落对钙振荡信号表现出了选择性.

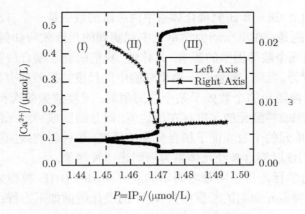

图 13-35　肝细胞钙振荡体系的分岔图

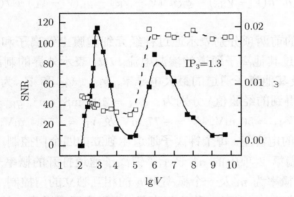

图 13-36　细胞钙振荡体系中的尺度选择效应

　　细胞钙振荡过程中尺度选择效应的存在, 意味着内涨落对细胞内钙信号的产生及传递有着重要的调控作用. 然而, 由于真实体系的细胞尺度并不能作为自由可调的参量, 而是具有一定的范围, 因此这种效应对生物体内的生理过程有什么影响, 目前并无定论. 但很值得一提的是, 第一个峰对应的最佳尺度 $V \sim 10^3$ μm^3 恰恰与真实细胞的大小处于同一个量级, 而细胞内许多功能的实现又常常是利用大幅度的弛豫振荡, 因此似乎生物体可以通过调节自身的参数以工作在一个最佳的尺度上. 进一步研究还表明, 第一个峰的位置对 IP_3 的值并不敏感, 意味着处于该尺度的细胞可以很好地响应相当宽范围内的外界刺激, 有稳固特性.

13.3.3　双重尺度效应

　　以上阐述了单个动力学单元中由内涨落所导致的尺度效应. 在实际体系中, 这些动力学单元, 如细胞、神经元等, 常常是耦合在一起的, 因此在了解了单个动力学单元行为的基础上, 进一步研究耦合体系中内涨落的效应是一个自然而重要的问题. 此处关心的问题是: 在单个动力学单元中观测到的尺度效应如何受耦合方式、耦合强度、耦合单元个数等因素的影响. 具体地, 我们研究了耦合细胞和神经元体系的集体动力学行为, 发现: 耦合对于单个细胞中的尺度共振效应有很大的增强效应; 并且当细胞或神经元的个数处于某个中间值时, 尺度共振效应得到最大增强. 因此, 不仅单个细胞或神经元的尺度存在最佳值, 而且细胞或神经元的个数也有最佳值. 由于动力学单元的个数表征了耦合体系的尺度, 这种新的效应可称为双重尺度效应. 这里, 我们仅以耦合神经元体系为例阐述这种现象.

神经元的动力学行为可以用著名的 Hodgkin-Hoxley (HH) 模型来描述[12]. 根据 HH 模型, 单个神经元细胞的跨膜电势 $V(t)$ 的变化遵循如下方程:

$$C\frac{dV}{dt} = -g_{Na}m^3h(V - V_{Na}) - g_K n^4(V - V_K) - g_L(V - V_L) + I(t) \qquad (13.82)$$

方程 (13.82) 右端的前两项分别表示通过神经元细胞膜上钠离子和钾离子通道的电流, 第 3 项为通过其他离子通道的渗漏电流, $I(t)$ 表示外界的刺激; g_{Na}, g_K 和 g_L 分别为钠、钾及其他离子通道的最大电导率, V_{Na}、V_K 和 V_L 为相应的反转电势, 它们都取实验得到的经验值, 分别为: $g_{Na} = 120 \text{ mS/cm}^2$, $g_K = 36 \text{ mS/cm}^2$, $g_L = 0.3 \text{ mS/cm}^2$, $V_{Na} = 50 \text{ mV}$, $V_K = -77 \text{ mV}$ 及 $V_L = -54.4 \text{ mV}$; $C = 1 \text{ μF/cm}$ 为细胞膜单位面积的电容量. 每个钾离子通道由独立的四个门控制, 每个门打开的概率为 n, 因此右端第 2 项中的 n^4 表示了钾离子通道打开的概率; 相应地, 钠离子通道由 3 个打开概率为 m 及一个概率为 h 的相互独立的门控制, 从而钠离子通道打开的概率为 m^3h; m、n 和 h 称为门变量. 由于离子通道中门的打开与关闭是一个随机过程, 因此门变量实际上是随机变量, 它的演化应当遵循介观的随机动力学方程. 采用准稳态近似后, 可以得到门变量随时间演化的化学 Langevin 方程如下[170]:

$$\dot{m} = \alpha_m(V)(1 - m) - \beta_m(V)m + \xi_m(t)$$

$$\dot{h} = \alpha_h(V)(1 - h) - \beta_h(V)h + \xi_h(t) \qquad (13.83)$$

$$\dot{n} = \alpha_n(V)(1 - n) - \beta_n(V)n + \xi_n(t)$$

式中: $\xi_{i=m,n,h}(t)$ 为均值为 0 的 Gauss 白噪声 $\langle\xi_i(t)\xi_i(t')\rangle = D_i\delta(t - t')$, 其中 $D_{i=m,n,h}$ 为相应的通道内噪声强度, 它反比于钾离子的平方根. 设细胞膜上离子通道呈均匀分布, 则通道数目正比于膜区的面积 S, 即 $N_{Na} = \rho_{Na}S$ 和 $N_K = \rho_K S$, $\rho_{Na} = 60 \text{ μm}^{-2}$ 和 $\rho_K = 18 \text{ μm}^{-2}$ 分别为钠离子和钾离子通道的密度. 式 (13.83) 中函数 $\alpha_i(V)$ 和 $\beta_i(V)$ 均为经验函数.

方程 (13.83) 和 (13.84) 描述了单个神经元的动力学行为, 若考虑 N 个神经元之间通过突触相连接, 则可以得到耦合神经元体系的动力学方程如下:

$$C\frac{\mathrm{d}V_i}{\mathrm{d}t} = F(V_i, m_i, n_i, h_i) + \varepsilon(V_{i-1} + V_{i+1} - 2V_i)$$

$$\dot{x}_i = \alpha_{x_i}(V)(1-x_i) - \beta_{x_i}(V)x_i + \xi_{x_i}(t), \quad x = m, n, h \tag{13.84}$$

式中: F 为方程 (13.82) 右端的函数; ε 为耦合强度. 由于关心的是耦合体系的集体行为, 可以定义体系的状态参量为平均动作定位: $V_{\text{out}}(t) = \frac{1}{N}\sum_{i=1}^{N}V_i(t)$. 一般地, 神经元的动作电位呈脉冲 (spike) 的形式, 如图 13-37 所示, 一系列的脉冲形成了一个脉冲序列 (spike train). 为衡量脉冲序列的规则性, 不仅可以用有效 SNR, 人们还常常使用脉冲间隔的方差系数, 定义为

$$R = \langle T \rangle \Big/ \sqrt{\langle T^2 \rangle - \langle T \rangle^2} \tag{13.85}$$

式中: T 为相邻脉冲之间的时间间隔; $\langle T \rangle$ 和 $\langle T^2 \rangle$ 分别为它的均值和平方均值. 实际上, R 同样表征了脉冲序列的周期性: 当 R 越大时, 表示周期性越好; 对于完全周期的脉冲序列, R 为无穷大. 外界刺激电流 $I = \sin(0.3t)$, 这是一个次阈值的信号, 在不考虑通道涨落时并不能引起神经的脉冲行为.

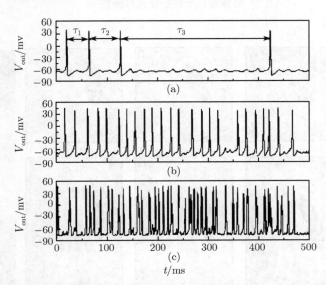

图 13-37 不同尺度 S 时神经元动作电位的脉冲序列. 从上到下, S 逐渐增大

图 13-38(a) 给出了固定神经元的个数 N 时, $1/R$ 的值随着神经元尺度 S 的变化. 可以看到, $1/R$-S 曲线中有明显的极小值, 表明对 S 存在最佳尺度效应. 类似

地, 从图 13-38(b) 中可以看到, 固定每个神经元的尺度 S 时, $1/R$ 随着 N 的变化也出现极小值, 表现出另一种形式的最佳尺度效应. 图 13-39 中, 我们给出了不同耦合强度时 $1/R$ 随 N 和 S 变化的轮廓图, 可以看到存在明显的 "最佳岛屿", 即存在双重尺度效应. 由于实际生命体系中, 细胞或神经元之间往往是通过协作来完成特定的生理功能, 因此这里所发现的双重尺度效应有可能在实际生理功能中找到应用.

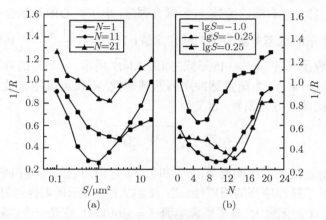

图 13-38　(a) 固定神经元个数时, 随 S 的变化有极值; (b) 固定 S 时, 随神经元个数变化也有极值

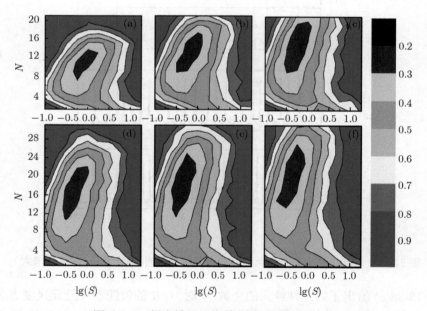

图 13-39　耦合神经元体系中的双重尺度效应

13.3.4 最佳尺度效应的理论解释

2004 年以来, 我们对介观化学振荡体系中的内涨落效应进行了认真研究, 在许多体系中都发现了类似的内噪声诱导振荡和最佳尺度效应的现象[156~162]. 事实表明, 这些现象之间应该有共同的物理机制. 2006 年, 作者成功地从理论上对内涨落的这些有趣效应给出了理论解释[167]. 由于这些现象都发生在确定性的 Hopf 分叉点附近, 可以预期, 它们一定和 Hopf 分叉点附近的普适特性有关. 根据非线性动力学理论, 在 Hopf 分叉点附近, 体系的动力学行为可以用中心流形上的 "范式 (normal form)" 来描述. 我们从化学 Langevin 方程出发, 得到了体系的随机范式 (stochastic normal form), 并利用随机平均 (stochastic averaging) 的技巧, 得到了随机振荡的振幅和相位所满足的随机微分方程. 通过求解这些方程, 我们得到了与模拟相当一致的结果.

不失一般性, 我们采用如下简化的 Brusselator 模型:

$$A \longrightarrow X_1, \quad B + X_1 \longrightarrow X_2, \quad X_1 \longrightarrow C, \quad 2X_1 + X_2 \longrightarrow 3X_1 \tag{13.86}$$

相应的反应速率为 $\boldsymbol{w}_{j=(1,\cdots,4)} = (A, BX_1, X_1, X_1^2 X_2)$. 根据随机动力学理论, 体系的化学 Langevin 方程为

$$\mathrm{d}X_\alpha = F_\alpha(\boldsymbol{X})\mathrm{d}t + \frac{1}{\sqrt{V}} \sum_{j=1}^{4} \nu_{j\alpha} \sqrt{w_j(\boldsymbol{X})} \mathrm{d}W_j(t) \tag{13.87}$$

式中: X_1 和 X_2 分别为两种物质的浓度; $F_1(\boldsymbol{X}) = A - (1+B)X_1 + X_1^2 X_2$, $F_2(\boldsymbol{X}) = BX_1 - X_1^2 X_2$ 分别为两种物质的确定性浓度变化的速率; $\nu_{j1} = (1, -1, 1, -1)$, $\nu_{j2} = (0, 1, 0, -1)$ 分别为 X_1 和 X_2 的化学计量系数变化. $\mathrm{d}W_{j=(1,\cdots,4)}$ 表示 4 个独立无关的 Wiener 随机过程, 它们分别对应于 4 个基元反应步骤, 满足 $\langle \mathrm{d}W_j(t) \rangle = 0$ 和 $\langle \mathrm{d}W_j(t)\mathrm{d}W_k(t') \rangle = \delta_{kj}\delta(t - t')\mathrm{d}t$. 在热力学极限 $V \to \infty$ 时, 方程 (13.87) 描述了体系的确定性行为, 在 $B = B_c = A^2 + 1$ 时有一个超临界 Hopf 分叉点. 当 $B < B_c$ 时, 体系的不动点 $(X_{1S} = A, X_{2S} = B/A)$ 是稳定焦点, 而在 $B > B_c$ 区域, 该不动点失稳, 体系呈现稳定的化学振荡, 如图 13-40 所示.

Hopf 分叉点附近范式的计算有一套标准的方法, 在很多教科书中都可以找到[31,32], 这里不赘述. 在 $B \sim B_c$ 附近, Jacobi 矩阵 $\boldsymbol{J}_{\alpha\beta} = (\partial F_\alpha / \partial X_\beta)_{\boldsymbol{X}_S}$ ($\alpha, \beta = 1, 2$) 有两个共轭本征值 $\lambda_\pm = \mu \pm \mathrm{i}\omega_0$, 相应的特征向量为 $(1, a \pm \mathrm{i}b)$. 由特征向量可以构造变换矩阵 $\boldsymbol{T} = \begin{pmatrix} 1 & 0 \\ a & b \end{pmatrix}$, 并通过变量代换 $\begin{pmatrix} x \\ y \end{pmatrix} = \boldsymbol{T}^{-1} \begin{pmatrix} X_1 - X_{1S} \\ X_2 - X_{2S} \end{pmatrix}$, 以及 $Z = x + \mathrm{i}y = r\mathrm{e}^{\mathrm{i}\theta}$, 可以得到振幅 r 和 θ 满足的随机微分方程如下:

$$dr = (\mu r + C_r r^3)dt + \frac{1}{\sqrt{V}} \sum_j \chi_{rj} \circ dW_j$$

$$d\theta = (\omega_0 + C_i r^2)dt + \frac{1}{\sqrt{V}} \sum_j \chi_{\theta j} \circ dW_j \tag{13.88}$$

式中: C_r 和 C_i 分别为由 $F_\alpha(\boldsymbol{X})$ 中非线性项决定的常数; $\chi_{rj} = (\tilde{\nu}_{j1}\cos\theta + \tilde{\nu}_{j2}\sin\theta)\sqrt{w_j}$ 和 $\chi_{\theta j} = (\tilde{\nu}_{j2}\cos\theta + \tilde{\nu}_{j1}\sin\theta)\sqrt{w_j}$, 其中 $\tilde{\nu}_1$ 和 $\tilde{\nu}_2$ 分别为 ν_1 和 ν_2 的线性组合, $\begin{pmatrix} \tilde{\nu}_1 \\ \tilde{\nu}_2 \end{pmatrix} = \boldsymbol{T}^{-1} \begin{pmatrix} \nu_1 \\ \nu_2 \end{pmatrix}$. 对于 Brusselator, 取 $A = 1$ 时, 上述参数值分别为: $C_r = -3/8$, $C_i = -1/24$, $\mu = (B - 1 - A^2)/2$, $\omega_0 = 1$.

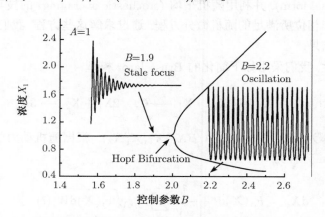

图 13-40　Brusselator 模型 (13.86) 的分岔图

　　方程 (13.88) 正是所求的随机范式方程. 在其确定性部分中, 变量 r 和 θ 是分离的. 容易看到, 只有在超临界参量区域 $\mu > 0$, $dr/dt = 0$ 有解 $r_0 = \sqrt{\mu/(-C_r)}$, 对应于确定性的稳定极限环. 但当考虑到内涨落的效应时, 可以看到 r 和 θ 是相互耦合在一起的, 从而有可能导致新的效应. 然而这种耦合也使随机微分方程的求解十分困难, 我们必须寻求近似的方法. 由于我们关心的是内涨落在长时间作用下的统计平均行为, 因此可以采用随机平均的方法, 即在长时间极限下, 将内涨落的效应用等效的 Markov 随机过程来代替. 随机平均方法曾经成功地应用到其他的随机动力学体系中, 是一种有效的近似方法[171]. 由于在超临界 Hopf 分叉点附近 $\mu \ll 1$, 同时系统尺度 $V \gg 1$, 随机平均方法的适用条件也是满足的. 结果可以得到简化的等效随机微分方程如下:

$$dr = \left(\mu r + C_r r^3 + \frac{K(r)}{2Vr} \right) dt + \frac{\varepsilon_r}{\sqrt{V}} dW_r$$

$$d\theta = \left(\omega_0 + C_i r^2 + \frac{K(\theta)}{2V} \right) dt + \frac{\varepsilon_\theta}{r\sqrt{V}} dW \tag{13.89}$$

其中

$$K(r)/r = \frac{1}{2\pi} \sum_j \int_0^{2\pi} (\chi_{rj}\partial_r\chi_{rj} + \chi_{\theta j}\partial_\theta\chi_{rj})\mathrm{d}\theta$$

$$K(\theta) = \frac{1}{2\pi} \sum_j \int_0^{2\pi} (\chi_{rj}\partial_r\chi_{\theta j} + \chi_{\theta j}\partial_\theta\chi_{\theta j})\mathrm{d}\theta$$

来自于 r 和 θ 的耦合作用, $\varepsilon_r^2 = \frac{1}{2\pi} \sum_j \int_0^{2\pi} \chi_{rj}^2 \mathrm{d}\theta$ 及 $\varepsilon_\theta^2 = \frac{1}{2\pi} \sum_j \int_0^{2\pi} \chi_{\theta j}^2 \mathrm{d}\theta$ 是相应于等效 Wiener 过程 $\mathrm{d}W_r$ 和 $\mathrm{d}W_\theta$ 的噪声强度. 若将 w_j 写成如下的形式:

$$w_j = \sum_{k+l=0}^{3} w_j^{(kl)}(r\cos\theta)^k(r\sin\theta)^l \tag{13.90}$$

可以发现 $K(\theta) = 0$, 并且只有 $k+l$ 为偶的项才对 $K(r)$、ε_r^2 和 ε_θ^2 有贡献. 且在 $V \gg 1$ 时, $K+l > 2$ 的项可以忽略, 从而 $K(r) = \varepsilon_r^2 = \varepsilon_\theta^2 = \varepsilon^2 \equiv \sum_j (\tilde{\nu}_{j1}^2 + \tilde{\nu}_{j2}^2)w_j^{(00)}/2$ 是一个很好的近似.

方程 (13.89) 中出现了一个新的 "确定性" 项 $K(r)/2Vr \equiv \varepsilon^2/2Vr$, 即使在确定性振荡区以外 ($\mu < 0$), 方程 $\mu r + C_r r^3 + \varepsilon^2/2Vr = 0$ 仍然有解, 即 $r_s = \left[\left(\sqrt{\mu^2 - 2C_r\varepsilon^2/V} + \mu\right)\Big/(-2C_r)\right]^{1/2}$. 与方程 (13.89) 中第一式相对应, 可以得到 r 的分布函数 $\rho(r,t)$ 所满足的 Fokker-Planck 方程

$$\frac{\partial\rho(r,t)}{\partial t} = -\partial_r\left[\left(\mu r + C_r r^3 + \varepsilon^2/2Vr\right)\rho\right] + \frac{\varepsilon^2}{2V}\partial_r^2\rho \tag{13.91}$$

由 $\dfrac{\partial\rho(r,t)}{\partial t} = 0$ 可以得到其稳态分布为

$$\rho_s(r) = C_0 r \exp\left(\frac{2\mu r^2 + C_r r^4}{2\varepsilon^2/V}\right) \tag{13.92}$$

式中: C_0 为归一化常数. 容易验证 $\rho_s(r)$ 在 $r = r_s$ 处有极大值, 它对应于随机振荡的最概然振幅大小. 因此, $\mu < 0$ 时有物理意义的解 r 正是内涨落诱导振荡的振幅. 图 13-41 中给出了由式 (13.92) 给出的 r 稳态分布和模拟结果的比较, 可以发现, 理论结果和数值模拟的结果符合得相当好. 至此, 内涨落诱导振荡的现象得到了很好的解释.

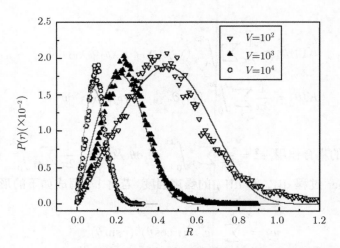

图 13-41　r 的分布函数 $P(r)$; 曲线是理论结果, 散点是模拟结果

为了进一步从理论上解释最佳尺度效应, 我们还需要计算状态变量 $x = r\cos\theta$ 的自相关函数及其功率谱, 并进而计算有效信噪比. 达到稳态后, r 将主要位于 r_s 附近, 因此可以做线性化处理. 记 $r(t) = r_s + \delta_r(t)$, 可以得到

$$\mathrm{d}\delta_r = -\lambda_1\delta_r\mathrm{d}t + O(\delta_r^2\mathrm{d}t) + \sqrt{\varepsilon^2/V}\mathrm{d}W_r(t)$$

从而 $\lim\limits_{t\to\infty}\langle\delta_r(t)\rangle = 0$, $\lim\limits_{t\to\infty}\langle\delta_r(t)\delta_r(t+\tau)\rangle \simeq \varepsilon^2\mathrm{e}^{-\lambda_1\tau}/(2\lambda_1 V)$, 其中 $\lambda_1 = 2\sqrt{\mu^2 - 2C_r\varepsilon^2/V}$. 这样可以得到 r 的相关函数如下:

$$\lim_{t\to\infty}\langle r(t)r(t+\tau)\rangle = r_s^2 + \varepsilon^2\mathrm{e}^{-\lambda_1\tau}/2\lambda_1 V \tag{13.93}$$

经过长时间后, 可以分别用稳态平均值 $\langle r^2\rangle_s$ 和 $\langle r^{-1}\rangle_s$ 来代替相位方程 (13.89) 第二式中的 r^2 和 r^{-1}. 相位方程是线性随机微分方程, 可以求得 θ 满足均值为 $\langle\theta(t)\rangle = (\omega_0 + C_i\langle r^2\rangle_s)t$, 方差为 $\langle\theta(t)^2\rangle - \langle\theta(t)\rangle^2 = \varepsilon^2\langle r^{-1}\rangle_s^2 t/2V$ 的 Gauss 分布. 利用 Gauss 分布的性质 $\langle\mathrm{e}^{\mathrm{i}\theta}\rangle = \mathrm{e}^{\mathrm{i}\langle\theta\rangle}\mathrm{e}^{-(\langle\theta(t)^2\rangle-\langle\theta(t)\rangle^2)/2}$, 我们得到

$$\lim_{t\to\infty}\langle\cos\theta(t)\cos\theta(t+\tau)\rangle = \frac{1}{2}\cos(\omega_1\tau)\mathrm{e}^{-\lambda_2\tau} \tag{13.94}$$

其中 $\lambda_2 = \varepsilon^2/(4Vr_s^2)$. 变量 $\cos\theta$ 的自相关函数呈阻尼振荡的形式, 其相关时间 $\tau_0 = 1/\lambda_2$, 其大小表征了噪声诱导振荡的时间规则程度.

我们数值计算了 $\cos\theta$ 的自相关函数, 并和理论公式 (13.94) 进行了比较, 如图 13-42(a) 所示. 从相关函数的包络线可以数值估计相关时间, 图 13-42(b) 显示了它和理论值的比较. 可以看到, 理论和模拟的结果有相当好的一致性.

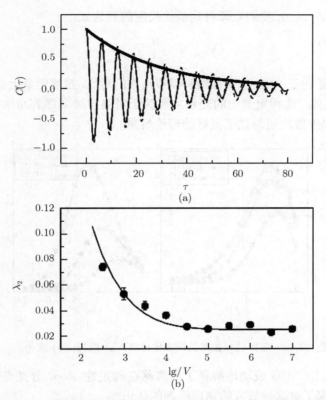

图 13-42 $\cos\theta$ 的自相关函数 (a) 和相关时间 (b). (a) 中, 虚线为理论结果,
实线是模拟结果; (b) 中, 实线是理论结果, 散点是模拟结果

根据方程 (13.93) 和 (13.94), 可以得到变量 $x = X_1 - X_{1S} = r\cos\theta$ 的相关函数如下:

$$C(\tau) = \lim_{t\to\infty} \langle x(t)x(t+\tau)\rangle \simeq \frac{1}{2}\left(r_s^2 + \frac{\varepsilon^2 e^{-\lambda_1\tau}}{2\lambda_1 V}\right)\cos(\omega_1\tau)e^{-\lambda_2\tau} \tag{13.95}$$

相应的功率谱密度为

$$\text{PSD}(\omega) = 2\int_0^\infty C(\tau)e^{-i\omega\tau}d\tau = \left[\frac{r_s^2\lambda_2}{\lambda_2^2 + (\omega-\omega_1)^2} + \frac{(\lambda_1+\lambda_2)\varepsilon^2/2\lambda_1 V}{(\lambda_1+\lambda_2)^2 + (\omega-\omega_1)^2}\right] \tag{13.96}$$

通过数值计算, 可以画出 PSD 随频率变化的曲线, 它在 $\omega_1 = \omega_0 + C_i r_s^2$ 附近有一个明显的峰. 计算还表明, PSD 表达式中的第二项与第一项相比可以忽略, 于是可以得到峰高 H、半高宽 $\Delta\omega$, 以及有效信噪比 SNR 的表达式如下:

$$H = r_s^2/\lambda_2 = 2r_s^4 V/\varepsilon^2, \quad \Delta\omega = \lambda_2 = \varepsilon^2/2Vr_s^2, \quad \text{SNR} = H/\Delta\omega \tag{13.97}$$

进而由 $\partial(\mathrm{SNR})/\partial V = 0$, 我们立即得到最佳尺度的表达式:

$$V_{\mathrm{opt}} = -\frac{4C_r}{\varepsilon^2 \mu^2} \tag{13.98}$$

图 13-43 中给出了 SNR 理论曲线和模拟结果的对比, 虽然定量上有些差别, 但定性行为是一致的. 这种定量上的差别主要源于对噪声时间序列功率谱估计的误差. 这样, 最佳尺度效应也得到了很好的理论解释.

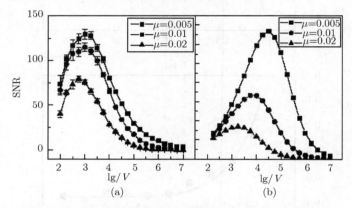

图 13-43　噪声诱导振荡的信噪比曲线. (a) 模拟; (b) 理论

我们的理论工作不仅成功地解释了内涨落在确定性 Hopf 分叉点附近的积极效应, 而且也加深了对这种效应的物理机制的认识.

(1) 由于我们的研究是基于 Hopf 分叉的范式方程, 因此可以断言, 内涨落诱导振荡和相应的最佳尺度效应是超临界 Hopf 分叉点附近的普适现象.

(2) 随着体系尺度的减小, 相应地内涨落强度的增大, 振幅 r_s 增大而 τ_0 减小, 即振荡变得越来越强, 但越来越不规则. 功率谱 PSD 的峰高 H 和半高宽 $\Delta\omega$ 均是单调变化的, 但 $\mathrm{SNR} = H/\Delta\omega$ 却有极值, 它对应于振幅不大不小的中等规则程度的随机振荡. 从这个意义上讲, 最佳尺度效应是随机振荡的强度和规则性的折中结果.

(3) 虽然最佳尺度效应是 Hopf 分叉点附近的普适结果, 但最佳尺度的大小却因体系而异. 在式 (13.98) 中, μ 表征了控制参量离分叉点 B_c 的距离, 是普适参量; 但 C_r 由 $F_\alpha(\boldsymbol{X})$ 的非线性部分确定, ε^2 则由 $w_j^{(00)}$ 决定, 它们都依赖于体系的反应细节. 内涨落的这种效应是共性和个性的有机结合.

此外, 人们也研究了远离分叉点时内涨落的效应. 例如, Ross 等通过主方程的近似解, 研究了确定性振荡区内涨落的性质, 发现在涨落较小时, 确定性振荡附近的涨落呈 Gauss 分布, 并且包裹着确定性振荡轨道的概率流是守恒的[172]. Gaspard 等研究了内涨落对确定性振荡的破坏作用. 他们发现, 当体系的尺度小到某个临界尺度以下时, 振荡的相关时间比单个周期还短, 因此 "振荡" 也失去了定义[173,174]. 然而, 这些研究主要集中于远离分叉点的确定性振荡区域, 并不能适用于分叉点附近. 与此对应, 我们的结果是基于范式理论, 它们恰恰只适用于分叉点的附近. 因此, 结合我们和前人的研究结果, 可以对介观化学振荡体系中内涨落的作用有深入和全面的认识.

13.4 总结和展望

本章中, 我们对非线性化学动力学的基本概念和方法进行了简单的概述, 并对近年来复杂化学体系中非线性化学动力学研究的一些进展作了回顾. 过去 30 年中, 非线性化学动力学取得了很大发展. 直观说来, 研究的目的主要是为了回答两个基本问题: 非线性化学现象是如何形成的, 以及它们有什么功能. 对前一问题的回答, 是为了认识自然界的这些丰富的时空有序现象, 是 "纯科学" 的问题; 而对后者的回答, 则是为了改造自然, 合理利用和控制这些非线性现象以实现特定的功能, 具有应用价值. 结合这两个方面的问题, 可以对未来非线性化学动力学的研究进行一些展望:

1. 复杂化学体系的非线性动力学问题

虽然本章对复杂化学体系的非线性动力学进行了总结, 但是所涉及的内容仍然不够全面, 值得研究的问题还有很多. 本章只是以个例的方式介绍了噪声和无序等随机因素的几种积极作用, 选择的也只是标准化的理想模型. 虽然可变的因素仍然很多, 但人们目标是在纷繁复杂的表面现象的背后发掘出规律. 目前, 理论及模拟计算仍是主要的研究手段; 而实验和理论相结合的研究将会成为一个重要的发展方向. 例如, 可以通过光学的手段控制反应介质的无序程度[175,176], 也可以用电化学的方法构建复杂的耦合化学体系等[177].

2. 介观化学体系的非平衡非线性问题

介观化学体系的非平衡非线性问题, 是非线性化学动力学的非常重要的一个发展方向. 从实际问题来说, 物理化学的研究对象已基本集中到介观体系; 而从基本科学问题上来说, 研究介观世界的规律是沟通微观和宏观世界的必由之路. 本章简单介绍了介观化学振荡体系中的内涨落效应, 这仅仅是个开端. 目前国际上已出现一些实验和理论工作的相关报道. 如 Mikhailov 和 Ertl 研究了纳米尺度上的耗散结构, 发现原子尺度上的物理相互作用和化学反应的内涨落有重要作用, 他们因此提出了非平衡纳米结构的新概念[178~180], 这是在单分子膜、液晶、囊泡等 "软物质" 体系中耗散结构的合理机制. 美国 Brandeis 大学 Epstein 研究组设计了 "油包水" 的纳米尺度的微溶胶液滴, 研究了其内部发生的 BZ 化学反应[181~184], 观察到了大量的非线性化学现象, 他们用此来模拟生命体系中细胞的真实环境. Ertl 等还在单晶表面上实验中观测到原子到纳米尺度的斑图结构等[185]. 在这些问题的研究中, 实验似乎走在了前面, 理论工作有很大的发展空间.

　　与介观化学体系非线性动力学相关的另一个问题是非平衡统计的基本问题. 非线性化学现象涉及大量分子的统计行为; 虽然人们从宏观上对这些现象给出了合理的热力学解释, 唯象的确定性动力学理论也能够再现这些宏观统计量表现出来的时空演化性质, 但从根本上而言, 这些现象是分子的行为, 而分子是遵循微观的运动规律的. 归根到底, 人们应该对非线性化学现象, 以及其他许多宏观体系的协同现象, 从微观上给出解释. 答案看似必然的, 但由于宏观体系涉及太多的自由度, 从微观到宏观的跨越这一步并没有实现. 近年, 人们对这些问题有了新的认识. 例如, 在介观体系非平衡统计问题的研究中[186], 人们发现了 Jazinsky 等式[187]、涨落定理 (fluctuation theorem)[188] 等重要结果. 将这些最新成果和非线性化学的随机动力学结合起来, 可能会有有趣的进展.

　　3. 相关领域的应用研究

　　客观说来, 到目前为止, 非线性化学动力学基本上还是 "纯科学" 的交叉领域问题的研究, 应用问题的相关研究相对还很少. 一方面, 实际化学体系中, 人们总希望化学反应发生在稳定的条件下, 并不希望体系失稳发生分岔; 在催化体系中, 虽然发现了很多的非线性化学现象, 但实际中人们关心更多的是催化活性、反应速率、选择性等, 并且这些非线性现象都是在高真空条件下的单晶表面发现的, 与实际体系复杂的环境也有相当的差别. 另外, 生命体系中的确存在着相当多的非线性化学动力学行为, 但这些行为都是外界不可控制的. 由于生命体系的复杂性, 目前对这些行为的认识还很不够, 也限制了非线性化学动力学的应用. 虽然基本科学问题仍然是非线性化学动力学研究的主要内容, 但在认识规律的基础上, 开展相关应用研究, 也是重要的发展方向. 例如, 最近有报道称可以利用 BZ 振子来实现周期性的金纳米晶体的合成[189], 可以在凝胶体系中使用化学振荡反应实现药物的释放[190], 可以利用 BZ 振子实现高分子凝胶体积的周期性变化[191] (类似心跳) 等. 这些应用研究的开展, 将使非线性化学动力学的研究受到更广泛的关注, 也必将获得更广阔的发展前景.

参 考 文 献

[1]　Epstein I E, Pojman J A. An Introduction to Nonlinear Chemical Dynamics: Oscillations, Waves, Patterns, and Chaos. USA: Oxford University Press, 1998

[2]　辛厚文. 非线性化学. 合肥: 中国科学技术大学出版社, 1999

[3]　Sagués F, Epstein I R. Nonlinear chemical dynamics. Dalton Trans, 2003,1201

[4]　Nicolis G, Prigogine I. Self-Organization in Nonequilibrium Systems. New York: Wiley, 1977

[5]　李如生. 非平衡态热力学和耗散结构. 北京: 清华大学出版社, 1986

[6]   Falcke M. Adc. Phys., 2004, 53:255

[7]   Goldbeter A. Biochemical Oscillations and Cellular Rhythms: The Molecular Bases of Periodic and Chaotic Behaviour. Cambridge: Cambridge University Press, 1996

[8]   Imbihl R, Ertl G. Chem. Rev., 1995, 95: 697

[9]   Eiswirth R M, Krischer K, Ertl G. Appl. Phys. A, 1990, 51: 79

[10] Tyson T, Belousov-Zhabotinsky Reaction. Berlin: Sptinger, 1976

[11] Gray P, Scott S K. Chemical Oscillations and Instabilities. Oxford: Charendon Press, 1990

[12] Gerstner W, Kistler W M. Spiking Neuron Models: Single Neurons, Populations, Plasticity. Cambridge University Press, 2002

[13] Elowitz M B, Leibler S Nature, 2000, 403: 335

[14] Slinko M M, Ukharskii A A, Peskov N V et al. Catal. Today, 2001, 70: 341

[15] Suchorski Y, Beben J, James E W et al. Phys. Rev. Lett., 1999, 82:1907

[16] Gardner T S, Cantor C R, Collins J J. Nature, 2000, 403: 339

[17] Hasty J, Mcmillen D, Collins J J. Nature, 2002, 420: 224

[18] Gollub J P, Langer L S. Rev. Mod. Phys., 1999, 71: S396

[19] Meron E, Phys. Rep., 1992, 218: 1

[20] Pattern Formation in Chemical and Biological Systems, Physica D (focus issue), 1991, 49(1): 1~253

[21] 欧阳顾. 反应扩散系统中的斑图动力学. 上海: 上海科技教育出版社, 2000

[22] Eiswirth M, Bar M, Rotermund H H. Physica D, 1995, 84: 40

[23] Lechleiter J, Girard S, Peralta E et al. Science, 1991 252: 123

[24] Ouyang Q, Swinney H L. Nature, 1991, 350: 610

[25] Scott S K. Chemical Chaos. USA: Oxford University Press, 1993

[26] Eiswirth M. Chaos in Chemistry and Biochemistry. Singapore: World Scientific, 1993

[27] 卢侃, 孙建华, 欧阳容百等. 混沌动力学. 上海: 上海翻译出版公司, 1990

[28] Kim M et al. Science, 2001, 292: 1357

[29] Dhamala M, Jirsa V K, Ding M Z. Phys.Rev.Lett., 2004, 92: 028101

[30] Glansdorff P, Prigogine I. Thermodynamics Theory of Structure, Stability, and Fluctuations. New York: Wiley Interscience, 1971

[31] Seydel R. Practical Bifurcation and Stability Analysis: From Equilibrium to Chaos. 2nd ed. New York: Springer-Verlag, 1994

[32] Guckenheimer J, Holmes P. Nonlinear Oscillations, Dynamical Systems, and Bifurcations of Vertor Fields. New York: Springer-Verlag, 1983

[33] 陆启韶. 分岔与奇异性. 上海: 上海科学技术出版社, 1995

[34] Brons M, Bar-Eli K. J.Phys.Chem., 1991, 95: 8706

[35] Buchholtz F, Dolnik M, Epstein I R. J.Phys.Chem., 1999, 99: 15093

[36] Guckenheimer J, Hoffman K, Weckesser W. Int.J.Bifur.Chaos, 2000, 10: 2669

[37] Krupa M, Szmilyan P. J. Diff. Equa., 2001, 174: 312

[38] Moehlis J. J. Nonlinear Sci., 2002, 12: 319

[39] Rotstein H G et al. SIAM J. Appl. Math., 2003, 63: 1998

[40] Rotstein H G et al. J.Chem.Phys., 2003, 119: 8824

[41] 胡岗. 随机力与非线性系统. 上海: 上海科技教育出版社, 1994

[42] Risken H. The Fokker-Planck Equation. New York: Springer Verlag, 1983

[43]　Kampen N G. Stochastic Processes in Physics and Chemistry. Amsterdam, North-Holland, 1987

[44]　Gardiner C W. Handbook of Stochastic Methods for Physics, Chemistry, and the Natural Science. New York: Springer-Verlag, 1983

[45]　Gillespie D T. J. Phys. Chem., 1977, 81: 2340

[46]　Gillespie D T. J.Chem.Phys., 2000, 113: 297

[47]　Gillespie D T. J. Chem. Phys., 2001, 115: 1716

[48]　Gibson M A, Bruck J. J.Phys.Chem.A 2000, 104: 1876

[49]　Rao C V, Arkin A P. J.Chem.Phys., 2003, 118: 4999

[50]　Haseltine E L, Rawlings JB. J.Chem.Phys., 2002, 117: 6959

[51]　Rathinam M et al. J.Chem.Phys., 2003, 119: 12784

[52]　Gillespie D T, Petzold L R. J.Chem.Phys., 2003, 119: 8229

[53]　Gammaitoni L, Hunggi P, Jung P et al. Rev. Mod. Phys., 1998, 70: 223

[54]　Benzi R, Parisi G, Sutera A et al. Phys.A, 1981,14: 453

[55]　Vilar J M G, Rubi J M. Phys. Rev. Lett., 1996,77: 2863

[56]　Grigorenko A N et al. Phys. Rev. E, 1997, 56: R4907

[57]　Longtin A. J. Stat. Phys., 1993, 70: 309

[58]　Izus G G, Deza R R, Wio H S. Phys. Rev. E, 1998, 58: 93

[59]　Bezrukov S M, Vodyanoy I. Nature, 1997, 385: 319

[60]　Jung P, Wiesenfeld K. Nature, 1997, 385: 291

[61]　Vilar J M V, Comila G, Rubi J M. Phys. Rev. Lett., 1997, 81: 14

[62]　Jung P, Mayer-Kress G. Phys. Rev. Lett., 1995, 74: 2130

[63]　Vilar J M, Rubi J M. Phys. Rev. Lett., 1997, 78: 2886

[64]　Zhou L Q, Jia X, Ouyang Q. Phys. Rev. Lett., 2002, 88: 138301

[65]　Jung P, Mayer-Kress G. Phys. Rev. Lett., 1995, 74: 2130.

[66]　Vilar J M, Rubi J M. Phys. Rev. Lett., 1997, 78: 2886

[67]　Zhou L Q, Jia X, Ouyang Q. Phys. Rev. Lett., 2002, 88: 138301

[68]　Lindner J F et al. Phys. Rev. Lett., 1995, 75: 3

[69]　Marchesoni F, Gammaitoni L, Bulsara A R. Phys. Rev. Lett., 1996, 76: 2609

[70]　Locher M, Johnson G A, Hunt E R. Phys. Rev. Lett., 1996, 77: 4698

[71]　Locher M, Cigna D, Hunt E R. Phys. Rev. Lett., 1998, 80: 5212

[72]　Lindner J F et al. Phys. Rev. Lett., 1998, 81: 5048

[73]　Hu G, Haken H, Xie F. Phys. Rev. Lett., 1996, 77: 1925

[74]　Lindner B, Schimansky-Geier L. Phys. Rev. Lett., 2001, 86: 2934

[75]　Zheng Z G, Hu G, Hu B B. Phys. Rev. Lett., 2001, 86: 2273

[76]　Castro R, Sauer T. Phys. Rev. Lett., 1997, 79: 1030

[77]　Reibold E, Just W, Becker J et al. Phys. Rev. Lett., 1997, 78: 3103

[78]　Dykman M I, Horita T, Ross J. J. Chem. Phys., 1995, 103: 966

[79]　Gailey P C, Neiman A, Collins J J et al. Phys. Rev. Lett., 1997,79: 4701

[80]　Nozaki D, Mar D J, Grigg P et al. Phys. Rev. Lett., 1999, 82: 2402

[81]　Vilar J M G, Rubi J M. Phys. Rev. Lett., 1997, 78: 2882

[82]　Zaikin A A, Kurths J, Schimansky-Geier L. Phys. Rev. Lett., 2000, 85: 227

[83]　Zaikin A et al. Phys. Rev. Lett., 2003, 90: 030601

[84] Gammaitoni L et al. Phys. Rev. Lett., 1999, 82: 4574

[85] Collins J J, Chow C C, Imhoff T T. Nature, 1995, 376: 6537

[86] Mori T, Kai S. Phys. Rev. Lett., 2002, 88: 218101

[87] Hu G, Ditzinger T, Ning C Z et al. Phys. Rev. Lett., 1993, 71: 807

[88] Rappel W J, Strogztz S H. Phys. Rev. E, 1994, 50: 3249

[89] Pikovsky A S, Kurths J. Phys. Rev. Lett., 1997, 78: 775

[90] Lindner B, Garcia-Ojalvo J, Neimand A et al. Phys. Rep., 2004, 392: 321

[91] Hanggi P. ChemPhysChem., 2002, 3: 285

[92] Douglass J K, Wilkens L, Pantazelou E et al. Nature, 1993, 365: 6444

[93] Bezrukov S M, Vodyanoy I. Nature, 1995, 378: 6555

[94] Levin J E, Miller J P. Nature, 1996, 380: 6570

[95] Astumian R D, Adair R K, Weaver J C. Nature, 1997, 388: 632

[96] Russell D F, Wilken L A, Moss F. Nature, 1999, 402: 291

[97] Collins J J. Nature, 1999, 402: 241

[98] Narins P M. Nature, 2001, 410: 644

[99] Mori T, Kai S. Phys. Rev. Lett., 2002, 88: 218101

[100] Priplate A, Niemi J et al. Phys. Rev. Le.t, 2002, 89: 238101

[101] Guderian A et al. J. Phys. Chem., 1996, 100: 4437

[102] Forster A et al. J. Phys. Chem., 1996, 100: 4442

[103] Hohmann W et al. J. Phys. Chem., 1996, 100: 5388

[104] Yang L F, Hou Z H, Xin H W. J. Chem. Phys., 1998, 109: 2002

[105] Yang L F, Hou Z H, Xin H W. J. Chem. Phys., 1998, 109: 6456

[106] Hou Z H, Xin H W. Phys. Rev. E, 1999, 60: 6329

[107] Hou Z H, Xin H W. J. Chem. Phys., 1999, 111: 721

[108] Hou Z H, Xin H W. J. Chem. Phys., 1999, 111: 1592

[109] Zuo X B, Hou Z H, Xin H W. J. Chem. Phys., 1998, 109: 6063

[110] Zhong S, Qi F, Xin H W. Chem. Phys. Lett., 2001, 342: 583

[111] Wang Z W, Hou Z H, Xin H W. Chem. Phys. Lett., 2002, 362: 51

[112] Wang Z W, Hou Z H, Xin H W. Chem. Phys. Lett., 2005, 401: 307

[113] Jiang Y J, Zhong S, Xin H W. J. Phys. Chem. A, 2001, 104: 8521

[114] Ushakov O V et al. Phys. Rev. Lett., 2005, 95: 123903

[115] Manjarrez E et al. Neurosci. Lett., 2002, 326: 93

[116] Gristch T et al. Phys.Rev.Lett., 1989, 63: 1086

[117] Krischer K, Eiswirth M, Ertl G. J. Chem. Phys., 1992, 96: 9161

[118] Zhao G, Hou Z H, Xin H W. J. Phys.Chem.A, 2005, 109: 8515

[119] Zhong S, Xin H W. Chem. Phys. Lett, 2001, 333:133

[120] Hou Z H, Xin H W. J. Phys. Chem. A, 1999, 103: 6181

[121] Hou Z H, Xin H W. Phys. Lett. A, 1999, 263: 360

[122] Hou Z H et al. Phys. Rev. Lett., 1998, 81: 2854

[123] Hou Z H, Xin H W. Phys. Rev. Lett., 2002, 89: 280601

[124] Strogatz S H et al. Nature, 2001, 410: 268

[125] Albert R, Barabasi A L et al. Rev. Mod. Phys., 2002, 74:47

[126] Newman M E J et al. SIAM Review, 2003, 45: 167

[127]　Boccaletti S et al. Phys. Rep., 2006, 424:175
[128]　汪小帆, 李翔, 陈关荣. 复杂网络理论及其应用. 北京: 清华大学出版社, 2006
[129]　Watts D J, Strogatz S H. Nature, 1998, 393: 440
[130]　Barabasi AL, Albert R. Science, 1999, 286: 509
[131]　Doye J P K. Phys. Rev. Lett., 2002, 88: 238701
[132]　Newman M E J, Morre C, Watts D J. Phys. Rev. Lett., 2000, 84: 3201
[133]　Gao Z, Hu B, Hu G. Phys. Rev. E, 2001, 65: 016209
[134]　Barahona M, Pecora L M. Phys. Rev. Lett., 2002, 89: 054101
[135]　Pekalski A. Phys. Rev. E, 2001, 64: 057104
[136]　Lago-Fernández L F et al. Phys. Rev. Lett., 2000, 84: 2758
[137]　Qi F, Hou Z H, Xin H W. Phys. Rev. Lett., 2003, 91, 064102
[138]　Wang M S, Hou Z H, Xin H W. Chem. Phys. Chem., 2006, 7: 579
[139]　Gong Y B, Wang M S, Hou Z H et al. Chem. Phys. Chem., 2005, 6: 1042
[140]　Hou Z H, Xin H W. Phys. Rev. E, 2003, 68: 055103R
[141]　McAdams H H, Arkin A. Trend. Genet., 1999, 15: 65
[142]　Swain P S, Elowitz M B, Siggia E D. Proc. Natl. Acad. Sci. USA, 2002, 9: 12795
[143]　Elowitz M B, Levine A J, Siggia E D et al. Science, 2002, 297: 1183
[144]　Paulsson J. Nature, 2004, 427: 415
[145]　Rao C V, Wolf D M, Arkin A. Nature, 2002, 42: 231
[146]　Thattai M, Oudenaarden A V. Proc. Natl. Acad. Sci. USA, 2001, 98: 8614
[147]　McAdams H H, Adam A. Proc. Natl. Acad. Sci. USA, 1997, 94: 814
[148]　Hasty J, Collins J J. Nature Genetics, 2001, 31: 13
[149]　Blake W J, Kærn M, Cantor C R et al. Nature, 2003, 422: 633
[150]　Dunlap J C. Cell , 1999, 96: 271
[151]　Gonze D, Halloy J, Goldbeter A. Proc. Natl. Acad. Sci. USA, 2002, 99: 673
[152]　Barkai N, Leibler S. Nature, 2000, 403: 267
[153]　Vilar J M G, Kueh N Y, Barkai N et al. Proc. Natl. Acad. Sci. USA, 2002, 99: 5988
[154]　Sachs C, Hildebrand M, Volkening S et al. Science, 2001, 293: 1635
[155]　Peskov N V, Slinko M M, Jaeger N I. J. Chem. Phys., 2002, 116:2098
[156]　Hou Z H, Xin H W. J. Chem. Phys., 2003, 119: 11508
[157]　Hou Z H and Xin H W. Chem. Phys. Chem, 2004, 5: 407
[158]　Gong Y B, Hou Z H, Xin H W. J. Phys. Chem. B, 2004, 108: 17796
[159]　Gong Y B, Hou Z H, Xin H W. J. Phys. Chem. A, 2005, 109: 2741
[160]　Wang M S, Hou Z H, Xin H W. J. Phys. A, 2005, 38: 145
[161]　Wang Z W, Hou Z H, Xin H W. Chem. Phys. Lett., 2005, 401: 307
[162]　Li H Y, Hou Z H, Xin H W. Chem. Phys. Lett., 2005, 402:444
[163]　Hou Z H, Rao T, Xin H W. J. Chem. Phys., 2005, 122: 134708
[164]　Zhang J Q, Hou Z H, Xin H W. Chem. Phys. Chem., 2004, 5:1041
[165]　Wang M S, Hou Z H, Xin H W. Chem. Phys. Chem., 2004, 5:1602
[166]　Hou Z H, Zhang J Q, Xin H W. Phys. Rev. E, 2006, 74: 031901
[167]　Hou Z H, Xiao T J, Xin H W. Chem. Phys. Chem., 2006, 7: 1520
[168]　Berridge M J, Bootman M D, Lipp P. Nature, 1998, 395: 645
[169]　Höfer T. Biophysical J., 1999, 77:1244

[170]   Fox R F, Lu Y. Phys. Rev. E, 1994, 49: 3421

[171]   Arnold L, Namachchivaya N S, Schenk-HoppR K R. Int. J. Bifur. Chaos, 1996, 6: 1947

[172]   Vance W, Ross J. J. Chem. Phys., 1996, 105: 479

[173]   Gonze D, Halloy J, Gaspard P. J. Chem. Phys., 2002, 116:10997

[174]   Gaspard P. J. Chem. Phys., 2002, 117:8905

[175]   Kadar S, Wang J, Showalter K. Nature, 1998, 391:770

[176]   Alonso S et al. Phys. Rev. Lett., 2001, 87:78302

[177]   Kiss I Z, Wang W, Hudson J L. Chaos, 2002, 12:252

[178]   Mikhailov A S, Ertl G. Science, 1996, 272:1596

[179]   Hildebrand M, Mikhailov A S, Ertl G. Phys. Rev. Lett., 1998, 81:2602

[180]   Hildebrand M et al. Phys. Rev. Lett., 1999, 83:1475

[181]   Vanag V K, Epstein I R. Science, 2001, 294:835

[182]   Vanag V K, Epstein I R. Phys. Rev. Lett., 2001, 87:228301

[183]   Vanag V K, Epstein I R. Phys. Rev. Lett., 2002, 88:88303

[184]   Vanag V K, Epstein I R. Phys. Rev. Lett., 2003, 90:098301

[185]   Sachs C et al. Science, 2001, 293:1635

[186]   Bustamante C, Liphardt J, Ritort F. Physics Today, 2005, 58: 43

[187]   Jarzynski C. Phys. Rev. Lett., 1997, 78: 2690

[188]   Evans D J, Searles D J. Adv. Phys., 2002, 51: 1529

[189]   Dylla R J, Korgel B A. Chem. Phys. Chem., 2001: 62

[190]   Misra G P, Siegel R A. J. Controlled Release, 2002, 81: 1

[191]   Yoshida R, Kokufuta E, Yamaguchi T. Chaos, 1999, 9: 260

第三篇 理论与计算化学应用

第14章 有机电子学材料的理论化学研究

帅志刚 彭 谦 陈丽平 王林军 杨笑迪

14.1 引 言

近年来, 有机电子学 (organic electronics) 的研究非常活跃, 已经发展成为一门跨越化学、物理学、材料科学以及工程技术等很多领域的交叉学科. 有机电子学主要研究有机材料的光电性能以及相关材料和器件. 它们相对于无机半导体有很多很诱人的优点, 如原料来源广泛、柔性、大面积以及生产起来较便宜等. 有机光电材料已经被用于制作发光二极管、薄膜场效应管、光电池、化学与生物传感等, 应用前景广阔. 实际上, 从 20 世纪四五十年代开始, 就已经开展了有机半导体研究. 但是, 像目前这样大范围地引起大家浓厚兴趣要归功于 1977 年 Heeger、MacDiarmid、Shirakawa 发现了导电聚合物, 使得人们相信传统的绝缘体 —— 塑料可以具有电性能, 从而获得 2000 年诺贝尔化学奖. 接着, Su、Schrieffer、Heeger (SSH) 于 1979 年提出了导电聚合物的孤子理论, 使得该领域的基础研究得到广泛重视. 该领域的研究已经走向工业化, 导电聚合物早就用于工业防腐涂料和电磁屏蔽包装; 有机发光经过近 20 年的努力, 已经从实验室走向消费品市场, 从小尺寸平板显示 (MP3、汽车面板、数码产品等) 走向大尺寸电视. 2008 年, Sony 公司推出了 28 in[①]、3 mm 厚、百万比一对比度的有机发光彩色平板电视, 标志着有机电子学大规模产业化、市场化的开端. 有机发光的成就将大力推进有机白光平板照明技术、有机太阳能电池、有机场效应管、导电高分子生物传感等领域的发展.

但是, 要预测有机材料的光电性质对理论化学提出了重要挑战. 首先, 共轭分子固体和高分子普遍存在着分子间弱相互作用 (van der Waals 力), 导致电荷运动的局域化, 从而在激发和电荷迁移过程表现出电子关联效应; 其次, 由于分子链的柔性, 电荷的激发与原子核运动紧密结合, 表现出强烈的电–声子相互作用和动力学效应. 这些效应都超越了通常平均场所适用的范围. 电子结构理论经常要与动力学理论结合才能描述有机固体中电子的基本过程. 当前的 DFT 理论虽然取得了巨大成功, 但是在与有机光电功能材料相关的问题如激发态结构、能隙、扩展系统的电荷局域性、分子聚集体的激发态、非线性响应等都遇到了困难. 本章以有机发光

---

① 1 in=2.54 cm, 下同.

和有机场效应管为背景, 介绍我们在激发态过程和电荷传输的一些理论研究进展.

14.2　光吸收与光发射谱的基本特征

研究有机发光的最基本手段便是光谱. 物质吸收光之后发光, 从理论上说, 其荧光发射光谱与吸收光谱存在着镜面对称关系, 这种镜面关系可以从图 14-1 中看出.

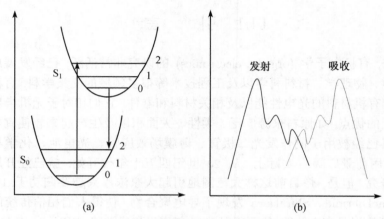

图 14-1　吸收与发射的理想情况给出镜面对称

这种镜面关系是理想情况, 即假定基态和激发态都由相同的抛物面描述, 只是原点有位移. 有机分子基态与激发态经常具有不同的振动结构, 其吸收和发射谱随着温度的变化, 可表现为以下三种不同的类型, 如图 14-2 所示[1].

图 14-2 中, 情况 (a), 就是标准的镜面对称关系, 如并苯系列 (oligoacenes)[2] 和 ladder-type oligophenylenes(LnP)[3], 其分子结构是刚性的, 共平面性好, 受激发时, 构型变化很小, 基态和激发态的振动模式的耦合是相似. 情况 (b), 在低温时吸收和发射光谱互为镜面对称关系; 在室温时这种镜面对称关系被破坏, 相比之下, 吸收光谱变宽, 精细结构消失. 以 oligo(phenylene vinylenes)(nPV)[4]、oligothiophenes(nT)[5] 等为例, 分子具有一定的柔性, 环能够自由旋转, 受激发时, C—C 单键变短, 环扭转模式的频率增加. 由于热激发 (thermal excitation)[4], 随着温度的增加, 吸收和发射光谱的镜面对称关系被破坏. 情况 (c), 任何温度下, 吸收和发射光谱都不存在镜面对称关系, 如 oligophenylenes(nP) 和 oligofluorenes(nF), 分子具有一定的柔性, 环能够自由旋转, 基态的平衡构型是扭曲的, 而激发态的平衡构型是平面的. 对三联苯 (p-terphenyl, 3P) 的研究表明, 苯环的扭转会形成双井势 (double-well potential), 具有很强的非谐性, 如图 14-3 所示. 图 14-4 为室温下 3P 在环己烷溶剂中的吸收和发射实验光谱[6]. 我们可以看到, 吸收和发射光谱之间不存在镜面对称关系.

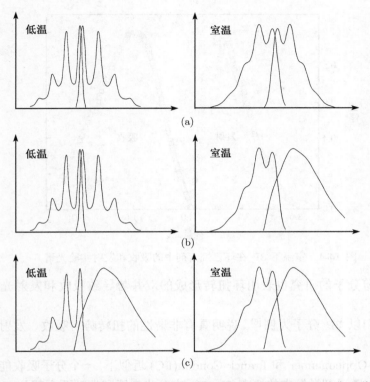

图 14-2　吸收、发射光谱的镜面对称关系随温度变化呈现出三种典型谱线

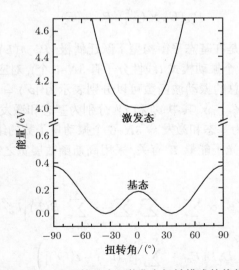

图 14-3　3P 分子的基态、激发态扭转模式的势能面

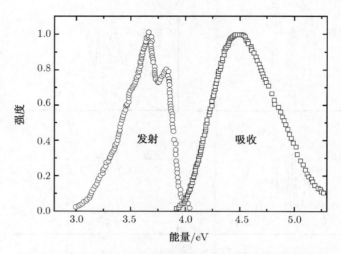

图 14-4　室温下 3P 在环己烷溶剂中的吸收和发射实验光谱

对于聚芴分子的研究也表明环扭转形成的双井势导致吸收和发射光谱的不对称[7].

下面我们以 3P 分子为例[6], 说明具有非谐性的扭转势对吸收、发射光谱的影响.

在 Born-Oppenheimer 和 Franck-Condon(FC) 近似下, 一个分子吸收能量为 E 的光子从基态跃迁到激发态的概率 $P_{ge}(E)$, 它分为电子和振动两个部分:

$$P_{ge}(E) \propto (\mu_{el}^0)^2 P_{\nu'\nu''}(E) \tag{14.1}$$

式中: μ_{el}^0 为电子部分, 是在基态平衡构型下跃迁偶极; $P_{\nu'\nu''}(E)$ 为振动部分. 原子数为 N 的分子有 $3N-6$ 个振动模式 (线性分子有 $3N-5$ 个), 对应着 $3N-6$ 个正则坐标 Q, 则基态和激发态总的振动波函数可以分别表示为 $|\nu'\rangle = |\nu_1'\rangle |\nu_2'\rangle \cdots |\nu_{3N-6}'\rangle$ 和 $|\nu''\rangle = |\nu_1''\rangle |\nu_2''\rangle \cdots |\nu_{3N-6}''\rangle$, 其中 ν_i' 和 ν_i'' 分别为基态和激发态各个模式的振动量子数, ν' 和 ν'' 分别为基态和激发态 $3N-6$ 个振动量子数的组合. 振动部分的跃迁概率 $P_{\nu'\nu''}$ 与入射的光子能量 E 有关, 采用高斯函数展宽之后, $P_{\nu'\nu''}$ 可以表示为

$$P_{\nu'\nu''}(E) \propto \sum_{\nu'_1}^{\infty} \cdots \sum_{\nu'_{3N-6}}^{\infty} \sum_{\nu''_1}^{\infty} \cdots \sum_{\nu''_{3N-6}}^{\infty} B(T) \left| F_{\nu'}^{\nu''} \right|^2$$

$$\times G\left(E; \Gamma; E_{el} + \sum_{i=1}^{3N-6} [\varepsilon_i''(\nu'') - \varepsilon_i'(\nu')] \right) \tag{14.2}$$

式中: $B(T)$ 为 Boltzmann 因子, 对于吸收和发射, $B(T)$ 的表达式不一样. 对于吸

收谱, Boltzmann 因子为

$$B(T) = \frac{1}{Z} \exp\left\{ -\left[\sum_{i=1}^{3N-6} \varepsilon_i'(v_i') - \varepsilon_i'(0) \right] / k_{\rm B} T \right\} \tag{14.3}$$

对于发射谱:

$$B(T) = \frac{1}{Z} \exp\left\{ -\left[\sum_{i=1}^{3N-6} \varepsilon_i''(v_i'') - \varepsilon_i''(0) \right] / k_{\rm B} T \right\} \tag{14.4}$$

式 (14.2) 中 G 项表示能量守恒函数所做的 Gauss 展宽, 其中 $\varGamma$ 为展宽因子, E_{el} 为基态和激发态平衡构型下的能量差; $F_{\nu'}^{\nu''}$ 为基态和激发态总的振动波函数的 FC 因子, 即

$$F_{\nu'}^{\nu''} = \langle \nu_1''(Q_1'') \cdots \nu_{3N-6}''(Q_{3N-6}'') \mid \nu_1'(Q_1') \cdots \nu_{3N-6}'(Q_{3N-6}') \rangle \tag{14.5}$$

一般说来, 基态的正则坐标 Q_i' 与激发态的正则坐标 Q_i'' 是不一样的, 它们之间的关系如下:

$$\boldsymbol{Q}' = \boldsymbol{D}\boldsymbol{Q}'' + \Delta\boldsymbol{Q}'' \tag{14.6}$$

式中: $\boldsymbol{Q}'(\boldsymbol{Q}'')$ 为基态 (激发态)$3N-6$ 个正则坐标 $Q_i'(Q_i'')$ 的组合; $\Delta\boldsymbol{Q}''$ 为基态平衡构型相对于激发态平衡构型的正则坐标的偏移; $\boldsymbol{D}$ 为基态正则坐标 $\boldsymbol{Q}'$ 和激发态态正则坐标 $\boldsymbol{Q}''$ 之间的 Duschinsky 转动矩阵. 如果 $\boldsymbol{D} \approx 1$, 则 $3N$–6 个振动模式是独立的, 式 (14.5) 中的 FC 因子可以简化为

$$\tilde{F}_{\nu'}^{\nu''} = \prod_{i=1}^{3N-6} F_{v_i'}^{v_i''} = \prod_{i=1}^{3N-6} \langle \nu_i''(Q_i'') \mid \nu_i'(Q_i'' + \Delta Q_i'') \rangle \tag{14.7}$$

一般的振动模式的势能面为抛物线, 可以视为简谐振子, 根据简谐振子的波函数, 可以很容易地求解 FC 因子. 但是对于 3P 分子, 其基态扭转模式具有很强的非谐性 (图 14-3), 不能用简谐振子来描述. 采用圆柱坐标, 以扭转角 ϕ 为自由度, 扭转模式的哈密顿 H 可以表示为

$$H = -\frac{1}{2I} \frac{\partial^2}{\partial \phi^2} + W(\phi) \tag{14.8}$$

式中: I 为转动惯量; W 为扭转势. 通过 DVR(discretized variable representation) 将扭转势离散化, 则扭转模式的 Schrödinger 方程离散为

$$-\frac{1}{2I} \frac{v_{i-1} - 2v_i + v_{i+1}}{\delta_\phi^2} + W_i v_i = \varepsilon_i v_i \tag{14.9}$$

式 (14.9) 经对角化后可以求解出扭转模式各能级对应的波函数, 从而求得扭转模式的 FC 因子. 根据式 (14.7) 计算出各模式的 FC 因子后, 代入式 (14.2) 中可以求解

出振动部分的跃迁概率 $P_{\nu'\nu''}(E)$, 从而求解出 $P_{ge}(E)$. 吸收光谱的吸收系数 $\alpha(E)$ 以及发射光谱的荧光强度 $I_{eg}(E)$ 与 $P_{ge}(E)$ 存在如下关系:

$$\alpha(E) = EP_{ge}(E) \tag{14.10}$$

$$I_{eg}(E) = EP_{eg}(E) \propto E^4 P_{ge}(E) \tag{14.11}$$

根据式 (14.10)、式 (14.11) 可以计算吸收光谱和荧光发射光谱.

　　首先不考虑具有非谐性的扭转模式, 在简谐近似下, 只考虑 3P 分子中 S_0 和 S_1 之间 5 个正则坐标偏移 ΔQ 最大对应的振动模式, 计算得到室温下吸收和发射光谱如图 14-5 所示. 我们可以看到, 吸收和发射光谱是镜面对称的, 与图 14-4 中的实验结果是不一致的.

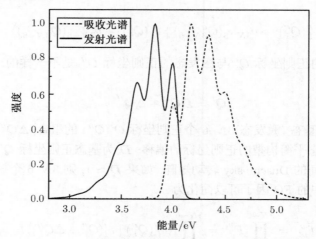

图 14-5　只考虑 3P 分子中 S_0 和 S_1 之间 5 个正则坐标偏移 ΔQ
最大对应的振动模式, 计算得到室温下吸收和发射光谱

　　上面的结果表明, 只考虑位移简谐近似下的振动模式是不够的. 对于 3P 分子 S_0 和 S_1 的扭转模式, 根据式 (14.11)、式 (14.12), 计算得到的零温下吸收和发射的 FC 因子如图 14-6 所示.

　　我们可以看到, 扭转模式吸收的 FC 因子分布比较宽, 而发射的 FC 因子分布很窄. 综合考虑 3P 分子中 S_0 和 S_1 之间 5 个正则坐标偏移 ΔQ 最大对应的振动模式以及扭转模式, 计算得到室温下的吸收和发射光谱如图 14-7 所示.

　　从图 14-7 中可以看到, 考虑扭转模式之后, 吸收和发射光谱不再成镜面对称关系, 吸收光谱变宽, 没有精细结构, 而发射光谱仍然有精细结构, 这从图 14-6 中扭转模式的吸收和发射的 FC 因子不难理解. 我们也可以看到, 图 14-7 中吸收、发射光谱与图 14-4 中的实验结果吻合得很好, 从而也说明了 3P 分子中吸收和发射的不对称是由于具有双井势的扭转模式引起的.

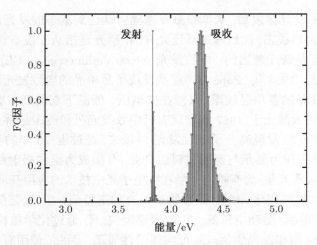

图 14-6　零温下 3P 分子 S_0 和 S_1 扭转模式对应的吸收和发射的 FC 因子

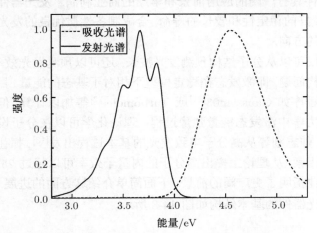

图 14-7　考虑 3P 分子中 S_0 和 S_1 之间 5 个正则坐标偏移 ΔQ 最大对应的振动模式
以及扭转模式, 计算得到室温下吸收和发射光谱

　　本节从理论上阐述了典型的有机共轭体系吸收与发射光谱的基本特征, 有助于从光谱上理解有机发光材料结构与振动的关系.

14.3　高分子电致发光内量子效率可以超过 25%的自旋统计极限

　　光致发光 (photoluminescence, PL) 是指材料吸收光之后的发光, 分为荧光和磷光. 荧光是指体系受光激发后, 从单线激发态辐射跃迁到基态的发光过程, 由于大多数物质基态时为单线态, 此过程是跃迁允许的; 磷光是指从三线态辐射跃迁到基态的过程, 此过程是跃迁禁阻的. 电致发光 (electroluminescence, EL) 是指材料在电场作用下的发光. 1963 年, Pope 等[8]首次发现了蒽单晶的电致发光现象, 但当时由于技术落后, 制备的蒽单晶较厚, 只能在高电压、低温下观测到微弱的蓝光. 自美国柯达公司邓青云博士于 1987 年发现有机电致发光[9]和英国剑桥大学 Richard Friend 爵士于 1990 年发现高分子电致发光[10]以来, 经过近 20 年的努力, 已经形成了以有机/高分子作为显示与照明材料的产业, 有望成为继阴极射线管、液晶之后的新一代的显示器工业, 为有机电子学在微电子光电技术的应用开辟了全新的领域. 与无机半导体材料相比, 有机/聚合物材料有如下特点: ① 工艺简单, 成本低; ② 能制成大面积薄膜, 驱动电压低; ③ 响应速度快; ④ 通过化学结构的改变和修饰能够调控电子结构和发光颜色; ⑤ 可实现柔性显示. 因此, 使用有机/聚合物材料制备的发光器件具有广阔的应用前景和丰厚的商业利润. 发光器件需要具备较高的发光效率, 较好的稳定性和较长的寿命, 合成制备性质优良的发光材料一直是各研究小组努力的方向.

理论化学不仅可以从分子结构预测发光波长, 还可以预测发光效率. 发光波长本质上是电子结构问题, 即激发态在稳定构型下相对于基态的能量, 目前可以通过标准的计算化学程序如 Gaussian03[11]或 Turbomole[12]等加以计算. 但发光效率是个复杂的化学动力学中激发态能量弛豫过程. 理论化学可以在分子设计中发挥重要作用. 2000 年, 帅志刚等从高分子电致发光的基本过程出发[13], 抓住电荷复合形成激子这一关键因素, 从理论上提出高分子的内量子效率可以超过 25%的极限, 为塑料显示照明工业指明了更广阔的前景. 下面简单介绍这方面的进展.

有机电致发光器件的基本结构如图 14-8 所示.

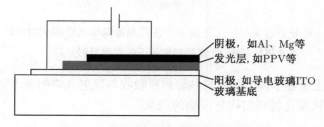

图 14-8   有机电致发光器件的基本结构

电子和空穴分别从两极注入到高分子发光层, 经过电荷输运, 可形成高分子链间的电子–空穴松束缚态, 被称为极化子 (polaron pair, PP), 极化子有不同的自旋, 假设这个步骤的效率为 η_1, 即形成松束缚链间极化子的载流子占全部载流子的比例; 松束缚链间极化子经电荷复合形成链上的紧束缚态, 被称为激子, 分为单线态激子和三线态激子, 在有机/聚合物电致发光过程中, 单线态激子和三线态激子被认为是同时产生的, 假设形成单线态激子的比例为 η_2. 由于大多数物质基态时为单线态, 单线态激子以辐射的形式回到基态 (自旋允许), 产生荧光, 假设发光效率为 η_3; 三线态由于自旋禁阻而以非辐射的形式回到基态, 对发光没有贡献. 具体过程如下:

$$e + h^+ \xrightarrow{\ 25\%\ } {}^1PP \longrightarrow S_1 \longrightarrow S_0 + h\nu$$
$$ \xrightarrow{\ 75\%\ } {}^3PP \longrightarrow T_1 \longrightarrow S_0$$

辐射产生的光, 由于通过介质时被吸收、折射、反射, 最后被采集到的光, 即外量子效率并不能真实地反映材料本身的性质. 因此, 一般采用内量子效率来衡量, 即 $\eta_{EL} = \eta_1\eta_2\eta_3$. Baldo 等[14]测试了以 Alq3 为发光层做成的器件, 发现单线态激子的比例为 $(22\pm3)\%$, 与自旋统计理论得到的 25% 相符合. 对于光致发光, 处于基态的电子吸收光子产生跃迁, 根据选择定律, 电子跃迁只能形成单线态激子, 假设形成单线态激子的效率为 η_4, 单线态激子通过辐射跃迁回到基态, 释放出光子, 设发光效率为 η_5, 与电致发光的荧光效率相同, 即 $\eta_5 = \eta_3 < 1$, 则光致发光的内量子效率 $\eta_{PL} = \eta_4\eta_5 = \eta_3\eta_4$. 一般地, $\eta_1 < \eta_4 \approx 1^{[15]}$, 则 $\eta_{EL}/\eta_{PL} = \eta_1\eta_2\eta_3/(\eta_3\eta_4) < \eta_2$ <25%. 因此, 人们普遍认为电致发光材料内量子效率的极限为 25%, 或者 η_{EL}/η_{PL} <25%.

但是, 实际上在以上论述中, 没有考虑在电荷复合过程中自旋态的差别, 即电荷分离态 ${}^1P\text{-}P$ 与 ${}^3P\text{-}P$(电荷分离型激发态) 交换能很小且寿命较长, 从而自旋态之间互相转换可以很容易进行. 这样, 在随后的电荷复合形成激子过程中, 单、三线态激子形成速率是否与自旋有关直接影响内量子效率. 假设单、三线态激子的生成速率分别为 σ_S、σ_T, 它们的自旋多重度分别为 1 和 3, 并且假定电荷分离态的自旋–轨道耦合过程足够快的话, 帅志刚等提出以下关系式: $\eta_2 = \dfrac{\sigma_S}{\sigma_S + 3\sigma_T}$ [13]. 假如激子的形成率与自旋无关, $\sigma_S = \sigma_T$, 则 η_2 为 25%. 由于 $\eta_1 < 1$, $\eta_3 < 1$, 因此 $\eta_{EL} < \eta_{max} = \eta_2$ =25%, 可以回到自旋统计的极限. 但是, 假如 $\sigma_S > \sigma_T$, 则 $\eta_2 > 25\%$, 超过自旋统计极限.

聚合物为材料的发光器件能否突破 25% 的极限仍然是个有激烈争论的问题[16]. 最早, Cao 等[17]将共轭聚合物与有效电子传输材料共混, 改善电子的注入和传输性能, 大大地提高了器件的量子效率, 得到电致发光与光致发光内量子效率之比, 即 $\eta_{EL}/\eta_{PL} \approx 50\%$. Wohlgenannt 等[18]应用 CWPA (continuous wave photoinduced absorption) 和 PADMR (photoinduced absorption detected magnetic resonance) 技术进行测量, 能直接得到单、三线态激子生成速率比 σ_S/σ_T. 他们研究了一系列共轭聚合物. 结果表明, 对于这些聚合物 $\sigma_S/\sigma_T > 1$, 可见 η_2, 即 η_{max} 大于 25%. Wilson 等[19]研究发现, 对于含金属铂的聚合物, 其 σ_S/σ_T 高达 $(57\pm4)\%$, 说明激子的生成速率与自旋相关, 并且有利于单线态激子的产生; 而对于聚合物的单体, 其 σ_S/σ_T 为 $(22\pm1)\%$, 与自旋统计理论吻合, 即对于小分子, 激子的形成与自旋无关. 但由于有金属原子诱导自旋轨道耦合, 所得到的结果并不能直接说明问题. Wohlgenannt 等[20]进一步研究了共轭聚合物中激子生成速率比与共轭长度的关系. 结果表明, $r^{-1}(r = \sigma_S/\sigma_T)$ 与 CL^{-1}(CL 为有效共轭长度) 成线性增加的关系. 相对于有机小分子来说, 聚合物的有效共轭长度更长, 激子生成速率比更大, 由其制备的发光器件的内量子效率更高. 理论方面也提出了各种可能的机理, 探讨超过 25% 的途径[13,21~24]

　　前面已经说过, 在电致发光中, 注入的载流子经过迁移、输运, 形成具有一定自旋的松束缚链间极化子, 通过自旋–晶格弛豫不同自旋的极化子很容易相互转化[23~27], 而由松束缚的极化子形成紧束缚的激子相比则要慢很多. Kadashchuk 等[28]测量并计算了单、三线链间极化子的能量, 发现它们能量差很小, 甚至小于 kT. 因此, 当 $\sigma_S > \sigma_T$ 时, 将更有利于单线态激子的产生. 但是, Reufer 等[29]的研究结果表明, 单线态激子的数目不会超过 25% 的统计极限. 在此之前, Segal[26]等已经对与自旋相关的激子生成速率的说法提出了质疑. 他们发现, 在实验误差范围内, 共轭聚合物的单、三线态激子生成速率是一样的, 因此, 其内量子效率不会超过 25%. 因此, 关于聚合物电致发光器件的内量子效率能否超过 25%还存在争论. Meulenkamp 等[30]使用一种新型的空穴注入层得到内量子效率超过 60%的纯高分子发光器件, 这是实验中从高分子器件直接证明高分子发光器件的内量子效率能超过 25%的自旋统计极限的典型例子. 我们从单、三线态激子能量的角度出发, 研究了一系列共轭聚合物的单、三线态激子生成速率比, 从而来衡量聚合物电致发光器件的效率. 下面具体介绍一下这方面的工作[31].

　　根据前面的介绍, 电致发光器件的内量子效率由三个过程来共同决定. 通过改善传输材料, 可以使正、负载流子输运达到平衡, 尽可能地提高第一个过程的效率. 目前我们暂时不考虑荧光效率, 只考虑第二个过程, 即松束缚的极化子形成紧束缚的单、三线态激子的过程, 此过程对电致发光器件的内量子效率起到决定性的作用. 根据费米黄金准则, 即一阶含时微扰, 松束缚的极化子形成紧束缚的单、三线态激子的概率为

$$p = \left| \frac{\langle i | H' | f \rangle \sin(\omega_{fi} t/2)}{E_i - E_f} \right|^2 \tag{14.12}$$

则紧束缚的单、三线态激子的生成速率为

$$\sigma = \frac{dp}{dt} = \frac{|\langle i | H' | f \rangle|^2 \sin(\omega_{fi} t)}{2\hbar E_{fi}} \tag{14.13}$$

式中：H' 为微扰算符；$|i\rangle$ 为初态, 即松束缚的极化子；$|f\rangle$ 为末态, 即紧束缚的单、三线态激子；E_i 和 E_f 分别为初态和末态的能量；ω_{fi} 为 $(E_f - E_i)/\hbar$. 我们也采用了这种方法计算了在电场作用下激子生成速率[32]. 对于紧束缚的单线态激子, $E_b^{\mathrm{S}} = E_i - E_f$ 即为激子束缚能 (exciton binding energy); 对于紧束缚的三线态激子 $E_b^{\mathrm{T}} = E_i - E_f = E_b^{\mathrm{S}} + \Delta E_{\mathrm{ST}}$, 其中 ΔE_{ST} 为单、三线态之间的能量差. 初态难以确定, 一直是人们争论的问题, 目前尚无定论[33]. 基于第一性原理的密度泛函计算表明材料的形态、链间排列及相互作用对激子束缚能都有很大的影响[34]. 为了简化计算, 假设对于我们所研究的聚合物, E_b^{S} 均为 0.5 eV, 则单、三态激子生成速率比简化为

$$r_{\mathrm{S/T}} = \frac{\sigma_{\mathrm{S}}}{\sigma_{\mathrm{T}}} = \frac{E_b^{\mathrm{T}}}{E_b^{\mathrm{S}}} = \frac{E_b^{\mathrm{S}} + \Delta E_{\mathrm{ST}}}{E_b^{\mathrm{S}}} = 1 + 2\Delta E_{\mathrm{ST}} \tag{14.14}$$

对于聚合物, 单、三线态之间的能量差 ΔE_{ST} 也是一个尚未解决的问题. 由于在有机聚合物中很难直接观测到磷光, 三线态的结构无法确定. Köhler 等[35]认为共轭聚合物的 ΔE_{ST} 基本上都为 0.6~0.7 eV. Monkman 等[36]采用脉冲辐解 (pulse radiolysis) 技术测量了一系列聚合物的三线态的能量, 他们发现这些聚合物的 ΔE_{ST} 为 0.6~1.0 eV.

我们研究了一系列共轭聚合物: PEDOT、PTV、PT、PPE、PPV、MEHPPV、mLPPP 和 PFO, 具体的化学结构式如图 14-9 所示.

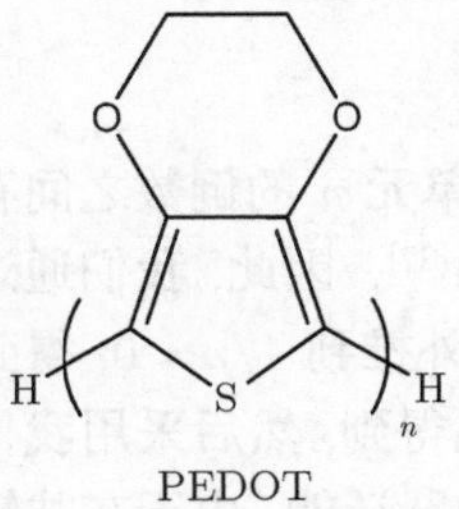

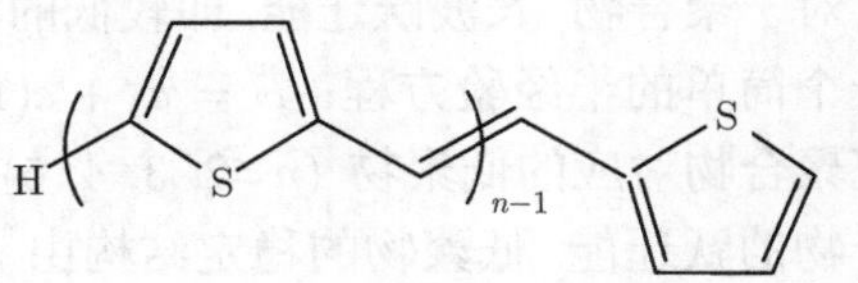

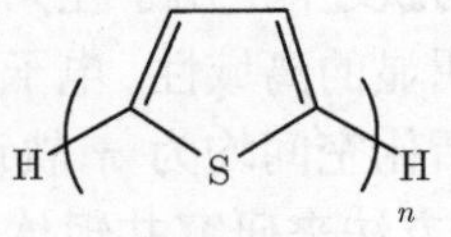

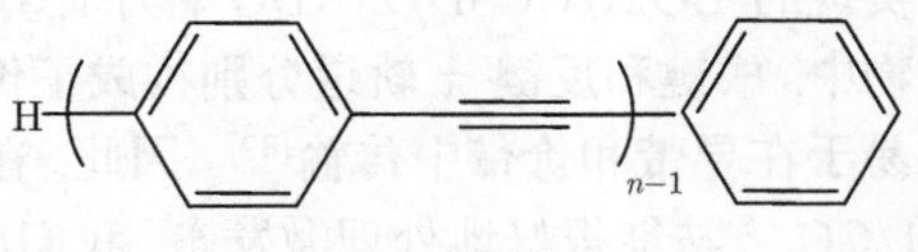

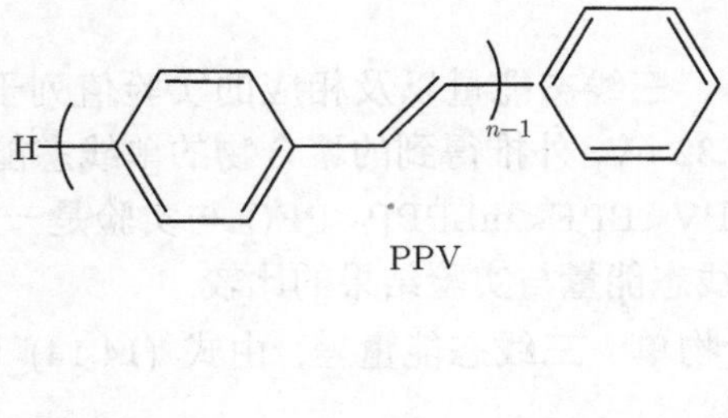

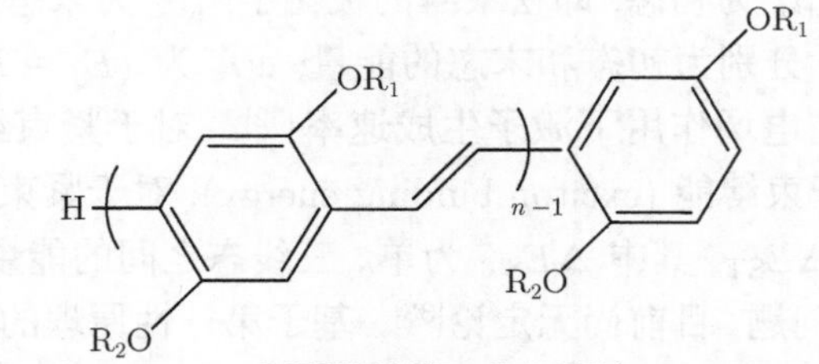

MEHPPV(R₁=R₂=CH₃)

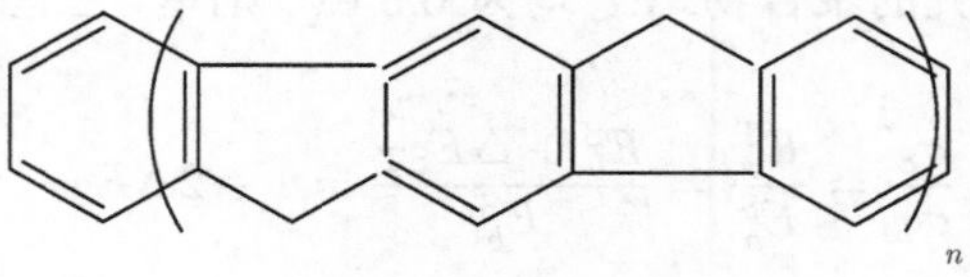

mLPPP

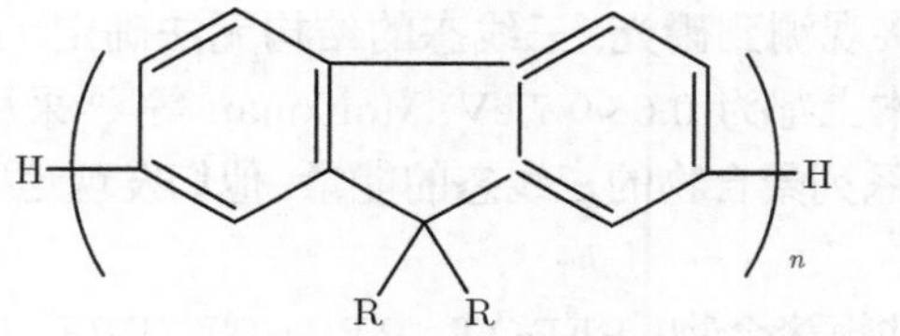

PFO(R=CH₃)

图 14-9　聚合物 PEDOT、PTV、PT、PPE、PPV、MEHPPV、mLPPP
和 PFO 的结构式, n 表示单体数目

　　对于聚合物, 长波跃迁能, 即较低的激发态跃迁能与重复单元 n 的倒数之间存在一个简单的半经验方程: $E = c_0 + c(1/n)$ $(\lim_{n \to \infty} E = c_0)$[37]. 因此, 我们通过研究聚合物对应的低聚物 $(n=2, 3, 4, 5)$, 将 E 与 $1/n$ 作图, 外推到 $1/n = 0$, 得到聚合物的跃迁能. 低聚物的稳定结构由 AMPAC/AM1[38] 优化得到, 然后采用我们自主实现的 EOM/CCSD/ZINDO 程序计算单、三线激发态的跃迁能. 由于在共轭聚合物中, 成键和反键 π 轨道分别构成了价带和导带, 具有明显的离域性, 电子和空穴易于在导带和价带中传输[39], 因此, 在我们的计算中, 活化空间均为 π 轨道. EOM/CC 方法能很好地处理激发态, 我们已经成功地应用该方法来研究共轭体系的与激发态相关的性质[40].

　　外推得到的聚合物单、三线态能量以及相应的实验值列于表 14-1 中, 计算值与实验值的偏差约为 0.32 eV, 外推得到的聚合物的单线态能量次序 PEDOT< PTV <PT<MEHPPV<PPV<PPE<mLPPP<PFO 与实验是一致的. 图 14-10 为外推得到的聚合物单、三线态能量与实验结果的比较.

　　根据计算得到的聚合物单、三线态能量差, 由式 (14.14) 可以计算出聚合物单、三激子生成速率比. 表 14-2 中列出了各聚合物的单、三激子生成速率比的计算值和实验值[18]. 实验和计算得到的材料和激子生成速率比的依赖关系如图 14-11 所示.

表 14-1　理论计算结合外推所得到的聚合物单线态 (a) 和三线态能级 (b)，并与实验值相比

聚合物	PEDOT	PTV	PT	MEHPPV	PPV	PPE	mLPPP	PFO
计算值 1)	2.09	2.24	2.48	2.66	2.80	3.26	3.27	3.40
实验值 1)	1.60 3)	1.80 4)	2.20 5)	2.48 6)	2.45 7)	3.20 8)	2.72 9)	3.22 6)
计算值 2)	0.70	0.91	0.89	1.85	2.05	2.92	2.41	2.36
实验值 2)	—	—	—	1.30 6)	—	—	2.08 9)	2.30 6)

1) 单线态.

2) 三线态.

3) 文献 [41].

4) 文献 [42].

5) 文献 [43].

6) 文献 [37].

7) 文献 [44].

8) 文献 [45].

9) 文献 [46].

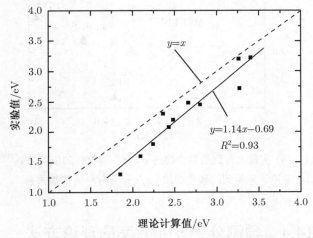

图 14-10　外推得到的聚合物的单、三线态能量与实验结果的比较

表 14-2　计算得到的各聚合物 σ_S/σ_T 以及实验值

聚合物	PEDOT	PTV	PT	MEHPPV	PPV	PPE	mLPPP	PFO
计算值	3.8	3.7	4.2	2.6	2.5	1.7	2.7	3.1
实验值	—	5	4	2.7	2.2	1.8	3.4	4

比较上述结果，我们可以看到理论计算与实验测量的趋势一致. 由 $\eta_{\max} = \eta_2 = \dfrac{\sigma_S}{\sigma_S + 3\sigma_T} = \dfrac{\sigma_S/\sigma_T}{\sigma_S/\sigma_T + 3}$ 知，σ_S/σ_T 越大，$\eta_{\max}$ 越大. 对于这些聚合物 σ_S/σ_T 均大于

1, 因此, 由它们制备的电致发光器件的内量子效率将超过 25%的自旋统计极限, 因此聚合物电致发光器件在效率方面有极大的优势.

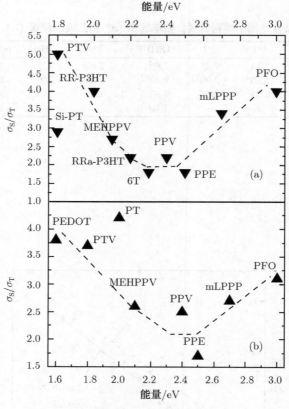

图 14-11　(a) 实验上得到的聚合物的 σ_S/σ_T 与材料的依赖关系[18];
　　　　　　(b) 理论计算得到的聚合物的 σ_S/σ_T 与材料的依赖关系

14.4　预测分子发光效率的理论方法

量子效率 η_{pl} 也是影响有机发光器件发光效率的一个非常重要的因素. 分子的荧光过程可以用简化的 Jablonski 图 (图 14-12) 表示.

14.4.1　理论模型和方法

分子的荧光效率可以表示为

$$\eta_{pl} = \frac{k_r}{k_r + k_{IC} + k_{ISC}} \tag{14.15}$$

式中: k_r 为激发态的辐射跃迁速率; k_{IC} 为由于原子核的运动所导致的电子态之间的无辐射跃迁速率, 即从激发态单线态到基态单线态的跃迁速率; k_{ISC} 为由自旋轨道耦合导致的系间窜越速率, 即从可辐射的单线态到无辐射的三线态的速率. 从分子的荧光效率公式很容易看出, 分子的荧光效率实际上就是一个分子激发态的动力学问题, 即体系的第一激发态单线态的自发发射、无辐射跃迁和系间窜越三种过程之间的竞争.

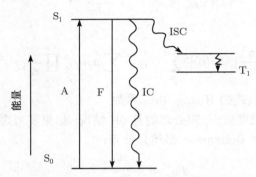

图 14-12　简化的 Jablonski 示意图. A. 光吸收; F. 荧光 (发射); IC. 内转换; ISC. 系间窜越

1. 激发态的辐射跃迁速率 k_r

人们常用的计算激发态的辐射跃迁速率公式是由 Einstein 自发辐射关系[47]得到的

$$k_r = \frac{fE_{fi}^2}{1.499} \tag{14.16}$$

式中: f 为激发态振子强度, 无量纲; E_{fi} 为初态至末态的跃迁能量, 以波数 cm^{-1} 为单位, 这样得到的 k_r 的量纲是 s^{-1}. Einstein 辐射跃迁计算公式适用于二能级体系. 实际上, Einstein 只是唯象地从统计力学细微平衡的角度推导了自发辐射速率与受激辐射的关系. 自发辐射属于量子电动力学范围, 即必须将电磁场量子化, 用谐振子来描述矢势, 谐振子的零点振动导致分子能级间发生自发辐射. 考虑到电子态与振动多能级的耦合, 一个更实际的辐射跃迁速率计算公式是[48]:

$$k_{r(i0 \to f)} = \frac{64\pi^4}{3hc^3} |M_{if}(0)|^2 \sum_a \upsilon_{i0 \to fa}^3 \left| \int \Theta_{fa}(Q)^* \Theta_{i0}(Q) \mathrm{d}Q \right|^2 \tag{14.17}$$

式中: $\upsilon_{i0 \to fa}$ 为初态 (通常是第一激发态单线态) 至末态 (通常是基态单线态) 的跃迁能量; M_{if} 为初态至末态的跃迁偶极矩; Θ_{i0} 和 Θ_{fa} 分别为体系初态和末态振动波函数; a 为振动量子数; h 为 Planck 常量; c 为真空中的光速.

假设体系是一系列独立的简谐振子, 则有

$$\Theta_{i0_j} = \prod_j \chi_{i0_j}(Q_j), \quad \Theta_{fa_j} = \prod_j \chi_{fa_j}(Q'_j) \tag{14.18}$$

并且采用下列关系式：

$$v_{i0 \to fa} = v_{if} + \sum_j a_j v_j \tag{14.19}$$

和

$$\left| \langle \chi_{fa_j} | \chi_{i0_j} \rangle \right|^2 = \frac{S_j^{a_j}}{a_j!} e^{-S_j} \tag{14.20}$$

可以得到

$$k_{r(i0 \to f)} = \frac{64\pi^4}{h^4 c^3} |M_{if}(0)|^2 \sum_a \left(v_{if} + \sum_j a_j v_j \right)^3 \prod_j \frac{S_j^{a_j}}{a_j!} e^{-S_j} \tag{14.21}$$

式中：S_j 为第 j 振动模式的 Huang-Rhys 系数.

这里没有考虑到温度效应, 即处理的是 0K 情况. 如果要考虑温度因素的影响, 就需要对体系初态进行 Boltzmann 热统计分布：

$$P_{ib_k} = \frac{e^{-\beta E_{ib_k}}}{Z_{ik}} \tag{14.22}$$

式中：$Z_{ik} = \sum_{\nu_k=0}^{\infty} e^{-\beta E_{i\nu_k}}$ 为初态第 k 个正则模式的配分函数; 定义 $\beta = 1/kT$.

$$\int \chi_{fa}{}^*(Q) \chi_{ib}(Q+D) \mathrm{d}Q = (-1)^{n+m+1} \left(\frac{m!}{n!} \right)^{1/2} S^{(n-m)/2} e^{-S/2} \frac{1}{n!} L_n^{n-m}(S) \tag{14.23}$$

式中：D 为两个电子态之间的位移向量; n 和 m 分别为 a 和 b 中较大和较小者; $L_n^{n-m}(\xi)$ 为缔合 Laguerre 多项式,

$$L_n^{n-m}(\xi) = (n!)^2 \sum_{r=0}^{m} \frac{(-1)^{m+r+1} \xi^{m+r}}{r!(n-r)!(m-r)!} \tag{14.24}$$

D 与 Huang-Rhys 系数的关系为

$$S = \frac{\omega D^2}{2\hbar} \tag{14.25}$$

把式 (14.22)、式 (14.23) 和式 (14.24) 代入式 (14.17), 即可得到考虑温度效应的辐射跃迁的一般表达式, 即

$$k_{r(i \to f)} = \frac{64\pi^4}{3hc^3} |M_{if}(0)|^2 \sum_a \sum_b P_{ib} \nu_{ib \to fa} \left| \int \Theta_{fa}(Q)^* \Theta_{ib}(Q) \mathrm{d}Q \right|^2$$

以蒽分子为例, 我们应用 B3LYP/6-31g* 优化基态构型, 并求出所有的振动模式, 然后用时间相关密度泛函理论 (TDDFT/B3LYP/6-31g*) 优化其第一激发态, 并求出振动模式, 通过方程 (14.6) 求出基态与激发态振动模式的位移, 从而求出每个

模式的 Huang-Rhys 系数, 代入方程 (14.17) 便可算出辐射跃迁速率为 $3.75 \times 10^7/\text{s}$. 教科书[49]给出的实验值约为 $5 \times 10^7/\text{s}$. 可见, 辐射过程通过计算化学得到的结果非常合理, 具有预测性.

方程 (14.17) 的局限性在于跃迁元与振子坐标无关. 考虑到电子跃迁积分对正则坐标展开式: $M_{if}(Q) = M_{if}(0) + \sum_r (\partial M_{if}/\partial Q_r)_0 Q_r + \cdots$. 式 (14.17) 更适用于跃迁偶极矩较大以及体系初态和末态的几何构型相差不是很大的情况. 对于弱跃迁或者两个电子态的几何构型变化特别大的情况而言, 其电子跃迁积分对正则坐标展开式的零级项可以忽略不计, 而高级项的贡献非常大. 此时方程 (14.17) 就应该改写成

$$k_{r(i0 \to f)} = \frac{64\pi^4}{3hc^3} \left| \sum_r (\partial M_{if}/\partial Q_r)_0 Q_r \right|^2 \sum_a \upsilon_{i0 \to fa}^3 \left| \int \Theta_{fa}(Q)^* \Theta_{i0}(Q) \mathrm{d}Q \right|^2 \quad (14.26)$$

等形式. 对此方程的求解这里不作详细讨论.

2. 内转换 $(S_1 \to S_0)$ 速率 k_{IC}

无辐射跃迁描述激发能量通过辐射之外的途径而消耗, 比辐射过程复杂. Huang 和 Rhys 早在 1950 年提出了位移谐振子模型[50], 给出无辐射跃迁的基本理论框架. 林圣贤于 1966 年在哥伦比亚大学从事博士后研究期间, 从分子电子激发态–振动耦合的角度给出更加化学的描述, 即在一阶微扰、Born-Oppenheimer(BO) 绝热近似和 Fermi 黄金规则框架下, 将内转换过程速率表示为[51]

$$W_{i \to f} = \frac{2\pi}{\hbar} \sum_v \sum_{v'} P_{iv} \left| \langle \Phi_f \Theta_{fv'} | H'_{\text{BO}} | \Phi_i \Theta_{iv} \rangle \right|^2 \delta(E_{fv'} - E_{iv}) \quad (14.27)$$

即对初态按热分布进行统计平均, 对末态 v' 求和由 δ 函数保证能量守恒. 式中 $|\Phi_i\rangle$ 和 $|\Phi_f\rangle$ 分别为初态和末态的电子波函数, $|\Theta_{iv}\rangle$ 和 $|\Theta_{fv'}\rangle$ 分别为前面已经提到的体系的振动波函数; H'_{BO} 为打破绝热近似的 Born-Oppenheimer 耦合, 即

$$H'_{\text{BO}} |\psi_{iv}\rangle = -\hbar^2 \sum_l \left| \frac{\partial \Phi_i}{\partial Q_l} \right\rangle \left| \frac{\partial \Theta_{iv}}{\partial Q_l} \right\rangle - \frac{\hbar^2}{2} \sum_l \frac{\partial^2 \Phi_i}{\partial Q_l^2} \Theta_{iv} \quad (14.28)$$

式 (14.28) 中的第二项 $\dfrac{\partial^2 \Phi_i}{\partial Q_l^2}$ 可以看成电子的动能项, 要远小于第一项. 所以这里我们仅考虑第一项的贡献. 把式 (14.28) 中第一项代入式 (14.27), 并利用 "Condon 近似", 得到

$$W_{i \to f} = \frac{2\pi}{\hbar^2} |R_l(fi)|^2 \sum_v \sum_{v'} P_{iv} \left| \left\langle \Theta_{fv'} \left| \frac{\partial \Theta_{iv}}{\partial Q_l} \right\rangle \right|^2 \delta(E_{fv'} - E_{iv}) \quad (14.29)$$

其中

$$R_l(fi) = -\hbar^2 \left\langle \Phi_f \left| \frac{\partial}{\partial Q_l} \right| \Phi_i \right\rangle \tag{14.30}$$

表示两个电子态的电子波函数之间的耦合, 其计算方法见文献 [52]. 这里为了简化, 只取一个模式 (第 l 个模式) 作为 "提升模式".

在位移谐振子的框架中, 初态和末态的振动模式是相同的, 只是谐振子抛物线的坐标原点不同. 而更一般的形式还应该包括 Duschinsky 转动. 彭谦、帅志刚等推导了一个更广泛适用的无辐射跃迁速率公式, 能够将基态与激发态简振模的不同性考虑进来, 从而更具有预测性. 以下介绍该理论方法.

仍假定电子基态和激发态的核振动波函数是简谐的, 则基态和激发态振动哈密顿为

$$H_g = \frac{1}{2} \sum_{i=1}^{N} (P_{g_i}^2 + \omega_{g_i}^2 Q_{g_i}^2) \tag{14.31}$$

$$H_e = \frac{1}{2} \sum_{i=1}^{N} (P_{e_i}^2 + \omega_{e_i}^2 Q_{e_i}^2). \tag{14.32}$$

式中: $Q_{g(e)_i}$ 和 $P_{g(e)_i}$ 分别为基态或者激发态第 i 个质量权重的正则坐标和动量,

$$Q_{e_i} = \sum_j S_{ij} Q_{g_j} + D_i \tag{14.33}$$

即将激发态抛物面的任一振动模坐标表示为基态抛物面所有振动模坐标的线性组合. 组合系数 S 称为 Duschinsky 转动矩阵[53]; D 是前面提过的基态与激发态抛物线的最低点之间的位移向量. 以两个模为例, 图 14-13 给出了基态与激发态的等能横切面 (椭圆).

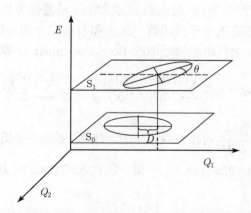

图 14-13　内转换过程中的位移和 Duschinsky 转动的势能面模型, 其中 θ 表示在基态
和激发态势能面之间存在 Duschinsky 转动

这时式 (14.29) 可以表示为

$$W_{i \to f} = \frac{2\pi}{\hbar^2} |R_l(fi)|^2 \sum_v \sum_{v'} P_{iv} \left| \left\langle \chi_{fv'_l} \left| \frac{\partial}{\partial Q_l} \right| \chi_{iv_l} \right\rangle \right|^2$$
$$\times \prod_j{}' \left| \left\langle \chi_{fv'_j} \middle| \chi_{iv_j} \right\rangle \right|^2 \delta(E_{fv'} - E_{iv}) \tag{14.34}$$

式中: j 为除了第 l 个正则模式之外的所有模式.

将 δ 函数做 Fourier 展开:

$$\delta(E_{fv'} - E_{iv}) = \frac{\hbar}{2\pi} \int_{-\infty}^{\infty} \mathrm{d}\tau \mathrm{e}^{-\mathrm{i}(E_{fv'} - E_{iv})\tau}$$
$$= \frac{\hbar}{2\pi} \int_{-\infty}^{\infty} \mathrm{d}\tau \mathrm{e}^{-\mathrm{i}[E_{if} + \sum_j (E_{v_j}^i - E_{v'_j}^f)]\tau} \tag{14.35}$$

式中: $\tau = t/\hbar$; E_{if} 为体系初末电子态势能面最小点之间的能量差; $E_{v_j}^i$ 和 $E_{v'_j}^f$ 分别为初态和末态的各振动态的能量.

核动量算符为

$$P_l = -\mathrm{i}\hbar \frac{\delta}{\delta Q_l} \tag{14.36}$$

所以式 (14.34) 可以写为

$$W_{i \to f} = \frac{1}{\hbar} |R_l(fi)|^2 \frac{1}{\prod_k Z_k} \int_{-\infty}^{\infty} \mathrm{d}\tau \frac{1}{\hbar^2} \mathrm{e}^{\mathrm{i}E_{if}\tau} \rho_l(\tau, \beta) \rho_a(\tau, \beta) \tag{14.37}$$

其中

$$\rho_l(\tau, \beta) = \sum_{v_l} \sum_{v'_l} \mathrm{e}^{-\beta E_{v_l}^i} \left| \left\langle \chi_{fv'_l} \middle| P_l | \chi_{iv_l} \right\rangle \right|^2 \mathrm{e}^{\mathrm{i}\tau(E_{v_l}^i - E_{v'_l}^f)} \tag{14.38}$$

$$\rho_a(\tau, \beta) = \prod_{j \neq l} \sum_{v_j} \sum_{v'_j} \mathrm{e}^{-\beta E_{v_j}^i} \left| \left\langle \chi_{fv'_j} \middle| \chi_{iv_j} \right\rangle \right|^2 \mathrm{e}^{\mathrm{i}\tau(E_{v_j}^i - E_{v'_j}^f)} \tag{14.39}$$

对式 (14.38) 进行展开、整理可以得到关联函数:

$$\rho_l(\tau, \beta) = \sum_{v_l} \sum_{v'_l} \mathrm{e}^{-\beta E_{v_l}^i} \left| \left\langle \chi_{fv'_l} \middle| P_l | \chi_{iv_l} \right\rangle \right|^2 \mathrm{e}^{\mathrm{i}\tau(E_{v_l}^i - E_{v'_l}^f)}$$
$$= \sum_{v_l} \sum_{v'_l} \mathrm{e}^{-\beta E_{v_l}^i} \left\langle \chi_{iv_l} | P_l \middle| \chi_{fv'_l} \right\rangle \left\langle \chi_{fv'_l} \middle| P_l | \chi_{iv_l} \right\rangle \mathrm{e}^{\mathrm{i}\tau(E_{v_l}^i - E_{v'_l}^f)}$$

$$
\begin{aligned}
&= \sum_{v_l} \sum_{v'_l} \langle \chi_{iv_l}| \, P_l \mathrm{e}^{-\mathrm{i}\tau E^f_{v'_l}} \, \big| \chi_{fv'_l} \big\rangle \big\langle \chi_{fv'_l} \big| \, P_l \mathrm{e}^{-(\beta-\mathrm{i}\tau) E^i_{v_l}} \, | \chi_{iv_l} \rangle \\
&= \sum_{v_l} \sum_{v'_l} \langle \chi_{iv_l}| \, P_l \mathrm{e}^{-\mathrm{i}\tau H^l_f} \, \big| \chi_{fv'_l} \big\rangle \big\langle \chi_{fv'_l} \big| \, P_l \mathrm{e}^{-(\beta-\mathrm{i}\tau) H^l_i} \, | \chi_{iv_l} \rangle \\
&= \sum_{v_l} \langle \chi_{iv_l}| \, P_l \mathrm{e}^{-\mathrm{i}\tau H^l_f} P_l \mathrm{e}^{-(\beta-\mathrm{i}\tau) H^l_i} \, | \chi_{iv_l} \rangle \\
&= \mathrm{Tr} \left(P_l \mathrm{e}^{-\mathrm{i}\tau H^l_f} P_l \mathrm{e}^{-(\beta-\mathrm{i}\tau) H^l_i} \right)
\end{aligned}
\tag{14.40}
$$

对式 (14.39) 做同样的处理也可以得到

$$
\rho_a(\tau, \beta) \equiv \mathrm{Tr}(\mathrm{e}^{-\mathrm{i}\tau H^a_f} \mathrm{e}^{-(\beta-\mathrm{i}\tau) H^a_i})
\tag{14.41}
$$

$\rho_l(\tau, \beta)$、$\rho_a(\tau, \beta)$ 称为基态和激发态的热关联函数. 实际上, 式 (14.41) 就是吸收和发射过程中考虑 Duschinsky 转动的 Franck-Condon 因子, 对于谐振子哈密顿, 可应用 Gauss 积分公式给出解析解[54,55]. 但式 (14.40) 包含了核动量算符, 导致了问题的复杂性.

应用关联函数具有很多优点: ① 能够考虑任何数目的正则模式的混合; ② 具有标准的数学形式, 很容易用路径积分进行求解; ③ 式 (14.40) 和式 (14.41) 中振动波函数还可以是非谐振子.

我们把对关联函数在动量表象的求解转化为在坐标表象进行求解. 对于从 S_1 到 S_0 的无辐射跃迁过程, 初态为激发态 S_1 末态为基态 S_0, 所以对式 (14.40) 取遍所有的激发电子态的正则坐标:

$$
\rho_l(\tau, \beta) = \int_{-\infty}^{\infty} \mathrm{d}\underline{x}' \, \langle \underline{x}'| P_l \mathrm{e}^{-\mathrm{i}\tau H^l_g} P_l \mathrm{e}^{-(\beta-\mathrm{i}\tau) H^l_e} \, | \underline{x}' \rangle
\tag{14.42}
$$

其中向量 $\underline{x}'$ 代表激发态 (初态) 的正则坐标 Q_{e_j}. 通过插入三组基态坐标完备基 $\underline{y}$、$\underline{z}$、$\underline{w}$ 和两组激发态的坐标完备基 $\underline{x}'$ 和 $\underline{y}'$, 式 (14.42) 可以表示为

$$
\begin{aligned}
\rho_l(\tau, \beta) = \int_{-\infty}^{\infty} &\mathrm{d}x \mathrm{d}y \mathrm{d}z \mathrm{d}w \mathrm{d}x' \mathrm{d}y' \, \langle x' \mid x \rangle \, \langle x| P_l |y \rangle \, \langle y| \\
&\times \mathrm{e}^{-\mathrm{i}\tau H^l_g} |z\rangle \, \langle z| P_l |w\rangle \, \langle w| \, y' \rangle \, \langle y'| \mathrm{e}^{-(\beta-\mathrm{i}\tau) H^l_e} |x'\rangle
\end{aligned}
\tag{14.43}
$$

其中核动量矩阵元:

$$
\langle x| \, P \, |y \rangle = -\mathrm{i}\hbar \frac{\partial}{\partial x} \delta(x - y)
\tag{14.44}
$$

由于简谐振子的实空间本征波函数为

$$
\psi_n(Q) = A_n \mathrm{e}^{-\frac{\alpha^2 Q^2}{2}} H_n(\alpha Q)
$$

其中归一化常数 $A_n = \sqrt{\dfrac{\alpha}{2^n n! \sqrt{\pi}}}$, $\alpha = \dfrac{\omega}{\hbar}$. 因此, 简谐振子在坐标表象中的传播子可如下求得

$$\langle x| \mathrm{e}^{-\mathrm{i}\tau H} |y\rangle = \sum_n \sum_{n'} \langle x \mid n\rangle \langle n| \mathrm{e}^{-\mathrm{i}\tau H} |n'\rangle \langle n' \mid y\rangle$$

$$= \sum_n \sum_{n'} \langle x \mid n\rangle \mathrm{e}^{-\mathrm{i}\tau E_n} \delta_{nn'} \langle n' \mid y\rangle$$

$$= \sum_n \langle x \mid n\rangle \mathrm{e}^{-\mathrm{i}\tau E_n} \langle n' \mid y\rangle$$

$$= \sum_n A_n \mathrm{e}^{-\frac{\alpha^2 x^2}{2}} H_n(\alpha x) \mathrm{e}^{-\mathrm{i}\tau E_n} A_n \mathrm{e}^{-\frac{\alpha^2 y^2}{2}} H_n(\alpha y)$$

$$= \frac{\alpha}{\sqrt{\pi}} \mathrm{e}^{-\frac{1}{2}\mathrm{i}\hbar\omega\tau} \mathrm{e}^{-\alpha^2 x^2 - \alpha^2 y^2} \sum_n \frac{\mathrm{e}^{-\mathrm{i}n\hbar\omega\tau}}{2^n n!} H_n(\alpha x) H_n(\alpha y)$$

根据 Mebler 公式:

$$\frac{1}{\sqrt{1-a^2}} \exp\left[-\frac{1}{1-a^2}(x^2 + y^2 - 2axy)\right] = \mathrm{e}^{-x^2-y^2} \sum_{n=0}^{\infty} \frac{a^n}{2^n n!} H_n(x) H_n(y)$$

可以得到简谐哈密顿的非对角矩阵元 (Gauss 型[56]):

$$\langle x| \mathrm{e}^{-\mathrm{i}\tau H} |y\rangle = \sqrt{\frac{a(\tau)}{2\pi\mathrm{i}\hbar}} \exp\left\{\frac{\mathrm{i}}{\hbar}\left[\frac{1}{2}b(\tau)(x^2 + y^2) - a(\tau)xy\right]\right\} \tag{14.45}$$

其中,

$$a(\tau) = \omega/\sin(\hbar\omega\tau), b(\tau) = \omega/\tan(\hbar\omega\tau)$$

式中: ω_i 为第 i 个正则模式的振动频率.

基态和激发态正则坐标的内积:

$$\langle \underline{x}'|\underline{x}\rangle = \delta[\underline{x}' - (S\underline{x} + \underline{D})] \tag{14.46}$$

注意, δ 函数的导数性质:

$$\int_{-\infty}^{\infty} \delta'(x-a)f(x)\mathrm{d}x = -f'(a)$$

$$\int_{-\infty}^{\infty} \delta'(a-x)f(x)\mathrm{d}x = f'(a)$$

并且对 δ 函数和其一阶导数求积分则可以得到

$$
\begin{aligned}
\rho_l\,(\tau,\beta) = {}& -\hbar^2 \sqrt{\frac{a_{gl}(\tau)}{2\pi\mathrm{i}\hbar}} \sqrt{\frac{a_{el}(\tau,\beta)}{2\pi\mathrm{i}\hbar}} \\
& \times \int_{-\infty}^{\infty} \mathrm{d}x_l \mathrm{d}y_l S_{ll}(b_{g,l}(\tau)x_l - a_{g,l}(\tau)y_l)(b_{e,l}(\tau,\beta)y_l' - a_{e,l}(\tau,\beta)x_l') \\
& \times \exp\left\{ \frac{\mathrm{i}}{\hbar}\left[\frac{1}{2}b_{g,l}(\tau)(x_l^2 + y_l^2) - a_{g,l}(\tau)x_l y_l \right] \right\} \\
& \times \exp\left\{ \frac{\mathrm{i}}{\hbar}\left[\frac{1}{2}b_{e,l}(\tau,\beta)(x_l'^2 + y_l'^2) - a_{e,l}(\tau,\beta)x_l' y_l' \right] \right\}
\end{aligned}
\tag{14.47a}
$$

$$
a_{g,i}\,(\tau) = \omega_{g,i}/\sin(\hbar\omega_{g,i}\tau), \quad b_{g,i}\,(\tau) = \omega_{g,i}/\tan(\hbar\omega_{g,i}\tau),
$$

$$
a_{e,i}\,(\tau,\beta) = \omega_{e,i}/\sin(\hbar\omega_{e,i}(-\tau-\mathrm{i}\beta)), \quad b_{e,i}\,(\tau,\beta) = \omega_{e,i}/\tan(\hbar\omega_{e,i}(-\tau-\mathrm{i}\beta))
$$

Franck-Condon 因子的关联函数 $\rho_a\,(\tau,\beta) = \mathrm{Tr}\left(\mathrm{e}^{-\mathrm{i}\tau_g H_g^a} \mathrm{e}^{-\mathrm{i}\tau_e H_e^a} \right)$ 为

$$
\begin{aligned}
\rho_a\,(\tau,\beta) = {}& -\hbar^2 \sqrt{\frac{\det(a_{g,j}(\tau))}{(2\pi\mathrm{i}\hbar)^{N-1}}} \sqrt{\frac{\det(a_{e,j}(\tau,\beta))}{(2\pi\mathrm{i}\hbar)^{N-1}}} \\
& \times \int_{-\infty}^{\infty} \mathrm{d}\underline{x}_j \mathrm{d}\underline{y}_j (b_{g,j}(\tau)\underline{x}_j - a_{g,j}(\tau)\underline{y}_j)(b_{e,j}(\tau,\beta)\underline{y}_j' - a_{e,j}(\tau,\beta)\underline{x}_j') \\
& \times \exp\left\{ \frac{\mathrm{i}}{\hbar}\left[\frac{1}{2}b_{g,j}(\tau)(\underline{x}_j^2 + \underline{y}_j^2) - a_{g,j}(\tau)\underline{x}_j \underline{y}_j \right] \right\} \\
& \times \exp\left\{ \frac{\mathrm{i}}{\hbar}\left[\frac{1}{2}b_{e,j}(\tau,\beta)(\underline{x}_j'^2 + \underline{y}_j'^2) - a_{e,j}(\tau,\beta)\underline{x}_j' \underline{y}_j' \right] \right\}
\end{aligned}
\tag{14.47b}
$$

式中: a 和 b 分别为对角元为 $a_{g(e),j}\,(\tau)$ 和 $b_{g(e),j}\,(\tau)$ 的对角矩阵, 形式上没有第 i 模式的信息.

式 (14.47a) 和式 (14.47b) 两者相乘, 则得到总的关联函数:

$$
\begin{aligned}
\rho_{\text{total}}(\tau,\beta) = {}& \rho_l(\tau,\beta)\rho_a(\tau,\beta) \\
= {}& \sqrt{\frac{\det(\boldsymbol{a}_g(\tau))\det(\boldsymbol{a}_e(\tau,\beta))}{(2\pi\mathrm{i}\hbar)^{2N}}} \int_{-\infty}^{+\infty} \mathrm{d}\underline{x}\mathrm{d}\underline{y}\,\boldsymbol{S}_{ll}(b_{g,j}(\tau)x_l - a_{g,l}(\tau)y_l) \\
& \times [b_{e,l}(\tau,\beta)\boldsymbol{S}_l^{\mathrm{T}}\underline{y} - a_{e,l}(\tau,\beta)\boldsymbol{S}_l^{\mathrm{T}}\underline{x} + (b_{e,l}(\tau,\beta) - a_{e,l}(\tau,\beta))\boldsymbol{D}_l] \\
& \times \exp\left\{ \frac{\mathrm{i}}{\hbar}\left[\frac{1}{2}(\underline{x}^{\mathrm{T}}\boldsymbol{B}\underline{x} + \underline{y}^{\mathrm{T}}\boldsymbol{B}\underline{y}) - \underline{x}^{\mathrm{T}}\boldsymbol{A}\underline{y} + \boldsymbol{D}^{\mathrm{T}}\boldsymbol{E}\boldsymbol{S}(\underline{x}+\underline{y}) + \boldsymbol{D}^{\mathrm{T}}\boldsymbol{E}\boldsymbol{D} \right] \right\}
\end{aligned}
\tag{14.48}
$$

式中: $\boldsymbol{S}_l^{\mathrm{T}}$ 为一个向量, 表示 $\boldsymbol{S}$ 矩阵的第 l 行; $\boldsymbol{A}(\tau,\beta) = \boldsymbol{a}_g(\tau) + \boldsymbol{S}^{\mathrm{T}}\boldsymbol{a}_e(\tau,\beta)\boldsymbol{S}$; $\boldsymbol{B}(\tau,\beta) = \boldsymbol{b}_g(\tau) + \boldsymbol{S}^{\mathrm{T}}\boldsymbol{b}_e(\tau,\beta)\boldsymbol{S}$; $\boldsymbol{E}(\tau,\beta) = \boldsymbol{b}_e(\tau,\beta) - \boldsymbol{a}_e(\tau,\beta)$; $\boldsymbol{a}_{g(e)}$ 和 $\boldsymbol{b}_{g(e)}$ 是对角元为 $\boldsymbol{a}_{g(e)}(\tau(\tau,\beta))$ 和 $\boldsymbol{b}_{g(e)}(\tau(\tau,\beta))$ 的对角矩阵, 包括了所有模式的信息.

方程 (14.48) 虽然复杂, 但实际上可以分解为 Gauss 积分及其导数的问题. 将矩阵维数扩大, 定义下列几组新的向量和矩阵 $(2N \times 2N)$:

$$z = (x, y);$$

$$
\underline{H} = \begin{pmatrix} 0 \\ \cdot \\ \cdot \\ \cdot \\ \boldsymbol{b}_g(\tau)_l \boldsymbol{E}(\tau, \beta)_l \boldsymbol{D}_l \\ 0 \\ \cdot \\ 0 \\ -\boldsymbol{a}_g(\tau)_l \boldsymbol{E}(\tau, \beta)_l \boldsymbol{D}_l \\ 0 \\ \cdot \\ \cdot \\ \cdot \end{pmatrix}_{2N}, \quad \underline{G} = \begin{pmatrix} 0 & 0 \\ \cdot & \cdot \\ \cdot & \cdot \\ -\boldsymbol{a}_e(\tau, \beta)_l \boldsymbol{b}_g(\tau)_l \boldsymbol{S}_l^{\mathrm{T}} & \boldsymbol{b}_g(\tau)_l \boldsymbol{b}_e(\tau, \beta)_l \boldsymbol{S}_l^{\mathrm{T}} \\ \cdot & \cdot \\ 0 & 0 \\ \cdot & \cdot \\ \boldsymbol{a}_g(\tau)_l \boldsymbol{a}_e(\tau, \beta)_l \boldsymbol{S}_l^{\mathrm{T}} & -\boldsymbol{a}_g(\tau)_l \boldsymbol{b}_e(\tau, \beta)_l \boldsymbol{S}_l^{\mathrm{T}} \\ 0 & 0 \\ \cdot & \cdot \\ \cdot & \cdot \end{pmatrix}_{2N \times 2N}
$$

$$
\boldsymbol{K} = \begin{pmatrix} \boldsymbol{B} & -\boldsymbol{A} \\ -\boldsymbol{A} & \boldsymbol{B} \end{pmatrix}_{2N \times 2N}, \quad \boldsymbol{F} = (D^{\mathrm{T}} \boldsymbol{E} \boldsymbol{S}, D^{\mathrm{T}} \boldsymbol{E} \boldsymbol{S})_{2N}, \quad \underline{\boldsymbol{z}}^{\mathrm{T}} = (\underline{\boldsymbol{x}}^{\mathrm{T}}, \underline{\boldsymbol{y}}^{\mathrm{T}})
$$

把新的向量和矩阵代入式 (14.49), 运用 Gauss 积分及其导数形式直接求解即可得到

$$
\begin{aligned}
\rho_{\text{total}}(\tau, \beta) = & \sqrt{\frac{\det(\boldsymbol{a}_g) \det(\boldsymbol{a}_e)}{\det K}} S_{ll} \\
& \times \left\{ -\mathrm{i}\hbar[(\operatorname{tr}(\boldsymbol{G}\boldsymbol{K}^{-1})] + \boldsymbol{H}^{\mathrm{T}}\boldsymbol{K}^{-1}\boldsymbol{F} - (\boldsymbol{K}^{-1}\boldsymbol{F})^{\mathrm{T}}\boldsymbol{G}(\boldsymbol{K}^{-1}\boldsymbol{F}) \right\} \\
& \times \exp\left\{ \frac{\mathrm{i}}{\hbar}\left[-\frac{1}{2}\boldsymbol{F}^{\mathrm{T}}\boldsymbol{K}^{-1}\boldsymbol{F} + \underline{D}^{\mathrm{T}}\boldsymbol{E}\underline{D} \right] \right\}
\end{aligned} \tag{14.49}
$$

此时无辐射跃迁速率的最后形式可以表示为

$$
W_{i \to f} = \frac{1}{\hbar} |R_l(fi)|^2 \frac{1}{\prod\limits_k Z_{ik}} \int_{-\infty}^{\infty} \mathrm{d}\tau \mathrm{e}^{-\mathrm{i}\Delta E\tau} \frac{1}{\hbar^2} \rho_{\text{total}}(\tau, \beta) \tag{14.50}
$$

从而通过求解矩阵运算, 做时间数值积分, 就可以得到任何数目的正则模式的 Duschinsky 混合的无辐射跃迁速率. 不过, 最后在处理对时间的数值积分时, 如果激子-振动耦合较弱, 则积分发散, 需要引入短时近似.

作为一个简单的验证, 我们先考虑一种简单情况, 即忽略 Duschinsky 转动效应 (文献 [51] 已给出解析解). 采用和文献 [51] 中相同的近似: ① 忽略 Duschinsky 转动, 即 $S_{ij} = \delta_{ij}$; ② 假定提升模式的位移为零, 即 $D_l = 0$; ③ 近似 $\hbar\omega_l/kT \gg 1$. 这

时方程无辐射跃迁速率方程 (14.51) 可以化简为

$$W_{i \to f} = \frac{1}{\hbar^2} \left(\frac{\omega_l}{2\hbar} |R_l(fi)|^2 \right) \int_{-\infty}^{\infty} \mathrm{d}t$$

$$\times \exp \left\{ \mathrm{i}(\omega_{fi} t + \omega_l t) - \sum_j \mathrm{HR}_j [(2\bar{n}_j + 1) - \bar{n}_j \mathrm{e}^{-\mathrm{i}t\omega_j} - (\bar{n}_j + 1)\mathrm{e}^{\mathrm{i}t\omega_j}] \right\}$$

$$(14.51)$$

式中: HR_j 为第 j 个模式的 Huang-Rhys 系数 $\mathrm{HR}_j = \dfrac{D_j^2 \omega_j}{2\hbar}$; $\bar{n}_j$ 为第 j 个模式的平均声子数, $\bar{n}_j = (\mathrm{e}^{\hbar\omega_j\beta} - 1)^{-1}$. 简化后的式 (14.51) 完全回归到文献 [51] 中的无辐射跃迁速率. 另外, 数值计算了乙烯 $^1B_{1u} \to {}^1A_g$ 无辐射跃迁速率及速率与温度的依赖关系. 其数值结果与文献 [51] 中提供的数值结果符合得很好, 详见文献 [52].

3. 系间窜越 $(S_1 \to T_1)$ 速率 k_{ISC}

k_{ISC} 是由自旋轨道耦合导致的系间窜越速率. 此过程是自旋禁阻的, 所以只有 $\hat{H}'_{SO}$ 起作用:

$$W_{i \to f} = \frac{2\pi}{\hbar} \sum_v \sum_{v'} P_{iv} \left| \langle \Phi_f \Theta_{fv'} | \hat{H}'_{SO} | \Phi_i \Theta_{iv} \rangle \right|^2 \delta(E_{fv'} - E_{iv}) \tag{14.52}$$

采用 "Condon 近似", 式 (14.52) 可以化简为

$$W_{i \to f} = \frac{2\pi}{\hbar} \left| \langle \Phi_f | \hat{H}'_{SO} | \Phi_i \rangle \right|^2 \sum_v \sum_{v'} P_{iv} |\langle \Theta_{fv'} | \Theta_{iv} \rangle|^2 \delta(E_{fv'} - E_{iv}) \tag{14.53}$$

方程 (14.53) 形式上非常类似于电荷或能量转移过程或前面讲述的内转换过程的跃迁速率方程. $\left| \langle \Phi_f | \hat{H}'_{SO} | \Phi_i \rangle \right|$ 是电子自旋轨道耦合部分, 一些量化软件像 GAM-ESS[57]等对此都可以求解. 剩余部分就是前面提到的 "Frank-Condon" 因子, 很容易求解, 这里不再赘述.

14.4.2　算例及应用

1. 1,4- 二苯丁二烯

为了检测理论模型及方法的可靠性, 我们先对人们熟知的 1, 4- 二苯丁二烯 (1, 4-diphenylbutadienes, 1, 4-DPB) 的三个同分异构体 (图 14-14) 的光物理性质进行考查.

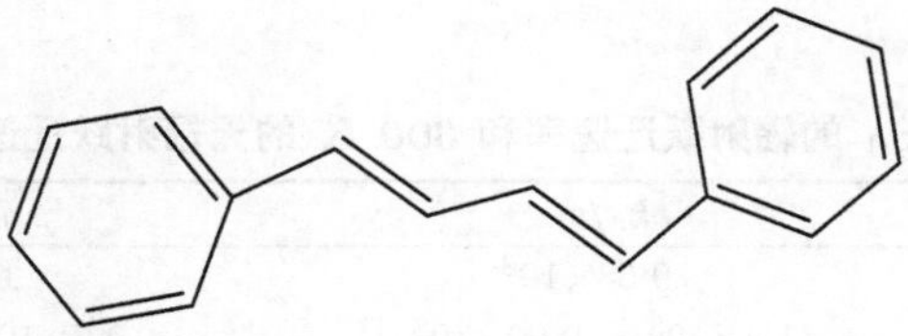

tt-DPB

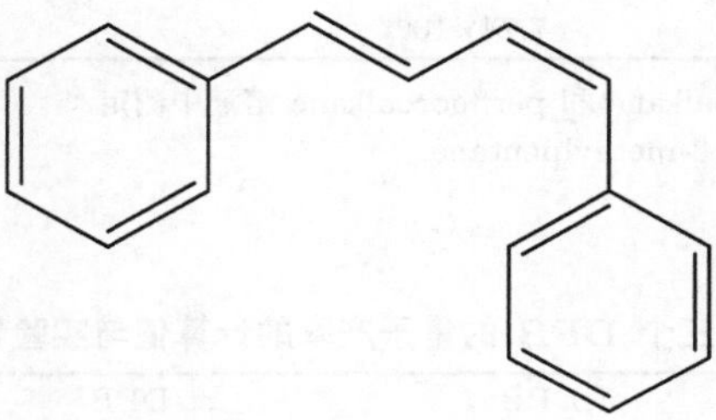

ct-DPB

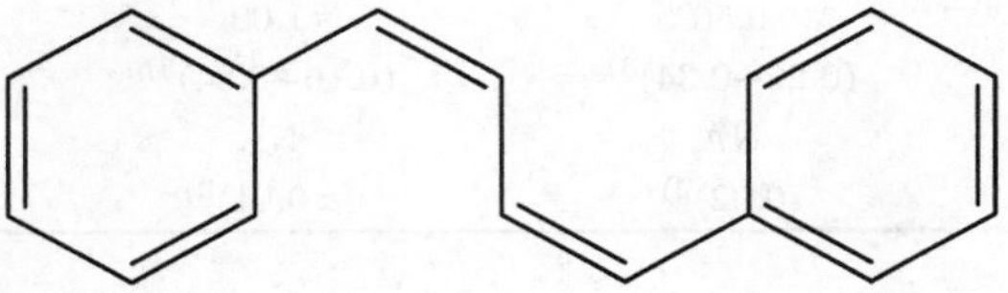

cc-DPB

图 14-14 1, 4-DPB 的三个同分异构体的分子结构

在密度泛函理论 (DFT/B3LYP/6-31g* 和 TDDFT/B3LYP /6-31g*) 水平上优化了三个化合物的基态构型和激发态构型, 计算了激发态的耦合强度、基态和激发态的振动频率及其正则模式. 计算均由量化软件 TURBOMOLE 程序包[12]完成; 化合物两个电子态的正则模式之间的位移向量和 Duschinsky 转动矩阵由 DUSHIN 程序包[58]计算得到. 电子耦合部分在 TDDFT/B3LYP /6-31g* 水平上用 Gaussian03 程序包[11]完成. 辐射跃迁速率由 SB 方程计算得到.

在表 14-3 和表 14-4 中比较了三个 DPB 化合物的理论计算值与实验值. 无辐射跃迁速率公式考虑了所有扭转模式, 因此, 由此得到的无辐射跃迁量子效率应该相当于文献 [59] 中阐述的两类量子产率 (内转换和扭转) 之和. 由于文献 [59] 测定的系间窜越速率非常小, 所以这里不做计算. 表 14-3 和表 14-4 中的数据显示, 辐射跃迁速率、无辐射跃迁 (内转换) 速率及其光物理过程的量子产率的理论计算值与现有的实验数据吻合得非常好, 而且还填补了 ct- 和 cc-DPB 的辐射跃迁和无辐射跃迁速率等一部分实验空白. 这从另一个方面又验证了彭谦、帅志刚等发展的无辐射跃迁理论公式.

表 14-3　DPB 的 $S_1 \rightarrow S_0$ 的辐射跃迁速率和 300 K 的无辐射跃迁速率的计算值与实验值

	k_r/s^{-1}	k_{nr}/s^{-1}
trans, trans-DPB	9.58×10^8	1.19×10^9
	$(1.4 \times 10^8 \sim 9.00 \times 10^8)^{1)}$	$(0.6 \times 10^9 \sim 6.2 \times 10^9)^{3)}$
	$(5 \times 10^8 \sim 7 \times 10^8)^{2)}$	$(0.8 \times 10^9 \sim 1.8 \times 10^9)^{4)}$
cis, trans-DPB	6.64×10^8	2.84×10^{12}
cis, cis-DPB	7.74×10^8	9.16×10^{11}

1) 文献 [60a, b, c], 在各种 alkane 和 perfluoroalkane 溶液中测定.

2) 文献 [61], 其测定溶液为 3-methylpentane.

3) 文献 [60a].

4) 文献 [60b].

表 14-4　三个 DPB 的量子产率的计算值与实验值比较

	tt-DPB	ct-DPB	cc-DPB
荧光量子产率	0.44	2.34×10^{-4}	8.44×10^{-4}
	$(0.42)^{1)}$	$(< 10^{-3})^{3)}$	$(<10^{-3})^{3)}$
内转换量子产率	0.56	1.00	1.00
	$(0.22+0.34)^{3)}$	$(0.16+0.84)^{3)}$	$(0.20+0.80)^{3)}$
系间窜越量子产率	NA	NA	NA
	$(0.02)^{2)}$	$(<0.01)^{3)}$	$(0.01)^{3)}$

1) 文献 [61].

2) 文献 [62].

3) 文献 [59] 中估计的扭转量子产率＋内转换量子产率.

注: 括号内为实验值.

三个同分异构体的光物理性质比较: ① 三个化合物的辐射跃迁速率几乎相同; ② *trans, trans*-DPB 的内转换速率远远小于*cis, trans*- 和*cis, cis*-DPB 的内转换速率. 造成前者与后两者不同的无辐射跃迁过程的原因为: ① *trans, trans*-DPB 的基态和激发态的几何构型几乎都是平面的. 而另外两个化合物无论是基态还是激发态, 几何构型都是非平面的, 表明其双键和苯环发生很大的扭转; ② *cis, trans*-DPB 和*cis, cis*-DPB 都具有很大的 Huang-Rhys 系数, 前者是 3.6, 后者是 5.1, 这些模式均对应于低频模式苯环的扭转; 而*trans, trans*-DPB 的 Huang-Rhys 系数非常小, 最大只有 0.38. 此结果同样表明, 苯环和双键的扭转对无辐射跃迁 (内转换) 过程产生了很大的影响, 大大加快了无辐射跃迁过程.

2. 1, 2, 3, 4- 四苯 -1, 3 - 丁二烯 (1, 2, 3, 4-tetraphenyl-1, 3-butadienes)——聚集诱导发光 (AIE) 现象的理论解释

由于在有机电子学与光电子学及生物探针方面的潜在应用, 发展有效的发光材料越来越引起人们的关注. 但是, 通常情况下有机发光材料在溶液中会有很高的

荧光量子效率, 而在制成薄膜器件后荧光效率会大大减小. 这种现象的发生对有机
光电子器件的发展来说无疑是一个重要的制约因素. 近几年, 唐本忠、朱道本等发
现, 通过特殊的分子设计, 聚集不仅不会猝灭荧光, 还能极大地增强荧光. 如硅烷
分子和 1,2,3,4- 四苯环丁二烯等一系列化合物, 在溶液状态下, 几乎没有荧光, 但在
固态, 或者在溶液中再沉淀, 或者增加溶液的黏度, 或者降低温度等, 都能使荧光得
到极大程度地增强, 甚至达到 100%. 这就是所谓的 "聚集诱导发光" (aggregation
induced emission, AIE) 现象. 这些结果引起了学术界的广泛兴趣, 并预示着广阔的
应用前景. 这里通过激发态微观过程的理论计算对 1,2,3,4- 四苯环丁二烯的聚集增
强荧光现象给出解释.

cis, cis-1,2,3,4- 四苯环丁二烯 (1, 2, 3, 4-TPBD) 和 1, 1, 4, 4- 四苯环丁二烯 (1,
1, 4, 4-TPBD) 的分子结构简式如图 14-15 所示. 1, 2, 3, 4-TPBD 具有 AIE 现象[63].
1, 1, 4, 4-TPBD 不具有 AIE 现象, 无论在有机溶剂中或是固体下都能发出很强的
荧光.

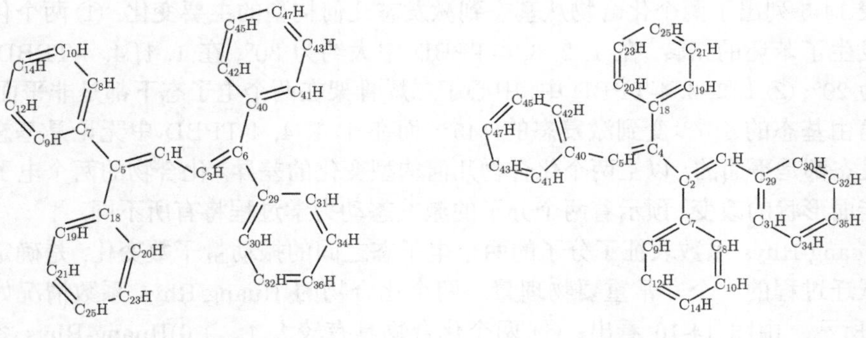

1, 1, 4, 4-TPBD   1, 2, 3, 4-TPBD

图 14-15 cis, cis-1, 2, 3, 4- 四苯环丁二烯 (1, 2, 3, 4-TPBD)

和 1, 1, 4, 4- 四苯环丁二烯 (1, 1, 4, 4-TPBD) 的分子结构

化合物的电子结构计算是在密度泛函理论 (DFT/B3LYP/6-31g* 和 TDDFT/
B3LYP /6-31g*) 水平上, 由 TURBOMOLE 程序包完成. 电子耦合部分在半经验
INDO/MRDCI 水平上完成. 采用 SB 方程计算得到的 1, 2, 3, 4-TPBD 和 1, 1, 4,
4-TPBD 的辐射跃迁速率分别是 4.80×10^8/s 和 3.92×10^8/s.

分子激发态的衰减过程通常有下列几种: 自发发射跃迁、电子能量转化为核的
运动的无辐射跃迁过程, 或者溶剂化效应引起的电荷转移的光异构化 (k_{CT}) 过程.

简单地从结构上看两个化合物比较类似于四苯乙烯 (tetraphenylethylene, TPE).
Wiersma 及合作者通过超快光谱测定激发态的能量耗散过程, 对 TPE 激发态衰减
过程做了很好的研究[64]. 得出了 k_{CT} 途径的结论: 在溶液中看不到 TPE 的荧光现
象, 主要是由于扭转诱导, 分子在激发态势能面上发生了电荷分离, 在一个正则相

交的交叉点从第一激发态单线态变为一个基态势能面上的两性离子. 如果本章所研究的这两个化合物遵循 TPE 在溶液中的发光机理, 那么 1, 1, 4, 4-TPBD 在溶液中就不能发光. 但是, 事实上 1, 1, 4, 4-TPBD 在溶液中会有很强的荧光. 因此 k_{CT} 途径无法解释 1, 2, 3, 4-TPBD 和 1, 1, 4, 4-TPBD 两个同分异构体具有不同光物理性质的现象. 同时, 两个化合物的辐射跃迁速率的微小差异也不足以解释它们具有如此不同的光物理性质.

通常情况下, 刚性平面分子激发态动力学过程是辐射跃迁过程和系间窜越过程的竞争过程, 分子在低温下将表现出很强的磷光现象, 例如蒽. 而对于柔性分子, 激发态的能量很容易通过分子的振动所耗散, 使内转换过程急剧加快, 以致系间窜越过程无法与之竞争. 此时, 化合物是否发光问题则转化为辐射跃迁与内转换过程之间的竞争. 1, 2, 3, 4-TPBD 和 1, 1, 4, 4-TPBD 都是比较柔性的化合物, 在低温下也只能观察到很强的荧光, 证明其发光机理属于后者. 因此, 本章着重于对两个化合物的无辐射跃迁 (内转换) 过程进行比较性研究.

表 14-5 列出了两个化合物从基态到激发态几何构型的主要变化: ① 两个化合物均发生了苯环的扭转, 在 1, 2, 3, 4-TPBD 中大约为 30°, 在 1, 1, 4, 4-TPBD 中大约为 20°; ② 1, 2, 3, 4-TPBD 中, 中心丁二烯骨架在两个电子态下都是非平面的, 二面角由基态的 167° 变到激发态的 145°; 而在 1, 1, 4, 4-TPBD 中无论是基态还是激发态都是平面的. 以上两个化合物几何构型变化的差异、化合物的两个电子态的势能面形状的改变, 预示着两个分子的激发态动力学过程将有所不同.

Huang-Rhys 系数表征了分子的两个电子态之间的振动量子数变化, 是确定无辐射跃迁过程的一个非常重要物理量. 两个化合物的 Huang-Rhys 系数情况如图 14-16 所示. 由图 14-16 看出: ① 两个化合物具有较大 (> 1.0)Huang-Rhys 系数的模式均出现在低频模式区域; ② 1, 2, 3, 4-TPBD 的最大的 Huang-Rhys 系数是 47.7, 远远大于 1, 1, 4, 4-TPBD 的 12; ③ 两个化合物的双键伸缩振动模式 (1, 2, 3, 4-TPBD: 1554.8 cm^{-1} 和 1, 1, 4, 4-TPBD: 1572.0 cm^{-1}) 的 Huang-Rhys 系数分别为 0.41 和 0.33. 因此, Huang-Rhys 系数的数据特征预示了 DRE 一般发生在低频模式区域.

考查化合物的重整能得知: ① 1, 2, 3, 4-TPBD 总的重整能为 8528 cm^{-1}, 而 1, 1, 4, 4-TPBD 总的重整能为 4114 cm^{-1}; ② 1, 2, 3, 4-TPBD 中, 低频 (<100 cm^{-1}) 模式的重整能占总重整能的 50%, 而 1, 1, 4, 4-TPBD 中低频模式的贡献仅有 37%; ③ 在两个化合物中分别仅有一个高频模式 (双键的伸缩振动) 的重整能比较大.

Huang-Rhys 系数数据和重整能数据特征表明, 1, 2, 3, 4-TPBD 的低频模式在电子态跃迁过程中具有强烈的电子–振动耦合. 另外, 1, 2, 3, 4-TPBD 中低频模式的 Duschinsky 转动矩阵元素几乎都是非零的, 表明其低频模式的混合程度非常大. 这些结果也预示着 DRE 在 1, 2, 3, 4-TPBD 的无辐射跃迁中将起到非常重要的作

用. 两者也有一个共同之处, 即在高频 (1500 cm^{-1} 附近), 存在一个振动模具有显著的 Huang-Rhys 系数和重整能, 这是共轭体系中常见的双键伸缩模. 该模式在聚乙炔的孤子理论中起到最关键的作用. 将该模式作为无辐射跃迁公式中的 "提升模式". 在 1, 2, 3, 4-TPBD 和 1, 1, 4, 4-TPBD 中 $\langle \Phi_f | \partial/\partial Q_{fl} | \Phi_i \rangle$ 的计算值分别是 0.1621 a.u. 和 0.2829 a.u..

表 14-5   两个化合物从 S$_0$ 到 S$_1$ 的主要结构变化、键长 (Å) 和二面角 (°)

		S$_0$	S$_1$
1, 2, 3, 4-TPBD	L (C1—C2)	1.3660	1.4191
	L (C4—C5)	1.3660	1.4198
	L (C4—C2)	1.4872	1.4428
	L (C1—C29)	1.4705	1.4334
	L (C5—C40)	1.4705	1.4330
	L (C2—C7)	1.4984	1.4812
	L (C4—C18)	1.4984	1.4809
	D (C1—C2—C4—C5)	−167.17	−145.42
	D (C2—C1—C29—C31)	21.01	15.73
	D (C1—C2—C7—C9)	70.29	38.01
	D (C5—C4—C18—C20)	70.42	37.77
	D (C4—C5—C40—C42)	20.99	16.63
1, 1, 4, 4-TPBD	L (C1-C5)	1.3687	1.4308
	L (C3-C6)	1.3687	1.4310
	L (C4—C2)	1.4463	1.3972
	L (C5—C7)	1.4872	1.4592
	L (C6—C29)	1.4872	1.4592
	L (C5—C18)	1.4950	1.4647
	L (C6—C40)	1.4950	1.4647
	D (C5—C1—C3—C6)	−180.00	−179.22
	D (C1—C5—C7—C8)	−30.52	−23.76
	D (C1—C5—C18—C20)	−58.46	−38.12
	D (C3—C6—C40—C42)	58.43	37.87
	D (C3—C6—C29—C30)	30.53	23.82

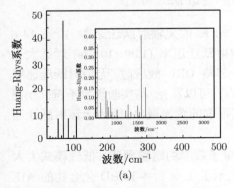
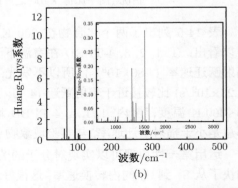

图 14-16 计算得到的 1, 2, 3, 4-TPBD (a) 和 1, 1, 4, 4-TPBD (b) 的 Huang-Rhys 系数

图 14-17 描绘了 1, 2, 3, 4-TPBD 的 $S_1 \rightarrow S_0$ 无辐射跃迁速率与温度的关系. 由图 14-17 可知, 温度从 70 K 升高到 300 K, 如果考虑了 DRE 效应, 1, 2, 3, 4-TPBD 无辐射跃迁速率增加了 700 倍; 而忽略 DRE 效应, 仅仅增加 7 倍左右. 实验上化合物的 PL 光谱图显示, 温度降低到 77 K 时其发光强度提高了近 3 个数量级[63]. 这表明, 考虑 DRE 效应的计算结果与实验现象吻合得很好. 实际上, 从物理意义上也不难理解这一点. 无辐射跃迁速率正比于两个电子态的由 δ 函数保持能量守恒的 Franck-Condon 重叠积分因子. 正则模式是一个个独立的谐振子, 重叠积分仅仅发生在相同模式的不同振动量子态. 温度升高, 大的量子数的振动态增加, 则重叠积分就增加. 如果再考虑到 DRE 因素, 除了相同模式之间的重叠之外, 不同模式之间也可以发生重叠. 温度升高增加高频模式和低频模式的高振动态, 这种扩展性的重叠更显著. 因此, DRE 能够对温度效应的无辐射跃迁过程产生很大程度的影响.

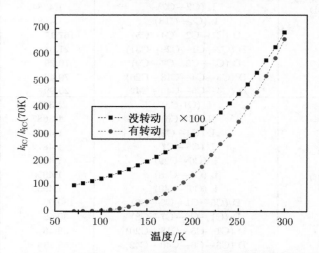

图 14-17　1, 2, 3, 4-TPBD 的 $S_1 \rightarrow S_0$ 无辐射跃迁速率与温度的关系. ■ 忽略 DRE 的情况 (图中比值 ×100 之后的值); ● 考虑 DRE 的情况

表 14-6 列出了两个化合物在 300 K 和 70 K 的无辐射跃迁速率. 由表 14-6 可以看出: ① 1, 2, 3, 4-TPBD 在室温下无辐射跃迁速率 (1.09×10^{10}/s) 远远大于辐射跃迁速率 (4.80×10^8/s), 所以不发光; ② 忽略 DRE 效应时, 无辐射跃迁速率 (1.23×10^9/s) 比较接近于辐射跃迁 (4.80×10^8/s), 可以发光, 与实验现象不符; ③ 在 70~300 K 温度范围内, 1, 1, 4, 4-TPBD 均有很强的荧光现象, 因为无辐射跃迁速率总是小于辐射跃迁速率, 与实验现象吻合.

运用第一性原理可以实现对分子的荧光量子效率的定量预测. 低频模式大大加快了从 S_1 到 S_0 的内转换速率, 这很好地揭示了 1, 2, 3, 4-TPBD 化合物的 AIE 现象的发光机理; 分子的聚集状态限制了侧环的低频模式的运动, 这样它们对无辐

射跃迁 (内转换) 的贡献减少, 不利于无辐射跃迁的发生, 从而使辐射跃迁过程占主导地位, 呈现出很强的荧光现象. 当前的计算能力还达不到进行分子在完全聚集状态下计算的水平. 但是, 定量计算可以为实验提供对 AIE 现象机理的理解, 为分子的设计提供思路, 具有一定的指导意义.

表 14-6 70K 和 300K 两个化合物 $S_1 \rightarrow S_0$ 的无辐射跃迁速率

温度 T/K	跃迁速率/s^{-1}	
	化合物1	化合物2
70	1.12×10^7	1.26×10^5
	(1.80×10^8)	(2.24×10^5)
300	1.09×10^{10}	1.86×10^6
	(1.23×10^9)	(5.33×10^5)

注: 括号里是忽略 DRE 的值; 1, 2, 3, 4-TPBD 和 1, 1, 4, 4-TPBD 的辐射跃迁速率分别是 $4.80 \times 10^8/s$ 和 $3.92 \times 10^8/s$.

14.5 有机电子输运的小极化子模型与第一性计算

电子器件的性能与材料的载流子 (电子、空穴) 的传输效率 —— 迁移率有密切的关系. 传统的有机材料因为迁移率太低 $[<10^{-3} cm^2/(V \cdot s)]$ 而一直被认为没法做成有用的器件. 近年来, 随着材料科学的发展, 有机薄膜材料的迁移率已经达到并超过无定形硅. 设计高迁移率有机材料是当前有机电子学的关键问题[65~67]. 目前, 有机半导体材料被用于制作光发射二极管、场效应晶体管、太阳能电池等一系列光电器件. 上述所有器件的表现性能都与 π- 共轭材料中载流子传输效率密不可分. 载流子传输可以是从光发射二极管和场效应晶体管的两极注入载流子进行电荷传输, 也可以发生在太阳能电池中光致电荷分离后分别向两极传输. 因此, 从理论上研究有机材料的传输性能具有十分重要的意义. 有机材料的电荷传输性能与分子本身有关, 也取决于固体下分子形态、堆积方式、材料有序度、纯度、结构缺陷以及外部环境如温度、压强等.

从理论上理解有机半导体中的电荷传输机制有很重要的意义. 通常的有机电子器件是载流子在表面传输的有机薄膜场效应晶体管 (TFT). 最近, 有机单晶场效应晶体管的出现显著地降低了器件的无序性, 成为研究有机电子器件可靠性的有效手段[66,67]. 单晶有机场效应晶体管第一次使人们能够研究电荷在有机表面传输的本征特性. 在这些器件中, 不仅载流子迁移率比薄膜场效应晶体管大一个数量级, 而且性能的可重复性也达到了薄膜场效应晶体管没办法达到的高度[66]. 实验中, 有机单晶场效应晶体管的发展对单晶本征电荷传输理论的研究提供了强有力的工具.

　　电子在材料中的运动主要受到各种散射阻碍, 包括晶格振动和杂质. 通常可以定义平均自由程和平均自由时间. 平均自由程是指在两次散射间电子的行程平均值; 平均自由时间是指两次散射之间平均间隔的时间. 假如没有外电场, 电子做完全无规运动, 经过宏观时间, 电子平均漂移距离为零. 如果加上一外场, 尽管电子运动还是无规, 但总体来讲, 经过一段时间, 漂移距离不为零. 在平均自由时间 τ_c 内, 电子所获得的动量为 (力乘以时间) $-eF\tau_c$, 即 $mv=-eF\tau_c$ 或 $v=-eF\tau_c/m$. 其中 F 是电场强度, v 是速度. 迁移率便定义为速度与电场的加速因子: $\mu=-e\tau_c/m$. 通常采用的单位是 $\mathrm{cm^2/(V \cdot s)}$. 这说明增长平均散射时间 (或自由程), 或者减小电子的有效质量都有利于提高迁移率. 对于单晶硅, 室温下迁移率为 $\sim 600\ \mathrm{cm^2/(V \cdot s)}$, 多晶硅则为每伏秒几十平方厘米, 无定形硅 $\sim 0.5\ \mathrm{cm^2/(V \cdot s)}$. 有机薄膜材料接近或略大于无定形硅. 对于高度有序的单壁碳管, 迁移率可以高达 10 万 $\mathrm{cm^2/(V \cdot s)}$, 而对于一维有序的、全共面的高分子 polyparaphenylene, 迁移率可以高达 $600\ \mathrm{cm^2/(V \cdot s)}$[68], 说明在高分子链上, 如果能够消除环扭转带来的散射, 完全可以实现高迁移率. 但限制高分子迁移率的主要因素是链间耦合, 虽然在一条链上可以实现电荷高速运动, 但要做成器件, 需要经过许多缓慢的链间传导过程, 导致通常高分子的迁移率只有 10^{-5} 左右, 通过纳米级组装有序高分子结构, 可以将迁移率提高到 $10^{-2}\mathrm{cm^2/(V \cdot s)}$[69].

　　以有机分子固体为例, 载流子 (通常是空穴) 的质量就用电子质量 (无机材料一般比电子裸质量小得多, 如 GaAs, 有效质量仅为 0.06 m), 室温迁移率为 $1\ \mathrm{cm^2/(V \cdot s)}$, 则换算出的平均自由时间为

$$\tau_c = \frac{m\mu}{e} = \frac{0.91 \times 10^{-30}\mathrm{kg} \times 10^{-4}\mathrm{m^2/(V \cdot s)}}{1.6 \times 10^{-19}\mathrm{C}} \approx 0.57\mathrm{fs}$$

即散射时间与电子跃迁过程相当, 而无机材料则在皮秒到纳秒, 与声子过程相当. 由此可见, 有机材料与无机材料电荷传输的机制是很不同的.

　　有机场效应管器件结构如图 14-18 所示.

　　通过栅极施加门电压, 对绝缘层产生极化, 从而往分子层注入电荷, 所注入的电荷密度与门电压相关. 如施加正的门电压, 则可以有效地看成将分子轨道往下压, 从而电子能累积在 LUMO 上, 这时, 一旦源漏极加上偏压, 累积的电子便可以传导; 如施加负的门电压, 则可有效地看成将分子轨道往上抬, 使得 HOMO 上的占据电子转移到电极, 从而在分子层积累了空穴, 同样源漏偏压可导致电流. 有机材料大多是空穴传输型, 即偏压是负的, 这里原因较多: ① 有机体系中捕获电子的缺陷多, LUMO 比 HOMO 接近真空; ② 通常空穴的迁移率远远高于电子, 电子与声子散射比空穴要强. 当然, 通过分子设计, 也可以得到电子传输材料, 这是目前的一个重要研究方向. 此外, 实现双极输运 (ambipolar), 即电子与空穴平衡输运在实现有机发光场效应器件有重要应用.

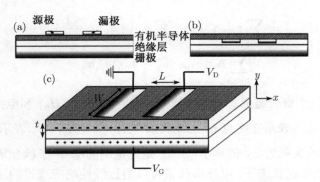

图 14-18 有机场效应器件结构示意图. (a) 源漏电极在有机层顶端; (b) 电极在底部;
(c) 门电压极化绝缘层, 对有机半导体层掺杂载流子

14.5.1 有机晶体电荷传输理论

目前研究有机体系电荷传输的理论大体上可以分为两种不同的模型: 能带模型[70~73]和跳跃模型[74~77]. 低温下, 单晶中的主要传输机制被认为是离域电荷的连贯能带式传输. 随着温度的增大, 由于晶格振动的散射, 迁移率会降低; 在高温下, 电荷在局域的态间跳跃从而形成电流. 由于电荷是在声子的热振动下推动传输的, 迁移率会随着温度的增大而增大. 实验中, 这两种模型的转变在萘晶体中第一次被观察到[78].

研究有机体系中电荷传输的最早的模型是小极化子模型. 该模型由 Holstein 提出, 用来研究一维分子晶体中含有一个额外电荷时的情形[70]. 通过一系列的简化, 他提出了极化子问题的零阶绝热处理方法. 后来 Kenkre 等假设与方向相关的局域点–声子耦合系数, 得到了 Holstein 型的迁移率公式, 并成功地用来拟合实验测得的电子迁移率, 得到了很好的结果[72]. 这是人们第一次成功地解释了有机晶体迁移率. 非局域的电–声子耦合在更普遍的极化子模型中被考虑到. Munn 和 Silbey 提出了一个包含了局域和非局域线性电–声子耦合的理论[71]. 他们发现, 非局域的耦合会提高散射, 从而使能带传输的贡献降低, 跳跃传输的贡献提高. 最近, Hannewald 等引入了可以从第一性得到非局域的电–声子耦合系数, 将 Holstein 模型扩展到 Holstein-Peierls 模型[73,79]. 该模型被用来研究萘晶体的导电行为, 迁移率的温度依赖关系与实验的结果吻合得很好[73].

14.5.2 Holstein-Peierls 模型下的迁移率公式

1. 基本思路

Holstein-Peierls 模型的哈密顿量[73]为

$$H = H_e + H_p + H_{e-p}$$

$$= \sum_{mn} \varepsilon_{mn} a_m^+ a_n + \sum_{\lambda} \hbar\omega_{\lambda} \left(b_{\lambda}^+ b_{\lambda} + \frac{1}{2} \right)$$

$$+ \sum_{mn\lambda} \hbar\omega_{\lambda} g_{\lambda mn} (b_{\lambda}^+ + b_{-\lambda}) a_m^+ a_n \tag{14.54}$$

哈密顿量由三个部分组成: 电子部分 (H_e)、声子部分 (H_p) 和电–声子耦合部分 (H_{e-p}). 算符 $a_m^{(+)}$ 表示在格点 m 上湮灭或产生一个电子, $b_{\lambda}^{(+)}$ 表示湮灭或产生一个属于模式 λ 的频率为 ω_{λ} 的声子. $g_{\lambda mn}$ 是无量纲的电–声子耦合常数.

理论上, 在热平衡状态下, 电导率张量可以通过线性响应理论的 Kubo 公式来计算: $\sigma_{\alpha\beta}^{dc} = \dfrac{1}{2k_B T} \lim_{\omega\to 0} \displaystyle\int_{-\infty}^{+\infty} \mathrm{d}t \times \mathrm{e}^{\mathrm{i}\omega t} \langle j_\alpha(t) j_\beta(0) \rangle$, 其中 j 是电流算符. 在这个理论中, 关键是计算电流算符的时间演化 $j_\alpha(t) = \mathrm{e}^{(\mathrm{i}/\hbar)Ht} j \mathrm{e}^{-(\mathrm{i}/\hbar)Ht}$. 由于哈密顿量中含有电–声子耦合项, 因而首先通过规范变换将哈密顿量中的耦合项转移到电子项中, 然后通过近似将哈密顿量变成对角的形式. 另外, 由于 j 的形式对计算 $j_\alpha(t)$ 的复杂度影响不大, 因而计算 $j = \dfrac{\mathrm{d}P}{\mathrm{d}t} = \dfrac{1}{\mathrm{i}\hbar}[P, H]$ 时, 仍然使用原始的哈密顿量[79]. 这样做的好处是能够在尽可能多的保留了电–声子相互作用的前提下求解出电导率.

2. 求解思路

首先对哈密顿量及其包含的产生湮灭算符作规范变换[72,79,80]:

$$H \to \tilde{H} = \mathrm{e}^S H \mathrm{e}^{-S}, \quad a_m^{(+)} \to \tilde{a}_m^{(+)} = \mathrm{e}^S a_m^{(+)} \mathrm{e}^{-S}, \quad b_Q^{(+)} \to \tilde{b}_Q^{(+)} = \mathrm{e}^S b_Q^{(+)} \mathrm{e}^{-S}$$

其中

$$S = \sum_{mn} a_m^+ a_n \sum_Q g_{Qmn} (b_Q^+ - b_{-Q})$$

然后利用 Baker-Campbell-Hausdorff 公式:

$$\mathrm{e}^S A \mathrm{e}^{-S} = A + \frac{1}{1!}[S, A] + \frac{1}{2!}[[S, A], A] + \cdots$$

可以得到

$$\tilde{a}_m = \sum_n (\mathrm{e}^{-C})_{mn} a_n, \quad \tilde{a}_m^+ = \sum_n a_n^+ (\mathrm{e}^C)_{nm},$$

$$\tilde{b}_Q = b_Q - \sum_{mn} g_{Qmn} a_m^+ a_n, \quad \tilde{b}_Q^+ = b_Q^+ - \sum_{mn} g_{-Qmn} a_m^+ a_n,$$

从而由规范变换的性质可以得到规范变换后的哈密顿量[79]:

$$\tilde{H} = \sum_{mn} \varepsilon_{mn} \tilde{a}_m^+ \tilde{a}_n + \sum_{\lambda} \hbar\omega_{\lambda} \left(\tilde{b}_{\lambda}^+ \tilde{b}_{\lambda} + \frac{1}{2} \right) + \sum_{mn\lambda} \hbar\omega_{\lambda} g_{\lambda mn} \left(\tilde{b}_{\lambda}^+ + \tilde{b}_{-\lambda} \right) \tilde{a}_m^+ \tilde{a}_n$$

$$= \sum_{mn} \tilde{\varepsilon}_{mn} a_m^+ a_n + \sum_Q \hbar\omega_Q \left(b_Q^+ b_Q + \frac{1}{2}\right) + \sum_{mnQ} \hbar\omega_Q (b_Q^+ \delta_{Qmn} + \delta_{Qmn} b_{-Q}) a_m^+ a_n$$

$$- \sum_{mnm'n'Q} \hbar\omega_Q (\tilde{g}_{Qmn}\tilde{g}_{-Qm'n'} - \delta_{Qmn}\delta_{-Qm'n'}) a_{m'}^+ a_{n'} a_m^+ a_n \tag{14.55}$$

其中

$$\tilde{\varepsilon}_{mn} = (\mathrm{e}^C \varepsilon \mathrm{e}^{-C})_{mn}, \quad \tilde{g}_{Qmn} = (\mathrm{e}^C g_Q \mathrm{e}^{-C})_{mn}, \quad \delta_{Qmn} = \tilde{g}_{Qmn} - g_{Qmn}$$

如果非局域电-声子耦合强度比较弱, δ_{Qmn} 可以被忽略. 从而

$$\tilde{H} = \sum_{mn} \tilde{E}_{mn} a_m^+ a_n + \sum_Q \hbar\omega_Q \left(b_Q^+ b_Q + \frac{1}{2}\right) \tag{14.56}$$

其中

$$\tilde{E}_{mn} = (\mathrm{e}^C E_{mn} \mathrm{e}^{-C})_{mn}, \quad E_{mn} = \varepsilon_{mn} - \sum_Q \hbar\omega_Q (g_Q g_{-Q})_{mn}$$

然而规范变换后的哈密顿量 $\tilde{H}$ 中 $\tilde{E}_{mn}$ 仍然是算符, 为了将 $\tilde{H}$ 转化为完全对角的形式, 做近似

$$\tilde{H} \approx \sum_{mn} \langle \tilde{E}_{mn} \rangle a_m^+ a_n + \sum_Q \hbar\omega_Q \left(b_Q^+ b_Q + \frac{1}{2}\right)$$

$$\approx \sum_m \langle \tilde{E}_{mm} \rangle a_m^+ a_m + \sum_Q \hbar\omega_Q \left(b_Q^+ b_Q + \frac{1}{2}\right) \tag{14.57}$$

由于可以推导出 $\langle \tilde{E}_{mm} \rangle = E_{mm}$, 从而

$$\tilde{H} \to \tilde{H}' = \sum_m E_{mm} a_m^+ a_m + \sum_Q \hbar\omega_Q \left(b_Q^+ b_Q + \frac{1}{2}\right) \tag{14.58}$$

采用原始的哈密顿量, 电流算符 $j = \dfrac{\mathrm{d}P}{\mathrm{d}t} = \dfrac{1}{\mathrm{i}\hbar}[P, H] = \dfrac{e_0}{\mathrm{i}\hbar} \sum_{mn} [R, E]_{mn} \cdot a_m^+ a_n$. 从而可以导出电流算符的时间演化 $j(t) = \mathrm{e}^{(\mathrm{i}/\hbar)\tilde{H}'t} j \mathrm{e}^{-(\mathrm{i}/\hbar)\tilde{H}'t}$, 进而根据 Kubo 公式导出电导率张量, 最后由迁移率与电导率的关系 $\mu = \dfrac{\sigma}{ne_0}$, 推导出最终的 Holstein-Peierls 模型下的迁移率公式为[73]

$$\mu_\alpha(T) = \frac{e_0}{2k_\mathrm{B}T\hbar^2} \sum_{n\neq m} R_{\alpha mn}^2 \int_{-\infty}^{\infty} \mathrm{d}t\, \mathrm{e}^{-\Gamma^2 t^2}$$

$$\times [\varepsilon_{mn}^2 + (\varepsilon_{mn} - \Delta_{mn})^2 + \frac{1}{2} \sum_q (\hbar\omega_q g_{qmn})^2 \Phi_q(t)] \mathrm{e}^{-2\sum_\lambda G_\lambda [1 + 2N_\lambda - \Phi_\lambda(t)]}$$

$$\tag{14.59}$$

其中

$$\Delta_{mn} = \frac{1}{2} \sum_\lambda \hbar\omega_\lambda [g_{\lambda mn}(g_{\lambda mm} + g_{\lambda nn}) + \frac{1}{2} \sum_{k \neq m,n} g_{\lambda mk} g_{\lambda kn}]$$

式中: $R_{\alpha mn}$ 为格点 m 和 n 在 α 方向的距离; $G_\lambda = g_{\lambda mm}^2 + \frac{1}{2} \sum_{k \neq m} g_{\lambda mk}^2$ 为模式 λ 的有效电–声子耦合强度, 同时包含了局域和非局域的部分; $N_\lambda = 1/(e^{\hbar\omega_\lambda/k_B T} - 1)$ 为模式 λ 的声子占据数; 与时间相关的函数 $\Phi_q(t) = (1 + N_q)e^{-i\omega_q t} + N_q e^{i\omega_q t}$ 表述了声子数变化引起的非相干散射; 指数项 $e^{-2\sum_\lambda G_\lambda[1+2N_\lambda]}$ 表述能带变窄; Γ 为线性展宽因子[79].

3. 各部分电–声子耦合的地位

为了更好地理解迁移率的温度依赖关系, 可以将式 (14.59) 做如下分解[81]:

$$\mu_\alpha(T) = A_\alpha f(T) + \sum_q B_{\alpha q} h_q(T) \tag{14.60}$$

其中

$$A_\alpha \equiv \frac{e_0}{2k_B \hbar^2} \sum_{n \neq m} R_{\alpha mn}^2 [\varepsilon_{mn}^2 + (\varepsilon_{mn} - \Delta_{mn})^2]$$

$$B_{\alpha q} \equiv \frac{e_0}{2k_B \hbar^2} \sum_{n \neq m} R_{\alpha mn}^2 \frac{1}{2} \hbar^2 \omega_q^2 g_{qmn}^2$$

$$f(T) \equiv \frac{1}{T} \int_{-\infty}^{\infty} dt \times e^{\sum_\lambda -2G_\lambda(1+2N_\lambda(T))(1-\cos\omega_\lambda t) - \Gamma^2 t^2} \cos\left(\sum_\lambda 2G_\lambda \sin\omega_\lambda t\right)$$

$$h_q(T) \equiv \frac{1}{T}(1 + N_q(T)) \int_{-\infty}^{\infty} dt \times e^{\sum_\lambda -2G_\lambda(1+2N_\lambda(T))(1-\cos\omega_\lambda t) - \Gamma^2 t^2}$$

$$\times \cos\left(\sum_\lambda 2G_\lambda \sin\omega_\lambda t + \omega_q t\right)$$

$$+ \frac{1}{T} N_q(T) \int_{-\infty}^{\infty} dt \times e^{\sum_\lambda -2G_\lambda(1+2N_\lambda(T))(1-\cos\omega_\lambda t) - \Gamma^2 t^2}$$

$$\times \cos\left(\sum_\lambda 2G_\lambda \sin\omega_\lambda t - \omega_q t\right)$$

这样, 迁移率被表达为一系列温度依赖函数的线性组合形式. A_α 是局域部分, $B_{\alpha q}$ 描述非局域部分 (g_{mn} 项, $m \neq n$). 如果撇开 $1/T$ 项, $f(T)$ 和 $h_q(T)$ 与温度的关系都是从 $N_q(T)$ 中体现的. $f(T)$ 随着 $N_q(T)$ 的增大而增加, 而 $h_q(T)$ 与 $N_q(T)$ 的关系比较复杂. 在晶体的不同方向, A_α 与 $B_{\alpha q}$ 取不同的值, 迁移率的温度依赖关系就会呈现出不同的图像[81].

进一步, 根据迁移率各个部分与电-声子耦合系数之间不同的依赖关系, 可以将迁移率分为三个部分. 由于温度依赖函数 $f(T)$ 和 $h_q(T)$ 都与有效电-声子耦合系数 (既包含局域也包含非局域部分) 有关, 分类的出发点是其线性组合系数. 第一部分是 $A_\alpha f(T)$, 其系数 A_α 不含有任何电-声子耦合系数; 第二部分是 $\sum_q B_{\alpha q} h_q(T)$($q$ 属于分子间振动的声子), 其系数 $B_{\alpha q}$ 只含有电子与分子间振动非局域耦合; 第三部分是 $\sum_q B_{\alpha q} h_q(T)$($q$ 属于分子内振动的声子), 其系数 $B_{\alpha q}$ 只含有电子与分子内振动非局域耦合. 这三个部分分别记为 Local 部分、Nonlocal-Inter 部分和 Nonlocal-Intra 部分, 研究它们在迁移率中的具体地位, 有助于更好地理解超纯有机晶体中的载流子传输机制.

14.5.3 萘分子晶体迁移率的第一性研究

1. 研究动机

在实验中, 萘晶体是第一个观察到迁移率存在从能带传输到跳跃传输转变的体系, 同时电子和空穴在各个晶格方向上表现为明显的各向异性, 这些现象在理论上有重要的研究意义. 理解萘晶体中的载流子传输机制, 对其他有机晶体的导电性研究有重要的意义. 萘晶体一直是人们研究比较关心的体系之一.

2. 计算细节

量化程序 Vienna *Ab-Initio* Simulation Package (VASP)[82], 使用赝势和平面波基组, 是理论研究分子晶体等周期性体系很有用的工具[80,83]. VASP 被用来优化晶体结构和计算晶体的正则振动频率. 由于 PBE[84] 交换关联泛函被证实在计算分子晶体时比其他泛函更好[85], 因而计算中采用 GGA/PBE 泛函. 萘晶体的初始构型采用 a=8.098 Å, b=5.953 Å, c=8.652 Å, $\alpha=\gamma=90°$ 和 $\beta=124.4°$[86]. 由于 DFT 在计算分子晶体时, 处理弱的范德华相互作用不好, 优化出的晶格与实验差别比较大. 计算时, 可以固定晶格, 只优化单胞里的原子[65]. 自洽场 (SCF) 中总能量的最大误差为 10^{-5} eV, 优化晶体时原子的最大力为 0.01 eV/Å. 计算声子频率时只考虑 Γ 点. 转移积分通过对布里渊区内 4×4×4 的网点进行最小二乘法拟合得到.

3. 哈密顿量中参数的计算

由式 (14.54) 列出的 Holstein-Peierls 哈密顿量可以看出, 参数有三类: 转移积分 ε_{mn}、声子能量 $\hbar\omega_\lambda$ 和电-声子耦合常数 $g_{\lambda mn}$. 我们通过能带拟合的方法来得到这些重要的物理量. 紧束缚模型的能带结构公式是 $\varepsilon(\mathbf{k}) = \varepsilon + \sum_{\langle ij \rangle} \varepsilon_{ij} e^{-i\mathbf{k}\cdot\mathbf{R}_{ij}}$. 这是一个以倒空间矢量 $\mathbf{k}$ 为变量, 转移积分 ε_{ij} 为参数的函数. 能带拟合方法就是用第一性量子化学软件计算出晶体的能带, 再使用紧束缚能带公式拟合能带, 从而计算出转移积分的方法. 我们选择所有的最近邻分子, 分别记为 $\{mn\}=\{0,a,b,c,ac,ab,$

$abc\}$, 它们对应于 $\boldsymbol{R}_{mn}=0, \pm \boldsymbol{a}, \pm \boldsymbol{b}, \pm \boldsymbol{c}, \pm(\boldsymbol{a}+\boldsymbol{c}), \pm(\boldsymbol{a}/2\pm\boldsymbol{b}/2), \pm(\boldsymbol{a}/2\pm\boldsymbol{b}/2+\boldsymbol{c})^{[81,82]}$.
萘晶体的能带和态密度如图 14-19 所示.

对于该晶体结构, 紧束缚能带解析表达式为

$$
\begin{aligned}
\varepsilon(k) = {} & \varepsilon_0 + 2\varepsilon_a \cos k \cdot a + 2\varepsilon_b \cos k \cdot b + 2\varepsilon_c \cos k \cdot c + 2\varepsilon_{ac} \cos k \cdot (a+c) \\
& \pm 2\left[\varepsilon_{ab}\left(\cos k \cdot \frac{a+b}{2} + \cos k \cdot \frac{a-b}{2} \right) \right.\\
& \left. + \varepsilon_{abc}\left(\cos k \cdot \frac{a+b+2c}{2} + \cos k \cdot \frac{a-b+2c}{2} \right) \right]
\end{aligned}
\tag{14.61}
$$

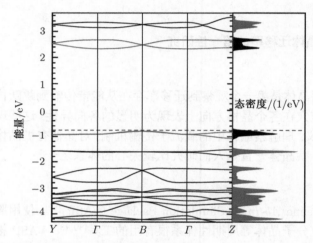

图 14-19　萘晶体的能带和态密度: 高对称点 $\Gamma=(0,0,0)$, $Y=(0.5,0,0)$, $B=(0,0.5,0)$
和 $Z=(0,0,0.5)$, 单位为 $(2\pi/a, 2\pi/b, 2\pi/c)$

图 14-20 是用 64 个 k 点将 VASP 计算出来的能带用式 (14.61) 做拟合的结果.
由图 14-20 可知, 两者的误差比较小, 紧束缚模型下的能带拟合方法是一个较好的
计算转移积分的方法[81]. 计算电-声子耦合的步骤是: ① 使用 VASP 优化晶体, 计
算声子; ② 使用能带拟合的方法计算出平衡位置的各个转移积分; ③ 根据每个正
则模式, 稍微移动单胞中的分子, 计算能带结构, 拟合出转移积分; ④ 电-声子耦合
系数通过公式 $g_{\lambda mn} = \dfrac{1}{\omega_\lambda \sqrt{\hbar\omega_\lambda}} \dfrac{\partial \varepsilon_{mn}}{\partial Q_\lambda}$ 计算出来[80], 其中 Q_λ 是声子 λ 的正则坐标.
有效电-声子耦合系数由 $G_\lambda = g_{\lambda mm}^2 + \dfrac{1}{2}\sum_{k\neq m} g_{\lambda mk}^2$ 计算. 总的有效电-声子耦合
系数是所有模式下的有效电-声子耦合系数的和: $G_{\text{tot}} = \sum_\lambda G_\lambda$. 这样总的有效
电-声子耦合系数可以分为下面四个部分:

$$
G_{\text{tot}} = \sum_{\lambda \in \text{inter}} g_{\lambda mm}^2 + \frac{1}{2}\sum_{\substack{k \neq m \\ \lambda \in \text{inter}}} g_{\lambda mk}^2 + \sum_{\lambda \in \text{intra}} g_{\lambda mm}^2 + \frac{1}{2}\sum_{\substack{k \neq m \\ \lambda \in \text{intra}}} g_{\lambda mk}^2
$$

$$= G_{\text{Inter-Local}} + G_{\text{Inter-Nonlocal}} + G_{\text{Intra-Local}} + G_{\text{Intra-Nonlocal}} \qquad (14.62)$$

分析这些不同的部分对迁移率的贡献有重要的意义. 计算出来的 HOMO 和 LUMO 的电–声子耦合系数与声子频率之间的关系如图 14-21 所示.

图 14-21 给出的是单分子层次上计算出的电–声子耦合与声子频率的关系. 我们可以看到能带拟合方法计算出来的电–声子耦合, 在高频部分的几个较大的声子频率与单分子计算很相符[87]. 这是因为分子晶体中分子之间的相互作用, 相对分子内的相互作用要弱得多, 分子间振动与分子内振动可以很好地分开, 相互影响很小. 特别应该注意的是: 在分子间振动的低频部分, 电–声子耦合系数要比高频部分的所有值都大得多. 另外, 比较大的耦合系数的数目比较小, 可以选择 HOMO 或 LUMO 有效电–声子耦合系数在 0.01 以上的所有声子来进行研究. 萘晶体有 13 个声子满足这个条件. 表 14-7 列出了各个近邻间的转移积分和比较重要的 13 个声子的电–声子耦合系数.

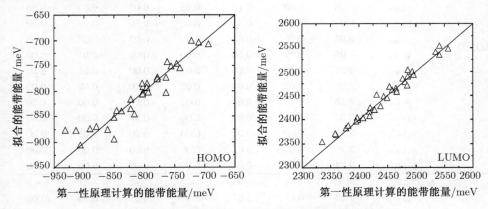

图 14-20　拟合 k 点能量与 VASP 计算出的能带能量比较

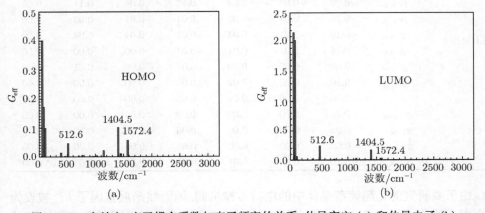

图 14-21　有效电–声子耦合系数与声子频率的关系. 传导空穴 (a) 和传导电子 (b)

4. 迁移率的计算

有机晶体中的散射机制主要有光学声子散射、声学声子散射以及杂质散射[88,89]. 式 (14.59) 中考虑了光学声子的散射, 而忽略了声学声子的散射[79,81]. 声学声子散射在目前的理论中难以考虑, 因为光学声子的色散很小, 特别是有机晶体, 分子间相互作用很弱, 只考虑 $k = 0$ 就可以, 但声学声子色散与波矢成正比, 需要构建足够大的超元胞才能描述相邻分子的变形. 单个元胞的原子数已经足够大了, 要做超元胞超出了目前的计算能力.

表 14-7　转移积分和 13 个重要声子的电–声子耦合系数

		0	a	b	c	ac	ab	abc
	t_{mn}/meV	-835	-23	-42	-3	-1	22	-5
	g_{1mn}	-0.27	-0.09	0.49	0.13	0.13	-0.12	0.08
	g_{2mn}	0.15	-0.29	-0.13	0.19	0.05	-0.02	0.08
	g_{3mn}	-0.08	0.03	-0.12	0.03	0.08	-0.19	0.03
	g_{4mn}	0.00	0.00	0.01	0.00	0.00	-0.01	0.00
HOMO	g_{5mn}	0.05	0.02	-0.06	-0.02	-0.03	0.05	-0.03
	g_{6mn}	-0.05	0.00	-0.02	0.00	0.00	-0.01	0.00
	g_{7mn}	-0.21	-0.01	0.00	0.01	0.00	0.01	0.00
	g_{8mn}	0.06	0.02	0.03	0.00	0.00	-0.02	0.00
	g_{9mn}	-0.15	-0.01	-0.01	0.00	0.00	0.00	0.00
	g_{10mn}	0.32	0.00	0.00	0.00	0.00	0.00	0.00
	g_{11mn}	-0.10	0.00	0.00	0.00	0.00	0.01	0.00
	g_{12mn}	0.10	0.00	0.01	0.00	0.00	0.00	0.00
	g_{13mn}	0.24	0.00	-0.01	0.00	0.00	0.00	0.00
	t_{mn}/meV	2510	7	24	-3	-1	-51	-2
	g_{1mn}	-0.23	-0.04	-1.31	-0.31	0.01	0.39	0.00
	g_{2mn}	0.19	-0.04	0.20	0.66	-0.11	-0.86	0.10
	g_{3mn}	-0.09	-0.03	0.03	0.13	0.04	0.11	0.03
	g_{4mn}	0.10	0.01	-0.01	0.01	-0.01	-0.03	0.00
LUMO	g_{5mn}	-0.10	-0.01	0.04	-0.01	0.01	0.04	0.00
	g_{6mn}	0.15	0.01	0.01	-0.01	0.00	0.00	0.00
	g_{7mn}	0.49	0.00	0.00	0.00	0.00	0.00	0.00
	g_{8mn}	0.10	0.00	-0.02	0.00	0.00	0.00	0.00
	g_{9mn}	0.16	0.00	0.01	0.00	0.00	0.00	0.00
	g_{10mn}	-0.41	0.00	0.00	0.00	0.00	0.00	0.00
	g_{11mn}	0.06	0.00	0.00	0.00	0.00	0.00	0.00
	g_{12mn}	-0.05	0.00	0.00	0.00	0.00	0.00	0.00
	g_{13mn}	-0.16	0.00	0.01	0.00	0.00	-0.01	0.00

由于要研究的是超纯萘晶体中的电荷传输机制, 因而线形展宽因子 $\hbar\Gamma$ 被设为一个很小的值 $0.1\ \mathrm{meV}$. $\hbar\Gamma$ 的取值不影响对迁移率温度依赖关系的研究[73]. 将前

面计算出来的转移积分、声子频率和电–声子耦合系数带入式 (14.59), 即可计算出萘晶体的迁移率. 图 14-22 是计算出来的以及实验的 a、b 和 c' 方向的迁移率与温度的依赖关系. 可以看到, 计算结果与实验整体上还是比较吻合的, 但是计算结果比实验大 1~2 个量级. 下面详细研究各个方向计算的迁移率与实验结果的比较. 图 14-23 是 a、b 和 c' 三个方向的空穴迁移率与实验的比较. 可以看到, 温度低于 60K 时, 理论计算的结果与实验非常吻合; 在高温下, 理论计算的结果偏大.

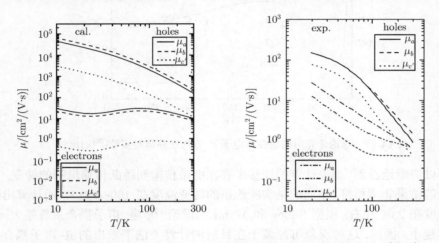

图 14-22　萘晶体 a、b 和 c' 方向, 理论计算的电子空穴迁移率与实验[90,91] 的比较. 其中 c' 是垂直于 ab 平面的方向

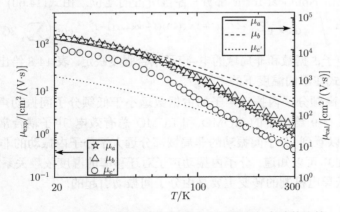

图 14-23　理论计算出的萘晶体空穴迁移率与实验的比较

这样的结果可能源于目前理论中的一个近似: 将转移积分用其热平均来代替, 这样的近似可能使计算出的迁移率损失一部分的温度依赖性[81]. 萘晶体 c' 方向的

电子迁移率与温度的依赖关系是大家特别感兴趣的问题. 图 14-24 是式 (14.59) 计算出来的依赖关系与实验的比较.

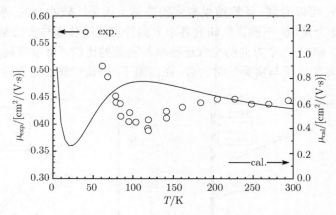

图 14-24　理论计算出的萘晶体电子 c' 方向迁移率与实验[78]的比较

可以清晰地看到, 理论计算的迁移率存在能带传输到跳跃传输机制的转变, 这与实验的结果非常相符. 不同的是实验给出的转变温度在 100~150 K, 而计算出的转变温度在 23K 左右. 根据 Silbey 和 Munn 的理论[92], 电–声子耦合系数越大, 转变温度越小. 因而, 这种现象可能源于在目前的计算方法下求出的电–声子耦合系数偏大.

现在我们来研究在固定温度下, 前面介绍的迁移率三个部分 (Local 部分、Non-local-Inter 部分和 Nonlocal-Intra 部分) 各自所占的地位. 由式(14.60) 可以知道, 除去共同的因子 $\int_{-\infty}^{\infty} \mathrm{d}t \times \mathrm{e}^{\sum_\lambda -2G_\lambda(1+2N_\lambda(T))(1-\cos\omega_\lambda t)-\Gamma^2 t^2} \cos\left(\sum_\lambda 2G_\lambda \sin\omega_\lambda t\right)$, 其余的部分由声子占据数和非局域的电–声子耦合强度决定. 表 14-8 给出了最重要的 13 个声子模式在不同温度下的占据数.

可以看到, 高频分子内振动声子的占据数远小于低频分子间振动声子的占据数. 同时, 由表 14-9 给出了的 HOMO 和 LUMO 总有效电–声子耦合常数的四种组分的分布. 可以看到, 分子间振动的非局域部分远大于分子内振动的非局域部分. 因此, 由式 (14.60) 可以知道: 分子内振动声子对迁移率的温度依赖关系贡献很小, 能带导电到跳跃导电机制的转变主要是由分子间振动引起的.

14.5.4　小结

Holstein-Peierls 模型结合了能带运动电子的特征, 在电–声子线性相互作用的框架下, 能描述极化子效应, 即电子不再是扩展在整个晶体的能带电子, 而是带着声子云的元激发, 其大小与相互作用强度有关, 此外还导致能带变窄: 温度越高能带越窄. 公式推导采用了一系列近似, 其中从式 (14.56) 到式 (14.57) 采用热平均近似, 从而忽略了热涨落对 hopping 积分带来的非对角无序. 这是该模型的弱点.

表 14-8　大耦合系数声子在 10K、150K 和 300K 时的占据数

	声子频率	声子占据数		
	/cm^{-1}	10 K	150 K	300 K
分子间振动	58.8	2.12×10^{-4}	1.320	3.070
	82.0	7.57×10^{-6}	0.837	2.077
	108.5	1.67×10^{-7}	0.546	1.466
分子内振动	384.8	9.28×10^{-25}	0.026	0.188
	388.9	5.12×10^{-25}	0.025	0.183
	507.6	1.98×10^{-32}	0.008	0.096
	512.6	9.55×10^{-33}	0.007	0.094
	767.1	1.22×10^{-48}	6.40×10^{-4}	0.026
	1145.6	2.78×10^{-72}	1.70×10^{-5}	0.004
	1404.5	1.88×10^{-88}	1.42×10^{-6}	0.001
	1449.7	2.81×10^{-91}	9.19×10^{-7}	9.60×10^{-4}
	1454.3	1.44×10^{-91}	8.79×10^{-7}	9.38×10^{-4}
	1572.4	6.12×10^{-99}	2.83×10^{-7}	5.33×10^{-4}

表 14-9　总有效电-声子耦合系数的各个组分

	HOMO	LUMO
$G_{\text{Inter-Local}}$	0.103	0.095
$G_{\text{Inter-Nonlocal}}$	0.569	4.158
$G_{\text{Intra-Local}}$	0.260	0.529
$G_{\text{Intra-Nonlocal}}$	0.024	0.101

第一性的理论计算可以用来研究超纯有机晶体的导电性质, 对萘晶体的理论计算能够得到实验上测得的温度依赖关系: 迁移率各向异性、电子 c' 方向存在能带传输到跳跃传输机制的转变等. 通过对萘晶体分子内、分子间声子, 局域、非局域电–声子耦合的分别研究, 可以发现: 对迁移率的温度依赖关系来说, 所有方向上, 分子内振动都可以忽略; 但是在更一般、更精确的理论中, 分子内振动在迁移率的绝对数值时是不能忽略的; 萘晶体中载流子传输性质的温度依赖关系中, 最主要的贡献是分子间振动的声子.

14.6　局域电子传输理论 ——Marcus 电荷转移与扩散

有机材料所覆盖的面很广, 14.5 节所介绍的 Holstein-Peierls 模型适合有机单晶高有序情形. 由于有机材料在室温下热涨落导致电子强烈的局域化, 能带描述失效. 这时, 可以认为电子局域在单个分子上, 其传输过程可以看成是电子在分子之

间的跳跃. 有机分子的柔性导致分子在中性状态与带电状态的几何结构不同. 因此,
电子运动过程中每跳过一个分子就受到一次强烈的散射并受限[93]. 从化学反应的
角度来看, 最近邻的两个分子发生了电荷自交换反应. 本节将用 Marcus 电荷转移
理论的跳跃机制结合经典粒子无规则扩散模拟来研究有机体系的迁移率.

14.6.1　理论方法

用跳跃机制来计算载流子的传输速率在多篇文章中都有引用, 从微观角度看,
电荷传输可以看成是电子或空穴从一个离子态的分子跳跃到邻近的中性分子这样
一个发生在两个分子间的过程.

从基本理论分类的角度来讲, 电荷转移过程属于化学动力学过程. 电荷局域在
某个位置为初态, 电子集中在另一个位置为末态, 根据微扰理论[94,95], 从初态 ψ_i (反
应物) 到末态 ψ_f (产物) 的跃迁概率在一阶微扰下的表达式为

$$P_{if} = \frac{1}{\hbar^2} |\langle \psi_i |V| \psi_f \rangle|^2 \left[\frac{\sin(\omega_{fi}t/2)}{\omega_{fi}/2} \right]^2 \tag{14.63}$$

式中: t 为时间; ω_{fi} 为电子态 i 和 f 之间的跃迁能; $\langle \psi_i |V| \psi_f \rangle$ 为电子耦合矩阵元.
引入末态密度 $\rho(E_f)$, 对所有可能的密度求和, 假设函数 $|\langle \psi_i |V| \psi_f \rangle|^2 \rho(E_f)$ 随能
量缓慢变化, 采用长时近似下, 每单位时间的跃迁概率 (或称之为跃迁速率), 可以
写作被广泛应用的 Fermi 黄金规则形式:

$$k_{if} = \frac{2\pi}{\hbar} |\langle \psi_i |V| \psi_f \rangle|^2 \rho(E_f) \tag{14.64}$$

无论是电子还是能量转移过程, 反应坐标自反应物到产物其跃迁机制都离不开
振动作用. 在 Franck-Condon 近似下, 速率的表达式包含了电子的和振动的贡献:

$$k_{if} = \frac{2\pi}{\hbar} |V_{if}|^2 \text{(FCWD)} \tag{14.65}$$

式中: $V_{if} = \langle \psi_i |V| \psi_f \rangle$ 为电子耦合矩阵元, 也叫做电荷的转移积分; FCWD 为态的
Franck-Condon 加权密度. 采用简谐振子近似描述核运动, 在高温近似下, ($\hbar\omega_i \ll k_B T$), FCWD 遵从标准的 Arrhenius 型方程:

$$\text{FCWD} = \sqrt{\frac{1}{4\pi k_B T \lambda}} \exp\left[-\left(\Delta G^0 + \lambda\right)^2 / 4\lambda k_B T \right] \tag{14.66}$$

便得到常用的 Marcus 方程[96]:

$$k_{if} = \frac{2\pi}{\hbar} |V_{if}|^2 \sqrt{\frac{1}{4\pi k_B T \lambda}} \exp\left[-\left(\Delta G^0 + \lambda\right)^2 / 4\lambda k_B T \right] \tag{14.67}$$

式中: λ 为反应的重整能, 是带电分子变成中性分子以及邻近中性分子成为带电分
子后结构发生弛豫所引起的能量变化; ΔG^0 为反应自由能的变化, 也称为驱动力.

对于自交换反应 (其电子迁移过程的势能面示意图 (图 14-25), 驱动力为 0, 因此, 可以得到电荷从一个分子转移到邻近分子的速率为

$$k_{et} = \frac{V_{if}^2}{\hbar} \left(\frac{\pi}{\lambda k_{\mathrm{B}} T} \right)^{1/2} \exp \left(-\frac{\lambda}{4 k_{\mathrm{B}} T} \right) \tag{14.68}$$

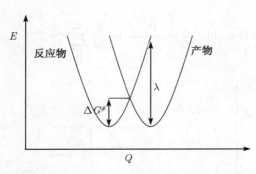

图 14-25   电子转移过程 $|\mathrm{D^-A}\rangle \to |\mathrm{DA^-}\rangle$ 示意图. λ 是反应的重整能, $\Delta G^{\#} = \lambda/4$ 是激活能, 是反应发生必须克服的势垒

14.6.2   迁移率数值模拟方法

载流子迁移率可以由 Einstein 方程得到

$$\mu = eD/k_{\mathrm{B}}T \tag{14.69}$$

式中: D 为扩散系数. 在这里我们假设了一个 Brown 粒子随机运动过程. 以一个分子为初始点, 电荷自该分子向所有最邻近的分子发生跳跃. 每一步跳跃都假定分子有足够的时间从中性构象弛豫到带电的构象, 同时电荷所离开的分子从带电结构弛豫到中性分子结构. 如图 14-26 所示, 该过程所需要克服的重组能由两部分简单相加, 即 $\lambda = \lambda^{(1)} + \lambda^{(2)}$. 沿某个特定跃迁路径 i 的概率可以通过 $P_i = k_i / \sum_i k_i$ 来计算, k_i 是该路径的电荷转移速率, 由式 (14.68) 给出, 跳跃所花费的时间可以简单地用 $1/k_i$ 来计算, 跳跃路程就是分子中心间距, 对 i 求和表示将所有最近邻路径求和. 无规行走模拟时, 每次产生一个均匀分布在 $[0, 1]$ 的随机数 r, 如果 $\sum_{\alpha}^{j-1} p_{\alpha} < r \leqslant \sum_{\alpha}^{j} p_{\alpha}$, 则允许电荷沿 j 方向行走, 累积记录行走时间, 并计算终点到起点的直线距离. 典型的一次模拟过程达到微秒级.

扩散系数通过位移平方除以时间得到

$$D = \lim_{t \to \infty} \frac{1}{2d} \frac{\left\langle x\left(t\right)^2 \right\rangle}{t} \tag{14.70}$$

式中: d 为空间的维度, $d=3$. 一个典型的数值模拟结果如图 14-27 所示. 可以看出, 某一次模拟结果并不表现出线性关系, 但如果模拟次数多的话, 可以看到很好的线性关系, 从而可以得到扩散系数. 结合 Einstein 关系 (14.69) 便可得到迁移率. 假如扩散过程各向均匀, 且每步跃迁速率接近, 也可以很简单地用式 (14.71) 估算迁移率[97]:

$$D = \lim_{t \to \infty} \frac{1}{2d} \frac{\langle x(t)^2 \rangle}{t} \approx \frac{1}{2d} \sum_i r_i^2 k_i P_i \qquad (14.71)$$

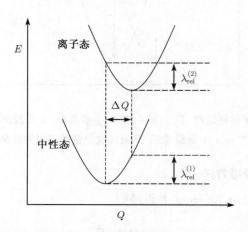

图 14-26　中性态与离子态分子绝热势能面梗概图. ΔQ 为离子化过程的正则模位移,
$\lambda_{\mathrm{rel}}^{(1)}$ 和 $\lambda_{\mathrm{rel}}^{(2)}$ 为重整能

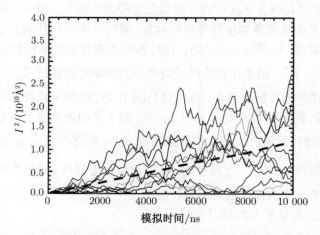

图 14-27　典型的无规行走模拟结果. 细线表示每一次模拟的结果, 共画出了 10 次模拟.
- - - 表示 2000 次模拟的平均值, 与时间呈线性关系

这样, 只需要根据分子结构和分子堆积结构通过量子化学方法将 V 和 λ 计算出来, 求出电荷转移速率便可第一性地模拟电荷迁移率.

14.6.3　量子化学计算

重整能包括分子自身的内部重整能和外部环境贡献的重整能两个部分. 目前, 求内部重整能主要有两种方法[98]: 一是从绝热势能面入手 (图 14-25), 自交换反应其重整能包含两项 ($\lambda_{\rm rel}^{(1)}$ 和 $\lambda_{\rm rel}^{(2)}$), 对应着从中性态到离子态的几何弛豫能和与之相反过程的弛豫能; 二是用正则模分析方法来求重整能, 将所有振动模的贡献求和得到所需结果.

$$\lambda_{\rm reorg} = \lambda_{\rm rel}^{(1)} + \lambda_{\rm rel}^{(2)} = \sum \lambda_i = \sum \frac{1}{2} k_i \Delta Q_i^2 = \sum \hbar \omega_i S_i \tag{14.72}$$

式中: ΔQ_i 为正则模 Q_i 其平衡几何在中性态分子和离子态分子之间的位移; k_i 和 ω_i 对应的是力常数和振动频率; S_i 为 Huang-Rhys 系数, 该系数用来表征电–声子相互作用的耦合强度, 其物理意义是结构变化带来的能量变化相当于 S 个声子能, 被广泛地应用到各种含晶格弛豫现象的研究中.

目前有不少基于从头算和半经验的方法可以用来计算电子耦合项. 能级劈裂方法 (energy splitting in dimer, ESD) 可以认为是众多方法中最常用, 也是最简易的一种[99]. 在跃迁点上, 剩余电荷在分子对 (dimer) 上平等分布, 绝热态 ψ_1 和 ψ_2 的能量差对应了 2 倍的 V_{12}. 这一方法要求使用带电分子对在跃迁态下的几何构型. 对这一方法所作的简化是根据 Koopmans 定理展开的, 在单电子近似下, 从分子 a 到分子 b, 电子 (空穴) 转移积分的绝对值为

$$V = \frac{\varepsilon_{L+1[H]} - \varepsilon_{L[H-1]}}{2} \tag{14.73}$$

式中: $\varepsilon_{L[H]}$ 和 $\varepsilon_{L+1[H-1]}$ 分别为分子对 (M_a-M_b) 的 LUMO 和 LUMO+1(HOMO 和 HOMO-1) 轨道能量, 它们是以闭壳层中性态分子对为对象计算获得的.

在单电子近似下, 非绝热态下的转移积分与格点能 (site energy) 可以直接由定域的单体分子轨道来计算:

$$\tilde{V}_{ij} = \left\langle \tilde{\varphi}_i \left| \hat{H} \right| \tilde{\varphi}_j \right\rangle \tag{14.74}$$

$$\tilde{\varepsilon}_i = \left\langle \tilde{\varphi}_i \left| \hat{H} \right| \tilde{\varphi}_i \right\rangle \tag{14.75}$$

用来拟和矩阵元 $\tilde{V}_{ij}$ 和 $\tilde{\varepsilon}_i$ 的分子单体轨道 $\tilde{\varphi}_i$ 是非正交的. 假定分子对的 HOMO 与 HOMO-1 轨道 (LUMO 与 LUMO+1 轨道) 是完全由分子单体的 HOMO(LUMO) 轨道相互作用产生的, 则能级劈裂 $\Delta E_{12} = \varepsilon_H - \varepsilon_{H-1}$(或者 $\varepsilon_{L+1} - \varepsilon_L$) 可以由式

(14.76) 给出：

$$\Delta E_{12} = \frac{\sqrt{\left(\tilde{\varepsilon}_2 - \tilde{\varepsilon}_1\right)^2 + 4\left(\tilde{V}_{12}^2 - \tilde{V}_{12}S_{12}\left(\tilde{\varepsilon}_2 + \tilde{\varepsilon}_1\right) + \tilde{\varepsilon}_2\tilde{\varepsilon}_1 S_{12}^2\right)}}{1 - S_{12}^2} \tag{14.76}$$

式中：S_{12} 为单体分子 HOMO(或 LUMO) 轨道的重叠积分, 如果使用正交归一的分子轨道 φ_i 来表示能级劈裂值, 则式 (14.76) 可以写作

$$\Delta E_{12} = \sqrt{\left(\varepsilon_1 - \varepsilon_2\right)^2 + 4V_{12}^2} \tag{14.77}$$

式中：V_{12} 为转移积分[100],

$$V_{12} = \frac{\tilde{V}_{12} - \frac{1}{2}\left(\tilde{\varepsilon}_1 + \tilde{\varepsilon}_2\right)S_{12}}{1 - S_{12}^2} \tag{14.78}$$

这一方法有效地修正了格点能对转移积分的影响. 从式 (14.77) 不难看出, 分子极化产生的 $\Delta E_{12}\,(= \varepsilon_2 - \varepsilon_1)$ 使得能级劈裂方法易高估转移积分值. 同时也可以看出, 不顾分子堆积方式而直接应用式 (14.73) 计算电子耦合项是有很大问题的. 如 Hutchison 等详细地研究了噻吩化合物堆积方式对电荷转移的影响, 由于没有考虑格点能修正, 得出了边对面堆积比面–面堆积更有利于传输的错误结论[101]. 实际上, 当边–面垂直时, 电子耦合等于 0, 但格点能差距最大, 从而导致大的能级劈裂, 对电荷传输没有任何贡献. 只有两个分子相对位置是等价时, 才可以采用能级劈裂的方法计算电子耦合.

实际上, 还可以采用更简单的直接耦合的方法求转移积分. Troisi 和 Orlandi 曾用这一办法来计算 DNA 链中的电荷传输情况[102], 尹世伟等将其扩展到有机固体的电子耦合计算[103]. 转移积分直接由式 (14.79) 给出：

$$V_{ij} = \left\langle \varphi_i^0 \left| F^0 \right| \varphi_j^0 \right\rangle \tag{14.79}$$

式中：φ_i^0 和 φ_j^0 分别为两个邻近分子的前线轨道, 上角标 0 表示没有微扰混合前的轨道; F^0 为单电子 Fock 算符, 上角标 0 表示转移积分是由非微扰的密度矩阵计算出的. 对于电子作为载流子时, i, j 表示邻近分子的 LUMO 轨道; 空穴作为载流子时, i, j 分别代表邻近分子的 HOMO 轨道.

得到分子的重整能和有效耦合后, 便可以通过 Marcus 公式算出分子对之间电子转移速率. 求出所有可能最近邻分子对的转移速率之后, 便可以做无规行走数值模拟, 或者简单地用均相近似求出电荷的扩散系数, 从而根据 Einstein 公式得到载流子的迁移率.

14.6.4 三苯胺二聚体: 线状还是环状分子有利于电荷迁移

三苯胺分子被广泛应用于各类分子器件的制备中, 但由于其固态下的无定形性使得其空穴传输性能难以令人满意. 为了改善三苯胺分子的空穴传输性能, 从分子设计角度出发, 以三苯胺为底物, 设计了两种分子, 如图 14-28 所示, 分别是大环状的分子 1 和链状分子 2[104].

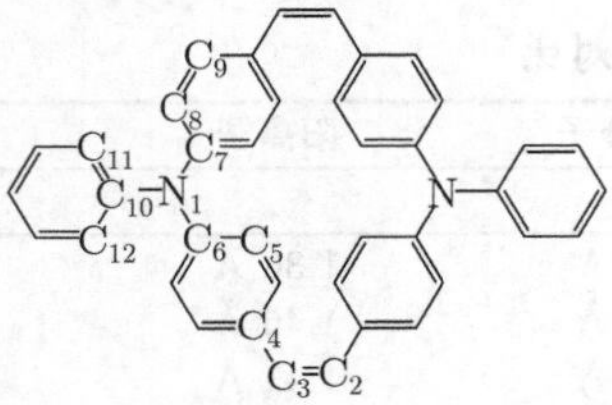

分子1 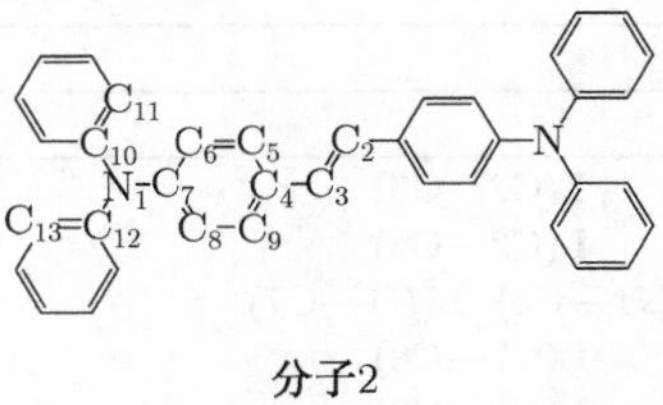 分子2

图 14-28 基于三苯胺分子与 C=C 双键设计的环状分子 1 和链状分子 2

双键的连接增大了分子的 π 共轭区域, 并能影响固态下的分子堆积情况. 从直觉来讲, 直线链更有利于电荷传导. 但直觉不一定总是对的. 下面我们将用以上介绍的方法, 仔细研究这两种分子的空穴传输性能.

首先是重整能的计算情况, 我们从分子的绝热势能面入手, 分别计算两类分子的重整能. 计算采用的理论方法是 DFT/B3LYP 方法, 选用 6-31g(d) 基组. 分子 1 的重整能为 0.173 eV$[\lambda = \lambda_{rel}^{(1)} + \lambda_{rel}^{(2)}$=0.088+0.085=0.173 (eV)]; 分子 2 的重整能为 0.317 eV$[\lambda = \lambda_{rel}^{(1)} + \lambda_{rel}^{(2)}$=0.171+0.146=0.317 (eV)], 比分子 1 高出很多. 我们从分子 1 和分子 2 的几何参数来分析这一结果的合理性. 表 14-10 中列出了分子 1 和 2 的几何参数, 仅列出中性态与离子态分子结构下分子几何 (键长、键角和二面角) 发生变化的部分, 对称部分不再重复列出.

从表 14-10 中数据可以看出, 比起分子 1, 分子 2 的几何构型在两态 (中性态与阳离子态) 之间的变化更为显著, 尤其是二面角发生的变化: 大环状的分子 1 的二面角变化范围为 3.8° ~5.6°, 变化范围较窄; 链状分子 2 的二面角则有较大变化范围, 对应了 8.7° ~15.6° 较大范围的变化. 这表明, 将分子设计成环状有效地限制了两态转变过程中苯基的转动, 降低了弛豫能, 从而获得低重整能的有机共轭材料. 降低重整能对提高电荷转移速率是有利的. 要最终确定材料的传输性能, 预测出材料的迁移率, 还需要计算另一个重要参数, 即转移积分 V. 我们用式 (14.78) 结合高斯程序计算, 交换关联泛函选为 PW91PW91, 基组为 6-31g(d). 首先通过自洽场计算得到分子间没有耦合的分子轨道系数即 φ_q^0, 有了这些轨道系数后, 我们以这些轨道系数为初始猜测来建立 0 级微扰的 K-S Fock 矩阵. 再根据方程 (14.79) 求出不同轨道之间的耦合大小. 求耦合值之前, 首先需要确定分子间相对位置, 也就是所谓的建模. 在早期的分子器件中, 有机材料主要以无定形态存在, 随着实验手段的进步, 薄膜越来越有序, 在几十纳米到几百纳米尺度下都可以看成是有序的晶体形式进行堆积. 因此, 我们就以分子的晶体结构来确定分子在空间的相对位置. 分子 1 与分子 2 的晶体结构见图 14-29.

表 14-10　B3LYP/6-31g(d) 优化几何结构: 分子 1 和分子 2 其中性态与阳离子态几何参数对比

	中性分子	阳离子	Δ
分子 1			
L(C2—C3)	1.35 Å	1.36 Å	0.01 Å
L(C3—C4)	1.48 Å	1.46 Å	−0.02 Å
L(N1—C6), L(N1—C7)	1.42 Å	1.41 Å	−0.01 Å
L(C7—C8)	1.40 Å	1.41 Å	0.01 Å
L(C8—C9)	1.40 Å	1.39 Å	−0.01 Å
L(C10—C11), L(C10—C12)	1.41 Å	1.40 Å	−0.01 Å
A(C10—N1—C7), A(C10—N1—C6)	121.3°	121.1°	−0.2°
A(C6—N1—C7)	117.4°	117.9°	0.5°
D(C11—C10—N1—C7)	35.1°	40.7°	5.6°
D(C5—C6—N1—C7)	44.0°	40.2°	−3.8°
D(C8—C7—N1—C10)	46.1°	41.3°	−4.8°
分子 2			
L(C2—C3)	1.35 Å	1.37 Å	0.02 Å
L(C3—C4)	1.46 Å	1.43 Å	−0.03 Å
L(C4—C5), L(C4—C9)	1.41 Å	1.42 Å	0.01 Å
L(C5—C6), L(C8—C9)	1.39 Å	1.38 Å	−0.01 Å
L(C6—C7)	1.41 Å	1.42 Å	0.01 Å
L(C7—C8)	1.40 Å	1.42 Å	0.02 Å
L(N1—C7)	1.42 Å	1.38 Å	−0.04 Å
L(N1—C10), L(N1—C12)	1.42 Å	1.43 Å	0.01 Å
A(C4—N1—C3)	120.1°	121.3°	0.2°
A(C4—N1—C2)	119.7°	117.5°	−2.2°
A(C2—N1—C3)	120.2°	121.2°	1.0°
D(C11—C10—N1—C7)	42.2°	51.2°	10.0°
D(C13—C12—N1—C10)	42.5°	51.2°	8.7°
D(C6—C7—N1—C10)	39.6°	24.0°	−15.6°

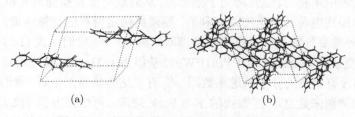

(a)　　　　　　　　　　(b)

图 14-29　分子 1(a) 与分子 2(b) 的晶体结构

分子在空间的相对位置确定后, 我们就可以选择晶体中的一个分子作为空穴的给体, 挑选出该分子附近各个方向上所有的邻近分子 (图 14-30 和图 14-31), 计算不同跳跃路径下的转移积分, 运用简单的均向扩散模型 (14.71), 得到两类分子晶体的迁移率 (表 14-11 和表 14-12). 需要特别指出的是, 链状分子 2 其晶格内有两类起始分子, 它们邻近的跳跃路径对应着不同的分子空间相对位置, 我们将对这两种情况加以考虑, 具体结果见表 14-12.

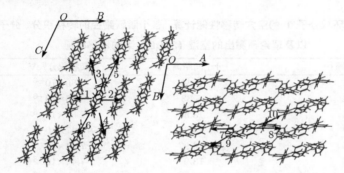

图 14-30 大环状分子 1 的空穴跳跃路径图. 1~10 为跳跃路径, 见表 14-11

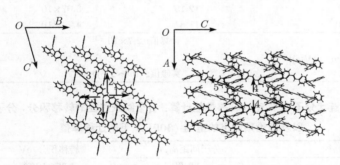

图 14-31 链状分子 2 的空穴跳跃路径图. 1~5 为跳跃路径, 见表 14-12

表 14-11 给出的大环状分子材料迁移率预测结果与实验值[105] 符合. 结果表明, 大环状分子的迁移率要远高出链状分子. 我们也发现分子 2 的理论预测值比实验值高出一个数量级. 这表明, 如果对该器件的空穴传输层作优化, 迁移率还有提升空间. 分子 1 和分子 2 在转移积分数值大小上差别不大, V 的最大值分别为 8.65×10^{-3} eV 和 6.26×10^{-3} eV, 造成二者之间迁移率存在一个数量级差别的主要原因是出现在指数函数上的重整能相差近 1 倍.

下面考察迁移率与温度的依赖关系. 总的来说, 在低温下通常电荷传输是按照能带模型进行的, 迁移率会随着温度的升高而降低. 随着温度升高, 跳跃机制逐渐占据主导地位, 迁移率随温度的升高呈上升趋势. 当温度升高到某一数值, 热能使得极化子分裂, 热声子使得剩余电荷发生散射, 迁移率再次下降. 我们从 Marcus 理论出发研究迁移率与温度的依赖关系. 假定重整能和转移积分不随温度发生变化, 跳跃模型显示的关系曲线如图 14-32 所示. 从式 (14.68)~ 式 (14.70) 可以得到迁移率与温度的关系: $\mu \propto T^{-3/2}\exp(-\lambda/4k_{\mathrm{B}}T)$. 曲线的前段是指数部分起决定作用, μ 随着温度的升高而增大; 后半段主要是 $T^{-3/2}$ 起作用, 导致迁移率下降. 两类分子迁移率达到极值对应的温度也不同, 极大值与势垒高度密切相关.

表 14-11　环状分子 1 的空穴转移性能计算: 各个跳跃路径的转移积分、分子间距离以及理论预测出的室温 (300K) 下的迁移率值

跳跃路径	分子间距离/Å	转移积分/eV
1	5.34	4.86×10^{-3}
2	5.33	8.65×10^{-3}
3	13.50	2.50×10^{-3}
4	13.92	9.47×10^{-4}
5	13.97	7.44×10^{-3}
6	13.97	7.44×10^{-3}
7	10.64	4.09×10^{-3}
8	10.64	4.09×10^{-3}
9	12.15	3.07×10^{-4}
10	11.81	4.74×10^{-3}
迁移率 $\mu/[\mathrm{cm}^2/(\mathrm{V\cdot s})]$	计算值: 2.7×10^{-2}	
	实验值: $(0.5\sim1.5)\times10^{-2}$	

表 14-12　链状分子 2 的空穴转移性能计算: 各个跳跃路径的转移积分、分子间距离以及理论预测出的室温 (300K) 下的迁移率值

跳跃路径	分子间距离/Å	转移积分/eV
1	11.33	4.35×10^{-3}
2	12.49	9.96×10^{-5}
3	19.10	2.19×10^{-4}
4	5.31	5.64×10^{-3}
5	13.58	3.03×10^{-3}
迁移率/$[\mathrm{cm}^2/(\mathrm{V\cdot s})]$	1.31×10^{-3}	
1	11.33	6.26×10^{-3}
2	12.49	1.68×10^{-3}
3	19.10	3.08×10^{-3}
4	5.31	5.67×10^{-3}
5	13.58	3.03×10^{-3}
迁移率/$[\mathrm{cm}^2/(\mathrm{V\cdot s})]$	2.58×10^{-3}	
平均值/$[\mathrm{cm}^2/(\mathrm{V\cdot s})]$	1.9×10^{-3}	
实验值/$[\mathrm{cm}^2/(\mathrm{V\cdot s})]$	$\sim 2\times10^{-4}$	

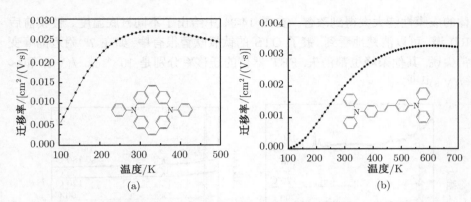

图 14-32 理论计算的三苯胺二聚体迁移率与温度依赖关系. (a) 环状; (b) 链状

14.6.5 金属酞菁: 迁移率有多高

14.6.4 节指出环状分子一方面重组能小, 使得电荷跳跃所克服的势垒低; 另一方面, 环状分子的堆积方式更紧密, 使得电荷转移的耦合项更大. 两者结合, 使得环状分子在分子电子学中发挥重要作用. 实际上, 酞菁类化合物长期以来已经发挥了重要的光电功能, 如在静电复印机和激光打印机中, 酞菁类化合物已经作为光导材料得到广泛的商业应用. 实际上, 长期以来, 酞菁类化合物的场效应就已经得到关注[106,107].

Tada 等研究了钛氧酞菁的场效应行为[108], 发现其空穴迁移率只有 10^{-5} cm²/(V·s), 远小于并五苯. 奇怪的是, 许多酞菁薄膜的迁移率都能达到 0.2 cm²/(V·s)[106,107]. 钛氧酞菁的分子结构和晶体结构如图 14-33 所示.

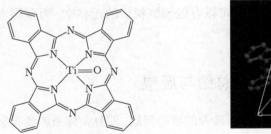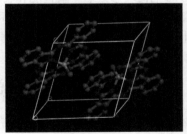

图 14-33 钛氧酞菁 (TiOPc) 分子结构与晶体结构

我们知道薄膜的形态对迁移率有重要影响, 一个器件的好坏虽然与绝缘层、电极接触等都有关, 薄膜的有序性更是关键因素. 曾有报道, 在 SiO₂ 绝缘层上镀上一层有机分子 (OTS) 薄膜可以改善分子半导体与绝缘层的接触[109]. 胡文平等在钛氧酞菁场效应器件的绝缘层 SiO₂ 上也镀上一层 OTS, 令人吃惊地发现, 分子半导体的成膜性能大大得到改善. 在图 14-34 中给出了不同衬底温度、镀膜前后的 XRD 谱. 可以清楚地看到, 镀了 OTS 的钛氧酞菁很有序, 如在 7° 附近的峰变得非常尖锐, 其他杂峰也都消失. FET 器件的迁移率分别是 10^{-4} cm^2/(V·s) 和 $\sim$ 6 cm^2/(V·s)[110].

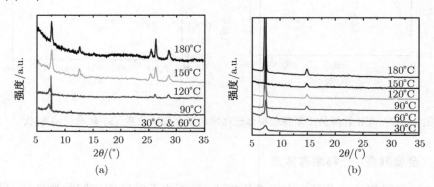

图 14-34　钛氧酞菁在 FET 器件上的 XRD 谱. (a) 没有镀 OTS; (b) 镀上 OTS 层

那么从理论上来讲, 钛氧酞菁的迁移率到底有多高? 我们采用 14.6.4 节同样的办法, 首先用 B3LYP/(6-31G*, Lanl2dz) 计算了重组能, 得到 $\lambda=0.08$ eV (空穴) 和 $\lambda=0.25$ eV (电子). 首先, 这非常清楚地表明空穴的迁移率远远比电子要高. 然后根据 α 相晶体结构, 我们用 pw91pw91/(6-31G*, Lanl2dz) 计算了所有最近邻分子对的电荷转移耦合项 V. 最后根据简单的均向扩散求出迁移率, 结果发现空穴的室温迁移率为 17 cm^2/(V·s)[110].

总的来说, Marcus 理论是一经典的、应用广泛的理论, 它可以合理地处理高温下弱耦合时电荷转移过程. 重整能和转移积分是影响电荷转移速率的重要因素. 将 Marcus 理论与布朗扩散假设相结合, 可以有效预测材料的迁移率, 为预测实验结果、设计全新的分子材料提供可靠依据.

14.7　总结与展望

本章从有机发光和有机场效应管所涉及的核心问题, 即复杂体系的激发态过程与电荷转移为中心内容, 介绍了理论化学在预测功能材料性能方面的一些应用. 诚然, 有机材料中的电子过程很复杂. 本章的内容还只能看成是初步探索, 如激发态过程我们在超越简单的位移谐振子模型方面走了一步, 即在简谐近似的框架下, 以 Duschinsky 转动为出发点, 考虑了基态与激发态的不同, 恰好描述了低频模式的重要贡献, 可是却忽略了模式间相互作用, 特别是分子振转运动与环境的耦合对于描述聚集诱导发光具有重要影响, 在目前的框架下无法处理. 实际上, 这将是凝聚相化学动力学的一个重要应用领域.

有机材料中电子的输运过程的研究同样说明功能材料的性能预测需要动力学理论与电子结构结合. 虽然目前我们只讨论了较简单的动力学问题, 即 Holstein-Peierls 模型和 Marcus 电子转移理论, 但由于有机材料体系覆盖面很广, 从绝热到非绝热、强耦合到弱耦合、强耗散到弱耗散, 都有典型的材料体系, 对复杂体系量子动力学过程也提出了挑战. 这将是今后发展的一个重要方向.

参 考 文 献

[1] Gierschner J, Cornil J, Egelhaaf H J. Adv. Mater. 2007, 19: 173

[2] Nijegorodov N, Ramachandran V, Winkoum D P. Spectrochim. Acta, Part A, 1997, 53: 1813

[3] a. Stampfl J, Graupner W, Leising G et al. J. Lumin., 1995, 63: 117; b. Graupner W, Eder S, Mauri M, Leising G et al. Synth. Met., 1995, 69: 419; c. Schweitzer B, Wegmann G, Hertel D et al. Phys. Rev. B, 1999, 59: 4112

[4] Gierschner J, Mack H G, Lüer L et al. Chem. Phys., 2002, 116: 8596

[5] Gierschner J, Mack H G, Egelhaaf H J et al. Synth. Met., 2003, 138: 311

[6] Heimel G, Daghofer M, Gierschner J et al. J. Chem. Phys., 2005, 122: 054501

[7] Liang W Z, Zhao Y, Sun J et al. J. Phys. Chem. B, 2006, 110: 9908

[8] Pope M, Kallmann H, Magnante P. J. Chem. Phys., 1963, 38: 2042

[9] Tang C W, VanSlyke S A. Appl. Phys. Lett., 1987, 51: 913

[10] Burroughes J H, Bradley D C, Brown A R et al. Nature, 1990, 347: 539

[11] Frisch M J, Trucks G W. Gaussian 03, Gaussion Inc.: Carnegie PA, 2003

[12] a. Deglmann P, Furche F, Ahlrichs R. Chem. Phys. Lett. 2002, 362: 511; b. Deglmann P, Furche F. J. Chem. Phys., 2002, 117: 9535

[13] Shuai Z, Beljonne D, Silbey R J et al. Phys. Rev. Lett., 2000, 84: 131

[14] Baldo M A, O'Brien D F, Thompson M E et al. Phys. Rev. B, 1999, 60, 14422

[15] Harrison N T et al. Phys. Rev. Lett., 1996, 77: 1881

[16] Wohlgenannt M, Vardeny Z V. J. Phys. Condens. Matter, 2003, 15: 83

[17] Cao Y, Parker I D, Yu G et al. Nature, 1999, 397: 414

[18] Wohlgenannt M, Tandon K, Mazumdar S et al. Nature, 2001, 409: 494

[19] Wilson J S, Dhoot A S, Seeley A J A B et al. Nature, 2001, 413: 828

[20] Wohlgenannt M, Jiang X M, Vardeny Z V et al. Phys. Rev. Lett., 2002, 88: 197401

[21] Karabunarliev S, Bittner E R. Phys. Rev. Lett., 2003, 90: 057402

[22] Hong T M, Meng H F. Phys. Rev. B, 2001, 63: 075206

[23] Beljonne D, Ye A, Shuai Z, Brédas J L. Adv. Funct. Mater., 2004, 14: 684

[24] Wohlgenannt M, Mermer O. Phys. Rev. B, 2005, 71: 165111

[25] Barford W. Phys. Rev. B, 2004, 70: 205204

[26] Segal M, Baldo M A, Holmes R J et al. Phys. Rev. B, 2003, 68: 075211

[27] Tandon K, Ramasesha S, Mazumdar S. Phys. Rev. B 2003, 67: 045109

[28] Kadashchuk A, Vakhnin A, Blonski I et al. Phys. Rev. Lett., 2004, 93: 066803

[29] Reufer M, Walter M J, Lagoudakis P G et al. Nature Materials, 2005, 4: 340

[30] Meulenkamp Eric A, van Aar R, van den Bastiaansen A M et al. Organic optoelectronics and photonics. In: Heremans P L, Muccini M, Hofstraat H ed. SPIE, Bellingham, WA, 2004, 5464: 90

[31] Chen L P, Zhu L Y, Shuai Z. J. Phys. Chem. A, 2006, 110:13349

[32] Yin S W, Chen L P, Xuan P F et al. J. Phys. Chem. B, 2004, 108: 9608

[33] a. Lee C H, Yu G, Heeger A. J. Phys. Rev. B, 1993, 47: 15543; b. Kersting R et al. Phys. Rev. Lett., 1994, 73: 1440; c. Leng J M et al. Phys. Rev. Lett., 1994, 72: 156; d. Chandross M et al. Phys. Rev. B, 1997, 55: 1486; e. Shuai Z, Pati S K, Su W P et al. Phys. Rev. B, 1997, 56: 9298; f. Köhler A et al. Nature, 1998, 392 : 903

[34] a. Rohlfing M, Louie S G. Phys. Rev. Lett., 1999, 82: 1959; b. Puschnig P, Ambrosch-Draxl C. Phys. Rev. Lett., 2002, 89: 056405; c. Ruini A et al. Phys. Rev. Lett. , 2002, 88: 206403.

[35] a. Wilson J S, Köhler A, Friend R H, et al. J. Chem. Phys., 2000, 113: 7627; b. Köhler A, Wilson J S, Friend R H et al. J. Chem. Phys., 2002, 116: 9457; c. Köhler A, Beljonne D. Adv. Funct. Mater., 2004, 14: 11

[36] Monkman A P, Burrows H D, Hartwell L J et al. Phys. Rev. Lett., 2001, 86: 1358

[37] Meier H, Stalmach U, Kolshorn H. Acta Polymer., 1997, 48: 379

[38] AMPAC, version 5.0; 1994 Semichem: Shawnee, KS, 1994.

[39] Huang Z H, Duan X M, Kan Y H et al. Chem. J. Chinese Universities, 2002, 23: 2340

[40] a. Shuai Z, Brédas J L. Phys. Rev. B, 2000, 62: 15452; b. Ye A, Shuai Z, Brédas J L. Phys. Rev. B 2002, 65: 045208; c. Zhu L, Yang X, Yi Y et al. J. Chem. Phys., 2004, 121: 11060; d. Ye A, Shuai Z, Kwon O et al. J. Chem. Phys., 2004, 121 : 5567; e. Shuai Z, Li Q, Yi Y. J. Theor. Comput. Chem., 2005, 4: 603

[41] a. Dietrich M, Heinze J, Heywang G et al. J. Electroanal. Chem., 1994, 369: 87; b. Sotzing G A, Reynolds J R, Steel P. J. Chem. Mater., 1996, 8: 882

[42] Barker J. Synth. Met., 1989, 32: 43

[43] Roncali J. Chem. Rev., 1997, 97: 173

[44] Pichler K, Halliday D A, Bradley D D C et al. J. Phys.: Cond. Matt., 1993, 5: 7155

[45] Mangel T, Eberhardt A, Scherf U et al. Macromol. Rapid Commun., 1995, 16: 571

[46] Hertel D, Setayesh S, Nothofer H G et al. Adv. Mater., 2001, 13: 65

[47] Einstein A. Physik. Z., 1917, 18: 121

[48] Strickler S J, Berg R A. J. Chem. Phys., 1962, 37: 814; Brisks J B, Dyson D J. Proc R. Soc. (London), 1963, A275: 135

[49] Turro N J. Modern Molecular Photochemistry. California: Benjamin/Cummings Publishing Co. Inc., 1978

[50] Huang K, Rhys A. Proc. Roy. Soc. Lond. A, 1950, 204: 406

[51] Lin S H, Chang C H, Liang K K et al. Adv. Chem. Phys., 2002, 121: 1

[52] Peng Q, Yi Y P, Shao J S et al. J. Chem. Phys., 2007, 126: 114302

[53] Duschinsky F. Acta Physicochim. USSR, 1937, 7: 551

[54] Yan Y J, Mukamel S. J. Chem. Phys., 1986, 85: 5908

[55] Ianconescu R, Pollak E. J. Phys. Chem. A, 2004, 108: 7778

[56] Schulman L S. Techniques and Applications of Path Integration. New York: Wiley, 1981

[57] Schmidt M W, Baldridge K K, Boatz J A et al. J. Comput. Chem.,1993, 14:1347

[58]   a. Weber P, Reimers J R. J. Phys. Chem. A, 1999, 103: 9830; b. Cai Z L, Reimers J R. J. Phys. Chem. A, 2000, 104: 8389

[59]   Yee W A, Hug S J, Kliger D S. J. Am. Chem. Soc., 1988, 110: 2164

[60]   a. Dahl K, Biswas R, Maronceli M. J. Phys. Chem. B, 2003, 10: 7838; b. Velsko S P, Fleming G R. J. Chem. Phys., 1982, 76: 3553; c. Gehrke C, Mohrschladt R, Schroeder J et al. Chem. Phys., 1991, 152: 45

[61]   Yee W A, Horwitz J S, Goldbeck R A et al. J. Phys. Chem., 1983, 87: 380

[62]   Chattopadhyay S K, Das P K, Hug G L. J. Am. Chem. Soc., 1982, 104: 4507

[63]   Chen J W, Xu B, Ouyang X Y et al. J. Phys. Chem. A, 2004, 108: 7522

[64]   a. Zijlstra R W J, van Duijnen P Th, Feringa B L et al. J. Phys. Chem. A, 1997, 101, 9828~9836; b. Lenderink E, Duppen K, Wiersma D A. J. Phys. Chem. 1995, 99, 8972~8977; c. Ma J, Dutt B, Waldeck D H et al. J. Am. Chem. Soc. 1994, 116, 10619~10629

[65]   Coropceanu V, Cornil J, da Silva Filho D A et al. Chem. Rev., 2007, 107: 926

[66]   Gershenson M E, Podzorov V. Rev. Mod. Phys., 2006, 78: 973

[67]   Reese C, Bao Z. Materials Today, 2007, 10: 20

[68]   Prins P, Grozema F C, Schins J M et al. Phys. Re V. B, 2006, 73: 045204

[69]   Sirringhaus H, Brown P J, Friend R H et al. Nature, 1999, 401 : 685

[70]   Holstein T. Ann. Phys. (N.Y.), 1959, 8: 343

[71]   Munn R W, Silbey R. J. Chem. Phys., 1985, 83: 1854

[72]   Kenkre V M, Anderson J D, Dunlap D H et al. Phys. Rev. Lett., 1989, 62: 1165

[73]   Hannewald K, Bobbert P A. Appl. Phys. Lett., 2004, 85: 1535

[74]   Marcus R A. J. Chem. Phys., 1956, 24: 966

[75]   Hush N S. Trans. Faraday Soc., 1961, 57:557

[76]   Jortner J. J. Chem. Phys., 1976, 64: 4860

[77]   Troisi A, Orlandi G. J. Phys. Chem. A, 2006, 110: 4065

[78]   Schein L B, Duck C B, McGhie A R. Phys. Rev. Lett., 1978, 40: 197

[79]   Hannewald K, Bobbert P A. Phys. Rev. B, 2004, 69: 075212

[80]   Hannewald K, Stojanović V M, Schellekens J M T et al. Phys. Rev. B, 2004, 69: 075211

[81]   Wang L J, Peng Q, Li Q K et al. J. Chem. Phys., 2007, 127: 044506

[82]   a. Kresse G, Hafner J. Phys. Rev. B, 1993, 47: 558; 1994, 49: 14251; b. Kresse G, Furthmüller J. Phys. Rev. B, 1996, 54: 11169

[83]   Page Y L, Saxe P. Phys. Rev. B, 2002, 65: 104104

[84]   Perdew J P, Burke K, Ernzerhof M. Phys. Rev. Lett., 1996, 77: 3865

[85]   Byrd E F C, Scuseria G E, Chabalowski C F. J. Phys. Chem. B, 2004, 108:13100

[86]   Ponomarev V I, Filipenko O S, Atovmyan L O. Crystallogr. Rep., 1976, 21: 392

[87]   Kato T, Yamabe T. J. Chem. Phys., 2001, 115: 8592

[88]   Cheng Y C, Silbey R J, da Silva Filho D A et al. J. Chem. Phys., 2003, 118: 3764

[89]   Giuggioli L, Andersen J D, Kenkre V M. Phys. Rev. B, 2003, 67: 045110

[90]   Warta W, Karl N. Phys. Rev. B, 1985, 32: 1172

[91]   Karl N. In Organic Semiconductors, Landolt-Börnstein. Vol.17. Hellwege K H, Madelung O eds. Berlin: New Series Springer, 1985, 106~218

[92]   Silbey R, Munn R W. J. Chem. Phys., 1980, 72: 2763

[93]   Schein L B, McGhie A R. Phys. Rev. B, 1979, 20: 1631

[94]　Balzani V. Electron Transfer in Chemistry. Weinheim: Wiley-vch, 2001

[95]　Bixon M, Jortner J. Electron Transfer: From Isolated Molecules to Biomolecules. Adv. Chem. Phys. Vol.106~107. New York: Wiley, 1999

[96]　Marcus R A. Rev. Mod. Phys., 1993, 65: 599

[97]　Deng W Q, Goddard III W A. J. Phys. Chem, B, 2004, 108: 8624

[98]　Kwon O, Coropceanu V, Gruhn N E et al. J. Chem. Phys., 2004, 120: 8186

[99]　Bredas J L, Beljonne D, Coropceanu V et al. J. Chem. Rev., 2004, 104: 4971

[100]　Valeev E F, Coropceanu V, da Silva Filho D A et al. J. Am. Chem. Soc., 2006, 128: 9882

[101]　Hutchison G R, Ratner M A, Marks T J. J. Am. Chem. Soc., 2005, 127: 12866

[102]　Troisi A, Orlandi G. Chem. Phys. Lett., 2001, 344 : 509

[103]　Yin S W, Yi Y P, Li Q X et al. J. Phys. Chem. A,2006, 110: 7138

[104]　Yang X D, Shuai Z G. Nanotechnology, 2007, 18: 424029

[105]　Song Y B, Di C A, Yang X D et al. J. Am. Chem. Soc. , 2006, 128:15940

[106]　Bao Z, Lovinger A J, Dodabalapur A. Appl. Phys. Lett., 1996, 69: 3066

[107]　Zeis R, Siegrist T, Kloc Ch. Appl. Phys. Lett., 2005 86: 022103

[108]　Tada H, Touda H, Takada M et al. Appl. Phys. Lett., 2000, 76: 873

[109]　Yonehara H, Ogawa K, Etori H et al. Langmuir, 2002, 18: 7557

[110]　Li L, Tang Q X, Li H X et al. Adv. Mater., 2007, 19: 2613

第15章　有机分子非线性光吸收理论

帅志刚　朱凌云　易院平

15.1　引　　言

　　由于有机分子表现出极大的非线性光学响应, 在近 20 年来得到深入的发展. 近 10 年来, 有机分子的非线性光学研究的主要方向是多光子吸收现象, 主要包括双光子吸收 (two-photon absorption, 2PA) 和三光子吸收 (three-photon absorption, 3PA). 双光子吸收是同一个原子或分子在同一个过程中瞬时吸收两个相同或不同能量的光子过程[1]. 由于双光子吸收与激光强度的平方成正比, 吸收过程能产生空间限定激发, 因而在双光子共聚焦激光扫描显微镜三维成像[2,3]、双光子光限幅[4,5]、三维光学数据存储[6~9]、光动力学治疗[10]等方面已经得到了广泛应用. 高效双光子灵敏材料的发展, 也带来很多技术应用. 这些进展同时也引起人们开发更多的光子吸收为基础的应用兴趣. 三光子吸收是指介质同时吸收三个光子向高能级跃迁. 由于三光子吸收可以使用波长更长的激发光源进行激发, 提高了在吸收材料中的穿透力, 实现了材料的更深层观察. 另外, 由于三光子过程与入射光强的三次方成正比而具有更高的空间调制性能, 可以获得更高的图像对比度. 因此, 开拓基于三光子激发的技术应用越来越引起人们的广泛关注.

　　在过去的十几年中, 人们从理论和实验方面致力于研究双光子吸收结构与性能之间的关系, 旨在探索具有大的双光子吸收截面的化合物[11~27]. 研究结果表明, 影响双光子吸收截面的分子结构因素有: ① 体系的有效共轭长度. 分子有效共轭长度越长, 双光子的吸收截面就越大. ② 具有 D-A-D、A-D-A 结构模型的分子有更大的双光子吸收截面. 而且给电子基团 (D) 和吸电子基团 (A) 的作用力越强, 则体系双光子吸收截面越大. ③ 分子的共平面程度. 共平面程度越高, 双光子吸收截面越大. ④ 溶液的极性对分子的双光子吸收截面也有影响. 总之, 增大分子双光子吸收截面的关键是增强分子内电子云的离域, 即增加电荷的转移程度. 例如, 可以增加发色团中心 π 体系桥键的共轭长度 (实际上是增大电荷转移的距离), 或者改变末端电子给体或电子受体的作用力, 并在中心共轭桥键的侧链上引入吸电子基团, 形成 D-π-A-π-D 结构的分子 (实际上是增大电荷转移的程度) 等. 另外, 人们还从四极矩[28~32]、八极矩[33~37]、多枝链[38~42]、树枝状[43~45]等不同分子构型的角度展开了相关的研究. 研究结果表明, 增加分子内电荷转移的维数又是一个提高双光子吸收截面的有效方法.

早在 1995 年, He 等[46]就注意到了噻吩类分子中的三光子吸收特性.

2004 年, Drobizhev 等[47]用诱导上转换荧光法测定了以 4,4′-bis(diphenyl-amino) stibene (BDPAS)为母体的系列枝状化合物的三光子吸收截面为$10^{-81} \sim 10^{-79} \mathrm{cm}^6 \cdot \mathrm{s}^2$. 他们认为, 用 Z 扫描技术测得化合物的三光子吸收截面值偏大, 这种偏差来源于在三光子吸收的同时可能伴随激发态吸收. 最近, 他们实验小组又合成了新的 fluorophore 枝类化合物[48], 在近红外光谱范围内三光子吸收截面达到$1.8 \times 10^{-79} \mathrm{cm}^6 \cdot \mathrm{s}^2$.

Hernandez 等[49,50]研究了具有 D-π-D、D-π-A、A-π-A 结构的芴类衍生物的三光子吸收性质. 结果表明, A-π-A 的三光子吸收截面最大. 他们认为, A-π-A 比 D-π-D 具有更大的从基态到激发态的跃迁偶极矩, 因而 A-π-A 的三光子吸收截面大于 D-π-D 体系. 另外, 对于 D-π-D 和 D-π-A, D-π-D 体系对称性的电荷转移结构有助于提高其三光子吸收截面. 后来, 他们研究小组又通过增加 π 共轭长度来提高三光子吸收[51], 发现 D-π-π-π-A 的三光子吸收截面比 D-π-A 提高了 6 倍. 2005 年, 他们通过分子自组装, 如形成 J 聚集体的方法大大提高了 1, 1′-diethyl-2, 2′-cyanine iodide (PIC) 的三光子吸收截面[52].

最近, Samoc 等[53]用飞秒激光技术测量一有机金属枝状化合物在 8700 cm^{-1} 处有一个大的三光子吸收峰, 其截面为 $1.5 \times 10^{-77} \mathrm{cm}^6 \cdot \mathrm{s}^2$. 比在同样实验条件下测量的一般有机化合物的三光子吸收截面 ($10^{-80} \mathrm{cm}^6 \cdot \mathrm{s}^2$) 高几个数量级.

理论研究方面, 目前主要集中在双光子吸收. 我们知道, 多光子吸收在本质上就是非线性光学性质, 如双光子吸收对应于三阶非线性, 三光子吸收对应于五阶非线性. 从本质上来讲, 一个理论要正确地描述非线性过程, 必须要能正确地描述激发态, 从低到高都要有一定的合理性才行. DFT 虽然取得了巨大成功, 但是对于激发态来讲, 目前只能处理共价结合的分子内低激发态, 对于扩展的体系如大共轭分子, 或者以弱作用连接的分子聚集体, 由于难以描述电荷的局域性, 所得到的激发态总是表现出电荷转移性, 即对于大分子, DFT 所求得的低激发态表现出长程电子–空穴分离态, 而对于分子聚集体, DFT 计算的低能激发谱全是分子间电荷转移态[54]. 更准确的理论如耦合簇运动方程对这两种情况分别给出很局域的电子–空穴对以及分子内激发: 电荷转移态能量一般都远大于分子内激发 (假如没有电子给–受体). 另一个众所周知的、紧密相关的困难就是固体的能隙, 计算结果总是太小. 计算凝聚态物理所采用的 "剪刀操作" 或 LDA+U 都不具有第一性, 即人为地干预计算结果, 没有从根本上解决电荷的离域性问题. 该问题对非线性响应直接带来的相关后果就是对于扩展体系的发散问题[55], 如在计算长链共轭分子三阶非线性响应时, 不出现应有的随链长增加而饱和的结果. 尽管这些年人们一直在通过改进关联泛函等方式来努力解决电荷的离域性问题[56], 但由于精确的泛函形式无从得到, 至今仍未解决. 更糟糕的是, 即使对于大家普遍认为 TDDFT 能处理的有机分子最低光吸收态, 其误差大于 0.5 eV, 如 Ratner 课题组针对 60 个最常见的共轭寡聚物分子采用了从头算、TDDFT、RPA、ZINDO/CIS 等目前最常用的计算手段与实验光谱对比, 详细比较了各种方法的误差[57], 发现目前只有 ZINDO/CIS 的平均误差最小. 这种尴尬的局面说明目前的计算化学哪怕是对于最低激发态都还做不到完全的第一性, 更别提对非线性响应有决定意义的高激发态结构.

另外, 对于共轭高分子的非线性光学研究表明, 电子关联效应可以导致非常特殊的激发态结构, 如第 6 章所谈到的所谓 ^mA_g 态就是一个典型范例. 单电子图像主要用态密度来描述光的线性和非线性吸收, 但对于关联电子, 这种电荷离域的描述完全失效[58]. Abe 等用周期性的 CIS 研究聚乙炔三阶非线性时发现, ① ^1B_u 态集中了几乎所有的振子强度; ② 双光子吸收集中在 ^2A_g, 由于 CIS 不能描述 ^2A_g, 所以这里的 ^2A_g 对应于关联电子的 ^mA_g 态; ③ 能带态 ^nB_u(电荷分离态) 与 ^mA_g 有强烈耦合[59]. 因此, 三阶非线性 (如 third harmonic generation), 表现出典型的三峰结构, 即 $E(^1B_u)/3$、$E(^mA_g)/2$ 和 $E(^nB_u)/3$. 短链精确对角化给出了类似的结果, 只是后两个峰的位置和高低正好相反[60]. 因此, 要合理地理解分子的非线性光学, 目前只有在 post-Hartree-Fock 的框架下才有可能得到. 但由于实验感兴趣的体系都是很大的分子, 重原子多达几十至上百, 从头算的 post-Hartree-Fock 有困难. 近年来, 北欧学派在发展非线性响应理论方面做出了杰出贡献, 无论是从 Hartree-Fock 基态、多参考组态相互作用, 还是耦合簇出发, 都可以应用高阶 Green 函数的办法, 不需求解激发态, 便可直接计算特定光频下的非线性响应系数[61~64]. Shuai 等于 1992 年提出了用半经验模型多参考组态相互作用方法计算非线性响应与双光子吸收谱[58]. 有机体系虽然可以很大, 但相对来说, 原子轨道简单, 半经验模型如 ZINDO[65]取得很大成功, 很实用, 无论在有机非线性响应还是在多光子吸收的分子设计方面, 计算结果与实验大范围相符, 在结构 – 性能[66]研究中发挥了重要作用.

Shuai 等基于耦合簇运动方程[67]和多参考组态相互作用[68]发展了 “修正矢量” 方法 (correction vector, CV), 易院平等将其扩展为更有效、数值运算更收敛的程序包[69]. 修正矢量的基本思想与非线性响应理论一致, 但形式上非常简单 (在后面会详细介绍), 能够在任何外加光频的条件下得到收敛的数值计算结果, 而非线性响应理论却经常不收敛, 特别是当外加光场频率及其谐波接近共振条件时更加困难, 因此, 难以得到多光子吸收谱线, 最多只能在远离一切共振条件时得到吸收截面的数值, 不利于做结构 – 性能的微观分析. 当然, 修正矢量的缺点是基于精确态的形式解, 而实际上, 目前量子化学所处理的都是 Schrödinger 方程的近似解, 用严格的形式结合近似解存在一定的不一致性. 而非线性响应理论的出发点就是近似解, 无论是 Hartree-Fock 还是 post-Hartree-Fock 方法, 都是基于特定的形式来针对外场响应做高阶展开, 理论形式很复杂. 此外, Shuai 等的程序与 ZINDO 相连接时, 应用耦合簇运动方程方案可以处理超过 80 个分子轨道的活化空间, 而传统的 ZINDO 只能处理 2~6 个轨道. 对于扩展体系, 如四极矩、八极矩或其他枝状化合物, 只用少数几个前线分子轨道不足以刻画分子的性质, 无法描述结构改变对性能的影响. 因此, 扩展的活化空间对于有机非线性光学性质的研究非常重要.

在理论应用研究方面, 与双光子吸收相比人们对三光子吸收的研究依然较少. Luo(罗毅) 等[70~72]用响应理论对一些有机分子的三光子吸收进行了研究. Cronstrand 等[73]提出了三光子吸收的少态模型. 近年来, Shuai 等运用张量方法 (tensor approach) 和修正矢量方法研究了卟啉衍生物[74,75]、stilbene 衍生物[76]、rylenebis (dicarboximide)[69] 等系列化合物的多光子吸收性质, 在少态模型基础上, 还研究了以 stilbene 为中心的偶极与四极分子多光子吸收的结构–性能关系[77]. 值得注意的是, 不同实验小组测的化合物的多光子吸收截面经常不同. 一方面, 不同实验小组所用的测量方法可能不同. 例如, 用皮秒脉冲激光光源测得的三光子吸收截面要比飞秒脉冲激光高一个数量级; 另一方面, 实验中存在一定范围内的误差. 这样, 理论计算结果可以提供非常有效的分子设计依据. 另外, 许多化合物的多光子吸收截面只是在单一激光波长下测得的, 未能给出完整的光谱图, 也不利于正确比较. 同一水平的理论计算可以对不同化合物多光子吸收截面进行正确的比较, 给出合理的结构性能关系描述, 从而利于指导实验研究. 下面我们主要介绍 Tensor 和 CV 方法的多光子吸收研究.

15.2　张量方法研究卟啉类化合物的多光子吸收性质

目前态求和方法 (sum-over-states, SOS)[78] 广泛应用于计算有机分子的非线性光学性质[79~83]. 该方法比较简单、直接, 在对角化体系的哈密顿量求出基态及激发态的能级和波函数并计算出基态及激发态之间的跃迁偶极矩后, 分子的非线性光学系数直接表示为对跃迁偶极矩的乘积与激发态跃迁能之商的求和. 该求和遍及所有激发态, 因此采用完全态求和方法计算高阶的非线性光学系数时, 特别是计算三光子吸收截面, 其计算量十分巨大, 目前无法完成. 幸好在满足共振条件下, 我们也可以采用张量方法[70,74,77]计算多光子吸收截面, 这样可以大量减少求和计算. 下面我们先简单介绍 SOS 方法, 再给出 Tensor 方法计算多光子吸收截面的公式, 最后介绍我们利用 Tensor 方法研究卟啉类化合物的多光子吸收性质的一些进展.

15.2.1　态求和公式 (SOS)

SOS 公式是运用量子力学基本原理在 Born-Oppenheimer 近似下, 把由外加电场作用而产生的激发态处理为未微扰的粒子–空穴态的无限加和来处理. 一阶、二阶和三阶 NLO 极化率张量的 SOS 表达式可表示为[78]

$$\alpha_{ij}(-\omega;\omega) = \sum_{m\neq g} \frac{\langle g|\mu_i|m\rangle\langle m|\mu_j|g\rangle}{\left(E_{mg}-\hbar\omega-\mathrm{i}\Gamma_{mg}\right)} + \frac{\langle g|\mu_j|m\rangle\langle m|\mu_i|g\rangle}{\left(E_{mg}+\hbar\omega+\mathrm{i}\Gamma_{mg}\right)} \tag{15.1}$$

$$\beta_{ijk}(-\omega_\sigma;\omega_1,\omega_2)$$
$$= \frac{1}{4}P(i,j,k;-\omega_\sigma,\omega_1,\omega_2)\sum_{m\neq g}\sum_{n\neq g}\frac{\langle g|\mu_i|m\rangle\langle m|\overline{\mu_j}|n\rangle\langle n|\mu_k|g\rangle}{(E_{mg}-\hbar\omega_\sigma-\mathrm{i}\Gamma_{mg})(E_{ng}-\hbar\omega_1-\mathrm{i}\Gamma_{ng})} \tag{15.2}$$

$$\gamma_{ijkl}(-\omega_\sigma;\omega_1,\omega_2,\omega_3)$$
$$= \frac{1}{6}P(i,j,k,l;-\omega_\sigma,\omega_1,\omega_2,\omega_3)$$
$$\times\Bigg[\sum_{m\neq g}\sum_{n\neq g}\sum_{p\neq g}\frac{\langle g|\mu_i|m\rangle\langle m|\overline{\mu_j}|n\rangle\langle n|\overline{\mu_k}|p\rangle\langle p|\mu_l|g\rangle}{(E_{mg}-\hbar\omega_\sigma-\mathrm{i}\Gamma_{mg})(E_{ng}-\hbar\omega_2-\hbar\omega_3-\mathrm{i}\Gamma_{ng})(E_{pg}-\hbar\omega_3-\mathrm{i}\Gamma_{pg})}$$
$$-\sum_{m\neq g}\sum_{n\neq g}\frac{\langle g|\mu_i|m\rangle\langle m|\overline{\mu_j}|g\rangle\langle g|\overline{\mu_k}|n\rangle\langle n|\mu_l|g\rangle}{(E_{mg}-\hbar\omega_\sigma-\mathrm{i}\Gamma_{mg})(E_{ng}-\hbar\omega_3-\mathrm{i}\Gamma_{ng})(E_{ng}+\hbar\omega_2+\mathrm{i}\Gamma_{ng})}\Bigg] \tag{15.3}$$

式中: $P(i,j,k,l;-\omega_\sigma,\omega_1,\omega_2,\omega_3)$ 为对 (ω_σ,i)、(ω_1,j)、(ω_2,k)、(ω_3,l) 各种可能的交换求和; $\omega_\sigma = \omega_1+\omega_2+\omega_3$ 为极化响应角频率; ω_1、ω_2、ω_3 均为激光场角频率 (对双光子吸收 $\omega_1 = -\omega$ 和 $\omega_2 = \omega_3 = \omega$); i, j, k, l 均为分子 Cartesian 坐标 x, y, z; m, n, p 代表激发态; g 代表基态; μ_j 为偶极矩算符的 $j(=x,y,z)$ 分量; $\langle g|\mu_j|m\rangle$ 为 j 方向上分子从 g 态到 m 态的跃迁偶极矩; $\langle m|\overline{\mu_j}|n\rangle$ 为沿着 j 轴方向的偶极差算符, 等于 $\langle m|\mu_l|n\rangle - \langle g|\mu_l|g\rangle\delta_{mn}$, 其中 δ_{mn} 是 Kronecker δ 函数, Γ_{mg} 是与激发态 $|m\rangle$ 有关的阻尼因子.

双光子吸收截面 $\sigma_2(\omega)$ 与三阶非线性极化率 $\gamma(-\omega;\omega,\omega,-\omega)$ 的虚部成正比. $\sigma_2(\omega)$ 可表示为

$$\sigma_2(\omega) = \frac{4\hbar\omega^2\pi^2}{n^2c^2}L^4\mathrm{Im}\gamma(-\omega;\omega,\omega,-\omega) \tag{15.4}$$

为了将计算所得的 $\sigma_2(\omega)$ 与实验值相比较, γ 的方向平均值定义为如下:

$$\langle\gamma\rangle = \frac{1}{15}\sum_{i,j}(\gamma_{iijj}+\gamma_{ijij}+\gamma_{ijji}), \quad i,j = x,y,z \tag{15.5}$$

15.2.2 Tensor 方法介绍

1. 单光子吸收 (1PA)

由微扰理论可知, 单光子 (线性) 吸收截面 $\sigma_1(\omega)$ 与一阶非线性极化率 $\alpha(-\omega;\omega)$ 的虚部成正比, 可用式 (15.6) 表示:

$$\sigma_1(\omega) = \frac{4\pi(\hbar\omega)}{nc\hbar}\sum_m |\langle g|\mu_i|m\rangle|^2 \frac{\Gamma}{(E_{gm}-\hbar\omega)^2+\Gamma^2} \tag{15.6}$$

式中: n 为介质的折射率 (真空下为 1); c 为真空光速; $\hbar$ 为 Planck 常量; μ 为偶极算符; Γ 为 Lorentz 展宽因子; E_{gm} 为从基态 $|g\rangle$ 到激发态 $|m\rangle$ 的垂直跃迁能; $\hbar\omega$ 为光子的能量.

2. 双光子吸收 (2PA)

双光子吸收截面 $\sigma_2(\omega)$ 与三阶非线性极化率 $\gamma(-\omega;\omega,\omega,-\omega)$ 或 $\gamma^{(3)}$ 的虚部 $(\mathrm{Im}\gamma^{(3)})$ 成正比. 当忽略非共振吸收的影响时, $\mathrm{Im}\gamma^{(3)}$ 与 2PA 跃迁矩阵元 $S_{g\to f}^{ij}$ 有关. 基态 $|g\rangle$ 到末态 $|f\rangle$ 间的 2PA 跃迁矩阵元可写为

$$S_{g\to f}^{ij} = P_{ij} \sum_m \frac{\langle g|\mu_i|m\rangle\langle m|\mu_j|f\rangle}{(E_{gm} - \hbar\omega - \mathrm{i}\Gamma)} \tag{15.7}$$

式中: i、j 代表分子轴的 x、y、z 方向; P_{ij} 为置换算符; m 为所有的态 (包括基态). 通过 S 跃迁矩阵元, 双光子吸收截面 $\sigma_2(\omega)$ 可表示为[84]

$$\sigma_2(\omega) = \frac{4\hbar\omega^2\pi^2}{n^2c^2}L^4 \sum_f |S_{g\to f}^{ij}|^2 \frac{\Gamma}{(E_{gf} - 2\hbar\omega)^2 + \Gamma^2} \tag{15.8}$$

式中: L 为局域化因子 (在真空下等于 1). 对取向进行平均后[85,86], 对于线偏振光, 双光子吸收截面可写为

$$\sigma_2(\omega)^L = \frac{4\hbar\omega^2\pi^2}{15n^2c^2}L^4 \sum_f \left| \sum_{i,j} S_{ii}S_{jj}^* + 2\sum_{i,j} S_{ij}S_{ij}^* \right| \frac{\Gamma}{(E_{gf} - 2\hbar\omega)^2 + \Gamma^2} \tag{15.9}$$

对于圆偏振光, 双光子吸收截面可表示为

$$\sigma_2(\omega)^C = \frac{4\hbar\omega^2\pi^2L^4}{15n^2c^2} \sum_f \left| -\sum_{i,j} S_{ii}S_{jj}^* + 3\sum_{i,j} S_{ij}S_{ij}^* \right| \frac{\Gamma}{(E_{gf} - 2\hbar\omega)^2 + \Gamma^2} \tag{15.10}$$

3. 三光子吸收 (3PA)

三光子吸收截面 $\sigma_3(\omega)$ 与五阶非线性极化率 $\varepsilon(-\omega;\omega,\omega,\omega,-\omega,-\omega)$ 或 $\gamma^{(5)}$ 的虚部成正比, 根据 Kramer-Boyd 公式 [87] 和文献 [88], $\sigma_3(\omega)$ 可表示为

$$\sigma_3(\omega) = \frac{4\pi^2(\hbar\omega)^3}{\hbar^3c^5n^3}L^6 \sum_f \left| T_{g\to f}^{ijk} \right|^2 \cdot \left[\frac{\Gamma}{(E_{gf} - 3\hbar\omega)^2 + \Gamma^2} \right] \tag{15.11}$$

式中: $T_{g\to f}$ 为基态到末态 $|f\rangle$ 的跃迁矩阵元[89]:

$$T_{g\to f}^{ijk} = P_{ijk} \sum_{m,n} \frac{\langle g|\mu_i|m\rangle\langle m|\mu_j|n\rangle\langle n|\mu_k|f\rangle}{(E_{gm} - \hbar\omega - \mathrm{i}\Gamma)(E_{gn} - 2\hbar\omega - \mathrm{i}\Gamma)} \tag{15.12}$$

对取向进行平均后[70,90], 对于线偏振光, 三光子吸收截面可写为

$$\sigma_3(\omega)^L = \frac{4\pi^3(\hbar\omega)^3 L^6}{3n^3 c^3 \hbar \cdot 35} \sum_f \left| 2\sum_{ijk} T_{g\to f}^{ijk} \cdot T_{g\to f}^{ijk\,*} + 3\sum_{ijk} T_{g\to f}^{iij} \cdot T_{g\to f}^{kkj\,*} \right| \cdot \left[\frac{\Gamma}{(E_{gf} - 3\hbar\omega)^2 + \Gamma^2} \right]$$

(15.13)

对于圆偏振光, 空间平均的三光子吸收截面可表示为

$$\sigma_3(\omega)^C = \frac{4\pi^3(\hbar\omega)^3 L^6}{3n^3 c^3 \hbar \cdot 35} \sum_f \left| 5\sum_{ijk} T_{g\to f}^{ijk} \cdot T_{g\to f}^{ijk\,*} - 3\sum_{ijk} T_{g\to f}^{iij} \cdot T_{g\to f}^{kkj\,*} \right| \cdot \left[\frac{\Gamma}{(E_{gf} - 3\hbar\omega)^2 + \Gamma^2} \right]$$

(15.14)

在量子化学中, 计算分子激发态最常用的理论方法是组态相互作用 (CI), SCI (single configuration interaction) 方法只考虑了单电子激发, 它在计算二阶极化率 β 得到广泛应用[66]. 而在计算三阶极化率 γ 时, 双电子激发的贡献起到主导作用[91,92]. 三光子吸收是一个五阶非线性光学过程, 其双电子激发及高能量的激发态的贡献都很重要. 在本节中, 我们用 MRDCI[93,94](muti-reference single and double configuration interaction) 和 CCSD-EOM(coupled-cluster single and double excitation equation of motion approach) 方法结合 INDO[95,65] 参数化哈密顿量计算了有机分子的多光子吸收.

15.2.3 Tensor 方法在卟啉类化合物多光子吸收性质研究中的应用

1. 卟啉–蒽化合物多光子吸收性质

Anderson[96] 实验小组最近合成了一个卟啉衍生物 —— 在卟啉环的两侧通过叁键搭桥连接上两个蒽环, 即卟啉 - 蒽衍生物 (简称为 AtPtA), 化学结构见图 15-1. 瞬态非线性吸收研究表明, AtPtA 具有很高的双光子吸收截面[17]. 我们在研究其双光子吸收性质的同时, 发现它也具有很大的三光子吸收截面, 因而在多光子吸收应用方面具有广阔的应用前景.

1) 计算方法

在 Gaussian03[97] 程序包中, 运用 B3LYP/3-21G 方法对分子的基态构型进行优化. 在平衡几何构型的基础上, 我们运用自己发展的 CCSD-EOM 方法结合 INDO 参数化哈密顿, 计算了所研究分子的单光子、双光子和三光子吸收光谱. 该方法很好地考虑了基态和激发态的电子关联效应, 具有大小一致性, 计算精度高. 计算中取 14 个高占据轨道和 14 个低占据轨道作为活化空间. 根据式 (15.11), 我们计算得到了所研究分子的三光子吸收截面.

2) 计算结果及讨论

(1) 分子的基态几何构型. 所研究分子的几何构型见图 15-1. x 轴方向定为沿着 AtPtA 分子的长轴方向, 即从蒽环到卟啉环 (图 15-1 中坐标). 在 Gaussian03 程

序中, 我们运用 B3LYP 方法和 3-21G 基组 (C、N、Si 元素), LANL2DZ 基组 (Zn 元素) 分别对卟啉和蒽化合物的几何构型进行了优化. 对 AtPtA, 我们采用实验晶体结构[96], 其中蒽环与卟啉面之间的二面角为 40.9°. 从图 15-1 中可以看出, 优化所得的卟啉和蒽分子键长与实验 X 射线衍射所得 AtPtA 的键长非常吻合, 这就排除了由于构型效应而导致在实验晶体构型上计算所得的三光子吸收截面与在 DFT 方法优化构型基础上所得的三光子吸收截面不同的情况.

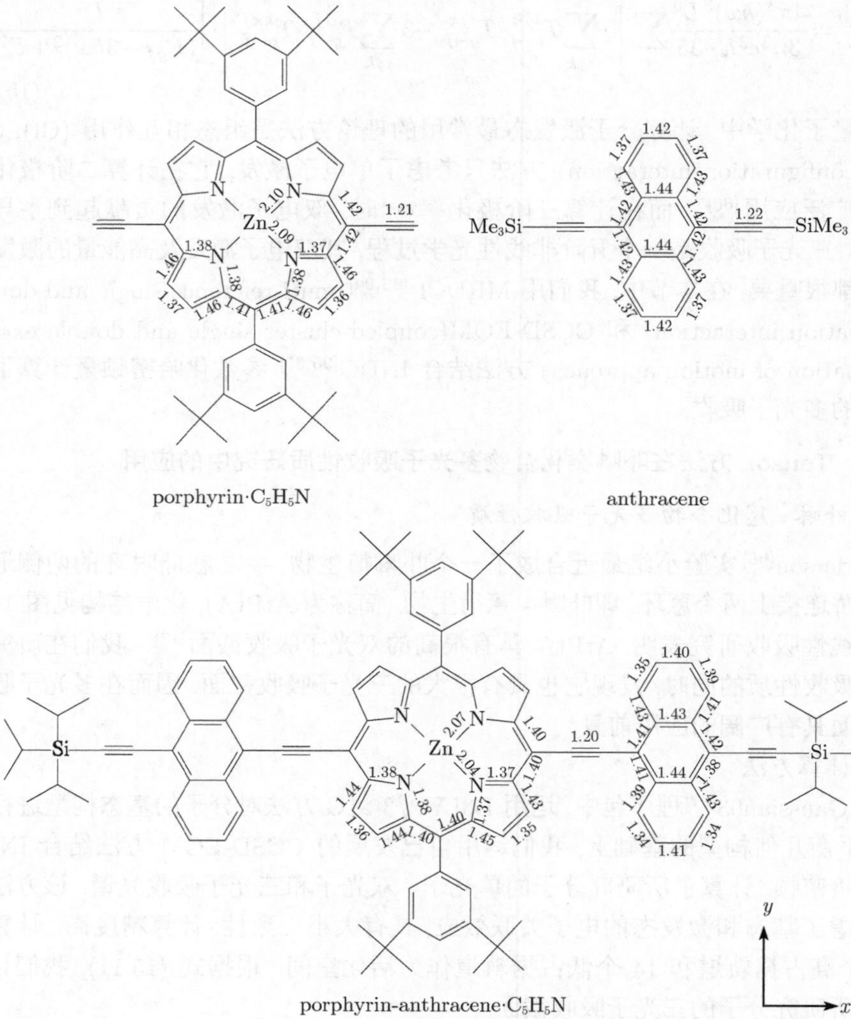
porphyrin·C5H5N
anthracene
Me3Si
SiMe3
Zn
Si
porphyrin-anthracene·C5H5N
y
x

图 15-1　化合物的分子几何构型

(2) 卟啉–蒽化合物的吸收光谱及重要激发态的分析. 图 15-2 是卟啉–蒽化合

物的 x、y 方向线性吸收光谱. 图 15-2 中右上方为实验吸收光谱[97]. 在 x 方向主要有两个吸收峰: 一个是吸收比较弱的 Q 带; 另一个是吸收较强的 B_x 带, 它们对应的吸收峰的能量分别为 2.0 eV 和 3.2 eV. 在 y 方向也主要有两个吸收峰: 低能量的吸收峰位于 3.5 eV(对应于卟啉化合物的 B 带吸收) 和高能量的吸收峰位于 5.5 eV (主要来源于蒽化合物 y 方向的线性吸收). 实验中的三个吸收峰分别位于 1.8 eV、2.6 eV、4.7 eV, 虽然理论计算值比实验值偏高, 但光谱趋势与实验非常吻合. 在与卟啉化合物的线性吸收光谱比较过程中, 我们发现卟啉 – 蒽化合物的 Q 带和 B 带恰好对应于卟啉化合物的 Q 带和 B 带, 所以我们认为卟啉 – 蒽化合物的线性吸收主要来自于卟啉化合物的线性吸收. 另外, 卟啉 – 蒽化合物的 Q 带的强度得到提高. CCSD 计算结果表明, 卟啉 – 蒽化合物的 Q 带和 B 带分别来源于 S_2 和 S_4 激发态. S_2 激发态对应从 HOMO-1 到 LUMO 的电子跃迁; S_4 激发态对应从 HOMO 到 LUMO+1 的电子跃迁[98](表 15-1). 这几个轨道的电子密度主要集中在卟啉环

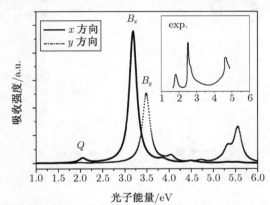

图 15-2 理论计算的卟啉 – 蒽化合物的线性吸收光谱, 图右上方是实验吸收光谱[96]

表 15-1 对各个重要激发态贡献比较大的组态(只列出组态系数大于 0.3 的组态)

激发态	组态	组态系数
S_2	HOMO-1 → LUMO	0.69
	HOMO → LUMO+1	0.61
S_4	HOMO → LUMO+1	0.56
	HOMO-1 → LUMO	−0.52
	HOMO-2 → LUMO+2	−0.38
S_6	HOMO-1 → LUMO+6	−0.63
	HOMO-1 → LUMO+2	0.45
S_{31}	HOMO-1 → LUMO+3	0.44
	HOMD-12 → LUMO	0.34
	(HOMO-3, HOMO) → (LUMO+1, LUMO+2)	0.31
S_{41}	HOMO-3 → LUMO	0.52
	HOMO-3 → LUMO+3	−0.35
	HOMO-1 → LUMO+3	−0.35

内, 极少一部分来源于蒽环的贡献. 从 $S_0 \to S_2$ 和 $S_0 \to S_4$ 跃迁密度图[99,100](图 15-3) 中也可以看出这一点.

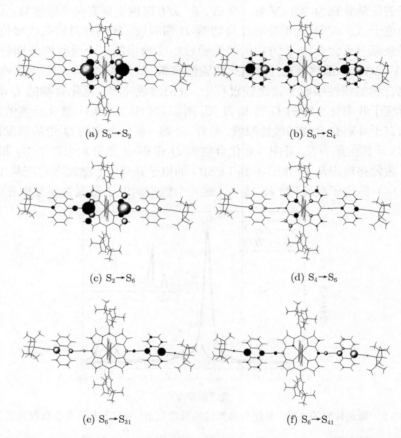

(a) $S_0 \to S_2$ (b) $S_0 \to S_4$

(c) $S_2 \to S_6$ (d) $S_4 \to S_6$

(e) $S_6 \to S_{31}$ (f) $S_6 \to S_{41}$

图 15-3   卟啉 – 蒽化合物的跃迁密度图. 为了清晰起见, 图 (a) 和 (b) 的跃迁密度扩大 10 倍, 图 (c) 的跃迁密度扩大 30 倍, 图 (d)、(e) 和 (f) 的跃迁密度扩大 40 倍

图 15-4 是在光子能量小于线性吸收范围 (<2.0 eV) 内所得的卟啉 – 蒽化合物的双光子吸收光谱. 我们发现, 在 1.65 eV 处有一个大的双光子吸收峰, 来源于 S_6 激发态 [$\sim 2 \times 1.65 = 3.3$ (eV)]. 对应于 HOMO-1 到 LUMO+6 和从 HOMO-1 到 LUMO+2(跃迁概率相对前者较小) 的电子跃迁, 见图 15-5 和表 15-1. 从轨道分析及跃迁密度图可以看出电子主要布居于中心卟啉环内, 极少一部分位于蒽分子上.

在 1.65 eV 处, 理论计算得到的卟啉 – 蒽化合物 $xxxx$ 方向的双光子吸收截面为 1600×10^{-50} cm^4·s. 为了验证 S-Tensor 方法可以有效地计算双光子吸收截面, 我们根据 SOS 式 [式 (15.4)], 计算得到的 1.65 eV 处的双光子吸收截面值为 1700×10^{-50} cm^4·s. 两种方法计算得到的双光子吸收截面值相差不大, 其微小的差别主要

是计算 $\mathrm{Im}\gamma(-\omega;\omega,\omega,-\omega)$ 的 SOS 表达式中共有 24 项, S-Tensor 计算中主要考虑了对双光子吸收贡献最大的 4 项共振项, 而其余 20 项非共振项的微小贡献是其差值的来源.

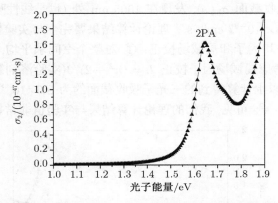

图 15-4 理论计算的卟啉 – 蒽化合物的双光子吸收光谱

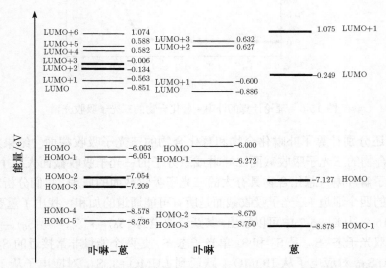

图 15-5 INDO 计算得到的卟啉 – 蒽 (AtPtA)、卟啉和蒽的能级示意图. 粗线代表电子主要集中于蒽上; 细线代表电子主要集中于卟啉上

图 15-6 是理论计算的卟啉 – 蒽化合物的三光子吸收光谱. 我们发现, 在 1.54 eV 处有一个非常大的三光子吸收峰, 根据式 (15.11) 计算得到的卟啉 – 蒽化合物 $xxxxxx$ 方向上的三光子吸收截面值为 $2.3\times10^{-77}\mathrm{cm}^6\cdot\mathrm{s}^2$.

为了进一步验证计算式 (15.11) 的正确性, 我们以 BDPAS 化合物为基准进行理论计算和实验测量的比较. 实验中, Drobizhev 等[43]用飞秒诱导上转换荧光法测量了 BDPAS 化合物的三光子吸收截面, 并得出了各个频率下的三光子吸收光谱图. 他们发现 BDPAS 在 1175nm 处 (单光子吸收峰值的 3 倍) 对应的最大三光子吸收截面为 $5\times10^{-81}\mathrm{cm^6\cdot s^2}$. 在理论上, 我们运用式 (15.11) 计算了 BDPAS 分子的主轴方向的三光子吸收截面 $\sigma_3(\omega)$, 发现在 1005 nm 处 (也是线性吸收峰值的 3 倍), 最大 $\sigma_3(\omega)$ 为 2.88×10^{-80} $\mathrm{cm^6\cdot s^2}$. 理论计算结果要完全与实验值进行比较, 我们则需要考虑空间平均因子和局域场校正: ① 对整个空间求平均, 则需乘以 1/7(对于线偏振光); ② 考虑局域场因子校正 $L=(n^2+2)/3$(实验溶剂氯仿 n=1.445), 则 L^6/n^3=2.12. 综合以上计算得到的三光子吸收截面约为 8.6×10^{-81} $\mathrm{cm^6\cdot s^2}$, 实验值为 5.0×10^{-81} $\mathrm{cm^6\cdot s^2}$. 可见, 我们的理论计算结果与实验值非常接近.

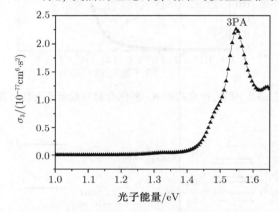

图 15-6　理论计算的卟啉–蒽化合物的三光子吸收光谱

我们还分别计算了卟啉化合物和蒽化合物的三光子吸收截面. 结果发现, 卟啉–蒽化合物的三光子吸收截面比卟啉或蒽分子的三光子吸收截面大两个数量级. 为了更加了解卟啉–蒽化合物具有大的三光子吸收截面的原理, 我们分析对 $T_{g\to f}$ 贡献最大的四个通道 (三光子吸收截面是所有可能通道的加和), 找出了重要的激发态, 见图 15-7. 从图 15-7 中可以看出, 其跃迁通道为 $|S_0\rangle\to|S_m\rangle\to|S_6\rangle\to|S_f\rangle$, S_6 是重要的双光子态. S_m 是 S_2 和 S_4 单光子态, S_f 是两个能量非常接近的 S_{31} 和 S_{41} 三光子态. S_{31} 对应电子从 HOMO-1 跃迁到 LUMO+3, S_{41} 对应电子从 HOMO-3 跃迁到 LUMO(表 15-1), 它们对应卟啉环和蒽环之间的电荷转移 (图 15-4), 电荷转移量都约为 $0.7|e|$. 因为 S_{31} 和 S_{41} 是电荷转移态, 与基态间的振子强度很小, 不存在线性吸收, 因而在线性吸收光谱中没有出现相应的吸收峰, 但它们与 S_6 之间的跃迁偶极矩比较大 (图 15-7). 总之, 卟啉–蒽化合物的三光子吸收截面得到提高的原因在于: ① 卟啉和蒽分子之间的强耦合导致 $S_0\to S_2$ 和 $S_4(B$ 带)、S_2 和 $S_4\to S_6$、$S_6\to S_{31}$ 和 S_{41} 之间存在较大的跃迁偶极矩; ② 调谐因子较小. 例如, $E_{S_2}-\hbar\omega\sim0.5$ eV, $E_{S_6}-2\hbar\omega\sim0.2$ eV. 当发生强的三光子吸收时, 其单光子吸收和

双光子吸收也容易发生共振.

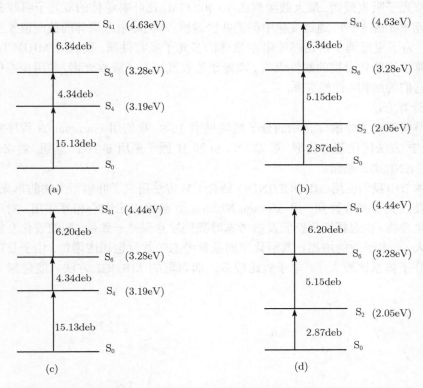

图 15-7   对卟啉–蒽化合物的三光子吸收贡献最大的四个通道 (1deb=3.335 64×10⁻³⁰C·m).

(a) $T_{g \to f} = 1216.64$; (b) $T_{g \to f} = 1186.53$; (c) $T_{g \to f} = 885.78$; (d) $T_{g \to f} = 863.85$

(3) 小结. 我们用 EOM/CCSD 方法结合 INDO 参数化哈密顿计算了卟啉–蒽化合物的三光子吸收截面, 发现比单独的卟啉和蒽化合物的三光子吸收截面提高了两个数量极. 其主要因为: 卟啉和蒽分子之间的强耦合导致 $S_0 \to S_2$ 和 S_4(B 带)、S_2 和 $S_4 \to S_6$、$S_6 \to S_{31}$ 和 S_{41} 之间存在较大的跃迁偶极矩, 并具有较小调谐能量.

2. 卟啉双聚体的多光子吸收性质: 结构–性能关系研究

近几年来, 卟啉分子及其衍生物因具有平面结构, 高的热稳定性以及 π 电子离域程度高而广泛应用于多光子吸收[25,27,101~107]. 它们在光动力学治疗、光学存储等方面具有广阔的应用前景. 双卟啉[27]、丁二炔连接的自组装的卟啉[101]、共轭长度扩展的卟啉[25,107]以及聚集的卟啉衍生物[102]等得到了人们的广泛研究. 实验报道的这些卟啉衍生物的双光子吸收截面从 100 GM 到 15 000 GM(1GM=10⁻⁵⁰cm⁴·s) 不等.

　　Drobizhev 等[26,108]发现一系列共价键连接的卟啉双聚体在近红外范围内具有极大的双光子吸收截面, 最大截面值达 10 000 GM, 比卟啉单体的双光子吸收截面提高了近 400 倍, 另外, 通过变化中间的共价键桥, 不同卟啉双聚体的截面值发生很大变化. 为了更好地了解这些卟啉双聚体的多光子吸收性质, 我们用 MRDCI/CV 方法计算了这些化合物的线性吸收、双光子吸收及三光子吸收光谱, 并用少态模型分析了它们的结构–性能关系.

　　1) 计算方法

　　本节所研究的卟啉化合物的分子结构见图 15-8. 我们用 Gaussian03 程序包中的 B3LYP 方法优化基态构型, 对 C、N、Si 和 H 原子采用 6-31G* 基组, 对 Zn 原子应用 LANL2DZ 基组.

　　在本节中我们应用 MRDCI/INDO 结合 CV 方法研究了卟啉衍生物的单光子、双光子及三光子吸收性质. 用 Mataga-Nishimoto 势来表示库仑相互作用. 对于所研究的化合物, 在选择活化空间及参考态时我们注意保持一致性, 即随着化合物体系的增大 (π 电子数的增加), 其活化空间及参考态的数目也相应增加. 由于目前所研究的分子体系比较大 (π 电子数比较多), 而以前的 MRDCI 方法只能包括 2~6

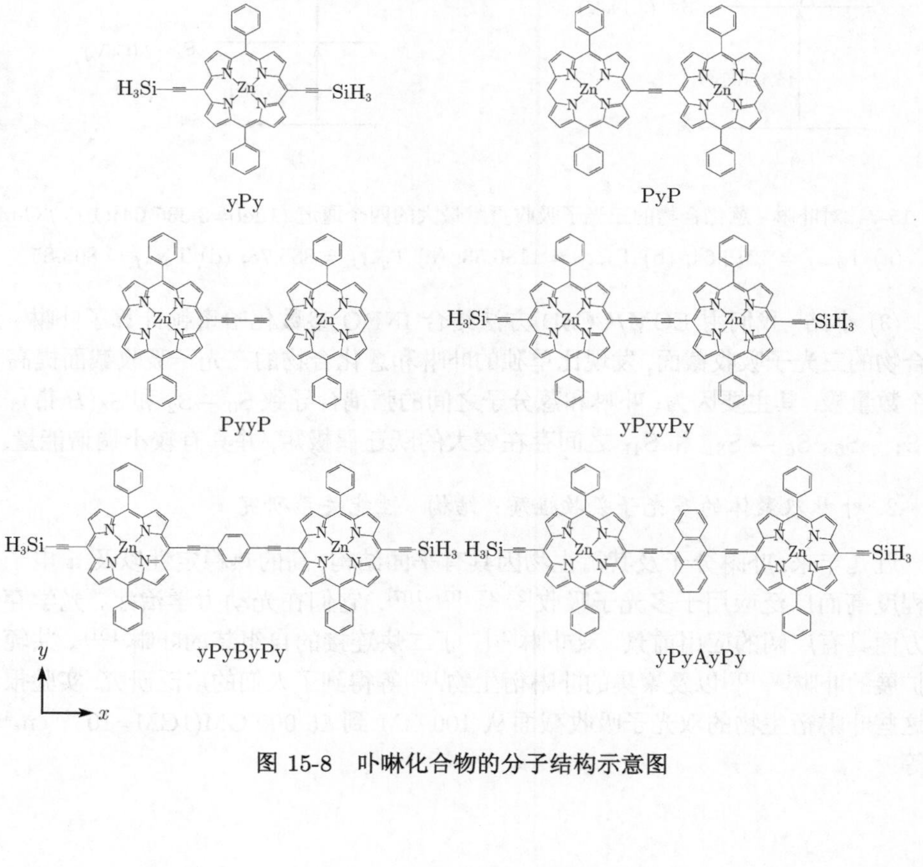

图 15-8　卟啉化合物的分子结构示意图

个轨道, 远远不能满足这么大的分子计算的需求, 因此我们首先采用迭代对角化方法提高 ZINDO 程序的计算性能. 最大的活化空间已经可包括 12 个占据轨道和 12 个非占据轨道, 组态数已经超过 300 000.

2) 计算结果和讨论

(1) 优化的分子构型. DFT 优化的结构表明卟啉单体 (yPy 化合物) 中, 卟啉环是平面结构, 侧面的苯环跟卟啉环有大约 70° 的扭曲. 当用一个碳 – 碳叁键连接两个卟啉环时 (形成 PyP 双聚体), 它们之间的空间位阻效应[26,109,110] 使两个卟啉环的二面角大约成 36°, 这与实验结果及文献 [111] 中 DFT 优化的结果一致. 当在两个卟啉环之间再插入一个碳 – 碳叁键时形成 PyyP 双聚体及在 PyyP 的两侧各增加一个碳 – 碳叁键后形成 yPyyPy 双聚体, PyyP 和 yPyyPy 双聚体都变成了平面结构. 这跟共轭长度的增加有关. 再把一个苯环插入 yPyyPy 化合物的两个碳–碳叁键中间后, yPyByPy 双聚体仍然保持平面结构. 但把苯环被替换成蒽环后 (yPyAyPy 双聚体), 空间位阻效应使蒽环与两个卟啉环扭曲了约 32°. 我们 DFT 优化的 yPyyPy 和 yPyByPy 的结构与 X 射线实验测得的结构一致[112,113].

(2) 单光子吸收.

① yPy 单体. 图 15-9(a) 是 MRDCI/CV 方法计算的卟啉单体的线性吸收光谱. 在低能量吸收光谱范围内, 在 2.07 eV 处有一个相对较弱的吸收峰 Q_x. 另外, 在 1.95 eV 处还有一个更弱的吸收峰 Q_y, 其振子强度是 Q_x 的 1/5. 文献 [26] 中作者认为, 最低的吸收峰是 Q_y, 位于 1.9 eV, 而另一个吸收峰是 Q_x, 位于 2.1 eV.

在高能量的吸收光谱范围内, 我们发现有两个能量比较接近的吸收峰: 一个是 B_y, 位于 3.15 eV; 另一个是 B_x, 位于 3.19 eV(表 15-2). 实验中发现两个吸收峰分别是 B_x, 位于 2.73 eV 和 B_y, 位于 2.81 eV. 理论计算的激发能与实验结果[26]基本一致 (理论激发能比实验值稍微偏大, 主要是由于 MRDCI 方法对基态能量校正过大所致[114]). 而理论计算对最低吸收峰方向的分配与实验正好相反, 原因主要是在实验中, 主要依据文献值[115]而认为最低吸收峰是 Q_y, B_y 的振子强度大于 B_x. 实际上, 文献 [115] 中所研究的分子与我们研究的分子不一致, 文献中所研究分子的 R2 取代基是 H 原子, 而我们理论研究的是苯环. 为了验证我们计算结果的准确性, 首先用 INDO/SCI 方法计算了我们研究的 yPy 单体以及文献 [115] 中的 Zn_1-$(T)_2$ 和 Zn_1-$(TT)_2$ 分子. 对于 yPy, INDO/SCI 和 INDO/MRDCI 方法都证明 Q_x 的振子强度大于 Q_y; B_x 的振子强度大于 B_y. 而对于 Zn_1-$(T)_2$ 和 Zn_1-$(TT)_2$, 我们的计算结果和文献 [115] 中的计算结果都证明 Q_y 的振子强度大于 Q_x; B_x 的振子强度大于 B_y. 具体比较结果见表 15-3.

② 卟啉双聚体. 图 15-9(b)~(f) 是 MRDCI/CV 方法计算的卟啉双聚体的线性吸收光谱. 在 x 方向, 5 个卟啉双聚体与单体比较具有以下共同特点:

a. Q_x 的振子强度变大, Q_x 吸收峰红移.

b. B_x 峰劈裂成两个吸收峰: B_{x1} 吸收峰位于约 2.7 eV 和 2.9 eV; B_{x2} 吸收峰位于 3.5 ~ 3.7 eV (表 15-2). 理论计算的结果与实验趋势一致[26]: 实验中也发现低能量的 Q 带的振子强度提高且峰的位置发生红移; B 带分裂成几个小峰.

c. B_{x1} 的振子强度总大于 B_{x2}. 然而, 在实验中发现在 yPyyPy 中, B_{x1} 和 B_{x2} 的振子强度差别不大, yPyByPy 和 yPyAyPy B_{x2} 的振子强度大于 B_{x1}. 为了验证理论和实验的差别是否来源于 MRDCI 计算中所选活化空间的限制, 我们对

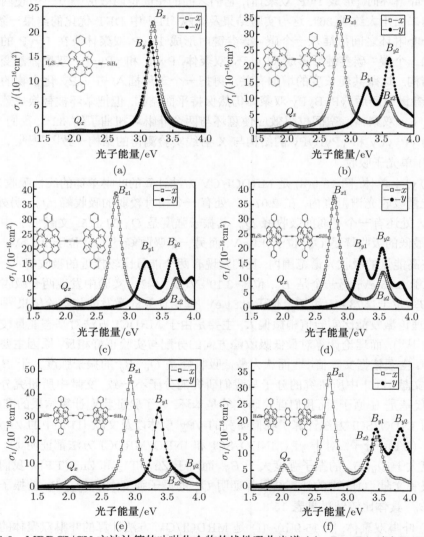

图 15-9　MRDCI/CV 方法计算的卟啉化合物的线性吸收光谱 (a) yPy-1PA; (b) PyP-1PA; (c) PyyP-1PA; (d) yPyyPy-1PA; (e) yPyByPy-1PA; (f) yPyAyPy-1PA

表 15-2　MRDCI/CV 以及 Tensor 方法计算得到的卟啉衍生物的单光子、双光子及三光子性质

化合物	单光子吸收 (PA)			双光子吸收 (2PA)						三光子吸收 (3PA)			
	CV			CV		Tensor		实验值		CV		Tensor	
	Q_x	B_x	B_y	峰值	σ_2	峰值	σ_2	峰值	σ_2	峰值	σ_3	峰值	σ_3
yPy	2.07	3.19	3.15	1.52	46	1.52	25			0.70	0.01	0.70	0.01
				1.89	406	1.91	262	1.46	20	1.08	0.16	1.08	0.1
PyP	2.03	2.81	3.26	1.48	1755	1.48	1692			0.94	65	0.94	14
		3.60	3.61	1.85	8022	1.86	7098	1.50	8600	1.21	2043	1.21	2450
PyyP	2.03	2.78	3.26	1.46	2175	1.46	1986			0.93	162	0.94	49
		3.72	3.67	1.86	19 473	1.88	20 549	1.48	5500	1.25	5605	1.25	6440
yPyyPy	1.98	2.79	3.22	1.38	2205	1.39	1957			0.94	312	0.94	147
		3.55	3.53	1.79	28 655	1.81	31 511	1.40	9100	1.19	6972	1.19	9030
yPyByPy	2.04	2.92	3.36	1.55	2874	1.56	2550			0.98	252	0.98	70
		3.58	3.86	1.81	12 188	1.80	9228	1.41	3800	1.20	4212	1.20	4130
yPyAyPy	2.02	2.72	3.46	1.46	3835	1.46	3484	1.4	4000	0.91	308	0.92	112
		3.48	3.84	1.76	16 929	1.77	15 141	1.47	10 100	1.16	5060	1.17	5320

注: 第 9 和 10 栏列出了实验测量值[26]. 激发态能量和光子能量的单位为 eV; 双光子吸收截面的单位是 $10^{-50} cm^4 \cdot s$ (GM); 三光子吸收截面的单位为 $10^{-80} cm^6 \cdot s^2$.

表 15-3　yPy、$Zn_1(T)_2$ 和 $Zn_1(TT)_2$ 化合物的 Q 带和 B 带在 x, y 方向的激发能(单位: eV)及跃迁偶极矩(单位: deb)

峰值	yPy			$Zn_1(T)_2$		$Zn_1(TT)_2$	
	INDO/MRDCI	INDO/SCI	Exp.	INDO/SCI	文献 [115]	INDO/SCI	文献 [115]
Q_x	2.07	1.89	2.1	1.890	1.86	1.91	1.87
Q_y	1.95	1.88	1.9	1.885	1.84	1.88	1.84
μ_x	1.8	1.9	$\mu_x < \mu_y$	0.3	1.3	1.3	0.3
μ_y	0.4	0.6		2.2	3.0	1.9	2.8
B_x	3.19	3.40	2.7	3.51	3.32	3.36	3.25
B_y	3.15	3.35	2.8	3.44	3.37	3.37	3.44
μ_x	13.15	16.3	$\mu_x < \mu_y$	16.7	15.7	17.8	18.3
μ_y	12.02	16.2		13.7	13.3	13.5	13.6

注: 第四栏是实验测量值[26].

yPyByPy 和 yPyAyPy 分子进行了 INDO/SCI 计算, 包括了更大的活化空间 (70 个最低的占据轨道和 70 个最高的非占据轨道), 计算结果表明 B_{x1} 的振子强度总大于 B_{x2}.

(3) 双光子吸收. 图 15-10 是 MRDCI/CV 方法计算得到的 yPy 和 PyP 的 $xxxx$、$yyyy$、$xxyy$ 和 $yyxx$ 方向的双光子吸收光谱. 图 15-11 是 MRDCI/CV 方法计算得到的 5 个卟啉双聚体的方向平均的双光子吸收光谱. 计算得到的各个卟啉

化合物的双光子吸收截面值见表 15-2.

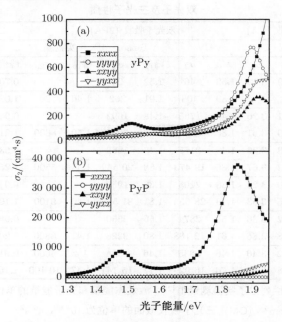

图 15-10　MRDCI/CV 方法计算的 yPy 和 PyP 的 $xxxx$、$yyyy$、$xxyy$
和 $yyxx$ 方向的双光子吸收光谱

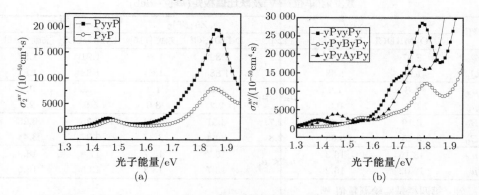

图 15-11　MRDCI/CV 方法计算的卟啉双聚体方向平均的双光子吸收光谱

① yPy 单体. 对于 yPy 卟啉单体, 在能量小于线性吸收光谱范围内有两个双光子吸收峰. 对于低能量的 2PA 峰, $xxxx$ 方向贡献最大; 而对于高能量的 2PA 峰, $yyyy$ 方向贡献最大. 低能量的吸收峰位于 1.52 eV, 相应的方向平均的 2PA 吸收截面为 46GM. 高能量的吸收峰位于 1.89 eV, 其对应于实验得到的 2PA 峰 (位于 1.46 eV). 因为实验的双光子吸收峰位于大于线性吸收 (B 带) 能量的范围. 理论计算得

到的高能量的 2PA 吸收截面为 406GM. 实验测得的双光子吸收截面为 20GM. 理论值要比实验值偏大约 20 倍.

② 卟啉双聚体. 从图 15-10(b) 中可以发现, 在 PyP 双聚体中, $xxxx$ 方向对双光子吸收截面的贡献要比其他几个方向大几个数量级. 这主要是由于 x 方向的共轭长度增加引起的. 从图 15-11 的双光子吸收光谱中可以看出, 几个卟啉双聚体都存在双峰结构: 其中一个吸收峰大约位于 1.5 eV, 而另一个吸收峰位于约 1.8 eV 范围内. 后者吸收峰还包括一个位于约 1.7 eV 的双聚体. 在实验中也发现这样一个双峰结构, 尤其是 PyyP 和 yPyAyPy 的双峰结构最明显. 实验中低能量的 2PA 峰位于 B_{x1} 能量范围内, 高能量的 2PA 峰则位于大于线性吸收能量的范围. 值得注意的是, 在大约 2.0 eV 附近, 可能存在更大的双光子吸收峰, 但是其峰对应的能量容易与单光子吸收能量发生共振, 在实验中很难检测到这样的吸收峰, 因此将不具体讨论其性质.

总之, 从理论计算的双光子吸收光谱中我们可以发现以下规律:

a. 先在实验中, 卟啉单体和双聚体的 2PA 峰都在同一能量范围内. 因此在理论计算中, 我们也应该拿单体的高能量的 2PA 与双聚体的高能量的 2PA 进行比较. 从单体 yPy(在 1.89 eV 下, σ_2 =406 GM) 到 yPyyPy 双聚体 (在 1.79 eV 下, σ_2 =28.7×10³ GM), 双光子吸收截面增加了近两个数量级. 这与实验趋势一致 (yPyyPy 双聚体的 σ_2 比单体的 σ_2 增加约 400 倍).

b. 从 PyyP、yPyyPy 和 yPyByPy 三个化合物的 2PA 峰的位置及其双光子吸收截面的变化趋势看, 与实验变化规律是一致的. 具体表现在: 从 PyyP(在 1.86 eV 下, 19.5×10³GM) 到 yPyyPy (在 1.79 eV 下, 28.7×10³GM), σ_2 增加了近 2 倍, 从 yPyyPy 到 yPyByPy(在 1.81 eV 下, 12.2 ×10³GM), σ_2 又减小了, 而且 2PA 峰的能量先减小然后又增加.

c. 值得注意的是, 我们理论计算的 PyyP、yPyyPy 和 yPyByPy 的 σ_2 要比实验值偏大, 而计算的 PyP 和 yPyAyPy 的 σ_2 与实验值比较接近[116]. (对后两个分子, 实验峰位置分辨率不够, 但至少理论计算的一个峰值位置很接近实验.) 主要原因是 PyP 和 yPyAyPy 是非平面的分子, 整个体系共轭程度的减小使 σ_2 变小. 而 PyyP、yPyyPy 和 yPyByPy 是平面结构, 在溶液测量双光子吸收的过程中, 整个分子构型可能发生一定的扭曲, 共轭程度减小, 因而使得实验测量的双光子吸收截面要比理论计算值偏小[117]. (我们将 PyyP 的两个卟啉环相对扭转 40° 后, 单点能计算表明, 能量只升高了 3.69kcal/mol, 但双光子吸收截面却从 19 195GM 急剧下降到 4536GM.)

为了能用少态模型[73,118~121]来分析卟啉化合物的结构 – 性能关系, 我们首先比较 S-Tensor 方法 (包括 100 个激发态) 与 CV 方法计算结果的差别. 结果表明, 两种方法得到的 σ_2 的变化规律一致. 下面我们就分析对 $|S_{g\to f}|^2(E_{gf})^2 \cdot$

$\Gamma/[(E_{gf} - 2\hbar\omega)^2 + \Gamma^2]$(正比于 σ_2)贡献比较大的通道. $S_{g\to f}$ 是双光子跃迁幅度, 实际上是对中间态的求和 $\sum_e \mu_{ge}^i \mu_{ef}^j/(E_{ge} - E_{gf}/2)$. 分子基态到中间态以及中间态到双光子吸收末态的跃迁偶极矩有关, 分母则是调谐因子.

表 15-4 和表 15-5 分别列出了对卟啉化合物高能量 2PA 峰和低能量 2PA 峰贡献大的虚中间态. Q_x、B_{x1} 和 B_{x2} 是重要的中间态, 因为它们 μ_{ge} 和 μ_{ef}(对卟啉双聚体) 比较大. 下面我们对通道 $|g\rangle \to |m\rangle \to |f\rangle \to |n\rangle \to |g\rangle$ 进行分类: ① 只包括 Q_x 的通道; ② 包括 $B_{xi}(i=1$ 或 2) 的通道; ③ 混合通道[20,120]. 下面我们将表示为 MN 通道, M、N 是 Q_x、B_{x1} 或 B_{x2}. 值得注意的是, 以 B_{x2} 为中间态的 $\mu_{ge} \cdot \mu_{ef}$ 的值总是与以 B_{x1} 或 Q_x 为中间态的 $\mu_{ge} \cdot \mu_{ef}$ 的值相反, 因此所有以 B_{x2} 为中间态的通道对双光子吸收提供了负的贡献.

从表 15-4 和表 15-5 中我们可以发现下面的规律:

(1) 从表 15-4 和表 15-5 中, 我们发现文献 [26] 中只考虑以 Q_x 为中间态的三态模型不再适用, 至少要用五态模型来分析这些化合物的结构 – 性能关系, 即基态、Q_x、B_{x1}、B_{x2} 和末态 (双光子态). Q_x 和 B_{x1}、B_{x2} 为中间体的通道对双光子吸收的贡献都很大. Q_x 通道中具有更小的调谐能, 而后者具有比较大的 μ_{ge} 和 μ_{ef}.

(2) 从 yPy 单体到 yPyyPy 双聚体, 双光子吸收截面增加了将近两个数量级, 其原因主要是: 从以 B 为中间态的通道看, yPyyPy 的 μ_{ge} 和 μ_{ef} 比 yPy 增加, 同时其调谐能量 $(E_{ge} - E_{gf}/2)$ 的减少也导致其吸收截面的增加. 另外, 以 Q 为中间态的通道因具有更小的调谐能, 也提供了一定的贡献 [可参考表 15-4 中 yPyyPy 的 $(QQ + QB_{x1})/(B_{x1}B_{x1})$].

(3) 在表 15-5 中, 如果把以 $B_{xi}(i=1$ 或 2) 为中间态的通道定义为 BB 通道的贡献, QB_{x1} 和 QB_{x2} 都定义为 QB 通道的贡献, 我们发现低能量的 2PA 峰主要来源于 QB 通道的贡献, 占大约 50%. 剩下的 50%的贡献主要来源于 BB 和 QQ 通道, 它们之间的比例从 0.45(PyP) 到 1.7(yPyyPy) 不等.

我们首先解释平面构型的 PyyP、yPyyPy 和 yPyByPy 的 2PA 变化规律. 对于前两个分子, QQ 通道的贡献很大. 对于 yPyyPy, 其 QQ 通道的贡献超过 50%, 主要由于 Q_x 态具有较大的基态到中间态的跃迁偶极矩 μ_{ge}(PyyP 化合物 S_{26} 末态的调谐能与 yPyyPy 化合物 S_{21}、S_{23} 和 S_{24} 末态的调谐能差别不大). 另外, yPyyPy 的 2PA 来源于更多的双光子末态的贡献, 这些因素导致 yPyyPy 的双光子吸收截面增加. 对于 yPyByPy, 以 Q 为中间态的通道的贡献减少, 主要由于调谐能较大和基态到中间态的跃迁偶极矩 μ_{ge} 较小. 虽然以 B 为中间态的通道因具有较大的 μ_{ge} 和 μ_{ef} 而可能对 2PA 提供较高的贡献, 但不能抵消 Q 通道带来的更低的 2PA 贡献, 最后导致 yPyByPy 双光子吸收截面减小.

表 15-4　对高能量的双光子吸收峰贡献大的单光子、双光子态

化合物	末态	中间态	E_{ge}	E_{gf}	μ_{ge}	μ_{ef}	调谐因子	QQ	QB_{x1}	QB_{x2}	$B_{x1}B_{x1}$	$B_{x2}B_{x2}$	$B_{x1}B_{x2}$
yPy	S_9	$S_5\,(B_y)$	3.15	3.78	12.02	4.47	1.26						
		$S_6\,(B_x)$	3.19	3.78	−13.15	2.23	1.30						
		$S_2\,(Q_x)$	2.06	3.78	1.84	2.94	0.17						
	S_{10}	$S_5\,(B_y)$	3.15	3.82	12.02	1.29	1.24						
		$S_6\,(B_x)$	3.19	3.82	−13.15	−1.44	1.28						
		$S_2\,(Q_x)$	2.06	3.82	1.84	2.11	0.15						
PyP	S_{25}	$S_1(Q_x)$	2.03	3.69	4.90	−6.57	0.19	0.37	0.69	−0.21	0.32	0.03	−0.20
		$S_5(B_{x1})$	2.81	3.69	−17.43	9.07	0.97						
		$S_{19}(B_{x2})$	3.60	3.69	−7.44	−11.77	1.76						
	S_{26}	$S_1(Q_x)$	2.03	3.81	4.90	3.93	0.13	0.53	0.60	−0.21	0.17	0.02	−0.11
		$S_5(B_{x1})$	2.81	3.81	−17.43	−4.53	0.91						
		$S_{19}(B_{x2})$	3.60	3.81	−7.44	6.91	1.70						
	S_{18}	$S_1(Q_x)$	2.03	3.59	4.90	3.27	0.24	0.25	0.71	−0.21	0.50	0.04	−0.29
		$S_5(B_{x1})$	2.81	3.59	−17.43	−5.56	1.02						
		$S_{19}(B_{x2})$	3.60	3.59	−7.44	6.93	1.81						
PyyP	S_{26}	$S_1(Q_x)$	2.02	3.73	5.71	9.03	0.16	0.40	0.63	−0.16	0.25	0.02	−0.14
		$S_5(B_{x1})$	2.78	3.73	18.72	12.90	0.92						
		$S_{25}(B_{x2})$	3.72	3.73	−8.01	15.63	1.86						
	S_{17}	$S_1(Q_x)$	2.02	3.60	5.72	6.64	0.22	0.43	0.57	−0.12	0.19	0.01	−0.08
		$S_5(B_{x1})$	2.78	3.60	18.72	6.09	0.98						
		$S_{25}(B_{x2})$	3.72	3.6	−8.01	5.84	1.92						
yPyyPy	S_{24}	$S_1(Q_x)$	1.97	3.62	8.31	−6.90	0.16	0.66	0.48	−0.17	0.09	0.01	−0.07
		$S_6(B_{x1})$	2.78	3.62	−18.42	7.09	0.97						
		$S_{22}(B_{x2})$	3.55	3.62	8.92	9.13	1.74						
	S_{23}	$S_1(Q_x)$	1.97	3.58	8.31	6.82	0.18	0.55	0.58	−0.20	0.16	0.02	−0.11
		$S_6(B_{x1})$	2.78	3.58	−18.42	−9.02	0.99						
		$S_{22}(B_{x2})$	3.55	3.58	8.92	−11.18	1.76						
	S_{21}	$S_1(Q_x)$	1.97	3.55	8.31	−6.57	0.20	0.47	0.65	−0.22	0.22	0.03	−0.15
		$S_6(B_{x1})$	2.78	3.55	−18.42	10.55	1.01						
		$S_{22}(B_{x2})$	3.55	3.55	8.92	12.98	1.78						
	S_{13}	$S_1(Q_x)$	1.97	3.36	8.31	−9.78	0.29	0.50	0.56	−0.14	0.16	0.01	−0.09
		$S_6(B_{x1})$	2.78	3.36	−18.42	9.40	1.10						
		$S_{22}(B_{x2})$	3.55	3.36	8.92	8.25	1.87						
yPyByPy	S_{19}	$S_5(B_{x1})$	2.92	3.60	−20.27	13.89	1.12	0.23	0.81	−0.31	0.70	0.10	−0.53
		$S_{18}(B_{x2})$	3.58	3.60	6.81	24.97	1.78						
		$S_1(Q_x)$	2.04	3.60	−6.80	5.07	0.24						
	S_{17}	$S_5(B_{x1})$	2.92	3.56	−20.27	10.55	1.14	0.18	0.81	−0.32	0.91	0.14	−0.72
		$S_{18}(B_{x2})$	3.58	3.56	6.81	19.63	1.8						
		$S_1(Q_x)$	2.04	3.56	−6.80	3.18	0.26						

化合物	末态	中间态	E_{ge}	E_{gf}	μ_{ge}	μ_{ef}	调谐因子	QQ	QB_{x1}	QB_{x2}	$B_{x1}B_{x1}$	$B_{x2}B_{x2}$	$B_{x1}B_{x2}$
yPyAyPy	S_{12}	$S_1(Q_x)$	2.01	3.52	8.70	−8.29	0.25	0.48	0.66	−0.24	0.22	0.03	−0.15
		$S_5(B_{x1})$	2.71	3.52	17.72	−10.50	0.95						
		$S_{11}(B_{x2})$	3.47	3.52	9.81	12.21	1.71						
	S_8	$S_1(Q_x)$	2.01	3.42	8.70	5.93	0.30	0.30	0.54	−0.04	0.24	0.00	−0.04
		$S_5(B_{x1})$	2.71	3.42	17.72	8.57	1.00						
		$S_{11}(B_{x2})$	3.47	3.42	9.81	−2.03	1.76						
	S_{15}	$S_1(Q_x)$	2.01	3.63	8.70	1.42	0.20	0.14	0.92	−0.45	1.49	0.35	−1.45
		$S_5(B_{x1})$	2.71	3.63	17.72	10.38	0.90						
		$S_{11}(B_{x2})$	3.47	3.63	9.81	−16.92	1.66						

注：列出了 INDO/MRDCI 计算的跃迁能 (eV) 及跃迁偶极矩 (deb)(对双聚体, 跃迁偶极矩沿 x 方向). 第 9~14 栏是各个通道 $|g\rangle \to |m\rangle \to |f\rangle \to |n\rangle \to |g\rangle$ 的贡献. 把以 Q_x 为中间态的通道定义为 QQ 通道, 以 $B_{xi}(i=1, 2)$ 为中间态的通道定义为 $B_{xi}B_{xi}$ 通道, 其他以 Q_x、B_{x1} 或 B_{x2} 为中间态的通道定义为混合通道 QB_{x1}、QB_{x2} 和 $B_{x1}B_{x2}$.

表 15-5　对低能量的双光子吸收峰贡献大的单光子、双光子态

化合物	末态	中间态	E_{ge}	E_{gf}	μ_{ge}	μ_{ef}	调谐因子	QQ	QB_{x1}	QB_{x2}	$B_{x1}B_{x1}$	$B_{x2}B_{x2}$	$B_{x1}B_{x2}$
yPy	S_4	$S_6(B_x)$	3.19	3.13	−13.15	1.85	1.63						
		$S_5(B_y)$	3.15	3.13	12.02	−1.97	1.59						
		$S_2(Q_x)$	2.06	3.13	1.84	3.34	0.50						
	S_3	$S_6(B_x)$	3.19	3.01	−13.15	−1.38	1.69						
		$S_5(B_y)$	3.15	3.01	12.02	−1.37	1.65						
		$S_2(Q_x)$	2.06	3.01	1.84	3.11	0.56						
PyP	S_6	$S_5(B_{x1})$	2.81	2.95	−17.43	−14.13	1.34						
		$S_{19}(B_{x2})$	3.60	2.95	−7.44	23.07	2.13	0.19	0.87	−0.38	1.01	0.19	−0.88
		$S_1(Q_x)$	2.03	2.95	4.90	9.05	0.56						
PyyP	S_6	$S_5(B_{x1})$	2.78	2.91	18.72	13.92	1.33						
		$S_{25}(B_{x2})$	3.72	2.91	−8.01	22.64	2.27	0.18	0.82	−0.34	0.95	0.16	−0.77
		$S_1(Q_x)$	2.02	2.91	5.72	8.41	0.57						
yPyyPy	S_5	$S_6(B_{x1})$	2.78	2.76	−18.42	−14.10	1.40						
		$S_{22}(B_{x2})$	3.55	2.76	8.92	−23.05	2.17	0.32	1.00	−0.51	0.78	0.20	−0.79
		$S_1(Q_x)$	1.97	2.76	8.31	8.51	0.59						
yPyByPy	S_6	$S_5(B_{x1})$	2.92	3.10	−20.27	14.47	1.37						
		$S_{18}(B_{x2})$	3.58	3.10	6.81	26.34	2.03	0.18	0.83	−0.34	0.96	0.16	−0.79
		$S_1(Q_x)$	2.04	3.10	−6.80	6.70	0.49						
yPyAyPy	S_6	$S_5(B_{x1})$	2.71	2.90	17.72	−19.07	1.26						
		$S_{11}(B_{x2})$	3.47	2.90	9.81	25.44	2.02	0.25	0.93	−0.43	0.85	0.18	−0.78
		$S_1(Q_x)$	2.01	2.90	8.70	−9.41	0.56						

注：列出了 INDO/MRDCI 计算的跃迁能 (eV) 及跃迁偶极矩 (deb)(对双聚体, 跃迁偶极矩沿 x 方向). 第 9~14 栏是各个通道 $|g\rangle \to |m\rangle \to |f\rangle \to |n\rangle \to |g\rangle$ 的贡献. 把以 Q_x 为中间态的通道定义为 QQ 通道, 以 B_{xi} $(i=1, 2)$ 为中间态的通道定义为 $B_{xi}B_{xi}$ 通道, 其他以 Q_x、B_{x1} 或 B_{x2} 为中间态的通道定义为混合通道 QB_{x1}、QB_{x2} 和 $B_{x1}B_{x2}$.

下面解释非平面构型 PyP 和 yPyAyPy 的 2PA 变化规律. yPyAyPy 的双光子吸收比较大, 主要原因是 yPyAyPy 有一个重要的 S_8 末态, 其 B_{x2} 通道的 $|\mu_{ef}|$ 远小于 B_{x1} 通道的 $|\mu_{ef}|$ (而对于表 15-2 中的其他分子, B_{x2} 通道的 $|\mu_{ef}|$ 远大于 B_{x1} 通道的 $|\mu_{ef}|$). 因此, B_{x2} 通道对双光子吸收提供的负贡献大大减小; 由于 yPyAyPy 分子的共轭长度大于 PyP, 因此 B_{x1} 通道的 $|\mu_{ef}|$ 大于 PyP, B_{x1} 通道对双光子吸收的正贡献得到提高, 这两者导致 yPyAyPy 总的 2PA 得到提高.

(4) 三光子吸收. 图 15-12 是 MRDCI/CV 方法计算得到的卟啉单体和双聚体的 $xxxxxx$ 方向的三光子吸收图. 对于 $xxxxxx$ 方向对三光子吸收截面 $[\sigma_3(xxxxxx)]$ 占主要贡献的卟啉双聚体, 其线性平均的 $\sigma_{3(av)}=1/7\sigma_3(xxxxxx)$.

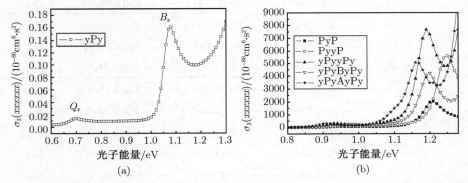

图 15-12 MRDCI/CV 方法计算的卟啉单体和二聚体的 $xxxxxx$ 方向的三光子吸收图

① yPy 单体. 一个强的单光子吸收态也是一个强的三光子态. 因此, 在图 15-12(a) 中也存在两个三光子吸收峰, 低能量的吸收峰位于 0.70 eV, 主要来源于 Q_x 带的吸收; 高能量的吸收峰位于 1.07 eV, 来源于 B_x 带的吸收.

② 卟啉双聚体. 在卟啉双聚体的三光子吸收图中, 能量小于 0.7 eV 范围内也有一个来源于 Q_x 带的吸收峰, 但很弱, 因此没有在图 15-12(b) 中标出. 在 0.8~1.3 eV 时, 主要有两个吸收峰, 都来源于 B_x 带的吸收 (在 0.9~1.0 eV 时, 主要来源于 B_{x1} 带的吸收; 高能量的 3PA 峰主要在 1.15~1.25 eV, 主要来源于 B_{x2} 带的吸收). B_{x1} 带对应的 $\sigma_3(xxxxxx)$ 要比单体 B_x 带对应的 $\sigma_3(xxxxxx)$ 大约 3 个数量级. 而卟啉双聚体的 B_{x2} 带对应的 $\sigma_3(xxxxxx)$ 又要比 B_{x1} 带对应的 $\sigma_3(xxxxxx)$ 大一个数量级. yPyyPy 在能量 1.2 eV 处有一个很大的 3PA 峰, 对应的 $\sigma_3(xxxxxx)$ 为 7.0×10^{-77} cm^6·s^2 $[\sigma_{3(av)}=1/7\sigma_3(xxxxxx)=1.0\times10^{-77}$ cm^6·s$^2]$.

我们用 T-Tensor 方法分析了对 B_{x1} 和 B_{x2} 的三光子吸收贡献大的通道 (表 15-6 和表 15-7), 发现以 B_{x1} 或 B_{x2} 带为中间态的通道的贡献远远大于以 Q_x 为中间态的通道的贡献. 以 B_{x1} 为中间态的通道由于具有更大的从基态到 B_{x1} 单光子态的跃迁偶极矩, 比 B_{x2} 带为中间态的通道的贡献大.

表 15-6　用 T-Tensor 方法分析得到的对高能量 (B_{x2}) 的三光子吸收贡献大的通道

化合物	跃迁通道	中间态
yPy	$S_0 \xrightarrow{13.15\text{deb}} S_6(3.19\text{eV}) \xrightarrow{13.15\text{deb}} S_0(0.0\text{eV}) \xrightarrow{13.15\text{deb}} S_6(3.19\text{eV})$	B_x
PyP	$S_0 \xrightarrow{17.43\text{deb}} S_5(2.81\text{eV}) \xrightarrow{14.13\text{deb}} S_6(2.95\text{eV}) \xrightarrow{23.07\text{deb}} S_{19}(3.60\text{eV})$	B_{x1}
	$S_0 \xrightarrow{7.44\text{deb}} S_{19}(3.60\text{eV}) \xrightarrow{23.07\text{deb}} S_6(2.95\text{eV}) \xrightarrow{23.07\text{deb}} S_{19}(3.60\text{eV})$	B_{x2}
	$S_0 \xrightarrow{4.90\text{deb}} S_1(2.03\text{eV}) \xrightarrow{9.05\text{deb}} S_6(2.95\text{eV}) \xrightarrow{23.07\text{deb}} S_{19}(3.60\text{eV})$	Q_x
PyyP	$S_0 \xrightarrow{18.72\text{deb}} S_5(2.78\text{eV}) \xrightarrow{13.92\text{deb}} S_6(2.91\text{eV}) \xrightarrow{22.64\text{deb}} S_{25}(3.72\text{eV})$	B_{x1}
	$S_0 \xrightarrow{8.01\text{deb}} S_{25}(3.72\text{eV}) \xrightarrow{22.64\text{deb}} S_6(2.91\text{eV}) \xrightarrow{22.64\text{deb}} S_{25}(3.72\text{eV})$	B_{x2}
	$S_0 \xrightarrow{5.72\text{deb}} S_1(2.02\text{eV}) \xrightarrow{8.42\text{deb}} S_6(2.91\text{eV}) \xrightarrow{22.64\text{deb}} S_{25}(3.72\text{eV})$	Q_x
yPyyPy	$S_0 \xrightarrow{18.42\text{deb}} S_6(2.78\text{eV}) \xrightarrow{14.10\text{deb}} S_5(2.76\text{eV}) \xrightarrow{23.05\text{deb}} S_{22}(3.55\text{eV})$	B_{x1}
	$S_0 \xrightarrow{8.31\text{deb}} S_1(1.97\text{eV}) \xrightarrow{8.51\text{deb}} S_5(2.76\text{eV}) \xrightarrow{23.05\text{deb}} S_{23}(3.55\text{eV})$	Q_x
	$S_0 \xrightarrow{8.92\text{deb}} S_{22}(3.55\text{eV}) \xrightarrow{23.05\text{deb}} S_5(2.76\text{eV}) \xrightarrow{23.05\text{deb}} S_{22}(3.55\text{eV})$	B_{x2}
yPyByPy	$S_0 \xrightarrow{20.27\text{deb}} S_5(2.92\text{eV}) \xrightarrow{14.47\text{deb}} S_6(3.10\text{eV}) \xrightarrow{26.34\text{deb}} S_{18}(3.58\text{eV})$	B_{x1}
	$S_0 \xrightarrow{20.27\text{deb}} S_5(2.92\text{eV}) \xrightarrow{13.88\text{deb}} S_{19}(3.60\text{eV}) \xrightarrow{24.97\text{deb}} S_{18}(3.58\text{eV})$	B_{x1}
	$S_0 \xrightarrow{6.81\text{deb}} S_{18}(3.58\text{eV}) \xrightarrow{26.34\text{deb}} S_6(3.10\text{eV}) \xrightarrow{26.34\text{deb}} S_{18}(3.58\text{eV})$	B_{x2}
	$S_0 \xrightarrow{20.27\text{deb}} S_5(2.92\text{eV}) \xrightarrow{10.55\text{deb}} S_{17}(3.56\text{eV}) \xrightarrow{19.63\text{deb}} S_{18}(3.58\text{eV})$	B_{x1}
	$S_0 \xrightarrow{6.80\text{deb}} S_1(2.04\text{eV}) \xrightarrow{6.70\text{deb}} S_6(3.10\text{eV}) \xrightarrow{26.34\text{deb}} S_{18}(3.58\text{eV})$	Q_x
	$S_0 \xrightarrow{6.81\text{deb}} S_{18}(3.58\text{eV}) \xrightarrow{24.97\text{deb}} S_{19}(3.60\text{eV}) \xrightarrow{24.98\text{deb}} S_{18}(3.58\text{eV})$	B_{x2}
yPyAyPy	$S_0 \xrightarrow{17.72\text{deb}} S_5(2.71\text{eV}) \xrightarrow{19.07\text{deb}} S_6(2.90\text{eV}) \xrightarrow{25.44\text{deb}} S_{11}(3.47\text{eV})$	B_{x1}
	$S_0 \xrightarrow{9.81\text{deb}} S_{11}(3.47\text{eV}) \xrightarrow{25.44\text{deb}} S_6(2.90\text{eV}) \xrightarrow{25.44\text{deb}} S_{11}(3.47\text{eV})$	B_{x2}
	$S_0 \xrightarrow{8.70\text{deb}} S_1(2.01\text{eV}) \xrightarrow{9.41\text{deb}} S_6(2.90\text{eV}) \xrightarrow{25.44\text{deb}} S_{11}(3.47\text{eV})$	Q_x

注: 表中也列出了相应的 INDO/MRDCI 方法得到的跃迁能及 x 方向的跃迁偶极矩.

3) 小结

我们用 MRDCI/CV 方法研究了一系列共价键连接的卟啉双聚体的多光子吸收的结构 – 性能关系. CV 方法计算的结果与 Tensor 方法一致, 但避免了对角化哈密顿矩阵求解激发态.

我们计算得到的双光子吸收光谱及变化规律与实验一致. 通过少态模型分析我们发现, 只考虑以 Q_x 为中间态的三态模型不再适用, 至少要用五态模型来分析, 即基态、Q_x、B_{x1}、B_{x2} 和末态 (双光子态). 从卟啉单体到双聚体, 双光子吸收截面增加了近 2 个数量级. 主要由于基态到单光子态的跃迁偶极矩 μ_{ge} 以及单光子态到双光子末态的跃迁偶极矩 μ_{ef} 大大增加, 同时调谐能 $(E_{ge} - E_{gf}/2)$ 减小. 卟啉双聚体之间双光子吸收截面的变化与跃迁偶极矩及调谐能两者都有关.

对于三光子吸收, 其吸收峰主要来源于单光子的吸收. Q_x 带的三光子吸收截面非常小. 卟啉双聚体 B_{x1} 带的三光子吸收截面比卟啉单体 B 带的三光子吸收截面提高了 3 个数量级. 而卟啉双聚体 B_{x2} 带的三光子吸收截面又比 B_{x1} 带的三光子吸收截面提高了 1 个数量级.

表 15-7　用 T-Tensor 方法分析得到的对低能量 (B_{x1}) 的三光子吸收贡献大的通道

化合物	跃迁通道	中间态
PyP	$S_0 \xrightarrow{17.43\text{deb}} S_5(2.81\text{eV}) \xrightarrow{14.13\text{deb}} S_6(2.95\text{eV}) \xrightarrow{14.13\text{deb}} S_5(2.81\text{eV})$	B_{x1}
	$S_0 \xrightarrow{17.43\text{deb}} S_5(2.81\text{eV}) \xrightarrow{17.43\text{deb}} S_0(0.0\text{eV}) \xrightarrow{17.43\text{deb}} S_5(2.81\text{eV})$	B_{x1}
	$S_0 \xrightarrow{7.44\text{deb}} S_{19}(3.60\text{eV}) \xrightarrow{23.07\text{deb}} S_6(2.95\text{eV}) \xrightarrow{14.13\text{deb}} S_5(2.81\text{eV})$	B_{x2}
	$S_0 \xrightarrow{4.90\text{deb}} S_1(2.03\text{eV}) \xrightarrow{9.05\text{deb}} S_6(2.95\text{eV}) \xrightarrow{14.13\text{deb}} S_5(2.81\text{eV})$	Q_x
PyyP	$S_0 \xrightarrow{18.72\text{deb}} S_5(2.78\text{eV}) \xrightarrow{13.92\text{deb}} S_6(2.91\text{eV}) \xrightarrow{13.92\text{deb}} S_5(2.78\text{eV})$	B_{x1}
	$S_0 \xrightarrow{18.72\text{deb}} S_5(2.78\text{eV}) \xrightarrow{18.72\text{deb}} S_0(0.0\text{eV}) \xrightarrow{18.72\text{deb}} S_5(2.78\text{eV})$	B_{x1}
	$S_0 \xrightarrow{18.72\text{deb}} S_5(2.78\text{eV}) \xrightarrow{12.90\text{deb}} S_{26}(3.73\text{eV}) \xrightarrow{12.90\text{deb}} S_5(2.78\text{eV})$	B_{x1}
	$S_0 \xrightarrow{8.01\text{deb}} S_{25}(3.72\text{eV}) \xrightarrow{22.64\text{deb}} S_6(2.91\text{eV}) \xrightarrow{13.92\text{deb}} S_5(2.78\text{eV})$	B_{x2}
	$S_0 \xrightarrow{5.72\text{deb}} S_1(2.02\text{eV}) \xrightarrow{8.42\text{deb}} S_6(2.91\text{eV}) \xrightarrow{13.92\text{deb}} S_5(2.78\text{eV})$	Q_x
yPyyPy	$S_0 \xrightarrow{18.42\text{deb}} S_6(2.78\text{eV}) \xrightarrow{14.10\text{deb}} S_5(2.76\text{eV}) \xrightarrow{14.10\text{deb}} S_6(2.78\text{eV})$	B_{x1}
	$S_0 \xrightarrow{18.42\text{deb}} S_6(2.78\text{eV}) \xrightarrow{18.42\text{deb}} S_0(0.0\text{eV}) \xrightarrow{18.42\text{deb}} S_6(2.78\text{eV})$	B_{x1}
	$S_0 \xrightarrow{8.92\text{deb}} S_{22}(3.55\text{eV}) \xrightarrow{23.05\text{deb}} S_5(2.76\text{eV}) \xrightarrow{14.10\text{deb}} S_6(2.78\text{eV})$	B_{x2}
	$S_0 \xrightarrow{8.31\text{deb}} S_1(1.97\text{eV}) \xrightarrow{8.51\text{deb}} S_5(2.76\text{eV}) \xrightarrow{14.10\text{deb}} S_6(2.78\text{eV})$	Q_x
	$S_0 \xrightarrow{18.42\text{deb}} S_6(2.78\text{eV}) \xrightarrow{10.55\text{deb}} S_{21}(3.55\text{eV}) \xrightarrow{10.55\text{deb}} S_6(2.78\text{eV})$	B_{x1}
	$S_0 \xrightarrow{8.31\text{deb}} S_1(1.97\text{eV}) \xrightarrow{8.31\text{deb}} S_0(0.0\text{eV}) \xrightarrow{18.42\text{deb}} S_6(2.78\text{eV})$	Q_x
	$S_0 \xrightarrow{18.42\text{deb}} S_6(2.78\text{eV}) \xrightarrow{9.40\text{deb}} S_{13}(3.36\text{eV}) \xrightarrow{9.40\text{deb}} S_6(2.78\text{eV})$	B_{x1}
yPyByPy	$S_0 \xrightarrow{20.27\text{deb}} S_5(2.92\text{eV}) \xrightarrow{20.27\text{deb}} S_0(0.0\text{eV}) \xrightarrow{20.27\text{deb}} S_5(2.92\text{eV})$	B_{x1}
	$S_0 \xrightarrow{20.27\text{deb}} S_5(2.92\text{eV}) \xrightarrow{14.47\text{deb}} S_6(3.10\text{eV}) \xrightarrow{14.47\text{deb}} S_5(2.92\text{eV})$	B_{x1}
	$S_0 \xrightarrow{20.27\text{deb}} S_5(2.92\text{eV}) \xrightarrow{13.88\text{deb}} S_{19}(3.60\text{eV}) \xrightarrow{13.88\text{deb}} S_5(2.92\text{eV})$	B_{x1}
	$S_0 \xrightarrow{15.88\text{deb}} S_{10}(3.36\text{eV}) \xrightarrow{15.88\text{deb}} S_0(0.0\text{eV}) \xrightarrow{20.27\text{deb}} S_5(2.92\text{eV})$	B_{x2}
	$S_0 \xrightarrow{6.81\text{deb}} S_{18}(3.58\text{eV}) \xrightarrow{26.34\text{deb}} S_6(3.10\text{eV}) \xrightarrow{14.47\text{deb}} S_5(2.92\text{eV})$	B_{x2}
	$S_0 \xrightarrow{20.27\text{deb}} S_5(2.92\text{eV}) \xrightarrow{10.55\text{deb}} S_{17}(3.56\text{eV}) \xrightarrow{10.55\text{deb}} S_5(2.92\text{eV})$	B_{x1}
yPyAyPy	$S_0 \xrightarrow{17.72\text{deb}} S_5(2.71\text{eV}) \xrightarrow{19.07\text{deb}} S_6(2.90\text{eV}) \xrightarrow{19.07\text{deb}} S_5(2.71\text{eV})$	B_{x1}
	$S_0 \xrightarrow{9.81\text{deb}} S_{11}(3.47\text{eV}) \xrightarrow{25.44\text{deb}} S_6(2.90\text{eV}) \xrightarrow{19.07\text{deb}} S_5(2.71\text{eV})$	B_{x2}
	$S_0 \xrightarrow{17.72\text{deb}} S_5(2.71\text{eV}) \xrightarrow{17.72\text{deb}} S_0(0.0\text{eV}) \xrightarrow{17.72\text{deb}} S_5(2.71\text{eV})$	B_{x1}
	$S_0 \xrightarrow{8.70\text{deb}} S_1(2.01\text{eV}) \xrightarrow{9.41\text{deb}} S_6(2.90\text{eV}) \xrightarrow{19.07\text{deb}} S_5(2.71\text{eV})$	Q_x

注: 表中也列出了相应的 INDO/MRDCI 方法得到的跃迁能及 x 方向的跃迁偶极矩.

15.3　修正矢量方法及其在共轭分子的多光子吸收的应用

态求和方法 (SOS) 和张量方法 (Tensor) 都是通过对激发态求和来计算多光子吸收截面的. 而激发态信息需要对角化体系哈密顿量来获取. 由于求解激发态的哈密顿矩阵维数随着体系尺寸成几何级数增大, 因此即使对于一般大小的分子 (包含几十个原子), 目前还无法完全用对角化哈密顿矩阵求出所有的激发态. 所以, 上述计算多光子吸收性质的方法都不能对所有态进行求和, 只能截断到最低能量的一些激发态. 在计算多光子吸收截面时, 需要依次增加求和中间态的数目进行收敛测试. 有的可能达不到收敛要求, 这样就会带来截断误差, 这样的情况在计算三光子吸收时特别容易发生. Ramasesha 和 Soos 在图形价健理论的框架中提出的修正矢量方法 (CV)[120]在计算非线性光学性质时, 直接从体系哈密顿矩阵和基态性质出发, 通过求解线性方程组求出修正矢量来计算非线性光学系数, 从而避免了态求和的过程. 该方法计算结果完全等价于对体系全部态求和得出的数值.

值得注意的是, 目前非线性响应理论与含时密度泛函理论(TDDFT)[18,22,23,121]或者耦合簇方法 (CC)[122~125]相结合也已经应用于计算研究多光子吸收性质. 由于存在数值收敛困难的问题, 非线性响应理论方法未能给出完全频率的光谱图. 对于与 TDDFT 的结合还面临着寻找普适的交换关联泛函的挑战. 实际上, CV 方法计算非线性光学系数等价于非线性响应理论, 而且该方法的数值收敛能够得到保证从而给出完整频谱, 这样可与实验光谱图做全面的比较. 下面我们先介绍 CV 方法与组态相互作用 (CI) 方法和运动方程耦合簇 (EOM-CC) 方法相结合计算多光子吸收性质的过程, 然后给出利用 CV 方法研究有机共轭分子多光子吸收性质的两个应用.

15.3.1　CV 方法介绍

目前 CV 方法已经与单激发组态相互作用 (SCI)、单双激发组态相互作用 (SDCI) 以及 PPP 模型等哈密顿量结合用来计算一阶、二阶及三阶非线性光学系数[19,37,126~128]. 最近我们又将该方法扩展到多参考单双激发组态相互作用 (MRDCI) 方法和运动方程单双激发耦合簇 (EOM-CCSD) 方法中用来计算研究有机共轭分子的多光子吸收性[69,76]. 运用 CV 方法计算多光子吸收性质首先需要引入定义相关修正矢量. 下面我们以一阶极化率 α 为例, 从其 SOS 表达形式导出一阶修正矢量:

$$\alpha_{ij}(\omega) = \sum_R \left[\frac{\langle \boldsymbol{G}|\tilde{\mu}_i|\boldsymbol{R}\rangle \langle \boldsymbol{R}|\tilde{\mu}_j|\boldsymbol{G}\rangle}{E_R - E_G - \hbar\omega - \mathrm{i}\Gamma} + \frac{\langle \boldsymbol{G}|\tilde{\mu}_j|\boldsymbol{R}\rangle \langle \boldsymbol{R}|\tilde{\mu}_i|\boldsymbol{G}\rangle}{E_R - E_G + \hbar\omega + \mathrm{i}\Gamma} \right]$$

$$= \left\langle \boldsymbol{G}|\tilde{\mu}_i| \frac{1}{H - E_G - \hbar\omega - \mathrm{i}\Gamma} |\tilde{\mu}_j|\boldsymbol{G}\right\rangle + \left\langle \boldsymbol{G}|\tilde{\mu}_j| \frac{1}{H - E_G + \hbar\omega + \mathrm{i}\Gamma} |\tilde{\mu}_i|\boldsymbol{G}\right\rangle$$

$$= \langle \varphi_i^{(1)}(-\omega)|\tilde{\mu}_j|\boldsymbol{G}\rangle + \langle \varphi_j^{(1)}(\omega)|\tilde{\mu}_i|\boldsymbol{G}\rangle \tag{15.15}$$

式中: H 为组态相互作用的哈密顿量; $|G\rangle$ 和 $|R\rangle$ 为体系的基态和激发态波函数的组态系数向量; E_G 和 E_R 为相应态的能量; $\hbar\omega$ 为入射光能量; Γ 为 Lorentz 展宽因子; 下标 i, j 表示直角坐标方向; $|\varphi_i^{(1)}(-\omega)\rangle$ 和 $|\varphi_j^{(1)}(\omega)\rangle$ 为所谓的一阶修正矢量; $\tilde{\mu}_i$ 定义为

$$\tilde{\mu}_i = \boldsymbol{\mu}_i - \langle \boldsymbol{G}|\boldsymbol{\mu}_i|\boldsymbol{G}\rangle \tag{15.16}$$

$\boldsymbol{\mu}_i$ 代表 i 方向的偶极算符. 从上面可以看出, 通过求出一阶修正矢量来计算一阶极化率张量 $\boldsymbol{\alpha}$, 可以避免对激发态的求和, 而且只需要基态性质. 从式 (15.15) 可以导出一阶修正矢量 $|\varphi_i^{(1)}(-\omega)\rangle$ 和 $|\varphi_j^{(1)}(\omega)\rangle$ 的定义方程为

$$(H - E_G + \hbar\omega_1 + \mathrm{i}\Gamma_1)|\varphi_i^{(1)}(\omega_1)\rangle = \tilde{\mu}_i|G\rangle \tag{15.17}$$

$$(H - E_G - \hbar\omega_1 - \mathrm{i}\Gamma_1)|\varphi_j^{(1)}(-\omega_1)\rangle = \tilde{\mu}_j|G\rangle \tag{15.18}$$

式 (15.17) 和式 (15.18) 分别为一组线性方程, 只要给出基态能量及波函数, 哈密顿矩阵和跃迁偶极矩阵, 即可求出某一入射光能量下的一阶修正矢量, 进而由式 (15.15) 求出一阶极化率; 而由态求和形式精确求出一阶极化率, 需要全部对角化哈密顿矩阵得到所有激发态的能量及相互间跃迁的偶极矩. 相比之下, 修正矢量方法的数值计算显然是更为简单有效的, 不仅运算量要小, 存储空间也可以得到缩减.

　　类似地, 我们可以给出定义二阶和三阶修正矢量的线性方程组, 即

$$(H - E_G + \hbar\omega_2 + \mathrm{i}\Gamma_2)|\varphi_{ij}^{(2)}(\omega_1, \omega_2)\rangle = \tilde{\mu}_j|\varphi_i^{(1)}(\omega_1)\rangle \tag{15.19}$$

$$(H - E_G + \hbar\omega_3 + \mathrm{i}\Gamma_3)|\varphi_{ijk}^{(3)}(\omega_1, \omega_2, \omega_3)\rangle = \tilde{\mu}_k|\varphi_{ij}^{(2)}(\omega_1, \omega_2)\rangle \tag{15.20}$$

进一步推导可以证明一阶、二阶和三阶修正矢量即 $|\varphi_i^{(1)}(\omega)\rangle$、$|\varphi_{ij}^{(2)}(\omega_1, \omega_2)\rangle$ 和 $|\varphi_{ij}^{(3)}(\omega_1, \omega_2, \omega_3)\rangle$. 可由哈密顿矩阵的本征态构成的基组进行展开, 即

$$|\varphi_i^{(1)}(\omega_1)\rangle = \sum_R C_R|R\rangle \tag{15.21}$$

其中,

$$C_R = \frac{\langle R|\tilde{\mu}_i|G\rangle}{E_R - E_G + \hbar\omega_1 + \mathrm{i}\Gamma_1}$$

$$|\varphi_{ij}^{(2)}(\omega_1, \omega_2)\rangle = \sum_S C_S|S\rangle \tag{15.22}$$

其中,

$$C_S = \frac{\left\langle S\left|\tilde{\mu}_j\right|\varphi_i^{(1)}(\omega_1)\right\rangle}{E_S - E_G + \hbar\omega_2 + \mathrm{i}\Gamma_2}$$

$$= \sum_R \frac{\langle S|\,\tilde{\mu}_j\,|R\rangle\,\langle R|\,\tilde{\mu}_i\,|G\rangle}{(E_S - E_G + \hbar\omega_2 + \mathrm{i}\Gamma_2)(E_R - E_G + \hbar\omega_1 + \mathrm{i}\Gamma_1)}$$

$$\left|\varphi_{ijk}^{(3)}(\omega_1, \omega_2, \omega_3)\right\rangle = \sum_T C_T \left|Tbig\right\rangle$$

$$C_T = \frac{\left\langle T\left|\tilde{\mu}_k\right|\varphi_{ij}^{(2)}(\omega_1, \omega_2)\right\rangle}{E_T - E_G + \hbar\omega_3 + \mathrm{i}\Gamma_3}$$

$$= \sum_S \sum_R \frac{\langle T|\,\tilde{\mu}_k\,|S\rangle\langle S|\,\tilde{\mu}_j\,|R\rangle\langle R|\,\tilde{\mu}_i\,|G\rangle}{(E_T - E_G + \hbar\omega_3 + \mathrm{i}\Gamma_3)(E_S - E_G + \hbar\omega_2 + \mathrm{i}\Gamma_2)(E_R - E_G + \hbar\omega_1 + \mathrm{i}\Gamma_1)} \tag{15.23}$$

式中: $|R\rangle$、$|S\rangle$ 和 $|T\rangle$ 代表哈密顿矩阵的本征态; C_R、C_S 和 C_T 为相应的展开系数.

　　对于一般分子和大尺寸分子, 体系的哈密顿矩阵维数都非常大, 我们需要寻找一种有效的方法来求解定义修正矢量的线性方程组即式 (15.17)~ 式 (15.20). 我们采用了一种类似 Davidson 对角化算法的小矩阵算法[129]来求解上述方程组, 该算法对于正负 ω 都得到很好的收敛结果. 图 15-13 是该算法求解方程组 $Ax = b$ 的流程图. 首先初始猜测方程组的解为将矩阵 A 的非对角元设为零时方程组的根 x^0; 然后求出方程组的误差向量 r^0, 判断该误差是否足够小而收敛; 如果收敛即所得解为线性方程组的根, 否则通过误差向量增大变换向量空间 Q; 再将由变换向量 Q 将方程组 $Ax = b$ 做变换成一个小维数的线性方程 $Q^{\mathrm{T}}AQy^n = Q^{\mathrm{T}}b$; 最后精确求解出该方程组的根 y^n 后由 Q 将其变换为原方程组的解, 从而循环参加收敛判断. 如果循环次数超过规定次数 N 还未收敛, 我们将最后所求解重新作为初始猜测进行循环求解, 从而保证变换矢量空间不会太大, 而且一般都能加速收敛缩短计算时间. 值得注意的是, 当 ω 为负值时, 由于矩阵 A 是非正定的, 一般求解方法很难收敛. 我们在原方程组两边左乘 A^{T} 即得方程组 $A^{\mathrm{T}}Ax = A^{\mathrm{T}}b$ 不改变原线性方程组的解, 而矩阵 $A^{\mathrm{T}}A$ 始终是正定的, 因而能给出很好的收敛结果.

　　与 SOS 公式相比较, 一阶、三阶及五阶极化率 (α、γ 及 ε) 表示为修正矢量的形式如下:

$$\alpha_{ij}(\omega_\sigma; \omega_1) = P_{ij}\langle\varphi_i^{(1)}(-\omega_1)|\tilde{\mu}_j|G\rangle \tag{15.24}$$

$$\gamma_{ijkl}(\omega_\sigma; \omega_1, \omega_2, \omega_3) = P_{ijkl}\langle\varphi_i^{(1)}(-\omega_1 - \omega_2 - \omega_3)|\tilde{\mu}_j|\varphi_{kl}^{(2)}(-\omega_1 - \omega_2, -\omega_1)\rangle \tag{15.25}$$

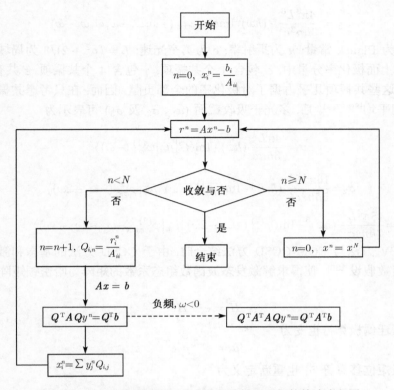

图 15-13 小矩阵算法求解修正矢量线性方程组的算法流程图

$$\varepsilon_{ijklmn}\left(\omega_\sigma;\omega_1,\omega_2,\omega_3,\omega_4,\omega_5\right)$$
$$=P_{ijklmn}\langle\varphi_{ij}^{(2)}\left(-\omega_1-\omega_2,-\omega_1\right)|\tilde{\mu}_k|\varphi_{lmn}^{(3)}\left(-\omega_3-\omega_4-\omega_5,-\omega_3-\omega_4,-\omega_3\right)\rangle \quad (15.26)$$

式中: $\omega_\sigma=-\left(\omega_1+\omega_2+\omega_3+\omega_4+\omega_5\right)$; P 为全交换算符, 分别对 (ω_σ,i)、(ω_1,j)、(ω_2,k)、(ω_3,l)、(ω_4,m) 和 (ω_5,n) 符号对做全交换运算, 从而使得 α 有 2 项, γ 共有 24 项, 而 ε 达到 720 项上面类似形式求和. 通过一阶、三阶及五阶极化率我们可以求出多光子吸收截面. 对于单光子吸收, $\omega_1=\omega$; 对于双光子吸收来说, $\omega_1=\omega_3=\omega$, $\omega_2=-\omega$; 对于三光子吸收, $\omega_1=\omega_3=\omega_4=\omega$, $\omega_2=\omega_5=-\omega$. 特别地, 对于线性共轭体系, 沿分子长轴方向的多光子吸收截面分量通常都大大地大于其他方向的分量, 因而分子的单光子、双光子及三光子吸收截面 (σ_1、σ_2 及 σ_3) 可近似由该方向的分量表示:

$$\sigma_1=\frac{4\pi L^2}{\hbar nc}\cdot(\hbar\omega)\mathrm{Im}\alpha_{xx}\left(-\omega;\omega\right) \quad (15.27)$$

$$\sigma_2=\frac{4\pi^2 L^4}{\hbar n^2 c^2}\cdot(\hbar\omega)^2\mathrm{Im}\gamma_{xxxx}\left(-\omega;\omega,-\omega,\omega\right) \quad (15.28)$$

$$\sigma_3 = \frac{4\pi^3 L^6}{3\hbar n^3 c^3} \cdot (\hbar\omega)^3 \text{Im}\varepsilon_{xxxxxx}(-\omega; \omega, -\omega, \omega, \omega, -\omega) \tag{15.29}$$

式中: $\hbar$ 为 Planck 常量; n 为折射率; c 为真空光速; $L = (n^2 + 2)/3$ 为局域场校正因子. 在上面极化率分量中, α 包含 1 个共振项, γ 包含 4 个共振项, ε 共有 36 个共振项, 这些共振项几乎占据了对极化率的全部贡献. 因而, 在只考虑共振项贡献及做空间平均[86,87,91] 后, 多光子吸收截面 (σ_1、σ_2 及 σ_3) 可表示为

$$\sigma_1 = \frac{4\pi L^2}{3\hbar nc} \cdot (\hbar\omega) \cdot \text{Im}\langle G|\tilde{\mu}_x|\varphi_x^{(1)}(-\omega)\rangle \tag{15.30}$$

$$\sigma_2 = \frac{16\pi^2 L^4}{5\hbar n^2 c^2} \cdot (\hbar\omega)^2 \cdot \text{Im}\langle \varphi_x^{(1)}(-\omega)|\tilde{\mu}_x|\varphi_{xx}^{(2)}(-\omega, -2\omega)\rangle \tag{15.31}$$

$$\sigma_3 = \frac{48\pi^3 L^6}{7\hbar n^3 c^3} \cdot (\hbar\omega)^3 \cdot \text{Im}\langle \varphi_{xx}^{(2)}(-\omega, -2\omega)|\tilde{\mu}_x|\varphi_{xxx}^{(3)}(-\omega, -2\omega, -3\omega)\rangle \tag{15.32}$$

将 CV 方法与 EOM-CCSD 方法结合时, 由于 CCSD 方法的基态和激发态波函数的指数假设[130], 使得求解激发态波函数组态系数的矩阵为哈密顿矩阵的相似变换, 即

$$\bar{H} = e^{-\text{T}} H e^{\text{T}} \tag{15.33}$$

相应的跃迁偶极算符也变为

$$\bar{\mu}_i = e^{-\text{T}} \boldsymbol{\mu}_i e^{\text{T}} \tag{15.34}$$

跃迁偶极矩位移算符 $\bar{\tilde{\mu}}_i$ 也重新定义为

$$\bar{\tilde{\mu}}_i = \bar{\mu}_i - \langle G|\bar{\mu}_i|G\rangle \tag{15.35}$$

因此求解一阶、二阶和三阶修正矢量的线性方程组变化为[131~133]

$$\left[\bar{H} - E_G + (\hbar\omega + \text{i}\Gamma)\right]|\varphi_i^{(1)}(\omega)\rangle = |\bar{\tilde{\mu}}_i|G\rangle \tag{15.36}$$

$$\left(\bar{H} - E_G + \hbar\omega_2 + \text{i}\Gamma_2\right)|\varphi_{ij}^{(2)}(\omega_1, \omega_2)\rangle = \bar{\tilde{\mu}}_j|\varphi_i^{(1)}(\omega_1)\rangle \tag{15.37}$$

$$\left(\bar{H} - E_G + \hbar\omega_3 + \text{i}\Gamma_3\right)|\varphi_{ijk}^{(3)}(\omega_1, \omega_2, \omega_3)\rangle = \bar{\tilde{\mu}}_k|\varphi_{ij}^{(2)}(\omega_1, \omega_2)\rangle \tag{15.38}$$

由于变换后哈密顿矩阵 $\bar{H}$ 不具有厄米性, 对于三阶和五阶极化率, 我们需要求出基态左矢的一阶及二阶修正矢量, 求解的线性方程组如下:

$$\langle \varphi_i^{(1)}(\omega_1)|\left(\bar{H} - E_G + \hbar\omega_1 + \text{i}\Gamma_1\right) = \langle G|\bar{\tilde{\mu}}_i \tag{15.39}$$

$$\langle \varphi_{ij}^{(2)}(\omega_1, \omega_2)|\left(\bar{H} - E_G + \hbar\omega_2 + \text{i}\Gamma_2\right) = \langle \varphi_i^{(1)}(\omega_1)|\bar{\tilde{\mu}}_j \tag{15.40}$$

式中: $\langle G|$ 为 CCSD 方法的基态左矢波函数的组态系数向量. CV 方法与 EOM-CCSD 方法结合求解修正矢量的算法以及计算多光子吸收截面过程与上面叙述方法相同.

15.3.2 CV 方法在有机共轭分子多光子吸收性质研究中的应用

近年来, 有机共轭分子作为多光子吸收潜在应用的一类重要材料得到广泛的研究. 目前理论和实验研究的分子体系主要包括由 π 共轭桥两端连接给受体的偶极分子 (D-π-A)、四极分子 (D-π-D, A-π-A)、π 共轭桥被取代的四极分子 (D-A-D、A-D-A), 还有扩展的多分支体系、八极分子以及星状大分子、卟啉系列分子等[11,30,33,38,43,103,108,134~142]. 从种类繁多的分子体系中筛选出高吸收截面的多光子吸收材料, 需要我们准确的理解这些分子体系的结构 – 性能关系. 理论研究不仅能够节约成本, 而且可以洞悉结构 – 性能关系的内在本质, 从而指导并加速实验工作者发现合适的材料. CV 方法直接给出了理论上多光子吸收截面的精确预测值, 为准确地研究材料的结构 – 性能关系提供了强有力的工具.

在上述多光子吸收分子体系中, π 共轭桥是其重要的组成部分, 因而会影响整个分子的多光子吸收性质. 我们利用 CV 方法结合与半经验参数化的 ZINDO 程序包相连接的自发展的 MRDCI 程序, 研究了中间桥的 π 共轭长度对多光子吸收的影响[69]. 研究的分子体系是一类扩展的 rylenebis(dicarboximide)s 分子[143] (图 15-14), 通过增加中间萘基的个数, 分子的 π 电子共轭长度得到延长.

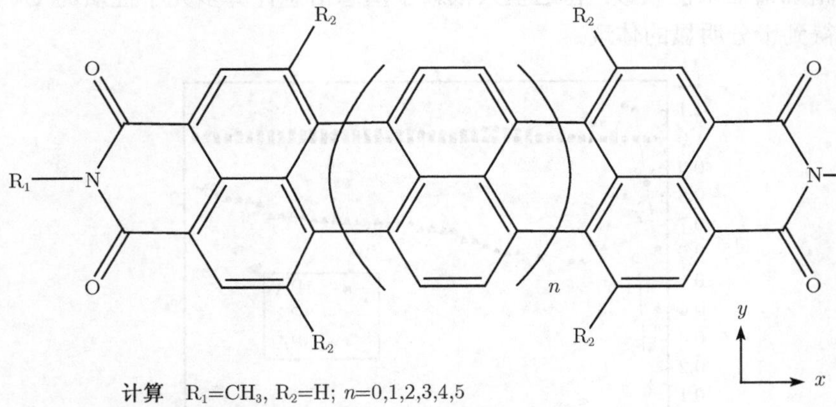

计算 $R_1=CH_3$, $R_2=H$; $n=0,1,2,3,4,5$

实验 $R_1=$甲基, 芳基 $R_2=$三 – 辛苯氧基; $n=0,1,2,3,4$

Naph2, Naph3, Naph4, Naph5, Naph6, Naph7, for $n=0,1,2,3,4,5$

图 15-14 扩展的 rylenebis(dicarboximide)s 分子结构示意图

表 15-8 列出了分子的共轭长度 (两个 N 原子间距离, L) 及两个最低单重态 (S_1、S_2) 的跃迁激发能 (E_{01}、E_{02}) 和跃迁偶极矩 (M_{01}、M_{02}). 从表 15-8 中可以发现, 随着分子共轭长度的增加, 激发态能量不断降低; 而且两个激发态能级也越来越靠近并发生微小交错, 导致 Naph7 分子的 S_1 和 S_2 的对称性与前面分子相反. 由于研究的分子体系具有对称中心, Naph2~Nahp6 分子的 S_1 为 B_u 对称性, 具有

单光子和三光子活性; 而 S_2 是 A_g 对称性导致 M_{02} 为零, 具有双光子活性. 对于 Naph7 分子, 情况刚好相反. 我们还可以看出, 最低 B_u 激发态到基态间沿分子长轴方向的跃迁偶极矩随着共轭长度的增加而基本上成线性增大.

表 15-8　分子的共轭长度 (L), 两个最低单重态 (S_1、S_2) 的跃迁激发能 (E_{01}、E_{02}) 及其沿分子共轭长轴方向的跃迁偶极矩 (M_{01}、M_{02})

分子	Naph2	Naph3	Naph4	Naph5	Naph6	Naph7
$L/\text{Å}$	11.42	15.76	20.09	24.43	28.76	33.10
E_{01}/eV	2.89	2.47	2.19	2.02	1.82	1.69
E_{02}/eV	3.43	2.68	2.35	2.12	1.84	1.69
M_{01}/deb	9.47	12.56	15.56	18.26	21.65	0.00
M_{02}/deb	0.00	0.00	0.00	0.00	0.00	24.37

图 15-15 给出了用 Tensor 方法计算的 Naph2 分子的单、双和三光子吸收截面 (σ_1、σ_2 和 σ_3) 与参与求和中间态的数目的收敛关系. 结果表明, σ_1 很快随中间态数目的增加而收敛; 当中间态的数目在几十个范围内时, σ_2 有所振荡, 直到超过 200 个态才很好地收敛; σ_3 在求和包含超过 200 个中间态的范围内都一直低于 CV 方法计算的精确值而未能收敛. 在这里只依赖于基态信息计算多光子性质的 CV 方法的优点得到十分明显的体现.

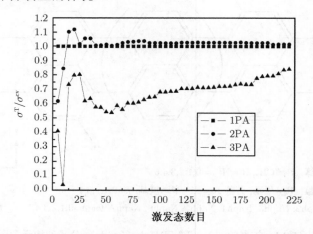

图 15-15　Tensor 方法计算的 Naph2 分子的单、双和三光子吸收截面 (σ_1、σ_2 和 σ_3) 与参与求和中间态的数目的收敛关系

INDO/MRDCI/CV 方法模拟的多光子吸收谱图见图 15-16. 从图 15-16 中可以看出, 单光子、双光子及三光子吸收的最低能量峰的位置都随着分子共轭长度的增加而发生红移, 并与相应的活性激发态 (S_1 或 S_2) 的跃迁激发能对应; 吸收峰的强度随着共轭长度的增加而增强. 将该峰的吸收截面的对数与共轭长度的对数作

图 (图 15-17), 可以发现它们基本成线性关系. 也就是说, 单光子、双光子及三光子吸收的最大吸收截面与共轭长度成幂函数关系, 幂指数依次增大分别为 1.3、2.6 和 5.6. 因而多光子吸收与 π 电子的共轭长度有很强的关联, 并且同时吸收的光子数越多关联效应越大.

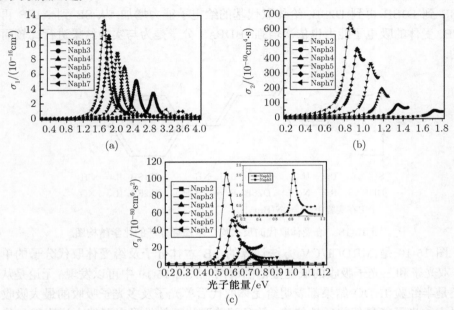

图 15-16 INDO/MRDCI/CV 计算的单光子 (a)、双光子 (b) 及三光子 (c) 吸收光谱图

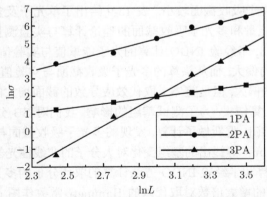

图 15-17 单光子、双光子及三光子吸收的最低能量峰的吸收截面 σ 与共轭长度 L 的对数 – 对数关系图

耦合簇方法是目前处理电子关联最为精确的方法之一, 而且具有大小一致的特性, 适合描述有机共轭体系的电子激发性质[67,144~146]. 因此, 我们将 CV 方法与

EOM-CCSD 方法结合起来, 用来计算研究有机共轭分子的多光子吸收性质. 目前, 我们利用该方法在半经验参数化的 INDO 和从头算 (*ab initio*) 水平研究了连接在 π 共轭桥两端的给体的供电子能力或者受体的吸电子能力对多光子吸收的影响[76]. 我们研究的体系为一系列取代的反式均二苯乙烯 (*trans*-stilbene) 分子 (图 15-18), 从 SB 到 D1SB 再到 D2SB, 给体取代基的给电子能力增加; 从 SB 到 A1SB 再到 A2SB, 受体的吸电子能力也依次增强; BDPAS 分子是为与实验结果进行比较而引入的.

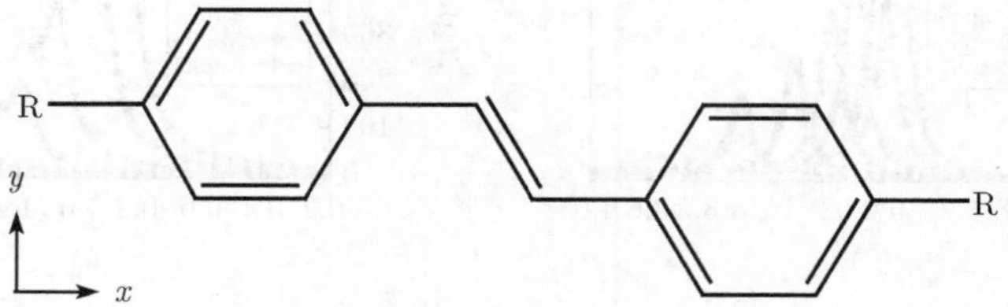

SB　　　　R=—H　　　D1SB　R=—NH$_2$　　　A1SB　R=—CH
BDPAS　R=—N(Ph)$_2$　D2SB　R=—N(CH$_3$)$_2$　A2SB　R=—NO$_2$
D2SB在实验中: R=—N(Butyl)$_2$

图 15-18　给受体取代的反式均二苯乙烯分子的化学结构图

　　图 15-19 是 MRDCI/CV 方法计算的 SB 本体分子及给受体取代分子的单光子、双光子和三光子吸收的低能量范围谱图. 从图 15-19 中可以发现, 无论是从头算还是半经验 INDO 结果都表明给受体取代后单光子及多光子吸收的最大吸收峰所对应的光子能量都往低处偏移, 并且随着取代基的供吸电子能力增强能量偏移增大. 与半经验 INDO 计算结果相比, 从头算结果的多光子吸收的光子能量偏大, 因而导致整体上多光子吸收截面较小. 表 15-9 给出了单光子及多光子吸收的最大吸收峰对应的光子能量和多光子吸收截面的理论计算与实验测量值的比较. 从表 15-9 中数据可以看出, 半经验 INDO 计算的光子能量值与实验值十分吻合, 从头算结果都有比较明显的偏大; 而从头算的多光子吸收截面与实验值更为接近, 半经验 INDO 计算结果有些偏大, 但是整体上取代效应导致的截面增大的趋势都与实验符合得很好. 对于从头算结果, 为了测试基组的影响, 我们对 SB 分子在 6-31G 基础上增加极化即 6-31G(d) 重新做了计算, 发现的多光子吸收截面与 6-31G 结果十分接近. 这也符合了 Hurst 等提出的基组变化对大分子的非线性光学响应的影响较小的观点[147]. 将从头算和半经验 INDO 方法计算的取代分子的多光子吸收截面相对 SB 分子的吸收截面的增大倍数对取代基的 Hammett 常数作图 (图 15-20), 可以发现, 随着取代基强度的增加, 取代分子的多光子吸收截面显著增大, 并且双光子吸收截面的增大倍数要大于三光子吸收截面的增大倍数. 这说明, 取代效应对双子吸收的影响要比对三光子吸收的影响更为强烈, 而从前面研究介绍中知道共轭长度的增加使得三光子吸收截面增加远大于双光子吸收截面的增加.

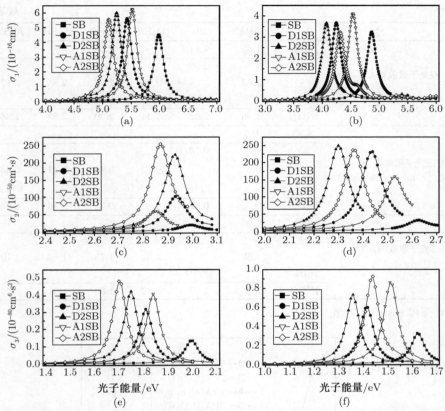

图 15-19 MRDCI/CV 方法计算的单光子吸收谱图 (a) 从头算结果、(b) 半经验 INDO 结果,双光子吸收谱图 (c) 从头算结果、(d) 半经验 INDO 结果以及三光子吸收谱图 (e) 从头算结果、(f) 半经验 INDO 结果

表 15-9　研究分子的单光子、双光子以及三光子吸收低能量范围谱图的最大吸收峰对应的吸收光子能量和多光子吸收截面的理论计算值和实验测量值

分子		BDPAS	SB	D1SB	D2SB	A1SB	A2SB
单光子吸收峰/eV	实验	3.20	4.18	—	3.32	—	—
	ab *initio*	4.87	5.99 5.84[1]	5.43	5.25	5.52	5.11
	INDO	3.71	4.87	4.25	4.08	4.54	4.32
双光子吸收截面 /(10^{-50} cm^4·s/photon)	实验	320	12	—	210	—	—
	ab *initio*	508.0	18.5 30.0[1]	102.0	223.6	59.1	255.1
	INDO	156.5	31.4	232.3	249.8	159.5	236.6

续表

分子		BDPAS	SB	D1SB	D2SB	A1SB	A2SB
双光子吸收峰/eV	实验	1.85	2.41	—	2.05		
	ab		2.99				
		2.87		2.94	2.93	2.85	2.87
	initio		3.04[a]				
	INDO	1.96	2.63	2.44	2.30	2.53	2.36
三光子吸收截面 /(10^{-80}cm^6·s^2/photon^2)	实验	0.5	—				
	ab		0.13				
		0.61		0.32	0.42	0.41	0.48
	initio		0.11[1)				
	INDO	1.3	0.32	0.60	0.73	0.86	0.92
三光子吸收峰/eV	实验	1.06	—	—	—		
	ab		2.00				
		1.62		1.81	1.75	1.84	1.70
	initio		1.95[1)				
	INDO	1.23	1.62	1.42	1.36	1.51	1.44

1) 采用 6-31G(d) 基组.

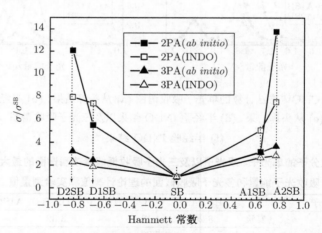

图 15-20　取代分子的双光子和三光子吸收截面相对 SB 分子的吸收截面的增大倍数对取代基的 Hammett 常数作图. Hammett 常数代表了给体取代基的供电子能力 (负值越小越强) 和受体取代基的吸电子能力 (正值越大越强). 虚线箭头指示数据点所对应的分子

为了研究求和中间态数目对吸收截面的影响, 我们也用 Tensor 方法做了计算. 图 15-21 是最大吸收峰对应的多光子吸收截面随求和中间态数目变化的函数关系图. 从头算与半经验 INDO 计算给出了一致结果: 对于单光子吸收来说, 求和只需要包括少数几个最低激发态, 吸收截面就达到完全收敛; 双光子吸收截面在求和增加到几十个中间态后也能获得较好的收敛值; 然而对于三光子吸收, 求和中间态甚至达到 200 个, 吸收截面都未能收敛, 而且不同分子的收敛程度也相差很大. 因此, 在进行需要精确比较的结构–性能研究时, 只基于基态性质而直接给出收敛结果的 CV 方法的优势在与 EOM-CCSD 理论结合时得到进一步的证明.

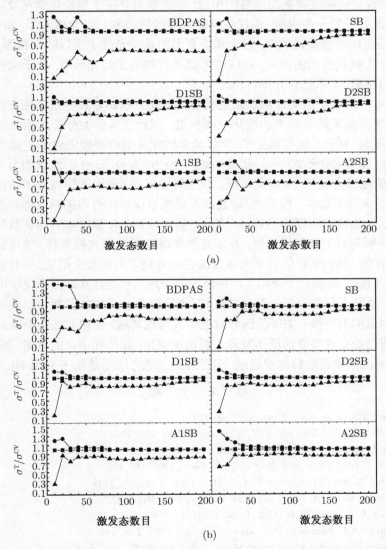

图 15-21 Tensor 方法计算的研究分子的单光子 (■)、双光子 (•) 以及三光子 (▲) 吸收的最大吸收峰的吸收截面 (σ_1、σ_2 和 σ_3) 随求和的激发态数目的收敛变化图. (a) 从头算结果; (b) 半经验 INDO 结果

15.4　总结与展望

虽然有机非线性光学发展的历史还不长, 但由于它已经在光子学材料得到广泛应用, 分子设计还将发挥更加重要的作用. 本章我们介绍了理论化学在设计大非线性吸收截面分子的一些应用, 但仅仅只是从非线性吸收一个角度入手, 实际上, 对于应用, 还应该考虑荧光效率, 因为真正有用的是荧光效率乘以吸收截面, 也就是说, 在设计大吸收截面的同时, 还应该考虑是否损失了荧光效率. 关于荧光效率的预测, 我们在第 14 章已有详细讨论.

本章内容的电子结构理论基础是耦合簇运动方程和多参考组态相互作用. 从头计算方案需要采纳非常多的活化空间轨道, 因此在实际大分子体系中的应用受到极大的限制. 对于共轭有机分子, 半经验参数化模型哈密顿仍然是主要的出发点. 态求和方法及其简化形式 —— 张量法被广泛应用到分子设计, 这是因为可以借助分析重要的激发态结构, 从态偶极矩、跃迁偶极矩、调谐因子等与分子结构密切相关的物理量来分析结构–性能关系, 其缺点是难以保证用有限的激发态得到准确的吸收截面. 非线性响应理论形式是严格的, 但实际数值计算时难以保证数值迭代的收敛性, 特别是对于多光子过程, 外加光频率很容易达到共振条件, 使得计算过程更加难以收敛. 我们实现的修正矢量方法完全避免了数值收敛问题, 并且在形式上更为简洁, 但核心问题在于采用了严格解的理论形式来处理实际量子化学中总是采用近似解, 原则上只有当近似解足够好时, 才是可靠的. DFT 虽然可以应用于大分子体系, 但近似的交换–关联泛函导致电荷人为地离域, 使得非线性响应系数随意增大, 目前已经有许多新的泛函发展来解决该问题, 相信在不久的将来, 基于 DFT 的非线性响应理论会取得重要进展. 但目前的主流方法还是基于 post-HF.

参 考 文 献

[1] Göppert-Mayer M. Ann. Phys., 1931, 9: 273

[2] Denk W, Strickler J H, Webb W W. Science, 1990, 248: 73

[3] Larson D R, Zipfel W R, Williams R M et al. Science, 2003, 300: 1434

[4] He G S, Xu G C, Prasad P N et al. Opt. Lett., 1995, 20: 435

[5] Ehrlich J E, Wu X L, Lee I Y S et al. Opt. Lett., 1997, 22: 1843

[6] Parthenopoulos D A, Rentzepis P M. Science, 1989, 245: 843

[7] Strickler J H, Webb W W. Opt. Lett., 1991, 16: 1780

[8] Dvornikov A S, Rentzepis P M. Opt. Commun., 1995, 119: 341

[9] Belfield K D, Schafer K J. Chem. Mater., 2002, 14: 3656

[10] Bhawalkar J D, Kumar N D, Zhao C F et al. J. Clin. Laser Med. Surg., 1997, 15: 201

[11] Albota M, Beljonne D, Bredas J L et al.Science, 1998, 281: 1653

[12] Norman P, Luo Y, Agren H. Chem. Phys. Lett., 1998, 296: 8

[13] Kim O K, Lee K S, Woo H Y et al. Chem. Mat., 2000, 12: 284

[14] Pati S K, Marks T J, Ratner M A. J. Am. Chem. Soc., 2001, 123: 7287

[15] Wang C K, Macak P, Luo Y et al. J. Chem. Phys., 2001, 114: 9813

[16] Cronstrand P, Luo Y, Agren H. J. Chem. Phys., 2002, 117: 11102

[17] Drobizhev M, Karotki A, Kruk M et al. Chem. Phys. Lett., 2002, 355: 175

[18] Masunov A M, Tretiak S. J. Phys. Chem. B, 2004, 108: 899

[19] Jha P C, Das M, Ramasesha S. J. Phys. Chem. A, 2004, 108: 6279

[20] Zojer E, Wenseleers W, Pacher P et al. J. Phys. Chem. B, 2004, 108: 8641

[21] Pond S J K, Tsutsumi O, Rumi M et al. J. Am. Chem. Soc., 2004, 126: 9291

[22] Day P N, Nguyen K A, Pachter R. J. Phys. Chem. B, 2005, 109: 1803

[23] Day P N, Nguyen K A, Pachter R. J. Chem. Phys., 2006, 125: 094103

[24] Luo Y, Rubio-Pons O, Guo J D et al. J. Chem. Phys., 2005, 122: 096101

[25] Inokuma Y, Ono N, Uno H et al. Chem. Commun., 2005, 3782

[26] Drobizhev M, Stepanenko Y, Dzenis Y et al. J. Phys. Chem. B, 2005, 109: 7223

[27] Kim D Y, Alm T K, Kwon J H et al. J. Phys. Chem. A, 2005, 109: 2996

[28] Lee W H, Cho M H, Jeon S J et al. J. Phys. Chem. A, 2000, 104: 11033

[29] Ventelon L, Moreaux L, Mertz J et al. Synth. Metal., 2002, 127: 17

[30] Rumi M, Ehrlich J E, Heikal A A et al. J. Am. Chem. Soc., 2000, 122: 9500

[31] Barzoukas M, Blanchard-Desce M. J. Chem. Phys., 2000, 113: 3951

[32] Lee W H, Lee H, Kim J A et al. J. Am. Chem. Soc., 2001, 123: 10658

[33] Beljonne D, Wenseleers W, Zojer E et al. Adv. Funct. Mater., 2002, 12: 631

[34] Liu X J, Feng J K, Ren A M et al. J. Chem. Phys., 2004, 120: 11493

[35] Liu X J, Feng J K, Ren A M et al. J. Chem. Phys., 2004, 121: 8253

[36] Katan C, Terenziani F, Mongin O et al. J. Phys. Chem. A, 2005, 109: 3024

[37] Ray P C, Leszczynski J. J. Phys. Chem. A, 2005, 109: 6689

[38] Chung S J, Kim K S, Lin T H et al. J. Phys. Chem. B, 1999, 103: 10741

[39] Abbotto A, Beverina L, Bradamante S et al. Synth. Met., 2003, 136: 795

[40] Abbotto A, Beverina L, Bozio R et al. Chem. Commun., 2003, 2144

[41] Macak P, Luo Y, Norman P et al. J. Chem. Phys., 2004, 113: 7055

[42] Bartholomew G P, Rumi M, Pond S J K et al. J. Am. Chem. Soc., 2004, 126: 11529

[43] Drobizhev M, Karotki A, Dzenis Y et al. J. Phys. Chem. B, 2003, 107: 7540

[44] Yang W J, Kim C H, Jeong M Y et al. Chem. Mat., 2004, 16: 2783

[45] Adronov A, Frechet J M J, He G S et al. Chem. Mat., 2000, 12: 2838

[46] He G S, Bhawalkar J D, Prasad P N. Opt. Lett., 1995, 20: 1524

[47] Drobizhev M, Karotki A, Kruk M et al. J. Phys. Chem. B, 2004, 108: 4221

[48] Suo Z Y, Drobizhev M, Spangler C W et al. Org. Lett., 2005, 7: 4807

[49] Hernandez F E, Belfield K D, Cohanoschi I. Chem. Phys. Lett., 2004, 121: 7901

[50] Cohanoschi I, Belfield K D, Hernandez F E. Chem. Phys. Lett., 2005, 406: 462

[51] Cohanoschi I, Belfield K D, Toro C et al. J. Chem. Phys., 2006, 124: 194707

[52] Cohanoschi I, Barbot A, Belfield K D et al. J. Chem. Phys., 2005, 123: 231104

[53] Samoc M, Morrall J P, Dalton G T et al. Angew. Chem.-Int. Edit., 2007, 46: 731

[54] Dreuw A, Head-Gordon M. Chem. Rev., 2005, 105: 4009

[55] van Gisbergen S J A, Schipper P R T, Gritsenko O V et al. Phys. Rev. Lett., 1999, 83: 694

[56] Sekino H, Maeda Y, Kamiya M et al. J. Chem. Phys., 2007, 126: 014107

[57]　Hutchison G R, Ratner M A, Marks T J. J. Phys. Chem. A, 2002, 106: 10596

[58]　Shuai Z G, Beljonne D, Brédas J L. J. Chem. Phys., 1992, 97: 1132

[59]　Abe S, Schreiber M, Su W P et al. Phys. Rev. B, 1992, 45: 9432

[60]　Guo D, Mazumdar S, Dixit S N et al. Phys. Rev. B, 1993, 48: 1433

[61]　Olsen J, Jorgensen P. J. Chem. Phys., 1985, 82: 3235

[62]　Hättig C, Christiansen O, Coriani S et al. J. Chem. Phys.,1998, 109: 9237

[63]　Oddershede J, Jorgensen P, Yeager D. Comput. Phys. Rep., 1984, 2: 33

[64]　Helgaker T, Jensen H J A , Jørgensen P et al. DALTON, an *ab initio* electronic structure program, Release 1.2, 2001 available from http:// www.kjemi.uio.no/software/dalton/dalton.html

[65]　Ridley J, Zerner M C. Theor. Chim. Acta, 1973, 32: 111

[66]　Meyers F, Marder S R, Pierce B M et al. J. Am. Chem. Soc., 1994, 116: 10703

[67]　Shuai Z, Brédas J L. Phys. Rev. B, 2000, 62: 15452

[68]　Shuai Z , Ramasesha S, Brédas J L. Chem. Phys. Lett., 1996, 250: 14

[69]　Yi Y P, Zhu L Y, Shuai Z. J. Chem. Phys., 2006, 125: 164505

[70]　Cronstrand P, Luo Y, Norman P et al. Chem. Phys. Lett., 2003, 375: 233

[71]　Salek P, Agren H, Baev A et al. J. Phys. Chem. A, 2005, 109: 11037

[72]　Cronstrand P, Jansik B, Jonsson D et al. J. Chem. Phys., 2004, 121: 9239

[73]　Cronstrand P, Norman P, Luo Y et al. J. Chem. Phys., 2004, 121: 2020

[74]　Zhu L Y, Yang X, Yi Y P et al. J. Chem. Phys., 2004, 121: 11060

[75]　Zhu L Y, Yi Y P, Shuai Z G et al. J. Phys. Chem. A, 2007, 111: 8509

[76]　Yi Y, Li Q, Zhu L et al. Phys. Chem. A, 2007, 111: 9291

[77]　Zhu L, Yi Y, Shuai Z et al. J. Chem. Phys., 2006, 125: 044101

[78]　Orr B J, Ward J F. Mol. Phys., 1971, 20: 513

[79]　Zhang X B, Feng J K, Ren A M. J. Organometallic Chem., 2007, 692: 3778

[80]　Yang Z D, Feng J K, Ren A M et al. J. Phys. Chem. A, 2006, 110: 13956

[81]　Zhou X, Ren A M, Feng J K et al. J. Photochem.Photobio. A Chem, 2005, 172: 126

[82]　Liu X J, Feng J K, Ren A M et al. Chem. Phys., 2004, 403: 7

[83]　Liu X J, Feng J K, Ren A M et al. Chem. Physchem., 2003, 4: 991

[84]　Monson P R, McClain W M. J. Chem. Phys., 1970, 53: 29

[85]　McClain W M. J. Chem. Phys., 1971, 55: 2789

[86]　Norman P, Cronstrand P et al. Chem. Phys. Lett., 2002, 285: 207

[87]　Kramer M, Boyd R W. Phys. Rev. B, 1981, 23: 986

[88]　Sutherland R L. In Handbook of Nonlinear Optics. 2nd Ed. 2003, 591

[89]　Pericolas W L. Ann. Rev. Phys. Chem., 1967, 18: 233

[90]　McClain W M. J. Chem. Phys., 1972, 57: 2264

[91]　Pierce B M. J. Chem. Phys., 1989, 91: 791

[92]　Shuai Z, Brédas J L. Phys. Rev. B, 1991, 44: 5962

[93]　Buenker R J, Peyerimhoff S D. Theor. Chim. Acta, 1974, 35: 33

[94]　Tavan P, Schulten K. J. Chem. Phys., 1986, 85: 6602

[95]　Pople J A, Beveridge D L, Dobosh P A. J. Chem. Phys., 1967, 47: 2026

[96]　Taylor P N, Wylie A P, Anderson H L et al. Angew. Chem. Int. Ed., 1998, 37: 986

[97]　Frisch M J, Trucks G W et al. Gaussian 03; Gaussion Inc.: Carnegie PA, 2003.

[98]　Blake I M, Anderson H L, Beljonne D et al. J. Am. Chem. Soc., 1998, 120: 10764

[99]　Beljonne D, Cornil J, Silbey R et al. J. Chem. Phys., 2000, 112: 4749

[100]　Calbert J P. ZOA V2.5; Materia Nova: Mons, Belgium, 2003.

[101]　Ogawa K, Ohashi A, Kobuke Y et al. J. Am. Chem. Soc., 2003, 125: 13356

[102]　Collini E, Ferrante C, Bozio R. J. Phys. Chem. B, 2005, 109: 2

[103]　Ahn T K, Kim K S, Kim D Y et al. J. Am. Chem. Soc., 2006, 128: 1700

[104]　Drobizhev M, Meng F Q, Rebane A et al. J. Phys. Chem. B, 2006, 110: 9802

[105]　Drobizhev M, Stepanenko Y, Rebane A et al. J. Am. Chem. Soc., 2006, 128: 12432

[106]　Humphrey J L, Kuciauskas D. J. Am. Chem. Soc., 2006, 128: 3902

[107]　Misra R, Kumar R, Chandrashekar T K et al. Org. Lett., 2006, 8: 629

[108]　Drobizhev M, Stepanenko Y, Dzenis Y et al. J. Am. Chem. Soc., 2004, 126: 15352

[109]　Rubtsov I V, Susumu K, Rubstov G I et al. J. Am. Chem. Soc., 2003, 125: 2687

[110]　Kumble R, Palese S, Lin V S Y et al. J. Am. Chem. Soc., 1998, 120: 11489

[111]　Muranaka A, Asano Y, Tsuda A et al. Chem. Phys. Chem., 2006, 7: 1235

[112]　Taylor P N, Huuskonen J, Rumbles G et al. Chem. Commun., 1998, 909

[113]　Aenold D P, James D A, Kennard C H L et al. J. Chem. Soc. Chem .Commun., 1994, 2131

[114]　Chung S J, Zheng S J, Odani T et al. J. Am. Chem. Soc., 2006, 128: 14444

[115]　Beljonne D, O'Keefe G E, Hamer P J et al. J. Chem. Phys., 1997, 106: 9439

[116]　Dirk C W, Cheng L T. Int. J. Quantum Chem., 1992, 43: 27

[117]　Mazumdar S, Duo D, Dixit S N. Synth. Met., 1993, 57: 3881

[118]　Cronstrand P, Luo Y, Agren H. Chem. Phys. Lett., 2002, 352: 262

[119]　Blanchard-Desce M, Barzoukas M. J. Opt. Soc. Am. B, 1998, 15: 302

[120]　Ramasesha S, Soos Z G. Chem. Phys. Lett., 1988, 153: 171.

[121]　Badaeva E A, Timofeeva T V, Masunov A M et al. J. Phys. Chem. A, 2005, 109: 7276

[122]　Christiansen O, Gauss J, Stanton J F. Chem. Phys. Lett., 1998, 292: 437

[123]　Gauss J, Christiansen O, Stanton J F. Chem. Phys. Lett., 1998, 296: 117

[124]　Christiansen O, Gauss J, Stanton J F. Chem. Phys. Lett., 1999, 305: 147

[125]　Paterson M J, Christiansen O, Pawlowski F et al. J. Chem. Phys., 2006, 124: 054322

[126]　Nielsen C B, Rettrup S, Sauer S P A. J. Chem. Phys., 2006, 124: 114108

[127]　Ramasesha S, Shuai Z, Brédas J L. Chem. Phys. Lett., 1995, 245: 224

[128]　Pati S K, Ramasesha S, Shuai Z et al. Phys. Rev. B, 1999, 59: 14827

[129]　Ramasesha S. J. Comput. Chem., 1990, 11: 545

[130]　Helgaker T, Jørgensen P, Olsen J. Molecular Electronic-Structure Theory. Vol.13. Chichester: John Wiley & Sons Ltd, England, 2000

[131]　Stanton J F, Bartlett R J. J. Chem. Phys., 1993, 99: 5718

[132]　Hättig C, Christiansen O, Jørgensen P. J. Chem. Phys., 1998, 108: 8331

[133]　Hättig C, Christiansen O, Jørgensen P. J. Chem. Phys., 1998, 108: 8355

[134]　Belfield K D, Hagan D J, Van Stryland E W et al. Org. Lett., 1999, 1: 1575

[135]　Antonov L, Kamada K, Ohta K et al. Phys. Chem. Chem. Phys., 2003, 5: 1193

[136]　Ventelon L, Moreaux L, Mertz J et al. Chem. Commun., 1999, 2055

[137]　Cho B R, Son K H, Lee S H et al. J. Am. Chem. Soc., 2001, 123: 10039

[138]　Pond S J K, Rumi M, Levin M D et al. J. Phys. Chem. A, 2002, 106: 11470

[139]　Halik M, Wenseleers W, Grasso C et al. Chem. Commun., 2003, 1490

[140]　Oliveira S L, Correa D S, Misoguti L et al. Adv. Mater., 2005, 17: 1890

[141] Rath H, Sankar J, PrabhuRaja V et al. J. Am. Chem. Soc., 2005, 127: 11608
[142] Yoon Z S, Kwon J H, Yoon M C et al. J. Am. Chem. Soc., 2006, 128: 14128
[143] Pschirer N G, Kohl C, Nolde F et al. Angew. Chem. Int. Ed., 2006, 45: 1401
[144] Ye A, Shuai Z, Brédas J L. Phys. Rev. B, 2002, 65: 045208
[145] Ye A, Shuai Z, Kwon O et al. J. Chem. Phys., 2004, 121: 5567
[146] Shuai Z, Li Q, Yi Y. J. Theor. Comput. Chem., 2005, 4: 603
[147] Hurst G J B, Dupuis M, Clementi E. J. Chem. Phys., 1988, 89: 385

第16章　酶的结构及催化反应机理

吕文彩　李泽生

16.1　引　言

细胞是生命的基本单位, 由细胞核、细胞质和细胞膜组成. 各种生命现象和生物功能的产生实质上是细胞内或细胞间各种生物大分子相互作用的结果. 核酸(DNA、RNA) 对细胞内进行的各种活动具有控制作用; 蛋白质则是细胞内参与各种活动的重要角色, 是生物功能的主要载体. 蛋白质具有共价键与非共价键形成的空间构象 (conformation), 其分子结构的多样性决定了蛋白质分子功能的多样性, 因此研究生物大分子的空间结构及功能一直是分子生物学乃至整个生命科学中最重要和最活跃的领域之一.

氨基酸[1] 是蛋白质多肽链最基本的构成单位. 大多数蛋白质是由 20 种常见氨基酸以不同的比例组成. 各种氨基酸的区别就在于侧链 R 基的不同. R 基疏水的氨基酸, 由于溶剂化作用, 往往位于胞浆蛋白的内部; 而具有极性 R 基的氨基酸主要位于蛋白质表面. 蛋白质所具有的功能在很大程度上取决于其空间结构, 即氨基酸彼此的连接顺序和相互的空间关系. 因此, 研究蛋白质分子的结构是研究其功能的前提. 在实验中, X 射线晶体学方法和多维核磁共振技术是目前测定蛋白质结构的主要方法. 随着近年来计算机技术的飞速发展使得以计算机作为工具进行生物学的基本理论研究, 特别是对生物大分子体系结构的预测, 生物大分子与底物之间相互作用的计算机分子模拟研究, 成为十分重要和活跃的前沿研究领域. 蛋白质结构的理论预测方法主要包括同源模建方法 (homology modeling)、Threading 方法等, 并且在确定了蛋白质的构象后, 分子力学、分子动力学模拟和组合 QM/MM 方法也被广泛应用在计算配体–生物大分子间的相互作用, 生物大分子体系中活性部位和活性基团的确定, 生物体中的电子转移、质子转移、能量转移的方式及途径, 酶的催化反应机理和全新药物设计等方面. 生物大分子的计算研究已成为一个非常有吸引力的研究领域. 本章将简介目前的蛋白质结构预测和酶的催化反应机理等方面的一些理论研究方法及其应用. 16.2 节为酶的结构与功能简介; 16.3 节为蛋白质三维结构预测发展的近况; 16.4 节为蛋白质活性位点的预测及酶催化反应机理研究的几个实例; 16.5 节是展望.

16.2　酶的结构与功能[2]

酶是由活细胞产生的, 具有催化活性且催化效率极高, 并对底物具有高度专一和选择性的一类特殊蛋白质. 现在已经发现的生物体内存在的酶有上千种. 对众多代谢途径的研究表明, 生命现象是和生物体内存在的由酶催化的许许多多丰富多彩的化学反应历程密切联系在一起的. 可以说, 离开了酶在生物体内的催化作用, 生命也就停止了. 因此酶的研究, 对于阐明生命现象的本质是十分重要的. 酶化学是生物科学的一门重要的基础理论科学. 由于酶的独特的催化功能, 它在生物高科技领域有重大的实际应用意义.

16.2.1　酶的化学结构及活性部位

酶的化学结构是酶催化作用的结构基础. 研究酶的化学结构与催化功能之间的关系, 是酶学领域里非常重要的问题之一. 酶是具有催化活性的一类蛋白质, 根据酶的化学组成可分为单纯酶和结合酶两类. 单纯酶完全由氨基酸组成, 如牛胰蛋白酶是由 223 个氨基酸残基组成. 结合酶除含有蛋白质部分外, 还含有非蛋白质物质的辅助因子. 辅助因子又可分为两类: 一类是必需的金属离子, 如 Zn^{2+}、Mg^2、Mn^{2+}、Fe^{2+}、Cu^{2+}、Mo^{6+} 等; 另一类是辅酶. 辅酶是指这样的一些辅助因子, 它在酶催化反应过程中起着运载底物的电子或某类基团的作用, 在反应中, 它虽然发生了变化, 但是通过其他酶或其他反应, 可重新恢复到原来形式的辅酶. 例如, 尼克酰胺腺嘌呤二核苷酸 (NAD^+), 尼克酰胺腺嘌呤二核苷酸磷酸 ($NADP^+$) 分别被称为辅酶 I 和辅酶 II. 还有一类辅酶, 它们在酶催化反应过程中, 一直结合在酶的活性部位, 成为活性部位的一部分, 在还原为原来形式时也不离开原来的酶的活性部位, 这类辅酶称为辅基, 如黄素单核苷酸 (FMN) 和黄素腺嘌呤二核苷酸 (FAD).

酶的活性部位是处在酶分子表面的一个裂罅内. 在那里有直接参与反应的氨基酸残基的侧链基团根据一定的空间结构组成的活性部位. 在活性部位起作用的基团并不是由一级结构相邻近的氨基酸残基提供的, 活性部位的氨基酸残基在一级结构上可以相距很远, 也可能位于不同肽链上, 但在空间结构上却十分接近, 那是因为形成活性部位时, 肽链的氨基酸残基通过盘曲折叠而处于相邻的位置上.

活性部位内氨基酸侧链基团可分为结合基团和催化基团. 结合基团是直接和底物结合的基团. 只有与酶的活性部位结构相适应的底物分子 (主要指底物分子的大小、形状、电荷等情况), 才能与酶结合. 催化基团是直接促进底物发生化学变化的基团. 催化基团主要使底物分子的敏感键在此部位被切断或形成新键, 从而发生某种化学反应. 结合基团的总和称为结合部位, 催化基团的总和又称为催化部位. 这种分法是相对的, 因为有些基团兼有结合与催化的两种作用. 由此可见, 酶的活性部位不仅决定酶的专一性, 同时也对酶的催化性能起决定作用.

16.2.2 酶的特性和催化功能

1. 酶与一般催化剂的异同点

1) 相同点

(1) 凡是催化剂都可以加快化学反应的速率, 而其本身在反应前后没有结构和性质上的变化, 酶也如此.

(2) 只能加快化学反应的速率, 不能使那些不能进行反应的物质进行反应.

(3) 只能缩短反应达到平衡所需的时间, 而不能改变平衡点, 即不能改变达到平衡时, 反应物和生成物的浓度.

2) 不同点

(1) 酶催化的效率极高, 可比一般的催化剂高 $10^7 \sim 10^{13}$ 倍, 远远超出一般催化剂的催化能力.

(2) 酶易失活, 酶极易受温度、pH 等因素的影响而失活, 显示酶的高度不稳定性.

(3) 酶的催化具有高度专一性. 一种酶往往只能催化一种或一类反应, 作用于一种或一类物质. 酶只作用于一种底物或一类结构近似的底物的这种专一性称为结构专一性; 对于具有立体异构体的底物, 酶只能作用其中一种的特性称为立体异构专一性.

(4) 酶在生物体内进行代谢更新, 在质和量上都不断发生变化, 而一般催化剂无此改变.

(5) 酶一般在常温、常压、中性环境中即能加速反应进行, 而无机催化剂通常在高温、高压下催化反应的进行.

(6) 酶有活性中心, 起催化作用的是活性部位内氨基酸残基的侧链基团.

(7) 可调节性. 酶的催化作用受催化反应的产物或底物的反馈调节, 从而使反应恰好适合生物体内发生各种各样生物化学过程.

2. 酶的催化功能

酶的催化原理是降低反应活化能. 活化能是指使反应物分子达到活化状态的能量. 根据化学反应理论, 一种化学反应的发生, 只有反应物分子的活化能达到或者超过活化能垒时, 反应才能进行. 能垒越高的反应系统, 反应越不易进行; 反之, 则越容易进行. 催化化学反应一般有两种途径: 一是向反应物加入一定的能量, 如光、热等, 使其活化 (加入的能量称为活化能); 二是用适当的催化剂降低活化能垒, 使本身能垒较高的反应变为一种能垒较低的反应, 即需活化能较高的反应变为需活化能较低的反应进行, 能垒降低意味着反应所需活化能低, 这样在消耗单位能量的基础上有更多的分子参加反应, 从而加速反应的进行.

　　酶能降低反应能垒的最合适的解释是中间复合物学说, 即酶在催化某一化学反应时, 首先是酶 (E) 与底物 (S) 结合, 形成中间复合物 (ES), 然后再分解成反应产物, 并释放出酶 (E). 解释酶的催化反应机理除中间复合物学说外, 还有 Koshland 于 1958 年提出的诱导契合 (induced fit) 学说[3]: 该学说认为, 当酶与底物结合时, 可引起酶蛋白分子空间构象的变化. 此时酶活性部位的催化基团与结合基团通过适当排列和定位, 使底物分子得以靠近及定向于酶, 酶便与底物相互契合, 形成酶与底物的复合物, 同时使底物某些化学键稳定性降低, 进而催化底物转变为产物.

16.3　蛋白质三维结构预测

16.3.1　蛋白质结构[4,5]

　　蛋白质结构可分为四个层次.

　　蛋白质一级结构是指多肽链中氨基酸的排列顺序. 目前, 已测定出一级结构的蛋白质很多, 可通过 Internet 进行查询. 比较重要的蛋白质资料库包括 EMBL(欧洲分子生物学实验室资料库)、Genbank(基因序列资料库) 和 PIR(蛋白质序列资料库).

　　蛋白质多肽骨架的构象构成了它们的二级结构. 二级结构是指主链原子局部空间排列, 主要指肽链形成的 α- 螺旋、β- 折叠、β- 转角和无规卷曲, 可以通过 X 射线衍射分析方法来确定. α- 螺旋是多肽链中能量最低、最稳定的构象, 可以自发地形成, 其稳定性随着氢键数量的增加而提高, van der Waals 力赋予 α- 螺旋更大的稳定性. 在 α- 螺旋核心区域内紧密堆积的原子可以沿着多肽链的长轴以 van der Waals 力相互作用. 在 α- 螺旋中, 最常见的氨基酸种类是丙氨酸、谷氨酸、亮氨酸和甲硫氨酸, 而甘氨酸、脯氨酸、丝氨酸和酪氨酸比较少见. α- 螺旋可以是两性的 (亲脂和亲水), 虽然 α- 螺旋常常位于蛋白质分子的表面, 但是也可以全部或部分位于蛋白质分子内部. 蛋白质的第二种有规律的构象是 β- 折叠结构. "β" 代表第二种, "折叠" 是指结构的外观形状. 与 α- 螺旋一样, 维持构象的稳定依赖最大数量的氢键. β- 折叠可以是平行的, 也可以是反平行的. 在反平行的 β- 折叠构象中, 宽窄相间的氢键位于两条多肽链之间, 对构象起到稳定作用. 而在平行的 β- 折叠构象中, 氢键则是均匀存在且与肽链形成倾斜角度. 造成 β- 折叠中两条相邻的反平行链改变方向的结构称为 β- 转角. β- 转角使链发生 180° 回折, 这一回折至少涉及 4 个氨基酸, 其中第一个氨基酸与第四个氨基酸形成氢键. β- 转角常常出现在蛋白质的表面, 主要含有脯氨酸和甘氨酸. 并不是所有的氨基酸残基都以规则结构出现在二级结构中. 例如, 许多蛋白质的特殊区域在水溶液中呈现的多种构象实际上是无序的. 这种无序的构象可能使蛋白质在功能上更具有可塑性.

蛋白质的三级结构指的就是二级结构元件之间的空间结构关系, 指整个分子或亚基内所有原子的空间排列, 但不包括亚基间或分子间的空间排列关系. 蛋白质的结构域 (domain) 由二级结构单元堆积在一起构成. 一个结构域是肽链骨架中一个相对致密的部分. 多肽中的一个结构域的折叠通常是独立于其他部分完成的, 且结构域常常具有一些特殊的功能. 蛋白质的三级结构阐述这些结构域之间的相互空间关系.

蛋白质的结构除了上述的一级、二级、三级结构外, 还有一种四级结构. 这种结构仅存在于多聚体蛋白中, 表现为亚基的立体排布, 亚基间的相互作用与接触部位的布局, 但不包括亚基内部的空间结构.

酶和其他蛋白质一样, 具有特定的一级结构和空间结构. 酶分子的一级结构, 即肽链中氨基酸排列顺序, 不同的酶有不同的氨基酸排列顺序, 这是酶分子的结构基础. 酶分子的空间结构包括二级、三级、四级结构. 有的酶有四级结构, 有的酶没有四级结构.

16.3.2 蛋白质结构预测的必要性

由于生物功能的主要体现者是蛋白质, 蛋白质所具有的生物学功能在很大程度上又与其空间结构有关. 因此, 蛋白质结构的确定是研究其生物功能的基础[6].

蛋白质的结晶已成为研究蛋白质过程中的重要步骤. 1957 年, 第一个蛋白质三维结构肌红蛋白的晶体结构被 Max Perutz 研究组确定. Max Perutz 因此获得了 1962 年的诺贝尔化学奖. X 射线晶体学是基于蛋白质晶体对 X 射线的衍射而获得其结构的. 自从 1985 年第一个蛋白质的空间结构由核磁共振方法确定以来[7,8], 已经有几百种蛋白质的空间结构通过核磁共振方法得到确定. 其中有些蛋白质分别被核磁共振和 X 射线晶体衍射两种方法测定过. 对照它们的溶液结构和晶体结构可以看出二者总体上是相同的, 而局部的表面区域由于它们所处的环境不一样而呈现明显的差异, 这是因为两种状态下蛋白质分子所处的环境不同而造成的. 溶液中蛋白质分子是被溶剂分子包围着的, 而在晶体中蛋白质分子是相互紧密堆积在一起的. 目前用核磁共振方法研究蛋白质的空间结构还局限于中小蛋白质, 即大约几百个以下的氨基酸残基组成的蛋白质分子, 而 X 射线晶体衍射的方法可以运用于大的蛋白质分子. 此外, 有些蛋白质水溶性很差, 却很容易培养成晶体; 另一些蛋白质则水溶性很好, 培养成晶体很困难. 因此, 这两种方法在研究蛋白质的空间结构方面有一种很好的互补关系.

到 2005 年 3 月, 已知氨基酸序列的蛋白质分子为 1 105 303 个, 而已知其三维结构的蛋白质分子为 29 826 个. 分子生物学技术的飞速发展大大加快了蛋白质氨基酸序列的测定速度. 而现在用 X 射线衍射的方法测定一个蛋白质分子的晶体结构不仅需要花费相当长的时间, 在技术上也受到相当大的限制, 核磁共振方法又有局限于中小蛋白质分子的困境. 所以, 蛋白质分子三维结构测定的速度远落后于其氨基酸序列测定的速度, 因此迫切需要一种迅速且简便易行的确定蛋白质结构的方法. 由于蛋白质的一级结构在很大程度上决定了其高级结构, 所以根据蛋白质的氨基酸序列提供的信息从理论上预测其相应的高级结构就成为分子生物学中一个重要的课题. 特别是近年来随着各种算法和软件的改进使得计算效率明显提高, 今后, 以计算为基础从理论上准确预测蛋白质的高级结构将最终实现, 并将在蛋白质结构和功能及药物设计 (drug design) 等领域中发挥重要作用.

16.3.3　蛋白质结构预测的发展

1972 年诺贝尔化学奖得主、美国国立卫生研究院 (NIH) 的 Christian B. Anfinsen 博士首次通过核糖核酸酶的研究提出了氨基酸序列与生物活性构象间的联系, 证明了决定多肽链折叠成有活性蛋白质的信息存在于氨基酸序列中. 这一研究成果奠定了蛋白质三维结构预测的理论基础. 研究蛋白质的结构首先需要对蛋白质的结构特点深入探讨, 然后考虑蛋白质的天然构象是否处在 “自由能最低状态”, 或者在不考虑熵效应的情况下是否处在 “能量最低状态”. 通常可以用经验规则与理论计算相结合的计算手段对蛋白质的构象进行预测. 在来鲁华教授等编著的《蛋白质的结构预测与分子设计》中曾经提到蛋白质结构预测研究的发展大体可分为三个阶段[9]: 第一阶段属于对蛋白质空间结构进行消化的阶段. 在这一阶段里, 随着蛋白质晶体结构数据的积累, 对蛋白质的空间结构进行了大量的研究和分析, 得出了许多经验规律, 使人们对蛋白质的高级结构有了较为深入的认识. 第二阶段主要试图利用理论计算的方法得到蛋白质的高级结构模型. 所根据的基本原理是蛋白质的活性构象对应于体系自由能最小的状态, 在某种条件下也可认为是能量最小的状态. 但由于蛋白质体系庞大, 原子数繁多, 数学处理上的整体极小值问题难以解决, 所以无论是能量优化方法还是分子动力学方法都很难从理论上解决蛋白质构象的问题, 只能对已有的大致正确的结构的局部结构进行优化或做动力学模拟. 利用理论计算方法直接从一级结构得出蛋白质的空间结构就目前的情况看有非常大的困难. 于是, 人们又重新在已有的晶体结构数据中寻找规律. 近年来, 新发展起来的一些构建蛋白质三级结构的方法都是基于实验数据的积累. 例如, 二级结构预测的模式匹配方法就是在分类总结了已知结构蛋白质结构规律的基础上建立的. 虽然仅靠一级结构的氨基酸序列信息的从头预测方法目前还存在许多困难, 但借助于一些其他信息还是可以成功地建立起立体结构模型的. 这方面最成功的方法之一就是 Blundell 等发展的利用同源蛋白质的结构进行结构预测的方法 —— 同源模建 (homology modeling) 方法, 其原理是同一家族的蛋白质的结构和功能类似, 利用同族中已知的蛋白质结构来建立未知的蛋白质结构的模型. 这种方法的优点是准确度高, 但只能处理待求蛋白质和已知模板库中某个蛋白质有较高的序列相似性的情况.

16.3.4 蛋白质结构的同源模建理论预测方法

基因复制和趋异进化机制产生了同源蛋白质族系. 蛋白质的同源性使人们有可能根据已知的蛋白质三维结构去推测未知结构的同源蛋白质的初步结构. 人们通过对类似蛋白质空间结构的对比发现, 蛋白质的三维结构比蛋白质的一级结构更加保守, 而后者又比 DNA 序列更为保守. 氨基酸残基的替换通常发生在蛋白质表面回折区域, 蛋白质的主链结构, 特别是疏水核心的结构受序列变异的影响很小. 因此, 用类似物来预测蛋白质三维结构是比较可靠的. 利用同源蛋白质进行结构模建, 其基本出发点是同一家族蛋白质结构上的保守性比序列保守性更强. 当序列相似性大于 30%时, 同源模型构建的可靠性很高, 否则, 结构预测的结果较差.

同源模建方法的主要步骤如下:

1. 序列比对[10]

序列比对 (alignment) 是生物信息学研究中最常用的研究方法之一. 最常见的比对是蛋白质序列之间或核酸序列之间的两两比对, 把蛋白质序列与具有三维结构信息的蛋白质相比, 从而获得蛋白质折叠类型的信息.

序列比对的基础是进化理论, 如果两个序列之间具有足够的相似性, 就推测二者可能有共同的进化祖先, 经过序列内残基的替换、缺失, 以及序列重组等遗传变异过程分别演化而来. 序列相似和序列同源是不同的概念, 序列之间的相似程度是可以量化的, 而序列是否同源需要有进化事实的验证. 通过大量实验和序列比对的分析, 一般认为蛋白质的结构和功能比序列具有很大的保守性, 粗略地说, 如果序列之间的相似性超过 30%, 它们就有可能是同源的.

早期的序列比对是基于全局的序列比较, 但由于蛋白质具有的模块特征, 因此局部比对会更加合理. 通常用打分矩阵描述序列的两两比对, 两条序列分别作为矩阵的两维, 矩阵点是二维上对应两个残基的相似性分数, 分数越高则说明两个残基越相似. 因此, 序列比对问题变成在矩阵里寻找最佳比对路径, 目前最有效的方法之一是 Needleman-Wunsch 动态规划 (dynamic programming) 算法[11]. 在 InsightII、 FASTA 程序包中可以找到用动态规划算法进行序列比对的工具 LALIGN, 它能给出多个不相互交叉的最佳比对结果.

在进行序列两两比对时, 有两个方面的问题直接影响相似性分值: 取代矩阵和空位罚分. 粗糙的比对方法仅仅用相同或者不同来描述两个残基的关系, 显然这种方法无法描述残基取代对结构和功能的不同影响效果, 如缬氨酸对异亮氨酸的取代与谷氨酸对异亮氨酸的取代应该给予不同的打分. 因此, 如果用一个取代矩阵来描述氨基酸残基两两取代的分值会大大提高比对的敏感性. 目前常用的取代矩阵有 PAM 和 BLOSUM 等, 它们源于不同的构建方法和不同的参数选择. 对于不同的对象可以采用不同的取代矩阵以获得更多信息. 例如, 对同源性较高的序列可以采用 BLOSUM90 矩阵, 而对同源性较低的序列可采用 BLOSUM30 矩阵. 空位罚分是为了补偿插入或缺失对序列相似性的影响.

　　图 16-1 是两条序列比对矩阵示意图. 在序列比对中, 最小的比较单位分别来自两条序列的一对氨基酸残基, 从图 16-1 中可以看出, 相同氨基酸打分为 1, 不同为 0. 序列对比就是要寻找两条序列的最大匹配路径. 最大匹配数定义为在允许两个序列可以有插入和删除的残基的基础上, 两条序列能够对上的最多残基数. 出现空位的时候, 需进行相应的罚分.

	A	C	F	G	S	T	V	I	Q	N
C	0	1	0	0	0	0	0	0	0	0
F	0	0	1	0	0	0	0	0	0	0
G	0	0	0	1	0	0	0	0	0	0
H	0	0	0	0	0	0	0	0	0	0
A	1	0	0	0	0	0	0	0	0	0
S	0	0	0	0	1	0	0	0	0	0
T	0	0	0	0	0	1	0	0	0	0
V	0	0	0	0	0	0	1	0	0	0
Q	0	0	0	0	0	0	0	0	1	0
N	0	0	0	0	0	0	0	0	0	1

图 16-1　两条序列比对矩阵示意图 (摘自 Accelry 公司 Homology Document)

　　在图 16-2 中, 给出了两条序列比对的二维矩阵, 比较从图的右下角开始. 假设求 RR 矩阵元的数值, 首先假设 RR 在打分矩阵中的得分为 1, 再求出这个矩阵的下一行下一列的最大得分, 两者加起来即为该矩阵元的最大得分. 当最大得分与该矩阵元不相邻时, 还应加上 1 个 gap 的数值. 得到每个矩阵元的数值后, 从序列的另一端开始沿最大矩阵元得分的途径将两个序列残基一一对应起来. 图 16-3 给出了最终的最大得分路径和与之相应的序列比对结果. 如图 16-3 所示, 如果在对角相

	A	C	F	G	S	T	V	I	Q	N
C	7	8	6	5	4	3	2	2	1	0
F	6	6	7	5	4	3	2	2	1	0
G	5	5	5	6	4	3	2	2	1	0
H	5	5	5	5	4	3	2	2	1	0
A	6	5	5	5	4	3	2	2	1	0
S	4	4	4	4	5	3	2	2	1	0
T	3	3	3	3	3	4	2	2	1	0
V	2	2	2	2	2	2	3	2	1	0
Q	1	1	1	1	1	1	1	1	2	0
N	0	0	0	0	0	0	0	0	0	1

图 16-2　序列比对打分矩阵示意图 (摘自 Accelry 公司 Homology Document)

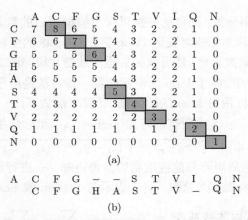

```
    A  C  F  G  S  T  V  I  Q  N
C   7  8  6  5  4  3  2  2  1  0
F   6  6  7  5  4  3  2  2  1  0
G   5  5  5  6  4  3  2  2  1  0
H   5  5  5  5  4  3  2  2  1  0
A   6  5  5  5  4  3  2  2  1  0
S   4  4  4  4  5  3  2  2  1  0
T   3  3  3  3  3  4  2  2  1  0
V   2  2  2  2  2  2  3  2  1  0
Q   1  1  1  1  1  1  1  1  2  0
N   0  0  0  0  0  0  0  0  0  1
```

(a)

```
A  C  F  G  −  −  S  T  V  I  Q  N
C  F  G  H  A  S  T  V  −  Q  N
```

(b)

图 16-3 最终得到的最大得分路径和相应的序列比对(摘自Accelry公司Homology Document)

邻的地方找不到最大得分, 那么就要加入一个 gap, 而 gap 是加在哪条序列上就要看最大得分是在相应的行还是列上. 如从 (G, G) 矩阵元 (得分为 6) 移动至 (S, S) 矩阵元, 需要跳过两行, 相应地就要在第一条序列中加入两个 gap.

2. 建立模型[10]

通过序列对比, 首先确定序列中的结构保守区 (structure conserved regions, SCRs), 如图 16-4 所示. 结构保守区中不能有插入的 gap. 结构保守区确定以后, 未知结构模型蛋白质的这些结构保守区碳链骨架的空间坐标就可以根据模板蛋白质相应的坐标而得到. 如果模型蛋白与模板蛋白的侧链一致, 则根据模板蛋白的侧

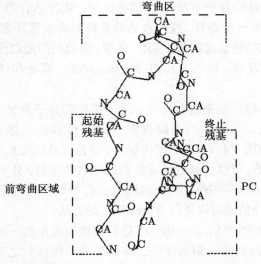

图 16-4 Loop 区搜索的几何定义 (摘自 Accelry 公司 Homology Document)

链来赋予坐标; 如果不一致, 则自动替换以保留模型蛋白的氨基酸类型. 每两个结构保守区的中间区域称为结构可变区 (loop 区). Loop 区的坐标一般有两种方法赋予: 第一种是通过搜索数据库, 然后找到合适的肽链片段; 第二种是直接产生坐标.

在 InsightII 软件中, 赋予 loop 区坐标的第一种方法是用已经存在的 $C\alpha$ 距离矩阵来搜索最适合目标蛋白 loop 区的区域. 计算方法如下:

(1) 计算指定的 loop 区内所有前弯曲(perflex, pe) 和后弯曲 (postflex, po) 的氨基酸残基的距离矩阵 $d_{ij} = \sqrt{(x_i - x_j)^2 + (y_i - y_j)^2 + (z_i - z_j)^2}$ $(i, j \in pe, po)$.

(2) 上面求得的距离矩阵与能搜索到的参考矩阵 (c) 进行比较, 用 D_c^2 来表示. N 表示 perflex 和 postflex 的总数, $r_c(i)$ 表示与 perflex 或 postflex 中氨基酸残基 i 对应的参考 loop 区内的残基

$$D_c^2 = \frac{2}{N(N+1)} \sum_{i \in pe, po} \sum_{j \in pe, po, j > 1} (d_{ij} - d_{r_c(i)r_c(j)}^c)^2.$$

根据 D_c^2 的值, 最后可以选择出比较合适的 10 个参考 loop 区. 选择最匹配的参考 loop 区为目标 loop 区赋予坐标. 直接赋予 loop 区坐标的方法一般是在搜索数据库的方法不能起作用的情况下使用. 该链的坐标从 N 端开始定义. 所有产生的 loop 都要经过空间叠合冲突检验, 有冲突的都要舍弃. 程序通过线性 Lagrange 因子法进行优化并实现关环 (建立满足距离限制的主链构象). 在 C 端和 N 端常常出现比对后模型蛋白质比参考蛋白质多出几个残基的情况, 对于这些残基坐标的赋值通常采用直接产生的方法得到.

结构保守区和结构可变区的主链构建完成以后, 就要对侧链的构象进行模建. 统计的研究结果发现, 蛋白质的侧链结构一般只存在几种可能的构象. Novotny 提出了一种预测侧链构象的方法. 在该方法中, 依次估计每个侧链的最佳构象, 全部侧链进行一次为一个循环. 操作收敛的条件是两次循环之间的能量差小于一定的阈值. 这种方法的特点是简单、实用、迅速, 多数同源蛋白预测系统中侧链的修正都采用了这样的方法, 如 InsightII 的 Homology 模块和 Sybyl 的 Composer 模块.

模型构建完成以后, 需要进行分子动力学模拟和分子力学优化, 并且对最终得到的结构进行评估. 评估的手段很多, 比如可以做出蛋白质主链二面角的 Ramachandran 分布图, 可以检查分子中键长、键角以及二面角的分布, 可以计算出所有残基的能量分布, 可以计算分子的溶剂的概然性表面、分子表面的极性和非极性分布等. 通过这些性质和统计分布规律的比较, 来对模建的结果进行评估. 此外, 模型的折叠模式的评估还可以采用 Threading 的方法.

对于蛋白质结构的评估, Profile-3D 是目前较为通用的一种方法, 它的核心思想是通过统计分析得到的规则来评估三维结构和一级序列之间的匹配关系[12,13]. Profile-3D 的基本操作步骤如下:

(1) 把蛋白质的三维结构转化为一维的残基化学环境匹配得分. 首先, 通过残基侧链包埋在蛋白质内的表面积对残基进行分类：如果包埋的面积小于 40Å², 则认为这个残基完全暴露在溶液中, 属于 E 类; 如果包埋的面积在 40~114Å² 之间, 则认为此残基是部分暴露在溶液中, 属于 P 类; 如果包埋的面积大于 114Å², 则认为此残基是完全位于蛋白质内部, 属于 B 类.

(2) 计算每个残基的三维/一维匹配得分. 对于前面的这 6 种残基类型, Profile-3D 考虑了其在不同二级结构中的区别, 将其进一步细分为 18 种残基类型. 在 Profile-3D 中, 二级结构主要分为 α- 螺旋、β- 折叠以及其他类型. Profile-3D 定义了一个三维/一维得分矩阵. 得分矩阵的横坐标是 20 种天然的氨基酸残基, 纵坐标是前面定义的 18 种残基类型. 此得分矩阵的组元为 $S_{i,j} = \ln[P(i:j)/P_i]$, $P(i:j)$ 表示在环境 j 中找到 i 的比率; P_i 表示环境 i 中发现残基的总的比率, 它们是通过已有晶体结构的蛋白质序列比对和统计得到的.

(3) 序列比对. 有了得分矩阵以后, 就可以通过常规的序列比对方法来计算一个三维结构和一维序列之间的匹配性得分了.

16.3.5 Threading 方法

虽然同源模建是目前最可靠的蛋白质预测方法, 但它只能在具有类似序列的蛋白质三维结构已知的情况下才可以应用. 为了克服这一缺点, Hendlich 等[14]和 Bowie 等[12,13]相继引入了一种新的方法 ——Threading 方法. 它可以应用到没有同源结构的情况中, 直接预测三维结构. Threading 方法是将查询的序列穿入已知的各种蛋白质的结构骨架中, 通过序列–结构的比对, 运用一个合适的打分函数, 计算出未知的蛋白质结构的可能性. 打分函数基于接触势 (contact potential) 或环境评价函数 (environmental evaluation function). 这种序列–结构的比对称为 Threading. 首先选出一个模板蛋白质, 并将模板蛋白质与目标蛋白质相匹配的残基的空间坐标赋予目标蛋白质相应的残基, 通过打分函数, 给出结构的分值; 搜索模板蛋白质, 选出目标蛋白质的最佳相互作用的结构为预测结构. Threading 方法的一个缺点是需要耗费大量的计算时间. 因为对数据库中的每一种结构要进行所有可能的比对. 另外一个问题是用于评价比对的打分函数的准确性.

在 Eisenberg 的 Threading 方法中, 将蛋白质的三维结构模板转化为一个由特殊字符组成的一维的残基化学环境串来表示. 每个氨基酸, 根据其所处的环境, 如二级结构 (α- 螺旋、β-折叠、无规卷曲), 包埋面积等, 被表示为多个不同的类别, 每一类别对应一个特殊字符. 通过将三维结构表示成一维的残基化学环境串, 蛋白质结构预测问题转化成一维序列和一维残基化学环境串的比对问题, 这样, 可以运用动态规划 (dynamic programming) 进行比对. Eisenberg 采用的打分系统是基于对已知蛋白质结构库的统计构建的 Profile, 即统计每种氨基酸在每种环境下出现的频率, 对应一个分数.

在接触式串线法 (contact potential threading) 方法中, 打分函数是通过对蛋白质结构数据库统计平均得出的一个残基接触势 (pairwise contact potential) 函数. 如何由已知的蛋白质结构得出基于结构知识的势在 1976 年就由 Tanaka 和 Scheraga 尝试研究[15], Miyazawa 和 Jernigan 构建的残基 – 残基接触势 (residue-residue contact potential) 考虑了 20 种氨基酸类型, 得到了广泛应用[16]. 统计势模型的思想是依据 Boltzmann 定理, 粒子出现的概率 $N_i/N = \exp(-E_i/KT)$, 反过来 $E(r) = -KT \ln[f(r)]$, 其中, $f(r)$ 是出现在 r 处的概率, k 为 Boltzmann 常量, T 为热力学温度. 在蛋白质统计势模型中, $f(r)$ 不仅与 r 有关, 还与所涉及的氨基酸的种类有关, 它近似由蛋白质结构数据库统计的出现频率来表述. 为了去除多余信息的影响, 需要选取一个参考态, 如 $E^s(r) = -KT \ln[f^s(r)]$, $f^s(r) = \sum_{a,b} f^{\mathrm{abs}}(r)(a, b$ 对所有氨基酸类型求和), 定义相互作用势[17], 即

$$\Delta E^{\mathrm{abs}} = E^{\mathrm{abs}}(r) - E^s(r) = -KT \ln[f^{\mathrm{abs}}(r)/f^s(r)]$$

合适的参考态的选取对建立有效可靠的统计势模型很重要.

Xu 等在其小组的 PROSPECT 程序中[18,19]引入了核 (core) 的概念, 即蛋白质序列被表示成一系列有相互作用的核的序列, 这些核等价于蛋白质的二级结构 (包括 α- 螺旋、β- 折叠等). 在 PROSPECT 程序中, 采用势能函数来衡量序列和结构之间的相似性. PROSPECT 可有效地进行整体最优的序列–结构比对. Ho、Wang、Cao 等在其小组的 Threading 方法程序中, 发展了一种新的蛋白质序列与 structure contact matrix 主要本征矢量的比对, 通过直接迭代方法产生一个最优的序列–结构比对. 这种方法能够快速有效地搜索整个蛋白质数据库[20].

16.4　蛋白质活性位点的预测及酶催化反应的反应机理

16.4.1　分子对接方法

分子对接 (molecular docking) 是指两个或多个分子之间通过几何匹配和能量匹配而相互识别的过程. 分子对接在药物设计中具有十分重要的意义. 在药物分子发生药效反应的过程中, 药物分子与靶酶相互结合, 首先就需要两个分子充分接近, 采取合适的取向, 通过适当的构象调整, 相互契合, 继而得到一个稳定的复合物构象. 通过分子对接研究复合物中的酶和底物的相对位置和取向, 以及其构象特别是底物构象在形成复合物过程中的变化, 可以在预测药物作用机制、设计新药方面提供重要的理论信息.

分子对接的最初思想起源于 1890 年 Fisher 的 "锁钥原理 (lock and key model)". Fisher 认为, "lock and key" 互相识别的首要条件是它们在空间形状上要互相匹配.

药物分子与靶酶分子之间的识别要比锁钥模型复杂得多. 在分子对接中, 底物分子和靶酶分子的构象是变化的, 是柔性的而不是刚性的; 底物分子和靶酶分子不仅要满足空间形状的匹配, 还要满足能量的稳定性, 底物和受体之间的结合强度是由形成复合物过程中的结合自由能决定的. 在分子对接中, 互补性 (complementarity) 和预组织 (pre-organization) 是两个重要原则. 互补性含空间结构的互补和电学性质的互补, 它决定识别过程的选择性. Koshland 提出了分子识别过程中的诱导契合 (induced fit) 假说[3], 指出底物与受体互相结合时, 受体将采取一个能同底物达到最佳结合的构象, 此过程称为识别过程中的预组织. 预组织决定识别过程的结合能力, 受体与底物分子在识别之前将受体中与底物结合部位的环境组织得越好, 可形成越稳定的复合物.

分子对接方法根据不同的简化程度大致可以分为三类: 刚性对接、半柔性对接以及柔性对接. 刚性对接指的是在对接过程中, 研究体系的构象不发生变化, 半柔性对接是指在对接过程中, 研究体系尤其是配体的构象允许在一定范围内变化, 其中比较有代表性的方法是 Kuntz 等以及 Olson 等发展的分子对接方法[21,22]. 柔性对接指的是在对接过程中, 研究体系 —— 配体与受体的构象是可以自由变化的, 其中比较有代表性的方法就是 Jiang 等发展的软对接 (soft dock) 方法[23]和 Accelrys 公司发展的 Affinity 分子对接模块[24]. 在这些分子对接方法中, 刚性对接适合考察比较大的体系, 比如蛋白质和蛋白质以及蛋白质和核酸之间的对接, 计算较粗略, 原理也相对简单. 半柔性对接适合处理小分子和大分子之间的对接. 在对接过程中小分子的构象一般是可以变化的, 但是大分子则是刚性的. 由于小分子相对较小, 因此在一定程度考察柔性的基础上, 还可以保持较高的计算效率. 在药物设计尤其是在基于分子对接的数据库搜索中, 一般采用半柔性的分子对接方法. 柔性对接方法一般用于精确考察分子之间的识别情况. 由于在计算过程中体系的构象是可以变化的, 因此柔性对接需耗费较长的计算时间.

以下介绍几种具有代表性的分子对接方法.

(1) DOCK 是 Kuntz 的研究小组[21]发展的分子对接程序, 是目前应用最广泛的分子对接程序之一. 它能自动地模拟配体分子在受体活性位点的作用情况. 而且该方法能够对配体的三维结构数据库进行自动搜索, 被广泛应用于基于受体结构的数据库搜索药物设计中. 用 DOCK 进行药物设计以及数据库的搜索基本上可以分为下面几个步骤: 配体和受体相互作用位点的确定、评分系统的生成、DOCK 计算以及 DOCK 结果的处理与分析.

(2) AUTODOCK 是 Olson 科研小组[22]开发的分子对接软件包. AUTODOCK 采用模拟淬火和遗传算法来寻找受体和配体最佳的结合位置, 用半经验的自由能计算方法来评价受体和配体之间的匹配情况, 该程序使用格点对接的方法. AUTODOCK 目前的版本还只能实现单个配体和受体分子之间的对接, 还没有提供数据库搜索的功能. 另外, 在 AUTODOCK 中直接采用遗传算法对配体的空间位置以及可旋转二面角进行优化还是不能完全避免陷入局部极小问题. 因此, 对于某些体系, 要得到比较准确的结果, 可能需要进行多次计算.

(3) Affinity 是 MSI 和杜邦公司联合开发的分子对接方法[24], 也是最早实现商业化的分子对接方法. 在 Affinity 中, 分子对接可以大致分为两个步骤: 首先, 通过 Monte Carlo 或模拟淬火方法来搜索配体分子在受体活性口袋中可能的结合位置; 然后, 采用分子力学或分子动力学方法进行进一步细致的分子对接. Affinity 中提供了多种对接方法的结合, 比如 Monte Carlo 方法和分子力学、分子动力学以及模拟淬火方法的结合. 这些方法结合的灵活性为多种分子对接问题提供了解决方案. 在 Affinity 中, 不仅配体是柔性的, 受体的重要部位, 比如活性位点中的某些残基也可以定义为柔性的区域. 因为 Affinity 对配体和受体都采用了柔性的策略, 所以其计算量较大.

16.4.2　分子力学方法

分子力场一般是用原子坐标为变量的函数按一定方式展开来模拟体系的势能面. 在分子模拟中很多力场可以被归纳为比较简单的分子内和分子间的相互作用. 力场中体系的势能大小与键长和键角偏离它们的平衡值的多少相关 (键伸缩能和键角弯曲能), 以及化学键旋转时能量的变化 (二面角扭转能), 此外还包含体系中非键部分的作用能 (非键能) 等. 对于更复杂的力场所包括的项要更多, 但通常都有这几项.

体系的势能通常可以表示为键能、非键能和交叉项的总和, 即

$$E_{\text{total}} = E_{\text{valence}} + E_{\text{nonbond}} + E_{\text{crossterm}} \tag{16.1}$$

键能作用项一般包括键伸缩能 (E_{bond})、键角弯曲能 (E_{angle})、二面角扭转能 (E_{torsion}) 和反转能也称为面外能 ($E_{\text{inversion}}$ 或 E_{oop}). 这些是共价键体系通常有的. 对于有些涉及 1~3 构象的原子对, 有时也采用 Urey-Bradley 项 (E_{UB}) 来考虑它们之间的作用:

$$E_{\text{valence}} = E_{\text{bond}} + E_{\text{angle}} + E_{\text{torsion}} + E_{\text{oop}} + E_{\text{UB}} \tag{16.2}$$

非键原子之间的作用能一般包括 van der Waals 作用能 (E_{vdW})、静电能 (E_{Coulomb}) 和氢键能 ($E_{\text{H-bond}}$) 三项, 即

$$E_{\text{non-bond}} = E_{\text{vdW}} + E_{\text{Coulomb}} + E_{\text{H-bond}} \tag{16.3}$$

对于现代的一些力场, 如 CFF、PCFF、COMPASS 等, 为了达到更高的准确度, 还要加上一些交叉项来考虑邻近原子对键长或键角扭曲的影响. 交叉项一般有键伸缩–键伸缩耦合、键伸缩–键弯曲耦合、键弯曲–键弯曲耦合、键伸缩–键翻转耦合和键弯曲–键弯曲–键翻转耦合等项.

力场中的各项以带参数的函数来表示. 不同的项通常采用不同的函数形式和参数. 对于同一项 (如键伸缩) 在不同的力场中可以采用不同的函数形式和参数 (如采用简谐函数或 Morse 函数). 由于力场是对体系势能面的经验拟合, 因此对于某一项来说并没有 "正确" 的函数表达形式. 实际上, 对于力场中采用的函数形式是在逼近能量的准确性和计算的方便性之间加以折中. 另外, 为了进行能量最小化和分子动力学模拟, 要求函数能够计算能量对原子坐标的一级和二级导数. 分子模拟中力场主要用来重现分子的结构性质, 当然也可以预测其他性质, 如分子振动、转动光谱等.

为了计算体系中的能量和作用力, 力场一般都包括如下的要素: 原子类型列表、原子电荷列表、原子类型分类规则、各种能量项的函数表达式, 以及表达式中的参数. 力场所采用的函数形式是多种多样的, 从简单的仅包括四项 [式 (16.4)] 到复杂得多的形式, 在不同的场合都会得到应用. 较早的第一代力场有些不包括交叉项:

$$V(r) = \sum_{\text{bond}} \frac{k_i}{2} (b_i - b_{i,0})^2 + \sum_{\text{angle}} \frac{H_i}{2} (\theta_i - \theta_{i,0})^2 + \sum_{\text{torsion}} \frac{V_n}{2} [1 + \cos n(\phi - \phi^0)]$$

$$+ \sum_{i=1}^{N} \sum_{j=i+1}^{N} \left\{ 4\varepsilon_{ij} \left[\left(\frac{r_{ij}}{r_0} \right)^{12} - \left(\frac{r_{ij}}{r_0} \right)^6 \right] + \frac{q_i q_j}{4\pi\varepsilon_0 r_{ij}} \right\} \tag{16.4}$$

式中: b 和 b_0 分别为键长和其参考值; θ 和 θ_0 分别为键角及其参考值; ϕ 和 ϕ^0 分别为二面角及其参考值; r_{ij} 和 r_0 分别为两原子间的距离及其参考值. 式 (16.4) 中前三项分别是键伸缩能 (E_{bond})、键角弯曲能 (E_{angle}) 和二面角扭转能 (E_{torsion}), 第四项则是非键作用中的 van der Waals 作用能 (E_{vdW}) 和静电能 (E_{Coulomb}).

现在广泛使用的第二代力场包含的能量项更多, 函数形式也更复杂. 下面简单介绍一个常用到的力场 ——CVFF 力场 (consistent valence force field). CVFF 力场最初是用在 Discover 程序中的一个力场[25], 现在用在 Cerius^2、InsightII 软件中. 力场研究的对象包括氨基酸、水和多数的官能团. CVFF 力场的能量表达解析式为

$$E_{pot} = \sum_{b} D_b [1 - e^{-a(b - b_0)}] + \sum_{\theta} H_\theta (\theta - \theta_0)^2 + \sum_{\phi} H_\phi [1 + s\cos(n\phi)]$$

$$+ \sum_{\chi} H_\chi \chi^2 + \sum_{b}\sum_{b'} F_{bb'} (b - b_0)(b' - b'_0) + \sum_{\theta}\sum_{\theta'} F_{\theta\theta'} (\theta - \theta_0)(\theta' - \theta'_0)$$

$$+ \sum_{b}\sum_{\theta} F_{b\theta} (b - b_0)(\theta - \theta_0) + \sum_{\phi}\sum_{\theta}\sum_{\theta'} F_{\phi\theta\theta'} \cos\phi(\theta - \theta_0)(\theta' - \theta'_0)$$

$$+ \sum_{\chi}\sum_{\chi'} F_{\chi\chi'} \chi\chi' + \sum_{\theta} \varepsilon [(r^*/r)^{12} - 2(r^*/r)^6] + \sum_{i,j} q_i q_j / (\varepsilon\, r_{ij}) \tag{16.5}$$

其中, 1~4 项表示的分别是键长、键角、二面角、反转相互作用. 键伸缩项 (第一项) 中用的是 Morse 势. 通常在分子力学的力场中并不采用 Morse 函数. 部分原因是它并不特别适合高效率的数值计算, 对于每个键有三个参数 (D_b, a, b_0) 需要指定. 而且 Morse 函数是在很广的范围里描述化学键的能量, 但在分子力学的计算中很少涉及化学键的键长显著偏离它们的参考位置. 因此, 在很多力场中使用较为简单的模型. 最为简单的处理方法是把化学键作为一个简谐振子, 用 Hooke 定律来描述其在键长偏离其参考位置时的能量 $v(b) = \dfrac{k}{2}(b - b_0)^2$. 5~9 项表示的是交叉项. 10 项和 11 项描述的是非键相互作用, 第 10 项表示的是用 Lennard-Jones 势计算的 van der Waals 相互作用. 第 11 项是静电相互作用. 在 CVFF 力场里, 氢键包含在 van der Waals 和静电相互作用参数内.

　　分子力学和分子力场动力学模拟都是通过解经典力学方程, 即 Newton 方程, 在分子水平上计算体系的性质. 分子力学能给出体系的平衡几何结构、相关的能量及其他静态性质. 分子力场动力学模拟则研究非绝对零度下各种体系, 如生物分子、纳米材料等, 在各种状态 (结晶态、水溶液或气态) 下, 在不同温度下, 随时间的演化. 为得到合理的分子力学或分子力场动力学模拟结果, 选择合适的力场尤为重要.

　　分子力场方法相对于量子化学方法来说, 其优点主要可以处理比量子化学方法所能计算的大几个数量级的体系, 从而可以计算研究生物大分子、纳米材料等大体系; 再就是可以对单个或某一类型的作用力对体系的贡献进行分析, 如可以把能量拆分成键能、键角能、非键能等, 还可以为了了解某一物理现象对特定的氢键、van der Waals 力进行分析等. 但是分子力场方法的可靠性依赖于拟合的势能面 $E(R)$ 的准确性. 该方法在预测大体系局部结构时的精度有很大的局限性.

16.4.3　细胞周期依赖性激酶 10 的三维结构及其与小分子的对接[26]

　　蛋白激酶是一类在胞内信使依赖的、在蛋白质磷酸化过程中起中介和放大作用并帮助完成信号传递过程的酶. 蛋白激酶负责将磷酸基团转移到特定底物蛋白上, 这类酶用 ATP 或 GTP 作为磷酸基团的供体, 而蛋白质中的丝氨酸、苏氨酸或酪氨酸作为磷酸基团的受体. 蛋白激酶根据结构、功能的不同, 分成很多家族. 功能蛋白通过磷酸化和去磷酸化, 发生构象互变, 导致功能蛋白的活性、性质的改变, 从而调节细胞各个生命活动过程. 对于一种蛋白质, 它所包含的磷酸化位点可能不止一个, 它的作用可能在于不同位点发生磷酸化, 使蛋白质产生不同的结构, 而每种结构则对应于一种功能, 从而使其功能更具多样化. 另外, 有些蛋白质的磷酸化往往是多个激酶协同作用的结果. 细胞周期依赖性激酶家族是一组功能各异、相互联系、相互制约的核蛋白, 控制细胞的增生反应. 细胞周期的进程被细胞周期依赖性激酶严格控制. 所谓细胞周期指的是从单个真核亲代细胞分裂结束到子代细胞分裂结束的循环过程. 目前已经知道细胞周期依赖性激酶家族的成员有 10 个, 分别称作 CDK1, CDK2, · · · , CDK10.

1994 年, Grana 和 Brambilla 等分别用两种不同的 PCR 方法发现了 CDK10. CDK10 的三维结构到目前为止还没有见到相关报道, 这在一定程度上对它的深入研究产生了影响. 李泽生等在已知的 CDK2 晶体结构的基础上用同源模建方法构建了 CDK10 的三维结构, 在模建得到的 CDK10 三维结构的基础上, 研究了其与腺苷三磷酸 (ATP)、Flavopiridol 和 Staurosporine 的复合物结构.

活性位点主要是用 Insight II 软件中的 Binding-Site 程序对动力学模拟得到的最佳构象进行搜寻, 并结合 CDK 家族的结构保守区、功能保守区以及保守残基最终确定 CDK10 的活性位点部位以及残基. 同时, 计算了 CDK10 的表面静电势来辅助确定活性位点. 分子对接能够在可变构象的条件下将分子组合成一个复合物体系, 而得到的复合物的结构信息对揭示酶的催化机理有比较重要的作用. 对接的小分子 ATP 用 Builder 程序构建, 并经过简单的结构优化. 对接使用 Affinity 程序[24], 这是一个柔性对接的程序, 可以将受体和配体进行自动对接. 在对接过程中, CDK10 的活性位点部分和小分子 ATP 设置为全柔性, 可以自由改变构型. 受体和配体的最佳结合构象根据相互作用能与几何匹配来确定.

在许多蛋白质, 特别是激酶中, 磷酸化作用和 ATP 的水解反应在信号传导与调节方面起到非常重要的作用. CDK 家族的典型底物就是 ATP, 李泽生等选择 ATP 与 CDK10 做对接研究. ATP 分子中包含一个嘌呤环、一个糖环和三个磷酸根基团. 用 Builder 程序直接构建了 ATP 的三维结构, 并用 Discover_3 程序进行了优化. 在活性位点加了一个厚度为 10Å 的水分子层. CDK10 与 ATP 的对接过程中, 收集了 10 个能量最低的复合物构象, 并根据匹配关系确定了最终的研究构象.

氢键对生物大分子的功能起到非常重要的作用, 特别是在酶催化的时候. 复合物中 CDK10 与 ATP 形成的氢键如图 16-5 所示. 从图 16-5 中可以看出, 在 CDK10 和 ATP 之间共形成 8 个氢键. 其中, ATP 的嘌呤环的 NH_2 与 CDK10 的 Cys91 的侧链形成了一个氢键; ATP 的糖环与 CDK10 的 ASP94 的侧链形成了 2 个氢键; ATP 的 γ- 磷酸根基团与 CDK10 的 Thr20、His132 和 Asn139 形成了 3 个氢键; ATP 的 β- 磷酸根与 CDK10 的 Tyr21 和 Lys39 形成了 2 个氢键. 从形成氢键的位置可以看出, 这些氢键很好地将 ATP 定位并固定在活性口袋内. 计算 ATP 与活性位点内所有残基的非键相互作用能可以确定组成 CDK10 活性位点残基中的关键氨基酸残基. 结果显示, Asp94、Lys39、Leu141、Tyr21、Val24、Tyr20 和 Tyr90 与 ATP 有较大的相互作用能, 其中, Asp94 与 ATP 的相互作用能最大, 远超过其他的氨基酸残基与 ATP 的相互作用能, 为 −35.4 kcal/mol. Lys39 与 ATP 的相互作用能虽然没有 Asp94 大, 但是也要比其他的氨基酸残基大得多, 为 −13.5 kcal/mol.

从氢键与相互作用能综合来看, Asp94、Lys39、Tyr21 和 Thr20 这四个氨基酸残基是 CDK10 活性位点比较重要的残基. 其中, Lys39 是与 CDK 家族中其他成员活性位点的 Lys33 对应的重要残基.

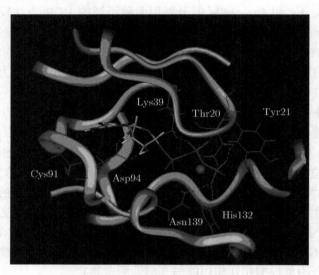

图 16-5　ATP 与 CDK10 复合物中氢键示意图[26]

　　Flavopiridol 和 Staurosporine 是已经发现的 CDK 家族化学抑制剂六类中的两类. 它们都是通过与 ATP 竞争结合激酶的 ATP 结合位点而起作用的, 属于丝/苏氨酸蛋白激酶抑制剂. Flavopiridol 和 Staurosporine 的三维结构都是在 Builder 程序中构建并用 Discover_3 程序优化的. 对接得到的结果如图 16-6 所示. Flavopiridol 与 CDK10 形成了 2 个氢键, 分别与 Lys39 和 Asp152 各形成一个. 与 Flavopiridol 有最大相互作用能的是 Asp152 (-20.1 kcal/mol), 其次是 Lys39 (-4.9 kcal/mol). 由此可见, 这两个氨基酸残基在与 Flavopiridol 结合的时候是至关重要的. Staurosporine

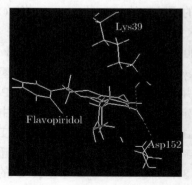 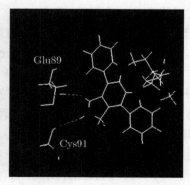

图 16-6　Flavopiridol 和 Staurosporine 与 CDK10 形成的氢键示意图[27]

与 CDK10 也是形成了两个氢键, 形成氢键的两个氨基酸残基分别是 Glu89 和 Cys91. 与 Staurosporine 相互作用能最大的是 Tyr90 (−7.8 kcal/mol), 其次是 Val24 (−7.2 kcal/mol). 而 Glu89 和 Cys91 与 CDK10 的相互作用能分别为 −3.1 kcal/mol 和 −4.8 kcal/mol.

从综合考虑氢键和相互作用能来看, 在活性位点的这些氨基酸残基中, 上述的四个氨基酸残基在与 Staurosporine 结合的时候都比较重要. CDK10 与氨基酸残基的对接结果可以看出, 不同的抑制剂与不同的氨基酸残基作用. 出现这种情况应该是 Flavopiridol 和 Staurosporine 的官能团不同引起的.

16.4.4　QM/MM 方法

早在 1976 年 Warshel 和 Levitt 首次应用半经验的 QM/MM 方法研究了溶菌酶的催化机理[28], 近十年来, QM/MM 方法的发展和应用出现迅速上升的趋势, 因为它使得纯从头算无法涉及的生物大分子体系如酶的反应机理的计算研究成为可能; 同时也可以用 QM/MM 方法研究溶质与溶剂的相互作用. QM/MM 方法简而言之是将反应涉及的活性区域用半经验或从头算法 (QM) 计算, 周边环境用分子力学方法 (MM) 处理, 以大量节约计算时间. QM/MM 方法的哈密顿量可表示为

$$H = H_{QM} + H_{MM} + H_{QM/MM} \tag{16.6}$$

式中: $H_{QM/MM}$ 为 QM 和 MM 相互作用哈密顿量,

$$
\begin{aligned}
H_{QM/MM} &= -\sum_{p,i} \frac{q_i}{r_{p,i}} + \sum_{A,i} \frac{Z_A q_i}{r_{A,i}} + H_{vdW} \\
&= -\sum_{p,i} \frac{q_i}{r_{p,i}} + \sum_{A,i} \frac{Z_A q_i}{r_{A,i}} + \sum_{A,i} \left(\frac{\alpha_{A,i}}{r_{A,i}^{12}} - \frac{\beta_{A,i}}{r_{A,i}^{6}} \right)
\end{aligned} \tag{16.7}
$$

i 表示 MM 电荷位置, A 和 (p, q) 分别表示 QM 原子核和电子. 第一项是 QM 电子和 MM 电荷的相互作用, 第二项是 QM 原子核与 MM 电荷的 Coulomb 相互作用, 第三项是 QM 与 MM 原子间的 van der Waals 作用.

这种组合方法中的关键问题是如何确定 QM 区域的大小, 如何衔接 QM 和 MM 的边界, 再者如何使 MM 区域成为可极化的区域, 因为我们知道 QM 区域可响应 MM 电荷被极化, 反之则不易处理. 传统的衔接 QM 和 MM 边界的方法是连接原子 (link atom) 方法[29], 即用连接原子 (典型的是采用氢原子) 饱和 QM 的边界, 这种方法比较简单、直接, 在 QM/MM 的计算中被广泛应用. 它的缺点是引入了额外的连接原子和自由度, 在能量的确定、几何优化、QM 边界原子和连接原子的键的极化等方面存在问题. 另一类处理 QM/MM 边界的方法是由 Rivail 及其合作者提出的 LSCF(localized self-consistent field) 算法[29], 用冻结的局域键轨道 (通

过对小体系的计算确定) 描述边界原子的 QM-MM 键. 这种方法与氢连接原子方法相比有如下特点: 边界原子既是 QM 也是 MM 原子, 没有引进虚的连接原子. 广义杂化轨道方法 (generalized hybrid orbital, GHO) 是一种拓展的 LSCF 方法[30], 它用四个杂化轨道 (一个活性轨道和三个辅助轨道) 描述 QM/MM 边界的 MM 原子, 活性轨道描述 QM-MM 键, 在 SCF 计算中参与优化, 辅助轨道描述 MM 边界原子与近邻的 MM 原子的成键, 不参与 SCF 计算, 对 QM 原子充当一种有效势的作用. 这种方法与 LSCF 方法相比, 边界原子的杂化轨道是由边界原子的局部对称性决定的, 分子结构的变化可导致 QM-MM 键的重新极化和杂化.

除了连接原子方法和 LSCF 方法外, 还有一些类似的方法. ONIOM 方法[31] 将体系分解成一个 Real(Full) 和 Model(Subset) 两个层次, 体系的总能量表示为

$$E(\text{high, real}) \approx E(\text{low, real}) + E(\text{high, model}) - E(\text{low, model}) \tag{16.8}$$

式 (16.8) 建立在 $E(\text{high, real}) - E(\text{low, real}) \approx E(\text{high, model}) - E(\text{low, model})$ 的假设前提下. 但是 Model 区域的断键仍然需要用连接原子处理. 此外, Yang 和合作者发展了一种赝键 (pseudobond) 方法[32], 它用一个赝卤素原子 (pseudohalogen) 作为连接原子, 模拟 QM-MM 成键. 赝卤素原子的孤对电子轨道和电子作为一种有效势, 势参数通过模拟实际 C—C 键的性质获得. 赝卤素原子与近邻的 QM C 原子形成一个赝键, 避免了连接原子方法中连接原子中心位置的确定和 LSCF、GHO 方法中特殊轨道基的处理. Gorden 及其合作者发展了一种有效片段势 (effective fragment potential) 方法[33], 这种有效势的建立类似纯 QM 体系中的有效势, 其中片段模型是被参数化的, 通过模拟从头算结果得到. 描述 QM 区域周边环境的片段是可完全极化的.

由于计算时间的限制, QM/MM 是目前最好的计算大体系反应机理的方法. 然而, 在 QM/MM 方法中分子力场 MM 区域近似程度比较大, 计算结果的准确可靠性不够, 这将给 QM/MM 方法的计算结果带来误差. 另外, MM 区域电荷不能响应 QM 电荷发生极化也是一个大的问题.

16.4.5　自由能计算

计算自由能变化较常用的两种方法是自由能微扰 (free energy perturbation, FEP) 方法和热力学积分方法 (thermodynamic integration, TI). 在 FEP 方法中, 先确定反应路径 R_C, 然后设计体系在反应路径上通过一系列小变化从始态演化到末态, 每一步 $(a \to b)$ 的自由能变化 $A_b - A_a$ 表示为

$$\mathrm{e}^{-\beta(A_b - A_a)} = \frac{Q_b}{Q_a} = \frac{\int \mathrm{d}\varGamma \mathrm{e}^{-\beta H_b}}{\int \mathrm{d}\varGamma \mathrm{e}^{-\beta H_a}} = \frac{\int \mathrm{d}\varGamma \mathrm{e}^{-\beta(H_b - H_a)}\mathrm{e}^{-\beta H_a}}{\int \mathrm{d}\varGamma \mathrm{e}^{-\beta H_a}}$$

$$= \left\langle e^{-\beta(H_b - H_a)} \right\rangle_a \tag{16.9}$$

$$A(R_b) - A(R_a) = -\frac{1}{\beta} \ln \left\langle \exp\{-\beta[H(\boldsymbol{r}(R_b)) - H(\boldsymbol{r}(R_a))]\} \right\rangle_a \tag{16.10}$$

式中: H 为哈密顿量; $\beta = 1/kT$; k 为 Boltzmann 常量; R 为反应坐标; $\langle\ \rangle_a$ 代表对态 a 求系综平均, 通过分子动力学模拟求得. 然后将所有的自由能变化累加起来, 从而得到末态和始态之间的自由能变化.

在热力学积分方法 (IT) 中,

$$\mathrm{d}\beta A = U\mathrm{d}\beta - \beta p\mathrm{d}V + \beta\mu\mathrm{d}N$$

$$\left(\frac{\partial \beta A}{\partial \beta}\right)_{V,N} = U, \quad \left(\frac{\partial \beta A}{\partial V}\right)_{T,N} = -\beta p \tag{16.11}$$

式中: U 为体系内能; p 为压强; V 为体积; μ 为化学势; N 为粒子数. 对 (T, N) 不变的体系,

$$\beta A(V_2) - \beta A(V_1) = \int_{V_1}^{V_2} \left(\frac{\partial \beta A}{\partial V}\right)_{T,N} \mathrm{d}V = -\int_{V_1}^{V_2} \beta p\mathrm{d}V \tag{16.12}$$

由体积的变化推广到反应坐标的变化, 得到体系 (T, N, V) 在反应路径上的自由能变化, 即

$$\beta A(R_2) - \beta A(R_1) = \int_{R_1}^{R_2} \left(\frac{\partial \beta A}{\partial R}\right)_{T,N,V} \mathrm{d}R = \int_{R_1}^{R_2} \left\langle \frac{\partial \beta U}{\partial R} \right\rangle \mathrm{d}R \tag{16.13}$$

式中: $\langle\ \rangle$ 代表在反应坐标 R 处求系综平均.

16.4.6 酶催化反应理论研究实例

1. 脱卤素酶催化的亲核取代反应的机理[34]

自从工业革命以来, 大量的卤族化合物被用作溶剂、制冷剂、灭火剂、染料、杀虫剂和除草剂等. 这些卤族化合物有许多是自然界并不产生的难降解污染物–异生物, 它们大多数都对人类和动物、植物有毒害作用. 而且, 这些人为制造的异生物随着应用范围的扩大而被大量释放到环境中, 它们的毒性、难降解性和在食物链中的累积性, 对环境造成了严重危害. 微生物的遗传机制赋予它们一种能够迅速适应底物变化并作出应答的能力, 使微生物成为恶劣生态环境的清道夫. 研究发现, 微生物之所以能利用卤族化合物生长, 是因为它们能产生一种以卤族化合物为底物的酶, 它能打断碳卤键, 为微生物提供生长所必需的碳源和能量.

脱卤酶 (EC 3.8) 按现代酶的国际系统命名法分为烷基脱卤酶 (EC3.8.1.1)、2-卤酸脱卤酶 (EC 3.8.1.2)、氯乙酸脱卤酶 (EC 3.8.1.3)、甲状腺素脱碘酶 (EC 3.8.1.4)、

卤代烷烃脱卤酶 (EC 3.8.1.5)、4- 氯苯甲酸盐脱卤酶 (EC 3.8.1.6)、4- 氯苯甲酰辅酶
A 脱卤酶 (EC 3.8.1.7) 和莠去津氯水解酶 (EC 3.8.1.8) 共八类. 脱卤酶的研究现在
已经深入到在分子水平上揭示其作用机制, 研究表明各种不同的酶有互不相同的反
应机理. 卤代烷烃脱卤酶的催化机制是脱卤素酶中研究较多的一类, 它可以催化卤
代烷转化为醇和卤化物离子. Devi-Kesavan 和 Gao (University of Minnesota)[35] 用
QM/MM 方法研究了卤代烷脱卤过程中亲核取代反应的机理和同位素效应, 为了
模拟水的环境, Devi-Kesavan 和 Gao 采用了随机边界分子动力学模拟 (stochastic
boundary conditions-SBMD), 用一个球状的水分子体系模拟酶在水中的溶剂化效
应, 分布在距酶表面 2.5~24 Å 的区域内. 计算方法采用 QM/MM 方法, 其中在 QM
区域采用 PM3 半经验方法, MM 区域采用 CHARMM22 力场, 用广义杂化轨道方
法 (generalized hybrid orbital, GHO) 来饱和 QM 的边界. Devi-Kesavan 和 Gao 计
算了脱卤酶、Phe172Trp 突变酶和无酶催化的亲核取代反应中的自由能变化, 考虑
到 PM3 和 MP2 计算结果的差异, 矫正后的自由能活化势垒为 15.7 kcal/mol, 与实
验结果 (15.3 kcal/mol) 非常吻合.

李泽生等使用同源模建的方法, 构建了氟乙酸脱卤酶 FAc-DEX FA1 的三维
结构, 进而使用量子化学方法研究了其第一步反应 ——S_N2- 取代反应的反应机理
(图 16-7). FAc-DEX FA1 序列与晶体结构 1CR6 和 2DHC 的序列一致性分别为
26% 和 18%. 根据序列对比, 利用 MODELLER 软件首先生成了完整的 FAc-DEX
FA1 初始模型. MODELLER 的特点就是能够识别序列比对中有问题的区域, 在结
构上显示与空间约束有冲突的部位和多个结构的可变性. 即使只有较低的序列相
似性 (<40%), 也可以得到有用的模型. 对残基侧链构象, 是在主链依附侧链转子库
(backbone-dependent rotamer library) 中搜寻一套最优侧链构象. 对 FAc-DEX FA1
的初始构型采用 300 步分子力学计算和 400ps($1ps=10^{-12}s$) 的常温 (300K) 分子动
力学模拟进行优化, 获得 FAc-DEX FA1 的稳定构型 (图 16-8). 通过 Profile-3D 和
PROSTAT 方法理论评测后, 证实这一三维结构是比较合理的.

在所有氯乙酸脱卤酶中, 起催化作用的天冬氨酸是保守的. 由 FAc-DEX FA1 的
结构分析得出酶的活性部位主要由疏水氨基酸组成, 包括 Phe34、Trp148、Tyr147、
Tyr212 和直接参与催化的氨基酸 Asp104、His271. 这种疏水的环境有利于底物氟
乙酸与 FAc-DEX FA1 反应. 氟乙酸在酶的作用下经过了两步反应被水解成乙醇酸:
第一步生成中间体 —— 酯; 第二步酯被水解. 作者研究的是第一步氟乙酸与酶反
应生成酯, 即 S_N2 取代反应, Asp104 亲核进攻氟乙酸上与 F 原子相连的 C 原子
(图 16-7). 为了描述 S_N2 取代反应过程中化学键的生成和断裂, 反应中所有的稳定
点的几何构型、能量、频率, 包括反应物、产物、过渡态, 都在 B3LYP/6-31G 水平
下进行了计算, 并在该水平下以过渡态构型为出发点, 利用内禀反应坐标 (intrinsic
reaction coordinates, IRC) 理论计算反应的最小能量路径 (minimum energy path,

MEP). 溶剂化效应使用 Onsager 模型. 通过比较气相与液相中过渡态构型的几何参数, 发现气相反应的能垒接近反应物, 即过渡态构型与反应物相似, 而气相反应的过渡态基本位于反应路径的中心点. 所以, 氟乙酸脱卤酶反应的第一阶段在气相条件比溶剂条件下经过一个 "早垒型" 的过渡态, 说明溶剂化效应改变了气相中的过渡态构型.

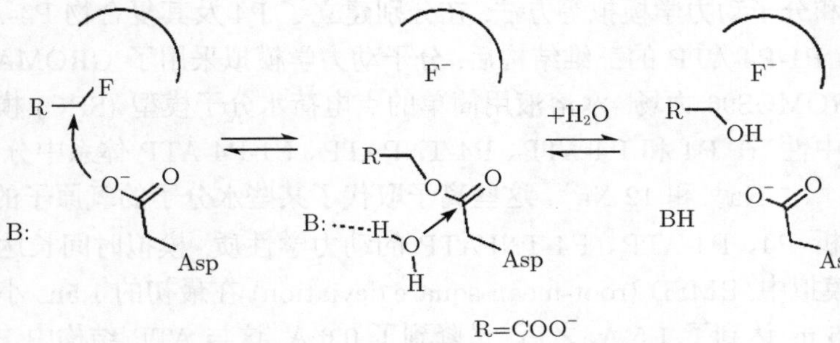

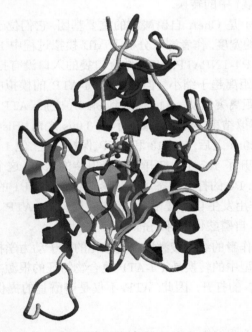

图 16-7　氟乙酸脱卤酶催化机理图解[34]

图 16-8　由同源模建得到的 FAc-DEX FA1 构型[34]

2. 组氨酸激酶自磷酸化的分子动力学模拟[36]

蒋华良、陈凯先研究小组采用分子动力学模拟研究了组氨酸激酶 CheA 自磷酸化的机理. 双组分调控系统 (TCS) 是大多数细菌中重要的信号调控成分, 信号的传导被组氨酸激酶通过 P1 和 P4 之间的自磷酸化作用所调控. 作者研究了 CheA 组氨酸激酶自磷酸化的动力学机理. CheA 有五个域 (P1~P5), ATP 结合在域 P4 上, 自磷酸化发生在 P1 的 His45 和 P4 的活性中心之间.

在这项研究中采用的计算方法包括同源模建、配体与蛋白质的对接、蛋白质与蛋白质对接和分子动力学模拟等方法. 在分别建立了 P4 及其复合物 P4-ATP、P4-TNPATP 和 P1-P4-ATP 的三维结构后, 分子动力学模拟采用了 GROMACS package 中的 GROMOS96 力场. 水溶液用简单的点电荷水分子模型 (SPC) 模拟. 为了使体系保持中性, 在 P4 和 P4-ATP、P4-TNPATP、P1-P4-ATP 体系中分别加入了 1 Cl^-、4 Na^+、5 Na^+ 和 12 Na^+. 这些离子取代了某些水分子的氧原子的位置.

为了分析 P4、P4-ATP、P4-TNPATP 的动力学性质, 模拟时间长达 4ns. 在 P4-ATP 的模拟中, RMSD (root-mean-square deviation) 在最初的 1.5ns 小于 0.6 Å, 在随后的 1.5 ns 达到了 1.5 Å, 之后, 又降到了 0.6 Å. 这与 ATP 结构中 HAA-O1B 的氢键形成与断裂的模拟时间相一致. 因此, 氢键的形成和断开可能会控制 ATP 在两种构象 (折叠和伸展) 中的转换.

His413 和 Lys494 是 CheA 自磷酸化的重要基团, 它们位于 ATP 结合口袋的两边, 控制着入口处的宽度. 作者深入分析了 MD 模拟过程中 His413 和 Lys494 的距离变化. 对 P4 和 P4-TNPATP, ATP 结合口袋的入口没有打开, 因为在模拟中, His413 和 Lys494 的距离趋于缩小. 但是, 在 P4-ATP 的模拟中, 在 ~3.0ns 附近, His413 和 Lys494 的距离突然从 ~11Å 增大到 ~16Å 之后, ATP 结合口袋的这种打开状态一直保持到模拟结束. 模拟结果揭示在 3.0ns 之前, His413 和 Lys494 都与 ATP 形成氢键, 在 3.0ns 之后, His413 和 ATP 保持氢键, 但 Lys494 与 ATP 的氢键被断开, Lys494 离开了 His413, 打开了结合口袋的入口, 这个时间与 ATP 两种构象转换的时间一致. P4 的打开状态可以紧紧地结合 P1, P1 的 His45 占据有利位置, 可与 ATP 相互作用发生自磷酸化. 这意味着只有 P4-ATP 可以与 P1 结合, 而 TNPATP 则是 CheA 自磷酸化的抑制剂.

蒋华良等及其合作者的组氨酸激酶自磷酸化的分子动力学模拟研究表明, ATP 在伸展和折叠两种构型中的转换是 P4-ATP 复合物特征的根源, 伸展到折叠的构型变化激发 ATP "盖子" 的打开. 因此, ATP 不仅是磷酰基的提供者, 也是 CheA 自磷酸化的激活因子.

3. **基于有效的迭代方法确定酶反应最小能量途径与反应中自由能变化的计算**[37a]

在文献 [37a] 中, Zhang、Liu、Yang 采用的 QM/MM 方法是 Yang 的研究小组发展的 QM/MM-FE(QM/MM-free energy) 方法, 其中, QM/MM 的边界用赝键

方法饱和. 在这项工作中, 他们提出了一种有效的迭代优化方法, 其中 QM 子体系采用冗余坐标下的准牛顿方法优化, MM 子体系在直角坐标下用 truncated Newton 方法优化, 这两个优化步骤迭代进行, 直到收敛.

在赝键方法中, 首先断开活性区 (QM) 和环境 (MM) 区之间的共价 σ 键 X—Y (X 和 Y 分别是活性区和环境区的边界原子), 再用一个参数化的有效核势 YPS 来代替 Y 原子, 构造一个赝键 X—YPS, 模拟原来的 X—Y 键的特性. 涉及 QM 和 MM 原子的相互作用能为

$$
\begin{aligned}
E_{\mathrm{qm/mm}}(\mathrm{QM/MM}) =\ & E_{\mathrm{electrostatics}}(\mathrm{QM/MM}) \\
& + E_{\mathrm{vdW}}(\mathrm{QM/MM}) + E_{\mathrm{MM\text{-}bonded}}(\mathrm{QM/MM})
\end{aligned}
$$

式中: $E_{\mathrm{MM\text{-}bonded}}(\mathrm{QM/MM})$ 为 MM 键相互作用项中至少涉及一个 MM 和一个 QM 原子. $E_{\mathrm{MM\text{-}bonded}}(\mathrm{QM/MM})$、$E_{\mathrm{vdW}}(\mathrm{QM/MM})$ 和 E_{MM} 都是用 MM 力场计算的. 在 QM 计算中, 能量包括两项, 即

$$
E_{\mathrm{qm}}(\mathrm{QM}) + E_{\mathrm{electrostatics}}(\mathrm{QM/MM}) = \langle \psi | H_{\mathrm{eff}} | \psi \rangle \tag{16.14}
$$

有效哈密顿量为

$$
\begin{aligned}
H_{\mathrm{eff}} = & -\frac{1}{2} \sum_i^{N_{\mathrm{eff}}} \nabla_i^2 + \sum_{i \neq j}^{N_{\mathrm{eff}}} \frac{1}{r_{ij}} - \sum_i^{N_{\mathrm{eff}}} \sum_{\alpha \in \mathrm{QM}} \frac{Z_\alpha}{r_{\alpha i}} - \sum_i^{N_{\mathrm{eff}}} \sum_{\beta \in \mathrm{MM}} \frac{q_\beta}{r_{\beta i}} \\
& + \sum_i^{N_{\mathrm{eff}}} \sum_{\gamma \in Y_{PS}} V_{Y_{PS}}^{\mathrm{eff}}(r_{i\gamma}) + \sum_{\alpha_1 \neq \alpha_2 \in \mathrm{QM}} \frac{Z_{\alpha_1} Z_{\alpha_2}}{r_{\alpha_1 \alpha_2}} + \sum_{\alpha \in \mathrm{QM}, \beta \in \mathrm{MM}} \frac{Z_\alpha q_\beta}{r_{\alpha\beta}}
\end{aligned} \tag{16.15}
$$

Neff 为 QM 计算中的电子总数, 包括活性区电子总数加上所有边界原子 Y_{PS} 的价电子总数. $V_{Y_{PS}}^{\mathrm{eff}}$ 为赝势, 第四项和最后一项是电子和 QM 原子核与 MM 点电荷之间的静电相互作用.

Zhang、Liu、Yang 在文献 [37a] 中提出的有效的迭代优化方法如下:

(1) 用 quasi-Newton 最小化方法在冗余坐标下优化 QM 原子, 而 MM 原子固定; 计算 QM 原子的 ESP (electrostatic potential) 拟合电荷.

(2) 用 truncated Newton 方法在直角坐标下优化 MM 原子, 而 QM 原子固定. 在 MM 优化时, QM 对 MM 的静电作用近似用 Q_α (QM 原子 α 的静电势拟合电荷) 的作用代替, 即

$$
\left\langle \psi \left| -\sum_i^{N_{\mathrm{eff}}} \sum_{\beta \in \mathrm{MM}} \frac{q_\beta}{r_{\beta i}} + \sum_{\alpha \in \mathrm{QM}, \beta \in \mathrm{MM}} \frac{Z_\alpha q_\beta}{r_{\alpha\beta}} \right| \psi \right\rangle = \sum_{\alpha \in \mathrm{QM}, \beta \in \mathrm{MM}} \frac{Q_\alpha q_\beta}{r_{\alpha\beta}} \tag{16.16}
$$

重复 (1), (2) 直至两者都达到收敛.

　　　Zhang、Liu、Yang 在文献 [37a] 中详述了 QM/MM 方法中反应路径上自由能变化的计算, 自由能微扰方法 (FEP) 被用来确定反应路径上自由能的变化. 首先定义反应坐标 $R_C = f(r_{\mathrm{QM}})$, 体系的配分函数表示为

$$Z = \int \exp\{-\beta[E_{\mathrm{qm}}(\boldsymbol{r}_{\mathrm{QM}}) + E_{\mathrm{mm}}(\boldsymbol{r}_{\mathrm{MM}}) + E_{\mathrm{qm/mm}}(\boldsymbol{r}_{\mathrm{QM}}, \boldsymbol{r}_{\mathrm{MM}})]\}\mathrm{d}\boldsymbol{r}_{\mathrm{QM}}\mathrm{d}\boldsymbol{r}_{\mathrm{MM}}$$

$$= \int Z(R_C)\mathrm{d}R_C$$

$$\begin{aligned} Z(R_C) = \int \delta[R_C - f(\boldsymbol{r}_{\mathrm{QM}})] \exp\{-\beta[E_{\mathrm{qm}}(\boldsymbol{r}_{\mathrm{QM}}) + E_{\mathrm{mm}}(\boldsymbol{r}_{\mathrm{MM}}) \\ + E_{\mathrm{qm/mm}}(\boldsymbol{r}_{\mathrm{QM}}, \boldsymbol{r}_{\mathrm{MM}})]\}\mathrm{d}\boldsymbol{r}_{\mathrm{QM}}\mathrm{d}\boldsymbol{r}_{\mathrm{MM}} \end{aligned} \tag{16.17}$$

式中: $Z(R_C)$ 为部分配分函数. 在反应路径上自由能可表示为

$$F(R_C) = -\frac{1}{\beta}\ln Z(R_C) \tag{16.18}$$

　　　因为 QM 原子数少, 而 MM 区域原子数多, 为了计算简便, 可将 QM 和 MM 自由度分开考虑, 先求 QM 体系的平均力势, 即

$$F_{\mathrm{qm/mm}}(\boldsymbol{r}_{\mathrm{QM}}) = -\frac{1}{\beta}\ln\int\exp\{-\beta[E_{\mathrm{mm}}(\boldsymbol{r}_{\mathrm{MM}}) + E_{\mathrm{qm/mm}}(\boldsymbol{r}_{\mathrm{QM}}, \boldsymbol{r}_{\mathrm{MM}})]\}\mathrm{d}\boldsymbol{r}_{\mathrm{MM}}$$
$$\tag{16.19}$$

则 $Z(R_C)$ 可写为

$$Z(R_C) = \int\delta[R_C - f(\boldsymbol{r}_{\mathrm{QM}})]\exp\{-\beta[E_{\mathrm{qm}}(\boldsymbol{r}_{\mathrm{QM}}) + F_{\mathrm{qm/mm}}(\boldsymbol{r}_{\mathrm{QM}})]\}\mathrm{d}\boldsymbol{r}_{\mathrm{QM}} \tag{16.20}$$

　　　如果最优反应路径已确定 $\{r_{\mathrm{QMmin}}\}$, QM 体系只在最优反应路径附近扰动, 则

$$Z(R_C) = \exp\{-\beta[E_{\mathrm{qm}}(\boldsymbol{r}_{\mathrm{QM}}^{\min}) + F_{\mathrm{qm/mm}}(\boldsymbol{r}_{\mathrm{QM}}^{\min})]\}$$

$$\times \int\delta[R_C - f(\boldsymbol{r}_{\mathrm{QM}})]\exp[-\beta\varepsilon(\boldsymbol{r}_{\mathrm{QM}})]\mathrm{d}\boldsymbol{r}_{\mathrm{QM}}$$

$$\varepsilon(\boldsymbol{r}_{\mathrm{QM}}) = E_{\mathrm{qm}}(\boldsymbol{r}_{\mathrm{QM}}) + F_{\mathrm{qm/mm}}(\boldsymbol{r}_{\mathrm{QM}}) - [E_{\mathrm{qm}}(\boldsymbol{r}_{\mathrm{QM}}^{\min}) + F_{\mathrm{qm/mm}}(\boldsymbol{r}_{\mathrm{QM}}^{\min})] \tag{16.21}$$

　　　如果 QM 子体系的涨落沿着反应坐标对总自由能的贡献是一样的, 则

$$\Delta F(R_C) \approx \Delta E_{\mathrm{qm}}(\boldsymbol{r}_{\mathrm{QM}}^{\min}) + \Delta F_{\mathrm{qm/mm}}(\boldsymbol{r}_{\mathrm{QM}}^{\min}) \tag{16.22}$$

　　　式 (16.22) 中的第二项 $\Delta F_{\mathrm{qm/mm}}$ 由分子动力学和 FEP 方法得到

$$\Delta F_{\mathrm{qm/mm}}^{A \to B} = F_{\mathrm{qm/mm}}(R_C^B) - F_{\mathrm{qm/mm}}(R_C^A)$$

$$= -\frac{1}{\beta} \ln \langle \exp\{-\beta[E_{\mathrm{qm/mm}}(r_{\mathrm{QM}}^{\min}(R_C^B))$$
$$- E_{\mathrm{qm/mm}}(r_{\mathrm{QM}}^{\min}(R_C^A))]\} \rangle_{\mathrm{mm},A} \tag{16.23}$$

式中：$\langle\ \rangle_{\mathrm{mm},A}$ 代表对 MM 体系求系综平均, 而 QM 体系固定在 $r_{\mathrm{QM}}^{\min}(R_C^A)$.

在文献 [37a] 中, Zhang、Liu、Yang 示范了磷酸丙糖异构酶 (TIM) 催化的异构化过程中质子转移反应机理的研究. 酶的三维结构取自蛋白质数据库中 PDB ID 为 7TIM 的结构. 与酶连接的底物 DHAP 是这样来构建的, 将晶体结构中原有的抑制剂中的 NH 基团替换为一个亚甲基 CH_2 基团, 同时调整 C—C 键长为 1.51 Å. 为了考虑水溶液对活性中心的溶剂化效应, 体系包括了一个中心处在 DHAP C2 边长为 49.264 Å 的立方水分子盒子 (含 4000 个水分子), 除去那些与复合物距离大于 4.5 Å 或小于 2.5 Å 的水分子, 剩下 591 个水分子. QM 区域采用了 HF/3-21G. 在 MM 区域, 采用了 TINKER 软件包和 AMBER 力场, 对水分子采用了 TIP3P 模型. 在计算中忽略了远离活性中心的原子涨落, 即与活性中心的距离大于 20Å 的原子被束缚在它们的晶体结构位置上. 在对体系新增加的氢原子和水分子优化后做 20 ps 的动力学模拟, 再优化至均方根梯度低于 1.0 kcal/(mol·Å), 之后对所有与活性中心的距离小于 20 Å 的原子重复以上的步骤. 通过计算测试, 预测的自由能反应势垒约为 21.9 kcal/mol, 比实验值 (14 cal/mol) 偏高, 但这是预料中的, 因为 QM 计算采用的是 HF/3-21G. 采用 DFT 和大基组计算 QM 区域可以提高计算结果的精确度.

在 QM/MM-FE 方法中, 自由能的计算通常采用了两个假设[37b]：① QM 和 MM 子体系的动力学相互独立; ② QM 子体系的涨落满足谐振近似. 由此, MM 子体系的涨落对自由能的贡献采用 FEP 方法计算, QM 子体系的涨落对自由能的贡献可近似通过谐振频率的计算得到. QM/MM-FE 方法已成功地应用于多个实际体系的计算中, 与完全自由能模拟结果对比, QM/MM-FE 的自由能计算结果的精确性非常好[37c]. 最近, Yang 的研究小组在 QM/MM-FE 基础上, 还发展了 QM/MM-MFEP (QM/MM-minimum free energy path) 方法[37b].

3. 细胞膜蛋白质 AcrB 活性位点研究[38]

AcrB 是大肠杆菌内膜上的一种蛋白质; 作为一个多药物出口者, 它的作用是把各种抗生素和对细菌自身有毒的化合物从细菌体内向外泵出去, 从而使大肠杆菌对抗生素及某些消毒剂、染料、清洁剂产生内在抗性. 实验科学家已测定了 AcrB 的晶体结构, 发现有三个原体 (protomer) 排列在一起, 形成一个水母状的三聚物. AcrB 顶端的一个漏斗状的结构与外层膜通道直接结合在一起. 细胞膜蛋白质与普通蛋白质不同, 它在结晶时很容易产生无序现象, 因此实验测得的描述粒子涨落的 B 因子 (B-factor or Debye-waller factor: $B_i = (8\pi^2/3)\langle\Delta R_i \Delta R_i\rangle$) 在很大程度上会受到这些无序排列的干扰.

　　为了从理论上提供可靠信息, Lu、Wang、Ho 和 Yu 计算研究了细胞膜蛋白质 AcrB 的振动模式及活性位点. 首先利用 ANM (anisotropic network model) 方法在弹簧势模型下, 计算了一系列普通蛋白质和结晶好的细胞膜蛋白质的 B 因子, 得到的计算结果与实验吻合得很好 [图 16-9(a)]. 在此基础上, 对细胞膜蛋白质 AcrB 进行了动力学分析并计算了 AcrB 的 B 因子. 计算结果 [图 16-9(b)、(c)] 显示, 位于漏斗上边缘的区域 3 的 B 因子很大, 其运动形式主要是径向运动及转动. 曾有人提出, 漏斗上底可能直接与外膜通道连接, 如果是这样, 3 则是一个很好的结合位. 在中央空洞中, 区域 1 也对应 B 因子的一个峰, 其运动形式主要是径向呼吸模式, 由实验可知, 区域 1 对应药物的第一结合位. 区域 7、8 和 10 的运动形式主要为转动, 他们对应着药物的第二结合位. 理论预测的 AcrB 与药物的可能结合位与实验观测结果吻合.

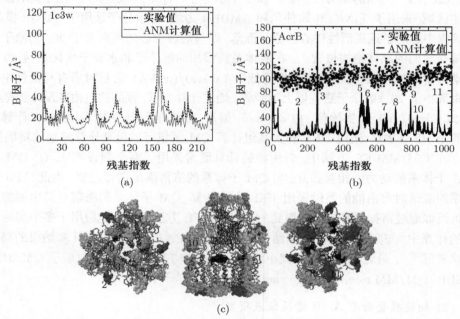

图 16-9　(a) 蛋白质 1c3w 的 B 因子计算值与其实验值比较. 其中缺少的 157~161 部分是用分子动力学模拟得到的值来填补; (b) 细胞膜蛋白质 AcrB 的 B 因子的理论计算值与其实验值 (点) 的比较; (c) 从上部、侧面、底部方向查看 AcrB 蛋白质, 显示了可能的结合位 (数字标记), 这些结合位具有较大的 B 因子[38]

4. 嗜热 HB8 Nudix 水解酶 Ndx1 活性位点预测[39]

　　Nudix 水解酶是一类需要 Mg^{2+} 参与催化反应的水解蛋白酶. 它在自然界普遍存在, 大约在 250 类物种体内都可以找到. Nudix 水解酶可以参与催化具有核苷二磷酸成分的底物. 这类蛋白质存在一段具有高保守性的模体 (motif), 它由 23 个氨基酸残基组成, 通常用序列 GX5EX7REUXEEXGU 来表示, X 代表的是任何氨基酸残基, U 代表的是疏水的氨基酸残基 (Ile、Leu 和 Val 等). 在 Nudix 水解酶家族的三维结构中, 这一段高度保守的模体正好形成了一个 Loop-Helix-Loop 的结构, 该区域是通用的 Mg^{2+} 的结合部位和催化中心. Nudix 水解酶就好像是生物体内的清洁工, 它可以清除细胞内的毒素等有害物质以及过量存在的一些代谢物等, 在生物体代谢的过程中起到了很好的保护、调节以及信号传导的作用.

嗜热 HB8 Nudix 水解酶 Ndx1 由 126 个氨基酸残基组成, 分子质量为 14.2kDa. 2004 年, Iwai 等研究提出二腺苷六磷酸 (diadenosine 5′, 5′-P1, P2 hexaphosphate, Ap6A) 是与 Ndx1 作用最好的底物. 在二者的作用过程中, Ap6A 被水解生成两分子的三磷酸腺苷 (adenosine triphosphate, ATP).

在 Nudix 水解酶家族的三维结构中, 有一段高度保守的 Loop-Helix-Loop 模体, 它是 Nudix 水解酶的活性和催化的中心. Ndx1 是 Nudix 水解酶家族的一员, 可以预测, Ndx1 与底物的结合部位和作用方式应该和同家族中的其他成员应是十分类似的.

李泽生等及其合作者用 Modeler 自动模建程序构建得到的初始模型, 经过能量最小化和分子动力学模拟后, 得到了 Ndx1 的最佳构象, 见图 16-10. 优化所得三维结构用 Profile-3D 进行氨基酸残基的兼容性评测. 优势构象结构兼容性得分为 37.6, 高于临界得分 25.6. 经 Prostat 程序检查, Ndx1 的键长、键角与模板蛋白 1MUT 的键长、键角的统计平均值没有明显差别. 模拟的 Ndx1 结构中有 62.9% 的主链构型的 Φ-Ψ 二面角的分布落在核心区, 而 X 射线晶体结构 1MUT 主链的 Φ-Ψ 二面角有 54.3% 落在核心区. 对 Ndx1 和 1MUT 进行结构匹配的检验, 发现两个蛋白质的主链 α 碳原子的均方根差 RMSD 值为 0.96 Å, 在误差允许的范围之内. 因此, 这个 Ndx1 的三维结构是合理可信的.

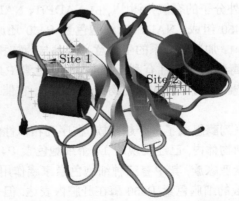

图 16-10　Ndx1 的三维结构图及搜寻得到的 2 个可能的活性位点[39]

应用 Binding Site 模块搜寻得到了 2 个可能的活性位点, 如图 16-10 所示. 从所构建的 Ndx1 的三维结构模型和序列分析可知, 在 Ndx1 中, 保守性的 Loop-Helix-Loop 模体由 Gly31-His32-Pro33-Glu34-Pro35-Gly36-Glu37-Ser38-Leu39-Glu40-Glu41-Ala42-Ala43-Val44-Arg45-Glu46-Val47-Trp48-Glu49-Glu50-Thr51-Gly52-Val53 组成. 与存在于动植物体内以及细菌中的 Nudix 水解酶相比较, Glu37、Arg45、Glu46、Glu49 和 Glu50 是五个保守的氨基酸残基. 在所搜寻到的 2 个可能的活性位点中, 图 16-11 中的 Site2 与 2004 年 Iwai 等的实验结果是一致的. Site2 由 31 个氨基酸残基 (Met1-Glu2-Leu3-Gly4-Ala5-Gly6、Gly31-His32-Pro33-Glu34、Gly36-Glu37-Ser38-Leu39-Glu40-Glu41-Ala42-Ala43、Glu46、Tyr62-Pro63-Thr64-Arg65-Tyr66、Val72-Glu73-Arg74-Glu75-Val76-His77 和 Leu116) 组成.

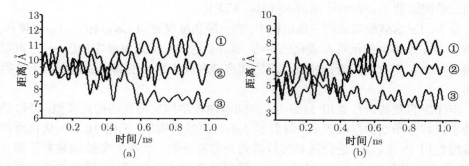

图 16-11　动力学模拟过程中 (a) Arg108 侧链末端 C 原子和 Val292 C_α 原子之间的距离变化; (b) Ala106 的 C_β 原子和 Leu234 的 C_α 原子之间距离的变化. 曲线①代表 CYP2C9*1; 曲线②代表反式 Pro 取代的 CYP2C9*13; 曲线③代表顺式 Pro 取代的 CYP2C9*13[40]

5. 人类细胞色素 P450 2C9 及其变体 CYP2C9*13 活性位点研究[40]

细胞色素 P450 (cytochrome P450, CYPs) 系列酶属于加单氧酶系 (monooxygenases), 涉及体内和体外分子的有氧代谢[41], 由 NADPH、NADPH- 细胞色素 P450 还原酶及细胞色素 P450 组成. NADPH- 细胞色素 P450 还原酶以 FAD 和 FMN 为辅基, 二者比例为 1:1. 加单氧酶系的生理意义是参与药物和毒物的转化, 经羟化作用后可加强药物或毒物的水溶性有利于排泄. 细胞色素 P450 是以铁卟啉原 IX 为辅基的 b 族细胞色素, 含有与氧和作用物结合的部位, 它催化人体内大量的化学反应.

细胞色素 P450 系列酶组成了一个超家族, 在序列相似性的基础上又细分为家族和亚家族. 在哺乳动物体内, 已经发现的 14 个细胞色素 P450 家族[42] 中已鉴别出至少 22 种细胞色素亚家族, 其中有三种细胞色素家族作用最强: CYP1、CYP2 和 CYP3 家族. 大多数的细胞色素 P450 酶在肝脏内表达, 但是在肝脏外表达的细胞色素通常会表现出不同的性质. 组织中的细胞色素 P450 在对它们内部的内源性或外源性物质的反应和产生毒性两个方面起到重要作用. 单个肝细胞可含多种 CYP 酶系, 而单个 CYP 酶可代谢多种不同的药物, 但某种药物主要由特定的单一的酶代谢. CYP3A4、CYP2D6、CYP2C9 和 CYP2C19 代谢了大部分的临床用药.

CYP2C9 在人类肝脏内含量仅次于 CYP3A4, 占肝微粒体 P450 总量的 20%, 担负约 16% 的临床药物的代谢. 人类 CYP2C9 基因具有遗传多态性, 目前已经确定了至少 24 种等位基因, 而大多数的变体酶的活性都有所降. 当携带 CYP2C9 变体基因的个体在服用安全范围窄、治疗指数较低的药物, 如华法林、甲苯磺丁脲和苯妥英等更容易发生药物中毒.

吉林大学周惠教授等在对一位氯诺昔康的弱代谢者的 *CYP2C9* 基因序列测定时发现了一个 *CYP2C9* 基因新多态性位点 T269C, 导致所编码蛋白 90 位 Leu 被 Pro 取代, 命名为 CYP2C9*13, 并检测了 CYP2C9*13 在体外催化氯诺昔康、双氯芬酸的活力[43]. 活性测定结果表明, CYP2C9*13 与野生型 CYP2C9*1 比较, 明显地降低底物药的代谢, 这是 K_m 值增加和 V_{max} 降低或不改变的结果. 同时 K_m 值增加和药物清除率 (V_{max}/K_m 值) 降低的程度随着底物的不同而改变, 具有明显的底物依赖性[44].

李泽生等用 InsightII 软件包中的分子动力学模块在 CYP2C9*1-氟比洛芬复合物的晶体结构 1R9O 的基础上得到可靠的无底物的 CYP2C9*1 和 CYP2C9*13 的三维结构, 分析了它们活性位点的组成和结构, 从结构上解释了 CYP2C9*13 催化活性降低的原因. 在此基础上进行了与药物分子双氯芬酸、氯诺昔康的对接研究, 确定了复合物形成时起重要作用的残基. 计算得到的底物与酶的相互作用能充分反映了底物 - 酶复合物的亲和力, 与动力学实验测得的表观米氏常数符合得很好.

在经过填补了 CYP2C9*1 晶体结构中所缺失的部分氨基酸, 去底物, 在生理 pH 下补氢及改变 90 位氨基酸等步骤后, 用 Discover_3 软件在 CVFF(consistent-valence forcefield) 力场下进行了分子力学优化和分子动力学模拟. 对初始结构的优化都将溶剂环境设置为一层 10 Å 的 TIP3P 水模型. 在 CYP2C9*13 变体酶中, Pro 取代了 Leu, 由于 Pro 的特殊结构使它与 N 端的氨基酸形成的肽键既可以是反式的, 也可以是顺式的, 而这一肽键的构型在目前的实验中尚未测定. 因此, 除了无底物的 CYP2C9*1 外, 两种不同肽键构型的 CYP2C9*13 变体三维结构也被同时建立. 经动力学优化过的这些三维结构通过 RMSD、Profile-3D、Prostat 的评估打分后证实是可靠的.

在通过对底物入口的分析及对已知的 P450 晶体结构的统计分析后, 首先排除了顺式 Pro 取代的可能. 通过对组成入口的氨基酸原子之间的距离在动力学模拟过程中的变化分析 (图 16-11), 在动力学模拟的 0.6ns 以后, 这两对原子之间的距离在顺式 Pro 取代的 CYP2C9*13 中显著下降, 进一步作出的溶剂可及表面显示其入口已经完全封闭, 而反式取代的 CYP2C9*13 的入口与 CYP2C9*1 相比也大大缩小. 比较 CYP2C9*1 和 CYP2C9*13 的结构发现 [图 16-12(a)], 106～108 号氨基酸在突变后发生翻转, 其侧链挡住了部分入口, 入口的缩小自然会对底物的进出产生一定的障碍, 从而影响到酶的催化活性. 同时, 由于亲水的 Arg108 在突变后暴露在酶的表面, 降低了酶入口表面的疏水性, 那么对于头部疏水的底物分子来说, 会增加其靠近入口的难度. 这一结构上的改变, 可能是 CYP2C9*13 变体酶活性降低的一个主要因素, 而其突变所引起的结构上的长程效应, 对只有活性部位或邻近的氨基酸发生突变才会影响酶活力的传统观念是一个重大的挑战.

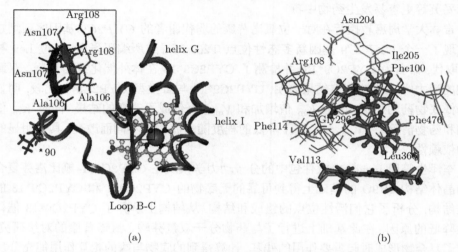

(a)　　　　　　　　　　　　　　　　(b)

图 16-12　 (a) CYP2C9*1 和 CYP2C9*13 的结构比较; (b) CYP2C9*1
和 CYP2C9*13 催化双氯芬酸活性位点主要氨基酸残基[40]

通过分子对接, 分别确定了双氯芬酸和氯诺昔康与 CYP2C9*1 和 CYP2C9*13 结合中至关重要的氨基酸残基. 虽然在同一个活性口袋中, 对于不同性质的底物, 同一氨基酸残基与底物的相互作用能也会有较大差别. 例如, CYP2C9*1 中的带电残基 Asp293, 由于双氯芬酸在生理 pH 下以阴离子形式存在, 而氯诺昔康呈电中性, 双氯芬酸与 Asp293 之间强烈的静电吸引作用 (−31.6 kcal/mol) 使得 Asp293 成为稳定双氯芬酸 -CYP2C9*1 复合物最重要的氨基酸之一, 而这一作用在氯诺昔康 -CYP2C9*1 复合物中很弱. 图 16-12(b) 是双氯芬酸 -CYP2C9*1 复合物和双氯芬酸 -CYP2C9*13 复合物的叠置图. 可以看到, 由于 Leu90Pro 的突变引起底物在活性口袋中的相对取向发生了改变. CYP2C9*13 中的 Asp293 由于远离底物, 其作用力也大大减弱, 这成为 CYP2C9*13 与双氯芬酸的亲和力显著降低的主要原因之一. 同时, 突变也使得底物与 CYP2C9*13 形成氢键的数目减少, 底物在活性口袋中自然也就没有在 CYP2C9*1 中稳定, 这些因素都会影响到酶的催化活性. 郭颖杰等的动力学实验表明, CYP2C9*13 的活性降低具有底物依赖性, 对于双氯芬酸和氯诺昔康, 从其 K_m 值的变化看, 二者分别上升了 5 倍和 2.3 倍, 双氯芬酸与酶的总的吸引能从 -125.9 kcal/mol 下降到 -73.8 kcal/mol, 氯诺昔康与酶的总的吸引能从 -70.5 kcal/mol 下降到 -56.5 kcal/mol, 二者分别下降了 41%和 20%. 可见, 底物与酶的相互作用能与实验结果吻合得很好.

16.5 展 望

蛋白质所具有的功能在很大程度上取决于其空间结构, 因此对蛋白质空间结构的研究在蛋白质工程中有极其重要的意义. X 射线晶体学方法和多维核磁共振技术是目前测定蛋白质结构的主要方法. 用 X 射线晶体学方法测定蛋白质结构的前提是必须获得能对 X 射线产生强衍射作用的晶体, 而蛋白质的提纯与结晶增加了结构测定的难度; 多维核磁共振技术避免了这些困难, 而且能够测定蛋白质的溶液结构, 但仅适用于小蛋白. 因此, 发展有效的理论预测蛋白质结构的方法有重要的理论和应用价值. 对确定结构的蛋白质体系, 用组合 QM/MM 方法研究酶催化反应的反应机理是目前的一个研究热点. 组合 QM/MM 方法使我们对大体系如蛋白质分子体系的反应途径和反应势垒的理论研究成为可能. 由于对众多的酶催化反应的反应机理尚未完全清楚, 因此这一前沿领域将给计算化学带来一个很大的发挥空间. 其中, 一系列典型的酶催化反应的反应机理、蛋白质分子的活性位点的寻找和确定及蛋白质与底物小分子及蛋白质与蛋白质的分子对接, 已成为理论化学的重要研究方向. 另外, 分子力场模型的准确可靠度有相当的局限性, 它直接影响分子力场方法和 QM/MM 组合方法的计算精度. 因此, 发展有效可靠的势模型对计算生物大分子体系至关重要. 随着理论方法和理论模型的不断发展, 可以实现从理论上准确预测生物大分子的结构及其相互作用机理, 这将为实验研究提供很有价值的理论信息和指导.

致谢 感谢周奕含博士在整理与校对过程中给予的帮助.

参 考 文 献

[1] Murray R K, Granner D K, Mayes P A et al. Residues. In Harper's Biochemistry McGraw-Hill, 2000
[2] 沈同, 王镜岩等. 生物化学. 北京: 人民教育出版社, 2002
[3] Koshland D E. Proc. Natl. Acad. Sci. USA, 1958, 44: 98
[4] Doolittle R F. Protein Sci., 1992, 1: 191
[5] Karger B L, Chu Y H, Foret F. Annu. Rev. Biophys. Biomol. Struct., 1995, 24: 579
[6] Jones D T. Curr. Opin. Struct. Biol., 2000, 10: 371
[7] Wagner G, Wuthrich K. Methods Enzymol, 1986, 131: 307
[8] Montelione G T, Wuthrich K, Nice E C et al. Proc. Natl. Acad. Sci. U.S.A, 1986, 83: 8594

[9]　来鲁华, 徐筱杰. 蛋白质的结构预测和分子设计, 1993

[10]　Homology User Guide. San Diego: MSI, USA, 1999

[11]　Needleman S B, Wunsch C D. J.Mol.Biol, 1970, 48: 443

[12]　Bowie J U, Luthy R, Eisenberg D. Science, 1991, 253: 164

[13]　Lüthy R, Bowie J U, Eisenberg D. Nature, 1992, 356: 83

[14]　Hendlich M, Lackner P, Weitckus S et al. J. Mol. Biol., 1990, 216: 167

[15]　Tanaka S, Scheraga H A. Macromolecules, 1976, 945

[16]　Miyazawa S, Jernigan R L. J. Mol. Biol., 1996, 256: 623

[17]　a. Sippl M J, Comput J. Aided. Mol. Des., 1993, 7: 473; b. Sippl M J. Curr. Opin. Struc. Biol., 1995, 5: 229

[18]　Xu Y, Xu D. Proteins: Struct., Funct., and Genetics. 2000, 40: 343

[19]　Xu D, Crawford O H, LoCascio P F et al. Proteins: struct., Funct., and Genetics. Suppl. 2001, 5: 140

[20]　Cao H B, Ihm Y, Wang C Z et al. Polymer, 2004, 45: 687~697

[21]　Kuntz I D. Science, 1992, 257: 1078

[22]　Goodsell D S, Olson A J. Proteins, 1990, 8: 195

[23]　Jiang F, Kim S H. J. Mol. Biol., 1991, 219: 79

[24]　Affinity User Guide San Diego: MSI, USA, 1999

[25]　Dauber-Osguthorpe P, Roberts V A, Osguthorpe D J et al. Proteins, 1988, 4: 31

[26]　Sun M, Li Z S, Zhang Y et al. Bioorg. Med. Chem. Lett., 2005, 15: 2851

[27]　孙苗. 几类重要蛋白质的分子模拟 [博士论文]. 长春, 吉林大学, 2005

[28]　Warshel A, Levitt M. J. Mol. Biol., 1976, 103: 227

[29]　Assfeld X, Rivail J L. Chem. Phys. Lett., 1996, 263: 100

[30]　Gao J, Amara P, Alhambra C et al. J. Phys. Chem. A, 1998, 102: 4714

[31]　Svensson M, Humbel S, Froese R D J et al. J. Phys. Chem., 1996, 100: 19357

[32]　Zhang Y, Lee T, Yang W. J. Chem. Phys., 1999, 110: 46

[33]　Webb S P, Gordon M S. J. Phys. Chem. A, 1999, 103: 1265

[34]　Zhang Y, Li Z S, Wu J Y et al. Biochem. & Biophys. Res. Comm., 2004, 325: 414

[35]　Devi-Kesavan L S, Gao J. J. Am. Chem. Soc., 2003, 125: 1532

[36]　Zhang J, Xu Y, Shen J et al. J. Am. Chem. Soc., 2005, 127: 11709

[37]　a. Zhang Y, Liu H, Yang W. J. Chem. Phys., 2000, 112: 3483; b. Hu H, Lu Z Y, Yang W T. J. Chem. Theor. Comp., 2007, 111(1): 176; c. Rod T H, Ryde U. J. Chem. Theor. Comp., 2005, 1: 1240; Kästner J, Senn H M, Thiel S et al. J. Chem. Theor. Comp., 2006, 2: 452

[38]　Lu W C, Wang C Z, Yu E, Ho K M. Proteins: Structure, Function and Bioinformatics, 2006, 62: 152

[39]　Zheng Q C, Li Z S, Sun M et al. Biochem. & Biophys. Res. Comm., 2005, 333: 881

[40]　Zhou Y H, Zheng Q C, Li Z S et al. Biochimie, 2006, 88: 1457

[41]　Ingelman-Sundberg M. Naunyn-Schmiedeberg. Arch. Pharmacol., 2004, 369: 89

[42]　Nelson D R, Koymans L, Kamataki T et al. Pharmacogenetics, 1996, 6: 1

[43]　Si D Y, Guo Y J, Zhang Y F et al. Pharmacogenetics, 2004, 14: 465

[44]　Guo Y J, Wang Y, Si D Y et al. Xenobiotica, 2005, 35: 853

第 17 章　多相催化理论模拟：现代簇模型方法

傅　钢　徐　昕

17.1　引　　言

催化是面向重大能源、资源和环境问题永恒的主题. 据统计, 有 80% 以上的化工过程是催化过程, 其中仅多相催化行业就占全球国民生产总值 (GNP) 的 20%~30%. 在过去的 100 年中, 许多新催化反应过程的建立和新催化剂的开发, 都有力地推动了社会的进步. 进入 21 世纪后, 催化在缓解能源短缺、摆脱对日益枯竭的化石燃料的依赖以及开发环境友好的绿色过程、治理环境污染、探寻真正的可持续发展道路方面, 日益彰显其重要的核心作用. 表 17-1 列出了目前工业上应用的一些重要化学过程以及今后的研究目标.

表 17-1　一些重要化学过程和今后的研究目标

重要工业化学过程	催化研究目标
氨合成 (德国 BASF, 1911)	选择氧化
甲醇合成 (德国 BASF, 1923)	
F-T 合成 (德国 Ruhrchemie, 1936)	烷烃活化
选择催化还原 (美国, Eegelhard, 1959)	低温燃料电池
催化裂化 (美国 Mobil, 1960)	
丙烯选择氧化 (美国 SOHIO, 1960)	可再生原料

迄今为止, 新催化剂的开发基本上是依靠一定经验对大量催化材料进行筛选, 而依据静态研究结果建立起来的催化理论对指导新催化剂的设计以及新催化过程的探索均存在很大的局限性. 尽管高通量 (组合化学) 筛选方法的发展大大缩短了催化材料的研制周期, 但这只是 "量" 的突破, 远没有达到 "理性" 设计的高度. 只有从原子、分子层次上去认识和理解催化剂结构和催化反应机理, 才能实现从微观尺度上设计和构筑高效、定向的新催化材料. 要达到这一目标, 不仅要发展原位、动态 (或实态、实时) 的表征方法, 研究催化剂的表面微观结构和反应分子及其中间态的转化动态学, 还需要借助以量子化学为主的理论工具, 关联、分析和阐明所得的实验结果, 给出清晰的机理图像, 进而揭示催化作用的本质.

近年来, 理论化学的快速发展以及可用于大规模计算的超级计算机的应用, 使得较精确地处理复杂的催化体系成为可能. 1992 年, 美国国家研究委员会 (NRC)

组织编撰的调研报告《催化展望》(*Catalysis Looks to the Future*)[1] 中将催化理论列为 21 世纪催化科学中的挑战和机遇中四个方向之一. 德国的 Sauer 教授等 [2] 于 1989 年和 1994 年分别在《化学评论》(*Chemical Review*) 上发表综述文章, 详尽介绍了在固体和表面模拟中的模型、方法和应用. 而丹麦 Nørskov 教授等[3] 于 2000 年和 2002 年分别在《催化进展》(*Advance in Catalysis*) 丛书和《物理化学年度评论》(*Annual Review in Physical Chemistry*) 中评述了周期性密度泛函方法在研究金属表面小分子吸附和活化方面的进展. 2001 年《理论化学和理论物理进展》[4] (*Progress in Theoretical Chemistry and Physics*) 丛书在当年出版的第 8 卷中邀请了国际上知名的催化理论研究者撰写了名为 "多相催化理论研究"(Theoretical Aspects of Heterogeneous Catalysis) 的专题, 文中涉及了分子筛、金属、氧化物和负载型催化剂等各个领域. 2002 年, 国际技术研究会全球技术分会 (WTEC) 召开了应用分子和材料模拟研讨会[5], 美国 Neurock 教授对理论和计算化学在催化中的应用进行了回顾和展望, 他还列举了催化模拟在欧、美和日本各大化工公司的研究现状, 反映了发达国家工业界对催化理论研究的重视. 最近, Jacoby 博士[6] 在 C&EN 发表了题为 "数字催化"(Catalysis by the Numbers) 的文章, 指出 "在过去, 完全基于计算的催化研究是难以想象的; 而如今, 完全没有理论计算的研究也是难以想象的". 由此可见, 理论模拟已逐渐成为现代催化化学的关键组成部分. 而借助于理论模拟和现代表征技术的紧密结合, 催化研究正在向 "理性" 设计的大门迈进.

17.2　表面理论研究

一般来说, 催化反应过程包括反应物和产物的吸附、脱附以及表面迁移、活性作用和非活性作用等, 见图 17-1. 热力学的测定给出总体反应宏观的热效应; 动力学的测定则给出了反应速率与温度及气相反应物、产物压力的函数表达式. 催化反应的微观过程与表面吸附物种性质密切相关, 动力学测定只是对这些表面吸附物种性质的间接解释.

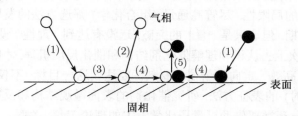

图 17-1　多相催化基本过程示意图. (1) 反应物的吸附; (2) 反应物的脱附; (3) 表面迁移; (4) 表面反应; (5) 产物的脱附

表面反应过程的定量描述方法大致可以分为两大类: 一类是无限表面模型; 另

一类是有限表面模型. 无限表面模型将固体表面表示为按二维方向无限伸展的平板, 电子态则一般采用 Bloch 波描述, 这就使得人们可以利用固体的平移对称性, 采用传统的能带理论处理固体表面, 因而人们也习惯地称无限表面模型为能带模型. 早期的能带模型为刚性能带模型, 它忽略了各种表面粒子与近邻底物原子之间相互作用的微观细节, 把吸附质看成是简单的电子给体或受体, 向固体表面能带授受电子, 因而只能定性地讨论吸附过程中电子的迁移. 近年来, 无限表面模型得到了长足的发展. 如 Freeman 等提出了全势能线性增幅平面波法 (the full-potential linearized augmented plane wave method, FLAPW[7]); Lundqvist 等提出了有效媒介法 (effective medium method[8]); Pisani 等提出了晶体轨道法 (crystal orbital method[9]) 等. 周期性方法的优点在于: ① 没有边界问题; ② 可有效考虑吸附质之间的相互作用. 目前, 该方法是研究金属催化剂表面反应的较为主流的手段, 并成功地应用于金属氧化物和分子筛体系的研究. 但应该指出的是, 这类方法目前还有一些明显的不足: ① 应用于化学吸附的研究需要采用大的有效单胞, 计算量较大; ② 真实的催化剂表面是不规整的, 通常存在各种缺陷位, 采用周期性方法模拟受计算条件的制约较大; ③ 在探讨表面反应机理、寻找表面反应过渡态, 以及描述振动光谱 [IR 和 (或)Raman] 等方面, 周期性方法和基于分子的理论方法还有明显差距, 有待于进一步发展.

有限表面模型是用几个 (几十个) 按特定几何构型排布的基质原子组成的簇来类比表面, 假定吸附质与簇相互作用, 并按分子轨道理论或其他化学键理论成键. 20 世纪 70 年代初, 簇–表面类比法的提出, 为较为成熟的分子簇配位化学领域和当时几乎空白的表面化学之间架起了桥梁[10]. 簇模型方法更接近于化学工作者的思维, 因而被化学工作者广为应用, 已发展成为研究化学吸附与反应的最重要的量子化学方法之一. 其基本原理现简述如下[11]:

大部分的量子化学问题均是于 Born-Oppenheimer 近似下求解电子的定态 Schrödinger 方程, 对于大块固体, 可表示为

$$\hat{H}\Psi(\text{bulk}) = E\Psi(\text{bulk}) \tag{17.1}$$

式中 $\Psi(\text{bulk})$ 为大块固体的电子波函数. 由于 H 将是无限维的, 因而式 (17.1) 很难求解.

簇模型方法选定一小簇原子用于模拟大块固体或表面, 图 17-2 为小簇 C 与其固体环境 S 作用示意简图, C 代表从大块固体中挖出的用于量子化学精细计算的簇; S 代表簇的固体环境, 它反映出大块固体的本底影响.

进一步, 我们可以将环境对簇的作用分为长程作用和短程作用. 我们可以用 I 代表界面 (interface), 它反映出环境与簇的短程作用. 假定我们可以找到一个酉变换 T, 使得 $\Psi(\text{bulk})$ 定域化:

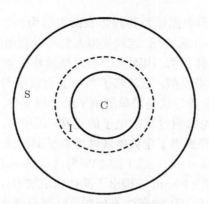

图 17-2　簇与环境作用示意图

$$\Phi_L(\text{bulk}) = \hat{T}\, \Psi(\text{bulk}) \tag{17.2}$$

$$\Phi_L(\text{bulk}) = (\Phi_C, \Phi_S) = \left(\hat{T}_C, \hat{T}_S\right)\Psi \tag{17.3}$$

其中 Φ_C 定域于小簇 C, Φ_S 定域于环境 S, $\Psi(\text{bulk})$ 是大块固体的波函数. 这一定域化过程可以通过在体系的 Fock 算符中加入一定域化势来完成, 即有 Adams-Gilbert 方程:

$$\left(F_C + V_S^{lr} + V_S^{sr} - \rho V_S^{sr}\rho\right)\Phi_C = E_C^{lr}\Phi_C \tag{17.4}$$

式中: F_C 为小簇 C 的 Fock 算符, 包括簇 C 内的动能与各种相互作用能; V_S^{lr} 为环境 S 对簇 C 的长程作用势, 包括簇 C 与环境 S 间的电子–电子、电子–核、核–电子、核–核等四种库仑势; V_S^{sr} 为环境 S 对簇 C 的短程作用势, 包括簇 C 与环境 S 间的电子交换势, 反映出簇 C 与环境 S 间的轨道相互作用; $\rho V_S^{sr}\rho$ 为定域化势 (也称屏蔽势).

对于氧化物, 由于 V_S^{sr} 有效作用范围一般限于簇 C 与环境 S 的界面区域, 为与图 17-2 直接对应, 我们不妨将 V_S^{sr} 改写为 V_I^{sr}, 式 (17.4) 可改写为

$$\left(F_C + V_S^{lr} + V_I^{sr} - \rho V_I^{sr}\rho\right)\Phi_C = E_C^{lr}\Phi_C \tag{17.5}$$

求解式 (17.5) 或式 (17.4), 可得到簇 C 波函数 Φ_C, 并且有

$$E_C^{lr} = \left\langle \Phi_C \left| \left(F_C + V_S^{lr}\right) \right| \Phi_C \right\rangle = E_C + E_{SC}^{lr} \tag{17.6}$$

但由于

$$\rho = \Psi\Psi^+ = \Phi_C\Phi_C^+ + \Phi_S^+\Phi_S \tag{17.7}$$

方程 (17.5) 或 (17.4) 实际上像方程 (17.1) 一样难以求解, 必须进行进一步的简化. 将定域化的波函数按体系的完备集 χ 展开

$$(\Phi_C, \Phi_S) = \chi(C_C, C_S) \tag{17.8}$$

可得到方程 (17.4) 的久期行列式表示

$$(F_C + V_S^{lr} + V_S^{sr} - SRV_S^{sr}RS)C_C = SC_CE_C^{lr} \tag{17.9}$$

$$F_C^{lr} = F_C + V_S^{lr} \tag{17.10}$$

式中: SR 为投影算符 ρ 的代数表示. 式 (17.10) 的矩阵形式可以表示为

$$F_C^{lr} = \begin{pmatrix} F_{CC}^{lr} & F_{CS}^{lr} \\ F_{SC}^{lr} & F_{SS}^{lr} \end{pmatrix} \tag{17.11}$$

依据簇模型方法的要求, 若能找到最优的簇模型使得式 (17.11) 中非对角矩阵块 F_{CS} 和 S_{CS} 的影响最小化, 则式 (17.9) 就可以合理地近似简化为

$$F_{CC}^{lr}\widetilde{C}_{CC} = S_{CC}\widetilde{C}_{CC}E_{CC}^{lr} \tag{17.12}$$

然而, 由于正交性的要求, $\Psi(\text{bulk})$ 不可能完全定域化, Φ_C 与 Φ_S 一定会重叠 (短程作用), 而且 Φ_S 中的电子一定会对 Φ_C 产生影响 (长程作用). 因此, 采用簇模型方法应解决的关键问题在于:

(1) 怎样选择簇模型, 使之与环境的短程作用尽可能小 (必须注意, 这并不意味着簇与环境的相互作用能很小).

(2) 怎样合理地考虑环境对簇的长程作用.

在实际应用中, 对式 (17.4) 的不同近似方式就对应了不同的簇模型方法. 近年来, 研究者陆续对金属表面提出了键准备态原则、填隙电子结构模型、金属态簇模型和浸入吸附簇模型等方法. 而针对不同类型氧化物, 也发展了诸如嵌入簇模型、氢封闭模型以及量子力学/分子力学组合的方法. 本章拟结合我们的工作, 对近期金属和氧化物表面上簇模型的发展以及相关的理论研究作简要评述.

17.3 金属簇模型方法[12]

17.3.1 簇–表面类比法

理论上讲, 一个用于研究化学吸附的金属簇模型 (图 17-3) 可以分三步建立: ① 从表面上挖出一个或几个金属原子 M_n; ② 假定吸附质 L 与 M_n 簇相互作用, 并按分子轨道理论或其他化学键理论构成 M_n—L 簇; ③ 将 M_n—L 簇埋入表面, 或者③' 逐渐增加基质原子数 n, 使 n 趋于无限, M_n 簇趋近于表面, M_n—L 簇趋近于 L/M 化学吸附体系. 事实上, 不论是第 ③ 步或者是第 ③' 步都是很难实现的, 因而

这个三步模型经常被简化成一步, 即用有限大小的 M_n—L 簇来类比 L/M 化学吸附体系.

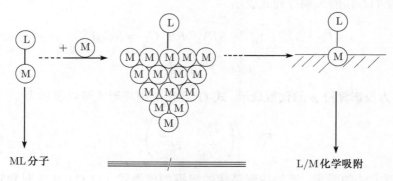

图 17-3　簇–表面类比法

很早以前, 就有人试图建立双原子分子 ML 和化学吸附体系 L/M 之间的关系, 但从表 17-2 的实验数据可以看出[13], ML 分子和 L/M 化学吸附体系之间并没有太多的相似性, ML 分子的解离能连相应的化学吸附能的变化趋势都不能反映.

表 17-2　ML 分子解离能和 L/M 化学吸附能的比较(单位: kcal/mol)

	Ni	Cu	Ag	Au	Pt	Al
H—M 分子	60	66	53	74	83	67
H/M 吸附	63	56	< 52	< 52	57	44

由此可见, 我们最多只能说 ML 分子或者 M_nL 簇已经包含着 L/M 化学吸附体系的某些特征, 简单采用 ML 分子或者 M_nL 簇来定性、定量地描述 L/M 化学吸附体系是不可能的. Shustorvich 在纪念 "簇–表面类比法" 创始人之一 Muetterties 的一篇文章中指出[14]: "由于历史上的原因, 大部分用于化学吸附的小簇模型都是基于这样一个不言而喻的假设: 对于簇是正确的、优良的, 对表面就是正确的、优良的, 因而认为模型的完善主要在于采用更可靠、更复杂、更精确的计算方法. 但是, 如果簇和表面二者所遵守的规则根本就不同呢? 那就好像一方说英语, 而另一方却在不断地完善自己的法语一样, 根本不相干. "

那么, 用于类比金属表面的簇模型需要遵循哪些原则呢?

17.3.2　键准备态原则[15∼17]

簇与表面的类似性有两个方面的含义: 一是簇本身与表面性质的类似性, 这包括两者之间 d 带宽度、费米能级位置、内聚能等性质之间的比较; 二是簇的化学性质与表面化学性质的类似性, 这包括吸附物与簇或表面相互作用的比较, 如吸附热、吸附几何构型、振动频率等. 一个理想的簇模型应在上述两个方面同时趋于表面.

对于一个 M_n 簇, 理论工作者面临的首要问题是, 究竟哪一种电子结构、哪一种能态可以更合理地类比于大块金属. 一般人们定义簇模型计算的化学吸附热为

$$BE = E(M_n—L) - E(M_n) - E(L) \tag{17.13}$$

显然, 哪一种能态的 M_n 与 M_n—L 簇的选择直接影响到计算所得的 BE.

Siegbahn 等提出了选择 M_n 簇合适能态的规则, 即键准备态原则. 按照分子轨道理论, M_n 与 L 要有效地成键, M_n 必须具备与 L 成键轨道对称性匹配的前线轨道. 换句话说, M_n 可能需要从其基态激发电子成为某种激发态, 而准备好与 L 成键的对称性匹配的前线轨道, 即

$$E(M_n) + \Delta E \to E(M_n^*) \tag{17.14}$$

对于小簇模型, 轨道能级分立, 因而激发需要吸收一定的能量 ΔE; 而对于大块金属, 轨道能级密集, 展宽成带, 这种激发一般不需要什么额外能量. 由于对于大块金属 $\Delta E \to 0$, 因此, 当用簇模型类比表面时, 吸附热的计算公式应为

$$BE = E(M_n—L) - E(M_n^*) - E(L) \tag{17.15}$$

我们称式 (17.13) 为 "基态原则", 即采用 M_n 簇的基态来计算 L/M 化学吸附热, 并记计算所得的 BE 为 $BE(GS)$, 这是人们常用的方法. 我们记由式 (17.15) 计算所得的 BE 为 $BE(BP)$, 并要求 M_n^* 为具有合适对称性的第一激发态, 即要求 ΔE 最小.

Siegbahn 等系统研究了氢、氟、氧在 Ni(100) 四重穴位上的化学吸附[15], 并与实验值相比较, 见表 17-3. 他们发现, 根据键准备态原则计算所得的 M_n—L 结合能和实验值吻合得更好, 而且相对偏差也较小. 例如, 对于 H/Ni(100) 体系的结合能, 实验值为 63 kcal/mol, 键准备态原则计算的均值 $\overline{BE}(BP) = 60.3$ kcal/mol, 而基态原则 $\overline{BE}(GS) = 56.3$ kcal/mol; 相应的标准偏差也是 $\sigma(BP) = 3.0$, 远小于 $\sigma(GS) = 6.5$ kcal/mol. 类似地, 对于 F/Ni(100) 和 O/Ni(100) 体系也可得出相同的结论. 由表 17-3 可见, 根据基态原则的计算结果会发生振荡现象, 如对于 H/Ni(100) 体系, 由 Ni_{21a} 所得的结合能严重偏小于实验值; 对于 F/Ni(100), 则观测 Ni_{17} 簇表现不佳, 而对于 O/Ni(100) 体系, Ni_{17} 和 Ni_{21a} 给出了不合理的结合能. 进一步的轨道分析表明, 对于不同的吸附质, Ni_n^* 簇需要提供不同对称性的前线轨道与之匹配. 例如, H 具有一个单占据的 a_1 对称性的轨道, 这也要求 Ni_n^* 簇具有一个定域于四重穴位的、单占据的、具有相反自旋的 a_1 对称性的轨道和氢原子成键. 而 F 上具有 a_1 对称性的 $2P_z$ 轨道是双占的, 而具有 e 对称性的 $2P_{x,y}$ 轨道则有一个空穴. 当 F

接近 Ni 表面时, 可将簇上 a_1 对称性轨道上的单占电子 "挤" 到 $2P_{x,y}$ 轨道上, 形成 Ni_n^+—F^-, 这也反映了 Ni_n—F 键比 Ni_n—H 键具有更强的离子性事实. 而对于 O, 其 $2P_{x,y}$ 轨道上有两个空穴, 这时要求表面 a_1 对称性的轨道为双占, 在 Ni_n—O 键形成时激发到 $2P_{x,y}$ 轨道上.

表 17-3　氢、氟和氧在 Ni(100) 四重穴位上的化学吸附热 (单位: kcal/mol)

Ni 原子簇	H		F		O	
	BE(GS)	BE(BP)	BE(GS)	BE(BP)	BE(GS)	BE(BP)
$Ni_5(4,1)$	53.1	54.1	121.7	121.7	110.6	110.6
$Ni_9(4,5)$	—	—	111.7	121.9	104.7	104.7
$Ni_{17}(12,5)$	—	—	99.3	117.9	106.3	106.3
$Ni_{21a}(12,9)$	43.0	61.1	116.6	—	101.8	101.3
$Ni_{21b}(12,5,4)$	63.0	63.0	125.1	125.1	112.6	112.6
$Ni_{25}(12,9,4)$	58.9	58.9	120.4	120.4	112.9	112.9
$Ni_{29}(16,9,4)$	53.5	58.5	113.5	120.4	98.6	105.4
$Ni_{33}(12,9,12)$	—	—	128.1	128.1	113.2	113.2
$Ni_{37}(12,13,12)$	—	—	120.1	127.9	114.1	114.1
$Ni_{41}(16,9,16)$	61.1	63.3	119.2	122.8	111.1	111.1
$Ni_{50}(16,9,16,9)$	61.6	61.6	—	—	—	—
$\overline{BE}$	56.3	60.3	118.4	122.9	108.6	109.2
σ	6.5	3.0	7.7	3.3	5.1	4.2
BE(实验值)	63				115~130	

注: BE(GS) 为根据式 (17.13)(基态原则) 计算所得的化学吸附热. BE(BP) 为根据式 (17.15)(键准备态原则) 计算所得的化学吸附热. $Ni_n(n_1, n_2, \cdots)$ 表示 n 个原子组成的 Ni 原子簇模型, 其中第一层有 n_1 个原子、第二层有 n_2 个原子等. 计算中 Ni 原子间的距离固定为大块 Ni 金属中的距离, 氢到吸附中心的距离 (d) 进行优化. $\overline{BE}$ 为计算值的平均值, 而 σ 为计算值对于平均值的标准偏差.

键准备态原则也被成功地应用于 CH_x/Ni(100)、CH_x/Ni(111)$(x = 1 \sim 3)$[16], 以及乙烯、乙炔、苯分子在 Cu(100)、(110) 和 (111) 面上的吸附研究[17]. 对于乙烯以 di-σ 型吸附于铜表面, 表面必须提供两个用于与乙烯成键的对称性匹配的单占轨道, 而乙烯也应从基态的单重态激发到三重态, 见图 17-4.

对于金属铜表面键准备态的产生不需要额外能量; 而对于乙烯, 键准备态的生成需要消耗 ΔE(T-S) 的能量. 因而化学吸附热可以由式 (17.15) 计算, 或由两个 Cu—C 单键的键能减去乙烯激发所耗的能量 ΔE(T-S) 来计算, 即

$$BE = E(Cu_n-C_2H_4) - E(Cu_n^*) - E(C_2H_4^1, A_1)$$
$$= \Delta E(T - S) - 2D_e(Cu—C) \tag{17.16}$$

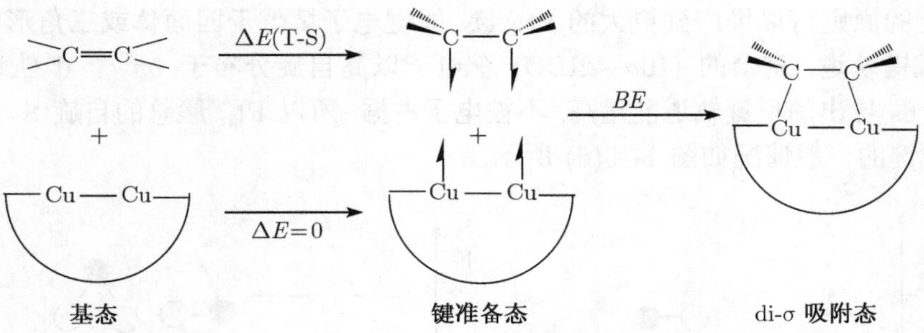

图 17-4 键准备态原则应用于乙烯在铜表面上的化学吸附能的计算

具体地, $Cu_{14}(8,6)$ 簇被用来模拟 $Cu(100)$ 面, 计算得到 $\Delta E(\text{T-S}) = 86$ kcal/mol, 而 $D_e(\text{Cu}-\text{C}) = 46$ kcal/mol, 所以 $BE = 6$ kcal/mol, 与 TPD (temperature programmed desorption) 实验值 (8 ± 2) kcal/mol[18] 符合得很好. 由此可见, C_2H_4 在 $Cu(100)$ 面上小的吸附热并不意味着 Cu—C 之间的相互作用弱. Cu—C 键的键能大部分被消耗在乙烯的 "键准备" 上.

键准备态原则虽然在计算以共价键形式成键的化学吸附体系的吸附热方面取得了成功, 但尚不能很好地处理如 CO/Cu 吸附等体系. 而且键准备态并不保证 M_n 或 M_n^* 簇与表面的相似性. 这些是键准备态原则的局限性.

17.3.3 填隙式电子结构模型 [19~21]

McAdon 等 [19] 利用 GVB(generalized valence bond) 方法研究了金属小簇 M_n 的成键模式, 提出了填隙式金属键的概念, 预测了 d^0(如 Li、Na、Ca) 或 d^{10}(如 Ag 和 Cu) 小簇的稳定构型. 在此基础之上, Kua 等 [20] 提出了构造Ⅷ族簇模型的填隙式键轨道 (interstitial bond orbitals, IBO) 的方法, 并成功地应用于Ⅷ族过渡金属表面 (Pt、Ir、Os、Pd、Rh 及 Ru) 上 $CH_{n-m}(CH_3)_m (n = 1, 2, 3; \ m \leqslant n)$ 的吸附研究 [21], 以及甲醇燃料电池中催化剂筛选的理论研究 [22]. 下面将以 Pt_n 小簇为例, 简述其基本原理.

对于线性 Pt_2, 其基态有两个电子分布在由 6s 轨道同相组合而成的成键轨道上, 而剩下的 $20 - 2 = 18$ 电子高自旋分布于 10 个 5d 导出轨道上, 构成整个体系的三重态. 而由 6s 轨道异相结合而成的反键轨道能量高, 不被电子占据, 见图 17-5(a).

类似地, 对于三角形 Pt_3 有两个电子占据 6s 导出成键轨道, 剩余的 $30 - 2 = 28$ 个电子以高自旋占据在 15 个 5d 导出轨道上, 构成三重态, 见图 17-5(b). 四面体 Pt_4 也有类似的趋势: 两个电子占据 6s 导出的成键轨道, 剩余的 $40 - 2 = 38$ 个电子以高自旋分布于 20 个 5d 导出轨道上, 构成三重态, 见图 17-5(c).

以上的原则可以推广到更大的 Pt_n 族, 即键电子填隙于四面体或三角形中 6s 导出的成键轨道, 剩余的 $(10n—2IBO)$ 个电子以高自旋分布于 $5n$ 个 d 轨道上. 2IBO 个 6s 导出的反键轨道能量高, 不被电子占据, 所以 Pt_n 簇总的自旋 S=IBO. Pt_n 族成键的一般情况如图 17-5(d) 所示.

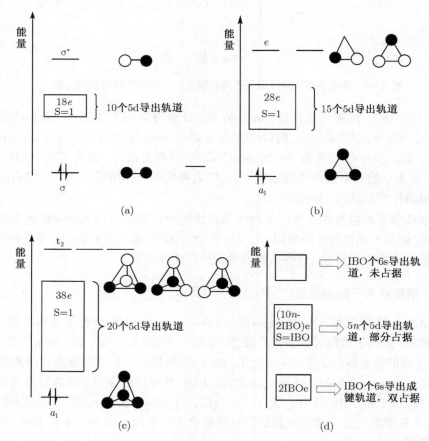

图 17-5　Pt_n 分子轨道成键示意图. (a) $n = 2$; (b) $n = 3$; (c) $n = 4$ 和 (d) 一般情况

图 17-6 示意出 IEM 方法应用于 $Pt_n(n = 2 \sim 10)$ 簇以预测其基态的电子自旋. 表 17-4 列出了在 NLDA-GGAII 级别下不同大小以及不同自旋多重度 Pt_n 簇的能量.

四面体的 Pt_4 含有一个 IBO, 其基态为三重态. 而菱形的 Pt_4 含有两个正三角形, 每个正三角形中定域一个 IBO, 所以菱形的 Pt_4 的基态是五重态. 正方形的 Pt_4 含有一个 IBO, 故其基态应为三重态.

$Pt_5(1,3,1)$ 由共面的两个四面体构成, 每个四面体中定域一个 IBO, 故其基态

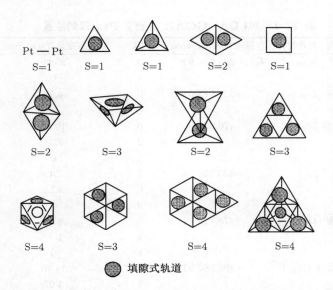

图 17-6 填隙式电子结构模型 (IEM) 应用于 $Pt_n(2 \sim 10)$ 簇电子自旋的预测

为五重态. $Pt_5(4,1)$ 是一个四方锥, 包含三个 IBO, 其中一个 IBO 定域于正方形中心, 另两个 IBO 分别定域于不相邻的两个三角形中心, 其基态为七重态.

Pt_6 平面三角形由四个小三角形组成, 中心三角形上无 IBO 定域, 旁边三个三角形每个上定域一个 IBO, 使得 IBO 分别定域于不相邻的三角形中心, 构成整个体系的七重态. 共边四面体 Pt_6 含两个四面体, 每个四面体中心定域一个 IBO, 其基态为五重态. 八面体 Pt_6 一半不相邻的三角形中各定域一个 IBO, 其基态为九重态.

这种 IBO 分别定域于不相邻三角形或四面体的特性是 Pt_n 簇所共有的. 更大的 $Pt_7 \sim Pt_{10}$ 中 IBO 的分布与体系基态的自旋, 见图 17-6. 由此可见, 根据 IBO 模型可以成功地预测 Pt_n 小簇的基态自旋多重度. 需要指出的是, 随着簇变大, 5d 导出轨道密集, Hund 规则也可能失效, 导致体系较低的自旋态.

IEM 模型如何同固体相类比呢? 我们知道 Pt 晶体是面心立方 (fcc) 结构, 每个晶胞中包含 4 个 Pt 原子, 并且由 8 个四面体和 4 个八面体构成. 计算表明, IBO 倾向于占据一半的四面体空穴, 这样每个 Pt 原子对应于一个 IBO. 前面示意了 Pt 的 IBO 为双占据, 其主要成分为 6s 轨道的同相混合. 因此, 根据 IEM 模型在大块的 Pt 晶体中 Pt 的电子构型为 $6s^2 5d^8$. 值得注意的是, ARUPS(angle-resolves ultraviolet photoemission spectroscopy) 实验[23]表明, Pt 晶体中最低的价带 (主要是 s 成分) 未与费米能级交叉, 意味着此时的电子构型接近 $6s^2 5d^8$. 而线性增长 Slater 轨道方法[24]也证实 Pt 上 d 电子占据为 8.1~8.3.

表 17-4　NLDA~GGAII 级别下 Pt$_n$ 簇的能量

Pt$_n$	几何结构 (对称性)	基态能量/hartree	自旋	激发态能量/(kcal/mol)	IBOs
2	直线形 ($D_{\infty h}$)	−238.238 92	0	20.69	1
			1	0	
3	三角形 (D_{3h})	−357.573 61	0	4.79	1
			1	0	
4	四面体 (T_d)	−476.825 86	0	10.06	1
			2	7.31	
			1	0	
4	菱形 (D_{2h})	−476.796 16	1	7.49	2
			0	4.15	
			2	0	
4	正方形 (D_{4h})	−476.779 74	0	6.40	1
			2	1.47	
			1	0	
5	共面四面体 (D_{3h})	−596.084 82	0	14.70	2
			1	5.97	
			2	0	
5	四方锥 (C_{4v})	−596.071 40	4	18.49	3
			2	2.59	
			3	0	
6	共边四面体 (D_{2h})	−715.321 32	0	12.68	2
			3	4.66	
			1	2.14	
			2	0	
6	三角形 (D_{3h})	−715.302 76	4	37.86	3
			2	12.53	
			3	0	
6	八面体 (O_h)	−715.320 98	5	40.92	4
			2	1.26	
			4	0.46	
			3	0	
7	六边形 (D_{6h})	−834.525 55	1	15.14	3
			4	11.38	
			2	8.82	
			3	0	
8	平面形 (C_{2v})	−953.779 87	3	2.29	4
			4	0	
10	三层结构 (6.3.1)(T_d)	−1192.399 52	5	27.49	4
			3	10.01	
			4	0	

IEM 模型又如何用于模拟 Pt(111) 面上的反应呢? 图 17-7 示意了 (111) 面的切分过程. 平均每生成一个表面原子会破坏一个相邻的四面体. 考虑到 IBO 占据了一半的四面体空穴, 故切分过程中表面原子上 s 型电子构成的 IBO 被打断, 转而填充在 d 轨道上, 这时表面的电子构型为 $6s^1 5d^9$. 因此构造 Pt(111) 模型时, 需要满足以下两个条件: ① 簇的电子组态应是 $6s^1 5d^9$; ② 同一簇模型应提供顶位 (top)、桥位 (bridge) 及三重穴位 (3-fold hollow) 的合理描述. 由于 Pt(111) 面上存在两种三重穴位 (即 fcc 及 hcp 位), 所以一个好的簇模型应该可以同时提供对这两类三重穴位的描述. 平面的 Pt_8 被建议为模拟 Pt(111) 面最小的合理模型.

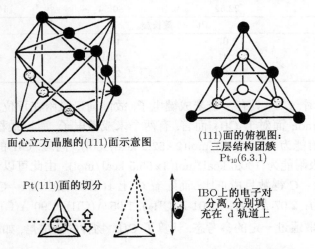

面心立方晶胞的(111)面示意图

(111)面的俯视图:
三层结构团簇
$Pt_{10}(6.3.1)$

Pt(111)面的切分

IBO上的电子对
分离,分别填
充在 d 轨道上

图 17-7 (111) 面的切分以及 IBO 的断裂示意

Kua 等 [21] 用 IEM 模型方法研究了 CH_x 在 Pt(111)/Pt_8 金属表面的吸附. Pt(111) 表面分别有三种不同的吸附位: 顶位、桥位和三重穴位 (图 17-8).

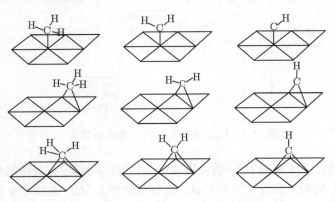

图 17-8 CH_x 在 Pt(111) 上不同的吸附位

　　他们分别计算了 CH_x 在不同吸附位的吸附能, 对于 CH_3/Pt_8 而言, 基态自旋为 $S=5/2$; CH_2/Pt_8 基态自旋为 $S=2$; CH/Pt_8 基态自旋为 $5/2$. 所得结果列于表 17-5 中.

表 17-5　CH_x 在 Pt(111) 不同的吸附位上的结合能

吸附位	CH_3	CH_2	CH
吸附能/(kcal/mol)			
顶位	53.77	78.07	80.93
桥位	26.87	104.28	149.37
三重穴位	22.52	80.54	166.60
Pt—C 键长/Å			
顶位	2.07	1.84	1.88
桥位	2.41	2.01	1.86
三重穴位	2.63	2.11	1.95

　　从价键角度看, CH_3 具有一个未成键电子, 故倾向于吸附在顶位, 对应的吸附能为 53.77 kcal/mol; 而对于 CH_2 而言, 有两个未成键电子, 所以最稳定吸附位点对应于桥位, 吸附能为 104.3 kcal/mol(2×52.2 kcal/mol). 同理, CH 的最佳吸附位应为三重穴位, 吸附能为 166.6 kcal/mol(3×55.5 kcal/mol). 由此可以看出, 在此体系中吸附能与 Pt—C 键数目成正比. 而随着 C 上 H 原子减少, Pt—C 键的键长也逐渐缩短, 分别为: 2.07 Å(CH_3), 2.01 Å(CH_2), 1.95 Å(CH), 1.90 Å(C).

　　研究者还选取通过一定的参考态, 计算了 CH_x 物种的生成焓, 如图 17-9 所示.

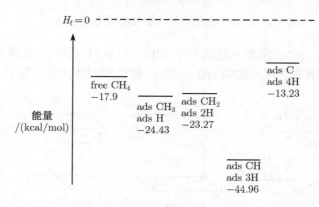

图 17-9　CH_x 在 Pt(111) 上的生成焓

　　研究表明, Pt(111) 表面 CH_2 物种比 CH_3 活性要高很多, 在最终氢化为甲烷前它还可以与 CH 物种之间发生可逆转化. 值得注意的是, CH 是整个势能面上最稳定的物种 (−44.96 kcal/mol), 其进一步脱氢生成表面碳化物在热力学上是不利的.

17.3.4 金属态簇模型[25,26]

人们习惯上按我们称之为 "合成路径" 的方法进行思维, 即从自由原子出发, 逐渐增加簇原子数 n, 当 n 趋于无穷大时, 簇趋近于表面 (图 17-3). 但是, 实验证明, n 至少要大于 40, 簇体的性质才开始趋近于表面; 但是目前对 40 个原子的簇进行从头算尚非易事. 金属态簇模型的特色在于按分解路径进行思维:

$$\text{大块金属 M} \to \text{金属态簇 M}_n \to \text{金属态原子 M} \tag{17.17}$$

假定这一分解过程是绝热的, 那么 M 原子、M_n 簇保留了大块金属 M 的电子及化学性质, M 原子、M_n 簇与大块金属 M 之间只有大小差别. 我们称此时 M 为金属态原子, M_n 为金属态簇.

在从头算中, 计算结果极大地依赖于几何构型、自旋多重度、电子态以及基函数的选择. 在簇表面类比中, 人们总是依照大块金属的几何性质来构造簇的几何构型, 而上述键准备态原则和填隙式电子结构模型提供了选择簇的自旋多重度及合适电子态的方案, 金属态原则进一步强调如果基函数也依照大块金属特有性质进行修正, 则可以使簇更好地类比表面.

由于金属中的原子 (金属态原子) 的电子兼有自身电子运动和共有化运动, 因此依据固体中的自由电子理论, 金属态原子其核电荷不仅受到自身核外电子的屏蔽, 而且还受到来自于其他原子的自由电子的屏蔽, 此时核对核外电子的吸引位能为

$$\varphi_{\mathrm{m}}(r) = -\frac{Z^*}{r}\mathrm{e}^{-K_{\mathrm{s}}r} \tag{17.18}$$

式中: Z^* 为受自身电子屏蔽后的有效核电荷. K_{s} 的倒数为自由电子的 Thomas-Fermi 屏蔽长度, 其值为

$$K_{\mathrm{s}}^2 = 3.939(n_0)^{\frac{1}{3}} \tag{17.19}$$

式中: n_0 为自由电子的浓度. 显然, 对于自由原子, 核对核外电子的吸引位能为

$$\varphi_{\mathrm{a}}(r) = -\frac{Z^*}{r} \tag{17.20}$$

将式 (17.18) 代入 Poisson 方程可得屏蔽于有效核电荷 Z^* 周围的自由电子密度 $\Delta\rho(\gamma)$:

$$\Delta\rho(\gamma) = \frac{Z^* K_{\mathrm{s}}^2}{4\pi r}\mathrm{e}^{-K_{\mathrm{s}}r} \tag{17.21}$$

积分式 (17.21) 可得在有效作用半径 r_{e} 范围内的屏蔽自由电子数:

$$\rho(r_{\mathrm{e}}) = Z^*[1 - (1 + K_{\mathrm{s}}r_{\mathrm{e}})\mathrm{e}^{-K_{\mathrm{s}}r_{\mathrm{e}}}] \tag{17.22}$$

已知自由原子主量子数为 n 的轨道指数 $\zeta_a(n)$ 与有效核电荷 Z^* 及有效半径 r_e 之间有如下关系:

$$Z^* = n\zeta_a(n) \tag{17.23}$$

$$r_e = \frac{n}{\zeta_a(n)} \tag{17.24}$$

把它们代入式 (17.22) 就得到与 $\zeta_a(n)$ 对应的屏蔽自由电子数 $\rho(\zeta_a(n))$:

$$\rho(\zeta_a(n)) = n\zeta_a(n)\left[1 - \left(1 + \frac{nk_s}{\zeta_a(n)}\right)e^{-nk_s/\zeta_a(n)}\right] \tag{17.25}$$

共有化的自由电子屏蔽了一部分有效核电荷对原子内层轨道上电子的作用使得金属原子的内层 Slater 指数较自由原子变小, 即

$$\zeta_m(n) = \frac{Z^* + \rho(\zeta_a(n-1))}{n} \tag{17.26}$$

另外, 来自于其他原子的自由电子和该原子中参与到自由电子中的最外层电子是相互排斥的, 这使得金属态原子的最外层 Slater 指数较自由原子的 Slater 指数变大:

$$\zeta_m(n) = \frac{Z^* - \rho(\zeta_a(n))}{n} \tag{17.27}$$

由此可见, 金属态原子的 Slater 指数 ζ_m 实际上是基于固体的自由电子理论, 考虑到金属中电子兼有自身电子运动和共有化运动, 引入了 Thomas-Fermi 屏蔽长度, 对自由原子的 Slater 指数 ζ_a 进行修正的结果.

表 17-6 列出在 UHF/STO-3G 水平上对 Ni 原子基态优化得到的 Slater 基组 ζ_a 以及依式 (17.25)~ 式 (17.27) 修正后的金属态原子的 Slater 指数 ζ_m. 由表 17-6 可见, 金属态原子内层轨道 Slater 指数 ζ_m 相对于自由原子基组 ζ_a 修正很小 (< 1%), 而价层 ζ_m 相对于 ζ_a 有较大的修正 (> 10%), 这是和一般认为的金属中电子运动行为相吻合的, 即内层电子与自由原子中的电子差别不大, 基本上具有自由原子中电子的运动特征, 而价层电子参与电子共有化运动, 与自由原子中的电子有较大的差别.

表 17-6　Ni 原子 Slater 基组 ζ_a 与金属态基组 ζ_m 的比较

	1s	2sp	3sp	3d	4sp
ζ_a	27.46	11.56	4.76	4.16	1.43
ζ_m	27.45	11.44	4.25	3.61	1.84

表 17-7 列出了 Ni 原子修正前后 UHF/STO-3G 计算所得的总能以及价轨道的能级. ζ_m 虽然给出较高的总能量, 但 ζ_m 给出了比 ζ_a 的计算结果更合理的价轨道能级分布. 特别地, ζ_m 计算所得的最高占据轨道能级在 5eV 左右, 与金属镍功函

一致. 合理的价轨道能级分布是使 "M—L" 最小簇计算能合理地描述 "L/M" 化学吸附体系的重要条件之一. 金属态基组的使用使得 M 成为一个金属态原子而不是一个自由原子, 大块固体中近邻原子的影响被引入了基组.

表 17-7　Ni 原子 ζ_a, ζ_m UHF/STO-3G 计算结果比较

		10	11	12	13	14	15	16
α	ζ_a	−0.2269	−0.1006	−0.1006	−0.0419	−0.0419	−0.0419	0.1419*
	ζ_m	−0.5902	−0.5902	−0.5392	−0.5392	−0.5392	−0.1879	0.3167*
β	ζ_a	−0.2243	0.0470	0.0470	0.0470	0.1464*		
	ζ_m	−0.4626	−0.4626	−0.4626	−0.1771	0.3279*		
E_{tot}	ζ_a	−1489.866 54						
	ζ_m	−1487.406 12						

注: 标注 * 的是最低空轨道. α 和 β 轨道能级以及总能量 (E_{tot}) 的单位为 a.u..

表 17-8 是金属态 Ni—CO 簇计算结果与文献中 CO 吸附的一些著名研究结果的比较. 一般来说, 原子簇模型由于不够大, 低估了与大块固体本体能带有关的弛豫迁移, 计算出来的电离能一般都比实验值大. 所以 Bagus 虽然采用大基组, 但由于其簇太小, 与真实固体差别大, 计算所得的弛豫迁移太小, 电离能比实验值大. Goddard 虽然采用 Ni$_{14}$ 簇进行计算, 但由于采用了包括了 3d^9 组态球谐平均的赝势, 无法合理地描述吸附过程中金属的 d 电子的变化, 所以计算得到的弛豫迁移仍偏小, 所得电离能偏高. 比较我们由金属态基组 ζ_m 和自由原子基组 ζ_a 的计算结果, I_a 比实验值高很多, 与 Bagus 及 Goddard 等的结果相似, 而 I_m 却与实验值符合得很好. 显然, 金属态基组 ζ_m 的使用, 使得 M 表现得像一个表面原子.

表 17-8　吸附后 CO 价轨道结合能及 Ni—C 间距得计算值与实验值的比较

	Ni—CO Xu X UHF/STO-3G		Ni—CO Bagus PS HF/大基组	Ni—CO Messmer RP GVB-CI	Ni$_{14}$—CO Goddard WA GVB(2/4)/DZ 基组	实验值
	I_m	I_a	$I_{弛豫}$		$I_{弛豫}$	
4σ/eV	16.43	20.75	21.0	—	19.51	16.6
1π/eV	13.35	15.52	16.0	—	14.95	13.6
5σ/eV	12.33	16.14	16.4	—	15.78	12.3
Re(Ni—C)/Å	1.84	2.03	2.07	1.524	1.94	1.80±0.1

Ni—C 之间平衡距离的长短是 Ni 电子性质的另一表征. 对于金属态基组, 由于考虑到金属中的电子既有在原子内部的运动, 又有原子间共有化运动, 4s 轨道不再那么弥散, 3d 轨道不再那么收缩, 其轨道径向分布更接近于大块固体中表面原子的真实情况, 所以以 ζ_m 为基组的金属态 Ni—CO 计算给出了和实验值一致的 Ni—C 平衡距离, 其他更高等级的计算给出 Ni—C 或太长, 或太短. Bagus 的计算对应于 Ni(d^{8}s^2) 组态, Messmer 的计算对应于 Ni(d^{10}), Goddard 的计算对应于 Ni(d^{9}s^1), 而

大块金属镍的电子组态为 $d^{9.45}s^{0.55}$.

表 17-9 总结了 M—CO 簇以原子态 ζ_a 和金属态 ζ_m 基组计算 CO 导出轨道的电离能 (IP), 并与 CO/M 吸附体系的紫外光电子能谱 (UPS) 实验值比较. 由表 17-9 可知, 金属态 ζ_m 基组的计算值与实验值符合得很好. CO 的 1π 和 4σ 导出轨道的能差大小被认为可与吸附后 CO 的解离趋势相关联, 即 $\Delta|4\sigma - 1\pi|$ 越大, CO 的解离趋势越大. 比较 Fe—CO 和 Ni—CO 的 $\Delta|4\sigma - 1\pi|$ 的计算值, ζ_m 给出 Fe(5.25)>Ni(3.08); 而 ζ_a 给出相反的结果 Fe(3.40)<Ni(5.28). 实验中观察到 CO 在 Fe 表面解离式吸附, 而在 Ni 表面缔合式吸附. 所以, 金属态 ζ_m 的计算结果与实验相符.

表 17-9　M—CO 簇 CO 导出轨道电离能的计算值与 CO/M 吸附体系 UPS 实验值的比较 (单位: eV)

CO 导出轨道	Fe—CO		CO/Fe	Co—CO		CO/Co	Ni—CO		CO/Ni
	ζ_a	ζ_m	实验值	ζ_a	ζ_m	实验值	ζ_a	ζ_m	实验值
4σ	20.48	18.43	17.3	21.99	16.68	16.7	20.75	16.43	16.6
1π	17.08	13.18	13.2	16.46	13.10	13.2	15.52	13.35	13.6
5σ	16.78	14.88	14.4	18.27	12.70	13.8	16.14	12.33	12.3
$\Delta(4\sigma - 1\pi)$	3.40	5.25	4.1	5.53	3.58	3.5	5.23	3.08	3.0
$\Delta(5\sigma - 1\pi)$	0.30	1.7	1.2	1.81	0.40	0.60	0.62	1.02	1.3

17.3.5　浸入吸附簇模型 [27～29]

当一个小金属簇从表面 "挖" 出来后, 孤立的簇不能和大块金属本体传递电子和自旋; 而对于不少化学吸附体系, 这种电子的传递是十分重要的, 为此, Nakatsuji 等[27] 提出了浸入吸附簇模型 (dipped adcluster model, DAM)(图 17-10).

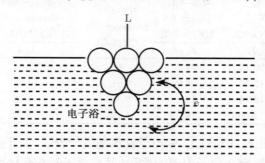

图 17-10　浸入吸附簇模型: M_n—L 簇被浸入在大块金属的电子浴中, M_n—L 簇
与电子浴间电子的交换由化学势的平衡所决定

DAM 的思想是将 M_n—L 吸附簇浸入大块金属的电子浴中, M_n—L 簇与电子浴间电子的交换由化学势的平衡所决定:

$$-\frac{\partial E(n)}{\partial n} \geqslant \mu \tag{17.28}$$

式中: $E(n)$ 为吸附簇的能量; n 为由金属本底流向簇体的电荷量; $-\dfrac{\partial E(n)}{\partial n}$ 为吸附簇的化学势, 而 μ 代表金属本底的化学势. 当电子由簇体流向金属本底时, 式 (17.28) 中的 n 用 $-n$ 代替. 由于吸附簇是一个开放体系, n 可以不必是一个整数. 同样, $E(n)$ 曲线也不必是 n 的单调函数.

假定簇体有 m 个活性轨道参与大块金属本底间的电子交换, 这些活性轨道是簇体的最高占据轨道 HOMO、最低空轨道 LUMO 或单占据的分子轨道 SOMO 等. 簇体其余轨道或双占据或全空. 电子占据 m 个活性轨道时可以有两种自旋排布方式: 一是高自旋耦合, 即电子以尽可能高的总自旋分布于活性轨道; 二是低自旋耦合, 即电子尽可能配对以尽可能低的总自旋进行排布. 如果吸附簇中有 x 个电子分布于 m 个活性轨道, 则在无简并轨道存在的情况下, 体系的零级总能量为

$$E^{(0)} = 2\sum_k H_k + \sum_{k,l}(2J_{kl} - K_{kl}) + x\sum_k(2J_{km} - K_{km}) + xH_m + Q \tag{17.29}$$

式中: H_k、J_{kl} 和 K_{kl} 分别为芯电子哈密顿、Coulomb 排斥积分和交换积分.

对于高自旋耦合情况:

$$Q = \|x-1\| J_{mm} \tag{17.30}$$

对于低自旋耦合情况:

$$Q = (x/2)^2 J_{mm} \tag{17.31}$$

如果 $x < 1$, $\|x-1\| = 0$; 如果 $1 \leqslant x \leqslant 2$, $\|x-1\| = (x-1)$; 如果 $x > 2$, $\|x-1\| = 1$. 显然, 高自旋耦合对应于较低的簇体能量, 但具体选择高自旋耦合方案或低自旋耦合方案由大块金属本底及簇体与本底之间相互作用的本质决定.

如图 17-11 所示, 当一个原子 A 吸附于 $\boldsymbol{a}$ 位置, 吸附后带 q 电量. 该吸附原子 A 会在金属表面诱导出一个反号电荷. 在表面 $\boldsymbol{x}(x,y,0)$ 位置, 诱导电荷密度为

$$\sigma(\boldsymbol{x}) = -\frac{q|\boldsymbol{a} - \boldsymbol{a}'|}{4\pi|\boldsymbol{a} - \boldsymbol{x}|^3} \tag{17.32}$$

式中: $\boldsymbol{a}'$ 为吸附原子 A 镜像电荷的位置向量. 因此, 电荷量 q 与其诱导电荷密度 $\sigma(\boldsymbol{x})$ 之间的相互作用能为

$$E_{\mathrm{if}} = \iint_{xy}^{\mathrm{surface}} \frac{\sigma(\boldsymbol{x})q}{2|\boldsymbol{a} - \boldsymbol{x}|}\mathrm{d}x\mathrm{d}y = -\frac{q^2}{2|\boldsymbol{a}' - \boldsymbol{a}|} \tag{17.33}$$

由于 $E^{(0)}$ 的量子化学计算已包含了吸附簇体内的静电相互作用 (E_{in}), 所以镜像校正部分必须扣除所有的位于吸附簇内的 $\boldsymbol{x}$ 点.

$$E^{(1)} = E_{\mathrm{if}} - E_{\mathrm{in}} \tag{17.34}$$

因此 DAM 的总能量为

$$E = E^{(0)} + E^{(1)} \tag{17.35}$$

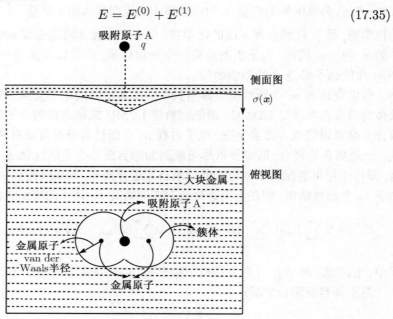

图 17-11　吸附原子 A(带电量 q) 与其在金属表面诱导电荷密度 $\sigma(x)$ 之间的相互作用.
簇体区域由金属原子的 van der Waals 半径估算

图 17-12 总结了 CO_2 和氢原子在 Cu(100) 表面上共吸附的簇模型研究[28]. (a) 是 DAM($x = 1$) 的计算结果, 而 (b) 和 (c) 是传统的簇模型 ($x = 0$) 的计算结果. DAM 表明, CO_2 弯曲式地吸附于铜表面, 吸附过程中伴随着一个电子由大块金属流向 CO_2 的 π^* 轨道, 吸附过程放热 17.4 kcal/mol. 实验中虽然无 CO_2 和 H 原子共吸附的吸附热值的测定, 但据报道, CO_2 在清洁 Cu(100) 面上物理吸附的吸附热为 6.7 kcal/mol; 在多晶铜表面化学吸附热为 14.3 kcal/mol.

与之相反, 传统的簇模型预示着 CO_2 和 H 原子共吸附是不稳定的体系 (吸热 10.2 kcal/mol), CO_2 保持与气相一样的几何构型即直线形, 并远离铜表面. 如果一个电子由铜簇体转移到 CO_2 的 π^* 轨道, 也可以优化得到一个弯曲型吸附的 CO_2, 但此构型的生成需吸热 33.8 kcal/mol. 由此可见, CO_2 吸附过程中电子的转移是十分重要的, 中性的小簇不足以描述这种电子转移, 但随着簇的不断增大, 簇越来越接近于表面, DAM 退化成传统的簇模型 (即 $x = 0$).

Nakatsuji 等[29]还研究了 NO 在 Pt(111) 上不同表面位的吸附, 见图 17-13, 并对比了 DAM 方法和中性簇模型的计算结果 (表 17-10).

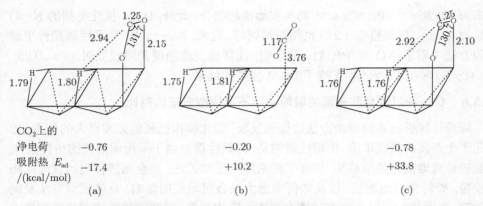

CO$_2$上的
净电荷 -0.76 -0.20 -0.78

吸附热 $E_{\rm ad}$
/(kcal/mol) -17.4 $+10.2$ $+33.8$

(a)   (b)   (c)

图 17-12 CO$_2$ 和氢原子在 Cu(100) 表面上共吸附的簇模型研究. $E_{\rm ad} < 0$ 为放热;
$E_{\rm ad} > 0$ 为吸热. (a) DAM($x = 1$); (b) 和 (c) 为传统的簇模型 ($x = 0$)

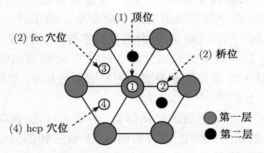

图 17-13 Pt(111) 上 4 种可能的吸附位: (1) 顶位 (on-top); (2) 桥位 (2-fold bridge);
(3) fcc 穴位 (fcc hollow); (4) hcp 穴位 (hcp hollow)

表 17-10 Pt$_{10}$(7,3) 簇下 DAM 和中性簇模型 (CM) 不同位点的 NO 吸附能

吸附位		顶位		桥位		fcc 穴位		hcp 穴位	
		DAM	CM	DAM	CM	DAM	CM	DAM	CM
$E_{\rm ads}/{\rm eV}^{1)}$	计算值	0.37	-1.41	0.50	-1.31	1.25	-1.53	1.26	-1.60
	实验值					1.29		1.29	
$\nu_{\rm NO}/{\rm cm}^{-1}$	计算值	1706	1752	1626	1689	1482	1536	1475	1484
	实验值	1700~1725				1476~1516			

注: $E_{\rm ads} = E({\rm Pt}_n) + E({\rm NO}) - E({\rm Pt}_n{\rm NO})$.

实验中, NO 在 Pt(111) 表面可以形成稳定的化学吸附 ($E_{\rm ads}=1.29$ eV), 而中性
簇模型所预测的结合能则均为负值, 即 NO 和表面是排斥的, 且在实验中发现 NO
倾向于吸附在三重穴位, 而中性簇模型计算却显示穴位和 NO 的排斥更强. 这表明,
简单采用中性的簇模型描述小分子的化学吸附可能在定性上都是不正确的. 另外,
DAM 的计算所预测的 fcc 和 hcp 穴位吸附能分别为 1.25eV 和 1.26eV, N—O 振动

频率为 $1482cm^{-1}$ 和 $1475cm^{-1}$ 均与实验值相吻合. 此外, DAM 优化得到的 N—O 键长为 1.23Å, 与实验值 1.24Å 也相符得很好. 近来, Aizawa 等[30] 采用周期性平面波的方法考察了 NO 在 Pt(111) 的吸附, 同样也发现当覆盖度较低时 ($\theta = 0.25$), NO 优先吸附在 fcc 穴位, 支持了 DAM 模型的结果.

17.3.6　CO 在过渡金属表面的吸附——不同模型方法的对比

随着计算机技术和理论方法的快速发展, 催化模拟已经能处理更大的体系, 如含几十个金属的簇或单胞. 值得注意的是, 周期性模型由于采用周期性的边界条件, 且能较合理地描述能带结构, 引起了越来越广泛的关注. 而金属簇模型的发展则相对较慢, 如何合理地选簇, 以及如何考虑大块金属本底的影响, 是簇模型方法发展的关键. 下面我们将以 CO 在过渡金属表面吸附为例, 简要评述簇模型和周期性方法在金属表面反应的表现, 并与实验相对照.

CO 的化学吸附是表面和催化研究中的一个重要课题. 一方面, CO 和过渡金属间的成键模式, 即 5σ 对金属空轨道的给予及金属 d 电子对 $2\pi^*$ 空轨道的反馈, 早已是教科书上的范例. 而且 CO 的吸附也多种多样, 它可吸附在各种表面位上, 如顶位、桥位或穴位, 且其吸附模式也分为垂直式 C 端吸附或倾斜式甚至平躺式的侧基吸附. 另一方面, CO 参与的重要表面过程也不胜枚举, 如甲醇合成、水气变换、F-T 合成、羰基化反应等.

Fe 基催化剂是 F-T 合成重要的催化体系. 对于 CO 在 Fe(100) 面上的吸附, 实验中已有较为详尽的研究. TPD 研究表明, CO 有三种的分子吸附态, 分别为 α_1、α_2 和 α_3, 据估算相应的吸附热分别为 16~18 kcal/mol、22~25 kcal/mol 和 32~36 kcal/mol. Moon 等[31] 的研究表明, α_3 具有 "反常" 的 C—O 伸缩振动频率 (1210~1260 cm^{-1}), 而 α_1 和 α_2 相应的频率分别为 2020~2070 cm^{-1} 和 1900~2055 cm^{-1}, 且均随覆盖度增加而红移. NEXAFS 实验显示, 在 α_3 吸附态中 CO 分子轴和表面法线间具有明显的倾角 (45°±10° 或 54.7°), XPD 也证实了这一点 (55°±2°). 根据实验, Moon 等推测 α_3 为四重位上斜式吸附, 而 α_1 和 α_2 分别对应为顶位和桥位的垂直式吸附. 相应地, 理论上对于该体系也有较多的报道, 列于表 17-11 中.

早期, 应用半经验的 ASED-MO 方法, Mehandru 等采用簇模型研究了 Fe(100) 面上 CO 的吸附, 但得到的吸附热 (68.95 kcal/mol) 比实验值高得多. 而 Pavao 等[33] 用从头算 HF 方法研究了 CO 在 $Fe_5(4, 1)$ 小簇上 [这已是当时能计算的最大的簇 (1991 年)] 的吸附情况, 他们考虑了 CO 和 Fe 表面的 5 种可能的吸附构型, 发现倾斜式吸附态下 (即 α_3), Fe 可向 CO 反馈较多的电子 ($0.5e$), 解释了 CO 的振动频率明显降低的原因, 并认为 α_3 态是 CO 解离的前驱体.

Nayak 等[34] 同时用簇模型和平板模型考察了 CO 在 Fe(100) 表面的吸附.

表 17-11 CO 在 Fe(100) 表面分子吸附的理论和实验研究

作者	模型与方法	吸附位	θ	$R_{Fe-C}/$ Å	$R_{C-O}/$ Å	$\nu_{C-O}/$ cm^{-1}	$\phi/(°)$	$\Delta E_{ads}/$ (kcal/mol)
Mehandru 等[32]	簇模型 Fe$_{21}$ ASED-MO							68.95
Nayak 等[34]	簇模型 Fe$_{22}$ PW91/DNP	顶位		1.82	1.19	1888	0.0	32.3
		桥位		2.12	1.21	1693	0.0	24.7
		穴位		1.90	1.32		54.0	37.4
	五层平板模型 PBE/FLAPW	顶位		1.82	1.17		0.0	
		桥位		1.95	1.18		0.0	
		穴位		1.98	1.30		54.0	
Belosludov 等[35a]	簇模型 Fe$_6$ BPW91	顶位						30.61
Sorescu 等[35b]	六层平板模型 PW91	自由态 CO			1.1453	2174		
		顶位	0.25	1.782	1.177	1887	0.0	34.1
			0.5	1.811	1.172		0.0	33.4
		桥位	0.25	1.807	1.193	1784	31.7	34.8
			0.5	1.861	1.186		25.0	30.9
		斜式桥位	0.25	1.957	1.196		0.0	32.9
			0.5	1.973	1.189		0.0	26.0
		穴位	0.25	1.970	1.322	1246	50.2	46.7
			0.5	1.992	1.319		50.1	48.1
		穴位 (vert)	0.25	2.140	1.255		0.0	36.7
Bromfield 等[36]	四层平板模型 PW91	顶位	0.25		1.178	1921		43.8
			0.5		1.173	1988		40.8
			1.0		1.161	1932		31.8
		桥位	0.25		1.197	1734		41.3
			0.5		1.187	1878		39.0
			1.0		1.175	1932		30.9
		穴位	0.25		1.253	1445		45.9
			0.5		1.249	1476		44.3
			1.0		1.219	1659		33.9
		斜式四重位	0.25		1.32	1158	51.0	59.0
			0.5		1.316	1200	43.3	55.6
实验值[31]		孤立分子			1.1283	2143		
		顶位				2070		16~18
		桥位				2020		22~25
							45 ± 10	
		穴位				1210	55 ± 2	32~36
							54.7	

平板模型选取了 $\sqrt{2} \times \sqrt{2}$ 的超胞, 层数为 5, 真空层厚度为 12.5Å, 采用了 PBE/FLAPW 方法, 簇模型选取了四层 22 个 Fe 原子, 并采用了 PW91/DNP 方法. 计算表明, 对于 CO 吸附, 簇模型方法和平板模型优化得到的几何构型相差不大. 而对于吸附热, 平板模型无法给出可靠的结果, 作者认为此时的误差无法很好地抵消; 而簇模型得到的吸附能为 37.4 kcal/mol, 与实验值一致.

Belosludov 等[35]用 $Fe_6(1,4,1)$ 簇研究了 CO 的顶位吸附. 他们发现不同的总自旋下, CO 吸附热相差较大. 在 BPW91 级别下, 体系总自旋为 9 和 10 时, CO 吸附热分别为 30.61 kcal/mol 和 14.91 kcal/mol. 再一次表明, 合理的自旋多重度是簇–表面类比的关键之一.

最近, Bromfield 等[36]用平板模型研究了不同覆盖度下 CO 在 Fe(100) 表面的吸附与解离, 选取了 P(2×2)、c(2×2) 和 P(1×1) 超胞分别模拟覆盖度为 0.25、0.5 和 1.0 时的吸附情况. 他们认为, CO 在 Fe(100) 表面上的最佳吸附位与覆盖度有很大的关系: 低覆盖度时 $(\theta = 0.25)$CO 四重位斜式吸附是最稳定的, 吸附能为 59.1 kcal/mol, 理论计算得到的倾斜角为 51.0°, CO 键长变为 1.320Å, 表明 CO 的三重键已被明显削弱. 当覆盖度为 0.5 时, CO 四重位斜式吸附还是最稳定的, 而当覆盖度增加至 1.0 时, 顶位、桥式位和四重位的吸附都有可能, 因为它们的吸附能很接近. 由此可知, 不同的覆盖度下发生吸附的位点和吸附能都可能有很大的变化, 在进行理论模拟时, 这是一个重要的因素. 平板模型与簇模型相比, 可以更方便地研究不同覆盖度的影响.

CO 在 Pt(111) 表面的吸附是另一个被广泛研究同时也是一个饱受争议的实例. 实验中, Somorjai 等[43]用 LEED(low-energy electron diffraction, 低能电子衍射) 考察了 c(4×2)-CO/Pt(111) 时的情况. 他们发现, 150K 下 CO 吸附在顶位和桥位. Blackman 等[44]用 LEED 实验得到 1/3ML 时, 160K 下 (88%±5%) 的 CO 吸附在顶位, 另外有 (12%±5%) 的 CO 吸附在桥位. Ibach 等[45] 和 Steininger 等[46]通过 LEED、EELS(electron energy loss spectrometer, 电子能耗谱仪) 实验发现, 低覆盖度下 CO 吸附在顶位, 而在饱和条件下 (高覆盖度下)CO 则倾向于一半吸附在顶位, 一半吸附在桥位. Schweizer 等[47]使用红外光谱方法构建了 CO/Pt 体系的势能面, 外推到零覆盖度时, 顶位吸附能比桥位高 1.4 kcal/mol, 然而他们并没有观测到三重穴位的吸附. Bocquet 等[48]用理论方法模拟 STM 结果. 他们认为, CO 只吸附在顶位和桥位, 并没有吸附在三重穴位. 综上所述, 低能电子衍射、振动光谱和扫描探针显微镜等实验都认为 CO 在 Pt 的顶位吸附是最佳吸附, 吸附能为 34.6 kcal/mol, 振动频率为 2100 cm^{-1}. 表 17-12 列出了近年的理论和实验研究结果.

Curulla 等[39]用 $Pt_{25}(14,8,3)$ 簇模型, B3LYP/ECP 方法模拟了 Pt(111) 表面 CO 吸附, 计算得到的顶位吸附能为 26.3 kcal/mol, 频率为 2098 cm^{-1}, 这与实验值比较接近. 而 Gil 等[40]对 CO 在 Pt(111) 表面的吸附进行了广泛而深入的研究.

他们考察了不同的方法、不同的模型、不同覆盖度下 top 和 fcc 位的吸附情况, 计算结果都表明 CO 更倾向于 fcc 吸附, 这与实验结果矛盾. 同样的结论也可以由 Feibelman 等[50] 的工作得出. 具体结果如表 17-12 所示. 而最近的研究表明, 如考虑到相对论效应和自旋–轨道校正[41]或校正交换–相关项 (XC)[42] 的方法, 计算结果即可与实验值相符.

表 17-12　CO 在 Pt(111) 表面分子吸附的理论和实验研究结果

作者	模型与方法	吸附位	θ	R_{Pt-C}/ Å	R_{C-O}/ Å	ν_{C-O}/ cm^{-1}	与顶位比较[1] E/(kcal/mol)	ΔE_{ads}/ (kcal/mol)
Morikawa 等[37]	六层平板模型 PW91	三重穴位		1.85	1.15			37.8
Hammer 等[38]	六层平板模型 GGA 簇模型	顶位						33.5
Curulla 等[39]	Pt$_{25}$(14,8,3) B3LYP/ ECP	顶位		1.907	1.152	2098		26.3
		桥位		2.003	1.184	1860	20.6	5.7
Gil 等[40]	簇模型 Pt$_{18}$ B3LYP/ GTO-dζ	顶位			1.149			32.8
		Fcc			1.185		−0.9	33.7
	簇模型 Pt$_{18}$ PW91/ PW(7Å)	顶位			1.157			38.8
		Fcc			1.195		−8.0	46.8
	簇模型 Pt$_{52}$ PW91/ PW(7Å)	顶位			1.156			30.5
		Fcc			1.193		−3.2	33.7
	八层平板模型 PW91	顶位	0.33		1.153			33.7
		Fcc	0.33		1.188		−2.8	36.5
	四层平板模型 PW91	顶位	0.11		1.155			32.3
		Fcc	0.11		1.190		−2.8	35.1
Olsen 等[41]	平板模型 BP/QZMP Scalar relativistic	顶位		1.867	1.148			
		桥位		1.518	1.169		0.9	
		Fcc		1.428	1.180		0.8	
	平板模型 BP/QZMP Spin orbit correct	顶位						
		桥位					1.6	
		Fcc					1.6	

续表

作者	模型与方法	吸附位	θ	$R_{Pt-C}/$ Å	$R_{C-O}/$ Å	$\nu_{C-O}/$ cm^{-1}	与顶位比较[1] $E/$(kcal/mol)	$\Delta E_{ads}/$ (kcal/mol)
Feibelman 等[50]	平板模型 PW91/ usPP	顶位	0.33					
		Fcc	0.33				-5.3	
	平板模型 PW91/ FP-LAPW	顶位	0.33					
		Fcc	0.33				-2.3	
	平板模型 PW91/ usPP	顶位	0.25					
		Fcc	0.25				-5.3	
	平板模型 PBE/USP	顶位	0.25					
		Fcc	0.25				-5.5	
实验 值[46~49]		孤立分子			1.1283	2143		
		顶位				2100		34.6
		桥位				1845		
		Fcc				1750		

1) 正值表示比顶位 (top) 的吸附能小.

　　由此可见, 合理地选择模型和算法可以较好地描述分子的吸附构型和吸附热. 应该指出的是, 在实际应用中, 簇模型方法和周期性方法是相辅相成的, 各有优缺点. 在解决催化过程的实际问题中应将二者有机地结合起来, 相互映证.

17.4　金属氧化物簇模型方法

17.4.1　选簇的三个基本原则

　　金属氧化物、复氧化物是现代化学工业中有广泛应用的多相催化剂, 广泛用于选择氧化、NO$_x$ 分解和固体燃料电池等领域. 和金属相比, 金属氧化物的结构更为复杂. 这时氧化物可呈现离子态, 如 MgO; 或者共价态, 如 SiO$_2$; 还有许多氧化物介于两者之间, 如 ZnO. 实际上, 尽管各种金属氧化物固体具有不同的晶体结构和不同的电子性质, 但都必须遵守一些最为基本的准则: 整个晶体保持电中性 (电中性原则)、晶体组成符合表观化学式 (化学配比原则)、晶体内原子排列遵循一定的配位化学规律 (配位原则) 等[51~54].

电中性原则是十分重要的. 文献中经常见到使用带电的模型簇来描述固体氧化物的一些性质[55], 但这些模型在处理化学吸附和表面反应的时候效果不佳. 究其原因, 主要有下面两个方面的因素: ① 轨道因素, 根据前线轨道理论, 只有当两个基团之间存在能量合适、对称性匹配的前线轨道时, 才有可能形成一定的共价键. 因此, 一个表面簇模型首先必须给出合理的表面原子能级分布, 才能给出合理的电离能与结合能的描述, 这样才有可能合理地描述固体表面吸附及表面反应过程. 而一个带电簇往往不能给出合理的前线轨道描述. ② 静电因素, 带负电的簇模型总是倾向于把电子转移给吸附质分子, 而带正电的簇则倾向于从吸附质上夺取电子, 人为地引入了本不存在的和吸附质之间的静电相互作用[53,56].

那么如何构造中性簇模型呢? 最为简单的方法是选择一个符合晶体表观化学配比的簇模型, 因为一个符合化学配比原则的簇模型自然满足电中性原则, 而且同时又蕴含了晶体中各组分间的各种微观化学配比 (包括电子数、原子轨道等方面), 应能更好地反映晶体在电子数、原子轨道等方面的微观化学配比. 对于中心金属可变价的氧化物来说, 化学配比原则尤为重要. 显然, 我们不宜取一个 $Mo : O = 1 : 2$ 的簇来模拟 $Mo^{VI}O_3$ 的反应, 因为前者中 Mo 的表观化合价仅为 $+4$ 价.

那么, 是不是任意一个满足化学配比原则的中性簇模型都能有效地描述固体及其表面位的电子性质呢? 答案显然是否定的. 晶体内原子的堆积方式决定了晶体内原子的配位环境, 这种配位环境自然决定了晶体原子的电子态. 从微观尺度上看, 晶体在三维空间无限延展, 由于晶体的平移对称性, 从晶体中简单切取的裸簇模型其边界原子的配位数必然低于晶体中的体相原子. 边界原子上的悬空键是簇模型边界效应的来源. 悬空键的定域程度、稳定性以及悬空键数目的多少等决定了簇模型边界效应的大小. 只有当簇模型边界效应可以忽略时, 小簇模型才有可能较好地趋于大块固体[51~54]. 因此, 如何对固体进行合理切取, 得到边界效应极小化的簇模型就成为簇模型方法成功的一个关键步骤. 这构成了选簇原则中的配位数原则. 配位数原则可以简单地表述为: ① 簇模型中边界原子的配位数尽可能多; ② 尽可能多地保留边界原子上较强的配位键; ③ 尽可能地保持化学上感兴趣的表面原子的配位数与固体表面真实情况一致.

下面以 MgO 的簇模型的选取为例. 我们定义 $(MgO)_x$ 簇的悬空键总量为 N_d, $\beta_d = N_d/2x$ 为簇模型中每个原子的平均悬空键数. 同理, 定义 $N_a(\beta_a = N_a/2x)$ 为最近邻缺失总数 (平均数); 定义了 $N_c(\beta_c = N_c/2x)$, N_c 是簇原子总的配位数, β_c 是每个原子的平均配位数. 我们认为, 拥有最小 N_d 和 N_a 或者最大 N_c 的簇是最稳定的簇, 而簇模型边界效应小即可较好地模拟大块固体.

表 17-13 给出的是一系列满足化学配比的 $(MgO)_x(x = 1 \sim 16)$ 的几何构型. 每个簇的拓扑参数在表 17-13 中也已给出. 表 17-13 也给出了 RHF 方法计算得到的吸附能. 对于给定的 x 来说, 由 N_c、N_d 的值预测 (2b)(3c)(4d)(5d)(6c)(8b, 8c)(9b)(10c,

10d)(12b)(16a) 是最稳定的簇. HF 计算也给出同样的结论. 从图 17-14 中可以看到, 在 MgO 簇中, 吸附能的变化趋势可由 β_d、β_a、β_c 的变化趋势重现. 因此, 我们知道 N_d、N_a、N_c 可以预测同样大小的簇的相对稳定性, 而 β_d, β_a, β_c 可以预测不同大小的簇的相对稳定性. 类似地, 对 ZnO 和 NaCl 簇研究也证实了拓扑指数在簇模型中的有效性.

表 17-13　(MgO)$_x$ 簇限制性 HF 计算的结果[51] (同样大小但形状不同的簇用字母标出)

X	簇[1)	Sym	N_c	β_c	N_d	β_d	N_a	β_a	E_c/eV[2)
1 a		$C_{\infty V}$	2	1.0	10	5.0	10	5.0	−2.21
2 a		$C_{\infty V}$	6	1.5	18	4.5	18	4.5	−0.99
2 b		D_{2h}	8	2.0	16	4.0	16	4.0	0.66
3 a		$C_{\infty V}$	10	1.67	26	4.33	26	4.33	−0.12
3 b		C_S	12	2.0	24	4.0	22	3.67	0.04
3 c		C_{2V}	14	2.33	22	3.67	22	3.67	1.73
4 a		C_{2V}	20	2.5	28	3.5	27	3.38	1.64
4 b		C_{2V}	20	2.5	28	3.5	27	3.38	1.69
4 c		C_{2h}	20	2.5	28	3.5	28	3.5	2.37
4 d		T_d	24	3.0	24	3.0	24	3.0	3.11
5 a		C_{4V}	26	2.6	34	3.4	26	2.6	0.32
5 b		C_{4V}	26	2.6	34	3.4	30	3.0	1.16
5 c		C_1	30	3.0	30	3.0	28	2.8	2.69
5 d		C_{2V}	26	2.6	34	3.4	34	3.4	2.73
6 a		C_{4V}	30	2.5	42	3.5	26	2.17	−0.61

续表

X	簇[1]	Sym	N_c	β_c	N_d	β_d	N_a	β_a	$E_c/\text{eV}^{[2]}$
6 b		C_{2h}	32	2.67	40	3.33	40	3.33	2.98
6 c		D_{2h}	40	3.33	32	2.67	32	2.67	3.83
7 a		C_S	46	3.29	38	2.71	34	2.43	3.06
7 b		C_1	46	3.29	38	2.71	36	2.57	3.49
8 a		C_S	52	3.25	44	2.75	40	2.5	3.13
8 b		C_S	56	3.5	40	2.5	38	2.38	3.86
8 c		D_{2d}	56	3.5	40	2.5	40	2.5	4.21
9 a		C_1	62	3.44	46	2.56	44	2.44	3.86
9 b		C_{4V}	66	3.67	42	2.33	42	2.33	4.43
10 a		C_2	68	3.4	52	2.6	48	2.4	3.59
10 b		C_2	72	3.6	48	2.4	44	2.2	3.89
10 c		C_1	72	3.6	48	2.4	46	2.3	4.20
10 d		D_{2h}	72	3.6	48	2.4	48	2.4	4.44
11 a		C_1	80	3.64	52	2.36	50	2.08	4.34

续表

X	簇[1]	Sym	N_c	β_c	N_d	β_d	N_a	β_a	E_c/eV[2]
12 a		C_S	80	3.64	52	2.36	50	2.08	4.41
12 b		D_{2d}	88	3.67	56	2.33	56	2.33	4.59
12 c		C_{2h}	92	3.83	52	2.17	52	2.17	4.76
13 a		C_S	98	3.77	58	2.23	54	2.08	4.27
13 b		C_S	98	3.77	58	2.23	54	2.08	4.28
14 a		C_2	108	3.86	60	2.14	56	2.0	4.44
14 b		C_1	108	3.86	60	2.14	58	2.07	4.64
14 c		C_1	108	3.86	60	2.14	58	2.07	4.68
15 a		C_S	118	3.93	62	2.07	60	2.14	4.75
15 b		C_{2V}	118	3.93	62	2.07	62	2.07	4.95
16 a		D_{2d}	128	4.0	64	2.0	64	2.0	5.05

1) ◍: Mg; ○: O.

2) $E_c = E(\mathrm{MgO}) - E[(\mathrm{MgO})_x/x]$, 其中 $E(\mathrm{MgO})$ 是 $\mathrm{Mg}(^1\mathrm{S})$ 和 $\mathrm{O}(^3\mathrm{P})$ 的 HF 总能量; $[E[(\mathrm{MgO})_x/x]$ 是 $(\mathrm{MgO})_x$ 簇的总能量除以簇的大小 (x) 的值.

注: 限制性 HF 算法/CEP-31G 基组, Gaussian94 程序包[57].

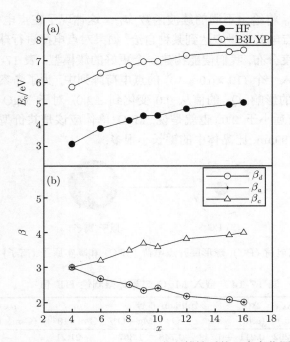

图 17-14　$(MgO)_x$ $(x=4, 6, 8, 9, 10, 12, 15, 16)$ 立方簇性质的尺度变化图. (a) HF 和 B3LYP 方法下吸附能的收敛性质图. (b) 拓扑参数 β_c、β_d、β_a 与簇大小 (x) 的函数关系图[51]

17.4.2　SPC 嵌入模型

为了得到一个合理的金属氧化物簇模型, 我们必须考虑体相对簇表面的影响. 忽略簇和环境之间的电子交换作用, 此时系统的总能量可以表示为[51,58,59]

$$E = \left\langle \Phi_C \left| \sum_{i \in C} T_i - \sum_{i \in C} \sum_{a \in C} \frac{Z_a}{r_{ia}} - \sum_{i \in C} \sum_{p \in S} \frac{Q_p}{r_{ip}} + \sum_{i > j \in C} \frac{1}{r_{ij}} \right| \Phi_C \right\rangle$$
$$+ \sum_{a > b \in C} \frac{Z_a Z_b}{R_{ab}} + \sum_{a \in C} \sum_{p \in S} \frac{Z_a Q_p}{R_{ap}} + \sum_{p > q \in S} \frac{Q_p Q_q}{R_{pq}} \tag{17.36}$$

式中: i, j 表示簇电子; a, b 表示簇原子核; p, q 表示周围环境的点电荷; Φ_C 为簇的波函数; T_i 为第 i 个电子的动能; Z_a 为核电荷; r 为电子到核的距离; Q 为点电荷总量. 通常情况下, 假设氧化物是完全离子性的, 阴阳离子均带其表观电量[55,60,61]. 实际上, 大多数金属氧化物并不是纯离子性的, M—O 成键都有一定的共价成分.

图 17-15 示意了点电荷和真实原子或离子的区别. 点电荷模型的电荷集中在一个点上, 而真实原子的电荷密度分布在其原子核周围. 从单电子积分 $-\sum_{i \in C} \sum_{p \in S} \frac{Q_p}{r_{ip}}$ 的角度来讲, Q_p 单电子积分项可以修正簇的哈密顿. 因而选

择不同的点电量 Q_p 将给出不同的簇波函数 Φ_C. 这体现了在点电荷电量影响下, 簇体内离子电荷与点电荷电量应达到某种自洽. 如果对点电荷进行球形展开从而得到一个连续电荷密度分布, 我们便能构建一个更好的簇模型. 表 17-14 给出了一个实例研究, MgO 嵌入一个 $(10 \times 10 \times 10)$ 的点电荷阵列中. 为了考察嵌入簇模型中点电荷对电子结构的影响, Q_p 的值从 0.0 变化到 ±2.0. 对于 MgO 单体来说, Mg 上的 Mulliken 电荷远小于 2.0, 也就是说, MgO 单体应该是共价型的. 优化后的 Mg—O 键长为 0.1799nm, 比晶体中的键长小很多.

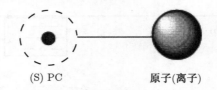

(S) PC　　　　　　　　　原子(离子)

图 17-15　点电荷 (PC), 球形展开点电荷 (SPC) 和真实原子 (离子) 的比较

表 17-14　嵌入 MgO 二聚体限制性 HF 值

Q_P	EE (a.u.)	E_{HOMO} (a.u.)	ΔG (a.u.)	Mulliken 布居			$\mu_C/$ (C·m$\times10^{30}$)	$\mu_S/$ (C·m$\times10^{30}$)	$R_{Mg-O}/$ nm
				Mg	O	Mg—O[1]			
±0.0	−19.1066	−0.262	0.211	+0.748	−0.748	1.367	−21.21	—	0.2104
	−19.6459	−0.284	0.227	+1.021	−1.021	1.531	−28.82		0.1799[*2]
±2.0	−21.9178	−0.440	0.472	+1.784	−1.784	0.316	−65.84	67.41	0.2104
	−22.2232	−0.427	0.444	+1.820	−1.820	0.341	−90.76		0.2926[*2]
±1.67	−21.3916	−0.392	0.363	+1.668	−1.668	0.419	−62.78	62.81	0.2104
(10spc)	−21.3954	−0.393	0.365	+1.667	−1.667	0.421	−62.38		0.2088[*2]

1) Mg: $3s^2$, O: $2s^22p^4$; 基组: CEP-31G (用 Hondo8[62] and Gaussian94[57] 计算的);

2) Hondo8 键级 (EE: 电子能量; ΔG, HOMO, LUMO 能隙; * 几何结构优化之后得到的值).

当 Q_p 值设为 2.0 时, 由于过高估计了外场的影响, 簇和晶体点电荷之间的作用是不均衡的. 周边电场的影响过强以至于优化得到的 Mg—O 距离远比晶体中的要长. 然而, 计算得到的 Mg 和 O 上的 Mulliken 电荷远小于 2.

将 MgO 簇体邻位的 10 个点电荷进行球谐展开时, 这时点电荷具有一定的径向分布. 值得一提的是, 当电荷自洽时点电荷量为 ±1.67, 可以发现这时簇体的平衡构型与实验值基本一致, 表明此时也满足势自洽条件; 而且簇体偶极矩与簇外 PCC 的偶极矩也接近, 说明这时满足偶极矩自洽条件. 正如我们所预期的, 当电荷密度自洽条件满足时可以得到一个整体性质描述较好的簇模型. 这个模型我们称之为 SPC 模型, 它主要内容是满足化学配比的簇嵌入到自洽决定的球形扩展电荷环境中. 作者的研究组[51~54,56,58,59,63~70]和其他组[71~74]对于不同离子性程度的金属氧化物的化学吸附研究证实了 SPC 模型的有效性.

17.4.3 SPC 模型的应用举例

1. 碱土氧化物表面 NO_x 的吸附与解离[67]

工厂和汽车的燃烧过程中排放出大量的氮氧化合物 (NO_x), 会造成酸雨、酸雾和光化学烟雾等污染, 严重地危害了生态环境. 因此, 深入理解 NO_x 的催化分解对于控制污染来说具有重大意义. 对于 NO_x 在金属氧化物上的解离吸附, 从 Winter[75] 到 Acke 等[76], 实验化学家做了很系统的研究工作, 但其微观机理仍未弄清. 我们考虑了 NO 和 $(NO)_2$ 在 MgO(100) 面的平台位、阶梯位、角位和岛位的吸附情况, 着重讨论以下三个问题: ① NO 怎样吸附? ② NO 解离时哪个表面物种是中间体? ③ 中间体是通过哪条反应路径产生的?[67]

图 17-16 为所选取的簇模型. 图 17-17 示意了在不同表面位上 NO 的吸附. 可

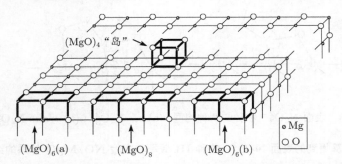

图 17-16 $(10 \times 10 \times 10)$MgO 上的低配位数簇模型的选取[67]

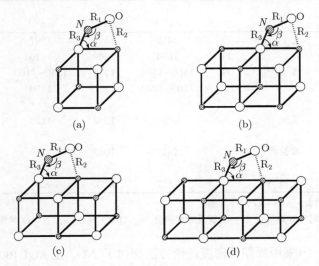

图 17-17 嵌入 $(MgO)_n (n = 4, 6, 8)$ 簇模型中 $Mg_{xc}-O_{yc}$ $(x, y = 3, 4)$ 离子对上 NO 吸附示意图

以发现, NO 在低配位表面位上的吸附较为有利. 结合能依次为: $Mg_{3c}-O_{3c}(34.6)>$ $Mg_{3c}-O_{4c}(15.1)>Mg_{4c}-O_{3c}$ (12.0)$>Mg_{4c}-O_{4c}$(7.0 kcal/mol). Mulliken 电荷分析表明, 晶格氧上有相当的电荷 ($\sim$0.6 a.u.) 转移到 NO 上, 即 NO 可与晶格氧结合形成 NO_2^{2-} 表面物种, 这已被电子自旋共振实验所证实[77,78].

　　计算表明, 第二分子的 NO 可以吸附在 NO_2^{2-} 的顶端, 生成 $N_2O_3^{2-}$ 物种. 图 17-18 给出了 $N_2O_3^{2-}$ 的两种构型, 并与相关体系的红外光谱相对比. 由表 17-15 可见, 无论是 NO/MgO 体系, 还是 $Na_2N_2O_3$, 实验的红外谱峰和我们理论上预测的非常吻合, 为 $N_2O_3^{2-}$ 的生成提供了有力佐证. 基于 $N_2O_3^{2-}$ 的几何构型和能量, 可以推测出 NO 解离吸附的机理: cis-$(N_2O_3)_2^{2-}$ 可能会形成 $O+N_2O$, $trans$-$(N_2O_3)_2^{2-}$ 将导致 $2O+N_2$.

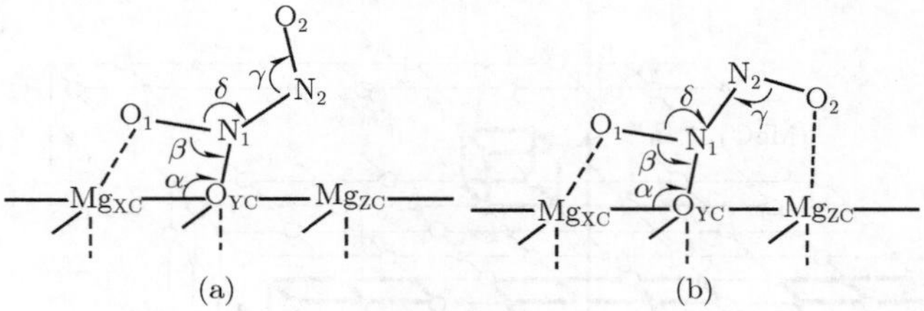

图 17-18　表面 $N_2O_3^{2-}$ 物种的两种构型: (a) cis-$N_2O_3^{2-}$; (b) $trans$-$N_2O_3^{2-}$

表 17-15　计算得到的表面 $N_2O_3^{2-}$ 物种 IR 频率和实验 NO/MgO 体系的红外光谱; $N_2O_3^{2-}$/$Na_2N_2O_3$, $Na_2N_2O_2$ 和 $NaNO_2$ 体系的红外光谱

			ν_1/ cm^{-1}	ν_2/ cm^{-1}	ν_3/ cm^{-1}	ν_4/ cm^{-1}
NO/MgO 系统	理论计算	1)	1472	1415	1097	917
		2)	1534	1269	1110	
	实验[79]	77K	1450~1350	1313	1250~1100	893
		r.t.	1500~1350	1250	1100	
$N_2O_3^{2-}$ ($Na_2N_2O_3$ 中的)	实验[80]		1400	1280	1120	975
$N_2O_2^{2-}$ ($Na_2N_2O_2$ 中的)	实验[80]		1313	1047		
NO_2^- ($NaNO_2$ 中的)	实验[80]		1337	1270	829	

1) ν_1: N—N 伸缩; ν_2: N—O 对称伸缩.

2) ν_1: N—O 键对称伸缩; ν_2: N—O 键反对称伸缩; ν_3: ONO 弯曲; ν_4: N—O 伸缩.

　　Schneider 等[81]采用周期性密度泛函方法探讨了 NO$_x$ 在 MgO(001) 表面的吸附并提出了共吸附机理, 即 NO$_x$ 之间发生电子转移, 产生的 NO$_x^+$/NO$_x^-$ Lewis 酸碱对共吸附在 O_s^{2-}/Mg^{2+} 上, 见图 17-19.

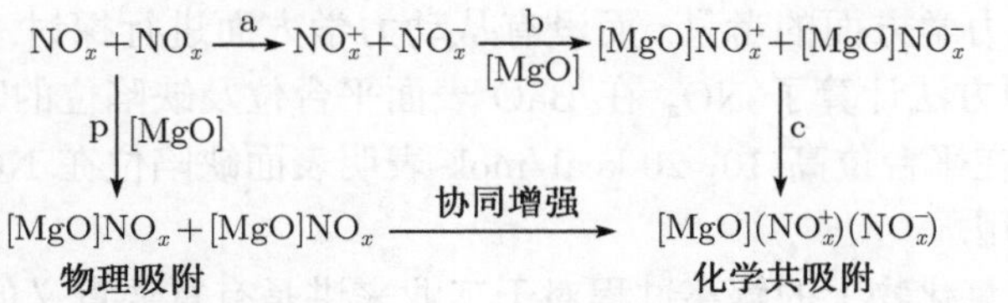

$$NO_x + NO_x \xrightarrow{\text{a}} NO_x^+ + NO_x^- \xrightarrow[\text{[MgO]}]{\text{b}} [MgO]NO_x^+ + [MgO]NO_x^-$$

图 17-19 NO_x 的共吸附机理

共吸附作用合理地解释了 NO_x 与碱土金属氧化物之间较强的相互作用. 进一步的研究表明, 从 MgO~BaO 表面, 单个 NO_x 分子的吸附能逐渐变大, 而 NO_x 的共吸附作用不变甚至减弱 (BaO 表面). 应用周期性方法, Broqvist 等[82]研究了 NO_2 在 BaO(001) 表面的吸附机理, 提出 NO_2 首先在表面形成 NO_2^-, 同时表面一个晶格氧 O_s^{2-} 被氧化为 O_s^-, 而 O_s^- 易与第二分子的 NO_2 结合, 形成稳定的 NO_2^--NO_3^- 离子对, 见图 17-20.

Schneider 和 Broqvist 的机理的差异在于电子转移是如何发生的. 前者认为电子转移发生在表面 NO_x 之间; 后者认为表面氧也介入了电子转移过程. 两者的研

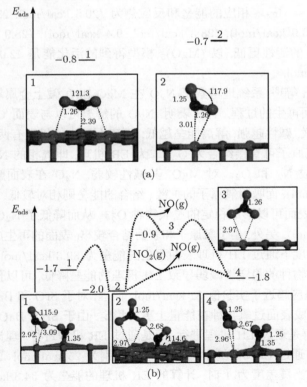

图 17-20 NO_2 在 BaO(001) 表面吸附机理

究都仅进行了热力学方面的考量, 而没有从动力学方面进行探讨. 最近, Branda 等[83] 采用簇模型方法计算了 NO_x 在 BaO 表面平台位及缺陷位的吸附, 发现在缺陷位的吸附能比在平台位高 $10\sim20$ kcal/mol, 表明表面缺陷位在 NO_x 的吸附过程中起着重要的作用.

N_2O 在金属氧化物上的解离过程对于工业来讲是有重要意义的, 一方面 N_2O 可能是 NO_x 分解的重要中间体; 另一方面, N_2O 在催化烃类选择氧化中, 如甲烷氧化耦联 (OCM) 和乙烷氧化脱氢 (ODH), 展示了其与氧气不同的独特作用, 其关键在于 N_2O 的解离提供了一个吸附的活性氧物种[84~88].

我们采用 SPC 模型研究了 N_2O 在 MgO 上的解离过程[65]. 研究表明, 对于 MgO(100) 平台, N_2O 倾向于吸附在 O_{5c}^{2-} 的顶位, 吸附能为 25.3 kcal/mol; 而对于角位和阶梯位, 最优吸附方式是在低配位 O_{xc}-$Mg_{yc}(x,y=3,4)$ 上的桥式吸附, 计算的吸附能为 $45.4\sim60.6$ kcal/mol. 其中, 边角位吸附氧将导致过氧物种 O_2^{2-} 的形成, 此时 O—O 伸缩频率为 $819\sim857\mathrm{cm}^{-1}$.

图 17-21 给出了 N_2O 在 (a)O_{3c}-Mg_{3c}, (b)O_{3c}-Mg_{4c}, (c)O_{4c}-Mg_{3c}, (d)O_{4c}-Mg_{4c} 离子对位点的过渡态几何构型. N_2O 解离活性次序是: $O_{3c} - Mg_{3c} > O_{4c} - Mg_{3c} > O_{3c} - Mg_{4c} > O_{4c} - Mg_{4c}$, 相应的能垒和反应热为 (20.5 kcal/mol, 28.0 kcal/mol), (24.2 kcal/mol, 13.9 kcal/mol), (28.3 kcal/mol, 9.4 kcal/mol), (28.9 kcal/mol, 5.4 kcal/mol). O_{5c} 位的活性更低, 以 $(MgO)_5$ 模型得到的活化能是 42.0 kcal/mol, 反应焓为 19.2 kcal/mol.

最近, Karlsen 等[89] 系统地考察了 N_2O 在 MgO-BaO 碱土金属氧化物表面解离以及氧化物表面再生的过程. 计算表明, N_2O 的解离可以与表面 O_s^{2-} 的碱性逐渐增强较好地关联, 碱性越强, 解离能垒越低. 而表面再生的机理有两种: 一为 LH 机理, 即吸附的氧原子可直接结合为 O_2; 二为 ER 机理, 即气相的 N_2O 与表面吸附氧原子结合生成 N_2 和 O_2. 对 MgO, 其碱性较弱, N_2O 在表面解离为速控步 (ΔE_a=37.1 kcal/mol), 而吸附氧原子的扩散、结合的能垒则相对较低. 而对于 CaO, 碱性比 MgO 强, 表面可以形成稳定的过氧物种 O_2^{2-}, 从而降低了 N_2O 的解离能垒 (ΔE_a=24.6 kcal/mol). 另外, 由于氧原子和表面结合较牢, 表面的再生成为反应的速控步骤, 在低覆盖度下通过 LH 机理表面再生的能垒为 39.3 kcal/mol. 随着覆盖度的增加, 表面过氧物种的稳定性减弱导致 LH 机理的能垒降低, 可以预测高覆盖度下 LH 机理的能垒应趋近于实验值 31 kcal/mol. 同理, 对于 SrO 和 BaO, N_2O 的解离能垒更低, 而形成表面过氧物种在能量上更为稳定. 由于 SrO、BaO 的晶格较大, 这时表面再生不再是通过 LH 机理进行, 而是通过 ER 机理进行. 理论预测在低覆盖度下 SrO、BaO 通过 ER 机理表面重生的能垒分别为 25 kcal/mol、20.6 kcal/mol. 进一步研究表明, 当覆盖度为 1 时, 计算的 ER 机理的能垒为 34.3 kcal/mol, 与实验值 33 kcal/mol 符合得很好.

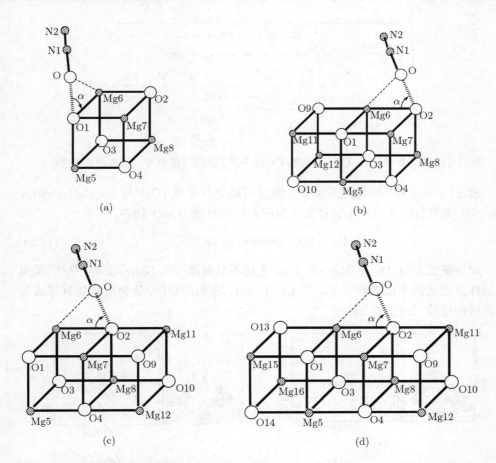

图 17-21 N₂O 吸附在嵌入簇 O_{3c}-Mg_{3c} (a)、O_{3c}-Mg_{4c} (b)、O_{4c}-Mg_{3c} (c) 和 O_{4c}-Mg_{4c} (d) 离子对上的过渡态几何构型[65]

2. BaO 催化剂上 O₂ 的解离

碱土和稀土基氧化物是甲烷氧化耦联 (OCM) 和乙烷氧化脱氢 (ODH) 反应重要的催化体系. 对于这些非变价的金属氧化物, 反应的活性氧物种被认为是催化剂表面的 O^-、O_2^{2-}、O_3^{3-}、O_2^- 以及低配位晶格氧等[90~96]. 那么这些氧物种是如何形成和相互转换的? 在不同氧化物表面的稳定性如何? 这已成为这类氧化物催化剂研究的重要课题. 对于表面氧物种的转换, Kazansky 等[97] 认为存在以下平衡:

$$O_2(g) \Longrightarrow O_2(abs) \overset{+e}{\Longrightarrow} O_2^- \overset{+e}{\Longrightarrow} O_2^{2-} \Longrightarrow 2O^- \overset{+2e}{\Longrightarrow} 2O^{2-} \tag{17.37}$$

蔡启瑞等提出了在价态稳定的催化剂表面 O^{2-} 的形成, 以及与此同时和随后衍生的有关活性氧物种 (O^-、O_2^{2-}) 及其参与的 OCM 反应机理 (图 17-22)[98,99].

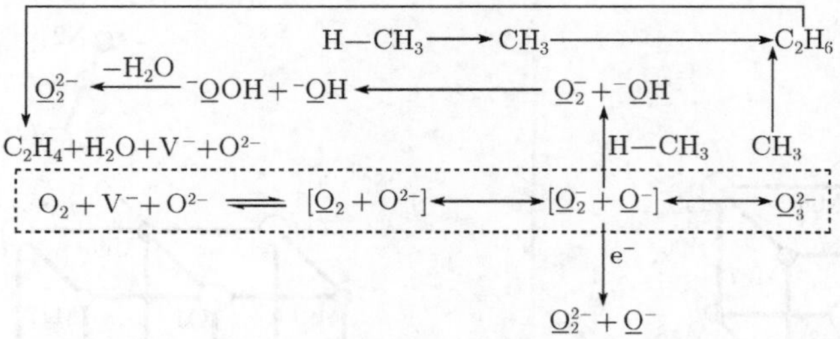

$$C_2^{2-} \xleftarrow{-H_2O} {}^-OOH + {}^-OH \leftarrow \quad H{-}CH_3 \rightarrow CH_3 \rightarrow C_2H_6$$

图 17-22　O_2^- 以及 O^-、O_2^{2-} 参与的 OCM 反应机理图 (图中 V^- 代表阴离子空位)

　　最近, Weng 等[100] 发现并证实了激光可诱导分子氧 (O_2) 与 $Ln_2O_3(Ln = La,$ Sm, Nd) 中的晶格氧 (O^{2-}) 物种发生反应并生成过氧 (O_2^{2-}) 物种.

$$O_2 + 2O^{2-}(\text{lattice}) \xrightarrow{h\nu} 2O_2^{2-} \tag{17.38}$$

　　理论研究表明, O_2 在 MgO 和 CaO 上均不易解离[101]. Neurock 等[102,103] 采用周期性密度泛函方法考察了 O_2 在 $La_2O_3(001)$ 表面的吸附, 认为过氧物种形成可能有两种途径, 见图 17-23.

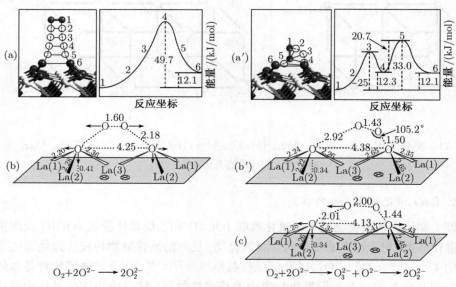

图 17-23　O_2 在 $La_2O_3(001)$ 表面解离吸附机理

　　所对应的 Lewis 结构分别为

$$O_2(g) \left[:\overset{..}{O} - \overset{..}{O}: \right] + 2O^{2-}(s) \left[:\overset{..}{\underset{..}{O}}: \right] \longrightarrow 2O_2^{2-}(s) \left[:\overset{..}{O} - \overset{..}{O}: \right] \tag{17.39}$$

和

$$O_2(g)\left[:\overset{\downarrow}{\underset{\uparrow}{O}} - \overset{\downarrow}{\underset{\uparrow}{O}}:\right] + 2O^{2-}(s)\left[:\overset{..}{\underset{..}{O}}:\right] \longrightarrow O^{2-}(s) + O_3^{2-}(s)\left[:\overset{..}{\underset{..}{O}} - \overset{..}{\underset{.}{O}} - \overset{..}{\underset{..}{O}}:\right] \longrightarrow 2O_2^{2-}(s)\left[:\overset{..}{\underset{..}{O}} - \overset{..}{\underset{..}{O}}:\right]$$
$$\tag{17.40}$$

由式 (17.39) 可见, 反应物为三重态, 产物为单重态, 反应前后自旋量子数不守恒, 所以该式表示的不可能是一个基元反应. 式 (17.40) 的反应物为三重态, 中间体和产物均为单重态, 因此, 由反应物到中间体是自旋禁阻的, 而由中间体至产物则是自旋允许的. 由此可见, Neurock 等未能很好地考虑三重态氧气在表面解离过程中自旋翻转的问题.

最近, 我们采用簇模型方法研究了 O_2 在 BaO 表面的解离吸附[104]. 这里选择一系列簇结构 $(BaO)_n$ ($n = 12, 10, 9, 4$), 分别用于类比 BaO(100) 平台位 ($n = 12$)、四配位的边位 ($n = 10$)、三配位的角位 ($n = 9$) 以及岛位 ($n = 4$). 我们将 $(BaO)_n$ 嵌入 840 个点电荷产生的场中, 其所带的电量通过电荷自洽确定 (分别为 ± 1.73). 为避免边界上氧原子的异常极化, 在最近邻的 Ba 的点电荷处放置 Xe 有效核赝势, 即采用 Pettersson 等[105]提出的 AIMP(*ab initio* model potentials) 模型.

图 17-24 示意了 $^3O_2$ 在平台位的吸附活化过程. 可以发现 $^3O_2$ 首先以 η^2 方式倾斜吸附在两个对角的 Ba 上, 见图 17-24(a). Mulliken 电荷分析表明, 有部分电荷由晶格氧向吸附的 O_2 转移, 并填入其反键轨道, 导致 O_2 带部分负电荷, 同时 O—O 键增长至 1.28 Å. Illas 等[106]指出, 晶格氧配位数越低, Madelung 势的稳定化作用就越小, 这时 O^{2-}(s) 碱性越强, 易给出电子. 由表 17-16 可见, 随着晶格氧配位数的降低, 从平台位, 到边位, 到角位, 到岛位, O_2 的吸附能由 -10.8 kcal/mol 增加到 -35.5 kcal/mol, 表明 O_2 吸附的强弱确实可与表面的碱性密切关联. 这也很好地解释了为什么在 MgO 和 CaO 等碱性较弱的表面上 O_2 仅为物理吸附[101].

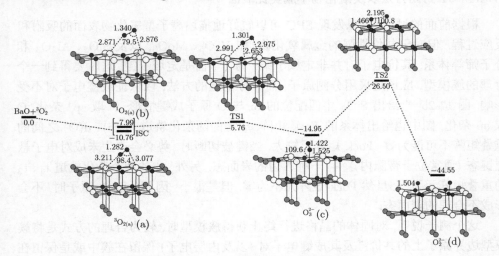

图 17-24 O_2 在 BaO 平台位上解离吸附过程

表 17-16　O_2 在 BaO 不同表面位的解离吸附的中间体和过渡态能量

吸附位	A	B	TS1	C	TS2	D
平台位	−10.76	−6.50	−5.76	−14.95	26.50	−44.55
边位	−14.07	−10.62	−8.12	−20.99	20.81	−40.70
角位	−13.75	−10.44	−8.02	−19.65	18.90	−38.07
岛位	−35.48	−35.42	−24.12	−37.90	−0.39	−51.07

从自旋上看, 吸附后 O_2 上的自旋密度明显地减少, 而晶格氧上带有一定的自旋密度, 可认为表面形成了 $O_2^{\delta-}$ 和 O_s^- 物种, 支持了蔡启瑞等的观点 [98,99]. 值得一提的是, 我们还得到了一种开壳层单重态吸附态 (b), 其构型和能量上均与三重态的对应物 (a) 非常接近, 这意味着单、三重态的势能面在附近的区域会交叉, 并由于锥形相互作用而发生系间窜跃, 且 Ba 的重元素效应将加速这种自旋翻转的过程. 因此, 表面氧物种的后续转化过程既可在三重态也可以在单重态势能面进行.

我们还考察了单重态吸附 O_2 的转化途径. B 经过 TS1 与邻近晶格氧结合形成 O_3^{2-} 的中间体 (c), 而后者再转移一个 O 原子到周围的晶格氧上 (TS2), 形成热力学上相对稳定的 O_2^{2-}(d). 可以发现, 对于不同的表面位, TS2 和 (c) 之间相对能垒均为 ~40 kcal/mol, 这说明形成 (d) 也需要较高的温度. O_2 在 BaO 表面解离的各基元步骤示意如下:

$$O_2(g)\left[:\ddot{O} - \dot{\dot{O}}:\right] + O_s^{2-}[:\ddot{O}:] \xrightarrow{(1)} O_2^-(s)\left[:\ddot{O} - \dot{\dot{O}}:\right] + O_s^-[:\ddot{O}:] \xrightarrow{(2)} O^{2-}(s)\left[:\ddot{O} - \dot{\dot{O}}:\right]$$

$$+ O_s^-[:\ddot{O}:] \xrightarrow{(3)} O_3^{2-} + O_s^{2-} \xrightarrow{(4)} 2O_2^{2-}(s) \tag{17.41}$$

17.4.4　H 封闭方法以及氧化物小簇类比表面

根据前面的讨论, 可以发现 SPC 可以较好地描述离子型氧化物表面的吸附和反应过程. 但对于共价性强的金属氧化物, 如 V_2O_5、MoO_3, 以及 SiO_2、Al_2O_3 和分子筛等体系, 其价电子对并非定域于某一原子, 而是定域于键. 这时要得到一个合理的簇模型, 应该是采用分割原子, 而非分割键的方法, 以保证成键电子对不受影响. 图 17-25[2a] 给出 SiO_2 中四配位的 Si 与 O 原子成键情形, Si 取 sp^3 杂化, O 取 sp 杂化, 图中也给出体系的 Fock 矩阵, 成键的两杂化轨道 $t_1(Si)$、$d(O)$ 之间的重叠矩阵不可能为零, Fock 矩阵元较大, 当键被切断时, 势必会产生未成对电子悬空键态 (通常位于带隙内)—— 一种人为的表面态. 另外, Si 的两个杂化轨道 t_1、t_2 的重叠矩阵元为零, 虽然 Fock 矩阵元不为零, 但是很小. 因而分割 Si 原子时, 不会形成不合理的表面态.

这个例子说明, 对固体的晶格进行终止获得簇模型时, 较为合理的方式是将簇模型边界原子上的共价键及其成键电子对 (以及内层电子) 保留在簇中或是保留在环境中, 与此同时, 对边界原子的核电荷作相应的分割, 以保证簇模型与环境的静电作用极小化. 对晶体原子的这种分割将分别在簇模型和固体环境中产生一个赝原子 —— 两个 "分数原子", 以图 17-25 中的 Si—O 键为例, 对 Si 原子的分割将产生两个分数的 Si 原子 (分别称为 "Si/4"、"3Si/4"), 对 O 原子的分割将得到两个分数的 O 原子 (半个氧原子 "O/2"). 图 17-26 描述了分数原子的切取方式, 并给出了以氢原子代替分数原子的演绎过程.

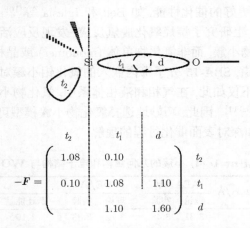

$$-\boldsymbol{F} = \begin{pmatrix} 1.08 & 0.10 & \\ 0.10 & 1.08 & 1.10 \\ & 1.10 & 1.60 \end{pmatrix} \begin{matrix} t_2 \\ t_1 \\ d \end{matrix}$$

图 17-25 SiO_2 中 $[SiO_4]$ 四面体杂化轨道 Fock 矩阵元 [2a]

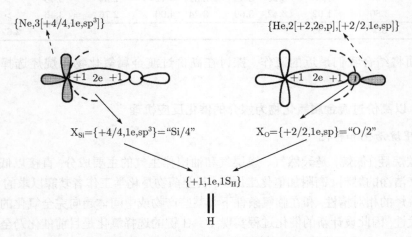

图 17-26 分数原子的切取方式 [2a]

另外, 由于氢原子与取代的晶格原子在轨道、电子性质之间的差异, 氢封闭一般只满足晶体的 "几何边界条件", 但不一定满足 "电子边界条件", 因此有时要根据被取代原子的电子性质选择更适合的封闭原子. "分数原子" 方法保持了簇模型化学配比与固体化学配比的一致, 自然同时满足了固体电中性要求, 但应用到金属氧化物固体时, 仍有一个根本的缺陷, 即只考虑了小簇周围的短程作用, 而忽略了固体环境的长程作用.

值得注意的是, Kim 等的研究表明, 与金属小簇不同, 只要很小的 WO_3 小簇就具有和大块固体相类似的几何结构和电子结构, 见表 17-17[107]. 近年来, 以气相氧化物小簇为模型来研究氧化物表面反应已有较多的报道, 其合理性在于氧化物小簇可能具有比其晶相更好的催化性能. 如 Bell 和 Iglesia 等[108]在一系列负载型氧化物 (M=V, Mo, W) 上研究了烷烃氧化脱氢反应, 发现反应活性相对应于表面齐聚 (oligemer) 的氧化物小簇, 而非氧化物单体 (monomer) 或晶相的氧化物; 而据最近 Wang 等[109]的报道, SBA-15 分子筛内嵌入的氧化钼小簇对甲烷氧化制甲醛具有良好的催化活性. 不仅如此, 在气相和液相体系中, 氧化物小簇也常被作为烷烃选择氧化的催化剂[110,111]. 因此, 巧妙地选择氧化物小簇模型可以建立均、多相反应之间的关联, 从而加深对表面催化过程的理解.

表 17-17　$(WO_3)_n(n=1\sim4)$ 小簇的几何结构和电子结构与 WO_3 晶体的对比[107]

簇	R_{W-W}/Å	R_{W-O}/Å	AEA/eV		VDE/eV		能隙/eV		
			理论	实验	理论	实验	跃迁能量	跃迁能级	实验
WO_3			3.31	3.48	3.72	3.83	1.10	1.68	14.5
$(WO_3)_2$	2.92	1.96	3.74	3.40	3.84	3.65	2.07	2.17	2.5
$(WO_3)_3$	3.57	1.93	3.29	3.45	3.92	4.12	2.34	3.45	> 1.5
$(WO_3)_4$	3.80	1.92	3.42	3.69	3.74	4.00	2.76	3.46	> 1.2
晶相	3.7	1.89							2.62~3.5

下面将结合我们最近的工作, 探讨在高价过渡金属氧化物上烷烃选择氧化机理.

17.4.5　以高价过渡金属氧化物为媒介的催化反应机理

1. 甲烷活化和转化

低碳烷烃 (低烷) 是天然气、煤层气和油田伴生气的主要成分, 直接以低烷为原料生产洁净的燃料、高附加值化工原料, 甚至药物是化学工作者梦寐以求的目标. 但由于烷烃的相对惰性, 和在临氧条件下其某些产物或中间体趋向完全氧化的强热力学自发性, 因此设计新的催化过程实现 C—H 键的选择氧化是目前催化乃至整个化学领域的一个重要挑战, 甚至被誉为化学研究中的 "圣杯"[112]. 而且, 我国的天然气和煤层气资源比较丰富, 在当今国际能源供求竞争激烈的情况下, 如何高效地利用这些气体碳资源还具有重要的战略意义.

甲烷是天然气的主要成分, 目前甲烷部分氧化的主要方向有甲烷氧化制合成气 (POM)[113]、甲烷氧化偶联 (OCM)[114]、甲烷脱氢芳构化 (DHAM)[115] 和甲烷部分氧化制甲醇或甲醛 (MPO)[116] 等. 值得一提的是, 过渡金属氧化物和复氧化物广泛应用于甲烷的选择氧化中, 如 Mn/Na_2WO_4 是 OCM 反应中一类重要的催化剂, 而过渡金属氧化物 (如 VO_x、MoO_x 和 WO_x) 也可有效催化 DHAM 和 (或)MPO 反应.

近年来, 非临氧条件下甲烷脱氢芳构化引起了研究者的广泛兴趣. VIB 族的氧化物 (如 CrO_x、MoO_x 和 WO_x) 对 DHAM 反应均有催化活性, 其中 MoO_x/H-ZSM5 体系性能最佳, 在 CH_4 转化率为 10% 时可获得 $80\%C_6H_6$ 选择性. 目前, 人们对 DHAM 反应的活性相结构及其作用机理还存在很大争议. 根据不同文献, MO_x(M=Cr, Mo, W), MoO_xC_y 和 Mo_2C 都被认为可能是反应的活性相. 而且, 各种的甲烷活化机理也分别被提出:

$$CH_4 \longrightarrow CH_3 + H \tag{17.42}$$

$$CH_4 \longrightarrow CH_2 + H_2 \tag{17.43}$$

$$CH_4 \longrightarrow CH_3^{\delta+} + H^{\delta-} \tag{17.44}$$

$$CH_4 \longrightarrow CH_3^{\delta-} + H^{\delta+} \tag{17.45}$$

$$CH_4 + H \longrightarrow CH_5^+ \longrightarrow CH_3^+ + H_2 \tag{17.46}$$

Xu(徐昕) 等[117]以此为目标反应, 采用 B3LYP 杂化密度泛函方法, 研究了甲烷在过渡金属氧化物分子 MO_x(M=Cr, Mo, W; x=1, 2, 3) 上的活化情况 (图 17-27).

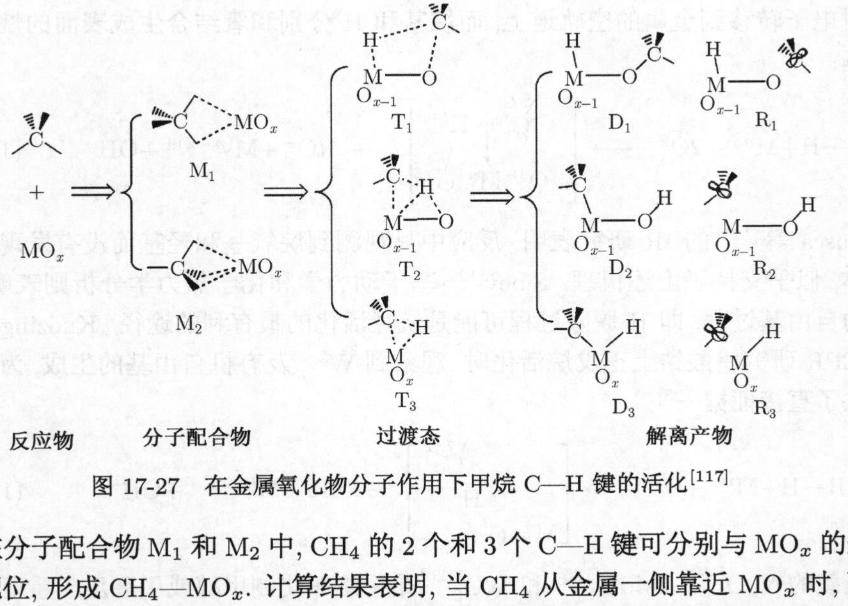

图 17-27 在金属氧化物分子作用下甲烷 C—H 键的活化[117]

在分子配合物 M_1 和 M_2 中, CH_4 的 2 个和 3 个 C—H 键可分别与 MO_x 的金属中心配位, 形成 CH_4—MO_x. 计算结果表明, 当 CH_4 从金属一侧靠近 MO_x 时, 两者之间的相互作用是吸引的. 而且该分子配合物的稳定性随金属氧化态降低而下降,即对 Cr、Mo 和 W 的 CH_4 配合物, 结合能下降的顺序为 $CH_4 \cdots MO_3 > CH_4 \cdots MO_2 > CH_4 \cdots MO$; 从 CH_4 到金属中心 Mulliken 电荷转移递减的顺序也与此一致, 说明结合能与 CH_4 向金属转移的电荷量相关联. 作者着重指出, 为在配合物中形成较强的键, 金属中心应是亲电的并有合适对称性的前沿空轨道.

甲烷 C—H 键活化有三种可能的途径: T_1、T_2 和 T_3. 其中前二者为 1, 2 加成反应, T_3 为氧化加成过程. 计算表明, 除 Cr 的 T_3 外, 三者的活化能减少顺序为 $T_1 > T_2 > T_3$. 由此可以推论, 甲烷活化取决于金属和氧化态: 在诱导期, 金属氧化物还处于较高价态, 反应可能按 1, 2 加成机理 (T_2) 进行; 而在贫氧的工作条件下, 反应活性相可能是中间或低的氧化态金属 (如 Mo、W)、氧碳化物 (oxycarbide), 这时的反应机理应为氧化加成 (T_3).

值得注意的是, 大部分选择氧化反应是在临氧条件下, 反应气氛为弱还原性, 这时 C—H 键又是如何活化的? 尽管很多研究表明, C—H 键活化与 M^{n+}—$O^{\delta-}$ 对密切相关[118], 但正如 Moro-oka[119] 所指出的, 大部分过渡金属氧化物表面并不存在那么强的酸碱位, 因而以下所示的 C—H 键异裂一般不会发生.

$$R\text{—}H + M^{n+} + O^{2-} \longrightarrow \left[\begin{array}{c} C^{\delta-} \diagdown H^{\delta+} \\ \vdots \qquad \vdots \\ M^{n\pm} \text{-----} O^{2-} \end{array} \right]^{\ddagger} \longrightarrow R\text{—}M^{n+} + OH^- \qquad (17.47)$$

Haber[120] 认为, C—H 键可在两个晶格氧上发生活化, 原来定域在 C—H 键上的一对电子转移到金属的空轨道上, 而烷基和 H 分别和氧结合生成表面的烷氧基和羟基:

$$R\text{—}H + M^{n+} + 2O^{2-} \longrightarrow \left[\begin{array}{c} C^{\delta+} \cdot H^{\delta+} \\ \vdots \qquad \vdots \\ O^{2-}\text{-}M^{n+}O^{2-} \end{array} \right]^{\ddagger} \longrightarrow RO^- + M^{(n-2)+} + OH^- \qquad (17.48)$$

Busca 等[121] 的 IR 研究表明, 反应中只观测到烷氧基和羟基而没有发现其他中间体, 似乎支持了上述机理. Sinev[122] 基于动力学和化学热力学分析则表明, 单电子的自由基过程, 即 H 脱除过程可能是烷烃活化的最有利的途径. Knözinger 等应用 EPR 研究钨酸锆上正戊烷活化时, 观察到 W^{5+} 及有机自由基的生成, 为该机理提供了直接证据[123].

$$R\text{—}H + M^{n+} + O^{2-} \longrightarrow \left[\begin{array}{c} C \\ \vdots \\ H \\ \vdots \\ M^{n\pm}\text{-}O^{2-} \end{array} \right]^{\ddagger} \longrightarrow R^{\cdot} + M^{(n-1)+} + OH^- \qquad (17.49)$$

负载的 V_2O_5[124]、MoO_3[125] 和 WO_3[126] 是甲烷氧化制甲醇或甲醛反应重要的催化剂, 而 CrO_x[127] 也可以有效地活化甲烷. 因此, 我们以 M_3O_9(M=Cr, Mo, W) 和

$V_3O_6Cl_3$ 为模型催化剂, 这些模型同样也满足选簇的三个基本原则, 即电中性原则、化学配比原则和配位原则. 我们系统地考察了甲烷在高价过渡氧化物上的活化机理 [128~133], 考虑了 8 种可能的反应途径, 如图 17-28 所示. 计算的反应焓和活化能垒列于表 17-18 中.

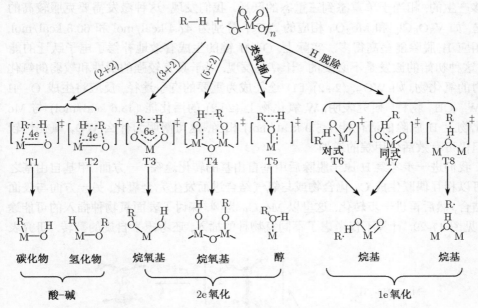

图 17-28 C—H 键在高价过渡金属氧化物上活化的可能途径[128]

表 17-18 甲烷各种可能反应途径的反应焓和活化能垒[130] (873 K, 单位: kcal/mol)

反应途径	活化模式	$V_3O_6Cl_3$		Cr_3O_9		Mo_3O_9		W_3O_9	
		$\Delta H^{\neq}$	ΔH_r	$\Delta H^{\neq}$	ΔH_r	$\Delta H^{\neq}$	ΔH_r	$\Delta H^{\neq}$	ΔH_r
T1	(2+2)	57.0	38.0	—	24.1	50.1	23.0	43.6	13.8
T2	(2+2)	86.5	44.6	82.5	33.7	86.9	30.3	78.9	24.4
T3	(3+2)	—	—	42.8	−14.5	68.6	30.2	83.8	37.5
T4	(5+2)	63.6	18.4	39.7	−21.4	63.2	20.8	80.2	44.7
T5	类氧插入	69.4	16.6	39.2	−24.9	69.4	26.5	87.3	40.9
T6	H 脱除	35.5	35.5	20.1	18.2	45.0	44.7	56.8	56.8
T7	H 脱除	36.8	35.5	24.2	18.2	49.7	44.7	59.6	56.8
T8	H 脱除	42.7	39.1	33.1	26.1	63.6	62.3	79.3	—
实验		39.9	—	—	—	45.2	—	—	—

计算表明, 对于大部分高价金属氧化物, 如 VO_x、CrO_x、MoO_x 等, 其氧化能力较强, 轻烷 C—H 键的初始活化一般遵循端氧 H 脱除机理 (T6), 在 UB3LYP/6-

31G**// UB3LYP/6-31G 级别下, 甲烷在 V₃O₆Cl₃ 和 Mo₃O₉ 上 H 脱除活化焓计算值分别为 35.5 kcal/mol 和 45.0 kcal/mol, 与负载的 VOₓ 和 MoOₓ 上相应的实验值 (39.9 kcal/mol 和 45.2 kcal/mol) 基本相符. 值得注意的是, 早期研究认为, C—H 键是与 O⁻ 作用发生 H 脱除, 而后者是通过 O 上 2p 电子到金属 d 轨道的电荷转移产生的, 相当于单重态到三重态的跃迁. 我们发现, 这种激发需要克服较高的能垒, 如 V₃O₆Cl₃ 和 Mo₃O₉ 相应的 ΔE_{ST} 分别为 47.4 kcal/mol 和 60.3 kcal/mol, 比相应 H 脱除能垒高得多. 实际上, O—H 键的生成有效地补偿了电子跃迁的能垒, 这种初始的激发是不必要的. 计算还发现, 对于具有较强的极性和较弱的氧化能力的氧化物, 如 WOₓ, (2+2)(T1) 途径成为重要的竞争途径, 反应将生成 O—H 和 W—CH₃ 物种. 研究表明, W 氧化物上 (2+2) 的活化能 (43.6 kcal/mol) 与 Mo 氧化物上 H 脱除的活化能 (45.0 kcal/mol) 相当, 这可阐明为什么 WOₓ 氧化性较弱但仍可有效活化甲烷的道理.

　　我们进一步考察 H 原子脱除后甲基自由基的转化途径. 一方面, 甲基自由基之间可以相互偶联生成 C₂ 化合物或与氧气结合进而发生完全氧化; 另一方面与表面氧结合, 然后再进一步转化. 这里以 Mo₃O₉ 为例, 探讨了表面氧物种插入的可能途径, 见图 17-29. 计算不仅考虑了不同氧物种的插入, 还考虑了自旋的翻转. 研究表

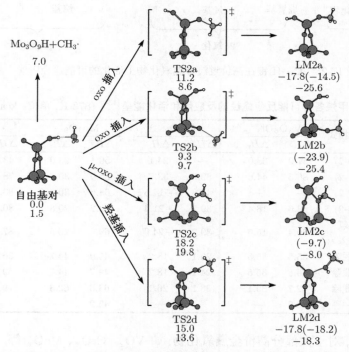

图 17-29　甲基自由基与表面氧物种结合的可能途径[128]

明, 端氧插入在能量上最为有利 (8~11 kcal/mol); 而羟基的插入能量较高. 事实上, 如果甲基可以迅速与表面复合, 且表面有较多的羟基物种时, 部分氧化产物将会以甲醇和甲醛为主, 这也解释了为什么 MPO 反应中要求表面存在大量羟基[134]. 另外, 如果表面晶格氧与金属结合得较牢, 不易同自由基结合, 反应可能将以气相为主, 当氧气分压较低时, 甲基偶联成 C_2 物种成为反应的重要途径, Mn/Na_2WO_4 体系即可归于这种情况.

　　由此可见, 烷烃的初始活化途径一般均遵循 H 脱除机理, 并导致烷基自由基的产生, 而后者可迅速与邻近的一个氧物种复合形成表面烷氧基, 这种氢脱除/氧复合的分步单电子氧化机理不仅在能量上比协同双电子氧化机理, 如 (5+2) 更为有利, 还可较好地解释 EPR 和 IR 实验观测的表观上的矛盾 (图 17-30). Knözinger 等的实验之所以能观测到烷基自由基的生成[123], 一是因为 EPR 具有较高的时间分辨率 ($10^{-5} \sim 10^{-10}$s), 能提供更为瞬态的信息, 另外也可能由于钨酸锆体系酸性较强以及其晶格氧与烷基自由基复合较难, 而且戊基自由基相对较稳定; 而红外光谱仪的时间分辨率一般为 $10^{-1} \sim 10^{-2}$s, 不可能实时检测活泼的烷基, 故只能观测到羟基和烷氧基的谱峰[120].

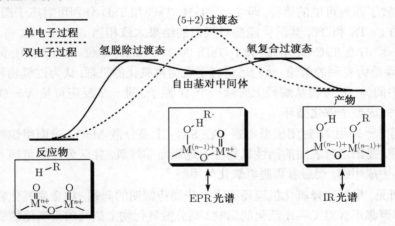

图 17-30　氢脱除/氧复合机理和 (5+2) 机理对比示意[128]

　　我们的理论研究首次证实了 H 脱除是高价过渡金属氧化物上低烷活化的主要途径. 下面简要评述近期相关的理论工作:

　　Irigoyen 等[135]采用半经验的方法 (ASED—MO) 在 $Mo_{30}O_{107}^{34-}$ 的簇上研究了甲烷的活化, 认为在 C—H 键在 "Mo 层"(去除端氧的表面) 上的异裂比在 "氧层"(有端氧的表面) 上均裂有利, 甲烷初始活化的能垒分别为 2.95eV 和 5.0eV. Friend 等[136]采用周期性的密度泛函方法 (ACRES) 考察了 MoO_3(010) 表面 H 和 CH_3 的吸附, 发现 H 在端氧上的吸附最有利, 而 CH_3 则倾向吸附在存在氧原子空位的

Mo 上. 据此, 他们认为甲烷活化应发生在有氧缺位的表面, 支持了 Irigoyen 等的观点. 而 Broclawik 等[137] 应用密度泛函方法考察了一系列钒氧小簇上 C—H 键的活化, 根据热力学分析他们认为 H 和 CH₃ 都是和氧结合.

Zhou 等[138] 考察了 MoO_x/ZSM5 体系中甲烷 C—H 键的活化, 曾在较小的模型上考察了 Mo(V) 氧化物上甲烷的活化, 仅考虑了类似于图 17-28 中 T1 途径, 他们发现不同计算方法, 如局域 (PWC) 和非局域泛函 (BLYP) 所预测的反应能垒差异较大, 分别为 21.7 kcal/mol 和 37.8 kcal/mol. 最近, 他们[139] 采用 12T 的模型来模拟分子筛结构, 并考虑了单 Mo(VI) 和双 Mo(VI) 中心嵌入的情况, 发现双 Mo 中心具有更高的活性, 在 B3LYP/6-31G** 级别下预测的活化能垒为 63.5 kcal/mol, 并认为 Mo(VI) 的反应性能比 Mo(V) 低.

Sauer 等[140] 研究了 CH_4 和 $V_4O_{10}^+$ 的反应. 计算表明, C—H 键活化是无能垒的强放热过程 ($\Delta H_r = -29.2$ kcal/mol). 由此可见, 高价氧化物的阳离子自由基具有很高的活性. 而真实催化剂表面则是电中性的, 它们的反应活性甚至反应途径往往差别很大. Goddard 等则采用中性的 V_4O_{10} 考察了烷烃的选择氧化过程[141], 提出了单 V=O 中心活化、官能团化和再氧化机理 (SS-VAFR). 对于初始 C—H 键活化, 他们比较了四种可能的途径, 即 TsA、TsB、TsC 和 TsD 分别可对应于图 17-28 中的 T2、T1、T8 和 T6, 其活化能垒与我们的结果大致相当 (TsA: 84.6 vs. 86.5; TsB: 50.0 vs. 57.0; TsC: 39.4 vs. 42.7; TsD: 30.2 vs. 35.5, 单位: kcal/mol), 同样得出了 H 脱除最为有利的结论. 他们还研究了表面再氧化的机理, 认为过氧物种是一个重要的中间体, 其可再从烷烃上脱除一个 H 原子, 进一步反应可使 V=O 基团再生, 从而完成整个催化循环.

Bell 等[142] 采用 H 封闭模型考察了在 SiO_2 上高分散 MoO_x 表面甲烷氧化制甲醛的机理, 提出这时表面的活性氧物种为过氧而非端氧, 并认为过氧可插入甲烷 C—H 直接生成甲醇, 而后者再脱氢氧化为甲醛.

由此可见, 甲烷选择氧化机理还存在一些尚待探明的问题, 如金属氧化物的价态、结构和聚集形式对 C—H 活化的影响? 高分散氧化物上氧气的再氧化的机理是什么, 是否和大块固体相同? 反应的选择性控制步骤是什么, 如何实现产物的定向转化? 这些问题仍需要更深入和系统地进行研究.

2. 丙烷选择氧化机理研究

丙烷是天然气、液化石油气、煤层气及炼厂气的重要成分之一. 近年来, 随着全球石油资源的日益减少, 丙烯供应日趋紧张, 丙烷和丙烯的价格差距进一步加大. 因此以丙烷氧化脱氢制丙烯或取代丙烯作为原料生产丙烯醛、丙烯酸和丙烯腈等显示出其重要的经济意义. 不仅如此, 丙烷临氧催化转化还蕴涵着重要的催化原理, 涉及烷烃的脱氢、插氧等一系列定向转换过程.

V 基和 Mo 基氧化物是丙烷氧化脱氢最重要的体系, 其中 V 基催化剂被认为是具有较好的活性, Mo 基氧化物则具有较高的热稳定性. 值得注意的是, 近来报道[143]的 Mo-V-Te-Nb-O$_x$ 复氧化物催化剂 [如 M1 和 (或)M2 物相] 对丙烷选择 (氨) 氧化制取丙烯腈和丙烯酸等反应均具有优良以至于优异的催化性能, 且万惠霖课题组最近报道了 SiO$_2$ 负载的 Mo-V-Te-O$_x$ 对丙烷选择氧化制丙烯醛具有较高的收率[144]. 目前研究的焦点之一在于认识活性相和各活性组分的作用. 一般认为[143], 在 Mo-V-Te 复合氧化物中, V^{5+} 负责丙烷活化, Mo^{6+} 负责 O 或 NH 插入, 而 Te^{4+} 往往被认为是扮演了 Bi-Mo-O$_x$ 中 Bi^{3+} 的角色, 即脱 α-H 从而活化丙烯 (中间体). 为了进一步认识 V、Mo 和 Te 的作用, 进而理解实际催化剂中组分的协同作用和构效关系, 我们采用 B3LYP 方法较为系统地考察了钒基和钼基氧化物上丙烷的活化以及重要的中间体丙烯在 V、Mo 和 Te 上的活化. 除了图 17-28 中所列的 8 种可能的活化模式外, 丙烷和丙烯还存在其他的可能的 C—H 键反应途径, 见图 17-31.

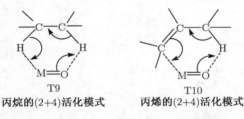

T9
丙烷的(2+4)活化模式

T10
丙烯的(2+4)活化模式

图 17-31 丙烷和丙烯中新的 C—H 键活化模式

对于丙烷氧化 (表 17-19), 无论是 VO$_x$ 还是 MoO$_x$, 最有利的活化途径仍为端氧上的 H 脱除, 且亚甲基 C—H 活化能垒比甲基低 4~5 kcal/mol, 这很好地解释了 Bell 和 Iglesia 等[145]的动力学同位素实验 (KIE), 且理论预测的亚甲基脱氢能垒与 Bell 等的实验值相符得很好. 研究表明, V 氧化物比 Mo 氧化物具有更高的活性, 因此对于 V、Mo 混合的氧化物体系, V^{5+} 负责烷烃活化; 而当催化剂中不含 V 时, Mo^{6+} 也可有效地充当烷烃氧化的活性位.

丙烯是目前生产丙烯醛和丙烯酸的重要原料, 同时也是丙烷选择氧化制含氧产物的重要中间体. 为此, 我们还考察了丙烯在 VO$_x$ 和 MoO$_x$ 上的活化, 结果见表 17-20. 研究表明, 由于 L 酸性的差异, 丙烯在 VO$_x$ 上仍遵循 H 脱除机理, 而在酸性较强的 MO$_x$ 上, (2+4) 模式为 π- 吸附丙烯 α-H 活化的最优方式, 后者的能垒甚至比前者更低, 即 MoO$_x$ 是丙烯吸附并进一步转化的更有效组分.

我们还进一步研究了丙烯在一系列 TeO$_x$ 小簇上的活化和转化, 见图 17-32. 理论研究进一步指出, Te(IV)O$_x$ 和 Te(VI)O$_x$ 均可有效活化丙烯, 丙烯 α-H 的活化通过 (2 + 4) 酸碱途径进行, 单个的 Te(IV)O$_x$ 仅负责脱 α-H, 而两个相邻的 Te(IV)O$_x$ 中心或单个 Te(VI)O$_x$ 中心则同时具有脱 α-H 和插氧的双重功能. 与实际的催化体

表 17-19　丙烷在 VO_x 和 MoO_x 模型上的反应能垒和活化熵[129,132]

TS	活化模式	H 切割的类型	活性位	$V_3O_6Cl_3$		Mo_3O_9	
				$\Delta H^{\neq}$(593K)/ (kcal/mol)	$\Delta S^{\neq}$(593K)/ [cal/(mol·K)]	$\Delta H^{\neq}$(688K)/ (kcal/mol)	$\Delta S^{\neq}$(688K)/ [cal/(mol·K)]
T1a	(2+2)	CH_2	Mo=O	—	—	50.3	-38.0
T1b		CH_3	配对	53.9	-35.5	49.2	-30.2
T2a	(2+2)	CH_2	Mo=O	73.8	-34.1	—	—
T2b		CH_3	配对	64.0	-30.8	72.4	-31.6
T3a	(3+2)	CH_2	di-oxo	—	—	59.3	-34.6
T3b		CH_3		—	—	63.0	-35.4
T4a	(5+2)	CH_2	双重	43.9	-31.0	49.0	-35.1
T4b		CH_3	Mo=O	52.3	-35.9	53.1	-37.2
T5a	Oxenoid 插入	CH_2	端氧			52.0	-29.2
T5b		CH_3				59.5	-30.8
T6a	H 脱除	CH_2	端氧	23.8	-32.5	32.3	-28.6
T6b		CH_3		27.9	-33.1	37.0	-29.4
T7a	H 脱除	CH_2	端氧	25.5	-26.5	39.2	-25.3
T7b		CH_3		29.6	-27.0	43.1	-24.0
T9a	(2+4) Both CH_2 和 CH_3		Mo=O			46.1	-33.9
T9b						46.5	-34.3
T9c			配对			48.3	-37.2
T9d						49.2	-36.5
实验	H 脱除	CH_2	晶格氧	23.7	-29.4	28.0	-28.9

表 17-20　丙烯在 VO_x 和 MoO_x 模型上的反应能垒和活化熵[132]

TS	活化模式	活性位	$V_3O_6Cl_3$		Mo_3O_9	
			$\Delta H^{\neq}$(593K)/ (kcal/mol)	$\Delta S^{\neq}$(593K)/ [cal/(mol·K)]	$\Delta H^{\neq}$(688K)/ (kcal/mol)	$\Delta S^{\neq}$(688K)/ [cal/(mol·K)]
T1	(2+2)	Mo=O	—	—	45.6	-34.6
T2		配对	—	—	66.5	-31.8
T3	(3+2)	di-oxo	—	—	—	—
T4	(5+2)	双重	—	—	42.9	-37.9
T5	Oxenoid 插入	Mo=O oxo	—	—	47.5	-27.4
T6	H 脱除 (anti)	oxo	19.1	-34.7	26.4	-32.0
T7	H 脱除 (syn)	oxo	21.3	-30.8	34.2	-26.1
T10a	(2+4)	Mo=O	32.5	-41.6	19.5	-41.4
T10b		配对	32.4	-42.2	18.8	-42.8
Expt.			12.2	-42.3	14.3	-42.8

系[143,146]对比是有趣的：在 Mo-V-Nb-Te-O$_x$ 的活性相 M1 中，Te^{4+} 位于 6 个钼氧八面体围成的六方孔道中，而且彼此分离，因此这里 Te 起的作用可能仅仅是脱 α-H，生成的烯丙基物种转移到相邻的 Mo^{6+} 上完成 O 或 NH 的插入；而 V-Te-O$_x$/SiO$_2$

体系中可能存在 [Te$_2$O$_5$] 结构单元, 故这时 Te 同时具有脱 α-H 和插氧的双功能.

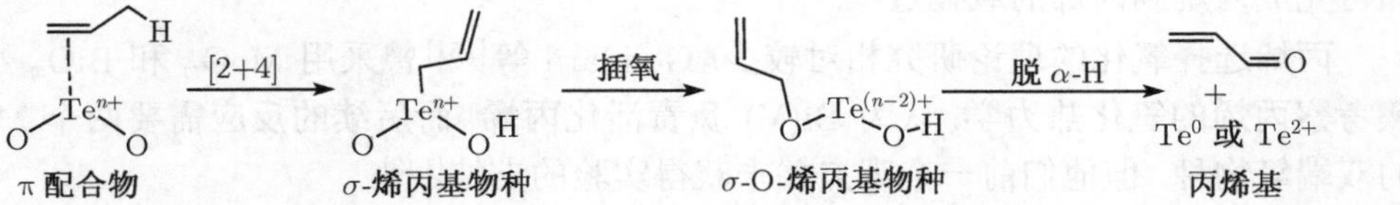

图 17-32　丙烯在 TeO$_x$ 小簇上的活化和转化

类似地, 下面对近期丙烷和丙烯选择氧化的理论工作进行简要的评述.

Bell 等[147]采用 V$_2$O$_9$H$_6$ 氢封闭簇来考察了 V$_2$O$_5$(010) 表面上氧化脱氢过程 (ODH), 发现丙烷可以在端氧上发生化学吸附生成丙醇, 丙醇羟基上的氢原子可转移到相邻氧上并生成表面丙氧基. 在 BPW91 级别下, 生成表面正丙氧基和异丙氧基的表观活化能分别为 14.5 kcal/mol 和 9.4 kcal/mol. 值得注意的是, 他们所选取的簇模型有两个明显的缺陷: ① V$_2$O$_9$H$_6$ 并不符合 V$_2$O$_5$ 的化学计量比, 端氧将带有显著的 O$^-$ 特性, 导致理论预测的活化能比自身的实验值 (23.7 kcal/mol) 低得多; ② 封闭子 H 和 O 的距离取为 1.8 Å, 远远大于 O—H 的标准键长 ($\sim$0.97 Å), 这将导致簇体的电子结构和真实表面有较大的差异.

Curtiss 等采用簇模型和周期性方法研究了 V$_2$O$_5$ 上丙烷 ODH 反应[148]. 计算表明, 在单重态势能面上丙烷的活化能垒较高 (60$\sim$80 kcal/mol), 而在三重态势能面上的能垒将降至 45$\sim$57 kcal/mol, 均比实验上测得的活化能高得多. 他们认为, O$_2$ 在还原表面上的吸附和载体的影响可显著地降低 C—H 键活化能垒. 应该指出的是, 他们的计算并未考虑 H 脱除途径.

范康年等用周期性密度泛函方法研究了 V$_2$O$_5$(001) 上丙烷脱氢过程[149], 考虑了三种可能的 C—H 键均裂过程: ① 单个晶格氧插入; ② 在两个相邻晶格氧上活化; ③ H 脱除. 他们发现, 端氧和桥氧均能有效地活化 C—H 键, 而且 H 脱除和氧插入在能量上均较有利, 是两条可能的竞争途径, 并认为簇模型计算之所以倾向于 H 脱除机理是由于有限的表面模型抑止了长程的电子离域. 注意到, 他们的文章列出了 O 插入过渡态的净自旋密度, 对于端氧插入和桥氧插入分别为 2.08 和 2.04. 由此可见, 他们的计算忽略了单重态和三重态之间的交叉. 事实上, 周期性方法有一个 "特点", 即如果允许自旋极化, 体系的总自旋可以不守恒, 这个功能是一把 "双刃剑": 一方面, 对于金属体系, 电子从价带激发到导带不需要克服任何能垒, 在一定的范围内任何的自旋都是可能的, 自旋极化很好地反应了这一特性; 另一方面, 对于金属氧化物, 一般是半导体 (如 V$_2$O$_5$、MoO$_3$ 等), 或是绝缘体 (如 BaO、MgO 等), 这时电子的跃迁要克服相当的能垒, 故自旋翻转必须要考虑.

最近, Goddard 等[141]和 Sauer 等[150]分别以 V$_4$O$_{10}$ 和 VSi$_7$O$_{13}$H$_7$ 为簇模型, 探讨了丙烷脱氢反应, 同样得出了 C—H 活化是通过 H 脱除机理的结论, 支持了我们的观点, 另一个有意思的发现是, 两个研究组独立的工作均表明只需单个 V＝O 即可完成丙烷到丙烯的氧化过程.

丙烯选择氧化的理论研究相对较少. Goddard 等[151]曾采用 MoO_x 和 BiO_x 小簇考察丙烯的氧化热力学, 认为 Bi(V) 负责活化丙烯, 而后续的反应需要两个 Mo 的双端氧物种. 但他们前一个观点并未获得实验的支持[143].

综上所述, 我们认为, 烷烃选择氧化机理已取得了较大的进展, 尤其是在杂化密度泛函框架 (B3LYP) 下簇模型的应用已取得了相当的成功, H 脱除/O 插入机理能较好地解释大部分的实验事实. 但应该指出的是, 目前的研究基本停留在一些较简单的氧化过程, 如氧化脱氢, 而对于丙烷氧化制丙烯腈和丙烯酸等较复杂但具有重要经济意义的反应的认识还远远不够. 而且, 目前的理论研究大部分集中在单组分氧化物上 (如 VO_x 和 MoO_x), 而真实的催化剂往往是复氧化物 (如 $Mo\text{-}V\text{-}Nb\text{-}Te\text{-}O_x$), 甚至是它们的混合物. 如何理解多种价态的多种金属和非金属氧化物共存时的氧化还原化学, 如何理解催化剂各组分之间的协同作用, 如何理解催化剂的酸碱调变, 如何理解反应中间体定向转化中的动力学控制因素, 这些都需要更为系统和细致的理论研究.

17.4.6　QM/MM 方法

量子力学方法的计算耗时随体系的增大而迅速增加, 其时间标度一般在 $N^3 \sim N^7$, 现有的计算条件仅能处理 100 个左右的非氢原子. 而实际的催化体系往往复杂得多, 如 ZSM-5 分子筛的一个单胞就包含 288 个原子, 完全采用量子力学方法对其进行模拟是不现实的. 而纯属经验性质的分子力学方法采用弹簧力加 van der Waals 力来描述体系, 其参数通过拟合得到, 计算速度较快, 可以方便地处理含 10^4 个原子以上的复杂体系, 并可提供一些有关分子构象的信息. 但该方法有一个根本的缺陷, 即不能像量子力学方法那样有效地描述化学键的形成和断裂过程. 一个巧妙的处理方法就是将量子力学从头算方法与分子力学方法有机地结合起来, 对于体系中涉及化学键变化的部分使用量子力学来描述, 而对于体系中较次要的、不直接涉及化学键变化的部分使用分子力学方法来描述, 即量子力学/分子力学 (QM/MM) 组合方法. QM/MM 方法实际上是簇模型方法的发展, 一方面, 离子晶体的嵌入簇模型也采用了类似的组合方案, 即用量子力学计算簇体, 而用点电荷和 (或) 模型势来模拟 Madelung 势, 因此在簇模型中建立的概念和方法同样可以有效地应用于 QM/MM 方法中. 另外, 应用 QM/MM 方法可以将各种簇模型方法统一起来, 选择合适的分子力学方法, 可以使之兼顾短程/长程和共价/离子作用. QM/MM 方法的原理简述如下[152]:

首先将体系划分为 QM 和 MM 两个区域. 前者由那些直接参与化学键形成或断裂的原子构成, 采用了量子力学从头算的方法来描述, 而后者由活性中心之外的

其他原子构成, 采用了分子力学方法来描述. 整个体系的有效混合哈密顿算符可表示为

$$\hat{H}_{\text{eff}} = \hat{H}_{\text{QM}}(\text{QM}) + \hat{H}_{\text{MM}}(\text{MM}) + \hat{H}_{\text{QM/MM}}(\text{QM}/\text{MM}) \qquad (17.50)$$

式中: $\hat{H}_{\text{QM}}(\text{QM})$ 为 QM 区的哈密顿算符, 可以用标准的量子力学形式表示; $\hat{H}_{\text{MM}}(\text{MM})$ 为 MM 区哈密顿算符, 仅与原子坐标有关, 包括键的伸缩 E_{bond}、键弯曲 E_{angle}、键扭曲 E_{dihedral} 以及非键相互作用, 如静电作用和 Lennard-Jones 相互作用等项[153].

$$\hat{H}_{\text{MM}}(\text{MM}) = E_{\text{bond}} + E_{\text{angle}} + E_{\text{dihedral}} + E_{\text{Lennard-Jones}} + E_{\text{Clulomb}}$$

$$= \sum_i K_b(b_i - b_0)^2 + \sum_i K_\theta(\theta_i - \theta_0)^2 + \sum_i K\phi \cos[n(\phi_i - \phi_0)]$$

$$+ \sum_{i>j} \frac{Q_i Q_j}{r_{ij}} + \sum_{i>j} \varepsilon_{ij} \left[\left(\frac{r_{ij}^0}{r_{ij}} \right)^{12} - 2 \left(\frac{r_{ij}^0}{r_{ij}} \right)^6 \right] \qquad (17.51)$$

$\hat{H}_{\text{QM/MM}}(\text{QM/MM})$ 为 QM 区与 MM 区之间相互作用的哈密顿算符, 构成了 QM/MM 方法的核心, 但它依赖于 QM 和 MM 的形式. 这时主要分两种情况: 一是弱耦合体系, 即 QM 区域与 MM 区域之间没有共价相连, 如溶液体系; 二是强耦合体系, 即 QM 区域与 MM 区域之间存在键连, 分子筛体系, 共价性的氧化物都可归于这种情况. 对于后者, 不能将 QM 区域与 MM 区域之间的化学键简单地切断, 而应采用类似于氢封闭方法对 QM 与 MM 边界原子加以饱和. 目前主要有两类的方案: 一是使用氢原子来饱和 QM 末端原子, 也就是由 Singh、Field 等发展的连接原子法 (linked atom method)[154], 以及在此基础上由 Morokuma 等发展的 IMOMM 方法和 ONIOM 方法[155]. 这些方法简明易行, 而且已经程序化, 但应该指出的是, 简单地采用 H 原子来饱和不仅使内层 QM 区的电子云分布与真实情况有较大的差异, 而且也不能反映 QM 和 MM 间的电荷转移情况. 一种替代的方案是使用有效原子对 QM 末端原子进行封闭, 这和氢封闭模型中选取赝原子充当封闭子很类似. 有效原子应带有一定的电子、核电荷以及有效电势场. 前两者是为了保持外层电子云球对称以及确保总电荷平衡, 而有效电势场的作用则在于调节 QM 区域与 MM 区域之间的电荷转移. 目前主要有两种方法可以实现: 一是固定轨道法 (frozen orbital method), 即在有效原子上人为地添加一些系数一定的已经填充好电子的原子轨道, 这种方法比较有代表性的是 Rivail 等提出的 LSCF 方法[156], 以及 Gao 等发展的广义杂化轨道理论 (GHO)[157]; 二是有效核势场法, 即人为地添加一些描述电势场的函数在有效原子的核上, 通过调节函数的性质和参数可以很好地模拟再现 QM 区域与 MM 区域之间的电荷转移, 比较有代表性就是 Yang 等[158]提出的 pseudobond 法.

17.4.7　QM/MM 方法在催化应用的实例

经过 30 年的发展, QM/MM 方法已经从理论探讨逐渐走上实践应用. 例如, Morokuma 等提出的 ONIOM 方法已经嵌入了 Gaussian 系列软件包 [57], 而欧洲 QUASI[159,160] (工业量子仿真) 计划也提出 "继续发展高计算水平的 QM/MM(量子力学/分子力学) 联用技术, 并将这一技术应用到工业催化领域", 并开发了将通用的计算化学程序以不同的方式联系起来的脚本系统 Chemshell.

French 等 [161] 采用 QM/MM 方法研究了 ZnO(000$\bar{1}$)-O 极性面存在氧缺陷时 CO_2 加氢合成甲醇的机理. 他们选取了 Zn_6O_6 簇作为 QM 区域 (图 17-33), 基组为重新对 ZnO 优化过的 TZV2P, 而对吸附物的基组则采用标准的 6−311+G(2d,2p), 计算采用 GAMESS-UK 程序包中 [162] 的 B97-1 泛函. MM 区域则包含了近 3000 个原子和 250 个终止点电荷, 原子间相互作用采用对势来描述, 这部分计算采用了 GULP 程序 [163]. 为了模拟 QM 和 MM 间的短程作用, 他们在 QM 区域相邻的阳离子上放置了定域的模型势, 而对阴离子上则用点电荷和经典的对势, 而在其他区域采用点电荷阵列来模拟长程的 Madelung 势.

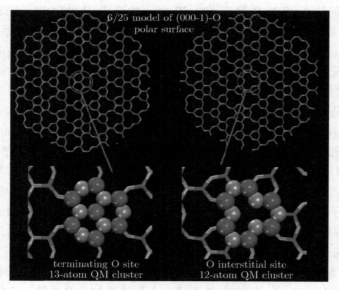

图 17-33　QM 区 (Zn_6O_6) 的选取[161]

研究表明, 在中性的氧缺陷位上, CO_2 仍保持直线式的吸附. 当体系中添加一个电子后, 类似于形成一个 e 心 (类似于碱土氧化物中的 F^+ 心), 这时 CO_2 易于得一个电子, 并在表面上形成较稳定的 CO_2^- 吸附物种. CO_2^- 进一步加氢将形成表面的物种 (HCO_2^-), 而甲酸盐进一步加氢有两种可能的路径, 即可能生成二氧亚甲

基 ($H_2CO_2^-$), 也可能生成甲酸 (HCOOH$^-$). 值得注意的是, 这两种中间体在实验上均未观测到, 理论计算也表明, 二者的相对能量均较高, 很容易加氢生成较稳定的 H_2COOH^-. 后者再进一步加氢生成甲醇和水, 反应活性中心 e 心也同时再生, 完成了整个催化循环, 见图 17-34.

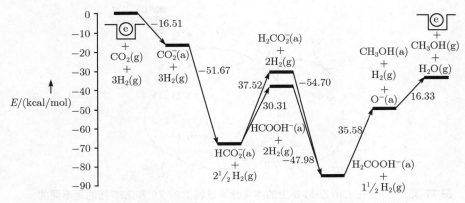

图 17-34　ZnO($000\bar{1}$) 氧缺陷上 CO_2 加氢合成甲醇的势能曲线[161]

另一个有趣的例子是 Norsk Hydro 公司和 Daresbury 实验室合作研究 Cu/ZSM-5 催化 N_2O 分解的机理. N_2O 是 Norsk Hydro 公司生产硝酸的副产物. 近年来研究表明, N_2O 具有热辐射性质, 与 CO_2 同属温室效应气体且会造成臭氧层的破坏. 而目前采用分子筛催化分解 N_2O 的反应速率仍然很低, 远未达到工业应用的要求, 这就需要从微观层次上去认识和理解催化反应机理, 从而指导新型催化材料的设计.

Daresbury 实验室的 Sherwood 等[159] 选取 5T 或更多的硅 (铝) 氧四面体作为 QM 区域, 而用周围的 1000 多个原子作为 MM 区域来模拟环境, 并采用 Hill 和 Sauer 等提出的价键力场和电荷转移校正来描述 QM 和 MM 间相互作用. 为了验证 QM/MM 方法的正确性, 他们还采用 VASP 程序中的周期性方法对比考察了菱沸石的结构. 由表 17-21 可见, 嵌入簇可以得到与周期性方法相似的结构. 进一步研究发

表 17-21　气相 T5、嵌入 T5 和周期性方法的菱沸石结构对比[159]

几何结构	T_5^0	ZT_5^M	ZT_5^E	能带计算
Cu—O/Å	1.97	1.95	1.97	2.05
	1.97	1.99	2.01	2.05
Cu—Al/Å	2.62	2.65	2.67	2.78
Al—O/Å	1.86	1.81	1.81	1.79
	1.86	1.84	1.82	1.80
O—Al—O/(°)	96	95	95	95
Si—O/Å	1.69	1.68	1.70	1.63
	1.69	1.69	1.72	1.63

注: T_5^0— 气相簇; ZT_5^M— 分子力学嵌入; ZT_5^E— 静电嵌入; 能带计算 —VASP 计算.

现, QM/MM 方法还可以较好地描述杂原子在分子筛中的位置以及小分子的吸附情况. 据此, 他们应用 QM/MM 方法考察了 N_2O 在 Cu/ZSM-5 上的吸附. 对于 N_2O 的吸附, QM/MM 的计算显示 N_2O 倾斜式吸附在 Cu 上, 这与基于小簇 $(Cu(Al(OH)_4))$ 的结果明显不同. 他们研究了 N_2O 催化分解过程, 如图 17-35 所示.

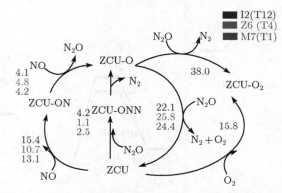

图 17-35　N_2O 在 Cu/ZSM-5 上的催化分解过程 (I2、Z6 和 M7 指的是不同的 Cu 取代位)[159]

　　计算表明, ZCuO 是 N_2O 分解的一个重要的中间体, 而 O_2 会与 ZCu 作用生成稳定的 ZCu-O_2 物种, 从而抑止了 N_2O 的分解, 支持了实验上的观测.

　　最近, Yoshizawa 等[164,165]应用 QM/MM 方法和 QM 方法对比研究了苯在 Fe-ZSM5 上的羟基化机理. 其中, QM/MM 计算采用了两层的 ONIOM(B3LYP:UFF) 模型, 整个 ZSM5 的模型包含了 683 个 SiO_2 结构单元 (2084 个原子), 而内层则由 Fe—O 基团和 3T 的基底构成, 见图 17-36. 他们认为, 整个催化过程可分为四步:

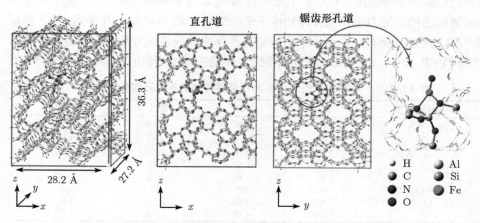

图 17-36　ZSM5 模型. Fe—O 位于阳离子交换位[164]

① H 原子脱除; ② 氧原子插入; ③ 苯基转移; ④ 苯酚生成. 计算考虑了不同自旋态的势能面, 研究表明四重态在 C—H 键活化和 C—O 键生成中起重要作用, 而六重态和苯酚的释放密切相关. QM/MM 计算显示分子筛的限域效应可以加速苯的活化以及苯酚的生成, 见表 17-22.

表 17-22 QM/MM 和 QM 方法预测的苯 (E_1) 和苯酚 (E_2) 的结合能, 以及各步反应的相对能垒 (单位: kcal/mol)

模型	E_1	E_2	ΔE_1	ΔE_2	ΔE_3	ΔE_4
QM/MM[164]	13.2	16.1	14.9	25.9	0.5	46.8
QM[165]	12.2	23.8	17.4	27.8	7.0	33.6

17.5 结语和展望

目前, 表面科学实验技术的发展已深入到原子、分子水平, 积累了丰富的实验数据; 而量子力学以原子、分子为研究对象, 因而成为表面科学的重要理论基础. 理论方法与实验技术相辅相成、相得益彰. 理论方法的发展将有力地推动表面科学以及催化、材料科学等重大科学技术向推理化、定量化、微观化的方向发展, 因而备受人们重视. 簇–表面类比法是最重要的量子表面理论之一, 被人们广泛地采用. 其最大的优越性在于任何运用于分子体系的量子化学方法都可以运用于表面簇模型, 而且借助簇模型有助于认识均、多相和酶催化反应内在的一致性.

我们认为, 今后理论催化的发展目标为重视新理论手段和新数值方法的发展, 关联均相、多相和酶催化过程, 从对催化反应的认识和理解上升到催化剂的理性设计. 下面拟列出几个可能的发展方向:

(1) 发展高效、可靠的计算方法, 准确描述催化过程的热力学和动力学. 一方面, 要发展密度泛函 (DFT) 方法, 提高计算精度 (~ 1.0 kcal/mol), 用以描述较复杂的体系 (> 100 个原子) 反应过程, 另一方面要发展高精度的从头算方法, 如 CCSD(T)、MRCI 等, 用以描述中等大小的体系, 并可系统检校 DFT 方法的可靠性. 此外还应注重开发适用于过渡金属的分子力场, 改进 QM/MM 组合式的方法, 发展线性标度算法以及改进过渡态搜索方案.

(2) 借助以量子化学为主的理论工具, 更为精确和方便地模拟和分析各种谱学手段 (如 FTIR、Raman、STM、NMR 等) 所得到的化学图像, 将理论、模拟和实验有机地结合起来. 注重量子化学、化学统计力学和分子动态学等方法的结合, 使微观化学图像能够跨越时间和空间的尺度与宏观的催化性能 "无缝地" 衔接起来.

(3) 在原子、分子水平认识催化剂结构和催化作用机理, 理解均、多相和酶催化反应过程的共性和差异, 比较和关联不同催化体系中特定化学键活化的模式以及选择性的控制因素, 为高性能催化剂的设计和研制提供科学依据. 整合产、研、学等多方面资源, 建立紧密合作的催化研究团队, 将理论模拟应用于催化的各个领域, 分析解决各个层面的问题.

可以预计, 随着理论模型的不断完善, 计算机技术的不断发展, 计算化学在催化领域将发挥更大的作用.

致谢　感谢本组研究生李宏平、吕乃霞、陈浙宁和张颖等同学的协助. 感谢国家自然科学基金 (项目编号: 20525311, 20533030) 的资助.

参 考 文 献

[1]　美国国家研究委员会, 化学科学与技术部, 催化科学与技术新方向专家组. 催化展望. 熊国兴, 陈德安译, 蔡启瑞, 郭燮贤审校. 北京: 北京大学出版社, 1993

[2]　a. Sauer J. Chem. Rev., 1989, 89: 199~255; b. Sauer J, Ugliengo P, Garrone E et al. Chem. Rev., 1994, 94: 2095~2160

[3]　a. Hammer B, Nørskov J K. Adv. Catal., 2000, 45: 71~129, b. Greeley J, Nørskov J K, Mavrikakis M. Ann. Rev. Phys. Chem., 2002, 53: 319~348

[4]　Nascimento M A C. Theoretical aspects of heterogeneous catalysis. Amsterdam: Kluwer Academic Publishers, 2001

[5]　Westmoreland P R et al. WTEC Panel Report on "Applications of molecular and materials modeling, 2002

[6]　Jacoby M. C&EN, 2004, 82:25

[7]　Freeman A J, Fu C L, Wiminer E. J. Vac. Sci. Technol. A, 1986, 4: 1265~1270

[8]　Lundqvist B I. Chem. Scripta., 1986, 26: 423~432

[9]　Pisani C, Dovesi R, Roetti C. Hartree-Fock ab-initio Treatment of Crystalline Systems. Lecture Notes in Chemistry. Heidelberg: Springer Verlag, 1988. 48

[10]　Muetterties E L, Rhodin T N, Band E et al. Chem. Rev., 1979, 79: 91~137

[11]　吕鑫. 簇–表面类比: 金属氧化物簇模型探讨 [博士论文]. 厦门大学, 1996

[12]　徐昕, 吕鑫, 王南钦等. 簇–表面类比: 金属表面化学吸附与反应. 厦门大学南强丛书第四辑: 固体表面物理化学若干研究前沿之第五章. 万惠霖主编. 厦门: 厦门大学出版社, 2006

[13]　Darling J H, Ogden J S. Inorg. Chem., 1972, 11: 666~667

[14]　Veillard A. Quantum Chemistry, The challenge of Transition Metals and Coordination Chemistry. Dordcrecht: D. Reidel Publishing Company, Holland, 1986, 445

[15]　a. Panas I, Schüle J, Siegbahn P E M et al. Chem. Phys. Letter., 1988, 149: 265~272; b. Siegbahn P E M, Pettersson L G M, Wahlgren U. J. Chem. Phys., 1991, 94: 4024~4030; c. Siegbahn P E M, Wahlgren U. Int. J. Quant. Chem., 1992, 42: 1149~1169

[16]　Siegbahn P E M, Panas I. Surf. Sci., 1990, 240: 37~49

[17]　Triguero L, Pettersson L G M, Minaev B et al. J. Chem. Phys., 1998, 108: 1193~1205

[18]　Jenks C J, Xi M, Yang M X et al. J. Phys. Chem., 1994, 98: 2152~2157

[19]　McAdon M H, Goddard W A III. Phys. Rev. Letters., 1985, 55: 2563~2566

[20]　Kua J, Goddard W A III. J. Phys. Chem.,1998, 102: 9481~9491

[21]　Kua J, Faglioni G, Goddard W A III. J. Am. Chem. Soc., 2000, 122: 2309~2321

[22]　Kua J, Faglioni G, Goddard W A III. J. Am. Chem. Soc., 1999, 121: 10928~10941

[23] Leschik G, Courths R, Wern H et al. Sol. State. Commun., 1984, 52: 221~225

[24] Davenport J W, Watson R E, Weinert M. Phys. Rev B, 1985, 32: 4883~4891

[25] Xu X, Wang N Q, Zhang Q E. Bull. Chem. Soc. Jpn., 1996, 69: 529~534

[26] Xu X, Wang N Q, Zhang Q E. Surf. Sci., 1992, 274: 378~385

[27] a. Nakatsuji H. Prog. Surf. Sci., 1997, 54: 1~68; b. Nakatsuji H. J. Chem. Phys., 1987, 87: 4995~5001; c. Nakatsuji H, Nakai H, Fukunishi Y. J. Chem. Phys., 1991, 95: 640~647

[28] Hu Z M, Takahashi K, Nakatsuji H. Surf. Sci., 1999, 442: 90~106

[29] Nakatsuji H, Matsumune N, Kuramoto K. J. Chem. Theory Comput., 2005, 1: 239~247

[30] Aizawa H, Morikawa Y, Tsuneyuki S et al. Surf. Sci., 2002, 514: 394~403

[31] a. Moon D W, Bernasek S L, Lu J P et al. Surf. Sci., 1987, 184: 90~108; b. Saiki R S, Herman G S, Yamada M et al. Phys. Rev. Lett., 1989, 63: 283~286

[32] Mehandru S P, Alfred B A. Surf. Sci., 1988, 201: 345~360

[33] Pavao A C, Berga M, Taft C A et al. Phys. Rev. B, 1991, 44: 1910~1913

[34] Nayak S K, Nooijen M, Bernasek S L. J. Phys. Chem. B, 2001, 105: 164~172

[35] a. Belosludov R V, Sakahara S, Yajima K et al. Appl. Surf. Sci., 2002, 189: 245~252; b. Sorescu D C, Thompson D L, Hurley M M et al. Phys. Rev. B, 2002, 66: 035416(1~13)

[36] Bromfield T C, Ferré D C, Niemantsverdriet J W. ChemPhysChem, 2005, 6: 254~260

[37] Morikawa Y, Mortensen J J, Hammer B et al. Surf. Sci., 1997, 386: 67~72

[38] Hammer B, Morikawa Y, Nørskov J K. Phys. Rev. Lett., 1996, 76: 2141~2144

[39] Curulla D, Clotet A, Ricart J M. J. Phys. Chem. B, 1999, 103: 5246~5255

[40] Gil A, Clotet A, Ricart J M et al. Surf. Sci., 2003, 530: 71~86

[41] Olsen R A, Philipsen P H T, Baerends E J. J. Chem. Phys., 2003, 119: 4522~4528

[42] Hu Q M, Reuter K, Scheffler M. Phys. Rev. Lett., 2007, 98: 176103

[43] Ogletree D F, Van Hov M A, Somorjai G A. Surf. Sci., 1986, 173: 351~365

[44] Blackman G S, Xu M L, Ogletree D F et al. Phys. Rev. Lett., 1988, 61: 2352~2355

[45] Hopster H, Ibach H. Surf. Sci., 1978, 77: 109~117

[46] Steininger H, Lehwald S, Ibach H. Surf. Sci., 1982, 123: 264~282

[47] Schweizer E, Persson B N J, Tushaus M et al. Surf. Sci., 1989, 213: 49~89

[48] Bocquet M L, Sautet P. Surf. Sci., 1996, 360: 128~136

[49] Yeo Y Y, Vattuone L, King D A. J. Chem. Phys., 1997, 106: 1990~1996

[50] Feibelman P J, Hammer B, Nørskov J K et al. J. Phys. Chem. B, 2001, 105: 4018~4025

[51] Xu X, Nakatsuji H, Lu X et al. Theor. Chem. Acc., 1999, 102: 170~179

[52] Lu X, Xu X, Wang N Q et al. Int. J. Quantum Chem., 1999, 73: 377~386

[53] Lu X, Xu X, Wang N Q et al. Chem. Phys. Lett, 1998, 291: 445~452

[54] Lu X, Xu X, Wang N Q et al. J. Chin. Univ., 1998, 19: 783~788(in Chinese)

[55] Pacchioni G, Cogliandro G, Bagus P S. Int. J. Quantum Chem., 1992, 42: 1115~1139

[56] Lu X, Xu X, Wang N Q et al. Chem. Phys. Lett., 1995, 235: 541

[57] Frisch M J, Trucks G W, Schlegel H B et al. Gaussian 94 Revision D2 Pittsburgh PA: Gaussian Inc, 1995

[58] Xu X, Nakatsuji H, Ehara M et al. Science in China., 1998, B41: 113~121

[59] Xu X, Nakatsuji H, Ehara M et al. Chem. Phys. Lett, 1998, 292: 282~288

[60] Pacchioni G, Minerva T. Surf. Sci., 1992, 275: 450~458

[61] Nygren M A, Pettersson L G, Barandiaran M Z et al. J. Chem. Phys., 1994, 100: 2010~2018

[62] Dupuis M, Farazdel A, King H F et al. Hondo 8 from MOTECC-91. IBM Corporation, Center for Scientific & Engineering Computations, NY 12401 USA

[63] Lu X, Xu X, Wang N Q et al. J. Phys. Chem., 2000, B104: 10024~10031

[64] Lu X, Xu X, Wang N Q et al. J. Phys. Chem., 1999, B103: 2689~2695

[65] Lu X, Xu X, Wang N Q et al. J. Phys. Chem. B., 1999, 103: 3373~3379

[66] Lu X, Xu X, Wang N Q et al. Chem. Phys. Letters., 1999, 300: 109~117

[67] Lu X, Xu X, Wang N Q et al. J. Phys. Chem. B, 1999, 103: 5657~5664

[68] Lu X, Xu X, Wang N Q et al. Chin. Chem. Letters., 1998, 9: 583

[69] Lu X, Xu X, Wang N Q et al. Chem. Res. Chin Univ., 1998, 14(2): 215

[70] Lu X, Xu X, Wang N Q et al. Acta Physico-Chimica Sinica, 1997, 13: 1005(in Chinese)

[71] Lai J F, Lu X, Zheng L S. PhysChemComm, 2002, 5: 82~87

[72] Li J Q, Xu Y J, Zhang Y F. Solid State Comm., 2003, 126: 107~112

[73] Xu Y J, Li J Q, Zhang Y F et al. Surf. Sci., 2002, 525: 13~23

[74] Xu Y J, Li J Q, Zhang Y F. Surf. Rev. Lett., 2003, 10: 691~695

[75] Winter E R S. J. Catal., 1974, 34: 440~444

[76] Acke F, Panas I, Stromberg D. J. Phys. Chem B, 1997, 101: 6484~6490

[77] Lunsford J K. J. Chem. Phys., 1967, 46: 4347~4351

[78] Zhang G, Tanaka T, Yamaguchi T et al. J. Phys. Chem., 1990, 94: 506~508

[79] Platero E E, Spoto G, Zecchina A. J. Chem. Soc. Faraday Trans (I)., 1985, 81: 1283~1294

[80] Laane J, Ohlsen J R. Prog. Inorg. Chem., 1980, 27: 465~513

[81] a. Schneider W F, Hass K C, Miletic M et al. J. Phys. Chem. B, 2002, 106: 7405~7413; b. Schneider W F. J. Phys. Chem. B, 2004, 108: 273~282

[82] a. Broqvist P, Panas I, Fridellm E et al. J. Phys. Chem. B, 2002, 106: 137~145; b. Broqvist P, Grönbeck H, Fridell E. J. Phys. Chem. B, 2004, 108: 3523~3530; c. Broqvist P, Grönbeck H, Fridell E. Catal. Today, 2004, 96: 71~78

[83] Branda M M, Valentin C D, Pacchioni G. J. Phys. Chem. B, 2004, 108: 4752~4758

[84] Winter E R S. J. Catal., 1970, 19: 32~40

[85] Ward M B, Lin M J, Lunsford J H. J. Catal., 1977, 50: 306~318

[86] Ito T, Wang J X, Lin C H et al. J. Am. Chem. Soc., 1985, 107: 5062~5068

[87] Nakamura M, Mitsuhashi H, Takezawa N. J. Catal., 1992, 138: 686~693

[88] Yamamoto H, Chu H Y, Xu M et al. J. Catal., 1993, 142: 325~336

[89] Karlsen E J, Nygren M A, Pettersson L G M. J. Phys. Chem. A, 2002, 106: 7868~7875

[90] Hutchings G J, Scurrel M S, Woodhouse J R. Chem. Soc. Rev., 1989, 18: 251~283

[91] Ito T, Wang J X, Lin C H et al. J. Am. Chem. Soc., 1985, 107: 5062~5068

[92] Lunsford J H, Yang X, Haller K et al. J. Phys. Chem., 1993, 97: 13810~13813

[93] Yamashita H, Machida Y, Tomita A. Appl. Catal. A: Gen, 1991, 79: 203~214

[94] Mestl G, Knözinger H, Lunsford J H. Ber. Bunsen-Ges. Phys. Chem., 1993, 97: 319~321

[95] Liu Y D, Lin G D, Zhang H B et al. In: Natural Gas Conversion II. Gurry-Hyde H E, Howeeds R F eds. Amsterdam: Elsevier, 1994, 131

[96] Liu Y D, Zhang H B, Lin G D et al. J. Chem. Soc. Chem. Commun., 1994, 16: 1871~1872

[97] a. Shvets V A, Vrotyntsev V M, Kazansky V B. Kinet. Katal., 1969, 10: 356~363; b. Kazansky V B. Kinet. Katal., 1977, 18: 43~54

[98] Zhang H B, Lin G D, Wan H L et al. Catal. Lett., 2001, 73: 141~147

[99]   Tsai K R, Chen D A, Wan H L et al. Catal. Today, 1999, 51: 3~23

[100] Weng W Z, Wan H L, Li J M et al. Angew. Chem. Int. Ed., 2004, 42: 975~977

[101] Nygren M A, Pettersson L G M, Barandiaran Z et al. J. Chem. Phys., 1994, 100: 2010~2018

[102] Polmer M S, Neurock M, Olken M M. J. Am. Chem. Soc., 2002, 124: 8452~8461

[103] Palmer M S, Neurock M, Olken M M. J. Phys. Chem. B, 2002, 106: 6543~6547

[104] Lu N X, Fu G, Xu X et al. Mechanisms for O_2 Dissociation over BaO Surfaces. China-Japan Symposium on Selective Oxidation Catalysis, Xiamen, 2007, 25

[105] Nygren M A, Pettersson L G M, Barandiaran Z et al. J. Chem. Phys., 1994, 100: 2010~2018

[106] Pacchioni G, Ricart J M, Illas F. J. Am. Chem. Soc., 1994, 116: 10152~10158

[107] Sun Q, Rao B K, Jena P et al. J. Chem. Phys., 2004, 121: 9417~9422

[108] Chen K, Bell A T, Iglesia E. J. Phys. Chem. B, 2000, 104: 1292~1299

[109] Yang W, Wang X, Guo Q et al. New J. Chem., 2003, 27: 1301~1303

[110] Hill C L, Prosser-McCartha C M. Chem.Rev., 1995, 143: 407~455

[111] Schroder D, Schwarz H H. Angew. Chem., Int. Ed. Engl., 1995, 34: 1973~1995

[112] a. Shilov A E, Shul'pin G B. Dordrecht: Kluwer Academic, 2000; b. Olah G A, Molnar A. Hydrocarbon Chemistry. 2nd ed. Hoboken: John Wiley & Sons Inc, New Jersey, 2003; c. Shilov A E, Shteinman A A. Acc. Chem. Res., 1999, 32: 763~771; d. Shilov A E, Shul'pin G B. Chem. Rev., 1997, 97: 2879~2932; e. Fokin A A, Schreiner P R, Chem. Rev., 2002, 102: 1551; f. Grzybowska-Swierkosz B. Annu. Rep. Prog. Chem. Sec. C, 2000, 96: 297

[113] van Hook J P. Catal. Rev. Sci. Eng., 1981, 21(1): 1~51

[114] a. Lunsford J H. Angew. Chem. Int. Ed. Engl., 1995, 34: 970~980; b. Pak S, Qiu P, Lunsford J H. J. Catal., 1998, 179: 222~230

[115] Xu Y, Lin L. Appl. Catal., 1999, A188: 53~67

[116] Otsuka K, Wang Y. Appl. Catal., 2001, 222: 145

[117] Xu X, Faglioni F, Goddard W A. J. Phys. Chem. A, 2002, 106: 7171~7176

[118] Grzybowska-Śierkosz B. Annu. Rep. Prog. Chem. Sec. C, 2000, 96: 297~334

[119] Moro-oka Y. Appl. Catal. A: Gen., 1999, 181: 323~329

[120] Haber J. Stud. Surf. Sci. Catal., 1997, 110: 1~17

[121] Busca G, Finocchio E, Lorenzelli V et al. Catal. Today., 1999, 49: 453~465

[122] Sinev, M Y. J. Catal., 2003, 216: 468~476

[123] Kuba S, Heydorn P C, Grasselli R K et al. PCCP., 2001, 3: 146~154

[124] Parmaliana A, Frusteri F, Mezzapica A et al. J. Chem. Soc., Chem. Commun.,1993, 751

[125] Zhang X, He D H, Zhang Q J et al. Appl. Catal., 2003, 249: 107~117

[126] Erdöhelyi A, Németh R, Hancz A et al. Appl. Catal., 2001, 211: 109

[127] McCormick R L., Alptekin G O, Herring A M et al. J. Catal., 1997, 172: 160

[128] Fu G, Xu X, Lu X et al. J. Am. Chem. Soc., 2005, 127: 3989~3996

[129] Fu G, Xu X, Lu X et al. J. Phys. Chem. B, 2005, 109: 6416~6421

[130] Fu G, Xu X, Wan H. Mechanism of methane oxidation by transition metal oxides: A cluster model study. Japan: The 5th World Congress on Oxidation Catalysis, 2005

[131] Fu G, Xu X, Wan H, Catal. Today, 2006, 117: 133~137

[132] Fu G, Yuan R, Xu X. DFT study for mechanisms of (am)oxidation of propane: understanding the roles of V, Mo and Te. Singapore: 4th Asia Pacific Congress on Catalysis, 2006

[133] Fu G, Yi X, Huang C et al. Surf. Rev. Letters, 2007, 14: 645~656

[134]　Otsuka K, Wang Y. Appl. Catal., 2001, 222: 145

[135]　Irigoyen B, Castellani N, Juan A. J. Mol. Catal., 1998, 129: 297~310

[136]　Chem M, Friend C M, Kaxiras E. J. Am. Soc. Chem., 2001, 123: 2224~2230

[137]　Broclawik E, Haber J, Piskorz W. Chem. Phys. Lett., 2001, 333: 332~336

[138]　Zhou D, Ma D, Wang Y et al. Chem. Phys. Lett., 2003, 373: 46~51

[139]　Zhou D, Zhang Y, Zhu H et al. J. Phys. Chem. C, 2007, 111: 2081~2091

[140]　Sauer J, Schwarz H, Angew. Chem. Int. Ed., 2006, 45: 4681~4685

[141]　Cheng M J, Chenoweth K, Oxgaard J et al. J. Phys. Chem. C, 2007, 111: 5115~5127

[142]　Chempath S, Bell A T. J. Catal., 2007, 247: 119~126

[143]　Grasselli R K, Burrington J D , Buttrey D J et al. Top. Catal., 2003, 23: 5~22

[144]　Huang C J, Guo W, Jin Y X et al. Acta. Chim. Sin., 2004, 62: 1701~1705

[145]　Chen K D, Bell A T, Iglesia E. J. Phys. Chem. B, 2000, 104: 1292~1299

[146]　Huang C J, Jing Y X, Ying F et al. Chem. Lett., 2006, 35: 606~607

[147]　Gilardoni F, Bell A T, Chakraborty A et al. J. Phys. Chem. B, 2000, 104: 12250~12255

[148]　Redfern P C, Zapol P, Sternberg M et al. J. Phys. Chem. B, 2006, 110: 8363~8371

[149]　Fu H, Liu Z, Wang W et al. J. Am. Chem. Soc., 2006, 129: 11114~11123

[150]　Rozanska X, Fortrie R, Sauer J. J. Phys. Chem. C, 2007, 111: 6041~6050

[151]　a. Jang Y H, Goddard W A. Top. Catal., 2001, 15: 273~289; b. Jang Y H, Goddard W A. J. Phys. Chem. B, 2002, 106: 5997~6013

[152]　Wei K, Liu L, Li X et al. Chin. J. Chem.Phys., 2005, 18: 641~650 (in Chinese)

[153]　Levitt M. J. Mol. Biol., 1974, 82: 393~420

[154]　a. Singh U C, Kollman P A. J. Comput. Chem., 1986, 7: 718~730; b. Field M J, Bash P A, Karplus M. J. Comput. Chem., 1990, 11: 700~733

[155]　a. Maseras F, Morokuma K. J. Comput. Chem., 1995, 16: 1170; b. Humbel S, Sieber S, Morokuma K. J. Chem. Phys., 1996, 16: 1959~1967; c. Svensson M, Humbel S, Froese R D J et al. J. Phys. Chem., 1996, 100: 19357~19363

[156]　a. Thery V, Rinald D, Rivail J L. J. Comput. Chem., 1994, 15: 269~282; b. Monard G, Loos M, Thery V et al. J. Quantum. Chem., 1996, 58: 153~159; c. Gorb L G, Rivail J L, Thery V et al. Int. J. Quantum. Chem., 1996, 60: 313~324; d. Assfeld X, Rivail J L. Chem. Phys. Lett., 1996, 263: 100~106

[157]　Gao J, Amara P, Alhambr C et al. J. Phys. Chem. A, 1998, 102: 4714~4721

[158]　Zhang Y K, Lee T S, Yang W T. J. Chem. Phys., 1999, 110: 46~54

[159]　Sherwood P, de Vries A H, Guest M F et al. J. Mol. Catal., 2003, 632: 1~28

[160]　Bromley S T, Catlow C R A, Maschmeyer Th. Cattech, 2003, 7: 164~175

[161]　French S A, Sokol A A, Bromley S T et al. Angew. Chem. Int. Ed., 2001, 40: 4437~4440

[162]　Guest M F, van Lenthe J H, Kendrick J, Schoffel K, Sherwood P, GAMESS-UK with contributions from Amos R D, Buenker R J, van Dam H J J et al. The package is derived from the original GAMESS code: Dupuis M, Spangler D, Wendoloski J, NRCC Software Catalog, Vol. 1, Program No. QG01(GAMESS), 1980

[163]　Gale J D. J. Chem. Soc. Faraday Trans., 1997, 93(4): 629~637

[164]　Shiota Y, Kamachi T, Yoshizawa K. Organometallic, 2006, 25: 3118~3123

[165]　Yoshizawa K, Shiota Y, Kamachi T. J. Phys. Chem. B, 2003, 107: 11404~11410

第18章 高分子材料的理论研究：
从单分子链到分子聚集体

马 晶

18.1 引 言

从原始社会到现代文明, 从人们日常的衣食住行到探索太空, 人类的生存与发展都离不开材料. 人们根据材料的利用与演变情况来划分历史的发展过程, 从旧石器时代人们懂得利用材料开始, 人类经历了新石器时代、青铜器时代、铁器时代、电子材料时代, 现在人们正处于新材料的开发与设计阶段[1]. 每一种材料的开发和利用, 都使人类支配和改造自然的能力得到提高, 成为人类进步的一个里程碑.

材料的种类繁多, 可以根据化学组成、状态、作用和使用领域分类[1]. 根据材料的最基本结构单元间的化学键形式, 可分为三大类: 以金属键结合的金属材料, 以离子键和共价键为主要键合方式的无机非金属材料和以共价键为主要键合的高分子材料. 还有一类材料则将上述三种材料进行复合, 以界面特征为主的复合材料. 钢铁、陶瓷、塑料和玻璃钢分别为这四种材料的典型代表. 按材料的作用分类, 又可以归为结构材料与功能材料两类. 前者基于材料的机械性能, 主要用于制造各种结构; 后者利用物质独特的物理、化学性质或生物功能等, 用于实现某种特殊功能. 然而, 许多材料往往兼具结构材料与功能材料的特性. 例如, 金属材料大多是传统的结构材料, 但近来也研制出一些具有优异的性能和应用前景的新型金属, 如形状记忆合金、储氢合金、金属超导材料等. 当前, 传统材料 (钢铁、陶瓷和有机高分子) 之间已经没有明显的界限, 各种材料的有机融合与相互渗透 (如有机/无机复合材料的应用) 已经成为制备智能材料、生物材料和单分子器件等新型材料的重要发展趋势.

随着科学技术的发展, 许多性能更优异的新型材料, 如具有光、电、磁等特殊功能的分子材料、液晶、光刻胶、离子交换树脂、分离功能膜、高分子缓释药物、人工脏器、隐身材料等, 被开发应用于计算机、光导纤维、激光、生物工程、海洋工程、机械工业、军事等尖端技术领域[1~6]. 但是, 材料科学与工程仍面临极大的挑战, 即设计并制备出具有智能化 (功能可随外界条件的变化而有意识地调节、修饰和修复)、环境友好 (对环境无污染)、可再生 (能循环使用)、长寿命、低能耗等特性的新型材料[6]. 这也是研究者需要努力达到的最终目标.

　　材料的组成与结构决定了材料的性质与使用效能. 归根结底, 原子与分子的微观结构决定各原子间化学键的类型及分子间堆积方式, 从而影响材料的性能 (如电导率、磁性、绝缘性能、介电常数、折光率等). 例如, 金刚石和石墨同样都由碳原子组成, 但由于其原子在空间的排列方式不同, 导致金刚石较石墨具有较弱的导电性能和较高的硬度[1]. 因此, 材料科学的研究任务在于探明材料的结构和性能之间的关系, 为材料性能的改进和新材料的开发提供指导. 围绕材料的结构与性能这一核心问题, 人们力图从理论和实验两个方面描绘材料的微观结构. 随着科学技术的发展, 新的实验设备和手段层出不穷, 不仅可以测试材料的力学、光学等性能, 而且通过扫描电子显微镜、高分辨电子显微镜、透射电子显微镜、X 射线衍射仪、电子探针、原子力显微镜等设备观察材料的分子或原子结构. 近年来, 扫描隧道显微镜的应用促进了纳米材料的快速发展. 与此同时, 理论与计算化学在材料科学中扮演着越来越重要的角色, 加深了人们对材料分子中原子间成键方式及其结构与性能关系的理解, 帮助化学家设计并制备出许多功能奇特的新材料. 这使人们在研制新材料时, 具有更大的主动性、预见性, 避免盲目的探索.

18.2　窄能隙共轭高分子材料的理论设计

18.2.1　如何调控共轭聚合物的能隙

　　共轭分子的 π 电子离域, 派生出奇特多变的光、电、磁性, 提供构建新型功能材料的物质基础和源泉. 各种新奇的功能 (例如, 分子开关、编码器等) 的开发与实现孕育了分子电子学、分子电子器件等新概念与新的研究领域[2,3]. 在分子水平上, 形形色色的共轭高聚物构成了分子导线、分子开关等分子电子器件的最简单模型, 引起了实验与理论工作者的浓厚研究兴趣[2,3]. 虽然这些功能性共轭聚合物展现了很好的应用前景, 但其工业化应用仍然受到诸多限制. 这主要归因于现有的共轭聚合物在导电性、电荷存储能力以及环境稳定性等方面的性能远未达到现代工业技术的要求. 解决上述问题的一个有效途径是通过物理或化学方法调控共轭聚合物的能带结构.

　　减小聚合物的能隙可以增加导带中电子的分布, 从而增加电荷载流子的数目. 除了直接影响电子光学器件性能外, 减小能隙最终有可能合成出真正的 "有机金属", 即无需氧化或还原掺杂就能得到金属般的导电性能. 另外, 与窄能隙密切相关的较低的氧化势 (或者较小的阴极还原势) 能使相应的掺杂态更加稳定. 共轭聚合物能隙的减小将引起吸收和发射光谱的红移, 甚至可以使发光器件的工作区域从可见光波段延展到红外区域. 此外, 最低空轨道 (LUMO) 能级的降低将伴随着电子亲和势的增大, 有利于带金属电极的发光二极管的加工和制备. 能隙的减小意味着电子传输性能的优化, 这也预示了共轭聚合物在二次或三次非线性光学材料中具有潜在的应用价值.

聚乙炔是最简单的共轭聚合物, 也是早期实验与理论研究的焦点[7~11]. 简单的 Hückel 理论预测聚乙炔具有简并的基态, 能隙应为零. 但是, 这种 π 电子高度离域的结构不能稳定存在, 电子和声子的耦合使得 π 电子定域化, 形成单键与双键交替排列的结构. 这种 Peierls 形变消除了基态简并度, 增加了体系的稳定性[11,12]. 与此同时, 聚乙炔能带发生劈裂, 出现带隙 [图 18-1(a)]. 反式聚乙炔的带隙约为 1.50eV, 与无机半导体硅的带隙 (1.12eV) 相当, 具有半导体性质. 聚乙炔与无机半导体一样可以通过掺杂的方法提高电导率. 20 世纪 70 年代后期, 白川英树等发现氧化掺杂的聚乙炔具有与金属相类似的导电性, 开创了塑料电子学 (plastic electronics) 的新领域[13,14].

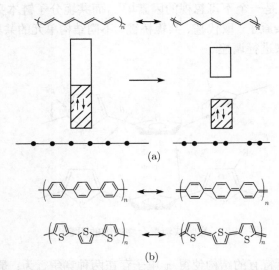

图 18-1 聚乙炔与带芳香环的共轭聚合物. (a) 聚乙炔分子的简并基态与 Peierls 效应; (b) 芳香性聚合物的非简并基态

聚乙炔的化学稳定性较差, 严重限制了它在分子电子器件中的实际应用. 因此, 一些基于苯、苯胺、吡咯和噻吩等结构单元的新型共轭聚合物得以迅速地发展. 与聚乙炔相比, 这类带芳香环的导电聚合物不仅稳定性更高, 而且还具有其他方面的优势. 例如: ① 它们的基态能级是非简并的 [芳式和醌式的能量不等, 如图 18-1(b) 所示], 使得该类带电荷的体系具有电荷传输的功能; ② 通过电化学合成可以实现一步掺杂, 便于实际应用; ③ 具有丰富的结构多样性, 可通过改变组成单元的结构对聚合物的电学性能进行有效调控[11]. 在过去的 20 年里, 围绕共轭聚合物的结构与性质关系, 人们已经开展了大量的实验和理论的研究, 探寻有效的合成方法并通过化学修饰, 引入特定的功能性基团, 综合利用多层次的技术及分析手段, 由最基本的功能单元 (例如, 抗电涂层、电磁干扰防护、储能等) 组装成各种高端的电子、光学、生物传感器等设备与器件[2,3,11]. 然而, 芳香类聚合物的能隙通常都比聚乙炔大. 所以, 我们研究的目标集中于探寻具有窄能隙和较高稳定性的导电聚合物.

　　为实现这一目标, 我们首先要探明影响聚合物能隙的各种影响因素. 实验中, 共轭聚合物的能带通常可以通过电子吸收光谱中最大吸收峰 (λ_{max}) 来测定, 也可以通过溶液的氧化还原势来估测. 因此, 能隙的大小不仅受到分子内电子结构特征的影响, 还与分子间的相互作用有关 (图 18-2). 最近的理论与实验研究表明, 分子间相互作用有利于形成凝聚态, 对能带有重要的影响[11]. 对于固体材料, 分子链间的堆积作用决定了体系的堆积结构, 从而间接地影响了能带结构和能隙大小[15,16]; 在溶液 (尤其是强极性溶液) 中, 溶质与溶剂分子间的相互作用显著改变了电子吸收光谱的性质, 因而也是一个不可忽视的因素[17]. 而共轭分子链本身的电子结构特征则可以通过引入杂原子、取代基、共轭桥键、不同结构单元的共聚组合、电荷掺杂等化学修饰方法来进行调控.

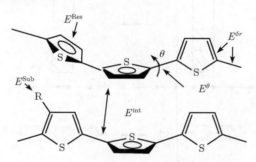

图 18-2　影响共轭聚合物能隙的因素[11]

　　芳香族化合物所特有的结构使得 π 电子存在两种竞争行为: 是 π 电子定域在芳香环内? 抑或是在整个链中发生 π 电子离域? π 电子的离域程度可以方便地用共轭链中的键长交替 (bond length alternation, BLA), 即单双键的键长差来描述. 杂原子、取代基或者更普通的桥键都将影响 π 共轭 (键长交替) 的程度[21~27].

　　在聚乙炔和芳香类聚合物中, 一个重要的差异在于组成单元的共振能. 含不同杂原子的芳香环的芳香性 (共振能) 有显著的差别, 对能隙的影响较大. 通常认为, 在不同的物理或化学环境下 (如不同的取代基、溶剂和外场等作用), 聚苯 [poly(*p*-phenylene)]、聚吡咯 [poly(pyrrole)] 和聚噻吩 [poly(thiophene)] 将呈现芳式或醌式两种不同的共振结构, 往往具有芳式结构的体系化学稳定性较高, 而醌式结构的能隙较低.

此外, 环间单键的存在通常会使相邻的两个芳香环发生相对内旋转. 理论和实验研究发现, 聚噻吩及其阳离子不完全是平面结构, 轨道重叠会随着扭转角的增大而减小. 这表明, 噻吩的有效共轭长度是有限的, 也就是说扭转角的存在将增加体系的能隙值.

对于一个 π 电子体系, 改变其最高占据分子轨道 (HOMO) 和最低空轨道 (LUMO) 能级的最一般方法就是引入给电子基团或吸电子基团. 前者常使 HOMO 能级升高, 而后者则使 LUMO 能级降低[24]. 虽然这种取代基修饰是合成化学中常用的一种方案, 但是它对能隙的影响机制仍是理论研究的基础课题之一.

法国化学家 Jean Roncali 将上述聚合物能隙的各种影响因素归纳为一个简洁的公式[11], 即

$$E_g = E^{\delta r} + E^{\theta} + E^{\text{Res}} + E^{\text{Sub}} + E^{\text{int}} \tag{18.1}$$

其中包含键长交替 (BLA) 产生的能带变化 ($E^{\delta r}$)、共轭骨架偏离平面 θ 角后引起的能带变化 (E^{θ})、芳香环的共振能的贡献 (E^{Res})、取代基的影响 (E^{Sub}), 以及分子间耦合作用的影响 (E^{int}). 方程 (18.1) 概括了最主要能隙的影响因素, 给出了调控能隙的基本方向, 即可以通过改变其中一个或几个因素设计具有窄能隙的共轭聚合物. 下面将简要介绍这方面的若干理论研究结果. 事实上, 国内外许多研究组均开展了非常系统的研究工作, 在此无法一一枚举, 请感兴趣的读者参见相关文献 [11 ∼ 32].

18.2.2　化学修饰作用：气相单链体系的量子化学研究

调控聚合物电子结构通常有三个途径：第一个是尽量保持聚合物体系的平面结构, 增强 π 共轭的程度. 这可以通过在相邻芳香环间引入 "刚性" 共价键来实现[33∼35]. 第二个是共轭体系的键长交替程度 BLA[36]. 许多研究都显示了键长交替程度 BLA 与能隙之间具有强的关联性[17,26,37]. 当体系的醌式结构特性增强时, 聚合物通常会有更窄的能隙[17,26,38]. 推拉型取代基和杂原子的引入以及电荷掺杂等因素都将使共轭体系的芳式结构逐渐转变成醌式结构, 从而降低了能隙. 第三个则是通过改变聚合物组成单元的结构来改进聚合物的电子结构特性[39∼43]. 理论计算有助于我们理解各种化学修饰方法对聚合物的几何与电子结构的影响.

在过去的几十年间, 共轭聚合物的理论研究大多数是基于气相、单分子链的简化模型. 然而, 随着计算机技术的高速发展与理论方法的不断完善, 所采用的计算方法已经从早期的 Hückel、CNDO、AM1、PM3、INDO 等半经验模型发展到各种从头算量子化学方法.

计算聚合物能隙 (band gap, E_g) 的方法也有两种：一种常用的方案是采用寡聚物外推法 (oligomer extrapolation), 根据低聚物的跃迁偶极允许的第一激发能 (excitation energy, E_{ex}), 或者近似地取前线轨道的能级差 (HOMO-LUMO gap, 记

为 $\Delta_{\text{H-L}}$) 外推到链长趋于无穷 ($n \to \infty$) 的聚合物极限; 另一种策略则直接引入周期性边界条件 (periodic boundary condition, PBC), 利用能带理论计算聚合物的能隙和态密度 (density of state, DOS) 等性质. 这两种方法各有千秋. 外推法可以给出一系列低聚物的电子结构渐变的信息, 推测有效共轭长度 (即当共轭链增长到某个链长时, 聚合物的物理和化学性质将接近饱和, 并逼近无限长链的聚合物性质). 但是, 由于目前的量子化学方法难以处理几千个原子的长链齐聚物, 所以无法真正观测到聚合物性质发生收敛的那一个点, 只能靠外推得到有效共轭长度和能隙. 另外, 能带理论计算虽然可以直接得到能带结构, 但有时会过分夸大某些聚合物链的平面性或共轭程度, 无法考虑 Peierls 形变的影响, 也忽略了结构缺陷和链扭曲的影响, 往往低估了聚合物的能隙[17]. 下面几节将介绍这两种方法在若干共轭体系中的应用, 计算结果不仅显现了两种方法的优劣和适用性, 而且还揭示了化学修饰作用 (例如, 改变杂原子、取代基、共轭桥键等组成部分, 见图 18-3) 对聚合物能隙的影响规律.

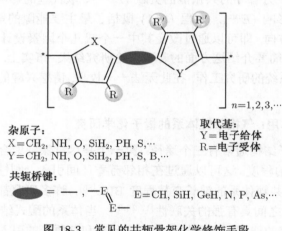

图 18-3　常见的共轭骨架化学修饰手段

1. 杂原子对能隙的周期性影响规律

含不同杂原子的共轭聚合物的电子结构特征与导电性质的差别十分显著[22,32,44]. 以 16 族杂原子为例, 聚呋喃 ([poly(furan)], 简写为 PFu 或 PF, 对应于图 18-3 中杂原子 X=O) 的能隙为 2.35eV[45], 掺杂后导电率为 10^2 S/cm, 远低于其第三周期同系物 —— 聚噻吩 (X=S) 的导电率 (2000 S/cm)[11]. 更有趣的现象出现在含第四周期杂原子 X=Se 时, 虽然它与聚噻吩具有相同的能隙值 (2.0eV)[46], 但其导电率仅为 3.7×10^{-2} S/cm[47]. 当更高周期杂原子 X=Te 引入后, 聚合物已呈现出绝缘体特征 (掺杂后的导电率为 7.6×10^{-6} S/cm)[48]. 这表明, 杂原子对聚合物链的电子结构和化学稳定性等性质有重要的影响.

含 14、15、16 族第二和第三周期元素的杂环类聚合物 (图 18-4, **1～6**) 是研究杂原子影响作用的典型模型. 基于含时密度泛函 (time dependent density functional theory, TDDFT) 激发能或密度泛函 (DFT)HOMO-LUMO 能级差的齐聚物外推法和在 PBC 模型下的能带计算给出了定性一致的能隙预测值, 显示了杂原子对能隙的影响具有周期性规律 (表 18-1). 含第三周期杂原子 (Si、P、S) 聚合物的能隙小

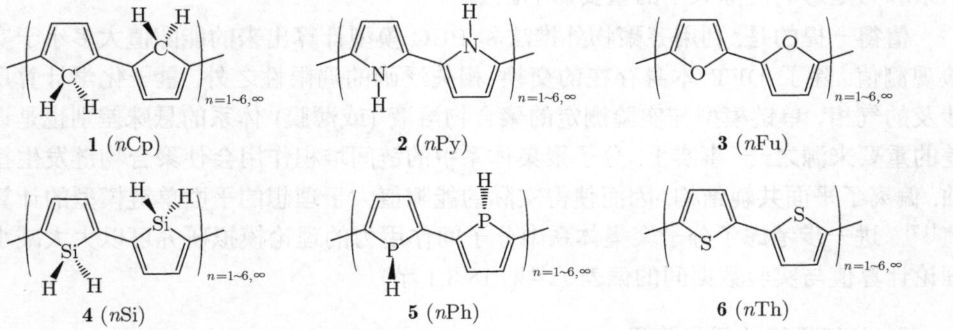

图 18-4　含 14、15、16 族第二、三周期元素的杂环类寡聚物和聚合物

表 18-1　PBC 能带计算和齐聚物 TDDFT 激发能外推方法得到的能隙值 E_g (eV)的比较

聚合物名称	E_g				
	PBC/B3LYP	PBC/PW[1]	PBC/VASP[2]	TDDFT[3]	实验值
t-PA	1.16[4]		0.21	1.32	1.4[5]
PPP	3.06		1.86	2.97	3.02[6], 2.8[7]
含第二周期元素的杂环聚合物					
PCp	1.22			0.98	
PPy	2.88	1.80	1.70	1.95	2.85[8]
PFu	2.42	1.34		1.69	2.35[9]
含第三周期元素的杂环聚合物					
PSi	0.82			0.86	
PPh	1.22	1.46		1.08	
PTh	2.05	1.10	1.04	1.52	2.0[10]

1) 文献 [22]Dmol3 程序包中的 PW 交换关联泛函.

2) 文献 [49] VASP 程序包.

3) 文献 [32].

4) 采用的是包含 4 个 C 原子的超晶胞.

5) 文献 [50].

6) 文献 [51].

7) 文献 [52].

8) 文献 [53].

9) 文献 [45].

10) 文献 [46].

于含第二周期 (C、N、O) 元素的体系. 在第三周期杂原子体系中, 能隙随着 14、15、16 族依次增大 PCp<PPy<PFu; PSi<PPh<PTh(每个简称所对应的聚合物分子结构见图 18-4). 为什么能隙会随着杂原子的变化而呈现这样的变化规律呢? Salzner 等将其归因于杂原子的 π 电子给予能力的差异. 他们认为, 当杂原子的 π 电子给予能力越弱 (如 CH_2、SiH_2、PH), 能隙将变得越窄 [44a]. Hutchison 等则认为, 杂原子的电子亲和力是影响能隙大小的重要影响因素[22].

值得一提的是, 利用齐聚物外推法和 PBC 模型计算出来的能隙值大多小于实验观测值. 除了 DFT 本身存在的交换–相关泛函的局限性之外, 量子化学计算所涉及的气相、单链模型与实验测定的聚合物溶液 (或薄膜) 体系的悬殊差别也是误差的重要来源之一. 事实上, 分子聚集体系中的链间堆积作用会使聚合物链发生扭曲, 偏离了平面共轭结构, 因而使得实际的能隙值大于理想的平面单链模型的计算值[17]. 进一步考虑了分子聚集体系中分子间作用力的理论模拟研究可以大大减小理论计算值与实验数据间的偏差 (详见 18.3.1 节).

2. 共轭桥键的调控作用

在两个相邻的芳香环 (苯环、噻吩、呋喃、吡咯等) 之间引入不饱和双键 (对应于图 18-3 中的 —E≡E—), 可以改变体系的 π 共轭程度, 因而是调控聚合物电子结构特征的有效途径之一 [54]. 这些共轭桥键不仅能有效地减小相邻芳香环间的立体排斥作用 (减小扭曲角)[55,56], 而且还构筑起一个电子离域的桥梁, 使紫外–可见吸收光谱发生红移 [57]. 聚苯乙烯 ([poly(p-phenylenevinylene)], PPV, **7a**) 是最典型的带共轭桥键的聚合物, 在电子器件中已有重要的应用 [58]. 聚 2,5- 二噻吩乙烯 ([poly(2,5-thienylene vinylene)], PTV, **8a**) 则是后起之秀, 可望成为新型分子电子器件材料 [59]. 带共轭桥键的 PPV[60] 和 PTV[61] 的能隙比不带双键的聚苯 (polyphenylene, PPP) 和聚噻吩 (polythiophene, PTh 或 PT) 低 0.3eV[62]. 为了便于理解共轭桥键对电子结构的影响作用, 我们分别从单体 (monomer) 和具有周期性边界的聚合物 (polymer) 两个不同的视角, 计算研究了图 18-5 所绘的四个系列, 其中芳香环分别为苯环 (**7**)、噻吩 (**8**)、呋喃 (**9**)、吡咯 (**10**), 不饱和桥键取为 —CH=CH—(**a**)、—SiH= SiH— (**b**)、—GeH=GeH—(**c**)、—N=N— (**d**)、—P= P—(**e**)、—As=As—(**f**).

不同周期、不同主族元素构架而成的共轭桥键的引入导致整个共轭体系具有不同的几何构型. 以 14 族元素为例, 以乙烯基 (—CH=CH—) 为桥链的共轭分子通常采用共平面 (coplanar) 的几何结构, 而含更高周期元素 (Si 和 Ge) 的不饱和桥键具有一种独特的反式弯曲 (*trans*-bent) 构象, 如图 18-6 所示[27]. 理论计算表明, 反式弯曲几何结构与不饱和桥键的 $\pi - \sigma^*$ 轨道混合程度有关[27]. 而以氮、磷和砷元素组成的不饱和键的杂化轨道中 p- 成分逐步增多, 其几何构型也相应地发生规律性变化[27].

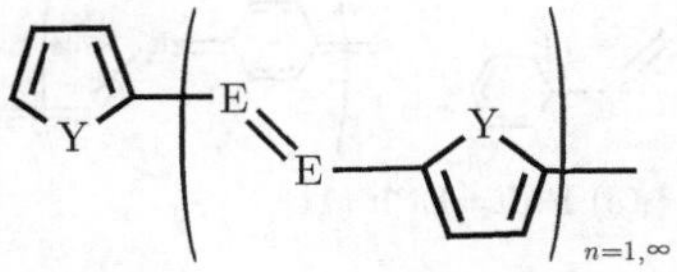

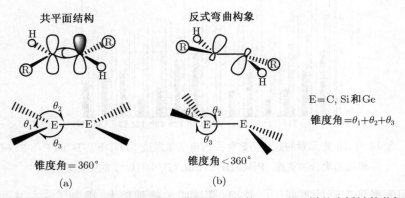

7	Y=—CH=CH—	**8**	Y=S	**9**	Y=O	**10**	Y=NH
7a	E=CH	**8a**	E=CH	**9a**	E=CH	**10a**	E=CH
7b	E=SiH	**8b**	E=SiH	**9b**	E=SiH	**10b**	E=SiH
7c	E=GeH	**8c**	E=GeH	**9c**	E=GeH	**10c**	E=GeH
7d	E=N	**8d**	E=N	**9d**	E=N	**10d**	E=N
7e	E=P	**8e**	E=P	**9e**	E=P	**10e**	E=P
7f	E=As	**8f**	E=As	**9f**	E=As	**10f**	E=As

图 18-5　含 14、15 族元素的共轭桥键聚合物体系

图 18-6　由 14 族元素组成的共轭桥键体系的几何结构. (a) 以乙烯基为桥链的共轭分子的共平面结构和 (b) 含更高周期元素 Si 和 Ge 的不饱和桥键的反式弯曲构象

　　此外, 14 与 15 族元素的共轭桥链对电子激发能也有显著的影响, 见图 18-7. 显然, 芳香环间桥键的引入使得单体的电子激发能 E_{ex} 降低 13%～50%, 相应地, 使聚合物的能隙 E_g 也减小 0.3～0.9eV[27]. 通常, 单体的电子激发能与聚合物能隙之间的差值 $(E_{ex} - E_g)$, 可以定性地反映从齐聚体到聚合物 π 电子的离域程度的变化, 这也与它们的几何结构从低聚物的局域芳式结构渐变到聚合物的离域结构密切相关 (图 18-7)[27].

3. 共聚化合物

　　在芳香类聚合物中, 聚噻吩 (PTh 或 PT) 具有较高的化学稳定性和奇特的电

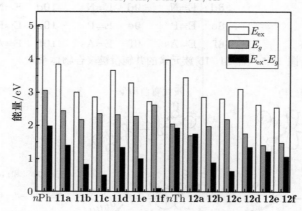

图 18-7　含 14 与 15 族元素的共轭桥链体系的电子激发能 (TDDFT/B3LYP/6-31+G*)
与相应的聚合物能隙 (PBC-DFT/B3LYP/6-31G*) 的变化趋势

子性质, 因而受到广泛的重视[11]. 然而, 聚噻吩的能隙较大, 限制了它在某些领域
的应用. 那么, 能否将一些窄能隙的聚合物单元与噻吩环结合起来形成一些共聚化
合物呢? 新组成的共聚化合物的电子结构性质又将如何随组成单元的改变而变化
呢? 下面, 我们以硅咯 (silole) 和硼咯 (borole) 为例, 讨论含噻吩的共聚物的几何结
构与电子结构特征.

1) 硅咯与噻吩共聚物

根据理论预测, 聚硅咯 (PSi) 的能隙 (1.39~1.44eV) 低于聚噻吩[32,44], 因此,
硅咯与噻吩共聚物是实验化学家研究的热点之一. 人们对具有奇特的聚集诱导的
荧光增强现象[63] 和优秀的电致发光性能的芳基取代的硅咯进行了深入、系统的
实验和理论研究[64]. 理论计算预测在聚噻吩链中引入硅咯的不仅会使母体略微卷
曲[25], 而且能显著地减小低聚物体系的最低电子激发能, 相应地外推到聚合物, 其
能隙也将随着硅咯成分的增加而减小 (图 18-8)[25].

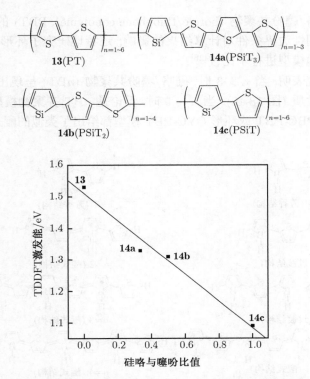

图 18-8　共聚物的能隙 (由寡聚物的 TDDFT 激发能外推得到) 随其中硅咯
与噻吩 (silole/thiophene) 比值的增加而减小

2) 硼咯与噻吩共聚物

　　理论计算表明, 含硼咯 (borole) 的低聚物具有醌式结构, 且由 HOMO-LUMO
能级差外推得到的聚硼咯 (polyborole, PB) 的能隙为零[44]. 人们不禁要问: 在周
期性边界条件下, 聚硼咯的能隙是否也为零? 此外, 噻吩的引入是否能推迟醌式结
构的出现, 从而增大聚合物的稳定性? 针对这些问题, 我们研究了如图 18-9 所示

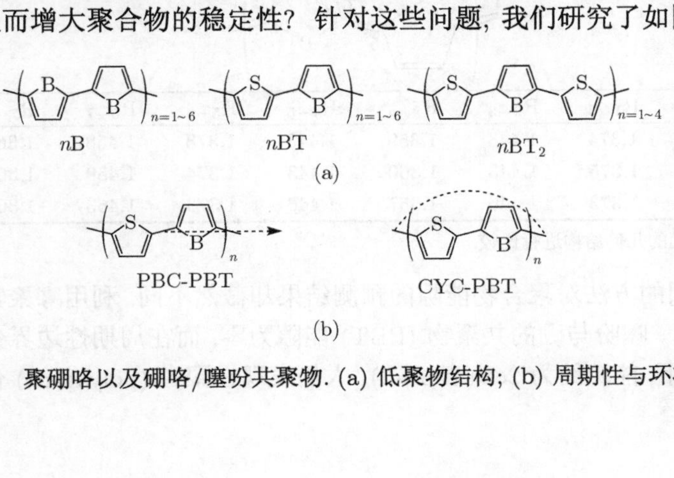

图 18-9　聚硼咯以及硼咯/噻吩共聚物. (a) 低聚物结构; (b) 周期性与环状模型.

的聚硼咯以及硼咯/噻吩共聚物 (borole/thiophene copolymer, PBT) 的电子结构特性. 为了探讨周期性边界条件对计算结果的影响, 还特地研究了环形共聚物体系, 并将其结果与其他模型进行了比较[26].

密度泛函研究表明, 当 $n > 3$ 时, 硼咯/噻吩共聚物 (nBT) 呈现出明显的醌式结构和双自由基性质 (图 18-10). 当 $n = 5$ 时, 无论是 nBT 齐聚物模型, 还是带周期性边界条件的 PBC-PBT 或环形 CYC-PBT 模型都给出了类似的醌式结构, 如表 18-2 所示[26].

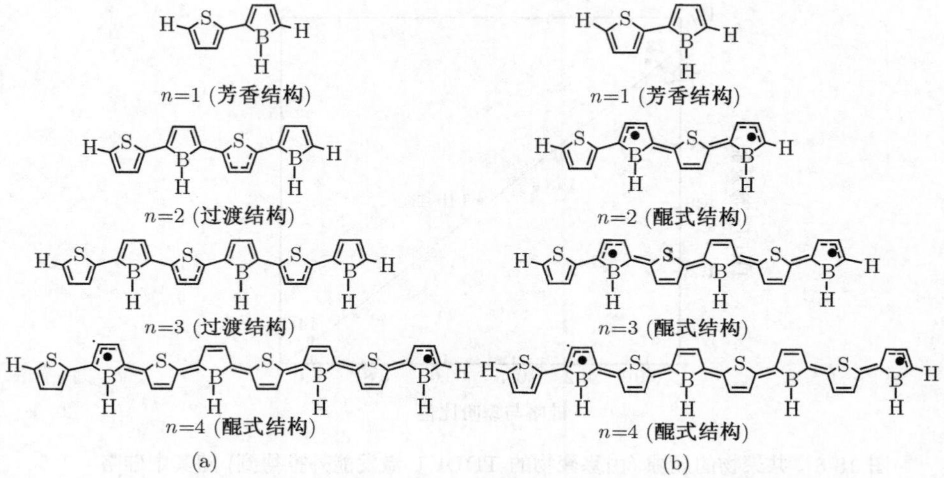

$n=1$ (芳香结构)　　　　　　　$n=1$ (芳香结构)

$n=2$ (过渡结构)　　　　　　　$n=2$ (醌式结构)

$n=3$ (过渡结构)　　　　　　　$n=3$ (醌式结构)

$n=4$ (醌式结构)　　　　　　　$n=4$ (醌式结构)

(a)　　　　　　　　　　　　(b)

图 18-10　随着链长的增长, 硼咯/噻吩共聚物从芳式到醌式结构的渐变趋势:
(a) 限制的和 (b) 非限制的密度泛函理论的几何优化结果[26]

表 18-2　当 $n=5$ 时, 硼咯/噻吩共聚物模型, nBT、PBC-PBT 和 CYC-PBT 的优化几何结构[26]

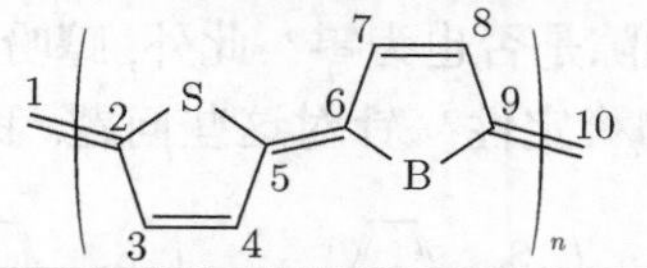

共聚物模型	R_{1-2}	R_{2-3}	R_{3-4}	R_{4-5}	R_{5-6}	R_{6-7}	R_{7-8}	R_{8-9}
nBT($n = 5$)[1]	1.374	1.443	1.359	1.443	1.373	1.458	1.367	1.458
PBC-PBT	1.375	1.443	1.360	1.443	1.374	1.459	1.365	1.459
CYC-PBT	1.373	1.446	1.357	1.446	1.373	1.463	1.364	1.463

1) 取中间单元的几何结构进行比较.

但是, 不同的方法对聚合物能隙的预测结果却截然不同. 利用寡聚物外推法得到的聚硼 (PB)、噻吩与硼的共聚物 (PBT) 能隙为零, 而在周期性边界条件下和环形共聚物模型下, 能隙约为 2eV(表 18-3). 人们发现在聚苯 (polyacene) 体系中也存在类似的现象[65]. 因此, 对这类聚合物的能隙研究, 需要谨慎选择合适的方法.

表 18-3 非环形与环形 nB 和 nBT 的 HOMO-LUMO gaps ($\Delta_{\text{H-L}}$) 外推到聚合物极限的能隙值 (单位: eV)

模型	$\Delta_{\text{H-L}}$	E_g
Polyborole(PB)		
nB$(n \to \infty)$		~ 0.00
PBC-PB		2.21
Borole/thiophene copolymer(PBT)		
nBT$(n \to \infty)$		~ 0.00
PBC-PBT		2.22
CYC-nBT		
$n=2$	3.11	
$n=3$	2.63	
$n=4$	2.35	
$n=5$	2.28	
$n \to \infty$		2.00

3) σ-π 共轭的共聚物

硅是高分子材料取代碳高分子材料, 将成为新一代功能材料. 目前报道的有全硅主链, 磷和氮主链、硅氧及硅碳主链、全镓和全锡主链、硫磷氮和硫碳主链、含硼主链, 以及含过渡金属主链的无机高分子. 其中主链全部是硅原子且具有有机侧链的具有 σ- 共轭性质的聚硅烷 (polysilane, $-\!\!\left(\,\text{SiH}_2\,\right)_{\!\overline{n}}$, PSi) 是研究的热点之一, 这不仅由于硅是地球上储量最丰富的元素, 而且也是因为聚硅烷既可用作结构材料又可用作功能材料. 具有半导体和电致发光等性质的一维 σ- 和 σ-π 共轭链, 如图 18-11 中的聚硅烷 (PSi), PVD[poly(vinylenedisilanylene), $-\!\!\left(\,\text{SiH}_2\text{SiH}_2\text{CH}=\text{CH}\,\right)_{\!\overline{n}}$] 和 PBD[poly(butadienylenedisilanylene), $-\!\!\left(\,\text{SiH}_2\text{SiH}_2\text{CH}=\text{CH}-\text{CH}=\text{CH}\,\right)_{\!\overline{n}}$] 吸引了众多研究兴趣[66]. 更重要的是这些分子材料还可用于纳米分子导线[67]. 计算结果表明, 在 σ-π 共轭链中, 随着 π- 共轭单元的增长, 能隙将减小[68]. 因此, 通过引入不同的 π- 共轭单元可调控硅系高分子材料的电子结构与特性.

$$-\!\!\left(\,\text{SiH}_2\,\right)\!\!-_{n=6\sim12,20,30,\infty}$$
$$n\text{Si}^{m+},\ m=0\sim2$$

$$-\!\!\left(\,\text{SiH}_2\,\right)_{\!n1}\text{XH}_2\,\right)\!\!-_{n=1,\infty}$$
X-取代原子
X=B
X=P

$$-\!\!\left(\,\text{SiH}_2-\text{SiH}_2-\text{CH}=\text{CH}\,\right)\!\!-_{n=1\sim3,\infty}$$
$$n\text{VD}^{m+},\ m=0\sim2$$

$$-\!\!\left(\,\text{SiH}_2-\text{SiH}_2-\text{CH}=\text{CH}-\text{CH}=\text{CH}\,\right)\!\!-_{n=1\sim3,\infty}$$
$$n\text{BD}^{m+},\ m=0\sim2$$

图 18-11 σ- 共轭的聚合物与 σ-π 共聚物

18.2.3　电荷掺杂对电子结构的影响

有机共轭高聚物只有在掺杂的实验条件才具有导电性, 因此人们期望了解电荷掺杂对聚合物电子结构的影响. 在几何结构上, 电荷掺杂改变了 π- 共轭聚合物原有的芳式结构, 使体系呈现部分醌式结构 (图 18-12)[25]. 而对于 σ- 共轭的硅链分子, 电荷掺杂不仅拉长了 Si—Si 键长[68,69], 而且使原本稍微扭曲的 nSi 链变得更直 (图 18-13)[68]. 为便于比较电荷掺杂在不同体系中的影响, 我们定义电荷掺杂水平 l 为掺杂电荷数 (n_{dopant}) 与总原子数 (n_{total}) 之比, 即 $l = n_{dopant}/n_{total}$[68]. 例如, 在图 18-11 所示的 8Si$^+$ 中, $l = 1/8 = 0.125$. 计算结果表明电荷掺杂水平 l 对 nSi 链体系与平均键长之间有紧密的关联 (图 18-14)[68].

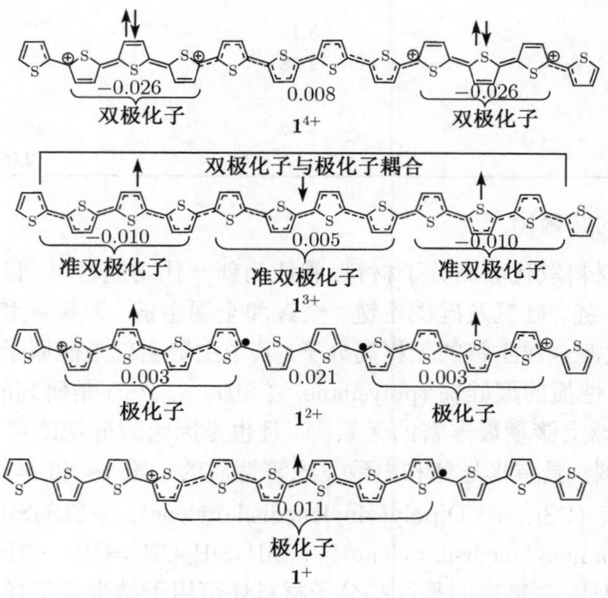

图 18-12　p 型电荷掺杂对 π- 共轭聚合物链几何结构的影响. 极子或双极子的表示方法见文献 [7], 对应的键长交替 δ 值也在图中给出. 分别利用向上和向下的箭头表示 α 和 β 自旋的自由基中心位. n 型电荷掺杂对聚合物链有类似的影响[25]

理论研究已揭示了电荷掺杂对聚合物体系的能级与能隙的影响规律[7,15e,25,68]. 有趣的是, 共轭聚合物能隙并不是随着电荷掺杂程度的增大而单调地减小[25]. 理论预测电荷掺杂对能隙的影响具有奇偶性[25,68], 即当体系失去 (或得到) 奇数电荷时, 能隙显著降低, 并且奇数电荷掺杂体系的第一激发能小于偶数电荷掺杂的情况. 例如, 图 18-12 所示的聚噻吩体系中, 1^+(0.509eV)$< 1^{2+}$(0.673eV). 图 18-15 给出了电荷掺杂后聚合物能级的变化示意图, 定性解释了该现象[25].

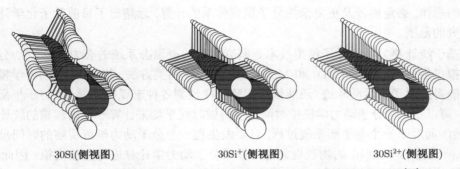

30Si(侧视图)　　　　　　　30Si$^+$(侧视图)　　　　　　　30Si^{2+}(侧视图)

图 18-13　p 型电荷掺杂对 σ- 共轭硅链 (链长为 30) 几何结构的影响[68]

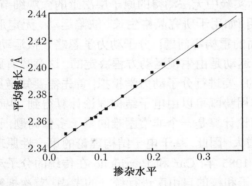

图 18-14　电荷掺杂水平 l 对 nSi$^{m+}(n = 6 \sim 30,\ m = 1, 2)$ 链体系的平均键长的影响[68]

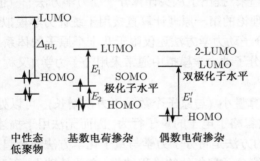

中性态　　　　基数电荷掺杂　　　偶数电荷掺杂
低聚物

图 18-15　电荷掺杂对聚合物体系的能级与能隙的影响

18.3　分子间相互作用: 分子模拟在凝聚相体系中的应用

　　前面各小节中介绍的一些应用实例表明, 量子化学计算可用于描述气相共轭聚合物的电子结构, 给出与实验相符的结果, 有助于我们理解各种实验现象、设计新的能隙调控方案. 但是, 如果要探索分子间相互作用力对聚合物的堆积结构与能隙的影响规律, 必定要涉及更复杂的分子聚集体系的计算, 远超出了目前量子化学计算研究的范围.

　　基于统计热力学的分子模拟技术是研究复杂的凝聚态系统的有力工具[70]. 分子模拟包括分子动力学 (MD) 和 Monte Carlo(MC) 两类方法. 其中, 分子动力学模拟既能得到原子的运动轨迹, 还能像做实验一样预测各种宏观热力学量. 对于平衡系统, 可以在一个分子动力学模拟时间尺度内做时间平均来计算一个物理量的统计平均值; 而对于一个非平衡系统过程, 只要发生在一个分子动力学可观察的时间尺度内 (一般为 1~ 10ps) 的物理现象也可以用分子动力学计算进行直接模拟. 因此, 这种数值模拟实验是对解析的理论模型和实验观测的有力补充. 尤其是分子动力学模拟可以得到许多实际实验中无法测得的原子层次上的微观细节和动态过程, 因而在材料科学中广为应用 [如用于研究晶格生长、缺陷运动、无定形结构 (amorphous structure)、表面与界面的重构等问题]. 分子动力学忽略了核运动的量子效应, 在绝热近似下, 假定原子的运动是由牛顿运动方程决定的, 这意味着原子的运动是与特定的轨道联系在一起的. 要进行分子动力学模拟, 首先需要知道原子间正确的相互作用势. 原子间相互作用势既可以由电子结构理论计算得到, 也可以采用经验势来描述. 由于电子结构理论计算是一个非常困难的量子多体问题, 计算量随体系的大小呈指数次方幂急剧增大, 因此, 基于电子结构理论的第一性原理计算还不能广泛地用于统计力学模拟. 1985 年, Car 和 Parrinello 在传统的分子动力学中引入了电子的虚拟动力学, 把电子和核的自由度进行统一的考虑, 首次把密度泛函理论与分子动力学有机地结合起来, 提出了从头计算分子动力学方法[71] (也称 CPMD 方法), 使基于局域密度泛函理论的第一原理计算直接用于统计力学模拟成为可能. 尽管如此, 目前的从头计算分子动力学方法还仅限于几十个原子的体系, 无法描述复杂的分子聚集体. 因而, 在分子动力学模拟中通常采用分子力学 (又称为经验力场) 来描述原子间的作用势.

　　分子力学因其计算量小 (与原子个数呈平方次增长), 可以处理成千上万个原子体系. 但是, 由于它忽略了电子的量子行为, 因而无法用于描述化学反应和电子结构性质. 一种折中的方法是将分子力学与量子化学方法结合起来, 利用分子力学及分子动力学方法推测分子聚集体的堆积结构, 在此基础上, 再利用量子化学方法估算堆积结构对电子结构 (如激发能等) 的影响. 这种方案在无定形固体和低聚物溶液中的应用表明了分子间相互作用将使共轭链的骨架发生不同程度的扭曲, 电子激发能也相应地发生了改变[17,20].

18.3.1　链间堆积结构与电子激发能

　　在 18.2.2 节 1 中已经提到过杂原子对聚合物能隙的影响规律为: $PCp(X=CH_2)$ $<PPy(X=NH)<PFu(X=O)$ 及 $PSi(X=SiH_2)$ $<PPh(X=PH)<PTh(X=S)$. 但是, 当考

虑到分子链间相互作用后, 电子激发能随不同杂原子的变化趋势也相应地发生了改变[17b]. 我们可以定性地将杂环类聚合物分为三类: ① 分子骨架发生高度扭曲的含 14 族元素的 PCp 和 PSi; ② 主链发生呈波浪形轻微弯曲的 15 族杂环体系 (PPy 与 PPh); ③ 含 16 族元素的共轭体系 (PFu 与 PTh) 中, 呋喃与噻吩环基本保持平面构型, 分子链间也呈现较有序的 π- 堆积结构 (图 18-16). 因此, 当考虑了分子链间的相互作用后, 利用分子动力学 (NVT 模拟/PCFF 力场) 与 TDDFT 相结合的方案计算得到的含 14 族元素的 PCp 和 PSi 的能隙 (分别为 2.59eV 和 2.51eV) 将比单链气相的 PBC 计算结果 (1.22eV 和 0.82eV) 要高得多[17b]. 而对于含 16 族元素的 PFu 与 PTh 共轭体系, 由于链间堆积作用并没有显著改变分子链的平面共轭骨架, 所以利用分子动力学与 TDDFT 相结合的方案计算的能隙 (图 18-16 中用空白块的高度表示) 与单链气相的 PBC 计算值 (阴影部分的高度) 十分接近. 这也意味着, 在实际设计窄能隙固体材料时, 分子链间的相互作用及其对链间堆积结构的影响也是一个不容忽视的重要因素.

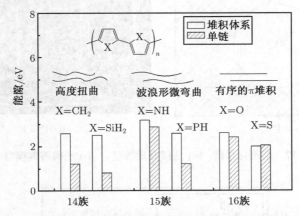

图 18-16 含 14~16 族第二、三周期元素的杂环类聚合物的能隙. 堆积体系的理论研究方案是在分子动力学 (NVT 模拟/PCFF 力场) 模拟得到的链堆积结构的基础上, 再结合 TDDFT(B3LYP/6-31+G*) 计算[17b]. 气相单链的结果则是通过 PBC/B3LYP/6-31+G* 计算得到的[32].

18.3.2 溶剂化效应的理论研究

大量实验揭示了在不同极性的溶剂中的导电聚合物的电子吸收光谱性质的红移 (或蓝移) 程度不同[72,73], 这就需要我们研究共轭聚合物的溶剂化效应. 常用的溶剂化有两大类[74~78]: 一类是忽略了溶剂分子的几何结构和瞬间极化作用, 仅将溶剂看成一个介电常数为 ε 的静电场, 被称为反应场模型; 另一类则是明确溶剂模型, 即明确地计算处理每一个溶剂分子的电子结构 (或几何结构). 这两个方法各有千秋, 因此, 最近越来越多的研究组采用第三条途径, 即将连续介质模型与明确溶剂模型结合起来: 近程采用明确溶剂模型、考虑第一溶剂化层内的溶剂分子, 远程则采用连续介质模型来考虑溶剂对溶质的长程静电作用.

在上述几种溶剂化模型下 (图 18-17), 我们分别利用 DFT 计算和分子动力学模拟探讨了低聚 α- 噻吩 [α-oligothiophenes, nThs ($n = 1 \sim 10$)], 在各种不同极性的溶剂 (聚己烷, n-hexane; 1,4- 二氧杂环己烷, 1,4-dioxane; 四氯化碳, carbon tetrachloride; 氯仿, chloroform 和水, water) 中的几何结构与电子激发能的变化趋势[20]. 在连续介质反应场模型中, 我们进行了连续介质模型 (polarized continuum model, PCM) 下的 TD-DFT/B3LYP/6-31G(d) 计算, 得到了与实验一致的结论, 即最大吸收波长随着溶剂的极性增加而发生红移 (图 18-18)[20]. 另外, 分子动力学模

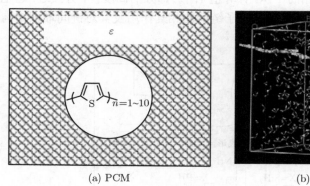
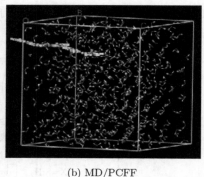

(a) PCM　　　　　　　　　　　(b) MD/PCFF

图 18-17　溶剂化模型: (a) 连续介质模型与 (b) 明确溶剂模型

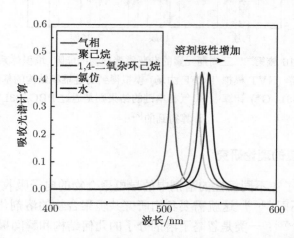

图 18-18　α- 噻吩, 6Th, 在气相与不同极性溶液中的吸收光谱性质
(TD-DFT/PCM/B3LYP/6-31G(d))[20]

拟 (PCFF 力场、NVT 系综) 显示了共轭链在极性和非极性溶剂中发生了不同程度的扭曲. 在分子动力学 (MD) 轨迹分析的基础上, 我们进一步采用了 PCM/TD-DFT/B3LYP/6-31G(d) 计算, 预测的电子激发能与实验值接近 (图 18-19)[20]. 但是, 由于 α- 噻吩的极性较弱, 也没有较强的分子间氢键作用, 所以近程的溶剂化效应不显著, 连续介质模型与明确溶剂模型给出了相近的计算结果 (图 18-19)[20].

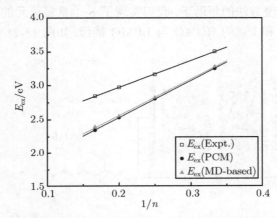

图 18-19　1,4- 二氧杂环己烷 (1,4-dioxane) 溶剂中, α- 噻吩的最低电子激发能, E_{ex}(eV) 和分子链长的倒数, $1/n$ 之间的关系. 实验值选自文献 [79], 计算值分别由 TD-DFT/PCM [B3LYP/6-31G(d) 基组] 和基于分子动力学轨迹的 TD-DFT(简称为 MD-based) 计算得到的[20]

18.4　基于有机高聚物的 pn 结

　　理解电子与离子输运过程的微观机制是微电子器件研究的核心问题[80~88]. 在这些器件中, 可以通过在两个金属电极中夹着的聚合物材料中, 引入盐、产生反离子来实现一定偏压下、可逆的电化学掺杂. 所产生的可迁移的离子可增进电子 (空穴) 从电极到聚合物层间的注入. 不同于发光二极管 (LED) 中的纯电子型导电机制[89~91], 一些共轭聚合物体系往往涉及混合型电子/离子的输运过程, 其中离子扮演了极其重要的角色. 最近, 实验上制备了分别由阴离子型聚乙炔 ([poly (tetramethylammonium 2-cyclooctatetraenylethanesulfonate)], P_A) 和阳离子型聚乙炔 ([poly (2-cyclooctatetraenylethyl) trimethylammonium trifluoromethanesulfonate], P_C) 以及金 (Au) 电极组成的 Au|P_C|P_A|Au 结 (图 18-20), 并发现它具有一些奇特的电化学性质[87,88,92~95]. 为了理解各种实验现象, 就必须先了解 Au|P_C|P_A|Au 结中的聚合物/聚合物 (P_C|P_A) 界面, 聚合物/电极 (Au|P_C 和 P_A|Au) 界面的电子结构特征. 目前, 国内外许多研究组已经开展了各种低维分子线结[96] 和聚合物分子结[97]

的理论研究, 但是对于涉及多种复杂界面结构的 Au|P$_C$|P$_A$|Au 结的理论研究还微乎其微. 显然, 要预测这类复杂体系的电子结构, 仍然需要我们将量子化学和分子动力学的优势结合起来, 从不同的视角研究 Au|P$_C$|P$_A$|Au 结. 但是, 与前面几节中不同的是, 对于 pn 结中间带反离子的长链聚合物 P$_C$ 和 P$_A$, 利用传统的量子化学方法进行几何结构的优化受到极大的限制. 这里可以采用基于分子片的线性标度方法[98~103]. 在线性标度方法的帮助下, 我们实现了 8 个重复单元的结构优化, 并在此基础上计算了 P$_C$ 和 P$_A$ 的 HOMO 与 LUMO 能级, 如图 18-21 所示.

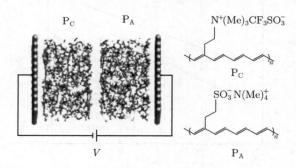

图 18-20　Au|P$_C$|P$_A$|Au 结的结构示意图

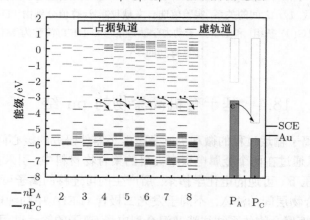

图 18-21　nP$_A$ 和 nP$_C$ 的 HOMO 与 LUMO 能级随链长的变化趋势, 并与饱和甘汞 (SCE) 和金 (Au) 电极电位进行比较. 几何结构优化是借助于线性标度计算在 B3LYP/6-13G(d) 水平下完成的[104]

　　由于 P$_C$ 和 P$_A$ 是离子型聚合物, 所以与 18.3 节中介绍的聚噻吩相比, Au|P$_C$|P$_A$|Au 结中溶剂化效应不能忽略. 更进一步, 采用前面介绍的量子力学与分子动力学结合, 连续介质与明确溶剂模型结合的方法, 我们发现极性的乙腈溶剂对 HOMO 与 LUMO 能级有显著的影响. 例如, 在气相中, P$_A$ 的导带底相对于饱和甘汞 (SCE)

电极电位为 –2.71V, 而在乙腈中, 相对电位值减小为 –2.17V(图 18-22)[104]. 在量子化学与分子模拟相结合的理论模型下, 计算预测的 P_C 和 P_A 的电子结构合理地解释了有关 Au|P_C|P_A|Au 结的各实验现象, 有助于理解这类 pn 结中电子输运的微观过程[104].

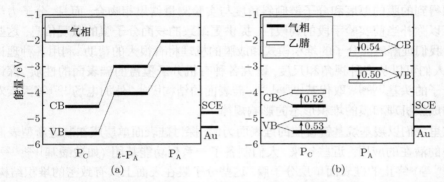

图 18-22　P_A、P_C 中侧链 (a) 和乙腈 (acetonitrile) 溶剂对导带 (CB)(b) 与价带 (VB) 的影响. 为便于比较, 在图中还标出了饱和甘汞 (SCE) 和金 (Au) 电极电位[104]

18.5　其他固体表面体系

　　前面介绍了对导电聚合物体系的理论研究, 从简单的气相单分子链模型到复杂的分子聚集体系, 结合分子动力学模拟与量子化学计算各自的优势, 从不同视角、不同尺度研究了各种化学修饰对电子结构的影响. 同样的研究思路也可以用于硅表面单层分子膜的结构与反应性的研究[105~108].

　　半导体硅元素在现代电子工业中具有广泛的应用. 近几十年来, 随着信息技术的快速发展和研究手段的不断进步, 人们对硅的研究已经从研究其元素性质拓展到研究硅表面的物理和化学性质. 硅表面具有独特的结构和反应性质, 探索硅的表面化学性质已成为表面科学研究领域里的一个重要课题[109~116]. 利用硅独特的物理和化学性质以及先进的表面研究技术, 人们制备并表征了一系列有机分子修饰的硅表面, 这些有机分子覆盖的表面展示出许多新颖的功能, 在药物分离、微电子器件、传感器等许多领域具有潜在的应用价值. 然而, 对于这类表面自组装单层膜的理论研究得还很少, 人们还无法细致地理解各种分子膜在表面的成膜机理, 更难以有效地调控表面的物理和化学性质, 使之具备某些特定的功能. 此外, 研究表面自组装单层分子膜的理论计算方法也有待进一步发展.

　　过去 50 年间, 大部分的与硅表面相关的理论化学计算主要集中于硅表面的重构方式和电子结构性质等方面的研究[109]. 而从 1990 年至今, 理论计算更多地倾向于理解和探索有机分子在硅表面上的反应机理, 模拟和设计新型的表面反应及表面器件[110~115]. 计算中使用的表面模型分为两类：表面簇模型[117] 和周期性表面模型[118,119]. 除了大量的利用量子化学计算研究表面化学反应机理的研究外, 分子力学也常被应用于模拟硅表面的有机分子单层膜的结构. 采用分子力学方法, 一些研究组研究比较了不同长度的烷基链在 H—Si(111) 表面的堆积模式[120~122]. 分子力学模拟得到的膜的厚度和分子链倾斜角度与实验测量结果相吻合. 而且, 分子力学模拟可以弥补当前实验手段的局限性, 提供更细致的表面分子膜的微观信息, 这些信息对我们理解表面分子的堆积模式和成膜的机理将有很大的帮助. 利用各种理论方法, 人们可以从多种视角和尺度, 研究各种有机分子覆盖的硅表面的性质, 探讨成膜分子的头基[106a]、取代基[106b,108]、硅表面的结构[105]、外加电场[107] 等因素对表面的成膜机理和膜的堆积形态的影响规律.

这里我们以羧基烷基链覆盖的硅表面为例, 探讨硅表面单层膜在制造新型表面开关中的潜在的应用. 近些年来, 人们制备了一系列功能基团 (如羧酸基[123~125]. 胺基[126]等) 终止的硅表面单层分子膜. 这些分子膜在表面上具有致密的堆积结构, 表面覆盖度大约为 50%. 对于羧酸基团终止的长烷基链分子膜, 实验测量显示在不同 pH 环境中, 膜表面的羧酸基团可以不同程度地水解成羧基根阴离子 (—COO⁻) 和氢离子 (H⁺), 膜表面呈现酸性性质[123~125]. 那么, 是否可以利用羧基烷基链覆盖的硅表面实现电场作用下的可逆 "开关" 行为 (图 18-23)？在分子力学模型中引入外电场与分子链顶端带电基团的相互作用能、利用分子动力学模拟技术可描述电场下、长链羧酸分子覆盖的硅表面在水溶液以及水–乙腈混合溶液中的 "开关"过程[107]. 在电场或外电势的作用下, 分子膜表面带负电的 —COO⁻ 基团可以沿着表面法线方向向上或向下运动, 带动烷基链发生构型转变, 从而引起表面亲水性质的改变. 我们分别采用了连续溶剂模型 (溶剂分子的作用用介电常数为 78.0 的静电场来模拟) 和非明确溶剂模型进行分子动力学模拟, 研究结果表明在外电场强度 $-2.0 \times 10^9 \text{V/m} \leqslant E_{\text{down}} \leqslant -0.5 \times 10^9 \text{V/m}$ 和 $1.8 \times 10^9 \text{V/m} \leqslant E_{\text{up}} \leqslant 7.3 \times 10^9 \text{V/m}$ 范围内, $-(\text{CH}_2)_{17}\text{COOH}$ 修饰的 H—Si(111), 可以发生构型转变行为, 如图 18-24 所示[107].

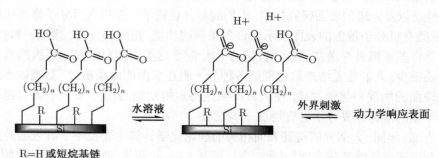

R=H 或短烷基链

图 18-23 羧基终止的烷基链覆盖的硅表面示意图

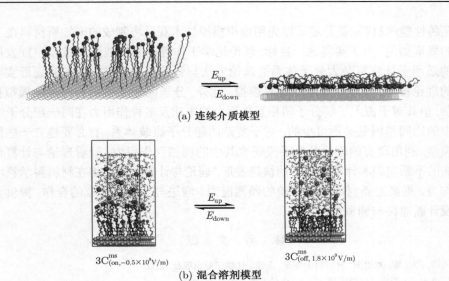

(a) 连续介质模型

$$3C_{(on,-0.5\times10^9V/m)}^{ms} \qquad 3C_{(off,1.8\times10^9V/m)}^{ms}$$

(b) 混合溶剂模型

图 18-24　(a) 连续介质模型近似下 —$CH_2(CH_2)_{16}COO^-$ 覆盖的硅 (111) 表面在电场 $E_{down} = 1.2 \times 10^9$ V/m 和 $E_{up} = 3.7 \times 10^9$ V/m 作用下的开关行为; (b) 26%的乙腈–水溶液覆盖的混合 —$CH_2(CH_2)_{16}COO^-$/—$CH_2(CH_2)_7CH_3$ 修饰的 Si(111) 表面, 在外电场 $E_{up} = 1.8 \times 10^9$ V/m 和 $E_{down} = -0.5 \times 10^9$ V/m 下的开关行为. 水分子的参数采用了 SPC 模型[127], 乙腈分子的力场参数来源于 CVFF. 计算中分子间 van der Waals 作用的截断值设定为 12 Å, 分子间静电作用的计算采用了 Ewald 加合[127] 的方法. 采用正则系综 (NVT) 分子动力学方法. 体系的温度通过 Nosé-Hoover 方法[128] 控制在 298K

18.6　挑战与展望

　　本章仅简要介绍了有机聚合物方面的部分理论研究 (还有很多重要的文献没能包含在其中, 感兴趣的读者可参阅最近出版的专著或综述[129]), 实际上, 当今材料科学的发展趋势是: ① 从均质材料向复合材料发展. ② 由结构材料为主向功能材料、多功能材料方向发展. ③ 材料结构的尺度向越来越小的方向发展. ④ 由被动性材料向具有主动性的智能材料方向发展. 新的智能材料能够感知外界条件变化、进行判断并主动作出反应. ⑤ 通过仿生途径来发展新的生物材料. 这些方向的研究超越并整合了自然科学的传统学科, 对已有的物理 (特别是凝聚态物理)、合成化学、理论化学提出了强有力的挑战, 既需要在理论和实验上独辟蹊径, 发展新的方法, 也需要借鉴成熟的方法.

　　理论与计算化学工作者追求的目标是, 利用高性能计算机可以计算出何种结构或组成成分将导致材料特定的性能, 结合已有的实验积累, 设计并合成具有人们期望的某种性能的材料, 甚至还可以先用虚拟模拟技术观看将制成的未知新材料在工作时的表现如何. 为了实现这一目标, 理论化学工作者需要挑战两大难题: ① 发展有效的适用于计算复杂大分子体系的理论方法与计算模拟算法; ② 构建逼近实际体系的理论模型, 实现多尺度的计算模拟. 此外, 分子间相互作用力的理论模拟虽然复杂, 但其对于深入了解分子间相互作用力的本质及多种作用力在同一超分子组装体中的协同作用是必不可少的. 对于复杂的超分子组装体系, 有必要建立一些简化的模型, 利用现有的理论分析手段研究其中的弱相互作用力. 随着理论与计算化学方法的不断完善和计算机技术的快速发展, 理论与计算化学必将在材料科学领域大有作为、提高对新材料和新实验的预测能力、增进与实验化学家的合作, 提供更多的设计新思路与新概念.

参 考 文 献

[1]　冯端, 师昌绪, 刘治国. 材料科学导论. 北京: 化学工业出版社, 2002

[2]　朱道本. 功能材料化学进展. 北京: 化学工业出版社, 2005

[3]　薛增泉. 分子电子学. 北京: 北京大学出版社, 2003

[4]　许振嘉. 近代半导体材料的表面科学基础. 北京: 北京大学出版社, 2002

[5]　黄春辉, 李富友, 黄维. 有机电致发光材料与器件导论. 上海: 复旦大学出版社, 2005

[6]　Callister W D Jr. Fundamentals of Materials Science and Engineering. Fiftyh Edition. New York: John Wiley & Sons, Inc., 2001

[7]　Nalwa H S. Handbook of Organic Conductive Molecules and Polymers. New York: John Wiley & Sons, 1997, 1∼4

[8]　Müllen K, Wegner G. Electronic Materials: The Oligomer Approach. Weinheim: Wiley-VCH, 1998

[9]　Skotheim T A, Elsenbaumer R L, Reynolds J R. Handbook of Conducting Polymers. 2nd ed. New York: Marcel Dekker, 1998

[10]　Allcock H R, Lampe F W, Mark J E. *Contemporary Polymer Chemistry*. 3rd ed. Pearson Education, Inc.: Upper Saddle River, NJ, 2003

[11]　a. Roncali J. Chem. Rev., 1997, 97: 173; b. Roncali J. *Chem. Rev.*, 1992, 92: 711

[12]　江元生. 结构化学. 北京: 高等教育出版社, 1997

[13]　Ito T, Shirakawa H, Ikeda S. J. Polym. Sci. Chem. Ed., 1974, 12:11

[14]　Chiang C K, Park Y W, Heeger A J et al. Phys. Rev. Lett., 1977, 39:1098

[15]　a. Brédas J L, Street G B, Thémans B et al. J. Chem. Phys., 1985, 83: 1323; b. Mintmire J W, White C T, Elert M L. Synth. Met., 1986, 16: 235; c. Brédas J L, Heeger A J. Macromolecules, 1990, 23: 1150; d. Hernandez V, Castiglioni C, Del Zoppo M et al. Phys. Rev. B, 1994, 50: 9815; e. Brédas J L, Cornil J, Beljonne D et al. Acc. Chem. Res., 1999, 32: 267; f. Beljonne D, Cornil J, Silbey R et al. J. Chem. Phys., 2000, 112: 4749; g. Cornil J, Beljonne D, Dos Santos D A et al. Organic Electroluminescence, 2000, 4: 403; h. Cornil J, Calbert J P, Beljonne D et al. Synth. Met., 2001, 119: 1; i. Beljonne D, Cornil J, Friend R H et al. J. Am. Chem. Soc., 1996, 118: 6453

[16]　Dicésare N, Belletête M, Leclerc M et al. J. Phys. Chem. A, 1999, 103: 803

[17] a. Zhang G, Pei Y, Ma J et al. J. Phys. Chem. B., 2004, 108: 6988; b. Zhang G, Ma J, Wen J. J. Phys. Chem. B., 2007, 111: 11 670

[18] a. Hernández V, Navarrete J T L. Synth. Met., 1996, 76: 221; b. Rodríguez-Ropero F, Casanovas J, Alemán C. Chem. Phys. Lett., 2005, 416: 331; c. Pasterny K, Wrzalik R, Kupka T et al. J. Mol. Struct., 2002, 614: 297

[19] a. Scherlis D A, Marzari N. J. Phys. Chem. B, 2004, 108: 17791; b. Scherlis D A, Fattebert J L, Marzari N. J. Chem. Phys., 2006, 124: 194902

[20] Meng S, Ma J, Jiang Y. J. Phys. Chem. B, 2007, 111:4128

[21] Asaduzzaman A M, Schmidt-D'Aloisio K, Dong Y et al. Phys. Chem. Chem. Phys., 2005, 7: 2714

[22] Hutchison G R, Zhao Y J, Delley B et al. Phys. Rev. B, 2003, 68: 035204

[23] Yannoni C S, Clarke T C. Phys. Rev. Lett., 1983, 51:1191

[24] Meier H. Angew. Chem. Int. Ed., 2005, 44: 2482

[25] Zhang G, Ma J, Jiang Y. Macromolecules, 2003, 36: 2130

[26] Cao H, Ma J, Zhang G et al. Macromolecule, 2005, 38: 1123

[27] Wang Y, Ma J, Jiang Y. J. Phys. Chem. A., 2005, 109: 7197

[28] a. Yang L, Feng J K, Ren A M. J. Org. Chem., 2005, 70: 5987; b. Yang L, Feng J K, Ren A M. J. Comput. Chem., 2005, 26: 969; c. Yang L, Ren A M, Feng J K. J. Comput. Chem., 2005, 70: 3009

[29] a. Yang G C, Su Z M, Qin C S. J. Phys. Chem. A, 2006, 110: 4817; b. Yang G C, Fang L, Tan K et al. Organomatallics, 2007, 26: 2082; c. Yang S Y, Kan Y H, Yang G C et al. Chem. Phys. Lett., 2006, 429: 180

[30] Shuai Z, Li Q, Yi Y. J. Theor. Comput. Chem., 2005, 4: 603

[31] Hutchison G R, Ratner M A, Marks T J. J. Am. Chem. Soc., 2005, 127: 16866

[32] Ma J, Li S, Jiang Y. Macromolecules, 2002, 35: 1109

[33] a. Blanchard P, Riou A, Roncali J. J. Org. Chem., 1998, 63: 7107; b. Blanchard P, Brisset H, Illien B et al. J. Org. Chem., 1997, 62: 2401; c. Brisset H, Blanchard P, Illien B et al, Chem. Commun., 1997, 569; d. Roncali J, Thobie-Gautier C. Adv. Mater., 1994, 6 : 846; e. Brisset H, Thobie-Gautier C, Gorgues A et al. J. Chem. Soc. Chem. Commun., 1994, 1305; f. Roncali J, Thobie-Gautier C, Elandaloussi E H et al. J. Chem. Soc. Chem. Commun., 1994, 2249

[34] Tour J M, Lamba J J S. J. Am. Chem. Soc., 1993, 115: 4935

[35] Choi B, Yamamoto T. Electrochemistry Communications, 2003, 5: 566

[36] Brédas J L. J. Chem. Phys., 1985, 82: 3808

[37] a. Vaschetto M E, Springborg M. J. Mol. Struct. (Theochem), 1999, 460: 141; b. Albert I D L, Marks T J, Ratner M A. J. Phys. Chem., 1996, 100: 9714; c. Kertesz M, Lee Y S. J. Phys. Chem., 1987, 91: 2690

[38] a. Wudl F, Kobayashi M, Heeger A J. J. Org. Chem., 1984, 49: 3382; b. Jenekhe S A. Nature, 1986, 322: 345; c. Lambert T M, Ferraris J P. J. Chem. Soc. Chem. Commun., 1991, 752; d. Lorcy D, Cava M P. Adv. Mater., 1992, 4: 562; e. Pomerantz M, Chaloner-Gill B, Harding L O et al. J. Chem. Soc. Chem. Commun., 1992, 1672; f. Brisset H, Thobie-Gautier C, Gorgues A et al. J. Chem. Soc. Chem. Commun., 1994, 1305; g. Karikomi M, Kitamura C,

Tanaka S et al. J. Am. Chem. Soc., 1995, 117: 6791; h. Hong S Y, Kwon S J, Kim S C. J. Chem. Phys., 1995, 103: 1871

[39] Poly(3-alkylthiophenes), see for example: a. Jen K Y, Miller G G, Elsenbaumer RL. J. Chem. Soc. Chem. Commun., 1986, 1346; b. Elsenbaumer R L, Jen K Y, Oboodi R. Synth. Met., 1986, 15: 169

[40] Substituted poly(p-phenylenevinylenes) and oligomers: a. Brédas J L, Heeger A J. Chem. Phys. Lett., 1994, 217: 507; b. Fahlman M, Lögdlund M, Stafström S et al, Macromolecules, 1995, 28: 1959; c. Klärner G, Former C, Yan X, et al. Adv. Mater., 1996, 8: 932; d. Former C, Wagner H, Richert R et al. Macromolecules, 1999, 32: 8551

[41] Zhang Q T, Tour J M. J. Am. Chem. Soc., 1997, 119: 5065

[42] Havinga E E, ten Hoeve W, Wynberg H. Polym. Bull., 1992, 29: 119

[43] Salzner U et al. J. Org. Chem., 1999, 64: 764

[44] a. Salzner U, Lagowski J B, Pickup P G et al. Synth. Met., 1998, 96: 177; b. Mintmire J W, White C T, Elert M L. Synth. Met., 1986, 16: 235

[45] Glenis S, Benz M, LeGoff E et al, J. Am. Chem. Soc., 1993, 115: 12519

[46] a. Kobayashi M, Chen J, Chung T C et al. Synth. Met., 1984, 9: 77; b. Chung T C, Kaufmzn J H, Heeger A J et al. Phys. Rev. B., 1984, 30, 702

[47] Glenis S, Ginley D S, Frank A J. J. Appl. Phys., 1987, 62: 190

[48] Otsubo T, Inoue S, Nozoe H et al. Synth. Met., 1995, 69: 537

[49] Yang S, Olishevski P, Kertesz M. Synth. Met., 2004, 141: 171

[50] Suzuki N, Ozaki M, Etemad S et al. Phys. Rev. Lett., 1980, 45: 1209

[51] Lee C H, Kang G W, Jeon J W et al. Synth. Met., 2001, 117: 75

[52] Kovacic P, Jones M B. Chem. Rev., 1987, 87: 357

[53] Zotti G, Martina S, Wegner G et al. Adv. Matter., 1992, 4: 798

[54] Fu Y, Cheng H, Elsenbaumer R L. Chem. Mater., 1997, 9: 1720

[55] Frère P, Raimundo J, Blanchard P et al. J. Org. Chem., 2003, 68: 7254

[56] Heun S, Bässler H, Müller U et al. J. Phys. Chem., 1994, 98: 7355

[57] Shah S, Concolino T, Rheingold A L et al. Inorg. Chem., 2000, 39: 3860

[58] a. Spiliopoulos I K, Mikroyannidis J A. Macromolecules, 2002, 35: 2149; b. Lee S H, Jang B B, Tsutsui T. Macromolecules, 2002, 35: 1356; c. Chen Z K, Huang W, Wang L H et al. Macromolecules, 2000, 33: 9015

[59] Roncali J. Acc. Chem. Res., 2000, 33: 147 and references therein.

[60] Granier T, Thomas E L, Gagnon D R et al. J. Polym. Sci. Polym. Phys. Ed., 1986, 24: 2793

[61] Yamada S, Tokito S, Tsutsui T et al. J. Chem. Soc. Chem. Commun., 1987, 1448

[62] Eckhardt H, Shacklette L W, Jen K Y et al. J. Chem. Phys., 1989, 91: 1303

[63] Luo J, Xie Z, Lam J et al. Chem. Commun., 2001, 1740

[64] Yu G, Yin S, Liu Y et al. J. Am. Chem. Soc., 2005, 127: 6335

[65] Bendikov M, Duong H M, Starkey K et al. J. Am. Chem. Soc., 2004, 126: 7416

[66] a. Koshida N, Matsumoto N. Materials Science and Engineering R, 2003, 40: 169 b. Hayase S. Prog. Polym. Sci., 2003, 28: 359; c. Ishikawa M, Ohshita J. In Handbook of Organic Conductive Molecules and Polymers, Vol. 2 (Eds.: Nalwa H S.), John Wiley & Sons, New York, 1997, 685~717; d. Miller R D, Michl J. Chem. Rev., 1989, 89: 1359; e. West R. J. Organomet. Chem., 1986, 300: 327

[67] a. Zeng X B, Liao X B, Wang B et al. J. Cryst. Growth, 2004, 265: 94; b. Cui Y, Lieber C
      M. Science, 2001, 291: 851; c. Holmes J D, Johnston K P, Doty R C et al. Science, 2000, 287:
      1471; d. Cui Y, Duan X, Hu J et al. J. Phys. Chem. B, 2000, 104: 5213; e. Morales A M,
      Lieber C M. Science, 1998, 279 : 208

[68] Zhang G, Ma J, Jiang Y. J. Phys. Chem. B, 2005, 109: 13499

[69] a. Tada T, Yoshimura R. J. Phys. Chem. A, 2003, 107: 6091; b. Toman P, Nešpůrek S, Jang
      J W et al. Current Applied Physics, 2002, 2: 327; c. Toman P. Synth. Met., 2000, 109: 259

[70] Leach A R. Molecular Modelling: principles and applications. 2nd ed. England: Pearson
      Education Limited, 2001

[71] Car R, Parrinello M. Phys. Rev. Lett., 1985, 55: 2471

[72] Reichardt C. Solvents and Solvent Effects in Organic Chemistry. 3rd ed. Weinheim: VCH,
      2003

[73] Reichardt C. Chem. Rev., 1994, 94: 2319

[74] Tomasi J, Persico M. Chem. Rev., 1994, 94: 2027

[75] Orozco M, Luque F J. Chem. Rev., 2000, 100: 4187

[76] Cramer C J, Truhlar D G. Chem. Rev., 1999, 99: 2161

[77] Hush N S, Reimers J R. Chem. Rev., 2000, 100: 775

[78] Tomasi J, Mennucci B, Cammi R. Chem. Rev., 2005, 105: 2999

[79] Becher R S, de Melo J S, Macanita A L et al. J. Phys. Chem., 1996, 100: 18683

[80] Pei Q, Yang Y, Yu G et al. J. Am, Chem. Soc., 1996, 118: 3922

[81] Pei Q, Yu G, Zhang C et al. Science, 1995, 269: 1086

[82] deMello J C, Tessler N, Graham S C et al. Phys. Rev. B., 1998, 57: 12951

[83] Nilsson D, Chen M, Kugler T et al. Adv. Mater., 2002, 14: 51

[84] Kittlesen G P, White H S, Wrighton M S. J. Am. Chem. Soc., 1985, 107: 7373

[85] Ofer D, Crooks R M, Wrighton M S. J. Am. Chem. Soc., 1990, 112: 7869

[86] Chen M, Nilsson D, Kugler T et al. Appl. Phys. Lett., 2002, 81: 2011

[87] Cheng C H W, Boettcher S W, Johnston D H et al. J. Am. Chem. Soc., 2004, 126: 8666

[88] Cheng C H W, Lonergan M C. J. Am. Chem. Soc., 2004, 126: 10536

[89] Friend R H, Gymer R W, Holmes A B et al. Nature, 1999, 397: 121

[90] Burroughes D D C, Brown A R, Marks R N et al. Nature, 1990, 347: 539

[91] Braun D, Heeger A J. Appl. Phys. Lett., 1991, 58: 1982

[92] Lonergan M C, Cheng C H, Langsdorf B L et al. J. Am. Chem. Soc., 2002, 124: 690

[93] Langsdorf B L, Zhou X, Adler D H et al. Macromolecules, 1999, 32: 2796

[94] Langsdorf B L, Zhou X, Lonergan M C. Macromolecules, 2001, 34: 2450

[95] Cheng C H W, Lin F, Lonergan M C. J. Phys. Chem. B, 2005, 109: 10168

[96] a. Luo Y, Wang C K, Fu Y. J. Chem. Phys., 2002, 117: 10283; b. Luo Y, Wang C K, Fu
      Y. Chem. Phys. Lett., 2003, 369: 299; c. Jiang J, Kula M, Lu W et al. Nano Lett., 2005,
      5: 1551; d. Zhao J, Zeng C, Cheng X et al. Phys. Rev. Lett., 2005, 95: 045502; e. Kim B,
      Beebe J M, Jun Y et al. J. Am. Chem. Soc., 2006, 128: 4970; f. Kosov D S, Li Z. J. Phys.
      Chem. B., 2006, 110: 9893; g. Ke S H, Baranger H U, Yang W. J. Am. Chem. Soc., 2004,
      126: 15897; h. Xue Y, Datta S, Ratner M A. Chem. Phys., 2002, 281: 151; i. Damle P S,
      Ghosh A W, Datta S. Phys. Rev. B., 2001, 64: 201403; j Tada T, Nozaki D, Kondo M J et

al. Am. Chem. Soc. 2004, 126: 14182; k. Jiang F, Zhou Y X, Chen H et al. Phys. Rev. B, 2005, 72: 155408

[97]　Hu W, Jiang J, Nakashima H et al. Phys. Rev. Lett., 2006, 96: 027801

[98]　a. Yang W. Phys. Rev. Lett., 1991, 66: 1438; b. Yang W, Lee T S. J. Chem. Phys., 1995, 103: 5674; c. Lee T S, York D M, Yang W. J. Chem. Phys., 1996, 105: 2744

[99]　a. Exner T E, Mezey P G. J. Phys. Chem. A, 2002, 106: 11791; b. Exner T E, Mezey P G. J. Comput. Chem., 2003, 24: 1980; c. Exner T E, Mezey P G. J. Phys. Chem. A, 2004, 108: 4301

[100]　a. Zhang D W, Zhang J Z H. J. Chem. Phys., 2003, 119: 3599; b. Zhang D W, Xiang Y, Zhang J Z H. J. Phys. Chem. B, 2003, 107: 12039

[101]　a. Kitaura K, Ikeo E, Asada T et al. Chem. Phys. Lett., 1999, 313: 701; b. Kitaura K, Sugiki S I, Nakano T et al. Chem. Phys. Lett., 2001, 336: 163; c. Fedorov D G, Kitaura K. J. Chem. Phys., 2004, 120: 6832; d. Fedorov D G, Kitaura K. Chem. Phys. Lett., 2004, 389: 129

[102]　Li S, Li W, Fang T. J. Am. Chem. Soc., 2005, 127: 7215

[103]　Jiang N, Ma J, Jiang Y. J. Chem. Phys., 2006, 124: 114112

[104]　Cao H, Fang T, Li S et al. Macromolecules, 2007, 40 : 4363

[105]　Pei Y, Ma J. Langmuir, 2006, 22: 3040

[106]　a. Pei Y, Ma J, Jiang Y. Langmuir, 2003, 19: 7652; b. Pei Y, Ma J. J. Phys. Chem. C, 2007, 111: 5486

[107]　Pei Y, Ma J. J. Am. Chem. Soc., 2005, 127: 6802

[108]　a. Wang Y, Ma J, Inagaki S et al. J. Phys. Chem. B, 2005, 109: 5199; b. Wang Y, Ma J. J. Phys. Chem. B., 2006, 110: 5542

[109]　Waltenburg N H, Yates J. Chem. Rev., 1995, 95: 1589 and reference therein

[110]　a. Buriak J M. Chem. Commun., 1999, 1051; b. Buriak J M. Chem. Rev., 2002, 102: 1271 and reference therein

[111]　Sieval A B, Linke R, Zuilhof H et al. Adv. Mater., 2000, 12: 1457

[112]　a. Lu X. J. Am. Chem. Soc. 2003, 125: 6384; b. Lu X, Zhu M, Wang X. J. Phys. Chem. B, 2004, 108: 7359; c. Lu X, Zhu M. Chem. Phys. Lett., 2004, 393: 124; d. Lu X, Xu X, Wang N et al. J. Phys. Chem. B, 2001, 105: 10069; e. Lu X, Zhu M, Wang X et al. J. Phys. Chem. B, 2004, 108: 4478

[113]　Wayner D D M, Wolkow R A. J. Chem. Soc., Perkin Trans. 2002, 2: 23

[114]　Wolkow R A. Annu. Rev. Phys. Chem., 1999, 50: 413

[115]　Ashkenasy G, Cahen D, Cohen R et al. Acc. Chem. Res., 2002, 35: 121

[116]　Hamers R J, Coulter S K, Ellison M D et al. Acc. Chem. Res., 2000, 33: 617

[117]　Kang J K, Musgrave C B. J. Chem. Phys., 2002, 116: 9907

[118]　Cho J H, Oh D H, Kleinman L. Phys. Rev. B, 2002, 65: 081310

[119]　a. Takeuchi N, Kanai Y, Selloni A. J. Am. Chem. Soc., 2004, 126: 15890; b. Takeuchi N, Selloni A. J. Phys. Chem. B., 2005, 109: 11967; c. Kanai Y, Takeuchi N, Car R et al. J. Phys. Chem. B., 2005, 109: 18889

[120]　a. Sieval A B, van der Hout B, Zuilhof H et al. Langmuir, 2000, 16: 2987; b. Sieval A B, van der Hout B, Zuilhof H et al. Langmuir, 2001, 17: 2172

[121]　Zhang L, Wesley K, Jiang S. Langmuir, 2001, 17: 6275

[122]　Yuan S, Cai Z, Jiang Y. New J. Chem., 2003, 27: 626

[123] Mitsuya M, Sugita N. Langmuir, 1997, 13 : 7075

[124] Gershevitz O, Sukenik C N. J. Am. Chem. Soc., 2004, 126 : 482

[125] Liu Y J, Navasero N M, Yu H Z. Langmuir, 2004, 20 : 4039

[126] Sieval A B, Linke R, Heij G et al. Langmuir, 2001, 17: 7554

[127] Allen M P, Tildesley D J. Computational Simulation of Liquids, New York: Oxford science publications, 1987

[128] a. Nosé S. Mole. Phys., 1984, 52: 255; b. Hoover W G. Phys. Rev. A, 1985, 31: 1695

[129] a. Coropceanu V, Cornil J, da Silva Filho D A et al. Chem. Rev., 2007, 107: 926; b. Forrest S R, Thompson M E. Chem. Rev., 2007, 107: 923